Elektrische
Schaltvorgänge

in geschlossenen Stromkreisen
von Starkstromanlagen

Von

Reinhold Rüdenberg

Dr.-Ing.; Dr.-Ing. e. h.; A. M. hon.; Gordon McKay Professor für Elektrotechnik
an der Harvard University, Cambridge, Mass., USA
Vormals: Chef-Elektriker der Siemens-Schuckertwerke, A.-G., Berlin
Honorarprofessor an der Technischen Hochschule Berlin
Beratender Ingenieur der General Electric Co., Ltd., London

Vierte, vermehrte Auflage

Mit 735 Abbildungen
und einer Tafeln

Springer-Verlag Berlin Heidelberg GmbH

ISBN 978-3-642-53211-5   ISBN 978-3-642-53210-8 (eBook)
DOI 10.1007/978-3-642-53210-8

Vorwort zur vierten Auflage.

Das Gebiet der elektrischen Schaltvorgänge hat sich seit dem Erscheinen der ersten Auflage dieses Buches im Jahre 1923 zu einem festen Fundament der Starkstromtechnik entwickelt, das für den Bau und den Betrieb elektrischer Anlagen und Maschinen genau so wichtig geworden ist, wie ihr reguläres Arbeiten im Dauerbetrieb. Manche dieser Ausgleichserscheinungen, wie zum Beispiel Kurzschlußströme in verzweigten Netzen, Instabilität von Generatoren und Motoren, und Blitzstörungen von Freileitungen, haben sogar solch überragende Bedeutung gewonnen, daß der Aufbau moderner Anlagen sich vornehmlich nach ihren Gesichtspunkten richtet.

Als Schaltvorgänge werden dabei alle nicht-stationären Erscheinungen in elektrischen Stromkreisen angesprochen, gleichgültig ob sie beabsichtigt oder unbeabsichtigt sind, ob sie also die Überleitung in einen neuen Betriebszustand bewirken sollen oder durch zufällige Störungen mit ihren Kurzschluß- und Überspannungserscheinungen entstanden sind.

In diesem Buch werden Ausgleichsvorgänge in geschlossenen Stromkreisen von Starkstromanlagen behandelt. Um die Neuentwicklungen auf dem Gebiet der Schaltvorgänge seit dem Erscheinen der dritten Auflage im Jahre 1933 zu umfassen, ist der Inhalt gegenüber den Teilen A und B der früheren Auflagen stark erweitert. Es ist in Aussicht genommen, anstatt des vormaligen Teiles C einen besonderen Band über Wanderwellen auf Leitungen folgen zu lassen. Typische Probleme der Nachrichtentechnik sind nicht betrachtet; jedoch können etliche der hier abgeleiteten Lösungen auf dieses Gebiet übertragen werden. Die Abgrenzung des Inhalts, die Auswahl der betrachteten Erscheinungen und die Methodik der Untersuchungen folgen meiner Erfahrung in der ausführenden Elektrotechnik und der akademischen Lehre in mehreren industriellen Ländern. Die einzelnen Kapitel entsprechen Teilen der Vorlesungen, die ich im Lauf der Jahrzehnte an der Technischen Hochschule Berlin und an der Harvard-University in den Vereinigten Staaten über elektrische Maschinen, Apparate und Instrumente, über Kraftübertragung und Verteilung, und über Schaltvorgänge selbst gehalten habe.

Den Stoff habe ich so anzuordnen versucht, daß man in allen Abschnitten stets vom Leichteren zum Schwierigeren fortschreitet, wie es für ein Lehrbuch zweckmäßig ist. Um dennoch als Nachschlagewerk verwendbar zu sein, sind die einzelnen Kapitel, die unterschiedliche Erscheinungen behandeln, möglichst selbständig gehalten und ihre Formeln und Abbildungen sind für sich numeriert. Verweisungen auf frühere Kapitel sind dabei nach Möglichkeit vermieden, können aber bei dem Zusammenhang vieler behandelter Erscheinungen nicht ganz entbehrt werden.

Aus Erfahrung während mehr als dreißig Jahren als ausübender Ingenieur und noch länger als akademischer Lehrer habe ich gelernt, daß im Gedächtnis der Studenten und Ingenieure diejenigen Lösungsmethoden für schwierigere Probleme am besten haften bis eine Gelegenheit zur Anwendung auftritt, die die größtmögliche Einfachheit besitzen. Alle höheren und verwickelteren Methoden sind eher für angewandte Mathematiker und theoretische Forscher geeignet als für Ingenieure der Praxis, selbst wenn diese wissenschaftlich arbeiten. Für Ingenieure ist das physikalische Verständnis in der Entwicklung eines Problems und die Leichtigkeit der Diskussion der Ergebnisse von viel größerer Bedeutung als mathematische Strenge und allgemeine Verwendbarkeit der Lösungsmethode.

In diesem Buche wird daher die mathematische Methode als ein Hilfswerkzeug angesehen. Jedes Problem wird unmittelbar angegriffen mit einer Berechnungsart, die für das spezielle Beispiel zweckmäßig ist, entweder analytisch für lineare oder graphisch für nicht-lineare Fälle. Hierbei kommen zahlreiche unterschiedliche Methoden für die Behandlung von Schaltvorgängen zur Anwendung. Als Begleiterscheinung führt dies System meistens ohne Mühe zu einem Aufbau von verbesserten oder neuen Anordnungen, wie es in der ausführenden Praxis notwendig ist.

Weiterhin wird hierdurch die Beherrschung der Ausgleichserscheinungen in der Technik von einer sehr speziellen Doktrin, die nur wenigen zugänglich ist, zu einer viel weiteren wissenschaftlichen Lehre ausgedehnt, die jeder Ingenieur leicht erfassen kann mit Vorkenntnissen, über die er sowieso aus anderen Teilen seines Berufes verfügt. Der Leser wird daher fast jedes Problem in diesem Buche ohne spezielle mathematische Vorbereitung verstehen und kann unmittelbar in eine tiefer gehende technische Diskussion des gegebenen Falles eindringen.

In den letzten Jahren ist eine beträchtliche Zahl von Büchern über die Methoden der Operatorenrechnung und ihre Anwendung auf das Gebiet der Schaltvorgänge erschienen. Sie sind im Literaturverzeichnis angeführt und der eifrige Leser wird sie gelegentlich als Ergänzung für die exakte mathematische Behandlung schwieriger Ausgleichsvorgänge benutzen. Gegenwärtig sind diese Methoden nur für lineare Probleme direkt verwendbar. Demgegenüber ist es in diesem Buche beabsichtigt, eine Übersicht über das ganze Gebiet der Schaltvorgänge in Starkstromanlagen zu entwickeln und dabei mehr das physikalische Verhalten als die mathematische Analyse zu betonen.

Eine Anzahl von Spezialgebieten der Starkstromtechnik bezieht sich oder ist sogar gegründet auf die Anwendung von Ausgleichserscheinungen. Kommutierung in rotierenden Maschinen, Gleichrichtung und Wechselrichtung unter Verwendung gasförmiger Leiter, symmetrische Phasenkomponenten, wie sie bei Erdschlüssen auftreten, Regulier- und Servogeräte für selbsttätige Funktionen sowie Relaissysteme und Stabilitätsprobleme in synchronen Wechselstromanlagen stellen einige solcher Beispiele dar. Da zahlreiche einschlägige Bücher über die Entwicklung und die Anwendung dieser Gebiete erschienen sind, so werden in diesem Buch nur ihre Grundlagen behandelt, soweit sie mit Schaltvorgängen verknüpft sind. Es ist versucht, typische Beispiele auszuwählen und an ihnen mehr in die Tiefe des physikalischen Verständnisses einzudringen, als in die Breite der praktischen Anwendungen.

Durch vielfach eingestreute Zahlenbeispiele ist angestrebt, die Ergebnisse der unmittelbaren Benutzung so nahe wie möglich zu bringen. Sie sind meistens der praktischen Erfahrung entnommen und bilden eine Brücke zwischen den Grundprinzipien der Erscheinungen und den typischen Vorgängen, wie sie in wirklichen Anlagen auftreten. Sie ermöglichen ferner dem Leser, die Ergebnisse im Verlauf der Untersuchungen sofort numerisch korrekt einzuschätzen. Hierbei sollen auch die zahlreichen Oszillogramme und Messungen, die an vielen Stellen eingestreut wurden und die größtenteils aus meiner industriellen Tätigkeit stammen, ein anschauliches Bindeglied zwischen Theorie und Praxis bilden.

Von Literaturangaben im Text habe ich abgesehen; jedoch sind in einem Anhang eine Reihe wichtiger Veröffentlichungen über das behandelte Gebiet nach Kapiteln geordnet zusammengestellt. In Anbetracht der Fülle der Aufsätze über Ausgleichserscheinungen, die in den technischen Zeitschriften zahlreicher Länder veröffentlicht sind, kann dieses Literaturverzeichnis keinen Anspruch auf Vollständigkeit erheben. Es wird aber dem Leser, der tiefer in die Einzelheiten der Erscheinungen eindringen will, manchen Hinweis geben.

Denjenigen industriellen Firmen und Personen, die Abbildungen zu diesem Buche beigesteuert haben, entweder Photographien oder Oszillogramme, fühle ich mich sehr verpflichtet. Besonders dankbar bin ich meiner Frau für ihre Schreibhilfe bei der Anfertigung des Manuskripts der Erweiterungen und für das Mitlesen der gesamten Korrektur.

Belmont, Massachusetts, USA, im Mai 1952

Reinhold Rüdenberg.

Inhaltsverzeichnis.

B. Vorgänge in Stromkreisen mit gekrümmter Charakteristik.

V. Veränderlicher Widerstand.

VI. Lichtbogenunterbrechung.

Inhaltsverzeichnis. IX

Formelzeichen

der am meisten benutzten Begriffe.

Lateinische und deutsche Zeichen.

A — Amplitude
A — Anfangserwärmung
A, a — Abstand, Länge, Radius
A, a — Arbeit
A, a — Strombelag

B — Amplitude
B, b — Entfernung, Radius
$B, b, \mathfrak{B}$ — Magnetische Induktion
b — Beschleunigung
b — Breite

C — Strom-Zeit-Integral
C, c — Kapazität
c — Geschwindigkeit

D — Drehmoment
D, d — Durchmesser, Abstand
d — Differential

E — Höchstwert der Wechselspannung
E — Spannung, Elektromotorische Kraft
$\mathfrak{E}$ — Elektrische Feldstärke
e — Augenblickswert der Spannung

F — Fläche
F — Frequenzabweichung, Schlüpfungsamplitude
f — Frequenz in der Sekunde
f — Funktionszeichen
f — Nebenschlußspannung

$\overline{GD}^2$ — Schwungmoment
g — Beschleunigung der Schwere
g — Elektrostatische Wechselinfluenz
g — Regulierspannung

H — Besselsche Funktion
H — Heizstärke
$H, \mathfrak{H}$ — Magnetische Feldstärke
h — Höhe, Dicke
h — Schmelzwärme

J — Stromstärke, Höchstwert des Stromes
$\mathfrak{J}$ — Verfügbare Stromdichte
i — Augenblickswert des Stromes
i — Lokalwert der Stromstärke
i — Stromdichte

j — $\sqrt{-1} =$ imaginäre Einheit

K — Integrationskonstante
K — Mechanische Kraft
K, k — Proportionalitätsfaktor

k — Höhe, Länge
k — Relatives Kippmoment
k — Synchronisierziffer

L, l — Selbstinduktion
l — Länge, Entfernung
$\ln$ — Natürlicher Logarithmus

M — Drehmoment
M — Wechselinduktion
M, m — Träge Masse
m — Ordnungszahl
m — Windungsverhältnis

N — Besselsche Funktion
N — Mechanische Leistung
N — Rotierende Anfachung
N — Windungszahl
n — Anzahl
n — Drehzahl in der Minute
n — Ordnungszahl
n — Windungsverhältnis

o — Oberfläche

P, p — Parallelwiderstand
P — Pendelwinkel-Amplitude
p — Potential
p — Spezifischer Druck

Q — Elektrische Ladung
Q — Gütefaktor
Q — Löschzeitkonstante
Q — Querfeldstreuung
q — Elektrostatische Selbstinfluenz
q — Leiterquerschnitt

R, r — Ohmscher Widerstand
R, r — Radius
r — Abstand

S — Anfachungsspannung
S — Schrittweite
S — Schwungleistung, Doppelte Kinetische Energie
S — Streuinduktion von Wicklungen
S — Subtangente
s — Abstand, Länge
s — Spezifischer Widerstand
s — Subnormale

T — Zeitkonstante
$\mathfrak{T}$ — Dauer einer Wechselstromperiode
t — Laufende Zeit

U	Klemmenspannung	W	Leistung
u	Umfang	X	Gefahrzone
$\ddot{u}$	Übersetzungsverhältnis	X	Raumkonstante
$\ddot{u}$	Überspannungsverhältnis	X, x	Reaktanz
V	Verlustwärme	x	Längenerstreckung
v	Geschwindigkeit	y	Längenerstreckung
v	Lichtgeschwindigkeit		
v	Spannungsverhältnis	Z, z	Abstand
v	Volumen	z	Längenerstreckung

Griechische Zeichen.

α	Exponentialziffer	$\varLambda$	Luft-Selbstinduktion
$\varkappa$	Temperaturkoeffizient des Widerstandes	$\varLambda$	Winkelamplitude
α	Winkel	$\varLambda, \lambda$	Länge, Abstand
β	Ausbreitungsziffer	λ	Antriebstakt in 2π sec
β	Exponentialziffer	λ	Dämpfungsdekrement
β	Permeabilitätsfaktor	λ	Durchgangsleitfähigkeit
β	Winkel	λ	Eigenfrequenz von Leistungsreglern
γ	EULERsche Konstante	λ	Wärmeleitfähigkeit
γ	Phasenwinkel	μ	Eigenfrequenz in 2π sec
γ	Spezifische Wärme der Raumeinheit	μ	Permeabilität
$\varDelta$	Differenz	ν	Eigenfrequenz in 2π sec
$\varDelta$	Überschußdrehmoment	ν	Relative Drehzahl
$\varDelta, \delta$	Durchmesser, Entfernung, Länge	ξ	Hilfsvariable
δ	Dämpfungsziffer	π	3,1416
δ	Geschwindigkeitsabfall des Leistungsreglers	ϱ	Abstand, Radius
δ	Luftspalt	ϱ	Dämpfungsziffer
δ	Relatives Drehmoment	ϱ	Krümmungsradius
δ	Winkel	ϱ	Verkleinerungsfaktor
∂	Partielles Differential	ϱ	Widerstandsverhältnis
ε	2,718 = Basis der natürlichen Logarithmen	$\varSigma$	Summe
ε	Spannungsverhältnis	σ	Schlüpfung, Frequenzabweichung
ε	Schutzwirkung	σ	Streukoeffizient
η	Hilfsvariable	σ	Stromverhältnis
η	Schirmwirkung	τ	Dauer, Periode
ζ	Wärmeabgabeziffer	τ	Eigenzeit unharmonischer Schwingungen
$\varTheta$	Trägheitsmoment	τ	Zeitkonstante
ϑ	Erwärmung	$\varPhi$	Magnetischer Fluß
ϑ	Numerische Zeit	φ	Phasenwinkel
ϑ	Polradwinkel	χ	Phasenwinkel
$\varkappa$	Ausbreitungsziffer	$\varPsi$	Magnetische Verkettung
$\varkappa$	Durchgangsleitfähigkeit	ψ	Phasenwinkel
$\varkappa$	Flußverhältnis	ω	Kreisfrequenz in 2π sec
$\varkappa$	Kurzschlußfaktor	ω	Winkelgeschwindigkeit

Verzeichnis der Zahlentafeln.

Einleitung.

Man hat in früheren Jahren elektrische Starkstromanlagen nach den Anforderungen gebaut, die der normale *Dauerbetrieb* an sie stellt, und ist durch gründliche Erforschung der verwendeten Materialien und der Betriebseigenschaften der Maschinen, Apparate und Leitungen zu bemerkenswerten Erfolgen hinsichtlich der Größe der Leistung, der Höhe der Spannung und der Entfernung für die Energieübertragung gelangt. Verhältnismäßig spät erst zeigte die Erfahrung, daß beim *Ein- und Ausschalten* der elektrischen Stromkreise und bei ähnlichen absichtlichen oder zufälligen Vorgängen so eigenartige Erscheinungen eintreten können, daß der ordentliche Betrieb der Anlage darunter leidet. Durch zahlreiche Arbeiten ist seitdem versucht worden, die bei Schaltvorgängen auftretenden Erscheinungen wissenschaftlich zu klären und Abhilfe gegen ihre Schädigungen zu schaffen.

Wir müssen demnach beim Betrieb jeder elektrischen Anlage unterscheiden zwischen den *stationären Erscheinungen*, die im Dauerzustand bestehen, und den *vorübergehenden Ausgleichserscheinungen*, die als Folge irgendwelcher Schaltprozesse oder ähnlicher Änderungen im Stromkreis auftreten. Die letzteren sind meist störende Begleiterscheinungen, die durch die Ladung und Entladung der zahlreichen Energien entstehen, mit denen jeder elektrische Stromkreis verknüpft ist. Von der immer weiter gehenden Steigerung der Energiemenge und Energiedichte in allen Teilen der Anlagen rührt es her, daß die elektromagnetischen und elektromechanischen Ausgleichsvorgänge eine immer größere Rolle spielen und daß ihre Beherrschung heute ebenso wichtig für die Technik geworden ist, wie die Beherrschung aller Erscheinungen des stationären Betriebes.

Neben den absichtlichen Schalthandlungen, die in der richtigen Betätigung der eigens hierfür vorgesehenen Schaltapparate und Regler bestehen, treten namentlich in größeren Anlagen häufig auch *ungewollte Schaltprozesse* auf, die aus Erdschlüssen, Kurzschlüssen, Leitungsbrüchen, Blitzschlägen oder auch Fehlschaltungen und ähnlichem bestehen können. Sie führen meist zu schweren Störungen im ganzen elektrischen System, in dem sie große Stromstärken und Spannungen und häufig auch Ströme von falscher Frequenz oder gar gänzlich abweichender Wellenform erzeugen können. Verwandt mit diesen letzteren Erscheinungen sind Störungen, die durch Abweichung der stationären Spannungen und Ströme vom gewünschten Verlauf, also durch Oberschwingungen, entstehen, und auch solche, die auf Resonanz gewisser Teile der Stromkreise mit bestimmten Schwingungen im Netz beruhen.

Durch jeden Schaltvorgang wird die Spannung oder der Strom in den geschalteten Leitungen oder die Geschwindigkeit der geschalteten Maschine geändert. Damit ändert sich auch die am Stromkreise haftende Energie. Ist diese an bestimmten Stellen konzentriert, wie z. B. im Magnetfeld eines Generators oder im elektrischen Felde eines Kondensators oder auch in der Massenträgheit eines Motorankers, so geht die Änderung oder *der Ausgleich der Energiemengen nach dem Schalten im ganzen Stromkreise gleichzeitig* vor sich. Diese Schaltvorgänge klingen im allgemeinen langsam ab, in Zeiten von der Größenordnung etwa einer Sekunde. Man spricht dann von langsamen oder von quasistationären Vorgängen, weil Spannung und Strom sich ähnlich wie bei stationären Zuständen über die Leitung verteilen.

Nun ist es aber bekannt, daß sich in Wirklichkeit alle elektromagnetischen Erscheinungen nur mit endlicher, wenn auch sehr großer Geschwindigkeit, nämlich mit der Lichtgeschwindigkeit von 300000 km/sec ausbreiten. Auch beim Fließen des Stromes in Drahtleitungen kann diese Geschwindigkeit nicht überschritten werden. Eine streng gleichzeitige Änderung des Stromes und der Spannung nach einem Schaltvorgang in allen Teilen der Leitungsbahn ist deshalb in Wirklichkeit nicht möglich. Sie breiten sich vielmehr als *wandernde Wellen mit ungeheurer Geschwindigkeit* von der Schaltstelle her über die ganze Leitung aus. Hierbei geht die Änderung der Ladung des an jeder Stelle der Leitung vorhandenen elektrischen und magnetischen Feldes mit außerordentlicher Schnelligkeit vor sich. Die ganze Erscheinung ist meistens schon abgeklungen, wenn der eben besprochene langsame Schaltvorgang richtig in Fluß kommt. Dennoch können gerade durch die wellenförmige Art der Ausbreitung von Spannung und Strom schwere Störungen entstehen. Man spricht hierbei von schnellen Schaltvorgängen mit Wanderwellen auf den Leitungen.

In vielen Teilen des Stromkreises herrscht Proportionalität zwischen Spannung und Strom oder ihren zeitlichen Änderungen, beispielsweise in Leitungswiderständen, Kapazitäten oder Luftselbstinduktionen. Die Technik muß aber auch mit Stromkreisen arbeiten, die eine solche einfache Proportionalität vermissen lassen, beispielsweise mit Lichtbögen und Funken, deren Widerstand keineswegs konstant ist, die also dem OHMschen Gesetz nicht gehorchen, oder mit magnetisch gesättigten Eisenteilen, deren Feld dem erregenden Strom nicht proportional ist. In solchen Stromkreisen, bei denen der Zusammenhang zwischen Strom und Spannung und ihren zeitlichen Änderungen nicht linear ist, die also eine *gekrümmte Charakteristik* besitzen, können Störungserscheinungen von ganz besonderer Art auftreten, die sich vor allem als Folge von Schaltvorgängen bemerkbar machen, die aber auch manchmal den Dauerbetrieb gefährden können.

Dieses Buch soll eine Übersicht über die typischen Arten von Schaltvorgängen geben, die in elektrischen Starkstromanlagen aufzutreten pflegen. Wir wollen dabei nach Möglichkeit die *wesentlichen Erscheinungen* herausgreifen und die Vorgänge an möglichst einfach und übersichtlich gewählten Verhältnissen physikalisch zu erfassen suchen. Es soll dagegen nicht eine vollständige Sammlung aller vorkommenden Fälle, deren Erklärung bekannt ist, gegeben werden, und es können auch nicht alle letzten Feinheiten der in der Praxis auftretenden, häufig sehr komplizierten Erscheinungen behandelt werden. Durch angemessen gewählte Vernachlässigungen wird es gelingen, aus der rechnerischen Behandlung ziemlich einfache Schlußfolgerungen zu entwickeln. Die eingestreuten Oszillogramme und die praktischen Beispiele sollen die Bedeutung dieser Schlußformeln der Anschauung möglichst nahebringen und ihre zahlenmäßige Wertung ermöglichen. Zur Erleichterung der Zahlenrechnungen befinden sich am Schluß des Buches einige Kurventafeln.

Aus den entwickelten prinzipiellen Gesetzmäßigkeiten werden sich zahlreiche *Regeln für die zweckmäßige Ausführung von Starkstrom- oder Hochspannungsanlagen* und ihrer einzelnen Teile ergeben. Für die rein baulichen Gesichtspunkte bei der Herstellung der Maschinen, Apparate und Leitungen ist hier jedoch kein Platz.

Bei der sachlichen Behandlung der einzelnen Schaltvorgänge müssen wir uns der mathematischen Methode bedienen, ohne die man verwickelte Zusammenhänge zwischen zahlreichen Größen nicht einfach und klar beschreiben kann.

Es ist versucht, mit möglichst einfachem Rüstzeug auszukommen, jedoch läßt sich die Verwendung der *Elemente der Differential- und Integralrechnung* nicht vermeiden, da es sich bei allen Schaltvorgängen um den zeitlichen Ablauf von Erscheinungen, also um *Veränderungen* handelt, die nur durch Differentialrechnung exakt zu erfassen sind. Nur in wenigen Kapiteln, die zu den schwierigeren Gebieten der Schaltprobleme gehören, müssen die *Elemente der partiellen Differentialgleichungen* und der *Differenzengleichungen* benutzt werden. Noch höhere mathematische Disziplinen brauchen nicht angewandt zu werden, um den größten Teil der Schaltvorgänge aufzuklären, die in der Praxis der Starkstromnetze auftreten.

Die meisten analytischen Methoden versagen bei nicht-linearen Erscheinungen, wie sie häufig in wirklichen Fällen auftreten. In solchen Fällen bilden *graphische Methoden* meistens ein geeignetes Werkzeug. Wir werden ausgedehnten Gebrauch von ihnen machen für solche Probleme, in denen nicht-lineares Verhalten eines der Hauptmerkmale des vorübergehenden und auch des Dauerzustandes ist. Graphische Methoden gestatten überdies oft *eine schnelle Übersicht über die Bedingungen und Ergebnisse der Lösung* bei Veränderung der verschiedenen Parameter. Wenn grundlegende Angaben für das Problem experimentell gegeben sind, wie zum Beispiel eine magnetische Charakteristik oder die temperaturabhängige Veränderung eines Widerstandes, so ist die graphische Behandlung von mindestens der gleichen Strenge wie irgendeine analytische Auswertung.

Die stationären Erscheinungen in Gleich- und Wechselstromkreisen müssen wir natürlich bei der Behandlung der Schaltvorgänge im allgemeinen als bekannt voraussetzen. Nur einige in enger Berührung mit unserem Gebiet stehende Dauererscheinungen werden eingehender behandelt. So sind zum Beispiel Erdströme innig verbunden mit vorübergehenden Fehlern in Starkstromnetzen und ferner ist ihre räumliche Verteilung in der Erde selbst im Dauerzustande durch Gesetzmäßigkeiten bedingt, die den Ausgleichserscheinungen näher stehen als den stationären Strömen in linearen Leitern.

Bei der Behandlung der Schwingungserscheinungen, die auf Sinus- und Kosinusfunktionen führt, läßt sich die formale Berechnungsarbeit außerordentlich vereinfachen, wenn man von der Rechnung mit komplexen Größen Gebrauch macht. Setzt man die imaginäre Einheit

$$j = \sqrt{-1} \tag{1}$$

und bezeichnet mit

$$\varepsilon = 2{,}718 \tag{2}$$

die Basis der natürlichen Logarithmen, so gilt die mathematische Beziehung

$$\varepsilon^{j\omega t} = \cos \omega t + j \sin \omega t. \tag{3}$$

Das Differenzieren und Integrieren der linken Seite der Gl. (3) mit ihrer Exponentialfunktion ist nun sehr viel einfacher als das der rechten Seite, denn die Exponentialfunktion bleibt bei diesen Operationen ungeändert. Es ist deshalb zweckmäßig, für einen Wechselstrom der Frequenz ω, der nach einer Kosinus- oder Sinusfunktion der Zeit t veränderlich ist, für die Durchrechnung *nicht* zu schreiben

$$\left. \begin{array}{l} i = J \cos \omega t \\ \text{oder} \quad i = J \sin \omega t, \end{array} \right\} \tag{4}$$

sondern statt dessen

$$i = J \, \varepsilon^{j\omega t}. \tag{5}$$

Denn dieser Ausdruck enthält nach Gl. (3) die beiden vorhergehenden summarisch, erleichtert aber außerdem die formale Durchrechnung so sehr, daß sie meist auf wenige Zeilen zusammenschrumpft. Zum Schluß kann man die Exponentialgrößen, die wir ebenso wie die Kosinus- und Sinusfunktionen als *harmonische Funktionen* bezeichnen wollen, wieder in ihre reellen und imaginären Anteile entsprechend Gl. (3) zerlegen. Der reelle Teil der Schlußformel gibt dann den kosinusförmigen Anteil, der imaginäre Teil den sinusförmigen Anteil der gesuchten Lösung an.

Führt schon hierbei die komplexe Rechnung zu einer sehr einfachen Darstellung, beispielsweise der Resonanzvorgänge, so zeigt sich ihr größter Nutzen erst bei der Behandlung von abklingenden Schwingungen, vor allem bei schwierigen Problemen, etwa bei der Verfolgung der freien Drehfelder in Mehrphasenmaschinen.

Die *Maßeinheiten*, die in allen Ableitungen und Zahlenbeispielen benutzt werden, sind entweder dem Meter-Kilogramm-Sekunde System (mks) entnommen oder dem Zentimeter-Gramm-Sekunde System (cgs), und zwar als elektromagnetische oder elektrostatische Einheiten, *wie es für den jeweils vorliegenden Fall am besten geeignet ist*. Auf diese Weise wird eine große Einfachheit aller numerischen Berechnungen erreicht.

A. Lineare Ausgleichsvorgänge in geschlossenen Stromkreisen.

I. Einfache Stromkreise.

1. Einschalten und Abschalten von Stromkreisen mit Selbstinduktion.

Wir wollen zuerst den Verlauf der Ströme betrachten, die beim Schalten von einfachsten elektrischen Stromkreisen auftreten, in denen nur unveränderliche Widerstände R und Selbstinduktionen L enthalten sind. Ein solcher Stromkreis ist in Abb. 1 dargestellt. Um den zeitlichen Verlauf der Ströme zu ermitteln, nehmen wir an, daß die von außen eingeprägte Spannung e im Stromkreise, also die elektromotorische Kraft, für alle Zeiten t gegeben ist. Ferner ist bis zum Eintritt des Schaltvorganges, und daher auch für dessen Beginn zur Zeit $t = 0$, die Stromstärke i im Kreise als bekannt anzusehen. Schließlich ist der stationäre Strom, der sich längere Zeit nach dem Schalten einstellt, also der Strom i für

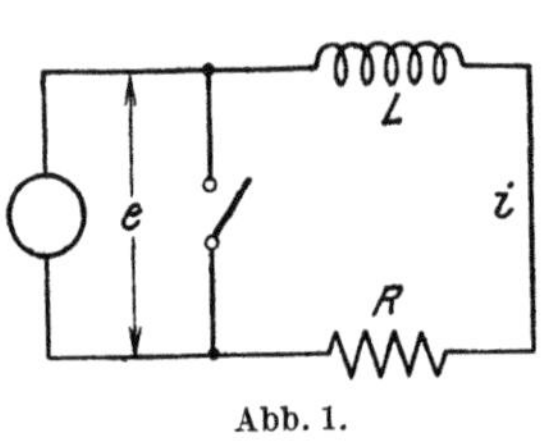

Abb. 1.

$t = \infty$, bekannt. Beide Ströme, vor und lange nach dem Schaltvorgang, berechnen sich nach den bekannten Gesetzen für stationäre Ströme.

Während der Übergangszeit beider Zustände muß die eingeprägte Spannung e den inneren Spannungen im Stromkreise das Gleichgewicht halten, nämlich der Ohmschen Widerstandsspannung $R i$ und der Selbstinduktionsspannung $L\, di/dt$. Für den *zeitlichen Verlauf der Ströme*, die sich bei einem beliebigen Schaltvorgang in dem einfachsten Stromkreis der Abb. 1 mit R und L einstellen, gilt daher die Differentialgleichung

$$L\frac{di}{dt} + R i = e. \tag{1}$$

Dies ist eine lineare Differentialgleichung erster Ordnung mit konstanten Koeffizienten, deren Lösung bekannt ist und die eine Integrationskonstante besitzt, die sich durch Betrachtung der Grenzbedingungen stets bestimmen läßt.

a) Abschalten durch Kurzschließen. Den einfachsten Verlauf von Ausgleichsströmen erhalten wir, wenn wir den Stromkreis R, L der Abb. 1 durch Schließen des Schalters auf sich selbst kurzschließen und dadurch von der äußeren Spannungsquelle unabhängig machen und abschalten. Diese kann alsdann natürlich selbst geöffnet werden. Im Augenblick des Kurzschließens fließt noch der ursprüngliche Strom J im Kreise. Wir haben also zur Zeit $t = 0$

$$i_0 = J. \tag{2}$$

Durch den Kurzschluß wird ferner $e = 0$ gemacht, so daß die Differentialgleichung (1) übergeht in

$$L \frac{di}{dt} + R i = 0 \tag{3}$$

oder

$$\frac{di}{dt} + \frac{R}{L} i = 0. \tag{4}$$

Um sie zu integrieren, schreibt man besser unter Trennung der Variablen i und t

$$\int \frac{di}{i} + \frac{R}{L} \int dt = 0 \tag{5}$$

und erhält durch Ausführen der Integration

$$\ln i + \frac{R}{L} t = K = \ln J. \tag{6}$$

Darin ist als Integrationskonstante K auf der rechten Seite sofort $\ln J$ angeschrieben, denn sonst würde für $t = 0$ die Grenzbedingung der Gl. (2) nicht erfüllt sein. Gl. (6) läßt sich auch schreiben

$$\ln \frac{i}{J} = - \frac{R}{L} t, \tag{7}$$

so daß man durch Delogarithmieren für den Verlauf des Stromes i in Abhängigkeit von der Zeit t erhält:

$$i = J \varepsilon^{-\frac{R}{L} t} = J \varepsilon^{-\frac{t}{T}}. \tag{8}$$

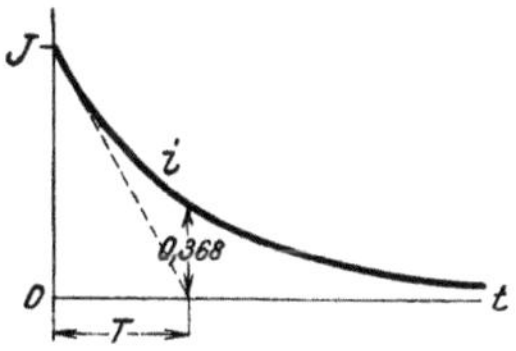

Darin ist mit ε die Basis der natürlichen Logarithmen bezeichnet, und es ist zur Abkürzung der Quotient

$$\frac{L}{R} = T \tag{9}$$

Abb. 2.

gesetzt. Wir wollen ihn die *Zeitkonstante des Stromkreises* nennen, weil er die Dimension einer Zeit besitzt. In Abb. 2 ist der Stromverlauf bildlich dargestellt. Eine genauere Kurventafel der Exponentialfunktion befindet sich am Ende des Buches.

Wir erkennen aus Gl. (8), *daß in jedem kurzgeschlossenen einfachen Stromkreise die Stromstärke nach einem Exponentialgesetz verlöscht. Die Geschwindigkeit des Abklingens wird allein durch die Größe der Zeitkonstante T bestimmt.* Der Anfangswert, von dem aus der Strom verlöscht, ist gegeben durch den Strom J im Kreise vor der Vornahme des Kurzschließens. Ob vorher Gleichstrom oder Wechselstrom im Kreise floß, ist für den Abklingvorgang gleichgültig. J ist stets derjenige Momentanwert des Stromes, der im Augenblick des Schaltens im Stromkreise vorhanden ist.

Der Endwert des Stromes nach Ablauf unendlicher Zeit t ist nach Gl. (8)

$$i_\infty = 0. \tag{10}$$

Nach Ablauf einer Zeit, die gleich der Zeitkonstante ist, also für $t = T$, ist der Strom auf den Betrag gesunken

$$\frac{i}{J} = \varepsilon^{-1} = \frac{1}{2{,}718} = 0{,}368,$$

das ist 36,8 % seines Anfangswertes. Nach der doppelten Zeitkonstante ist der Strom auf $\varepsilon^{-2} = 13{,}5\%$, nach der dreifachen Zeitkonstante auf $\varepsilon^{-3} = 5\%$ abgeklungen. Die Kenntnis dieser Zahlen ist wertvoll, wenn man aus dem experimentell aufgenommenen Verlauf eines abklingenden Stromes die Zeitkonstante des Stromkreises bestimmen will.

Die Subtangente jeder Exponentialkurve ist konstant. In unserem Falle ist dieselbe nach Abb. 2

$$\frac{i}{-\dfrac{di}{dt}} = \frac{J\varepsilon^{-\frac{t}{T}}}{\dfrac{J}{T}\varepsilon^{-\frac{t}{T}}} = T. \tag{11}$$

Sie ist dort für den Nullpunkt der Zeit eingetragen. Auch diese Subtangentenkonstruktion kann zur experimentellen Bestimmung der Zeitkonstante aus dem Strombild verwendet werden.

Aus Gl. (8) erkennt man, *daß das Abklingen des Stromes um so schneller erfolgt, je größer der Widerstand, und um so langsamer, je größer die Selbstinduktion im Stromkreise ist.* Technische Gleichstromkreise, z. B. die Feldmagnete von Dynamomaschinen, besitzen häufig so große Selbstinduktion, daß das Abklingen viele Sekunden dauern kann.

Eine Magnetspule mit $N = 2000$ Windungen, in denen ein Strom von 10 Amp einen proportionalen Fluß von $\Phi = 6 \cdot 10^6$ Kraftlinien erzeugt, hat nach einer bekannten Formel eine Selbstinduktion

$$L = \frac{N\Phi}{J} = \frac{2000 \cdot 6 \cdot 10^6}{10} \cdot 10^{-8} = 12 \text{ Henry}.$$

Bei einem Widerstand von $11\,\Omega$ besitzt sie eine Zeitkonstante

$$T = \frac{12}{11} = 1{,}09 \text{ sec}.$$

Ihr Strom erlischt also erst nach mehr als 3 sec.

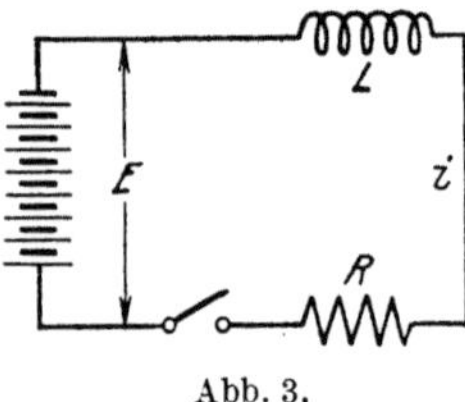

Abb. 3.

Die Selbstinduktion von zylindrischen Luftkernspulen von beliebiger Wandstärke und Länge kann an Hand der Kurventafel am Ende des Buches berechnet werden.

b) Einschalten von Gleichstrom. Etwas verwickelter ist der Verlauf der Ströme, wenn ein stromloser Kreis aus R und L nach Abb. 3 durch plötzliches Einschalten an die konstante Gleichspannung

$$e = E, \tag{12}$$

z. B. einer Sammlerbatterie, gelegt wird. Zur Zeit $t = 0$ ist dann der Anfangsstrom

$$i_0 = 0. \tag{13}$$

Die Differentialgleichung (1) des Stromkreises ist jetzt unter Beachtung von Gl. (12)

$$L\frac{di}{dt} + Ri = E, \tag{14}$$

sie besitzt auf der rechten Seite die konstante Spannung E als *Störungsfunktion*.

Wir lösen die Gleichung durch einen Kunstgriff, indem wir *den Strom i in zwei Teilströme zerspalten*

$$i = i' + i''. \tag{15}$$

Die erste Komponente i' soll bereits eine partikuläre Lösung der Differentialgleichung ergeben, die wir als *stationären oder Dauerstrom* bezeichnen. Die zweite Komponente i'' bildet den Rest, der als *Ausgleichs- oder Schaltstrom* bezeichnet wird und der nur nach einem Schaltprozeß auftritt. Gl. (14) zerfällt dann in zwei unabhängige Differentialgleichungen, und zwar

$$\left. \begin{aligned} L \frac{di'}{dt} + R i' &= E, \\ L \frac{di''}{dt} + R i'' &= 0, \end{aligned} \right\} \tag{16}$$

deren Summe wieder die ursprüngliche Gl. (14) ergibt. Die erste dieser Gleichungen läßt sich leicht lösen, wenn wir so große Zeiten betrachten, daß der unter der Einwirkung der konstanten Spannung E stehende Strom stationär und konstant geworden ist. Dann ist

$$\frac{di'}{dt} = 0, \tag{17}$$

und es wird nach der ersten Gl. (16)

$$i' = \frac{E}{R} = J. \tag{18}$$

Dieser Teilstrom i' stellt also *den stationären Endwert J* des Stromes dar, den man nach den üblichen Gleichstromregeln berechnen kann.

Außerdem tritt aber noch ein zweiter Teilstrom i'' auf, dessen Verlauf sich nach der zweiten Gl. (16) richtet. Diese ist nun genau so aufgebaut wie die Gl. (3) für den Verlauf des Ausgleichsstromes im kurzgeschlossenen Kreise ohne äußere Spannung. Entsprechend Gl. (8) können wir daher als Lösung der zweiten Differentialgleichung (16) anschreiben

$$i'' = K \varepsilon^{-\frac{R}{L}t}, \tag{19}$$

wobei die Integrationskonstante K noch willkürlich gelassen ist, weil sie aus den Grenzbedingungen des *jetzigen* Problems bestimmt werden muß.

Zu Beginn des Einschaltvorganges, also zur Zeit $t = 0$, ist der Strom nach Gl. (13) und (15), wenn man Gl. (18) und (19) einsetzt,

$$i_0 = \frac{E}{R} + K \cdot 1 = 0. \tag{20}$$

Damit ergibt sich

$$K = -\frac{E}{R}, \tag{21}$$

und somit erhält man für den gesamten Strom nach Gl. (15), (18) und (19)

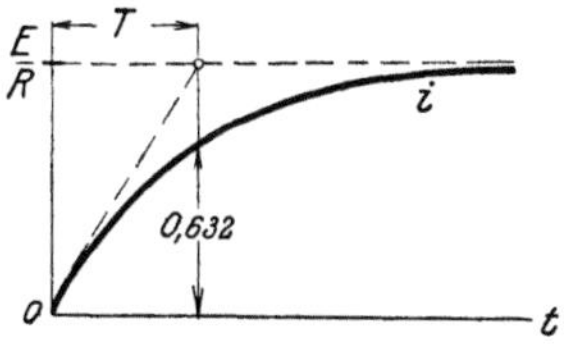

Abb. 4.

$$i = \frac{E}{R}\left(1 - \varepsilon^{-\frac{R}{L}t}\right) = J\left(1 - \varepsilon^{-\frac{t}{T}}\right), \tag{22}$$

wobei genau wie oben die Zeitkonstante nach Gl. (9) eingeführt ist.

In Abb. 4 ist der ansteigende Verlauf des Einschaltstromes nach dieser Beziehung gezeichnet, er stellt eine umgeklappte Exponentiallinie dar. *Der Strom wächst vom Werte Null aus nicht plötzlich, sondern allmählich auf seinen Endwert J an, und zwar um so langsamer, je größer die Zeitkonstante, also die Selbst-*

induktion des Kreises im Verhältnis zum Widerstand ist. Zur Konstruktion dieser Größe aus experimentell aufgenommenen Einschaltkurven kann entweder entsprechend Abb. 4 die Tangente im Nullpunkt gezogen werden, oder man kann den Wert des Stromes nach Ablauf der Zeitkonstante bestimmen, der den Betrag hat

$$\frac{i}{J} = 1 - \varepsilon^{-1} = 0{,}632 = 63{,}2\,\% \,.$$

Nach einer Zeit, die dem doppelten Wert der Zeitkonstante entspricht, hat sich der Strom bis auf 13,5 % seinem Endwerte genähert, nach der dreifachen Zeitkonstante bis auf 5 %. Man kann also sagen, daß er dann nahezu stationär geworden ist.

Wünscht man, daß der Gleichstrom möglichst schnell nach dem Einschalten auf seinen Endwert ansteigt, so muß man den Widerstand des Stromkreises künstlich vergrößern, um eine geringe Zeitkonstante zu erhalten, und muß die treibende Spannung natürlich im gleichen Maße verstärken, um nach Gl. (22) wieder denselben Endstrom zu erhalten.

c) Einschalten von Wechselstrom. Wird ein Stromkreis mit Widerstand und Selbstinduktion entsprechend Abb. 5 plötzlich an eine gegebene Wechselspannung

$$e = E \cos(\omega t + \psi) \tag{23}$$

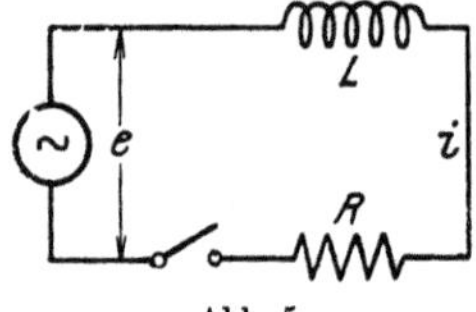
Abb. 5.

mit der Amplitude E, der Kreisfrequenz $\omega = 2\pi f$ und der Phase ψ geschaltet, so ist auch hier im ersten Augenblick der Strom im Kreise noch

$$i_0 = 0 \,. \tag{24}$$

Sein weiterer Verlauf richtet sich alsdann nach der Differentialgleichung (1), also

$$L\frac{di}{dt} + Ri = E \cos(\omega t + \psi), \tag{25}$$

die auf der rechten Seite ein nach einer Kosinusfunktion zeitlich veränderliches Störungsglied besitzt.

Wir lösen sie auf die gleiche Weise wie eben durch Zerspalten des gesamten Stromes in zwei Teilströme

$$i = i' + i'', \tag{26}$$

deren erster auch hier den stationären Strom nach Ablauf sehr langer Zeiten darstellen soll. Die Differentialgleichung (25) zerfällt dadurch in die beiden unabhängigen Gleichungen

$$\left. \begin{aligned} L\frac{di'}{dt} + Ri' &= E \cos(\omega t + \psi), \\ L\frac{di''}{dt} + Ri'' &= 0 \,. \end{aligned} \right\} \tag{27}$$

Die erste dieser Gleichungen regelt den Verlauf jedes stationären Wechselstromes. Sie hat die bekannte Lösung

$$i' = J \cos(\omega t + \varphi), \tag{28}$$

wobei die Amplitude des Wechselstromes entsprechend dem erweiterten OHMschen Gesetz durch

$$J = \frac{E}{\sqrt{R^2 + (\omega L)^2}} \tag{29}$$

und der Phasenwinkel gegenüber der Spannung durch

$$\mathrm{tg}\,(\varphi - \psi) = -\frac{\omega L}{R} \tag{30}$$

bestimmt ist.

Die zweite Differentialgleichung (27) für den Teilstrom i'' ist nun identisch mit Gl. (3) und (16) für die vorher behandelten Fälle und hat daher auch die gleiche Lösung

$$i'' = K\,\varepsilon^{-\frac{R}{L}t}. \tag{31}$$

Die Integrationskonstante K muß wieder so bestimmt werden, daß die Grenzbedingung für den Schaltaugenblick befriedigt wird, daß also nach Gl. (24) und (26) unter Einsetzen von (28) und (31) für $t=0$

$$i_0 = J\cos\varphi + K\cdot 1 = 0 \tag{32}$$

wird. Daraus folgt

$$K = -J\cos\varphi. \tag{33}$$

Den gesamten Strom nach dem Einschalten der Wechselspannung erhält man somit nach Gl. (26) mit (28) und (31) zu

$$i = J\left[\cos(\omega t + \varphi) - \cos\varphi\,\varepsilon^{-\frac{t}{T}}\right]. \tag{34}$$

In Abb. 6 ist ein derartiger Verlauf dargestellt.

Beim Einschalten einer Wechselspannung auf einen einfachen Stromkreis schwillt der Wechselstrom also nicht etwa, wie man es aus oberflächlicher Analogie mit dem

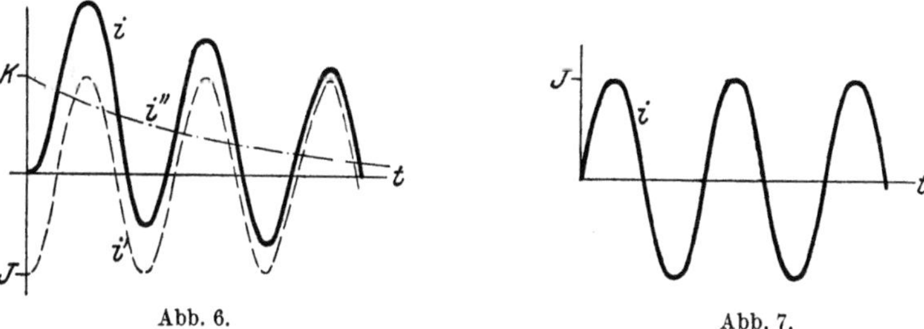

Abb. 6.Abb. 7.

Gleichstrom erwarten könnte, allmählich an, sondern es lagert sich dem stationären Wechselstrom i' noch ein Ausgleichsstrom i'' mit gleichbleibender Richtung über, der entsprechend der Zeitkonstante T des Stromkreises abklingt und den stationären Strom während der Ausgleichszeit verzerrt. Die Stärke der Verzerrung ist abhängig von dem Phasenwinkel φ, den der stationäre Strom im Einschaltmomente haben würde. Ist dieser Winkel gleich 0 oder 180°, d.h. würde der stationäre Strom im Einschaltmomente gerade sein Maximum besitzen, so tritt ein Ausgleichsstrom auf, der nach Gl. (33) zu Anfang den vollen Wert der Amplitude des stationären Stromes besitzt. Dieser Fall ist in Abb. 6 dargestellt. Ist der Phasenwinkel $\varphi = \pm 90°$, geht also der stationäre Strom im Einschaltmomente sowieso durch seinen Nullwert, so tritt nach Gl. (34) kein Ausgleichsstrom auf, sondern der Wechselstrom setzt sofort mit seinem normalen Verlauf ein. Dieser Fall ist in Abb. 7 dargestellt.

Der *Anfangswert des Ausgleichsstromes*, der durch die Konstante K in Gl. (31) bestimmt ist, ist nach (33) stets gleich dem *negativ genommenen stationären Strom*, der im Schaltaugenblick $t=0$ vorhanden wäre, und ergänzt denselben so, daß der tatsächliche Strom i mit der Stärke Null beginnt. Dies bewirkt im ungünstigen Falle nach Abb. 6, daß der tatsächliche Strom zu Anfang *ganz einseitig der Nullinie verläuft,* so daß *Überströme* bis zum doppelten Wert des stationären Stromes eintreten, wenn die Zeitkonstante erheblich größer ist als die Wechselstromperiode, so daß der Ausgleichsstrom nur relativ langsam abklingt. Abb. 8 stellt den oszillographisch aufgenommenen Strom dar, wie er sich beim Kurzschluß in einem Leitungszweige ausbildete, der über eine große Drosselspule gespeist wurde. Die Netzspannung wurde dabei durch den Kurzschluß plötzlich ganz auf die Selbstinduktionsspule geworfen, deren Ausgleichsstrom erst nach vielen Wechselstromperioden abgeklungen ist.

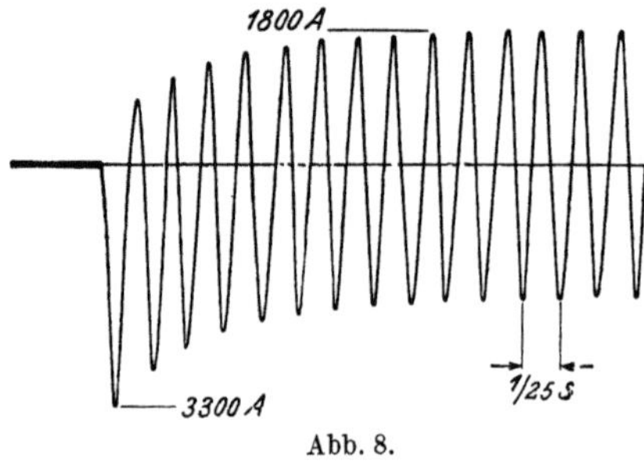

Abb. 8.

Der höchstmögliche Strom entwickelt sich, wenn $\varphi = 0$ ist und beträgt nach Gl. (34)

$$i = J\left(\cos \omega t - \varepsilon^{-\pi \frac{t}{T}}\right). \qquad (35)$$

Er hat zeitlich ein Maximum nach etwa einer halben Periode und ist mit $\omega t = \pi$

$$i = - J\left(1 + \varepsilon^{-\pi \frac{R}{\omega L}}\right). \qquad (36)$$

Bei einem Verhältnis $R/\omega L = 2\%$ überschreitet der wirkliche Strom daher den Dauerstrom um das 1,94fache; bei einem Widerstand-zu-Reaktanz-Verhältnis von 5% ist der Faktor 1,85; und bei einem Verhältnis von 10% ist er 1,73.

Ist dagegen die Zeitkonstante des Stromkreises klein gegenüber der Wechselstromperiode, so ist der Ausgleichsstrom nach einer Halbwelle schon vollkommen verschwunden und es tritt daher kein Überstrom auf. Beispielsweise sind in Abb. 9 drei Einschaltkurven eines Wechselstromes gezeichnet für Zeitkonstanten von $^1/_2$, $^1/_4$ und $^1/_8$ der Dauer einer Wechselstromwelle. Die Kurve ist hier *nur in ihrer ersten Halbwelle* erheblich verzerrt, der Anfang des Schaltvorgangs nähert sich mit abnehmender Zeitkonstante immer mehr dem Bild, das bei Gleichstrom

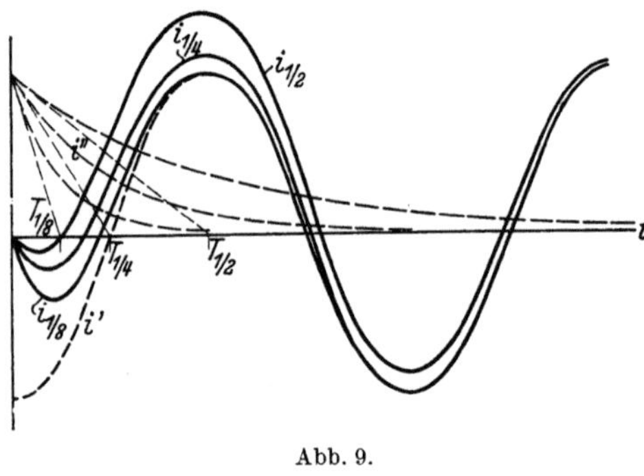

Abb. 9.

vorhanden war, nämlich einem allmählichen Anstieg des Stromes bis zum stationären Werte.

Beim Einschalten stark induktiver Stromkreise, in denen nach Gl. (30) die Phase ψ der Spannung um nahezu 90° gegenüber der Phase φ des Stromes verschoben ist, entspricht *der ungünstige in Abb. 6 dargestellte Fall dem Schalten beim Durchgang der Spannung durch Null, der in Abb. 7 dargestellte günstige Fall dem Schalten bei maximaler Augenblicksspannung.*

Bei Hochspannungsschaltern wird das Einschalten häufig durch einen Funkenüberschlag zwischen den relativ langsam sich nähernden Schaltkontakten eingeleitet, sodaß der Stromkreis im Augenblick hoher Spannung eingeschaltet wird, was auf geringe Ausgleichsströme hinwirkt. Während diese Erscheinung bei einphasigem Schalten günstig wirken kann, muß man bei dreiphasigen Stromkreisen im allgemeinen damit rechnen, daß die vollen Ausgleichsströme in einer der drei Phasenwicklungen stets eintreten können.

d) Abschalten mit Parallelwiderstand. Wenn man einen Gleichstromkreis, der Widerstand und Selbstinduktion besitzt, durch schnelles Öffnen des Schalters von seiner Stromquelle abschaltet, so entstehen am Schalter außerordentlich hohe Spannungen, die häufig zu Durchschlägen geführt haben. Tatsächlich liegt hier ein singulärer Fall vor. Durch Öffnen des Schalters wird nicht nur der Strom vor dem Schalten

$$i_0 = J = \frac{E}{R} \qquad (37)$$

auf den stationären Wert

$$i' = 0 \tag{38}$$

gebracht, so daß ein Ausgleichsstrom mit dem Anfangswerte

$$i_0'' = i_0 - i' = J \tag{39}$$

auftreten muß, sondern es wird gleichzeitig der Widerstand des Stromkreises auf den Wert

$$R = \infty \tag{40}$$

gebracht, der nunmehr vollständig an der Schaltstelle konzentriert ist. Damit ergibt sich zwar nach Gl. (9) eine unendlich kleine Zeitkonstante T, der Strom klingt also in äußerst kurzer Zeit ab, jedoch wird die Spannung, die im ersten Augenblick des Ausschaltens zwischen den Schaltkontakten auftritt, nach Gl. (39) und (40)

$$e'' = i_0'' R = \infty \, . \tag{41}$$

In Wirklichkeit wird diese rechnerisch unendliche Ausschaltspannung natürlich nicht erreicht, es ist vielmehr mit unseren gewöhnlichen Schaltern garnicht möglich, den Widerstand innerhalb des Zeitraumes Null von einem sehr kleinen Wert auf Unendlich zu bringen. Immerhin mißt man an induktiven Stromkreisen, die rapide abgeschaltet werden, hohe Spannungssteigerungen. Man benutzt diese Erscheinung sogar seit langer Zeit bei Funkeninduktoren und ähnlichen Apparaten zur Erzeugung starker Spannungsschläge.

In Starkstromkreisen sind die hohen Spannungen meist unerwünscht. Man legt aus diesem Grunde gern parallel zum Schalter, oder besser noch parallel zum Stromkreise mit dem Widerstand R und der Selbstinduktion L einen höheren Widerstand r, so wie es in Abb. 10 gezeichnet ist. In diesem Falle ist der Widerstand des Stromkreises nach dem Öffnen des Schalters nicht wie in Gl. (40) unendlich, sondern er ist $R + r$, so daß der Ausgleichsstrom, der nach dem Abschalten allein im Stromkreise abklingt, nach Gl. (39) und (8) dargestellt wird durch

$$i'' = J \varepsilon^{-\frac{R+r}{L} t} . \tag{42}$$

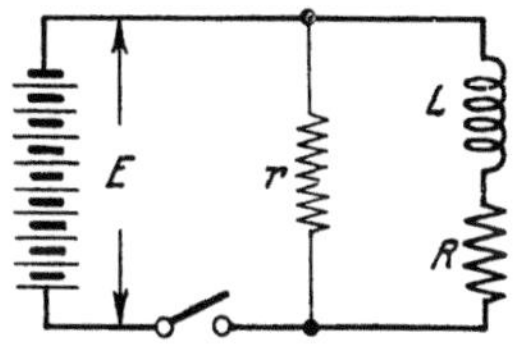

Die Spannung am Parallel- oder Schutzwiderstand r wird demnach mit Benutzung von Gl. (37)

$$e'' = i'' r = \frac{r}{R} E \varepsilon^{-\frac{R+r}{L} t} . \tag{43}$$

Abb. 10.

Ihr Anfangswert verhält sich also zur Betriebsspannung wie die Größe des Parallelwiderstandes zum Hauptwiderstand der Magnetwicklung. Die Spannung am Schalter ist noch um den Betrag E größer.

Da der Parallelwiderstand r beim Betrieb des Kreises dauernd von Strom durchflossen wird, so darf man ihn, wenn man erhebliche Energieverluste vermeiden will, nicht gar zu klein ausführen, oder man schaltet ihn nur zeitweise ein. Meist wählt man ihn erheblich größer als den Magnetwiderstand, vielleicht zum fünffachen Werte desselben. Alsdann erhält man am Schalter immer noch eine Ausschaltespannung, die das Sechsfache der normalen Spannung ist. Es sei erwähnt, daß die Anfangsspannung von Gl. (43) auch auftritt, wenn der Magnetkreis beliebig starke Eisensättigung besitzt, so daß seine Selbstinduktion nicht mehr konstant ist. Auch dann fließt im ersten Augenblick nach dem Schalten der bisherige Gleichstrom einfach weiter durch den Widerstand r und erzeugt daher in ihm die angegebene Ausschaltespannung.

Die für das Abklingen maßgebende Selbstinduktion der Magnetwicklung,
die den Kraftfluß Φ umschlingt und vom Strome J mit N Windungen erregt
wird, berechnet man am einfachsten aus der bekannten Formel

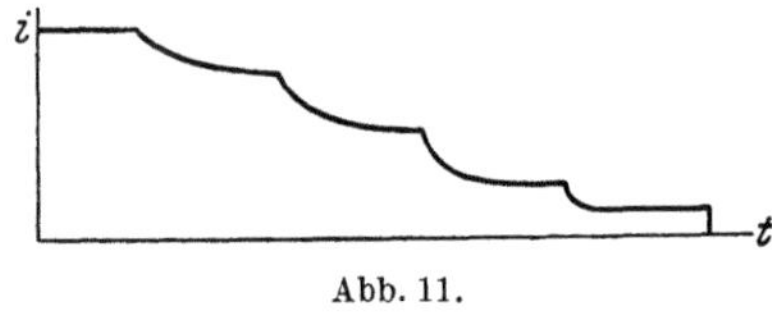
Abb. 11.

$$L = \frac{N\Phi}{J}. \tag{44}$$

Die Zeitkonstante der Magnetwicklung selbst
ergibt sich dann zu

$$T = \frac{N\Phi}{RJ} = \frac{N\Phi}{E}, \tag{45}$$

wobei E die elektromotorische Kraft des Stromes ist, der das Feld Φ erzeugt.
*Die Zeitkonstante einer Wicklung mit gegebenem Magnetfluß Φ ist somit direkt
proportional der Windungszahl N, umgekehrt proportional der Erregerspannung E
und unabhängig von allen anderen Daten des Stromkreises.*

Geringere Abschaltespannungen erhält man, wenn man den Stromkreis nicht
plötzlich ganz öffnet, sondern *stufenweise mehr und mehr Widerstand einschaltet*
und das vollständige Öffnen erst vornimmt, wenn die letzte hohe Widerstandsstufe den Strom auf einen geringen Betrag herabgedrückt hat. Abb. 11 stellt
dieses stufenweise Abnehmen dar. Die Stufen werden immer steiler, weil die
Zeitkonstante des Kreises mit zunehmendem Widerstand und abnehmendem
Magnetfluß immer geringer wird.

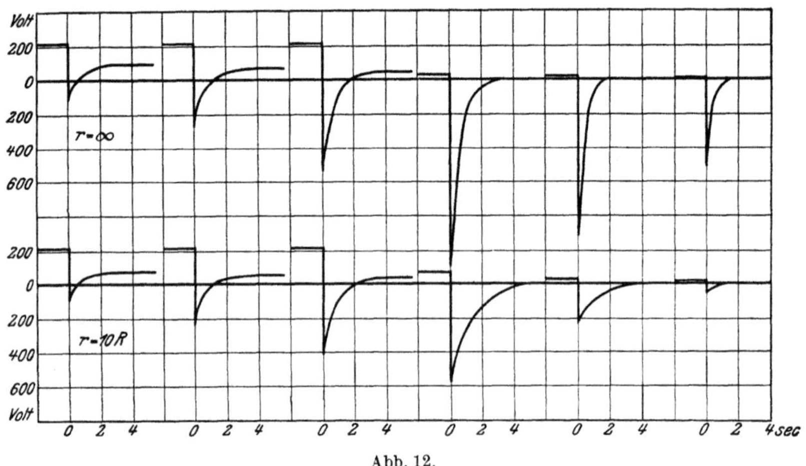
Abb. 12.

Oszillographische Aufnahmen bestätigen, daß hohe Überspannungen beim
Ausschalten von Gleichstromfeldern auftreten. Abb. 12 stellt Ausschaltspannungen der Magnetspulen eines 400 kW Gleichstrommotors für 220 Volt dar, die
4,5 Ω inneren Widerstand besaßen. Die Pole waren lamelliert, jedoch das Joch
aus Gußeisen. Das Ausschalten erfolgte im magnetischen Blasfelde. Die drei
linken Bilder jeder Reihe stellen die Spannung beim *Schwächen* des Stromes dar,
in der oberen Reihe ohne Parallelwiderstand, in der unteren Reihe mit Parallelwiderstand von 45 Ω. Die drei rechten Bilder jeder Reihe geben den Spannungsverlauf beim vollständigen *Ausschalten* des Stromes ohne und mit dem gleichen
Parallelwiderstand wieder. Um nicht zu gefährliche Spannungen zu erreichen, ist
im letzten Falle von verschiedenen niedrigen Anfangsströmen ausgegangen. Man
erkennt, daß mit Schutzwiderstand annähernd die Werte der Spannungserhöhung
von Gl. (43) erreicht werden, während ohne Schutzwiderstand schon bei sehr
kleinen Betriebsspannungen hohe Ausschalteüberspannungen vorhanden sind.

2. Ladung und Entladung von Kapazitätskreisen.

Die Ladung Q, die ein Kondensator enthält, besteht einerseits aus der gesamten in ihn hineingeflossenen Strommenge, also dem Zeitintegral des Stromes, andererseits ist sie gegeben durch das Produkt seiner Kapazität C und seiner Spannung e_C. Es ist also

$$Q = \int i\, dt = C\, e_C. \tag{1}$$

Durch Differentiation erhält man für den Strom im Kondensator

$$i = C \frac{de_C}{dt}. \tag{2}$$

Liegt der Kondensator über einen Widerstand R an einer von außen eingeprägten Spannung e, entsprechend Abb. 1, so hält diese den inneren Spannungen im Stromkreise das Gleichgewicht, nämlich der Widerstandsspannung Ri und der Kondensatorspannung e_C. Der zeitliche Verlauf des Stromes richtet sich daher nach der Gleichung

$$Ri + e_C = e. \tag{3}$$

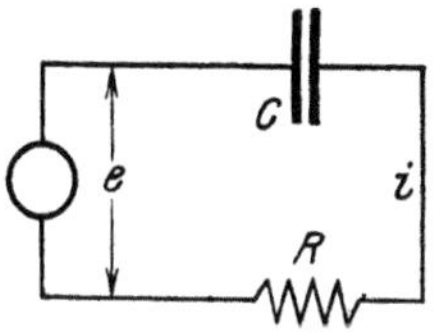

Drücken wir darin die Kondensatorspannung nach Gl. (1) durch den Strom aus, so erhalten wir für diesen die Integralgleichung

$$Ri + \frac{1}{C} \int i\, dt = e. \tag{4}$$

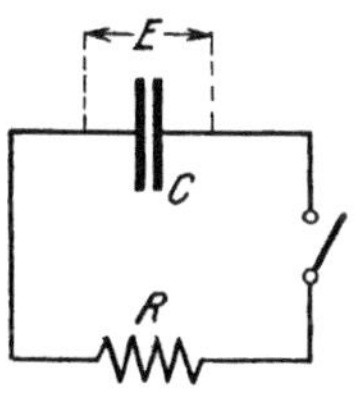

Abb. 1.

Drücken wir dagegen den Strom nach Gl. (2) durch die Kondensatorspannung aus, so erhalten wir für diese die Differentialgleichung

$$RC \frac{de_C}{dt} + c_C = e. \tag{5}$$

Dies ist wieder eine lineare Differentialgleichung erster Ordnung mit konstanten Koeffizienten, deren Lösung für verschiedene Fälle aufgesucht werden soll. Den Strom kann man dann leicht nach der Beziehung (2) bestimmen.

a) Entladung des Kondensators. Schließt man einen geladenen Kondensator plötzlich auf einen Widerstand, so enthält dieser in Abb. 2 dargestellte Stromkreis keine eingeprägte Spannung. Es ist also

$$e = 0, \tag{6}$$

und daher wird aus der Differentialgleichung (5)

$$\frac{de_C}{dt} + \frac{e_C}{RC} = 0. \tag{7}$$

Abb. 2.

Diese Beziehung entspricht bis auf die anderen Konstanten im zweiten Gliede vollständig der Gl. (4) in Kapitel 1. Ihre Lösung ist entsprechend der dortigen Gl. (8)

$$e_C = K\, \varepsilon^{-\frac{t}{RC}}, \tag{8}$$

worin die Integrationskonstante K aus der Anfangsbedingung bestimmt werden muß. Die Kondensatorspannung kann sich zur Zeit $t = 0$ nicht plötzlich ändern. Bezeichnet man die ursprüngliche Ladespannung mit E, so ist demnach

$$e_{C\,0} = K = E, \tag{9}$$

und damit wird der zeitliche Verlauf der Kondensatorspannung vollständig bestimmt zu

$$e_C = E\, \varepsilon^{-\frac{t}{T}}. \tag{10}$$

*Die Spannung klingt also bei Entladung des Kondensators auf einen Wider-
stand exponentiell ab*, entsprechend einer Zeitkonstante

$$T = RC. \tag{11}$$

In Abb. 3 ist ihr Verlauf dargestellt. Der Entladestrom ergibt sich nach Gl. (2)
durch Differentiation von Gl. (10) zu

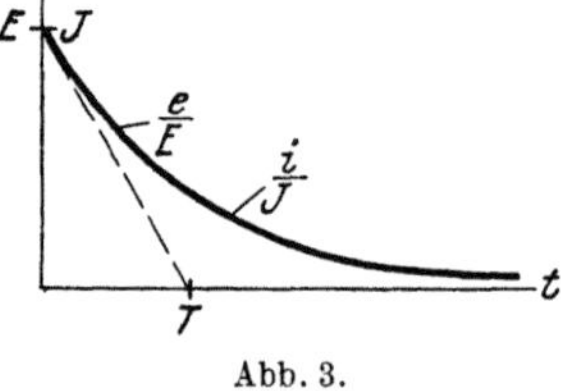

Abb. 3.

$$i = -\frac{E}{R}\varepsilon^{-\frac{t}{T}}. \tag{12}$$

Er setzt also sofort nach Schließen des Schalters mit
einem *endlichen* Wert ein, der sich nach dem Ohmschen Gesetz als Kondensatorspannung durch Widerstand berechnet, und klingt nach dem gleichen Exponentialgesetz wie die Spannung nach Abb. 3 ab.

Während die Zeitkonstante in Stromkreisen mit Selbstinduktion durch den
Quotienten von L und R gebildet wird, bestimmt sie sich in Stromkreisen mit
Kapazität durch das *Produkt von C und R*. Während dort daher die Ausgleichs-
ströme bei großem Widerstand schnell abklingen, *verlöschen sie hier bei großem
Widerstand nur sehr langsam*.

Eine Kabelstrecke von 10 km Länge, die 2 μF Kapazität besitzt, entlädt
sich über ihren eigenen Isolationswiderstand von 50 Megohm mit einer Zeitkonstante

$$T = 2 \cdot 10^{-6} \cdot 50 \cdot 10^6 = 100 \text{ sec.}$$

Die Spannung ist also nach 5 min auf 5% des Anfangswertes gesunken.

b) Aufladung durch Gleichspannung. Wird der Stromkreis mit Widerstand
und Kapazität entsprechend Abb. 4 durch plötzliches Einschalten auf die konstante Gleichspannung

$$e = E \tag{13}$$

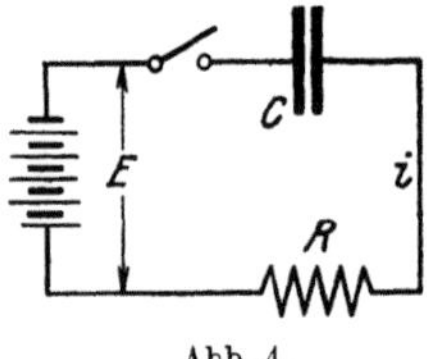

Abb. 4.

gebracht, so richtet sich der Verlauf der Kondensatorspannung nach der Differentialgleichung (5), also

$$RC\frac{de_C}{dt} + e_C = E, \tag{14}$$

die auf der rechten Seite als Störungsfunktion die Kon-
stante E besitzt. Wir können die Gleichung wieder lösen, indem wir die Kondensatorspannung und ebenso auch den Strom im Kreise in zwei Teile zerspalten

$$\left.\begin{array}{l} e_C = e_C' + e_C'', \\ i = i' + i''. \end{array}\right\} \tag{15}$$

Der erste Teil soll die stationären Bestandteile, der zweite Teil die Ausgleichsspannungen und Ausgleichsströme darstellen.

Gl. (14) zerfällt dann in die beiden unabhängigen Differentialgleichungen

$$\left.\begin{array}{l} RC\dfrac{de_C'}{dt} + e_C' = E, \\[2mm] RC\dfrac{de_C''}{dt} + e_C'' = 0. \end{array}\right\} \tag{16}$$

Die Lösung der ersten Gleichung erhalten wir durch Betrachtung sehr später
Zeiten, wenn die Kondensatorspannung sich nicht mehr ändert, zu

$$e_C' = E, \tag{17}$$

während die zweite Gleichung, entsprechend Gl. (8), wieder die Lösung besitzt

$$e_C'' = K \varepsilon^{-\frac{t}{RC}}. \tag{18}$$

Im Schaltmoment $t = 0$ ist die Spannung am Kondensator noch Null. Daher ist nach der ersten Gl. (15)

$$e_{C\,0} = E + K \cdot 1 = 0, \tag{19}$$

und damit wird die Integrationskonstante

$$K = -E. \tag{20}$$

Durch Addition von Gl. (17) und (18) erhält man daher die vollständige Kondensatorspannung

$$e_C = E\left(1 - \varepsilon^{-\frac{t}{T}}\right), \tag{21}$$

und den Ladestrom durch Differentiation nach Gl. (2) zu

$$i = \frac{E}{R}\varepsilon^{-\frac{t}{T}}, \tag{22}$$

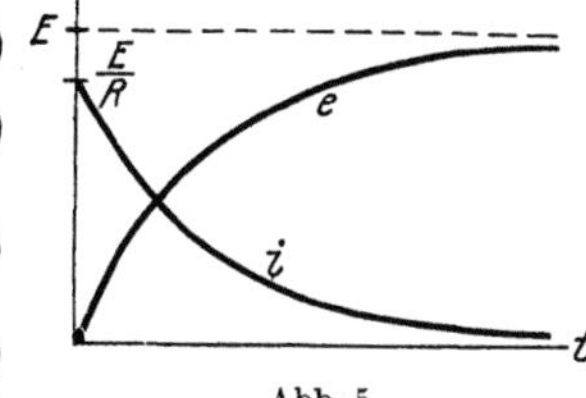

Abb. 5.

wobei, genau wie oben, die Zeitkonstante nach Gl. (11) eingeführt ist. Abb. 5 stellt den Verlauf von Strom und Spannung dar. *Die Spannung am Kondensator steigt von Null beginnend exponentiell bis zum Endwert an. Der Ladestrom setzt mit einer solchen Stärke ein, als ob der Kondensator nicht vorhanden oder kurzgeschlossen wäre und klingt alsdann allmählich auf den Wert Null ab.* Ist der dem Kondensator vorgeschaltete Widerstand gering, so kann der erste Stromstoß *kurzschlußartigen Charakter* erhalten.

Die Gleichspannungsladung von Kondensatoren spielt eine große Rolle bei der Kabeltelegraphie. Um beim Tasten, d. h. beim Ein- und Ausschalten des Kabels, das einen Kondensator bildet, möglichst scharfe Zeichen zu erhalten, ist es erforderlich, die Zeitkonstante, also das Produkt von Widerstand und Kapazität, möglichst klein zu halten. Das führt auf starke Leiter und starke Isolierung der Kabel. Für kurze Kabelstrecken ist dies die einzige Bedingung für ein gutes Arbeiten; bei langen Strecken spielt auch die räumliche Verteilung von C und R eine Rolle und kompliziert die Erscheinungen.

Auch bei Starkstromkabeln für Gleichstrom treten diese Stromstöße auf. Die oben genannte Kabelstrecke mit $2\,\mu$F Kapazität besitzt einen Widerstand der Leitungsdrähte von etwa $1\,\Omega$. Die Ladung erfolgt daher mit einer Zeitkonstante von

$$T = 2 \cdot 10^{-6} \cdot 1 = 2 \cdot 10^{-6}\ \text{sec},$$

also außerordentlich rasch. Bei einer Ladespannung von 500 Volt entsteht dabei ein kurzzeitiger Stromstoß von

$$J = \frac{500}{1} = 500\ \text{Amp},$$

der die Stromquelle mit 250 kW Leistung belastet.

c) Ladung durch Wechselspannung. Wenn man schließlich den Kondensatorkreis entsprechend Abb. 6 an eine Wechselspannung

$$e = E\cos(\omega t + \psi) \tag{23}$$

schaltet, so erzeugt diese einen stationären Strom, der sich auf bekannte Weise berechnet zu

$$i' = J\cos(\omega t + \varphi). \tag{24}$$

Seine Amplitude ist

$$J = \frac{E}{\sqrt{R^2 + \left(\dfrac{1}{\omega C}\right)^2}} \tag{25}$$

und sein Phasenwinkel gegenüber der Spannung wird durch

$$\operatorname{tg}(\varphi - \psi) = \frac{1}{\omega C R} \tag{26}$$

bestimmt.

Dieser Strom erzeugt nach Gl. (1) am Kondensator eine stationäre Spannung

$$e'_C = \frac{1}{C}\int i'\, dt = \frac{J}{\omega C}\sin(\omega t + \varphi) = E_C \sin(\omega t + \varphi), \tag{27}$$

worin E_C die stationäre Amplitude ist. Die gesamte Spannung am Kondensator setzt sich wieder zusammen aus dieser stationären Spannung und der Ausgleichsspannung, die genau wie im vorhergehenden Falle

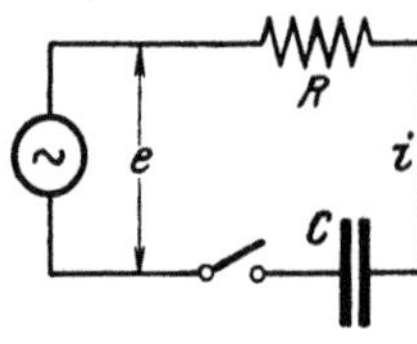

Abb. 6.

$$e''_C = K\,\varepsilon^{-\frac{t}{T}} \tag{28}$$

ist. Im Augenblick des Schaltens ist die Gesamtspannung noch Null, es ist also für $t = 0$

$$e_{C0} = E_C \sin\varphi + K = 0, \tag{29}$$

so daß die Integrationskonstante hier

$$K = -E_C \sin\varphi \tag{30}$$

wird. Damit erhält man für die Kondensatorspannung aus Gl. (27) und (28) den vollständigen Ausdruck

$$e_C = E_C\left[\sin(\omega t + \varphi) - \sin\varphi\,\varepsilon^{-\frac{t}{T}}\right]. \tag{31}$$

Den Ausgleichsstrom erhält man durch Differentiation der Ausgleichsspannung von Gl. (28) nach der Vorschrift von Gl. (2) unter Beachtung von (11) und (27) zu

$$i'' = \frac{E_C}{R}\sin\varphi\,\varepsilon^{-\frac{t}{T}} = \frac{J}{\omega C R}\sin\varphi\,\varepsilon^{-\frac{t}{T}}. \tag{32}$$

Der gesamte Strom nach dem Einschalten wird daher als Summe der Teilströme von Gl. (24) und (32)

$$i = J\left[\cos(\omega t + \varphi) + \frac{\sin\varphi}{\omega C R}\,\varepsilon^{-\frac{t}{T}}\right]. \tag{33}$$

Ist der Phasenwinkel φ des stationären Stromes im Einschaltmoment gleich Null, würde dieser Strom also nach Gl. (24) gerade sein Maximum besitzen, so tritt nach der letzten Beziehung kein Ausgleichsstrom und nach Gl. (31) auch keine Ausgleichsspannung am Kondensator auf. Es beginnt vielmehr sofort der normale Stromverlauf. Bei kleinem Widerstand entspricht *dieser günstige Fall dem Einschalten beim Durchgang der eingeprägten Spannung e durch Null.*

Ist jedoch der Winkel $\varphi = 90°$, würde also der stationäre Strom im Schaltmoment gerade durch Null gehen, so tritt ein starker Ausgleichsstrom auf, der im allgemeinen viel stärker als der stationäre Wechselstrom ist und wieder einen abklingenden Gleichstrom darstellt. Der höchstmögliche Anfangswert des Ausgleichsstromes ist nach Gl. (32)

$$J'' = \frac{E_C}{R} = \frac{\dfrac{1}{\omega C}}{R}\,J. \tag{34}$$

Er ist also im Vergleich zum stationären Strom bestimmt durch das Verhältnis des Blindwiderstandes des Kondensators zum OHMschen Widerstand des Kreises, und da der letztere in Wechselstromkreisen sehr klein zu sein pflegt, so kann der Ausgleichsstrom den stationären Wechselstrom sehr erheblich überwiegen. In Abb. 7 ist der Verlauf des Gesamtstromes für einen ungünstigen Einschaltmoment dargestellt.

Wird die mehrfach erwähnte Kabelstrecke mit $2\,\mu\mathrm{F}$ Kapazität und $1\,\Omega$ Widerstand an ein 50periodiges Wechselstromnetz geschaltet, so entsteht ein kurzdauernder Ausgleichsstrom vom

Abb. 7.

$$\frac{J''}{J} = \frac{1}{2\,\pi\,50\cdot 2\cdot 10^{-6}\cdot 1} = 1600\,\text{fachen}$$

Betrage des regulären Ladestromes des Kabels.

Ist die stationäre Kondensatorspannung E_C bekannt, so errechnet man den Ausgleichsstrom nach Gl. (34) am besten als ihren Quotienten mit dem OHMschen Widerstand, ganz ähnlich wie bei der Gleichspannungsladung. Nicht nur bei großen Kapazitäten von Kabeln oder Fernleitungen, sondern auch bei kleinen Kapazitäten in Starkstromnetzen, wie kurzen Leitungen, Sammelschienen usw., können diese Einschaltstöße sehr große Stärke annehmen. Ihre Zeitkonstante und daher ihre Dauer ist aber nach Gl. (11) bei kleinen Widerständen und Kapazitäten so außerordentlich gering, daß sie dann praktisch nicht erheblich ins Gewicht fallen.

Im Schaltmoment tritt in jedem Falle eine so große Ausgleichsspannung auf, daß sie die stationäre Kondensatorspannung gerade zu Null ergänzt. Bei $\varphi = \pm 90°$, also nach Gl. (24) beim Stromdurchgang durch Null, erreicht diese ihr Maximum, und daher entsteht hier auch die höchste Ausgleichsspannung von voller Höhe der stationären Kondensatorspannung. Abb. 8 stellt diesen ungünstigen Fall dar. Man erkennt aus Gl. (31), daß für ausreichend große Zeitkonstante, also für ein erhebliches Produkt CR, eine halbe Periode nach dem Einschalten Überspannungen bis zum doppelten Wert der stationären Kondensatorspannung auftreten können.

Bezogen auf die Wechselspannung E der *Stromquelle* selbst ist die höchste Kondensatorspannung nach Gl. (31) für $\omega t = \pi$ und $\varphi = -\pi/2$ mit Gl. (25) und (27)

$$\bar{e}_C = \frac{1 - \varepsilon^{-\frac{\pi}{\omega T}}}{\sqrt{1 + (\omega T)^2}}\, E. \qquad (35)$$

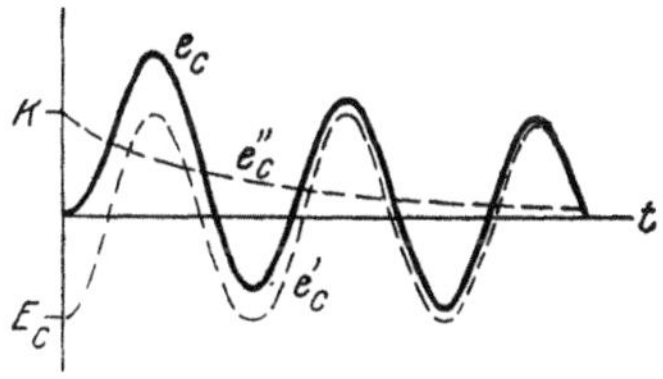

Abb. 8.

Mit zunehmender Frequenz und Zeitkonstante sinkt dies vom Werte E allmählich herab und beträgt beispielsweise bei $\omega = 2\,\pi\cdot 50$ Per/sec und $T = 1/314$ sec

$$\bar{e}_C = \frac{1 - \varepsilon^{-\pi}}{\sqrt{1 + 1^2}}\, E = 0{,}675\,.$$

Der in Abb. 7 und 8 dargestellte *ungünstige Fall großer Überströme und Überspannungen tritt bei kleinem Widerstande und großer Kapazität im Stromkreis auf, wenn beim Stromdurchgang durch Null, also beim Höchstwert der eingeprägten Spannung e geschaltet wird*, ein Fall, der in Hochspannungsanlagen wegen des Auftretens von Einschaltfunken die Regel ist. Während daher durch die Wirkung der Einschaltfunken die Überströme in induktiven Kreisen mehr oder weniger verschwinden, werden sie in kapazitiven Kreisen auf ihren Höchstwert gebracht.

3. Allgemeine Schaltgesetze.

In den bisherigen Beispielen konnten wir die Differentialgleichung für den Verlauf des Stromes nach einem Schaltvorgang dadurch lösen, daß wir den Strom in zwei Teile zerspalteten. *Der erste Teil* befriedigte die Differentialgleichung bereits und stellte den *stationären Strom* dar, der sich unter der Wirkung der im Stromkreis vorhandenen Spannung entwickelt, sei diese eine Gleichspannung oder eine Wechselspannung. *Der zweite Teil* des Stromes richtete seinen Verlauf auch nach der Differentialgleichung für den Gesamtstrom, aber unter Abzug der eingeprägten Spannung. Er verlief also so, *als ob an Stelle der elektromotorischen Kraft ein Kurzschluß bestände.* Wegen des Fehlens der treibenden Spannung verlöscht dieser zweite Bestandteil des Stromes allmählich. Er stellt lediglich einen *freien Ausgleichsstrom* dar, der nur kurze Zeit nach dem Schalten fließt und den Übergang zwischen den Zuständen im Stromkreise unmittelbar vor und einige Zeit nach dem Schaltvorgang vermittelt. Entsprechend diesen Strömen können sich an einzelnen Teilen des Stromkreises auch *Ausgleichsspannungen* entwickeln, die unabhängig von der eingeprägten Spannung im gleichen Maße wie die Ausgleichsströme allmählich abklingen.

a) Plötzliches Schalten. Für einfache Stromkreise, die aus Widerstand und Selbstinduktion oder Widerstand und Kapazität bestehen und auf Gleich- oder

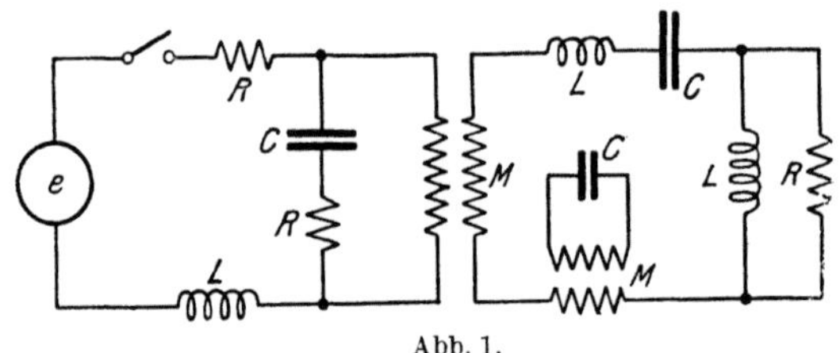
Abb. 1.

Wechselspannungen geschaltet werden, hatten wir die vollständigen Lösungen hergeleitet. Für zusammengesetzte Stromkreise irgendwelcher Art, beispielsweise für einen Stromkreis nach Abb. 1, der in beliebiger Weise aus Selbstinduktionen L, Wechselinduktionen M, Widerständen R und Kapazitäten C zusammengesetzt ist, die an irgendwelchen Stellen auf beliebige variable oder konstante Spannung e geschaltet werden, kann man für den Verlauf der Ströme stets eine Summe von Differentialgleichungen herleiten von der Form

$$\sum \left(L\frac{di}{dt} + M\frac{di}{dt} + R\,i + \frac{1}{C}\int i\,dt = e \right). \tag{1}$$

Die Summe $\sum$ bedeutet dabei, daß die Differentialgleichungen für sämtliche geschlossenen Stromkreise entsprechend den bekannten KIRCHHOFFschen Gesetzen zu bilden sind.

Wenn die Größen L, M, R und C konstant sind, kann man diese Differentialgleichungen durch Zerspalten der Ströme in zwei Teile

$$i = i' + i'' \tag{2}$$

in die folgenden beiden Summen von Differentialgleichungen zerlegen:

$$\left.\begin{aligned}
\sum \left(L\frac{di'}{dt} + M\frac{di'}{dt} + R\,i' + \frac{1}{C}\int i'\,dt = e \right),\\
\sum \left(L\frac{di''}{dt} + M\frac{di''}{dt} + R\,i'' + \frac{1}{C}\int i''\,dt = 0 \right).
\end{aligned}\right\} \tag{3}$$

Es bedeutet alsdann i' den stationären Dauerstrom, der unter der Wirkung der Spannungen e längere Zeit nach dem Schalten in den Stromkreisen besteht, während i'' einen Ausgleichsstrom darstellt, *der ohne Einwirkung einer eingeprägten äußeren Spannung verläuft und daher nach einiger Zeit verlöschen muß.* Aus diesen Differentialgleichungen, deren Zahl mit der Zahl der verketteten

Stromkreise übereinstimmt, läßt sich der Verlauf der Ströme durch Integration stets ausrechnen.

Die *Größe* der Ausgleichsströme bestimmt sich derart, daß der elektromagnetische Zustand der Stromkreise vor und nach dem Schalten ohne physikalische Unmöglichkeiten ineinander übergeht. Die Spannung an jeder Selbstinduktion ist

$$e_L = L \frac{d i_L}{d t}. \tag{4}$$

Eine unstetige, plötzliche Stromänderung in ihr würde also unendliche Spannung erzeugen. Daher kann sich der Strom in einer Selbstinduktion beim plötzlichen Schalten nicht plötzlich ändern. *Im Augenblick des Schaltens, also zur Zeit* $t=0$, *besitzt deshalb der Gesamtstrom jeder Selbstinduktion noch die gleiche Stärke*

$$i_L = i_{L0} \tag{5}$$

wie unmittelbar vor dem Schalten.

Der Strom in jeder Kapazität ist

$$i_C = C \frac{d e_C}{d t}. \tag{6}$$

Da er nicht unendlich werden kann, so können plötzliche Spannungsänderungen an ihr nicht auftreten. *Im Schaltaugenblick* $t=0$ *besitzt daher auch die Spannung an jeder Kapazität noch die gleiche Größe*

$$e_C = e_{C0} \tag{7}$$

wie vor dem Schalten. Entsprechend der Zerlegung der Ströme nach Gl. (2) kann man auch die Kondensatorspannung in zwei Teile zerspalten

$$e_C = e_C' + e_C'', \tag{8}$$

die die stationäre Dauerspannung und die abklingende Ausgleichsspannung darstellen und nach Gl. (6) mit ihren Strömen zusammenhängen.

Nach Verlauf langer Zeit sind die Ausgleichsströme und Ausgleichsspannungen abgeklungen und es bestehen nur noch die stationären Werte, die sich entsprechend den Regeln der Gleich- oder Wechselstromtechnik nach der ersten Gl. (3) bestimmen und daher bekannt sind. Bezeichnen wir diejenigen Werte, die diese stationären Ströme und Spannungen im Schaltmoment besitzen, mit i_{L0}'' und e_{C0}', so müssen wir beim Vorhandensein von Selbstinduktion und Kapazität im Stromkreis die Anfangswerte der Ausgleichsströme und -spannungen so bestimmen, daß sie, zu diesen stationären Werten addiert, den Zustand vor dem Schalten ergeben. Sie sind daher nach Gl. (2), (5), (7) und (8)

$$\left.\begin{array}{l} i_{L0}'' = i_{L0} - i_{L0}', \\ e_{C0}'' = e_{C0} - e_{C0}'. \end{array}\right\} \tag{9}$$

Fehlt im Stromkreis entweder Selbstinduktion L oder Kapazität C, so fällt die eine oder die andere dieser Bedingungen fort. In Stromzweigen, die nur Widerstand R enthalten, können die Ströme und Spannungen im Schaltmoment unstetig ineinander übergehen. Dort können endliche Strom- und Spannungssprünge auftreten, ohne durch Ausgleichsströme gemildert zu werden.

Die Ausgleichsströme rufen naturgemäß Ausgleichsfelder und Ausgleichsladungen in allen einzelnen Teilen des Stromkreises hervor, die nach denselben Gesetzen wie die Ströme abklingen und stets aus ihnen an Hand der einzelnen Glieder von Gl. (3) berechnet werden können.

Wir können nach diesen Überlegungen folgende Zusammenhänge für elektrische Stromkreise aufstellen als

allgemeines Schaltgesetz:

Beim Schalten von Stromkreisen mit Selbstinduktion und Kapazität gehen Strom i, Feld Φ, Spannung e und Ladung Q außerhalb der Schaltstelle nicht momentan in die neuen Werte i′, Φ′ und e′ über, sondern es tritt ein Ausgleichsstrom i″, ein Ausgleichsfeld Φ″, eine Ausgleichsspannung e″ und eine Ausgleichsladung Q″ auf, die mit wachsender Zeit verlöschen und den allmählichen Übergang vom ursprünglichen in den neuen Zustand vermitteln.

Der Anfangswert der freien Ausgleichsgrößen wird durch die zu- oder abgeschalteten Werte bestimmt, die der Strom in allen Selbstinduktionen und die Spannung an allen Kapazitäten erhält. Die Anfangswerte sind gleich dem Unterschied der stationären Werte vor und nach dem Schalten. Die vorübergehenden Schaltwerte i″, Φ″, e″ und Q″ verlöschen so, als ob sie im endgültigen Stromkreise allein ohne äußere Spannung vorhanden wären.

In Stromkreisen, die nur Widerstand und Selbstinduktion oder nur Widerstand und Kapazität enthalten, tritt, wie wir gesehen haben, als Ausgleichsstrom abklingender Gleichstrom auf. In Kreisen, die gleichzeitig Widerstand, Selbstinduktion und Kapazität enthalten, tritt abklingender Wechselstrom auf. In den ersten Fällen wird die Ausgleichs- oder Schaltenergie sehr bald im Widerstande vernichtet, im letzten Falle kann sie zunächst zwischen der Selbstinduktion und der Kapazität schwingen. In beiden Fällen können Strom- und Spannungserhöhungen auftreten.

Sind Widerstand R, Selbstinduktion L oder Kapazität C keine Konstanten, so sind die Differentialgleichungen (1) für den Stromverlauf nicht mehr linear, und daher ist die Zerlegung in stationäre und Ausgleichswerte nach Gl. (2) und (8) nicht mehr möglich, so daß diese Schaltgesetze nicht mehr streng gelten. Es können dann zusätzliche Störungen und damit erhebliche Überströme und Überspannungen auftreten. Derartige Stromkreise, deren elektrische oder magnetische Charakteristik gekrümmt ist, erfordern eine andere Art der Behandlung.

Ausgleichsströme und die ihnen entsprechenden Felder und Spannungen treten nicht nur beim plötzlichen Einschalten, Ausschalten oder Kurzschließen von Stromkreisen oder sonstigen plötzlichen Änderungen der Schaltung oder des Stromverlaufes auf, sondern bei allen irgendwie gearteten Schwankungen in den Stromkreisen. Jede Zustandsänderung verursacht demnach ein Abweichen vom gewöhnlichen Verhalten nach den stationären Gleichstrom- und Wechselstromgesetzen.

Wird beispielsweise ein Motor plötzlich belastet, so steigt sein stationärer Strom an. Die Differenz der Ströme im ersten und zweiten Zustand tritt als Ausgleichsstrom im gesamten Netz auf, der allmählich abklingt. Ist die Belastungsänderung groß und sehr plötzlich, so können hierdurch starke Ausgleichswirkungen hervorgerufen werden. Ist sie nur langsam, so kann man sich die Laständerung in vielen kleinen Sprüngen erfolgend denken und erkennt, daß die Ausgleichsströme der ersten Stufen schon längst abgelaufen sind, wenn die der letzten Sprünge einsetzen. Man gewinnt aus dieser Überlegung einen Anhalt, *wann man bei Belastungsänderungen starke Ausgleichsvorgänge erwarten darf.* Nur bei Zustandsänderungen, die langsam sind gegenüber den Zeitkonstanten der gesamten Stromkreise, darf man die Gesetze der stationären Ströme ohne weiteres anwenden. Jedoch treten ausgeprägte Übergangserscheinungen stets auf, *wenn die Zustandsänderung in kürzerer Zeit erfolgt als die Ausgleichszeitkonstanten der Stromkreise angeben.*

b) Allmähliche Spannungsänderung. In einigen solchen Fällen kann eine vollständige Lösung nach der gleichen Methode wie vorher abgeleitet werden. Abb. 2 zeigt einen Stromkreis, *in dem eine Magnetspule, deren Widerstand und Selbstinduktion konstant ist, durch eine linear ansteigende Spannung gespeist wird. Die*

Differentialgleichung dieses Stromkreises ist

$$L\frac{di}{dt} + Ri = e = \frac{t}{\tau}E, \tag{10}$$

wobei τ die Anstiegszeit bedeutet, nach der die Spannung konstant auf dem Betrag E gehalten werden soll, wie es in Abb. 3a gezeichnet ist. Wir können Gl. (10) unter Benutzung der Zeitkonstante $T = L/R$ umschreiben zu

$$T\frac{di}{dt} + i = \bar{i}(t), \tag{11}$$

wobei

$$\bar{i}(t) = \frac{e}{R} = \frac{t}{\tau}J \tag{12}$$

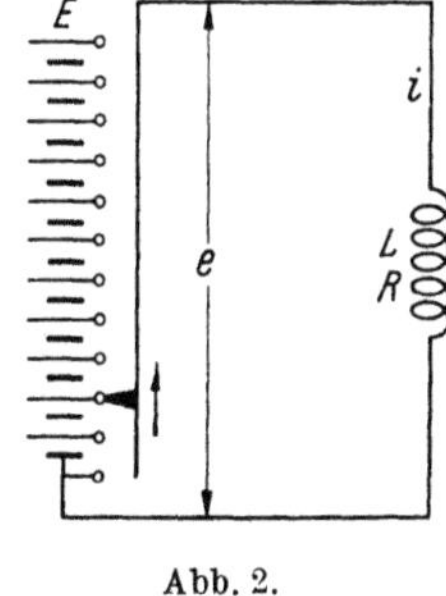

Abb. 2.

den eingeprägten Strom in Abhängigkeit von der Zeit bezeichnet, oder den *Ohmschen Strom*, der sich unter der Wirkung der eingeprägten Spannung entwickeln würde, wenn keine Selbstinduktion vorhanden wäre. Der Verlauf dieses Stromes ist in Abb. 3b gestrichelt dargestellt.

Gl. (11) hat eine stationäre und eine Ausgleichslösung. Für die erstere können wir einen linearen Ansatz versuchen

$$i' = K_1 + K_2 t, \tag{13}$$

der, eingesetzt in Gl. (11), ergibt

$$T K_2 + K_1 + K_2 t = \frac{t}{\tau}J. \tag{14}$$

Wenn wir die Glieder unter sich vergleichen, die abhängig und unabhängig von t sind, so bestimmen sich die Konstanten zu

$$K_2 = \frac{J}{\tau}; \qquad K_1 = -\frac{T}{\tau}J, \tag{15}$$

und daher wird *der erzwungene Strom*

$$i' = \frac{t-T}{\tau}J. \tag{16}$$

Dieser Strom ist in Abb. 3b als ausgezogene Linie dargestellt, *er ist auch linear und hat dieselbe Neigung wie der eingeprägte Strom. Er ist jedoch verzögert um eine Zeitspanne, die gleich der Zeitkonstante T des Stromkreises ist.*

Der *freie oder Ausgleichsstrom* ist wieder

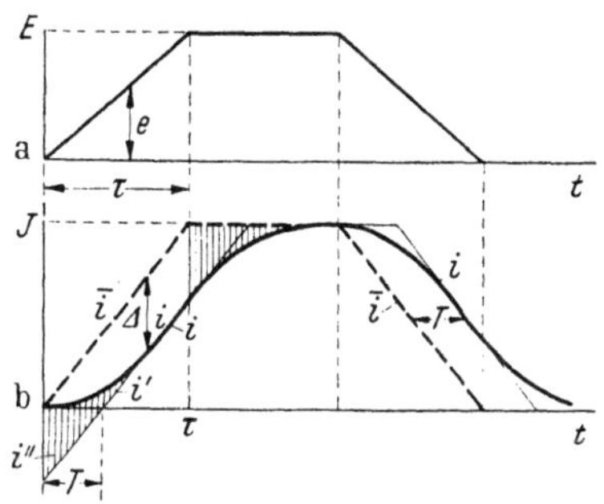

Abb. 3.

$$i'' = K_3 \varepsilon^{-\frac{t}{T}}. \tag{17}$$

Die Anfangsbedingung, daß der Gesamtstrom $i = 0$ für $t = 0$ ist, ergibt

$$-\frac{T}{\tau}J + K_3 \cdot 1 = 0, \tag{18}$$

und daher ist die Konstante

$$K_2 = \frac{T}{\tau}J. \tag{19}$$

Hiermit ergibt sich der *Gesamtstrom* des Problems zu

$$i = J\left[\frac{t}{\tau} - \frac{T}{\tau}\left(1 - \varepsilon^{-\frac{t}{T}}\right)\right]. \tag{20}$$

Abb. 3 zeigt, *wie der exponentiell verschwindende freie Strom den Übergang bildet zwischen dem Anfangsstrom $i = 0$ und dem verzögerten erzwungenen Strom i'* der Gl. (16).

Diese Lösung ist gültig, solange die eingeprägte Spannung bis zum Werte E ansteigt. Während dieser Zeit herrscht ein Mangel an Strom, der nach anfänglichem Anstieg konstant ist

$$\Delta i = \bar{i} - i'' = \frac{t}{T} J - \frac{t-T}{\tau} J = \frac{T}{\tau} J, \tag{21}$$

und der von der verzögernden Wirkung der Selbstinduktion herrührt. Nach der Zeit τ verschwindet dieser Mangel exponentiell unter der Wirkung der konstanten Spannung E, und der Strom steigt auf seinen Endwert J entsprechend

$$i = J\left(1 - \frac{T}{\tau} \varepsilon^{-\frac{t-\tau}{T}}\right). \tag{22}$$

Wenn nach einiger Zeit *die eingeprägte Spannung e linear abnimmt*, so können dieselben Regeln, jedoch mit umgekehrtem Vorzeichen, angewandt werden. Der

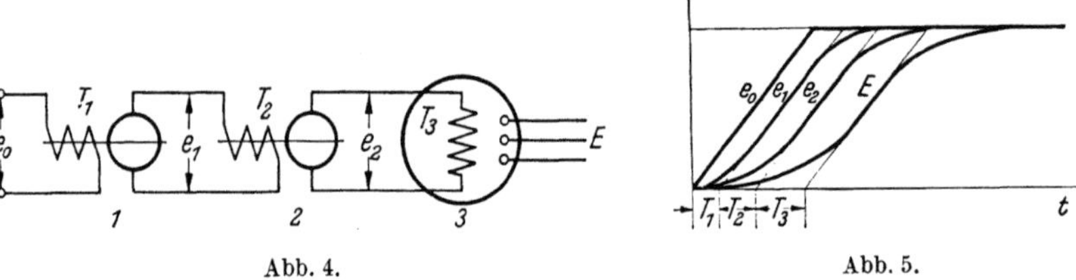

Abb. 4.   Abb. 5.

dann fließende Strom ist in Abb. 3b dargestellt mit seiner *Verzögerungszeit* und der *exponentiellen Abrundung* der Ecken von eingeprägtem Strom und Spannung.

Solche Vorgänge treten in vielen elektrischen Maschinen und Apparaten auf, die durch eine allmähliche Änderung von Spannung oder Strom erregt werden, z. B. in quantitativen Relais und Meßinstrumenten, in Wendepolen von Gleichstrommaschinen, in Spannungsreglern, Kontroll- und Reguliersystemen oder Servomechanismen. Solche Stromkreise sind häufig in Kaskade geschaltet, wie in Abb. 4, wo ein Generator *3* gezeigt ist, der durch eine Gleichstrommaschine *2* erregt ist, die ihrerseits durch einen Hilfserreger *1* magnetisiert wird. Wenn die

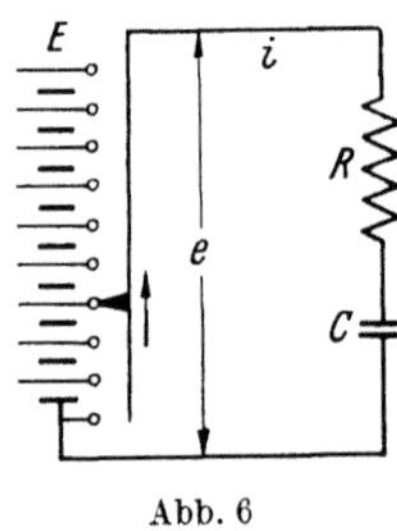

Abb. 6

Wechselspannung E zu klein ist, dann möge der Hilfserreger durch eine ansteigende Spannung e_0 gespeist werden. Sein Erregerstrom und daher sein Fluß und schließlich seine Ankerspannung e_1 steigt dann mit einer Zeitverzögerung T_1 an, wie es in Abb. 5 dargestellt ist. Ebenso steigt die Ankerspannung der Erregermaschine *2* mit einer weiteren Verzögerung T_2 und schließlich die Klemmenspannung E des Generators mit einer nochmaligen Verzögerung T_3, wobei T_1, T_2, T_3 die bezüglichen Zeitkonstanten der drei Maschinen sind. Abb. 5 zeigt die resultierenden Erregungskurven einschließlich der Abrundungsteile, die nun aus etwas komplizierteren Exponentialfunktionen bestehen. *Dies zeigt uns, daß die Verzögerungszeiten, die durch Zeitkonstanten von Apparaten in Kaskade bedingt sind, sich einfach addieren.*

Die Differentialgleichung eines *Kondensatorstromkreises*, der wie in Abb. 6 durch eine linear ansteigende Spannung gespeist wird, ist

$$RC \frac{de_C}{dt} + e_C = e = \frac{t}{\tau} E. \tag{23}$$

Mit der Zeitkonstante $T_C = RC$ kann dies geschrieben werden

$$T_C \frac{de_C}{dt} + e_C = \bar{e}(t), \qquad (24)$$

worin jetzt $\bar{e}$ die ansteigende eingeprägte Spannung ist. Die Lösung entspricht vollständig der von Gl. (11), wie sie durch Gl. (20) ausgedrückt ist. Abb. 7 stellt die Kondensatorspannung dar, die sich unter der Wirkung einer langsam ansteigenden und schnell abfallenden eingeprägten Spannung entwickelt. *Sie ist verzögert um* T_C, *und die Ecken sind abgerundet durch Exponentialkurven derselben Zeitkonstante.*

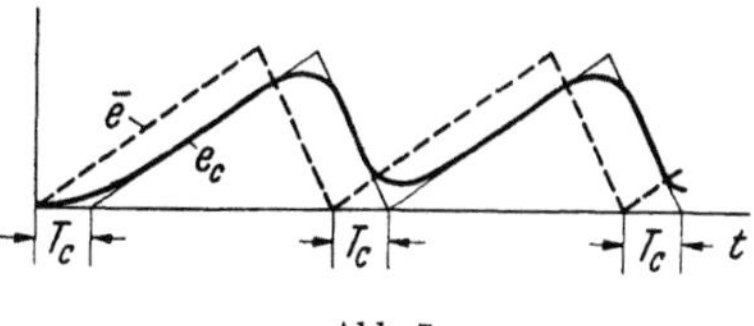

Abb. 7.

Die praktische Aufgabe ist oft umgekehrt, wenn für einen vorliegenden Fall ein bestimmter induktiver Strom oder eine bestimmte Kondensatorspannung verlangt wird. In diesem Falle erlauben die Gln. (11) und (24) unmittelbar den erforderlichen Strom $\bar{i}$ oder die Spannung $\bar{e}$ zu bestimmen, indem man zu dem gewünschten Werte i oder e seine Ableitung, multipliziert mit der Zeitkonstante, addiert. Für einen bestimmten Fall, nämlich für ein Ward-Leonard Generator-Motor-System zeigt Abb. 8 den notwendigen Verlauf der Erregerspannung $\bar{e}$, die dem Generator aufgedrückt werden muß, um die vorgeschriebene Veränderung der Motorgeschwindigkeit n zu erreichen.

Wenn die eingeprägte Spannung in einer willkürlichen nicht-analytischen Form variiert, so können doch für zwei Grenzfälle einfache Annäherungen für den Verlauf des Stromes entwickelt werden. Die Differentialgleichung für induktiven Verlauf des Stromes ist

$$T \frac{di}{dt} + i = \frac{e}{R} = f(t), \qquad (25)$$

worin $f(t)$ irgendeine graphisch gegebene Funktion von t sein kann. *Wenn die Zeitkonstante verhältnismäßig groß ist,* dann überwiegt das erste Glied in dieser Gleichung das zweite. Wenn wir daher das zweite Glied vernachlässigen, so erhalten wir in Annäherung

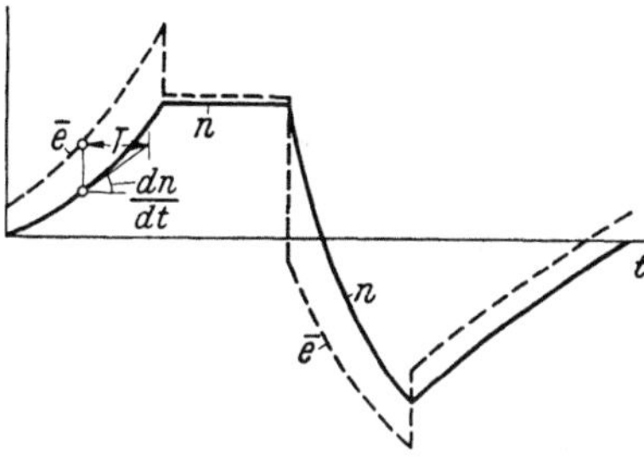

$$i = \frac{1}{T} \int f(t)\, dt. \qquad (26)$$

Abb. 8.

Dies Integral kann immer leicht ausgewertet werden. Ebenso kann die Kondensatorspannung in einem kapazitiven Stromkreis mit großer Zeitkonstante aus Gl. (24) abgeleitet werden, nämlich

$$e_C = \frac{1}{T_C} \int e(t)\, dt. \qquad (27)$$

Jede dieser beiden letzten Beziehungen kann mit großem Vorteil in Meßanordnungen benutzt werden, *um eine gegebene Veränderung von Spannung oder Strom elektrisch zu integrieren.*

Wenn andererseits *die Zeitkonstante* T *nur mäßigen Wert besitzt,* so können wir den unbekannten Strom i von Gl. (25), bezogen auf die Zeit $t + T$, in die Reihe entwickeln

$$i(t + T) = i(t) + T \frac{di(t)}{dt} + \frac{T^2}{2} \frac{d^2 i(t)}{dt^2} + \cdots. \qquad (28)$$

Hierin sind jedoch die beiden ersten Glieder der rechten Seite zusammengenom-

men identisch mit dem eingeprägten Wert $f(t)$ von Gl. (25). Daher erhalten wir
für den unbekannten Strom die Funktionalbeziehung

$$i(t + T) = f(t) + \frac{T^2}{2} \frac{d^2 i(t)}{dt^2}. \tag{29}$$

Darin haben wir die Glieder mit dritter und höherer Ableitung des Stromes vernachlässigt, die mit T^3 usw. multipliziert sind, was zulässig ist, wenn die Zeitkonstante T verhältnismäßig klein ist.

Gl. (29) zeigt, daß für irgendeine eingeprägte Spannung, durch die $f(t)$ bestimmt ist, *der Strom i im wesentlichen die Kurvenform der Spannung beibehält, daß er jedoch um eine Zeitspanne verzögert wird, die gleich der Zeitkonstante T ist, und daß ferner die Größe verändert wird* um einen Betrag, der gegeben ist durch das Produkt des halben Quadrats der Zeitkonstante und der zweiten Ableitung des Stromes selbst zur Zeit t. In Abb. 9 ist die Funktion $f(t)$ dargestellt, als eingeprägte Spannung geteilt durch den Widerstand R. Die gestrichelte Linie stellt die gleiche Kurve dar, jedoch um die Zeitkonstante T verschoben. Der tatsächliche Strom i zur Zeit $t+T$ ist als stark ausgezogene Kurve dargestellt und ist gegeben durch die gestrichelte Linie ergänzt um den kleinen Korrektionsausdruck, der auf die vorherige Zeit t zu beziehen ist. Da die Größenänderung vom zweiten Differentialquotienten abhängt, so ist ihr Vorzeichen positiv für konkave Kurvenform, wie z. B. für Exponentialkurven. Dagegen ist es negativ für konvexe Kurven, wie z. B. für sinusförmige Spannungen.

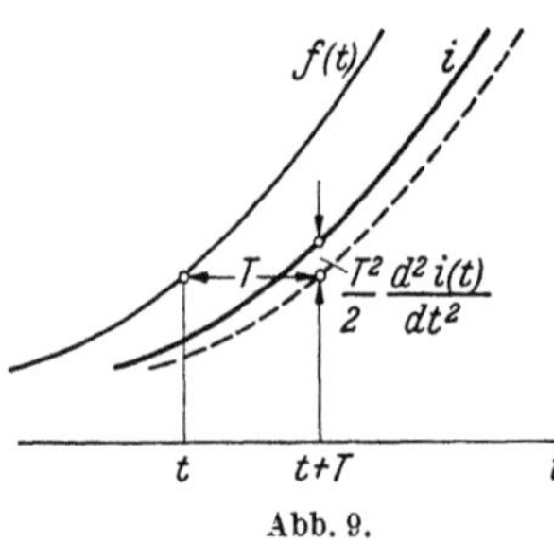
Abb. 9.

Der Krümmungsradius der $i(t)$-Kurve ist

$$\varrho = \frac{1}{\cos^3 \alpha \cdot d^2 i/dt^2}, \tag{30}$$

worin α die Neigung der Kurve an dem betrachteten Punkte ist. Das letzte Glied von Gl. (29) bestimmt sich daher zu

$$\frac{T^2}{2} \frac{d^2 i(t)}{dt^2} = \frac{T^2}{2 \varrho \cos^3 \alpha}. \tag{31}$$

Dies ergibt für den induktiven Strom die Beziehung

$$i(t + T) = f(t) + \frac{(T/\cos \alpha)^2}{2 \varrho \cos \alpha}. \tag{32}$$

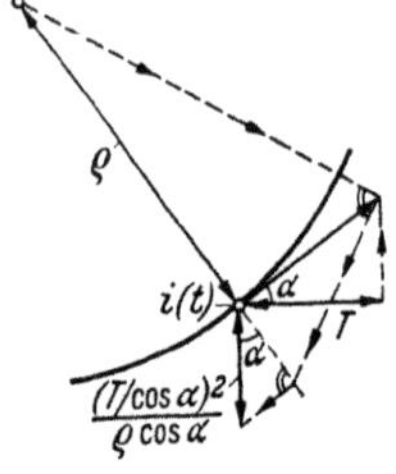
Abb. 10.

Wie es in Abb. 10 gezeigt ist, kann das letzte Glied geometrisch konstruiert werden aus dem Werte von T und der Größe und Richtung des Krümmungsradius der i-Kurve zur Zeit t.

Wenn schließlich *die Zeitkonstante T von der Größenordnung des Intervalls ist, während dessen die eingeprägte Spannung stark schwankt,* so würde die Vernachlässigung des zweiten Gliedes in Gl. (25) oder der höheren Ableitungen in Gl. (28) das Resultat stark fälschen. Es ist jedoch eine mathematisch *strenge Lösung* der Gl. (25) bekannt, nämlich

$$i = \varepsilon^{-\frac{t}{T}} \left[i_0 + \int_0^t \varepsilon^{\frac{t}{T}} f(t) \, d\left(\frac{t}{T}\right) \right]. \tag{33}$$

Darin ist i_0 der Anfangsstrom zu der Zeit, von der ab die Beziehung angewandt wird. Die Integration kann analytisch oder graphisch ausgeführt werden für jede beliebige Kurvenform der eingeprägten Spannung $f(t)$. Dies Verfahren gibt in jedem Falle streng richtige Resultate. Indessen gibt es keinen so klaren Überblick und ist umständlicher durchzuführen als die soeben beschriebenen Annäherungen.

4. Resonanzerscheinungen.

Die meisten elektrischen Leitungen, Apparate und Maschinen besitzen außer dem Widerstand und der magnetischen Selbstinduktion des Stromkreises auch elektrostatische Kapazität einzelner spannungführender Teile gegeneinander. Beispielsweise besitzen häufig Kabel sowie Hochspannungsfreileitungen, aber auch manchmal Wicklungen von Transformatoren und Maschinen so viel Kapazität, daß sie nicht mehr vernachlässigt werden darf. Bevor wir die Verhältnisse beim Einschalten derartiger Leitungen verfolgen, wollen wir zunächst *den stationären Betrieb der Anlage betrachten*, weil auch dabei manchmal übermäßig große Ströme und Spannungen auftreten können.

Abb. 1 stellt einen derartigen Stromkreis dar, in dem von einem Wechselstromgenerator aus über einen Transformator ein Kabel oder eine lange Hochspannungsleitung gespeist wird. Diese Leitung hat vorwiegend Kapazität, der

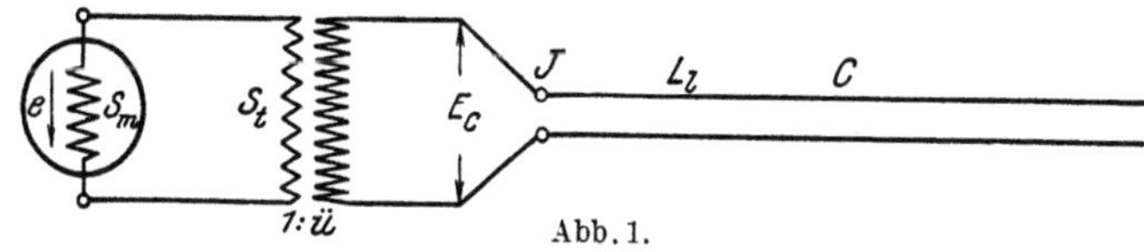

Abb. 1.

Transformator und die Maschinenwicklung vorwiegend Selbstinduktion. Auf die Einzelheiten der Strom- und Spannungsverteilung längs der Leitung wollen wir keine Rücksicht nehmen, sondern lediglich das Zusammenwirken ihrer Kapazität mit der Selbstinduktion von Transformator und Maschine betrachten. Wir denken uns deshalb die gesamte Kapazität C der Leitung einfach in einem Ersatzkondensator in der Mitte der Leitungslänge konzentriert. Die Selbstinduktion L_l der Leitung denken wir uns in angemessen verringerter Größe an ihren Anfang verlegt, so daß sie vom ganzen Ladestrom durchflossen wird, und vereinigen sie mit der Streuinduktion von Transformator S_t und Maschine S_m. Beziehen wir alles auf den Hochspannungskreis des Transformators, der ein Übersetzungsverhältnis $1:\ddot{u}$ besitzen möge, so haben wir mit einer wirksamen Selbstinduktion

$$L = S_m \ddot{u}^2 + S_t + \frac{1}{2} L_l \qquad (1)$$

zu rechnen.

Ganz entsprechend vereinigen wir sämtliche im Stromkreise vorhandenen Widerstände von Maschine, Transformator und Leitung zu dem wirksamen Widerstand

$$R = R_m \ddot{u}^2 + R_t + \frac{1}{2} R_l. \qquad (2)$$

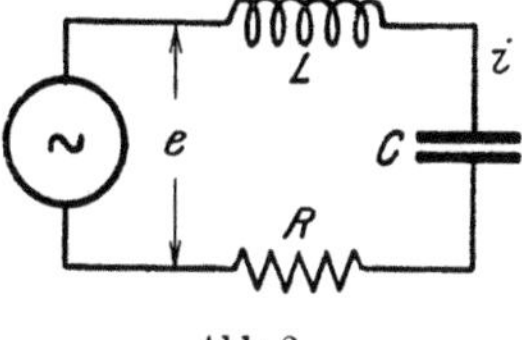

Abb. 2.

Die Ströme und Spannungen im wirklichen Netz verlaufen dann zeitlich in guter Annäherung so, wie in dem Ersatzstromkreis nach Abb. 2. Dabei haben wir den für unser Problem unerheblichen kleinen Magnetisierungsstrom des Transformators vernachlässigt. Auf den Stromkreis der Abb. 2, der Selbstinduktion L, Kapazität C und Widerstand R in Reihenschaltung enthält, wirkt die elektromotorische Kraft des Generators, die von seinem rotierenden Magnetfelde in der

Ständerwicklung erzeugt wird. Diese eingeprägte Spannung denken wir uns konstant gehalten, wozu unter Umständen eine Nachregulierung des Generators auf konstante magnetische Feldstärke erforderlich ist.

Der Generator erzeugt eine Wechsel-EMK, die im allgemeinen aus einer harmonischen Grundschwingung und einer Reihe ebensolcher Oberschwingungen besteht. Jede derselben können wir darstellen in der Form

$$e = E\,\varepsilon^{j\omega t} = E\,(\cos\omega t + j\sin\omega t)\,. \tag{3}$$

Sie entspricht einer Wechselspannung mit der Amplitude E und der Kreisfrequenz ω in 2π sec. Will man nur die *Grundschwingung* untersuchen, so hat man unter E_0 deren eingeprägte Spannung und unter ω_0 ihre Frequenz, also die normale Maschinenfrequenz zu verstehen. Wünscht man die Wirkung irgendeiner *Oberschwingung* der Spannungskurve zu bestimmen, so muß man unter E_n die EMK dieser Oberschwingung verstehen, die man einem Oszillogramm der Maschine entnehmen kann, und muß als ω_n die Frequenz der betreffenden Oberschwingung betrachten, die meistens ein ganzes Vielfaches der Netzfrequenz ist.

a) Serienresonanz. Jede Wechselspannung, sei es Grundschwingung oder Oberschwingung, ruft im Leitungssystem einen ihr allein zugehörigen Wechselstrom

$$i = J\,\varepsilon^{j\omega t} \tag{4}$$

hervor, der mit derselben Frequenz ω variiert und dessen Amplitude J wir bestimmen wollen.

Für jede betrachtete Schwingung muß die Summe der Spannungen an der Selbstinduktion, dem Widerstande und der Kapazität mit der eingeprägten Spannung nach Gl. (3) übereinstimmen. Es ist also

$$e_L + e_R + e_C = L\frac{d\,i}{d\,t} + R\,i + \frac{1}{C}\int i\,dt = E\,\varepsilon^{j\omega t}\,. \tag{5}$$

Die Differentiation des Stromes von Gl. (4) liefert

$$\frac{d\,i}{d\,t} = j\,\omega\,J\,\varepsilon^{j\omega t} \tag{6}$$

und seine Integration

$$\int i\,dt = \frac{J}{j\,\omega}\,\varepsilon^{j\omega t}\,. \tag{7}$$

Aus Gl. (5) entsteht daher nach Fortheben der harmonischen Funktion $\varepsilon^{j\omega t}$

$$j\,\omega\,L\,J + R\,J + \frac{1}{C}\frac{J}{j\,\omega} = E \tag{8}$$

oder, wenn man alle Glieder mit J zusammenfaßt, als Bestimmungsgleichung für die Stromamplitude

$$J\left[R + j\left(\omega L - \frac{1}{\omega C}\right)\right] = E\,. \tag{9}$$

Wir können diese Beziehung nach Abb. 3 graphisch darstellen, wenn wir beachten, daß in der komplexen Ebene jeder imaginäre Vektor senkrecht auf dem reellen steht. Wir erkennen dann, daß zwischen dem Strom J oder der ihm gleichphasigen Widerstandsspannung $J\,R$ und der ihn erzeugenden Spannung E, die die Hypotenuse des Dreiecks darstellt, eine Phasenverschiebung auftritt, die sich berechnet aus

$$\operatorname{tg}\varphi = \frac{\omega L - \dfrac{1}{\omega C}}{R}\,. \tag{10}$$

Um die Größe des Stromes zu bestimmen, bilden wir den absoluten Betrag der komplexen Klammergröße in Gl. (9), der sich auch aus Abb. 3 nach dem pythagoreischen Lehrsatz bestimmt. Dann erhalten wir als Amplitude des Ladestromes

$$J = \frac{E}{\sqrt{R^2 + \left(\omega L - \dfrac{1}{\omega C}\right)^2}}. \tag{11}$$

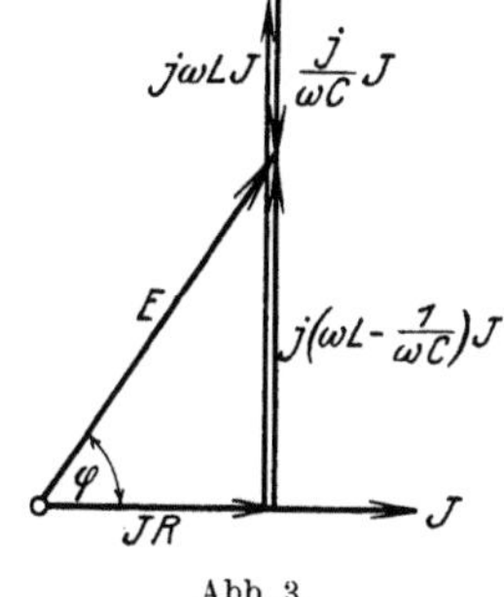

Abb. 3.

In Abb. 4 ist die Abhängigkeit dieses Stromes von der Frequenz ω für bestimmte Konstanten R, L und C des Stromkreises dargestellt. Er nimmt mit zunehmender Frequenz anfangs langsam, dann sehr schnell zu und erreicht für eine ganz bestimmte Frequenz, nämlich für

$$\omega = \frac{1}{\sqrt{LC}} = \nu, \tag{12}$$

für die das Klammerglied unter der Wurzel in Gl. (11) verschwindet, ein sehr *hohes Resonanzmaximum*

$$J_r = \frac{E}{R}, \tag{13}$$

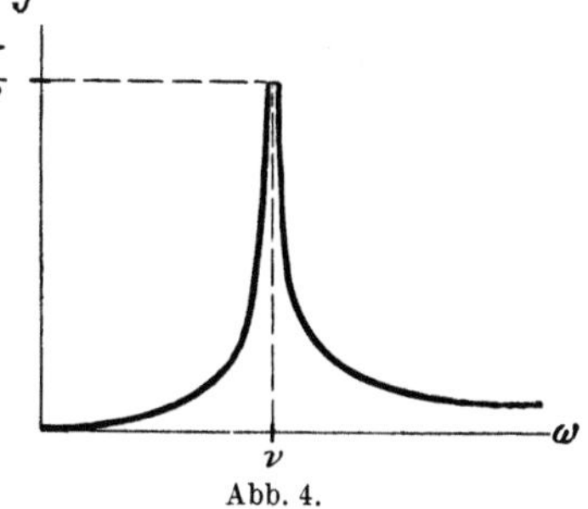

Abb. 4.

das ebenso groß ist, als wenn der Stromkreis nur Ohmschen Widerstand R und keine Selbstinduktion und Kapazität besäße. Deren Wirkungen heben sich für den Resonanzfall gegenseitig auf. Da der Widerstand in Wechselstromkreisen aus Gründen möglichst geringer Verluste meist sehr klein gehalten wird, so nimmt der Strom bei Resonanz sehr große Werte an, wenn die Spannung E derjenigen Grund- oder Oberschwingung erhebliche Werte besitzt, deren Frequenz ω nach Gl. (12) der Resonanzbedingung genügt.

Die eigentümliche Frequenz ν nach Gl. (12) nennt man oft die *Eigenfrequenz des Stromkreises*, da sich in einem widerstandsfreien Kreise aus Selbstinduktion L und Kapazität C nur Eigenschwingungen von dieser Höhe erhalten können. *Mitschwingen oder Resonanz des Stromkreises und dementsprechend große Werte des Stromes treten also vor allem ein, wenn die Frequenz ω der aufgedrückten Spannung E mit dieser Eigenfrequenz ν des Stromkreises übereinstimmt.*

Die hohen Resonanzströme sind mit dem Auftreten großer Spannungen im Stromkreise verknüpft. Die Spannungsamplitude an der Kapazität wird nach Gl. (5), (7) und (11)

$$E_C = \frac{J}{\omega C} = \frac{E}{\sqrt{(R\omega C)^2 + \left[\left(\dfrac{\omega}{\nu}\right)^2 - 1\right]^2}}, \tag{14}$$

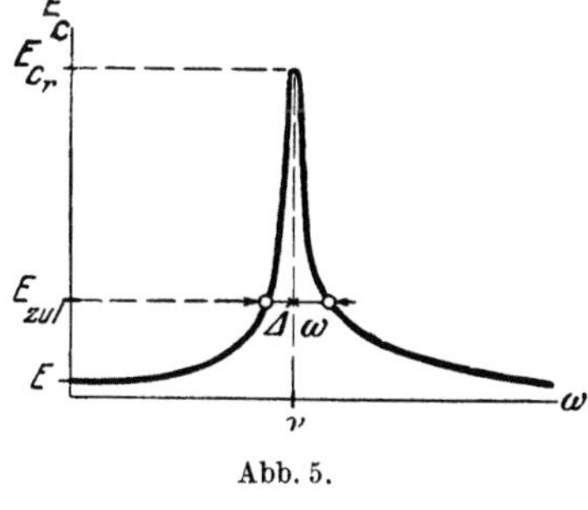

Abb. 5.

wobei in dem zweiten Wurzelglied die Eigenfrequenz nach Gl. (12) eingeführt ist. Ihre Abhängigkeit von der erzwungenen Frequenz ω ist in Abb. 5 dargestellt. Für den Resonanzfall $\omega = \nu$ erhält man mit Gl. (12) die Spannung

$$E_{C_r} = \frac{E}{R\nu C} = \frac{\sqrt{L/C}}{R} E, \tag{15}$$

die bei kleinen Widerständen und Kapazitäten sehr hohe Werte annehmen kann.

Den Quotienten $\sqrt{L/C}$ wollen wir den *Schwingungswiderstand* des Stromkreises nennen, da er die Dimension eines Widerstandes besitzt und sich in vieler Hinsicht analog verhält. *Die Resonanzspannung an der Kapazität verhält sich dann zur eingeprägten Spannung wie der Schwingungswiderstand zum Ohmschen Widerstand des Stromkreises.* Um zu einer Abschätzung der wirklichen Höhe der Resonanzspannungen zu kommen, muß man jedoch beachten, daß kleinen Kapazitäten nach Gl. (12) sehr hohe Eigenfrequenzen entsprechen, und daß daher der Resonanzfall oft nur für hohe Oberschwingungen der Generatorspannung eintritt, für die die eingeprägten Spannungen schon gering sind.

Führen wir in Gl. (15) an Stelle des Widerstandes die Zeitkonstante $T = L/R$ der Selbstinduktion ein und beachten Gl. (12) für die Resonanzfrequenz, so wird die Spannungssteigerung

$$E_{Cr} = \frac{T}{\sqrt{LC}} E = \nu\, TE. \tag{16}$$

Sie ist also der *Resonanzfrequenz* und der *magnetischen Zeitkonstante* des Stromkreises *direkt proportional*. Bei einer Frequenz von 500 Per/sec und einer Zeitkonstante von 1/100 sec erhält man eine Spannungssteigerung auf das

$$\frac{E_{Cr}}{E} = \frac{2\,\pi\,500}{100} = 31{,}4\,\text{fache}.$$

Während für Oberschwingungen, deren Frequenz genau der Eigenfrequenz des Stromkreises entspricht, extrem hohe Resonanzwerte von Strom und Spannung im Leitungsnetz auftreten, sinken dieselben nach Abb. 4 und 5 für Abweichungen $\Delta\omega$ der aufgedrückten Frequenz ω von der Eigenfrequenz ν sehr schnell herab. Immerhin behalten sie in der Resonanznähe noch Werte, die ihren normalen Betrag weit übersteigen können. Wir wollen daher die Breite des gefährlichen Resonanzbereiches berechnen. Während für genauen Isochronismus der Schwingungen und Verschwinden des zweiten Gliedes unter der Wurzel in Gl. (14) der Wert des Widerstandes R den Ausschlag gibt, sinkt der Anteil des ersten Wurzelgliedes schon bei geringen Abweichungen der Frequenzen zur Bedeutungslosigkeit herab. Wir erhalten daher außerhalb des Isochronismus mit genügender Annäherung

$$E_C = \frac{E}{\left(\dfrac{\omega}{\nu}+1\right)\left(\dfrac{\omega}{\nu}-1\right)} \cong \frac{E}{2\,\dfrac{\Delta\omega}{\nu}} \tag{17}$$

und daraus für die beiderseitige *Breite des Resonanzbereiches*, abhängig von dem Verhältnis der höchstzulässigen Spannung E_{zul} zur eingeprägten Spannung E

$$\frac{\Delta\omega}{\nu} = \pm\frac{E}{2\,E_{zul}}. \tag{18}$$

An den Grenzen eines Resonanzbereiches von beispielsweise $\pm 10\%$ der Eigenfrequenz treten daher immer noch Resonanzspannungen von 5facher Größe der eingeprägten Spannung auf.

Einen bemerkenswerten Störungsfall zeigen die Oszillogramme der Abb. 6, die die Generatorspannung einer Fernkabelanlage und den Strom am Anfang des

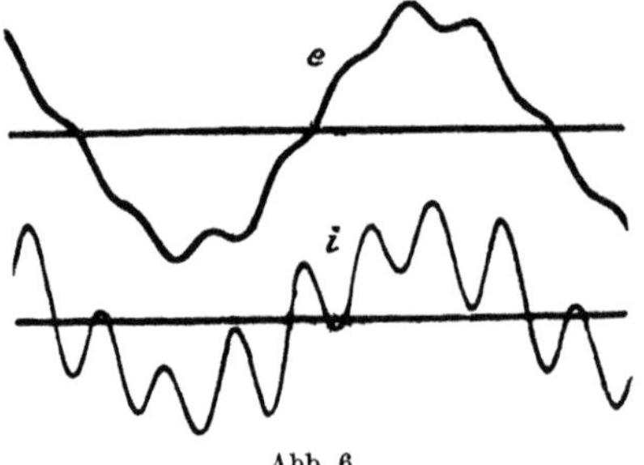

Abb. 6.

Kabels darstellen. Die Spannungswelle läßt eine erhebliche 7te Oberschwingung erkennen, die von der groben Nutung der Maschine herrührt. Zufällig traf die nach Gl. (12) berechnete Eigenfrequenz der Kabelkapazität gegenüber den Selbstinduktionen des Stromkreises sehr nahezu mit der 7 fachen Frequenz der Wechselspannung zusammen, so daß der Resonanzfall für die 7 te Oberschwingung vorlag. Daher zeigte der Kabelstrom außer der Grundwelle noch einen stark ausgeprägten 7 ten Oberstrom, der entsprechend starke Oberspannungen im Kabel im Gefolge hatte.

Besonders leicht können Resonanzen in gemischten Freileitungs- und Kabelnetzen auftreten. Wenn beispielsweise ein großes Kabelnetz mit überwiegender Kapazität durch eine lange Freileitung und Transformatoren mit überwiegender Selbstinduktion gespeist wird, was Abb. 7 darstellt, so kann die Eigenfrequenz nach Gl. (12) leicht auf die Frequenz einer niederen Oberwelle der Spannung fallen, die dann starke Überspannungen im ganzen Netz bewirkt. Schützt man Kabelleitungen gegen übermäßige Kurzschlußströme durch *vorgeschaltete Drosselspulen*, so tritt auch manchmal eine derartige Resonanz auf. *Statische Kondensatoren*, wie sie häufig zur Verbesserung des Leistungsfaktors verwandt werden, können ebenfalls in Resonanz mit den speisenden Transformatoren stehen, besonders beim Leerlauf des Stromkreises, wenn keine erhebliche Widerstandsdämpfung auftritt.

Für praktische Rechnungen ist es bequem, an Stelle der Selbstinduktion und Kapazität die induktive Spannung des Normalstroms J_0 und den Ladestrom bei der Normalspannung E_0 einzuführen, beide bei der Grundfrequenz ω_0. Die erstere ist

$$E_L = \omega_0 L J_0, \qquad (19)$$

der letztere beträgt

$$J_C = \omega_0 C E_0. \qquad (20)$$

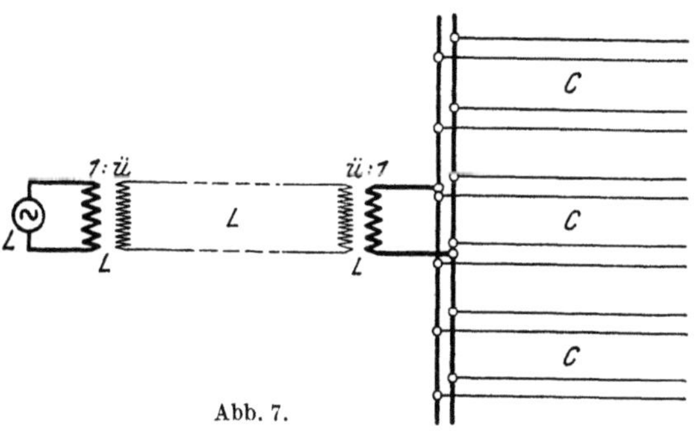

Abb. 7.

Führt man L und C hieraus in Gl. (12) ein, so erhält man die Eigenfrequenz des Netzes als Vielfaches der Grundfrequenz zu

$$\frac{\nu}{\omega_0} = \frac{1}{\sqrt{\dfrac{E_L}{E_0}\dfrac{J_C}{J_0}}}. \qquad (21)$$

Dieser Quotient soll sich nach Möglichkeit von einer ganzen Zahl entfernt halten, weil sonst Resonanz mit der Oberwelle von der Ordnung $n = \nu/\omega_0$ entstehen kann.

Besitzt eine Anlage 20% Selbstinduktionsspannung und 10% Kapazitätsstrom, so entspricht ihre Eigenfrequenz dem

$$\frac{\nu}{\omega_0} = \frac{1}{\sqrt{0,2 \cdot 0,1}} = 7,1 \text{ fachen}$$

der Betriebsfrequenz, so daß Resonanznähe mit der 7 ten Oberwelle vorhanden ist. Bei 20% Kapazitätsstrom würde genaue Resonanz mit der 5 ten Oberwelle vorhanden sein.

In *symmetrischen Drehstromsystemen* verschwinden alle Oberwellen, deren Ordnungszahl durch 2 oder 3 teilbar ist. Im allgemeinen treten die 5 ten und 7 ten Oberwellen am stärksten hervor, und manchmal sind die 11 ten und 13 ten und auch höhere noch bemerkbar.

b) Parallelresonanz. Manche Teile elektrischer Leitungsnetze können nicht auf einfache Weise in einen resultierenden Serienstromkreis, wie in Abb. 2, umgewandelt werden. Meistens verhalten sich solche Elemente ähnlich wie der Stromkreis von Abb. 8, in dem die Stromquelle Selbstinduktion L, Kapazität C und Widerstand R in Parallele speist. Der Gesamtstrom der Quelle ist hier

$$i = i_L + i_C + i_R. \tag{22}$$

Wenn die Ströme durch die Spannung e der Stromquelle ausgedrückt werden, erhalten wir

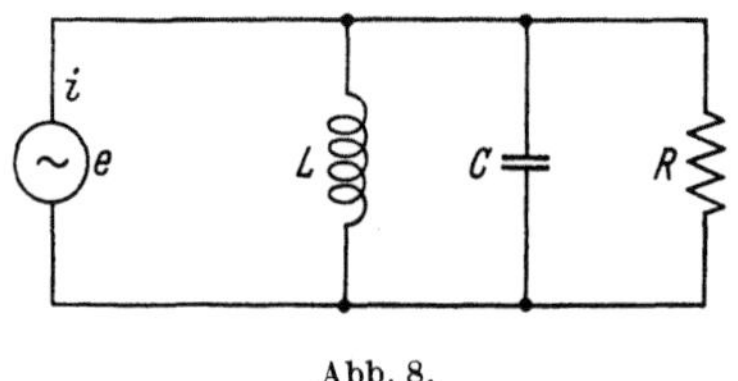

Abb. 8.

$$i = \frac{1}{L}\int e\,dt + C\frac{de}{dt} + \frac{e}{R}. \tag{23}$$

Für harmonische Schwingungen entsprechend Gln. (3) und (4) ergibt sich daraus die Amplitudenbeziehung

$$J = \left(\frac{1}{j\,\omega\,L} + j\,\omega\,C + \frac{1}{R}\right)E. \tag{24}$$

In vielen Fällen ist nicht die Spannung, sondern der Strom gegeben, z. B. für Oberwellen. Dann steigt deren Spannung an bis zu einer Amplitude

$$E = \frac{J}{\sqrt{1/R^2 + (\omega\,C - 1/\omega\,L)^2}}. \tag{25}$$

Im Resonanzzustand mit $\omega = 1/\sqrt{LC}$ verschwindet der Klammerausdruck und die Spannung wird

$$E_r = RJ. \tag{26}$$

Diese Amplitude entspricht dem einfachen Ohmschen Gesetz. Die Resonanzspannung kann nur durch kleinen Ohmschen Widerstand R in mäßigen Grenzen gehalten werden, was aber nach Abb. 8 zu großen Verlusten führen würde. Der Resonanzstrom im Kondensator ist

$$J_{Cr} = \omega\,CRJ = \frac{R}{\sqrt{L/C}}\,J. \tag{27}$$

Er kann auch zu hohen Werten ansteigen, insbesondere wenn die Selbstinduktion L nur mäßig ist.

In Starkstromanlagen ist L durch die Summe aller parallelen Selbstinduktionen des Stromkreises bestimmt und besteht aus den Blindkomponenten der Stromverbraucher und Stromerzeuger zwischen den Leitern. R ist der Wirkwiderstand aller Netzzweige, die in parallele Stromkreise umgeformt werden können. Die Kapazität C ist zwischen den spannungsführenden Leitern zu rechnen, ergänzt durch etwa vorhandene Parallelkondensatoren. Ein äquivalenter Stromkreis, wie in Abb. 8, tritt daher in fast jedem praktischen Leitungsnetz auf. Dies kann leicht zu Resonanzspannungen Anlaß geben, wenn ein bestimmter Wechselstrom von höherer harmonischer Frequenz dem System aufgeprägt wird.

Harmonische Oberströme, wie sie *in Gleichrichtern* und auch *in gesättigten Transformatoren* durch den Mechanismus ihrer Wirkungsweise erzeugt werden, besitzen solche gegebene Stärke und können daher zu erheblichen Überspannungen führen.

Eine Doppelleitungs-Übertragung auf 32 km Entfernung, die eine Kapazität von $C = 0,44\ \mu$F besitzt, speise eine Gleichrichteranlage mit $E = 100$ kV und $J = 170$ Amp. Die resultierende Selbstinduktion der Maschinen und Transformatoren ist $L = 135$ mH, wobei alle Geräte an beiden Enden der Leitung in Parallele betrachtet sind. Resonanz entwickelt sich bei einer Frequenz

$$\nu = \frac{1}{\sqrt{135 \cdot 10^{-3} \cdot 0{,}44 \cdot 10^{-6}}} = 4{,}11 \cdot 10^3, \text{ oder } 654 \text{ Per/sec},$$

was sehr nahezu das 13 fache der Grundfrequenz von 50 Per/sec ist. Der äquivalente Parallelwiderstand bei dieser Frequenz war etwa $R = 1200\ \Omega$. In den meisten Gleichrichteranlagen hat der 13te Oberstrom eine Stärke gleich $^1/_{13}$ des Grundstromes. Er erzeugt daher nach Gl. (26) eine Resonanzspannung

$$E_r = 1200\,\frac{170}{13} = 15\,700\ \text{Volt}.$$

Dies ist ein erheblicher Bruchteil der Netzspannung von 100 kV und die Kurvenform der Spannung wird daher stark verzerrt. Abb. 9 stellt ein Oszillogramm einer solchen Anlage dar, deren Spannung erhebliche Oberwellen von 11ter und 13ter Ordnung besitzt, die in Interferenz miteinander stehen und Schwebungen bilden.

In der Praxis ist meistens weder reine Serienschaltung noch reine Parallelschaltung der ausschlaggebenden Elemente L, R, C vorhanden. Jede Kombination dieser beiden grundsätzlichen Schaltungen führt jedoch zu Resonanzbedingungen bei einer oder auch mehreren bestimmten Frequenzen. Hierdurch können diejenigen Oberwellen von Spannung und Strom außerordentlich vergrößert werden, die in der Stromquelle oder in der Belastung des Systems eingeprägt sind und in der Nachbarschaft der Eigenfrequenzen des Netzes liegen.

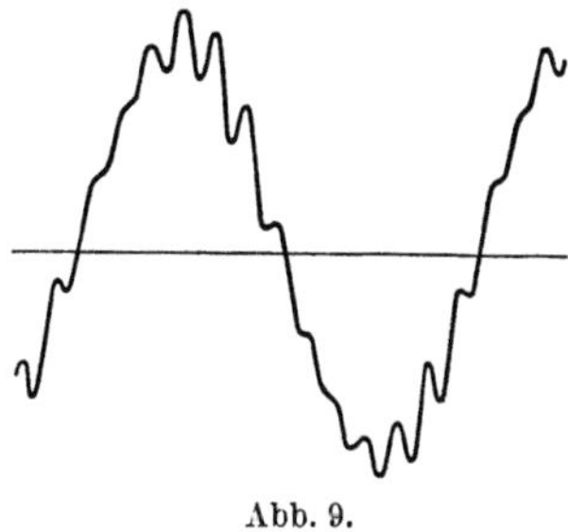

Abb. 9.

Bei jeder Schaltungsänderung und sogar bei jeder Laständerung ändern sich nun meistens die Kapazitäten und Selbstinduktionen des wirklich vorliegenden Stromkreises erheblich. Man findet deshalb praktisch, *daß Resonanzstörungen nur bei ganz bestimmten Konstellationen im gesamten Netz auftreten, und daß sie bei wesentlichen Änderungen in der Verteilung der Last oder im Zusammenarbeiten der verschiedenen Strecken wieder verschwinden.* Dies ist ein glücklicher Umstand, denn es wäre nur mit großem Aufwand durchführbar, alle denkbaren Konstellationen elektrischer Starkstromkreise in bezug auf ihre möglichen Eigenfrequenzen vorauszuberechnen. Das beste Mittel zur sicheren Fernhaltung von Resonanzspannungen und -strömen ist vor allem die Erzeugung einer möglichst *reinen sinusförmigen Spannungskurve des Generators,* die weder bei Leerlauf noch bei Belastung erhebliche Oberschwingungen enthalten soll. Dann fehlt der Anlaß zum Auftreten erheblicher Resonanzspannungen. Bei stark belasteten Netzen oder Netzteilen treten Resonanzen wesentlich schwächer hervor als bei schwach belasteten oder gar leerlaufenden Strecken, da die Belastung von Stromkreisen ebenso wie ein dämpfender Widerstand wirkt.

Sehr große Netze können so große Kapazität der Leitungen und Selbstinduktion der Transformatoren, Maschinen und Leitungen besitzen, daß ihre Eigenschwingungsdauer nach Gl. (12) oder (21) in die Nähe der Betriebsfrequenz des Netzes fällt. Vor allem kann dies bei Störungen durch einpolige Erdschlüsse auftreten, die die Ladeströme stark vergrößern. Da zu der Grundfrequenz die normale Netzspannung gehört, so müssen derartige Resonanzfälle vermieden werden, da sonst gewaltige Spannungssteigerungen auftreten würden. Die Resonanz mit der Betriebsfrequenz führt nun aber stets auf so große Ladeströme in den Generatoren, daß unsere Annahme der konstant gehaltenen Feldstärke und elektromotorischen Kraft im allgemeinen nicht mehr zutreffend ist. Die Ladeströme üben vielmehr eine Rückwirkung auf das Feld im Generator aus und verändern seine Eisensättigung. Wir wollen dieses später im Kapitel 52 untersuchen.

Stark zu leiden hat man unter Resonanzvorgängen manchmal bei Hochspannungsprüfungen von Maschinen, Kabeln oder Isolatoren, einerseits weil diese Prüfungen im allgemeinen ohne Nutzlast, also ohne Widerstandsdämpfung vorgenommen werden, andererseits weil man relativ kleine Prüftransformatoren zur Erzeugung sehr hoher Spannungen benutzt, die große Selbstinduktion und eine bereits bemerkbare Eigenkapazität ihrer Wicklungen besitzen. Zusammen mit der Kapazität des Prüfobjektes führt dies häufig auf Eigenfrequenzen, die ähnlich dem Falle der Abb. 6 mit einer niedrigen Oberschwingung des Generators in Resonanz stehen, die erhebliche Größe besitzt. Die Sekundärspannung in einem solchen Transformator kann dann Oberschwingungen enthalten, die die vom Primärkreise erzeugte Grundschwingung bei weitem übertreffen, so daß man die Höhe und Kurvenform der Sekundärspannung aus der Primärspannung auch nicht entfernt abschätzen kann.

5. Ausgleichsströme in Schwingungskreisen.

Um die Schaltvorgänge in Stromkreisen, die Selbstinduktion, Kapazität und Widerstand enthalten, vollständig zu beschreiben, ist außer der Kenntnis der stationären Vorgänge auch die der freien Ausgleichsströme erforderlich. Man

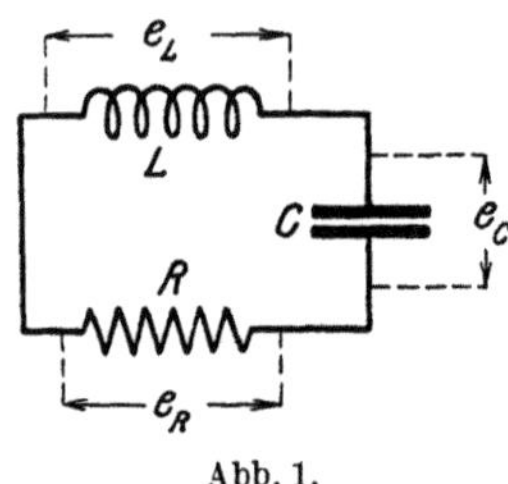

Abb. 1.

kann derartige Kreise sehr häufig auf das Schaltschema der Abb. 1 bringen, in dem Widerstand, Selbstinduktion und Kapazität in Reihe geschaltet sind. Da wir dieselben jetzt *nur auf die Ausbildung der freien Ausgleichsströme untersuchen wollen*, die sich bei jedem Schaltvorgang über die stationären Ströme lagern, so ist die speisende elektromotorische Kraft des Stromkreises in Abb. 1 fortgelassen. Ihre Lage und Größe ist ohne Einfluß auf die vorübergehenden Ströme und Spannungen.

a) Frequenz und Dämpfung. Nach unseren früheren allgemeinen Gesetzen ergänzen sich die freien Ausgleichsspannungen im Stromkreise zu Null, es ist also

$$e_L'' + e_R'' + e_C'' = 0. \tag{1}$$

Setzt man darin die bekannten Werte für die Spannung der Selbstinduktion, des Ohmschen Widerstandes und der Kapazität ein, wobei jedoch statt i'' einfach i geschrieben werden soll, da dieses ganze Kapitel sich nur auf Ausgleichsströme bezieht, so erhält man

$$L\frac{di}{dt} + Ri + \frac{1}{C}\int i\,dt = 0. \tag{2}$$

Wenn man diese Gleichung zur Fortschaffung des Integrals differenziert und noch durch L dividiert, so entsteht die endgültige Differentialgleichung für den Strom

$$\frac{d^2i}{dt^2} + \frac{R}{L}\frac{di}{dt} + \frac{i}{LC} = 0. \tag{3}$$

Dies ist eine lineare Differentialgleichung zweiter Ordnung mit konstanten Koeffizienten. Ihre Lösung wird gebildet durch den Ansatz

$$i = J\varepsilon^{\alpha t}. \tag{4}$$

Es ist dann

$$\frac{di}{dt} = \alpha J\varepsilon^{\alpha t} \tag{5}$$

und

$$\frac{d^2i}{dt^2} = \alpha^2 J\varepsilon^{\alpha t}, \tag{6}$$

so daß man beim Einsetzen dieser Werte in Gl. (3) und Fortheben des gemeinsamen Faktors $J\varepsilon^{\alpha t}$ erhält

$$\alpha^2 + \frac{R}{L}\alpha + \frac{1}{LC} = 0. \tag{7}$$

Dieser quadratischen Bedingungsgleichung muß also die Exponentialgröße α gehorchen, wenn Gl. (4) eine Lösung der Differentialgleichung (3) sein soll. Die Auflösung von Gl. (7) ergibt

$$\alpha = -\frac{R}{2L} \pm j\sqrt{\frac{1}{LC} - \left(\frac{R}{2L}\right)^2} = -\frac{1}{2T} \pm j\nu, \tag{8}$$

wenn wir dem wesentlichen ersten Gliede unter der Wurzel positives Vorzeichen zuordnen. Zur Abkürzung ist dabei wie früher die *elektromagnetische Zeitkonstante des Stromkreises*

$$T = \frac{R}{L} \tag{9}$$

eingeführt, und es ist außerdem für den Wurzelausdruck zur Vereinfachung die Bezeichnung ν gebraucht. Wenn der Ohmsche Widerstand R nur klein ist gegenüber dem Schwingungswiderstand $\sqrt{L/C}$ des Stromkreises, wie das bei Wechselstromkreisen meist der Fall ist, dann ist ν reell. Der charakteristische Exponent α ist dann doppelwertig und komplex. Der Exponentialausdruck aus Gl. (4) läßt sich daher schreiben

$$\varepsilon^{\alpha t} = \varepsilon^{-\frac{t}{2T}}\varepsilon^{\pm j\nu t} = \varepsilon^{-\frac{t}{2T}}(\cos\nu t \pm j\sin\nu t), \tag{10}$$

wobei davon Gebrauch gemacht ist, daß die Größe

$$e^{\pm j\nu t} = \cos\nu t \pm j\sin\nu t \tag{11}$$

trigonometrische Funktionen darstellt, und zwar sowohl die Kosinusfunktion als auch die Sinusfunktion.

Entsprechend der Doppelwertigkeit der Größe α erhalten wir *zwei Lösungen für den Ausgleichsstrom*, nämlich eine Kosinus- und eine Sinuslösung, deren Anfangsamplituden zunächst noch willkürliche Integrationskonstanten darstellen. Die Größe j und die Vorzeichen aus Gl. (10) können wir mit in diese Konstanten hineinlegen. Der Ausgleichsstrom ist daher vollständig

$$i = e^{-\frac{t}{2T}}(J_1\cos\nu t + J_2\sin\nu t) = J\varepsilon^{-\frac{t}{2T}}\cos(\nu t + \gamma). \tag{12}$$

Der letzte Ausdruck dieser Gleichung ist durch Zusammenziehung der Kosinus- und Sinusfunktion in eine einheitliche Kosinusfunktion mit verschobener Phase entstanden. Als Integrationskonstanten dieses Ausdruckes gelten die Amplitude des Stromes J und sein Phasenwinkel γ. Diese Konstanten müssen aus den Anfangsbedingungen des jeweiligen Problems bestimmt werden.

Setzen wir den Phasenwinkel γ, um einen allgemeinen Überblick über den zeitlichen Verlauf des Stromes zu erhalten, zunächst gleich Null, so ist für diesen willkürlich gewählten Anfangszustand

$$i = J\varepsilon^{-\frac{t}{2T}}\cos\nu t. \tag{13}$$

Der Ausgleichsstrom ist also im Falle gleichzeitig vorhandener Selbstinduktion und Kapazität kein exponentiell abnehmender Gleichstrom mehr, sondern er besteht in einer harmonischen Schwingung, deren Stärke exponentiell verlöscht, er stellt abklingenden Wechselstrom dar. In Abb. 2 ist der Verlauf des Stromes nach Gl. (13) dargestellt. Die Amplituden selbst verlöschen, wie die gestrichelten Linien zeigen, nach einer Exponentialfunktion, *die jedoch nur einen halb so großen Dämpfungs-*

exponenten hat wie die in Kreisen ohne Kapazität verklingenden Gleichströme. Dies ist den geringeren mittleren Verlusten zuzuschreiben, die bei Wechselstrom von gleichem Maximalwert auftreten.

Die abklingenden Ausgleichswechselströme nach Gl. (12) oder (13) haben eine Frequenz, deren Wert in 2π sec durch v gegeben ist, also nach Gl. (8) durch

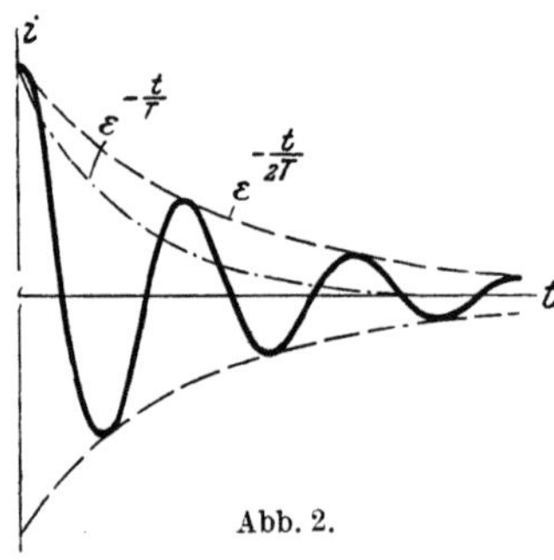
Abb. 2.

$$v = \sqrt{\frac{1}{LC} - \left(\frac{R}{2L}\right)^2}. \qquad (14)$$

Sie ist völlig unabhängig von der Stärke der Ströme und allein gegeben durch die Konstanten L, C, R des Kreises. Für kleinen Widerstand gegenüber dem Schwingungswiderstand des Stromkreises wird sie mit guter Annäherung

$$v_0 = \frac{1}{\sqrt{LC}}. \qquad (15)$$

Die Eigenfrequenz hängt dann nur von der Selbstinduktion und der Kapazität des Stromkreises ab und stimmt mit der Resonanzschwingungszahl des vorigen Kapitels 4 Gl. (12) überein.

Ist der Widerstand der Stromkreise nicht mehr gering, so daß das zweite Glied unter der Wurzel in Gl. (14) eine Rolle spielt, so wird die Eigenschwingungszahl verkleinert, der Strom schwingt langsamer und langsamer, und wenn der Widerstand die Größe

$$R = 2\sqrt{\frac{L}{C}} \qquad (16)$$

erreicht, wird die Eigenfrequenz Null, die Schwingungen hören auf, der Strom verläuft dann nur noch aperiodisch. Der Ausdruck für v unter der Wurzel der Gl. (8) wird schließlich negativ, so daß die Wurzel selbst imaginär wird, und dadurch wird α bei großen Widerständen rein reell, bleibt jedoch doppelwertig. Als Ausgleichsstrom erhält man dann nach Gl. (4) zwei Exponentialfunktionen, die auf Lösungen führen, wie sie im späteren Kapitel 18 behandelt werden. Bei Starkstromkreisen, die geschaltet werden, ist der Widerstand fast stets kleiner als der *aperiodische Grenzwert* nach Gl. (16), so daß oft ausgeprägte Schwingungen auftreten. Ja, er ist sogar meistens so klein, daß sein Einfluß auf die Eigenfrequenz sehr gering wird, und man diese mit ausreichender Annäherung nach der einfachen Gl. (15) bestimmen kann.

b) Verlauf von Strom und Spannung. Der periodische Ausgleichsstrom ruft in der Selbstinduktion und der Kapazität Spannungen hervor, die sehr erheblich sein können. Als praktisches Beispiel für das Auftreten freier Ausgleichsströme wollen wir die Anordnung nach Abb. 3 zugrunde legen, in der durch einen Kondensator versucht wird, das Ausschalten eines selbstinduktiven Kreises zu erleichtern und Kontaktfeuer zu vermeiden. Dann fließt nach dem plötzlichen Öffnen des Schalters in dem jetzt gebildeten Schwingungskreise

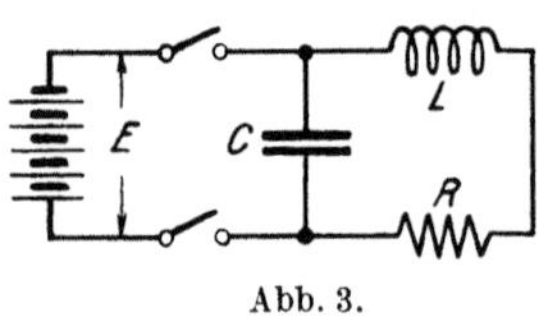
Abb. 3.

nur noch reiner Ausgleichsstrom nach Gl. (13), der den Übergang des ursprünglichen Stromes J in den stromlosen Zustand vermittelt. Die Phase γ des Stromes nach Gl. (12) können wir hierbei vernachlässigen, wenn wir annehmen, daß die ursprüngliche Ladespannung E des Kondensators nur klein ist.

Die Ausgleichsspannung an der Selbstinduktion erhalten wir durch Differenzieren des Stromes (13) zu

$$e_L = L\frac{di}{dt} = LJ\varepsilon^{-\frac{t}{2T}}\left(-v\sin vt - \frac{1}{2T}\cos vt\right). \qquad (17)$$

Zieht man die Sinus- und Kosinusglieder zu einem gemeinsamen Sinusgliede mit verschobener Phase zusammen, so wird dies

$$e_L = - LJ \sqrt{v^2 + \left(\frac{1}{2\,T}\right)^2}\, \varepsilon^{-\frac{t}{2\,T}} \sin(v\,t + \delta), \qquad (18)$$

wobei der Phasenwinkel durch

$$\operatorname{tg}\delta = \frac{1}{2\,v\,T} = \frac{R}{2\,v\,L} \qquad (19)$$

bestimmt wird. Den Wurzelausdruck kann man noch vereinfachen. Er läßt sich, wie man aus Gl. (14) erkennt, durch die reziproke Wurzel aus LC ersetzen. Man erhält dann für die Spannung an der Selbstinduktion endgültig

$$e_L = - J \sqrt{\frac{L}{C}}\, \varepsilon^{-\frac{t}{2\,T}} \sin(v\,t + \delta). \qquad (20)$$

Die Kondensatorspannung des Ausgleichsstromes ist nach Gl. (1) die negative Summe aus Selbstinduktions- und Widerstandsspannung. Sie ist also nach Gl. (17) und (13)

$$e_C = - e_L - R\,i = LJ\,\varepsilon^{-\frac{t}{2\,T}} \left(v \sin v\,t + \frac{1}{2\,T} \cos v\,t - \frac{R}{L} \cos v\,t\right). \qquad (21)$$

Darin ist $R\,i$ so eingesetzt, daß es sich dem gemeinsamen Faktor vor der Klammer unterordnet. Die beiden Kosinusglieder lassen sich an Hand von Gl. (9) vereinigen, so daß man erhält

$$e_C = LJ\,\varepsilon^{-\frac{t}{2\,T}} \left(v \sin v\,t - \frac{1}{2\,T} \cos v\,t\right). \qquad (22)$$

Auch hier kann man das Sinus- und Kosinusglied zu einem gemeinsamen Sinusgliede mit verschobener Phase δ zusammenziehen, die ebenfalls der Gl. (19) gehorcht, und erhält ähnlich wie oben endgültig als Spannung an der Kapazität

$$e_C = + J \sqrt{\frac{L}{C}}\, \varepsilon^{-\frac{t}{2\,T}} \sin(v\,t - \delta). \qquad (23)$$

Die Ausdrücke (20) und (23) für die Spannungen an der Selbstinduktion und an der Kapazität sind außerordentlich ähnlich aufgebaut. Sie unterscheiden sich lediglich durch das Vorzeichen des ganzen Ausdruckes und das Vorzeichen des Phasenwinkels δ, der bei kleinem Widerstand nach Gl. (19) nur

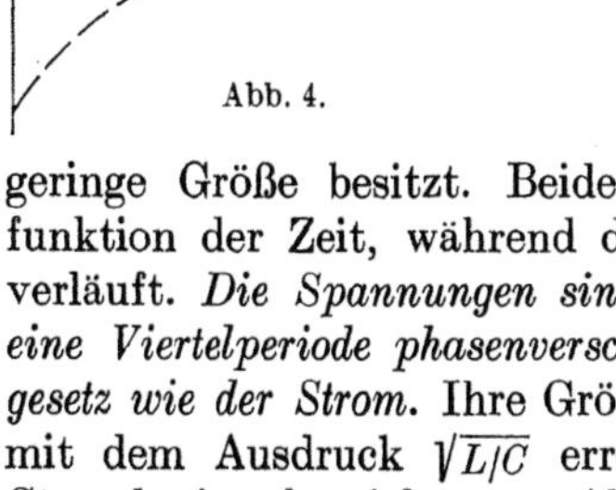

Abb. 4.

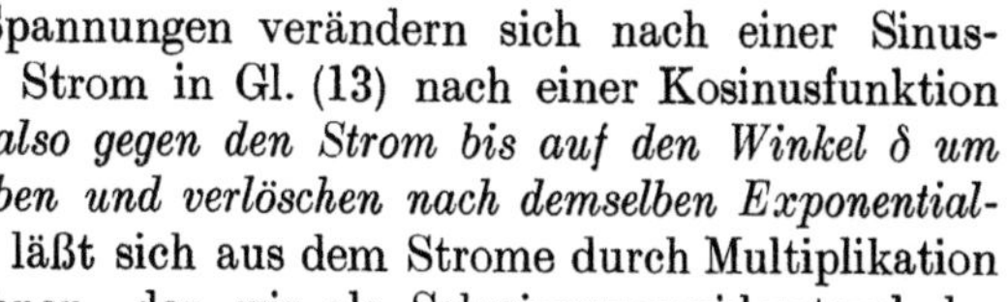

Abb. 5.

geringe Größe besitzt. Beide Spannungen verändern sich nach einer Sinusfunktion der Zeit, während der Strom in Gl. (13) nach einer Kosinusfunktion verläuft. *Die Spannungen sind also gegen den Strom bis auf den Winkel δ um eine Viertelperiode phasenverschoben und verlöschen nach demselben Exponentialgesetz wie der Strom.* Ihre Größe läßt sich aus dem Strome durch Multiplikation mit dem Ausdruck $\sqrt{L/C}$ errechnen, den wir als Schwingungswiderstand des Stromkreises bezeichneten. Abb. 4 zeigt den Verlauf der Kondensatorspannung nach Gl. (23), die dem Strom der Abb. 2 entspricht. In Abb. 5 ist der oszillo-

graphisch gemessene Verlauf einer Eigenschwingung wiedergegeben, die in einem
Schwingungskreise von außen einmal angeregt wurde und dann allmählich bis
auf Null erlischt.

Für den Winkel δ, der durch Gl. (19) analytisch gegeben ist, und dessen doppelter Wert die Phasenabweichung der Selbstinduktions- und Kondensatorspannungen voneinander darstellt, kann man eine sehr einfache geometrische Konstruktion finden, die zu einem guten Überblick über die Spannungsverhältnisse
im Stromkreise führt. In Abb. 6 ist über dem Widerstande R
als Basis der induktive Widerstand der Selbstinduktion für
Eigenschwingungen, also vL als Höhe eines gleichschenkligen
Dreiecks aufgetragen. Dann stellt der halbe Zentriwinkel den
Phasenwinkel δ nach Gl. (19) richtig dar. Berechnet man nun
nach dem pythagoreischen Lehrsatz die Länge der Schenkel des
Dreiecks und setzt v nach Gl. (14) ein, so erhält man für dieselben den einfachen Ausdruck $\sqrt{L/C}$. Man kann daher durch
Aufzeichnen des Dreiecks nach Abb. 6 aus dem Oнмschen
Widerstande und dem Schwingungswiderstande des Stromkreises,
die stets bekannt sind, den Phasenwinkel δ leicht graphisch
bestimmen. Der Schwingungswiderstand ist im allgemeinen sehr

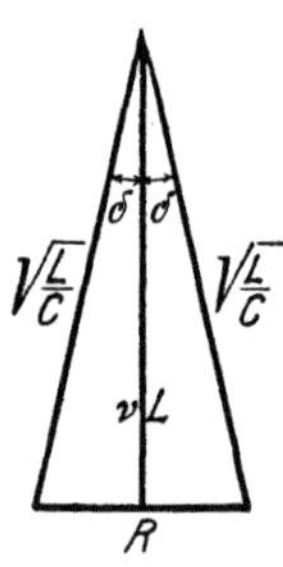
Abb. 6.

viel größer als der Oнмsche Widerstand und der Winkel δ daher meist klein.
Aus den rechtwinkligen Dreiecken der Abb. 6 erhält man unter Einführung der
Gl. (15) für die Resonanzfrequenz die einfache rechnerische Beziehung

$$\cos\delta = \frac{vL}{\sqrt{L/C}} = \frac{v}{v_0} = \sqrt{1 - \left(\frac{R}{2}\right)^2 \frac{C}{L}}. \tag{24}$$

Darin ist im letzten Ausdruck der Wert der Eigenfrequenz nach
Gl. (14) eingeführt.

Multipliziert man die Seitenlängen des Dreiecks mit dem
Strome J, so erhält man als Basis den Oнмschen Spannungsabfall RJ, als einen Schenkel die Amplitude der Kondensatorspannung nach Gl. (23) und als anderen Schenkel die Amplitude der Selbstinduktionsspannung nach Gl. (20). Abb. 7 zeigt
an Hand der Gln. (13), (20) und (23), daß in diesem Dreieck der
Spannungen nicht nur die Größen, sondern auch die Phasen der

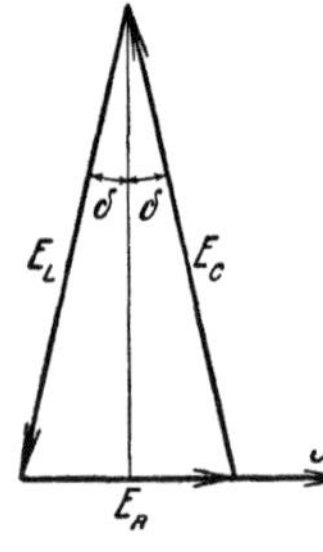
Abb. 7.

Spannungsvektoren richtig zueinander liegen. *E_C ist um etwas mehr, E_L um etwas
weniger als 90° gegen die Phase des Stromes oder des Ohmschen Spannungsabfalles
verschoben.* Dies steht im Gegensatz zu den Phasenverschiebungen bei stationären
Strömen, wo induktive und kapazitive Spannungen genau um 90° gegen den
Strom versetzt sind. Es ist begründet durch die exponentielle Dämpfung aller
Ausgleichsströme und -spannungen.

Man wird in der Praxis den Oнмschen Widerstand nicht immer außerhalb
des Kondensators und vor allen Dingen nicht außerhalb der Selbstinduktion antreffen, sondern zum Teil innerhalb dieser Apparate liegend. Aus Abb. 7 können
wir sofort abgreifen, wie groß die tatsächliche Ausgleichsspannung zwischen zwei
beliebigen Punkten des Schwingungskreises ist, wenn wir nur wissen, in welchem
Verhältnis der Widerstand durch diese Punkte aufgeteilt wird. Der Abstand des
Teilpunktes der Strecke E_R von der Spitze des Dreiecks gibt die gewünschte
Spannung an.

Alle Spannungen und Ströme sind außer ihrer periodischen Veränderung
nach einem Kosinus- oder Sinusgesetz, die durch die Vektordarstellung der
Abb. 7 wiedergegeben wird, außerdem noch exponentiell gedämpft. Beides läßt
sich sehr anschaulich durch ein Spiraldiagramm zusammenfassen, das in Abb. 8

gezeichnet ist. Der Strom- oder Spannungsvektor rotiert hier entsprechend dem harmonischen Verlauf, seine Größe nimmt gleichzeitig exponentiell ab, so daß sein Endpunkt eine *logarithmische Spirale* beschreibt. Durch Projektion des polaren Vektors auf ein rechtwinkliges System erhält man den zeitlichen Verlauf der Strom- und Spannungsschwingungen. Ohne Rücksicht auf die wirkliche Größe sind in Abb. 8 die Kurven für den Strom i und die Kondensatorspannung e_C dargestellt, welch letztere dem Strome um $90° + \delta$ nacheilt. Zusammengehörige Werte sind im polaren und rechtwinkligen Diagramm durch gleiche Indizes gekennzeichnet.

Man sieht, daß e_C stets dort ein Maximum oder Minimum hat, wo i durch Null geht, jedoch gilt nicht auch das Umgekehrte, die Spannung e_C geht vielmehr um das Maß 2δ später durch Null als i sein Maximum durchschreitet. Die Kurven in Abb. 8 sind zunächst für die vereinfachte Formel (13) gezeichnet. Will man den Phasenwinkel γ in der allgemeinen Gl. (12) mit berücksichtigen, so braucht

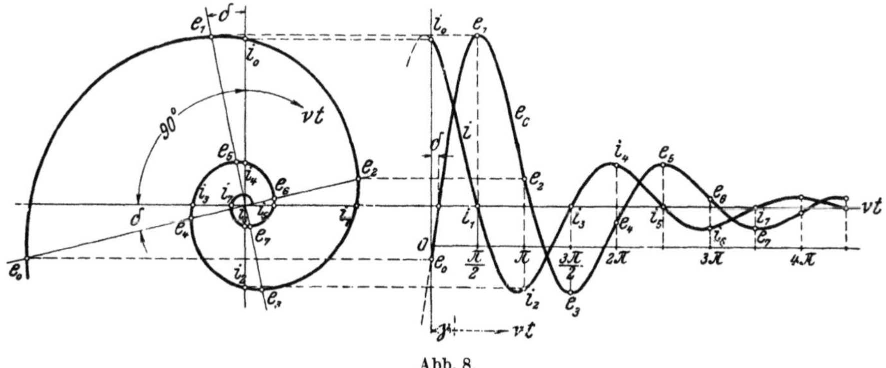

Abb. 8.

man nur den Zeitmaßstab zu verschieben, wie es unter den rechten Kurven in Abb. 8 dargestellt ist.

Wollen wir in unserem Beispiel von Abb. 3 die nach dem Abschalten des Stromkreises am Kondensator auftretende höchste Spannung bestimmen, so müssen wir beachten, daß sie entsprechend dem Verlauf nach Abb. 8 eine Viertelperiode nach dem Abschaltaugenblick auftritt. Es ist dann also

$$v t = \frac{\pi}{2}. \tag{25}$$

Nimmt man relativ kleinen Widerstand des Stromkreises an, so daß man δ gegenüber $\pi/2$ vernachlässigen kann und daß man für v die Gl. (15) benutzen darf, so erhält man nach Gl. (23) für die höchste Abschaltespannung am Kondensator durch Einsetzen der Zeit t aus Gl. (25) auch in den Exponenten

$$E_{\max} = J \sqrt{\frac{L}{C}} \, \varepsilon^{-\frac{\pi}{4} R \sqrt{\frac{C}{L}}}. \tag{26}$$

Wenn der Schwingungswiderstand erheblich größer als der Ohmsche Widerstand des abgeschalteten Kreises ist, so wird diese Überspannung im Verhältnis beider Widerstände größer als die treibende Spannung JR *vor dem Abschalten.* Nur durch große Kapazität kann man sie in mäßigen Grenzen halten. Der Oнмsche Widerstand des Schwingungskreises bewirkt nach Gl. (26) eine wirksame Verkleinerung der auftretenden Überspannungen erst dann, wenn er sich der Größenordnung des Schwingungswiderstandes nähert. Erreicht er dessen Betrag, so drückt das Exponentialglied die Überspannung auf etwa 45% herab.

c) Konstanten des Stromkreises. Legt man parallel zu der früher betrachteten Magnetspule mit $L = 12$ H Selbstinduktion einen Kondensator vom 10fachen der früher betrachteten Größe, also von $C = 20\ \mu$F Kapazität, so erhält man eine Eigenfrequenz

$$\nu = \frac{1}{\sqrt{12 \cdot 20 \cdot 10^{-6}}} = 65 \text{ in } 2\,\pi \text{ sec} \quad \text{oder} \quad f = 10,3 \text{ Per/sec}$$

und einen Schwingungswiderstand

$$\sqrt{\frac{L}{C}} = \sqrt{\frac{12}{20 \cdot 10^{-6}}} = 775\ \Omega\,.$$

Durch diese relativ langsamen Schwingungen wird bei $J = 10$ Amp Ausschaltestrom in der Spule mit $R = 11\ \Omega$ Widerstand eine Spannung

$$E_{\max} = 10 \cdot 775 \cdot \varepsilon^{-\frac{\pi}{4}\frac{11}{775}} = 7750 \text{ Volt}$$

erzeugt, also trotz der Größe des Kondensators doch ein hohes Vielfaches der Betriebsspannung von $RJ = 11 \cdot 10 = 110$ Volt. Das Dämpfungsglied ist hierbei noch außerordentlich gering.

Während Selbstinduktionen in Gleichstromkreisen oft die Größenordnung von 1 bis 100 H besitzen, führt man die Selbstinduktion in Wechselstromkreisen meistens möglichst klein aus, um die induktiven Spannungsverluste durch den Betriebsstrom gering zu halten. Liegt beispielsweise eine Schutzdrosselspule von $L = 5$ mH Selbstinduktion vor einem Kabel von $C = 2\ \mu$F Kapazität, so besitzt dies System Eigenschwingungen von der Frequenz

$$\nu = \frac{1}{\sqrt{5 \cdot 10^{-3} \cdot 2 \cdot 10^{-6}}} = 10\,000 \text{ in } 2\,\pi \text{ sec} \quad \text{oder} \quad f = 1600 \text{ Per/sec},$$

was ein hohes Vielfaches der meist üblichen Wechselstromfrequenz von 50 Per/sec ist. Der zugehörige Schwingungswiderstand ist

$$\sqrt{\frac{L}{C}} = \sqrt{\frac{5 \cdot 10^{-3}}{2 \cdot 10^{-6}}} = 50\ \Omega\,.$$

Wirken schließlich sehr kleine Spulen, etwa Auslösespulen von Schaltern mit $L = 0,1$ mH Selbstinduktion und geringe Kapazitäten, wie sie Stromdurchführungen von Schaltern mit etwa $C = 10^{-4}\ \mu$F besitzen, zusammen, so ergeben sich Eigenfrequenzen von

$$\nu = \frac{1}{\sqrt{0,1 \cdot 10^{-3} \cdot 10^{-4} \cdot 10^{-6}}} = 10^7 \text{ in } 2\,\pi \text{ sec} \quad \text{oder} \quad f = 1,6 \cdot 10^6 \text{ Per/sec}\,.$$

Der entsprechende Schwingungswiderstand ist

$$\sqrt{\frac{L}{C}} = \sqrt{\frac{0,1 \cdot 10^{-3}}{10^{-4} \cdot 10^{-6}}} = 1000\ \Omega\,.$$

Die in Starkstromanlagen möglichen Schwingungswiderstände und Eigenfrequenzen von Schwingungskreisen überdecken demnach einen sehr weiten Bereich. Je nach der Größe der Selbstinduktion und Kapazität, zwischen denen die Eigenschwingungen auftreten, können sie sehr niedere bis sehr hohe Werte annehmen.

Die *Dämpfung* der freien Eigenschwingungen läßt sich in Beziehung setzen zu der *Resonanzfähigkeit* bei erzwungenen Schwingungen mit eingeprägter äußerer Kraft. Man mißt die Dämpfung am besten durch das Amplitudenverhältnis zweier aufeinanderfolgender ganzer Schwingungen, also nach Abb. 8 und Gl. (13) durch

$$\varepsilon^{-\frac{2\pi/\nu}{2T}} = \varepsilon^{-\frac{\pi}{\nu}\frac{R}{L}} = \varepsilon^{-\lambda}, \tag{27}$$

und bezeichnet den Exponent

$$\lambda = \frac{\pi}{v}\,\frac{R}{L} \tag{28}$$

als *logarithmisches Dekrement*, weil der Logarithmus dieser Zahl eben das Amplitudenverhältnis ergibt. Führt man nun in den Ausdruck für die Resonanzspannung im Stromkreis nach Kapitel 4, Gl. (15) an Stelle des Dämpfungswiderstandes R dieses Dekrement ein, so erhält man

$$\frac{E_r}{E} = \frac{\sqrt{L/C}}{R} = \frac{\pi\,\sqrt{L/C}}{\lambda\,v\,L} = \frac{\pi}{\lambda}\,\frac{v_0}{v}. \tag{29}$$

Das Frequenzverhältnis kann man nach Gl. (24) ebenfalls durch das Dekrement ausdrücken, es wird

$$\left(\frac{v}{v_0}\right)^2 = 1 - \left(\frac{R}{2}\right)^2 \frac{C}{L} = 1 - \left(\frac{\lambda}{2\,\pi}\,\frac{v}{v_0}\right)^2. \tag{30}$$

Daraus folgt zunächst für das Verhältnis von *Eigenfrequenz zu Resonanzfrequenz*

$$\frac{v}{v_0} = \frac{1}{\sqrt{1 + \left(\dfrac{\lambda}{2\,\pi}\right)^2}}. \tag{31}$$

Es nimmt mit zunehmendem Dämpfungsdekrement anfangs langsam, später schneller ab.

Das Verhältnis der höchsten erzielbaren Resonanzspannung zur aufgedrückten Spannung wird jetzt nach Gl. (29) und (31)

$$\frac{E_r}{E} = \frac{\pi}{\lambda}\,\sqrt{1 + \left(\frac{\lambda}{2\,\pi}\right)^2} = \sqrt{\left(\frac{\pi}{\lambda}\right)^2 + \frac{1}{4}}. \tag{32}$$

Es hängt also lediglich vom Dekrement λ ab. *Die Dämpfung der Eigenschwingungen bestimmt daher zahlenmäßig gleichzeitig auch die Resonanzstärke der erzwungenen Schwingungen.*

Der Schwingungsverlauf von Abb. 5 hat ein Amplitudenverhältnis von 0,82 und daher nach Gl. (27) ein Dämpfungsdekrement von $\lambda = 0,20$. Damit ergibt sich nach Gl. (32) eine Resonanzspannung vom

$$\frac{E_r}{E} = \sqrt{\left(\frac{\pi}{0,2}\right)^2 + 0,25} = 15,7\,\text{fachen}$$

Wert der eingeprägten Spannung.

Unter Benutzung von Gl. (28) können wir Gl. (32) schreiben

$$\frac{E_r}{E} = \sqrt{\left(\frac{v\,L}{R}\right) + \frac{1}{4}} = \sqrt{Q^2 + \frac{1}{4}}, \tag{33}$$

wobei der numerische Wert

$$Q = \frac{v\,L}{R} = \frac{\pi}{\lambda} \tag{34}$$

einen *Gütefaktor des Schwingungskreises* angibt. Je größer dieses Q-Verhältnis ist, um so höher und schärfer ist die Resonanzspitze, auf die der Stromkreis erregt werden kann, und um so langsamer klingen seine Eigenschwingungen ab.

6. Einschalten von Schwingungskreisen.

Wenn wir den Verlauf der Ströme und Spannungen beim Einschalten von elektrischen Schwingungskreisen verfolgen wollen, so müssen wir die vollständige Formulierung für den Ausgleichsstrom, also Gl. (12) des vorigen Kapitels 5 zu

Hilfe nehmen, mit zwei Integrationskonstanten, deren Wert durch die Anfangsbedingungen zu bestimmen ist. Es ist also der Ausgleichsstrom

$$i'' = J'' \varepsilon^{-\frac{t}{2T}} \cos(\nu t + \gamma), \tag{1}$$

und dementsprechend wird die Kondensatorausgleichsspannung nach Gl. (23) des Kapitels 5

$$e''_C = J'' \sqrt{\frac{L}{C}} \, \varepsilon^{-\frac{t}{2T}} \sin(\nu t + \gamma - \delta). \tag{2}$$

Die Integrationskonstanten, nämlich die Amplitude des Ausgleichsstromes J'' und sein Phasenwinkel γ bestimmen sich nach dem allgemeinen Schaltgesetz derart, daß zur Zeit $t=0$ der Gesamtstrom — bestehend aus Ausgleichsstrom und stationärem Strom — mit dem vor dem Schalten bestehenden Strom übereinstimmt, und daß die gesamte Kondensatorspannung — ebenfalls bestehend aus Ausgleichsspannung und stationärer Kondensatorspannung — den Wert

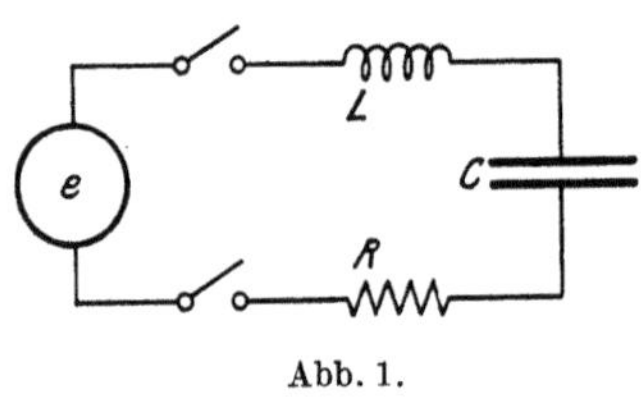

Abb. 1.

der Kondensatorspannung vor dem Schalten ergibt. Da wir das Einschalten des Schwingungskreises vom strom- und spannungslosen Zustande aus betrachten wollen. so haben wir nach Kapitel 3, Gl. (9) die Bedingungsgleichungen zu erfüllen

$$\left.\begin{aligned} J'' \cos\gamma &= -i'_0, \\ J'' \sqrt{\frac{L}{C}} \sin(\gamma - \delta) &= -e'_{C0}. \end{aligned}\right\} \tag{3}$$

Die linken Seiten stellen darin die Ausgleichswerte nach Gl. (1) und (2) für $t=0$ dar, die rechten Seiten die negativ genommenen stationären Werte, ebenfalls gerechnet für die Zeit $t=0$.

a) Aufladung mit Gleichspannung. Zuerst betrachten wir die Aufladung des Stromkreises nach Abb. 1 mit Gleichspannung von der Größe E. Nach beendetem Ausgleichsvorgang fließt kein Strom mehr in den Kondensator. Der stationäre Strom ist also

$$i' = 0. \tag{4}$$

Die Kondensatorspannung ist nach beendetem Aufladen konstant gleich der Netzspannung. Sie ist also

$$e'_C = E. \tag{5}$$

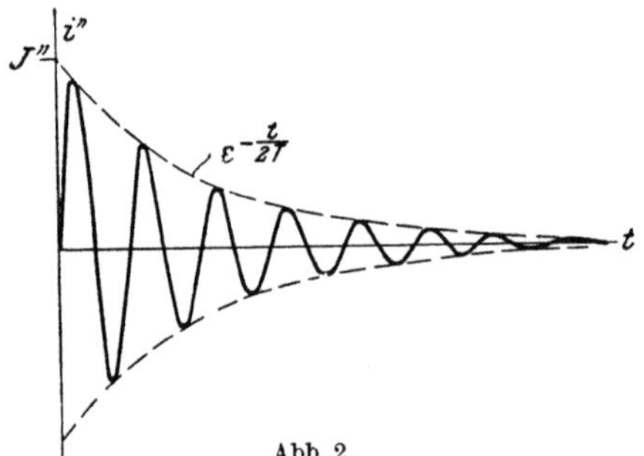

Abb. 2.

Setzt man diese Werte in die Gln. (3) ein, so erhält man aus der ersten

$$\cos\gamma = 0; \qquad \gamma = \frac{\pi}{2} = 90°, \tag{6}$$

also den Ausgleichsstrom nach Gl. (1)

$$i'' = -J'' \varepsilon^{-\frac{t}{2T}} \sin\nu t. \tag{7}$$

Er ist mit dem Sinus der Zeit veränderlich und verklingt exponentiell entsprechend Abb. 2. Seine Amplitude ergibt sich durch Einsetzen der Werte aus Gl. (5) und (6) in die zweite Gl. (3) zu

$$J'' = -\frac{E}{\cos\delta} \sqrt{\frac{C}{L}}. \tag{8}$$

Darin ist der Wert von $\cos\delta$ entsprechend Kapitel 5, Gl. (24) für geringe Widerstände sehr nahezu gleich 1, und man erkennt, daß damit *die Anfangsamplitude*

*des Ausgleichsstromes gleich der Netzspannung dividiert durch den Schwingungs-
widerstand des Kreises wird.* Da kein stationärer Strom existiert, so stellt der
Ausgleichsstrom gleichzeitig den Gesamtstrom i dar.

Die Kondensatorspannung ergibt sich durch Einsetzen von Gl. (6) und (8) in
Gl. (2). Die Gesamtspannung am Kondensator als Summe von Netzspannung
und Ausgleichsspannung wird damit

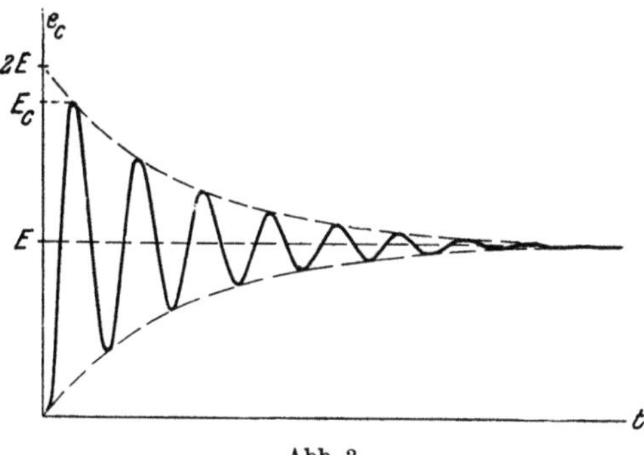

$$e_C = E\left[1 - \frac{\varepsilon^{-\frac{t}{2T}}}{\cos\delta}\cos(\nu t - \delta)\right]. \quad (9)$$

Ihren zeitlichen Verlauf stellt Abb. 3
dar.

*Wir erkennen, daß das Einschalten
eines Kondensators über einen induktiven Stromkreis stets in Form von
Schwingungen erfolgt, daß die Spannung bis beinahe auf das doppelte
Maß über den Endwert hinausschießt,
und daß die Dämpfung der Schwin-*

Abb. 3.

gungen der doppelten Zeitkonstante der Selbstinduktion entspricht. Die größte
Spannung am Kondensator ist für nicht gar zu starke Dämpfung nach Ablauf
einer halben Periode vorhanden, also für

$$\nu t = \pi. \quad (10)$$

Sie beträgt alsdann nach Gl. (9)

$$E_C = E\left(1 + \varepsilon^{-\frac{\pi}{2}R\sqrt{\frac{C}{L}}}\right). \quad (11)$$

Man kann also durch Einschalten eines
passend bemessenen Dämpfungswiderstandes die auftretenden Überspannungen verringern.

Wenn *Gleichstromkondensatoren geprüft*
werden sollen, ob sie einem bestimmten

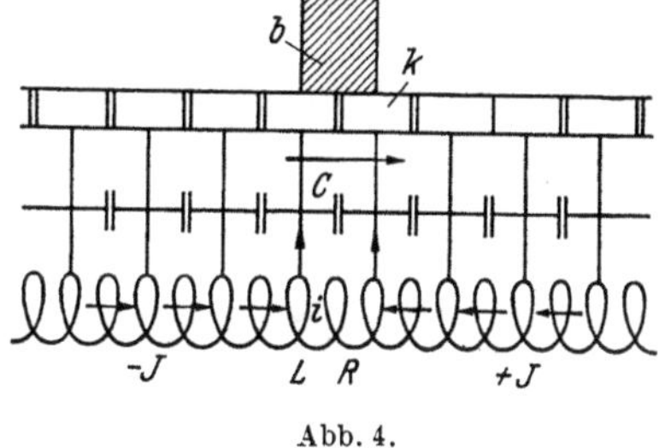

Abb. 4.

Vielfachen der Nennspannung standhalten, so muß Vorsicht angewandt werden,
damit das Prüfobjekt nicht durch die hier beschriebenen Überspannungen gefährdet wird, die unter der Wirkung der
stets vorhandenen Selbstinduktion in Verbindung mit niedrigem Widerstand des
Prüfkreises auftreten.

Schwingungen dieser Art entstehen von
selbst in rotierenden *Gleichstromankern unter
dem Einfluß unvollkommener Kommutierung*
unter den Bürsten. Abb. 4 zeigt eine Reihe
von Ankerspulen mit Selbstinduktion L und
Widerstand R, deren Kollektorsegmente k

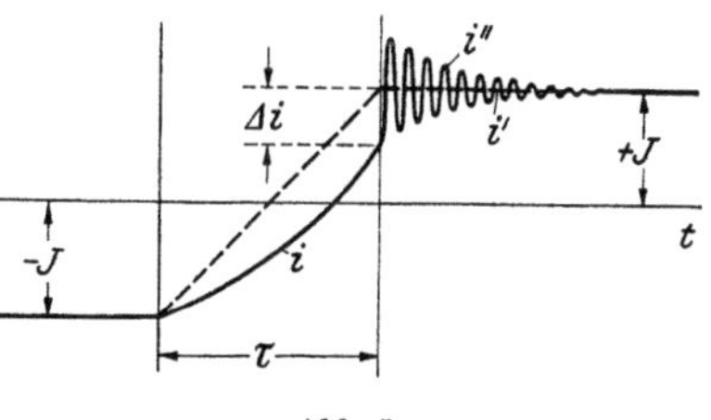

Abb. 5.

unter der Bürste b hinwegstreichen, wobei sich eine Spule im Kommutierungsprozeß befindet. Während diese Spule durch die feststehende Bürste b und die
bewegten Segmente k kurzgeschlossen ist, muß ihr Strom vom früheren Werte $-J$
auf den späteren Wert $+J$ übergehen. Unter vollkommenen Kommutierungsbedingungen würde dies *linear* erfolgen, wie es im Zeitdiagramm der Abb. 5
gestrichelt dargestellt ist. *In Wirklichkeit wird jedoch der Strom i während der
Kommutierungsdauer keineswegs stets voll reversiert,* was im einzelnen von seiner

Selbstinduktion, dem Bürstenwiderstand und der Wirkung etwaiger Kommutierungspole abhängt.

Im Augenblick, wenn das Segment k von der Bürste b abläuft, kann daher ein Fehlbetrag $\varDelta i$ an Strom vorhanden sein. Bei funkenfreier Kommutierung würde der Strom i in der Spule auf den Endwert J springen müssen, wenn keine Kapazität im Stromkreis vorhanden wäre. Tatsächlich sind aber die Spulen in Nuten des Ankereisens eingebettet und besitzen durch ihre Isolierhüllen eine erhebliche Kapazität. Auch zwischen den benachbarten Kollektorsegmenten tritt eine zusätzliche Kapazität auf. Der Differenzstrom $\varDelta i$ wird daher augenblicklich von der Kapazität C übernommen. Dies leitet eine Schwingung zwischen diesem Element und der Spuleninduktanz ein, die weiterhin durch den Spulenwiderstand R gedämpft wird, wie es in Abb. 5 nach einer unvollständigen Beendigung des Kommutierungsvorgangs gezeigt ist. *Der Schwingungsstrom i'' vermittelt somit zwischen dem Strom i am Ende der Kommutierungszeit und dem späteren vollen Strom J.* Hierdurch kann sich nach Gl. (2) eine hohe Spannung e_C'' entwickeln, die von der Größe von L und C abhängt.

Die Eigenfrequenz von Ankerspulen liegt meistens in der Größenordnung von 10^5 bis 10^7 Per/sec, was durch ihre kleine Selbstinduktion und Kapazität bedingt ist. Solche abklingenden Hochfrequenzschwingungen wiederholen sich bei jedem Durchgang der Spulen unter der Bürste, was gewöhnlich 500 bis 2000 mal pro Sekunde erfolgt. *Es bilden sich somit in jedem Kommutatoranker beim Durchstreichen der Spulen unter den Bürsten Schwingungen aus, deren Frequenz im Rundfunkbereich liegt und die wiederholt werden mit einer Häufigkeit, die im Bereich der Tonfrequenzen liegt.* Da die Spulen an einem Ende unmittelbar mit den Bürsten verbunden sind, so werden diese modulierten Schwingungen in das Netz geleitet und verursachen starke Störungen in benachbarten Rundfunkempfängern.

Zur Verhinderung dieser Beeinflussung können zwei Mittel angewandt werden. Durch Zuschalten einer Kapazität an den Stromkreis kann man die Eigenfrequenz auf einen niedrigeren Wert verlegen und die ins Netz fließende Amplitude vermindern. Oder, man kann einen Widerstand parallel zu der wirksamen Kapazität schalten, um die Schwingungen aperiodisch zu dämpfen. Ein hoher Widerstand im Nebenschluß zu allen Kollektorsegmenten ist ausreichend, um die Schwingungen vollständig zu unterdrücken.

b) Einschalten von Wechselstrom. Schalten wir den Schwingungskreis nach Abb. 1 an eine Wechselstromquelle mit der gegebenen Spannung

$$e = E \cos(\omega t + \psi), \tag{12}$$

so stellt sich nach Ablauf der Ausgleichsvorgänge nach Kapitel 4 ein stationärer Strom ein

$$i' = J' \cos(\omega t + \varphi), \tag{13}$$

dessen Amplitude ist

$$J' = \frac{E}{\sqrt{R^2 + \left(\omega L - \dfrac{1}{\omega C}\right)^2}}, \tag{14}$$

und eine stationäre Kondensatorspannung

$$e_C' = \frac{J'}{\omega C} \sin(\omega t + \varphi), \tag{15}$$

wobei der Phasenwinkel des Stromes φ von dem der Spannung ψ abweicht nach der Beziehung

$$\operatorname{tg}(\varphi - \psi) = -\frac{\omega L - \dfrac{1}{\omega C}}{R}. \tag{16}$$

Um die vorübergehenden Ausgleichsströme und -spannungen zu bestimmen, müssen wir wieder gemäß den Gln. (3) ihre Werte für $t=0$ mit diesen Dauerströmen und -spannungen für $t=0$ vergleichen. Es ist also mit Gl. (13) und (15)

$$J'' \cos \gamma = - J' \cos \varphi,$$
$$J'' \sqrt{\frac{L}{C}} \sin (\gamma - \delta) = - \frac{J'}{\omega C} \sin \varphi. \tag{17}$$

Aus diesen beiden Gleichungen sind die Konstanten J'' und γ für den freien Ausgleichsstrom zu bestimmen.

Wir wollen die Ausrechnung nur unter der *Voraussetzung kleiner Widerstände im Stromkreis* durchführen, weil diese bei Wechselstromanlagen meistens erfüllt ist. Die Rechnung für den allgemeinen Fall führen wir im nächsten Kapitel durch. Wir dürfen dann nach Gl. (19) des vorigen Kapitels 5 den Winkel δ als klein vernachlässigen und erhalten aus der zweiten Gl. (17)

$$J'' \sin \gamma = - \frac{J'}{\omega \sqrt{C L}} \sin \varphi = - \frac{\nu}{\omega} J' \sin \varphi. \tag{18}$$

Dabei ist noch die Näherungsgleichung (15) des vorigen Kapitels 5 für die Eigenfrequenz ν benutzt. Nach Division durch die erste Gl. (17) ergibt sich dann als Beziehung zur Bestimmung des Phasenwinkels γ

$$\operatorname{tg} \gamma = \frac{\nu}{\omega} \operatorname{tg} \varphi, \tag{19}$$

und damit folgt aus der ersten Gl. (17) die Anfangsamplitude des Ausgleichsstromes

$$J'' = - \frac{J' \cos \varphi}{\cos \gamma} = - J' \cos \varphi \sqrt{1 + \operatorname{tg}^2 \gamma} = - J' \cos \varphi \sqrt{1 + \left(\frac{\nu}{\omega}\right)^2 \operatorname{tg}^2 \varphi}. \tag{20}$$

Bringt man darin $\cos \varphi$ unter die Wurzel, so erhält man den übersichtlichen Ausdruck

$$J'' = - J' \sqrt{\cos^2 \varphi + \left(\frac{\nu}{\omega}\right)^2 \sin^2 \varphi}. \tag{21}$$

Die Anfangsamplitude E_C'' der Ausgleichsspannung, die aus Gl. (2) entnommen werden kann, läßt sich damit unter Einführung der Eigenfrequenz ν nach Gl. (15) des vorigen Kapitels 5 schreiben

$$E_C'' = J'' \sqrt{\frac{L}{C}} = \frac{J''}{\nu C} = - \frac{J'}{\nu C} \sqrt{\cos^2 \varphi + \left(\frac{\nu}{\omega}\right)^2 \sin^2 \varphi}. \tag{22}$$

Führt man anstatt J' die Amplitude E_C' der stationären Kondensatorspannung nach Gl. (15) ein und multipliziert unter der Wurzel aus, so entsteht

$$E_C'' = - E_C' \sqrt{\left(\frac{\omega}{\nu}\right)^2 \cos^2 \varphi + \sin^2 \varphi}. \tag{23}$$

Aus den Endgleichungen (19), (21) und (23) erkennen wir, daß die Phasen und vor allem *die Amplituden des Ausgleichsstromes und der Ausgleichsspannung einerseits vom Schaltmoment abhängen, mit welcher Phase φ nämlich der stationäre Strom eingeschaltet wird, und daß sie andererseits stark vom Verhältnis der Eigenfrequenz ν des Schwingungskreises zur Frequenz ω des stationären Wechselstromes beeinflußt werden.*

Für den Resonanzfall mit $\omega = \nu$ werden die Verhältnisse am einfachsten. Nach Gl. (19) wird dann

$$\gamma = \varphi, \tag{24}$$

so daß der Phasenwinkel des Ausgleichsstromes mit dem Phasenwinkel des stationären Stromes genau übereinstimmt. Das gleiche gilt auch bei der Kondensatorspannung. Ferner wird nach Gl. (21) und (23)

$$\left.\begin{array}{l} J'' = -J', \\ E_C'' = -E_C', \end{array}\right\} \tag{25}$$

so daß die Anfangsamplituden von Ausgleichsstrom und -kondensatorspannung genau entgegengesetzt gleich den stationären Werten im Schaltmoment werden, gleichgültig mit welcher Phase φ geschaltet wird.

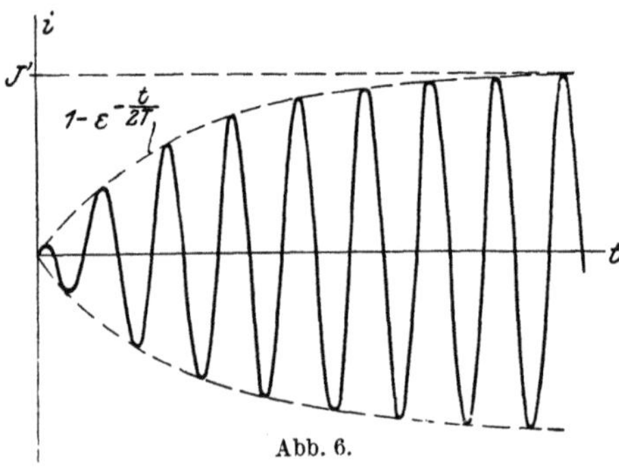

Abb. 6.

Da die erzwungene Frequenz ω und die Eigenfrequenz ν übereinstimmen, so kann man die harmonischen Funktionen der stationären und der Ausgleichsströme hier zusammenfassen. Gesamtstrom und Gesamtspannung werden daher nach den Gln. (1) und (13) einerseits, (2) und (15) andererseits

$$\left.\begin{array}{l} i = J'\left(1 - \varepsilon^{-\frac{t}{2T}}\right)\cos(\omega t + \varphi), \\[2mm] e_C = E_C'\left(1 - \varepsilon^{-\frac{t}{2T}}\right)\sin(\omega t + \varphi). \end{array}\right\} \tag{26}$$

Strom und Kondensatorspannung wachsen also außer der harmonischen Veränderung nach einer zeitlichen Exponentialkurve an. Abb. 6 stellt diesen Verlauf dar.

Die Ströme und Spannungen in einem Resonanzkreise stellen sich demnach nicht sofort nach dem Einschalten auf ihre früher berechneten extrem großen Werte ein, sondern sie wachsen nach dem Einschalten exponentiell an, also zu Anfang linear und später langsamer und langsamer, um erst nach einer Zeit, die einem Vielfachen der doppelten magnetischen Zeitkonstante des Stromkreises entspricht, also meist nach sehr vielen Perioden auf ihren Endwert zu gelangen. Überströme und Überspannungen durch den Einschaltvorgang selbst treten im Resonanzfalle nicht auf.

Wenn Eigenfrequenz und erzwungene Frequenz nahezu übereinstimmen, so bleiben die Gln. (24) und (25) näherungsweise gültig. Die Zusammenfassung der harmonischen Funktionen für die gesamten Ströme und Spannungen ist jetzt jedoch nicht mehr möglich. Man erhält vielmehr

$$\left.\begin{array}{l} i = J'\left[\cos(\omega t + \varphi) - \varepsilon^{-\frac{t}{2T}}\cos(\nu t + \varphi)\right], \\[2mm] e_C = E_C'\left[\sin(\omega t + \varphi) - \varepsilon^{-\frac{t}{2T}}\sin(\nu t + \varphi)\right]. \end{array}\right\} \tag{27}$$

Da der abklingende Ausgleichsstrom hier eine etwas andere Frequenz besitzt als der stationäre Strom, so fallen die Wellen der erzwungenen und freien Schwingungen schon bald nach dem Einschalten nicht mehr genau aufeinander. Sie subtrahieren sich daher nicht mehr vollständig, sondern geraten allmählich in eine derartige Lage, daß sie sich sogar addieren. Abb. 7 stellt diesen Fall dar. Beim weiteren Fortschreiten der Zeit tritt abwechselnd Subtraktion und Addition der Teilwerte ein, so daß *Schwebungen des Gesamtstromes* entstehen. Da der Ausgleichsstrom mit seiner Zeitkonstante $2\,T$ abklingt, so werden die Schwebungen allmählich schwächer und sind nach Verlauf erheblicher Zeiten vollständig erloschen.

Es ist bemerkenswert, daß *im Falle der Resonanznähe sowohl Strom wie Kondensatorspannung nach Abb. 7 schon bald nach dem Einschalten auf fast das Doppelte ihrer an sich großen Endwerte gesteigert werden, während im Falle der genauen Resonanz nach Abb. 6 eine derartige Überhöhung nicht auftritt.* Es ergibt sich daraus, daß, besonders bei schwacher Dämpfung, das kurzzeitige Einschalten von Stromkreisen bei Resonanznähe viel gefährlicher ist als bei Resonanz selbst.

Um die Periodendauer oder die Frequenz der Einschaltschwebungen von Abb. 7 zu bestimmen, können wir die Dämpfung und die Phase φ in Gl. (27) außer acht lassen und erhalten dann nach einer bekannten trigonometrischen Formel

$$\left.\begin{aligned} i &= -2\,J' \sin\frac{\omega-\nu}{2}\,t \cdot \sin\frac{\omega+\nu}{2}\,t, \\ e_C &= +2\,E_C' \sin\frac{\omega-\nu}{2}\,t \cdot \cos\frac{\omega+\nu}{2}\,t. \end{aligned}\right\} \qquad (28)$$

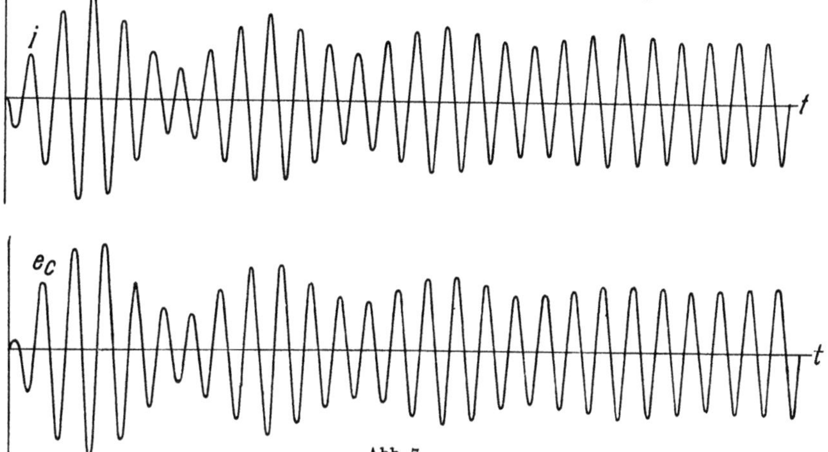

Abb. 7.

Dies gibt natürlich nur den Zustand kurze Zeit nach dem Einschalten richtig wieder, solange die Wirkung der Dämpfung noch schwach ist. Man kann diesen Verlauf auffassen als schnelle Sinus- oder Kosinusschwingung mit einer mittleren Frequenz aus den sehr benachbarten ω und ν, deren Amplitude langsam sinusförmig veränderlich ist mit einer Schwebungsfrequenz

$$\sigma = \omega - \nu, \qquad (29)$$

wenn man den Abstand je zweier Wellenberge oder -täler der Abb. 7 als eine vollständige Schwebung auffaßt. Der Höchstwert von Strom und Spannung besitzt dabei den doppelten Betrag des stationären Wertes.

Liegt die Eigenfrequenz weit außerhalb der Resonanz, so sind die Einschaltvorgänge verschieden je nach dem Augenblick φ, in dem geschaltet wird. Zwei Schaltmomente sind besonders charakteristisch:

Wird mit $\varphi = 0$ geschaltet, also in dem Augenblick, in dem der Dauerstrom nach Gl. (13) sein Maximum besitzt und seine Kondensatorspannung durch Null geht, so erhält man nach Gl. (19) auch den Phasenwinkel

$$\gamma = 0 \qquad (30)$$

und für die Amplitude des Ausgleichsstromes nach Gl. (21) und der Ausgleichsspannung nach Gl. (23)

$$\left.\begin{aligned} J'' &= - J', \\ E_C'' &= - \frac{\omega}{\nu} E_C'. \end{aligned}\right\} \tag{31}$$

Die gesamten Ströme und Spannungen werden daher

$$\left.\begin{aligned} i &= J' \left(\cos \omega t - \varepsilon^{-\frac{t}{2T}} \cos \nu t\right), \\ e_C &= E_C' \left(\sin \omega t - \frac{\omega}{\nu} \varepsilon^{-\frac{t}{2T}} \sin \nu t\right). \end{aligned}\right\} \tag{32}$$

Abb. 8 zeigt ihren Verlauf für den häufigsten Fall, daß die Eigenfrequenz ν wesentlich größer als die erzwungene Frequenz ω ist. Der Gesamtstrom schnellt eine halbe Eigenperiode nach dem Schaltmoment auf fast den doppelten Betrag des Dauerstromes. Die Spannung am Kondensator wird nach etwa einer viertel

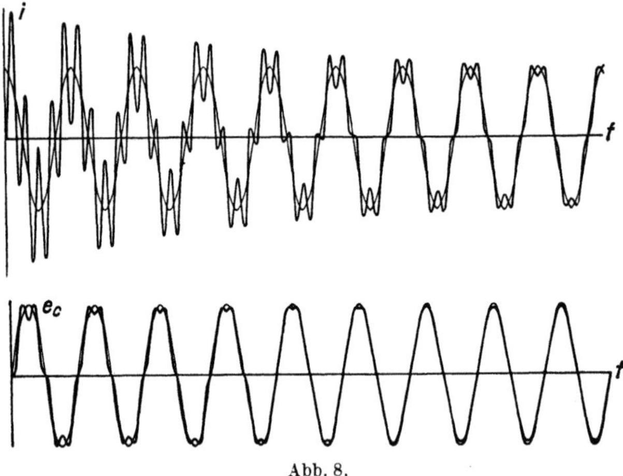

Abb. 8.

erzwungenen Periode ebenfalls größer, jedoch ist die Überspannung um so geringer, je höher die Eigenfrequenz ν liegt. Nur für sehr geringe Eigenfrequenzen, die wesentlich kleiner als ω sind, würden erhebliche Überspannungen auftreten. Jedoch erfordert dieser Fall so große Kapazität, daß die stationäre Spannung an ihr nach Gl. (15) dann meistens nur gering ist.

Wird mit $\varphi = 90°$ *eingeschaltet*, also in dem Augenblick, in dem der Dauerstrom durch Null gehen würde und die Kondensatorspannung ihr Maximum besäße, so wird nach Gl. (19) auch

$$\gamma = 90° \tag{33}$$

und nach Gl. (21) und (23)

$$\left.\begin{aligned} J'' &= - \frac{\nu}{\omega} J', \\ E_C'' &= - E_C'. \end{aligned}\right\} \tag{34}$$

Für den zeitlichen Verlauf von Gesamtstrom und Gesamtspannung erhält man jetzt

$$\left.\begin{aligned} i &= J' \left(- \sin \omega t + \frac{\nu}{\omega} \varepsilon^{-\frac{t}{2T}} \sin \nu t\right), \\ e_C &= E_C' \left(\cos \omega t - \varepsilon^{-\frac{t}{2T}} \cos \nu t\right). \end{aligned}\right\} \tag{35}$$

Abb. 9 stellt diese Vorgänge dar, wieder für den Fall relativ hoher Eigenfrequenz. Strom und Spannung verhalten sich für diesen Schaltmoment nahezu umgekehrt wie beim vorher behandelten, wie man durch Vergleich der Gln. (35) und (32) erkennt. Die Kondensatorspannung wird jetzt eine halbe Eigenperiode nach dem Schaltmoment nahezu verdoppelt. Der Ausgleichsstrom dagegen

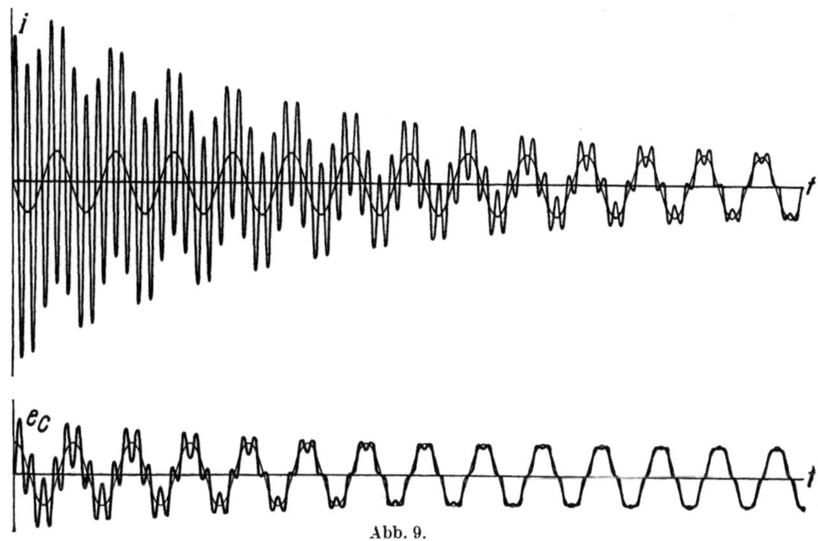

Abb. 9.

nimmt für Eigenfrequenzen des Schwingungskreises, die erheblich oberhalb der Netzfrequenz liegen, ganz gewaltige Werte an, gegenüber denen der stationäre Strom anfangs nur eine untergeordnete Rolle spielt.

Für sehr niedrige Eigenfrequenzen, wie sie bei Meßanordnungen manchmal vorkommen, ändert sich das äußere Bild der Einschaltschwingungen erheblich. Abb. 10 stellt entsprechend den zweiten Gln. (32) und (35) die Kondensator-

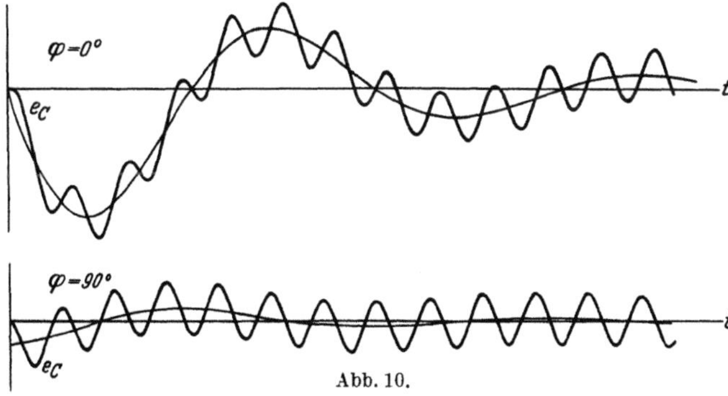

Abb. 10.

spannung für diesen Fall dar, und zwar für ein Frequenzverhältnis von 1:7, beim Einschalten mit den Phasenwinkeln 0 und 90°. Die Dauerschwingung setzt auch hier sofort mit voller Stärke ein, ihre Basis wogt aber anfangs mit der Eigenfrequenz langsam auf und ab.

In Abb. 11 ist das Einschaltoszillogramm der Primärseite eines Hochspannungstransformators dargestellt, der sekundär plötzlich an eine lange Fernleitung geschaltet wurde. Ihre Kapazität ergab mit der Selbstinduktion des Stromkreises eine Eigenfrequenz, die wesentlich höher als die Netzfrequenz war, und rief daher starke und schnelle Stromschwingungen nach dem Einschalten hervor. Die Spannung ist nur sehr viel weniger verzerrt.

In Starkstromanlagen kommen Stromkreise mit reiner Kapazität ohne Selbstinduktion kaum vor. Fast immer besitzt zum mindesten ein Teil des Kreises, besonders die Wicklungen der Maschinen und Transformatoren, überwiegende Selbstinduktion. Andere Teile des Kreises, besonders Kabel und Hochspannungsfreileitungen, enthalten überwiegende Kapazität. Beim Schalten aller derartigen Kreise treten daher stets die hier behandelten Erscheinungen auf. Da man nie sicher voraussagen kann, in welchem Augenblick eingeschaltet wird, und da überdies bei Drehstromanlagen ein günstiger Schaltmoment einer Phasenleitung dem ungünstigen Schaltmoment einer anderen Phasenleitung entspricht, so muß man stets damit rechnen, *daß beim Einschalten die Kapazität auf die doppelte Spannung aufgeladen wird,*

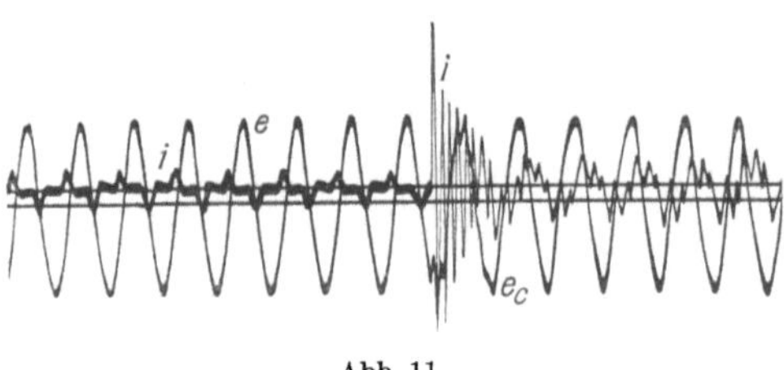

Abb. 11.

und daß überdies je nach der Höhe der Eigenschwingungszahl des beim Schalten entstehenden Gesamtstromkreises hohe Einschaltströme auftreten. Beide Erscheinungen lassen sich nur vermindern durch allmähliches oder stufenweises Einschalten, indem man entweder mit der Maschinenspannung allmählich hochfährt oder indem man *Schutzschalter mit Vorkontaktwiderständen* anwendet.

Abb. 12 zeigt das Schema eines Schutzschalters, der den Schwingungskreis zunächst über einen OHMschen Widerstand schließt und erst kurze Zeit darauf ohne Unterbrechung direkt an die volle Spannung legt. Macht man den Schutzwiderstand nur gleich der Hälfte des Schwingungswiderstandes des Stromkreises, so werden die Ausgleichsströme und -spannungen entsprechend Gl. (11) schon nach einer halben Eigenperiode abgedämpft auf das

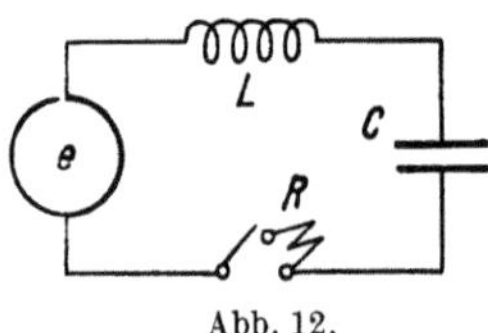

Abb. 12.

$$\varepsilon^{-\frac{\pi}{2}\frac{R}{\sqrt{L/C}}} = \varepsilon^{-\frac{\pi}{4}} = 0{,}45\,\text{fache},$$

beim ganzen Schwingungswiderstand sogar auf das 0,2 fache, so daß ihre Überspannungen und Überströme ungefährlich geworden sind. Natürlich darf man den Widerstand nicht gar zu groß machen, damit nicht beim Schalten auf die Hauptkontakte und Kurzschließen seines Spannungsabfalles nunmehr zu große Ausgleichsströme und -spannungen auftreten. Im Notfalle kann man zu mehreren Widerstandsstufen greifen.

Außergewöhnlich hohe Ströme treten auf, *wenn Gruppen von Kondensatoren,* wie sie zum Beispiel zur Verbesserung des Leistungsfaktors benutzt werden, *bei voller Spannung untereinander geschaltet werden.* Der Stromkreis enthält dann nur ein Minimum von Selbstinduktion, und daher ist die Frequenz der Eigenschwingungen extrem hoch. Dies bewirkt nach Gl. (35) und Abb. 9 Ströme von so ungewöhnlich hohem Anfangswert, daß die Schließkontakte des Schalters schwere Brandstellen erleiden. Als Schutz hiergegen können Zwischenwiderstände oder Induktanzen mit Erfolg verwendet werden.

7. Schaltschwingungen beim Abschalten.

Wir haben in Kapitel 1 gesehen, daß beim schnellen Ausschalten eines Stromkreises sehr hohe Spannungen auftreten können. Dadurch werden die Kapazitäten, mit denen alle Leitungen behaftet sind, aufgeladen, so daß die Spannung in endlichen

Grenzen bleibt. Die Höhe der erreichten *Ausschaltspannung* wird daher vielfach durch diese *Nebenkapazitäten* der Stromkreise bestimmt. Man kann nach dem Schema von Abb. 1 auch absichtlich einen Kondensator parallel zur Selbstinduktion legen, der ein kurzzeitiges Weiterfließen des Stromes in der Spule nach dem Öffnen des Schalters ermöglicht und dadurch die Spannung in erträglichen Grenzen hält.

Für den Fall sehr kleiner Widerstände im Stromkreis läßt sich die auftretende Abschaltspannung aus einer einfachen *Energiebetrachtung* berechnen. Die in der Selbstinduktion L vom ursprünglichen Strom J aufgespeicherte magnetische Energie ist

$$W_m = \frac{1}{2} L J^2. \tag{1}$$

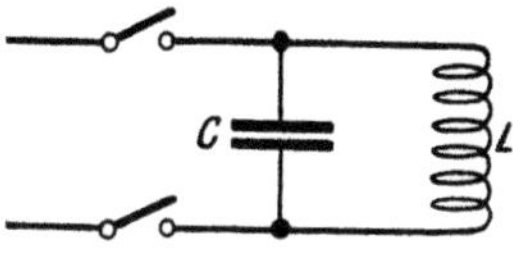

Abb. 1.

Da der Strom der Spule nach dem Abschalten durch den Kondensator mit der Kapazität C fließt, so wird dieser allmählich auf eine Spannung E geladen. Seine elektrostatische Energie ist dann

$$W_e = \frac{1}{2} C E^2. \tag{2}$$

Sie kann im höchsten Falle gleich der magnetischen Energie der Selbstinduktion werden, wenn nämlich keine Energieverluste durch Widerstände aller Art vorhanden sind. Die Energie pulsiert dann zwischen der Selbstinduktion und der Kapazität, indem durch die freien Eigenschwingungen abwechselnd magnetische Energie in elektrostatische und umgekehrt übergeht.

Da die beiden Energiemengen gleich sind, so ist

$$\frac{1}{2} C E^2 = \frac{1}{2} L J^2, \tag{3}$$

und daraus bestimmt sich die höchste auftretende Überspannung, die kurze Zeit nach dem Abschalten des Stromes J vorhanden ist, zu

$$E = J \sqrt{\frac{L}{C}}. \tag{4}$$

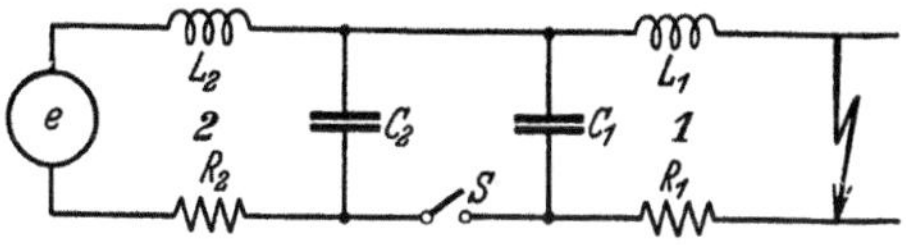

Abb. 2.

Schaltet man beispielsweise einen Strom von $J = 10$ Amp aus einer Leitung aus, die $L = 0,1$ Henry Selbstinduktion hat und einen Parallelkondensator von $10\,\mu F$ besitzt, so erhält man eine Ausschaltespannung von

$$E = 10 \sqrt{\frac{0,1}{10 \cdot 10^{-6}}} = 1000 \text{ Volt}.$$

Man braucht daher zur Erzielung geringer Ausschaltspannungen Kondensatoren von beträchtlicher Größe.

Wirkt nur die natürliche Kapazität der Leitungen auf den Ausschaltvorgang, so können die Spannungen unzulässig hohe Werte erreichen. Wir wollen sie unter Berücksichtigung des Leitungswiderstandes genauer berechnen. Je nach der Anordnung der Stromkreise treten verschiedenartige gegenseitige Lagen der Nebenkapazitäten gegenüber dem Schalter, der Selbstinduktion und der Stromquelle auf. In Abb. 2 ist beispielsweise dargestellt, wie ein entfernter Kurzschluß zwischen zwei Leitungen durch einen Schalter im Leitungszuge abgeschaltet wird. Der Stromkreis zerfällt dadurch in zwei Teile 1 und 2, von denen jeder vorher vom vollen Kurzschlußstrom durchflossen war. Nach dem Abschalten sind die beiden Kreise mit ihren Selbstinduktionen L_1 und L_2 und ihren Nebenkapazitäten C_1 und C_2 unabhängig voneinander. Ihre Kurzschlußströme klingen je für sich in gedämpften Schwingungen aus, so daß wir sie ganz getrennt betrachten können.

a) Amplitude und Phase. In jedem abgeschalteten Kreise verläuft der Ausgleichsstrom in der Selbstinduktion nach Kapitel 5, Gl. (12) nach dem Zeitgesetz

$$i'' = J'' \varepsilon^{-\frac{t}{2T}} \cos(\nu t + \gamma), \tag{5}$$

und die Ausgleichsspannung am Kondensator entsprechend nach Gl. (23)

$$e_C'' = E_C'' \varepsilon^{-\frac{t}{2T}} \sin(\nu t + \gamma - \delta), \tag{6}$$

wobei die Amplituden verknüpft sind durch

$$E_C'' = \sqrt{\frac{L}{C}}\, J''. \tag{7}$$

Nach dem allgemeinen Schaltgesetz in Kapitel 3, Gl. (9) ist nun der anfängliche Ausgleichsstrom in der Selbstinduktion bestimmt durch die Differenz der stationären Ströme, die unmittelbar vor und kurze Zeit nach dem Schaltprozeß in ihr vorhanden wären. Wir wollen sie den *Schaltstrom*

$$\overline{J} = i_{L0} - i'_{L0} \tag{8}$$

in der Selbstinduktion nennen. Ferner ist die anfängliche Ausgleichsspannung am Kondensator gleich der Differenz seiner stationären Spannungen unmittelbar vor und unmittelbar nach dem Schaltprozeß. Wir wollen sie als *Schaltspannung*

$$\overline{E} = e_{C0} - e'_{C0} \tag{9}$$

bezeichnen.

Wir beachten, daß der Schaltstrom $\overline{J}$ stets nur die *Stromänderung in der Selbstinduktion*, die Schaltspannung $\overline{E}$ nur die *Spannungsänderung an der Kapazität* umfaßt, die durch die Schalthandlung bewirkt werden, dagegen nicht Ströme und Spannungen an irgendwelchen anderen Stellen des Stromkreises, etwa am Schalter selbst oder in sonstigen Leitungen. Diese Schaltwerte $\overline{J}$ und $\overline{E}$ können wir für jede Schaltänderung irgend eines Stromkreises stets als bekannt ansehen, weil man den stationären Zustand vor und nach dem Schalten nach den üblichen Regeln leicht bestimmen kann.

Vergleichen wir diese Schaltwerte mit den Anfangswerten des Ausgleichsstroms nach Gl. (5) und (6) für $t = 0$, so erhalten wir zu deren Bestimmung die Beziehungen

$$\left.\begin{aligned} J'' \cos\gamma &= \overline{J}, \\ E_C'' \sin(\gamma - \delta) &= \overline{E}. \end{aligned}\right\} \tag{10}$$

Durch Division entsteht daraus unter Benutzung der Gl. (7)

$$\sin(\gamma - \delta) = \cos\gamma \sqrt{\frac{C}{L}} \frac{\overline{E}}{\overline{J}}. \tag{11}$$

Der Phasenwinkel δ zwischen den Spannungen im Stromkreis bestimmt sich nach Abb. 6, Kapitel 5, aus

$$\sin\delta = \frac{R/2}{\sqrt{L/C}}. \tag{12}$$

Wenn wir die linke Seite von Gl. (11) entwickeln und auf der rechten Seite für die Wurzel ihren Wert nach Gl. (12) einführen, erhalten wir

$$\sin\gamma \cos\delta - \cos\gamma \sin\delta = \cos\gamma \sin\delta \frac{2}{R} \frac{\overline{E}}{\overline{J}}. \tag{13}$$

Dies läßt sich zusammenfassen zu

$$\operatorname{tg}\gamma = \operatorname{tg}\delta\left(1 + \frac{2}{R} \frac{\overline{E}}{\overline{J}}\right). \tag{14}$$

Führen wir nunmehr für $\operatorname{tg}\delta$ seinen Wert nach Kapitel 5, Gl. (19) und (14) ein, so bestimmt sich der Phasenwinkel für den Ausgleichsstrom aus

$$\operatorname{tg}\gamma = \frac{\overline{E}'\overline{J} + R/2}{\sqrt{L/C - (R/2)^2}}. \tag{15}$$

Wenn wir den OHMschen Widerstand R klein gegenüber dem Schwingungswiderstand $\sqrt{L/C}$ voraussetzen, was in Starkstromkreisen besonders dann der Fall ist, wenn es sich um die Wirkung von kleinen Nebenkapazitäten handelt, so erhalten wir einen ersten Näherungswert. Ist der Widerstand auch vernachlässigbar klein gegenüber dem Quotienten von $\overline{E}$ zu $\overline{J}$, so erhalten wir eine zweite noch einfachere Annäherung

$$\operatorname{tg}\gamma \simeq \sqrt{\frac{C}{L}\left(\frac{\overline{E}}{\overline{J}} + \frac{R}{2}\right)} \simeq \sqrt{\frac{C}{L}}\,\frac{\overline{E}}{\overline{J}}. \tag{16}$$

In technischen Stromkreisen können wir fast immer mit der ersten Näherung rechnen, dagegen dürfen wir in Gleichstromkreisen nicht mit der zweiten arbeiten, weil dort das Strom-Spannungsverhältnis ja gerade durch den Widerstand bestimmt wird. Wir erkennen allgemein, daß die Anfangsphase des Ausgleichsstroms außer vom Schwingungswiderstand noch sehr stark von den Schaltströmen und Schaltspannungen bestimmt wird.

Die Amplitude des Ausgleichsstroms in der Selbstinduktion erhält man hiermit aus der ersten Gl. (10), wenn man den cos durch den tg ausdrückt zu

$$J'' = \overline{J}\sqrt{1 + \operatorname{tg}^2\gamma} = \sqrt{\overline{J}^2 + \frac{(\overline{E} + \tfrac{1}{2}R\overline{J})^2}{L/C - (R/2)^2}}, \tag{17}$$

und daraus kann man wieder die beiden Näherungswerte für mäßig kleine und sehr kleine Widerstände bestimmen

$$J'' \simeq \sqrt{\overline{J}^2 + \frac{C}{L}\left(\overline{E} + \frac{1}{2}R\overline{J}\right)^2} \simeq \sqrt{\overline{J}^2 + \frac{C}{L}\overline{E}^2}. \tag{18}$$

Die Amplitude der Ausgleichsspannung an der Kapazität erhält man hieraus mit Gl. (7) zu

$$E''_C = \sqrt{\frac{L}{C}\overline{J}^2 + \frac{(\overline{E} + \tfrac{1}{2}R\overline{J})^2}{1 - C/L \cdot (R/2)^2}}, \tag{19}$$

oder in Näherung für geringe Widerstände

$$E''_C \simeq \sqrt{\frac{L}{C}\overline{J}^2 + \left(\overline{E} + \frac{1}{2}R\overline{J}\right)^2} \simeq \sqrt{\frac{L}{C}\overline{J}^2 + \overline{E}^2}. \tag{20}$$

Diese Beziehungen (17) bis (20) stellen die Amplituden der Ausgleichsschwingungen in sehr allgemeiner Form dar, sie gelten sowohl für Gleichstrom wie Wechselstrom, unabhängig von der Kurvenform, für Ein- oder Ausschalten bei beliebigen Schaltzeitpunkten und beliebiger örtlicher Lage der Schaltstelle.

Im wesentlichen werden *die Amplituden der Ausgleichsschwingungen also von den Schaltströmen $\overline{J}$ und Schaltspannungen $\overline{E}$ in Selbstinduktion und Kapazität bestimmt,* deren Einfluß sich je nach der Größe des Schwingungswiderstandes $\sqrt{L/C}$ quadratisch summiert. Da selbst bei Wechselstrom mindestens einer der beiden Schaltwerte $\overline{E}$ und $\overline{J}$ vorhanden ist, *so treten beim Abschalten immer Ausgleichsschwingungen auf.* Durch den Einfluß des Widerstandes werden sie stets etwas vergrößert.

b) Ausschalten von Gleichstrom. Wenn wir den Gleichstromkreis nach Abb. 3 durch Abschalten der Stromquelle öffnen, so sinkt der ursprüngliche Strom J in der Selbstinduktion allmählich auf Null herab. Daher erhalten wir als Schalt-

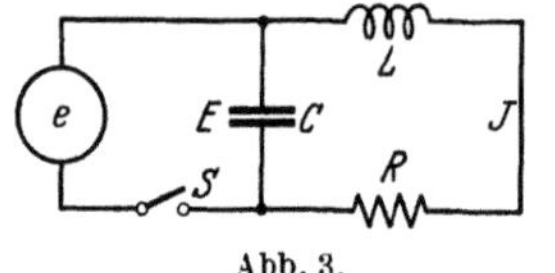
Abb. 3.

strom

$$\bar{J} = J - 0 = J. \tag{21}$$

Gleichzeitig verschwindet die ursprüngliche Kapazitätsspannung E vollständig, und daher wird die Schaltspannung

$$\bar{E} = E - 0 = E = -RJ, \tag{22}$$

sie wird also bestimmt durch den ursprünglichen Widerstandsabfall. Wir haben dabei den Strom J der Kondensatorspannung E negativ zugeordnet, weil er einen *Entladestrom* der Kapazität darstellt.

Die Anfangsphase des Ausgleichsstroms wird damit nach der strengen Gl. (14)

$$\operatorname{tg}\gamma = -\operatorname{tg}\delta, \tag{23}$$

sie hat also den entgegengesetzten Wert wie der innere Phasenwinkel. Für relativ große Schwingungswiderstände ist dieser nach Gl. (12) sehr gering, und daher wird auch

$$\operatorname{tg}\gamma \simeq -\frac{1}{2}R\sqrt{\frac{C}{L}}. \tag{24}$$

Die Stromamplitude bestimmt sich nach der strengen Gl. (17) oder der Näherung von Gl. (18) zu

$$J'' = \frac{J}{\sqrt{1 - \frac{C}{L}\left(\frac{R}{2}\right)^2}} \simeq J\sqrt{1 + \frac{C}{L}\left(\frac{R}{2}\right)^2} \simeq J, \tag{25}$$

und die Spannungsamplitude entsprechend Gl. (19) und (20) zu

$$E_C'' = \frac{E\sqrt{L/C}}{R\sqrt{1 - \frac{C}{L}\left(\frac{R}{2}\right)^2}} \simeq E\sqrt{\frac{L/C}{R^2} + \frac{1}{4}} \simeq E\frac{\sqrt{L/C}}{R}. \tag{26}$$

Darin sind ganz rechts Näherungen für *sehr kleinen Widerstand* angeschrieben. Da in dem Schwingungskreis von Abb. 3 nach dem Ausschalten nur die Ausgleichsströme übrigbleiben, so ergibt sich der ganze Strom im Kreise nach Gl. (5) für diesen Fall zu

$$i = i'' = -J\,\varepsilon^{-\frac{t}{2T}}\cos(\nu t - \delta), \tag{27}$$

und die gesamte Spannung nach Gl. (6) unter Berücksichtigung der oben genannten Vorzeichenregel zu

$$e_C = e_C'' = -\frac{\sqrt{L/C}}{R}\,E\,\varepsilon^{-\frac{t}{2T}}\sin(\nu t - 2\delta). \tag{28}$$

Dabei ist nach Gl. (23) an Stelle des kleinen Phasenwinkels γ der Wert von $-\delta$ eingeführt, wodurch der Anschluß der Ausgleichsschwingungen an die ursprünglichen Werte von Strom und Spannung bewirkt wird.

Am Schalter entsteht nach dem Öffnen eine Spannung, die sich als Differenz der Spannung an der Stromquelle und der Kondensatorspannung ergibt zu

$$e_s = E - e_C'' \simeq E\left[1 + \frac{\sqrt{L/C}}{R}\,\varepsilon^{-\frac{t}{2T}}\sin(\nu t - 2\delta)\right]. \tag{29}$$

Abb. 4 stellt den zeitlichen Verlauf dar. *Die Spannung am Schalter springt demnach durch die Wirkung der Kapazität nicht plötzlich auf den Endwert E, sondern wächst zunächst mit endlicher Geschwindigkeit.* Für relativ kleinen Widerstand oder große Zeitkonstante ist diese

$$\frac{de_s}{dt} = \frac{E}{RC}\,\varepsilon^{-\frac{t}{2T}}\cos\nu t, \qquad (30)$$

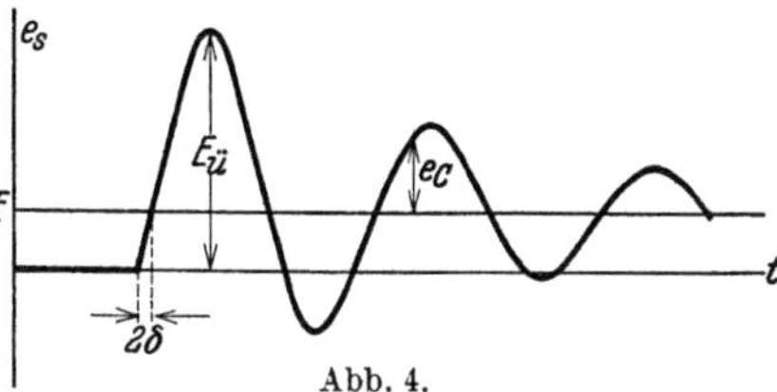

Abb. 4.

wobei die Eigenfrequenz mit ihrem Näherungswert eingesetzt ist. Es zeigt sich, daß die anfängliche Anstieggeschwindigkeit außer durch die Spannung E lediglich durch die Kapazitätszeitkonstante des Stromkreises bestimmt wird, oder auch, anders ausgedrückt, durch den Quotienten J/C.

Die Spannung schießt nach Abb. 4 über die endgültige Spannung weit hinaus und erreicht ein hohes *Maximum*, das sich für kleine Widerstände nach Gl. (26) *zur Betriebsspannung verhält wie der Schwingungswiderstand des Kreises zum Ohmschen Widerstand.* Besitzt der Stromkreis erheblichen Leitungswiderstand, so ist die auftretende Überspannung wegen der *exponentiellen Dämpfung* geringer. Die Schwingungsamplitude ist dann nach einer Zeit von reichlich ¼ Periode, die wir aus Gl. (28) zu $(\pi/2+2\delta)/\nu$ bestimmen können, gemäß der genaueren Gl. (26)

$$E_ü = E\,\sqrt{\frac{L/C}{R^2}+\frac{1}{4}}\;\varepsilon^{-\frac{\pi}{4}\frac{R}{\sqrt{L/C}}\left(1+\frac{2}{\pi}\frac{R}{\sqrt{L/C}}\right)}, \qquad (31)$$

was je nach dem Verhältnis vom Ohmschen Widerstand zum Schwingungswiderstand leicht bis zu 50% niedrigere Werte ergeben kann als die Näherungsformel (4).

Günstig für das Abschalten des Stromes ist der Umstand, daß durch die Wirkung der Parallelkapazität eine freie Schwingung mit zunächst nur geringer Spannung einsetzt, die erst nach ¼ Eigenperiode auf den Höchstwert ansteigt. Innerhalb dieser Zeit muß der Schalter weit genug geöffnet haben, um eine Funken- oder Lichtbogenbildung zu vermeiden. Die *notwendige Ausschaltgeschwindigkeit* für lichtbogenfreie Unterbrechung ist daher durch die Eigenperiode der freien Schwingung bestimmt.

Für das Abschalten eines Gleichstromkreises nach Abb. 5, der nahezu der linken Hälfte von Abb. 2 entspricht, sinkt der Strom in der Selbstinduktion vom ursprünglichen Wert J auf 0 herab, daher ist der Schaltstrom

$$\bar{J} = J - 0 = J. \qquad (32)$$

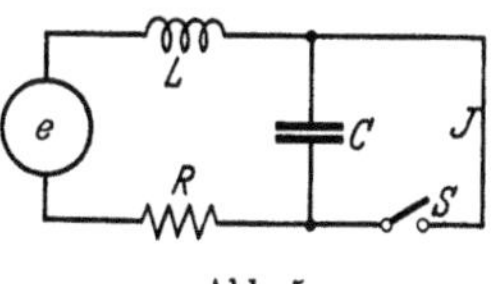

Abb. 5.

Die Kondensatorspannung steigt vom Kurzschlußwert, der annähernd Null ist, bis zur Betriebsspannung E, und daher ist die Schaltspannung

$$\bar{E} = 0 - E = -E = -RJ. \qquad (33)$$

Die Verhältnisse für die Ausgleichsströme unterscheiden sich daher nicht von den früheren nach Abb. 3 und Gl. (21) und (22), nur überlagert sich hier im ausgeschalteten Kreise nach Abb. 5 noch die Spannung E der Stromquelle. Die Kondensatorspannung ergibt sich daher mit der negativen Ausgleichsspannung von Gl. (28) zu

$$e_C = E + e_C'' = E\left[1 + \frac{\sqrt{L/C}}{R}\,\varepsilon^{-\frac{t}{2T}}\sin\left(\nu t - 2\delta\right)\right].$$

Die Schalterspannung ist nach Abb. 5 identisch mit der Kondensatorspannung, und da deren Formulierung nach Gl. (34) vollkommen mit der nach Gl. (29) übereinstimmt, so wird der zeitliche Verlauf für beide auch durch Abb. 4 dargestellt.

Wir sehen also, daß beim Abschalten von Gleichstrom *kein erheblicher Unterschied in dem Verhalten der beiden Stromzweige von Abb. 2 vorhanden ist, die den äußeren Kurzschlußkreis und den Generatorkreis bilden.*

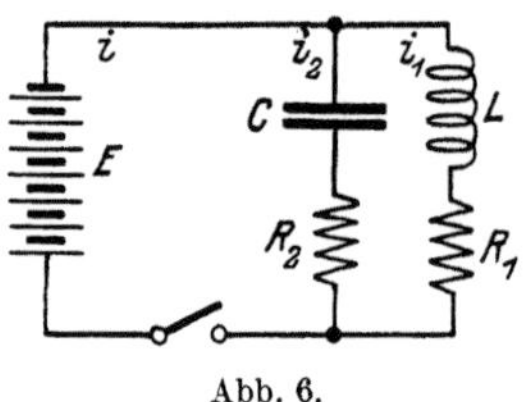

Abb. 6.

Besonders eigenartige Verhältnisse für das Schalten erzielt man, wenn man nach dem Schema der Abb. 6 dem Parallelkondensator C zu einer Magnetspule noch einen Widerstand R_2 vorschaltet und diese beiden Größen bei gegebener Selbstinduktion L und Widerstand R_1 so bemißt, daß

$$R_2 = \sqrt{\frac{L}{C}} = R_1$$

ist. Dann ist für den aus L, R_1, R_2 und C gebildeten Stromkreis nach Kapitel 5, Gl. (16) gerade der aperiodische Dämpfungsfall vorhanden, so daß beim Abschalten keine Schwingungen mehr in ihm auftreten. Andererseits werden die

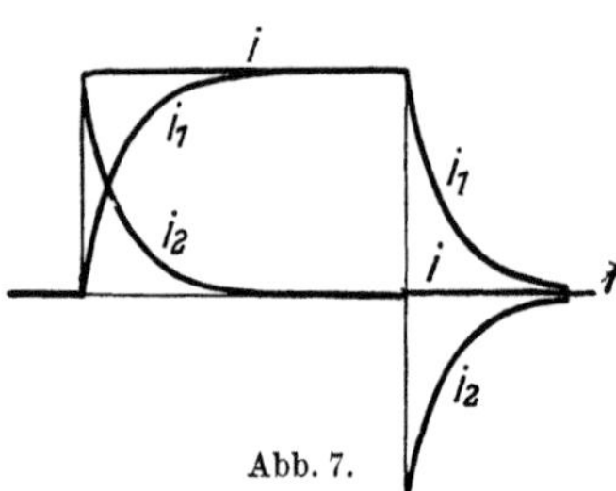

Abb. 7.

Zeitkonstanten der beiden Stromzweige für sich nach Kapitel 1 und 2 einander gleich, und dadurch werden die Ausgleichsströme i_1'' und i_2'' in beiden Zweigen bei beliebigen Änderungen des Hauptstromes i stets einander entgegengesetzt gleich, so daß der äußere Stromkreis von Ausgleichsströmen frei wird und beliebige, auch unstetige Änderungen vollführen kann. Die Wirkung der Selbstinduktion ist dadurch *für ihn aufgehoben.* Abb. 7 zeigt ein Oszillogramm der Ein- und Ausschalteströme in diesem Stromkreis. Solch eine Anordnung ist sehr vorteilhaft für funkenfreie Unterbrechung von Kontakten.

c) Ausschaltschwingungen bei Wechselstrom. Beim Ausschalten von Wechselstrom verlaufen die Schaltspannungen und Schaltströme in Kapazität und

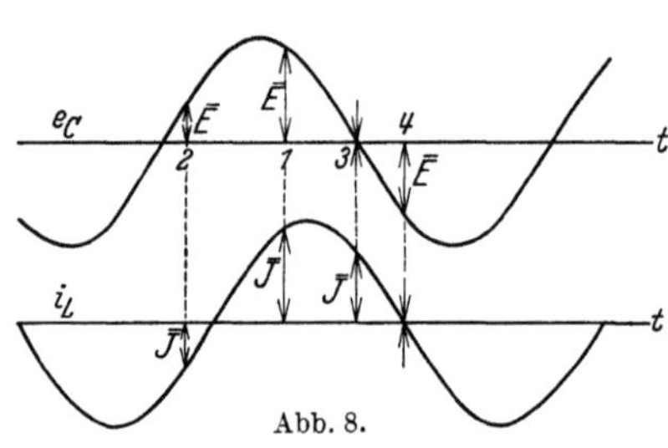

Abb. 8.

Selbstinduktion sinusförmig und können daher verschiedenartige Werte und Richtungen gegeneinander haben, je nach der Phasenverschiebung im Stromkreis und dem Augenblick der Unterbrechung. In Abb. 8 sind mehrere Schaltmomente herausgezeichnet, im Zeitpunkt *1* haben beide Schaltwerte gleiche, im Zeitpunkt *2* entgegengesetzte Richtung, im Zeitpunkt *3* geht die Spannung, im Zeitpunkt *4* der Strom durch Null.

Der zeitliche Verlauf der stationären Ströme und Spannungen ist

$$\left.\begin{aligned} i &= J \cos(\omega t + \varphi), \\ e &= E \cos(\omega t + \psi). \end{aligned}\right\} \tag{35}$$

Sie haben einen Phasenunterschied

$$\chi = \varphi - \psi, \tag{36}$$

entsprechend der Vektordarstellung in Abb. 9. Ihr Amplitudenverhältnis ist

$$\frac{E}{J} = \sqrt{R^2 + \omega^2 L^2} = \frac{\omega L}{\sin \chi}. \tag{37}$$

Wir können nun für das Schaltbild der Abb. 3 die Schaltwerte in der Selbstinduktion und der Kapazität zur Zeit $t=0$ bestimmen zu

$$\left.\begin{array}{l} \bar{J} = J \cos\varphi, \\ \bar{E} = E \cos\psi, \end{array}\right\} \tag{38}$$

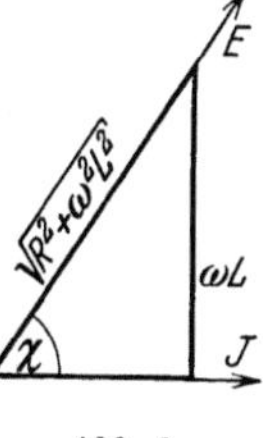

Abb. 9.

denn die stationären Werte nach dem Schalten sind in dem abgeschalteten Schwingungskreise Null. Für den am Generator liegenden Schwingungskreis nach Abb. 5 gelten diese Formeln wieder mit negativem Wert der Spannung, jedoch nur angenähert, weil nach dem Abschalten die Kapazität C von etwas Wechselstrom durchflossen wird und ihre Spannung sich von der Generatorspannung um den Spannungsabfall dieses Stromes unterscheidet. Mit geringer werdender Kapazität verschwindet dieser Unterschied mehr und mehr.

Für die *Anfangsphase* des Ausgleichsstroms erhalten wir aus der Näherungsgleichung (16) mit Benutzung der Gln. (36) und (37)

$$\operatorname{tg}\gamma = \sqrt{\frac{C}{L}\frac{E\cos\psi}{J\cos\varphi}} = \frac{\omega}{\nu}\frac{\cos(\varphi-\chi)}{\cos\varphi\cdot\sin\chi}. \tag{39}$$

Sie hängt also außer vom Verhältnis der Eigenfrequenz zur erzwungenen Frequenz sowohl vom Phasenverschiebungswinkel χ zwischen Strom und Spannung als auch von der Schaltphase φ des Stromes ab, also von dem Zeitpunkt der Sinuskurve nach Abb. 8, in dem wir den Schalter öffnen. Für schwach induktive Kreise mit $\chi=0$ erhalten wir

$$\operatorname{tg}\gamma = \infty, \qquad \gamma = 90°, \tag{40}$$

dagegen für stark induktive Kreise mit $\chi=90°$

$$\operatorname{tg}\gamma = \frac{\omega}{\nu}\operatorname{tg}\varphi. \tag{41}$$

Wir wollen vor allem *die Verhältnisse in hochinduktiven Kreisen* weiterverfolgen und dafür Näherungen herleiten. Der Ausgleichsstrom wird dann nach Gl. (18), wenn wir die Werte der Gln. (37) und (38) einsetzen,

$$J'' = J\sqrt{\cos^2\varphi + \left(\frac{\omega}{\nu\sin\chi}\right)^2\cos^2\psi} \simeq J\sqrt{\cos^2\varphi + \left(\frac{\omega}{\nu}\right)^2\sin^2\varphi}, \tag{42}$$

wobei im rechten Gliede $\chi=90°$ gesetzt ist. Wegen der Quadrate unter der Wurzel kann der Ausgleichsstrom niemals völlig verschwinden. Wenn die Eigenfrequenz ν größer als die erzwungene Frequenz ω ist, so besitzt er einen Minimalwert für $\varphi=90°$, also beim Ausschalten im Stromdurchgang durch Null, nämlich

$$J'' = \frac{\omega}{\nu}J. \tag{43}$$

Der Maximalwert wird dagegen beim Schalten während der Stromamplitude mit $\varphi=0$ erreicht, nämlich

$$J'' = J. \tag{44}$$

Der von der Selbstinduktion aufrechterhaltene Ausgleichsstrom fließt hier ganz ähnlich wie bei Gleichstrom in die Kapazität hinein und lädt sie auf.

Die *Ausgleichsspannung an der Kapazität* wird nach Gl. (20) unter Einführung von Gl. (37) und (38)

$$E''_C = E\sqrt{\left(\frac{\nu\sin\chi}{\omega}\right)^2\cos^2\varphi + \cos^2\psi} \simeq E\sqrt{\left(\frac{\nu}{\omega}\right)^2\cos^2\varphi + \sin^2\varphi}, \tag{45}$$

wobei im rechten Gliede wieder $\chi=90°$ für hochinduktive Kreise eingeführt ist.

Wir erkennen aus den Formeln (42) und (45) allgemein, daß *die relative Größe der Schaltschwingungen beim Ausschalten von Wechselstrom lediglich von seiner Phasenverschiebung χ, von der Höhe der Eigenfrequenz v über der Netzfrequenz ω und von der Schaltphase φ abhängt.*

Die Ausgleichsspannung wird am größten für *Ausschalten im Strommaximum* mit $\varphi = 0$, und zwar

$$E_C'' = \frac{v}{\omega}\, E. \tag{46}$$

Da die Eigenfrequenzen von Starkstromkreisen meistens über der Betriebsfrequenz liegen, so beträgt die Ausschaltspannung im ungünstigsten Falle nach Gl. (46) ein erhebliches Vielfaches der Netzspannung vor dem Ausschalten. Solche Fälle sind bei Kurzschlußdrosselspulen in Kabelnetzen beobachtet worden, wenn ein hinter der Drosselspule entstandener Kurzschluß nach dem Schema der Abb. 3 vor dem Kabel abgeschaltet wurde. Je kleiner die Kapazität der Leitungen ist, um so höher ist die Eigenfrequenz des Netzes, und um so stärker werden die Überspannungen nach Gl. (46). Sie treten aber schließlich so kurzzeitig nach dem Öffnen des Schaltkontaktes auf, daß sie diesen sofort wieder überbrücken. Denn die Anfangsphase der Überspannungen ist dann nach Gl. (41)

$$\gamma \cong 0, \tag{47}$$

so daß die Spannungsschwingung nach Gl. (6) sinusartig, also in sehr kurzer Zeit einsetzt.

Öffnet der Schalter den Stromkreis dagegen in einem Augenblick, *wo der Strom sowieso durch Null geht*, also für $\varphi = 90°$, so tritt nach Gl. (45) nur eine geringere Ausgleichsspannung auf, deren Anfangsamplitude

$$E_C'' = E \tag{48}$$

gleich der Spannung vor dem Schalten ist. Die Anfangsphase wird dann nach Gl. (41)

$$\gamma = 90°, \tag{49}$$

und damit wird die Ausgleichsspannung nach Gl. (6)

$$e_C'' = E\, \varepsilon^{-\frac{t}{2T}} \cos v t. \tag{50}$$

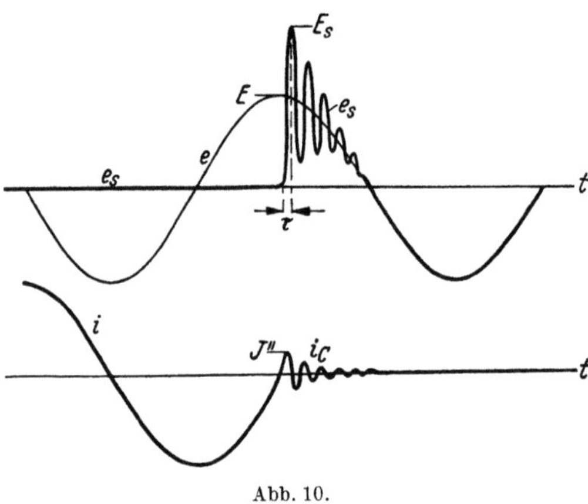

Abb. 10.

Die Spannung zwischen den Schalterkontakten wird durch diese hochfrequente Schwingung stark beeinflußt. Bedenkt man, daß der Phasenwinkel ψ 'der Netzspannung für den hochinduktiven Stromkreis jetzt nach Gl. (36) zu Null wird, so erhält man für die *Schalterspannung*

$$e_s = e - e_C'' = E\left[\cos \omega t - \varepsilon^{-\frac{t}{2T}} \cos v t\right]. \tag{51}$$

Ihr zeitlicher Verlauf ist in Abb. 10 mitsamt dem des Stromes dargestellt. Vor dem Ausschalten ist sie natürlich Null, im Augenblick der Trennung der Kontakte wächst sie erst langsam, dann immer schneller in einer hochfrequenten Schwingung an, die sich über die Netzspannung lagert, und erreicht als Maximalwert bei geringer Dämpfung den doppelten Betrag ihrer Amplitude. *Diese Ausschaltschwingung erleichtert den Schaltvorgang erheblich, da die Spannung zwischen den Schalterkontakten nicht momentan entsteht, sondern sich zunächst mit geringer*

Geschwindigkeit entwickelt und erst dann kräftig anwächst. Den Schaltkontakten wird somit etwas Zeit gegeben, sich voneinander zu entfernen.

Sieht man von den langsam veränderlichen Gliedern der Gl. (51) ab, so erhält man für den zeitlichen Anstieg der Schalterspannung

$$\frac{de_s}{dt} = \frac{E}{\sqrt{LC}}\,\varepsilon^{-\frac{t}{2T}}\sin \nu t. \tag{52}$$

Die Schalterspannung ist also zunächst sehr gering und nähert sich ihrem Maximum erst nach einer halben Hochfrequenzperiode, also nach der Zeit

$$\tau = \frac{\pi}{\nu} = \pi\sqrt{LC}. \tag{53}$$

Je größer die Schaltkapazität ist, um so längere Zeit hat man zur Bewegung der Schaltkontakte zur Verfügung.

Wird ein Wechselstromkreis nach Abb. 2 ausgeschaltet, so treten derartige Ausschaltschwingungen auf beiden Seiten des Schalters auf. Die Spannung am Schalter ergibt sich dann als Differenz der beiden hochfrequenten Kapazitätsspannungen, deren Frequenz im allgemeinen nicht übereinstimmt, sondern recht verschieden sein kann. Der Verlauf der Schalterspannung wird dadurch wesentlich komplizierter, jedoch *kann die maximale Spannung zwischen den Kontakten auch in diesem Fall den Wert*

$$E_s = 2E \tag{54}$$

nicht überschreiten, der nun aus beiden Schaltschwingungen zusammengesetzt ist, von denen sich jede unter ihrem Bruchteil der Netzspannung entwickelt. Solche Verhältnisse liegen bei Ausschaltern in Starkstromnetzen häufig vor.

Wenn die *Eigenfrequenz* ν des abzuschaltenden Stromkreises ganz oder nahezu *mit seiner Betriebsfrequenz übereinstimmt,* so wird in Gl. (45) für die Ausgleichsspannung der Wurzelwert zu 1, unabhängig von der Größe der Schaltphase φ, also gleichgültig, in welchem Augenblick der Strom- und Spannungskurven man den Stromkreis unterbricht. Der abgeschaltete Schwingungskreis nach Abb. 3 schwingt dann mit derselben Frequenz und Phase weiter, die die aufgedrückte Wechselspannung besitzt, nur ist seine Amplitude nach Maßgabe der Zeitkonstante gedämpft, während die der Stromquelle konstant bleibt. Die Schalterspannung wird jetzt nach Gl. (51)

$$e_s = E\left(1 - \varepsilon^{-\frac{t}{2T}}\right)\cos \omega t, \tag{55}$$

und ändert sich nach dem Abschalten nur sehr langsam. Ihr Verlauf wird durch Abb. 6, Kapitel 6, dargestellt. Die Änderung ihrer Amplitude ist

$$\frac{dE_s}{dt} = \frac{R}{2L}\,E\,\varepsilon^{-\frac{t}{2T}}. \tag{56}$$

Es steht also für die Trennung der Kontakte eine Zeit zur Verfügung, die der doppelten selbstinduktiven Zeitkonstante des Stromkreises entspricht und die bei kleinem Widerstand und erheblicher Induktanz im allgemeinen eine ganz beträchtliche Größe besitzt. *Die Ausschaltbedingungen für derartige Resonanzkreise sind daher besonders günstig.*

Wenn die Eigenfrequenz des Stromkreises mit der erzwungenen nicht genau übereinstimmt, so treten nach Gl. (51) Schwebungen der beiden Spannungskurven auf, wie sie in Abb. 7, Kapitel 6, dargestellt sind. Die Spannungsamplitude am Schalter steigt dadurch auf den doppelten Betrag der Netzspannung an, jedoch erst nach einer Zeit, die der Schwebungsfrequenz entspricht. Auch hierbei sind also günstige Ausschaltbedingungen vorhanden, wenn auch nicht in dem Maße wie im vorhergehenden Falle.

II. Magnetisch verkettete Stromkreise.

8. Ruhende Stromkreise mit Wechselinduktion.

Die dem Schaltprozeß unterworfenen Stromkreise sind bei den meisten elektrischen Anlagen nicht nur durch Leitung, sondern auch durch Wechselinduktion mit anderen Kreisen verkettet und wirken auf diese ein. Abb. 1 stellt einen typischen derartigen Fall dar, in dem die Spannung des Kreises *I* über einen Transformator auf den Belastungskreis *II* arbeitet. Wir wollen das Verhalten solcher magnetisch verketteter, ruhender Wicklungen zunächst unter der einfachsten Annahme betrachten, *daß zwei Wicklungen durch ein Magnetfeld ohne starke Eisensättigung aufeinander einwirken, und daß die beiden Stromkreise gleiche Verhältnisse von Widerstand und Selbstinduktion besitzen,* wenn wir sie auf gleiche Windungszahlen in der Wechselinduktion M reduzieren. Das letztere ist wegen der annähernd gleichen Kupfergewichte, die man den primären und sekundären Wicklungen von Magneten und Transformatoren

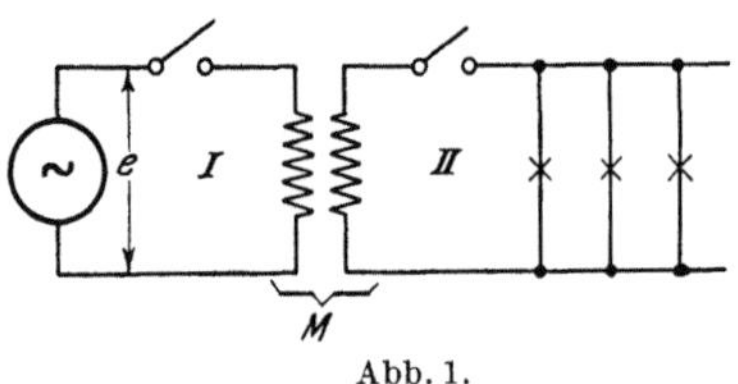

Abb. 1.

häufig gibt, in vielen Fällen zutreffend. Wir erhalten dabei einen ausreichenden Überblick über den Charakter der auftretenden Erscheinungen und vereinfachen unsere Rechnungen sehr erheblich gegenüber dem später behandelten allgemeinsten Falle ungleichartiger Kreise. Kapazitätswirkungen sollen in den Stromkreisen nicht auftreten. Wir betrachten zunächst den Verlauf der Ausgleichsströme für sich, die in den beiden verketteten Kreisen ohne die Wirkung äußerer elektromotorischer Kräfte fließen. Ihre Anfangswerte und die Gesamtströme bestimmen wir späterhin an Hand bestimmter Schaltfälle.

a) Symmetrische Ausgleichsströme. Obgleich die beiden Kreise symmetrisch sind, können die Ausgleichsströme i_1'' und i_2'' in ihnen doch verschiedene Werte besitzen. Um ihren Verlauf zu bestimmen, müssen wir die Summen der von ihnen erzeugten Spannungen gleich Null setzen. Mit den Bezeichnungen L, R und M für Selbstinduktion, Widerstand und Wechselinduktion der beiden gleichartigen Kreise nach Abb. 2 ergeben sich dann die gleichzeitig geltenden Differentialgleichungen

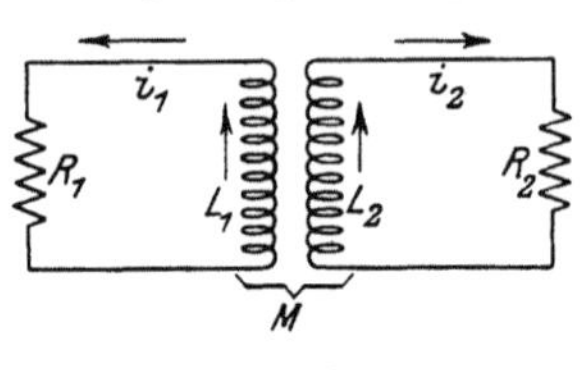

Abb. 2.

$$\left. \begin{array}{l} L\,\dfrac{d\,i_1''}{d\,t} + R\,i_1'' + M\,\dfrac{d\,i_2''}{d\,t} = 0, \\[3mm] L\,\dfrac{d\,i_2''}{d\,t} + R\,i_2'' + M\,\dfrac{d\,i_1''}{d\,t} = 0. \end{array} \right\} \tag{1}$$

Dies sind zwei Beziehungen für die beiden Unbekannten i_1'' und i_2''.

Um zur Lösung für die Ströme zu gelangen, multiplizieren wir die erste Gleichung mit L, die zweite mit M und subtrahieren sie voneinander. Es entsteht dann

$$(L^2 - M^2)\,\frac{d\,i_1''}{d\,t} + L R\,i_1'' - M R\,i_2'' = 0, \tag{2}$$

Differenzieren wir diese Gleichung und setzen den Wert des letzten Gliedes

$$M R\,\frac{d\,i_2''}{d\,t} = (L^2 - M^2)\,\frac{d^2 i_1''}{d\,t^2} + L R\,\frac{d\,i_1''}{d\,t} \tag{3}$$

in die erste Gl. (1) ein, so erhalten wir als endgültige Differentialgleichung für den Strom i_1''

$$(L^2 - M^2)\,\frac{d^2 i_1''}{d\,t^2} + 2\,L R\,\frac{d\,i_1''}{d\,t} + R^2\,i_1'' = 0. \tag{4}$$

Der zweite Strom ist nicht mehr in ihr enthalten. Da i_1'' und i_2'' in den Gln. (1) miteinander vertauschbar sind, so gehorcht i_2'' derselben Differentialgleichung, die wir nicht nochmals hinzuschreiben brauchen.

Die Lösung der Differentialgleichung (4), die linear und von zweiter Ordnung ist, ist uns aus Kapitel 5, Gl. (4) bereits bekannt. Sie lautet

$$i_1'' = K\,\varepsilon^{\alpha t}. \tag{5}$$

Setzen wir sie und ihre Differentialquotienten in Gl. (4) ein und heben die gemeinsamen Faktoren fort, so erhalten wir die Bedingungsgleichung für den Exponentialwert α

$$(L^2 - M^2)\,\alpha^2 + 2\,L R\,\alpha + R^2 = 0. \tag{6}$$

Man kann diese quadratische Form in ein Produkt zerspalten

$$[(L + M)\,\alpha + R] \cdot [(L - M)\,\alpha + R] = 0, \tag{7}$$

wie man durch Ausmultiplizieren leicht erkennt, und erhält daraus durch Nullsetzen jedes einzelnen Faktors

$$\alpha_1 = -\,\frac{R}{L + M} = -\,\frac{1}{T_h} \tag{8}$$

und

$$\alpha_2 = -\,\frac{R}{L - M} = -\,\frac{R}{S} = -\,\frac{1}{T_s}. \tag{9}$$

Es bestehen also zwei Möglichkeiten für den Verlauf des Ausgleichsstromes, wir müssen Gl. (5) daher auf zwei Glieder erweitern, die verschiedene, nunmehr bestimmte Exponenten haben

$$i_1'' = K_1\,\varepsilon^{-\frac{R}{L + M}t} + K_2\,\varepsilon^{-\frac{R}{S}t}. \tag{10}$$

Da die Exponenten negativ sind, so klingen beide Teilströme allmählich ab, jedoch mit verschiedenen Zeitkonstanten, die wir nach Gl. (8) und (9) mit T_h und T_s bezeichnen können. Dabei ist T_h ein großer Wert, der bei starker Verkettung der Kreise nahezu doppelt so groß ist, wie die Zeitkonstante des Primär- oder Sekundärkreises allein sein würde. Sie errechnet sich aus der Summe der Selbstinduktion und Wechselinduktion im Verhältnis zum Widerstand eines Kreises und stellt die *Zeitkonstante des Hauptfeldes* dar, *das mit beiden Wicklungen verkettet ist.* Dagegen bestimmt sich T_s aus der Differenz der Selbstinduktion und Wechselinduktion, also aus der Streuinduktion S jeder Wicklung im Verhältnis zum Widerstande und stellt die *Zeitkonstante des Streufeldes* dar, die im allgemeinen recht geringe Größe hat.

Für den Strom im Kreise *II* ergibt sich, da er derselben Differentialgleichung (4) wie der im Kreise *I* genügt, auch die gleiche Form der Lösung mit den beiden Exponentialwerten α_1 und α_2. Die Anfangswerte K seiner Teilströme, die Integrationskonstanten darstellen, sind jedoch nicht unabhängig von den Konstanten K_1 und K_2 des Stromes i_1'' in Gl. (10). Sie stehen zu diesen vielmehr in einer bestimmten Beziehung, die am bequemsten durch Einsetzen in die erste Gl. (1) ausgerechnet wird. Man erhält alsdann

$$i_2'' = K_1\,\varepsilon^{-\frac{R}{L + M}t} - K_2\,\varepsilon^{-\frac{R}{S}t}. \tag{11}$$

Sämtliche Ausgleichsströme stellen demnach aperiodisch abklingende Gleichströme dar, unabhängig davon, welchen Wert die Konstanten der Stromkreise in der grundlegenden Differentialgleichung (4) besitzen.

Auf das Hauptfeld wirkt stets die Summe der beiden Wicklungsströme als Magnetisierungsstrom. Daher ist der vorübergehende Magnetisierungsausgleichsstrom mit Gl. (10) und (11)

$$i_\mu'' = i_1'' + i_2'' = 2\,K_1\,\varepsilon^{-\frac{R}{L+M}t}. \tag{12}$$

Die beiden anderen Teilströme heben sich gegenseitig auf. Die Integrationskonstante K_1 bestimmt sich daraus als Anfangswert für $t=0$ zu

$$K_1 = \tfrac{1}{2}\,J_\mu'', \tag{13}$$

wobei J_μ'' den für das Magnetfeld erforderlichen Ausgleichsmagnetisierungsstrom im Augenblick des Schaltens bedeutet. *Der vorübergehende Magnetisierungsstrom von Magneten oder Transformatoren, deren Wicklungen primär und sekundär symmetrisch geschlossen sind, verteilt sich daher auf beide Wicklungen je zur Hälfte und klingt mit einer so großen Zeitkonstante ab, als ob die Wicklungen parallel geschaltet wären.* Auch das Hauptfeld kann sich nur langsam nach dieser großen Zeitkonstante ändern. Die Einschaltüberströme von Wechselstromtransformatoren mit geschlossener Sekundärwicklung sind daher nur halb so groß wie bei offener Sekundärwicklung, besitzen aber die doppelte Dauer.

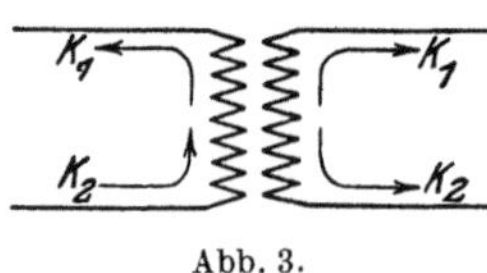

Abb. 3.

Während die magnetisierenden Teilströme K_1 nach Gl. (10) und (11) in beiden Wicklungen gleichgerichtet sind, was in Abb. 3 schematisch dargestellt ist, besitzen die Teilströme K_2 einander entgegengesetzte Richtung. Sie üben daher keine magnetisierende Wirkung auf das Hauptfeld aus, sondern sie stellen, wie man aus Abb. 3 erkennt, den vorübergehenden Teil des durchlaufenden Arbeitsstromes dar, sie bilden also den Ausgleichsstrom für die Belastungsströme von Transformatoren. Wir erkennen somit, *daß dieser Belastungs-Ausgleichsstrom lediglich vom Streufeld des Transformators beeinflußt wird, und zwar so, als wenn der Arbeitsstrom zwei Drosselspulen mit den Zeitkonstanten des primären und sekundären Streufeldes in Reihe durchflösse.*

Bevor wir einzelne Schaltvorgänge aus der Starkstromtechnik betrachten, soll darauf hingewiesen werden, daß die Ausgleichsströme der Haupt- und Streu-

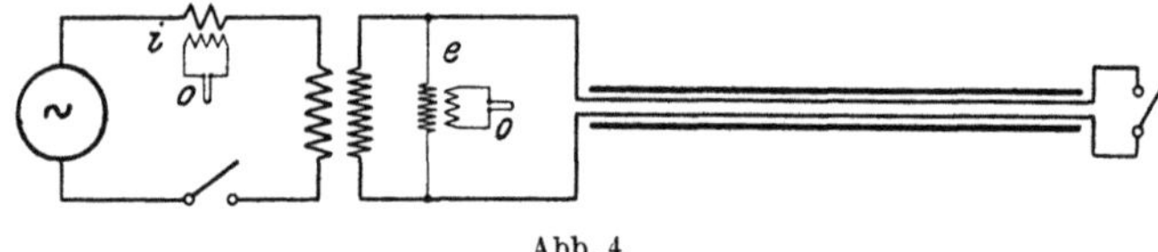

Abb. 4.

felder eine *sehr störende Rolle bei der Verwendung von Meßwandlern für die experimentelle Untersuchung von Schaltvorgängen* oder Laständerungen spielen können. Wenn man beispielsweise nach Abb. 4 das Ein- und Ausschalten sowie das Kurzschließen und Öffnen eines Hochspannungskabels, das über einen Transformator gespeist wird, oszillographisch untersuchen will, so erhält man von den Oszillographenschleifen o nicht etwa nur die Ströme angezeigt, die den Schaltvorgängen im Kabel und Transformator entsprechen, sondern auch die Ausgleichsströme, die von den Feldänderungen der Haupt- und Streufelder der Meßwandler verursacht werden. Diese abklingenden Störungsgleichströme sind gerade bei plötzlichen Strom- und Spannungsänderungen sehr groß. Man kann sie nachträglich von den Haupterscheinungen gar nicht mehr unterscheiden, so daß man nur ein sehr verwaschenes Bild derselben erhält. Um saubere Messungen zu erhalten, muß man daher die Zeitkonstanten der Meßwandler und ihrer beiden Stromkreise so klein machen, daß sie gering sind gegenüber den schnellsten zu messenden Schaltvorgängen. Das läßt sich für die Streufeld-Zeitkonstante fast immer, für die Hauptfeld-Zeitkonstante fast nie erreichen. Man ist daher meist gezwungen, die Oszillographenschleifen über Nebenschluß- und Vorschaltwiderstände direkt an die Leitungen zu legen und muß auch jetzt noch für denkbar kleine Selbst- und Wechselinduktion der Meßstromkreise sorgen, wenn man bei starken Strömen einwandfreie Ergebnisse erzielen will.

b) Gleichstrommagnete mit Dämpferwicklung. Man pflegt manchmal Gleichstrommagnete zur Verhinderung allzu schneller Feldänderungen und der dadurch verursachten Überspannungen mit einer zweiten Wicklung zu versehen, in der sich Sekundärströme zur Aufrechterhaltung des Feldes ausbilden sollen. Der Gleichstrommagnet besitzt dann zwei verkettete Stromkreise, in denen sich bei Schaltprozessen vorübergehende Ströme entwickeln können, deren zeitlicher Verlauf durch Gl. (10) und (11) bestimmt wird, sofern wir annehmen, daß die Hauptwicklung und die Dämpferwicklung, bezogen auf dieselbe Windungszahl, gleiche Konstanten R und L besitzen. Das ist der Fall, wenn die Kupfergewichte beider Wicklungen dieselbe Größenordnung haben, sonst ist die Wirkung des Dämpfers überhaupt nur sehr gering.

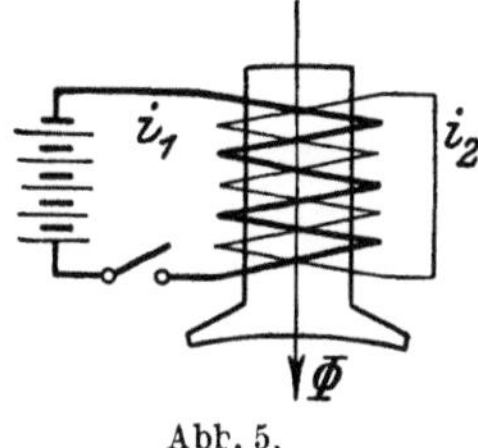
Abb. 5.

Beim Einschalten eines solchen Magneten nach Abb. 5 fließt in beiden Wicklungen bis zur Schaltzeit $t=0$ kein Strom. Nach sehr langer Zeit, wenn die vorübergehenden Ströme abgeklungen sind, fließt nur in der Hauptwicklung der Gleichstrom J. Da alle Ströme stetig ineinander übergehen müssen, so muß im Schaltmoment die Summe von stationärem Strom J und Ausgleichsstrom i_1'' nach Gl. (10) gleich Null sein, und ebenso ist auch der sekundäre Ausgleichsstrom im Dämpfer i_2'' nach Gl. (11) noch nicht entstanden. Es ist also für $t=0$

$$\left. \begin{aligned} i_{10}'' &= K_1 + K_2 = -J, \\ i_{20}'' &= K_1 - K_2 = 0. \end{aligned} \right\} \quad (14)$$

Daraus ergeben sich die Integrationskonstanten

$$K_1 = K_2 = -\frac{J}{2}, \quad (15)$$

wodurch die Größen der Ausgleichsströme von Gl. (10) und (11) vollständig bestimmt sind.

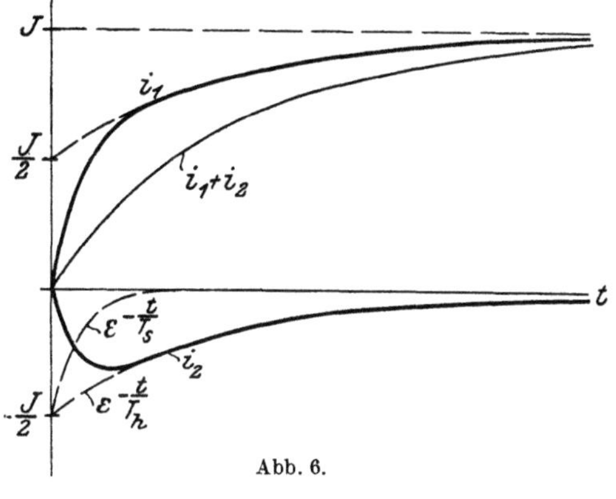
Abb. 6.

Der zeitliche Verlauf der gesamten Ströme in den beiden Wicklungen wird daher gegeben durch

$$\left. \begin{aligned} i_1 &= J\left[1 - \frac{1}{2}\left(\varepsilon^{-\frac{t}{T_h}} + \varepsilon^{-\frac{t}{T_s}}\right)\right], \\ i_2 &= -\frac{1}{2} J\left(\varepsilon^{-\frac{t}{T_h}} - \varepsilon^{-\frac{t}{T_s}}\right). \end{aligned} \right\} \quad (16)$$

Ihr Verlauf ist in Abb. 6 dargestellt.

Wenn die Streuung zwischen beiden Wicklungen gering ist, was für eine günstige Wirkung der Dämpferwicklung erforderlich ist, so ist die Zeitkonstante des Streufeldes nach Gl. (9) sehr klein, und die ihr entsprechenden Stromanteile klingen außerordentlich schnell ab. *Nach dem Einschalten springt dann der Gleichstrom sehr schnell auf ungefähr den halben Endwert an, während sich ein ebenso großer entgegengesetzt fließender Strom fast sprunghaft in der Dämpfer-*

wicklung ausbildet. Alsdann nimmt der Dämpferstrom entsprechend der Zeitkonstante des Hauptfeldes allmählich wieder ab, während der Hauptstrom langsam bis auf seinen Endwert ansteigt.

Der fast sprunghafte, schnelle Anstieg, den die Ströme besitzen, ist beim *Hauptmagnetfelde* nicht vorhanden. Dieses hat in jedem Augenblick eine Größe, die seinem Magnetisierungsstrom, also der Summe der beiden Wicklungsströme entspricht, nämlich nach Gl. (16)

$$i_\mu = i_1 + i_2 = J\left(1 - \varepsilon^{-\frac{t}{T_h}}\right). \tag{17}$$

Es ändert sich also unter der Wirkung der Dämpfer- und der Erregerwicklung nur entsprechend der gemeinsamen großen Zeitkonstante T_h. Lediglich die Streufelder zwischen beiden Wicklungen ändern sich mit großer Geschwindigkeit, das Hauptfeld strebt nur langsam seinem neuen Zustande zu.

Schaltet man den Gleichstrom des Magneten dadurch ab, daß man die Erregerwicklung an ihren Klemmen kurzschließt, so fließen in den beiden Wicklungen die Ausgleichsströme nach Gl. (10) und (11) noch einige Zeit weiter. Ihre Anfangswerte bestimmen sich jetzt durch die Bedingung, daß im Abschaltmoment der Primärstrom noch seinen ursprünglichen Wert J besitzt, während der Sekundärstrom Null ist. Man hat also für $t = 0$

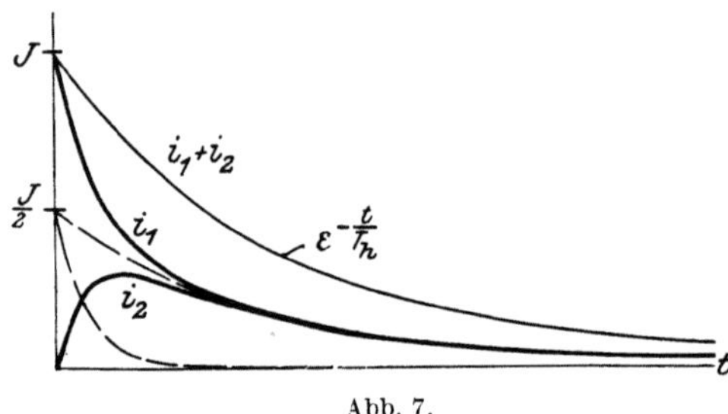

Abb. 7.

$$\left.\begin{aligned} i''_{10} &= K_1 + K_2 = J, \\ i''_{20} &= K_1 - K_2 = 0, \end{aligned}\right\} \tag{18}$$

was sich nur durch das Vorzeichen von J von Gl. (14) unterscheidet. Da nach dem Abschalten keine stationären Ströme mehr fließen, so stellen die Ausgleichsströme auch die Gesamtströme dar. Diese Ströme werden daher jetzt

$$\left.\begin{aligned} i_1 &= \tfrac{1}{2} J\left(\varepsilon^{-\frac{t}{T_h}} + \varepsilon^{-\frac{t}{T_s}}\right), \\ i_2 &= \tfrac{1}{2} J\left(\varepsilon^{-\frac{t}{T_h}} - \varepsilon^{-\frac{t}{T_s}}\right). \end{aligned}\right\} \tag{19}$$

Ihr Verlauf ist in Abb. 7 dargestellt.

Der Strom in der Hauptwicklung fällt sehr schnell auf die Hälfte seines ursprünglichen Betrages herab, der Dämpferstrom steigt rasch auf den gleichen Betrag an. Durch die Wechselinduktion der beiden Stromkreise wird also die Hälfte des Hauptstromes von der Erregerwicklung auf die Dämpferwicklung *übertragen*, und zwar in einer Zeit, die nur in der Größenordnung der Streufeldzeitkonstante liegt, die also meist sehr klein ist. Alsdann klingen beide Ströme nach der gleichen Gesetzmäßigkeit ab.

Das Hauptfeld, dessen Magnetisierungsstrom stets der Summe beider Ströme entspricht,

$$i_\mu = i_1 + i_2 = J\,\varepsilon^{-\frac{t}{T_h}}, \tag{20}$$

ändert sich auch jetzt nur mit seiner großen Zeitkonstante T_h und *klingt so ab, als ob nur eine einzige entsprechend starke Wicklung vorhanden wäre.* Die unvollkommene Verkettung erlaubt den Strömen in beiden Wicklungen ein Hin- und Herschießen mit großer Geschwindigkeit, die nur durch die Streuinduktion zwischen den Wicklungen begrenzt wird.

c) Unsymmetrische Stromkreise. Wir wollen jetzt nicht nur die in den primären und sekundären Stromkreisen nach Abb. 2 fließenden Ströme i, sondern auch ihre Widerstände R und Selbstinduktionen L unterscheiden und fügen ihnen die Indizes 1 und 2 bei. Die Differentialgleichungen (1) werden dann

$$L_1 \frac{d i_1''}{dt} + R_1 i_1'' + M \frac{d i_2''}{dt} = 0, \left.\right\} \tag{21}$$
$$L_2 \frac{d i_2''}{dt} + R_2 i_2'' + M \frac{d i_1''}{dt} = 0. \left.\right\}$$

Zur Lösung derselben setzen wir die primären und sekundären Ströme mit ihren Anfangswerten J und der gemeinsamen Zeitkonstante T an

$$i_1'' = J_1 \varepsilon^{-\frac{t}{T}}, \left.\right\}$$
$$i_2'' = J_2 \varepsilon^{-\frac{t}{T}}. \left.\right\} \tag{22}$$

Nach Einführung in Gl. (21) ergibt dies

$$-\frac{1}{T} L_1 J_1 + R_1 J_1 - \frac{1}{T} M J_2 = 0, \left.\right\}$$
$$-\frac{1}{T} L_2 J_2 + R_2 J_2 - \frac{1}{T} M J_1 = 0. \left.\right\} \tag{23}$$

Um die Zeitkonstante T zu bestimmen, bilden wir aus beiden Gleichungen das Verhältnis der Stromwerte

$$\frac{J_2}{J_1} = \frac{T R_1 - L_1}{M} = \frac{M}{T R_2 - L_2} \tag{24}$$

und erhalten durch Ausmultiplizieren

$$(L_1 L_2 - M^2) - T (R_1 L_2 + R_2 L_1) + T^2 R_1 R_2 = 0. \tag{25}$$

Bezeichnen wir nun mit

$$\frac{L_1 L_2 - M^2}{L_1 L_2} = \sigma \tag{26}$$

den *Streukoeffizienten der verketteten Stromkreise* und mit

$$\frac{L_1}{R_1} = T_1, \qquad \frac{L_2}{R_2} = T_2 \tag{27}$$

die *Eigenzeitkonstanten* der beiden Kreise selbst, so erhalten wir aus Gl. (25) die Bedingungsgleichung für die gemeinsame Zeitkonstante T

$$T^2 - T (T_1 + T_2) + \sigma T_1 T_2 = 0. \tag{28}$$

Diese quadratische Gleichung besitzt eine große und eine kleine Wurzel. Wir wollen uns nun auf *Stromkreise mit kleiner gegenseitiger Streuung σ* beschränken, da diese in der Praxis am häufigsten sind. Die große Wurzel erhalten wir dann durch Streichung des dritten Gliedes in Gl. (28) zu

$$T_h = T_1 + T_2, \tag{29}$$

sie stellt die *Zeitkonstante des Hauptfeldes* dar. Die kleine Wurzel erhalten wir durch Streichung des ersten Gliedes in Gl. (28) zu

$$T_s = \frac{\sigma T_1 T_2}{T_1 + T_2} = \frac{\sigma}{\frac{1}{T_1} + \frac{1}{T_2}}, \tag{30}$$

sie stellt die *Zeitkonstante des Streufeldes* dar.

Die Hauptfeldzeitkonstante berechnet sich also als Summe der Zeitkonstanten des primären und sekundären Kreises, während die Streufeldzeitkonstante sich aus deren reziproken Werten, aber noch multipliziert mit dem Streukoeffizienten, berechnet. *Die erstere ist daher immer größer, die letztere immer sehr viel kleiner als die Eigenzeitkonstanten.*

Für den Feldmagneten einer großen Wechselstrommaschine mit einer Eigenzeitkonstante von 8 sec für die Erregerwicklung und 2 sec für die Dämpferwicklung ergibt sich eine Hauptfeldzeitkonstante von

$$T_h = 8 + 2 = 10 \text{ sec},$$

und bei einer Streuung von 10 % zwischen beiden Wicklungen eine Streufeldzeitkonstante von

$$T_s = 0,1 \frac{8 \cdot 2}{8 + 2} = 0,16 \text{ sec}.$$

Wenn wir Gl. (30) in das dritte Glied von Gl. (28) einsetzen, so erhält dies den Wert $T_h T_s$. Dies führt zu einer zweiten Näherung für die Hauptfeldzeitkonstante, nämlich $T_h = T_1 + T_2 - T_s$. In dem letzten Beispiele würde der Unterschied nur 1,6 % ausmachen.

Entsprechend der Doppelwertigkeit der Zeitkonstante T erweitern wir auch die Ausgleichsströme von Gl. (22) auf je zwei Glieder, nämlich

$$\left.\begin{aligned}
i_1'' &= K_1 \varepsilon^{-\frac{t}{T_h}} + K_2 \varepsilon^{-\frac{t}{T_s}}, \\
i_2'' &= K_3 \varepsilon^{-\frac{t}{T_h}} + K_4 \varepsilon^{-\frac{t}{T_s}}.
\end{aligned}\right\} \tag{31}$$

Da ihre Anfangswerte der Gl. (24) genügen müssen, so können wir sie aufeinander reduzieren. Für die Hauptfeldströme ist unter Beachtung von Gl. (27) und (29)

$$\frac{K_3}{K_1} = \frac{T_h - L_1/R_1}{M/R_1} = \frac{R_1}{M} T_2 = \frac{L_1}{M} \frac{T_2}{T_1}, \tag{32}$$

und für die Streufeldströme

$$\frac{K_4}{K_2} = \frac{T_s - L_1/R_1}{M/R_1} \simeq - \frac{L_1}{M} \simeq - \sqrt{\frac{L_1}{L_2}}. \tag{33}$$

Dabei ist beachtet, daß die Streufeldzeitkonstante sehr klein gegenüber der primären Zeitkonstante ist und daß man bei kleiner Streuung σ die Wechselinduktion M nach Gl. (26) durch das geometrische Mittel von L_1 und L_2 ausdrücken kann. Durch die Wurzel in Gl. (33) wird direkt das Verhältnis der Windungszahlen der Wicklungen dargestellt. Die Ausgleichsströme von Gl. (31) werden nunmehr

$$\left.\begin{aligned}
i_1'' &= K_1 \varepsilon^{-\frac{t}{T_h}} + K_2 \varepsilon^{-\frac{t}{T_s}}, \\
i_2'' &= \sqrt{\frac{L_1}{L_2}} \left(\frac{T_2}{T_1} K_1 \varepsilon^{-\frac{t}{T_h}} - K_2 \varepsilon^{-\frac{t}{T_s}} \right).
\end{aligned}\right\} \tag{34}$$

Wir wollen die Ausgleichsströme nach dem *Kurzschließen des Primärkreises* bestimmen, in dem vorher ein Gleichstrom J floß. Dann ist für $t = 0$

$$\left.\begin{aligned}
i_{10}'' &= K_1 + K_2 = J, \\
\sqrt{\frac{L_2}{L_1}}\, i_{20}'' &= \frac{T_2}{T_1} K_1 - K_2 = 0.
\end{aligned}\right\} \tag{35}$$

Durch Addition erhält man daraus für den Hauptfeldstrom

$$K_1 = \frac{T_1}{T_1 + T_2} J = \frac{T_1}{T_h} J, \tag{36}$$

und durch Subtraktion für den Streufeldstrom

$$K_2 = \frac{T_2}{T_1 + T_2}\, J = \frac{T_2}{T_h}\, J. \tag{37}$$

Führen wir dies in Gl. (34) ein, so erhalten wir die Ausgleichsströme

$$\left.\begin{aligned}
i_1 &= \frac{J}{T_h}\left(T_1\,\varepsilon^{-\frac{t}{T_h}} + T_2\,\varepsilon^{-\frac{t}{T_s}}\right), \\
\sqrt{\frac{L_2}{L_1}}\,i_2 &= \frac{J}{T_h}\left(T_2\,\varepsilon^{-\frac{t}{T_h}} - T_2\,\varepsilon^{-\frac{t}{T_s}}\right).
\end{aligned}\right\} \tag{38}$$

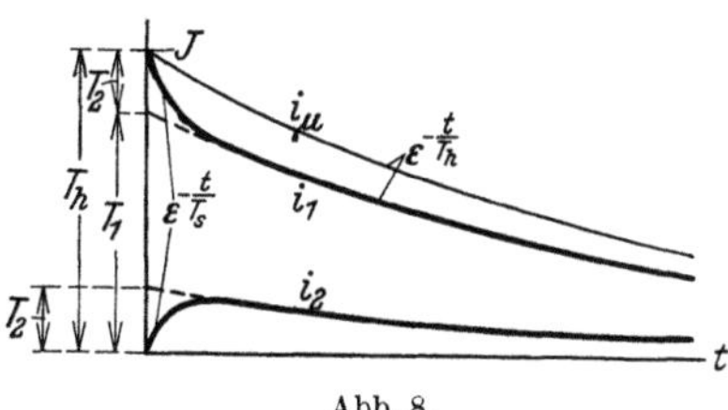
Abb. 8.

Die mit der Hauptfeldzeitkonstante ab-
klingenden Amperewindungen der Ausgleichs-
ströme in beiden Wicklungen verhalten sich
also wie deren Zeitkonstanten, während die
mit der Streufeldzeitkonstante abklingenden entgegengesetzt gleich sind. In Abb. 8
ist dieser Verlauf dargestellt. Die Ströme springen jetzt bei kleiner Streufeldzeitkonstante nicht mehr auf die Hälfte des ursprünglichen Betrages, wie bei
symmetrischen Wicklungen, sondern die Größe des Sprunges beider Ströme wird
durch das relative Maß der sekundären Zeitkonstante bestimmt.

Diese Beziehungen ermöglichen es,
die Zeitkonstanten für komplizierter
gestaltete Sekundärwicklungen, die der
Berechnung schwer zugänglich sind,
experimentell festzustellen. Abb. 9 zeigt
das Einschaltoszillogramm des Stromes
eines Feldmagneten, der mehrere kurzgeschlossene Sekundärkreise besaß, wie

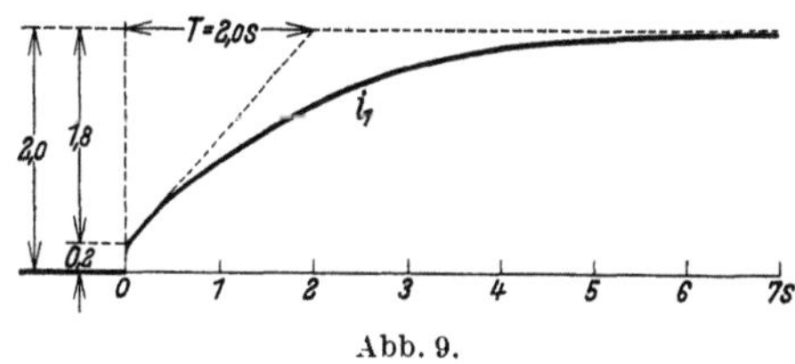
Abb. 9.

metallische Spulenkästen, Dämpferwicklungen und Nieten zum Zusammenhalten der Blechpakete. Dementsprechend springt der Strom unmittelbar nach
dem Einschalten sehr schnell auf einen Wert von 10% des Endwertes. Da sich
die Hauptfeldzeitkonstante aus dem weiteren Verlauf des Stromes zu 2,0 sec
ergibt, so erhält man durch Aufteilung die beiden Eigenzeitkonstanten getrennt zu

$$T_1 = 1{,}8 \text{ sec} \qquad \text{und} \qquad T_2 = 0{,}2 \text{ sec}.$$

Der gesamte Magnetisierungsstrom ist unter Berücksichtigung der Windungszahlen nach Gl. (38)

$$i_\mu = i_1 + \sqrt{\frac{L_2}{L_1}}\,i_2 = \frac{T_1 + T_2}{T_h}\,J\,\varepsilon^{-\frac{t}{T_h}} = J\,\varepsilon^{-\frac{t}{T_h}}. \tag{39}$$

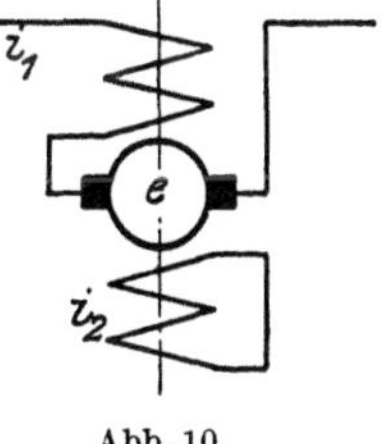
Abb. 10.

Ebenso wie in den früher behandelten Fällen ändert sich
daher auch hier das Hauptfeld so, als ob der ganze Strom
in einer einzigen entsprechend starken Wicklung flösse. Man
kann daher allgemein sagen, daß die *Wirkung von sekundären Strömen auf das*
Magnetfeld darin besteht, die Zeitkonstante der Ausgleichsfelder um das Maß ihrer
Eigenzeitkonstanten additiv zu vergrößern. Alle anderen Wirkungen spielen sich
nur zwischen den beiden Stromkreisen ab und lassen das Hauptfeld unberührt.

Recht störende Wirkungen können Sekundärströme bei Gleichstrommagneten
ausüben, wenn man, etwa zu Regulierzwecken, besonders schnelle Feldänderungen erzielen will. Führt man z. B. die Magnetkerne von Zusatzmaschinen
oder von Wendepolen in Gleichstrommaschinen mit massivem Kern oder Joch
oder mit metallisch geschlossenen Spulenkästen aus, so können sich in diesen
nach dem Schema der Abb. 10 Sekundärströme ausbilden. Dieselben hindern

das Feld, sich ebenso schnell zu ändern wie der Hauptstrom, so daß im Anker nur eine langsamer steigende Spannung als beabsichtigt induziert wird. Abb. 11 stellt den Verlauf der Ströme und des Feldes oder der erzeugten Ankerspannung e bei solchen Anordnungen dar. Um das Nachhinken des Feldes zu vermeiden, muß man den Magnetkreis lamellieren und jede geschlossene Sekundärwindung sorgfältig vermeiden.

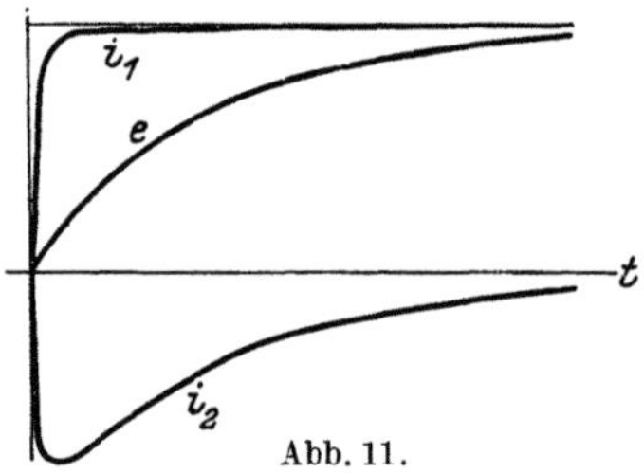

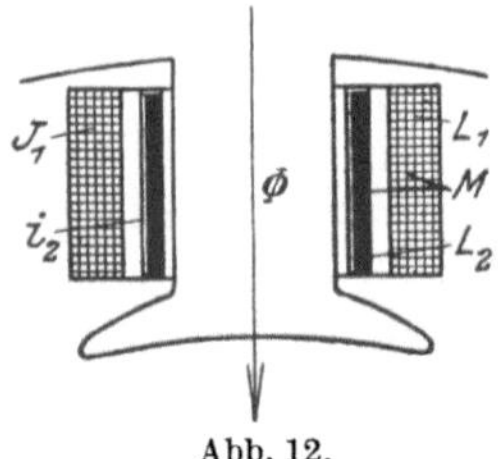
Abb. 11.

d) Ausschalten gedämpfter Magnete. Zur Unterdrückung hoher Ausschaltespannungen von Gleichstrommagneten benutzt man häufig eine Dämpferwicklung. Man legt eine in sich kurzgeschlossene Kupferwicklung unter möglichst guter Verkettung mit der Erregerwicklung um die Magnetschenkel, etwa nach Abb. 12, in der ein dickwandiger Kupferzylinder im Innern der Erregerspule den Magnetkern umschließt. Das Feld dieses Kernes braucht dann beim schnellen Ausschalten des Erregerstromes nicht momentan zu verschwinden, sondern kann entsprechend der Zeitkonstante T_2 der Dämpferwicklung allmählich verlöschen. Es ist

$$\Phi = \Phi_0\, \varepsilon^{-\frac{t}{T_2}}. \tag{40}$$

Durch die Abnahme des Feldes wird eine Spannung an den Klemmen der Erregerspule induziert, die sich berechnet zu

$$e_1 = -N\frac{d\Phi}{dt} = \frac{N\Phi_0}{T_2}\,\varepsilon^{-\frac{t}{T_2}}. \tag{41}$$

Führt man hierin die Zeitkonstante T_1 der Erregerwicklung nach Kapitel 1, Gl. (45) ein und bedenkt, daß der in ihr vorkommende Gesamtfluß Φ der Erregerspule nur sehr wenig größer ist als der Fluß Φ_0 des Magnetkernes, so erhält man genau genug

Abb. 12.

$$e_1 = \frac{T_1}{T_2}\,E\,\varepsilon^{-\frac{t}{T_2}}. \tag{42}$$

Der Anfangswert der exponentiell abklingenden Ausschalteüberspannung ist also im wesentlichen durch das Verhältnis der Zeitkonstanten der beiden Wicklungen gegeben. Dies entspricht vollständig der Gl. (43) von Kapitel 1 für Parallelwiderstand, da in jenem Falle das Widerstandsverhältnis gleich dem Verhältnis der Zeitkonstanten der Wicklung mit und ohne Parallelwiderstand ist. Man kann das Verlöschen des Magnetfeldes demnach verlangsamen und die Entstehung gefährlicher Spannungserhöhungen vermeiden, wenn man der Dämpferwicklung durch Anwendung genügender Querschnitte geringen Widerstand und damit große Zeitkonstante gibt.

Um ein so langsames Abklingen des Feldes zu erzielen, wie es beim Abschalten durch Kurzschluß der Erregerwicklung selbst stattfinden würde, müßte man die Zeitkonstante der Dämpferwicklung ebenso groß machen wie die der Erregerwicklung. Man müßte sie also mit demselben Verhältnis von Widerstand zu Selbstinduktion ausführen, was die gleiche Größenordnung der Kupfermenge erfordern würde. In der offenen Erregerwicklung würde dann durch das abklingende Hauptfeld keine Überspannung erzeugt. Da eine so starke Dämpferwicklung ähnlichen Querschnitt benötigt wie die Erregerwicklung, so führt man sie manchmal schwächer aus. Wendet man nur so viel Kupfer für die Dämpferwicklung auf, daß das Verhältnis der Zeitkonstanten gleich 3 ist, so erhält man nach Gl. (42) die 3fache Überspannung. Die Windungszahl der Erreger- und Dämpferwicklung ist dabei gleichgültig.

Der sekundäre Dämpferkreis umschließt nun aber in Wirklichkeit nicht das gesamte der Selbstinduktion L_1 entsprechende Feld des primären Erregerkreises, sondern nur einen um das Maß der Streuung zwischen beiden Wicklungen kleineren Betrag, der der Wechselinduktion M entspricht. Der Dämpferstrom kann daher beim Ausschalten des Erregerstromes nicht dessen volle Magnetisierung übernehmen. Innerhalb der Dämpferwicklung ist

$$L_2 \frac{d\,i_2}{d\,t} + R_2\,i_2 + M \frac{d\,i_1}{d\,t} = 0.$$ (43)

Während der kurzzeitigen Schaltdauer dt ist das mittlere Widerstandsglied vernachlässigbar klein und es bleibt somit

$$\frac{d\,i_2}{d\,i_1} = -\frac{M}{L_2}.$$ (44)

Der Dämpferstrom springt daher während des Ausschaltens des Primärstromes J_1 nur auf den Betrag $J_1 M/L_2$ und verlöscht dann nach der Beziehung

$$i_2 = \frac{M}{L_2} J_1 \varepsilon^{-\frac{R_2}{L_2}t}.$$ (45)

Dieser Strom reicht gerade zur Magnetisierung des Hauptfeldes nach Gl. (40) aus.

Der größte Teil der ursprünglich im gesamten Magnetfeld der Erregerwicklung vorhandenen Energie setzt sich in der Dämpferwicklung allmählich in unschädliche Stromwärme um. Wir wollen die Energiemenge berechnen, die noch übrigbleibt und die am Ausschalter schädlich wirken kann.

Die in der Erregerwicklung aufgespeicherte magnetische Energie ist

$$W_1 = \frac{1}{2} L_1 J_1^2.$$ (46)

Ein Teil davon wird im Schaltmoment auf die Dämpferwicklung übertragen und setzt sich alsdann dort in Stromwärme um. Dieser Betrag ist daher

$$W_2 = \int_0^\infty i_2^2 R_2\,dt.$$ (47)

Setzt man den Dämpferstrom nach Gl. (45) hier ein und integriert aus, so erhält man

$$W_2 = \left(\frac{M}{L_2}\right)^2 J_1^2 R_2 \int_0^\infty \varepsilon^{-2\frac{R_2}{L_2}t}\,dt = \frac{1}{2} \frac{M^2}{L_2} J_1^2.$$ (48)

Nur die Differenz zwischen diesen beiden Energiebeträgen, nämlich

$$W_s = W_1 - W_2 = \frac{1}{2} L_1 \left(1 - \frac{M^2}{L_1 L_2}\right) J_1^2 = \frac{1}{2} L_1 \sigma J_1^2 = \frac{1}{2} L_s J_1^2,$$ (49)

wird am Schalter frei und kann sich dort durch Entwicklung von Ausschaltefunken oder Lichtbögen betätigen, die stets mit erheblichen Überspannungen verknüpft sind.

Ohne Anwendung einer Dämpferwicklung wird die gesamte magnetische Energie des Stromkreises nach Gl. (46) am Schalter frei. Da die Energiemengen nach Gl. (49) und (46) im Verhältnis der Streuinduktion L_s zwischen Erreger- und Dämpferwicklung zur Selbstinduktion L_1 der Erregerwicklung allein stehen, so erkennt man, *daß die beim Ausschalten freiwerdende Energiemenge durch Anbringung einer Dämpferwicklung nach Maßgabe des Streufaktors σ der Wicklungen vermindert wird* und daß damit die Funken- oder Lichtbogenbildung und die entstehende Überspannung stark verringert werden kann.

5*

Die anfänglichen Ausschaltespannungen richten sich jetzt nicht mehr nach der Stärke des gesamten Magnetfeldes, sondern nur noch nach der Stärke des Streufeldes zwischen beiden Wicklungen. Der weitere Verlauf richtet sich dagegen nach Gl. (42) vor allem nach dem Verhältnis der Zeitkonstanten von Erreger- und Dämpferwicklung. Um die Überspannungen in geringen Grenzen zu halten, muß man daher nicht nur ausreichende Kupfermengen aufwenden, sondern es ist günstig, die Dämpferwicklung möglichst streuungsfrei mit der Hauptwicklung zu verketten, beispielsweise durch bifilare Aufwicklung eines Dämpferleiters gemeinsam mit den Erregerspulendrähten.

9. Schalten von Transformatoren.

Da in allen Transformatoren die primären und sekundären Stromkreise durch Wechselinduktion gegenseitig verkettet sind, so treten bei jedem Schaltvorgang oder auch bei jeder plötzlichen Belastungsänderung stets die im vorigen Kapitel 8 in Gl. (10) und (11) entwickelten Ausgleichsströme auf, nämlich

$$
\left.\begin{aligned}
i_1'' &= K_1\,\varepsilon^{-\frac{t}{T_h}} + K_2\,\varepsilon^{-\frac{t}{T_s}}, \\
i_2'' &= K_1\,\varepsilon^{-\frac{t}{T_h}} - K_2\,\varepsilon^{-\frac{t}{T_s}}.
\end{aligned}\right\} \tag{1}
$$

Sie bilden sowohl im Ober- wie im Unterspannungskreise abklingende Gleichströme, die sich den Wechselströmen des normalen Betriebes überlagern und sie verzerren. *Wir beziehen die folgenden Rechnungen wieder auf gleiche Windungszahl der beiden Kreise im Transformator und gleiche Verhältnisse von Selbstinduktion zu Widerstand.* Die wirklichen Ströme im Hochspannungskreise sind dann nach Maßgabe der Übersetzung des Transformators kleiner, wenn wir die Verhältnisse der Niederspannungsseite zugrunde legen. Setzt man jedoch die Stärke der Ausgleichsströme in beiden Stromkreisen ins Verhältnis zu ihren normalen Betriebsströmen, so erhält man ohne besondere Umrechnung sofort richtige Werte.

Wir wollen zwei wichtige Schaltvorgänge des Transformators betrachten.

a) Primäres Einschalten unter Last. Zunächst möge der belastete symmetrische Transformator primär plötzlich an ein Netz mit konstanter Wechselspannung geschaltet werden, entsprechend dem Schaltbild der Abb. 1. Der Dauerstrom im Primärkreise sei

$$
i_1'' = J_1'\,\varepsilon^{j\omega t} \tag{2}
$$

und im Sekundärkreise

$$
i_2'' = -J_2'\,\varepsilon^{j\omega t}. \tag{3}
$$

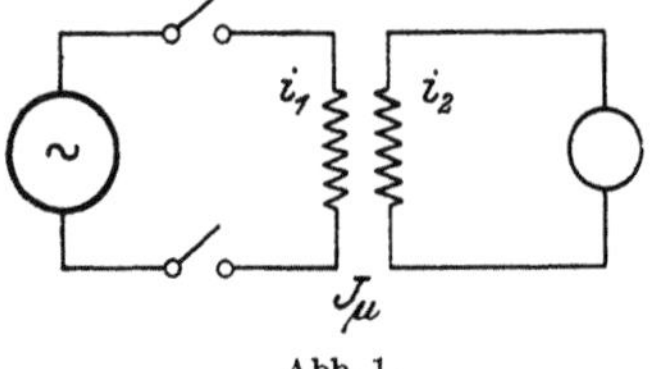

Abb. 1.

Beide Ströme variieren nach einer harmonischen Funktion der Zeit. Die Amplituden J_1' und J_2' stellen die Stärke der Ströme in den Außenleitungen nach Größe und Phase dar, die nach den Gesetzen der stationären Ströme zu bestimmen sind. Da wir die Ströme i_1' und i_2' im Innern der Transformatorwicklungen wieder gleichsinnig zählen wollen, so müssen wir in Gl. (3) das negative Vorzeichen setzen.

Wenn wir annehmen, daß der Transformator im ungünstigsten Schaltmoment ans Netz gelegt wird, in dem die stationären Ströme ihr Maximum besitzen würden, dann wird der Wert der harmonischen Funktion zur Zeit $t=0$ gleich 1, und da die vorübergehenden Ströme nach Kapitel 3, Gl. (9) diese Dauerströme im Schaltmomente so ergänzen müssen, daß sich der Strom vor dem Einschalten,

also Null, ergibt, so erhält man mit Gl. (1) die Bedingungen für den Anfangswert
der Ausgleichsströme

$$\left.\begin{array}{l} i''_{10} = K_1 + K_2 = - J'_1, \\ i''_{20} = K_1 - K_2 = J'_2. \end{array}\right\} \tag{4}$$

Daraus können die Integrationskonstanten K_1 und K_2 für die Ausgleichsteil-
ströme bestimmt werden. Addiert man beide Gleichungen, so erhält man

$$K_1 = \frac{-J'_1 + J'_2}{2} = -\frac{J'_\mu}{2}. \tag{5}$$

Dabei ist beachtet, daß die Summe der beiden Wicklungsströme von Gl. (2) und
(3) stets den Magnetisierungsstrom J'_μ des Transformators ergibt. Durch Subtraktion der Gln. (4) erhält man

$$K_2 = \frac{-J'_1 - J'_2}{2} = -J', \tag{6}$$

wobei das Mittel des primären und sekundären Leitungsstromes gleich dem Be-
lastungsstrome J' schlechthin gesetzt worden ist, der sich nur sehr wenig von
den Einzelströmen J'_1 und J'_2 unterscheidet. Die Ausgleichsströme selbst erhält
man hieraus durch Einsetzen der Konstanten von Gl. (5) und (6) in Gl. (1) zu

$$\left.\begin{array}{l} i''_1 = -\dfrac{J'_\mu}{2}\varepsilon^{-\frac{t}{T_h}} - J'\varepsilon^{-\frac{t}{T_s}}, \\[2ex] i''_2 = -\dfrac{J'_\mu}{2}\varepsilon^{-\frac{t}{T_h}} + J'\varepsilon^{-\frac{t}{T_s}}. \end{array}\right\} \tag{7}$$

Wir erkennen, *daß in diesem Falle Ausgleichsströme sowohl vom Magnetisierungsstrom als auch vom Belastungsstrom her auftreten.* Die Magnetisierungsausgleichsströme verschwinden langsam mit der Zeitkonstante des Hauptfeldes
und fließen zur Hälfte in jeder Wicklung. Die Größe von J_μ ist beim Vorhandensein von magnetischer Sättigung im Eisenkern aus der Charakteristik des Transformators zu entnehmen und kann, wie wir später in Kapitel 47 sehen werden,
sehr gewaltige Werte annehmen. Diese Ströme fließen im Innern der beiden
Wicklungen gleichsinnig um den Eisenkern und sind daher in den Außenleitungen
entgegengesetzt gerichtet.

Die Belastungsausgleichsströme fließen nach Angabe der Vorzeichen von J' in
Gl. (7) im Transformator in entgegengesetztem Sinne und sind daher in den
Außenleitungen gleichgerichtet. Sie verlöschen entsprechend der Zeitkonstante
der Streufelder des Transformators, also viel schneller als die Magnetisierungsströme. Da jedoch die Zeitkonstante der Streufelder im allgemeinen immer noch
wesentlich größer ist als die Zeit einer halben Wechselstromperiode, die für den
gebräuchlichen 50periodigen Strom $^1/_{100}$ Sekunde beträgt, so erkennt man, daß
der Belastungsstrom durch den vorübergehenden Ausgleichsstrom trotzdem eine
halbe Periode nach dem Schalten nahezu auf seinen doppelten Wert gebracht
wird. *Der Transformator beeinflußt den plötzlich eingeschalteten Belastungsstrom
also genau so, wie ihn eine vorgeschaltete Drosselspule mit der Zeitkonstante des
Streufeldes nach Kapitel 1, Abb. 6 umbilden würde.*
Die Phase des Belastungsstromes J' stimmt für rein induktive Belastung
mit der Phase des Magnetisierungsstromes J'_μ überein. In diesem Falle treten
beide Ausgleichsströme von Gl. (7) in voller Stärke auf und addieren sich primär.
Dabei ist zur Bestimmung der Streufeldzeitkonstante die Selbstinduktion der
Belastung nach Kapitel 8, Gl. (9) mit zu berücksichtigen. Bei induktionsfreier
Belastung ist der Strom J' dagegen im Schaltmoment gleich Null, wenn J'_μ sein

Maximum hat und umgekehrt. Für diese Belastungsart tritt also entweder nur für den Laststrom oder nur für den Magnetisierungsstrom der maximal mögliche Ausgleichsstrom auf. Da man jedoch bei Transformatoren nie im voraus weiß, mit welcher Phase und auf welche Belastungsart geschaltet wird, so muß man in der Praxis stets mit beiden Möglichkeiten rechnen.

b) Plötzlicher Kurzschluß der Sekundärwicklung. Als zweiter Spezialfall soll der sekundäre plötzliche Kurzschluß eines leerlaufenden Transformators betrachtet werden, der nach dem Schema der Abb. 2 entweder durch einen Schaltfehler oder durch irgendeinen Isolationsdurchbruch oder -überschlag entstehen kann und in großen Anlagen erfahrungsgemäß nicht zu vermeiden ist.

Zuerst wollen wir den *stationären Kurzschlußstrom* berechnen, und zwar unter Vernachlässigung der Ohmschen Widerstände in den Stromkreisen, weil dieselben seine Größe nur wenig beeinflussen. Er kann dann aus den Gleichungen für den symmetrischen Transformator berechnet werden, die analog Kapitel 8, Gl. (1), jedoch mit der primären Wechselspannung E und der sekundären Spannung Null lauten

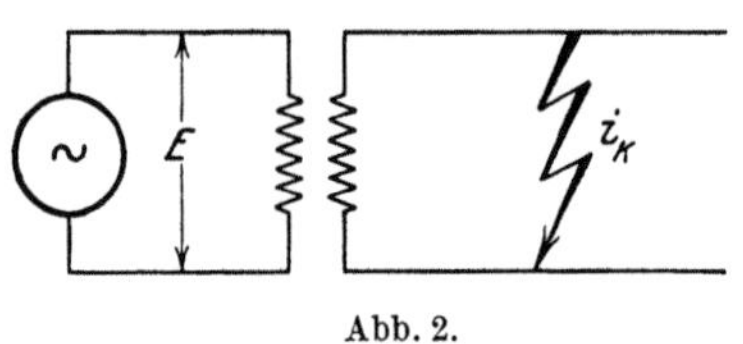

Abb. 2.

$$\left. \begin{array}{l} L\dfrac{di_1'}{dt} + M\dfrac{di_2'}{dt} = E\,\varepsilon^{j\omega t}, \\[2mm] L\dfrac{di_2'}{dt} + M\dfrac{di_1'}{dt} = 0. \end{array} \right\} \qquad (8)$$

Setzt man die Stromänderung von i_2' aus der zweiten Gleichung in die erste ein und bedenkt, daß der Strom sich ebenso wie die Netzspannung nach der harmonischen Funktion $J\,\varepsilon^{j\omega t}$ verändert, so erhält man

$$\left(L - \frac{M^2}{L}\right) j\omega J_1' = E. \qquad (9)$$

Daraus ergibt sich die Amplitude des Primärstromes

$$J_1' = \frac{E}{\omega L\left[1 - \left(\frac{M}{L}\right)^2\right]} = \frac{E}{\omega S\left(1 + \frac{M}{L}\right)}, \qquad (10)$$

worin der Unterschied von Selbst- und Wechselinduktion wieder als Streuinduktion S jeder Wicklung bezeichnet ist. Für die Amplitude des Sekundärstromes erhält man damit nach der zweiten Gl. (8)

$$J_2' = -\frac{M}{L}J_1' = \frac{-E}{\omega S\left(1 + \frac{L}{M}\right)}. \qquad (11)$$

Vernachlässigt man in den Nennern dieser Gleichungen den Unterschied zwischen Selbstinduktion L und Wechselinduktion M, der hier keine wesentliche Rolle spielt, so wird die absolute Größe der primären und sekundären Kurzschlußströme in Annäherung einander gleich, und zwar

$$J_k' = \frac{E}{2\,\omega S} = \frac{E}{\omega\,(S_1 + S_2)} = \frac{E}{\omega S_t}. \qquad (12)$$

Der stationäre Kurzschlußstrom des Transformators berechnet sich also als Quotient der Netzspannung und der doppelten Streuinduktanz jeder Transformatorwicklung, das ist die Summe der beiden Streuinduktanzen, also die gesamte Streuung des Transformators ωS_t. Diese letzte Beziehung (12) behält auch für unsymmetrische Transformatoren ihre Gültigkeit. Das Verhältnis von Dauerkurzschlußstrom zu Normalstrom J_n ist damit

$$\frac{J_k'}{J_n} = \frac{E}{\omega S_t J_n} = \frac{E}{E_s}, \qquad (13)$$

wenn mit E_s die Streuspannung des ganzen Transformators beim Normalstrom bezeichnet wird.

Beträgt diese Streuspannung für einen kleinen Transformator 3% der Netzspannung, so tritt ein Dauerkurzschlußstrom vom

$$\frac{J'_k}{J_n} = \frac{100}{3} = 33{,}3\text{fachen}$$

Betrage des Normalstromes auf.

Beim Aufstellen des Stromgleichgewichts für den Schaltmoment müssen wir beachten, daß der Transformator vor dem Schalten bereits seinen Leerlaufstrom aus dem Netz entnahm. Dessen Amplitude erhält man nach Einsetzen des harmonischen Stromes in die erste Gl. (8), wenn man den Sekundärstrom verschwinden läßt, zu

$$J_\mu = \frac{E}{\omega L}. \tag{14}$$

Denken wir uns nun den Kurzschluß im ungünstigsten Augenblick eintreten. wenn nämlich der stationäre Primärstrom i_1 sein Maximum J'_1 durchschreiten würde, dann muß für $t=0$ die Summe dieses Stromes und des primären Ausgleichsstromes i''_1 mit dem Magnetisierungsstrome übereinstimmen, der dann auch gerade seinen Höchstwert nach Gl. (14) durchschreitet. Denn Kurzschlußstrom und Magnetisierungsstrom sind beide fast rein induktiv und haben daher gleiche Phase. Der sekundäre Ausgleichsstrom i''_2 ergänzt für $t=0$ den sekundären Dauerkurzschlußstrom zu Null. Es ist daher mit den Konstanten K_1 und K_2 für die Ausgleichsströme nach Gl. (1)

$$\begin{aligned}
i''_{10} &= K_1 + K_2 = -J'_1 + J_\mu, \\
i''_{20} &= K_1 - K_2 = -J'_2 = \frac{M}{L} J'_1.
\end{aligned} \right\} \tag{15}$$

In der letzten Zeile ist dabei noch die Beziehung (11) verwandt. Durch Addition dieser Gleichungen erhält man die Konstante

$$K_1 = -\frac{J'_1}{2}\left(1 - \frac{M}{L}\right) + \frac{J_\mu}{2} = -\frac{J'_1}{2}\frac{S}{L} + \frac{J_\mu}{2} = -\frac{E}{2\,\omega\,(L+M)} + \frac{J_\mu}{2} \simeq +\frac{1}{4}J_\mu \tag{16}$$

und durch Subtraktion die Konstante

$$K_2 = -\frac{J_1}{2}\left(1 + \frac{M}{L}\right) + \frac{J_\mu}{2} = -\frac{E}{2\,\omega\,S} + \frac{J_\mu}{2} = -J'_k + \frac{1}{2}J_\mu \simeq -J'_k. \tag{17}$$

Dabei ist in beiden Gleichungen der Strom J'_1 durch Gl. (10) ersetzt, und es ist in Gl. (16) zur Erlangung eines einfachen Endresultates der Unterschied von Selbst- und Wechselinduktion vernachlässigt, so daß man den Magnetisierungsstrom nach Gl. (14) einführen kann. In Gl. (17) ist ferner der Näherungswert für den stationären Kurzschlußstrom nach Gl. (12) eingeführt, und es wurde ihm gegenüber der halbe Magnetisierungsstrom gestrichen.

Man erhält nunmehr die Ausgleichsströme selbst durch Einsetzen der Konstanten von Gl. (16) und (17) in Gl. (1) zu

$$\begin{aligned}
i''_1 &= \frac{J_\mu}{4}\varepsilon^{-\frac{t}{T_h}} - J'_k\,\varepsilon^{-\frac{t}{T_s}}, \\
i''_2 &= \frac{J_\mu}{4}\varepsilon^{-\frac{t}{T_h}} + J'_k\,\varepsilon^{-\frac{t}{T_s}}.
\end{aligned} \right\} \tag{18}$$

Der sekundäre Kurzschluß des Transformators bewirkt also einerseits eine Entladung der Magnetisierungsströme des Feldes mit der ihnen entsprechenden großen Zeitkonstante T_h, jedoch tritt in jeder Wicklung als Anfangswert nur der vierte Teil des normalen Transformatormagnetisierungsstromes auf, also ein recht geringer Strom. *Vollständig beherrscht wird die Erscheinung dagegen durch das Auftreten der Kurzschlußströme J'_k, die wegen der kleinen Streuung unserer heutigen Transformatoren von 3 bis 10% bereits im stationären Betriebe entsprechend Gl. (13) gewaltige Größe besitzen. Eine halbe Periode nach dem plötzlichen Kurzschluß werden diese Ströme durch die von ihnen ausgelösten Ausgleichsströme,*

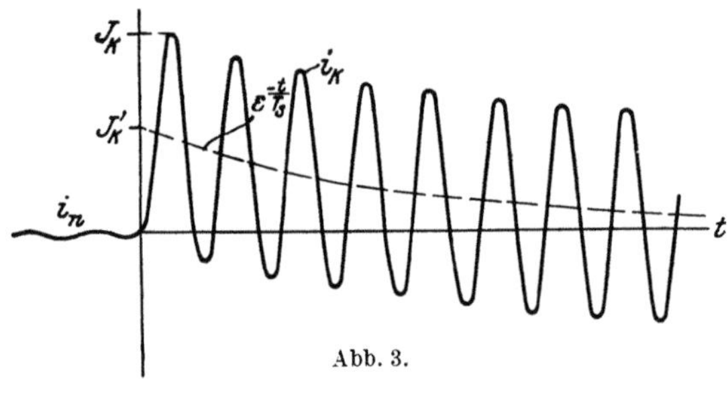

die nach Gl. (18) mit der Zeitkonstante des Streufeldes abklingen, nochmals auf fast den doppelten Betrag gebracht. Bei 3% Streuspannung eines Transformators tritt demnach beim plötzlichen Kurzschluß ein Stromstoß vom fast 66-fachen Betrage des Normalstromes auf, sofern der Transformator von einem ergiebigen

Abb. 3.

Netz konstanter Spannung gespeist wird und sein Widerstand gegenüber der Streuung vernachlässigt wird. Abb. 3 stellt den Verlauf des Kurzschlußstromes dar.

Bedenkt man, daß die elektrodynamischen Kraftwirkungen aller Ströme proportional dem Quadrat ihrer Stärke wachsen, so versteht man leicht, wel-

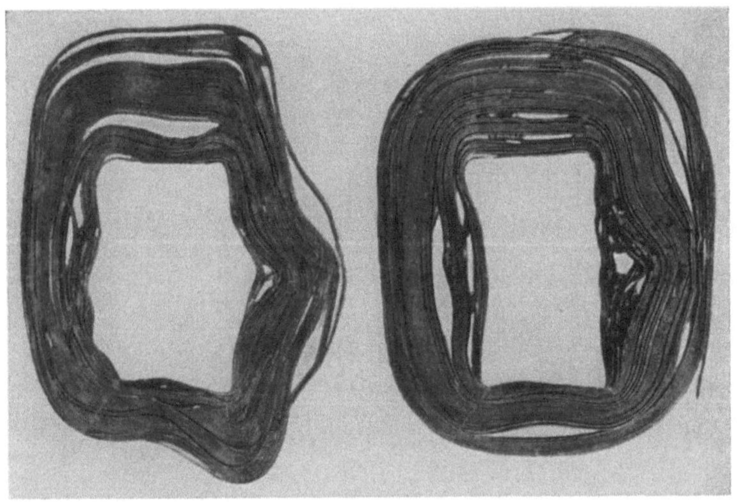

Abb. 4.

chen enormen zerstörenden Wirkungen die Transformatoren beim Auftreten von Kurzschlüssen ausgesetzt sein können. Abb. 4 zeigt die Wicklungen eines nicht ausreichend versteiften Transformators nach einem derartigen Schaltvorgang.

Sieht man von der sehr geringfügigen Wirkung der Magnetisierungsausgleichsströme nach Gl. (18) ab und macht die in den Gln. (16) und (17) stehenden ebenso unerheblichen Vernachlässigungen, so erkennt man, daß der sekundäre Kurzschluß eines Transformators genauso wirkt, als hätten wir den Stromkreis auf eine eisenfreie Drosselspule geschaltet, deren Selbstinduktion gleich der gesamten Streuinduktion des Transformators ist und deren Widerstand dem

Widerstand beider Wicklungen gleichkommt, natürlich beides stets auf gleiche Windungszahl reduziert. Die Dauerströme sowohl wie die Ausgleichsströme, also der gesamte Verlauf der Erscheinung ist mit ausreichender Annäherung der gleiche, wie wir ihn im Kapitel 1 für das Schließen des Stromkreises auf eine Selbstinduktion kennenlernten.

Wir können zur Verfolgung der Kurzschlußvorgänge in einem beliebigen Netz daher jeden Transformator ersetzt denken durch eine Drosselspule von einer Selbstinduktion und einem Widerstand, deren Werte mit der Streuinduktion und den Wicklungswiderständen des Transformators übereinstimmen, die natürlich alle auf die gleiche Windungszahl entweder auf der Hochspannungs- oder auf der Niederspannungsseite reduziert werden müssen. Dadurch wird eine sehr einfache Behandlung der Kurzschlußvorgänge auch in weitverzweigten Netzen mit verschiedenartigen Spannungen ermöglicht.

10. Wirbelströme in massiven Magnetkernen.

Wenn man Gleichstrommagnete ein- oder ausschaltet, deren massiver Eisenkern größere Querschnittsabmessungen besitzt, so können sich bei jeder magnetischen Änderung Sekundärströme im Eisen ausbilden, die die magnetischen Kraftlinien wie ein freier Wirbel umschlingen und die man daher *Wirbelströme* nennt. Diese Ströme wirken ganz ähnlich wie eine Sekundärwicklung auf den zeitlichen Verlauf der Schaltvorgänge ein. Da sie jedoch nicht in bestimmten von außen vorgeschriebenen Bahnen verlaufen, sondern sich im Innern des massiven Eisenkernes in verschiedenartiger Richtung und Dichte verteilen, so kann man den Bahnen der Wirbelströme nicht von vornherein bestimmte Widerstände und Selbstinduktionen zuordnen. Man muß vielmehr die elektromagnetische Verkettung jedes elementaren Wirbelfadens verfolgen und muß das Differentialgesetz der Erscheinung aufstellen, um den *räumlichen und zeitlichen Verlauf* der Wirbelströme berechnen zu können.

Wir stellen uns nach Abb. 1 einen Elektromagneten vor, der auf die Länge $\varDelta$ massive Eisenkerne besitzt, in denen sich Wirbelströme ausbilden können. Ein zweiter Teil des magnetischen Kreises von der Länge δ besteht aus Luft und ein dritter, die Joche, wird von fein unterteiltem Eisenblech gebildet, in dem sich keine merkbaren Wirbelströme bilden können. Wir zählen im Massiveisen die z-Richtung in Richtung der Kraftlinien und senkrecht dazu die x- und y-Richtung. Im Massiveisen wird dann lediglich die magnetische Induktion $\mathfrak{B}_z$ in der z-Richtung auftreten, während die den

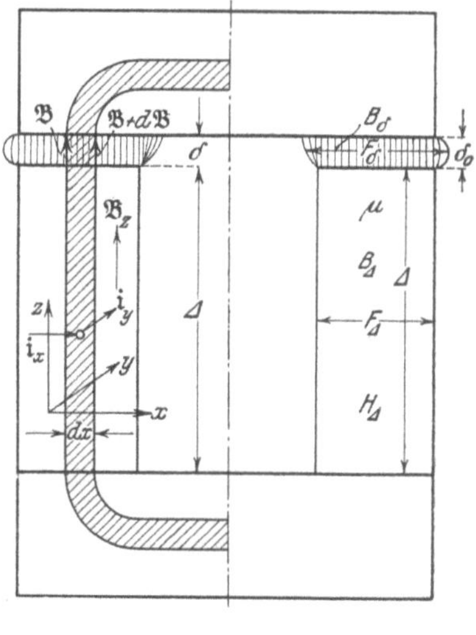

Abb. 1.

Magnetfluß erhaltenden Ströme i und die Spannungen mit der Feldstärke $\mathfrak{E}$ nur in x- und y-Richtung auftreten können. Wir wollen alle diese Größen hier in absoluten elektromagnetischen Einheiten messen.

a) Differentialgleichung und ihre Lösung. Wenn wir ein Flächenelement $dx\,dy$ betrachten, das von einem magnetischen Fluß

$$\varPhi = \mathfrak{B}_z\,dx\,dy \tag{1}$$

durchsetzt wird, so erzeugt jede Änderung dieses Flusses elektrische Spannungen längs der x- und y-Achse, deren Umlaufspannung ist

$$\oint \mathfrak{E}\,ds = -\frac{d\Phi}{dt}. \tag{2}$$

Rechnet man dies Linienintegral nach Abb. 2 aus, so erhält man

$$\oint \mathfrak{E}\,ds = \mathfrak{E}_x\,dx + \left(\mathfrak{E}_y + \frac{\partial \mathfrak{E}_y}{\partial x}\,dx\right)dy - \left(\mathfrak{E}_x + \frac{\partial \mathfrak{E}_x}{\partial y}\,dy\right)dx - \mathfrak{E}_y\,dy$$

$$= \left(\frac{\partial \mathfrak{E}_y}{\partial x} - \frac{\partial \mathfrak{E}_x}{\partial y}\right)dx\,dy, \tag{3}$$

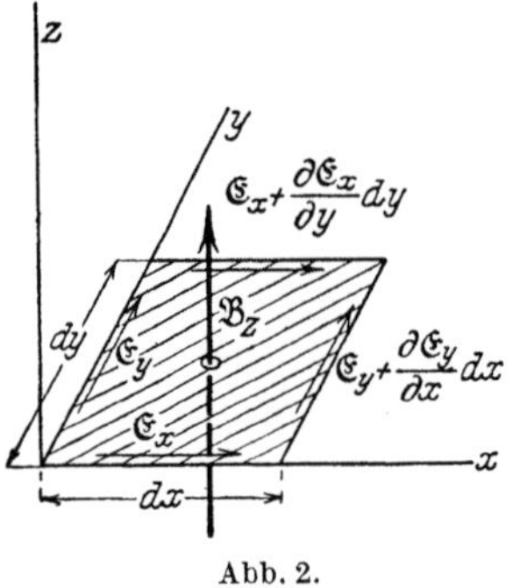

Abb. 2.

und daher entsteht durch Einsetzen von Gl. (1) und (3) in Gl. (2)

$$\frac{\partial \mathfrak{E}_y}{\partial x} - \frac{\partial \mathfrak{E}_x}{\partial y} = -\frac{\partial \mathfrak{B}}{\partial t}. \tag{4}$$

Dabei ist anstatt $\mathfrak{B}_z$ einfach $\mathfrak{B}$ gesetzt, weil andere Komponenten der magnetischen Induktion nicht auftreten. Gl. (4) stellt das *elektromagnetische Induktionsgesetz in Differentialform* dar, es gibt eine Beziehung zwischen der magnetischen Kraftliniendichte und der elektrischen Feldstärke an.

Betrachtet man andererseits ein langes Flächenelement, das in Abb. 1 schraffiert ist und das gebildet wird aus zwei in z-Richtung nebeneinander verlaufenden Kraftlinien vom Abstande dx, so wird dasselbe von einer gesamten Wirbelstromstärke

$$J_y = \mathfrak{i}_y\,\varDelta\,dx \tag{5}$$

durchsetzt. Dieser Strom erzeugt ein Magnetfeld, dessen Umlaufintegral ist

$$\oint \mathfrak{H}\,ds = 4\pi J. \tag{6}$$

Wenn der magnetische Widerstand des Eisens sehr klein ist, dann liefert allein der Luftspalt von der Länge δ beim zweimaligen Durchschreiten einen Beitrag zu diesem magnetischen Linienintegral. Es ist dann

$$\oint \mathfrak{H}\,ds = \mathfrak{B}\,\delta - \left(\mathfrak{B} + \frac{\partial \mathfrak{B}}{\partial x}\,dx\right)\delta = -\frac{\partial \mathfrak{B}}{\partial x}\,\delta\,dx. \tag{7}$$

Hat auch das Eisen einen erheblichen magnetischen Widerstand, so kann man denselben durch einen Zuschlag zum Luftspalt berücksichtigen in Höhe von $\varDelta/\mu$, wobei μ die Permeabilität des Eisens ist. Wenn schließlich der Querschnitt des Luftspaltes und der Polflächen erheblich breiter als der Querschnitt des Massiveisens sein sollte, so kann man den Luftspalt auf Flächengleichheit reduzieren durch Multiplikation des wahren Luftspaltes δ_0 mit dem Flächenverhältnis von Kern und Spalt. Insgesamt hat man also unter dem Luftspalt δ in Gl. (7) zu verstehen

$$\delta = \delta_0 \frac{F_\varDelta}{F_\delta} + \frac{\varDelta}{\mu}. \tag{8}$$

Anstatt des Querschnittsverhältnisses der Polflächen F kann man auch das reziproke Verhältnis der dort herrschenden Kraftliniendichten B einsetzen und anstatt der Permeabilität μ im Kerneisen das Verhältnis B/H. Dann erhält man aus Gl. (8) für das Verhältnis der wirksamen Kraftlinienlängen

$$\frac{\delta}{\varDelta} = \frac{1}{\varDelta}\left(\delta_0 \frac{B_\delta}{B_\varDelta} + \frac{H_\varDelta\,\varDelta}{B_\varDelta}\right) = \frac{B_\delta\,\delta_0 + H_\varDelta\,\varDelta}{B_\varDelta\,\varDelta}, \tag{9}$$

was stets aus den geometrischen Abmessungen und der Magnetisierungskurve des Eisens für den stationären Zustand berechnet werden kann.

Setzt man nunmehr Gl. (5) und (7) in Gl. (6) ein, so erhält man

$$i_y = -\frac{1}{4\pi}\frac{\delta}{\varDelta}\frac{\partial \mathfrak{B}}{\partial x}. \tag{10}$$

Das ist eine Beziehung zwischen der Wirbelstromdichte und der magnetischen Induktion, die *das Magnetisierungsgesetz in Differentialform* darstellt. Die Stromdichte in y-Richtung ist proportional der Abnahme der magnetischen Induktion in x-Richtung. Als Proportionalitätsfaktor tritt außer der Zahl 4π das eben erläuterte Längenverhältnis der Kraftlinien auf.

Eine ähnliche Beziehung läßt sich auf dem gleichen Wege für die Stromdichte in x-Richtung herleiten, nämlich

$$i_x = \frac{1}{4\pi}\frac{\delta}{\varDelta}\frac{\partial \mathfrak{B}}{\partial y}. \tag{11}$$

Dabei tritt hier das positive Vorzeichen auf, was daher rührt, daß ein die z-Achse umkreisender Wirbelstrom nach Abb. 3 im positiven Quadranten im Sinne der x-Richtung, jedoch gegen die y-Richtung fließt.

Der Zusammenhang zwischen der Stromdichte i und der elektrischen Feldstärke $\mathfrak{E}$ wird durch das OHMsche Gesetz

$$\mathfrak{E}_x = s\,i_x, \quad \mathfrak{E}_y = s\,i_y \tag{12}$$

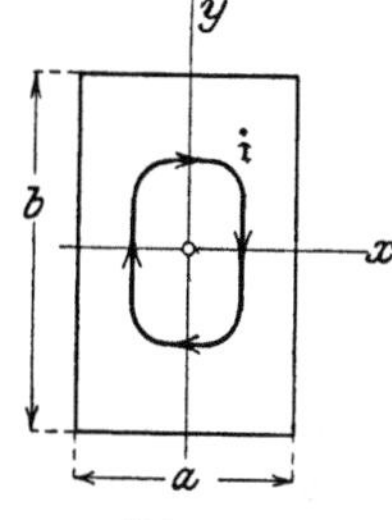

Abb. 3.

gebildet, in dem s den spezifischen Widerstand des Massiveisens bezeichnet. Differenziert man die hiernach sich ergebenden elektrischen Feldstärken aus Gl. (10) und (11) nach x und y, so erhält man

$$\left.\begin{aligned}\frac{\partial \mathfrak{E}_y}{\partial x} &= -\frac{s}{4\pi}\frac{\delta}{\varDelta}\frac{\partial^2 \mathfrak{B}}{\partial x^2}, \\[2mm] \frac{\partial \mathfrak{E}_x}{\partial y} &= +\frac{s}{4\pi}\frac{\delta}{\varDelta}\frac{\partial^2 \mathfrak{B}}{\partial y^2},\end{aligned}\right\} \tag{13}$$

und wenn man dies in Gl. (4) einsetzt, so erhält man als endgültige Differentialgleichung des Problems

$$\frac{\partial^2 \mathfrak{B}}{\partial x^2} + \frac{\partial^2 \mathfrak{B}}{\partial y^2} = \frac{4\pi}{s}\frac{\varDelta}{\delta}\frac{\partial \mathfrak{B}}{\partial t}. \tag{14}$$

Das ist eine Beziehung, die die *räumliche und zeitliche Änderung der Induktion $\mathfrak{B}$ im Eisenkern* miteinander verknüpft. Um zu einer einfachen Lösung dieser partiellen Differentialgleichung zweiter Ordnung zu gelangen, beschränken wir uns auf rechteckige Formen des Magnetkerns und legen den Nullpunkt unseres Koordinatensystems in die Mittellinie des Kernes, entsprechend Abb. 3.

Wir können nach den bisherigen Untersuchungen über das Abschalten von Gleichstromkreisen vermuten, daß das Magnetfeld auch hier nach einem Exponentialgesetze verklingt. Die räumliche Abhängigkeit von x und y versuchen wir durch trigonometrische Funktionen darzustellen, weil diese beim zweimaligen Differenzieren in ihrer Art ungeändert bleiben. Da sich das Magnetfeld symmetrisch zum Nullpunkt verteilen muß, so können nur Kosinusfunktionen in Betracht kommen. Wir versuchen daher den Ansatz

$$\mathfrak{B} = B\cos\alpha\,x\cdot\cos\beta\,y\cdot\varepsilon^{-\varrho t}, \tag{15}$$

in dem B eine später zu bestimmende Integrationskonstante ist, die die Anfangsstärke der Kraftliniendichte in der Kernmitte darstellt.

Die Differentialquotienten von Gl. (15) lauten

$$\left. \begin{aligned} \frac{\partial^2 \mathfrak{B}}{\partial x^2} &= -\alpha^2 \, B \cos \alpha x \cos \beta y \, \varepsilon^{-\varrho t}, \\[4pt] \frac{\partial^2 \mathfrak{B}}{\partial y^2} &= -\beta^2 \, B \cos \alpha x \cos \beta y \, \varepsilon^{-\varrho t}, \\[4pt] \frac{\partial \mathfrak{B}}{\partial t} &= -\varrho \, B \cos \alpha x \cos \beta y \, \varepsilon^{-\varrho t}. \end{aligned} \right\} \tag{16}$$

Setzt man sie in Gl. (14) ein, so heben sich die Funktionen von x, y und t sämtlich heraus, so daß unser Ansatz tatsächlich eine Lösung der Differentialgleichung darstellt. Es bleibt nur

$$\alpha^2 + \beta^2 = \frac{4\pi}{s} \, \frac{\Delta}{\delta} \, \varrho \tag{17}$$

als Bedingungsgleichung, der die Größen α, β, ϱ des Ansatzes genügen müssen.

Wir wollen nun annehmen, daß der Gleichstrommagnet ganz plötzlich ausgeschaltet wird. Dann können die Werte von α und β durch folgende Überlegung bestimmt werden. Kurze Zeit nach dem Ausschalten der umgebenden Magnetwicklung haben die Randschichten des massiven Eisenkernes ihren Magnetismus vollständig verloren, denn sie werden von keinen erregenden Strömen mehr umschlungen. Nur im Innern kann das Feld noch durch die Wirkung der umschlingenden Wirbelstromfäden bestehen bleiben. Es ist daher für alle Zeiten nach dem Ausschalten

$$\mathfrak{B} = 0 \quad \text{für} \quad x = \pm \frac{a}{2} \quad \text{sowie für} \quad y = \pm \frac{b}{2}, \tag{18}$$

wenn mit a und b nach Abb. 3 die Seitenlängen des rechteckigen Kernquerschnitts bezeichnet werden.

Nun ist nach Einsetzen dieser Werte in Gl. (15)

$$\left. \begin{aligned} \cos\left(\pm \alpha \, \frac{a}{2}\right) &= 0 \quad \text{für} \quad \alpha \, \frac{a}{2} = \frac{\pi}{2}, \ \frac{3\pi}{2}, \ \frac{5\pi}{2} \cdots \frac{n\pi}{2}, \\[4pt] \cos\left(\pm \beta \, \frac{b}{2}\right) &= 0 \quad \text{für} \quad \beta \, \frac{b}{2} = \frac{\pi}{2}, \ \frac{3\pi}{2}, \ \frac{5\pi}{2} \cdots \frac{m\pi}{2}, \end{aligned} \right\} \tag{19}$$

wobei n und m beliebige ungerade Zahlen sind. Die Differentialgleichung (14) hat daher nicht nur eine einzige, sondern eine ganze Reihe von möglichen Lösungen, die man alle erhält, wenn man n und m die Reihe der ungeraden Zahlen durchlaufen läßt und die hieraus entstehenden verschiedenen α und β in Gl. (15) einsetzt.

Für irgendein bestimmtes n oder m ist dann entsprechend Gl. (19)

$$\alpha_n = n \, \frac{\pi}{a}, \qquad \beta_m = m \, \frac{\pi}{b}, \tag{20}$$

und der diesen Lösungen entsprechende zeitliche Dämpfungsfaktor wird nach Gl. (17)

$$\varrho_{n,m} = \frac{s}{4\pi} \, \frac{\delta}{\Delta} \left[\left(\frac{n\pi}{a}\right)^2 + \left(\frac{m\pi}{b}\right)^2\right]. \tag{21}$$

Die vollständige Lösung für die Feldverteilung im Rechteckkern ist nunmehr in Erweiterung von Gl. (15) durch die Summe aller Lösungen mit verschiedenen n und m gegeben durch

$$\mathfrak{B} = \sum_{n,\,m} B_{n,\,m} \cos\left(n\pi \, \frac{x}{a}\right) \cos\left(m\pi \, \frac{y}{b}\right) \varepsilon^{-\varrho_{n,\,m} t}, \tag{22}$$

wobei jedes besondere Feld seine eigene Amplitude $B_{n,\,m}$ besitzt.

b) Zeitkonstante und Feldverteilung. *Die Feldverteilung im Eisenkern nach dem Abschalten läßt sich also auffassen als Summe einer großen Reihe von Teilfeldern, von denen jedes kosinuswellenförmig nach x und y über den Eisenquerschnitt verteilt ist,* und zwar mit Wellenlängen, die um so kleiner sind, je größer n und m gewählt werden, und die nach Maßgabe des Dämpfungsfaktors (21) um so schneller abklingen, je größer n und m sind. *Die hohen Oberwellen verlöschen wegen des quadratischen Einflusses ihrer Ordnungszahl außerordentlich schnell, während die Grundwelle mit $n=m=1$ am längsten bestehen bleibt.*

Dieses Grundfeld besitzt nach Gl. (21) den Dämpfungsfaktor

$$\varrho_{1,1} = \frac{\pi}{4}\, s\, \frac{\delta}{\varDelta}\left(\frac{1}{a^2} + \frac{1}{b^2}\right). \tag{23}$$

Seine *Zeitkonstante* ist das Reziproke des Dämpfungsfaktors, also

$$T_{1,1} = \frac{4}{\pi s}\,\frac{\varDelta}{\delta}\,\frac{a\,b}{\dfrac{a}{b} + \dfrac{b}{a}}, \tag{24}$$

sie ist also bei ähnlichen Verhältnissen proportional dem Querschnitt des Eisenkerns.

Für den Stahlgußpolkern einer großen Wechselstrommaschine mit den Seitenlängen $a=30$ cm, $b=60$ cm, einer Kernlänge $\varDelta=40$ cm und einem gleichwertigen Luftspalt $\delta=0{,}6$ cm ergibt sich bei einem spezifischen Widerstand $s=2\cdot10^4$ cm²/sec eine Zeitkonstante von

$$T_1 = \frac{4}{\pi\cdot 2\cdot 10^4}\,\frac{40}{0{,}6}\,\frac{30\cdot 60}{\dfrac{30}{60} + \dfrac{60}{30}} = 3{,}1 \text{ sec},$$

also ein recht langer Wert. Bei kleineren Abmessungen nimmt die Zeitkonstante ab und sinkt bei dünnen Magnetkernen auf Bruchteile einer Sekunde.

Auch für *kreisförmigen Eisenquerschnitt* vom Durchmesser d läßt sich die Zeitkonstante auf ähnliche Weise berechnen zu

$$T_1 = \frac{\pi}{2{,}405^2\, s}\,\frac{\varDelta}{\delta}\, d^2, \tag{25}$$

wobei der Zahlenwert die erste Nullstelle einer Besselschen Funktion darstellt.

Das Grundfeld hat im Mittelpunkt des Eisenkernes sein örtliches Maximum und fällt gegen die Ränder kosinusartig bis auf Null ab. Zur Bestimmung der Amplituden $B_{n,m}$ der verschiedenen Grund- und Oberfelder müssen wir auf die Grenzbedingung im Schaltmoment eingehen und beachten, daß die Reihe (22) zur Schaltzeit $t=0$ die ursprüngliche, vor dem Ausschalten bestehende Feldverteilung wiedergeben muß, die über dem ganzen Querschnitt die konstante Induktion B_0 besitzt. Ein solches nach zwei Richtungen konstantes Feld läßt sich nun in folgender Weise als Produkt zweier Kosinusreihen darstellen, von denen jede den Summenwert 1 besitzt:

$$\left.\begin{aligned}
\mathfrak{B} = B_0 &\left[\frac{4}{\pi}\left(\cos\pi\,\frac{x}{a} - \frac{1}{3}\cos 3\,\pi\,\frac{x}{a} + \frac{1}{5}\cos 5\,\pi\,\frac{x}{a} - + \cdots\right)\right] \\
&\times \left[\frac{4}{\pi}\left(\cos\pi\,\frac{y}{b} - \frac{1}{3}\cos 3\,\pi\,\frac{y}{b} + \frac{1}{5}\cos 5\,\pi\,\frac{y}{b} - + \cdots\right)\right].
\end{aligned}\right\} \tag{26}$$

Multipliziert man die Reihen aus, so erhält man sämtliche möglichen Kosinusprodukte mit allen ungeraden Zahlen im Argument. Das sind aber dieselben Produkte, die auch in Gl. (22) aufgetreten sind. Die sämtlichen Feldamplituden dieses Ausdruckes bestimmen sich daher durch Vergleich mit diesen Reihen (26) zu

$$B_{n,m} = \pm \left(\frac{4}{\pi}\right)^2 \frac{B_0}{n\,m}. \tag{27}$$

Insbesondere wird die *Amplitude der Grundwelle*, also des ersten Gliedes der Reihen (22) und (26)

$$B_{1,1} = \left(\frac{4}{\pi}\right)^2 B_0, \tag{28}$$

sie ist also 62% größer als das ursprüngliche konstante Feld, *während die Oberwellen nach Gl. (27) mit wachsenden Ordnungszahlen schwächer und schwächer sind.*

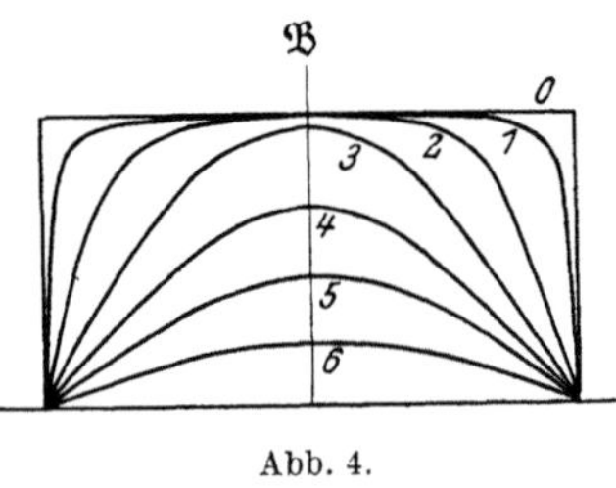

Abb. 4.

Der Vorgang nach dem Ausschalten des Magneten spielt sich nach alledem folgendermaßen ab: Das bis zum Schaltmoment zeitlich und örtlich konstante Feld im Eisenkern zerfällt in eine Reihe von räumlichen Teilwellen, deren jede mit einer Amplitude nach Gl. (27) beginnt und mit dem ihr eigenen Dämpfungsfaktor nach Gl. (21) zeitlich verlöscht. Die hohen Oberwellen sind am schwächsten und verlöschen am schnellsten. Bereits kurze Zeit nach dem Ausschalten sind nur noch die niederen Oberwellen, und etwas später fast nur noch die Grundwelle vorhanden. Abb. 4 stellt die Verteilung der Induktion $\mathfrak{B}$ über den Querschnitt des Kernes für verschiedene Zeiten nach dem Ausschalten dar. Die Randschichten verlieren zuerst ihren Magnetismus, was dem Abklingen der hohen Oberwellen entspricht. Die mittleren Kernteile behalten ihr Feld am längsten, da es dort nur nach Maßgabe der Grundwelle und ihrer Zeitkonstante verlöscht. Wenn die Amplitude des Grundfeldes bis auf den Wert des ursprünglichen konstanten Feldes gesunken ist, dann sind sämtliche Oberwellen bereits bis auf wenige Prozent und Bruchteile davon abgeklungen.

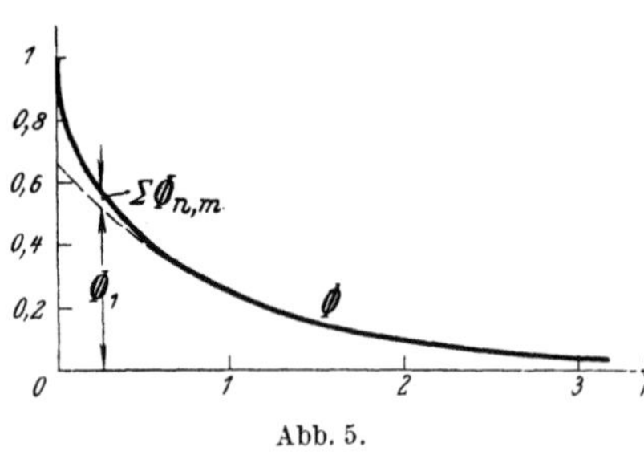

Abb. 5.

Das gesamte Feld im Eisenkern wird daher einige Zeit nach dem Ausschalten im wesentlichen durch die Grundwelle bestimmt. Ihr Magnetfluß berechnet sich zu

$$\begin{aligned}
\Phi_1 &= \int_{-\frac{a}{2}}^{+\frac{a}{2}} \int_{-\frac{b}{2}}^{+\frac{b}{2}} B_1 \cos\alpha_1 x \cos\beta_1 y\, \varepsilon^{-\frac{t}{T_1}}\, dx\, dy \\[2mm]
&= \left(\frac{4}{\pi}\right)^2 \left(\frac{2}{\pi}\right)^2 B_0\, a\, b\, \varepsilon^{-\frac{t}{T_1}} = \frac{64}{\pi^4} \Phi_0\, \varepsilon^{-\frac{t}{T_1}} = 0{,}66\, \Phi_0\, \varepsilon^{-\frac{t}{T_1}},
\end{aligned} \tag{29}$$

wenn Φ_0 den Fluß vor dem Abschalten bedeutet. Der Fluß der Grundwelle enthält also nur zwei Drittel des ursprünglichen Flusses, das andere Drittel setzt sich in Oberwellen um. Abb. 5 stellt das Abklingen des Flusses dar.

In der abgeschalteten Erregerspule wird von dem abklingenden Magnetfeld Spannung induziert. Im ersten Augenblick ist sie durch die außerordentlich schnell abklingenden Oberfelder sogar recht beträchtlich. Während wir zur Bestimmung dieser Oberfelder ein plötzliches Ausschalten der Spule und momentanes Freiwerden des Feldes vorausgesetzt haben, tritt dies in Wirklichkeit nicht ein, sondern die schnell verklingenden Oberfelder verursachen durch ihre hohe

Spannung einen einige Zeit dauernden Ausschaltlichtbogen, so daß der Strom nicht momentan verlöscht. Dadurch wird der Verlauf der hohen Oberfelder natürlich beeinflußt, jedoch ist die Einwirkung des kurzzeitigen Ausschaltefunkens auf die Grundwelle nur geringfügig.

Für die Windungsspannung des Grundfeldes erhält man

$$e_1 = -\frac{d\,\Phi_1}{d\,t} = \frac{64}{\pi^4}\frac{\Phi_0}{T_1}\,\varepsilon^{-\frac{t}{T_1}}, \tag{30}$$

das ist ebenfalls nur $^2/_3$ soviel, als wenn ein räumlich konstantes Feld mit gleicher Zeitkonstante abklingt. Führt man diese nach Gl. (24) ein, so erhält man die Anfangsspannung des Grundfeldes

$$E_1 = \frac{16}{\pi^3}s\,\frac{\delta}{\varDelta}\left(\frac{a}{b}+\frac{b}{a}\right)B_0. \tag{31}$$

Diese Windungsspannung ist also nur von den *Maßverhältnissen* des Kernes abhängig, nicht von seiner absoluten Größe, sie wird für quadratische Pole am geringsten. Für den oben genannten Magnetkern erhält man bei einer Induktion

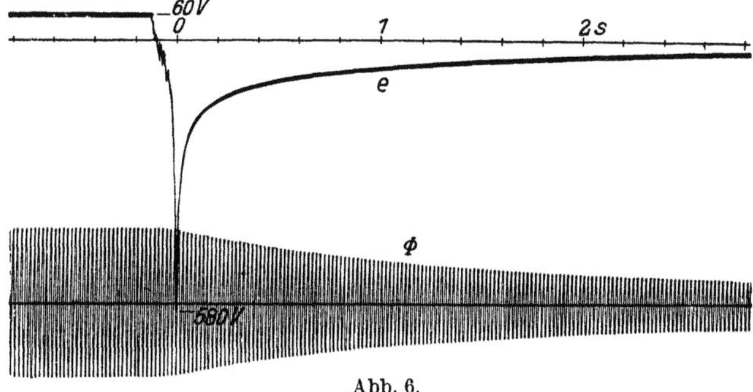

Abb. 6.

$B_0 = 15000$ Gauß in 100 Windungen eine Anfangsspannung induziert von

$$E_1 = \frac{16}{\pi^3}2\cdot 10^4\frac{0,6}{40}\left(\frac{30}{60}+\frac{60}{30}\right)15000\cdot 100\cdot 10^{-8} = 5{,}7\,\text{Volt,}$$

also nur einen recht geringen Betrag. Es ergibt sich daraus, *daß die bei massiven Magnetkernen mit fast geschlossenem Eisenkreis beim Ausschalten auftretenden Überspannungen fast ganz von den schnell abklingenden Oberfeldern verursacht werden* und daher nur geringe Energie enthalten, die man leichter beherrschen kann als die volle Energie von lamellierten Magnetkernen. Abb. 6 zeigt das Ausschalteoszillogramm eines großen Drehstromgenerators, in dem außer der Spannung an der Erregerwicklung auch die Spannung der offenen Wechselstromwicklung aufgenommen ist, die ein direktes Maß für die Größe des abklingenden Magnetfeldes ist. Man erkennt deutlich die hohe, mit dem Verlöschen des Ausschaltefunkens einsetzende Oberfeldspannung, die schnell abklingt, so daß dann nur noch die langsam verlöschende Grundfeldspannung übrigbleibt.

Es hat Interesse, die Stromdichte der Wirbelströme im Eisen zu kennen, die sich nach Gl. (10) durch Differenzieren von Gl. (22) und Einsetzen von Gl. (28) für das Grundfeld berechnet zu

$$i_y = \frac{4\,\delta\,B_0}{\pi^2\,\varDelta\,a}\sin\alpha_1\,x\cos\beta_1\,y\,\varepsilon^{-\frac{t}{T_1}}. \tag{32}$$

Ist a die kleine Seite des Querschnittes von Abb. 3, so tritt die höchste Stromdichte i_y auf für $x = a/2$, $y = 0$ und $t = 0$ und ist gleich dem ersten Faktor der

Gl. (32). Für die obengenannten Zahlenwerte errechnet sich eine höchste Stromdichte von

$$i_y = \frac{4 \cdot 0,6 \cdot 15\,000}{\pi^2 \cdot 40 \cdot 30} \cdot 10^{-1} = 0,3 \text{ Amp/mm}^2.$$

Wesentlich größere Werte ergeben sich zwar für die Oberfelder oder für kleinere Kernabmessungen a, da jedoch die Zeitdauer der Ströme dann nur sehr gering ist, so kann selbst eine hohe Stromdichte keine merkbare Wärmewirkung hervorbringen, falls nicht sehr häufig geschaltet wird.

Sehr wirksam ist ein Parallelwiderstand beim Abschalten von massiven Magnetkernen, weil er nur die von den Oberfeldern erzeugte Spannung abzudämpfen braucht. Beim Oszillogramm der Abb. 7, das den Feldverlauf des

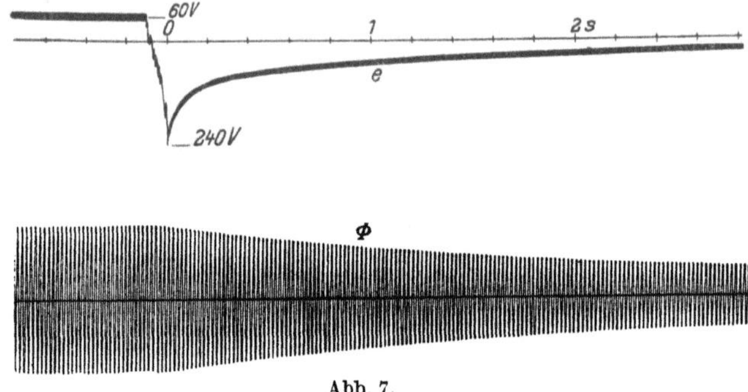

Abb. 7.

gleichen Turbogenerators wie Abb. 6 nach dem Abschalten zeigt, betrug der Parallelwiderstand das Achtfache des Spulenwiderstandes und ließ dabei nur die vierfache Überspannung zur Entwicklung kommen.

Auch die Vorgänge beim *Einschalten* massiver Feldmagnete können wir jetzt übersehen. Würde der Erregerstrom momentan auf seine volle Stärke springen, so würden die Teilfelder als Ausgleichsfelder sämtlich genau so entstehen und

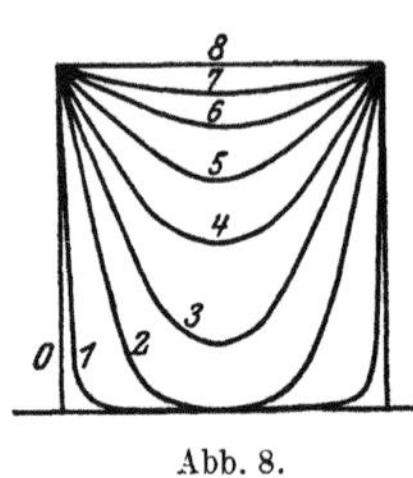

Abb. 8.

vergehen wie beim momentanen Ausschalten und hätten nur entgegengesetzte Richtung. Sie überlagern sich dann dem konstanten stationären Felde und lassen das Gesamtfeld räumlich und zeitlich nach Maßgabe ihres Abklingens allmählich zur Entwicklung kommen. Im ersten Augenblick nach dem Schalten schwellen nur die hohen Oberfelder am Rande des Kernes an und lassen die Magnetisierung in ihn allmählich eindringen, wie Abb. 8 zeigt. Schließlich wächst auch das Feld in der Mitte an und treibt das abklingende Grundfeld immer mehr zurück.

In Wirklichkeit verläuft der Einschaltvorgang jedoch etwas anders, weil durch das anwachsende Feld auch in der Erregerspule Gegenspannungen induziert werden, die den Erregerstrom schwächen. Unmittelbar nach dem Einschalten, wenn die hohen ihm entgegenwirkenden Randströme der Oberfelder noch bestehen, schnellt der Erregerstrom auf einen bestimmten Wert herauf. Die Spule erzeugt noch nicht viel anderes als ein Streufeld außerhalb und in den Randschichten des Eisenkernes, das Hochschnellen entspricht der kleinen Zeitkonstante dieser Felder. Alsdann wächst der Erregerstrom nur langsam weiter und nähert sich seinem Endwert nach einer Zeitkonstante, die der Summe der Zeitkonstanten des Grundfeldes im Eisenkern und der Erregerspule selbst entspricht.

Die Erscheinungen beim Schalten massiver Magnetkerne ähneln sehr dem Schalten von Gleichstrommagneten mit Dämpferwicklung. Die Wirbelströme des Grundfeldes spielen hier die gleiche Rolle wie dort die Dämpferströme, die schnell abklingenden Oberfelder spielen eine ähnliche Rolle wie dort das Streufeld. Beim praktischen Vergleich muß man natürlich beachten, daß man für die Dämpferwicklung Kupfer hoher Leitfähigkeit verwenden kann, während das massive Feldeisen sowohl bei Stahlguß als besonders bei Gußeisen eine recht schlechte Leitfähigkeit besitzt. Einen quantitativen Vergleich der Wirkungen erhält man in jedem einzelnen Falle durch die Berechnung der Zeitkonstanten.

Die Zeitkonstante massiver Magnetkerne gibt auch stets einen Anhalt dafür, ob es erforderlich ist, das Eisen zur Ermöglichung schneller Feldänderungen zu lamellieren. Bei Haupt- und Wendepolen von Gleichstrommaschinen und anderen Magnetkernen und -jochen für Schnellerregung ist das häufig erforderlich.

11. Kommutierungsfluß in Kollektormaschinen.

Ankerleiter, die in tiefen Nuten des lamellierten Eisens von Gleichstrom- oder Wechselstrom-Kollektormaschinen eingebettet sind, erzeugen unter Last ein beträchtliches magnetisches Querfeld in diesen Nuten. Wenn ihr Strom plötzlich seine Richtung ändert, weil die Kollektorsegmente unter den Bürsten durchlaufen, dann wechselt der Nutenquerfluß ebenfalls seine Richtung. Dies kann jedoch nicht augenblicklich erfolgen, weil sich Wirbelströme in den massiven Ankerleitern ausbilden, die eine plötzliche Änderung des Nutenflusses verhindern. Die Umkehrung des Flusses dringt daher allmählich vom Kopf der Nute bis zu ihrem Boden vor.

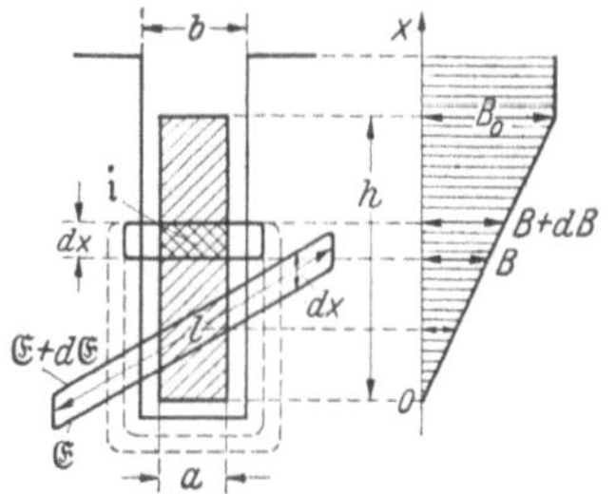

Abb. 1.

a) Wirbelströme in massiven Leitern. Ein einzelner tiefer Ankerleiter, der isoliert in einer Nute liegt, ist links in Abb. 1 dargestellt. Rechts ist die Verteilung der magnetischen Querinduktion B gezeigt, wie sie vor dem Beginn der Kommutierung des Stromes besteht. Die Kraftlinien fließen quer durch die Nute und schließen sich nach unten durch das lamellierte Eisen. Ihre Dichte ist null am Boden des Leiters, nimmt linear über seine Höhe h zu und hat ihren Höchstwert am Kopf des Kupferstabes.

Wenn wir das *magnetische Grundgesetz* anwenden auf einen Pfad quer durch eine Nute mit der Breite b, der in einer Entfernung dx zurückkehrt, so erhalten wir

$$\oint H\,ds = Bb - (B+dB)b = 4\pi\,\mathfrak{i}\cdot a\,dx. \tag{1}$$

Darin ist $\mathfrak{i}$ die örtliche Dichte des Stromes im Ankerleiter von der Dicke a. Entlang der wirksamen Länge l des Stabes ist die Feldverteilung konstant. Gl. (1) ergibt die Differentialbeziehung

$$-\frac{\partial B}{\partial x} = 4\pi\,\frac{a}{b}\,\mathfrak{i}. \tag{2}$$

Wenden wir das *Induktionsgesetz* an auf die elektrische Feldstärke $\mathfrak{E}$ längs eines Pfades in der Richtung l des Stabes in der Nute und kehren im Abstande dx zurück, so erhalten wir

$$\oint \mathfrak{E}\,ds = (\mathfrak{E}+d\mathfrak{E})\,l - \mathfrak{E}l = -\frac{d\Phi}{dt} = -\frac{\partial}{\partial t}(B\,l\,dx). \tag{3}$$

Dies ergibt die Beziehung

$$\frac{\partial \mathfrak{E}}{\partial x} = -\frac{\partial B}{\partial t}. \tag{4}$$

Schließlich ist nach dem *Ohmschen Gesetz*

$$\mathfrak{E} = s\,\mathfrak{i}, \tag{5}$$

wenn s der spezifische Widerstand des Leitungskupfers ist.

Aus den Gln. (2), (4) und (5) können wir $\mathfrak{E}$ und entweder $\mathfrak{i}$ oder B eliminieren und erhalten als Differentialgleichungen für die Kraftlinien- und die Stromdichten

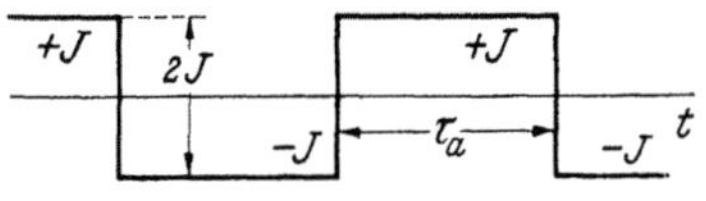

$$\left.\begin{aligned}\frac{\partial^2 B}{\partial x^2} &= \frac{4\pi}{s}\frac{a}{b}\frac{\partial B}{\partial t},\\[2mm]\frac{\partial^2 \mathfrak{i}}{\partial x^2} &= \frac{4\pi}{s}\frac{a}{b}\frac{\partial \mathfrak{i}}{\partial t}.\end{aligned}\right\} \tag{6}$$

Abb. 2.

Wenn wir beachten, daß a die Dicke des stromführenden Leiters ist und b die Luftlänge der Kraftlinien, so erkennen wir die Ähnlichkeit dieser Gleichungen mit Gl. (14) von Kapitel 10, wobei jedoch das vorliegende Problem nur eindimensional ist.

Der zeitliche Verlauf des Gesamtstromes jedes Ankerleiters ist in Abb. 2 dargestellt. Der Strom wechselt periodisch seine Richtung von $+J$ zu $-J$ und zurück. Wir wollen eine einzige Kommutierung des Stromes untersuchen und nehmen der Einfachheit halber einen *plötzlichen Stromwechsel* an. Anstatt der tatsächlichen Stromumkehr wollen wir jedoch eine Stromänderung von $2J$ auf 0 betrachten und verschieben zu dem Zweck die Nullinie nach unten.

Bis zu $t=0$ verteilt sich die Induktion B linear wie in Abb. 1. Für $t=0$ jedoch verschwindet B am Stabkopf gleichzeitig mit J. Am Stabgrund ist dauernd null. Die Grenzbedingungen für die Induktion sind daher

$$B=0 \quad \text{bei} \quad x=0 \quad \text{und} \quad x=h. \tag{7}$$

Alle diese Bedingungen können befriedigt werden durch den Lösungsansatz

$$B = B_n \sin\alpha\,x\cdot\varepsilon^{-\varrho t}, \tag{8}$$

der *zeitlich einen exponentiellen Verlauf* und *räumlich eine harmonische Verteilung* darstellt. B_n ist eine willkürliche Integrationskonstante und die Koeffizienten α und ϱ müssen die Bedingungsgleichung erfüllen

$$\alpha^2 = \frac{4\pi}{s}\frac{a}{b}\varrho, \tag{9}$$

die sich nach Einsetzen von Gl. (8) in Gl. (6) ergibt.

Die erste Grenzbedingung von Gl. (7) ist stets durch Gl. (8) erfüllt. Die zweite Bedingung, für $x=h$, ergibt

$$\sin(\alpha h)=0, \quad \text{und daher} \quad \alpha h=\pi, 2\pi, 3\pi, \ldots, n\pi, \tag{10}$$

worin n eine ganze Zahl ist. Daher ist allgemein

$$\alpha_n = n\frac{\pi}{h}, \tag{11}$$

und dies läßt eine ganze Reihe von Lösungen nach Gl. (8) zu.

Für jede dieser Lösungen ist der Koeffizient α bestimmt durch die Höhe h des Ankerleiters. Die *exponentielle Zeitkonstante* ist daher gemäß Gl. (9)

$$T_n = \frac{1}{\varrho_n} = \frac{4}{\pi s}\frac{a}{b}\left(\frac{h}{n}\right)^2. \tag{12}$$

Der Nutenquerfluß kann daher nicht schneller vollständig verschwinden als nach etwa drei Zeitkonstanten wegen der magnetisierenden Wirkung der Wirbelströme, die der Nutenfluß während seines Verschwindens in den massiven Leitern induziert. Diese Zeit hängt ferner ab von dem spezifischen Widerstand des Kupfers und dem Verhältnis von Stabbreite zu Nutenweite.

Für warmes Kupfer mit $s = 10^5/50$ cm²/sec und mittleren Abmessungen $a/b = 0,5$ cm/1 cm ergibt sich bei einer Kupfertiefe von $h = 3$ cm mit $n = 1$ ein Grundwert der Zeitkonstante

$$T_1 = \frac{4 \cdot 50}{\pi \cdot 10^5} \cdot \frac{0,5}{1} \cdot 3^2 = 2{,}88 \cdot 10^{-3}\,\text{sec} .$$

Dies ist der höchstmögliche Wert für die Zeitkonstante. Für die nächst höhere Ordnung $n = 2$ ist

$$T_2 = \frac{1}{2^2}\, T_1 = 0{,}72 \cdot 10^{-3}\,\text{sec} ,$$

also ein sehr viel kürzerer Wert. Wir sehen daher, *daß der Nutenquerfluß selbst bei plötzlicher Kommutierung des Stromes nicht verschwinden kann in einer Zeit, die kleiner ist als einige Millisekunden*, sofern die Kupfertiefe in der Nute von der Größenordnung einiger Zentimeter ist. Dies ist tatsächlich der Fall für alle Kollektormaschinen von mittlerer und höherer Modellgröße.

Um die Integrationskonstanten B_n in Gl. (8) zu bestimmen, beachten wir, daß vor und im Augenblick der Kommutierung die Verteilung von B über die Höhe h linear ist, wie in Abb. 1. Dies Verhalten kann durch die wohlbekannte Fourier-Reihe

$$B = B_0 \frac{2}{\pi} \left(\sin \pi \frac{x}{h} - \frac{1}{2} \sin 2\pi \frac{x}{h} + \frac{1}{3} \sin 3\pi \frac{x}{h} - + \cdots \right) \tag{13}$$

ausgedrückt werden. Mit dem Anfangsstrom $2J$ ist die Größe der Induktion am Kopf des Stabes

$$B_0 = 4\pi \frac{2J}{b}, \tag{14}$$

wenn wir den unbedeutenden magnetischen Widerstand des Eisens vernachlässigen. Vergleichen wir nun die einzelnen Koeffizienten von Gl. (13) mit den Konstanten von Gl. (8) für $t = 0$, so erhalten wir für die harmonischen Amplituden der Oberwellen

$$B_n = \pm \frac{2}{\pi} \frac{B_0}{n}. \tag{15}$$

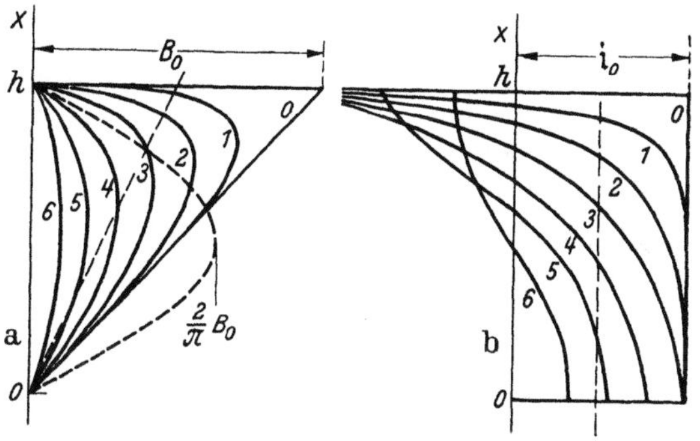

Abb. 3.

In der Nähe des Leiterbodens, bei $x = 0$, wechseln die Glieder der Gl. (13) ihr Vorzeichen und wirken einander entgegen. In der Nähe des Kopfes dagegen, bei $x = h$, haben alle Glieder dasselbe Vorzeichen und daher addieren sich alle Oberwellen. Für $t > 0$ kann nunmehr die ganze Reihe, bestehend aus allen Gliedern der Gl. (8) mit ganzzahligem n, ausgedrückt werden als

$$B = \frac{2}{\pi} B_0 \sum_1^\infty \pm \frac{1}{n}\, \varepsilon^{-n^2 \frac{t}{T_1}} \sin\left(n\pi \frac{x}{h} \right). \tag{16}$$

Diese Lösung befriedigt alle Bedingungen unseres Problems. Wir sehen, daß mit wachsender Zeit die höheren Harmonischen viel schneller verlöschen wegen des Faktors n^2 im Exponenten. Dies bewirkt eine Verteilung der Induktion für zunehmende Zeiten, wie sie in Abb. 3a dargestellt ist. Schließlich bleibt nur noch das Grundfeld übrig, das mit der Zeitkonstante T_1 verlöscht.

Die Stromdichte ist gemäß Gl. (2)

$$\mathfrak{i} = - \frac{1}{4\pi} \frac{b}{a} \frac{\partial B}{\partial x}. \tag{17}$$

Durch Differentiation erhalten wir für das allgemeine Glied der Gl. (16) unter Benutzung von Gl. (14)

$$\mathfrak{i}_n = \frac{4J}{a\,h} \varepsilon^{-n^2 \frac{t}{T_1}} \cos\left(n\,\pi\,\frac{x}{h}\right). \tag{18}$$

Nun ist die mittlere Stromdichte im Leiter

$$\mathfrak{i}_0 = \frac{J}{a\,h}, \tag{19}$$

und daher wird die räumliche Stromdichte bestimmt durch die Reihe

$$\mathfrak{i} = 4\,\mathfrak{i}_0 \sum_1^\infty \pm \varepsilon^{-n^2 \frac{t}{T_1}} \cos\left(n\,\pi\,\frac{x}{h}\right). \tag{20}$$

Diese Verteilung ist für einige aufeinanderfolgende Zeiten in Abb. 3b dargestellt.

Es ist auffallend, daß diese Reihe für $t=0$ nicht konvergiert und daß sich daher am Kopfende des Stabes eine unendliche Stromdichte entwickelt. Dieser Zustand dauert jedoch nur unendlich kurze Zeit, wonach die Stromdichte rapide abnimmt. Gegen Ende des Vorgangs verlöscht der Strom mit einer Kosinusverteilung über dem Stab. Die oberen Teile des Leiters führen negativen Strom, der sich allmählich in die Tiefe ausbreitet und dabei den positiven Strom in den unteren Teilen des Leiters auslöscht. In den Abb. 3a und 3b deuten die gestrichelten Mittellinien den Nullwert von Induktion und Strom an, wenn die tatsächliche Kommutierung nicht von $+2J$ bis 0 erfolgt, sondern von $+J$ bis $-J$.

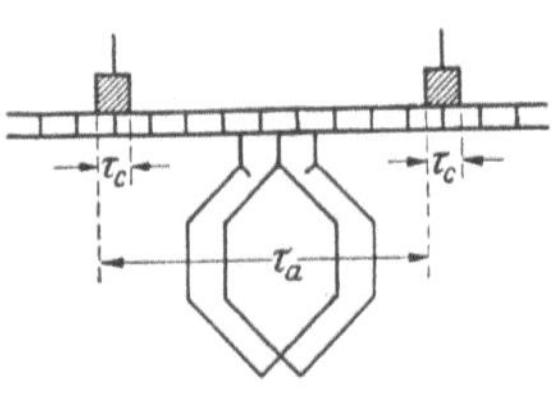

Abb. 4.

Mittlere und große Kollektormaschinen haben im allgemeinen eine Frequenz des Ankerstromes von der Kurvenform wie in Abb. 2 in der Größenordnung $f=50$ Per/sec. Die Zeit zwischen zwei Stromwendungen ist eine halbe Periode, oder im Mittel $\tau_a = 1/100$ sec. Diese Zeit vergeht daher während ein Ankerleiter von einer Kollektorbürste zur nächsten mit umgekehrter Polarität wandert, so wie es in Abb. 4 angedeutet ist. Wir erkennen, daß diese Zeit von etwa 10 msec etwa 3 bis 4 Zeitkonstanten der Grundwelle unseres Beispieles umfaßt. *Der abklingende Nutenfluß ist daher gerade vollständig verschwunden, wenn eine neue Kommutierung des Stromes erfolgt.* Die Nachwirkungen der Stromwendung überlappen deshalb im allgemeinen nicht, außer vielleicht in Maschinen mit besonders tiefen Nuten und sehr hoher Umfangsgeschwindigkeit.

In *wirklichen Maschinen* erfolgt die Stromumkehr nicht momentan, sondern *wegen der endlichen Breite der Bürsten während einer kleinen Zeit*, wie es in Abb. 4 angedeutet ist. Im allgemeinen ist die Dauer der Kommutierung gleich oder kleiner als $\tau_c = 10^{-3}$ sec. Dies ist eine beträchtlich geringere Zeit als die Grund-Zeitkonstante T_1 in unserem Beispiel, und daher wird das Verhalten des Grundwertes des Flusses nicht wesentlich von dieser Kommutierungsdauer beeinflußt. Die zweite harmonische Zeitkonstante unseres Beispiels und noch mehr die höheren Zeitkonstanten sind jedoch erheblich kleiner als diese Kommutierungszeit τ_c. Die höher harmonischen Wirbelströme verlöschen deshalb innerhalb der Kommutierungszeit und ihre Magnetfelder folgen nahezu vollständig dem Verlauf des stetig kommutierenden Stromes. Wir erkennen somit, daß *die Energie der Grundwelle des Nutenflusses* sich während und nach der Kommutierungszeit τ_c *als Wirbelstromwärme hauptsächlich in die Ankerstäbe entlädt.* Die viel kleinere *Energie der höher harmonischen Flüsse* entlädt sich jedoch vollständig während der Kommutierungszeit. Daher wird diese letztere Energie, die sich mit dem Leiterstrom ändert, nur zu einem kleinen Teil in den Stäben selbst frei, sondern setzt sich hauptsächlich *im Oberflächenwiderstand zwischen den Kommutatorlamellen und Bürsten* in Wärme um.

Die Gesamtverluste, die durch eine Umkehr des Stromes entstehen, sind durch die anfängliche Feldenergie in der Nute gegeben. Bei linearer Verteilung, wie in Abb. 1, ist diese Arbeit

$$A = \frac{1}{8\pi}\int B^2\, dv = \frac{1}{3}\,\frac{B_0^2}{8\pi}\, b\, h\, l. \tag{21}$$

Wenn wir anstatt der maximalen Induktion B_0 den Strom $2J$ nach Gl. (14) einführen, so wird dies

$$A = \frac{2\pi}{3}\,(2J)^2\,\frac{h\,l}{b}. \tag{22}$$

Diese Energie wird während jeder vollen Periode des Stromes zweimal im Anker verloren. Unter Benutzung der Ankerfrequenz f ist der Stromwärmeverlust daher

$$V = 2fA = \frac{16\pi}{3}\,J^2\,\frac{h\,l}{b}\,f. \tag{23}$$

Bei momentaner Kommutierung entsteht dieser Verlust in den Ankerleitern; bei endlicher Kommutierungsdauer erscheint ein gewisser Teil davon unter den Kollektorbürsten.

Die regulären Stromwärmeverluste in einem Ankerleiter sind

$$V_0 = J^2\, r = J^2 \cdot s\,\frac{l}{a\,h}. \tag{24}$$

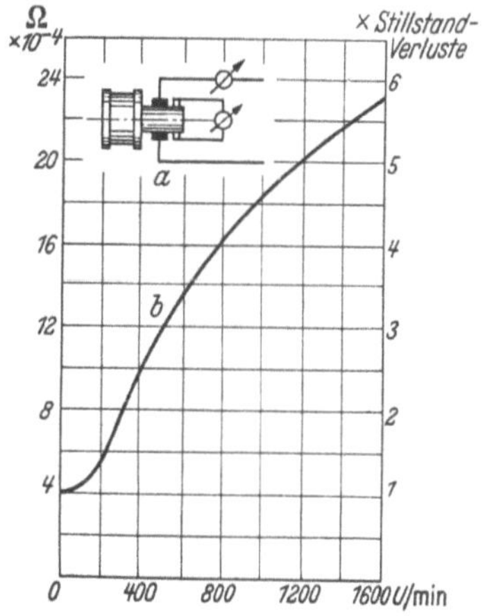

Abb. 5.

Das Verhältnis von Kommutierungsverlust zu Gleichstromverlust ist daher

$$\frac{V}{V_0} = \frac{16\pi}{3}\,\frac{f}{s}\,\frac{a}{b}\,h^2 = \frac{4\pi^2}{3}\,f\,T_1, \tag{25}$$

wobei auf der rechten Seite die Grundzeitkonstante nach Gl. (12) eingeführt ist, was eine sehr einfache Formulierung ergibt. Man sieht, daß dies Verlustverhältnis im wesentlichen von der Frequenz f der Ankerströme und vom Quadrat der Kupfertiefe h der Ankerleiter abhängt. Diese Verluste werden oft als *Zusatzverluste der Kollektormaschine* bezeichnet.

In unserem Beispiel ist das Verlustverhältnis bei einer Frequenz von $f = 60$ Per/sec

$$\frac{V}{V_0} = \frac{16\pi}{3}\cdot\frac{60\cdot 50}{10^5}\cdot\frac{0,5}{1}\cdot 3^2 = 2{,}26\,\text{fach}.$$

Dies ist ein erheblicher Betrag, der zu den Gleichstromverlusten hinzugeschlagen werden muß. Für zwei oder mehr Ankerleiter übereinander bedeutet h die gesamte Kupfertiefe innerhalb der Nuten. Daher entwickelt sich bei zwei Stäben von je 3 cm Höhe ein Verlustverhältnis von $4\cdot 2{,}26 = 9{,}04$, was insgesamt das Zehnfache der Gleichstromverluste ergibt.

Abb. 5 gibt die Verluste wieder, die in einem Gleichstromanker gemessen wurden, der in freier Luft rotierte. Sie wurden bestimmt aus dem Strom im

Anker und der Spannung zwischen den Kollektorsegmenten unter den Bürsten, so daß die Bürstenverluste des äußeren Stromes ausgeschlossen waren. Abb. 5 zeigt das Schaltbild und die Kurve der gemessenen Verluste abhängig von der Drehzahl des Ankers. Bei Stillstand sind nur die OHMschen Verluste vorhanden. *Mit wachsender Geschwindigkeit treten zusätzliche Kommutierungsverluste auf*, die schließlich nahezu proportional der Drehzahl oder der Frequenz der inneren Ankerströme zunehmen.

Wenn die Kommutierung relativ langsam erfolgt, oder wenn die Ankerstäbe aus unterteilten und verdrillten Leitern aufgebaut sind, um die Ausbildung von Wirbelströmen zu vermeiden, so wird die Energie des Nutenquerflusses nicht innerhalb der Stäbe, sondern unter den Bürsten des Kollektors frei. Wenn andererseits Wendepole benutzt werden, um die Selbstinduktionsspannung, die durch die Umkehr der Ankerströme entsteht, zu kompensieren, so wird die Energie des Nutenflusses nicht verloren und in Wärme umgesetzt, sondern wird in mechanische Energie verwandelt und somit nicht vergeudet.

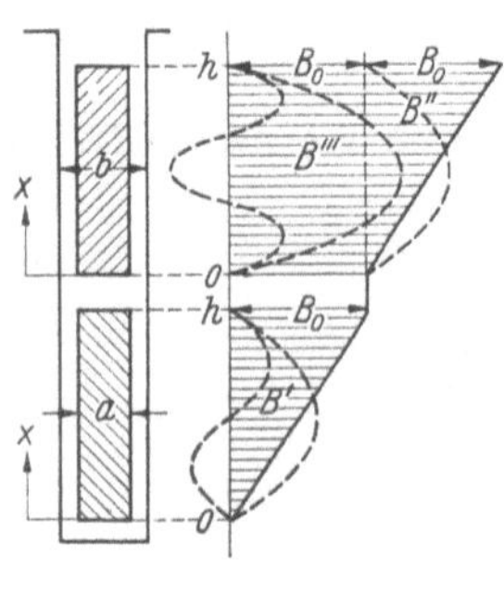

Abb. 6.

Liegen zwei massive Leiter übereinander in der Nute, wie bei den meisten Kollektorankern, so erzeugt der Unterstab eine dreieckige Feldverteilung, wie vorher beschrieben. Quer zum Oberstab jedoch entwickelt sich eine trapezähnliche Feldverteilung unter der vereinigten Wirkung beider Leiterströme. Dies ist in dem schraffierten Diagramm von Abb. 6 dargestellt. Die untere Feldverteilung B' ist dieselbe wie nach Gl. (13), und das gleiche gilt von dem dreieckigen Anteil B'' der oberen Feldverteilung, wenn wir die Abszissen x stets von der unteren Stabkante ab rechnen. Daher ist

$$B' = B'' = \frac{2}{\pi} B_0 \left(\sin \pi \frac{x}{h} - \frac{1}{2} \sin 2\pi \frac{x}{h} + - \cdots \right). \qquad (26)$$

Der übrigbleibende Teil der oberen Verteilung ist rechteckförmig und daher gegeben als

$$B''' = \frac{4}{\pi} B_0 \left(\sin \pi \frac{x}{h} + \frac{1}{3} \sin 3\pi \frac{x}{h} + \frac{1}{5} \sin 5\pi \frac{x}{h} + \cdots \right). \qquad (27)$$

Diese Reihe enthält nur ungerade Oberwellen und ist ähnlich aufgebaut wie Gl. (26) des vorigen Kapitels.

Da in wirklichen Maschinen die Dauer der Kommutierung endlich ist und nicht momentan, *so wirken die schnell verlöschenden Nutenoberwellen im wesentlichen als unverzögerte Selbstinduktionsflüsse und erzeugen induktive Spannungen in den Ankerspulen.* Die Grundwellenflüsse allein werden durch die Wirkung der Wirbelstrombildung in tiefen Stäben aufrechterhalten, welch letztere gleichzeitig als primäre und sekundäre Leiter wirken. *Die langsam abnehmenden Grundflüsse der Ober- und Unterstäbe induzieren daher keine erhebliche induktive Spannung in den Ankerspulen.*

Der Grundwellenfluß des Unterstabes ist nach Gl. (26)

$$\Phi_1' = l \int_0^h \frac{2}{\pi} B_0 \sin \pi \frac{x}{h} \, dx = \frac{2}{\pi} l B_0 \frac{2h}{\pi}, \qquad (28)$$

während der gesamte untere Fluß nach Abb. 6 ist

$$\Phi_0' = \frac{1}{2} l h B_0. \qquad (29)$$

Dasselbe gilt für den dreieckigen Teil des oberen Flusses. Das Verhältnis von Grundfluß zu Gesamtfluß ist daher hier

$$\frac{\Phi'}{\Phi'_0} = \frac{\Phi''_1}{\Phi''_0} = \frac{8}{\pi^2}. \tag{30}$$

Der rechteckige Teil des oberen Flusses ist

$$\Phi'''_0 = l\,h\,B_0, \tag{31}$$

und sein Grundwellenfluß ist, integriert von Gl. (27),

$$\Phi'''_1 = \frac{4}{\pi}\, l\, B_0 \frac{2\,h}{\pi}. \tag{32}$$

Das Verhältnis ist daher ebenfalls

$$\frac{\Phi'''_1}{\Phi'''_0} = \frac{8}{\pi^2}. \tag{33}$$

Der Grundwellenfluß macht daher durchweg $8/\pi^2 = 81\%$ des gesamten Leiterflusses aus. Seine Zeitkonstante ist T_1 und ist meistens größer als die Kommutierungsdauer. Die Oberwellen haben Zeitkonstanten von $^1/_4$, $^1/_9$ usw. von T_1, und diese sind meistens kleiner als die Kommutierungsdauer. Es wirken daher *nur 19% des inneren Leiterflusses als freies magnetisches Feld*, das Kommutierungsspannung in den Ankerspulen während der Umkehr des Stromes induziert. Die Wirbelstrombildung in tiefen Stäben verhindert, daß die restlichen 81% die gleiche Wirkung ausüben.

Die Wirbelstromverluste im oberen Leiter sind dreimal so groß als die im unteren Stab, wie man aus den schraffierten Flächen des Flusses in Abb. 6 erkennt. Die Gesamtverluste sind daher viermal so groß wie die des Unterstabes und entsprechen dem Quadrat der gesamten Kupfertiefe in der Nute.

Für kurze Zeiten nach $t = 0$ konvergiert die FOURIER-Reihe von Gl. (20) sehr langsam für das obere Ende des Stabes nahe bei $x = h$. Für diese Bedingungen existiert aber *eine geschlossene Lösung* der grundlegenden Differentialgleichung (6) für die Stromdichte, nämlich

$$i = \frac{K}{\sqrt{t}}\, \varepsilon^{-\xi\frac{x^2}{t}}, \tag{34}$$

worin K eine Integrationskonstante ist und der Koeffizient in Gl. (6) durch

$$\xi = \frac{4\,\pi}{s}\frac{a}{b} \tag{35}$$

abgekürzt ist. Die Lösung kann durch Differentiation nach x und t leicht bestätigt werden. Diese Verteilung des Stromes nimmt rapide ab mit zunehmendem x für kleine Werte von t, und daher ist es zweckmäßig, den Ursprung $x = 0$ an das obere Stabende zu legen, wie in Abb. 7, wo aufeinanderfolgende Verteilungen von i gezeigt sind, wie sie durch Gl. (34) bestimmt sind.

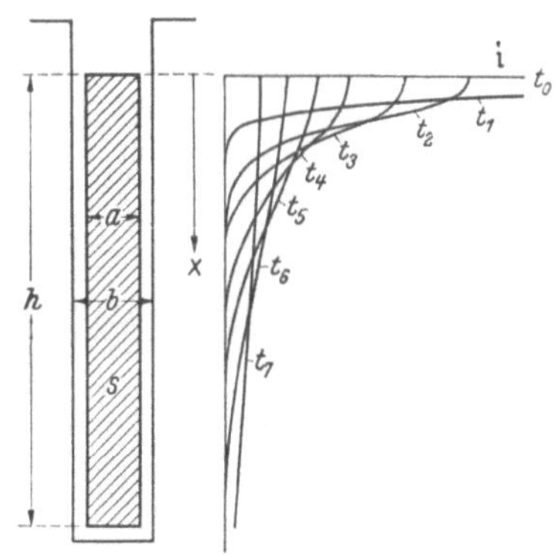

Abb. 7.

Wir können die Änderung des gesamten Leiterstromes bestimmen durch Integration nach x von 0 bis ∞. Dieses gibt

$$2\,J = \int_0^\infty i\,a\,dx = K\frac{a}{\sqrt{t}}\int_0^\infty \varepsilon^{-\xi\frac{x^2}{t}}\,dx = K\frac{a}{\sqrt{\xi}}\int_0^\infty \varepsilon^{-\eta^2}\,d\eta = K\frac{a}{\sqrt{\xi}}\frac{\sqrt{\pi}}{2}, \tag{36}$$

worin

$$\eta = \sqrt{\frac{\xi}{t}}\, x \tag{37}$$

eine Hilfsvariable für die Integration ist. Die Integrationskonstante ist daher

$$K = \frac{4}{a}\sqrt{\frac{\xi}{\pi}}\, J = \frac{8}{\sqrt{s\,a\,b}}\, J. \tag{38}$$

Der Exponent in Gl. (34) zeigt, daß, abgesehen vom Nenner $\sqrt{t}$, eine gewisse Stromdichte sich zeitlich in Richtung der Stabtiefe mit $x^2/t = $ konstant ausbreitet. Daher bleibt weder die Amplitude noch die Geschwindigkeit dieser Welle konstant. Die Orte, die nach aufeinanderfolgenden Zeiten erreicht werden, sind vielmehr

$$\frac{x_2}{x_1} = \sqrt{\frac{t_2}{t_1}} \tag{39}$$

und die Größe nimmt ab wie $1/\sqrt{t}$.

Diese Welle wird reflektiert, wenn sie das untere Ende des Stabes erreicht. Solche Reflektionen wiederholen sich an beiden Enden aufeinanderfolgend und führen den Ausgleichszustand des Stromes schließlich in den stationären Zustand über, wie es in Abb. 3b dargestellt ist. Die einfache Lösung der Gl. (34) ist daher in unserem Problem nur gültig für relativ kleine Zeiten t oder für relativ tiefe Leiter mit großem h.

Das Nutenquerfeld bestimmt sich aus Gl. (2) zu

$$B = -4\pi\frac{a}{b}\int_0^x i\,dx. \tag{40}$$

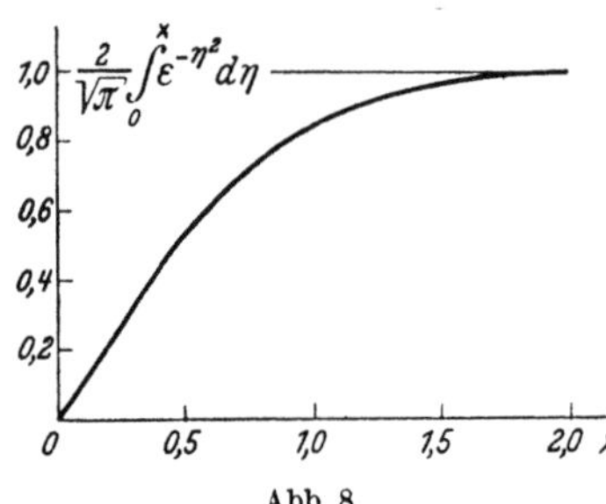

Abb. 8.

Wenn wir Gl. (34) und (38) einsetzen, erhalten wir für das Integral

$$\int_0^x i\,dx = \frac{K}{\sqrt{t}}\int_0^x \varepsilon^{-\xi\frac{x^2}{t}}\,dx = \frac{K}{\sqrt{\xi}}\int_0^x \varepsilon^{-\eta^2}\,d\eta. \tag{41}$$

Das letzte Integral stellt die wohlbekannte Wahrscheinlichkeitsfunktion dar und ist in Abb. 8 numerisch wiedergegeben. Die Querfeldinduktion in der Nute ist nun nach Gl. (40) unter Benutzung von Gln. (35) und (38)

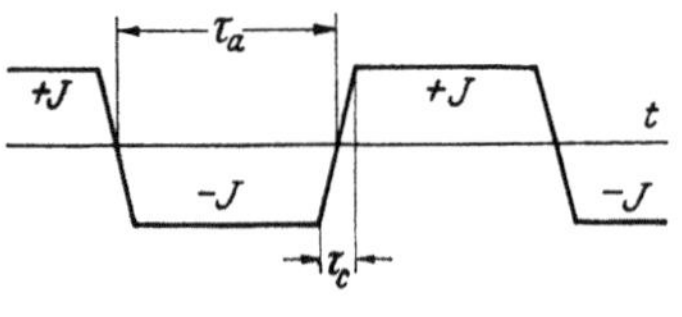

$$B = -16\sqrt{\pi}\,\frac{J}{b}\int_0^x \varepsilon^{-\eta^2}\,d\eta. \tag{42}$$

Abb. 9.

Auch diese Beziehung gilt nur bis zur Ankunft der Ausgleichswelle des Feldes am Grunde des Stabes. Diese Lösung ermöglicht eine bessere Übersicht über das Verhalten von i und B im Anfang der Kommutierung des Stromes als die unendliche Reihe der FOURIER-Lösung.

Noch eine andere Lösung der grundlegenden Differentialgleichung (6) ist

$$i = J_n\,\varepsilon^{-\beta x}\sin\nu t, \tag{43}$$

die den Vorgang durch zeitlich harmonische Schwingungen ausdrückt. Mit diesem Lösungstypus ist es verhältnismäßig leicht, die Umkehr des Stromes während einer endlichen Zeit τ_c wie in Abb. 9 auszudrücken, denn die harmonische Analyse solch einer trapezförmigen Stromwelle ist wohlbekannt. Es tragen jedoch die hohen Oberwellen dieses Lösungsansatzes stark zum Gesamtverhalten bei und daher ist die Summierung der unendlichen Reihen ziemlich verwickelt. Aus dieser Formulierung geht klar hervor, *daß die Kommutierungsverluste in den Leitern viel größer sein müssen als die Wirbelstromverluste bei rein sinusförmigen Strömen.* Dies wird verursacht durch die höher harmonischen Ströme, die mit dem Kommutierungsprozeß verknüpft sind.

b) Sekundäre Nutendämpfer. Bei tiefen Nuten werden die Kommutierungsbedingungen unter den Bürsten stark verbessert durch die Wirkung der Wirbelströme, die den größten Teil der Flußänderung neutralisieren und daher die Induktionsspannung in den Nutenleitern stark vermindern. Die vermehrten Verluste können andererseits *vom Innern der Stäbe auf einen äußeren Dämpferleiter übertragen werden,* der die Wirbelstromwärme unmittelbar an die Eisenwandung der Nute weiterleitet.

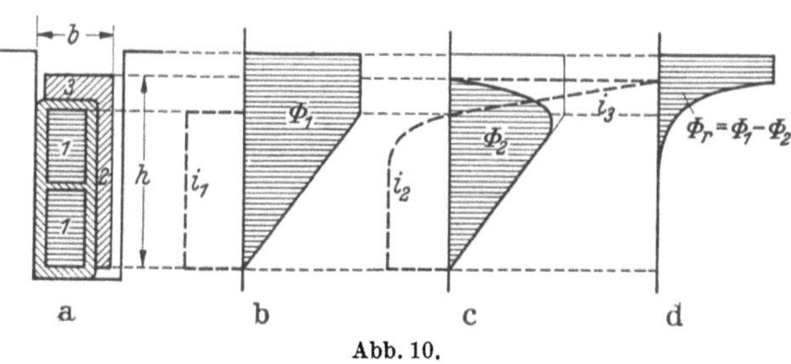

Abb. 10.

Hierdurch können die isolierten Leiter gegen Überhitzung geschützt werden. Solch eine Anordnung ist im Querschnitt in Abb. 10a dargestellt, wobei die wirksamen Leiter unterteilt und verdrillt sind, um die Verluste im Innenraum der Isolierhülle auf ein Minimum zu reduzieren.

Da die Wirbelströme in dem Seitenschenkel eines solchen massiven Dämpfers in der Richtung der Leiterströme zu fließen suchen und daher gleichgerichtet über die Tiefe verteilt sind, so ist es zweckmäßig, für die Rückkehr des Stromes den Kopf eines Dämpfers von L-Form zu verwenden, wie es in Abb. 10a gezeigt ist. Die Leiterströme und ihre Pfade mögen durch den Index 1 bezeichnet werden, die seitlichen Dämpferströme durch den Index 2 und die Rückströme im Dämpferkopf durch den Index 3.

Abb. 10b zeigt die räumliche Verteilung der Ströme i_1 und ihres Querfeldes Φ_1 in der Nute. Wenn diese Ströme unterbrochen werden, entweder plötzlich oder innerhalb einer kurzen Zeit, *so wird das Querfeld eine Zeitlang durch Wirbelströme unterhalten,* die in dem massiven Dämpfer induziert werden, wie es durch i_2 in Abb. 10c dargestellt ist. Ihre Verteilung über den Dämpferschenkel folgt sehr nahezu der der Leiterströme, und sie schließen sich als i_3 über den Dämpferkopf zurück. Diese Wirbelströme erzeugen das Feld Φ_2 in Abb. 10c, und daher wird der größere Teil des Nutenflusses durch den Dämpfer übernommen, wenn die Leiterströme verschwinden. Nur der Teil des Nutenstreufeldes über den Stäben und

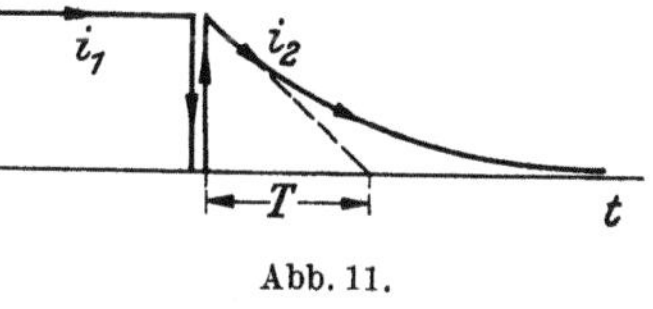

Abb. 11.

dem Dämpfer, der in Abb. 10d mit Φ_r bezeichnet ist und die Differenz von Φ_1 und Φ_2 bildet, verschwindet gleichzeitig mit den Leiterströmen.

Für plötzliche Kommutierung ist die zeitliche Stromänderung in Abb. 11 dargestellt. Wenn die Leiterströme i_1 verschwinden, springt der Dämpferstrom i_2 plötzlich auf denselben Amperewindungsbetrag. Dies verschiebt die Erregung des Nutenquerflusses von den Ankerleitern zu den Dämpferstäben, und daher bleiben die Leiter nur mit dem viel kleineren Restfluß Φ_r im Nutenkopf verkettet. Die Kommutierungsspannung in den Ankerspulen wird daher auf einen kleinen Bruchteil reduziert, der durch den Restfluß im Nutenkopf bestimmt ist.

Dieser Teil kann nicht durch die Dämpferströme erregt werden und verschwindet daher mit den Leiterströmen. Der Dämpferstrom und sein Fluß verlöschen allmählich, wie in Abb. 11 gezeigt ist, mit einer Zeitkonstante T, die durch Selbstinduktion und Widerstand des Nutendämpfers allein bestimmt wird.

Wenn die Leiterströme i_1 *allmählich innerhalb der Kommutierungsdauer τ abnehmen*, z. B. linear wie in Abb. 12, dann entwickeln sich die Dämpferströme i_2 während dieser Zeit und verschwinden nach Vollendung der Kommutierung wieder exponentiell, wie es auch in Abb. 12 dargestellt ist. Während der Abnahme der Leiterströme ist die Kommutierungsspannung durch den Restfluß Φ_r, der in der Zeit τ verschwindet, bestimmt zu

$$e_r = \frac{\Phi_r}{\tau}. \tag{44}$$

Dabei ist lineare Kommutierung angenommen, wie sie unter normalen Bedingungen meistens nahezu erreicht wird. Dieser Anteil der Spannung ist nahezu unabhängig von den Dämpferdimensionen.

Der übrigbleibende Querfluß Φ bleibt jedoch nicht konstant während der ganzen Kommutierungsdauer. Sein Verlauf ist durch die gestrichelte Linie in Abb. 12 angedeutet. Während der Zeit τ nimmt er etwas ab, weil die Zeitkonstante des Dämpfers endlich ist, und bis zum Ende der Kommutierungsdauer ist der verbleibende Querfluß erheblich abgefallen. Hierdurch wird ein zweiter Spannungsanteil in den Ankerspulen induziert, zusätzlich zu der Spannung e_r nach Gl. (44).

Wenn der Querfluß Φ nur durch die Leiterströme erregt wäre, so würde er linear zeitlich abnehmen wie

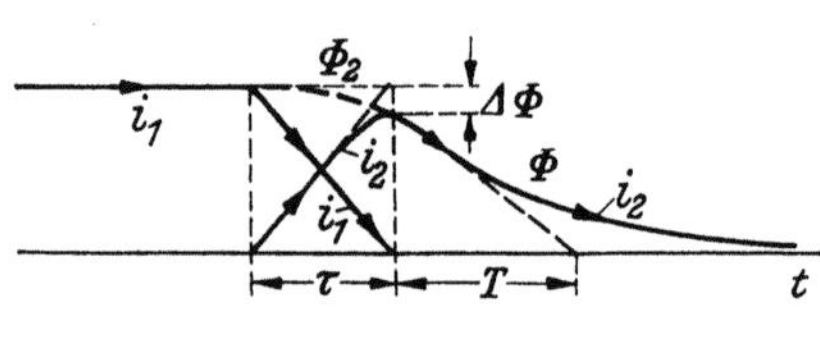

Abb. 12.

$$\overline{\Phi} = \Phi_2\left(1 - \frac{t}{\tau}\right). \tag{45}$$

Durch die Wirkung der Zeitkonstante T der Wirbelströme im Dämpfer wird jedoch eine Verzögerung verursacht und der tatsächliche Nutenquerfluß ist verschieden vom eingeprägten Fluß $\overline{\Phi}$ und bestimmt sich aus der Differentialgleichung

$$T\frac{d\Phi}{dt} + \Phi = \overline{\Phi}. \tag{46}$$

Diese Beziehung entspricht vollständig Gl. (11) von Kapitel 3. Wir wollen hier nur eine einzige Zeitkonstante des Dämpferstromkreises betrachten, die dem niedrigsten Eigenwerte entspricht, falls höhere Harmonische sich ausbilden sollten.

Die vollständige Lösung der Differentialgleichung (46) unter dem eingeprägten Anfangsfeld von Gl. (45) ist

$$\Phi = \Phi_2\left[\left(1 - \frac{t}{\tau}\right) + \frac{T}{\tau}\left(1 - \varepsilon^{-\frac{t}{T}}\right)\right], \tag{47}$$

ganz analog zu Gl. (22) von Kapitel 3. Diese Lösung gilt bis zur Zeit τ, wo die lineare Kommutierung beendet ist. Zu dieser Zeit ist der Fluß abgefallen auf den Betrag

$$\Phi = \Phi_2\frac{T}{\tau}\left(1 - \varepsilon^{-\frac{\tau}{T}}\right). \tag{48}$$

Von dann an ist der verbleibende Fluß lediglich mit den Dämpferströmen verkettet und verlöscht exponentiell mit diesen, wie es in Abb. 12 dargestellt ist.

Die relative Abnahme $\Delta\Phi/\Phi_2$ des Querflusses hängt nur vom Verhältnis der Dämpferzeitkonstante T zur Kommutierungsdauer τ ab und ist in Abb. 13 aufgetragen. *Mit zunehmender Zeitkonstante T des Dämpfers nimmt die induktive Wirkung des verbleibenden Querflusses in den Nuten mehr und mehr ab, und daher wird die Kommutierung stark verbessert.* Mit einer Dämpferzeitkonstante T gleich der Kommutierungsdauer τ fällt dieser Fluß um 37% ab, anstatt um 100% ohne Dämpfung, und mit der doppelten Zeitkonstante sogar nur um 20%. Nach dem Ende der Kommutierungszeit hat das Abklingen des Dämpferflusses keinerlei Wirkung mehr auf die Kommutierung. Der langsame Abfall des Flusses Φ in Abb. 12 hat den weiteren Vorteil, daß irgendwelche Wirbelströme, die innerhalb der Hauptleiter induziert werden, beträchtlich verringert sind, verglichen mit dem Verhalten ohne Nutendämpfer.

Die zusätzliche Kommutierungsspannung, die von der Abnahme des Querflusses Φ des Dämpfers erzeugt wird, ist nach Gl. (47)

$$e_d = \frac{d\Phi}{dt} = \frac{\Phi_2}{\tau}\left(1 - \varepsilon^{-\frac{t}{T}}\right). \qquad (49)$$

Diese Spannung wächst während der Kommutierungsdauer einfach exponentiell an. Der gefährlichste Zeitpunkt im Hinblick auf Bürstenfeuer ist das Ende der Kommutierungsdauer τ. Die Größe der verbleibenden Spannung des Dämpferflusses ist dann

$$e_d = \frac{\Phi_2}{\tau}\left(1 - \varepsilon^{-\frac{\tau}{T}}\right). \qquad (50)$$

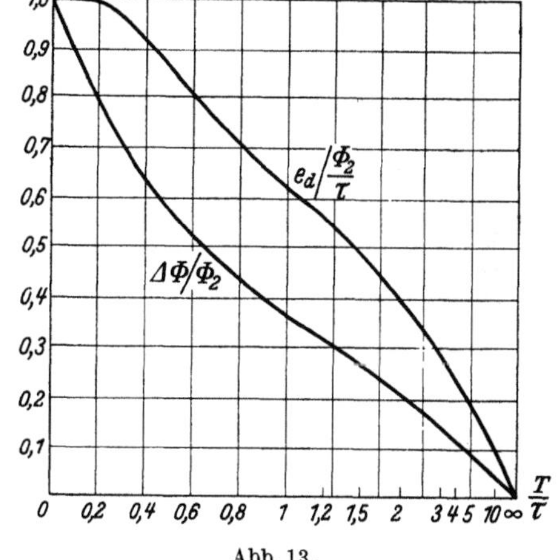

Abb. 13.

Der Quotient vor der Klammer stellt die volle Querfeld-Kommutierungsspannung dar, die auftreten würde, wenn kein Dämpfer vorhanden wäre. Der Klammerausdruck stellt daher *die Verminderung des ursprünglichen Hauptteiles der Kommutierungsspannung dar.* Der verbleibende Teil ist numerisch in Abb. 13 dargestellt.

Die Verminderung dieser Kommutierungsspannung ist lediglich abhängig vom Verhältnis der Dämpferzeitkonstante zur Kommutierungsdauer. Für $T = \tau$ sinkt die Spannung auf 63%, für $T = 2\tau$ auf 40% und für $T = 4$ bis 5τ sogar auf 20%, wodurch eine starke Verbesserung der Kommutierungsbedingungen verursacht wird.

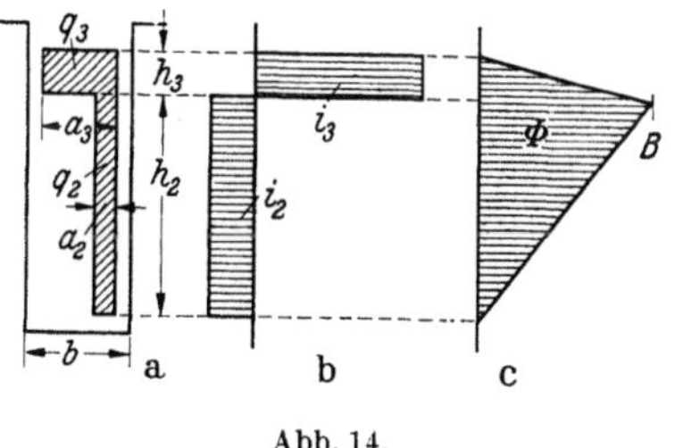

Abb. 14.

Wir können die *Zeitkonstante eines Nutendämpfers* leicht bestimmen, wenn wir gleichmäßige Verteilung des Stromes innerhalb der beiden Schenkel des L-förmigen Dämpfers annehmen, so wie es in Abb. 14 in guter Annäherung an die Wirklichkeit dargestellt ist. Der Widerstand eines Dämpferstabes mit Abmessungen wie nach Abb. 14 ist

$$R = \frac{s\,l}{a_2\,h_2} + \frac{s\,l}{a_3\,h_3} = \frac{s\,l}{a_2\,h_2}\left(1 + \frac{q_2}{q_3}\right), \qquad (51)$$

wobei q_2 und q_3 die Querschnittsflächen der beiden Schenkel und l die Länge des Ankers ist. Der Höchstwert der Kraftliniendichte, die durch den seitlichen

Strom erzeugt wird, ist

$$B = 4\,\pi\,\frac{i_2}{b},\tag{52}$$

und somit ist der Gesamtfluß innerhalb der Dämpferzone

$$\Phi = \frac{1}{2}\,(h_2 + h_3)\,B\,l.\tag{53}$$

Die Selbstinduktion des Dämpfers, der nur eine Windung hat, ist, mit einem Verkettungsfaktor von $^2/_3$ wegen der linearen Flußverteilung,

$$L = \frac{2}{3}\,\frac{N\,\Phi}{i_2} = \frac{4\,\pi}{3}\,\frac{l}{b}\,(h_2 + h_3).\tag{54}$$

Die Zeitkonstante des Dämpfers ist daher

$$T = \frac{L}{R} = \frac{4\,\pi}{3}\,\frac{h_2^2}{s}\,\frac{a_2}{b}\,\frac{1 + h_3/h_2}{1 + q_2/q_3}.\tag{55}$$

Dieser Ausdruck hat eine gewisse Ähnlichkeit mit Gl. (12) für die aktiven Kupferstäbe.

Wenn wir als Beispiel mit einer Kopftiefe des Dämpfers von $h_3 = 1$ cm rechnen, mit einer Tiefe des seitlichen Dämpferschenkels von $h_2 = 3$ cm, einer Breite dieses Schenkels von $^1/_5$ der Nutenweite, $a_2 = 0,2\,b$, und gleichen Querschnittsflächen beider Dämpferschenkel, $q_2 = q_3$, so erhalten wir eine Dämpferzeitkonstante

$$T = \frac{4\,\pi}{3} \cdot \frac{3^2 \cdot 50}{10^5} \cdot 0,2 \cdot \frac{1,33}{2} = 2,5 \cdot 10^{-3}\,\text{sec}.$$

In einer *Schnelläufer-Maschine* mit einer Kommutierungsdauer kürzer als $\tau = 1$ msec wird solch ein Nutendämpfer sehr günstig wirken und den Hauptteil der Kommutierungsspannung der Nuten auf weniger als 35 % reduzieren. In einer *Langsamläufer-Maschine* jedoch mit $\tau = 5$ msec oder mehr würde die Reduktion höchstens 13 % sein, was nicht allzuviel ausmacht. Da die Zeitkonstante T nach Gl. (55) proportional dem Quadrat der wirksamen Nutentiefe ist, *sind solche Dämpfer besonders vorteilhaft bei Ankern, die tiefe Nuten besitzen und mit hoher Umfangsgeschwindigkeit laufen.* Dieses sind aber gerade die Fälle, die im allgemeinen schwierige Kommutierungsbedingungen verursachen.

12. Freie Drehfelder in Mehrphasenmaschinen.

Man hat seit Jahren die unangenehme Erfahrung gemacht, daß das Schalten von Drehfeldmaschinen synchroner und asynchroner Bauart zu den gefährlichsten Vorgängen gehört, die die Elektrotechnik kennt, da bei dieser Gelegenheit Überströme in den Wicklungen auftreten können, die je nach Ausführung der Maschine und Art des Schaltprozesses bis zum 50fachen des normalen Betriebsstromes anwachsen und daher bei der Größe der meist benutzten Generatoren gewaltige Energiemengen in Freiheit setzen können.

a) Verkettung von Ständer- und Läuferfeldern. In den gebräuchlichen Wechselstromgeneratoren und -motoren wird das Magnetfeld entweder von einer Gleichstromwicklung erzeugt und wirkt durch deren Rotation induzierend auf die Wechselstromwicklung ein, oder es wird von einer ruhenden Wechselstromwicklung erzeugt und wirkt sowohl auf diese zurück als auch auf die bewegte Wechselstromwicklung ein. In jedem Falle besitzt die Maschine ruhende Ständer- und bewegte Läuferwicklungen, die durch ein magnetisches Feld gekoppelt sind und daher induktiv aufeinander einwirken können. Wir wollen annehmen, daß Ständer- sowohl wie Läuferwicklung nach Art von Mehrphasenwicklungen ausgeführt sind, bei Synchronmaschinen entspricht das der Schaltung nach Abb. 1.

Die Rechnungen werden für diesen Fall am einfachsten, und wir können die meisten praktisch vorkommenden Ausführungsformen in erster Annäherung auf ihn reduzieren.

Würde die Wicklung des Läufers gegenüber dem Ständer stillstehen, so würden wir die nach dem Schalten auftretenden Ausgleichsströme nach Kapitel 8 berechnen können. Auch bei gegeneinander rotierenden Wicklungen werden Ausgleichsströme und ihnen entsprechende Ausgleichsmagnetfelder auftreten, die allmählich verlöschen. Diese Felder können jetzt aber auch Bewegungen ausführen, sie brauchen nicht am Ständer oder Läufer festzuhaften, sondern können sich gegenüber beiden bewegen. Stets werden sie dabei in den Wicklungen, gegen die sie rotieren, erhebliche Spannungen induzieren, die zum Auftreten starker Ausgleichsströme Anlaß geben.

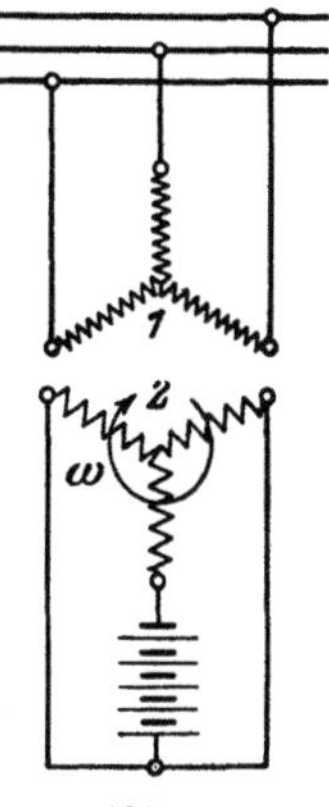
Abb. 1.

Um die auftretenden Erscheinungen zu berechnen, müssen wir die Differentialgleichungen für das Gleichgewicht der Spannungen in den Ständer- und Läuferwicklungen der Mehrphasenmaschine aufstellen. Dabei muß berücksichtigt werden, *daß wegen der Rotation der Läuferwicklung dauernd verschiedene Wicklungsphasen von Ständer und Läufer induktiv miteinander verkettet sind*, was auf variable Koeffizienten der Wechselinduktion führt und schwerfällige Rechnung verursacht. Wir können die Vorgänge nun aber durch einen Kunstgriff einfacher beschreiben, *indem wir nämlich die Ströme nicht bestimmten Phasenwicklungen zuordnen, die ihre Lage im Raum ändern, sondern indem wir lediglich die Stromsysteme im Ständer und Läufer betrachten, die induktiv aufeinander einwirken und sich mit noch unbekannter Geschwindigkeit über ihre Wicklungen hinwegbewegen und dabei verlöschen.*

In Abb. 2 sind die Stromsysteme von Ständer und Läufer, die durch das Magnetfeld der Maschine miteinander verkettet sind, für eine zweipolige Anordnung schematisch dargestellt. Sie laufen in der Drehfeldmaschine gemeinsam um und besitzen eine räumliche Verteilung, die meist in guter Annäherung sinusförmig ist. Wie in jeder Transformatorwicklung liegen positive Ständerströme negativen Läuferströmen und negative Ständerströme positiven Läuferströmen gegenüber. Die Drehgeschwindigkeit der Stromsysteme gegenüber der Ständerwicklung, also die absolute Winkelgeschwindigkeit im Raume, sei α. Dann ist die Geschwindigkeit gegenüber der Läuferwicklung, die ihrerseits die mechanische Umdrehungsgeschwindigkeit ω besitzt,

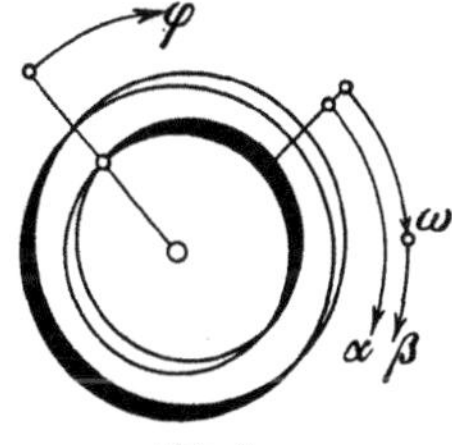
Abb. 2.

$$\beta = \alpha - \omega. \tag{1}$$

Wir wollen alle drei Größen der Gl. (1) als elektrische Kreisfrequenz, also als Zahl der Perioden in 2π sec messen, um unabhängig von der Polzahl der Drehfeldmaschine zu sein.

Um die Beziehungen für den Verlauf der *Ausgleichsströme* in den beiden Wicklungen zu erhalten, müssen wir diese über die wirklichen Leitungen als geschlossen betrachten und die äußeren Spannungen unberücksichtigt lassen. Die Spannungen der Selbstinduktion, der Wechselinduktion und des Widerstandes stehen dann in jeder Wicklung miteinander im Gleichgewicht. Es ist also

$$\left.\begin{aligned} L_1 \frac{d\,i_1}{d\,t} + R_1\,i_1 + M \frac{d\,i_2}{d\,t'} = 0,\\ L_2 \frac{d\,i_2}{d\,t} + R_2\,i_2 + M \frac{d\,i_1}{d\,t'} = 0. \end{aligned}\right\} \tag{2}$$

Die erste dieser Gleichungen bezieht sich auf die feste Ständerwicklung und ihren Stromkreis, die zweite auf die bewegte Läuferwicklung. Mit i_1 und i_2 sind die lokalen Momentanwerte der Ströme, mit R, L und M die Widerstände, Selbst- und Wechselinduktionen der Wicklungen bezeichnet. Die Eigenzeiten sind mit t, die auf die jeweils andere Wicklung bezogenen Zeiten mit t' bezeichnet. In Abb. 3 sind die beiden Stromkreise schematisch dargestellt.

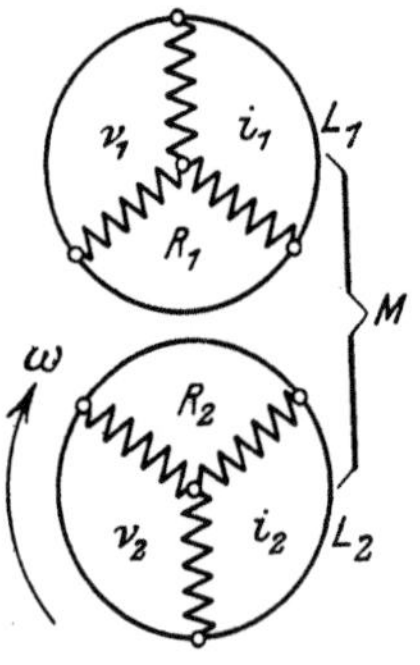

Abb. 3.

Wir wollen versuchen, diese Differentialgleichungen durch den harmonischen Ansatz für die Ströme zu lösen

$$i_1 = J_1\, \varepsilon^{j(\alpha t + \varphi)}, \\ i_2 = J_2\, \varepsilon^{j(\beta t + \psi)}. \tag{3}$$

Darin sind α und β die Frequenzen der Ströme, die unter sich in dem Zusammenhang nach Gl. (1) stehen, und φ ist ein zunächst willkürlicher räumlicher Phasenwinkel im Ständer, den wir zu Null ansetzen können, und ψ im Läufer könnte auch zu Null gesetzt werden, wenn man das Läuferstromsystem von einem mit der Läuferwicklung rotierenden Beobachter aus betrachtete. Will man die Läuferstromverteilung jedoch vom festen Raume aus betrachten, so muß man auch den Drehwinkel des Läufers, der gleich ωt ist, beachten und daher ψ gleich diesem Winkel setzen. Beide Ausdrücke (3) ergeben einen sinusförmigen Verlauf der Ströme nach Zeit und Ort, sie stellen also umlaufende Drehfeld-Stromverteilungen dar.

Für die Differentialquotienten der Ströme nach der Zeit, die die Selbstinduktionsspannungen in Gl. (2) ergeben, erhält man aus Gl. (3)

$$\frac{d i_1}{d t} = j\,\alpha\, i_1, \\ \frac{d i_2}{d t} = j\,\beta\, i_2. \tag{4}$$

Bei den Differentialquotienten für die Wechselinduktion muß man jedoch beachten, daß sich beispielsweise $M\, di_2/dt'$ zwar auf die zeitliche Veränderung des Läuferstromsystems bezieht, jedoch gesehen vom Ständer, also vom festen Raum aus. Infolgedessen muß man die Bewegung des Läufers gegenüber dem Ständer mit berücksichtigen und für den totalen Differentialquotient schreiben

$$\frac{d i_2}{d t'} = \frac{\partial i_2}{\partial t} + \frac{\partial i_2}{\partial \psi}\frac{d\psi}{d t} = j\,\beta\, i_2 + j\,\omega\, i_2 = j\,\alpha\, i_2. \tag{5}$$

Darin ist im zweiten Glied für $d\psi/dt$ die Winkelgeschwindigkeit der Umdrehung ω eingeführt und dabei Gl. (1) beachtet. Ebenso erhält man für die Spannung der Wechselinduktion im Läufer, von dem aus gesehen der Ständer mit der entgegengesetzten Winkelgeschwindigkeit $-\omega$ rotiert:

$$\frac{d i_1}{d t'} = \frac{\partial i_1}{\partial t} + \frac{\partial i_1}{\partial \varphi}\frac{d\varphi}{d t} = j\,\alpha\, i_1 - j\,\omega\, i_1 = j\,\beta\, i_1. \tag{6}$$

Man hat also die Wechselinduktionswirkung des Läuferstromsystems auf den Ständer so aufzufassen, als ob sie mit der Ständerfrequenz α erfolgte, und umgekehrt wirkt das Ständerstromsystem mit der Frequenz β auf den Läufer ein, was beim Vorhandensein von Drehfeldern auch der Anschauung entspricht. Der Einfluß der Rotation des Läufers wird dadurch auf einfachste Weise vollständig und korrekt berücksichtigt, ohne daß man seine Zuflucht zu zeitlich veränderlichen Wechselinduktionen zwischen Ständer und Läufer nehmen müßte.

Durch Einsetzen aller Differentialquotienten von Gl. (4) bis (6) in Gl. (2) erhält man nunmehr für die Amplituden und die Frequenzen der freien Ströme die beiden Bedingungsgleichungen

$$\left.\begin{array}{l} j\,\alpha\,L_1\,J_1 + R_1\,J_1 + j\,\alpha\,M\,J_2 = 0, \\[2mm] j\,\beta\,L_2\,J_2 + R_2\,J_2 + j\,\beta\,M\,J_1 = 0. \end{array}\right\} \tag{7}$$

Wir wollen zunächst die *Frequenzen der Ausgleichsströme* bestimmen, um einen allgemeinen Überblick über deren zeitlichen Verlauf zu erhalten. Wir eliminieren dafür die Stromamplituden, indem wir ihr Verhältnis aus beiden Gln. (7) bestimmen zu

$$\frac{J_1}{J_2} = \frac{-\,j\,\alpha\,M}{R_1 + j\,\alpha\,L_1} = \frac{R_2 + j\,\beta\,L_2}{-\,j\,\beta\,M}. \tag{8}$$

Multiplizieren wir die beiden Brüche aus, so erhalten wir

$$\alpha\,\beta\,(L_1\,L_2 - M^2) = R_1\,R_2 + j\,(\alpha\,L_1\,R_2 + \beta\,L_2\,R_1). \tag{9}$$

Wir wollen diese Gleichung durch $L_1 L_2$ dividieren und zur Abkürzung auch hier den Wert

$$\frac{L_1\,L_2 - M^2}{L_1\,L_2} = 1 - \frac{M^2}{L_1\,L_2} = \sigma \tag{10}$$

setzen. Es ist dies der *totale Streukoeffizient der Maschine.* Ferner setzen wir die Verhältnisse

$$\frac{R_1}{\sigma\,L_1} = \varrho', \quad \frac{R_2}{\sigma\,L_2} = \varrho'' \tag{11}$$

und beachten, daß sie den Quotienten aus Wicklungswiderstand und Streuinduktion jeder Wicklung darstellen und daher *das Reziproke der Zeitkonstanten der Streufelder* sind. Wir erhalten dann für Gl. (9) die einfache Form

$$\alpha\,\beta - j\,(\alpha\,\varrho'' + \beta\,\varrho') = \varrho'\,\varrho''\,\sigma, \tag{12}$$

die zusammen mit Gl. (1) die Frequenzen α und β der freien Ströme zu berechnen gestattet.

Für *symmetrische Wicklungen mit gleichen Zeitkonstanten im Ständer und Läufer*, wie es bei den meisten Asynchronmaschinen mit ausreichender Näherung vorkommt, werden die Größen ϱ' und ϱ'' der Gln. (11) identisch. Man erhält daher für die symmetrische Maschine

$$\alpha\,\beta - j\,\varrho\,(\alpha + \beta) = \varrho^2\,\sigma, \tag{13}$$

und wenn man nunmehr β durch Gl. (1) herausschafft, als Bedingungsgleichung für α

$$\alpha^2 - \alpha\,(\omega + 2\,j\,\varrho) = \sigma\,\varrho^2 - j\,\omega\,\varrho. \tag{14}$$

Die Lösung dieser quadratischen Gleichung ist

$$\alpha = \left(\frac{\omega}{2} + j\,\varrho\right) \pm \sqrt{\left(\frac{\omega}{2} + j\,\varrho\right)^2 + \sigma\,\varrho^2 - j\,\omega\,\varrho}. \tag{15}$$

Darin heben sich unter der Wurzel nach dem Ausmultiplizieren die imaginären Werte fort, so daß man endgültig erhält

$$\alpha = j\,\varrho + \omega\left[\frac{1}{2} \pm \sqrt{\left(\frac{1}{2}\right)^2 - \left(\frac{\varrho}{\omega}\right)^2(1 - \sigma)}\right] \tag{16}$$

und damit aus Gl. (1)

$$\beta = j\,\varrho + \omega\left[-\frac{1}{2} \pm \sqrt{\left(\frac{1}{2}\right)^2 - \left(\frac{\varrho}{\omega}\right)^2(1 - \sigma)}\right]. \tag{17}$$

Wir erkennen aus dieser Lösung, daß die Schwingungsfrequenzen α und β der freien Stromsysteme im Ständer und Läufer komplex sind. Solange die Widerstände, also ϱ, nicht unmäßig groß sind, bleiben die Wurzeln reell. Wir wollen die gesamten reellen Teile, also die zweiten Glieder der Gln. (16) und (17), die doppelwertig sind, für den Ständer mit

$$v_1 = \omega \left[\frac{1}{2} \pm \sqrt{\left(\frac{1}{2}\right)^2 - \left(\frac{\varrho}{\omega}\right)^2 (1-\sigma)} \right] = \begin{cases} v_1'' \\ v_1' \end{cases} \tag{18}$$

und für den Läufer mit

$$v_2 = \omega \left[-\frac{1}{2} \pm \sqrt{\left(\frac{1}{2}\right)^2 - \left(\frac{\varrho}{\omega}\right)^2 (1-\sigma)} \right] = \begin{cases} v_2'' \\ v_2' \end{cases} \tag{19}$$

bezeichnen. Setzen wir dann die Werte aus Gl. (16) bis (19) in den Ansatz für die Ströme nach Gl. (3) ein, wobei wir die willkürlichen Phasenwinkel streichen wollen, so erhalten wir

$$\left.\begin{aligned} i_1 &= J_1 \, \varepsilon^{-\varrho t} \, \varepsilon^{j v_1 t}, \\ i_2 &= J_2 \, \varepsilon^{-\varrho t} \, \varepsilon^{j v_2 t}. \end{aligned}\right\} \tag{20}$$

Die freien Stromsysteme in symmetrischen Mehrphasenmaschinen klingen also zeitlich mit einem Dämpfungsfaktor ϱ ab, der für Ständer und Läufer gleich ist und sich nach Gl. (11) aus dem Quotienten von Widerstand und Streuinduktion berechnet. *In jeder Wicklung können zwei freie Stromsysteme auftreten, die mit verschiedenen Geschwindigkeiten umlaufen* und die Frequenzen v' und v'' besitzen, deren genaue Größe sich für den Ständer aus Gl. (18) und für den Läufer aus Gl. (19) bestimmt. Dabei gibt nach Gl. (18) die Summe der beiden Frequenzen des Ständerstromes genau die Umdrehungsfrequenz ω des Läufers wieder, während die Summe der beiden Läuferfrequenzen nach Gl. (19) den entgegengesetzten Wert, also die scheinbare Umdrehungsfrequenz $-\omega$ des Ständers vom Läufer aus betrachtet, darstellt. Im allgemeinen ist die eine der Umlauffrequenzen der Stromsysteme groß, die andere klein. Da nach Gl. (16) bis (19) die große Läuferfrequenz v_2' aus der kleinen Ständerfrequenz v_1' und die kleine Läuferfrequenz v_2'' aus der großen Ständerfrequenz v_1'' hervorging, so gehören auch die entsprechenden ein- oder zweifach gestrichenen Stromsysteme im Ständer und Läufer je für sich zusammen und laufen mit der gleichen Absolutgeschwindigkeit in der Maschine um.

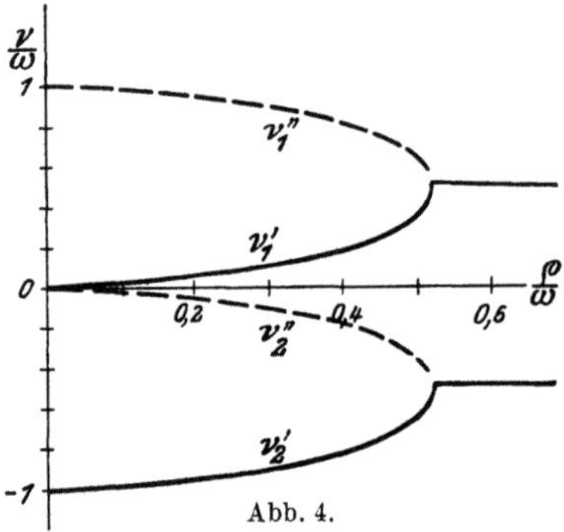

Abb. 4.

Abb. 4 stellt die Abhängigkeit der Frequenzen vom Widerstand für einen Streukoeffizient $\sigma = 10\%$ dar. Für wachsenden Widerstand nähern sich die beiden Frequenzen einander und erreichen schließlich den gemeinsamen Wert $\omega/2$, wenn die Wurzel in Gl. (16) und (17) imaginär wird. Dann bilden sich *zwei Drehfelder gleicher Frequenz, aber verschieden starker Dämpfung* in der Maschine aus.

Für geringe Widerstände, also kleines ϱ, erhalten wir in Annäherung aus Gl. (18) für den Ständer

$$\left.\begin{aligned} \frac{v_1'}{\omega} &= \left(\frac{\varrho}{\omega}\right)^2 (1-\sigma), \\ \frac{v_1''}{\omega} &= 1 - \left(\frac{\varrho}{\omega}\right)^2 (1-\sigma) \end{aligned}\right\} \tag{21}$$

und aus Gl. (19) für den Läufer

$$\left.\begin{aligned} \frac{v_2'}{\omega} &= -1 + \left(\frac{\varrho}{\omega}\right)^2 (1-\sigma), \\ \frac{v_2''}{\omega} &= -\left(\frac{\varrho}{\omega}\right)^2 (1-\sigma). \end{aligned}\right\} \tag{22}$$

Den beiden Stromverteilungen, die im Raume mit den Frequenzen v_1' und v_1'' umlaufen, entsprechen *auch zwei Drehfelder Φ' und Φ''*, die von ihnen erzeugt werden. Wie die Gln. (21) und (22) zeigen, *besitzt das Feld Φ' und seine Stromverteilungen im Ständer und Läufer nur eine sehr geringe Geschwindigkeit im Raume*, deren Betrag durch ϱ, also durch die geringe Größe der Widerstände, gegeben ist. *Es hängt nahezu fest am Ständer und durchschneidet den Läufer mit fast voller Geschwindigkeit. Das andere Drehfeld Φ'' hängt mit sehr kleiner Schlüpfung nahezu fest am Läufer und durchschneidet die Ständerwicklung mit fast voller Geschwindigkeit.*

b) Unsymmetrische Stromkreise. Für *ungleichartige Wicklungen im Ständer und Läufer*, für die die Zeitkonstanten nach Gl. (11) verschiedene Werte besitzen, ist die genaue Lösung der Gl. (12) nicht so einfach. Schaffen wir β mit Hilfe von Gl. (1) heraus, so erhalten wir die quadratische komplexe Gleichung

$$\alpha^2 - \alpha\,[\omega + j(\varrho' + \varrho'')] = \sigma\,\varrho'\,\varrho'' - j\,\omega\,\varrho'. \tag{23}$$

Da die Ständer- und Läuferwicklungen aller wichtigen Synchrongeneratoren unterschiedlich aufgebaut sind, so wollen wir versuchen, eine Näherungslösung zu finden. Wir wollen dabei beachten, daß in allen praktischen Fällen, besonders auch bei Kurzschlüssen weit ab vom Generator, zwar nicht der Widerstand der Ständerkreise, wohl aber der Läuferwiderstand gegenüber der Läuferstreuung sehr klein ist. Das bedeutet nach Gl. (11), daß ϱ'' stets klein gegenüber ω ist. Um diese Aussage zu verwerten, lösen wir die Gl. (23) für α zunächst formal auf. Sie hat die Wurzeln

$$\alpha = \frac{\omega + j(\varrho' + \varrho'')}{2} \pm \sqrt{\frac{[\omega + j(\varrho' + \varrho'')]^2}{4} + \varrho'(\sigma\,\varrho'' - j\,\omega)}. \tag{24}$$

Durch andere Zusammenfassung der imaginären Glieder unter dem Wurzelzeichen können wir dies auch schreiben

$$\alpha = \frac{\omega + j(\varrho' + \varrho'')}{2} \pm \sqrt{\frac{[\omega - j(\varrho' + \varrho'')]^2}{4} + \varrho''(\sigma\,\varrho' + j\,\omega)}. \tag{25}$$

Hierin ist nun das zweite Glied des Radikanden nach der eben gemachten Voraussetzung stets klein gegenüber dem ersten, so daß wir die Wurzel in eine Reihe entwickeln können. Unter Vernachlässigung der Glieder höherer Ordnung erhalten wir damit für kleines ϱ''

$$\alpha = \frac{\omega + j(\varrho' + \varrho'')}{2} \pm \frac{\omega - j(\varrho' + \varrho'')}{2} \pm \frac{\varrho''(\sigma\,\varrho' + j\,\omega)}{\omega - j(\varrho' + \varrho'')}. \tag{26}$$

Im letzten Gliede dieses Ausdruckes wollen wir noch den komplexen Nenner fortschaffen. Wenn wir dabei wieder ϱ'' gegenüber ω streichen, so wird es

$$\frac{\varrho''(\sigma\,\varrho' + j\,\omega)}{\omega - j(\varrho' + \varrho'')} = \frac{-\,\omega\,\varrho'\,\varrho''(1 - \sigma) + j\,\varrho''(\omega^2 + \sigma\,\varrho'^2)}{\omega^2 + \varrho'^2}. \tag{27}$$

Nunmehr können wir alle reellen und alle imaginären Glieder von Gl. (26) für sich zusammenfassen und erhalten unter Beachtung der Vorzeichen als Wurzeln der komplexen Gl. (23) für kleinen Läuferwiderstand

$$\left.\begin{aligned}
\alpha' &= \frac{\omega\,\varrho'\,\varrho''(1 - \sigma)}{\omega^2 + \varrho'^2} + j\left[(\varrho' + \varrho'') - \frac{\varrho''(\omega^2 + \sigma\,\varrho'^2)}{\omega^2 + \varrho'^2}\right], \\
\alpha'' &= \left[\omega - \frac{\omega\,\varrho'\,\varrho''(1 - \sigma)}{\omega^2 + \varrho'^2}\right] + j\,\frac{\varrho''(\omega^2 + \sigma\,\varrho'^2)}{\omega^2 + \varrho'^2}.
\end{aligned}\right\} \tag{28}$$

Wir haben hier wieder Ausdrücke von der komplexen Form

$$\alpha = v + j\,\varrho \tag{29}$$

erhalten, wobei sich sowohl für die Frequenz v wie für den Dämpfungsfaktor ϱ je zwei unterschiedliche Werte ergeben. Die Frequenzen für den Läufer sind nach Gl. (1) naturgemäß um die Umdrehungsfrequenz ω davon verschieden.

Die Ständerfrequenzen sind nach Gl. (28) bestimmt durch

$$\left.\begin{aligned}\frac{v_1'}{\omega} &= \frac{\varrho'\,\varrho''(1-\sigma)}{\omega^2+\varrho'^2}, \\[2mm] \frac{v_1''}{\omega} &= 1 - \frac{\varrho'\,\varrho''(1-\sigma)}{\omega^2+\varrho'^2}.\end{aligned}\right\} \tag{30}$$

Die Summe der Frequenzen ist also stets gleich ω. Die Dämpfungsexponenten ergeben sich durch weitere Zusammenfassung der imaginären Glieder von Gl. (28) zu

$$\left.\begin{aligned}\varrho_1 &= \varrho' + \varrho''\,\frac{\varrho'^2(1-\sigma)}{\omega^2+\varrho'^2}, \\[2mm] \varrho_2 &= \varrho'' - \varrho''\,\frac{\varrho'^2(1-\sigma)}{\omega^2+\varrho'^2}.\end{aligned}\right\} \tag{31}$$

Ihre Summe hat ebenfalls einen sehr einfachen Wert, nämlich $\varrho' + \varrho''$.

Wir sehen aus Gl. (30), *daß sich auch bei großem Ständerwiderstand die Ausgleichsstromsysteme nur mit kleinen Schlüpfungen gegenüber dem Ständer und dem Läufer bewegen.* Bei geringem Ständerwiderstand, wenn ϱ' ungefähr so klein wie ϱ'' ist, gehen die Werte von Gl. (30) in die früheren Näherungswerte der Gl. (21) über. Bei großem Ständerwiderstand wachsen die Schlüpfungen erst an, um nach Überschreitung eines Maximums für $\varrho' = \omega$, also für Widerstand gleich Streuung, wiederum geringer zu werden. Selbst dies Maximum hat aber wegen des kleinen Läuferwiderstandes ϱ'' nur einen geringen Zahlenwert, der bei Vernachlässigung der Streuziffer σ mit dem halben Werte von ϱ''/ω, also mit der Hälfte des Verhältnisses von Läuferwiderstand zu Läuferstreuung übereinstimmt. Wegen ihrer geringen Frequenz werden diese Ströme oft als Gleichströme angesehen.

Die Dämpfungen der beiden Stromsysteme sind bei ungleichen Ständer- und Läuferwiderständen unter sich verschieden. Bei Klemmenkurzschluß ist der Ständerwiderstand gering, so daß das zweite Glied der Gln. (31) verschwindet. Dabei wird das am Ständer hängende Stromsystem, das wegen der sehr kleinen Schlüpfung nach Gl. (30) nahezu einen Gleichstrom darstellt, nur entsprechend dem reinen Ständerwert ϱ' gedämpft, während das mit dem Läufer bewegte Wechselstromsystem lediglich eine dem Läuferwert ϱ'' entsprechende Dämpfung aufweist. Bei größerem Ständerwiderstand unterscheiden sich die Dämpfungen von den Wicklungseigenwerten nach Gl. (11).

Derartige freie Drehfelder, deren eines nahezu am Ständer, deren anderes nahezu am Läufer festhängt, und deren Schlupfgeschwindigkeit und Dämpfung im wesentlichen durch das Verhältnis von Widerstand und Streuinduktion der Wicklungen bestimmt wird, treten in allen Wechselstrommaschinen stets auf, wenn Schaltvorgänge oder Belastungsänderungen vorgenommen werden. Da größere Wechselstrommaschinen im allgemeinen sehr große Streuinduktionen und sehr kleine Widerstände besitzen, so pflegen diese Ausgleichsströme nur langsam zu verschwinden und können während vieler Sekunden die Vorgänge im Stromkreise vorherrschend bestimmen. Es ist charakteristisch, daß im Ständer wie auch im Läufer stets sowohl ein schneller als auch ein sehr langsamer Wechselstrom auftritt, die sich übereinanderlagern und zusammen mit dem stationären Strom das vollständige Bild der Erscheinung geben.

Da unsere Rechnung ergibt, daß für die Exponentialwerte α und β nach Gl. (3) und (28) je zwei Lösungen existieren, so müssen wir zur vollständigen

Bestimmung des Stromverlaufs auch je zwei Konstanten für die Stromamplituden ansetzen. Wir erhalten dann für Ständer und Läufer die vollständigen Ausgleichsströme gegeben durch

$$i_1 = K_1 \varepsilon^{j\alpha' t} + K_2 \varepsilon^{j\alpha'' t} = K_1 \varepsilon^{-\varrho_1 t} \varepsilon^{j\nu_1' t} + K_2 \varepsilon^{-\varrho_2 t} \varepsilon^{j\nu_1'' t}, \Bigg\}$$
$$i_2 = K_3 \varepsilon^{j\beta' t} + K_4 \varepsilon^{j\beta'' t} = K_3 \varepsilon^{-\varrho_1 t} \varepsilon^{j\nu_2' t} + K_4 \varepsilon^{-\varrho_2 t} \varepsilon^{j\nu_2'' t}, \qquad (32)$$

in denen nunmehr insgesamt 4 Integrationskonstanten vorhanden sind. Dieselben sind aber nicht unabhängig voneinander, wir können vielmehr eine Beziehung zwischen ihnen herleiten, durch die die Läuferströme auf die Ständerströme reduziert werden.

Wir haben in Gl. (8) zwei Ausdrücke für das Verhältnis dieser beiden Ströme angeschrieben, die natürlich sowohl für die am Ständer wie für die am Läufer hängenden Stromsysteme für sich gelten. Beachtet man nun, daß für die am Ständer hängenden Stromsysteme mit den Amplituden K_1 und K_3 nach Gl. (32) die Frequenz ν_1' und daher auch α' sehr klein, dagegen ν_2' und daher auch β' sehr groß, nämlich fast gleich der Umdrehungsfrequenz ω ist, so sieht man, daß im Sinne unserer Näherungsrechnung in der zweiten Gl. (8) R_2 gegen $j\beta' L_2$ vernachlässigt werden kann. Man erhält dann

$$\frac{K_1}{K_3} = \frac{+ j \beta' L_2}{- j \beta' M} = - \frac{L_2}{M}. \qquad (33)$$

Ebenso ist für die am Läufer hängenden Stromsysteme mit K_2 und K_4 nach Gl. (32) zwar ν_2'' und daher β'' sehr klein, jedoch die Frequenz ν_1'' und daher α'' sehr groß, so daß jetzt in der ersten Gl. (8) R_1 gegen $j\alpha'' L_1$ vernachlässigt werden kann, wodurch man erhält

$$\frac{K_2}{K_4} = \frac{- j \alpha'' M}{j \alpha'' L_1} = - \frac{M}{L_1}. \qquad (34)$$

Dies gilt allerdings nur für mäßig großen Ständerwiderstand R_1, wie er aber praktisch allein vorkommt.

Nunmehr kann das Läuferstromsystem vollständig auf das des Ständers bezogen werden. Es ist

$$i_1 = K_1 \varepsilon^{j\alpha' t} + K_2 \varepsilon^{j\alpha'' t} = K_1 \varepsilon^{-\varrho_1 t} \varepsilon^{j\nu_1' t} + K_2 \varepsilon^{-\varrho_2 t} \varepsilon^{j\nu_1'' t}, \Bigg\}$$
$$i_2 = - \frac{M}{L_2} K_1 \varepsilon^{j\beta' t} - \frac{L_1}{M} K_2 \varepsilon^{j\beta'' t} = - \frac{M}{L_2} K_1 \varepsilon^{-\varrho_1 t} \varepsilon^{j\nu_2' t} - \frac{L_1}{M} K_2 \varepsilon^{-\varrho_2 t} \varepsilon^{j\nu_2'' t}. \qquad (35)$$

Diese Ausdrücke für die Ständer- und Läuferströme enthalten nur noch zwei Konstanten K_1 und K_2, deren Werte aus den Grenzbedingungen des jeweiligen Problems bestimmt werden müssen.

Vorher wollen wir einige Zahlenwerte für die Frequenzen und Dämpfungen bestimmen. Der Widerstand der Ständerstromkreise einer Drehfeldmaschine, der auch äußere Leitungen umfaßt, betrage 10% der Streuinduktanz des Ständers. Im Läufer sei der Widerstand 1% der Streuung. Dann ist nach Gl. (11)

$$\frac{\varrho'}{\omega} = \frac{R_1}{\omega \sigma L_1} = 10\%, \qquad \frac{\varrho''}{\omega} = \frac{R_2}{\omega \sigma L_2} = 1\%,$$

und daher wird die Schlupfgeschwindigkeit, mit der die freien Ausgleichsfelder über den Ständer oder Läufer wandern, wenn man einen Streukoeffizient $\sigma = 10\%$ annimmt, nach Gl. (30)

$$\frac{\nu'}{\omega} = \frac{10}{100} \cdot \frac{1}{100} (1 - 0{,}1) = 0{,}09\%,$$

wobei im Nenner ϱ'^2 gegenüber ω^2 vernachlässigt ist. Dies ist ein so geringer

Betrag, daß man die Felder oft als fest am Ständer und Läufer hängend ansehen darf. Die Dämpfungszeitkonstanten werden für $\omega = 50$ Per/sec nach Gl. (11)

$$T' = \frac{1}{\varrho'} = \frac{1}{\omega}\frac{\omega}{\varrho'} = \frac{10}{2\pi 50} = \frac{1}{30}\,\text{sec}, \qquad T'' = \frac{1}{\varrho''} = \frac{100}{2\pi 50} = \frac{1}{3}\,\text{sec}.$$

Das am Ständer hängende Feld verschwindet also nach einigen Wechselstromperioden, das am Läufer hängende wird noch nach einer Sekunde wahrzunehmen sein. Das erstere erzeugt nahezu Gleichstrom im Ständer und Wechselstrom von nahezu normaler Frequenz im Läufer, das letztere Wechselstrom im Ständer und Gleichstrom im Läufer. Bei praktisch ausgeführten Maschinen ergeben sich oft noch viel längere Abklingzeiten.

Ist der *Ständerwiderstand der Leitungskreise erheblich*, so tritt nach den Gln. (31) noch das zweite Glied hinzu. Dadurch wird zwar die Dämpfung des Gleichstromes im Ständer vergrößert, die des Wechselstromes jedoch vermindert. Der Zahlenwert der Änderung ist für beide Ströme derselbe, er spielt aber gegenüber dem großen ϱ' nur eine geringfügige Rolle, während er gegenüber dem kleinen ϱ'' stark ins Gewicht fällt. Wir erhalten also das Ergebnis, *daß mit zunehmendem Widerstand im Ständer zwar sein Gleichstrom schneller und schneller verschwindet, daß aber gleichzeitig der Wechselstrom länger und länger erhalten* bleibt. Seine Dämpfung vermindert sich schließlich bis zu einem Grenzwert, der sich für sehr großes ϱ' nach der zweiten Gl. (31) zu $\sigma\varrho''$ ergibt, der also im Verhältnis der Streuziffer geringer ist als die Dämpfung bei kleinem Ständerwiderstand. Im umgekehrten Maße vergrößert sich natürlich die Zeitkonstante T_2'' der Stoßwechselströme, die dadurch nach Gl. (11) bis auf den vollen Wert der Läuferzeitkonstante L_2/R_2 anwächst. In unserem Zahlenbeispiel ist das

$$T_0'' = \frac{1}{\sigma\varrho''} = \frac{10\cdot 100}{314} = 3{,}3\,\text{sec}.$$

Um den zeitlichen Verlauf der *Magnetfelder* zu erhalten, drücken wir zunächst das gesamte mit der Ständerwicklung verkettete Feld durch seinen Magnetisierungsstrom aus. Derselbe setzt sich aus den Ständer- und Läuferströmen von Gl. (32) zusammen, wobei ihre Wirkungen nach der ersten Gl. (2) im Verhältnis der Selbst- und Wechselinduktion stehen.

$$i_{\mu 1} = i_1 + \frac{M}{L_1}i_2 = \left(K_1 + \frac{M}{L_1}K_3\right)\varepsilon^{-\varrho_1 t}\varepsilon^{j\nu_1' t} + \left(K_2 + \frac{M}{L_1}K_4\right)\varepsilon^{-\varrho_2 t}\varepsilon^{j\nu_1'' t}. \tag{36}$$

Das entsprechende Feld stellt die Summe des inneren Maschinenfeldes, des Streufeldes und des äußeren Selbstinduktionsfeldes dar. Beschränken wir uns wieder auf widerstandsarme Stromkreise, so können wir K_3 und K_4 nach Gl. (33) und (34) einsetzen. Dabei fällt das zweite Glied der Gl. (36) fort, und wir erhalten unter Einführung des Streukoeffizienten des Gesamtkreises nach Gl. (10) für das am Ständerstromkreis haftende Magnetfeld

$$i_{\mu 1} = \sigma K_1 \varepsilon^{-\varrho_1 t}\varepsilon^{j\nu_1' t}. \tag{37}$$

Ebenso wird der Magnetisierungsstrom für das mit dem gesamten Läuferstromkreis verkettete Feld

$$i_{\mu 2} = i_2 + \frac{M}{L_2}i_1 = \left(K_3 + \frac{M}{L_2}K_1\right)\varepsilon^{-\varrho_1 t}\varepsilon^{j\nu_2' t} + \left(K_4 + \frac{M}{L_2}K_2\right)\varepsilon^{-\varrho_2 t}\varepsilon^{j\nu_2'' t}, \tag{38}$$

und dies reduziert sich für widerstandsarme Stromkreise mit Gl. (33) und (34) auf

$$i_{\mu 2} = \sigma K_4 \varepsilon^{-\varrho_2 t}\varepsilon^{j\nu_1'' t}, \tag{39}$$

da sich das erste Glied forthebt.

Mit dem gesamten Ständerstromkreis ist also lediglich das stark gedämpfte gleichstromartige Glied verkettet, mit dem gesamten Läuferstromkreis lediglich das schwach gedämpfte drehstromartig umlaufende Feld. Dies zeigt am klarsten die elektromagnetische Zugehörigkeit der beiden Feldanteile. Im *Hauptfeld der Maschine,* das allein die aktiven Längen ihrer Ständer- und Läufer*wicklungen* verkettet, erscheint auch das jeweils andere Feld mit einem Anteil, der dem Streufeld und äußeren Selbstinduktionsfeld entspricht, deren räumliche Aufteilung in Abb. 5 dargestellt ist.

Wir erkennen aus Gl. (37) und (39), daß die Feldmagnetisierungsströme i_μ nur einen geringen Bruchteil der Ständer- und Läuferströme K_1 und K_4 darstellen, dessen Größe durch die Streuziffer σ bestimmt ist. Da sich nun entsprechend unseren allgemeinen Schaltgesetzen wohl die Ströme, jedoch nicht die Magnetfelder plötzlich ändern können, so fassen wir ihren Zusammenhang besser umgekehrt auf: Bei jedem Schaltvorgang in der Mehrphasenmaschine treten Änderungen $\varDelta \Phi$ der stationären Felder und damit auch Differenzen $\varDelta J_\mu$ ihrer Magnetisierungsströme auf. Die Ausgleichsströme nach Gl. (37) und (39) ergänzen jede sprungweise Änderung zu einer stetigen, und damit ergeben sich die Anfangswerte der Stromamplituden getrennt für Ständer und Läufer zu

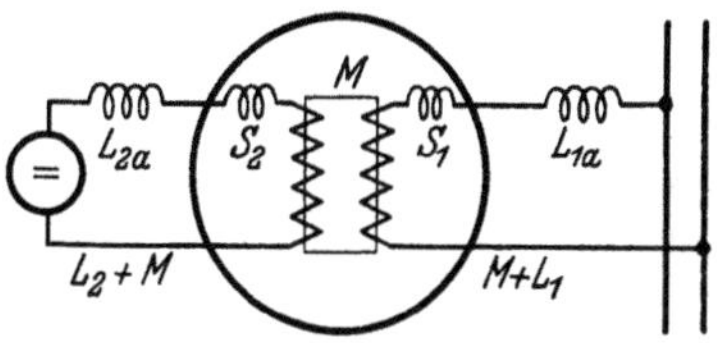

$$K_1 - \frac{\varDelta J_{\mu 1}}{\sigma}, \qquad K_4 = \frac{\varDelta J_{\mu 2}}{\sigma}. \qquad (40)$$

Abb. 5.

Während demnach *die Ausgleichsfelder in ihrem Anfangswert direkt durch den Unterschied der stationären Felder vor und nach dem Schaltprozeß gegeben sind* und dann mit ihren jeweiligen Zeitkonstanten und Frequenzen abklingen, ist *der Anfangswert der zugehörigen Ausgleichsströme nach Maßgabe des reziproken Streukoeffizienten außerordentlich vergrößert.* Dies rührt daher, daß die gegeneinander bewegten Wicklungen ihre Felder gegenseitig zu vernichten streben, und zwar um so stärker, je geringer die Streuung zwischen den Wicklungssystemen ist.

13. Plötzlicher Kurzschluß von Drehstrommaschinen.

Die Gln. (35) des vorigen Kapitels 12 stellen den zeitlichen Verlauf aller Ausgleichsströme dar, die in rotierenden Mehrphasenmaschinen mit Drehfeldwicklungen in Ständer und Läufer möglich sind. Sie sind hier nochmals wiederholt

$$\left.\begin{aligned}
i_1 &= K_1 \varepsilon^{-\varrho_1 t} \varepsilon^{j\nu_1' t} + K_2 \varepsilon^{-\varrho_2 t} \varepsilon^{j\nu_1'' t}, \\
i_2 &= -\frac{M}{L_2} K_1 \varepsilon^{-\varrho_1 t} \varepsilon^{j\nu_2' t} - \frac{L_1}{M} K_2 \varepsilon^{-\varrho_2 t} \varepsilon^{j\nu_2'' t}.
\end{aligned}\right\} \qquad (1)$$

Solange die Ständer- und Läuferwicklungen geschlossen sind, wird der Übergang irgendeines Zustandes der Maschine in einen anderen stets durch derartige Ausgleichsströme vermittelt. Bei langsamen Zustandsänderungen, beispielsweise bei einer allmählichen Belastungszunahme der Maschine, sind die Ausgleichsströme nur gering, wenn die Zeitdauer der Änderung groß gegenüber den Zeitkonstanten $1/\varrho$ der Ausgleichsströme ist. Schnelle Zustandsänderungen jedoch, wie Belastungsstöße, Regeln der Spannung, Pendelungen des Läufers beim Parallelbetrieb, rufen abklingende Ausgleichsströme hervor, die sich den normalen Betriebsströmen im Ständer und Läufer überlagern und dieselben während der Übergangszeit verändern, ja sogar in den Schatten stellen können. *Gewaltige Größe erhalten die Ausgleichsströme vor allem, wenn die Spannung an den Klemmen der Ständerwicklung plötzlich um erhebliche Beträge geändert wird.*

was bei Fehlschaltungen, aber auch im normalen Betriebe vorkommen kann. Die häufigsten Fälle sind plötzliches Kurzschließen der Wicklung durch einen Unglücksfall, schlechtes Parallelschalten in falscher Polstellung, oder auch Einschalten laufender Maschinen durch plötzliche Spannungssteigerung. In den letztgenannten Fällen sind die entstehenden Ausgleichsströme meistens viel stärker als die normalen Betriebsströme der Maschine. Ihre Größe soll für die wichtigsten Fälle durch Bestimmung der Konstanten K_1 und K_2 der Gln. (1) aus den jeweiligen Grenzbedingungen für den Schaltaugenblick ermittelt werden.

Auf die genaue Phase des Schaltmomentes brauchen wir dabei nicht zu achten, da wir ja die *gesamten* Stromsysteme in den Wicklungen betrachten. Deren Maximum liegt im Augenblick des Schaltens irgendwo am Umfange, eben dort, wo gerade das Maximum der durch das Schalten bewirkten stationären Stromänderung liegt. Für die dort liegenden Leiter und ihre ganze Wicklungsphase beginnt daher der Ausgleichsstrom mit seinem Höchstwerte, er verläuft kosinusförmig, so daß wir mit dem reellen Teil der harmonischen Funktionen der Gl. (1) zu rechnen haben. Für diejenigen Leiter dagegen und ihre Wicklungsphase, die an den Nullstellen der Stromverteilung im Schaltmoment liegen, verläuft der Ausgleichsstrom sinusförmig, er wird also durch den imaginären Teil der harmonischen Funktionen dargestellt.

Die schnellen Ströme mit den großen Frequenzen v_1'' und v_2' nehmen an beiden Punkten der Wicklung fast gleich große Amplituden an und sind dort nur um 90° in der Phase verschieden. Dagegen kommt von den langsamen Strömen mit den Frequenzen v_1' und v_2'' nur der reelle Kosinusteil zur vollen Wirkung, der sinusförmige Teil ist durch die Wirkung des Dämpfungsgliedes längst verloschen, wenn die Zeit seiner Amplitude gekommen wäre. Wir wollen deshalb zunächst von den kosinusförmigen Strömen sprechen, weil diese durch das Zusammenwirken beider Teilströme die größte Wirkung ergeben. Diese Ströme sind demnach nach Gl. (1)

$$\left.\begin{aligned}
i_1 &= K_1\,\varepsilon^{-\varrho_1 t}\cos v_1'\,t + K_2\,\varepsilon^{-\varrho_2 t}\cos v_1''\,t, \\
i_2 &= -\frac{M}{L_2}K_1\,\varepsilon^{-\varrho_1 t}\cos v_2'\,t - \frac{L_1}{M}K_2\,\varepsilon^{-\varrho_2 t}\cos v_2''\,t.
\end{aligned}\right\} \tag{2}$$

a) Kurzschluß von Asynchronmotoren. Ein leerlaufender Asynchronmotor nimmt vom Netz, wenn wir seine Verluste vernachlässigen, lediglich den Magnetisierungsstrom J_μ auf. Sein Läuferstrom ist Null. Entsteht in seiner Nähe entsprechend Abb. 1 plötzlich ein dreiphasiger Kurzschluß im Netz, so wird er weiterhin nicht mehr von außen gespeist und muß sein Feld, das im Schaltmoment noch in voller Größe bestand, allmählich verlieren. Er möge so viel Masse besitzen, daß er ohne allzu starken Geschwindigkeitsabfall weiterläuft. Der stationäre Strom wird bei kurzgeschlossenen Ständerklemmen sowohl im Ständer wie im Läufer gleich Null sein. Der vorübergehende Ausgleichsstrom zur Zeit $t=0$, also im Augenblick des Kurzschlusses, ist daher nach Kapitel 3 im Läufer gleich Null, im Ständer gleich dem Magnetisierungsstrom. Es ist also nach Gl. (2)

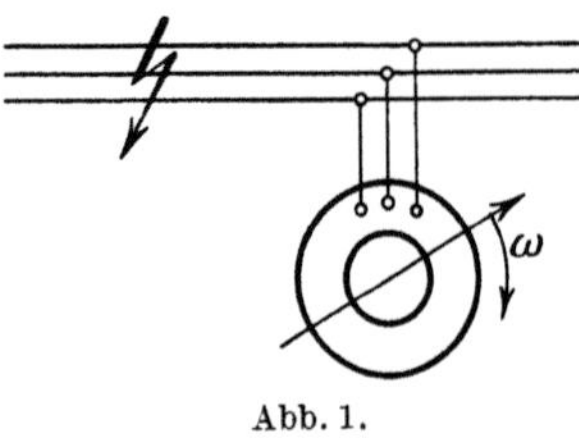

Abb. 1.

$$\left.\begin{aligned}
i_{10} &= K_1 + K_2 = J_\mu, \\
i_{20} &= -\frac{M}{L_2}K_1 - \frac{L_1}{M}K_2 = 0.
\end{aligned}\right\} \tag{3}$$

Daraus erhält man die Stromamplituden zu

$$K_1 = \frac{J_\mu}{1 - \dfrac{M^2}{L_1 L_2}} = \frac{J_\mu}{\sigma} \ , \left.\begin{array}{c} \\[3em] \\ \end{array}\right\}$$

$$K_2 = -\frac{1-\sigma}{\sigma} J_\mu \ , \tag{4}$$

wenn man den Streukoeffizienten σ nach Gl. (10) des vorigen Kapitels 12 einführt.

Es treten also im Ständer und Läufer zwei Systeme von abklingenden Strom-verteilungen auf, die den oben besprochenen Verlauf nehmen und deren Größe in jedem Falle bei der Kleinheit des Streukoeffizienten σ ein hohes Viel-faches des Magnetisierungsstromes ist. Der Strom mit der Amplitude K_2 des am Läufer hängenden Aus-gleichsfeldes bildet für den Stän-der einen abklingenden schnellen Wechselstrom mit der Frequenz ν_1''. Der Strom mit der Amplitude K_1 bildet im Ständer einen abklingen-den langsamen Wechselstrom mit der außerordentlich kleinen Fre-quenz ν_1', er unterscheidet sich

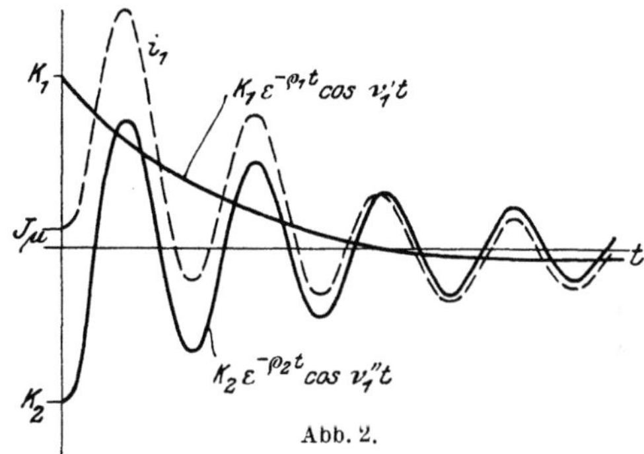

Abb. 2.

praktisch kaum von dem Verlauf eines abklingenden Gleichstromes. Abb. 2 zeigt das zeitliche Verlöschen beider Ständerströme. Für den Läufer stellt umgekehrt K_1 einen sehr schnellen, K_2 einen sehr langsamen verlöschenden Strom dar.

Wenn die Widerstände in den Wicklungen der Maschine und damit die Dämpfungen gering sind, so addieren sich die Stromamplituden, die für $t = 0$ nach Gl. (3) und (4) entgegengesetzte Rich-tung haben, eine halbe Periode nach Ein-tritt des Kurzschlusses zu einem hohen Wert, denn die schnell veränderlichen Glieder der Gl. (2) haben dann ihr Vor-zeichen gewechselt, während die langsamen sich noch kaum geändert haben. Ohne Rücksicht auf die Dämpfung im Ständer und Läufer betragen die höchsten Strom-stöße dann

$$J_{s1} = K_1 - K_2 = \left(\frac{2}{\sigma} - 1\right) J_\mu ,\ \left.\begin{array}{c}\\[2em]\\\end{array}\right\}$$

$$J_{s2} = -\frac{M}{L_2} K_1 + \frac{L_1}{M} K_2 = \frac{M}{L_2}\frac{2}{\sigma} J_\mu . \tag{5}$$

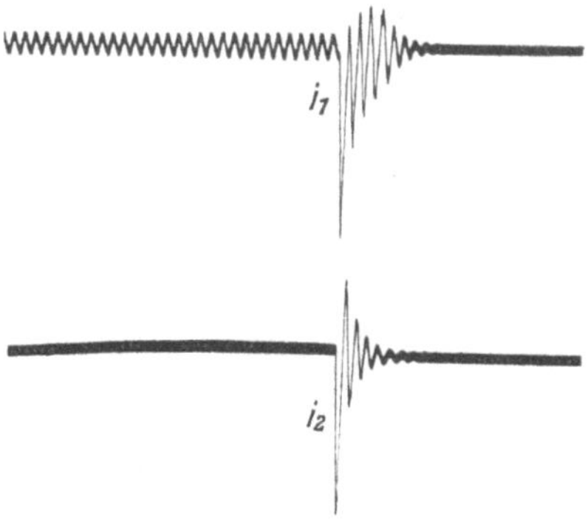

Abb. 3

In Abb. 3 sind die Ständer- und Läuferströme des plötzlichen Kurzschlusses oszillographisch aufgenommen, und zwar an einem 75 kW Asynchronmotor, dessen Leerstrom 40 % des Normalstromes betrug. Man erkennt, daß der Stoßkurzschluß-strom des Ständers auf den 17fachen Betrag des Magnetisierungsstromes, also den 7fachen Wert des Normalstromes ansteigt. Man erkennt auch deutlich, be-sonders im Ständerstrom, die Übereinanderlagerung der schnellen und sehr lang-samen Schwingungen des Stromes.

Häufig drückt man die Streuung in Wechselstrommaschinen nicht durch den Streukoeffizienten σ aus, sondern durch *die Streuspannung E_s, die der normale*

Betriebsstrom der Maschine in den Wicklungen hervorruft. Man kann das in den Gln. (5) auftretende wesentliche Glied des Stoßkurzschlußstromes dann im Verhältnis zum Normalstrom schreiben

$$\frac{J_s}{J_n} = \frac{2}{\sigma}\,\frac{J_\mu}{J_n} = \frac{2\,\omega\,L_1\,J_\mu}{\sigma\,\omega\,L_1\,J_n} = 2\,\frac{E}{E_s} \tag{6}$$

und erkennt, daß es das Doppelte des Verhältnisses der Netzspannung zur Streuspannung darstellt. Da die Streuspannung bei Asynchronmotoren etwa $^1/_4$ bis $^1/_5$ der Netzspannung beträgt, so muß man beim plötzlichen Kurzschluß des Netzes mit dem Auftreten von vorübergehenden Stromstößen in den Wicklungen rechnen, die bis zum 8- bis 10fachen des normalen Motorstromes betragen.

Abb. 4 zeigt den Stromverlauf im Motor, wenn er nur zweipolig, also einphasig kurzgeschlossen wird und die nicht kurzgeschlossenen Phasenleitungen ihn vom Netz weiter speisen. In diesem Falle treten außer den vorübergehenden Kurzschlußströmen noch stationäre Ströme auf, die dadurch bedingt sind, daß der zweipolige Kurzschluß die Spannungen zweier Leitungen im Netz zum Zusammenklappen bringt. Wenn der Motor relativ klein gegenüber den Netzleistungen ist, so bleibt alsdann zwischen der gesunden und den kranken Phasenleitungen die Spannung $\sqrt{3}/2\,E$ bestehen. Dieselbe wirkt in dem noch laufenden Drehstrommotor nur in einer Polachse und erzeugt in der dazu senkrecht stehenden Motorachse, die an den kurzgeschlossenen Phasenleitungen liegt, einen Kurzschlußstrom. Sie beeinflußt dabei zunächst den kurzgeschlossenen Läufer des Motors unter Überwindung der Wicklungsstreuung und wirkt sodann vom Läufer unter nochmaliger Überwindung der Streuung auf

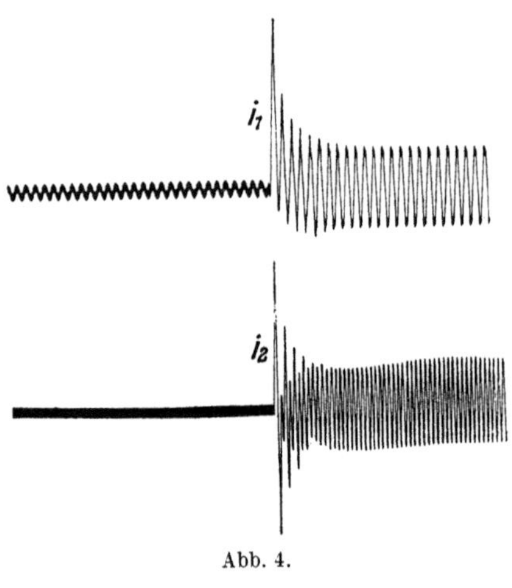

Abb. 4.

die kurzgeschlossene Ständerachse. Der Kurzschlußstrom in dieser Achse ist daher durch die doppelte Motorstreuung bedingt und wird bei gegebener Spannung nur halb so groß wie der gewöhnliche Kurzschlußstrom des Drehstrommotors. *Der Dauerkurzschlußstrom des Asynchronmotors ist demnach bei zweipoligem Kurzschluß im Netz*

$$\frac{J_k}{J_n} = \frac{\sqrt{3}}{2} \cdot \frac{1}{2}\,\frac{E}{E_s} = \frac{\sqrt{3}}{4}\,\frac{E}{E_s} = 0{,}434\,\frac{E}{E_s}. \tag{7}$$

Er wird also nicht einmal halb so groß, als wenn man den Motor im Stillstand an volle Spannung legt.

b) Einschalten synchron laufender Drehstrommotoren. Bringt man einen Drehstrommotor mit Kurzschlußanker von außen auf volle Drehzahl und schaltet ihn dann plötzlich ans Netz, so kann das stationäre Feld, das den Magnetisierungsstrom J_μ erfordert, nicht augenblicklich entstehen. Es treten vielmehr Ausgleichsströme und Ausgleichsfelder von einer solchen Stärke auf, daß das Feld im Schaltmoment Null wird, so daß die Summe des stationären Magnetisierungsstromes und der vorübergehenden Ausgleichsströme nach Gl. (2) für den Ständer Null ergibt. Die Summe von K_1 und K_2 ist daher gleich dem negativen stationären Magnetisierungsstrome, und damit erhält man entsprechend Gl. (3) die gleichen Ausgleichsströme wie im vorhergehenden Falle in den Gln. (4) bis (6), nur von entgegengesetzter Richtung. Auch dieser Schaltvorgang hat demnach sehr starke Stromstöße im Motor zur Folge, die das 8- bis 10fache des Normalstromes betragen können.

Man kann die Stromstöße dämpfen, wenn man den Motor nicht direkt ans Netz schaltet, sondern ihn zunächst *über einen Schutzschalter mit Vorkontaktwiderstand ans Netz legt* entsprechend Abb. 5. Dann kann der Dämpfungs-faktor ϱ_1 nach Gl. (31) des vorigen Kapitels einen so erheblichen Wert erhalten, daß die am Ständer hängende Stromverteilung mit K_1 nach einer halben Periode, also wenn die Ausgleichsströme sich addieren, schon nahezu abgeklungen ist. Es tritt nunmehr wegen seiner relativ geringen Dämpfung ϱ_2 nur das am Läufer hängende Ausgleichsfeld hervor, das eine etwas kleinere Frequenz als das

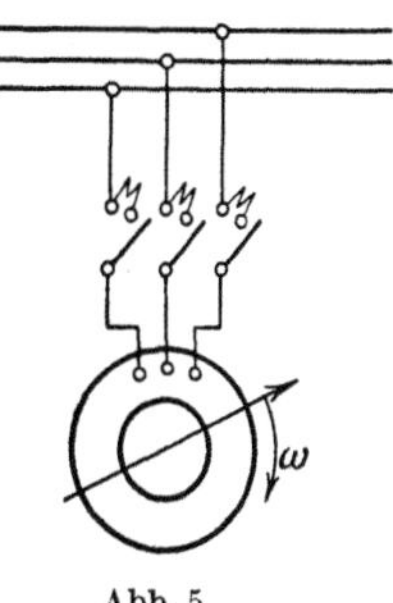

Abb. 5.

stationäre Drehfeld besitzt und daher zu Interferenzen mit diesem und seinem stationären Strom Anlaß gibt. Aus Abb. 6, die die Ströme eines solchen Motors beim Einschalten über einen Schutzwiderstand zeigt, erkennt man deutlich die nach dem Schalten auftretenden Schwebungen.

Drehstromkurzschlußmotoren läßt man häufig in Stern-schaltung anlaufen und schaltet sie erst nach Erreichen der

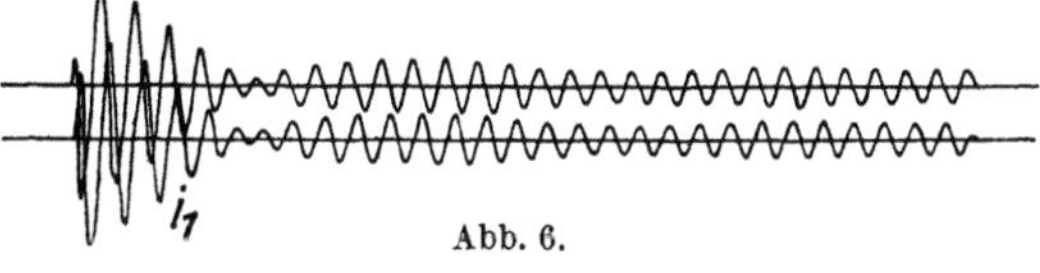

Abb. 6.

vollen Drehzahl auf Dreieckschaltung um. Ihr Anlauffeld ist dann geringer als das Feld im Dauerbetrieb, und damit verringert sich auch ihr sonst sehr großer Anlaufstrom. Unterbricht man nun zum Umschalten auf volles Feld den Strom-kreis kurzzeitig, so verliert der Motor dabei sein schwa-ches Feld sehr schnell und wird im laufenden Zustan-de feldlos an volle Span-

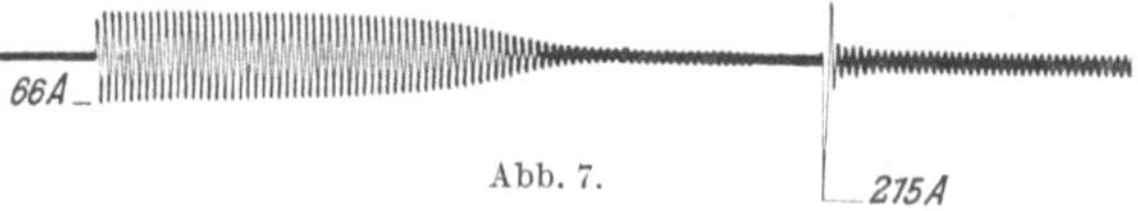

Abb. 7.

nung geschaltet. Die Stromstöße, die man für den Anlauf vermeiden wollte, treten daher beim Überschalten in verstärktem Maße auf, wie Abb. 7 für einen 7,5 kW Motor zeigt. Um sie zu unterdrücken, kann man die Umschaltung über einen Schutzwiderstand vornehmen.

c) Kurzschluß von Synchronmaschinen. Wir können unsere Beziehungen für die Ausgleichsströme, die sowohl im Ständer wie im Läufer mehrphasige Wicklungen voraussetzen, auch auf die Vorgänge in Synchronmaschinen anwenden, wenn dieselben im Ständer Zwei- oder Dreiphasenwicklung und im Läufer eine allseitig geschlossene Dämpferwicklung besitzen, die die Ausbildung sinusförmig umlaufender Stromsysteme ermöglichen.

Bei Turbogeneratoren mit *Zylinderläufer* nach Abb. 8 pflegt man den Läufer aus massivem Eisen

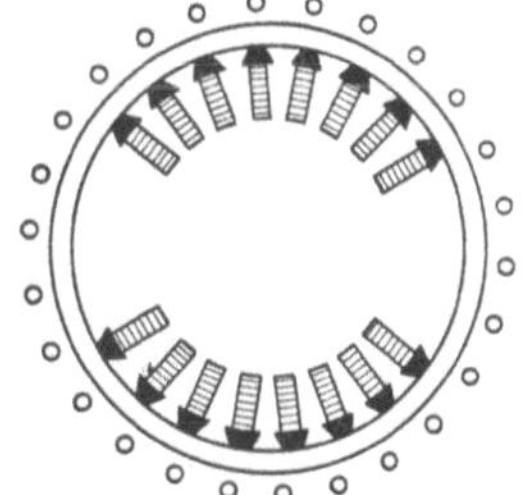

Abb. 8.

aufzubauen und die Befestigungskeile der Wicklung in den Nuten aus gutleitendem Metall herzustellen, so daß ein allseitig geschlossenes Stromsystem entstehen kann. Unter der Wirkung der Ausgleichsfelder bilden sich dann nicht nur in der einachsig geschlossenen Erregerwicklung, sondern vor allem auch in den massiven Eisenteilen und den Keilen Ströme aus, die auf ihren Bahnen nur geringen Widerstand vorfinden und ein vollständiges, mit beliebiger Geschwindigkeit umlaufendes, vielphasiges Stromsystem bilden, das unseren Voraussetzungen vollkommen entspricht.

Auch *Schenkelpolmaschinen*, die in ihren Polschuhen nach Abb. 9 einen *Dämpferkäfig* besitzen, bilden durch ihn, gemeinsam mit der Erregerwicklung, ein vollständiges Mehrphasensystem aus. In den Pollücken, wo die Dämpferstäbe im allgemeinen fehlen, werden sie vollauf durch die Wirkung der hier konzentrierten Erregerwicklung ersetzt. Daß der magnetische Widerstand am Umfang der Maschine stark schwankt, indem er in der Polmitte klein und in den Pollücken sehr

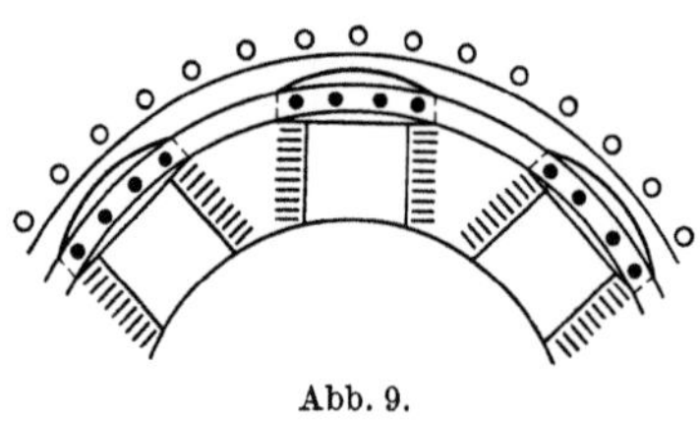

Abb. 9.

groß ist, hat auf den Verlauf der Ausgleichsströme nur geringen Einfluß. Die Kurzschlußerscheinungen sind im wesentlichen nur abhängig von der Stärke der Streuspannung im Verhältnis zur Hauptspannung, während die Größe des magnetischen Widerstandes für das Hauptfeld nur eine geringe Rolle spielt. Auch für derartige Maschinen gelten unsere Gleichungen daher mit ausreichender Genauigkeit.

Schenkelpolmaschinen *ohne Dämpferwicklung* können nur in ihrer einachsig wirkenden Erregerwicklung Läuferausgleichsströme entwickeln, die die Feldschwankungen in der Polachse beeinflussen. In der Pollücke können die Schwankungen sich dagegen ungehindert ausbilden, so daß zusätzliche Erscheinungen auftreten.

Wird eine Synchronmaschine mit Dämpferwirkung, die vom Läufer aus erregt ist, aber im übrigen leerlaufen möge, plötzlich an ihren Ständerklemmen kurzgeschlossen, so entwickeln sich in ihr nach alledem Ausgleichsströme, deren Verlauf durch Gl. (1) oder (2) bestimmt ist. Um die Grenzbedingungen richtig aufzustellen, müssen wir beachten, daß die Maschine sowohl vor wie nach dem Kurzschluß im Läufer den magnetisierenden Erregergleichstrom J_μ führt, und daß nach Ablauf der Ausgleichserscheinungen im Ständer der stationäre Kurzschlußstrom J_k fließt, der häufig ein Mehrfaches des Normalstromes ist. Der Ausgleichsstrom im Schaltmoment $t = 0$ ist gleich der Differenz der Ströme vor und lange nach dem Kurzschluß. Es ist also nach Gl. (2)

$$\left. \begin{aligned}
i_{10} &= K_1 + K_2 = -J_k, \\
i_{20} &= -\frac{M}{L_2} K_1 - \frac{L_1}{M} K_2 = J_\mu - J_\mu = 0,
\end{aligned} \right\} \tag{8}$$

und daraus bestimmen sich die Amplituden der Ausgleichsströme wie bei Gl. (4) zu

$$\left. \begin{aligned}
K_1 &= -\frac{J_k}{\sigma}, \\
K_2 &= \frac{1-\sigma}{\sigma} J_k.
\end{aligned} \right\} \tag{9}$$

Der gesamte Ständerstrom nach dem plötzlichen Kurzschluß setzt sich zusammen aus dem stationären Strom J_k, der mit der Umdrehungsfrequenz ω pulsiert, und dem Ausgleichsstrom für die ungünstigste Phasenlage nach der ersten Gl. (2). Er ist demnach

$$i_1 = J_k \left\{ \cos \omega t - \frac{1}{\sigma} \left[\varepsilon^{-\varrho_1 t} \cos \nu_1' t - (1 - \sigma)\, \varepsilon^{-\varrho_2 t} \cos \nu_1'' t \right] \right\}. \tag{10}$$

Sein Verlauf ist in Abb. 10 dargestellt, er liegt durch den Einfluß des gleichstromartigen Gliedes mit der geringen Frequenz ν_1' anfangs ganz einseitig der Nullinie.

*Beim plötzlichen Kurzschluß treten demnach Ausgleichsströme auf, die wegen
des kleinen Streukoeffizienten σ von Synchronmaschinen stets außerordentlich viel
größer sind als der an sich schon erhebliche stationäre Kurzschlußstrom. Sie sinken
erst nach Verlauf zahlreicher Perioden auf den Wert des Dauerkurzschlußstromes
herab.* Der höchste Augenblickswert des Stromes tritt etwa eine halbe Periode
nach Entstehen des Kurzschlusses ein. In Gl. (10) hat dann das erste Glied für
den stationären Strom sein Vorzeichen gewechselt, das zweite Glied, das das
am Ständer hängende Stromsystem darstellt, hat wegen der Kleinheit von v_1'
sein Vorzeichen noch beibehalten und die Größe
des cos kaum geändert, das dritte Glied jedoch,
das mit der Frequenz v_1'' pulsiert, die nach Gl. (30)

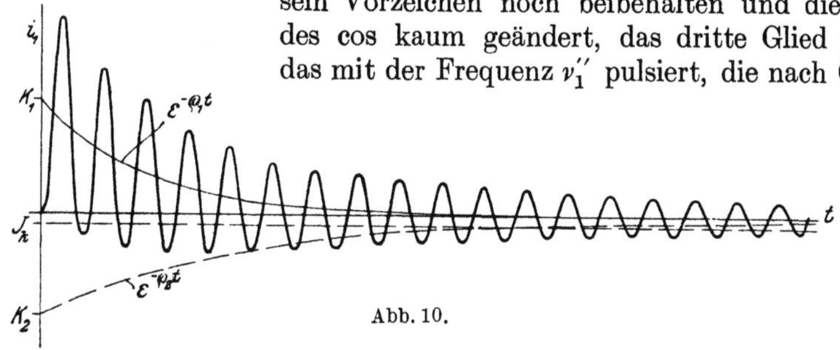

Abb. 10.

des vorigen Kapitels 12 nahezu gleich der Umdrehungsfrequenz ist, hat ebenfalls sein Vorzeichen gewechselt. Man erhält daher die größte Spitze des Stoßkurzschlußstromes im Ständer zu

$$J_{s1} = -J_k\left[(1 - \varepsilon^{-\varrho_2 t}) + \frac{1}{\sigma}(\varepsilon^{-\varrho_1 t} + \varepsilon^{-\varrho_2 t})\right]. \tag{11}$$

Für sehr kleine Dämpfungsexponenten ϱ werden die Exponentialglieder sämtlich zu 1. Für den größtmöglichen Stoßkurzschlußstrom ergibt sich daher die
sehr einfache Formulierung

$$J_{s1} = -\frac{2}{\sigma}J_k. \tag{12}$$

Da der Dauerkurzschlußstrom J_k und der Streufaktor σ für jede Synchronmaschine bekannte Größen sind, so kann nach dieser Beziehung der höchstmögliche Wert des plötzlichen Ständerkurzschlußstoßes leicht bestimmt werden.

In Gl. (2) für den Läuferausgleichsstrom tritt das Verhältnis der Selbst-
und Wechselinduktionen auf, mit denen man in der Praxis selten rechnet. Man
kann dieselben auf die Werte der Ständer- und Läuferströme im stationären
Kurzschluß reduzieren, wenn man die Differentialgleichungen der Maschine,
die in Gl. (2) des vorigen Kapitels für den Kurzschlußzustand aufgestellt sind,
für den normalen Betrieb ansetzt, bei dem die Spannungen E_1 und E_2 an den
Ständer- und Läuferklemmen vorhanden sind. Da der normale Strom im Ständer
mit der Frequenz ω pulsiert und im Läufer aus Gleichstrom besteht, also keine
zeitliche Veränderung zeigt, so ist

$$\left.\begin{array}{r} j\,\omega\,L_1 J_1 + R_1 J_1 + j\,\omega\,M J_2 = E_1, \\ R_2 J_2 = E_2. \end{array}\right\} \tag{13}$$

Im Leerlauf der Maschine ist der Ständerstrom Null, im Läufer fließt der
Magnetisierungsstrom J_μ. Daher ist nach der ersten Gl. (13) die Leerlaufspannung
in ihrem absoluten Betrage

$$E = \frac{E_1}{j} = \omega\,M J_2 = \omega\,M J_\mu. \tag{14}$$

Im stationären Kurzschluß ist die Ständerspannung Null, im Läufer fließt der
gleiche Strom J_μ. Daher ist, wenn wir den hierbei unerheblichen Widerstand

der Ständerwicklung vernachlässigen, der Dauerkurzschlußstrom nach der ersten Gl. (13) bestimmt durch

$$J_k = J_1 = -\frac{M}{L_1} J_2 = -\frac{M}{L_1} J_\mu.$$
(15)

Darin ist stets J_μ der magnetisierende Erregergleichstrom des Läufers und J_k der ihm entsprechende stationäre Kurzschlußstrom des Ständers.

Hiermit erhält man die Amplituden des Läuferausgleichsstromes nach der zweiten Gl. (2) unter Beachtung von Gl. (9), und von Gl. (10) des vorigen Kapitels

$$\left.\begin{aligned} \frac{M}{L_2} K_1 &= \frac{L_1}{M}\frac{M^2}{L_1 L_2} K_1 = \frac{1-\sigma}{\sigma} J_\mu, \\ \frac{L_1}{M} K_2 &= -\frac{1-\sigma}{\sigma} J_\mu. \end{aligned}\right\}$$
(16)

Der vollständige Läuferstrom nach dem Kurzschluß wird demnach unter Hinzurechnung des Magnetisierungsstromes

$$i_2 = J_\mu\left[1 - \frac{1-\sigma}{\sigma}\left(\varepsilon^{-\varrho_1 t}\cos\nu_2' t - \varepsilon^{-\varrho_2 t}\cos\nu_2'' t\right)\right].$$
(17)

Abb. 11 stellt seinen zeitlichen Verlauf nach dieser Beziehung dar.

Eine halbe Periode nach dem Schalten ist der größte Stromstoß vorhanden. Das zweite Glied der Gl. (17), das die am Ständer hängende Strom-

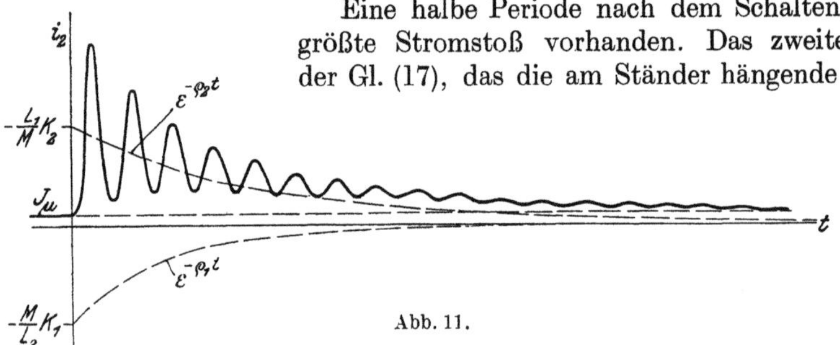

Abb. 11.

verteilung darstellt, hat dann sein Vorzeichen gewechselt, während das dritte Glied sein Vorzeichen beibehält, weil seine Stromverteilung sich nur außerordentlich langsam gegen den Läufer bewegt. Die Spitze des Stoßstromes im Läufer wird demnach

$$J_{s2} = J_\mu\left[1 + \frac{1-\sigma}{\sigma}\left(\varepsilon^{-\varrho_1 t} + \varepsilon^{-\varrho_2 t}\right)\right]$$
(18)

und in Näherung für sehr kleine Dämpfung

$$J_{s2} = \left(\frac{2}{\sigma} - 1\right) J_\mu.$$
(19)

Auch dieser Wert für den höchstmöglichen Läuferkurzschlußstoß kann ebenso einfach wie der nach Gl. (12) für den Ständerkurzschlußstoß ermittelt werden.

Da J_μ der wirkliche Erregerstrom des Läufers, J_k jedoch der bereits starke Dauerkurzschlußstrom des Ständers ist, so erkennt man, *daß die relativen Kurzschlußstöße, bezogen auf den Nennstrom, im Ständer sehr viel größer als im Läufer sind.*

Für praktische Rechnungen ist es bequem, an Stelle des Streukoeffizienten σ die Streuspannung E_s einzuführen. Wir erhalten durch Vereinigung der Gln. (14) und (15) für den Absolutwert der Leerlaufspannung

$$E = \omega L_1 J_k.$$
(20)

Andererseits bezeichnen wir als Streuspannung der Maschine die vom normalen

Ständerstrom J_n in der Selbstinduktion der Streuung σL_1 hervorgerufene Spannung, also

$$E_s = \omega\,\sigma\,L_1\,J_n. \tag{21}$$

Durch Division erhalten wir für den Streukoeffizienten

$$\sigma = \frac{E_s}{E}\,\frac{J_k}{J_n}. \tag{22}$$

Er kann hiernach aus den für jede Synchronmaschine sowieso bekannten Werten von Streuspannung, Dauerkurzschlußstrom und normaler Leistung bestimmt werden. *Der höchstmögliche Ständerkurzschlußstoß nach Gl. (12) ergibt sich hierdurch im Verhältnis zum Normalstrom zu*

$$\frac{J_{s1}}{J_n} = 2\,\frac{E}{E_s}, \tag{23}$$

also ebenso groß wie der nach Gl. (6) beim Kurzschluß oder Einschalten eines Asynchronmotors auftretende Hauptteil des Stoßstromes. Da aber Synchronmaschinen im allgemeinen eine kleinere Streuung besitzen als asynchrone, so werden die hier auftretenden Ströme erheblich größer. Bei dem manchmal vorkommenden Wert der Streuspannung von $^1/_{10}$ der Klemmenspannung erhält man Stoßkurzschlußströme, die bis zum 20 fachen Betrage der Amplitude des Normalstromes anwachsen können.

Wir haben unsere Betrachtungen bisher auf die im Ständer und Läufer verlaufenden zeitlich kosinusförmigen Ausgleichsströme bezogen und erkennen, daß

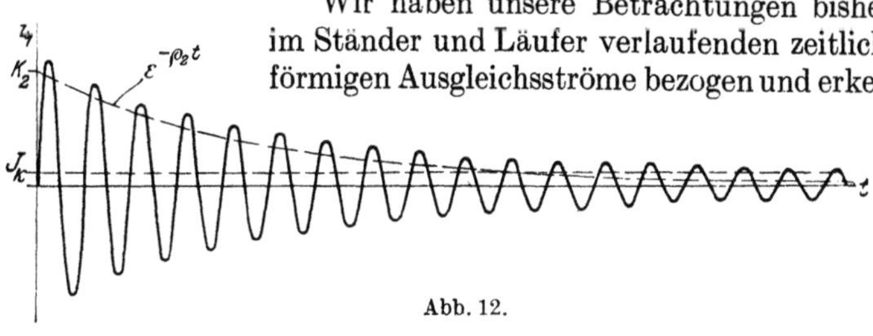

Abb. 12.

diese beim plötzlichen Kurzschluß oder ähnlichen Schaltvorgängen zu gewaltiger Größe anschwellen. Da die Ausgleichsstromsysteme eine räumlich sinusförmige Verteilung am Umfange der Maschine besitzen, *so treten die Ströme nicht in sämtlichen Phasenleitungen gleichzeitig in voller Größe auf, sondern nur in derjenigen Wicklung, die im Schaltmoment den höchsten Augenblickswert des stationären Kurzschlußstromes haben sollte.* Die anderen Wicklungen führen nur geringere Ströme, die sich mit dem maximalen Strom zu je einem vollständigen Mehrphasensystem zusammensetzen.

Diejenige Wicklung, deren stationärer Kurzschlußstrom im Schaltmoment gerade durch Null geht, führt zeitlich sinusförmige Ausgleichsströme, von denen wir früher sahen, daß nur die Teilströme mit hoher Frequenz v_1'' und v_2' zur richtigen Ausbildung kommen, während die niederfrequenten, gleichstromartigen Teilströme mit v_1' und v_2'' von vornherein durch Dämpfung verschwinden. Wir können sie daher vernachlässigen und erhalten für die sinusförmigen Gesamtströme in Ständer und Läufer analog den Gln. (10) und (17)

$$\begin{aligned}
\bar{i}_1 &= J_k\left(\sin\omega t + \frac{1-\sigma}{\sigma}\,\varepsilon^{-\varrho_2 t}\sin v_1'' t\right), \\[4pt]
\bar{i}_2 &= J_\mu\left(-\frac{1-\sigma}{\sigma}\,\varepsilon^{-\varrho_1 t}\sin v_2' t\right).
\end{aligned}\quad\Bigg\} \tag{24}$$

In Abb. 12 ist der zeitliche Verlauf für i_1 dargestellt, der hier symmetrisch zur Nullinie ist. Schwebungen zwischen den erzwungenen und freien Strömen treten im allgemeinen weder hier noch in Abb. 10 für die Kosinusströme hervor, weil die Frequenzen ω und v_1'' so nahe beieinander liegen, daß die erste Schwebung erst lange nach Ablauf der Ausgleichsströme erfolgen würde.

Im Ständer ist es Zufall, in welcher Phasenwicklung der unsymmetrische Strom mit dem gleichstromartigen Glied nach Gl. (10) und Abb. 10 auftritt. Man muß daher der Sicherheit halber für sämtliche Wicklungszweige und Anschlußleitungen stets mit diesem höchstmöglichen Strom rechnen. Im Läufer führt im Augenblick des Schaltens, genau wie auch vorher, stets die Erregerwicklung den höchsten Strom am Umfange, während die Dämpferkreise stromlos sind. Daher bilden sich in der Erregerwicklung selbst stets die unsymmetrischen kosinusförmigen Ströme nach Gl. (17) und Abb. 11 aus, während die Dämpferkreise den symmetrischen Strom nach Gl. (24) und ähnlich Abb. 12 führen.

Die Amplituden der Ausgleichsströme richten sich im wesentlichen nach der Streuung der Maschinen, dagegen ist ihr zeitlicher Verlauf vor allem durch die Größe der Dämpfungen der beiden Stromanteile bestimmt, die nach Gl. (11) und (31) des vorigen Kapitels 12 auch durch die Widerstände der Stromkreise mitbestimmt werden. Nach jeder Halbperiode des Normalstromes und des schnellen Ausgleichsstromes, also nach einer Zeit $\omega t = \pi$ vermindern sich die Amplituden der Ausgleichsströme um das Maß

$$\varepsilon^{-\varrho\frac{\pi}{\omega}} = \varepsilon^{-\pi\frac{R}{\omega\sigma L}} = \varepsilon^{-\pi\frac{E_r}{E_s}}, \tag{25}$$

worin wieder E_s die Streuspannung des normalen Stromes nach Gl. (21) und E_r die Ohmsche Widerstandsspannung des Normalstromes im Ständer oder Läufer bedeutet, an dem das betreffende Feld hängt. Die letztere ist bei großen Widerständen durch das Zusatzglied der Gl. (31) von Kapitel 12 zu reduzieren.

Beträgt die Streuspannung eines Synchrongenerators für den Ständer 10% der Netzspannung, der Ohmsche Spannungsabfall dagegen 1% der Netzspannung, also 10% der Streuung, so tritt beim plötzlichen Kurzschluß ein Strom auf, dessen Höchstwert nach Gl. (23) etwas unterhalb des 20fachen Betrages des Normalstromes bleibt. Nach jeder halben Periode sind die Ausgleichsströme auf das

$$\varepsilon^{-\frac{\pi}{10}} = 0,73\,\text{fache}$$

der vorhergehenden Amplitude gefallen, nach einer zehntel Sekunde, also bei 50periodigem Wechselstrom nach 10 Halbperioden auf

$$\varepsilon^{-\pi} = 0,043 = 4,3\%$$

des Anfangswertes. Der Widerstand der Ständerwicklung mit ihren Leitungen pflegt von dieser Größenordnung zu sein, so daß die an ihr hängende Stromverteilung schnell verschwindet.

Dagegen ist der Widerstand der Läuferstrombahnen, besonders in Turbogeneratoren, wegen der großen zur Verfügung stehenden Kupfer- und Eisenquerschnitte meistens außerordentlich viel geringer, so daß sich das am Läufer hängende umlaufende Ausgleichsfeld sehr viel länger erhält. Beträgt der Läuferwiderstand 1% der Streuung, so klingen die Ströme auf den Betrag von 4,3% erst nach 100 Halbperioden, also nach einer vollen Sekunde ab.

Der Dämpfungsfaktor für den gesamten Stoßkurzschlußstrom bestimmt sich mit Gl. (25) aus den letzten exponentiellen Klammergliedern der Gln. (11) und (18) zu

$$\varkappa = \varepsilon^{-\pi\frac{E_{r_1}}{E_{s_1}}} + \varepsilon^{-\pi\frac{E_{r_2}}{E_{s_2}}}. \tag{26}$$

Mit den ebengenannten Zahlenwerten, die für größere Synchronmaschinen ein

Höchstmaß der praktisch auftretenden Dämpfung darstellen, ergibt sich daraus

$$\varkappa = \varepsilon^{-\frac{\pi}{10}} + \varepsilon^{-\frac{\pi}{100}} = 0{,}73 + 0{,}97 = 1{,}70\,.$$

Bei geringeren Dämpfungen nähert sich dieser Faktor dem Werte 2 wie in Gl. (23). Praktisch darf man auf Grund zahlreicher Messungen damit rechnen, daß die Gesamtdämpfung von Ständer und Läufer die höchste Stromspitze eine halbe Periode nach dem Kurzschluß im Mittel auf etwa 90% herabdrückt, so daß man den Faktor $\varkappa = 1{,}8$ erhält.

Abb. 13 zeigt den oszillographisch aufgenommenen Verlauf der Kurzschlußströme in der Ständerwicklung und in der Erregerwicklung eines 3000 kVA leistenden 3000 tourigen Turbogenerators.

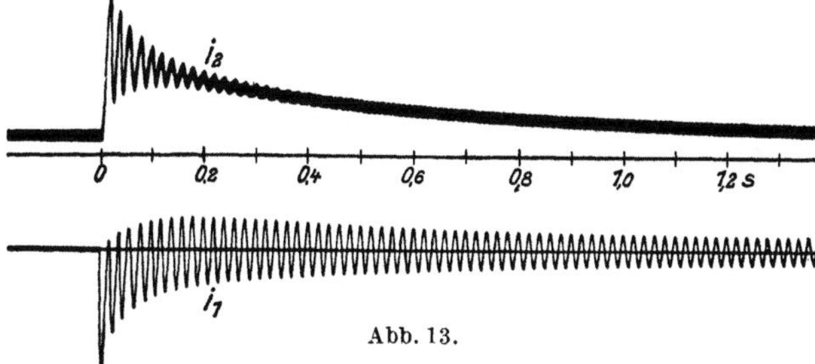

Abb. 13.

Dasjenige Ausgleichsfeld, das am Ständer hängt, erzwingt im Läufer einen Wechselstrom und im Ständer einen verlöschenden Gleichstrom, der schon nach wenigen Wechselstromperioden abgeklungen ist, jedoch verursacht, daß der Stoßkurzschlußstrom des Ständers zu Anfang einseitig von der Nullachse verläuft. Das Ausgleichsfeld, das am Läufer hängt, erzeugt in diesem einen gleichstromartig verlöschenden Überstrom und

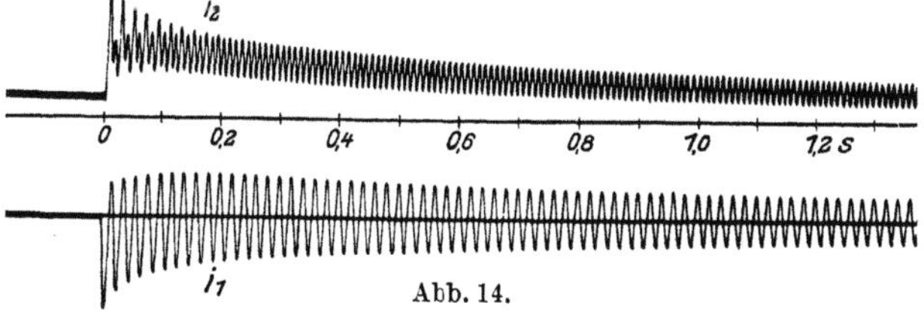

Abb. 14.

im Ständer einen schnellen abklingenden Wechselstrom, der so schwach gedämpft ist, daß er erst nach vielen Sekunden auf den Betrag des normalen Kurzschlußstromes abgeklungen ist. Das Läuferfeld ist nach 1 sec erst auf [27% seines Anfangswertes gesunken.

Wird die Wicklung des Generators nicht mehrphasig, sondern nur einphasig kurzgeschlossen, so kann man die dann auftretenden Stromverteilungen der Ausgleichsfelder auffassen als Kombination je zweier in entgegengesetzter Richtung umlaufender Stromverteilungen sowohl im

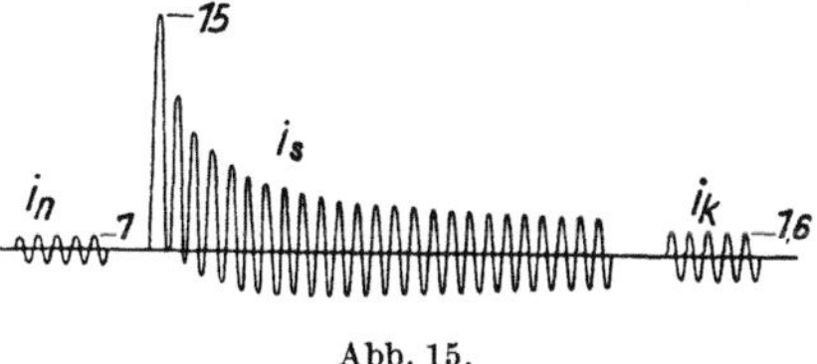

Abb. 15.

Ständer wie im Läufer. Besitzt der Läufer eine Dämpferwicklung, so erzeugt das inverse Drehfeld in ihr einen doppeltperiodigen, also hochfrequenten Ausgleichsstrom, der dasselbe zum größten Teil abdämpft. Die höchsten praktisch auftretenden Kurzschlußströme können ebenfalls nach Gl. (26) berechnet werden, die Dämpfungen sind jedoch wegen der kleineren Stromwärmeverluste nur etwa halb so groß. Abb. 14 stellt den Ständerstrom und den Strom der Erregerwicklung beim einphasigen Kurzschluß des oben genannten Turbogenerators dar. Das Läuferfeld ist nach 1 sec erst auf 40% seines Anfangswertes gefallen und erzeugt einen entsprechend langsam abklingenden Ständerstrom.

Die bei guten Generatoren auftretenden Größenverhältnisse von Normalstrom i_n, Stoßkurzschlußstrom i_s und Dauerkurzschlußstrom i_k sind in Abb. 15 maßstäblich und mit Zahlenangaben dargestellt.

14. Stoßkurzschlußströme in der Praxis.

Wegen der gewaltigen Stärke der Kurzschlußströme sind ihre Wirkungen im praktischen Betriebe unserer Netze sehr gefürchtet. Sie können sowohl in den Generatoren, die sie erzeugen, wie auch im ganzen Netz mit seinen Apparaten, die sie durchfließen, ungeheure Überlastungen bewirken, die sowohl elektrische wie mechanische oder thermische Zerstörungen hervorrufen können. Wir wollen daher in diesem Kapitel die theoretischen Untersuchungen, wie sie bisher entwickelt wurden, durch empirische Gesichtspunkte und durch Erfahrungen ergänzen, die durch Versuche und durch die Betriebsergebnisse in unseren großen Starkstromnetzen gewonnen wurden.

a) In den Maschinen. Während bei Generatoren mit Dämpferstromkreisen im Läufer für die Streuspannung nur die zwischen Ständerwicklung und Dämpferwicklung verlaufenden Streukraftlinien in Rechnung zu ziehen sind, kann sich bei Schenkelpolmaschinen ohne Dämpferwicklung auch ein starkes Streufeld in den Pollücken ausbilden. Die Stoßkurzschlußströme derartiger Maschinen werden hierdurch geringer. Andererseits schwankt durch die periodische Ausbildung dieses Querflusses das am Ständer hängende Ausgleichsfeld sehr stark. Dadurch wird die Kurvenform der Ausgleichsströme verzerrt, und es können beim einphasigen Kurzschluß in derjenigen Phasenwicklung, die nicht kurzgeschlossen ist, *hohe Überspannungen* erzeugt werden. In Abb. 1 ist der Strom der kurzgeschlossenen und die Spannung der nicht kurzgeschlossenen Phasenwicklung eines großen Schenkelpolgenerators mit geringer Eisensättigung wiedergegeben. Starke Sättigung und große Streuung verhindern die Ausbildung dieser Überspannungen ebenso wie ein guter Dämpferkäfig, nämlich durch Abgleichung der Ausgleichsflüsse in der Längs- und Querachse der Pole.

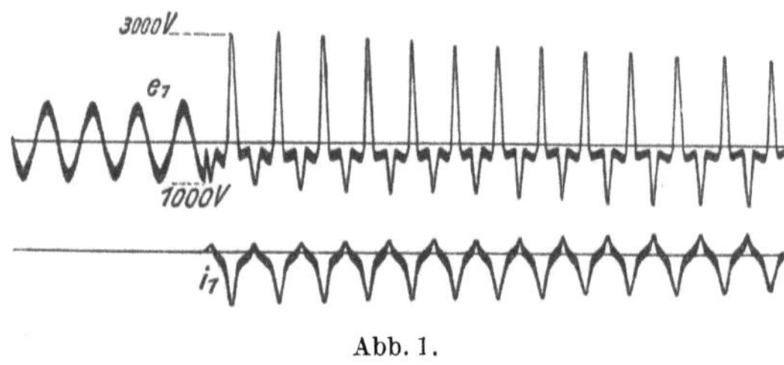

Abb. 1.

Wenn das Leitungsnetz beträchtliche Kapazität besitzt, so können die Spannungsspitzen nach Abb. 1 *die Eigenschwingungen des Systems anregen und hierdurch die Spannung weiter erhöhen.* Solche Störungen sind beobachtet worden bei Schenkelpolgeneratoren ohne Dämpferwicklung, oder mit unvollständiger Dämpferwicklung, die nur die Pole umschließt und den Raum zwischen den Polen frei läßt.

Die mechanischen Kräfte, die von den Stoßströmen verursacht werden, wachsen mit dem Quadrat der Stromstärke an und betragen daher, wenn der Kurzschlußstrom das 50fache des Normalstromes ist, bereits das 2500fache der normalerweise wirksamen Kräfte. Zur Aufnahme derselben *müssen besonders die Wicklungsköpfe von Wechselstrommaschinen sehr kräftig versteift werden,* da sie sonst bei jedem Kurzschluß zerbrechen würden. Abb. 2 stellt eine Maschine mit gut versteifter Wicklung dar, die jeden Kurzschluß aushält.

Das beste und einzige Mittel zur Niedrighaltung der mechanischen Kräfte in der Maschine und auch der vielfachen Wirkungen, die zu starke Kurzschlußströme in den Außenleitungen ausüben, besteht darin, die Generatoren mit großer Streuspannung zu bauen, also mit relativ vielen Windungen auf dem Ständer und relativ schwachem magnetischen Hauptfeld. Nur dadurch kann der Höchstwert der Stoßkurzschlußströme vermindert werden, obwohl die Dauer des Ausgleichsvorganges sich dabei wohl etwas vergrößern kann.

Wegen der enormen Größe der Stoßströme ist ihre genaue Vorausbestimmung von erheblicher Wichtigkeit für die Praxis. Es kann dabei *zweifelhaft sein, welche Streuung des Generators man der Berechnung der Ströme zugrunde legen muß*, ob nur die Ständerstreuung oder auch die Läuferstreuung von Einfluß ist, ob die Nutenstreuung voll anzusetzen ist oder wegen der Zahnsättigung nur zum Teil, oder wie die Dämpferwicklung die Streuung zwischen den Polen beeinflußt. Wir wollen die Entscheidung über diese Fragen von Versuchen an wirklichen Maschinen ableiten.

Das Verhältnis von Stoßstrom zu Normalstrom kann man nach Gl. (23) und (26) des vorigen Kapitels 13 schreiben

$$\frac{J_s}{J_n} = \varkappa \frac{E}{E_s}. \qquad (1)$$

Darin läßt sich die linke Seite für jeden Generator aus einem Kurzschlußversuch oszillographisch bestimmen. Die rechte Seite enthält den reziproken Wert der relativen Streuspannung der Maschine. Man pflegt diese Streuspannung zu messen, indem man Wechselstrom normaler Frequenz in die Ständerwicklung schickt, nachdem man den Läufer vorher entfernt hat. Der magnetische Fluß durch die Ständerbohrung stellt

Abb. 2. Ständer eines Drehstrom-Synchrongenerators von 25000 kVA, 13800 Volt, 60 P/s, 3600 U/min. (Allis Chalmers Mfg. Co., Milwaukee, Wis.).

dann ein gewisses Äquivalent für den Läuferstreufluß dar. Diese Bohrungsstreuung selbst kann man mit ausreichender Genauigkeit berechnen und durch Subtraktion von der gemessenen Streuung die Stirn- und Nutenstreuung allein erhalten.

Für eine große Zahl von Synchrongeneratoren, die einem plötzlichen Klemmenkurzschluß bei voller Spannung unterworfen wurden, sind diese Verhältniswerte gemessen worden und daraus die *Stoßziffern* $\varkappa$ nach Gl. (1) empirisch bestimmt. Wir wissen, daß sie in Wirklichkeit wegen der Dämpfung etwas unterhalb von 2 liegen müssen und können daraus auf den Einfluß der einen oder anderen Streuung auf die Stoßkurzschlußströme schließen. In Abb. 3 sind 6 Häufigkeitskurven für die Stoßziffer $\varkappa$ nach diesen Messungen aufgetragen, und zwar getrennt für Schenkelpolläufer mit und ohne Dämpferwicklung und für Zylinderläufer, einmal bei Berücksichtigung und einmal unter Abzug des Bohrungsflusses. Man sieht, daß bei Zylinderläufern nur die Kurve ohne Bohrungsfluß, bei Schenkelpolläufern ohne Dämpfer nur die Kurve mit Bohrungsfluß und bei Schenkelpolläufern mit Dämpferwicklung wieder nur die Kurve ohne Bohrungsfluß geschlossene Häufigkeitsgruppen bilden, deren Mittelwert etwas unter 2 liegt, während die anderen Kurven ganz abweichende Mittelwerte besitzen. Da der gesamte Mittelwert von

$$\varkappa = 1{,}8 \qquad (2)$$

gut mit unseren berechneten Zahlen übereinstimmt, *so dürfen wir als sicher ansehen, daß bei Turbogeneratoren mit Zylinderläufern und Schenkelpolmaschinen mit Dämpferkäfig nur die Stirn- und Nutenstreuung, bei Schenkelpolgeneratoren ohne Dämpfer dagegen auch die Bohrungs- oder Läuferstreuung für die Entwicklung der Stoßkurzschlußströme maßgebend ist.*

Der Grund für diese Unterschiede ist darin zu suchen, daß sich in dem massiven Eisen und den Nutenkeilen von Turbozylinderläufern ebenso wie in Dämpferkäfigen von Schenkelpolläufern die fast gleichstromartigen mehrphasigen Läuferstromsysteme bequem ausbilden können, die mit dem freien Drehfeld verkettet sind, das am Läufer hängt. Ihre Strombahnen besitzen nur geringe

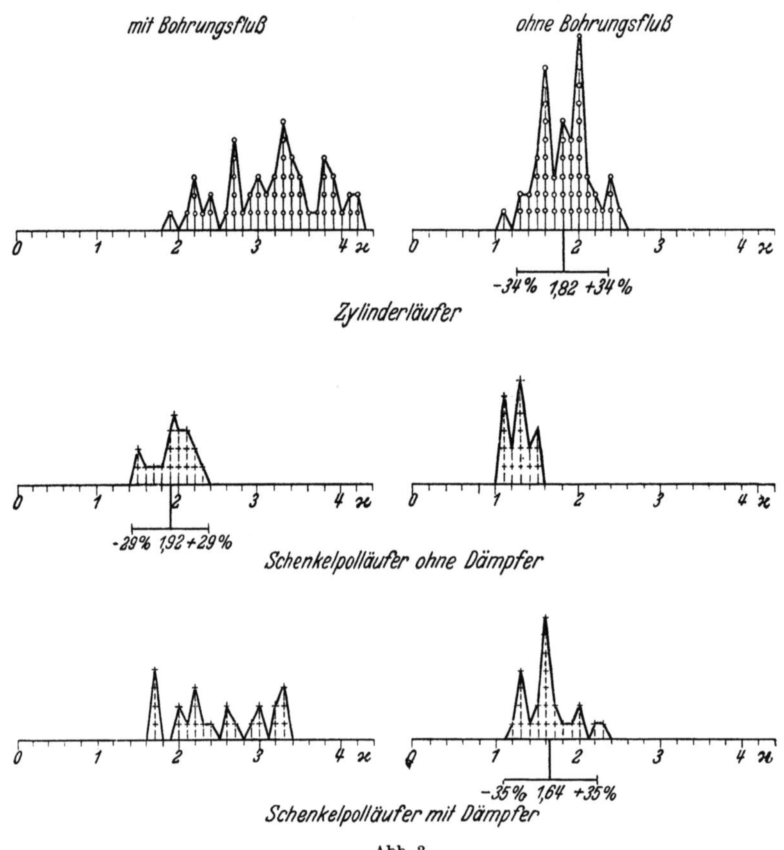

Abb. 3.

magnetische Streuung, die gegenüber der Ständerstreuung kaum eine Rolle spielt. Dagegen kann sich bei Schenkelpolgeneratoren ohne Dämpfer kein Mehrphasenstromsystem im Läufer ausbilden. Die freien Kurzschlußfelder wirken hier nur auf die einachsigen Erregerwicklungen ein, deren beträchtliche Streuung mit zur Begrenzung der Stoßkurzschlußströme beiträgt.

Durch diese Untersuchungen haben wir gleichzeitig die *Stoßkurzschlußziffer empirisch auf den Wert der Gl. (2) festgelegt.* Daß nicht alle Messungen mit dem Mittelwert übereinstimmen, liegt zum Teil daran, daß große, mittlere und kleine Generatoren durcheinander gemessen und aufgetragen wurden. In Wirklichkeit besitzen sie natürlich etwas verschiedene Kurzschlußziffern, da ihre Verhältnisse von Widerstand zu Streuung, die nach Gl. (26) von Kapitel 13 maßgebend sind, nicht genau übereinstimmen. Ein Teil der Abweichungen liegt aber auch an der Ungenauigkeit der oszillographischen Messungen. Die Toleranz, mit der die mittleren Zahlenwerte für die Kurzschlußziffer behaftet sind, läßt sich nach der Wahrscheinlichkeitslehre aus den Häufigkeitskurven der Abb. 3 zu $\pm 30\%$ bis 35% ermitteln.

Schließt man die Generatoren nicht bei voller Nennspannung kurz, sondern bei geringerer Spannung, so sinkt die Kurzschlußziffer etwas, wenn man die gleiche Streuung zugrunde legt, wie die Messungen in Abb. 4 zeigen. Dies liegt daran, daß die Nutenstreuspannung wegen der geringeren Sättigung der Streuwege, vor allem der Zähne, mit sinkender Spannung ein wenig zunimmt. Wenn man die Nutenstreuung künstlich vergrößert, etwa durch vertiefte Lage der Leiter in den Nuten, so steigt die Zahnsättigung der Streufelder gewaltig an, was einer Vergrößerung der Streuung entgegenwirkt.

Während der Dauerkurzschlußstrom von Generatoren beim Übergang vom dreipoligen zum zwei- und einpoligen Kurzschluß wegen der geringeren feldschwächenden Ankerrückwirkung größer und größer wird, ist dies beim Stoßkurzschlußstrom nicht der Fall. In Abb. 5 ist für eine große Zahl von Maschinen das Verhältnis des einpoligen und zweipoligen Stromstoßes zum dreipoligen aufgetragen. Man sieht, daß der Mittelwert mit ausreichender Genauigkeit gleich 1 ist, und daß die Abweichungen wieder etwa $\pm 30\%$ betragen. *Einphasiger Kurzschluß und Erdschluß gegen den Sternpunkt ergeben also etwa die gleichen Stoßströme wie ein dreiphasiger Kurzschluß.* Dies zeigt an, daß die relative Streuspannung, die nach Gl. (1) maßgebend für die Entwicklung der Ausgleichsströme ist, für alle drei Fälle fast die gleiche bleibt.

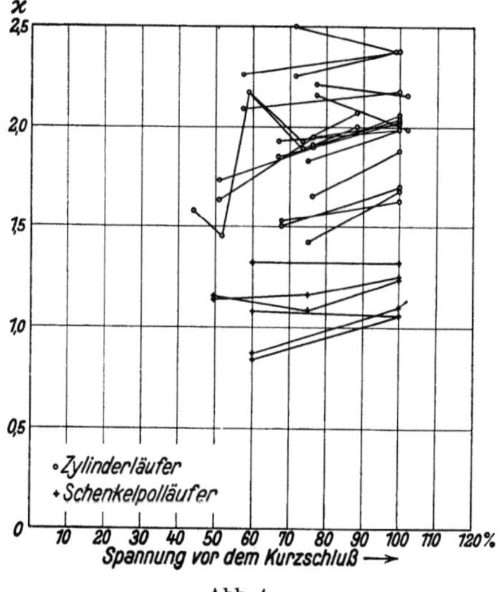

Abb. 4.

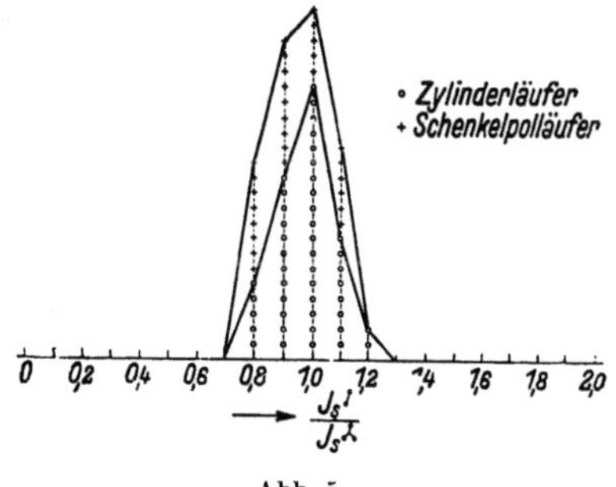

Abb. 5.

Auch bei *Teilkurzschlüssen der Wicklung innerhalb des Generators*, etwa bei Windungsschlüssen, die durch Überspannungen oder Isolationsdefekte entstehen, wird daher der Stoßstrom nicht größer als bei Klemmenkurzschluß, während der Dauerkurzschlußstrom mit der Abnahme der kurzgeschlossenen Windungszahl immer größer wird. Dies führt dazu, daß schließlich bei kleiner Windungszahl eines Teilkurzschlusses der Dauerstrom größer wird als der Stoßstrom und sich daher nur allmählich zu seiner vollen Größe entwickelt.

Außer den hohen Anfangswerten der Kurzschlußströme ist auch *der weitere zeitliche Verlauf* von erheblicher praktischer Bedeutung. Wir wollen uns daher nicht auf die alleinige Berechnung aus den Widerstands- und Streuungsverhältnissen verlassen, sondern wollen vor allem den wichtigen Kurzschlußwechselstrom aus Messungen an ausgeführten Maschinen entnehmen. Aus einer großen Zahl von Oszillogrammen ist in Abb. 6 und 7 das Abklingen des Wechselstromgliedes des Ausgleichsstromes ausgewertet, indem die relativen Stromstärken im logarithmischen Maßstab aufgetragen sind. Bei Schenkelpolgeneratoren nach Abb. 6 laufen die Kurven recht stark durcheinander, jedoch ist bei Turbogeneratoren nach Abb 7 trotz der verschiedensten Maschinengrößen ein einiger maßen einheitlicher Verlauf vorhanden. Man erkennt zunächst, daß bei beiden Maschinenarten *die Dämpfung für zweipoligen Kurzschluß nur halb so groß ist wie für dreipoligen*, was von den wesentlich geringeren Energieverlusten der Ströme in der gesamten Wicklung herrührt.

Während ein exponentielles Verlöschen im logarithmischen Maßstab einen geradlinigen Verlauf ergeben müßte, ist dieser in Abb. 6 und 7 zu Anfang der Kurzschlußzeit keineswegs vorhanden. Der Abfall der Ströme erfolgt vielmehr in der ersten zehntel Sekunde außerordentlich schnell und geht erst dann in einen gleichmäßig exponentiellen Verlauf über. Diese Erscheinung rührt zum Teil *von der magnetischen Sättigung* her, die in wirklichen Maschinen stets vorhanden ist. Zum andern Teil rührt sie von dem Auftreten von zwei oder mehr Zeitkonstanten im Läufer her, die durch das Zusammenwirken der Erregerwicklung mit einer eingebauten *Dämpferwicklung oder mit Wirbelstromkreisen* in den Eisenmassen des Läufers verursacht wird, wie es in Kapitel 8 und 10 dargelegt wurde. Dieses kompliziertere Verhalten soll in einem späteren Kapitel im

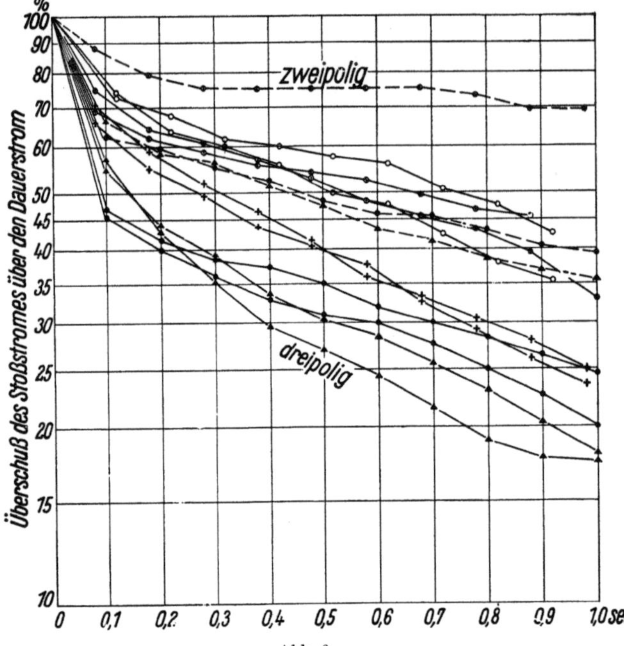

Abb. 6.

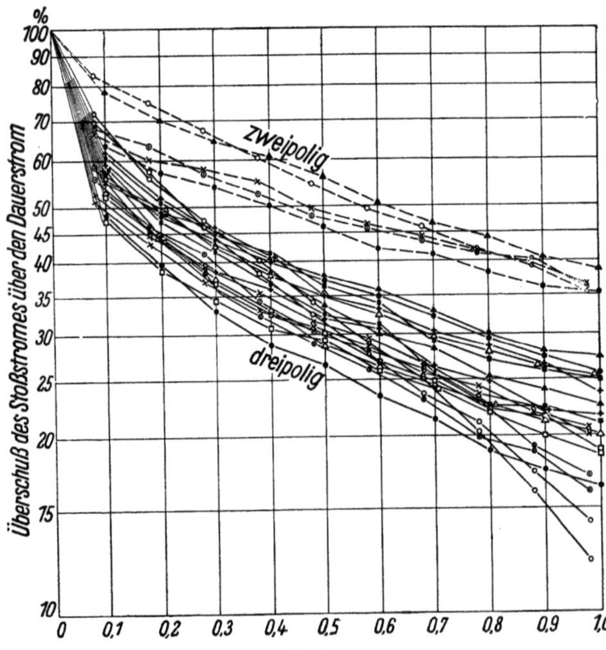

Abb. 7.

einzelnen verfolgt werden. Die Nebenzeitkonstanten sind sehr klein, meist unter $^1/_{10}$ sec. *Als mittlere Hauptfeldzeitkonstante derartiger großer Synchronmaschinen kann man nach Abb. 6 und 7 für dreipoligen Kurzschluß etwa 1 sec, für zweipoligen etwa 2 sec ansehen,* so daß man mit einer gesamten Abklingdauer der Stoßkurzschlußströme von reichlich 3 bis 6 sec rechnen muß.

Die eben genannten Wirbelströme im Eisen und in den metallischen Nutenverschlußkeilen von Turboläufern schließen sich zum Teil über die seitlichen Wicklungskappen oder Bandagen und können bei schlechtem Kontakt derselben *Schmorstellen und ähnliche Verbrennungen* hervorrufen. Abb. 8 zeigt eine solche an mehreren Stellen verbrannte Kappe. Zur Verhinderung dieser Zerstörung pflegt man für guten Kontakt von Bandage und Läufereisen zu sorgen.

Außer den mechanischen Kräften auf die Wicklungsköpfe treten beim plötzlichen Kurzschluß auch Kräfte zwischen Ständer und Läufer auf, die zusätzliche Drehmomente ergeben und den Läufer abbremsen. Da das

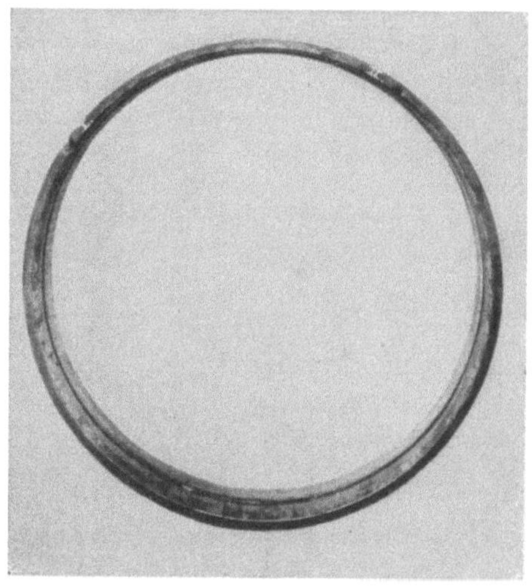

Abb. 8.

Magnetfeld im Luftspalt der Maschine anfangs noch in voller Stärke besteht, so steht das Stoßmoment im gleichen Verhältnis zum normalen Drehmoment wie der Stoßkurzschlußstrom zum Normalstrom. *Das Kurzschlußdrehmoment beträgt daher bis zum 15 fachen des normalen Momentes und beansprucht die Welle, die Kupplung, die Antriebsmaschine und auch die Fundamente des Generators mit einem harten Schlag.* Abb. 9 zeigt für einen großen Turbogenerator den zeitlichen Verlauf von Kurzschlußstrom und Drehzahlabfall, welch letzterer durch eine Tachometerdynamo oszillographiert wurde. Um die Drehzahlkurve so deutlich zu erhalten, daß aus ihrer Verzögerung und der Läuferschwungmasse die Stärke des Stoßmomentes berechnet werden konnte, wurde die Aufnahme bei

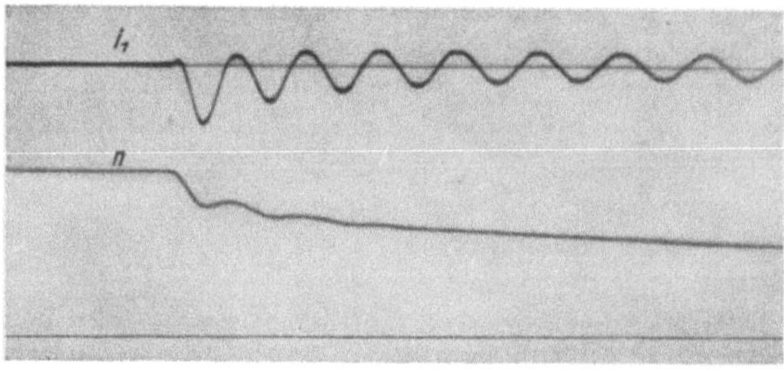

Abb. 9.

verringerter Drehzahl des Generators gemacht. Die Stärke der Stoßkurzschlußströme erleidet dadurch nur eine ganz geringfügige Veränderung, weil sie nach Gl. (1) im wesentlichen von Verhältniswerten der Spannung abhängt, die bei Drehzahländerungen die gleichen bleiben.

Nach Abb. 9 ergibt sich eine starke Verzögerung und damit *ein starkes Bremsmoment vor allem während der ersten Halbperiode nach dem Kurzschluß, also praktisch während* $^1/_{100}$ *sec.* Seine relative Stärke stimmt nach der Auswertung des Oszillogramms genau mit der des Kurzschlußstromes überein. Die pulsierenden Momente nach dem ersten Stoß haben nur geringere Bedeutung, da sie an Stärke sehr schnell abflauen, sie rühren von Fluktuationen der magnetischen und mechanischen Energie her. Es sei nebenbei erwähnt, daß sie bei Versuchen mit sehr kleiner Grunddrehzahl den Läufer sogar zum Ausschwingen nach der entgegengesetzten Drehrichtung bringen können.

Ist der Generator beim Eintritt des plötzlichen Kurzschlusses vorbelastet, so kann sich dieser Vorbelastungsstrom in der Maschine durch den Kurzschluß nicht plötzlich ändern. Denn sonst müßte sich bei seiner starken Ankerrückwirkung ja das Magnetfeld ebenfalls ändern, was nicht momentan möglich ist. Er fließt daher gemeinsam mit den Ausgleichsströmen durch die Kurzschlußstelle und addiert sich zu ihnen mit seiner richtigen Phase. Im ungünstigsten Falle, bei Netzbelastung mit reinem Blindstrom, addiert sich der Vorbelastungsstrom arithmetisch zum Generatorkurzschlußstrom und verstärkt den Stoßstrom etwa vom 15fachen auf den 16fachen Wert des Normalstromes. Bei geringerer Phasenverschiebung und gar bei Vorbelastungswirkstrom ist die Verstärkung fast unmerklich. Beim Kurzschluß von Synchronmotoren schwächt die Vorbelastung den Stoßstrom. Abb. 10 zeigt ein derartiges Oszillogramm, bei dem der relative

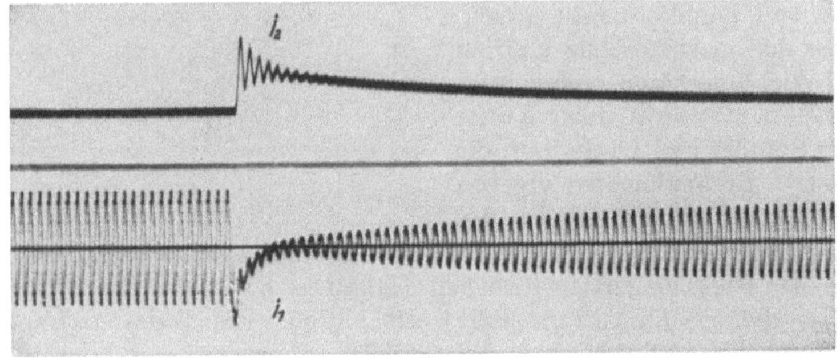

Abb. 10.

Einfluß des Vorbelastungsstromes durch Betrieb mit erniedrigter Erregung des Synchronmotors künstlich verstärkt wurde. *Im allgemeinen ist der Vorbelastungsstrom im Verhältnis zu den Stoßströmen so gering, daß man seinen Einfluß gegenüber anderen Ungenauigkeiten der Berechnung vernachlässigen darf.* Keinesfalls darf man beim Kurzschlußversuch im Leerlaufzustande die Vorbelastung dadurch ersetzen, daß man den Leerlauferregerstrom bis zum Belastungserregerstrom steigert, denn dadurch würde die kurzzuschließende Spannung E und daher nach Gl. (1) der Stoßstrom auf einen praktisch nie vorkommenden Wert anschwellen.

Wird ein *Kurzschluß einige Zeit nach seiner Entstehung unterbrochen*, so setzt die Spannung des Generators nicht sofort mit ihrem vollen Werte ein, da sein Feld ja durch die entmagnetisierende Rückwirkung des Kurzschlußstromes stark geschwächt war. Die Spannung springt vielmehr im Abschaltmoment nur auf einen geringen Betrag, der diesem Restfelde entspricht, und steigt dann allmählich nach Maßgabe der Hauptfeldzeitkonstante des Generators bis auf ihren vollen Wert an. Dies kann etliche Sekunden dauern, wie man aus Abb. 11 erkennt, in der die Wiederentwicklung der Spannung eines kleineren Turbogenerators oszillographisch dargestellt ist. Gleichzeitig mit dem Öffnen des Kurzschlusses springt der Erregerstrom des Generators auf einen niedrigen Wert, der dem Magnetisierungsstrom des eben genannten Restfeldes entspricht. Er wächst dann allmählich gemeinsam mit der Spannung wieder auf seinen vorherigen Endwert an.

Dauert der Kurzschluß nur sehr kurze Zeit, was man ja am Auslöser des unterbrechenden Schalters einstellen kann, so ist der Stoßkurzschlußstrom noch nicht vollständig erloschen, und daher ist auch das Feld des Generators noch nicht auf seinen Dauerwert abgeklungen. Die Spannung springt dann im Abschaltmoment auf einen größeren Wert und beansprucht den Schalter während des Ausschaltvorganges entsprechend stärker. In Abb. 12 ist dargestellt, wie das Läuferfeld und damit die wirksame Spannung E im Generator vom Anfangswert E_0 nach einer Exponentialkurve mit der *Streufeldzeitkonstante* T_2 bis auf den Endwert $E_S + E_L$ abklingt, der durch Streuung und äußere Selbstinduktion bestimmt ist. Für fünf verschieden lange Kurzschlußzeiten t_k ist das Hochspringen der Spannung nach dem Abschalten bis auf diesen Exponentialwert eingezeichnet, der sich danach leicht zahlenmäßig berechnen läßt. Von da ab

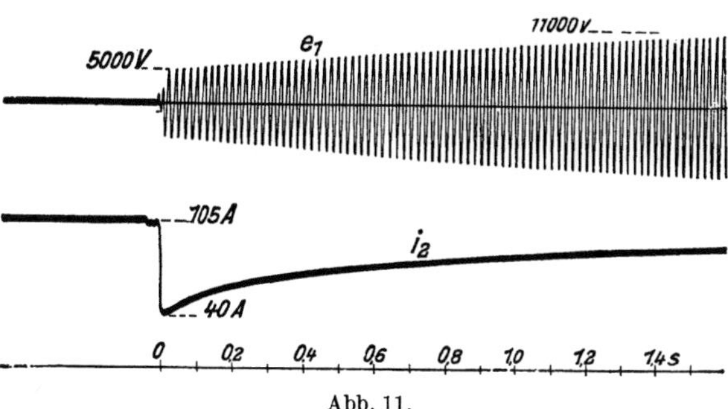

Abb. 11.

steigt die Spannung weiter mit der *Hauptfeldzeitkonstante* T_0 bis zum ursprünglichen Wert vor dem Kurzschluß, oder auch noch weiter bis zum Leerlaufswert, falls der Generator vorbelastet war und inzwischen seine Last abgeschaltet wurde.

Bei Kurzschlüssen in der Nähe der Generatoren erhält man durch verzögerte Auslösung des Schalters eine geringere Abschaltleistung. Beispielsweise ergibt sich bei einer Zeitkonstante für zweipoligen Kurzschluß von $T_2 = 2$ sec und einer Auslösezeit von $t_k = 4$ sec bereits eine Reduktion der Abschaltespannung auf etwa 30% der Netzspannung. Bei Kurzschlüssen weitab vom Generator sinkt das Feld und seine Spannung jedoch nur um ein geringes Maß, so daß man dort keinen erheblichen Gewinn von langen Abschaltezeiten hat.

b) Im Leitungsnetz. In ausgedehnten elektrischen Netzen können Kurzschlüsse der Leitungen

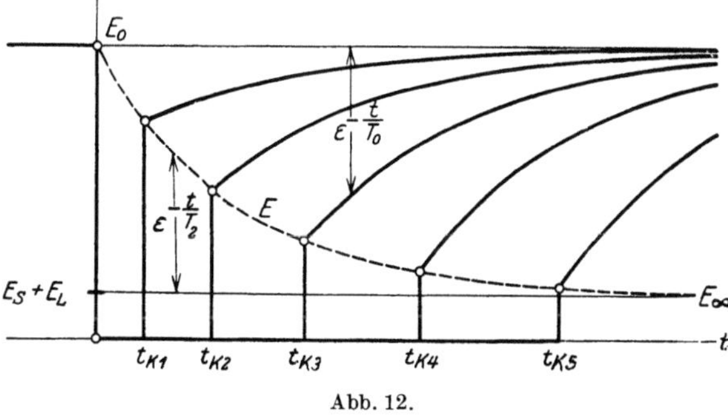

Abb. 12.

durch eine ganze Reihe von Ursachen bewirkt werden. Überspannungen können in Maschinen, Transformatoren und Schaltanlagen und auch in Kabeln oder Freileitungsstrecken zu Überschlägen zwischen verschiedenpoligen Leitungen führen. Durchhängende Freileitungen können bei starkem Wind zusammenschlagen; Baumäste, Vögel und andere Fremdkörper können zwischen die Leitungen geraten und Überschläge hervorrufen; Kabel können bei Bauarbeiten angehackt werden. Falsche Schalthandlungen bewirken häufig vollständige Kurzschlüsse; Überlastung von Einankerumformern oder Gleichrichtern kann Kollektorüberschläge oder Rückzündungen und damit gleichzeitig Kurzschluß der Drehstromseite hervorrufen. Schließlich können Isolationsdefekte aller Art in den verschiedensten Teilen der Anlage Kurzschlüsse entstehen lassen.

In allen diesen Fällen tritt die Verbindung der spannungführenden Leitungen

meistens innerhalb so kurzer Zeit ein, daß die Generatoren hohe Stoßkurzschlußströme in die gestörte Stelle treiben, die ein Vielfaches des normalen Leitungsstromes betragen. Man kann damit rechnen, daß moderne Generatoren bei
plötzlichem Kurzschluß ihrer Klemmen Ströme entwickeln, deren einseitiger
Ausschlag das 10- bis 20fache der Amplitude des normalen Betriebsstromes ist.
Dieser Stoßstrom sinkt je nach Bauart der Generatoren nach 1 bis 5 sec auf den
Dauerkurzschlußstrom herab, der bei voller Erregung der Generatoren im allgemeinen das 2- bis 3fache des normalen Stromes beträgt.

Die Folgen aller dieser Kurzschlüsse sind unter der Wirkung der hohen sich
entwickelnden Ströme um so stärker, je größer die speisenden Kraftwerke sind.
Während sich nämlich die Belastungsströme in ihrer Stärke im wesentlichen nach
den Eigenschaften der Stromverbraucher richten, *sind die Kurzschlußströme
völlig unabhängig von der Verbraucherleistung und werden in ihrer Stärke lediglich
durch die Eigenschaften der Erzeugungsstelle und der zwischenliegenden Netzteile
bestimmt.* Hierdurch wird es verursacht, daß die mit den Kurzschlüssen verknüpften

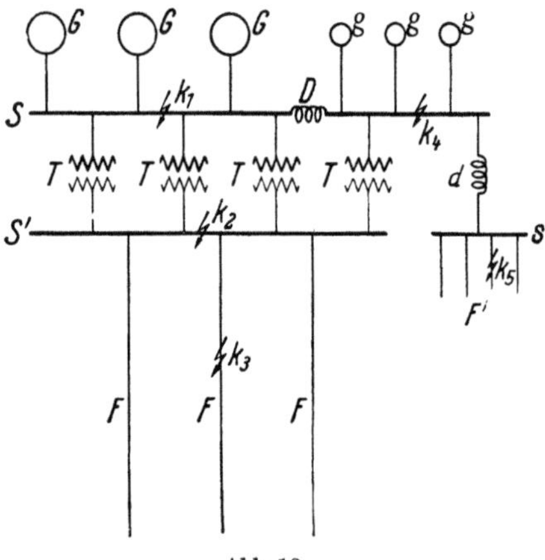

Abb. 13.

störenden Erscheinungen um so stärker
werden, je größer die Kraftwerke werden
und je mehr große Kraftwerke man zu
einem einheitlichen Netz zusammen-
schließt, wenn man sie nicht durch geeignete Mittel eindämmt.

Von großem Einfluß auf die Stärke
der Kurzschlußströme ist natürlich *die
Lage der Kurzschlußstelle im Netz*, für die
in Abb. 13 verschiedene Möglichkeiten
dargestellt sind. k_1 stellt einen Kurzschluß
an den Generatorsammelschienen S der
Hauptgeneratoren eines Kraftwerkes dar.
Der Kurzschlußstrom der drei großen
Maschinen G ergießt sich vollständig in
diese Fehlerstelle. Tritt ein Kurzschluß
bei k_2 an den Hochspannungssammel-
schienen S' ein, so ist die Reaktanz der Transformatoren vorgeschaltet, was
eine erhebliche Erniedrigung der Kurzschlußleistung ergibt. *Nicht nur der Absolutwert des Kurzschlußstromes* ergibt sich wegen der Übersetzung der Transformatoren im Hochspannungskreis geringer als an den Niederspannungs-
schienen, *sondern auch der Relativwert im Verhältnis zum jeweiligen Nennstrom
wird durch die zwischengeschaltete Transformatorinduktanz geringer.*

Ein Kurzschluß in einer der Fernleitungen F, etwa bei k_3, entwickelt fast
die gleiche absolute Stromstärke wie im vorhergehenden Falle. Da jedoch jede
der drei Fernleitungen nur ein Drittel des Nennstromes der Sammelschienen
führt, so wird die relative Stärke, also das Verhältnis von Kurzschlußstrom zu
Normalstrom, hier auf das Dreifache vergrößert. Verzweigen sich die Fernleitungen am anderen Ende noch weiter, so nimmt die absolute Stärke des Kurzschlußstromes durch die vergrößerte Induktanz immer mehr ab, jedoch kann
gleichzeitig das Verhältnis zum Nennstrom und damit das Maß für die Gefährdung der Leitung bei kleinen Ausläufern stark ansteigen.

*Besonders gefährdet sind kleine Abzweige, die unmittelbar an Hochleistungs-
sammelschienen geschlossen sind.* Denn hier ergießt sich bei eintretendem Fehler
der volle Kurzschlußstrom des Kraftwerkes in eine einzelne schwache Zweig-
leitung, die ihm natürlich nicht gewachsen ist, sondern sofort abschmilzt. Es ist
deshalb zweckmäßig, *derartigen Zweigleitungen durch eine vorgeschaltete Drossel-*

spule eine vergrößerte Induktanz zu geben, so daß die Kurzschlußströme nur eine Stärke annehmen können, die den Normalströmen und ihren Leitungsquerschnitten angemessen ist. In Abb. 13 ist die Sammelschiene s für den Eigenverbrauch durch eine derartige Drosselspule d geschützt, so daß beim Kurzschluß bei k_5 in ihren schwachen Abzweigen F' keine übergroßen Wirkungen eintreten.

Wird ein Kraftwerk mit alten kleinen Generatoren g in Abb. 13, die samt ihren Schaltanlagen nicht übermäßig kräftig gebaut sind, durch Aufstellung neuer großer Generatoren G erweitert, so ist es aus dem gleichen Grunde zweckmäßig, *die verschiedenen Kraftwerksteile durch eine zwischengeschaltete Kurzschlußdrosselspule D zu trennen.* Man verhindert dadurch im Falle eines Kurzschlusses bei k_4 in der alten Schaltanlage ein gar zu starkes Hinüberfluten von Kurzschlußströmen aus den neuen Hochleistungsmaschinen.

Auch beim Zusammenarbeiten außerordentlich großer Leistungen in einem einzelnen Kraftwerk leistet eine *Unterteilung der Sammelschienen durch derartige Quer-Drosselspulen* gute Dienste

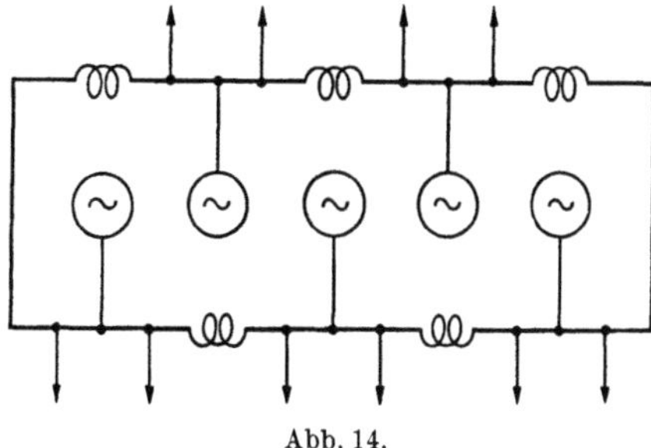

Abb. 14.

zur Begrenzung der Kurzschlußströme an jeglichen Punkten in der Nähe der Generatoren. Dies ist in Abb. 14 für fünf Generatoren gezeigt, die auf eine unterteilte Ring-Sammelschiene arbeiten. Kraftwerke mit mehr als 50000 bis 100000 kVA Leistung sollten stets in dieser Weise in mehrere Abschnitte zerteilt werden. Durch solche Drosselspulen können Wirkströme J_D ohne Nachteil ausgetauscht werden, weil deren induktive Spannung E_D nach Abb. 15 nahezu senkrecht auf den Netzspannungen E_G und E_g steht. Dadurch wird zwar ein geringer Phasenunterschied zwischen den Sammelschienen-Spannungen hervorgerufen, jedoch bleibt ihre absolute Größe ungeändert.

Man erkennt aus alledem, *daß die Entwicklung der Kurzschlußströme ganz anders ist als die Verteilung der normalen Betriebsströme.* Während sich die Betriebsströme der einzelnen Zweigleitungen nach den Belastungen an den Verbrauchsstellen richten, ist *die Größe der Kurzschlußströme lediglich bestimmt durch die gesamte Leistung der in den Kurzschluß speisenden Maschinen sowie durch die Selbstinduktion und ein wenig auch durch den Widerstand des gesamten Stromkreises von den Maschinen bis zur Kurzschlußstelle.* Man erkennt hieraus, daß man

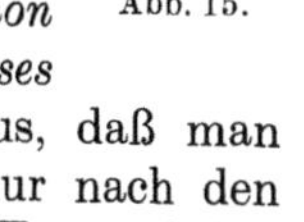

Abb. 15.

die Leitungs- und Schaltanlagen großer Kraftwerke keineswegs nur nach den normalen Betriebsströmen bemessen darf, sondern daß man dem Entwurf diejenigen Ströme zugrunde legen muß, die sich in den Leitungen bei plötzlichem Kurzschluß an beliebigen Stellen ausbilden können.

Der Stoßkurzschlußstrom ist nach Gl. (1)

$$J_s = \varkappa \frac{E\,J_n}{E_s}. \tag{3}$$

Darin kann man entweder $E J_n$ als Gesamtleistung aller in den Kurzschluß speisenden Maschinen auffassen und E_s als Selbstinduktionsspannung des Gesamtstromes bis zur Kurzschlußstelle. Oder man versteht unter $E J_n$ die normale Leistung der vom Kurzschluß betroffenen Leitung und unter E_s die Selbstinduktionsspannung ihres normalen Zweigstromes von der Kurzschlußstelle bis in die

Maschinen. Schließlich kann man auch unter E_s/J_n den *resultierenden Blind-widerstand* aller Stromkreise von den Generatorwicklungen bis zur Kurzschluß-stelle verstehen und erhält den Stoßkurzschlußstrom durch Division der Netz-spannung durch diesen Widerstand.

In Abb. 16 ist diese Berechnung für ein relativ einfaches Beispiel durch-geführt, und es sind die Zahlen für die Stoßkurzschlußströme und auch für die Dauerkurzschlußströme eingetragen. Ergeben sich dabei so große Stromstärken, daß sie von den beabsichtigten Schaltern, die etwa auf Grund der normalen Stromverteilung gewählt sind, nicht beherrscht werden können, *so muß ent-weder das Schaltermodell mit Rücksicht auf die Abschaltung der Kurzschlußstrom-stärken größer gewählt werden, oder es müssen Luftdrosselspulen vor die betreffende Abzweigleitung geschaltet werden*, so wie es in Abb. 16 an mehreren Stellen vor-gesehen ist. Da manche Transformatoren nur 2 bis 3% Streuspannung besitzen, was 60- bis 90fachem Stoßkurzschlußstrom entspricht, so kann es beim Fehlen sonstiger Spannungsabfälle vor den Transformatoren, also z. B. bei kleinen

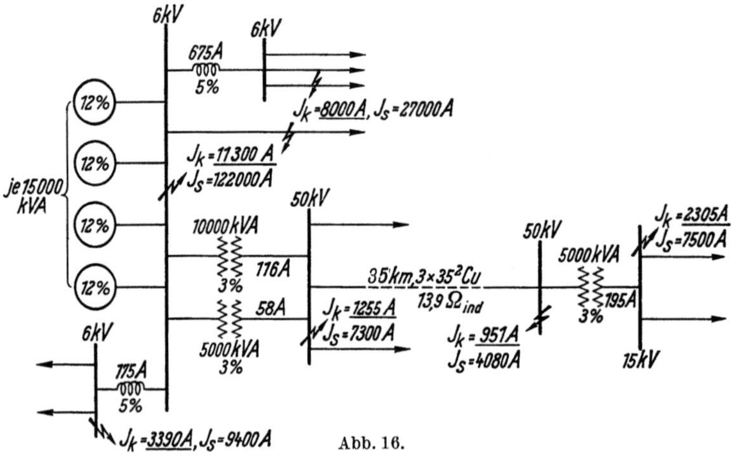

Abb. 16.

Transformatoren an Hochleistungssammelschienen, erforderlich sein, auch diese durch zusätzliche Kurzschlußdrosselspulen zu schützen. Dagegen pflegt man Generatoren heutiger Bauart nicht durch vorgeschaltete Luftdrosselspulen gegen Kurzschluß zu schützen, da es weit rationeller ist, die innere Streuung ihrer Wicklungen angemessen groß zu halten.

Was man durch systematische Ausrüstung aller Speise- und Abzweigleitungen eines großen Netzes mit Kurzschlußdrosselspulen erreichen kann, zeigt das Schalt-bild von Abb. 17. Hier sind beide Enden jeder Leitung über Drosselspulen von etwa 3% Reaktanz an die Sammelschienen geschlossen mit dem Ergebnis, daß beim Kurzschluß in irgendeiner Stelle des ganzen Netzes nur Kurzschlußströme auftreten, deren Leistung sich unter 100000 kVA halten läßt, so daß die Rück-wirkung auf die gesunden Teile des Netzes so gering wird, daß dort keine nach-teiligen Spannungssenkungen und Betriebsstörungen eintreten. Man hat hier also *den Kurzschluß lokalisiert* und kann ihn ohne allgemeine Gefährdung ab-schalten.

In vielen großen Leitungsnetzen, besonders wenn sie stark verzweigt sind oder zu einem ausgedehnten Ring- oder Netzsystem zusammengeschlossen sind, würde es sehr mühsam sein, die zu erwartenden Kurzschlußströme individuell für alle wichtigen Punkte zu berechnen, wo Leistungsschalter installiert werden, um diese Ströme zu unterbrechen. Es ist vorteilhaft, *statt dessen ein Netzmodell in stark verkleinertem Maßstab zu bauen,* das ein Abbild des wirklichen Systems darstellt und aus so vielen Widerständen und Induktionsspulen und möglicherweise Kondensatoren besteht, wie das wirkliche Netz Leitungen, Apparate und Maschinen besitzt. Solch ein Berechnungsmodell oder Netzanalysator wird an den Stellen, wo Generatoren stehen sollen, mit entsprechend verringerten Spannungen gespeist, und häufig auch mit erhöhter Frequenz. Wenn man die verschiedenen Stellen, an denen Leistungsschalter stehen, eine nach der anderen kurzschließt, so kann man nicht nur die Ströme und ihre Verteilung leicht messen, sondern auch gleichzeitig die Spannungen erkennen, die an den gesunden Teilen des Netzes bestehen bleiben. *Sowohl die Dauerströme wie die Stoßströme bei Kurzschluß können auf diese Weise mit geringer Mühe und in angemessener Zeit bestimmt werden.*

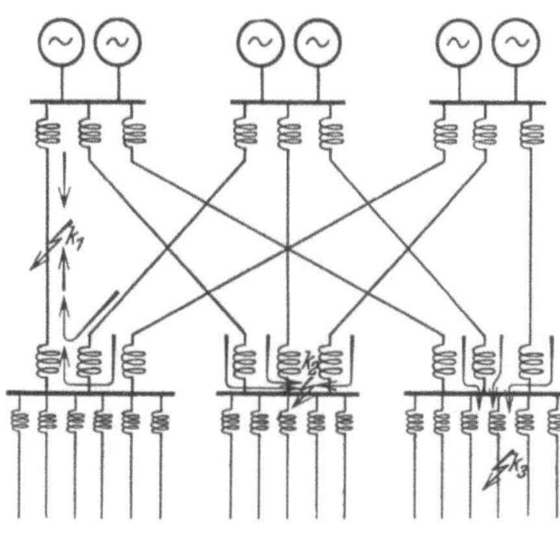

Abb. 17.

Öffentliche und industrielle Kraftwerke ziehen meistens eine feste Anordnung des Netzmodells vor, in dem die verschiedenen Impedanzen genau so verbunden sind, wie in ihrem wirklichen Leitungsnetz. Dies ermöglicht eine rasche Untersuchung irgendwelcher Änderungen oder geplanter Erweiterungen des Systems im Hinblick auf die Entwicklung von Kurzschlußströmen. Andererseits eignet sich zu allgemeinerer Anwendung mehr ein Analysator, der einstellbare Impedanzen mit schaltbaren Verbindungen besitzt, so daß man jeden

Abb. 18. Netzmodell mit Elementen, die Generatoren, synchrone Impedanzen, Leitungen, Lasten, Transformatoren und Kapazitäten darstellen. (General Electric Co., Schenectady, N. Y.)

beliebigen Aufbau eines Netzes mit ihm abbilden kann. Abb. 18 zeigt die Anordnung einer solchen Berechnungstafel und Abb. 19 gibt die Rückansicht der Einzelheiten einer Abteilung für eine andere Tafel wieder, die eine Anzahl von Dekadeninduktanzen enthält.

Das wirksamste Mittel zur Eingrenzung der Kurzschlußströme ist natürlich der Bau von Transformatoren und vor allem von Synchronmaschinen mit angemessen großer Streuspannung E_s im Verhältnis zur Klemmenspannung E.

Hierdurch wird die Ursache für die hohen Ströme bereits am Entstehungsorte vermindert, so daß man in Anlagen von mäßiger Leistung ohne künstliche Schutzmittel auskommen kann. Man kann für Synchronmaschinen 12% und für Transformatoren 5% Streuung als einen Mindestwert für große Maschinen ansehen, der nicht unterschritten werden sollte. Unter Berücksichtigung der Dämpfung durch Widerstand führt das auf Stoßkurzschlußströme, die bei Klemmenkurzschluß höchstens das 15fache des Normalstromes der Maschine betragen.

Wenn die Selbstinduktion im gesamten Netz künstlich vergrößert wird, so werden die Spannungsschwankungen bei irgendeiner Laständerung viel stärker als mit der kleinen natürlichen Induktanz. Daher benötigen solche modernen Netzsysteme schnell wirkende Spannungsregler an den Generatoren, um deren Klemmenspannung selbst bei starken Laständerungen einigermaßen konstant zu halten. Sie erfordern ferner eine wirksame Regelung des Spannungsverhältnisses in den Leistungstransformatoren längs der ganzen Strecke vom Generator bis zum Verbraucher. *Hierdurch allein ist es erreichbar, die Spannungsabfälle innerhalb des Netzes und ihre Schwankungen mit Änderung der Belastung zu kompensieren, die ja durch die Wirkung von Kurzschlußdrosselspulen im gesamten Leitungszuge sonst stark vergrößert würden.* Durch Verwendung von Transformatoren mit Anzapfwicklungen kann man eine nahezu konstante Spannung über die ganze Ausdehnung des Systems erreichen.

Abb. 19. Element eines Netzmodells mit veränderbaren Transformator-Induktanzen. (Westinghouse Electric Corp., East Pittsburgh, Pa.).

Nach der Entstehung eines Kurzschlusses muß die fehlerhafte Leitung so schnell als möglich abgeschaltet werden. Nur durch sofortige Unterbrechung kann man der Erwärmung der Leitung durch die Überströme Einhalt gebieten. Andererseits ist es kaum möglich, die ersten Spitzen des Stoßstromes und ihre zerstörenden Kräfte durch mechanisches Abschalten zu vermeiden. Die Beanspruchung des Unterbrechers selbst erreicht natürlich bei solcher *Schnellabschaltung* ein Maximum. Diese Maßnahme wird daher vorwiegend für Hochleistungsschalter benutzt, während es für Schalter mit geringer Ausschaltleistung ratsamer ist, die *Unterbrechung um einige Sekunden zu verzögern*, bis der Stoßstrom abgeklungen ist und nur der stationäre Kurzschlußstrom abzuschalten bleibt. Um auch diesen Strom zu vermindern, kann man die Erregung des Generators beim Auftreten eines Kurzschlusses vermindern; zum mindesten sollten die automatischen Spannungsregler nicht infolge des Spannungsabfalles die Erregung bis zum Äußersten verstärken.

In Hochleistungsanlagen ist es wünschenswert, Schalter zu verwenden, die fähig sind, selbst die höchstmöglichen Kurzschlußströme, die an ihrem Standort im Netz auftreten können, innerhalb der sehr kurzen Zeit von $1/_{10}$ sec oder weniger zu unterbrechen. Nur dann bleiben die zahlreichen Generatoren und Motoren des gesamten Netzes in Synchronismus, selbst wenn der Kurzschluß eine erhebliche Spannungssenkung über weite Leitungsstrecken erzeugt, die die synchronisierende Leistung der Maschinen erniedrigt. Während einer so kurzen Zeit kann der Magnetfluß der Generatoren nur um einen geringen Betrag abfallen, wie aus Abb. 12 zu ersehen ist, und daher wird nach Abtrennung des kurzgeschlossenen Zweiges nahezu die volle Spannung in den gesunden Teilen des Netzes wieder auftreten. *Unter solchen Bedingungen bleiben die Synchrongeneratoren im Tritt und die Asynchronmotoren kommen nicht zum Stillstand.*

Es ist zweckmäßig, sehr bald nach Abschaltung des Kurzschlusses zu versuchen, *den fehlerhaften Zweig wieder einzuschalten,* weil häufig die Ursache für den Kurzschluß inzwischen verschwunden ist und der Kurzschlußlichtbogen aus Mangel an Spannung erloschen ist. In diesem Falle können die Motoren selbst in dem fehlerhaften Abzweig durch ihre Schwungwirkung im Betrieb bleiben und die anderen Stromverbraucher, wie Lampen, Öfen usw., erleiden eine Stromunterbrechung nur während einer unbeträchtlich kurzen Zeit. Sollte die Ursache für den Kurzschluß nach der ersten Wiedereinschaltung noch nicht verschwunden sein, so kann dieses nach einem zweiten oder selbst einem dritten Mal zum Ziele führen. Da die Auslösung des Schalters nur durch den seltenen Zufall eines Kurzschlußfehlers erfolgt und da die Wiedereinschaltung nach kurzer Zeit wünschenswert ist, so ist es notwendig, den Wiedereinschaltmechanismus des Schalters vollautomatisch zu betreiben.

15. Mechanische und thermische Kurzschlußwirkungen.

Zwei Wirkungen vor allem beherrschen das Bild sämtlicher Kurzschlußzerstörungen, nämlich die *mechanischen Wirkungen* durch Anziehung oder Abstoßung der Leiter, in denen die Kurzschlußströme fließen, und die *Wärmewirkungen* der Ströme. Beide treten meist mit großer Plötzlichkeit und ungeheurer Stärke auf und nehmen manchmal die sonderbarsten Formen an. So zeigt Abb. 1 die Trümmer eines Schalters nach einem verheerenden Kurzschluß, der durch Überschlag der Isolatoren hervorgerufen war. Solche Überschläge entstehen leicht durch ungenügende oder schlecht verschraubte Kontakte, die beim Durchfluß von Kurzschlußströmen weithin fliegendes Spritzfeuer verursachen.

In Abb. 2 ist eine durch Kurzschluß zerknickte Transformatorspule abgebildet, bei

Abb. 1.

der die Wicklung unter dem Einfluß der Ströme und ihrer Streufelder vollständig deformiert ist. Abb. 3 stellt einen durch Kurzschlußstrom gesprengten Stromwandler dar, und schließlich zeigt Abb. 4 an einem besonders krassen Fall die Wirkungen, die durch häufig wiederholtes Schalten auf Kurzschluß hervorgerufen wurden, wobei der Ölschalter mitsamt dem Schalthaus in die Luft flog.

a) Mechanische Kräfte. Obgleich auch Gleichstromnetze großer Leistung durch Kurzschlüsse stark gefährdet sein können, so wollen wir hier doch vorwiegend Wechselstromanlagen betrachten, da diese in der ganzen Welt für die Energieverteilung am wichtigsten sind. Die hier auftretenden Kurzschlußströme sind nach Gl. (10) in Kapitel 13

$$i = J_k \left\{ \cos \omega\, t - \frac{1}{\sigma} \left[\varepsilon^{-\varrho_1 t} \cos v_1' t - (1 - \sigma)\, \varepsilon^{-\varrho_2 t} \cos v_1'' t \right] \right\}. \tag{1}$$

Die mechanischen Kräfte auf die Leitung werden durch Wechselwirkung zwischen den Strömen und ihren

Abb. 2.

Abb. 3.

Abb. 4.

Magnetfeldern hervorgerufen. Die Kraft in kg, die auf jedes cm Leitungslänge wirkt, ist

$$k = \frac{10^{-6}}{9,81}\, B\, i. \tag{2}$$

Darin bedeutet i den Strom im Leiter in Amp und B die magnetische Induktion in Gauß senkrecht zum Leiter. Ein gerader, zylindrischer, in Luft geführter Leiter erzeugt in seiner Umgebung eine Kraftliniendichte, die im Abstande von a cm ist

$$B = \frac{2}{10}\, \frac{i}{a}, \tag{3}$$

und da bei einer Doppelleitung nach Abb. 5 jeder Leiter nur von den Kraftlinien des anderen senkrecht geschnitten wird, so erhält man die Kraft jeder solchen Leitung für die Länge l durch Einsetzen von Gl. (3) in Gl. (2) zu

$$K = k\,l = \frac{2 \cdot 10^{-7}}{9,81}\,\frac{l}{a}\,i^2. \tag{4}$$

Die Kräfte sind also vom Quadrat des Stromes abhängig und können daher bei plötzlichen Kurzschlüssen außerordentliche Werte erreichen.

Leitungen, die im Abstande von $a = 50$ cm geführt sind, erleiden beim Durchfluß eines Stoßkurzschlußstromes von $i = 100\,000$ Amp, der in größeren Zentralen auftreten kann, eine Kraftwirkung von

$$K = \frac{2 \cdot 10^{-7} \cdot 100 \cdot 100\,000^2}{9,81 \cdot 50} \simeq 400\ \text{kg}$$

für jedes Meter Länge.

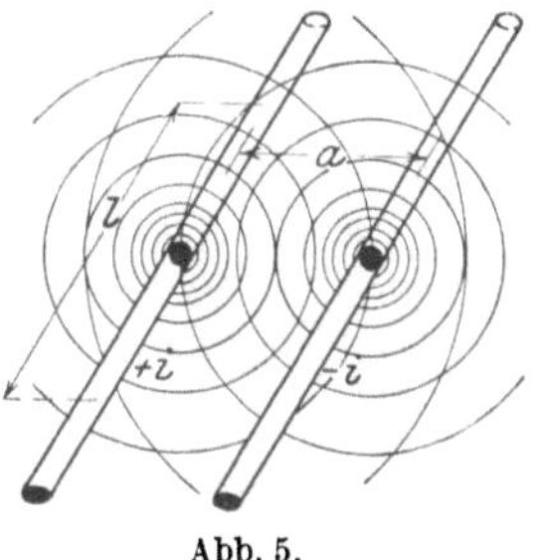

Abb. 5.

Man muß daher alle Starkstromleitungen zur Erzielung ausreichender Kurzschlußsicherheit sorgfältig lagern und versteifen. Das gilt sowohl für Sammelschienen mit ihren Abzweigleitungen zu Schaltern, Transformatoren und Maschinen als auch für alle Arten von Durchführungen durch Wände und Verbindungsleitungen innerhalb der Apparate und in Kabelmuffen.

Da in Sammelschienen häufig ungeheure Strommengen konzentriert werden, so sind diese besonders stark gefährdet. Man muß sie durch kräftige Isolatoren eng genug abstützen, wenn sie schweren Kurzschlüssen standhalten sollen, so wie es Abb. 6 schematisch zeigt. Sowohl die Schienen selbst als auch die Isolatoren mit ihrem Traggestell sind elastisch beweglich und besitzen erhebliche Masse, sie können daher mechanische Schwingungen ausführen. Für die Kraftwirkung nach Gl. (4) ist das Quadrat des Kurzschlußstromes maßgebend, also nach Gl. (1)

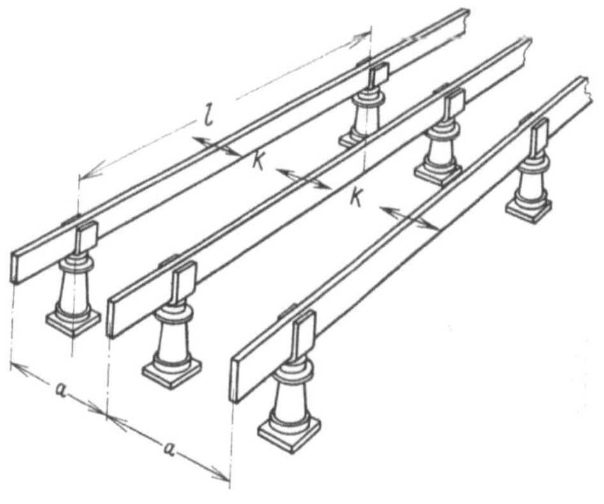

Abb. 6.

$$i^2 = J_k^2 \left(\cos\omega t - \frac{1}{\sigma}\,\varepsilon^{-\varrho_1 t}\cos\nu_1' t + \frac{1-\sigma}{\sigma}\,\varepsilon^{-\varrho_2 t}\cos\nu_1'' t\right)^2. \tag{5}$$

Darin ist die Frequenz ν_1' außerordentlich klein, so daß wir ihren cos gleich 1 setzen können, ferner ist die Frequenz ν_1'' sehr nahezu gleich der Wechselstromfrequenz ω, mit der wir sie zusammenfassen, und schließlich ist die Dämpfung ϱ_2 so gering, daß wir sie für die ersten Wechselstromwellen vernachlässigen wollen. Damit wird die Kurzschlußkraft proportional

$$i^2 = \frac{J_k^2}{\sigma^2}\,(\cos\omega t - \varepsilon^{-\varrho_1 t})^2 = \left(\frac{J_{s1}}{2}\right)^2 \left(\frac{1}{2} + \varepsilon^{-2\varrho_1 t} - 2\,\varepsilon^{-\varrho_1 t}\cos\omega t + \frac{1}{2}\cos 2\,\omega t\right). \tag{6}$$

Dabei ist an Stelle des Dauerkurzschlußstromes der maximale Wert für den Stoßkurzschlußstrom nach Kapitel 13, Gl. (12) eingesetzt, und es ist das Quadrat der cos-Funktion ausgewertet.

Wir sehen, daß *die Stromkraft auf die Sammelschienen nicht etwa nur mit der Wechselstromfrequenz wirkt, sondern daß auch die doppelte Wechselstromfrequenz und außerdem noch eine starke einseitig gerichtete Stoßkraft Schwingungen der Sammelschienen hervorrufen kann.* Von diesen beiden erzwungenen Frequenzen muß man die Eigenfrequenz der Schienen durch geeignete Bemessung der Querschnitte und ausreichende Abstützung fernhalten, damit sie nicht angestoßen werden und die Schienen und ihre Befestigungen durch Ausknicken zerstört werden.

Bei *Stromwandlern* stoßen sich die im Durchführungsisolator hin- und zurückführenden Ströme gegenseitig ab und üben daher Druckkräfte auf den Porzellankörper aus, die denselben nach Abb. 3 zersprengen können. Man vermeidet diese Kräfte durch den Bau von Einleiter-Stromwandlern mit geradliniger Starkstromführung und Ringkern. Schalter aller Art können bei ungünstiger Stromführung Kurzschlußkräfte erhalten, die ihre *Kontakte zum Öffnen bringen;* die Stromschleife sucht sich stets wie in Abb. 7 zu vergrößern. Es ist deshalb zweckmäßig, Trennschalter entweder im glatten Zuge der Leitung anzubringen, oder ihre Öffnungsrichtung entgegen den Stromkräften zu legen. Noch sicherer verklinkt oder verriegelt man die Trennmesser mechanisch, so daß sie sich nicht unter den Stromkräften von selbst öffnen können.

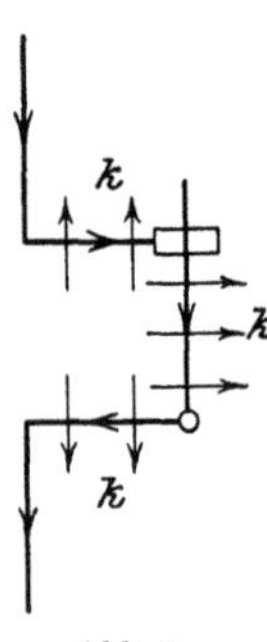

Abb. 7.

Wir wollen *die Kräfte auf eine Schaltertraverse am Ende von zwei langen parallelen Zuführungen berechnen.* Dafür betrachten wir zuerst eine Leiterschleife α mit der Weite *a* wie in Abb. 8a, durch die der Strom *i* hin- und zurückfließt. Die magnetische Feldstärke zwischen den parallelen Leitern ist im Abstand *x* von einem der Leiter nach Gl. (3)

$$B = \frac{2}{10}\left(\frac{i}{x} + \frac{i}{a-x}\right). \qquad (7)$$

Alsdann vergleichen wir den Stromverlauf von Abb. 8b mit dem von Abb. 8a, von dem er sich durch die Leiterschleife β unterscheidet, die ebenfalls den Strom *i* führt. Die beiden Schenkel von β kompensieren dann vollständig den Strom und das Magnetfeld der unteren Hälfte der ursprünglichen Leiterschleife. Was übrigbleibt von den Strömen, ist in Abb. 8c dargestellt, nämlich die Schleife γ, die das gleiche, jedoch umgeklappte Feld der Schleife β erzeugt. Wir haben daher für die Felder im Raum

$$\gamma = \alpha - \beta, \qquad (8)$$

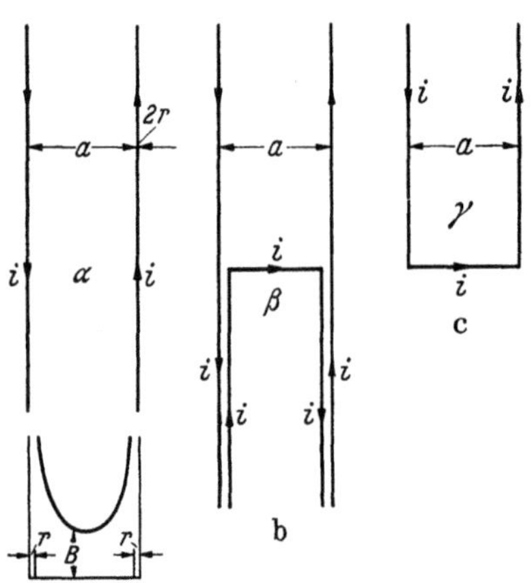

Abb. 8.

und da β und γ numerisch gleich sind, so ist ihre Wirkung auf die Traverse

$$\beta = \gamma = \frac{\alpha}{2}. \qquad (9)$$

Die magnetische Feldstärke ist daher an der Traverse eines Leistungsschalters am Ende einer langen Stromschleife genau halb so groß als wenn sie von einer unendlich langen Doppelleiterschleife nach Gl. (7) erzeugt wird.

Die Kraft auf die Traverse, integriert über ihre Länge zwischen den Zuleitungen vom Radius *r*, ist daher unter Benutzung der Gln. (2), (7) und (9)

$$K = \frac{10^{-6}}{9{,}81} \int\limits_{r}^{a-r} \frac{1}{2}\, B\, i\, dx = \frac{10^{-7}}{9{,}81}\, i^2 \int\limits_{r}^{a-r} \left(\frac{1}{x} + \frac{1}{a-x}\right) dx, \qquad (10)$$

und somit erhalten wir

$$K = \frac{2 \cdot 10^{-7}}{9{,}81} \ln\left(\frac{a}{r} - 1\right) i^2 . \tag{11}$$

Die Kraft hängt also nur in geringem Maße von den Dimensionsverhältnissen der Zuleitung ab, sie ist aber auch hier proportional dem Quadrat des Stromes.

In einem Ölschalter mit Zweifach-Unterbrechung haben die Zuleitungen einen Radius $r = 1$ cm und einen Abstand $a = 30$ cm. Wenn ein Stoßkurzschluß-strom $i = 100\,000$ Amp durch den Schalter fließt, so wirkt auf die Traverse eine Kraft

$$K = \frac{2 \cdot 10^{-7}}{9{,}81} \ln (29) \cdot 10^{10}$$
$$= 687 \text{ kg} .$$

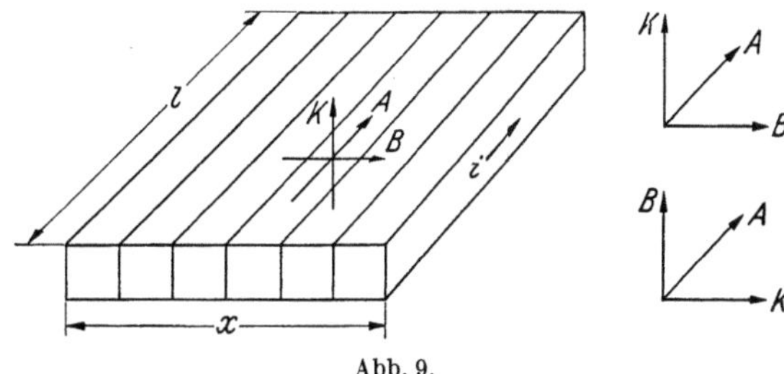

Abb. 9.

Solch erhebliche elektromagnetische Kraftäußerung kann den Schalter zum Öffnen bringen, selbst wenn dies nicht derjenige Unterbrecher ist, der zum Abschalten des Kurzschlußstromes bestimmt war.

Zu enormer Größe entwickeln sich die Kurzschlußkräfte in den Wicklungen von Maschinen und Transformatoren. Die stromführenden Leiter sind hier in Spulen und Wicklungen sehr dicht gepackt, und daher entwickeln sich unter der Wirkung hoher Kurzschlußströme sehr starke Streufelder, die quer durch die Leiter verlaufen, von denen sie erzeugt werden. Abb. 9 zeigt eine Gruppe solcher Leiter, die zusammenwirkend ein magnetisches Feld erzeugen. Sie erleiden, auch als Gruppe, elektromagnetische Kräfte K, wenn sie der Wirkung eines Magnetfeldes von der Dichte B unterworfen werden, wie es in Abb. 9 angedeutet ist. Wir definieren *die lineare Strom-dichte oder den Strombelag A*

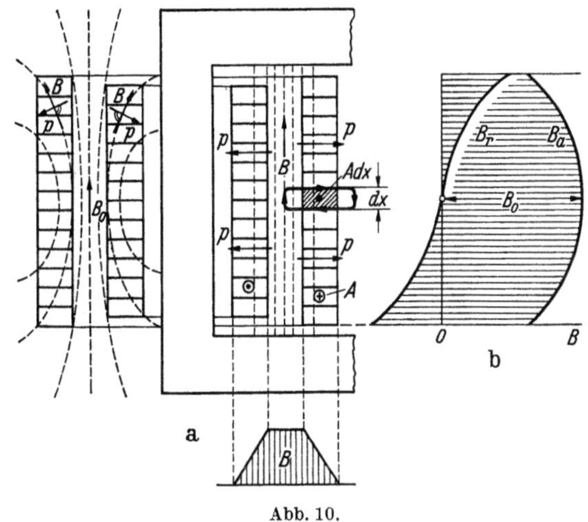

Abb. 10.

als Summe der Ströme, die quer durch die Längeneinheit der Hauptrichtung x der Leitergruppe verlaufen und die in Amp/cm gemessen wird. Dieser Wert

$$A = \frac{\Sigma i}{x} \tag{12}$$

stellt eine charakteristische Maßzahl der elektrischen Belastung der Wicklung dar.

Die Gesamtkraft, die durch ein Magnetfeld der Dichte B erzeugt wird, wenn es durch die Leitergruppe dringt, ist nach Gl. (2)

$$K = \frac{10^{-6}}{9{,}81} B l \Sigma i = \frac{10^{-6}}{9{,}81} B A l x . \tag{13}$$

Damit wird der spezifische Druck pro Flächeneinheit $l x$ der Leitergruppe

$$p = \frac{10^{-6}}{9{,}81} B A . \tag{14}$$

Dies ist eine einfache, jedoch sehr allgemeine Gesetzmäßigkeit. Wenn der Magnetfluß die Wicklung senkrecht kreuzt, so wirkt der Druck in der Richtung x; wenn der Fluß in der Gruppenrichtung strömt, so wirkt der Druck senkrecht zur Gruppenfläche, so wie es für beide Fälle in Abb. 9 angedeutet ist.

Wir können in dem Streuungsspalt zwischen den zylindrischen *Primär- und Sekundärwicklungen eines Transformators* nach Abb. 10 das magnetische Grundgesetz auf den dort gezeichneten Elementarpfad anwenden, der den Strom $A\,dx$ umschließt. Dies ergibt

$$\oint H\,ds = B\,dx = \frac{4\,\pi}{10}\,A\,dx, \tag{15}$$

denn der Beitrag der anderen drei Seiten zu dem geschlossenen Integral kann vernachlässigt werden. Die Streuflußdichte ist daher in der Spulenmitte in guter Annäherung

$$B_0 = \frac{4\,\pi}{10}\,A. \tag{16}$$

Über die Spulenbreiten nimmt die Flußdichte linear zu null ab, wie es im unteren Diagramm der Abb. 10a gezeigt ist. Dies Magnetfeld kreuzt die Leiter axial und entwickelt mechanische Kräfte, die in der Primär- und Sekundärwicklung entgegengesetzt wirken, entsprechend der unterschiedlichen Richtung der beiden Ströme. *Die Außenwicklung erfährt einen Innendruck und die Innenwicklung einen Außendruck, so als ob beide unter einer Hochdruckkraft ständen, die ihren Ursprung im zwischenliegenden Wicklungsspalt hat.* Wenn wir beachten, daß A der Amplitudenwert des effektiven Strombelags $\overline{A}$ ist, und daß der mittlere radiale Druck auf die Wicklung wegen des Feldabfalles nach Abb. 10 durch $B_0/2$ bestimmt wird, so wird der Radialdruck auf jede der Spulen in der Mitte der Wicklung nach Gl. (14)

$$p_r = \frac{10^{-6}}{9{,}81} \cdot \frac{1}{2} \cdot \frac{4\,\pi}{10} \left(\sqrt{2}\,\overline{A}\right)^2 = \frac{10^{-7}}{9{,}81}\,4\,\pi\,\overline{A}^2. \tag{17}$$

Die axiale Komponente B_a des Streufeldes nimmt gegen die Enden der Wicklung ab, sofern diese nicht gerade unter dem Einfluß der eisernen Joche stehen. Dies ist linker Hand aus Abb. 10a zu erkennen und ist in Abb. 10b graphisch dargestellt. Der radiale Druck ist daher an den Enden der Wicklung beträchtlich geringer.

Ein großer Leistungstransformator mit einem Strombelag von $\overline{A} = 750$ Amp/cm möge einen Kurzschlußstrom vom 20fachen des Normalstromes erleiden. Dann wird der radiale spezifische Druck auf die Spulen

$$p_r = \frac{10^{-7}}{9{,}81} \cdot 4\,\pi\,(750 \cdot 20)^2 = 28{,}8 \text{ kg/cm}^2.$$

Dies ist eine ganz gewaltige Kraftwirkung, vergleichbar mit der in einem Dampfkessel von 28,8 Atmosphären. Summiert über die gesamte zylindrische Spulenfläche ergibt dies *in großen Transformatoren radiale Kräfte von Hunderten von Tonnen,* die von der Spulenwicklung mechanisch ausgehalten werden müssen. Es ist klar, daß *kreisförmige Transformatorspulen* großen Vorteil über solche von rechteckiger Form besitzen, die oft unter derartigen Kräften vollständig deformiert werden, wie es Abb. 2 zeigt.

Gegen die Enden des Wicklungsschenkels zu divergieren die Streuungslinien, wie es aus Abb. 10a zu ersehen ist. Dadurch entwickelt sich eine radiale Feldstärke entsprechend der abnehmenden axialen Komponente, und diese ist stets vom Streuspalt zwischen den Spulen fort gerichtet. Wir wollen diese Feldstärke bestimmen, indem wir in BIOT-SAVARTS Gesetz, Gl. (3), das Stromelement

$$di = A\,dx \tag{18}$$

einsetzen, wie es der Gl. (12) entspricht. Um ein einfaches zweidimensionales Problem zu erhalten, betrachten wir die zylindrischen Spulen als auf eine Ebene abgewickelt und sehen ihre Dicke als klein im Vergleich zur axialen Länge an. In Abb. 11a wird die magnetische Induktion B an irgendeinem Punkte in der Nachbarschaft der Wicklung durch alle Spulenströme i erzeugt. Die Radialkomponente dB_r, die von einem Elementarstrom di in der Entfernung r erzeugt wird, ist kleiner als die Gesamtinduktion dB im Verhältnis x/r, wie aus Abb. 11a zu ersehen ist. Wenn wir die Ströme über die gesamte Wicklung integrieren, so erhalten wir aus Gln. (3) und (18) die Radialkomponente

$$B_r = \int \frac{x}{r} \, dB = \frac{2}{10} \int \frac{x \, di}{r^2} = \frac{2}{10} A \int \frac{x \, dx}{r^2}. \tag{19}$$

Wir erkennen aus Abb. 11a, daß

$$r^2 = x^2 + z^2 \quad \text{oder} \quad r \, dr = x \, dx \tag{20}$$

ist, worin z den kürzesten Abstand des betrachteten Punktes von der Wicklung bezeichnet. Daher wird die radiale Feldstärke

$$B_r = \frac{2}{10} A \int_b^a \frac{dr}{r} = \frac{2}{10} A \ln\left(\frac{a}{b}\right), \tag{21}$$

wenn a und b die Abstände des betrachteten Punktes von den beiden Wicklungsenden angeben, wie es in Abb. 11a angedeutet ist.

Diese einfache Beziehung gilt für jeden Punkt im gesamten Raume außerhalb oder innerhalb des Wicklungsquerschnitts. Wenn wir uns jedoch den Enden der Wicklung nähern, wo a oder b auf null abnimmt, so sollten wir an diesem Punkte die halbe Breite der Endspulen als Minimalwert ansehen, wie es von anderen Anwendungen logarithmischer Felder her wohlbekannt ist, zum Beispiel in Gl. (11). In Abb. 10b ist diese Verteilung der radialen Induktion B_r graphisch dargestellt. Die Felddichte ist groß an den Enden der Wicklung und durchschreitet null in ihrer Mitte.

Wenn die primären und sekundären Wicklungen im Transformator zusammenwirken, wie es in Abb. 11b angedeutet ist, so setzt sich die gesamte radiale Feldstärke aus den beiden Komponenten der einzelnen Wicklungen zusammen. Wir haben daher einfach zwei Ausdrücke von der Form der Gl. (21) zu addieren, wobei aber die Ströme in beiden Windungen entgegengesetztes Vorzeichen haben. Oft

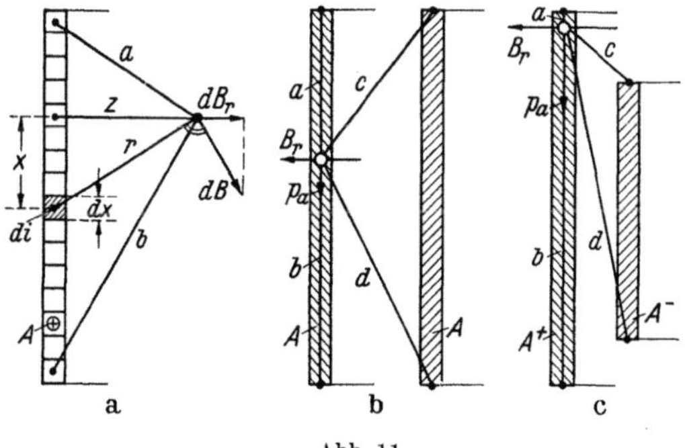

Abb. 11.

werden die Strombeläge etwas unterschiedlich sein, falls die Höhen der Wicklungsschenkel ungleich sind. Im Falle, daß A^+ und A^- entgegengesetzt gleich sind, wird die resultierende radiale Induktion

$$B_r = \frac{2}{10} A \ln\left(\frac{a}{b} \frac{d}{c}\right), \tag{22}$$

worin unter dem Logarithmus lediglich die vier Abstände des betrachteten Punktes von den Enden der Wicklungen stehen, die in Abb. 11b zu sehen sind.

Unter dem Einfluß dieser radialen Feldstärke entwickeln sich axiale Kräfte in den Spulen mit einem Druck, der nach Gl. (14) ist

$$p_a = \frac{10^{-7}}{9,81} \cdot 4\,\bar{A}^2 \ln\left(\frac{a}{b}\frac{d}{c}\right). \tag{23}$$

Auch hier ist der effektive Wert $\bar{A}$ eingeführt.

Ein großer Transformator von 30000 kVA Nennleistung besitzt die folgenden Abstände bezogen auf eine Endspule: $a = 125$ cm, $b = 4$ cm, $c = 130$ cm, $d = 10$ cm. Dies ergibt

$$\ln\left(\frac{125 \cdot 10}{4 \cdot 130}\right) = \ln 2,40 = 0,875 \,.$$

Mit Strombelag und Kurzschlußstrom wie in dem früheren Beispiel wird der Axialdruck in den Endspulen

$$p_a = \frac{10^{-7}}{9,81} \cdot 4\,(750 \cdot 20)^2 \cdot 0,875 = 8,0 \text{ kg/cm}^2 \,.$$

Die axialen Drücke und Kräfte jeder einzelnen Spule oder Lage der Wicklung sind also mäßig groß, verglichen mit den radialen Drücken. *Jedoch summieren sich alle axialen Kräfte von beiden Enden her bis zur Mitte der Schenkel und üben daher auf die zentralen Spulen ganz außerordentlich große Kräfte aus.* In Großtransformatoren wachsen sie *bis zu Hunderten von Tonnen* an, die alle auf die radialen Flächen der Spulen wirken. Der mechanische Entwurf und die axiale Lagerung der Wicklung muß sehr solide sein, um diesen enormen Kräften beim Kurzschluß gewachsen zu sein. Anderenfalls zertrümmern die Spulen ihre Isolierung und der gesamte Wicklungsschenkel zieht sich elastisch zusammen, wodurch er sich von seiner Lagerung trennt, so daß er sich frei bewegen kann und schließlich vollständig zerstört wird.

Solange die beiden Abstandspaare unter dem Logarithmus von Gl. (23) nahezu im Gleichgewicht sind, bleiben die axialen Kräfte meistens in zulässigen Grenzen. Wenn jedoch an den Enden des Schenkels die eine oder andere Spule über ihren Nachbar der entgegengesetzten Wicklung herausragt, wie es in Abb. 11c angedeutet ist, so wächst der Wert des Logarithmus für diese Spule stark an. *Dieser Fall tritt ein, wenn angezapfte Spulen, wie sie für Spannungsregulierung benutzt werden, nicht symmetrisch angeordnet sind, bezogen auf den Hauptteil der Wicklung.* In großen Transformatoren mit Anzapfregulierung ist dieses eines der schwierigsten Probleme des Entwurfs.

Abb. 12. Wicklung eines Drehstrom-Verteilungs-Transformators von 500 kVA, 15000/120—208 Volt, 60 P/s. (Westinghouse Electric Corp., East Pittsburgh, Pa.)

Abb. 12 zeigt eine solche Transformatorwicklung mit gut versteiften Spulen. Starke metallische Endringe drücken die Spulen über Blöcke aus harter Isolierung zusammen und halten sie unter axialem Druck, der größer ist als die unter Kurzschluß auftretenden Kräfte. Hierdurch geht der mechanische Halt zwischen den Spulen niemals verloren; sie können sich nicht durch die axialen Anziehungskräfte frei machen, und irgendwelche Bewegung unter exzentrischen radialen Kräften wird verhindert.

In den Wicklungen von rotierenden Maschinen werden die Stirnverbindungen im Anker auch meistens in Gruppen oder Lagen angeordnet, ähnlich wie in Abb. 9. Abb. 13 zeigt die Endverbinder eines Synchrongenerators, wie sie aus dem aktiven Eisen herausragen. Auch hier treten starke mechanische Kräfte auf, die in derselben Weise wie oben bestimmt werden können. Über die ganze Wicklungsausladung entwickelt sich ein starkes Stirnstreufeld, das über die Leiter so verteilt ist, wie es Abb. 13 andeutet. Die höchste Feldstärke ist in Annäherung durch Gl. (16) gegeben, und daher können die Kräfte ebenfalls nach Gl. (14) und (17) bestimmt werden. Der Strombelag ist jedoch in Maschinen meistens erheblich kleiner als in Transformatoren, und ferner ist durch die größere Streu-

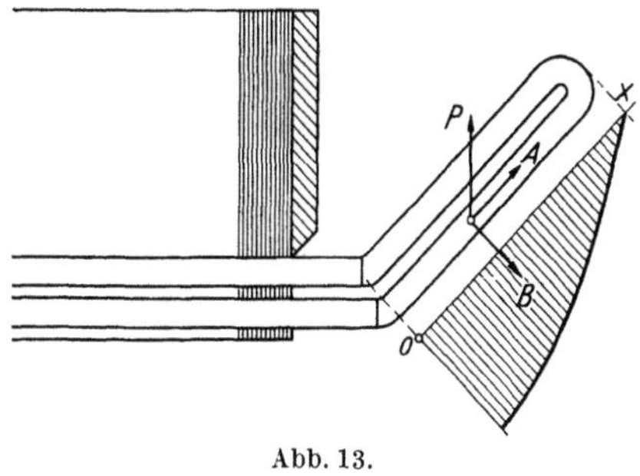

Abb. 13.

induktanz der höchstmögliche Kurzschluß-Stoßstrom gewöhnlich beträchtlich kleiner als in Transformatoren, hinter denen die installierte Leistung des gesamten Netzes stehen kann.

In einem Generator mit $\bar{A} = 400$ Amp/cm und 15fachem Kurzschluß-Stromstoß entwickelt sich ein Druck in den Stirnverbindungen, der gemäß Gl. (17) ist

$$p = \frac{10^{-7}}{9,81} \cdot 4\pi (400 \cdot 15)^2 = 4,62 \text{ kg/cm}^2.$$

Dieser Höchstwert nimmt gegen den Scheitel der Stirnverbinder zu ab. Andererseits bedecken aber die Stirnverbindungen eine verhältnismäßig große Fläche, *so daß die Gesamtkräfte, als Druck mal Fläche, in großen Generatoren auf viele Zehner von Tonnen kommen.* Das Auftreten eines Kurzschlusses wirkt daher wie ein schwerer Hammerschlag auf die Stirnverbindungen. Dies verursacht sehr gefährliche Kraftwirkungen, wenn man bedenkt, daß hier die Wicklungsenden unregelmäßige Form im Raume haben, die nur begrenzte mechanische Festigkeit und Isolierstärke zuläßt, und daß sie daher viel zerbrechlicher sind als regelmäßig geformte Transformatorspulen.

Unter solchen Kräften, die in den verschiedensten Richtungen wirken, *ziehen sich nicht nur die Spulenbündel zusammen,* wie es aus Abb. 14 zu ersehen ist, sondern die gesamte Wicklungsausladung kann sich gegen das Eisengehäuse zu verbiegen. Ähnlich der Wirkung der radialen Kräfte in Transformatoren, die von dem Streuungsspalt zwischen primärer und sekundärer Wicklung fort gerichtet sind, *so drücken die hauptsächlichen Kurzschlußkräfte in Generatoren auf die Ständerwicklung in der Richtung fort vom Rotor.* Als Folge davon können die Isolierrohre der aktiven Leiter durchbrechen, dort wo sie aus den Ständernuten austreten. Dies verursacht einen sofortigen Spannungsüberschlag von der Wicklung zum Eisen und führt zur Entzündung der brennbaren Isolierung um die Stirnverbinder unter der Wirkung der enormen Kurzschlußlichtbögen, die sich nunmehr zwischen den Wicklungsenden und dem Ständereisen ausbilden.

b) Kurzschlußerwärmung. Alle Leiter, die starke Kurzschlußströme zu führen haben, erwärmen sich sehr schnell auf hohe Temperatur, die gefährlich werden kann für die Leiter selbst, ihre Isolierung und auch ihre Umgebung. Die von den Kurzschlußströmen erzeugte Wärme wird fast ausschließlich zur Aufladung der Wärmekapazität der Leiter verbraucht. Wir bezeichnen die spezifische Wärme pro Volumeneinheit des Leitermetalls mit γ und seinen spezifischen Widerstand mit s, die wir beide in erster Annäherung als konstant ansehen. Wenn $d\vartheta$ die Erwärmung im Zeitelement dt bezeichnet, so ist die Wärmemenge in der Volumeneinheit, die vom Strome J im Querschnitt q erzeugt wird,

$$\gamma\, d\vartheta = s \left(\frac{J}{q}\right)^2 dt. \tag{24}$$

Abb. 14.

Wenn Gleichstrom von konstanter Stärke durch den Leiter fließt, so kann Gl. (24) direkt integriert werden und ergibt die Temperatur

$$\vartheta = \frac{s}{\gamma} \left(\frac{J}{q}\right)^2 t, \tag{25}$$

die proportional mit der Zeit ansteigt. Da für warmes Kupfer

$$\gamma = 3{,}5 \ \text{Wsec/Ccm}^3; \qquad s = \frac{1}{45}\ \Omega\text{mm}^2/\text{m}$$

ist, so bewirkt eine Stromdichte von $J/q = 10$ Amp/mm² in je 10 sec einen Temperaturanstieg von

$$\vartheta = \frac{10^2 \cdot 10}{45 \cdot 3{,}5} = 6{,}3 \ \text{C}.$$

Mit zunehmender Erwärmung wächst der spezifische Widerstand s des Metalles beträchtlich an, was gemäß Gl. (25) eine zusätzliche Erwärmung verursacht. Andererseits erfolgt aber ein gewisser Wärmeübergang vom Leiter nach außen, wodurch die Temperaturzunahme verringert wird. Wir wollen zur Vereinfachung annehmen, daß diese beiden Wirkungen sich in dem hier betrachteten Erwärmungsbereich gegenseitig aufheben. In den meisten Fällen ist dies zulässig, weil man die Temperatur von Freileitungen und Wicklungen doch niemals höher als etwa 300 C ansteigen lassen darf, denn sonst vermindert sich die Festigkeit des Kupfers erheblich.

Man kann diese einfache Berechnungsart dadurch ein wenig verfeinern, daß man für den Widerstand der Leiter nicht den Anfangswiderstand benutzt, sondern *den mittleren Widerstand während der Erwärmungsperiode*. Man hat demgemäß für den spezifischen Widerstand anzusetzen bei einer Kurzschlußerwärmung

auf 150 C: $s = \dfrac{1}{40}\dfrac{\Omega\,\mathrm{mm}^2}{\mathrm{m}}$

und

auf 300 C: $s = \dfrac{1}{33}\dfrac{\Omega\,\mathrm{mm}^2}{\mathrm{m}}$.

Der Stoßkurzschlußstrom von Synchrongeneratoren hat für den ungünstigsten Schaltmoment einen Verlauf, der nach Gl. (1) proportional dem Dauerkurzschlußstrom J_k und einer Reihe von Zeitfunktionen ist, so wie es in Abb. 15 graphisch dargestellt ist. Der Anstieg der Leitererwärmung, der dort ebenfalls gezeigt ist, wird hiermit durch Integration nach Gl. (24) bestimmt durch

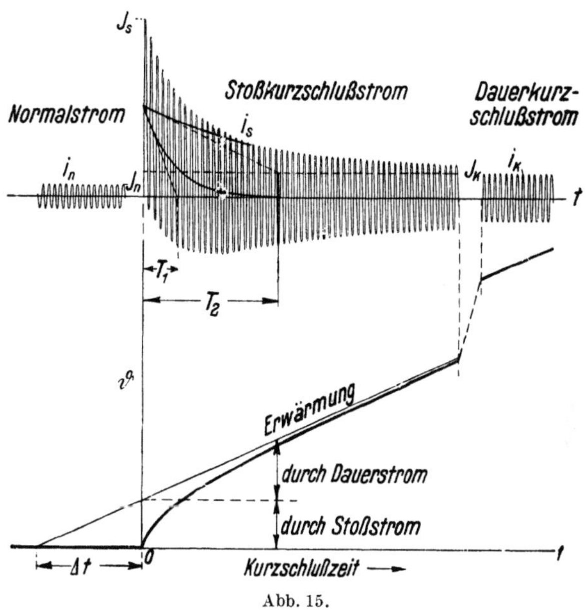

Abb. 15.

$$\vartheta = \frac{s}{\gamma}\left(\frac{J_k}{q}\right)^2 \int_0^t \left(\cos\omega t - \frac{1}{\sigma}\varepsilon^{-\varrho_1 t}\cos v_1' t + \frac{1-\sigma}{\sigma}\varepsilon^{-\varrho_2 t}\cos v_1'' t\right)^2 dt, \tag{26}$$

worin drei verschiedenperiodige Kosinusfunktionen auftreten. Beim Ausrechnen der Klammer entstehen drei quadratische Glieder und drei Kosinusprodukte von verschiedenen Frequenzen. Da es uns im wesentlichen auf die Enderwärmung nach Ablauf der vorübergehenden Ströme ankommt, und der zeitliche Mittelwert der Produkte verschiedener Frequenz nahezu verschwindet, so können wir die letzteren Glieder vernachlässigen. Nur das Produkt der ersten und letzten Funktion in Gl. (26) wollen wir beibehalten, weil die Frequenz v_1'' nach den Berechnungen in Kapitel 12 nur so wenig von der regulären Frequenz ω abweicht, daß sich der Mittelwert ihrer Schwebung während der Kurzschlußdauer im allgemeinen noch nicht ausgebildet hat.

Aus dem ersten Glied von Gl. (26) erhalten wir

$$\int_0^t \cos^2\omega t\, dt = \int_0^t \left(\frac{1}{2} + \frac{1}{2}\cos 2\omega t\right) dt = \frac{t}{2}, \tag{27}$$

wenn wir wieder von dem periodischen Glied mit $2\omega t$, dessen Mittelwert Null ist, absehen. Ferner ist für das zweite Glied der Gl. (26)

$$\int_0^\infty \varepsilon^{-2\varrho_1 t}\cos^2 v_1' t\, dt = \int_0^\infty \varepsilon^{-2\varrho_1 t}\left(\frac{1}{2} + \frac{1}{2}\cos 2v_1' t\right) dt = \frac{1}{4\varrho_1}\left(1 + \frac{\varrho_1^2}{\varrho_1^2 + v_1'^2}\right). \tag{28}$$

Dabei ist die Integration von $t=0$ bis ∞ erstreckt, weil man dabei einen bestimmten Grenzwert erhält, der praktisch bereits nach einer Zeit erreicht ist, in der dieser gleichstromartige Teil des Stoßkurzschlußstromes abgeklungen ist. Weil für diesen Stromanteil, dessen Feld am Ständer hängt, die Frequenz v_1' sehr klein gegenüber der Dämpfung ϱ_1 ist, so wird das zweite Glied in der Klammer nahezu gleich eins und man erhält

$$\int_0^\infty \varepsilon^{-2\varrho_1 t} \cos^2 v_1' \, t \, dt = \frac{1}{2\,\varrho_1} = \frac{T_{\sigma 1}}{2}. \tag{29}$$

Das Integral ist also gleich der Hälfte der Streuungszeitkonstante $T_{\sigma 1}$ des Ständerkreises des Generators.

Für das dritte Glied der Gl. (26) erhalten wir auf die gleiche Weise

$$\int_0^\infty \varepsilon^{-2\varrho_2 t} \cos^2 v_1'' \, t \, dt = \frac{1}{4\,\varrho_2}\left(1 + \frac{\varrho_2^2}{\varrho_2^2 + v_1''^2}\right) = \frac{1}{4\,\varrho_2} = \frac{T_{\sigma 2}}{4}, \tag{30}$$

worin $T_{\sigma 2}$ die Streuungszeitkonstante des Läufers ist. Dabei ist zu beachten, daß für dieses Wechselstromglied des Stoßkurzschlußstromes die Frequenz v_1'' sehr groß gegenüber der Dämpfung ϱ_2 ist, so daß das zweite Glied in der Klammer der Gl. (30) praktisch verschwindet. Schließlich erhalten wir für das Produkt des ersten und letzten Gliedes der Gl. (26) unter Gleichsetzung der Frequenzen

$$\int_0^\infty \varepsilon^{-\varrho_2 t} \cos^2 \omega \, t = \frac{1}{2\,\varrho_2}\left(1 + \frac{\varrho_2^2}{\varrho_2^2 + 4\,\omega^2}\right) = \frac{1}{2\,\varrho_2} = \frac{T_{\sigma 2}}{2}. \tag{31}$$

Darin ist ω sehr groß gegenüber ϱ_2. Die Streuungszeitkonstanten sind stets durch das Reziproke der Dämpfungsziffern ϱ nach Kapitel 12, Gl. (31) gegeben und können berechnet oder auch oszillographisch gemessen werden.

Für die *Erwärmung der Leitung* erhält man nunmehr durch Einsetzen der Integrale von Gl. (27) bis (31) in Gl. (26)

$$\vartheta = \frac{s}{\gamma}\left(\frac{J_k}{\sqrt{2}\,q}\right)^2 \left(t + \frac{1}{\sigma^2}\,T_{\sigma 1} + \frac{1 + 2\,\sigma - 3\,\sigma^2}{2\,\sigma^2}\,T_{\sigma 2}\right). \tag{32}$$

Die Erwärmung besteht also aus drei Teilen. Der erste steigt proportional der laufenden Zeit an und rührt vom Dauerkurzschlußstrom allein her, dessen effektive Stromdichte genau wie ein konstanter Gleichstrom wirkt. Diese Teilerwärmung ist

$$\vartheta_k = \frac{s}{\gamma}\left(\frac{J_k}{\sqrt{2}\,q}\right)^2 t. \tag{33}$$

Sie ist in Abb. 15 besonders hervorgehoben.

Die beiden anderen Teile rühren von den Gleichstrom- und Wechselstromgliedern des Ausgleichsstromes her. Sie bewirken eine zusätzliche Erwärmung und verursachen besonders unmittelbar nach dem Einsetzen der Stromspitze einen schnelleren Anstieg der Temperatur. In Abb. 15 ist der Verlauf der Erwärmung über den Normalzustand dargestellt, der durch den Stoß- und Dauerkurzschlußstrom gemeinsam erzeugt wird. Da die Erwärmung sich asymptotisch einer ansteigenden Geraden nähert, so kann man sie entsprechend Abb. 15 *für alle Zeiten nach Ablauf der Stoßströme dadurch bestimmen, daß man zu der wirklichen Kurzschlußzeit t noch eine Zuschlagszeit Δt hinzufügt.* Führt man dabei den Wert des Streukoeffizienten σ der Maschine nach Kapitel 13, Gl. (22) mit

$$\sigma = \frac{E_s}{E}\frac{J_k}{J_n} \tag{34}$$

in den Nenner von Gl. (32) ein, so ergibt sich die *durch die Stoßkurzschlußströme bedingte Zuschlagszeit* zu

$$\Delta t = \left(\frac{J_n}{J_k}\frac{E}{E_s}\right)^2 \left[T_{\sigma 1} + \frac{1+2\,\sigma - 3\,\sigma^2}{2}\,T_{\sigma 2}\right]. \tag{35}$$

Sie wird also im wesentlichen bestimmt durch die Abklingzeitkonstanten der Gleichstrom- und Wechselstromanteile des Kurzschlußstoßes und durch die Verhältniswerte von Dauerkurzschlußstrom und Streuspannung. Führt man für den letzteren Quotienten den mittleren Stoßkurzschlußstrom nach Kapitel 14, Gl. (1) und (2) ein, so erhält man die *für Kurzschlußrechnungen bequeme Näherungsformel*

$$\Delta t = \left(\frac{J_s}{1{,}8\,J_k}\right)^2 \left(T_{\sigma 1} + \frac{2}{3}\,T_{\sigma 2}\right). \tag{36}$$

Dabei ist der Zahlenfaktor im zweiten Klammerglied mit einem Streukoeffizienten von 0,25 berechnet und ein wenig auf den Näherungswert $^2/_3$ vergrößert, weil man aus Abb. 6 und 7, Kapitel 14, ersehen kann, daß die Wechselstoßströme von praktisch ausgeführten Generatoren unmittelbar nach dem Schalten noch eine kleine Stromspitze oberhalb des exponentiellen Verlaufs besitzen, den wir bei unserer Integration allein behandelt haben. Daß in dieser Formel die kleine Ständerzeitkonstante mit dem vollen und die große Läuferzeitkonstante nur mit geringerem Gewicht auftritt, liegt daran, daß der vom Läufer erzeugte Wechselstromanteil bei gleicher Amplitude einen geringeren Effektivwert besitzt als der am Ständer hängende Gleichstromanteil.

Da die Stromwärme vom Quadrat der Stromstärke abhängt, so nähert sich die wirkliche Erwärmungskurve ihrer Asymptote sehr schnell, so daß man diese Berechnungsweise auch schon vor dem vollständigen Abklingen des Stoßkurzschlußstromes anwenden darf. Auf Grund der Auswertung zahlreicher Oszillogramme, besonders auch nach Abb. 6 und Abb. 7, Kapitel 14, liegen *die Zeitkonstanten des dreipoligen Klemmenkurzschlusses* bei üblichen Generatoren für den vom Ständer erzeugten Gleichstrom in der Größe

$$T_{\sigma 1} = 0{,}05 - 0{,}1 - 0{,}2 \ \text{sec}$$

und für den vom Läufer erzeugten Wechselstrom in der Größe

$$T_{\sigma 2} = 0{,}5 - 1 - 2 \ \text{sec}.$$

Es ergibt sich daher im Mittel solcher Maschinen die Zuschlagszeit bei 2,5fachem Dauer- und 15fachem Stoßkurzschlußstrom nach Gl. (36) zu

$$\Delta t = \left(\frac{15}{1{,}8\cdot 2{,}5}\right)^2 \left(0{,}1 + \frac{2}{3}\,1\right) = 8{,}5 \ \text{sec}.$$

Dies ist ein sehr erheblicher Zuschlag, den man zur wirklichen Auslösezeit der Schalter noch addieren muß, um die gesamte Zeit für die Kurzschlußerwärmung zu erhalten.

Bei zweipoligem Kurzschluß ändert sich die Zuschlagszeit Δt nur unwesentlich. Einerseits werden die Dämpfungszeitkonstanten T_σ doppelt so groß, andererseits nimmt der Dauerkurzschlußstrom J_k, dessen Quadrat im Nenner der Gl. (36) steht, bei zweipoligem Klemmenkurzschluß etwa den 1,5fachen Betrag an. Beide Einflüsse halten sich daher angenähert die Waage.

Schaltet man beispielsweise eine Generatorwicklung mit 3 Amp/mm² normaler Stromdichte und 2,5fachem Dauerkurzschlußstrom 10 sec nach Eintritt eines plötzlichen Kurzschlusses ab, so besitzt sie nach Gl. (32) eine Übererwärmung von

$$\vartheta = \frac{(2{,}5\cdot 3)^2}{3{,}5\cdot 45}\,(10 + 8{,}5) = 6{,}6\ \text{C}.$$

Bleibt der Kurzschluß bestehen, so heizt er in je 10 sec um weitere 3,6 C. Man erkennt daher, *daß plötzliche Kurzschlüsse, auch wenn sie viele Sekunden bestehen, gesunden Generatorwicklungen nicht gefährlich werden können.* Starke Erwärmungen können in Maschinen nur dann auftreten, wenn die Stromdichte oder der Widerstand an schlechten Kontaktstellen übermäßig gesteigert ist. Teilkurzschlüsse einzelner Spulen im Generator ergeben allerdings viel höhere Dauerkurzschlußströme und können daher manchmal thermisch zerstörend wirken.

Netzleitungen sind dagegen wesentlich stärker gefährdet, weil sie relativ höhere Kurzschlußströme besitzen. Man erhält z. B. bei einer Leitung mit 2 Amp/mm² normaler Stromdichte und 30fachem Dauerkurzschlußstrom bei der gleichen Zuschlagszeit schon 5 sec nach Eintritt des Kurzschlusses eine Übererwärmung von

$$\vartheta = \frac{(30 \cdot 2)^2}{3,5 \cdot 45}\,(5 + 8,5) = 308\,\text{C}.$$

Dies ist bereits ein recht hoher Betrag. Für blanke Leiter pflegt man manchmal 350 C als höchste zulässige Temperatur anzusehen, so daß diese Erwärmung noch gerade ertragen würde. Für Kabelleitungen pflegt man wegen ihrer Papierisolierung nur etwa 150 C zuzulassen, sie würden daher die eben berechnete Kurzschlußerwärmung nicht vertragen, sondern würden bei häufigerem Eintritt von Kurzschlüssen zerstört werden.

In großen Netzen ist es demnach erforderlich, *die Querschnitte aller Leitungen nicht nur nach dem Spannungsabfall und der Dauererwärmung zu berechnen, sondern ihrer Auswahl auch die Kurzschlußerwärmung zugrunde zu legen,* die von der Verteilung der Kurzschlußströme entsprechend Abb. 16, Kapitel 14 von den Zeitkonstanten der Generatoren und von den Auslösezeiten der jeweiligen Schalter abhängt.

Die Zeitkonstanten der Stoßkurzschlußströme sind in erster Linie durch die Größe der Generatoren bestimmt, sie sind jedoch nicht völlig konstant, sondern hängen, wie die früheren Überlegungen zeigen, auch von Selbstinduktion und Widerstand der Kurzschlußstrombahnen im gesamten Ständerkreise ab, also von der Entfernung der Kurzschlußstelle von den Generatoren. Für *entferntere Kurzschlüsse* wird nach den Berechnungen von Kapitel 12, Gl. (31) die Ständerzeitkonstante kleiner, die des Läufers größer. Aber auch der Streukoeffizient nach Gl. (34) wächst erheblich an, da die Kopplung des totalen Ständerkreises mit dem Läufer schwächer wird. Die Zuschlagszeit nach Gl. (35) nimmt daher zunächst beträchtlich zu, um bei sehr weitab liegenden Netzkurzschlüssen schließlich bis auf geringe Werte abzusinken.

Besonders gefährdet sind durch diese Kurzschlußerwärmungen natürlich *Stromwandler, Relaisspulen und ähnliche Wicklungen mit relativ hoher Strombelastung* im Kurzschluß. Abb. 16 zeigt z. B. die Wirkungen derartig zerstörter und in Brand geratener Auslösespulen. Die Erwärmung steigt mit der Kurzschlußzeit t nach Gl. (32) wie

$$\vartheta = \frac{s}{\gamma}\left(\frac{J_k}{\sqrt{2}\,q}\right)^2 (t + \varDelta t). \tag{37}$$

Daraus können wir das Verhältnis des zulässigen Dauerkurzschlußstromes zum Normalstrom der Leitung bestimmen, wenn wir dessen effektive Stromdichte i_n einführen, zu

$$\frac{J_k}{J_n} = \frac{\sqrt{\vartheta\,\gamma/s}}{i_n\sqrt{t + \varDelta t}}. \tag{38}$$

Für eine Stromdichte $i_n = 2$ Amp/mm² und eine höchstzulässige Erwärmung von $\vartheta = 150\,C$ erhalten wir mit den früher genannten Zahlen für γ und s den *Höchstwert des Dauerkurzschlußstromes* zu

$$J_k = \frac{\sqrt{150 \cdot 3,5 \cdot 43}}{2\sqrt{t + \Delta t}} = \frac{75}{\sqrt{t + \Delta t}}\,J_n, \tag{39}$$

also für eine Auslösezeit von 5 sec in Generatornähe

$$J_k = \frac{75}{\sqrt{5 + 8,5}} = 20,5\,J_n.$$

Sollen größere Dauerkurzschlußströme während dieser Kurzschlußzeit ertragen werden, so muß man *entweder die Nennstromdichte herabsetzen oder die thermische Festigkeit vergrößern*, was sich z. B. durch temperaturfestes Isoliermaterial erreichen läßt.

Für jede wichtige Stelle eines elektrischen Übertragungs- oder Verteilungsnetzes ist der Dauerkurzschlußstrom J_k bekannt. Die zulässige Stromdichte, für die der Leiter diesen Strom und seine anfängliche Stoßspitze ertragen kann, ist nach Gl. (37)

$$i_k = \sqrt{\frac{\gamma}{s}\,\frac{\vartheta}{t + \Delta t}}. \tag{40}$$

Da γ, s und ϑ Werte sind, die für jeden Entwurf gegeben sind, so ist *die zulässige Kurzschlußstromdichte umgekehrt proportional der Wurzel aus der Kurzschlußdauer*. Verkleinerung dieser Zeit durch schnellste Abschaltung des Fehlers erlaubt daher die Verwendung von mäßig dicken Leitern, und dies ist von wesentlicher Bedeutung für den Entwurf von Spulen oder Wicklungen.

Abb. 16.

16. Eigenschwingungen in Kollektormaschinen.

Die freien Schwingungen elektrischer Stromkreise, die wir bisher untersucht haben, wurden durch Schalthandlungen ausgelöst und erloschen allmählich durch die Widerstände des Stromkreises, wenn keine treibende äußere Spannung vorhanden war. Es besteht nun aber die Möglichkeit, diese Eigenschwingungen dadurch aufrechtzuerhalten, daß man von außen Leistung in den Stromkreis einführt, die den Energieverlusten direkt entgegenwirkt. Wenn die Verluste durch diese äußere Leistung voll kompensiert werden, so verlöschen die Schwingungen nicht, es bleiben vielmehr *ungedämpfte Eigenschwingungen* bestehen. In Starkstromkreisen treten sie vornehmlich in Kollektordynamomaschinen auf.

a) Entdämpfung und Selbsterregung. Wenn ein elektrischer Schwingungskreis nach Abb. 1 eine Serienkollektormaschine enthält, deren Magnetkreis aus lamellierten Blechen aufgebaut ist, so daß er jeder Stromänderung folgen kann, so wird in ihr durch die Drehung des Ankers eine Spannung

$$E = N\,i \tag{1}$$

erzeugt, die dem Strom i proportional ist, solange das Magnetfeld keine erhebliche Sättigung besitzt. Das Gleichgewicht der Spannungen in einem derartigen Kreise liefert dann für den Verlauf der Ströme die Differentialgleichung

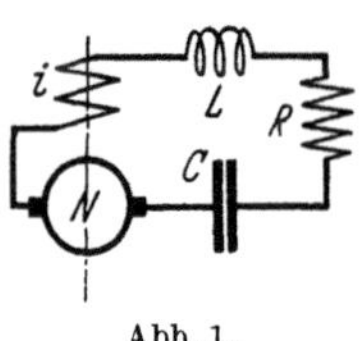

Abb. 1.

$$L \frac{di}{dt} + R\,i + \frac{1}{C}\int i\,dt = N\,i. \tag{2}$$

L und R bedeuten dabei Selbstinduktion und Widerstand des gesamten Stromkreises einschließlich der Maschinenwicklungen, C ist die Kapazität des Kondensators und N ist eine Konstante der Maschine, die nur von ihren Wicklungsverhältnissen, ihren Kraftlinienwegen und ihrer Umdrehungszahl abhängt. Sie ist die elektromotorische Kraft der Kollektormaschine für die Stromeinheit und hat daher die Dimension eines Widerstandes. *Wir wollen N als Anfachung bezeichnen.*

Die Differentialgleichung (2) können wir schreiben

$$L \frac{di}{dt} + (R - N)\,i + \frac{1}{C}\int i\,dt = 0 \tag{3}$$

und sehen daraus, daß die Wirkung des Leitungswiderstandes R durch die Wirkung der Anfachung vermindert wird und schließlich ganz aufgehoben werden kann. Ihre Lösung ist

$$i = J\,\varepsilon^{\alpha t} \sin\left(v\,t + \varphi\right), \tag{4}$$

wobei sich die *Eigenfrequenz* berechnet zu

$$v = \sqrt{\frac{1}{LC} - \left(\frac{R-N}{2L}\right)^2} \tag{5}$$

und der *Dämpfungsexponent* zu

$$\alpha = -\frac{R-N}{2L}. \tag{6}$$

Je nach der Größe der Anfachung können drei verschiedene Zustände im Schwingungskreise auftreten. Im ersten Fall mit *N kleiner als R* reicht die Energielieferung der Stromquelle nicht aus, um die gesamten Verluste im Stromkreise zu decken. Der Dämpfungsexponent α ist daher negativ, die *Eigenschwingungen verlöschen allmählich.* Ihre Dämpfung ist jedoch geringer, als sie ohne die Wirkung der Spannungsquelle wäre, der Schwingungskreis ist also durch die Anfachung bis zu einem bestimmten Grad *entdämpft.*

Steigert man die Anfachung, etwa durch schnelleren Lauf der Serienmaschine, bis zur Größe des Widerstandes, macht man also *N gleich R*, so geht die Dämpfung nach Gl. (6) auf Null zurück. Die einmal angeregten Eigenschwingungen des Systems bleiben dann ungedämpft dauernd erhalten, die Verlustenergie wird in ihrem vollen Betrage von der Stromquelle nachgeliefert. *Die Anordnung ist bis auf Null entdämpft, sie ist nunmehr selbsterregend geworden.* Die Frequenz der Schwingungen ist in diesem Falle nach Gl. (5) nur durch L und C bestimmt, also ganz unabhängig von den sonstigen Eigenschaften der Stromquelle, insbesondere von ihrer Umdrehungszahl, die daher völlig asynchron ist.

Wird die Anfachung, etwa durch weitere Drehzahlsteigerung, noch mehr vergrößert, so daß *N größer als R* wird, dann wird dem System während jeder Schwingung mehr Energie zugeführt, als es nach außen hin abgibt. Der Exponent α nach Gl. (6) wird positiv, *die Eigenschwingungen wachsen nach Gl. (4) exponentiell an.* Dieser Zustand bleibt in Wirklichkeit nicht dauernd bestehen, das Anwachsen findet schließlich eine Grenze durch Erscheinungen, die beim Ansatz der Differentialgleichung nicht berücksichtigt sind. Insbesondere nimmt die Anfachung N mit zunehmender Sättigung des Eisens ab, so daß sich schließlich wieder ein Gleichgewichtszustand bei höherer Stromstärke einstellt.

Am meisten interessiert der Zustand des Schwingungskreises, in dem rein periodische ungedämpfte Wechselströme auftreten, er wird nach Gl. (6) durch $N = R$ bestimmt. In Abb. 2 ist die Widerstandsspannung $R\,i$ und die Anfachungsspannung $N\,i$, also die magnetische Charakteristik der Serienmaschine eingetragen, und man sieht, daß nur für ihren Schnittpunkt Gleichgewicht im Schwingungskreise herrscht. *Die Bedingung der Selbsterregung von Wechselstrom ist also dieselbe wie für Gleichstrom.* Wenn der Ohmsche Widerstand des Kreises für Wechselstrom und Gleichstrom übereinstimmt, dann kann man durch Einschalten eines beliebig großen Kondensators vor eine gleichstromliefernde Serienmaschine erzielen, daß sie nunmehr Wechselstrom von derselben Amplitude erzeugt wie vorher Gleichstrom. Abb. 3 zeigt das Oszillogramm eines solchen Stromes, der durch Öffnen eines vorher kurzgeschlossenen

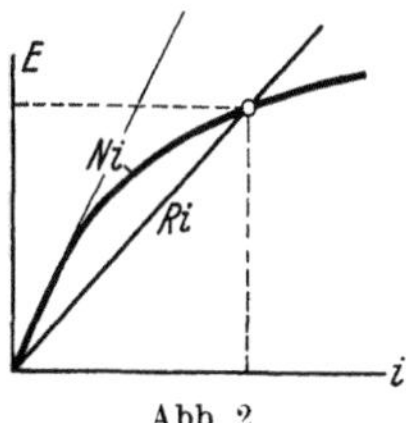

Abb. 2.

Kondensators im Zeitpunkt a erhalten wurde. Wird der Kondensator im Zeitpunkt b wieder überbrückt, so bleibt der Momentanstrom als Gleichstrom bestehen, der sofort seinem Gleichgewichtswert wieder zustrebt.

Wenn die Schwingungen eines Maschinenkreises durch Verringern der Anfachung allmählich verlöschen, so verliert das Eisen durch die entmagnetisierende Wirkung der gedämpften Wechselströme sein Feld meistens so vollständig, daß

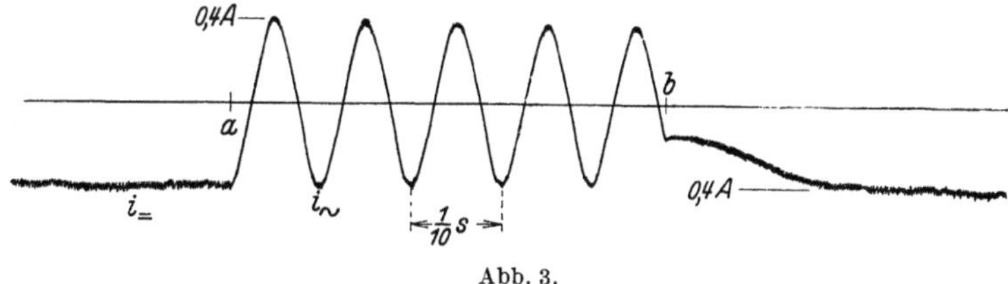

Abb. 3.

es sich nachträglich von selbst nicht wieder erregt. Es genügt jedoch ein kurzer Stromstoß aus einer Hilfsstromquelle zum Wiederanregen von ungedämpften Eigenschwingungen.

b) Gekoppelte Stromkreise. Während in einfachen Stromkreisen das Zusammenwirken von Selbstinduktion und Kapazität zur Erzeugung von Eigenschwingungen erforderlich ist, sind in *magnetisch verketteten Kreisen* auch ohne dieses Schwingungsmöglichkeiten vorhanden, wie wir bereits in Kapitel 12 gesehen haben. Um solche Schwingungen selbsterregend zu machen, müssen wir wieder anfachende Spannungen einführen, die von den eigenen oder fremden Strömen der beiden Kreise erregt werden können.

Für eine Kollektormaschinenschaltung mit zwei Stromkreisen, wie sie als Beispiel im Schema der Abb. 4 dargestellt ist, erhalten wir dann die folgenden Differentialgleichungen

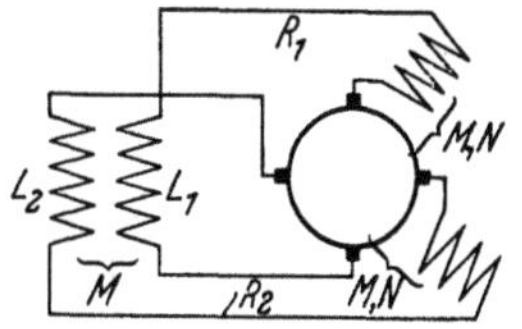

$$L_1 \frac{d i_1}{dt} + R_1 i_1 + M \frac{d i_2}{dt} + N_1 i_2 = 0, \left.\right\}$$

$$L_2 \frac{d i_2}{dt} + R_2 i_2 + M \frac{d i_1}{dt} + N_2 i_1 = 0. \left.\right\} \quad (7)$$

Abb. 4.

Darin sind die eigenen Anfachungen N_1' und N_2'' der Stromkreise mit ihren Widerständen zusammengefaßt zu

$$R_1' - N_1' = R_1, \left.\right\}$$
$$R_2'' - N_2'' = R_2, \left.\right\} \quad (8)$$

und ferner sind die fremden Anfachungen zusammen mit etwa vorhandenen Widerstandskopplungen R_1'' und R_2' der Kreise zusammengefaßt zu

$$N_1 = R_1'' - N_1'', \\ N_2 = R_2' - N_2'. \quad \right\} \tag{9}$$

Die Stromkreise erscheinen also hier nicht nur durch gegenseitige Induktion M oder Transformation gekoppelt, sondern sie sind überdies noch *durch Bewegungsspannung oder Rotation* N gekoppelt, die von den fremden Strömen herrührt und eine etwaige Widerstandsbeeinflussung beider Kreise mit umgreift.

Die beiden simultanen Differentialgleichungen (7) lassen sich auf eine einzige von zweiter Ordnung reduzieren, die sowohl für i_1 wie für i_2 gilt. Die Umformung liefert ähnlich unseren früheren Berechnungen in Kapitel 8

$$(L_1 L_2 - M^2) \frac{d^2 i}{d t^2} + [(L_1 R_2 + L_2 R_1) - M(N_1 + N_2)] \frac{d i}{d t}$$
$$+ (R_1 R_2 - N_1 N_2) i = 0. \tag{10}$$

Für stationäre Schwingungen verschwindet das Dämpfungsglied mit di/dt. Wir erhalten daher als *Bedingung für Selbsterregung*

$$M(N_1 + N_2) = L_1 R_2 + L_2 R_1. \tag{11}$$

Man kann aus ihr für jedes gegebene Schaltschema die Stärke der notwendigen Anfachungen ausrechnen, mit denen sich ein einmal vorhandener Zustand selbst weiter erregt.

In der Differentialgleichung (10) für den nunmehr stationären Strom bleibt jetzt nur noch das erste und letzte Glied bestehen. Beide bestimmen die *Eigenfrequenz der selbsterregten Wechselströme* zu

$$\nu = \sqrt{\frac{R_1 R_2 - N_1 N_2}{L_1 L_2 - M^2}}. \tag{12}$$

Da die Wechselinduktion M stets kleiner als das Produkt der Selbstinduktionen ist, so bleibt der Nenner stets positiv. Die Möglichkeit von Schwingungen richtet sich daher nach dem Vorzeichen des Zählers und ist in jedem Fall leicht nachzuweisen. Wir sehen also, *daß in verketteten Stromkreisen von Kollektormaschinen unter bestimmten Umständen Schwingungen auftreten können, die unter gewissen Bedingungen ungedämpft oder selbsterregt sind.* Die Umstände und Bedingungen hängen vor allem von der Größe der Widerstände und Anfachungen nach den Gln. (8) und (9) ab.

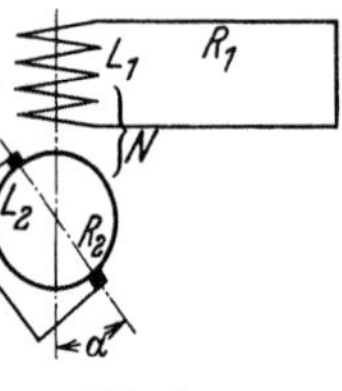

Abb. 5.

Eine der einfachsten elektrischen Maschinen, an der man das Auftreten freier Schwingungen beobachtet hat, ist der *Repulsionsmotor*, dessen Schaltung in Abb. 5 dargestellt ist. Stator- und Rotorwicklung beeinflussen sich gegenseitig nur durch transformatorische Wechselinduktion. Bei räumlich sinusförmigem Feldverlauf längs des Umfangs ist deren Stärke durch den Bürstenwinkel bestimmt zu

$$M = M_0 \cos \alpha. \tag{13}$$

Durch Rotation des Ankers wird lediglich der Läuferkreis vom Ständer aus induziert, und zwar mit dem Sinus des Bürstenwinkels, und da keine Widerstandskopplungen vorhanden sind, so ist nach Gl. (9)

$$N_1 = 0, \qquad N_2 = -N \sin \alpha. \tag{14}$$

Damit bestimmt sich die *Eigenfrequenz des selbsterregten Repulsionsgenerators* zu

$$\nu = \sqrt{\frac{R_1 R_2}{L_1 L_2 - M_0^2 \cos^2 \alpha}} = \sqrt{\frac{R_1 R_2}{M_0^2 \left(\dfrac{\sigma}{1-\sigma} + \sin^2 \alpha \right)}}. \tag{15}$$

Darin ist der Streukoeffizient σ der Maschine eingeführt, der bei kleinen Bürstenwinkeln, mit denen man praktisch zu arbeiten pflegt, starken Einfluß auf die Schwingungsfrequenz besitzt. Da ferner die Quotienten M_0/R Zeitkonstanten der Wicklungen darstellen, so ist die Eigenfrequenz unabhängig von den Windungszahlen der Maschine und im wesentlichen nur durch ihre geometrischen Abmessungen bedingt. Solche selbsterregten Schwingungen, die von der Netzfrequenz abweichen, können den Lauf der Maschine manchmal erheblich stören. Ähnliche schädliche Eigenschwingungen sind auch in Drehstromkollektormaschinen beobachtet worden.

c) Schnellentregung. Beim Betrieb von Gleich- oder Wechselstromgeneratoren mit Eigenerregung nach dem Schaltbild von Abb. 6 beobachtet man manchmal ein Umpolen der Erregermaschine. Man kann sich von dieser Erscheinung ein anschauliches Bild machen, wenn man einen extremen Fall betrachtet und annimmt, daß die Bürsten der Gleichstrommaschine plötzlich abgehoben würden. Der Erregerstrom des Generators würde dann unter der Wirkung seiner großen Selbstinduktion trotzdem weiterzufließen suchen. Er würde sich seinen Weg nach Abb. 6 durch die Nebenschlußwicklung der Erregermaschine bahnen und diese dabei umpolen. Schließen wir den Erregeranker jetzt wieder an, so vernichtet seine nunmehr entgegengesetzt gerichtete Spannung den Erregerstrom sehr schnell und kehrt ihn um.

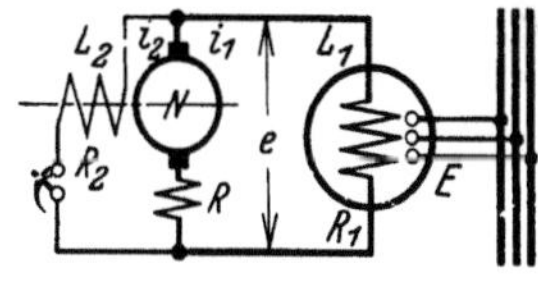

Abb. 6.

Dieses Umpolen der Generatorerregung kann nun auch eintreten, wenn man den Erregeranker nicht vollständig abschaltet, sondern ihm nach Abb. 6 nur einen angemessen großen Widerstand R vorschaltet. Der zunächst weiterfließende Erregerstrom i_1 des Generators erzeugt in diesem einen Spannungsabfall, der der Ankerspannung entgegengerichtet ist. Die Spannung an der Nebenschlußwicklung wird daher verringert oder sogar negativ, so daß sich ein neuer Gleichgewichtszustand von Erregermaschine und Generator einstellen muß.

Die Ausgleichserscheinungen richten sich nach der Differentialgleichung (10), deren Koeffizienten wir aus dem Schema der Abb. 6 leicht bestimmen können. Zwischen dem Erregerkreis *1* und dem Nebenschlußkreis *2* ist keine Wechselinduktion vorhanden, so daß

$$M = 0 \tag{16}$$

ist. Die Widerstände der beiden Stromkreise sind entsprechend Gl. (8)

$$\left. \begin{aligned} R_1 &= R_1' + R, \\ R_2 &= R_2'' + R - N. \end{aligned} \right\} \tag{17}$$

Dabei sind die Widerstände der Außenkreise zunächst durch Striche unterschieden, was wir aber später fortlassen wollen.

Die eigene Anfachung N ist im unteren Erregungsbereich konstant und im wesentlichen von den Windungsverhältnissen und der Drehzahl der Maschine abhängig. Man sieht aus Abb. 2, daß ihr Wert zahlenmäßig mit dem höchsten Nebenschlußwiderstand übereinstimmt, bei dem gerade noch Selbsterregung der leerlaufenden Maschine eintritt.

Ebenso ergeben sich die fremden Anfachungen nach Gl. (9) zu

$$\left. \begin{aligned} N_1 &= R - N, \\ N_2 &= R. \end{aligned} \right\} \tag{18}$$

wobei hauptsächlich der gemeinsame Widerstand R eine Kopplung der Stromkreise verursacht.

Mit diesen Werten der Gl. (10) können sich nun prinzipiell anwachsende, konstante oder abklingende Ströme, und zwar sowohl Gleichströme als auch Wechselströme, einstellen. Für den regulären Betrieb der Maschine wünscht man eine stationäre Erregung mit Gleichstrom, was stets durch kleinen Widerstand R erreicht werden kann. Jedoch kann *Selbsterregung mit Wechselstrom* eintreten, wenn die Bedingung (11) befriedigt ist. Durch Einsetzen der Werte von Gln. (16) bis (18) erhalten wir

$$N = (R_2 + R) + \frac{L_2}{L_1}(R_1 + R). \tag{19}$$

Beim Leerlauf des Erregers braucht die Neigung der magnetischen Charakteristik, die durch die Anfachung N nach Gl. (1) und Abb. 2 gegeben ist, nur dem Nebenschlußwiderstand R_2 das Gleichgewicht zu halten. Hierbei entstehen keinerlei Schwingungen. Bei Belastung durch den Widerstand R_1 der Haupterregerwicklung muß die Neigung N etwas vermehrt oder R_2 vermindert werden, um die gleiche Spannung zu erhalten. Wegen der Selbstinduktionen L_1 und L_2 kann jedoch eine Vergrößerung von N zu dauernden Schwingungen führen, wenn nunmehr Gl. (19) befriedigt wird. Andererseits kann die Einschaltung eines Widerstandes R vor den Erregeranker die Bedingung (19) außer Kraft setzen, so daß sich der Hauptstromkreis entregt. Das gleiche könnte man allerdings durch Vergrößern des Nebenschlußwiderstandes R_2 ausführen, jedoch sind beide Mittel von sehr verschiedener Wirksamkeit.

Um dies zu erkennen, wollen wir die *Frequenz der erzeugten Ströme* betrachten, indem wir die Werte von Gln. (16) bis (18) in Gl. (12) einsetzen. Sie ist dann

$$\nu = \sqrt{\frac{R_2(R_1 + R) + R_1(R - N)}{L_1 L_2}}. \tag{20}$$

Ein positiver Wert unter der Wurzel führt auf Schwingungen, ein negativer auf gleichbleibende Ströme, weil ν hierbei imaginär wird. Wenn wir uns auf die Frequenz von selbsterregten Schwingungen beschränken, so können wir N aus Gl. (19) einsetzen und erhalten

$$\nu = \sqrt{\frac{R}{L_1}\left(\frac{R_2}{L_2} - \frac{R_1}{L_1}\right) - \left(\frac{R_1}{L_1}\right)^2}. \tag{21}$$

Führen wir hierin die Zeitkonstanten

$$T_1 = \frac{L_1}{R_1}, \qquad T_2 = \frac{L_2}{R_2} \tag{22}$$

der Magnetwicklung und der Nebenschlußwicklung ein, so erhalten wir die Eigenfrequenz zu

$$\nu = \frac{1}{T_1}\sqrt{\frac{R}{R_1}\frac{T_1 - T_2}{T_2} - 1}. \tag{23}$$

Wir sehen daraus zunächst, daß wir *nur dann Oszillationen erhalten, wenn die Zeitkonstante T_1 des Generators größer ist als die des Erregers T_2.* Anderenfalls kann die Anordnung nur Gleichstrom entwickeln. Diese Bedingung ist jedoch nicht ausreichend, es muß *außerdem der Kopplungswiderstand R im Ankerzweige eine ausreichende Größe im Vergleich zum Erregerwicklungswiderstand des Generators besitzen*, nämlich

$$\frac{R}{R_1} > \frac{T_2}{T_1 - T_2}. \tag{24}$$

Erregermaschinen mit sehr kleinem Spannungsabfall im Anker liefern daher stets Gleichstrom in stabiler Erregung. Der Spannungsabfall kann dabei direkt durch OHMschen Widerstand oder mit derselben Wirkung auch durch Ankerrückwirkung bedingt sein. Wird er größer, so ist entsprechend Gl. (24) je nach der Belastung ein instabiles Umschlagen von Gleichstrom in Wechselstrom möglich. Unter ungünstigen Umständen kann bereits ein schlechter Bürstenkontakt Pendeln oder Umpolen der Maschinen hervorrufen. Man beseitigt diese Instabilität am einfachsten durch Anwendung einer Kompoundwicklung auf den Erregerpolen, die den inneren Spannungsabfall nach Möglichkeit zum Verschwinden bringt.

Wenn die beiden Zeitkonstanten sehr verschieden sind, reicht ein kleiner Kopplungswiderstand R aus, um Wechselstromerregung zu erzielen. Für einen leerlaufenden Turbogenerator mit $T_1 = 5$ sec magnetischer Zeitkonstante und eine Erregermaschine mit $T_2 = 0,5$ sec ist ein *Schwingungswiderstand* von mindestens

$$\frac{R}{R_1} = \frac{0,5}{5 - 0,5} = 11,1\ \%$$

erforderlich, bei kleinerer Nebenschlußzeitkonstante noch viel weniger. Im Kurzschlußzustand des gleichen Turbogenerators mit einer auf $T_1 = 1$ sec gesunkenen Zeitkonstante braucht man jedoch einen Widerstand von

$$\frac{R}{R_1} = \frac{0,5}{1 - 0,5} = 100\ \%,$$

der somit in der Größenordnung des Läuferwiderstandes liegt. Es kann hier zur Erzeugung von Oszillationen zweckmäßig sein, die Nebenschlußzeitkonstante T_2 durch Vorschalten eines Feldschwächungswiderstandes zu verkleinern.

Wenden wir einen Schwingungswiderstand R vom doppelten Werte des Feldmagnetwiderstandes R_1 an, so erhalten wir mit den ebengenannten Zahlenwerten die Frequenz der Eigenschwingungen nach Gl. (23) beim Leerlauf des Generators

$$\nu = \frac{1}{5}\sqrt{2\frac{5 - 0,5}{0,5} - 1} = 0,825 \text{ in } 2\,\pi \text{ sec oder } 0,13 \text{ Per/sec}$$

und beim Kurzschluß desselben

$$\nu = \frac{1}{1}\sqrt{2\frac{1 - 0,5}{0,5} - 1} = 1,0 \text{ in } 2\,\pi \text{ sec oder } 0,16 \text{ Per/sec}.$$

Die Frequenzen sind also nicht sehr unterschiedlich, sie sind in beiden Fällen entsprechend den großen Zeitkonstanten recht gering. Die Dauer einer Halbschwingung beträgt etwa 3 bis 4 sec, sie ist um so kürzer, je höher der Schwingungswiderstand gewählt wird.

Große Wechselstrommaschinen sucht man im Falle eines Defektes im Generator so schnell als möglich zu entregen, um die Zerstörung der Maschine auf ein Mindestmaß zu beschränken. Für diese *Schnellentregung* kann man nach Abb. 6 einen so großen Schwingungswiderstand R vor den Erregeranker schalten, daß *die Eigenschwingungsbedingung (24) erfüllt wird*, und daß außerdem die *Selbsterregungsbedingung (19) nicht erfüllt wird*. Dann geraten alle Erregerströme und -spannungen des Systems ins Pendeln und verlöschen nach äußerst kurzer Zeit. Zahlenmäßige Berechnungen zeigen, daß diese beiden Bedingungen miteinander verträglich sind, und Erfahrungen mit zahlreichen Generatoren in der Praxis haben ergeben, *daß ein Schwingungswiderstand R von der Größenordnung des Widerstandes R_1 der Erregerwicklung in den meisten Fällen günstige Resultate liefert*.

In Abb. 7 ist die langsame Entregung eines 2500 kVA Turbogenerators durch Einschalten eines Feldschwächwiderstandes in den Nebenschluß der Erregermaschine oszillographisch dargestellt. Die Wechselspannung ist erst nach

10 sec auf die Hälfte ihres ursprünglichen Wertes gefallen. Die Fortsetzung des Oszillogrammstreifens zeigte, daß sie nach etwa 40 sec auf ihrem Endwert angelangt ist, der immer noch 30% der ursprünglichen Wechselspannung beträgt, eine Höhe, die durch die Remanenz der Erregermaschine bedingt ist. Beim Oszillogramm der Abb. 8 wurde die gleiche Maschine durch Einschalten eines Schwingungswiderstandes von der Größe des Läuferwiderstandes entregt. *Die*

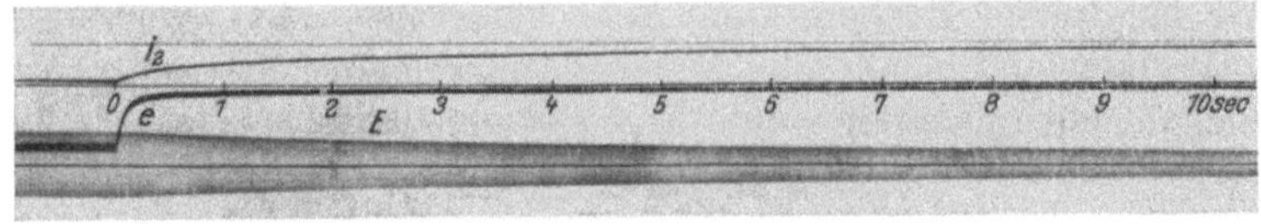

Abb. 7.

Erregermaschine polt sich momentan um und bewirkt dadurch nach einiger Zeit auch einen Richtungswechsel des Erregerstromes im Generator. Dadurch wird das schnelle Abklingen des Feldes und der Wechselspannung im Generator ver-

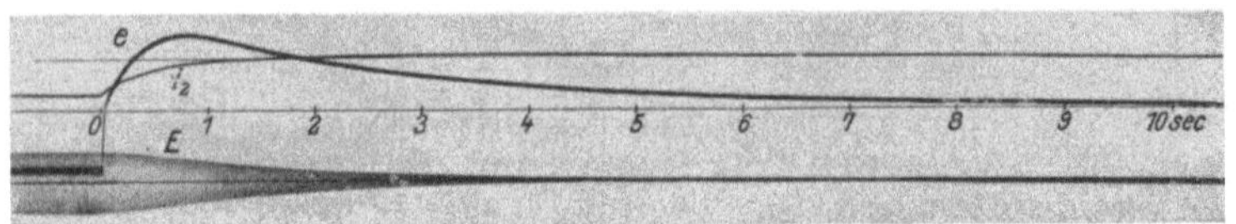

Abb. 8.

ursacht, der nach 4 bis 5 sec bereits spannungslos geworden ist. Daß die Wechselspannung des Generators langsamer verschwindet als ihr Erregerstrom, liegt an der verzögernden Wirkung der Wirbelströme in den massiven Eisenteilen des Läufers.

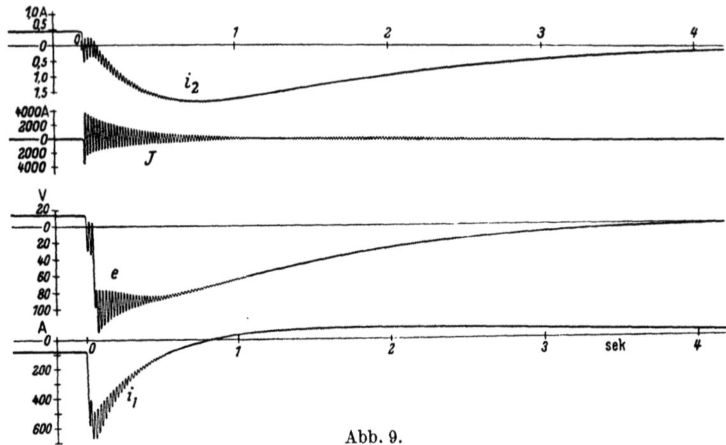

Abb. 9.

Schaltet man den Schwingungswiderstand unmittelbar nach einem Kurzschluß des Wechselstromgenerators ein, so wirkt er noch energischer als nach vorausgegangenem Leerlauf oder Normalbetrieb. Denn durch den plötzlichen Kurzschluß wird auch der Erregergleichstrom des Generators verstärkt, wie die Oszillogramme Abb. 13 und 14, Kapitel 13, zeigen, und dadurch wird die Erregermaschine noch kräftiger umgepolt, so daß die vollständige Entregung selbst bei großen Generatoren bereits in 1 bis 2 sec beendet ist. Abb. 9 stellt ein Oszillogramm einer solchen Schnellentregung nach einem plötzlichen Kurzschluß dar. Der Ständerstrom verschwindet gerade innerhalb 1 sec.

Durch das oszillierende Ausklingen der Erregerströme wird die Remanenz von Wechselstromgenerator und Erregermaschine meist so weitgehend vernichtet, daß sie von selbst nicht wieder auf Spannung kommen. Um für den normalen Betrieb die Selbsterregung wieder zur Wirkung zu bringen, genügt es auch hier, kurzzeitig eine geringe Spannung an die Nebenschlußwicklung zu legen.

III. Wirkung von Schwungmassen.

17. Anlauf von Motoren.

Motoren für Gleich- oder Wechselstrom nehmen beim Anschalten ihrer Wicklung an die konstante Spannung eines Verteilungsnetzes nicht sprunghaft ihre volle, stationäre Drehzahl an, sondern laufen vom Stillstand aus allmählich, in endlicher Zeit an. Im allgemeinen verringert man sogar die Anfahrbeschleunigung künstlich, um die Strom- und Energieaufnahme des Motors aus dem Netz während der Anlaufdauer nicht zu groß zu machen.

Während der Anlaßperiode spielen sich zwei Ausgleichsvorgänge ab, die einander überdecken. Das Einschalten der Wicklungen des Motors hat einen *elektrischen Ausgleichsvorgang* zur Folge, der im wesentlichen einen übergelagerten abklingenden Gleichstrom hervorruft. Dieser bewirkt bei Gleichstrommotoren ein exponentielles Ansteigen sowohl des Erregerstromes wie des Ankerstromes und ruft in Wechselstrom- oder Drehstrommotoren ein dem normalen Felde überlagertes abklingendes Gleichfeld hervor.

Gleichzeitig mit dem elektrischen Einschaltvorgang spielt sich der *mechanische Anlaufvorgang* des Ankers ab. Unter der Wirkung des Anlaufdrehmomentes setzt sich der Anker mitsamt seinem Getriebe allmählich in Bewegung und erreicht nach einer gewissen Anlaufzeit seine stationäre Geschwindigkeit. Die Dauer des elektrischen Einschaltvorganges richtet sich nach der elektromagnetischen Zeitkonstante, also nach Selbstinduktion und Widerstand des Stromkreises, die Dauer des mechanischen Anlaufvorganges nach dem Trägheitsmoment und Drehmoment des Ankers.

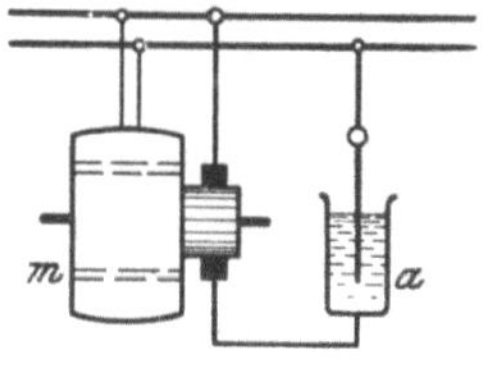

Abb. 1.

Wir wollen für die folgenden Betrachtungen annehmen, daß die elektrische Einschaltperiode so kurz gegenüber der mechanischen Anlaufperiode ist, daß die beiden Erscheinungen sich gegenseitig nicht stören. Die elektrischen Ausgleichsströme verlöschen dann so, als ob der Motor noch ruht; der mechanische Anlauf erfolgt so, als ob elektrischer Beharrungszustand vorhanden wäre. Um die Anlaufverhältnisse rechnerisch einfach verfolgen zu können, wollen wir außerdem annehmen, *daß sowohl das vom Motor entwickelte Drehmoment als auch das von ihm überwundene Belastungsmoment allein von seiner Geschwindigkeit und von keiner anderen variablen Größe abhängen.*

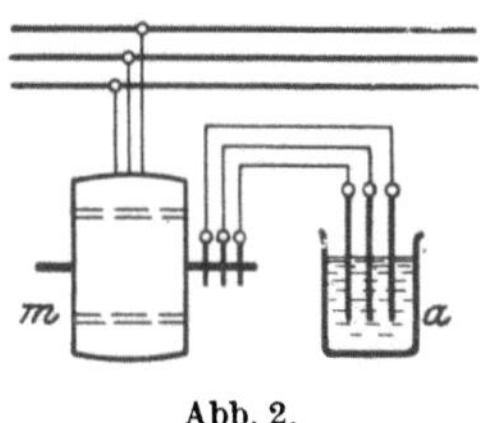

Abb. 2.

a) Stetiger Anlauf. Man kann jeden Motor dadurch stetig anlassen, daß man einen Flüssigkeitswiderstand in seinen Ankerkreis schaltet, den man allmählich kurz schließt. Bei Gleichstrommotoren legt man ihn nach dem Schema der Abb. 1 zwischen Netz und Anker; bei Drehstrom-

motoren nach dem Schema der Abb. 2 an die Schleifringe des Läufers. Man
kennt dann aus den speziellen Eigenschaften des Motors und der Anlasser-
bewegung für jede minutliche Drehzahl n oder jede Winkelgeschwindigkeit

$$\omega = \frac{2\,\pi\,n}{60} \qquad (1)$$

das Drehmoment D, das er entwickeln kann. Ebenso ist für jedes Triebwerk das
widerstehende Drehmoment M in Abhängigkeit von der Drehzahl bekannt. Zwei
solche Kurven sind in Abb. 3 dargestellt.

Nur die Differenz beider Drehmomente dient zur Beschleunigung des Ankers
und der sämtlichen mit ihm verbundenen Schwungmassen des Getriebes und der

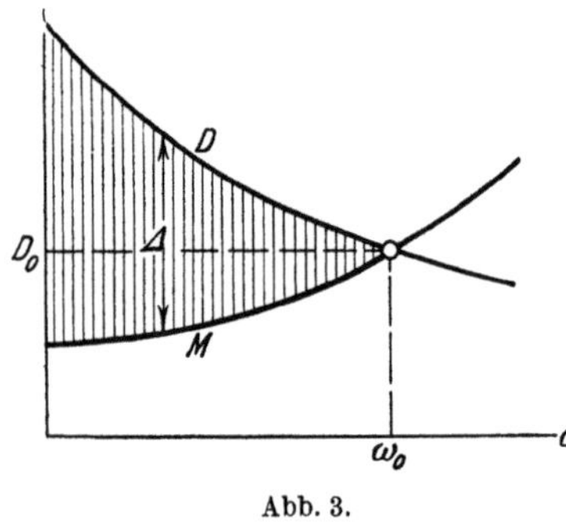

Arbeitsmaschine. Der Motor beschleunigt sich
daher so lange, bis diese Differenz $\varDelta$ zu Null
geworden ist, dann hat er seine Beharrungsdrehzahl ω_0 erreicht. Das Beschleunigungsdreh-
moment ist gleich dem Trägheitsmoment Θ mal
der Winkelbeschleunigung des Ankers

$$D - M = \varDelta(\omega) = \Theta\,\frac{d\,\omega}{d\,t}, \qquad (2)$$

wobei die Schwungmomente von Getriebe und
Arbeitsmaschine auf den Anker reduziert sind.
$\varDelta(\omega)$ ist dabei das in Abhängigkeit von ω nach
Abb. 3 bekannte Überschußdrehmoment des
Motors.

Abb. 3.

Aus Gl. (2) kann man die Beschleunigung und daraus die Geschwindigkeit
des Motors für jeden gegebenen Drehmomentverlauf graphisch bestimmen.
*Dieser ist nun aber nicht als Funktion der Zeit, sondern als Funktion der Dreh-
zahl ω gegeben, so daß man die Gleichung besser umstellt, indem man ω als unabhängige und t als abhängige Variable betrachtet.* Es ist dann

$$dt = \Theta\,\frac{d\,\omega}{\varDelta(\omega)}, \qquad (3)$$

und da dies integrierbar ist, so erhält man die laufende Zeit t in Abhängigkeit
von der Winkelgeschwindigkeit ω zu

$$t = \Theta \int \frac{d\,\omega}{\varDelta(\omega)}. \qquad (4)$$

Zur graphischen Auswertung ist es bequem, das Integral so zu schreiben, daß
Zähler und Nenner reine Zahlenwerte werden. Wir führen dazu im Nenner das
Verhältnis des jeweiligen Überschußmomentes zum normalen Drehmoment D_0 ein

$$\frac{\varDelta(\omega)}{D_0} = \delta(\omega) \qquad (5)$$

und erweitern den Zähler mit der normalen Winkelgeschwindigkeit ω_0. Dann
erhalten wir aus Gl. (4)

$$t = \frac{\Theta\,\omega_0}{D_0} \int \frac{d\,\dfrac{\omega}{\omega_0}}{\delta\left(\dfrac{\omega}{\omega_0}\right)} = T_a \int \frac{d\,v}{\delta(v)}. \qquad (6)$$

Das Verhältnis der jeweiligen Geschwindigkeit ω zur normalen Winkelgeschwindigkeit ω_0 ist dabei mit v bezeichnet.

Das Integral stellt hierin einen mit wachsender relativer Drehzahl v ständig
zunehmenden Zahlenwert dar, der lediglich von dem Verlauf der Drehmoment-

kurven abhängt und den wir als *numerische Anlaufzeit* bezeichnen können, weil er nach Gl. (6) der Zeit t direkt proportional ist. Der Faktor vor dem Integral

$$T_a = \frac{\Theta\,\omega_0}{D_0} \tag{7}$$

enthält lediglich Konstanten des Motors und besitzt die Dimension einer Zeit. Wir wollen ihn die *mechanische Zeitkonstante* für normales Drehmoment oder auch die *Normalanlaufzeit des Motors* nennen.

Führen wir statt des Drehmomentes D_0 in mkg die normale Leistung des Motors in Watt ein durch die Beziehung

$$W_0 = g\,\omega_0\,D_0 , \tag{8}$$

in der g den Wert der Erdbeschleunigung bedeutet, und ersetzen wir das Trägheitsmoment Θ durch das technisch meist gebräuchliche Schwungmoment

$$\overline{G D^2} = 4 g \Theta \tag{9}$$

in kgm², so erhalten wir für die Normalanlaufzeit in sec unter Beachtung von Gl. (1)

$$T_a = \frac{\Theta\,g\,\omega_0^2}{W_0} = \left(\frac{\pi}{60}\right)^2 \frac{n_0^2\,\overline{G D^2}}{W_0} . \tag{10}$$

Für einen Motor von $W_0 = 20$ kW Leistung, der mit normal $n_0 = 1500$ U/min läuft und ein Schwungmoment $\overline{G D^2} = 5$ kgm² besitzt, erhält man eine Anlaufzeitkonstante

$$T_a = \frac{1}{365}\,\frac{1500^2 \cdot 5}{20 \cdot 10^3} = 1{,}54\ \text{sec} .$$

Man findet für die meisten Motoren Werte, die zwischen 0,5 und 2 sec liegen. Bei großen Getriebemassen wird die Normalanlaufzeit entsprechend größer.

Unsere Berechnungsformel (6) für die wirkliche Anlaufzeit enthält im Nenner unter dem Integral die relative Drehmomentsfunktion $\delta(\nu)$, die für alle Drehzahlverhältnisse ν bekannt ist. Wir wollen sie auf einen speziellen Fall anwenden, in dem der Anlaßwiderstand so geregelt werden möge, daß der Motor während der gesamten Anlaufzeit sein normales Drehmoment entwickelt, während kein widerstehendes Moment vorhanden ist. Dann ist nach Gl. (2) und (5) $\delta = 1$, und wir erhalten nach Gl. (6) die gesamte Anlaufzeit bis zur normalen Drehzahl mit $\nu = 1$ zu

$$t = T_a \int_0^1 \frac{d\nu}{1} = T_a . \tag{11}$$

Hierdurch ist die physikalische Bedeutung von T_a gegeben als *gesamte Anlaufzeit des Ankers, wenn auf ihn das normale Drehmoment lediglich beschleunigend wirkt.*

Im allgemeinen ist die Drehmomentsfunktion $\delta(\nu)$ nur graphisch gegeben. Zur Ausführung der Integration nach Gl. (6) trägt man sich dann aus dieser Kurve, die man nach Abb. 4a am besten um 90° gedreht zeichnet, zunächst die reziproke Drehmomentsgröße $1/\delta$ in Abb. 4b abhängig von der relativen Drehzahl ν nach oben auf. Bildet man dann in Abb. 4c die *Integralkurve der schraffierten Fläche*, so gibt diese nach Gl. (6) die *numerische Anlaufzeit* wieder und liefert durch Multiplikation mit der Normalanlaufzeit T_a nach Gl. (10) *die wirkliche Anlaufzeit in Sekunden, die der Motor mit angehängter Last braucht, um die jeweilige Drehzahl zu erreichen.* Die Kurve nähert sich asymptotisch der stationären Drehzahl mit $\nu = 1$. Abb. 4 stellt die Anlaufverhältnisse eines Gleichstrommotors beim Antrieb einer Schleuderpumpe mit großer Reibung und quadratisch zunehmendem Widerstandsmoment dar.

Selbstverständlich gilt die allgemeine Gl. (6) auch für den Fall, daß der Anlasser in irgendeiner Stellung verharrt, oder daß er gar nicht geregelt wird. In jedem Falle ist das relative Drehmoment δ abhängig von der relativen Drehzahl v als bekannt anzusehen. Man kann nach derselben Formel (6) auch die Auslaufkurve eines Motors nach dem Abschalten vom Netz durch graphische Integration erhalten, wenn das Reibungsmoment und etwaige sonstige bremsende Drehmomente als Funktion der Drehzahl bekannt sind.

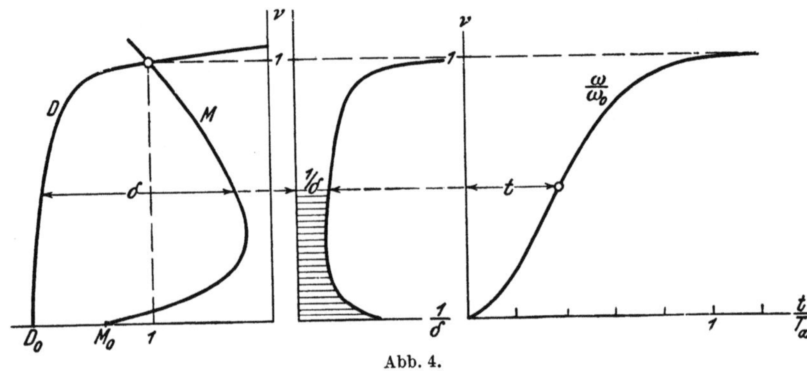

Abb. 4.

Auch das Hochlaufen anderer als elektrischer Motoren kann man nach denselben Regeln berechnen. Besonders gefährlich ist das *Durchgehen von Generatoren*, wenn sie, etwa durch Auslösen ihres Hauptschalters oder durch einen vollständigen Kurzschluß in ihrer Nähe, plötzlich entlastet werden, während der Leistungsregler ihrer antreibenden Kraftmaschine durch irgendeinen Zufall versagt. Das Drehmoment aller Kraftmaschinen nimmt bei gleichbleibender Füllung mit

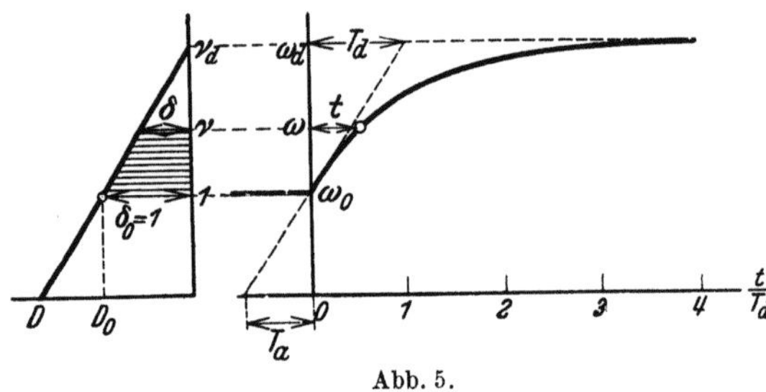

Abb. 5.

zunehmender Drehzahl ab, so wie es in Abb. 5 links dargestellt ist. Diese Abnahme wird sowohl durch die Zunahme der Reibungsverluste als auch durch die Verschlechterung der Strömungs- oder Expansionsverhältnisse bedingt. Wenn wir sie als linear ansehen, um einen einfachen Überblick zu erhalten, so können wir das jeder Relativgeschwindigkeit v zugeordnete relative Überschußmoment δ gemäß Abb. 5 schreiben

$$\delta = \frac{v_d - v}{v_d - 1}. \tag{12}$$

Darin stellt v_d die Durchgangsgeschwindigkeit dar, die z. B. bei Wasserturbinen das 1,8- bis 2fache beträgt und bei vielstufigen Dampfturbinen bis auf das 5- oder 6fache ansteigen kann.

Die Durchgangszeit können wir damit nach Gl. (6) berechnen zu

$$t = (v_d - 1)\, T_a \int_1^v \frac{dv}{v_d - v} = T_d \ln \frac{v_d - 1}{v_d - v}. \tag{13}$$

Dabei ist mit

$$T_d = (v_d - 1)\, T_a = \frac{\omega_d - \omega_0}{\omega_0}\, T_a \tag{14}$$

die *Durchgangszeitkonstante* bezeichnet, die von der Anlaufzeitkonstante unterschieden werden muß. Bei Wasserturbinen ist sie eher etwas kleiner, bei Dampfturbinen jedoch vielfach größer als T_a. In Abb. 5 ist die Durchgangszeitkurve aufgetragen, die man durch Delogarithmierung von Gl. (13) und Einführung der wirklichen Winkelgeschwindigkeit ω auch ausdrücken kann durch

$$\omega = \omega_0 + (\omega_d - \omega_0)\left(1 - \varepsilon^{-\frac{t}{T_d}}\right). \tag{15}$$

Die *Enddrehzahl* ist nach Ablauf der drei- bis vierfachen Durchgangszeitkonstante erreicht.

Der Anstieg der Drehzahlkurve unmittelbar nach Abschalten der Last ist allein durch die Anlaufzeitkonstante bestimmt. Dieselbe beträgt bei Schenkelpolgeneratoren mit Wasserturbinenantrieb

$$T_a = 4 - 7 - 10 \text{ sec},$$

wobei die kleinere Zahl für Niederdruckturbinen, die größere für Hochdruckturbinen mit Rohrleitung gilt. Für Turbogeneratoren mit Zylinderläufer und Dampfturbinenantrieb beträgt sie

$$T_a = 10 - 15 - 25 \text{ sec},$$

wobei die niederen Werte für 3000 U/min, die höheren für 1500 bis 1000 U/min gelten. Man erkennt aus Abb. 5, *daß eine 10%ige Drehzahlsteigerung bereits* nach einem Zehntel dieser Werte, also im allgemeinen *nach einer halben bis einer ganzen Sekunde aufgetreten ist.* Wenn man das Durchgehen solcher Turbinen daher durch Schnellschlußventile oder Strahlablenkung verhindern will, so müssen diese Vorrichtungen ihre Wirkung in derart kurzen Zeiten ausüben.

b) Stufenweiser Anlauf. Sehr häufig läßt man die Motoren durch stufenweises Regeln des Anlaßwiderstandes anlaufen, beispielsweise durch Verwendung eines Metallanlassers mit zahlreichen Kontaktstufen, wie er für Gleichstrommotoren in Abb. 6 dargestellt ist und für Drehstrommotoren ganz entsprechend ausgeführt wird. Dann ist der Widerstand des Stromkreises auf jeder einzelnen Stufe konstant, während die Arbeit leistende Gegenspannung des Motors proportional der zunehmenden Drehzahl wächst. Der

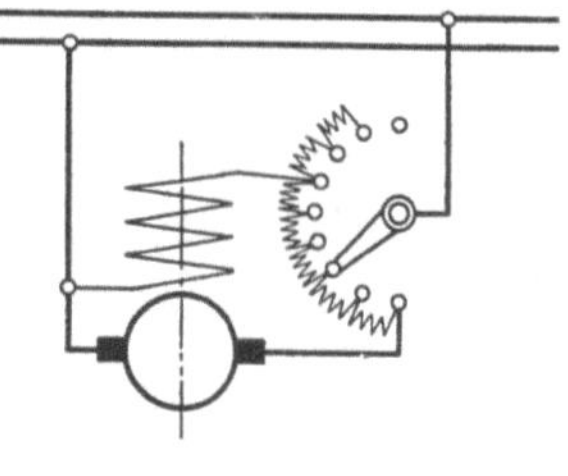

Abb. 6.

Strom und damit das Drehmoment des Motors nimmt dann bei den üblichen Anlaßwiderständen mit wachsender Drehzahl annähernd linear ab.

In Abb. 7 ist das Motordrehmoment D in Abhängigkeit von der Geschwindigkeit für verschiedene Kontaktstufen durch die schrägen Geraden dargestellt, die alle derselben Leerlaufdrehzahl zustreben. Man sucht meistens derart anzulassen, daß das Drehmoment während der Anlaufzeit zwischen einer oberen und unteren Grenze bleibt, um die Stromschwankungen möglichst gleichmäßig zu halten. Dann muß man den Anlasser bei den in Abb. 7 durch die Drehmomentsprünge gekennzeichneten Drehzahlen immer um eine Stufe weiter bewegen.

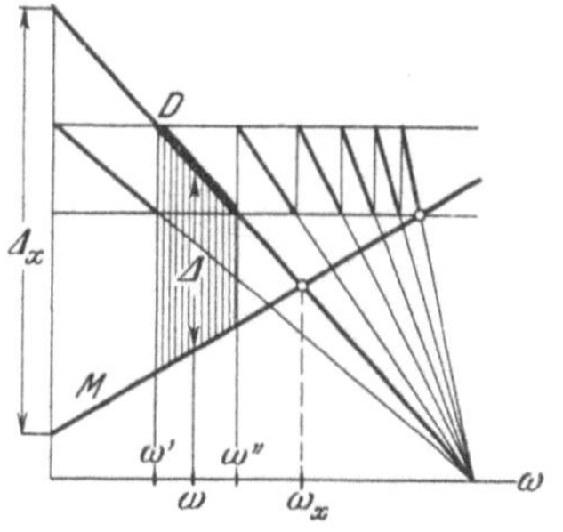

Abb. 7.

Wenn wir annehmen, daß auch das widerstehende Drehmoment M linear verläuft, was für jede Stufe meist genau genug der Fall ist, so hat auch das Überschußmoment $\varDelta$ für jede Stufe lineare

Abhängigkeit von der Drehzahl, so daß wir die Beziehung ansetzen können

$$D - M = \Delta = \Delta_x \cdot \frac{\omega_x - \omega}{\omega_x}. \tag{16}$$

Darin bedeutet ω_x diejenige Winkelgeschwindigkeit des Ankers, die der belastete Motor auf der Widerstandsstufe x stationär annehmen würde, und Δ_x ist das Überschußmoment, das auf der gleichen Stufe bei Stillstand des Ankers vorhanden wäre. Beide Werte können aus dem für jeden Motor und Anlasser bekannten Diagramm nach Abb. 7 abgelesen werden.

Setzt man Gl. (16) in Gl. (2) ein, so erhält man

$$\Theta \frac{d\omega}{dt} = \frac{\Delta_x}{\omega_x} (\omega_x - \omega). \tag{17}$$

Bezeichnet man alsdann die Größe

$$T_x = \frac{\Theta\, \omega_x}{\Delta_x} \tag{18}$$

als Anlaufzeitkonstante der Stufe x, die ganz entsprechend dem Werte der Gl. (7) aufgebaut ist, so erhält man für den Anstieg der Ankergeschwindigkeit aus Gl. (17) die Beziehung

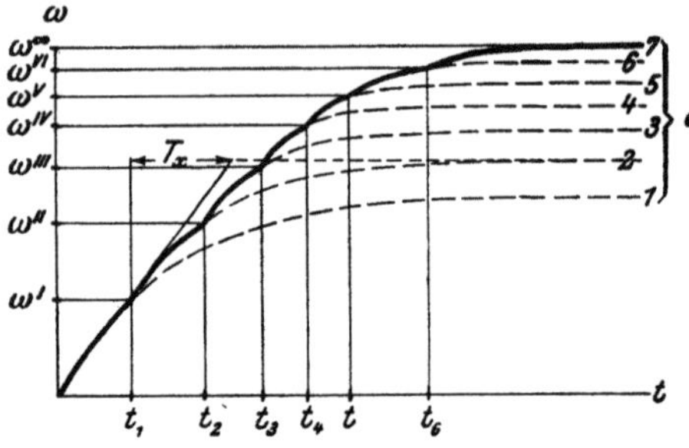

$$\frac{d\omega}{dt} + \frac{\omega - \omega_x}{T_x} = 0. \tag{19}$$

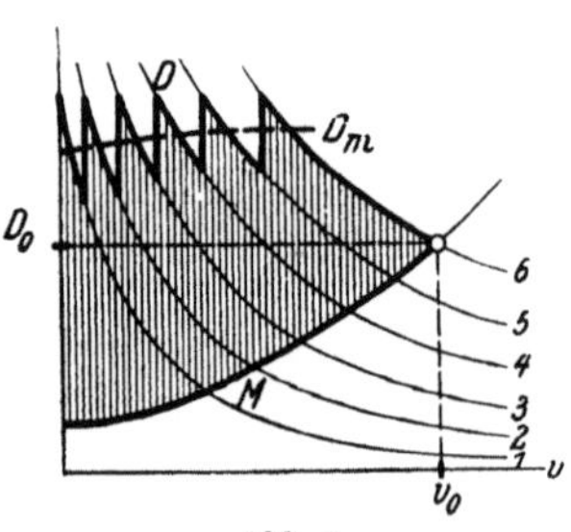
Abb. 8.

Diese lineare Differentialgleichung ist uns wohlbekannt. Sie hat die Lösung

$$\omega - \omega_x = K\,\varepsilon^{-\frac{t}{T_x}}. \tag{20}$$

Die Differenz zwischen der augenblicklichen Drehzahl und der stationären Drehzahl jeder Stufe verschwindet also exponentiell, die Drehzahl strebt asymptotisch der Beharrungsdrehzahl ω_x zu, wie es in Abb. 8 dargestellt ist.

Für jede Anlaßstufe gilt dieselbe Gl. (20), nur mit anderen Konstanten ω_x und T_x. Auch die Integrationskonstante K wird für jede Stufe anders. Sie bestimmt sich aus der Drehzahl ω', die der Motor beim Übergang auf die Stufe x besaß, wenn man die Schaltzeit für jede Stufe von neuem von $t=0$ an rechnet, zu

$$K = \omega' - \omega_x. \tag{21}$$

Damit wird die jeweilige Drehzahl nach Gl. (20)

$$\omega = \omega_x - (\omega_x - \omega')\,\varepsilon^{-\frac{t}{T_x}}. \tag{22}$$

Wird nach Erreichen der Drehzahl ω'' auf die nächste Stufe übergeschaltet, so ergibt sich die gesamte Anlaufdauer auf Stufe x aus

$$\frac{\omega'' - \omega_x}{\omega' - \omega_x} = \varepsilon^{-\frac{t}{T_x}} \tag{23}$$

zu

$$t_x = T_x \ln\left(\frac{\omega_x - \omega'}{\omega_x - \omega''}\right). \tag{24}$$

Abb. 9.

Diese Beziehung könnte man natürlich auch aus der allgemeinen Gl. (6) für die Anlaufzeit erhalten, wenn man den Gl. (16) entsprechenden linearen Wert für das Überschußmoment dort einsetzen würde. Diesen Weg hatten wir in Gl. (13)

beschritten. Da in Gl. (24) alle ω und auch T_x für jede Stufe bekannt sind, so kann man die gesamte Anlaufzeit des Motors durch Summation der Zahlenwerte von t_x für alle Stufen errechnen.

In Abb. 8 sind die sämtlichen Anlauf-Exponentialkurven für die verschiedenen Stufen übereinander gezeichnet. Die Drehzahl durchläuft nacheinander die stark gezeichneten Stücke jeder Kurve, bis sie sich schließlich auf der letzten Stufe der tatsächlichen Beharrungsdrehzahl des Motors asymptotisch nähert. Wendet man eine größere Stufenzahl an, etwa 8 bis 10, so werden die Ungleichmäßigkeiten des Anlaufs ziemlich gering, so daß er sich vom stetigen Anlauf nicht mehr erheblich unterscheidet.

Besonders groß sind die zu beschleunigenden Massen bei *elektrischen Bahnen,* bei denen außer der Motor- und Getriebemasse auch die vollständigen Fahrzeuge möglichst schnell in Bewegung gesetzt werden sollen. Zum Antrieb verwendet man fast stets Serienmotoren, deren Drehzahlcharakteristik wie in Abb. 3 stark gekrümmt verläuft. Da sie aber stets in mehreren Stufen geschaltet werden, so muß man mit dem vollständigen Bilde der Abb. 9 rechnen und erkennt, daß sich die wirklich benutzten Kurvenstücke auch hier mit ausreichender Genauigkeit durch Gerade ersetzen lassen. Man kann daher die gesamte Anlaufzeit nach Gl. (24) berechnen, falls man es nicht vorzieht, die Arbeitsflächen entsprechend Gl. (6) und Abb. 4 graphisch auszuwerten. Man kann dabei entweder bei gegebenem Schaltprogramm des Motors die genauen Kurvenstücke benutzen, oder aber man rechnet nach Abb. 9 mit einem Mittelwert D_m des Antriebsdrehmoments, da die einzelnen Stufen doch stark von der Willkür des Fahrers abhängen.

Die Anlaufzeitkonstante drückt man jetzt besser durch die Masse $\overline{M}$ und die normale Geschwindigkeit v_0 des Fahrzeugs aus, die, auf den Schwerpunktsdurchmesser $\overline{D}$ des Motors bezogen, ist

$$v_0 = \frac{\overline{D}\,\pi\,n_0}{60}\,. \tag{25}$$

Führt man diesen Durchmesser in das $\overline{GD^2}$ der Gl. (10) ein, so erhält man für die Normalanlaufzeit

$$T_a = \frac{\overline{M}\,v_0^2}{W_0}\,. \tag{26}$$

Diese Größe ist charakteristisch für die Anlaufdauer des *Fahrzeugs,* während der Verlauf der Beschleunigungsperiode noch von der numerischen Anlaufzeit abhängt, die durch die Eigenschaften des *Motors* bestimmt wird und aus Abb. 9 nach Gl. (6) zu bestimmen ist.

c) Anlaufwärme. Während des Anlaufens fließen in den Wicklungen des Motors hohe Ströme, die den Normalstrom um ein Vielfaches überschreiten können und daher erhebliche Wärmemengen produzieren, die die Wicklungen auf hohe Temperatur bringen können. Die gesamte während des Anlaufvorgangs durch Stromwärme verlorene elektrische Arbeit ist

$$A = \int\limits_0^t i^2 R\,dt\,, \tag{27}$$

wobei die zeitliche Integration vom Einschaltmoment bis zur Beendigung des Anlaufs zu erstrecken ist. Es würde sehr unbequem sein, wenn man den Strom i unter dem Integral dieser Gleichung in Abhängigkeit von der Zeit darstellen müßte, da dies im allgemeinen durch eine einfache Formulierung nicht möglich ist. Wir können aber den Wert des Integrals dadurch bestimmen, daß wir die Integration nach der Zeit in eine Integration nach der Drehzahl überführen.

Dazu drücken wir das Zeitelement dt nach Gl. (3) durch das Geschwindigkeits-element $d\omega$ aus und erhalten

$$A = \Theta \int \frac{i^2 R}{\varDelta(\omega)}\, d\omega. \tag{28}$$

Darin darf sowohl der Strom i und das Überschußmoment $\varDelta$ als auch der Widerstand R im Stromkreis variabel sein, wenn man beispielsweise einen Anlaßwiderstand beim Hochlaufen des Motors nachregelt.

Wir können diese Beziehung übersichtlicher schreiben, wenn wir sie mit der Normalleistung des Motors nach Gl. (8) erweitern. Sie wird dann

$$A = \frac{\Theta\, g\, \omega_0^2}{W_0} \int i^2 R \,\frac{d\left(\dfrac{\omega}{\omega_0}\right)}{\dfrac{\varDelta(\omega)}{D_0}} = \Theta\, g\, \omega_0^2 \int \frac{i^2 R}{W_0}\, \frac{dv}{\delta(v)}. \tag{29}$$

Darin stellt der Wert vor dem Integral das Doppelte der *Schwungarbeit dar, die in den Massen des Motors und seiner Antriebe* bei voller Winkelgeschwindigkeit ω_0 *aufgespeichert ist.* Man kann diese durch Benutzung von Gl. (1) und (9) auf das technisch übliche Maßsystem umrechnen zu

$$A_s = \frac{\Theta\, g\, \omega^2}{2} = \frac{1}{2}\left(\frac{\pi}{60}\right)^2 n_0^2\, \overline{G\, D^2}. \tag{30}$$

Die Anlaufstromwärme ist also stets der kinetischen Energie proportional. Unter dem Integral steht als erster Faktor das Verhältnis der momentanen Stromwärme zur Normalleistung des Motors, was je nach Motorart, Schaltung und Anlaßvorgang zwischen kleinen und großen Beträgen variieren kann. Den letzten Faktor unter dem Integral haben wir schon in Gl. (6) zur Bestimmung der Geschwindigkeitskurve kennengelernt.

Für *Gleichstrom- oder Wechselstromserienmotoren*, die vorwiegend zur Massenbeschleunigung verwendet werden, können wir, um einen Überblick zu gewinnen, die Reibungsverluste vernachlässigen und von der magnetischen Sättigung absehen. Dann ist das beschleunigende Drehmoment des Motors nur vom Quadrat des Stromes abhängig

$$\varDelta(\omega) = D = k\, i^2, \tag{31}$$

oder wenn man die Konstante k durch das Normalmoment D_0 und den Normalstrom J_0 ausdrückt

$$\delta(v) = \frac{\varDelta(\omega)}{D_0} = \frac{i^2}{J_0^2}. \tag{32}$$

Führen wir dies in Gl. (29) ein, so hebt sich der veränderliche Strom vollständig fort und es bleibt für die Anlaufwärme

$$A = \Theta\, g\, \omega_0^2 \cdot \frac{R\, J_0^2}{W_0} \int d\left(\frac{\omega}{\omega_0}\right), \tag{33}$$

wenn wir den Widerstand konstant halten. Dies ist sofort integrierbar zu

$$A = 2\, A_s\, \frac{R\, J_0^2}{W_0}\, \frac{\omega'' - \omega'}{\omega_0}. \tag{34}$$

Darin sind mit ω' und ω'' die Integrationsgrenzen bezeichnet, oder auch derjenige Drehzahlbereich, für dessen Durchlaufen die Anlaufstromwärme berechnet wird. Für vollständigen Anlauf vom Stillstand bis zur vollen Drehzahl ω_0 ohne Anlaßwiderstand wird der letzte Faktor gleich eins und *die gesamte Anlaufwärme des Serienmotors wird gleich der Schwungarbeit multipliziert mit dem doppelten relativen Stromwärmeverlust beim stationären Betrieb.*

Fährt man in einzelnen Stufen mit veränderter Spannung oder verändertem Vorschaltwiderstand hoch, so bleibt die Anlaufwärme im Motor selbst mit seinem konstanten Widerstand die gleiche, da die einzelnen Drehzahlstufen sich nach Gl. (34) linear addieren. Die Verluste in den vorgeschalteten Widerständen oder Transformatoren muß man natürlich stufenweise mit ihren jeweiligen Werten für Widerstand R oder Normalstrom J_0 summieren. Für einen Serienmotor mit 5 % Stromwärmeverlust im Normalbetrieb sind die inneren Anlaufverluste nach Gl. (34) gleich 10 % der in den bewegten Massen aufgespeicherten Schwungarbeit. Man sieht also, daß die Anlaufwärme von Serienmotoren stets viel kleiner als ihre Schwungarbeit ist.

18. Einschalten von Gleichstromankern.

Durch Vorschalten eines Anlaßwiderstandes vor den Anker von Gleichstrommotoren verhindert man, daß die Netzspannung in dem stillstehenden Anker, der noch keine Gegenspannung erzeugt, einen übermäßig großen Strom hervorruft. Dies ist für die meisten Betriebe notwendig, um Stromstöße im Netz und Überschläge am Kollektor zu vermeiden. Bei solchen Motoren jedoch, die nur ihre eigene und eine geringe äußere Schwungmasse zu beschleunigen haben und während des Anlaufens durch keinen erheblichen Reibungs- oder ähnlichen Widerstand belastet werden, kann man den Anlasser entbehren und den Anker ohne Vorschaltwiderstand sofort an die volle Netzspannung legen, sofern man das Magnetfeld des Motors vorher erregt hat. Wegen der stets vorhandenen Selbstinduktion des Ankerstromkreises steigt der Gleichstrom beim plötzlichen Anlegen der Spannung nicht sofort auf seinen Endwert, sondern er braucht dazu eine gewisse Zeit, und wenn die Anlaufzeit des Motors nicht viel größer ist als diese Anstiegzeit des Stromes, dann wird der Anker schon in schneller Drehung sein und ausreichende Gegenspannung erzeugen, bevor der Strom unzulässige Werte angenommen hat. In diesem Fall überdecken sich also der elektrische und der mechanische Einschaltevorgang, so daß wir die strengen und vollständigen Gleichungen ansetzen müssen.

a) Anlauf durch Grobschaltung. Wir können den zeitlichen Verlauf des Stromes und auch der Drehzahl bestimmen, wenn wir die Differentialgleichungen für den Stromkreis mit Berücksichtigung seiner Selbstinduktion aufstellen. Abb. 1 stellt das Schaltungsschema dar. Während des Anlaufs wird der konstanten Netzspannung E das Gleichgewicht gehalten von der Selbstinduktionsspannung, dem Oɴᴍschen Spannungsabfall und der Gegenspannung e des rotierenden Ankers. Es ist also

$$E = L\frac{di}{dt} + Ri + e. \tag{1}$$

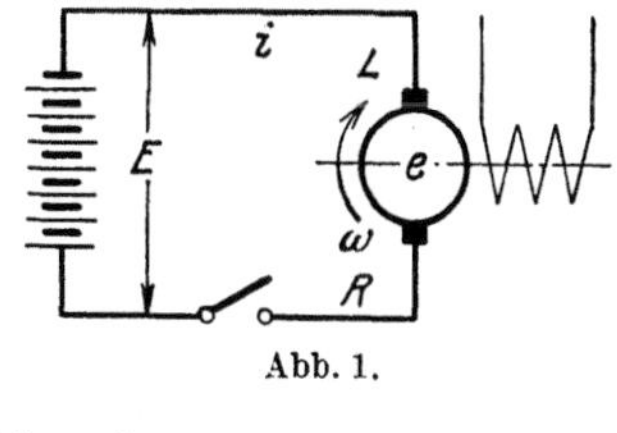

Abb. 1.

Die Gegenspannung des Ankers ist bei konstanter Feldstärke proportional seiner Winkelgeschwindigkeit ω

$$e = k\omega, \tag{2}$$

wobei k ein Proportionalitätsfaktor ist, der für jede Maschine bekannt ist.

Die in den Schwungmassen mit dem Trägheitsmoment Θ aufgespeicherte Arbeit ist

$$\frac{1}{2}\Theta g \omega^2. \tag{3}$$

Der Wert der Erdbeschleunigung g ist hinzugesetzt, um die Schwungarbeit in Watt auszudrücken. Die im Motor mechanisch umgesetzte elektrische Leistung ist ei. Sie dient bei *reibungsfreiem Leeranlauf* lediglich zur Beschleunigung der Schwungmassen, also zur Änderung der Schwungarbeit. Es ist also nach dem Energiegesetz

$$e\,i = \frac{d}{dt}\left(\frac{1}{2}\,\Theta\,g\,\omega^2\right) = \Theta\,g\,\omega\,\frac{d\omega}{dt}.\tag{4}$$

Dividieren wir diese Beziehung durch Gl. (2), so erhalten wir für den Strom

$$i = \frac{\Theta\,g}{k}\,\frac{d\omega}{dt}.\tag{5}$$

Wir sehen also, daß der Strom direkt proportional der Beschleunigung des Ankers ist, die andererseits seinem Drehmoment entspricht. Setzen wir diesen Ausdruck (5) und seinen Differentialquotienten und außerdem Gl. (2) in unsere Gl. (1) für das Gleichgewicht der Spannungen ein, so entsteht daraus

$$E = \frac{L\,\Theta\,g}{k}\,\frac{d^2\omega}{dt^2} + \frac{R\,\Theta\,g}{k}\,\frac{d\omega}{dt} + k\,\omega.\tag{6}$$

Wenn der Motor seine volle Geschwindigkeit ω_0 erreicht hat, tritt keine Beschleunigung mehr auf und der Strom ist daher Null, so daß die Ankerspannung e mit der Netzspannung E identisch wird. Es ist dann nach Gl. (2)

$$E = k\,\omega_0.\tag{7}$$

Führen wir dies in Gl. (6) ein, so erhalten wir als Differentialgleichung für den Verlauf der Geschwindigkeit endgültig

$$\frac{d^2\omega}{dt^2} + \frac{R}{L}\,\frac{d\omega}{dt} + \frac{k^2}{L\,\Theta\,g}\,(\omega - \omega_0) = 0.\tag{8}$$

Eine ähnliche Gleichung können wir für den Verlauf des Stromes aufstellen. Wir integrieren dafür Gl. (5) nach t und setzen den Wert von ω in Gl. (2) ein, so daß wir erhalten

$$e = \frac{k^2}{\Theta\,g}\int i\,dt.\tag{9}$$

Damit wird aus Gl. (1)

$$E = L\,\frac{di}{dt} + R\,i + \frac{k^2}{\Theta\,g}\int i\,dt,\tag{10}$$

und wenn wir dies zur Fortschaffung des Integrals differenzieren

$$\frac{d^2i}{dt^2} + \frac{R}{L}\,\frac{di}{dt} + \frac{k^2}{L\,\Theta\,g}\,i = 0.\tag{11}$$

Wir wollen die in den beiden Differentialgleichungen (8) und (11) stehenden konstanten Koeffizienten einheitlich bezeichnen. Wir setzen wie früher die *elektromagnetische Zeitkonstante des Stromkreises*

$$\frac{L}{R} = T.\tag{12}$$

Andererseits setzen wir

$$\frac{L\,\Theta\,g}{k^2} = T\,T_k\tag{13}$$

und bezeichnen unter Einführung von k nach Gl. (7) mit

$$T_k = \frac{L\,\Theta\,g}{k^2\,T} = \frac{R\,\Theta\,g\,\omega_0^2}{E^2}\tag{14}$$

die *elektromechanische Anlaufzeitkonstante* des Gleichstrommotors. Nennt man

$$W_k = \frac{E^2}{R}\tag{15}$$

die Kurzschlußleistung des Stromkreises, die bei dauernd festgebremstem Anker auftreten würde, so läßt sich Gl. (14) unter Einführung des Schwungmomentes $\overline{GD^2}$ und der Leerlaufsdrehzahl n_0 nach den Gln. (1) und (9) des vorigen Kapitels 17 auch schreiben

$$T_k = \left(\frac{\pi}{60}\right)^2 \frac{n_0^2 \overline{GD^2}}{W_k}. \tag{16}$$

Die Anlaufzeitkonstante des grobgeschalteten Gleichstrommotors verhält sich also zur Normalanlaufzeit des vorigen Kapitels wie die Normalleistung zur Kurzschlußleistung, sie ist also stets erheblich kleiner, wenn der Widerstand des Stromkreises gering ist.

Unter Einführung dieser Größen lauten nunmehr die Differentialgleichungen (8) und (11) für den Verlauf der Geschwindigkeit und des Stromes

$$\left.\begin{array}{c} \dfrac{d^2\omega}{dt^2} + \dfrac{1}{T}\dfrac{d\omega}{dt} + \dfrac{\omega - \omega_0}{T\,T_k} = 0\,, \\[2mm] \dfrac{d^2 i}{dt^2} + \dfrac{1}{T}\dfrac{di}{dt} + \dfrac{i}{T\,T_k} = 0. \end{array}\right\} \tag{17}$$

Sie haben beide die gleiche Form und ähneln vollständig den Gleichungen, die wir in Kapitel 5 für die Ausgleichsströme in Schwingungskreisen erhalten haben.

Wir können diese Differentialgleichungen auch hier durch den Ansatz lösen

$$\left.\begin{array}{c} \omega - \omega_0 = K\,\varepsilon^{\alpha t}\,, \\[2mm] i = K'\,\varepsilon^{\alpha t}\,, \end{array}\right\} \tag{18}$$

worin K und K' Integrationskonstanten bedeuten, die wiederum aus den Grenzbedingungen des Problems zu bestimmen sind. Die Gln. (18) stellen dann die Ausgleichsströme und Ausgleichsgeschwindigkeiten des hier behandelten Problems dar. Durch Differentiation dieser Ausdrücke entsteht

$$\left.\begin{array}{cc} \dfrac{d\omega}{dt} = \alpha\,K\,\varepsilon^{\alpha t}\,, & \dfrac{di}{dt} = \alpha\,K'\,\varepsilon^{\alpha t}\,, \\[2mm] \dfrac{d^2\omega}{dt^2} = \alpha^2\,K\,\varepsilon^{\alpha t}\,, & \dfrac{d^2 i}{dt^2} = \alpha^2\,K'\,\varepsilon^{\alpha t}\,, \end{array}\right\} \tag{19}$$

und wenn man diese Werte in die Gln. (17) einsetzt und die gleichartigen Faktoren weghebt, so erhält man aus beiden die gemeinsame Bedingungsgleichung, der die Größe α genügen muß, wenn (18) ein vollständiges Lösungssystem sein soll

$$\alpha^2 + \frac{\alpha}{T} + \frac{1}{T\,T_k} = 0. \tag{20}$$

Diese quadratische Gleichung ergibt für α

$$\alpha_{1,2} = -\frac{1}{2\,T}\left(1 \pm \sqrt{1 - \frac{4\,T}{T_k}}\right) \tag{21}$$

Dabei bleibt die Wurzel reell, solange die vierfache elektromagnetische Zeitkonstante kleiner ist als die mechanische Anlaufzeitkonstante. Diese Verhältnisse, die in Motoren häufig vorliegen, wollen wir zunächst betrachten.

Nach Gl. (21) sind zwei Werte für die Exponentialziffer α möglich und dementsprechend müssen wir auch unsere Lösung (18) erweitern zu

$$\left.\begin{array}{c} \omega - \omega_0 = K_1\varepsilon^{\alpha_1 t} + K_2\varepsilon^{\alpha_2 t}\,, \\[2mm] i = K_1'\varepsilon^{\alpha_1 t} + K_2'\varepsilon^{\alpha_2 t}\,, \end{array}\right\} \tag{22}$$

in der die Ausgleichsgeschwindigkeit und der Ausgleichsstrom je zwei Konstanten besitzen. Dieselben bestimmen sich aus den Grenzbedingungen für den

Augenblick des Einschaltens, also zur Zeit $t = 0$. Hier ist sowohl

$$\omega = 0 \quad \text{wie} \quad i = 0, \tag{23}$$

weil der Motor noch nicht läuft und noch keinen Strom aufnimmt. Es ist ferner

$$\frac{d\omega}{dt} = 0 \quad \text{und} \quad \frac{di}{dt} = \frac{E}{L}, \tag{24}$$

weil die Beschleunigung nach Gl. (5) zunächst Null sein muß und weil für den Stromanstieg in Gl. (1) die beiden letzten Glieder der rechten Seite verschwinden.

Diese vier Bedingungen (23) und (24) ergeben beim Anwenden auf die Gln. (22) vier Bedingungsgleichungen für die darin enthaltenen vier Konstanten, nämlich für die Drehzahl

$$\left.\begin{array}{l} K_1 + K_2 = -\omega_0, \\ \alpha_1 K_1 + \alpha_2 K_2 = 0, \end{array}\right\} \tag{25}$$

und für den Strom

$$\left.\begin{array}{l} K_1' + K_2' = 0, \\ \alpha_1 K_1' + \alpha_2 K_2' = \dfrac{E}{L}. \end{array}\right\} \tag{26}$$

Wertet man hieraus die Konstanten aus, so erhält man

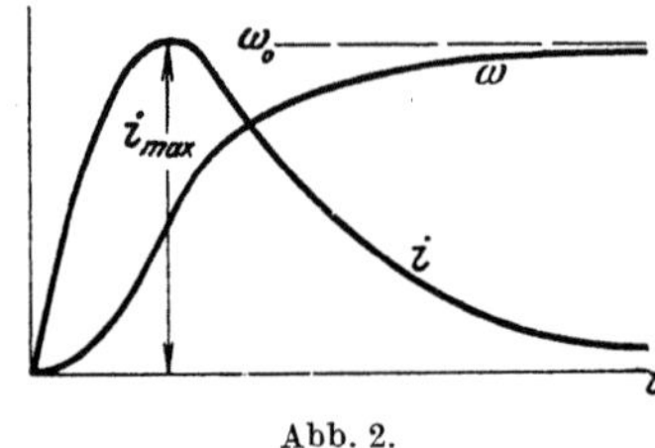

Abb. 2.

$$\left.\begin{array}{ll} K_1 = \dfrac{\alpha_2 \omega_0}{\alpha_1 - \alpha_2}, & K_1' = \dfrac{E}{L(\alpha_1 - \alpha_2)}, \\[3mm] K_2 = -\dfrac{\alpha_1 \omega_0}{\alpha_1 - \alpha_2}, & K_2' = -\dfrac{E}{L(\alpha_1 - \alpha_2)}. \end{array}\right\} \tag{27}$$

Damit wird

$$\omega - \omega_0 = \frac{\omega_0}{\alpha_1 - \alpha_2}\left(\alpha_2 \varepsilon^{\alpha_1 t} - \alpha_1 \varepsilon^{\alpha_2 t}\right), \tag{28}$$

und wenn man noch den Wert der α nach Gl. (21) beachtet, so entsteht für die Drehzahl der Ausdruck

$$\omega = \omega_0 - \frac{\omega_0}{2\sqrt{1 - \dfrac{4T}{T_k}}}\left[\left(1 + \sqrt{1 - \frac{4T}{T_k}}\right)\varepsilon^{\alpha_2 t} - \left(1 - \sqrt{1 - \frac{4T}{T_k}}\right)\varepsilon^{\alpha_1 t}\right]. \tag{29}$$

Ebenso erhält man für den Strom die Beziehung

$$i = \frac{E}{L(\alpha_1 - \alpha_2)}\left(\varepsilon^{\alpha_1 t} - \varepsilon^{\alpha_2 t}\right) = \frac{E}{R\sqrt{1 - \dfrac{4T}{T_k}}}\left(\varepsilon^{\alpha_2 t} - \varepsilon^{\alpha_1 t}\right). \tag{30}$$

Da die beiden Werte α stets negativ sind, so verschwinden die Exponentialfunktionen allmählich mit wachsender Zeit. *Die Drehzahl nähert sich daher dem Wert ω_0, der Strom wächst anfangs bis zu einem Maximum an und klingt dann wieder bis auf Null ab,* entsprechend dem Leerlaufzustand des Motors. In Abb. 2 ist der Verlauf der beiden Größen für einen bestimmten Fall gezeichnet.

Der Strom verläuft zu Anfang zwar rapide ansteigend, er gelangt aber doch nicht entfernt auf den großen Wert des Kurzschlußstromes E/R, der bei stillstehendem oder selbstinduktionsfreiem Anker erreicht würde und verderblich für den Motor wäre. Durch Differenzieren von Gl. (30) kann man den maximalen Strom bestimmen zu

$$i_{\max} = \frac{E}{-\alpha_2 L}\left(\frac{\alpha_2}{\alpha_1}\right)^{\frac{\alpha_1}{\alpha_1 - \alpha_2}} \tag{31}$$

und erkennt, daß die Größe der Selbstinduktion ausschlaggebenden Einfluß auf ihn hat. Durch Vorschalten einer geeigneten Drosselspule vor den Anker kann man den Anlauf beliebig sanft machen.

Abb. 3 gibt Oszillogramme des Einschaltstromes von einem 250 kW Motor mit normal 1120 Amp wieder, der in Grobschaltung zunächst auf 120 Volt und dann auf 240 Volt geschaltet wurde. Dabei war das Schwungmoment des Ankers

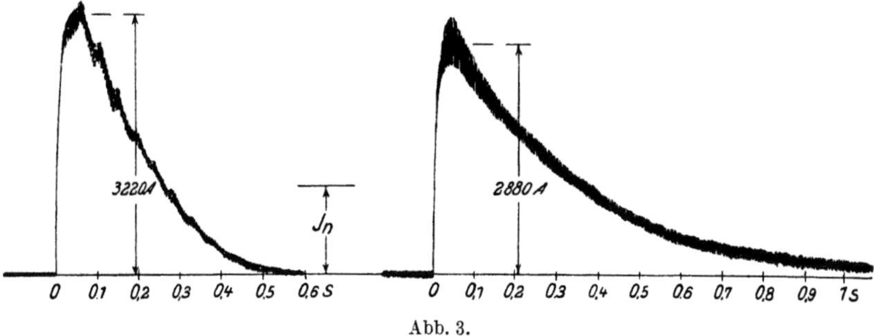

Abb. 3.

durch Kuppeln mit einem zweiten gleichen Anker auf das Doppelte seines eigenen Wertes vergrößert.

Wenn die *magnetische Zeitkonstante* T des Ankerkreises, etwa durch vorgeschalteten Widerstand, *sehr klein* wird gegenüber der mechanischen T_k, dann kann man die Wurzel in Gl. (21) nach dem binomischen Satz entwickeln und erhält sehr angenähert

$$\alpha_1 = -\frac{1}{T}, \qquad \alpha_2 = -\frac{1}{T_k}. \qquad (32)$$

Der elektrische und der mechanische Ausgleichsvorgang werden dann unabhängig voneinander. Der erstere mit seinem großen α_1 ist für sich schon abgelaufen, bevor der Motor recht in Bewegung gekommen ist und mit seinem kleinen α_2 allmählich der Leerlaufdrehzahl zustrebt. Dieser Fall liegt stets beim Anlassen mit Widerstand vor, das im vorigen Kapitel 17 behandelt wurde. Wir können dann nach Gl. (28) für die Drehzahl schreiben

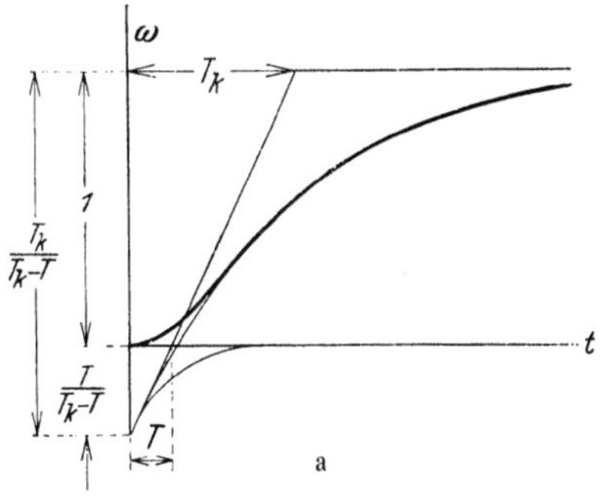

$$\frac{\omega}{\omega_0} = 1 - \frac{T_k\,\varepsilon^{-\frac{t}{T_k}} - T\,\varepsilon^{-\frac{t}{T}}}{T_k - T} \qquad (33)$$

und ebenso nach Gl. (30) für den Strom

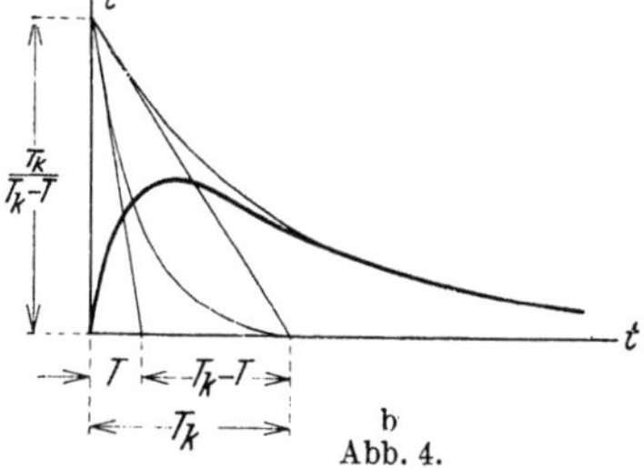

$$\frac{i}{E/R} = T_k \frac{\varepsilon^{-\frac{t}{T_k}} - \varepsilon^{-\frac{t}{T}}}{T_k - T} \qquad (34)$$

und sehen aus Abb. 4a und b, in welch übersichtlicher Weise sich diese beiden Kurven aus den Zeitkonstanten konstruieren lassen. Der Maximalwert des Stromes nach Gl. (31)

$$\frac{i_{\max}}{E/R} = \left(\frac{T}{T_k}\right)^{\frac{T/T_k}{1 - T/T_k}} \qquad (35)$$

bleibt dabei meist nur wenig unter 1.

b) Anlaufwärme von Nebenschlußmotoren. Für den letztgenannten Fall wollen wir die Stromwärme beim Schwungmassenanlauf mit konstanter Spannung bestimmen. Beim Nebenschlußmotor ist das Drehmoment stets proportional dem Ankerstrom, also unter Einführung der Normalwerte von Drehmoment und Leistung

$$\varDelta(\omega) = D = \frac{D_0}{W_0} E\,i. \tag{36}$$

Der Ankerstrom hat bei Stillstand des Motors seinen Höchstwert E/R und nimmt durch die Gegenspannung nach Abb. 5 mit zunehmender Drehzahl linear ab nach der Beziehung

$$i = \frac{E}{R}\left(1 - \frac{\omega}{\omega_0}\right). \tag{37}$$

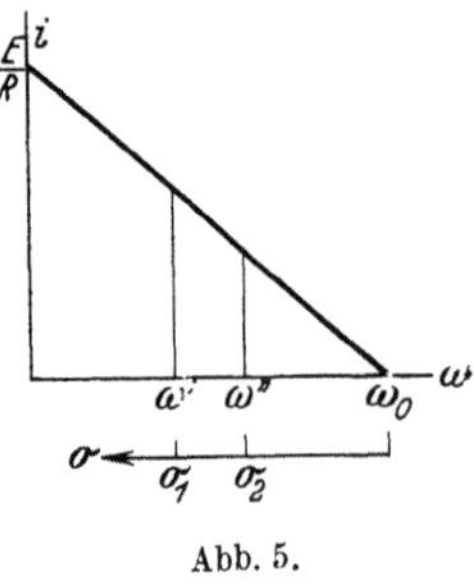
Abb. 5.

Setzen wir dies in die allgemeine Gl. (29) von Kapitel 17 ein, so vereinfacht sich diese sehr und wir erhalten für die Anlaufstromwärme

$$A = 2\,A_s\!\int\!\left(1 - \frac{\omega}{\omega_0}\right) d\left(\frac{\omega}{\omega_0}\right). \tag{38}$$

Das gibt integriert zwischen den Drehzahlgrenzen ω' und ω''

$$A = 2\,A_s\left(\frac{\omega'' - \omega'}{\omega_0} - \frac{1}{2}\frac{\omega''^2 - \omega'^2}{\omega_0^2}\right). \tag{39}$$

Die Anlaufwärme hat demnach für den Nebenschlußmotor einen wesentlich anderen Aufbau als für den Serienmotor nach Gl. (34) des vorigen Kapitels. Es fehlt der verkleinernde Faktor der relativen Verluste bei Vollast, dafür kommt aber hier ein quadratisch von der Drehzahl abhängiges Glied in Abzug. Wir können Gl. (39) leicht umformen in

$$A = A_s\left[\left(\frac{\omega_0 - \omega'}{\omega_0}\right)^2 - \left(\frac{\omega_0 - \omega''}{\omega_0}\right)^2\right]. \tag{40}$$

Wenn wir nunmehr mit

$$\sigma = \frac{\omega_0 - \omega}{\omega_0} \tag{41}$$

die *relative Abweichung* der Drehzahl ω von der Leerlaufdrehzahl ω_0 oder *die Schlüpfung des Nebenschlußmotors* nach Abb. 5 bezeichnen, so erhalten wir die Anlaufstromwärme in der einfachen Form

$$A = A_s\,(\sigma_1^2 - \sigma_2^2). \tag{42}$$

Die Anlaufwärme beim Schwungmassenanlauf ist also außer durch die Schwungarbeit lediglich durch den Unterschied der quadratischen Schlüpfungswerte gegeben, sie ist unabhängig von allen sonstigen Eigenschaften des Motors. Arbeitet man mit mehrstufigem Vorschaltwiderstand, wie z. B. nach Abb. 7, Kapitel 17, so muß man diese Stromwärme für jede Stufe gesondert bestimmen. Die erzeugte Wärme teilt sich dann entsprechend dem Verhältnis von Ankerwiderstand zum Vorschaltwiderstand in jeder Anlaßstufe unterschiedlich auf beide Teile auf.

Für den *gesamten Anlaufvorgang* vom Stillstand mit $\sigma_1 = 1$ bis zur Leerlaufdrehzahl mit $\sigma_2 = 0$ wird gerade die volle Schwungarbeit in Wärme umgesetzt, die Stromquelle muß also die doppelte Schwungarbeit in den Motor hineinliefern. *Reversiert man den Motor* von vollem Lauf auf vollen Gegenlauf, so ist die anfängliche Schlüpfung $\sigma_1 = 2$, die Endschlüpfung wieder $\sigma_2 = 0$, so daß als Umsteuerwärme das Vierfache der Schwungarbeit im Stromkreise entsteht. Setzt man den Anker endlich durch plötzliche *Kurzschlußbremsung* vom vollen Lauf aus still, so ist die Anfangsschlüpfung $\sigma_1 = 1$ vom stationären Zustand mit $\sigma_2 = 0$ ab zu rechnen, so daß man wieder die Schwungarbeit als Bremswärme erhält. Da der Anker hierbei von jeder äußeren Energiequelle abgetrennt ist, so kann natürlich kein anderer Wert als seine Schwungarbeit in Wärme überführt werden.

Es hat Interesse, die hier berechneten elektrischen Verlustmengen zu vergleichen mit den in Wärme umgesetzten Energiebeträgen, die beim Anlaufen oder Abbremsen von Schwungmassen durch *Reibungskupplungen* frei werden. Wenn nach Abb. 6 zwei Schwungmassen Θ_1 und Θ_2 mit unterschiedlichen Winkelgeschwindigkeiten ω_1 und ω_2 umlaufen, so ist ihr Arbeitsinhalt

$$A_1 + A_2 = \frac{1}{2}\,\Theta_1\,g\,\omega_1^2 + \frac{1}{2}\,\Theta_2\,g\,\omega_2^2. \tag{43}$$

Bremst man sie durch eine Reibungskupplung gegeneinander ab, so nehmen sie nach dem Flächensatz der Mechanik eine gemeinsame Winkelgeschwindigkeit an

$$\omega_3 = \frac{\Theta_1\,\omega_1 + \Theta_2\,\omega_2}{\Theta_1 + \Theta_2}, \tag{44}$$

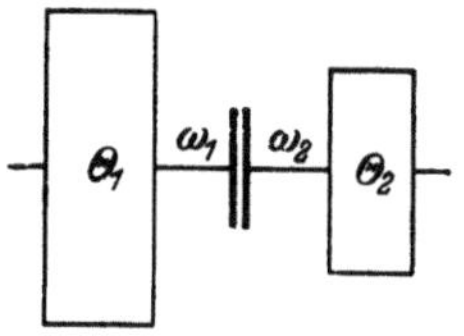

und ihr Arbeitsinhalt ist nunmehr

$$A_3 = \frac{1}{2}\,(\Theta_1 + \Theta_2)\,g\,\omega_3^2. \tag{45}$$

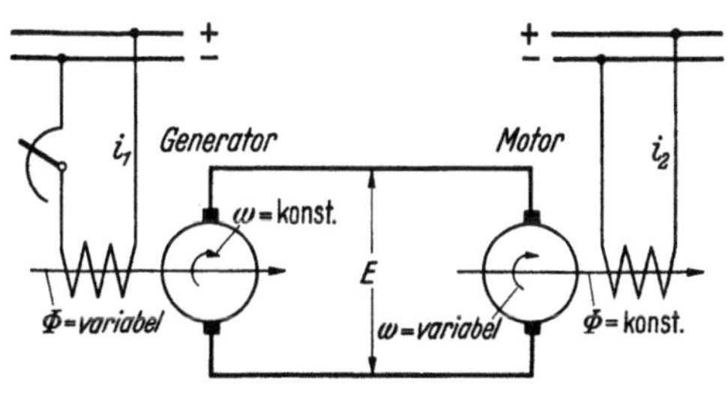

Abb. 6.

Der Unterschied an Arbeit wird durch die Reibung in Wärme verwandelt und heizt die Kupplung. Die *Bremswärme* berechnet sich daher aus Gl. (43) bis (45) nach einfachen Umformungen zu

$$\varDelta A = A_1 + A_2 - A_3 = \frac{g}{2}\,\frac{(\omega_1 - \omega_2)^2}{\dfrac{1}{\Theta_1} + \dfrac{1}{\Theta_2}}. \tag{46}$$

Sie wird nur durch das *Quadrat der Differenzgeschwindigkeit* und durch die Kehrsumme der Trägheitsmomente bestimmt. Man sieht, daß hauptsächlich das kleinere Trägheitsmoment für die Größe der Wärmeentwicklung ausschlaggebend ist.

Ist eines der Trägheitsmomente, z. B. Θ_2, unendlich groß, so bleibt seine Drehzahl nach Gl. (44) konstant, und die andere Schwungmasse Θ_1 läuft von ihrer ursprünglichen Drehzahl ω_1 auf die feste Drehzahl ω_2. Die dabei frei werdende Beschleunigungs- oder Bremswärme ist

$$\varDelta A = \frac{1}{2}\,\Theta_1\,g\,(\omega_1 - \omega_2)^2. \tag{47}$$

Abb. 7.

Man erkennt den wesentlich anderen Aufbau dieser Beziehung gegenüber Gl. (42) für den elektrischen Anlauf beim Nebenschlußmotor und Gl. (34) des vorigen Kapitels für den Reihenschlußmotor. Im elektrischen Fall entsteht eine größere Verlustarbeit, wenn die äußere Stromquelle während des Beschleunigungs- oder Verzögerungsvorgangs nutzlos Energie in den Motor liefert. Seine verlorene Arbeit ist jedoch geringer, wenn der Motor durch Feldverstärkung und höhere Gegenspannung den Anlaufvorgang begünstigt. Regelt man die Spannung der Stromquelle nach dem LEONARDsystem, wie in Abb. 7, proportional der zu verändernden Drehzahl, so erhält man ein Minimum der Verlustwärme.

Beim Anlauf durch Reibung vom Stillstand bis zur Drehzahl ω_2, und auch beim Abbremsen von dieser Drehzahl bis zum Stillstand erhält man nach Gl. (47) beide Male den Wert der Schwungarbeit A_s in Wärme umgewandelt. Diese Vorgänge liefern also die gleiche Verlustarbeit wie beim Nebenschlußmotor. Wenn man diesen jedoch nicht durch Kurzschließen, sondern durch Umpolen der Spannung bis zum Stillstand abbremst, so erhält man nach Gl. (42) mit einer Schlüpfung $\sigma_1 = 2$ und $\sigma_2 = 1$ den dreifachen Betrag der Schwungarbeit, also einen viel ungünstigeren Wert. Auch andere Teilvorgänge zwischen Stillstand und voller Drehzahl liefern unterschiedliche Anlauf- und Bremswärmen im elektrischen und mechanischen Fall.

Derartige Gesichtspunkte lassen sich mit Vorteil anwenden auf den Gebieten des Bahn- und Schiffsantriebes, der Krane und Aufzüge, der Zentrifugen, Umkehrstraßen und anderer Betriebe, in denen die Beschleunigungs- und Verzögerungsperioden von derselben oder sogar größeren Bedeutung sind als der Dauerbetrieb.

c) Kapazitätswirkung. Nicht immer haben die Konstanten der Maschine derartige Werte, daß die in Gl. (21) auftretende Wurzel reell ist. Es kann vorkommen, daß die elektromagnetische Zeitkonstante so groß oder die elektromechanische Anlaufzeitkonstante so klein ist, daß die Wurzel imaginär und die Exponentialziffer α komplex wird. Dies ist der Fall, wenn

$$\frac{4\,T}{T_k} = \frac{4\,E^2 L}{R^2\,\omega_0^2\,\Theta\,g} > 1 \tag{48}$$

wird, also bei sehr kleinen Widerständen R und Schwungenergien $\Theta\omega_0^2$, sowie bei beträchtlicher Selbstinduktion L im Stromkreise. Dann werden aus den Exponentialfunktionen gedämpfte Sinus- und Kosinusfunktionen, und *es treten daher Schwingungserscheinungen im Gleichstrommotor auf. Die Drehzahl steigt zunächst über ihren Endwert hinaus und erreicht ihn erst nach mehreren Pendelungen, während der Strom nach seinem anfänglichen starken Anstieg zurück ins Negative schwingt und unter entsprechenden Pendelungen allmählich abklingt.*

Wir wollen die Umformung der Gleichungen hierfür nicht vornehmen, weil sie mit denen des Kapitels 5 identisch würden, in dem das Zusammenwirken von Selbstinduktion und Kapazität untersucht wurde. Nur die Eigenfrequenz der Schwingungen wollen wir berechnen. Sie ergibt sich aus der Wurzel von Gl. (21), wenn wir den Einfluß der Dämpfung unberücksichtigt lassen, der dort durch die Zahl 1 dargestellt wird, zu

$$\nu = \frac{1}{2T}\sqrt{\frac{4\,T}{T_k}} = \frac{1}{\sqrt{T\,T_k}} = \frac{E}{\omega_0\sqrt{L\Theta\,g}}. \tag{49}$$

Darin sind die Zeitkonstanten nach Gl. (13) und (7) eingesetzt, und wir erkennen, daß außer der Spannung und der Normaldrehzahl die mechanische und elektrische Trägheit von ausschlaggebendem Einfluß sind.

Es ist bemerkenswert, daß nach Gl. (9) zwischen der Umdrehungsspannung e einer fremderregten, nur mit Schwungmassen belasteten Gleichstromdynamo und dem aufgenommenen Ankerstrom i eine Beziehung von genau der gleichen Form besteht, wie sie nach Kapitel 2, Gl. (1), zwischen der Spannung und dem Ladestrom eines Kondensators herrscht. Die Spannung ist in beiden Fällen proportional dem Zeitintegral des Stromes, also proportional der durch die Maschine oder den Apparat geflossenen Elektrizitätsmenge. Beim Kondensator lädt diese Elektrizitätsmenge das Dielektrikum auf, bei der Dynamo lädt sie die Schwungmassen des Ankers auf.

Wir können daher jede fremderregte Dynamomaschine ohne weiteres als Starkstromkondensator verwenden, ihr Strom ist nach Gl. (9) stets proportional der Veränderung der wirksamen Spannung an ihren Ankerbürsten

$$i = \frac{\Theta\,g}{k^2}\frac{d\,e}{d\,t}. \tag{50}$$

Sie besitzt daher eine äquivalente Kapazität, die sich durch Vergleich der eben genannten Formeln ergibt zu

$$C_{dyn} = \frac{\Theta\,g}{k^2} = \frac{\Theta\,g\,\omega_0^2}{E^2} = \left(\frac{\pi}{60}\right)^2 \frac{n_0^2\,\overline{G\,D^2}}{E^2}. \tag{51}$$

Darin sind die Beziehung (7) dieses und die Gln. (1) und (9) des vorigen Kapitels 17 benutzt, um eine für die technische Zahlenrechnung bequeme Formel zu erhalten. Es ist dabei zu beachten, daß E diejenige Spannung ist, die bei der Drehzahl n_0 im Anker erzeugt wird. Gegenüber den üblichen elektrostatischen Kondensatoren ist die Kapazität der durch Dynamomaschinen herstellbaren Kondensatoren außerordentlich groß. Sie ist ferner durch Feldregelung bequem einstellbar, weshalb man diese *elektrodynamischen Kondensatoren* bei Versuchen mit großen Kapazitäten gerne benutzt.

Ein kleiner Motor, der bei $E = 110$ Volt mit $n_0 = 1500$ U/min läuft und ein Schwungmoment von 5 kgm² besitzt, entwickelt eine dynamische Kapazität von

$$C_{dyn} = \left(\frac{\pi}{60}\right)^2 \frac{1500^2 \cdot 5}{110^2} = 2,5 \text{ Farad}$$

Das ist so viel, wie man elektrostatisch nur schwer herstellen kann. Dabei ist es leicht möglich, die Wirkung durch Aufsetzen einer Schwungscheibe noch weitgehend zu vervielfachen.

Der OHMsche Widerstand der Dynamoanker wirkt nach Gl. (10) genau wie der Leitungswiderstand bei elektrostatischen Kondensatoren. Man kann auch zeigen, daß die Eisen- und Reibungsverluste des Dynamoankers völlig den Isolationsverlusten gewöhnlicher Kondensatoren entsprechen.

Zur Unterdrückung von Kontaktfunken wendet man bei Schwachstrommagneten häufig Parallelkondensatoren an. Bei Starkstromanordnungen, beispielsweise bei Magnetspulen von Dynamomaschinen, deren aufgespeicherte magnetische Energie recht erheblich ist, sind Kondensatoren nicht gebräuchlich, weil sie zur ausreichenden Eingrenzung der Überspannungen sehr große Abmessungen erhalten müssen. Man hat hier jedoch mit gutem Erfolg fremderregte Gleichstromdynamos an Stelle von Kondensatoren nach dem Schema der Abb. 8 als *Ausschaltmotor* verwendet. Bei dieser Anordnung ergeben sich nach Kapitel 7, Gl. (4) Ausschaltespannungen, die nach Einsetzen der dynamischen Kapazität nach Gl. (51) und der Selbstinduktion der Feldwicklung mit

$$L = \frac{N\,\Phi}{J} \tag{52}$$

höchstens den Wert

$$E_{\max} = J\sqrt{\frac{L}{C}} = \frac{60}{\pi}\,\frac{E_0}{n_0}\sqrt{\frac{N\,J\,\Phi}{\overline{G\,D^2}}} \tag{53}$$

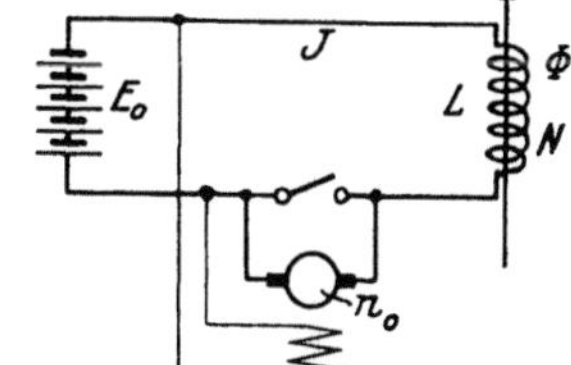

Abb. 8.

erreichen können und die wegen des Widerstandes der Stromkreise im allgemeinen sogar merkbar geringer sind.

Durch hohe Drehzahl n_0 und großes Schwungmoment $\overline{G\,D^2}$ des Schaltmotors kann man die Ausschaltespannung nach dieser Formel auf geringe Werte bringen. Nach dem Öffnen des Hauptschalters in Abb. 8 und Ablauf der Ausgleichsströme fließt durch den Schaltmotor nur noch der sehr geringe für seinen Antrieb erforderliche Leerlaufstrom, den man nunmehr gefahrlos unterbrechen kann. Während des Ausgleichsvorganges nimmt der Motor natürlich zeitweise eine durch die Größe der Spannung $E_{\max}$ gegebene hohe Überdrehzahl an, der er mechanisch gewachsen sein muß. Abb. 9 zeigt das Verlöschen der Ständerspannung e_1, der Erregerspannung e_2 und des Erregerstromes i_2 eines großen Drehstromgenerators, wenn seine Erregerwicklung durch einen Ausschaltmotor vom Netz getrennt wird.

Auch beim Abschalten leerlaufender Gleichstromnebenschlußmotoren nach Abb. 10 mit starkem Feldsystem können derartige Schwingungen auftreten, da sich die Energie des Motorfeldes Φ nunmehr in den Anker ergießt. Da derselbe jetzt aber in einem veränderlichen Feld umläuft, so ist seine Kapazitätswirkung nicht konstant und die Erscheinungen werden komplizierter.

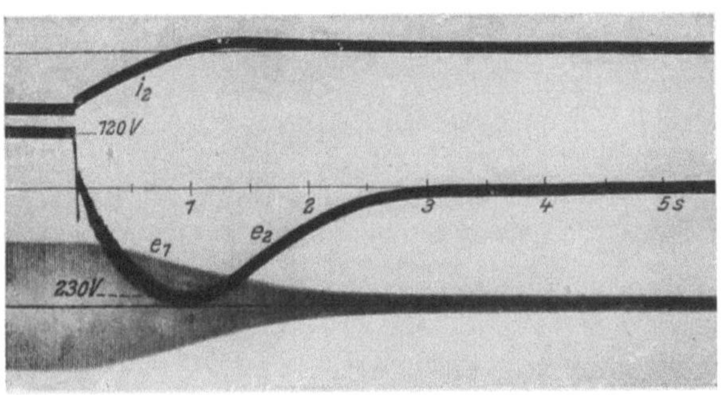

Abb. 9.

Man kann die Kapazitätswirkung der Gleichstromanker nicht bis zu beliebig hohen Frequenzen ausnutzen, die eigene Selbstinduktion der Wicklung bildet vielmehr eine Grenze. Nur für Frequenzen unterhalb der *Eigenfrequenz des Ankers* nach Gl. (49) bleibt ein Kapazitätsüberschuß bestehen.

Oberhalb dieser Frequenz überwiegt dagegen die Wirkung der Ankerselbstinduktion. Um die Grenze abzuschätzen, wollen wir an Stelle der Selbstinduktion L die induktive Spannung

$$\varepsilon_L = \frac{\omega L J_0}{E} \tag{54}$$

einführen, die ein Wechselstrom von der Nennstromstärke J_0 und der Frequenz ω im Verhältnis zur Spannung E im Anker erzeugen würde. Die Eigenfrequenz des Ankers wird dann nach Gl. (49)

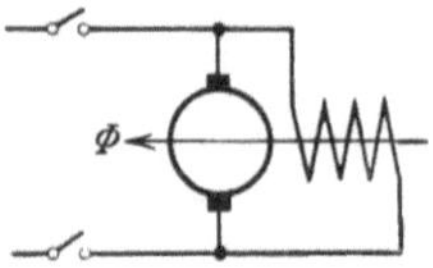

$$\nu = \frac{1}{\omega_0} \sqrt{\frac{\omega E J_0}{\varepsilon_L \Theta g}} = \sqrt{\frac{\omega}{\varepsilon_L T_a}}, \tag{55}$$

Abb. 10.

worin an Stelle des Trägheitsmomentes die Anlaufzeitkonstante nach Kapitel 17, Gl. (10), eingeführt ist. Der obengenannte Gleichstromanker von $W_0 = 20$ kW Leistung besitzt bei Speisung mit Wechselstrom von 50 Per/sec eine Selbstinduktionsspannung von $\varepsilon_L = 15\%$ der Betriebsspannung. Damit ergibt sich seine *dynamische Eigenfrequenz* zu

$$\nu = \sqrt{\frac{2\pi \cdot 50}{0,15 \cdot 1,54}} = 37 \text{ in } 2\pi \text{ sec} \quad \text{oder} \quad f = 5,9 \text{ Per/sec}.$$

Seine Kapazitätswirkung kann also nur für langsamere Schwingungen von der Größenordnung weniger Perioden pro Sekunde ab nach unten ausgenutzt werden.

Es ist bemerkenswert, daß der Aufbau der Formel (55) für die Eigenfrequenz des Gleichstromankers genau übereinstimmt mit der Beziehung für die Pendelfrequenz von schwingenden Wechselstromgeneratoren, die wir im Kapitel 20 kennenlernen werden. Trotz der unterschiedlichen elektrischen Anordnungen beruhen beide Arten von Schwingungen auf dem Zusammenwirken der mechanischen und elektrischen Ausgleichsenergien, und daher wird die Schwingungsfrequenz in beiden Fällen durch deren charakteristische Zeitkonstanten bestimmt.

19. Anlauf von Asynchronmotoren.

Man pflegt asynchrone Drehstrommotoren mit Kurzschlußanker, die beim Anlauf nur ein relativ geringes Drehmoment entwickeln, ohne Verwendung besonderer Anlaßwiderstände ans Netz zu schalten und sie in einem Zuge hochlaufen zu lassen. In Abb. 1 ist das Schaltbild hierfür gezeichnet. Durch das plötzliche Anlegen der Statorwicklung an die Netzspannung bildet sich im Motor außer dem normalen Drehfelde noch ein zusätzliches Einschaltefeld aus, das von abklingenden Gleichströmen erzeugt wird. Es steht im Raume still und ergänzt das Drehfeld im Einschaltmoment zu Null, hat also die entgegengesetzte Richtung wie der Anfangswert des Drehfeldes. Ein treibendes Drehmoment entwickelt dies verlöschende Ausgleichsfeld nicht. Dieses rührt vielmehr lediglich von dem stationären Drehfelde her, das kurze Zeit nach dem Einschalten allein in den Eisenkreisen des Motors bestehen bleibt und in ihm umläuft.

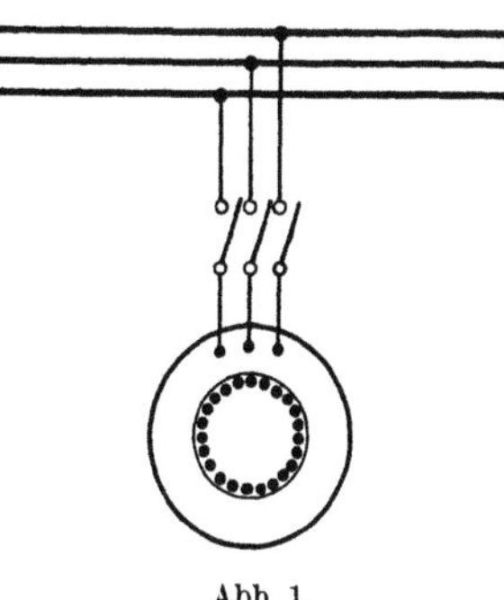

Abb. 1.

a) Anlaufzeit von Kurzschlußankern. Der Anlauf der Kurzschlußmotoren erfolgt demnach stetig und ohne Stufen, so daß wir die im Kapitel 17 hergeleiteten Gesichtspunkte anwenden können. Das vom Kurzschlußanker entwickelte Drehmoment besitzt jedoch einen so eigentümlichen Verlauf, daß der Anlaufvorgang hierdurch eine besondere Prägung erhält. Das Drehmoment läßt sich aus dem wohlbekannten Kreisdiagramm des Motors ableiten und ist in Abb. 2 in Abhängigkeit von der Drehzahl n oder der Winkelgeschwindigkeit ω dargestellt. Es beginnt mit relativ kleinen Werten, nimmt mit wachsender Drehzahl bis zu einem Höchstwerte, dem Kippmomente D_k, zu und sinkt alsdann mit dem Erreichen der synchronen Geschwindigkeit ω_0 bis auf Null.

Der normale Arbeitsbereich des Motors im Lauf liegt zwischen Synchronismus und Kipppunkt. Bezeichnet man die relative Abweichung der Drehzahl vom Synchronismus mit

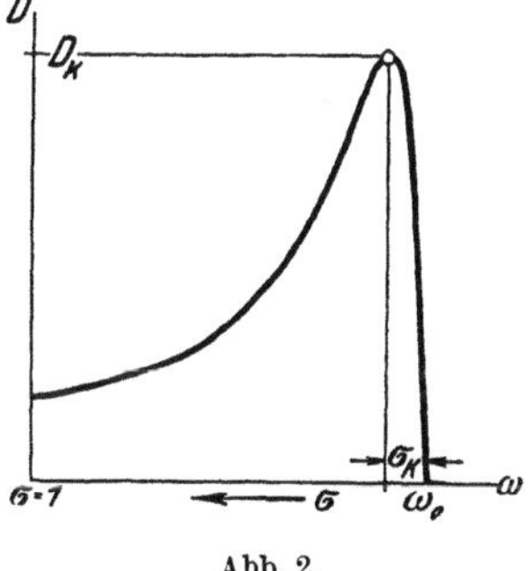

Abb. 2.

$$\sigma = \frac{\omega_0 - \omega}{\omega_0} = 1 - \frac{\omega}{\omega_0} \qquad (1)$$

als Schlüpfung des Motors, und nennt man diejenige Schlüpfung, bei der das maximale Kippmoment D_k erreicht wird, die *Kippschlüpfung* σ_k, so läßt sich der Verlauf der Drehmomentenkurve mit guter Annäherung durch die allgemeingültige Beziehung ausdrücken

$$\frac{D}{D_k} = \frac{2}{\dfrac{\sigma}{\sigma_k} + \dfrac{\sigma_k}{\sigma}}. \qquad (2)$$

Das Verhältnis des jeweiligen Drehmomentes zum Kippmoment ist also nur abhängig vom Verhältnis der jeweiligen Schlüpfung zur Kippschlüpfung.

Die Kippschlüpfung jedes Motors läßt sich nach bekannten Gesetzen berechnen als Verhältnis des Spannungsabfalles des Läuferkurzschlußstromes J_{k2} in seinem Widerstand R_2 zur Stillstandspannung E_2 des Läufers

$$\sigma_k = \frac{R_2 J_{k2}}{E_2}. \qquad (3)$$

Wir wollen berechnen, nach welchen Gesetzen der Anlauf des Motors erfolgt, wenn er nur wenig Reibungsmoment zu überwinden hat, wie es praktisch meist der Fall ist, und seine Hauptarbeit zur Beschleunigung von Schwungmassen dient. Wir untersuchen also nur den *Leeranlauf* des Motors. Sein Drehmoment bestimmt sich dann lediglich durch die Änderung der Geschwindigkeit und ist

$$D = \Theta \frac{d\omega}{dt}, \tag{4}$$

worin Θ das Trägheitsmoment aller mit dem Motor verbundenen Schwungmassen ist.

Bildet man daraus das Verhältnis des jeweiligen Drehmomentes zum Kippmoment und ersetzt den zeitlichen Differentialquotient der Geschwindigkeit durch den der Schlüpfung nach Gl. (1), so erhält man

$$\frac{D}{D_k} = \frac{\Theta\,\omega_0}{D_k} \frac{d}{dt}\left(\frac{\omega}{\omega_0}\right) = T_k \frac{d}{dt}\left(\frac{\omega}{\omega_0}\right) = -T_k \frac{d\sigma}{dt}. \tag{5}$$

Darin sind die für jeden Motor konstanten Werte vor dem Differentialzeichen zusammengefaßt zu der *Kippanlaufzeitkonstante* T_k, die eine ähnliche Bedeutung hat wie die Normalanlaufzeit des Motors nach Kapitel 17, Gl. (7), nur steht hier im Nenner das Kippmoment, anstatt des normalen Drehmomentes dort. Um eine für die Zahlenrechnung bequemere Form zu erhalten, ersetzen wir auch hier das Kippmoment durch die synchrone Kippleistung in Watt

$$W_k = g\,\omega_0\,D_k \tag{6}$$

und führen wieder statt der Winkelgeschwindigkeit ω_0 die synchrone Drehzahl n_0 und statt des Trägheitsmomentes Θ das Schwungmoment $\overline{G\,D^2}$ in kgm² ein, entsprechend Gl. (1) und (9) von Kapitel 17. Dann erhalten wir für die Kippanlaufzeitkonstante den Ausdruck

$$T_k = \frac{\Theta\,\omega_0}{D_k} = \left(\frac{\pi}{60}\right)^2 \frac{n_0^2\,\overline{G\,D^2}}{W_k} = \frac{D_0}{D_k}\,T_a, \tag{7}$$

was im Verhältnis der Kippleistung zur Normalleistung, also im Verhältnis der Überlastbarkeit des Motors kleiner ist als die Normalanlaufzeit nach Kapitel 17, Gl. (10).

Wenn wir nunmehr das vom Motor entwickelte Drehmoment nach Gl. (2) gleich dem für die Schwungmassenbeschleunigung erforderlichen Momente nach Gl. (5) setzen, so ergibt sich eine *Differentialgleichung für die Schlüpfung des Läufers* während des Anlaufvorganges, nämlich

$$-T_k \frac{d\sigma}{dt} = \frac{2}{\dfrac{\sigma}{\sigma_k} + \dfrac{\sigma_k}{\sigma}}. \tag{8}$$

Diese Gleichung ist sofort integrierbar, wenn wir eine Trennung der Variablen vornehmen und schreiben

$$dt = -\frac{T_k}{2}\left(\frac{\sigma}{\sigma_k} + \frac{\sigma_k}{\sigma}\right)d\sigma. \tag{9}$$

Wir müssen dann beachten, daß als untere Integrationsgrenze die Schlüpfung bei Stillstand mit $\sigma = 1$ in Frage kommt und als obere Grenze diejenige Schlüpfung σ, bis zu der man die Anlaufzeit zählen will. Durch Ausführung der Integration ergibt sich dann

$$t = -\frac{T_k}{2}\int_1^{\sigma}\left(\frac{\sigma}{\sigma_k} + \frac{\sigma_k}{\sigma}\right)d\sigma = -\frac{T_k}{2}\left[\frac{\sigma^2}{2\,\sigma_k} + \sigma_k \ln\sigma\right]_1^{\sigma} \tag{10}$$

oder nach Einsetzen der Grenzen

$$t_a = T_k \left(\frac{1 - \sigma^2}{4\,\sigma_k} + \frac{\sigma_k}{2} \ln \frac{1}{\sigma} \right). \tag{11}$$

In dieser Formulierung ist die Anlaufzeit wieder zerfallen in das Produkt aus der *Zeitkonstante* T_k, die in sec gemessen wird, und der *numerischen Anlauf-*

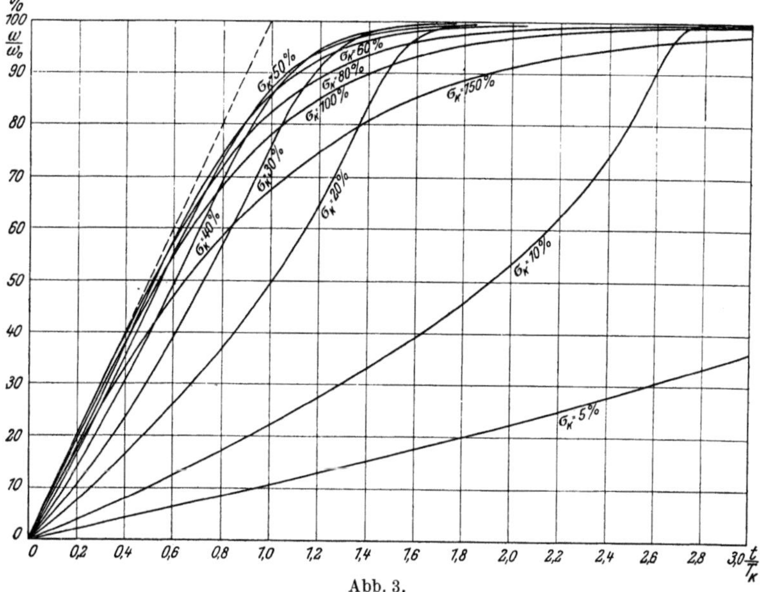

Abb. 3.

zeit, die durch den Klammerausdruck dargestellt wird und das zahlenmäßige Anwachsen der Zeit darstellt. In Abb. 3 ist dieser Zusammenhang der Schlüpfung oder vielmehr der relativen Drehzahl nach Gl. (1) mit der seit dem Einschalten vergangenen numerischen Zeit t/T_k dargestellt, und zwar für Motoren mit verschieden großer Kippschlüpfung σ_k. Man erkennt, daß sowohl sehr kleine als auch sehr große Kippschlüpfungen — und nach Gl. (3) die entsprechenden Läuferwiderstände des Kurzschlußankers — ein schleichendes Anlaufen bewirken, so daß man

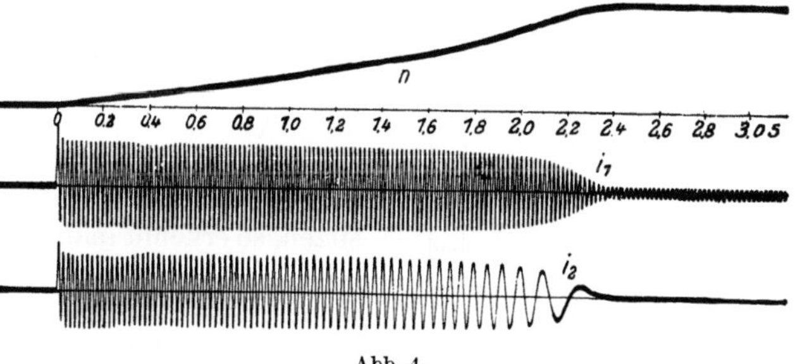

Abb. 4.

nur bei ganz bestimmten Zahlenwerten der Kippschlüpfung ein schnelles Hochlaufen des Motors erwarten darf. Abb. 4 stellt den oszillographisch aufgenommenen Verlauf von Drehzahl, Ständer- und Läuferstrom eines Kurzschlußmotors dar, der mit einer relativ großen Schwungmasse belastet war.

Die Anlaufzeit wächst nach Gl. (11) nach einer ziemlich komplizierten Funktion mit abnehmender Schlüpfung oder mit zunehmender Drehzahl. Man kann hieraus die Drehzahl als Funktion der Zeit nicht darstellen, da die Gleichung transzendent für σ ist und sich daher nicht allgemein lösen läßt. Praktisch genügt es jedoch, aus Abb. 3 den Verlauf der Anlaufkurven zu ersehen. Zur Berechnung der Anlaufzeit selbst stellt Gl. (11) die geeignetste Formulierung dar. Man sieht aus ihr ebenso wie aus Abb. 3, daß der Anlauf bei geringen Drehzahlen relativ rasch erfolgt, daß jedoch die Annäherung an die Leerlaufdrehzahl mit $\sigma = 0$ asymptotisch nach einer Exponentialfunktion erfolgt. Man darf daher zur Berechnung einer bestimmten Anlaufzeit nur mit einer gewissen Annäherung an den Synchronismus rechnen und kann nur die Zeit bestimmen, die beispielsweise bis zur Schlüpfung $\sigma = 2$, 5 oder 10 % vergeht. In Abb. 5 ist für diese Endschlüpfungen die erforderliche numerische Anlaufzeit abhängig von der Kippschlüpfung σ_k aufgetragen. *Man erkennt, daß man zum möglichst schnellen Hochlaufen des Motors $\sigma_k = 40$ bis 50% ausführen muß.*

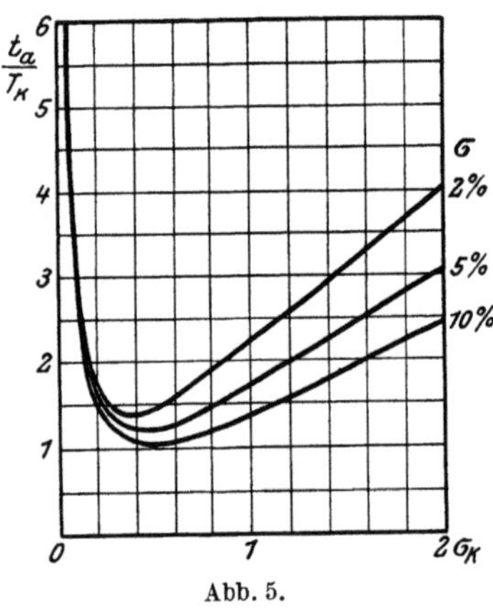

Abb. 5.

Steuert man den Motor mit Gegenstrom durch Ändern des Umlaufsinnes des Drehfeldes auf entgegengesetzte Drehrichtung um, so gilt Gl. (2) für das Drehmoment auch während des Abbremsens der Drehzahl, nur muß man beachten, daß dort die Schlüpfung σ größer als 1 ist. Es gilt daher auch für die Umsteuerzeit die Differentialgleichung (9). Läuft der Motor vor dem Umsteuern mit voller negativer Drehzahl, also mit $\omega/\omega_0 = -1$, so muß man nach Gl. (1) die Integration mit der Schlüpfung $\sigma = 2$ beginnen und erhält daher als Reversierzeit

$$t_r = -\frac{T_k}{2}\int_2^\sigma \left(\frac{\sigma}{\sigma_k} + \frac{\sigma_k}{\sigma}\right) d\sigma = -\frac{T_k}{2}\left[\frac{\sigma^2}{2\,\sigma_k} + \sigma_k \ln\sigma\right]_2^\sigma \tag{12}$$

oder nach Einsetzen der Grenzwerte

$$t_r = T_k\left(\frac{4 - \sigma^2}{4\,\sigma_k} + \frac{\sigma_k}{2}\ln\frac{2}{\sigma}\right). \tag{13}$$

In Abb. 6 sind die numerischen Reversierzeiten nach dieser Beziehung für verschiedene Endschlüpfungen abhängig von der Kippschlüpfung dargestellt. *Das schnellste Umsteuern erfolgt bei $\sigma_k = 60$ bis 80%.*

Da die meist gebräuchlichen Kurzschlußanker nur eine Kippschlüpfung von $\sigma_k = 10$ bis 20 % besitzen, so erkennt man, daß für schnellstes Anlaufen oder Umsteuern mit viel höherem Läuferwiderstand gefahren werden muß, wenn die Steuerzeiten nicht nach Abb. 5 und 6 ein Vielfaches der geringstmöglichen betragen sollen. Es ist bemerkenswert, daß für den günstigsten Fall die numerische Anlaufzeit nicht viel größer ist als 1, die Umsteuerzeit nicht viel größer als 2, Werte, die auch nur erzielt werden könnten, wenn man vom Anfang bis zum Ende das volle Kippmoment des Läufers entwickeln könnte.

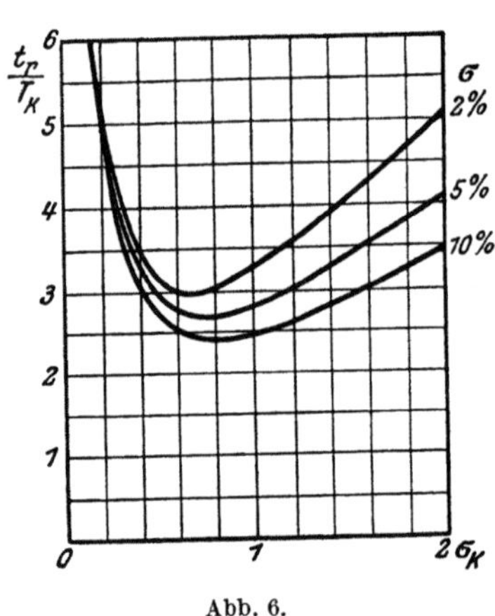

Abb. 6.

Soll der Motor abwechselnd anlaufen und mit Gegenstrom auf Stillstand abgebremst werden, so wird man die Summe von Anfahrzeit und Bremszeit möglichst klein halten wollen. Da sich nun der eben behandelte Umsteuervorgang aus der Summe von Brems- und Anfahrvorgang zusammensetzt, so sind die Umsteuerformeln für dies vollständige Arbeitsspiel, nämlich Anfahren und

Bremsen zusammengenommen, ebenfalls gültig. Auch hierbei wendet man demnach zweckmäßig hohe Kippschlüpfungen an.

Die Bremszeit allein erhält man durch Integration der Gl. (9) zwischen den Grenzen $\sigma = 2$ und 1 zu

$$t_b = T_k \left(\frac{3}{4\,\sigma_k} + \sigma_k \, \frac{\ln 2}{2} \right). \tag{14}$$

Die numerische Bremszeit besitzt ein Minimum von der Größe 1,02. *Das schnellstmögliche Abbremsen erfordert dabei mit $\sigma_k = 147\%$ etwa den doppelten Läuferwiderstand wie das Umsteuern.* Auch für andere Steuervorgänge, wie z. B. Stern-Dreieckumschaltung, Polumschaltung u. a., kann man stets durch Integration von Gl. (9) die Anlauf- und Steuerzeiten bestimmen. Die aus den Motoreigenschaften zu berechnenden Werte σ_k und T_k nach Gl. (3) und (7) beziehen sich dabei natürlich stets auf den neuen durch das Umschalten entstandenen Zustand des Motors.

Wir erkennen somit, daß Motoren, die schnell gesteuert werden sollen, z. B. für Zentrifugen, für Rollgänge von Walzenstraßen und ähnliche Schwerbetriebsmaschinen, recht hohe Läuferwiderstände erfordern, um die numerische Steuerzeit gering zu halten. Häufig bringt man dieselben außerhalb des Läufers an, um diesen nicht zu sehr zu belasten. Außerdem muß natürlich die Anlaufzeitkonstante nach Gl. (7) so klein wie möglich gehalten werden. Man erreicht dies durch möglichst hohe Kippleistung und möglichst geringe Umfangsgeschwindigkeit des Ankers. Durch ersteres wird der Nenner von Gl. (7) erhöht, durch letzteres der Zähler verkleinert, da die Umfangsgeschwindigkeit dem Produkt aus Drehzahl und Trägheitsdurchmesser direkt proportional ist.

b) Drehzahlabfall bei Spannungssenkung. Tritt in der Nähe eines laufenden Drehstrommotors nach Abb. 7 ein Kurzschluß im Netz auf, so sinkt die Spannung E an seinen Klemmen vom Normalwert E_0 herab, und dadurch vermindert sich sein Drehmoment so stark, daß er unter der Wirkung des Belastungsmomentes der Arbeitsmaschine zum Stillstand kommen kann. In Abb. 8 ist das Drehmoment D

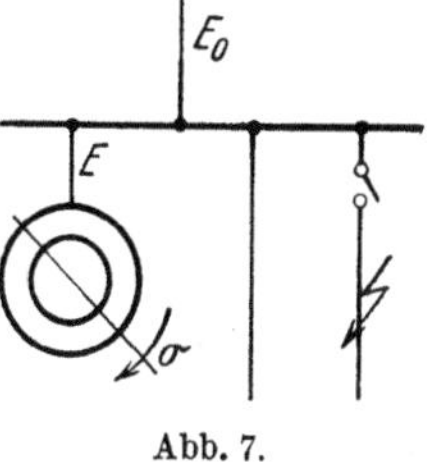

Abb. 7.

bei voller Spannung dargestellt und außerdem das Drehmoment D' beim Netzkurzschluß, das dem Quadrat der abgesenkten Spannung proportional ist

$$\frac{D'}{D} = \left(\frac{E}{E_0} \right)^2. \tag{15}$$

Das Lastmoment D_0 wollen wir als konstant ansehen, um den ungünstigsten Fall zu erfassen. Entsprechend seiner Differenz mit dem geringen treibenden Drehmoment D' sinkt die Drehzahl des Motors herab, so daß sich seine Schlüpfung vom Normalwert σ_0 ab allmählich vergrößert.

Wenn der Kurzschluß abgeschaltet wird, dann springt die Spannung wieder auf ihren nor-

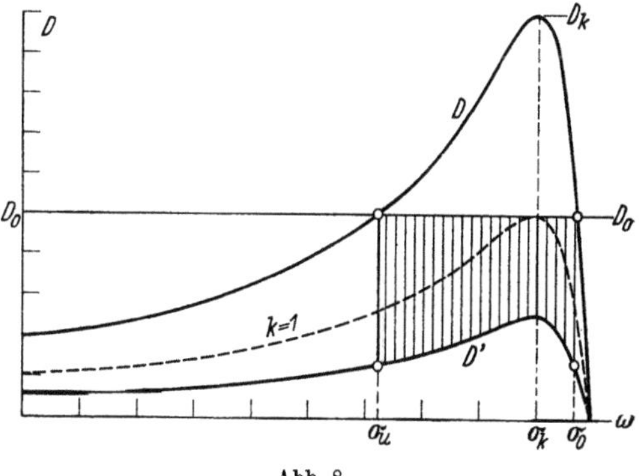

Abb. 8.

malen Wert. Das volle Drehmoment D zieht den Motor wieder hoch, falls er nicht inzwischen so stark abgefallen war, daß es nunmehr unter dem Belastungsmoment D_0 liegt. Die Grenze des zulässigen Drehzahlabfalles wird daher nach Abb. 8 durch den Schnittpunkt beider Kurven bei der unteren Schlüpfung σ_u gegeben. *Wir wollen die Zeit berechnen, die der Motor braucht, um von σ_0 bis σ_u unter der Wirkung des Unterschußmomentes abzufallen,* das durch die schraffierte Fläche dargestellt wird. Diese Zeit darf der Kurzschluß und seine Spannungssenkung bestehen bleiben, ohne daß der Motor mit seinen Arbeitsmaschinen außer Tritt fällt.

Die Abfallzeit bestimmt sich nach der allgemeinen Gl. (6) von Kapitel 17 zu

$$t = T_a \int_{\sigma_0}^{\sigma_u} \frac{d\left(\dfrac{\omega}{\omega_0}\right)}{\dfrac{D_0 - D'}{D_0}} = T_a \int_{\sigma_0}^{\sigma_u} \frac{-d\sigma}{1 - \dfrac{D'}{D_0}}, \tag{16}$$

wobei nach Gl. (1) die Schlüpfung anstatt der Drehzahl eingeführt ist. Der Drehmomentquotient im Nenner läßt sich nach Gl. (2) und (15) berechnen zu

$$\frac{D'}{D_0} = \frac{D_k}{D_0}\left(\frac{E}{E_0}\right)^2 \frac{2}{\dfrac{\sigma}{\sigma_k} + \dfrac{\sigma_k}{\sigma}} = k\,\frac{2}{\dfrac{\sigma}{\sigma_k} + \dfrac{\sigma_k}{\sigma}}. \tag{17}$$

Dabei wollen wir zur Abkürzung mit

$$k = \frac{D_k}{D_0}\left(\frac{E}{E_0}\right)^2 \tag{18}$$

das *relative Kippmoment bei abgesenkter Spannung* bezeichnen. Die Abfallzeit wird damit

$$t = \sigma_k T_a \int_{\sigma_0}^{\sigma_u} \frac{\left(\dfrac{\sigma}{\sigma_k} + \dfrac{\sigma_k}{\sigma}\right)}{\left(\dfrac{\sigma}{\sigma_k} + \dfrac{\sigma_k}{\sigma}\right) - 2\,k}\, d\left(\frac{\sigma}{\sigma_k}\right) = \sigma_k\, T_a \cdot \tau. \tag{19}$$

Das Integral stellt darin die *numerische Abfallzeit τ* dar und läßt sich auswerten zu

$$\tau = \left[\frac{\sigma}{\sigma_k} + k\ln\left\{\frac{\sigma}{\sigma_k}\left(\frac{\sigma}{\sigma_k} + \frac{\sigma_k}{\sigma} - 2\,k\right)\right\} + \frac{2\,k^2}{\sqrt{1-k^2}}\,\text{arc tg}\,\frac{\sigma/\sigma_k - k}{\sqrt{1-k^2}}\right]_{\sigma_0}^{\sigma_u}. \tag{20}$$

Die *obere und untere Grenze der Schlüpfung* bestimmt sich nach Abb. 8 daraus, daß das volle Motordrehmoment D mit dem Belastungsmoment D_0 übereinstimmt, also nach Gl. (2) aus

$$\frac{\sigma}{\sigma_k} + \frac{\sigma_k}{\sigma} = 2\,\frac{D_k}{D_0}. \tag{21}$$

Die beiden Wurzeln dieser Gleichung sind

$$\frac{\sigma_{u,\,0}}{\sigma_k} = \frac{D_k}{D_0} \pm \sqrt{\left(\frac{D_k}{D_0}\right)^2 - 1}. \tag{22}$$

Für $D_k/D_0 = 2$ faches Kippmoment und $\sigma_k = 10\%$ Kippschlüpfung erhält man z. B.

$$\sigma_0 = 2{,}7\%, \qquad \sigma_u = 37{,}3\%.$$

Der Motor kann also einen erheblichen Drehzahlbereich durchfallen, innerhalb dessen er nach Auftreten der vollen Spannung wieder hochgezogen wird.

Wenn wir nunmehr die Schlüpfungsgrenzen von Gl. (22) in die numerische Abfallzeit der Gl. (20) einführen, so sehen wir, daß deren Betrag nur von den Werten D_k/D_0 und k abhängt, also unter Beachtung von Gl. (18) lediglich von dem relativen Kippmoment bei voller Spannung und von der Spannungssenkung. In Abb. 9 ist diese *zulässige Dauer τ_u der Spannungssenkung* für verschieden starke Kippmomente abhängig von der Größe der Spannungssenkung dargestellt. Oberhalb einer Grenzspannung, die durch $k = 1$ nach Gl. (18) gegeben ist, kommt der Motor nach Abb. 8 niemals zum Stillstand, da das Triebmoment das Belastungsmoment nicht unterschreitet, die zulässige Dauer ist $\tau = \infty$. Bei weiterer Spannungssenkung werden die zulässigen Zeiten kürzer und kürzer und erreichen bei vollständigem Verschwinden der Klemmenspannung numerische Dauern von der Größenordnung 3.

Für einen Drehstrommotor mit dem relativen Kippmoment $D_k/D_0 = 2$ ergibt sich aus Abb. 9 bei einer Spannungssenkung auf $E/E_0 = 50\%$ der Wert $\tau_u = 5{,}7$. Mit einer Kippschlüpfung $\sigma_k = 10\%$ und einer Anlaufzeitkonstante $T_a = 1$ sec beträgt die zulässige Dauer dieser Spannungssenkung nach Gl. (19)

$$t = \frac{10}{100} \cdot 1 \cdot 5{,}7 = 0{,}57 \, \text{sec} \, .$$

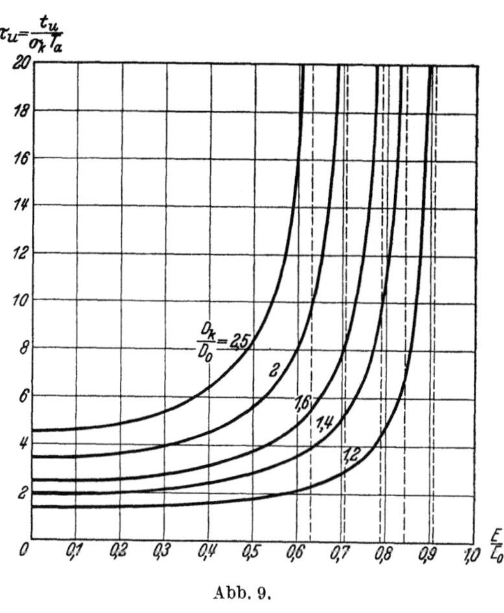

Abb. 9.

Dauert der Kurzschluß länger, so läuft der Motor nach Wiederkehr der vollen Spannung nicht mehr an, dauert er kürzere Zeit, so läuft der Motor von selbst wieder hoch. Liegt der Kurzschluß dicht beim Motor, so daß seine Spannung bis auf Null zusammenbricht, so verringert sich die zulässige Zeit auf $t = 0{,}35$ sec.

Beim Abfallen bis auf die große Schlüpfung σ_u, die sich im Beispiel oben zu fast 40% ergab, treten natürlich große Wiederanlaufströme auf, die nicht weit vom Kurzschlußstrom des Motors entfernt sind. Auch vertragen viele Arbeitsmaschinen keine so weitgehende Senkung der Drehzahl. Man wird daher häufig nur einen Drehzahlabfall auf geringere Schlüpfungen zulassen. Geht man beispielsweise *nur bis zum Kippschlupf* σ_k *herab*, so wird der Wiederanlaufstrom um etwa 30% kleiner. Die numerische Abfallzeit τ_k verringert sich dabei auf Werte, die man aus Gl. (20) erhält, wenn man σ_k anstatt σ_u als obere Grenze

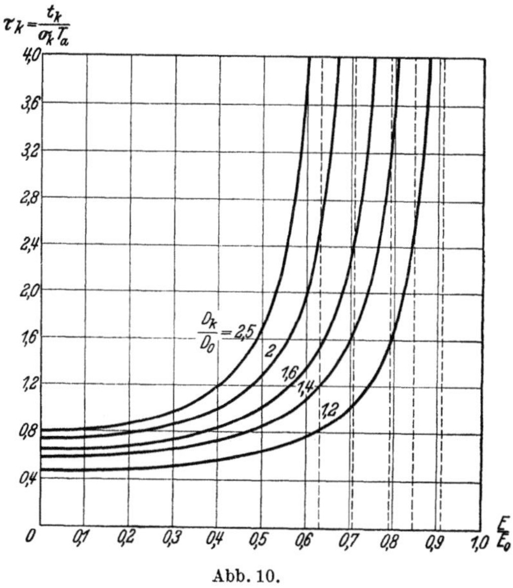

Abb. 10.

nimmt, was in Abb. 10 graphisch ausgewertet ist. Die zulässige Dauer der Spannungssenkung auf 50% beträgt jetzt bei dem Motor des Beispiels von oben nur $t = 0{,}13$ sec und sinkt bei völligem Verschwinden der Spannung auf $0{,}073$ sec herab.

Wir sehen hieraus, daß es zweckmäßig ist, die Dauer starker Spannungssenkungen im Netz nach Möglichkeit zu beschränken, *Kurzschlüsse also in kleinen Bruchteilen von Sekunden abzuschalten.* Andererseits wäre es aber unzweckmäßig, die Drehstrommotoren bei jeder kleineren oder größeren Spannungssenkung momentan abzuschalten. Es ist vielmehr ratsam, sie entsprechend den Kurven der Abb. 9 oder 10 *durch ein Zeitrelais bei starken Spannungssenkungen nach kürzerer, bei geringen Senkungen erst nach längerer Zeit abzuschalten.* Sie sind dann je nach ihren Eigenschaften, die durch das Kippmoment D_k/D_0, die Kippschlüpfung σ_k und die Anlaufzeitkonstante T_a bestimmt sind, bei rechtzeitig wiederkehrender Spannung stets bereit, von selbst wieder hochzulaufen, ohne den Betrieb zu unterbrechen.

c) Anlaufwärme in den Wicklungen. Während des Anlaufs fließen in beiden Wicklungen des Drehstrommotors hohe Ströme und erwärmen sie. Für die Ständerstromwärme sind dabei Strom und Widerstand der Ständerwicklung, für die Läuferwärme die Werte für die Läuferwicklung maßgebend. Die Ströme stehen in einer relativ einfachen Beziehung zur Drehzahl oder zur Schlüpfung des Motors. Es ist nämlich

$$J = \frac{J_k}{\sqrt{1 + \left(\frac{\sigma_k}{\sigma}\right)^2}}, \tag{23}$$

wobei J_k den Kurzschlußstrom der betreffenden Wicklung bedeutet. Für den Läuferstrom gilt diese Beziehung sehr genau, für den Ständerstrom gilt sie angenähert unter Vernachlässigung des Magnetisierungsstromes, dessen Wirkung auf die Erwärmung der Wicklungen gegenüber den großen Arbeitsströmen hier vernachlässigt werden darf.

Wir können damit die Anlaufwärme

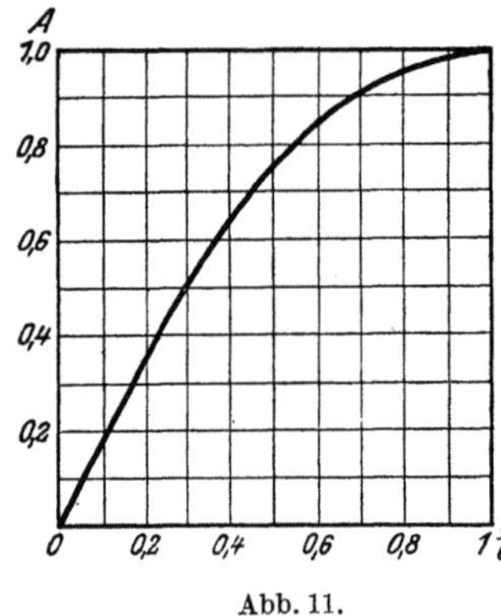

Abb. 11.

$$A = \int_0^t J^2 R \, dt \tag{24}$$

bestimmen, wenn wir auch hier wieder das Zeitelement dt nach Gl. (9) durch das Schlüpfungselement $d\sigma$ ausdrücken und schreiben

$$dt = -\frac{T_k}{2}\left[1 + \left(\frac{\sigma_k}{\sigma}\right)^2\right]\frac{\sigma}{\sigma_k}\,d\sigma. \tag{25}$$

Setzen wir Gl. (23) und (25) in das Integral (24) ein, so heben sich die Schlüpfungsquadrate fort, und wenn wir noch die von σ unabhängigen Größen vor das Integral setzen, so erhalten wir die gesamte Stromwärme zu

$$A = -\frac{J_k^2 R T_k}{2}\int \frac{\sigma}{\sigma_k}\,d\sigma. \tag{26}$$

Um die während des Anlaufs entstehende Wärme zu erhalten, müssen wir die Integration vom Anlaufaugenblick mit $\sigma = 1$ bis zu der betrachteten Schlüpfung σ erstrecken und erhalten

$$A_\sigma = -\frac{J_k^2 R T_k}{2}\int_1^\sigma \frac{\sigma}{\sigma_k}\,d\sigma = J_k^2 R T_k \frac{1-\sigma^2}{4\,\sigma_k}. \tag{27}$$

In Abb. 11 ist die Zunahme der Stromwärme mit wachsender Drehzahl dargestellt, die nach einer Parabel erfolgt. *Die Wärmemenge für $\sigma = 0$, also für beendeten Anlauf, strebt auch hier einem endlichen Grenzwert zu.* Dies rührt daher, daß die Arbeitsströme nach Gl. (23) für den Synchronismus verschwinden. Die gesamte Anlaufwärme ist daher

$$A_a = J_k^2 R \frac{T_k}{4\,\sigma_k}. \tag{28}$$

Beim Umsteuern des Drehstrommotors von voller negativer auf volle positive Drehzahl muß man das Integral der Gl. (26) von $\sigma = 2$ bis 0 erstrecken und erhält daher die gesamte Wärmemenge zu

$$A_u = J_k^2 R \frac{T_k}{\sigma_k}. \tag{29}$$

Die Umsteuerwärme ist also viermal so groß wie die Anlaufstromwärme. Beim Abbremsen mit Gegenstrom hat man von $\sigma = 2$ bis 1 zu integrieren und erhält die *dreifache Wärmemenge* wie beim Anlauf. Man sieht somit, daß nicht nur beim Anlauf, sondern besonders beim Abbremsen und Umsteuern von Kurzschlußmotoren große Wärmemengen in den Wicklungen entstehen können, für deren Aufnahme und ausreichende Abführung Sorge getragen werden muß.

Man kann die letzten Beziehungen für die Stromwärme auf eine anschaulichere und für die praktische Zahlenrechnung bequemere Form bringen, wenn man die Kippschlüpfung nach Gl. (3) einsetzt und beachtet, daß nach einer bekannten Beziehung

$$\frac{E_2 J_{k2}}{2} = W_k \tag{30}$$

der elektrische Ausdruck für die synchrone Kippleistung des Motors ist. Die Anlaufwärmemenge im *Läuferstromkreis* wird dann nach Gl. (28), indem man Kurzschlußstrom und Widerstand des Läuferkreises mit dem Index 2 einsetzt,

$$A_{a2} = \frac{1}{4} E_2 J_{k2} T_k = \frac{1}{2} W_k T_k. \tag{31}$$

Dabei ist der Wert des Läuferwiderstandes vollständig herausgefallen. Setzt man darin die Kippzeitkonstante nach Gl. (7) ein, so erhält man

$$A_{a2} = \frac{1}{2} \left(\frac{\pi}{60}\right)^2 n_0^2 \overline{GD^2}. \tag{32}$$

Die beim Anlauf entstehende Läuferwärmemenge ist also lediglich abhängig vom Schwungmomente der beschleunigten Massen und von ihrer Enddrehzahl, dagegen ganz unabhängig von der sonstigen mechanischen oder elektrischen Bauart des Drehstrommotors oder von seiner Betriebsführung.

Der Ausdruck (32) stellt nach Kapitel 17, Gl. (30) die mechanische Arbeit dar, die in allen vom Motor beschleunigten Schwungmassen aufgespeichert ist. Wir haben damit für die Läuferwicklung von Asynchronmotoren das gleiche Gesetz für die Anlaufwärme gefunden, das sich früher für Gleichstrom-Nebenschlußmotoren ergeben hatte. Auch die Abhängigkeit von der Anfangs- und Endschlüpfung ist die gleiche wie nach Kapitel 18, Gl. (42). Wir erkennen daher, *daß beim Leeranlauf eines Asynchronmotors mit Schwungmassen stets die Hälfte der auf den Läufer übertragenen Arbeit dazu dient, seine Schwungmassen zu beschleunigen, während die andere Hälfte in seiner Wicklung als Wärme verloren geht.* Weder durch elektrische Dimensionierung des Motors noch durch schnelles oder langsames Anfahren kann man an diesem Gesetz, das die gesamte Stromwärme im Läuferkreis beherrscht, irgend etwas ändern. Verlegt man einen Teil des Läuferwiderstandes nach außen, so verteilt sich die Wärme entsprechend den inneren und äußeren Widerständen auf Wicklung und Außenkreis.

Die in der *Ständerwicklung* entstehende Wärme läßt sich zu der Läuferwärme in eine einfache Beziehung setzen, wenn man bedenkt, daß in dem allgemeinen

Ausdruck der Gl. (26) nur J_k und R im Ständer und Läufer verschieden sind, daß dagegen alle anderen Werte für den ganzen Motor gelten. Das Verhältnis der Ständer- und Läuferwärmemengen ist daher durch das Verhältnis der beiden $J_k^2 R$ gegeben. Während sich an der Wärmemenge im gesamten Läuferstromkreis durch elektrische Dimensionierung nichts ändern läßt, kann man die beim Anfahren, Bremsen oder Umsteuern entstehende gesamte Ständerwärmemenge

$$A_1 = \frac{R_1}{R_2}\left(\frac{J_{k1}}{J_{k2}}\right)^2 A_2 \tag{33}$$

durch Anwendung kleinen Ständerwiderstandes im Verhältnis zum Läuferwiderstand auf ein geringes Maß bringen. Da wir oben sahen, daß man im Interesse schnellen Anlaufs auf ziemlich große Läuferwiderstände geführt wird, so erkennt man, daß hierdurch gleichzeitig die Ständerwärmemenge verringert wird und dabei die auf Erwärmung im allgemeinen empfindlichere Ständerwicklung vor weitgehender Überlastung während des Anlaufs oder der Reversierung geschützt wird.

20. Pendelschwingungen von Wechselstrommaschinen.

Synchrone Wechselstrommaschinen arbeiten nur dann gut parallel, wenn ihre Frequenz und ihre Spannung nahezu übereinstimmen und die mechanischen oder elektrischen Leistungen so begrenzt sind, daß sich der Winkel zwischen zusammengehörigen Polen der verschiedenen Maschinen in mäßigen Grenzen hält. Sowohl durch Schalthandlungen im Stromkreis als auch durch Unregelmäßigkeiten in den Antriebsdrehmomenten kann dieses Gleichgewicht so stark gestört werden, daß die Maschinen außer Tritt fallen.

Die Magnetfelder in den Maschinen besitzen einen starken Einfluß auf diese Erscheinungen. Dabei sind die Zeitkonstanten der Streufelder meist sehr klein, so daß diese sich fast gleichzeitig mit den Strömen ändern. Die Hauptfelder haben jedoch bei größeren Maschinen so große Zeitkonstanten, daß sie sich nur sehr langsam ändern und während der mechanischen Ausgleichsvorgänge fast konstant bleiben. Da die elektromagnetischen Einflüsse hiernach einfach zu übersehen sind, so wollen wir uns auf die *Betrachtung der elektromechanischen Ausgleichsvorgänge beschränken, die durch das Zusammenwirken der Schwungmassen mit den elektrischen Kräften in der Maschine und ihren Antriebskräften entstehen.*

a) Synchronisierende Kräfte in Generatoren. Wir wollen die Wirkleistung einer einzelnen Synchronmaschine berechnen, deren Klemmenspannung E gegeben ist und konstant gehalten wird, etwa dadurch, daß sie nach Abb. 1 an einem sehr großen Netz hängt. Die Vorgänge im Innern übersehen wir am besten

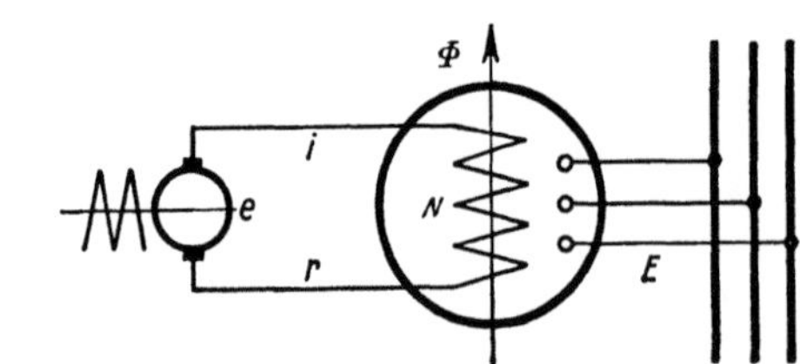

Abb. 1.

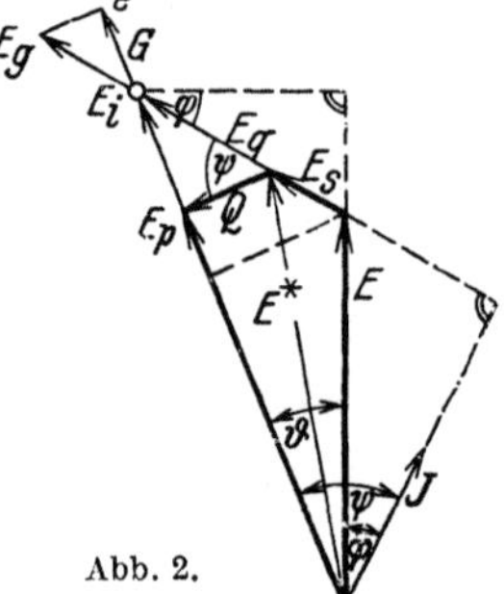

Abb. 2.

an Hand des Vektordiagramms von Abb. 2, in dem die unterschiedliche Längs- und Querfeldausbildung berücksichtigt ist. Dagegen wollen wir den geringfügigen Einfluß des Ständerwiderstandes vernachlässigen. Phasensenkrecht zum Strom J der Maschine ist die Streuspannung E_s der Ständerwicklung und ihre Querfeldspannung E_q an den Vektor E der Klemmenspannung gereiht und liefert einen ideellen Spannungsvektor E_i, der *die innere treibende Spannung der Maschine darstellt*. Seine Richtung gibt auch die Lage des Polrades wieder, die einen Winkel ϑ mit dem Vektor der Klemmenspannung bildet. Der in jede Polteilung der Ständerwicklung eintretende Fluß erzeugt eine Spannung E_p, die wir durch Herüberloten gewinnen. Wenn wir ganz entsprechend die größere Gegenfeldspannung E_g in Richtung der Streuungen auftragen und auf die Polachse herüberloten, so erhalten wir die ideelle Gesamtspannung E_e, die vom Erregerstrom induziert würde, wenn keine Sättigung in der Maschine vorhanden wäre.

Das Querfeld Q der Ständerwicklung, das phasensenkrecht zur Polradspannung E_p liegt, verläuft größtenteils in Luft und ist daher proportional dem Strom. Die Sättigung des magnetischen Hauptfeldes der Maschine spielt daher für das Vektordiagramm bis zur Spannung E_i nur eine untergeordnete Rolle. Da wir aus *diesem* Diagramm *die synchronisierenden Kräfte* bei Lastschwankungen berechnen können, so erhalten wir sie als *unabhängig von der magnetischen Sättigung*.

Würde man den Erregerstrom des Läufers während einer Schwankung des Winkels ϑ konstant halten, so würde die Größe des Vektors E_e unverändert bleiben. Würde man das Polfeld im Ständer konstant halten, so bliebe die Größe des Vektors E_p unverändert. In Wirklichkeit bleibt aber das *Erregerfeld* mit Einschluß seines Polstreufeldes unter der Wirkung seiner großen Zeitkonstante nahezu konstant. Dies entspricht einem Punkt, der zwischen E_p und E_e liegt. Um übersichtliche Verhältnisse zu erhalten, wollen wir daher annehmen, *daß die innere Spannung E_i in der Maschine bei Laststößen aller Art konstant bleibt.* Dies gilt nach Abb. 2 genau für Maschinen, deren Polstreuung gleich der Querfeldstreuung ist, für zahlreiche Maschinen des praktischen Betriebes gilt es mit weitgehender Annäherung.

Die von der Maschine abgegebene elektrische Leistung ist

$$W = EJ\cos\varphi. \tag{1}$$

Aus der oberen Seite des Vektordiagramms von Abb. 2 folgt nun die Beziehung

$$(E_s + E_q)\cos\varphi = E_i\sin\vartheta, \tag{2}$$

und wenn man dies in Gl. (1) einsetzt, so erhält man

$$W = EJ\frac{E_i}{E_s + E_q}\sin\vartheta. \tag{3}$$

Darin sind Ständerstreuspannung E_s und Querfeldspannung E_q dem Strom J proportional, so daß wir schreiben können

$$\frac{E_s + E_q}{J} = \frac{E_{s0} + E_{q0}}{J_0}, \tag{4}$$

wobei durch den Index 0 die Normalwerte gekennzeichnet sind. Wir erhalten damit die Leistung zu

$$W = W_0\frac{E_i}{E_{s0} + E_{q0}}\sin\vartheta. \tag{5}$$

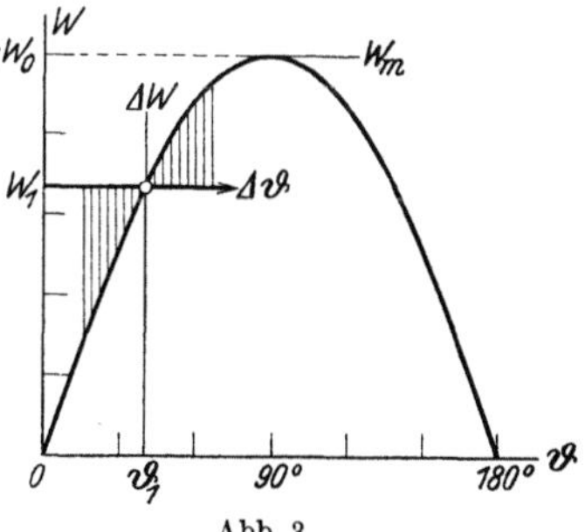

Abb. 3.

Die elektrisch abgegebene Leistung ist daher dem Sinus des Polradwinkels proportional, wie es in Abb. 3 dargestellt ist, und erreicht bei 90° einen Maximalwert, der sich zur normalen Leistung W_0 der Maschine verhält wie die innere EMK E_i zu der Summe von Streuspannung und Querfeldspannung bei Normalstrom. Wir können Gl. (5) in allgemeiner Form auch schreiben

$$W = kW_0\sin\vartheta = W_m\sin\vartheta, \tag{6}$$

worin k das Spannungsverhältnis von Gl. (5) ist.

Während die beiden Streuspannungen der Maschine gegebene Größen sind, kann man die innere Spannung E_i durch die Erregung in weiten Grenzen einstellen. Bei Leerlauf stimmt sie mit der Klemmenspannung überein und man erhält z. B. bei 15% Streuspannung und 45% Querfeldspannung

$$k = \frac{E_{i0}}{E_{s0} + E_{q0}} = \frac{1}{0,15 + 0,45} = 1,67 ,$$

so daß die maximale Leistung nach Abb. 3 um $^2/_3$ über der Normalleistung liegt. Vergrößert man die innere Spannung mit steigender Belastung, insbesondere bei Abgabe magnetisierenden Blindstroms, so wächst die maximale Leistung. Verkleinert man die Erregung bei Abgabe kapazitiven Blindstroms, so wird der Grenzwert erheblich verringert und kann so klein werden, daß die Maschine ihn bei jedem leichten Stoß überschreitet und dabei außer Tritt fällt.

Wenn zwischen der Synchronmaschine und dem Netz Transformatoren oder längere Leitungen liegen, so ist deren induktive Spannung mit in dem Werte E_{s0} nach Gl. (5) einbegriffen, so daß auch hierdurch die Stabilität verringert wird. Damit die Synchronmaschine nicht bei jeder leisen Lastschwankung außer Tritt fallen kann, rechnet man für den praktischen Betrieb mit einem höchsten Winkel von etwa $\vartheta = 42°$, dem nach Abb. 3 ein $\sin\vartheta = 0,67$ entspricht, so daß nach Gl. (6) eine um 50% über der normalen liegende Grenzleistung vorhanden ist.

Während sich die elektrische Leistung der Synchronmaschine bei Änderung des Polradwinkels nach der Sinuskurve von Abb. 3 richtet, bleibt die mechanische Antriebsleistung zum mindesten während kürzerer Zeit konstant und ist durch die Füllung der Kraftmaschine gegeben. Bei Abweichungen beider Leistungen verzögert sich der Generator, wenn die elektrische Leistung überwiegt, er beschleunigt sich, wenn die mechanische Leistung überwiegt. Der Überschuß oder Unterschuß an Leistung ist in Abb. 3 schraffiert dargestellt. Er ist in der Umgebung des Arbeitspunktes

$$\Delta W = \frac{dW}{d\vartheta} \Delta\vartheta = W_s \Delta\vartheta , \tag{7}$$

wobei man W_s als *synchronisierende Leistung* bezeichnet, weil sie durch ihre elastisch wirkende Kraft das Polrad der Maschine stets in die synchrone Lage zieht. Dies ist allerdings nur auf dem stabil ansteigenden Aste der Leistungscharakteristik der Fall, bei Überschreitung eines mittleren Polradwinkels von 90° wird W_s negativ und stößt das Polrad aus der Synchronlage fort.

Durch Differentiation von Gl. (5) oder (6) bei konstant gehaltener Spannung E_i erhalten wir die synchronisierende Leistung zu

$$W_s = k\, W_0 \cos\vartheta = \frac{E_i}{E_{s0} + E_{q0}} W_0 \cos\vartheta . \tag{8}$$

Sie nimmt mit zunehmendem Polradwinkel nach einer cos-Linie mehr und mehr ab und darf daher nur für mäßige Winkeldifferenzen $\Delta\vartheta$ als konstant betrachtet werden.

In Gl. (8) wollen wir den Ausdruck auf der rechten Seite weiter entwickeln. Aus dem Vektordiagramm der Abb. 2 folgt die Beziehung

$$E_i \cos\vartheta = E + (E_s + E_q) \sin\varphi . \tag{9}$$

Führt man dies in Gl. (8) ein, so erhält man

$$W_s = \left(\frac{E}{E_{s0} + E_{q0}} + \frac{E_s + E_q}{E_{s0} + E_{q0}} \sin\varphi \right) W_0 , \tag{10}$$

und wenn man hierin das Spannungsverhältnis nach Gl. (4) durch das Strom-

verhältnis ersetzt und statt des $\sin\varphi$ den Blindstrom einführt, so ergibt sich für
die Synchronisierziffer

$$\frac{W_s}{W_0} = k_s = \frac{E}{E_{s0} + E_{q0}} + \frac{J_b}{J_0}. \tag{11}$$

*Die synchronisierende Leistung für kleine Abweichungen aus der Gleichgewichts-
lage ist also vornehmlich durch die Streuungs-, Querfeld- und Blindstromverhältnisse
der Maschine bedingt.* Alle anderen Parameter der Maschine oder der Belastung
haben keinen Einfluß auf diese wichtige Bestimmungsgleichung. Bei Leerlauf ist
nur das erste Glied vorhanden. Sein Zahlenwert wurde bereits zu 1,67 berechnet
und bewirkt, daß für je $10°$ Auslenkung
eine rückführende Leistung vom

$$1,67 \cdot \frac{10°}{57,3°} = 0,29 \text{fachen Betrage}$$

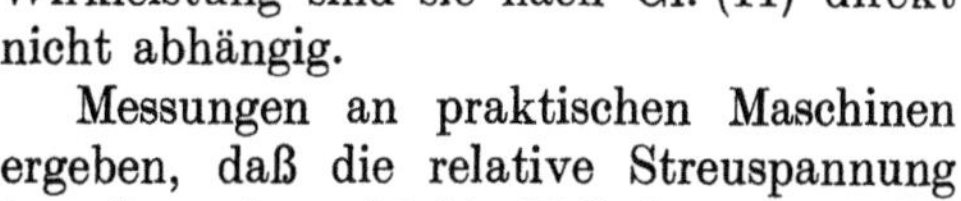

Abb. 4.

der normalen Leistung entwickelt wird. Bei
induktiver Belastung steigt die synchronisierende Kraft nach Gl. (11) linear an, bei
kapazitiver sinkt sie ebenso auf einen geringen Betrag herab. Dies rührt von der
verminderten Felderregung her. Abb. 4
stellt die Abhängigkeit der synchronisierenden Kräfte von der Blindleistung für das
gleiche Beispiel zahlenmäßig dar. Von der
Wirkleistung sind sie nach Gl. (11) direkt
nicht abhängig.

Messungen an praktischen Maschinen
ergeben, daß die relative Streuspannung
im allgemeinen 10 bis 20% beträgt und daß die hier wirksame Querfeldspannung für Schenkelpol- sowohl als für Turbogeneratoren in der Größenordnung
von 40 bis 60% liegt.

Arbeitet die Synchronmaschine nicht an einem starren Netz, sondern mit
einer anderen Maschine nach Abb. 5 zusammen, so bleibt ihre Klemmenspannung
nicht konstant. Wenn wir in Gl. (3) an Stelle der Streu- und Querfeldspannungen
ihre Reaktanzen einführen, so können wir schreiben

$$\frac{E_s + E_q}{J} = \omega S + \omega Q, \tag{12}$$

und erhalten die synchrone
Leistung in der Form

$$W = \frac{E_i E}{\omega S + \omega Q} \sin\vartheta. \tag{13}$$

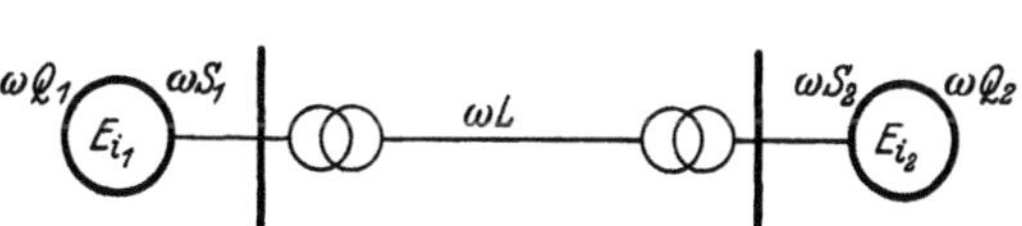

Abb. 5.

Diese Beziehung gilt ganz unabhängig davon, ob die Spannung E konstant ist
oder nicht. Wenn sie sich in ihrer Größe oder Lage ändert, so ist stets der tatsächliche Wert von $E \sin\vartheta$ gegenüber E_i in die Formel einzuführen.

Wir können nun nach Abb. 5 in die äußere Leitung und in die zweite Maschine
hineinwandern, bis wir zu ihrer konstanten inneren Spannung E_{i2} kommen. Die
synchrone Leistung, die durch den ganzen Leitungszug übertragen wird, ist dann

$$W = \frac{E_{i1} E_{i2}}{\sum(\omega Q + \omega S + \omega L)} \sin\vartheta_{12}. \tag{14}$$

Dabei sind mit E_{i1} und E_{i2} die Festwerte der Spannungen in den entfernten
Maschinen bezeichnet, mit $\sum$ im Nenner die Summe aller Querfeld-, Streu- und

Leitungsreaktanzen zwischen diesen Spannungen, und mit dem Winkel ϑ_{12} der Phasenwinkel zwischen den beiden Spannungen E_{i1} und E_{i2}. *Durch das Hinzutreten der Leitungsreaktanz und der Ständer- und Querfeldstreuung der zweiten Maschine wird die synchrone Leistung erheblich vermindert, die Übertragung wird daher weicher.*

b) Frequenz und Dämpfung der Eigenschwingungen. Außer den bisher betrachteten synchronen Leistungen bilden sich in den meisten elektrischen Maschinen auch *asynchrone Leistungen* aus. Bei der Bewegung des Polrades mit seiner Spannung E_i gegenüber der Klemmenspannung E nach Abb. 2 schlüpft der Läufer gegenüber dem Ständerdrehfeld. Dabei werden in der Dämpferwicklung, aber auch in anderen massiven Metallteilen, sekundäre Ströme erzeugt, die die Schlüpfung zu verringern streben. Als wirksames Feld kommt hierbei hauptsächlich das schwankende Querfeld in Betracht, das Ströme unter den Polen induziert. Die Abhängigkeit dieser Dämpfungsdrehmomente von der Schlüpfung ist ganz ähnlich wie bei einem Asynchronmotor. Wenn wir mit σ_a diejenige *Asynchronschlüpfung* bezeichnen, die bei alleiniger Wirkung der Dämpfung die normale Leistung W_0 in der Maschine entwickeln würde, so ist die *Dämpferleistung* bei irgendwelchen Bewegungen des Polrades

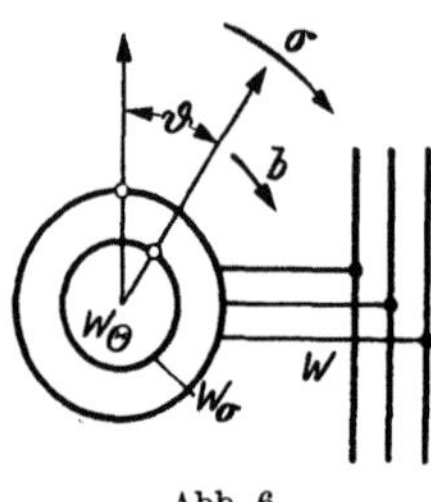
Abb. 6.

$$W_\sigma = \sigma \, \frac{W_0}{\sigma_a}, \tag{15}$$

solange wir uns auf mäßige Schlüpfungen mit proportionalem Drehmoment beschränken. Bei Dämpferwicklungen mit geringem Widerstand wird das normale Moment schon bei kleiner Schlüpfung σ_a entwickelt, so daß die Dämpferwirkung sehr beträchtlich wird. Die Dämpfungsleistung wird nicht etwa als Stromwärme vernichtet, sondern *mit dem Netz als asynchrone Leistung ausgetauscht.*

Wenn der Polradwinkel ϑ der Maschine nach Abb. 6 im Verlauf eines Ausgleichsvorganges schwankt, so bezeichnen wir seine zeitliche Veränderung im Verhältnis zur Netzfrequenz als *Schlüpfung*

$$\sigma = \frac{1}{\omega}\frac{d\vartheta}{dt}. \tag{16}$$

Die Beschleunigung oder Verzögerung des Polrades wird durch die Änderung der Schlüpfung

$$b = \frac{d\sigma}{dt} = \frac{1}{\omega}\frac{d^2\vartheta}{dt^2} \tag{17}$$

dargestellt. Ebenso wie der Winkel beziehen sich Schlüpfung und Verzögerung stets auf zwei bestimmte Punkte der Anlage. Man kann sie aber auch auf einen inneren und einen außenliegenden Punkt, etwa eine feste Vergleichsfrequenz, beziehen.

Bei jeder auftretenden Schwankung ändert sich die *synchrone Leistung* im Generator proportional der Winkeländerung zwischen Polrad und Sammelschiene, wenn wir uns auf kleine Abweichungen ϑ beschränken. Sie ist dann entsprechend Gl. (7) und (11)

$$W = W_s \, \vartheta = k_s \, W_0 \, \vartheta, \tag{18}$$

wobei W_0 die Nennleistung der Maschine, W_s ihre synchronisierende Leistung und k_s die Synchronisierziffer entsprechend dem Verhältnis dieser beiden bezeichnet.

Die *asynchrone Leistung* W_σ sowohl in den Drehstrommotoren des Netzes wie in den Dämpferwicklungen der Synchronmaschinen ist nach Gl. (15) und (16)

$$W_\sigma = \frac{W_0}{\sigma_a}\sigma = \frac{W_0}{\sigma_a \, \omega}\frac{d\vartheta}{dt}. \tag{19}$$

Die *Trägheitsleistung der Schwungmassen* jeder Maschine, die bei Veränderung ihrer Drehzahl zur Wirkung kommt, ist proportional der Verzögerung, also mit Gl. (17)

$$W_\Theta = \Theta\, g\, \omega_0^2\, b = T_a\, W_0\, \frac{d\sigma}{dt} = \frac{T_a\, W_0}{\omega}\, \frac{d^2\vartheta}{dt^2}. \tag{20}$$

Dabei ist nach Kapitel 17, Gl. (10) mit

$$\Theta\, g\, \omega_0^2 = T_a\, W_0 \tag{21}$$

die doppelte kinetische Energie oder die *Schwungarbeit* bezeichnet, die sich auch als Produkt der Anlaufzeitkonstante T_a mit der Nennleistung ausdrücken läßt. Da die Verzögerung zur Bestimmung der Trägheitsleistung stets auf die absolute Zeit bezogen ist, so müssen wir den Winkel ϑ in Gl. (20) immer gegenüber einem völlig gleichmäßig rotierenden Spannungsvektor verstehen.

Bei einer beliebigen Bewegung des Polrades steht die elektromagnetische Leistung der Maschine zusammen mit der Dämpferleistung und der Beschleunigungsleistung im Gleichgewicht mit der mechanisch zu- oder abgeführten Leistung W_a. Wir erhalten daher aus den Gln. (18), (19) und (20) die *Energiebilanz der Synchronmaschine*

$$\frac{T_a\, W_0}{\omega}\, \frac{d^2\vartheta}{dt^2} + \frac{W_0}{\sigma_a\, \omega}\, \frac{d\vartheta}{dt} + W_s\, \vartheta = W_a. \tag{22}$$

Wir betrachten dabei ϑ und W_a als Abweichungswerte zusätzlich zu den mittleren oder Dauerwerten, mit denen die Maschine betrieben wird. Gl. (22) ist eine Differentialgleichung zweiter Ordnung, die uns zeigt, daß die Synchronmaschine *sowohl freie wie erzwungene Schwingungen ausführen kann.* Die Energie pendelt dabei zwischen den Schwungmassen der Synchronmaschine, den elektromagnetischen Feldern des Stromkreises und der potentiellen Energie der Kraftquelle hin und her.

Für die freien Schwingungen, die bei jeder Änderung des Gleichgewichtszustandes auftreten, erhalten wir die Differentialgleichung ohne rechtes Glied zu

$$\frac{d^2\vartheta''}{dt^2} + \varrho\, \frac{d\vartheta''}{dt} + \nu^2\, \vartheta'' = 0. \tag{23}$$

Darin ist zur Abkürzung als *Dämpfungsziffer*

$$\varrho = \frac{1}{\sigma_a\, T_a} = \frac{W_0}{\sigma_a\, \Theta\, g\, \omega_0^2} \tag{24}$$

eingeführt und als *Eigenfrequenz bei kleiner Dämpfung*

$$\nu = \sqrt{\frac{\omega\, W_s}{T_a\, W_0}} = \sqrt{\frac{\omega\, k_s}{T_a}} = \sqrt{\frac{\omega\, W_s}{\Theta\, g\, \omega_0^2}}. \tag{25}$$

Die Lösung der Differentialgleichung (23) für den *zusätzlichen Pendelwinkel* wird hiermit

$$\vartheta'' = P''\, \varepsilon^{-\frac{\varrho}{2}t}\, \cos(\nu\, t + \gamma), \tag{26}$$

worin die Pendelamplitude P'' und der Phasenwinkel γ als Integrationskonstanten anzusehen sind.

Für einen Synchrongenerator mit $T_a = 10$ sec Normalanlaufzeit, eine Frequenz von 50 Per/sec und eine synchronisierende Leistung vom $k_s = 2$ fachen Wert der Nennleistung erhält man eine Pendelfrequenz von

$$\nu = \sqrt{\frac{2\,\pi \cdot 50 \cdot 2}{10}} = 7{,}9 \text{ in } 2\,\pi \text{ sec} \quad \text{oder} \quad 1{,}25 \text{ Per/sec}.$$

Die Schwingungen erfolgen also relativ langsam, sie liegen praktisch fast stets in der gleichen Größenordnung, weil die Werte unter der zweiten Wurzel der

Gl. (25) sich für die meisten Synchronmaschinen nur wenig unterscheiden. Da die Synchronisierziffer k_s sich nach Gl. (11) mit der Blindleistung stark ändert, so werden die Schwingungen mit zunehmender Erregung schneller.

Für das Abklingen der Eigenschwingungen erhält man bei einem Asynchronschlupf von $\sigma_a = 10\%$, was einer mittelstarken Dämpfung entspricht, eine Dämpfungszeitkonstante nach Gln. (24) und (26) von

$$\frac{2}{\varrho} = 2\,\sigma_a\,T_a = 2 \cdot \frac{10}{100} \cdot 10 = 2\ \text{sec}.$$

Die Pendelungen sind also praktisch nach 6 bis 8 sec oder nach 8 bis 10 ganzen Schwingungen abgeklungen. Abb. 7 stellt die Pendelschwingungen des Stromes

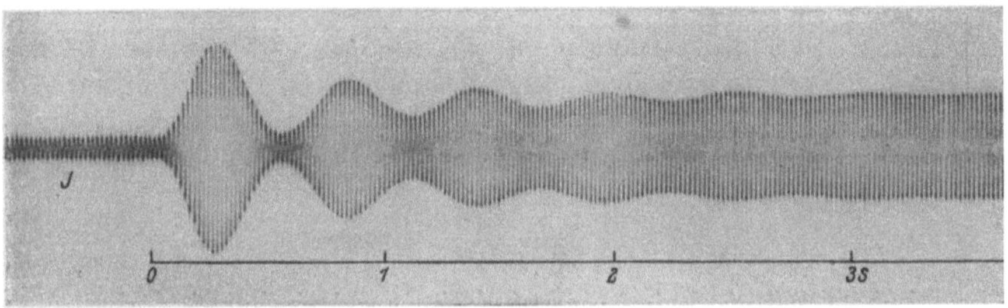

Abb. 7.

eines größeren Schenkelpolgenerators dar, der einen kräftigen Dämpferkäfig besaß. Er lief als Synchronmotor an einem großen Netz und wurde plötzlich mechanisch belastet. Dabei schwingt er über den Dauerzustand mit einer Eigenfrequenz von 1,78 Per/sec hinaus, die Schwingungen klingen relativ schnell ab

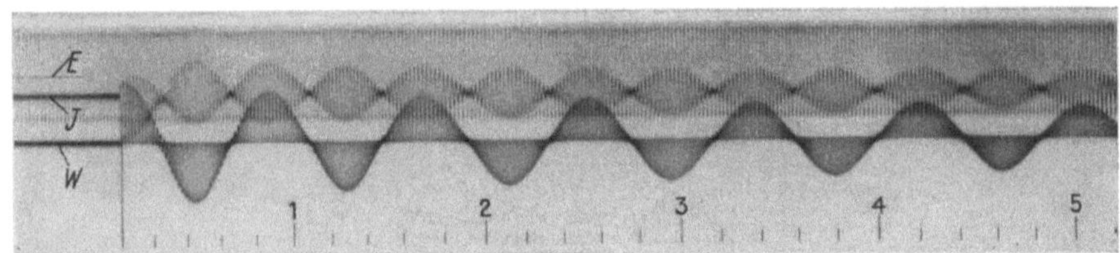

Abb. 8.

und sind bereits nach 3 bis 4 sec verschwunden. Abb. 8 stellt andererseits die Schwingungen des Stromes J und der Leistung W eines Schenkelpolgenerators von 30000 kW bei 150 U/min *nach unvollkommener Synchronisierung* an das Netz dar. Da dieser Generator keine Dämpferwicklung hatte, so dauern seine mechanischen Schwingungen, die eine Frequenz von 1,19 Per/sec besitzen, viel länger als 20 sec, bis sie unter der Wirkung sekundärer Dämpfungskräfte allmählich verschwinden.

Für die *Schlüpfung des Läufers während des Pendelns* erhalten wir mit Gl. (16) aus Gl. (26)

$$\sigma'' = -\frac{\nu}{\omega}\,P''\,\varepsilon^{-\frac{\varrho}{2}t}\sin(\nu t + \gamma), \tag{27}$$

wenn wir uns auf mäßige Dämpfungen beschränken, so daß wir uns mit der Differentiation des Kosinusgliedes allein begnügen können. Die Schlüpfungsamplitude oder die höchste *Frequenzabweichung F* der freien Pendelschwingungen ist also mit der Winkelamplitude P verknüpft durch

$$F'' = \frac{v}{\omega}\, P''. \tag{28}$$

Ihr Verhältnis hängt nur von der mechanischen Eigenfrequenz und der elektrischen Wechselstromfrequenz ab. Für die eben genannten mittleren Zahlenwerte dieser Frequenzen entspricht einer Pendelamplitude von 30° oder einem Radianten von $\vartheta = 30/57{,}3 = 0{,}525$ eine Schlüpfung von

$$F'' = \frac{1{,}25}{50} \cdot \frac{30}{57{,}3} = 1{,}31\,\%.$$

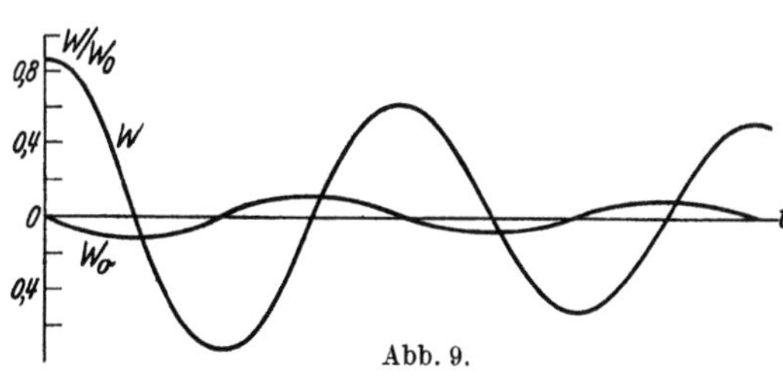

Abb. 9.

Während dieser Pendelwinkel von 30° für unser früheres Beispiel eine pendelnde Synchronleistung nach Gl. (18) von

$$W'' = 1{,}67 \cdot 0{,}525 \cdot W_0 = 0{,}88\, W_0$$

hervorruft, wird die Dämpferleistung entsprechend Gl. (19)

$$W_\sigma'' = 1{,}31 \cdot \frac{W_0}{10} = 0{,}131\, W_0.$$

Sie stellt eine asynchrone Leistung dar, die dem Netz pendelnd entnommen wird und die gegenüber der synchronen Leistung um ¼ Periode der Pendelfrequenz phasenverschoben ist. Abb. 9 stellt die gegenseitige Lage dieser Leistungen dar, die ganz dem Verlauf des Pendelwinkels und der Pendelschlüpfung entsprechen.

c) Erzwungene Pendelschwingungen. Wenn die Antriebsleistung W_a in Gl. (22) nicht konstant ist, sondern periodische Schwankungen ausführt, so können wir ihre Grundwelle ausdrücken durch

$$W_a = \overline{W}_a + W_a'\, \varepsilon^{j\lambda t}, \tag{29}$$

worin $\overline{W}_a$ die mittlere Antriebsleistung und W_a' die Pendelamplitude der mechanischen Leistung bedeutet, die mit der Frequenz λ schwankt. Bei Kolbenmaschinenantrieb pflegen derartige Schwankungen durch die Änderungen des Drehmoments innerhalb jeder Umdrehung zu entstehen, wie es in

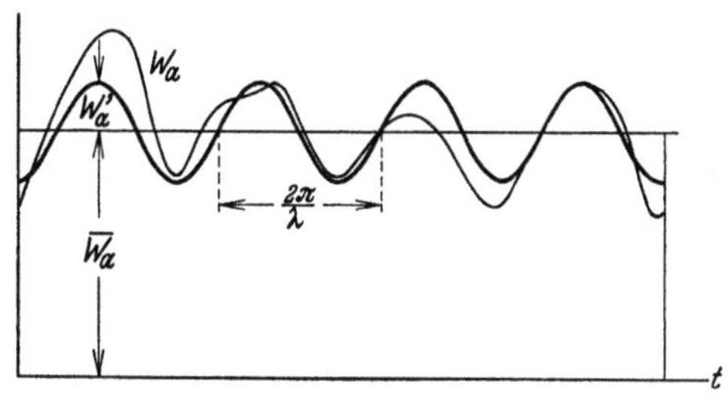

Abb. 10.

Abb. 10 dargestellt ist. Sie können aber auch durch Tanzen des Leistungsreglers auftreten, der den Kraftmittelzufluß der Maschine beherrscht.

Wenn wir dieselben Abkürzungen für Dämpfung und Frequenz wie in Gl. (24) und (25) benutzen, so erhalten wir für die stationären Pendelungen aus Gl. (22)

$$\frac{d^2\vartheta'}{dt^2} + \varrho\, \frac{d\vartheta'}{dt} + v^2\, \vartheta' = v^2\, \Lambda\, \varepsilon^{j\lambda t}. \tag{30}$$

Darin ist mit

$$\Lambda = \frac{\omega}{T_a W_0}\, \frac{W_a'}{v^2} = \frac{W_a'}{W_s} \tag{31}$$

eine Winkelamplitude bezeichnet, wie sie durch die Pendelleistung W_a' entsprechend Gl. (18) hervorgerufen würde, wenn keine Massenkräfte und Dämpfungen vorhanden wären. Man kann sie als *eingeprägte Winkelamplitude* auffassen.

Die Differentialgleichung (30) für die erzwungenen Pendelschwingungen lösen wir durch den Ansatz

$$\vartheta' = P' \varepsilon^{j\lambda t} \tag{32}$$

und erhalten damit die Winkelamplitude P' aus der Bedingungsgleichung

$$P'(-\lambda^2 + j\varrho\lambda + v^2) = v^2\varLambda, \tag{33}$$

Abgesehen von einer Phasenverschiebung gegenüber der Kraftmaschinenleistung wird der *Betrag der Pendelamplitude*

$$P' = \frac{\varLambda}{\sqrt{\left[1 - \left(\frac{\lambda}{v}\right)^2\right]^2 + \left(\frac{\varrho\lambda}{v^2}\right)^2}}. \tag{34}$$

Dies ist die wohlbekannte Resonanzformel, wie wir sie schon in Kapitel 4, Gl. (14) für elektrische Schwingungen erhalten hatten. Für verschieden starke Dämpfungen ϱ ist das Verhältnis der erzwungenen Winkelamplitude P' zur Pendelantriebskraft mit ihrem eingeprägten Winkel $\varLambda$ in Abb. 11 dargestellt.

Wenn die erzwungene Frequenz λ gleich der Eigenfrequenz v ist, so ergibt sich als *Resonanzmaximum des Pendelwinkels*

$$P_r' = \frac{v}{\varrho}\varLambda$$

$$= \frac{\omega}{v}\sigma_a\frac{W_a'}{W_0}, \tag{35}$$

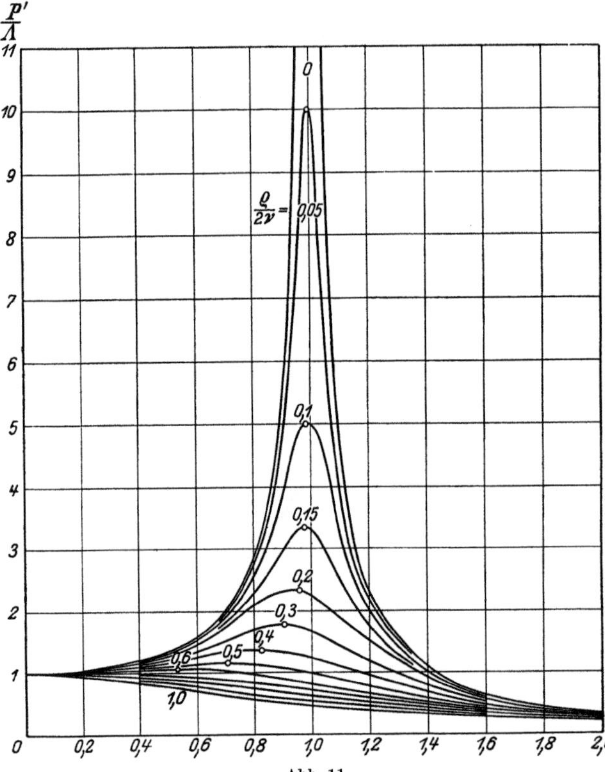

Abb. 11.

darin sind für ϱ und $\varLambda$ ihre Werte nach Gl. (24) und (31) eingeführt. Bei einem Schenkelpolgenerator mit 20% Ungleichförmigkeit des Kraftmaschinenantriebs erhält man mit unseren früheren Zahlen im Resonanzfall eine Winkelamplitude

$$P_r' = \frac{50}{1,25}\cdot\frac{10}{100}\cdot\frac{20}{100}\cdot 57,3 = 45,8°.$$

Dies ist im allgemeinen ein unzulässiger Betrag, da er sehr starke Leistungsschwankungen im Netz hervorruft. *Man muß die Eigenfrequenz daher entfernt von dem erzwungenen Takt halten.* Dazu ist nach Gl. (25) eine geeignete Wahl der Anlaufzeitkonstante T_a oder ihres Trägheitsmoments $\varTheta$ notwendig, da die synchronisierende Leistung nur selten frei gewählt werden kann. Man muß dabei beachten, daß sich die Synchronisierziffer mit dem Belastungszustand der Maschine nach Abb. 4 erheblich ändert. Dies kann bis zu einem gewissen

Grade zu einer Korrektur der Eigenfrequenz benutzt werden, indem man die Blindstromabgabe der Maschine ändert. Andererseits verbreitert sich die gefährliche Resonanzzone, wenn zufällige Veränderungen der Blindbelastung eintreten.

Ist der Dämpferschlupf σ_a in Gl. (35) sehr klein, wie es z. B. bei Zylinderrotoren mit massivem Eisen und gut leitenden Dämpferkeilen der Fall ist, so erscheint ein Arbeiten in der Resonanzlage möglich. Die asynchrone Dämpfung verhindert dann das Auftreten starker mechanischer Schwingungen, jedoch fließt die ihr entsprechende beträchtliche Leistung dem Netz nach Abb. 9 pulsierend zu.

Die erzwungene *Amplitude der synchronen Pendelleistung* ist nach Gln. (18), (31) und (34)

$$W' = W_s P' = \frac{W'_a}{\sqrt{[1-(\lambda/\nu)^2]^2 + (\varrho\lambda/\nu^2)^2}} \, . \tag{36}$$

Sie gehorcht den gleichen Resonanzkurven wie in Abb. 11. Den Wert der *asynchronen Pendelleistung* leiten wir am besten aus Gln. (30) oder (33) ab, worin sie die Größe des zweiten Gliedes bestimmt, während das dritte von der Synchronleistung herrührt. Für die Summe beider Leistungen erhalten wir daher im Verhältnis zur Synchronleistung selbst

$$\frac{W'_\sigma + W'}{W'} = \frac{j\varrho\lambda + \nu^2}{\nu^2} = \sqrt{1 + (\varrho\lambda/\nu^2)^2} \, , \tag{37}$$

worin die rechte Seite den Absolutwert darstellt. *Die gesamte Pendelleistung, die mit dem Netz ausgetauscht wird,* ist dann mit Gl. (36)

$$W'_\sigma + W' = \sqrt{\frac{1 + (\varrho\lambda/\nu^2)^2}{[1-(\lambda/\nu)^2]^2 + (\varrho\lambda/\nu^2)^2}} \, W'_a \, . \tag{38}$$

Das Verhältnis dieser elektrischen Netzleistung zu den Schwingungen der Antriebsleistung verläuft ähnlich der Kurvenschar in Abb. 11, jedoch erscheinen die Linien für starke Dämpfung gehoben und durchschreiten den Einheitswert beim $\sqrt{2}$fachen der Resonanzfrequenz. Daher wirkt die Dämpfung unterhalb des Wertes $\lambda/\nu = \sqrt{2}$ verkleinernd, *oberhalb dieses Wertes jedoch vergrößernd auf die gesamte Pendelleistung.*

Wir können nach diesen Beziehungen auch die Wirkung von *Asynchronmotoren* beurteilen, die Arbeitsmaschinen mit ungleichförmigem Drehmoment antreiben, wie zum Beispiel bei Kolbenkompressoren. Wir brauchen dafür nur die synchronisierende Kraft in Gl. (22) oder (30) zu streichen und setzen demgemäß nach Gl. (25) $\nu = 0$. Dann verbleiben in Gl. (38) nur die Faktoren von $1/\nu^4$ und die pendelnde Netzleistung wird

$$W'_\sigma = \frac{W'_a}{\sqrt{1+(\lambda/\varrho)^2}} = \frac{W'_a}{\sqrt{1+(\lambda T_a \sigma_a)^2}} \, . \tag{39}$$

Die elektrische Leistungsschwankung ist also immer kleiner als die mechanische, was durch die gemeinsame Wirkung der Schwungmassen und der Asynchronschlüpfung des Läufers bewirkt wird. Diese beiden Größen wirken hier gerade umgekehrt wie in Synchronmaschinen, was man besonders deutlich aus Gln. (39) und (36) ersieht, wenn man den Einfluß des Faktors ϱ betrachtet. Bei einem Antriebstakt von $\lambda = 2$ Per/sec erhalten wir mit einem Schwungrad von $T_a = 10$ sec Anlaufzeitkonstante und einer Schlüpfung des Drehstrommotors von $\sigma_a = 1,5\%$ eine Abschwächung der Schwingungen auf

$$W'_\sigma = \frac{W'_a}{\sqrt{1+\left(\dfrac{2\pi \, 2\cdot 10 \cdot 1,5}{100}\right)^2}} = 0,47\,W'_a \, .$$

Langsame Schwingungen erfordern also relativ schwere Schwungmassen oder
große Motorschlüpfungen, um eine ausreichende Schwungenergie zur Wirkung
zu bringen und die Drehmomentschwankungen zu verhindern voll in das elektrische Netz einzudringen.

d) Eigenschwingungen von Asynchronmotoren. Eine verfeinerte Untersuchung
der Ausgleichsvorgänge in Asynchronmotoren zeigt, daß infolge der Wirkung
ihres Streuflusses *die synchronisierenden Kräfte keineswegs völlig verschwinden.*
Wir betrachten in Abb. 12 einen Motor, der vom Netz mit veränderlichem Phasenwinkel der Spannung E gespeist wird und wir messen dessen Abweichung ϑ_n von
einem gleichförmig rotierenden oder stationären Spannungsvektor. Wir wollen
die Leistungsschwankung bestimmen, die der Motor dem Netz entnimmt. Wenn
der Läufer des Asynchronmotors gegen seinen rotierenden Fluß schlüpft, so entwickelt er eine Leistung, die in Analogie zu Gl. (19) ist

$$W = W_0 \frac{\sigma}{\sigma_a} = \frac{W_0}{\sigma_a \, \omega} \frac{d\vartheta_r}{dt}. \tag{40}$$

Darin ist W_0 die elektrische Normalleistung des Motors, σ_a ist der normale asynchrone Schlupf und σ bezeichnet den augen-
blicklichen Schlupf der durch die Änderung
des elektrischen Winkels ϑ_r zwischen dem Läufer
und seinem Fluß bestimmt wird.

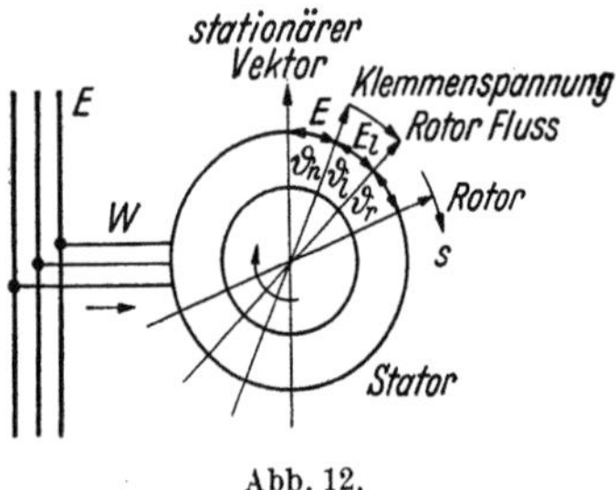

Abb. 12.

Der wirksame Rotorfluß besitzt andererseits
eine Phasenverschiebung gegenüber der Klemmenspannung des Ständers, die durch den Streufluß des Motors bewirkt wird. Dieser Streuungs-
winkel ϑ_l ist gemäß Abb. 12 für kleine Abweichungen direkt gegeben durch den Quotienten aus momentaner Streuspannung E_l und
Klemmenspannung E, und daher ist die Winkelabweichung zwischen Klemmenspannung und Läuferfluß

$$\vartheta_l = \frac{E_l}{E} = \frac{E_{l0}}{E} \frac{E_l}{E_{l0}} = v_l \frac{W}{W_0}. \tag{41}$$

Die Streuspannung ist darin proportional zum Strom und daher auch zur momentanen Leistung W. Ferner möge $v_l = E_{l0}/E$ die relative Streuspannung des gesamten Motors bei Normallast bezeichnen. Für die meisten Asynchronmotoren
ist die Streuspannung $v_l = 20$ bis 30% und der Normalschlupf ist in der Größenordnung $\sigma_a = 0{,}5$ bis 5 bis 10%.

Nach dem Energiegesetz ist die Leistungsabweichung von einem konstanten
Wert, die zwischen Netz und Motor ausgetauscht wird, bestimmt durch

$$W + T_a W_0 \frac{d\bar{\sigma}}{dt} = 0, \tag{42}$$

worin $\bar{\sigma}$ der absolute Augenblickswert der Läuferschlüpfung ist. Die Anlaufzeitkonstante liegt meistens zwischen den Grenzen $T_a = 0{,}5$ bis 3 sec. Die gesamte
Geschwindigkeitsabweichung $\bar{\sigma}$ des Läufers ist entsprechend Abb. 12 bestimmt
durch die zeitliche Änderung des Schlupfwinkels ϑ_r, des Streuwinkels ϑ_l und
des Netzwinkels ϑ_n zusammengenommen, also

$$\bar{\sigma} = \frac{1}{\omega} \frac{d}{dt} (\vartheta_r + \vartheta_l + \vartheta_n). \tag{43}$$

Wenn wir Gln. (40) und (41) nunmehr in Gl. (43) einsetzen und diese in Gl. (42), so erhalten wir die *Differentialgleichung für die elektrische Leistungsschwankung*

$$W + \sigma_a\, T_a\, \frac{dW}{dt} + \frac{v_l\, T_a}{\omega}\, \frac{d^2 W}{dt^2} = -\frac{T_a W_0}{\omega}\, \frac{d^2 \vartheta_n}{dt^2}\,. \tag{44}$$

Dies Ergebnis zeigt, daß ein Asynchronmotor durch Schwankungen des Netzwinkels ϑ_n zu erzwungenen Schwingungen angeregt werden kann und daß er selbst an einem stationären Netz fähig ist, vorübergehend Eigenschwingungen auszuführen, die durch den Wert Null der rechten Seite von Gl. (44) bestimmt werden.

Die Leistung solcher freier Schwingungen, die zwischen Läufer und Netz ausgetauscht wird, ist gegeben durch die Lösung

$$W'' = \overline{W}\, \varepsilon^{-\frac{\varrho}{2}t} \cos \mu t, \tag{45}$$

worin $\overline{W}$ die Pendelamplitude ist. Die Eigenfrequenz ist streng

$$\mu = \sqrt{\frac{\omega}{v_l\, T_a} - \left(\frac{\varrho}{2}\right)^2}\,, \tag{46}$$

und der Dämpfungsfaktor

$$\frac{\varrho}{2} = \frac{\omega\, \sigma_a}{2\, v_l}\,. \tag{47}$$

Es ist bemerkenswert, daß ein Asynchronmotor freie Schwingungen ausführen kann, die durch die Wirkung der sich ändernden Streuspannung bedingt sind, wie das dritte Glied der Differentialgleichung (44) klar zeigt. Die natürliche Schlüpfung des Läufers erzeugt andererseits einen Dämpfungseffekt, wie aus dem zweiten Gliede dieser Gleichung hervorgeht.

Für einen Motor mittlerer Leistung, der eine normale Schlüpfung $\sigma_a = 1\%$ besitzt, eine Streuspannung $v_l = 25\%$ und eine Anlaufzeitkonstante $T_a = 1$ sec ist der Dämpfungsexponent

$$\frac{\varrho}{2} = \frac{314 \cdot 0,01}{2 \cdot 0,25} = 6,28\,,$$

und die Frequenz

$$\mu = \sqrt{\frac{314}{0,25 \cdot 1} - 6,28^2} = \sqrt{1260 - 39} = 35,0 \quad \text{oder} \quad 5,57 \text{ Per/sec}\,.$$

Dies zeigt, daß für mittlere Werte der Motorkonstanten die Eigenfrequenz relativ hoch ist im Vergleich zu der von Synchrongeneratoren, und daß die Dämpfung beträchtlich ist.

Wir erkennen aus Gl. (47), daß der Einfluß der Schlüpfung σ_a in Induktionsmotoren umgekehrt ist wie bei Synchrongeneratoren mit Dämpfer nach Gl. (24). Daher verstärkt größere stationäre Schlüpfung des Motors das Abklingen der Eigenschwingungen, und *bei einem normalen Schlupf*

$$\sigma_a \geqq \sqrt{\frac{4\, v_l}{\omega\, T_a}}, \tag{48}$$

wie er durch den Nullwert des Wurzelausdrucks in Gl. (46) bestimmt wird, *wird das Verhalten aperiodisch.* Ein Motor mit den eben angeführten Eigenschaften würde daher seine Eigenschwingungen verlieren bei einem Normalschlupf

$$\sigma_a = \sqrt{\frac{4 \cdot 0,25}{314 \cdot 1}} = 5,64\%\,.$$

Kleine Motoren fallen meistens in diesen aperiodischen Bereich, während größere Motoren im allgemeinen in dem Schwingungsbereich arbeiten.

Bei erzwungenen Schwankungen des Netzwinkels folgen aperiodische Motoren in einer gleitenden Bewegung, während Motoren im periodischen Bereich gemäß den Resonanzgesetzen ansprechen. Bei einer harmonischen Schwingung des Netzwinkels ϑ_n mit der Frequenz λ ist nach Gl. (44) der erzwungene Leistungsaustausch des Motors mit dem Netz bestimmt durch die Amplitude

$$W = \frac{T_a W_0 / \omega}{1 + j \lambda \sigma_a T_a - \lambda^2 v_l T_a / \omega} \lambda^2 \vartheta_n. \tag{49}$$

Für Frequenzen, die beträchtlich unter der Eigenfrequenz liegen, nähert sich der Nenner dieser Gleichung dem Werte 1. Als ein Beispiel würde die Frequenz $\lambda = 7{,}9$ entsprechend 1,25 Per/sec, wie wir sie früher in Generatornetzen auftreten sahen, für unseren Motor einen Nenner in Gl. (49) ergeben

$$1 + j \cdot 7{,}9 \cdot \frac{1}{100} \cdot 1 - 7{,}9^2 \cdot \frac{0{,}25 \cdot 1}{314} = 1 + j \cdot 0{,}079 - 0{,}050.$$

Dieser Vektor ist in Abb. 13 dargestellt und zeigt, *daß für erzwungene Schwingungen der genannten Frequenz die Dämpfungswirkung der Schlüpfung etwa 8% und die elastische Wirkung der Streuung nur 5% der Trägheitswirkung des Läufers ist.*

Für kleine Dämpfung, wie sie nur in großen Asynchronmotoren auftritt, vereinfacht sich Gl. (49) zu

$$W = \frac{-T_a W_0 / \omega}{1 - (\lambda/\mu)^2} \frac{d^2 \vartheta_n}{d t^2}, \tag{50}$$

so daß der erzwungene Leistungsaustausch besonders groß wird in der Resonanzzone des Motors. Bei niedriger erzwungener Frequenz λ, wie sie in vielen Netzen durch Kolbenmaschinen oder andere unregelmäßige mechanische Antriebe erzeugt wird, ist jedoch die Trägheitswirkung überwiegend, wie in Abb. 13, und beherrscht das Verhalten des Motors so, wie es durch Gl. (39) beschrieben wurde.

Diese Betrachtungen ergänzen auch die Untersuchungen über den Anlauf, wie sie in Kapitel 19 durchgeführt waren. Jede Änderung der Geschwindigkeit des Motors erzeugt eine Ausgleichsgeschwindigkeit, die sich aperiodisch gleitend verhält, wenn die Normalschlüpfung groß ist, jedoch oszillatorisch bei kleiner Normalschlüpfung. Es ist wiederholt beobachtet worden, *daß Asynchronmotoren bei sehr schnellem Anlauf die Synchrongeschwindigkeit überschießen* und in gedämpften Schwingungen allmählich zurückkehren. Diese Erscheinung tritt nur auf, wenn die Anlaufzeit von der Dauer der Eigenschwingungsperiode oder gar kürzer als diese ist.

21. Schaltstöße in Wechselstrommaschinen.

Wenn sich die elektrische oder mechanische Belastung einer Synchronmaschine plötzlich ändert, so muß ihr Polradwinkel von einem stationären Zustand auf einen anderen übergehen. Da dieser Übergang aber wegen der mit den Polen verbundenen Schwungmassen nicht immer plötzlich erfolgen kann, so wird er durch Ausgleichsschwingungen vermittelt, deren Stärke wir genauer berechnen wollen. Zunächst beschränken wir uns auf mäßige Schwingungen, deren synchronisierende Kräfte wir als konstant ansehen dürfen. Dann sind Pendelwinkel und Pendelschlüpfung der freien Ausgleichsschwingungen nach Gl. (26) und (27) des vorigen Kapitels

$$\left. \begin{aligned} \vartheta &= P \varepsilon^{-\frac{\varrho}{2} t} \cos(v t + \gamma), \\ \sigma &= -F \varepsilon^{-\frac{\varrho}{2} t} \sin(v t + \gamma), \end{aligned} \right\} \tag{1}$$

wobei der Zusammenhang der Amplituden gegeben ist durch

$$F = \frac{\nu}{\omega}\, P. \qquad (2)$$

Die Doppelstriche zur Kennzeichnung der Ausgleichsgrößen haben wir dabei fortgelassen, da dies ganze Kapitel sich nur auf solche bezieht.

a) Einschaltschwingungen. Wir wollen den Fall betrachten, daß eine Synchronmaschine im richtig erregten Zustand plötzlich auf ein gegebenes Netz geschaltet wird, daß aber weder die Phasenlagen noch die Frequenzen genau übereinstimmen. Es möge vielmehr *ein Phasenfehler ϑ und ein Frequenzfehler oder eine Schlüpfung $\bar{\sigma}$* vorhanden sein. Im Schaltmoment stellen alsdann die Ausgleichswerte von Gl. (1) unmittelbar die Differenz der stationären Werte vor und nach dem Schalten dar. Wir erhalten also als Grenzbedingung für $t = 0$

$$\left.\begin{aligned} P \cos \gamma &= \bar{\vartheta}, \\ -\frac{\nu}{\omega}\, P \sin \gamma &= \bar{\sigma}. \end{aligned}\right\} \qquad (3)$$

Nach Division beider Gleichungen entnehmen wir den Phasenwinkel der freien Schwingungen aus

$$\operatorname{tg} \gamma = -\frac{\omega}{\nu}\, \frac{\bar{\sigma}}{\bar{\vartheta}}. \qquad (4)$$

Setzen wir dies in die erste Gl. (3) ein, so ergibt sich die *Winkelamplitude* der Schwingung zu

$$P = \frac{\bar{\vartheta}}{\cos \gamma} = \bar{\vartheta}\,\sqrt{1 + \operatorname{tg}^2 \gamma} = \sqrt{\bar{\vartheta}^2 + \left(\frac{\omega}{\nu}\right)^2 \bar{\sigma}^2}, \qquad (5)$$

und daraus nach Gl. (2) die *Schlüpfungsamplitude* zu

$$F = \sqrt{\left(\frac{\nu}{\omega}\right)^2 \bar{\vartheta}^2 + \bar{\sigma}^2}. \qquad (6)$$

Die Größe der Ausgleichsschwingungen ist also sowohl durch den Phasenfehler als auch durch den Frequenzfehler beim Einschalten bestimmt, und da die Quadrate beider Fehler *wirksam sind, so können dieselben sich niemals kompensieren, sondern verstärken sich stets, unabhängig von ihrem Vorzeichen.*

Schaltet man die Maschine mit genau richtiger Drehzahl oder Frequenz ein, also mit $\bar{\sigma} = 0$, jedoch mit einem Phasenfehler ϑ von beispielsweise 30° Nacheilung, so wird der Läufer vom Netz in die synchrone Lage vorgezogen, durchschreitet dieselbe mit einer Frequenzabweichung oder mit einem Schlupf, der nach Gl. (6) beträgt

$$F = \frac{\nu}{\omega}\, \bar{\vartheta}, \qquad (7)$$

und schwingt bis zum Betrage $-\bar{\vartheta}$ nach der anderen Seite über die Gleichgewichtslage hinaus. Die Schwingungsamplituden vermindern sich allmählich nach Maßgabe der Dämpfung ϱ, die auch schon die erste Überschwingung etwas reduziert.

Schaltet man die Maschine andererseits bei genau richtiger Phasenlage ein, also mit $\bar{\vartheta} = 0$, jedoch mit etwas falscher Geschwindigkeit oder Frequenz $\bar{\sigma}$, so schwingt sie nach dem Einschalten sofort über die Gleichgewichtslage hinaus, und zwar nach Gl. (5) bis zu einem Phasenwinkel

$$P = \frac{\omega}{\nu}\, \bar{\sigma}, \qquad (8)$$

und nähert sich dem Endzustand ebenfalls in gedämpften Schwingungen.

Die Gln. (7) und (8) drücken die *Äquivalenzgesetze von Frequenzfehler und Phasenfehler* aus. Beispielsweise entspricht einem Drehzahlunterschied von 1% bei einer elektrischen Frequenz von 50 Per/sec und einer mechanischen Frequenz von 1,25 Per/sec ein Winkelfehler von

$$P = \frac{50}{1,25} \cdot \frac{1}{100} \cdot 57,3 = 23^0.$$

Diesem Winkel entspricht bereits ein erheblicher Bruchteil der vollen Leistung der Maschine. Schaltet man bei 20⁰ Fehlwinkel *und* 1% Fehlgeschwindigkeit ein, so erhält man nach Gl. (5) ein Überschwingen von

$$P = \sqrt{20^2 + 23^2} = 30,5^0,$$

das von entsprechend heftigen Leistungspendelungen begleitet ist. Je nach der Dämpfung der Maschine entsprechend Gl. (1) wird der wirkliche Ausschlag nach einer halben Schwingungsperiode bereits merkbar verkleinert. In Abb. 1 sind diese Verhältnisse dargestellt. *Man muß also auf recht genaue Frequenzgleichheit achten, wenn man beim Synchronisieren keine unerwartet starken Überschwingungen erhalten will, denen große Leistungspendelungen entsprechen.* Die Größe dieser Pendelleistungen erhält man am einfachsten aus Gl. (18) des vorigen Kapitels 20 zu

$$W = k_s W_0 P, \qquad (9)$$

und dies liefert mit einer Synchronisierziffer $k_s = 2,0$ für unser Beispiel

$$W = 2,0 \cdot \frac{30,5}{57,3} \cdot W_0 = 1,1 \cdot W_0,$$

also bereits mehr als die normale Leistung der Maschine.

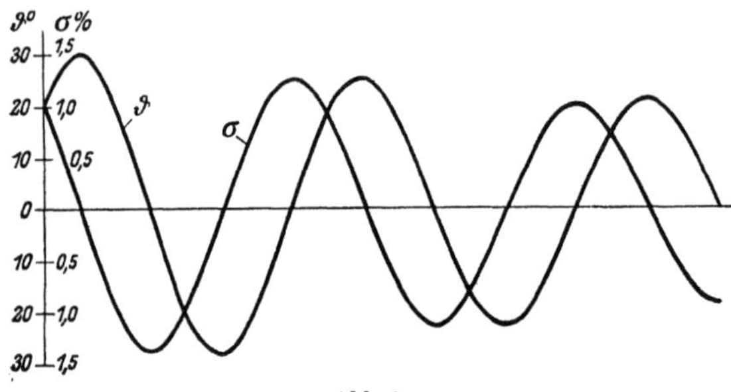

Abb. 1.

Für die Beurteilung des Synchronisierens ist es bequem, die sekundliche Pendeldauer

$$\tau = \frac{2\pi}{\nu} \qquad (10)$$

einzuführen, und die sekundliche volle Schwebungsdauer $\mathfrak{T}$ der zusammenzuschaltenden Spannungen, die dem Frequenzfehler umgekehrt proportional ist

$$\mathfrak{T} = \frac{2\pi}{\sigma\,\omega}. \qquad (11)$$

Dann erhält man den Überschwingwinkel nach dem Einschalten aus Gl. (5) zu

$$P = \sqrt{\vartheta^2 + \left(\frac{\tau}{\mathfrak{T}}\right)^2}. \qquad (12)$$

Man erkennt daraus, daß eine Schwebungsdauer vor dem Einschalten, die gleich der Eigenschwingungsdauer nach dem Einschalten ist, selbst ohne Phasenfehler bereits zu einem Pendelwinkel vom Radianten 1, also von 57,3° führt. *Man muß die Schwebungsdauer zur Vermeidung großer Leistungsstöße daher auf ein hohes Vielfaches der Pendelungsdauer bringen,* indem man die Geschwindigkeit der Maschine fein einreguliert. Im praktischen Betriebe ist dies oft schwer zu erreichen, wenn die Frequenz des Netzes während der Vorbereitung der Synchronisierung ebenfalls Schwankungen unterworfen ist.

b) Stabilität bei Belastungsstößen. Wenn man die Belastung einer Synchronmaschine, die an einem größeren Netz hängt, durch Zufuhr größerer Energie zu ihrer Antriebsmaschine langsam steigert, so kann man nach Abb. 2 bis an den Maximalwert ihrer Leistung herangehen, ohne daß die Maschine aus dem Tritt fällt. Belastet man sie jedoch stoßweise, so schwingt sie, wie wir sahen, erheblich über den stationären Wert hinaus und kann dabei auf den abfallenden Ast der Leistungscharakteristik geraten. Die synchrone Leistung ist jetzt dem Polradwinkel nicht mehr proportional, so daß wir unsere Betrachtungen erweitern müssen. Wir wollen dabei zunächst annehmen, daß vor und nach dem Leistungsstoß kein dauernder Frequenzunterschied $\bar{\sigma}$ bestehenbleibt und daß die Dämpfung des Systems unerheblich ist.

Die Trägheitsleistung wird dann durch die Differenz von Antriebsleistung und synchroner Leistung bestimmt, so daß die Energiebilanz der Synchronmaschine lautet

$$W_\Theta = W_a - W. \tag{13}$$

Dies läßt sich nach Abb. 2 aus dem Unterschied der synchronen Leistungscharakteristik und der konstanten Antriebsleistung abgreifen, wenn beide über dem Polwinkel ϑ aufgetragen werden. Durch Integration bestimmen wir daraus die *freie potentielle Energie* zu

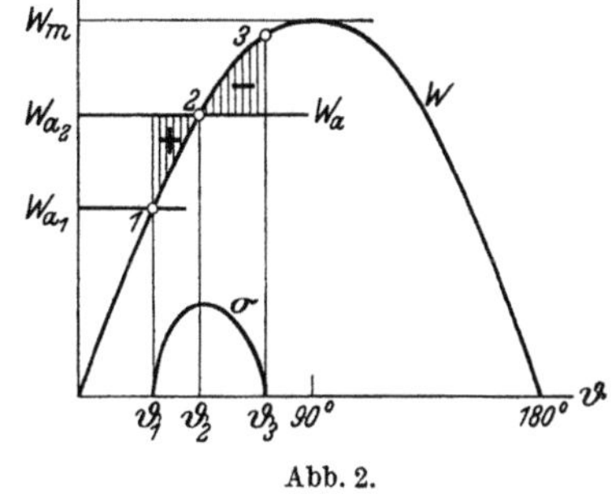

$$A_\Theta = \int (W_a - W)\, d\vartheta$$

$$= \int (W_a - W_m \sin\vartheta)\, d\vartheta. \tag{14}$$

Darin ist für die synchrone Leistung W im letzten Glied der spezielle in Abb. 2 dargestellte sinusförmige Verlauf eingeführt. Die Differenz der Antriebsenergie und der synchronen Energie ist stets durch die schraffierten Flächenteile dieser Abbildung bestimmt und läßt sich daher für jede Form der Leistungscharakteristik graphisch leicht auswerten.

Abb. 2.

Wir können die Schwungleistung nach Gl. (20) des vorigen Kapitels in Beziehung zum Polwinkel setzen, wenn wir das Zeitelement dt nach Gl. (16) jenes Kapitels durch das Winkelelement ersetzen

$$dt = \frac{d\vartheta}{\omega\sigma}. \tag{15}$$

Dann wird

$$W_\Theta = T_a W_0 \frac{d\sigma}{dt} = T_a W_0 \omega\sigma \frac{d\sigma}{d\vartheta}. \tag{16}$$

Damit erhalten wir die *kinetische Schwungenergie*

$$A_\Theta = \int W_\Theta\, d\vartheta = \omega T_a W_0 \int \sigma\, d\sigma = \omega T_a W_0 \frac{\sigma^2}{2}. \tag{17}$$

Die Pendelenergie ist demnach dem Quadrat der Schlüpfung direkt proportional.
Wir können die Schlüpfung daher durch Vergleich mit Gl. (14) bestimmen zu

$$\sigma = \sqrt{\frac{2}{\omega T_a W_0} \int (W_a - W)\, d\vartheta}. \tag{18}$$

Wenn wir also von irgendeinem Anfangszustand ausgehend die Flächen in Abb. 2 radizieren, so erhalten wir zu jedem Winkel die zugehörige Schlüpfung, wie sie dort aufgetragen ist. Für eine sinusfömige Charakteristik wie nach Gl. (14) ist die Schlüpfung abhängig vom Winkel analytisch gegeben durch

$$\sigma = \sqrt{\frac{2}{\omega T_a W_0} \Big[W_a (\vartheta - \vartheta_1) - W_m (\cos\vartheta - \cos\vartheta_1) \Big]}. \tag{19}$$

Für anders geformte Charakteristiken ist es zweckmäßig, die Integration graphisch auszuführen.

Um die zeitliche Schwingungsform zu gewinnen, setzen wir Gl. (18) in Gl. (15) ein und erhalten nach Integration

$$t = \frac{1}{\omega} \int \frac{d\vartheta}{\sigma} = \sqrt{\frac{T_a\,W_0}{2\,\omega}} \int \frac{d\vartheta}{\sqrt{\int (W_a - W)\,d\vartheta}} \,. \tag{20}$$

Da dies Integral stets auswertbar ist, entweder analytisch oder graphisch, *so können wir den Verlauf des Polwinkels mit der Zeit für gegebene Charakteristik zwischen Leistung und Winkel jederzeit leicht bestimmen.* Gl. (20) bildet daher die vollständige Lösung unseres Problems.

Jeder Belastungsstoß der Synchronmaschine bewirkt, daß der Beharrungszustand auf der Leistungskurve in Abb. 2 von einem Punkte *1* zu einem anderen Punkte *2* übergeht. Die schraffierte Differenzfläche zwischen diesen beiden Punkten verursacht nach Gl. (14) ein Freiwerden von Energie im Polrad, die nach Gl. (18) ein Anwachsen der Schlupfgeschwindigkeit bis zu einem Maximum bewirkt. Das Polrad schießt dadurch über die Gleichgewichtslage *2* hinaus und wird nach Maßgabe der nunmehr negativen Flächenteile abgebremst, bis es beim Winkel ϑ_3 die Schlüpfung Null erreicht und seine Bewegung umkehrt. Die Lage dieses Umkehrpunktes bestimmt sich demnach aus der *Gleichheit der Flächen über und unter der neuen Antriebsleistung W_a.* Man erkennt, daß bei Annäherung an die Grenzleistung der Überschwingwinkel $\vartheta_3 - \vartheta_2$ erheblich größer als der anfängliche Fehlwinkel $\vartheta_2 - \vartheta_1$ des Leistungsstoßes wird.

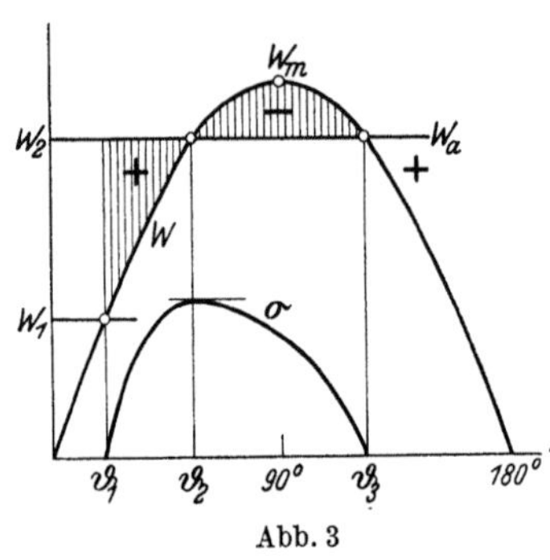

Abb. 3

Bei großen Belastungsstößen kann die Maschine nach Abb. 3 erheblich über ihren statischen Kippunkt W_m hinausschwingen. Ist der Stoß so stark, daß die obere Fläche nicht ausreicht, um die Schlüpfung wieder auf Null zu bringen und damit die Umkehr des Polrades zu erzwingen, so tritt beim nochmaligen Durchschreiten der Antriebsgeraden bei ϑ_3 wieder eine Beschleunigung des Polrades ein. Dasselbe überschlägt sich nunmehr, so daß die Maschine außer Tritt fällt. Die höchstzulässige Stoßleistung W_2 für jeden Vorbelastungspunkt W_1 ergibt sich demnach aus der Gleichheit der schraffierten Flächen in Abb. 3. Die zahlenmäßige Auswertung von Gl. (19) für $\sigma = 0$ zeigt, *daß die Belastungssteigerung, die wegen dieses dynamischen Überschwingens erlaubt ist, nur etwa 70% der statisch zulässigen Steigerung bis zum Kippunkt W_m beträgt.* Bei Dauerbelastung mit 42° Polradwinkel, was $\sin 42° = {}^2/_3$ der Grenzleistung entspricht, ist zwar eine allmähliche Leistungssteigerung um 50% möglich. Bei stoßweiser Belastung wird die *dynamische Stabilitätsgrenze* jedoch schon bei 35% Mehrleistung erreicht.

Ist der Anfangsschlupf der Maschine nicht Null, wie in Abb. 2, sondern hat er positiven oder negativen Wert, so braucht man nur die vorhin beschriebene Schlüpfungskurve mit diesem Wert beginnen zu lassen. Wegen der quadratischen Abhängigkeit nach Gl. (17) werden die Stabilitätsverhältnisse dadurch in jedem Fall verschlechtert.

Besitzt die Synchronmaschine eine Dämpferwicklung, so wird die freie potentielle Energie der schraffierten Flächen in Abb. 3 allmählich aufgezehrt und das Polrad schwingt weniger stark über die Gleichgewichtslage hinaus. Die Trägheitsleistung, die früher durch Gl. (13) gegeben war, wird nun verkleinert um die Dämpfungsleistung W_σ, die von der Bewegung des Polrades abhängt. Die

Energiegleichung liefert daher, unter Verwendung von Gl. (16),

$$W_\Theta = W_a - W - W_\sigma = \frac{\omega}{2}\, T_a\, W_0\, \frac{d\sigma^2}{d\vartheta}. \tag{21}$$

Hierin ist die Antriebsleistung W_a im allgemeinen konstant. Die elektrische Leistung W ist im Idealfall sinusförmig abhängig vom Polwinkel ϑ; jedoch ist die tatsächliche Charakteristik häufig weniger einfach. W_σ ist andererseits abhängig von der Schlüpfung, und zwar meistens proportional zu σ, und folgt nur selten einer Kurve wie in Abb. 2 von Kapitel 19.

Die analytische Lösung von Gl. (20) führt selbst im idealsten Falle und ohne Dämpferwirkung auf elliptische Integrale. *Wir wollen daher für praktische Zwecke wieder auf eine graphische Lösung zurückgreifen.* Integration von Gl. (21) ergibt

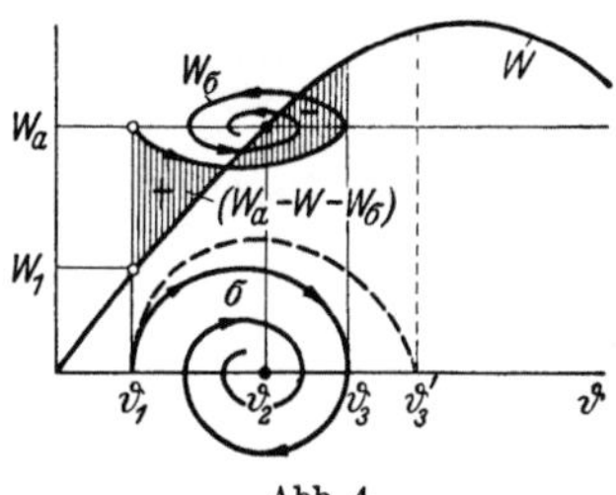

Abb. 4

$$\sigma = \pm \sqrt{\frac{2}{\omega\, T_a\, W_0}} \int (W_a - W - W_\sigma)\, d\vartheta. \tag{22}$$

Nach dieser Gleichung können wir *Schritt für Schritt* an Stelle der ungedämpften Ergebnisse von Abb. 2 und 3 *das gedämpfte Verhalten der Schlüpfung wie in Abb. 4 ableiten.* Wir brauchen dazu nur bei jedem Schritt von der Differenz $(W_a - W)$ die Dämpferleistung W_σ abzuziehen, wie sie durch den vorhergehenden Wert von σ bestimmt wird. In Abb. 4 sind die aufeinanderfolgenden Werte von W_σ dargestellt, die von dem konstanten Werte W_a abgezogen werden müssen. Hierdurch wird die freie potentielle Energie verkleinert auf die Werte, die in Abb. 4 für die erste Halbwelle schraffiert dargestellt sind. Da die positive Fläche kleiner und die negative Fläche größer wird, so wächst die Schlüpfung nicht bis zu dem gleichen Höchstwerte an, wie ihn die gestrichelte Kurve für den ungedämpften Fall andeutet. Entsprechend ist auch der Überschwingwinkel ϑ_3 für die erste Halbwelle geringer geworden, und dies gilt ebenfalls für die darauffolgenden Halbwellen.

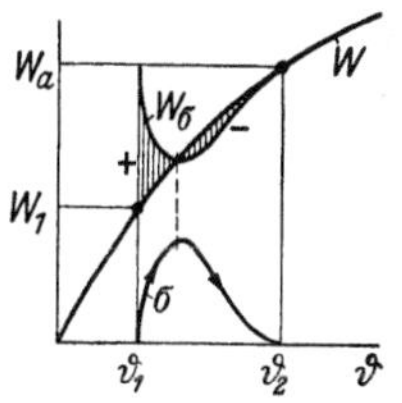

Bei Anwendung der graphischen Methode ist es zweckmäßig, die Lösung direkt *in der Form endlicher Differenzen* anzugeben, anstatt durch Gl. (22). Dies ergibt in dimensionsloser Form

$$\Delta\sigma^2 = \frac{2}{\omega\, T_a}\left(\frac{W_a - W}{W_0} - \frac{\sigma}{\sigma_a}\right)\Delta\vartheta, \tag{23}$$

Abb. 5.

wobei entsprechend Gl. (15) in Kapitel 20 proportionale Dämpferleistung angenommen ist, wie sie in praktischen Fällen meistens vorliegt. Nach dieser Beziehung kann die Konstruktion von Abb. 4 in tabellarischer oder graphischer Form leicht ausgeführt werden.

Bei großen asynchronen Dämpfungskräften, wie sie manchmal bei zylindrischen *Läufern aus Massivstahl* vorhanden sind, wird oft jedwede Schwingung unterdrückt und *die Ausgleichsbewegung des Polrades erfolgt schleichend.* Abb. 5 zeigt diesen aperiodischen Fall, wie er sich nach Gl. (23) für kleines σ_a entwickelt. In jedem Falle ist bei Anwendung eines Dämpfers ein stärkerer Laststoß auf den Generator erlaubt wegen der verringerten Überschwingung. Im Mittel ist eine plötzliche Lastzunahme bis auf etwa 80% der statischen Stabilitätsgrenze zulässig.

Wenn wir die Schlüpfungskurve von Abb. 4 entsprechend dem mittleren Ausdruck von Gl. (20) integrieren, so erhalten wir die zeitliche Kurve des Winkels auf Grund einer einfachen Quadratur. Für verschieden starke Belastungsstöße, die bei einem Vorbelastungswinkel von 40° auftreten, zeigt Abb. 6 die nachfolgenden Ausgleichsschwingungen des Polwinkels, die wiederum nach der Schrittmethode gezeichnet wurden. *Der endgültige stationäre Polwinkel nach dem Stoß sollte nicht über 70° liegen, wenn die Maschine stabil im Tritt bleiben soll.*

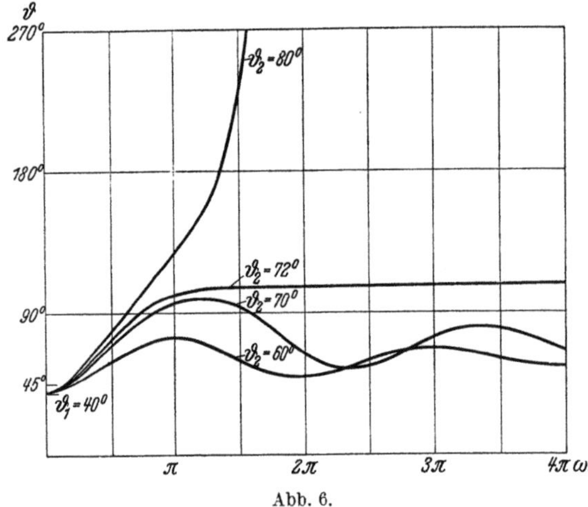

Abb. 6.

Für stärkere Stöße überschießt das Polrad die Stabilitätsgrenze und entfernt sich immer weiter von der synchronen Bewegung des übrigen Systems.

Fällt in einem Kraftwerk, das nach Abb. 7 mit einem zweiten parallel arbeitet, durch irgendeinen Zufall ein großer Generator heraus, so verkleinert sich die synchrone Leistung zwischen den Werken, die in Abb. 8 durch die beiden Sinuskurven für den ersten und zweiten Zustand dargestellt ist. Es kann vorkommen, daß die Leistung, die nunmehr von den übrigbleibenden Generatoren übernommen werden muß, im neuen Zustand nicht mehr stabil übertragen wird, insbesondere, wenn man bedenkt, daß durch den auftretenden Stoß ein dynamisches Überschwingen des neuen Gleichgewichtszustandes erfolgen muß.

Ähnlich liegen die Verhältnisse, wenn die Leistung durch Doppelleitungen nach Abb. 9 übertragen wird und eine Teilstrecke heraus-

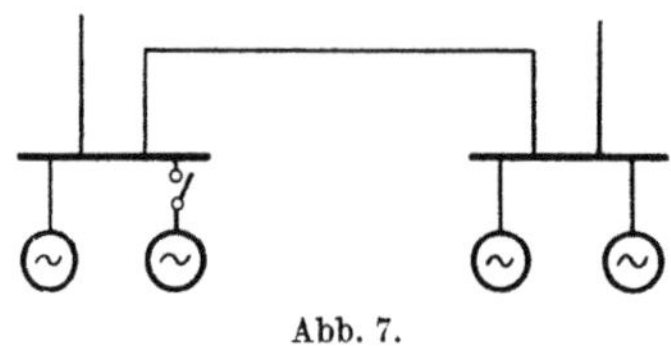
Abb. 7.

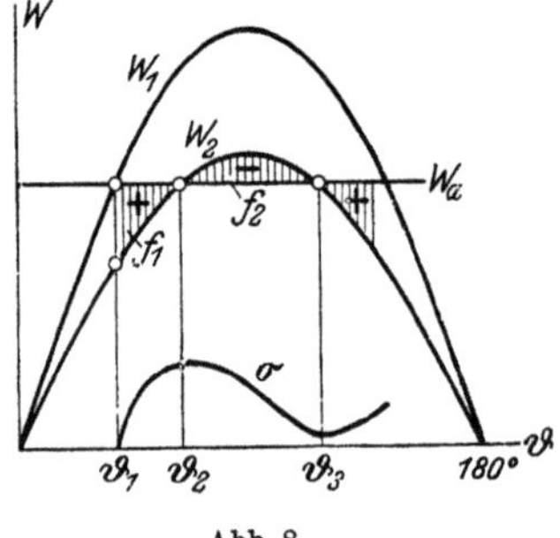

Abb. 8.

fällt. Auch dann sinkt die Kurve der übertragbaren Kupplungsleistung durch die Induktanzvermehrung wie in Abb. 8 plötzlich herab. Die volle vorherige Leistung würde vielleicht im Beharrungszustande noch übertragen werden, dennoch können die Kraftwerke instabil auseinanderfallen, wenn der beschleunigend auf die Polräder wirkende Energieüber-

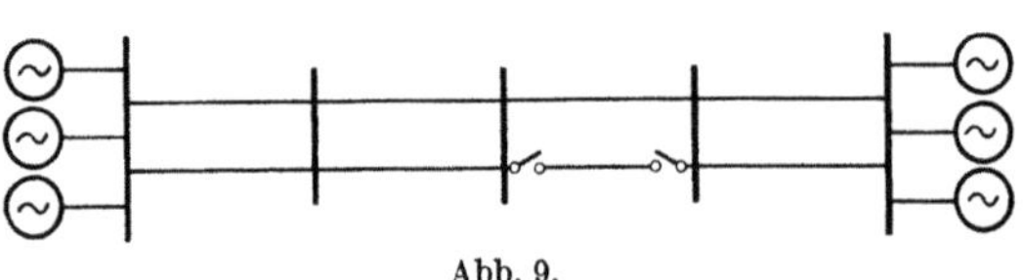
Abb. 9.

schuß der Fläche f_1 in Abb. 8 größer ist als die verzögernd wirkende Energie der Fläche f_2. Die Schlüpfung σ des Polrades erreicht dann nach Gl. (18) beim Winkel ϑ_3 nicht mehr den Wert Null, sie nimmt wieder zu und das Polrad überschlägt sich. *An Hand eines solchen Diagramms ist es jederzeit möglich, die verschiedenen Störungsfälle zu prüfen und zu erkennen, ob die Leistungsübertragung dabei stabil bleibt.*

Bei zahlreichen Störungen, insbesondere *bei nahen Kurzschlüssen, sinkt die Spannung der Generatoren stark herab.* Für gleich erregte Maschinen von der inneren Spannung E_i ist nach Gl. (14) des vorigen Kapitels die übertragene Leistung

$$W = \frac{E_i^2}{\omega L} \sin \vartheta, \tag{24}$$

wobei ωL jetzt die gesamte Kupplungsinduktanz innerhalb und außerhalb der Maschinen bedeutet. Die synchronen Kräfte zwischen den elektrisch gekuppelten Generatoren nehmen also quadratisch mit der Spannung ab. Die Grenze $E_{\min}$ der Spannung, bei der die Maschinen bereits statisch außer Tritt fallen können, wenn sie nicht sofort von ihrer mechanischen Antriebsleistung entlastet werden, ergibt sich daraus mit $\vartheta = 90°$ zu

$$E_{\min} = \sqrt{\omega L W} = \sqrt{\omega L E J_w}. \tag{25}$$

Das ist im Verhältnis zur normalen Klemmenspannung

$$\frac{E_{\min}}{E} = \sqrt{\frac{\omega L J_w}{E}} = \sqrt{\frac{E_{L0}}{E} \frac{J_w}{J_0}}. \tag{26}$$

Die Spannung darf also um so stärker sinken, je geringer die relative Selbstinduktionsspannung E_{L0} und die Wirkbelastung J_w ist.

Hängt der Generator an einem großen Netz, so brechen bei einem Dauerkurzschluß Klemmenspannung und innere Spannung fast gleichmäßig zusammen. Beim Arbeiten mit $J_w/J_0 = \cos \varphi = 0{,}8$ erreicht ein Generator mit 15% Streuspannung und 45% Querfeldspannung die statische Stabilitätsgrenze demnach bereits bei einer Spannungssenkung auf

$$\frac{E_{\min}}{E} = \sqrt{(0{,}15 + 0{,}45)\,0{,}8} = 70\%.$$

Bei geringeren Spannungen hängt es von den Besonderheiten des Falles ab, ob die Maschinen im Tritt bleiben oder nicht. Arbeitet der Generator mit einem Synchronmotor zusammen, so fallen sie stets auseinander. Handelt es sich um gleichartige Generatoren, die von gleichartigen Kraftmaschinen angetrieben werden, so können sie eine gewisse Zeit auch ohne starke synchronisierende Kräfte im Takt bleiben.

Tritt zwischen den gekuppelten Synchronmaschinen ein dreipoliger Kurzschluß auf einer einfachen Leitungsstrecke nach Abb. 7 auf, so bricht die Spannung bei metallischer Berührung der Leitungen vollständig auf Null zusammen. Die Kupplung der Kraftwerke wird hierdurch unterbunden, sie fallen im allgemeinen sofort außer Tritt. Beim Kurzschluß auf einer Drehstrom-Doppelleitung nach Abb. 9 bleibt noch eine Kupplung über die zweite Leitung bestehen, die Spannung in den Kraftwerken sinkt nur erheblich herab. Hierbei kann die Kraftübertragung stabil bleiben, wenn der Kurzschluß nicht zu nahe an einem der Kraftwerke liegt.

Ist der Kurzschluß nur zweipolig, so wird selbst bei einfachen Kupplungsleitungen der Energiefluß zwischen den Maschinen nicht vollständig unterbunden, sondern die Spannung bleibt gegenüber der gesunden Phasenleitung zu einem erheblichen Teil bestehen. Die Gefahr der Instabilität ist hierbei erheblich geringer.

Als ungünstiges Moment kommt bei jedem Kurzschluß hinzu, daß die Generatoren einen gewaltigen kurzzeitigen Leistungsstoß erhalten, dessen Größe sich nach der Induktanz und dem Widerstand der Kurzschlußbahn richtet. In Wirklichkeit bleibt daher die zur Verfügung stehende Leistung nicht genau konstant, wie in Abb. 8, sondern schwankt während der Störung zwischen mehreren

Werten hin und her. Dadurch können die auftretenden Schwingungen noch weiter verstärkt werden. Besonders beim einpoligen Erdschluß in Netzen, deren Sternpunkt kurz oder über Widerstand geerdet ist, treten derartige Stöße auf, die der Leistung der großen Erdkurzschlußströme im Erdwiderstand entsprechen. Die Spannungssenkung zwischen den Generatoren ist hierbei jedoch geringer als bei Leitungskurzschluß. Bei *isoliertem Sternpunkt* der Anlage beeinflussen die Erdschlüsse die Betriebsspannungen nicht wesentlich und können daher *keine Stabilitätsstörungen* bewirken.

In Abb. 10 ist ein Oszillogramm der Leistungen zweier Synchrongeneratoren wiedergegeben, die im gleichen Kraftwerk standen und im Zeitpunkt *a* einen dreipoligen Kurzschluß über eine größere Induktanz erlitten. Da sich dabei die

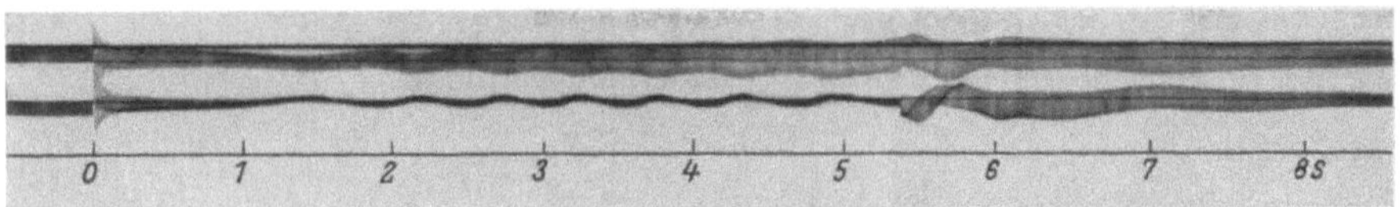

Abb. 10.

Spannung auf etwa 30% senkte, so fielen die Maschinen außer Tritt und liefen durcheinander. Nach Abschaltung des Kurzschlusses im Zeitpunkt *b* nach 5 bis 6 sec setzten die vollen Kupplungskräfte wieder ein, die Generatoren fingen sich wieder unter einigen Pendelungen. Da es sich um Turbogeneratoren mit starker Dämpferwirkung handelte, so ging das Fangen und Abklingen der Pendelungen relativ schnell vonstatten.

c) Wiederfangen nach Kurzschluß. Im allgemeinen kann man das Außertrittfallen der Synchronmaschinen von zusammenarbeitenden Kraftwerken nur dann vermeiden, wenn man die Dauer der Kurzschlüsse begrenzt, so daß sie währenddessen noch nicht zu weit auseinander gelaufen sind. Wir wollen *die Beschleunigung der Kraftwerke unter der Wirkung von dreipoligen Kurzschlüssen* bestimmen, die am schädlichsten sind, weil sie die synchrone Kupplung vollständig unterbinden können.

Wenn ein Kurzschluß nach Abb. 11 die beiden Kraftwerke *1* und *2* voneinander trennt und sie durch seine Spannungssenkung elektrisch stark entlastet, so tritt in beiden plötzlich ein mechanischer Überschuß ΔW der Antriebsleistungen auf, der alle ihre Schwungmassen beschleunigt mit den Beträgen

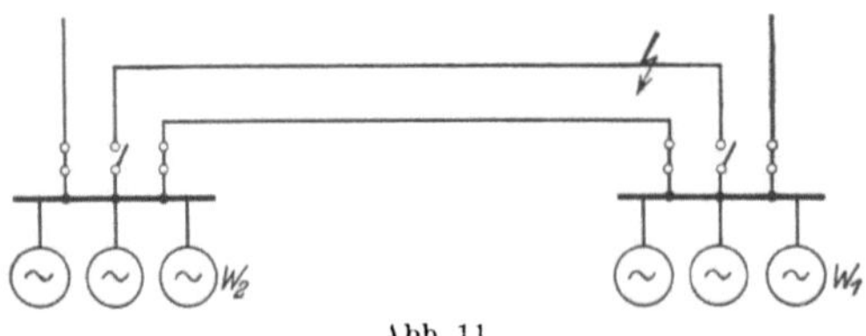

Abb. 11.

$$b_1 = \frac{\Delta W_1}{(T_a W_0)_1}; \qquad b_2 = \frac{\Delta W_2}{(T_a W_0)_2}, \qquad (27)$$

unterschiedlich und zwar entsprechend den Leistungen und Anlaufzeitkonstanten der Maschinensätze. Die Kraftwerke laufen daher auseinander mit einer *Relativbeschleunigung*

$$\bar{b} = b_1 - b_2, \qquad (28)$$

bis sich die Kraftmaschinen mit ihren Reglern auf die Minderleistung einstellen.

Wenn beispielsweise im ersten Kraftwerk mit einer Anlaufzeitkonstante von $T_{a\,1} = 7$ sec durch den Kurzschluß ein Leistungsüberschuß von $\Delta W_1/W_{01} = 50\%$ frei wird, im zweiten Kraftwerk mit $T_{a\,2} = 15$ sec ein Überschuß von $\Delta W_2/W_{02}$

$= 30\%$, so ist die relative Beschleunigung

$$\bar{b} = \frac{50}{7} - \frac{30}{15} = 7 - 2 = 5\%/\text{sec}.$$

Abb. 12 stellt die Lage der Polradwinkel nach einiger Zeit dar.

Am ungünstigsten werden die Verhältnisse, wenn der Kurzschluß sehr nahe an einem der Kraftwerke liegt und dieses vollständig entlastet, während die anderen Maschinen so fern von ihm liegen, daß sie wegen der zwischenliegenden Induktanzen ihre Spannung und Leistung kaum verändern. Waren die Maschinen des gestörten Kraftwerkes vorher voll belastet, so wird

$$\Delta W_1 = W_{01}; \qquad \Delta W_2 = 0, \tag{29}$$

und damit wird die relative Beschleunigung nach Gl. (27) und (28)

$$\bar{b} = \frac{1}{T_{a1}}, \tag{30}$$

sie ist also im ungünstigsten Falle nur durch die Anlaufzeit des gestörten Kraftwerks bestimmt. Für eine *mittlere* Anlaufzeitkonstante von $T_{a1} = 10$ sec ergibt dies

$$\bar{b} = \frac{1}{10} = 10\%/\text{sec},$$

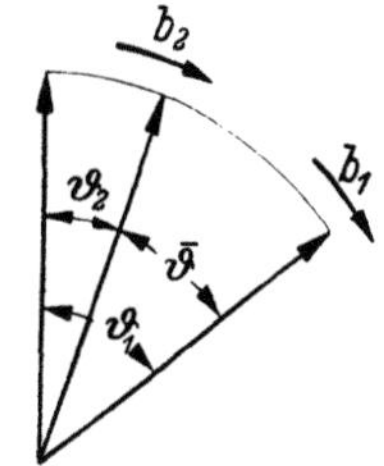

Abb. 12.

so daß *das kranke Kraftwerk mit einer derartigen Beschleunigung voreilt, daß es nach 1 sec bereits einen Frequenzunterschied von 10% gegenüber den gesunden Kraftwerken erreicht hat.*

Für jede andere Zeit erhält man die Schlüpfung durch Integration von Gl. (17) des Kapitels 20 zu

$$\bar{\sigma} = \int \bar{b}\, dt = \bar{b} \int dt = \bar{b}\, t. \tag{31}$$

Die Schlüpfung zwischen den Kraftwerken wächst demnach proportional der Zeit an. Nach dem Eingreifen der Geschwindigkeitsregler müßte man die Integration mit veränderlichem ΔW und $\bar{b}$ ausführen.

Der Polwinkel ergibt sich nunmehr nach Gl. (16) von Kapitel 20 zu

$$\bar{\vartheta} = \omega \int \bar{\sigma}\, dt = \omega\, \bar{b} \int t\, dt = \frac{\omega\, \bar{b}}{2} t^2. \tag{32}$$

Der Winkel wächst also mit dem Quadrat der Zeit an und beträgt für das eben genannte Beispiel nach 1 sec bereits

$$\bar{\vartheta} = \frac{2\pi\, 50}{2 \cdot 10} \cdot 1^2 = 5\pi = 900°.$$

Das kranke Kraftwerk hat also während 1 sec Kurzschlußdauer bereits 5 Polteilungen durchlaufen und sich dadurch 2½ mal überschlagen. In Zahlentafel I sind hiernach Schlüpfung und Polwinkel für Bruchteile einer Sekunde angegeben.

Zahlentafel I.

Stabilität von Synchrongeneratoren beim Nahkurzschluß.

Für $\bar{b} = 10\%/\text{sec}$ und $\nu = 1{,}25$ Per/sec.

Kurzschlußdauer $t =$		0,1	0,2	0,3	0,4	0,5	0,7	1,0	sec
während des Kurzschlusses	Schlüpfung $\bar{\sigma} = \bar{b}\, t =$	1	2	3	4	5	7	10	%
	Polwinkel $\bar{\vartheta} = \frac{\omega\, \bar{b}}{2} t^2 =$	9	36	81	144	225	440	900	Grad
nach dessen Abschaltung	Schlupfstoß $\frac{\omega}{\nu} \bar{\sigma} =$	23	46	69	92	115	160	230	Grad
	Überschwingung $P =$	26	57	107	170	—	—	—	Grad

Wenn der Kurzschluß abgeschaltet wird, so ist das kranke Kraftwerk mit den anderen Werken wieder elektromagnetisch gekuppelt. Es besitzt alsdann aber die in den Gln. (31) und (32) berechneten Phasenfehler und Frequenzfehler gegenüber dem sonstigen Netz. Sind diese klein genug, so führt es alsdann Einschaltschwingungen aus, deren Winkelamplitude wir in Gl. (5) berechnet hatten. Wir erhalten daher den *Überschwingwinkel nach dem Abschalten des Kurzschlusses* zu

$$P = \sqrt{\left(\frac{\omega\,\bar{b}}{2}\,t^2\right)^2 + \left(\frac{\omega}{\nu}\,\bar{b}\,t\right)^2} = \frac{\omega}{\nu}\,\bar{b}\,t\sqrt{1 + \left(\frac{\nu\,t}{2}\right)^2}. \tag{33}$$

Dauert der Kurzschluß nur $^1/_{10}$ sec, so ist das Polrad nach Zahlentafel I nur um 9° vorgeeilt. Der Voreilschlüpfung von 1% entspricht bei einer Eigenfrequenz von 1,25 Per/sec nach Gl. (8) ein Stoßwinkel von 23°, so daß sich bei quadratischer Summierung nach Gl. (33) eine gesamte Überschwingung von 26° ergibt. Für andere Abschaltzeiten des Kurzschlusses sind die entsprechenden Zahlen ebenfalls in Zahlentafel I angegeben.

Wir sehen nun, *daß es unter den ungünstigen Umständen des Nahkurzschlusses in einem Kraftwerk mit voll belasteten Maschinen kaum möglich ist, das Außertrittfallen zu vermeiden, wenn man den Kurzschluß länger als etwa $^1/_{10}$ sec bestehen läßt.* Bereits bei $^2/_{10}$ sec Kurzschlußdauer tritt schon eine Überschwingung von 57° auf, die sich zu dem Vorbelastungswinkel von etwa 40° addiert und damit gerade an der Grenze der Stabilität liegt. Bei längerer Kurzschlußdauer wird man nur bei starker Dämpfung oder bei Unterbelastung der Maschinen Aussicht auf Intrittbleiben des Kraftwerks haben, und bei Abschaltezeiten von ½ sec und mehr hat man bei Nahkurzschlüssen stets ein Außertrittfallen zu erwarten. Wie Abb. 10 zeigt, ist es bei stark gedämpften Maschinen auch dann noch möglich, daß sie sich wieder fangen, jedoch geht dies nur unter mehrfachem Durcheinanderlaufen mit starken Schwebungen des ganzen Netzes vor sich.

22. Parallelbetrieb von Kraftwerksnetzen.

Während wir bisher im wesentlichen die Wirkung einer einzelnen Synchronmaschine in ihrem Schwingungszustande gegen ein großes Netz betrachtet haben, arbeiten in zusammengeschlossenen Kraftwerksnetzen zahlreiche Synchrongeneratoren untereinander und mit einer Unzahl von Asynchronmotoren zusammen. Beim Anfall irgend eines Leistungsstoßes im Netz strebt das Gebilde aller Maschinen einem neuen Zustand zu, dessen Einspielen wir verfolgen wollen.

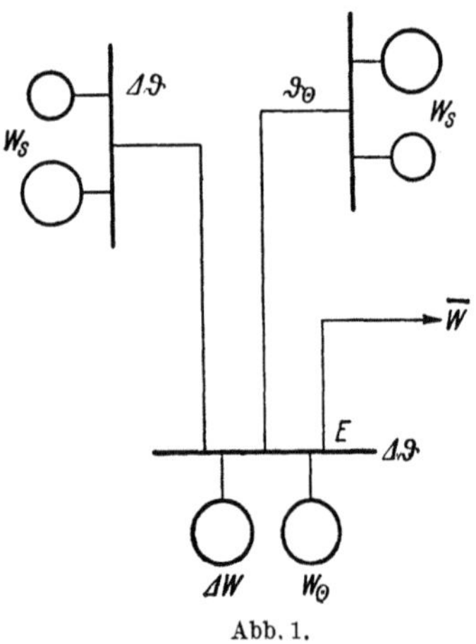

Abb. 1.

a) Verteilung von Belastungsstößen. Zunächst wollen wir die Stoßschwingungen verfolgen, die bei beliebiger Zahl der Synchronmaschinen in einem Netz entstehen, das in Abb. 1 schematisch dargestellt ist. An irgend einer Stelle des Netzes mit der Spannung E trete plötzlich ein Leistungsstoß $\overline{W}$ auf, der jedoch so geringe Blindleistung besitzen möge, daß die Größe der Spannung durch ihn nicht verändert wird. Der Laststoß bedingt aber wegen der Selbstinduktion der Strombahnen eine plötzliche Nacheilung der Spannung E um den Winkel $\varDelta\vartheta$, und hierdurch wird die Belastung auf die zusammenarbeitenden Maschinen übertragen.

Für zwei dieser Maschinen ist in Abb. 2 die Veränderung ihrer Vektordiagramme dargestellt. Der jeweilige Polradwinkel ϑ_0 jeder Maschine vor dem Stoß *springt plötzlich um den gemeinsamen Stoßwinkel $\varDelta\vartheta$* auf den neuen individuellen Wert ϑ_1. Die Lage aller Polräder selbst bleibt im Stoßmoment natürlich konstant, ebenso wie ihr Erregerfeld. Dem plötzlich auftretenden Stoßwinkel $\varDelta\vartheta$ entspricht dann in jeder Maschine je nach ihren individuellen Eigenschaften ein anderer Leistungsstoß

$$\varDelta W = W_s\,\varDelta\vartheta, \tag{1}$$

der stets durch ihre synchronisierende Leistung W_s bestimmt ist. Da sich der totale Leistungsstoß $\overline{W}$ des Netzes auf alle einzelnen Maschinen mit dem Index 1, 2, 3 usw. aufteilen muß, so ist

$$\left.\begin{aligned}
\overline{W} &= \varDelta W_1 + \varDelta W_2 + \varDelta W_3 + \cdots = W_{s1}\,\varDelta\vartheta + W_{s2}\,\varDelta\vartheta + W_{s3}\,\varDelta\vartheta + \cdots \\
&= (W_{s1} + W_{s2} + W_{s3} + \cdots)\,\varDelta\vartheta = \sum W_s \cdot \varDelta\vartheta,
\end{aligned}\right\} \tag{2}$$

wobei mit $\sum$ die Summe über alle synchronisierenden Leistungen bezeichnet ist. Der Stoßwinkel aller Maschinen ergibt sich daraus zu

$$\varDelta\vartheta = \frac{\overline{W}}{\sum W_s}, \tag{3}$$

er ist durch den Quotienten der Stoßleistung und der gesamten synchronisierenden Leistung des Netzes bestimmt.

Die Stoßleistung jeder einzelnen Maschine bestimmt sich damit nach Gl. (1) zu

$$\varDelta W = \frac{W_s}{\sum W_s}\,\overline{W}, \tag{4}$$

so daß sich *der Leistungsstoß auf die verschiedenen Maschinen genau nach Maßgabe ihrer synchronisierenden Leistung zu der des Gesamtnetzes aufteilt.* Wir erkennen, daß auf harte Maschinen mit großer synchronisierender Kraft ein großer Anteil, auf weiche Maschinen ein geringer Anteil entfällt.

Abb. 2.

Trotzdem schadet dieses den harten Maschinen nicht, denn sie sind ja durch ihre relativ starken Felder auch gut befähigt, große Leistungen aufzunehmen.

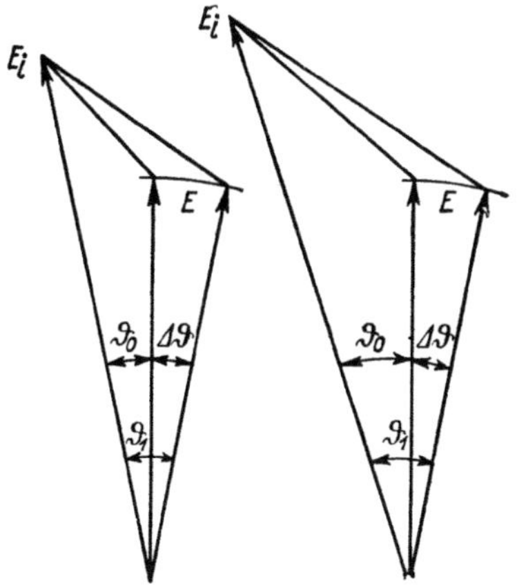

Der Belastungsstoß des Netzes teilt sich also im gleichen Augenblick, in dem er auftritt, auf die zahlreichen Synchronmaschinen in der elektrisch zweckmäßigsten Weise auf, nämlich nach Maßgabe der Kupplungsstärke der Maschinen, die durch ihre synchronisierende Leistung bestimmt wird. Liegen einige Maschinen der Stoßquelle sehr nahe, andere sehr fern, wie es in Abb. 1 angedeutet ist, so muß man die Selbstinduktionsspannung der zwischenliegenden Leitungen und Transformatoren zu den Ständerstreuspannungen der Maschinen hinzufügen. Die synchronisierenden Leistungen sind stets für *den Anfallpunkt der Stoßleistung* zu bestimmen.

Unter der Wirkung ihres individuellen Leistungsstoßes $\varDelta W$ nach Gl. (4) beschleunigt oder verzögert sich nun jede Maschine. Nach Gl. (20) des Kapitels 20 ist die Verzögerungsleistung allgemein

$$W_\Theta = \Theta\,g\,\omega_0^2\,\frac{d\sigma}{dt} = T_a\,W_0\,b = S\,b. \tag{5}$$

Dabei ist mit b die relative Verzögerung und mit T_a die Anlaufzeitkonstante bezeichnet, und es ist deren Produkt mit der Nennleistung W_0 als doppelte kinetische Energie oder *Schwungleistung* S eingeführt. Da die Trägheitsleistung nach Gl. (5) im Augenblick des Stoßes mit der jeweiligen Stoßleistung nach Gl. (4) übereinstimmen muß, so ergibt sich die Verzögerung jeder Maschine zu

$$b = \frac{\varDelta W}{S} = \frac{W_s}{S}\,\frac{\overline{W}}{\varSigma\,W_s} = \frac{v^2}{\omega}\,\varDelta\vartheta\,. \tag{6}$$

Darin ist im ersten Faktor des dritten Ausdrucks, der die individuellen Eigenschaften der betrachteten Maschine darstellt, ihre Eigenfrequenz

$$v = \sqrt{\frac{\omega\,W_s}{T_a\,W_0}} = \sqrt{\frac{\omega\,W_s}{S}} \tag{7}$$

nach Gl. (25) des Kapitels 20 eingeführt, für den zweiten Faktor der gemeinsame Stoßwinkel nach Gl. (3).

Die anfänglichen Verzögerungen der verschiedenen Maschinen unter der Wirkung ihrer individuellen Laststöße sind also sehr verschieden, wenn ihre Eigenfrequenzen unterschiedlich sind. In Abb. 3 ist dies kurz nach dem Stoßaugenblick dargestellt. Sie würden dabei durcheinanderlaufen, wenn sie nicht durch die synchronisierenden Kräfte zusammengehalten würden, die sich sofort nach Beginn des Auseinanderlaufens bemerkbar machen. Diese bewirken, daß sämtliche Maschinen unter Schwingungen einer mittleren Verzögerung b_n zustreben, die für das gesamte Netz und vornehmlich an der Stoßstelle selbst auftritt. Wir können sie nach Gl. (5) aus den Gesamtschwungmassen des Netzes und dem gesamten Leistungsstoß berechnen zu

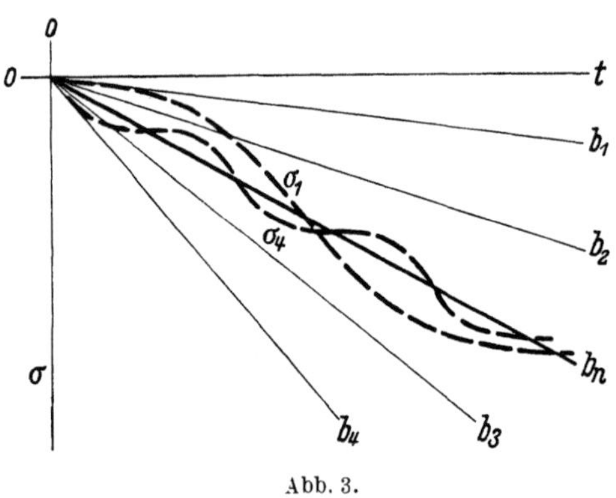

Abb. 3.

$$b_n = \frac{\overline{W}}{\varSigma\,\varTheta\,g\,\omega_0^2} = \frac{\overline{W}}{\varSigma\,S}\,. \tag{8}$$

Unter der Wirkung dieser *Netzverzögerung* werden die weichen Maschinen mit großen Schwungmassen stärker verzögert, als es ihrer anfänglichen Stoßleistung entspricht, sie werden dadurch erheblich höher belastet, die harten Maschinen dagegen mit relativ kleinen Schwungmassen werden in ihrer Verzögerung aufgehalten und entlastet. Die gemeinsame Netzverzögerung sucht jeder einzelnen Maschine eine Leistung zu entziehen, deren Größe nach Gl. (5) und (8) ist

$$W_\varTheta = S\,b_n = \frac{S}{\varSigma\,S}\,\overline{W}\,. \tag{9}$$

Die der Netzverzögerung entsprechende Leistung der einzelnen Maschinen ist also ebenfalls durch die gesamte Stoßleistung im Netz bestimmt, *sie verteilt sich aber genau proportional den Schwungleistungen der einzelnen Maschinen,* und dies ist ein völlig anderes Gesetz als das der anfänglichen Stoßverteilung nach Gl. (4).

Dieser Verzögerungsleistung, die das Netz von jeder Maschine erzwingen will, entspricht ein zusätzlicher Polradwinkel $\vartheta_\varTheta$, der sich aus Gl. (9) durch Vergleich mit der synchronisierenden Leistung nach Gl. (1) bestimmt zu

$$\vartheta_\varTheta = \frac{W_\varTheta}{W_s} = \frac{S}{\varSigma\,S}\,\frac{\overline{W}}{W_s}\,. \tag{10}$$

Erweitern wir diesen Ausdruck mit der synchronisierenden Leistung des Gesamtnetzes, so schreibt er sich

$$\vartheta_\varTheta = \frac{\overline{W}}{\varSigma\,W_s}\,\frac{S}{W_s}\,\frac{\varSigma\,W_s}{\varSigma\,S}\,, \tag{11}$$

und wenn wir nunmehr eine *ideelle Eigenfrequenz des gesamten Netzes* einführen durch

$$\nu_n = \sqrt{\frac{\omega \, \Sigma W_s}{\Sigma S}},\tag{12}$$

so erhalten wir den Verzögerungswinkel mit Gln (7) und (3) zu

$$\vartheta_\Theta = \left(\frac{\nu_n}{\nu}\right)^2 \varDelta\vartheta.\tag{13}$$

Der durch die Netzverzögerung bedingte endgültige Polradwinkel ϑ_Θ jeder Maschine kann also größer oder kleiner als der anfängliche gemeinsame Stoßwinkel $\varDelta\vartheta$ sein, je nachdem die Eigenfrequenz ν der Maschine kleiner oder größer als die ideelle Netzeigenfrequenz nach Gl. (12) ist, die einen Mittelwert aller Eigenfrequenzen darstellt. Diesem individuellen Winkel strebt jede Maschine unter der Wirkung aller synchronisierenden Kräfte nach dem Stoße unter einigen Pendelungen zu, wie dies in Abb. 4 schematisch dargestellt ist.

Wir erhalten also insgesamt den folgenden Ablauf aller Vorgänge: Im Augenblick des Stoßes springt der Polradwinkel jeder Maschine von seinem Vorbelastungswerte ϑ_0 um das Maß des Stoßwinkels $\varDelta\vartheta$ auf den Wert ϑ_1, wodurch die Maschine elektrisch befähigt wird, sofort ihren Anteil an der Stoßleistung $\overline{W}$ zu entwickeln. Die Aufteilung dieser Leistung richtet sich nach den synchronisierenden Kräften. Die vergrößerte Maschinenleistung wird den Schwungmassen entnommen. Dieselben müssen sich aber schließlich gleichartig verzögern und bewirken dadurch eine Änderung des Polradwinkels auf den Wert ϑ_2, der vom Vorbelastungswinkel ϑ_0 um das Maß ϑ_Θ nach Gl. (10) oder (13) verschieden ist. Er wird erst nach einigen Schwingungen erreicht, während deren ein Überpendeln des Polrades bis zum Winkel ϑ_3 stattfindet.

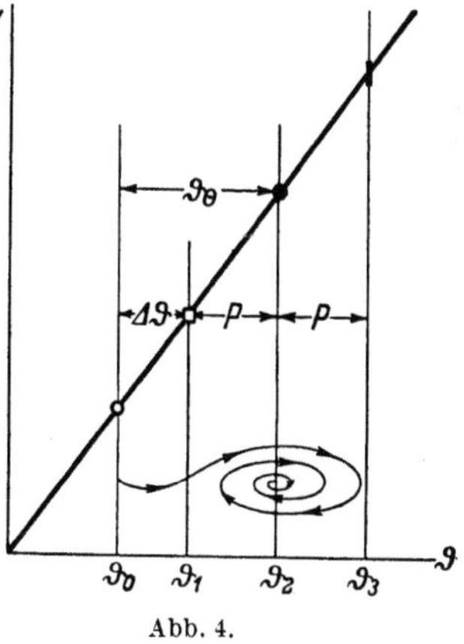

Abb. 4.

Die Aufteilung der Stoßleistung auf die einzelnen Maschinen gehorcht also unmittelbar nach Einsetzen des Stoßes und längere Zeit nach dem Stoße ganz verschiedenen Gesetzen, und daher kommt es, daß durch einen solchen Leistungsstoß im Netz starke Pendelungen der Maschinen gegeneinander ausgelöst werden können. Ihre anfängliche Amplitude wird nach Abb. 4 durch den Unterschied der beiden Polradwinkel bestimmt zu

$$P = \vartheta_\Theta - \varDelta\vartheta = \varDelta\vartheta\left[\left(\frac{\nu_n}{\nu}\right)^2 - 1\right].\tag{14}$$

Sie wird daher für jede Maschine um so größer, je stärker ihre individuelle Eigenfrequenz von der des ganzen Netzes abweicht.

Hat irgendeine Maschine eine größere Eigenfrequenz, als sie dem Mittelwert entspricht, beispielsweise den doppelten Wert, was einer sehr starren Maschine mit großer synchronisierender Leistung und kleiner Schwungmasse entspricht, so erhält man aus Gl. (13) und (14)

$$\vartheta_\Theta = \frac{1}{4}\varDelta\vartheta,\qquad P = -\frac{3}{4}\varDelta\vartheta.$$

Der anfängliche Stoßwinkel $\varDelta\vartheta$ war also zu groß und geht allmählich auf den vierten Teil zurück, die Maschine wird dabei entlastet unter Schwingungen von mäßiger Größe.

Hat eine Maschine jedoch eine geringere Eigenfrequenz als das mittlere Netz, beispielsweise nur den halben Wert, was einer sehr weichen Maschine mit kleiner synchronisierender Leistung und großer Schwungmasse entspricht, so erhält man

$$\vartheta_\Theta = 4\,\varDelta\vartheta, \qquad P = 3\,\varDelta\vartheta.$$

Der anfängliche Stoßwinkel $\varDelta\vartheta$ war also für die Maschine viel zu klein, er vergrößert sich und ebenso die Belastung unter starken Pendelschwingungen auf das vierfache Maß. Sowohl durch die Endbelastung als auch durch das starke Überschwingen bis zum Werte ϑ_3 in Abb. 4 kann diese weiche Maschine dabei außer Tritt geworfen werden.

In Abb. 5 sind die Stoßverhältnisse für drei Maschinen eines größeren Netzes dargestellt, die unter sich sehr verschiedene Leistung und Vorbelastung besitzen und deren Eigenschwingungsdauern etwa entsprechend den eben genannten Zahlenwerten abgestimmt sind. Der Belastungsstoß vergrößert die Polradwinkel aller Maschinen zunächst gleichmäßig um den Stoßwinkel $\varDelta\vartheta$, alsdann setzen Ausgleichsschwingungen von verschiedener Frequenz und Stärke ein. *Die Maschine großer Leistung* mit nahezu richtiger Eigenfrequenz führt nur eine geringe Überschwingung aus, da ihr Anfangswinkel und Endwinkel nicht stark verschieden ist. Die Maschine *mittlerer Leistung* mit großer Eigenfrequenz hat zwar stark unterschiedliche Anfangs- und Endwinkellagen, jedoch wird sie durch die Pendelungen entlastet, so daß keine Gefahr für ihren Betrieb vorhanden ist. Die Maschine *kleiner Leistung* und geringer Eigenfrequenz, also mit weicher Kennlinie und großen Schwungmassen, erhält jedoch einen so großen Verzögerungswinkel und schwingt so stark über ihn hinaus, daß eine erhebliche Gefahr für ihren stabilen Betrieb bei größeren Belastungsstößen im Netz vorhanden ist. In der Nachbarschaft der Höchstleistung von Abb. 5 sollte für wirkliche Fälle der Winkel nach dem Schema von Kapitel 21b bestimmt werden, um die Krümmung der Charakteristik zu berücksichtigen.

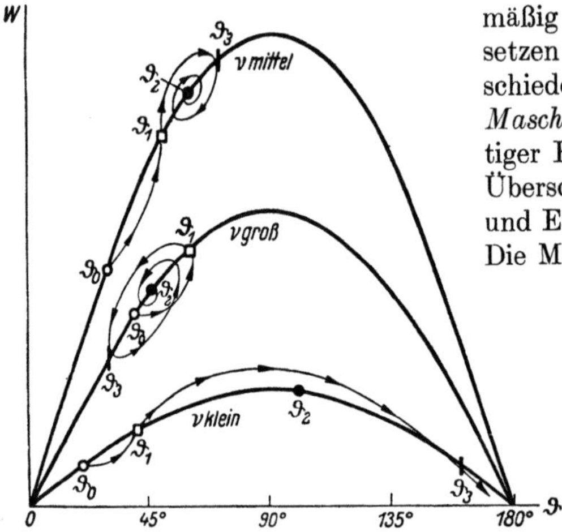

Wir sehen also, *daß bei Belastungsstößen relativ kleine Maschinen mit relativ großer Schwungleistung und relativ geringer synchronisierender Leistung am meisten gefährdet sind*, da sie einerseits nur einen geringen Einfluß auf die mittlere Eigenfrequenz des Netzes nach Gl. (12) ausüben können und andererseits einen großen Überschwingwinkel erhalten. Er beträgt das Doppelte der Winkelamplitude von Gl. (14) und hängt in quadratischem Maße von der Abweichung der Eigenfrequenz ab. Man muß also anstreben, *die Eigenfrequenzen der Maschinen* für die verschiedenen Lastanfallpunkte *so einheitlich als möglich zu machen* und vor allem Ausbrecher der Eigenfrequenz nach kleinen Frequenzen hin zu vermeiden.

In Abb. 6 ist ein Leistungsoszillogramm ausgewertet, das *einen Entlastungsstoß und einen Wiederbelastungsstoß von zwei Schenkelpolgeneratoren von je 30 000 kVA wiedergibt*, die im gleichen Kraftwerk liefen und über die Hochspannungsseiten ihrer zugehörigen Transformatoren verbunden waren, die je

Abb. 5.

9% Streuspannung besaßen. Die Regler der Wasserturbinen waren auf 10000 kW Zufluß zu dem einen Generator und 500 kW zu dem anderen eingestellt. Die Belastung von 10500 kW, die unmittelbar von den Klemmen des letztgenannten Generators abgenommen war, wurde erst völlig abgeschaltet und nach etwa 5 sec wieder zugeschaltet. *Die ungleiche Verteilung des Stoßes auf die beiden Maschinen*, die durch die zwischenliegende Reaktanz der zwei Transformatoren bedingt ist, ist deutlich aus den Kurvensprüngen der Abb. 6 zu erkennen, die die nachfolgenden Schwingungen einleiten.

Abb. 7 zeigt, wie sich ein Entlastungsstoß von 20000 kW, der durch plötzliches Abschalten entsteht, auf 2 ungleich erregte Maschinen von je 25000 kVA

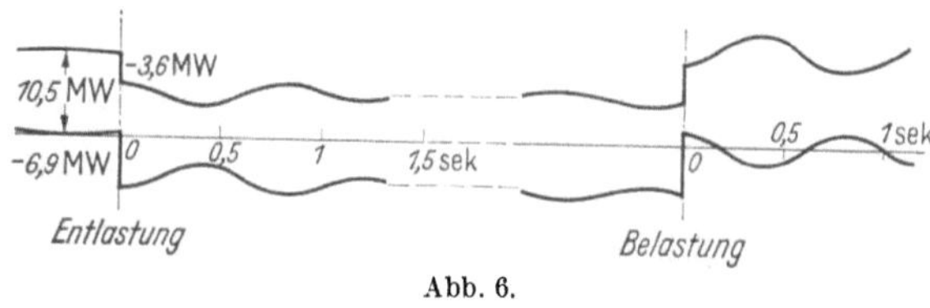

Abb. 6.

Nennleistung verteilt, von denen die eine leer mitlief, und wie er diese Maschinen durch Überschlagen aus dem Tritt bringt, so daß der Polradwinkel ϑ zwischen ihnen die Grenze von 90° nach etwa ½ sec überschreitet.

b) Gemeinschaftsschwingungen mit Asynchronmotoren. Zur Bestimmung der Ausgleichsschwingungen der zahlreichen Synchronmaschinen eines Gesamtnetzes muß man jede für sich betrachten, da jede eine selbständige synchronisierende Leistung in das Gesamtsystem hineinbringt. Dagegen dürfen wir *alle parallel betriebenen asynchronen Motoren in ihrer Wirkung zusammenfassen*, da sie nur geringe Bewegungen gegenüber dem Spannungsvektor des Netzes ausführen können, weil die Trägheitswirkung ihrer Massen die Wirkung der Schlüpfung und der synchronisierenden Kräfte bei weitem überwiegt.

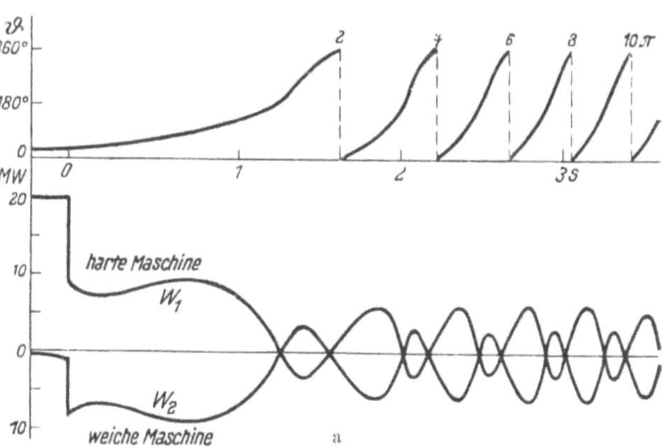

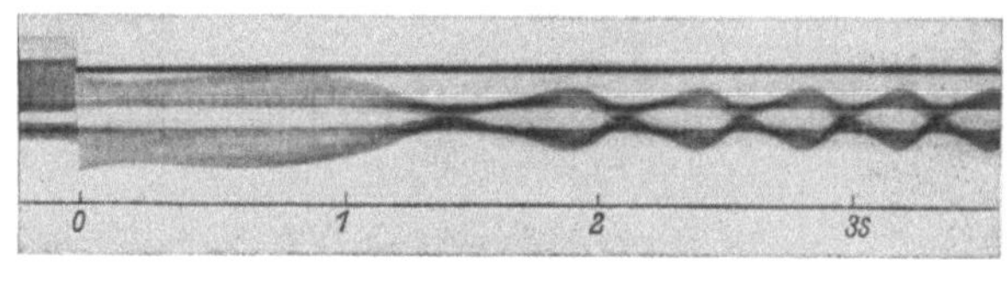

b
Abb. 7.

Wir erhalten dann das Schema der Abb. 8, in dem eine Reihe von g Synchrongeneratoren auf eine gemeinsame Sammelschiene arbeiten, der der Spannungsvektor E_n des Netzes zugeordnet ist und von der alle Asynchronmaschinen des Netzes n mit ihren gesamten Schwungleistungen $\varSigma S_n$ gespeist werden. Abb. 9 stellt das Vektordiagramm der Spannungen dar. Der Netzvektor kann um den Betrag ϑ_n gegen einen absolut gleichmäßig rotierenden Vektor schwanken, das Polrad jedes Generators kann um den Winkel ϑ_1, ϑ_2, ϑ_3, ... gegen den Netzvektor schwingen.

Wenn wir jetzt nur die *Abweichung* vom endgültigen Beharrungszustand unter der Wirkung eines Stoßes betrachten und die Dämpfung der Einfachheit halber vernachlässigen, so erhalten wir für jede der Synchronmaschinen mit dem Index 1, 2, 3 nacheinander folgende Gleichungen für die Energiebilanz, die nur die beiden Posten der synchronen Leistung und der Trägheitsleistung enthält,

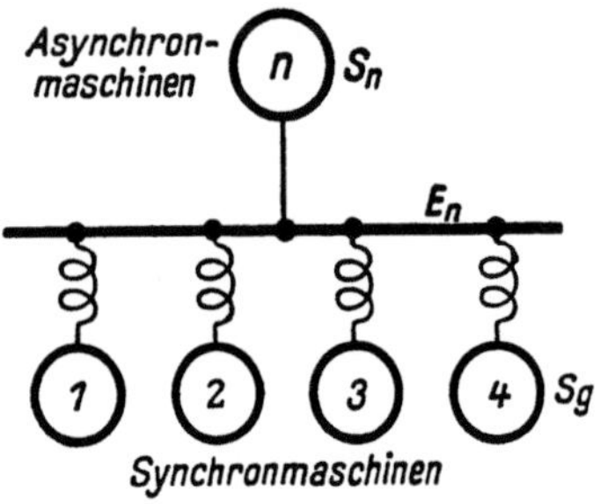

Abb. 8.

$$W_{s1}\vartheta_1 + \frac{S_1}{\omega}\frac{d^2(\vartheta_1+\vartheta_n)}{dt^2} = 0\,.$$
$$W_{s2}\vartheta_2 + \frac{S_2}{\omega}\frac{d^2(\vartheta_2+\vartheta_n)}{dt^2} = 0\,, \qquad (15)$$
$$\cdots \cdots \cdots \cdots \cdots$$

Alle synchronen Leistungen werden elektrisch an das Netz abgegeben und beschleunigen daher die Schwungmassen der Asynchronmotoren. Deren Energiebilanz wird also dargestellt durch

$$W_{s1}\vartheta_1 + W_{s2}\vartheta_2 + \cdots = \frac{\Sigma S_n}{\omega}\frac{d^2\vartheta_n}{dt^2}. \qquad (16)$$

Wir wollen dieses System linearer Differentialgleichungen dadurch direkt lösen, daß wir für die einzelnen Winkel ϑ_1, ϑ_2, ... und ϑ_n harmonische Funktionen

$$\vartheta = P \cos \nu t \qquad (17)$$

ansetzen, die die Amplituden oder Winkelausschläge P_1, P_2, ... und P_n besitzen, und wollen versuchen, die Schwingungsfrequenz ν dieser Ausschläge zu bestimmen, die mit dem Gleichungssystem verträglich ist. Wenn wir als Abkürzung die *starren Schwingungsfrequenzen*

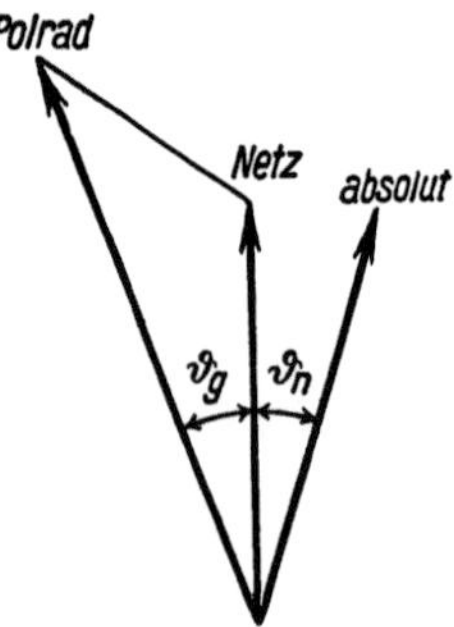

Abb. 9.

$$\frac{\omega W_{s1}}{S_1} = \nu_1^2, \qquad \frac{\omega W_{s2}}{S_2} = \nu_2^2, \text{ usw.} \qquad (18)$$

einführen, die jeder der Generatoren nach Gl. (15) an einem unendlich starren Netz mit $\vartheta_n = 0$ besitzen würde, so erhalten wir aus dieser selben Gleichung für die Amplituden die Gleichungsfolge

$$\nu_1^2 P_1 - \nu^2(P_1 + P_n) = 0,$$
$$\nu_2^2 P_2 - \nu^2(P_2 + P_n) = 0, \qquad (19)$$
$$\cdots \cdots \cdots \cdots \cdots$$

Das Verhältnis der *Generatorausschläge zu den Netzausschlägen* ergibt sich daraus zu

$$\frac{P_1}{P_n} = \frac{\nu^2}{\nu_1^2 - \nu^2},$$
$$\frac{P_2}{P_n} = \frac{\nu^2}{\nu_2^2 - \nu^2}, \text{ usw.} \qquad (20)$$

Ferner folgt aus Gl. (16) die Amplitudengleichung

$$W_{s1} P_1 + W_{s2} P_2 + \cdots = -\frac{\Sigma S_n}{\omega}\nu^2 P_n. \qquad (21)$$

Setzt man hier die einzelnen Generatoramplituden von Gl. (20) ein, so hebt sich die Amplitude des Netzes heraus, und es bleibt die Beziehung

$$\frac{W_{s1}}{\nu_1^2 - \nu^2} + \frac{W_{s2}}{\nu_2^2 - \nu^2} + \frac{W_{s3}}{\nu_3^2 - \nu^2} + \cdots = -\frac{\Sigma S_n}{\omega}. \qquad (22)$$

Durch Einführung der synchronisierenden Leistungen von Gl. (18) kann man sie noch übersichtlicher schreiben zu

$$S_1 \frac{v_1^2}{v_1^2 - v^2} + S_2 \frac{v_2^2}{v_2^2 - v^2} + S_3 \frac{v_3^2}{v_3^2 - v^2} + \cdots = -\sum S_n. \qquad (23)$$

Aus dieser Gleichung läßt sich die Eigenfrequenz v der zusammengekuppelten Maschinen bestimmen.

Wir lösen die Bedingungsgleichung am besten graphisch, indem wir uns ihre linke Seite in Abb. 10 über der Abszisse v^2 auftragen und sie zum Schnitt mit der konstanten rechten Seite bringen. Da für $v = 0$ die Frequenzquotienten von Gl. (23) alle zu 1 werden, so beginnt die Kurve mit dem Wert der gesamten Generatorschwungmassen

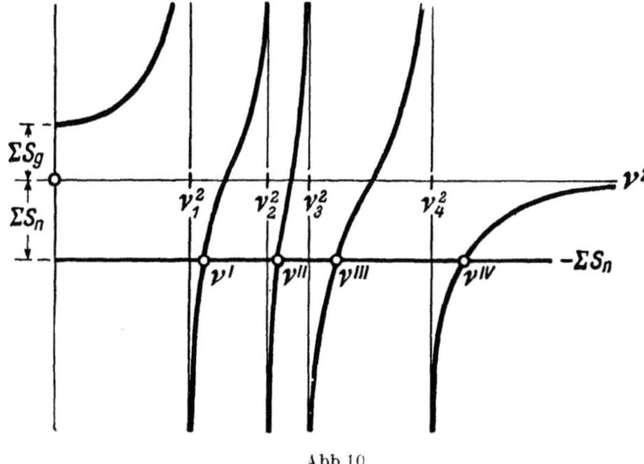

Abb. 10.

$$\sum S_g = S_1 + S_2 + S_3 + \cdots. \qquad (24)$$

Sie steigt hyperbelartig an, besitzt für $v = v_1, v_2, v_3$ usw. Pole, in denen sie von $+\infty$ auf $-\infty$ springt, und durchschneidet auf ihrem Verlauf die Gerade für S_n so viele Male, als Generatoren vorhanden sind. Die Schnittpunkte $v', v'', v''', \ldots$ stellen die Lösungen der Gl. (23) und daher die Eigenfrequenzen dar, in denen die gekuppelten Netze schwingen können. *Für g unterschiedliche Generatoren ergeben sich g Eigenfrequenzen, sie sind alle etwas höher als die starren Frequenzen der Generatoren selbst.*

Würde man die Netzschwungmassen S_n größer und größer machen, so würde das Netz sich immer starrer verhalten, und die Unterschiede von v_1 und v' usw. würden in Abb. 10 durch Herunterrücken der Geraden für $\sum S_n$ immer mehr verschwinden. Sind dagegen die Netzschwungmassen gering, so rückt die Gerade $\sum S_n$ weiter gegen die Nullinie her

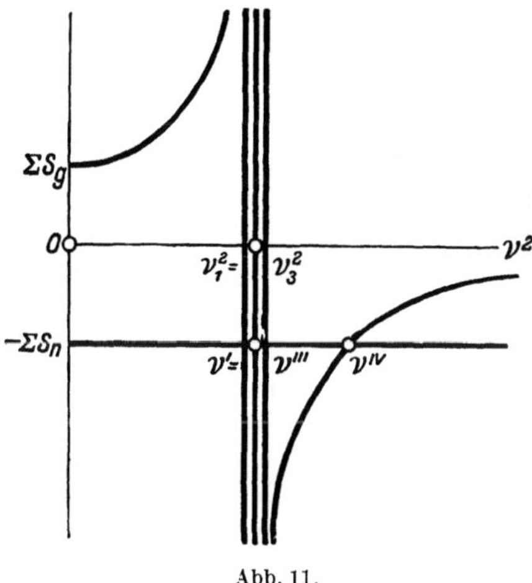

Abb. 11.

auf, die Eigenfrequenzen werden alle größer und verschieben sich nach dem nächsthöheren starren Wert zu. Sie bleiben aber alle in engen Grenzen bis auf die höchste Eigenfrequenz, die mit abnehmender Netzschwungmasse immer weiter anwächst und schließlich ins Unendliche läuft. Die g Generatoren besitzen daher *ohne Netzschwungmasse nur $g-1$ Eigenfrequenzen.* Die endlich bleibenden Werte stellen daher vornehmlich die Schwingungen der *Synchrongeneratoren gegeneinander* dar, die mit abnehmender Netzschwungmasse anwachsende höchste Eigenfrequenz stellt dagegen eine Schwingung der asynchron arbeitenden Motorschwungmassen gegen die Gesamtheit aller Generatoren dar.

Wenn mehrere oder gar alle Generatoren *unter sich gleiche starre Eigenfrequenzen* besitzen, so werden die Frequenzquotienten der entsprechenden Glieder in Gl. (23) einander gleich, und die Kurven fallen für diese Maschinen mit ihren Polen zusammen. Die Netzgerade $\sum S_n$ schneidet sie dann mehrfach und es treten die gleichen Eigenfrequenzen gehäuft auf. Abb. 11 stellt den Fall dar, daß sämtliche

$$v_1 = v_2 = v_3 = \cdots \tag{25}$$

einander gleich sind. Dann arten die von $-\infty$ bis $+\infty$ ansteigenden Kurvenäste alle in dieselbe gerade Linie aus, und es ergibt sich bei g Generatoren *für* $g-1$ *Eigenfrequenzen*

$$v' = v'' = v''' \cdots = v_1 = v_2 = v_3 \cdots \tag{26}$$

Sie unterscheiden sich also nicht mehr von denen am starren Netz. Dagegen bleibt die *höchste Eigenfrequenz gesondert* bestehen, sie ergibt sich nach Gl. (23) aus

$$(S_1 + S_2 + S_3 + \cdots)\frac{v_1^2}{v_1^2 - v^2} = -\sum S_n \tag{27}$$

und wird mit der abkürzenden Bezeichnung von Gl. (24)

$$\frac{v}{v_1} = \sqrt{1 + \frac{\sum S_g}{\sum S_n}}. \tag{28}$$

Diese höchste Frequenz stellt jetzt die *Schwingung aller Generatoren gemeinsam gegen alle Motoren dar.*

Dieselbe Beziehung gilt auch für Schwingungen, die sich zwischen einem einzigen Synchrongenerator und einem Asynchronmotor ausbilden können. Die $g-1$ Frequenzen fallen dabei fort, und es bleibt unter Beachtung von Gl. (18)

$$v = \sqrt{\omega\, W_s\left(\frac{1}{S_g} + \frac{1}{S_n}\right)}. \tag{29}$$

Die Frequenz wird also durch die synchronisierende Leistung der Synchronmaschine und durch die Schwungleistungen beider Maschinen bestimmt.

Die sämtlichen Maschinen zusammengeschlossener Kraftwerke und Netze können eine erhebliche Zahl von Eigenschwingungen vollführen. Die Mindestzahl der Frequenzen ist bei lauter gleichen Generatoren 2, die Höchstzahl ist gegeben durch die Zahl der arbeitenden unterschiedlichen Synchronmaschinen. *Die Frequenzen verschieben sich* nicht nur mit jeder Änderung der starren Eigenzahlen v_1, v_2, v_3 usw. der Maschinen, etwa durch Ändern ihrer Erregung oder Belastung, und nicht nur durch Zu- oder Abschaltung von Synchronmaschinen, sondern auch durch Änderung der Netzschwungmassen S_n, die bei wechselnder Zahl der im Betrieb befindlichen Motoren und ihrer Arbeitsmaschinen erheblich schwankt. Alle diese Schwingungen laufen durcheinander, so daß ein ausgedehntes Netz mit zahlreichen Synchronmaschinen ein ganzes *Schwingungspaket* von Eigenfrequenzen besitzt.

Während die Netzamplituden P_n aller dieser Eigenschwingungen von gleicher Größenordnung sein können, hebt sich für jeden einzelnen Generator eine bestimmte Schwingung in markanter Weise heraus. Die Amplitude P_1 des Generators 1 z. B. bestimmt sich nach Gl. (20) aus einem Quotienten, dessen Nenner durch die Differenz des Frequenzquadrates von v_1 und der betrachteten Eigenschwingung v gegeben ist. Nach Abb. 12 besitzt diese Differenz nun einen besonders kleinen Wert nur für diejenige Eigenfrequenz v', die gerade der starren Frequenz v_1 benachbart ist. Für alle anderen Eigenfrequenzen v'', v''' usw. ist die Differenz dieses Nenners dagegen viel größer. Daher erhält der Generator 1 nur erhebliche Schwingungsamplituden P_1 für diese benachbarte Frequenz v', für alle anderen Eigenfrequenzen führt er nur schwache Schwingungen aus. Für den Generator 2 wird nach Gl. (20) lediglich die Nennerdifferenz mit ν'' besonders klein, und daher schwingt diese Maschine vorwiegend in dieser Eigenfrequenz. *Jeder Generator hat also eine überwiegende Schwingungsamplitude für diejenige Eigenfrequenz, die seiner starren Netzfrequenz unmittelbar benachbart ist.* Wenn die Netzschwungmassen S_n allerdings sehr gering sind, so kann entsprechend Abb. 12 außer der höheren zugehörigen Frequenz wohl auch einmal die nächst tiefere benachbarte Eigenfrequenz zu größeren Ausschlägen angeregt werden.

Die Schwungmasse jeder einzelnen Synchronmaschine führt demnach vorwiegend eine einzige starke Schwingung aus, der als Gegenwirkung schwache Amplituden aller anderen synchronen und asynchronen Schwungmassen im Gegentakt gegenüberstehen. Jede Maschine erhält also von sämtlichen anderen Synchronmaschinen deren einzelne Eigenschwingungen nur in schwachem Maße aufgedrückt. *Im Netz* mit seinen asynchronen Schwungmassen lagern sich alle diese Schwingungen mit gleicher Größenordnung übereinander, *das Schwingungspaket kann hier zu ganz unregelmäßigen Interferenzen führen,* die sehr verwickelt

erscheinende Frequenzschwankungen und Ausgleichsleistungen zwischen den einzelnen Netzteilen zur Folge haben können.

Wir können nun übersehen, in welcher Weise sich ein im Netz anfallender Leistungsstoß $\overline{W}$ auf dessen zahlreiche synchronen und asynchronen Maschinen verteilt. *Im ersten Augenblick nehmen nur die Synchronmaschinen durch ihre synchronisierenden Kräfte an der Deckung der Stoßleistung teil, während die Asynchronmaschinen mangels synchronisierender Kräfte keinen Anteil erhalten.* Die Stoßleistung $\varDelta W$ jedes einzelnen Synchrongenerators ist daher

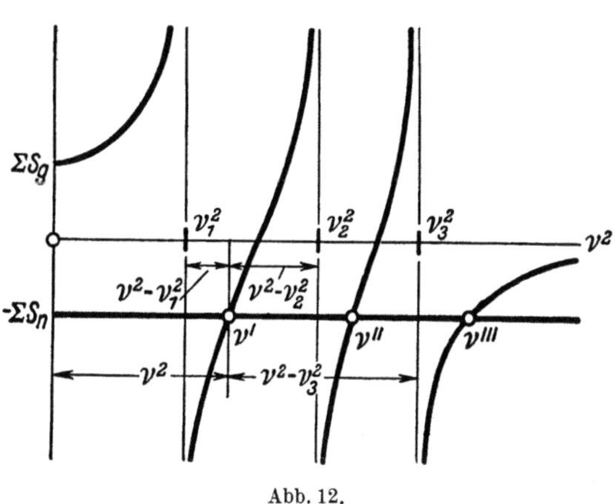

Abb. 12.

$$\varDelta W = \frac{W_s}{\Sigma\, W_s}\, \overline{W}, \tag{30}$$

wobei die Summe aller synchronisierenden Leistungen sich natürlich nur auf die Synchronmaschinen beziehen kann.

Nunmehr verzögern sich sämtliche Synchronmaschinen entsprechend dieser Zusatzbelastung und pendeln mit Frequenzen, wie sie eben errechnet wurden, um den mittleren Netzwinkel herum. Auch die Asynchronmaschinen werden dadurch beeinflußt, und schließlich verzögert sich nach Abklingen aller dieser Schwingungen das ganze Netz entsprechend Gl. (8) um einen mittleren Wert

$$b_n = \frac{\overline{W}}{\Sigma\,(S_g + S_n)}. \tag{31}$$

Der Leistungsstoß verteilt sich jetzt bei dieser gemeinsamen Verzögerung *entsprechend den Schwungleistungen* und ist für jeden Synchrongenerator

$$W_{\Theta g} = \frac{S_g}{\Sigma\,(S_g + S_n)}\, \overline{W} \tag{32}$$

und ebenso für jeden Asynchronmotor

$$W_{\Theta n} = \frac{S_n}{\Sigma\,(S_g + S_n)}\,\overline{W}\,. \qquad (33)$$

In Abb. 13 sind die anfänglichen Verzögerungen einiger synchroner und asynchroner Maschinen des Netzes dargestellt und auch die Schwingungen, mit denen sie allmählich in die mittlere Netzverzögerung übergehen. Die *Leistungsamplituden dieser Schwingungen* sind für jeden Synchrongenerator bestimmt durch die Differenz der Anfangsleistung nach Gl. (30) und der Endleistung nach Gl. (32), also

$$\widetilde{W}_g = \varDelta W - W_{\Theta g} = \left(\frac{W_s}{\Sigma\,W_s} - \frac{S_g}{\Sigma\,(S_g + S_n)}\right)\overline{W}\,. \qquad (34)$$

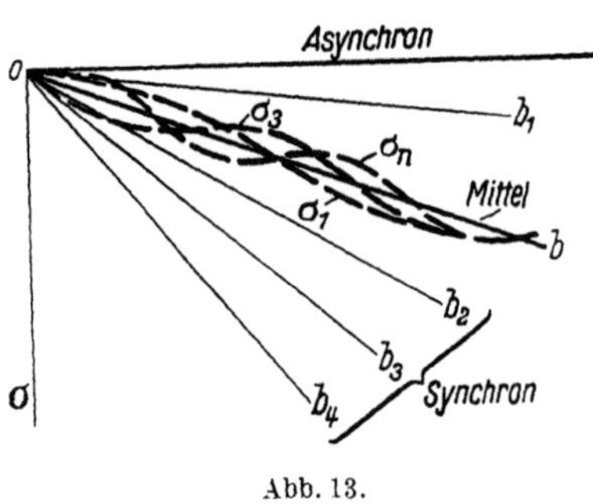

Abb. 13.

Jeder Generator schwingt mit diesem Leistungsbetrage in der ihm selbst zukommenden Eigenfrequenz, wenn man von den geringen Bewegungen absieht, mit denen er an den fremden Frequenzen auch teilnimmt.

Für jeden Asynchronmotor ergibt sich die Schwingungsamplitude der Leistung aus der Anfangsleistung 0 und der Endleistung nach Gl. (33) zu

$$\widetilde{W}_n = 0 - W_{\Theta n} = -\frac{S_n}{\Sigma\,(S_g + S_n)}\,\overline{W}\,. \qquad (35)$$

Für die Gesamtheit aller im Gleichtakt schwingenden Asynchronmotoren und daher für das gesamte Belastungsnetz ist die schwingende Leistung durch die einfache Summe aller dieser Einzelleistungen gegeben.

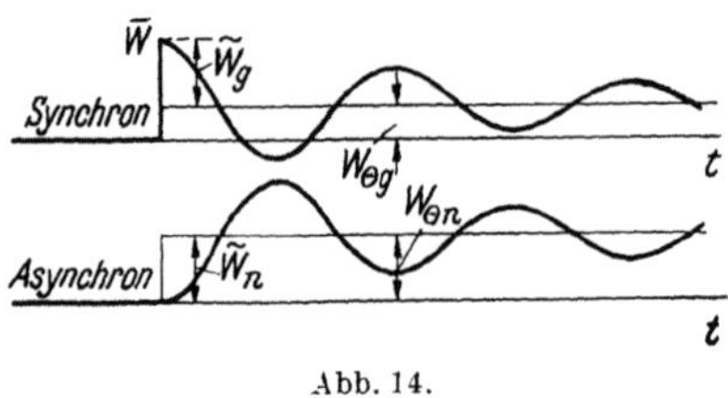

Abb. 14.

Für den Fall, daß alle Generatoren gleichartig gebaut sind und daher mit einer einzigen Frequenz gegen alle Motoren schwingen, stellt Abb. 14 die anfängliche Lastverteilung auf diese beiden Gruppen nach einem anfallenden Stoß und auch ihre darauffolgenden Ausgleichsschwingungen dar.

Unter dem Einfluß dieser Schwingungen verzögert sich das Asynchronnetz, wie man aus Gl. (33) und Abb. 13 erkennt, zeitweise mit doppelter Stärke gegenüber der Gesamtheit aller Synchronmaschinen. Da sowohl die mittlere Verzögerungsleistung nach Gl. (33) wie die Schwingungsleistung jedes Asynchronmotors nach Gl. (35) seiner individuellen Schwungleistung, also seinem Produkt $T_a W_0$ proportional ist, so können durch starke Leistungsstöße *Motoren mit übermäßig großer Anlaufzeitkonstante viel stärker belastet werden*, als es ihrer anteiligen Nennleistung entspricht. Allerdings sind Asynchronmotoren nicht annähernd so empfindlich gegen Überlastungen wie Synchronmaschinen.

Entsprechend den früheren Formulierungen kann man die Schwingungsamplituden der Polwinkel wiederum nach Gl. (14) berechnen. Jedoch ist unter ν_n nunmehr die fiktive Eigenfrequenz des gesamten Netzes unter Einschluß der Asynchronmotoren zu verstehen, die nach Gl. (12) aus der gesamten kinetischen Energie $\Sigma\,(S_g + S_n)$ im Gesamtsystem zu bestimmen ist.

Man kann danach fragen, unter welchen Umständen *die geringsten Schwingungsmöglichkeiten für die Synchronmaschinen* auftreten können, die ja im Betriebe gegen solche Stöße viel empfindlicher sind. Dazu schreiben wir Gl. (34) in der Form

$$\widetilde{W}_g = \left(\frac{W_s}{S_g} - \frac{\Sigma\,W_s}{\Sigma\,S_g + S_n}\right)\frac{S_g}{\Sigma\,W_s}\,\overline{W}. \tag{36}$$

so daß in der Klammer die Werte jeder Einzelmaschine von den Summenwerten getrennt erscheinen. Wir sehen, daß der Klammerwert für jede Maschine den gleichen Betrag erhält, wenn wir für alle Synchrongeneratoren

$$\frac{W_s}{S_g} = \frac{k_s\,W_0}{T_a\,W_0} = \frac{k_s}{T_a} = \text{const.} \tag{37}$$

machen. Dann ist nach Gl. (36) die Pendelleistung jeder Maschine stets proportional ihrer Schwungleistung S_g, die nach Gl. (32) sowieso für die letzte Verteilung der Leistungsstöße maßgebend ist. Die Pendelleistungen aller Maschinen sind also anteilig gleich, bezogen auf ihre Schwungwirkungen.

Nun ergibt die *Abstimmungsbedingung der Synchronisierziffer jedes Generators nach* Gl. (37) *auf seine Anlaufzeitkonstante*, daß nach Gl. (18) alle starren Eigenfrequenzen, und daher nach Gl. (26) auch alle wirksamen Eigenfrequenzen der Generatoren untereinander denselben Wert besitzen. Alle Synchronmaschinen schwingen daher nunmehr im Gleichtakt, Ausgleichsleistungen zwischen ihnen treten nicht mehr auf. Sie schwingen vielmehr nur noch gemeinsam gegenüber der Gesamtheit aller Asynchronmotoren mit guter Gleichverteilung der Pendelleistung entsprechend ihren Schwungleistungen. *Ein derartiges Gesamtsystem besitzt die größtmögliche Stabilität* gegen Herausfallen irgendwelcher Generatoren aus dem Synchronismus nach einer Gleichgewichtsstörung im Netz.

23. Reglerschwingungen gekuppelter Synchronkraftwerke.

Wenn der Drehzahlabfall eines Generators unter dem Einfluß der Belastung einen gewissen Betrag erreicht hat, so spricht der Geschwindigkeitsregler der Kraftmaschine an und verändert den Zufluß der Leistung zur Maschine, um die ursprüngliche Drehzahl wiederherzustellen. Im allgemeinen sind hierfür so lange Zeiten nötig, daß die vorher beschriebenen Vorgänge nicht merkbar davon beeinflußt werden. Erst nach Verlauf von mehreren elektromechanischen Schwingungen werden schließlich die Generatoren wieder beschleunigt und werden allmählich durch ihre Regler auf den neuen Gleichgewichtszustand eingestellt. Während dieser Übergangszeit erzeugt jede Änderung des Leistungszuflusses zu den

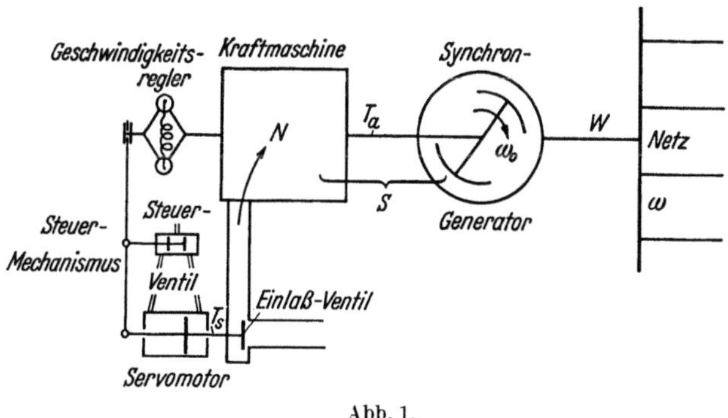

Abb. 1.

Kraftmaschinen eine verschiedenartige Verteilung der elektrischen Leistungsabgabe aller einzelnen Generatoren.

a) Kraftmaschinen mit indirekter Steuerung. Wir wollen zuerst einen einzelnen Maschinensatz betrachten, der für sich allein läuft. In Abb. 1 ist eine Kraftmaschine gezeigt, die mit einem Synchrongenerator gekuppelt ist, der ein Verbrauchsnetz speist, und der Maschinensatz wird durch einen *Geschwindigkeitsregler mit indirekter Wirkung* beherrscht, der über Hilfsventile einen Servomotor steuert, wie es für Dampf- und Wasserturbinensätze allgemein üblich ist. Der stationäre Geschwindigkeitsabfall, abhängig von der erzeugten Leistung, ist in Abb. 2 aufgetragen.

Ein Überschuß N der Kraftmaschinenleistung beschleunigt die rotierenden Massen des Satzes, die eine relative Geschwindigkeitsabweichung σ vom Gleichgewichtszustand haben mögen. Wenn die elektrische Belastung des Generators konstant bleibt, herrscht die Energiebeziehung

$$N + S \frac{d\sigma}{dt} = 0, \tag{1}$$

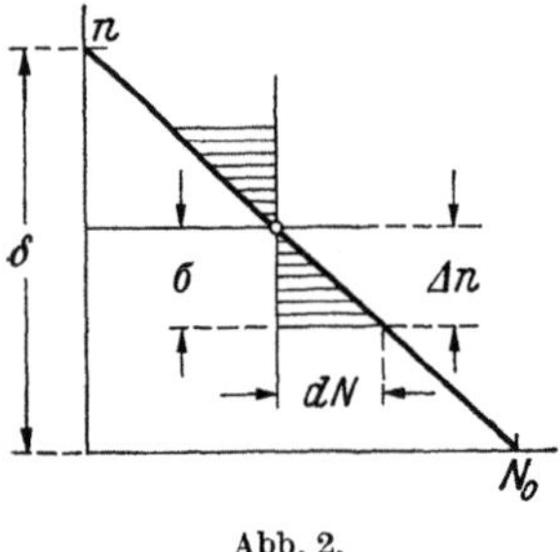

Abb. 2.

worin die Trägheitskonstante S wieder durch Gl. (5) von Kapitel 22 bestimmt wird. Durch den Mechanismus des Geschwindigkeitsreglers wird bewirkt, daß der Leistungszufluß zur Kraftmaschine sich zeitlich proportional zur Geschwindigkeitsabweichung σ ändert, so daß

$$\frac{dN}{dt} = \frac{N_0}{\delta T_s} \sigma \tag{2}$$

ist. Der Koeffizient von σ ist hierin wie üblich angesetzt als proportional zur normalen Leistung der Maschine, jedoch umgekehrt proportional zum totalen Geschwindigkeitsabfall δ des Reglers, wie nach Abb. 2, und ebenfalls zu der gegebenen totalen Schlußzeit T_s des Servomotors, der das Einlaßventil bewegt.

Es ist üblich, zur Stabilisierung die Bewegung des Hilfsventils durch eine zusätzliche *Rückführung* zu beeinflussen, die von der Stellung des Servomotors selbst abgeleitet wird und dadurch proportional dem Leistungszufluß ist, wie in Abb. 1 gezeigt ist. Dann läßt sich durch die Beziehung

$$\frac{dN}{dt} = \frac{N_0}{\delta T_s} \sigma - \frac{N}{T_s} \tag{3}$$

die Wirkung des gesamten die Geschwindigkeit regelnden Mechanismus für fast alle Kraftwerksmaschinen der Praxis ausdrücken. Die Grenzen für den Geschwindigkeitsabfall, wie er durch die üblichen Leistungsregler bewirkt wird, sind $\delta = 2$ bis 8% und für die Schlußzeit des Servomotors $T_s = 0,5$ bis 10 sec.

Ersetzen wir die geregelte Leistung von Gl. (3) durch die Energie nach Gl. (1), so erhalten wir als *Differentialgleichung für die Geschwindigkeitsabweichung des Kraftmaschinen- und Leistungsreglersystems*

$$\frac{d^2\sigma}{dt^2} + \frac{1}{T_s} \frac{d\sigma}{dt} + \frac{N_0}{\delta T_s S} \sigma = 0. \tag{4}$$

Die Lösung ergibt freie Eigenschwingungen

$$\sigma = F \varepsilon^{-\frac{\varrho}{2} t} \cos \lambda t, \tag{5}$$

wobei die Amplitude F die maximale Geschwindigkeits- oder *Frequenzabweichung des Generatorsystems* vom stationären Werte angibt. Wenn wir S durch Gl. (5) von Kapitel 22 ausdrücken und N_0 und W_0 im wesentlichen als gleich betrachten, dann ist die Frequenz der Geschwindigkeitsschwingungen

$$\lambda = \sqrt{\frac{1}{\delta T_s T_a} - \left(\frac{\varrho}{2}\right)^2} \tag{6}$$

und der Dämpfungsexponent der Amplituden ist

$$\frac{\varrho}{2} = \frac{1}{2 T_s}. \tag{7}$$

Die Schwingung N der Leistung, die dem Generator zufließt, kann durch Differentiation von Gl. (5) und Einsetzen in Gl. (1) bestimmt werden. Für einen üblichen Kraftmaschinensatz kann der totale Geschwindigkeitsabfall zu $\delta = 5\%$ angesetzt werden, die Schlußzeit des Servomotors zu $T_s = 1{,}5$ sec und die Anlaufzeitkonstante einschließlich der Generatormasse zu $T_a = 8$ sec. Dann wird der Dämpfungsexponent

$$\frac{\varrho}{2} = \frac{1}{2 \cdot 1{,}5} = 0{,}33$$

und die Eigenfrequenz

$$\lambda = \sqrt{\frac{100}{5 \cdot 1{,}5 \cdot 8} - 0{,}33^2} = \sqrt{1{,}67 - 0{,}11} = 1{,}25, \text{ oder } 0{,}20 \text{ Per/sec}.$$

Für die meist gebräuchlichen Maschinensätze ist die Dämpfungswirkung mäßig und beeinflußt daher die Eigenfrequenz λ nach Gl. (6) nur geringfügig. Das letzte Glied in Gl. (3), das für die Dämpfung verantwortlich ist, darf daher vernachlässigt werden, und Gl. (2) kann somit in ausreichender Annäherung für alle Fragen benutzt werden, die die Frequenz der Leistungsschwingungen betreffen. *Numerisch sind diese Reglerschwingungen sehr viel langsamer als die elektrischen Generator- oder Motor-Eigenschwingungen*, die früher betrachtet wurden. Sie werden daher nur sehr wenig durch die elektrischen Kräfte beeinflußt, und daher wollen wir für die weitere Betrachtung annehmen, daß alle Generatoren und Motoren durch das elektrische Leitungsnetz starr miteinander gekuppelt sind.

b) Leistungsschwingungen in Verbundnetzen. In einem gekuppelten System wie in Abb. 3 kann kein einzelner Maschinensatz Schwingungen für sich selbst ausführen, da dies eine langsame Änderung der elektrischen Leistung und Frequenz erzeugt, *die sich durch das ganze Netz ausbreitet*. Dadurch werden alle anderen Generatorsätze und auch alle Motoren zu Schwingungen angeregt, und dies bezieht sich sowohl auf die benachbarten Maschinen im gleichen Kraftwerk als auch auf solche, die weit entfernt im Netz liegen mögen.

Für jeden Kraftmaschinensatz muß die mechanisch zugeführte Leistung N, die elektrisch abgeführte Leistung W und die Trägheitsleistung im Gleichgewicht stehen. Gl. (1) muß also erweitert werden zu

$$N + S \frac{d\sigma}{dt} + W = 0. \tag{8}$$

Wir beziehen dies wieder ausschließlich auf die *Abweichungen vom stationären Verhalten*. Die Energiebilanz für sämtliche Kraft- und Synchronmaschinen lautet daher

$$\sum N + \sum S_g \cdot \frac{d\sigma}{dt} + \sum W = 0. \tag{9}$$

Der Index g bezieht sich hierin auf den individuellen Generatorsatz, und die Geschwindigkeitsabweichung σ könnte vor das Summenzeichen gezogen werden, da sie wegen der starren elektrischen Kupplung für alle Maschinen gleich ist.

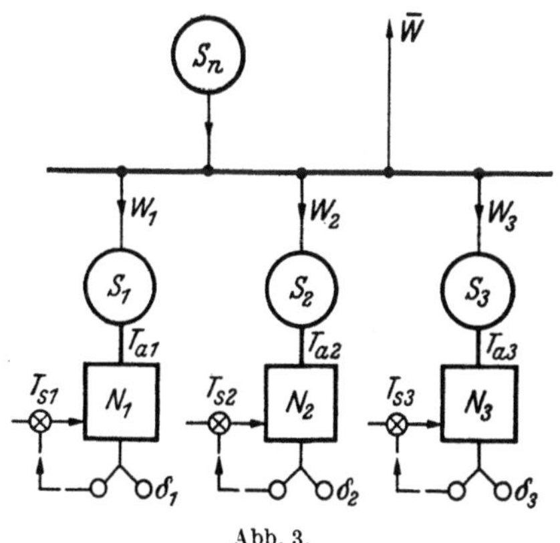

Abb. 3.

Im Netz fließt die Schwankung sämtlicher elektrischer Leistungen W in die Schwungmassen aller angeschlossenen Asynchronmotoren und beschleunigt oder verzögert sie. Von einer Änderung der sonstigen Netzbelastung mit der Frequenz, die nur dämpfend wirkt, wollen wir dabei absehen. Die Energiebilanz des Netzes lautet also

$$\sum W = \sum S_n \frac{d\sigma}{dt}, \tag{10}$$

wobei der Index n sich auf die Motoren des Netzes bezieht. Setzt man dies in Gl. (9) ein, so entsteht als Gesamtbilanz für die gemeinschaftliche Frequenzänderung

$$\sum (S_g + S_n) \cdot \frac{d\sigma}{dt} + \sum N = 0. \tag{11}$$

Da die Drehzahlabweichungen σ aller Maschinen übereinstimmen, so können wir Gl. (2) für die Änderung des Energiezuflusses für alle Kraftmaschinen summieren und erhalten als Energiebilanz für die von sämtlichen Servomotoren gesteuerten Zuflußleistungen

$$\sum \frac{dN}{dt} = \sum \frac{N_0}{\delta T_s} \cdot \sigma. \tag{12}$$

Der hierin auftretende Quotient $N_0/\delta T_s$ ist *ein Maß für die Steuer- oder Reguliergeschwindigkeit in* kW/sec, mit der jede einzelne Maschine bei einer Drehzahlabweichung σ auf das Erreichen des Beharrungszustandes mit $\sigma = 0$ hinwirkt. Dieser Quotient kann für die verschiedenen Maschinen stark unterschiedliche Zahlenwerte besitzen, die nicht nur von ihrer Nennleistung N_0, sondern ebenso stark von dem Produkt des totalen Abfalls δ des Drehzahlreglers mit der Schlußzeit T_s des Servomotors abhängen. Alle diese Werte der Gl. (12) zusammen steigern die Leistungszufuhr zum gesamten Maschinensystem des elektrischen Netzes.

In Gln. (11) und (12) haben wir nun zwei Beziehungen zwischen der Leistungsabweichung $\sum N$ und der Drehzahlabweichung σ vom Beharrungszustand gewonnen, die sich auf sämtliche parallel arbeitenden Maschinen aller zusammengeschlossenen Kraftwerke erstrecken. Sie ergeben gemeinsam die Differentialgleichung

$$\sum (S_g + S_n) \cdot \frac{d^2\sigma}{dt^2} + \sum \frac{N_0}{\delta T_s} \cdot \sigma = 0 \tag{13}$$

für die relative Frequenzabweichung σ und eine ganz analoge Gleichung auch für die Leistungsabweichung $\sum N$. Die Lösung dieser Schwingungsgleichung ist für die Drehzahl- oder Frequenzschwingung

$$\sigma = F \cos(\lambda t + \gamma). \tag{14}$$

Darin sind als Integrationskonstanten mit F die Amplitude und mit γ die Phase bezeichnet, und

$$\lambda = \sqrt{\frac{\sum N_0/\delta T_s}{\sum (S_g + S_n)}} \tag{15}$$

ist *die Frequenz der auftretenden Gesamtschwingung des Systems.* Nach Gl. (11) folgt daraus die Leistungsschwankung aller Kraftmaschinen

$$\sum N = \lambda F \sum (S_g + S_n) \cdot \sin(\lambda t + \gamma) = \widetilde{\sum N} \cdot \sin(\lambda t + \gamma). \tag{16}$$

Aus Gl. (10) können wir andererseits die Amplitude der elektrischen Leistungsschwingung ausdrücken, die zwischen allen Generatoren und allen Motoren des Netzes ausgetauscht wird als

$$\sum W = \lambda F \sum S_n \cdot \sin(\lambda t + \gamma). \tag{17}$$

Die totalen elektrischen und mechanischen Schwingungsamplituden verhalten sich daher wie die kinetische Energie aller Motorsätze zu der aller Generator- plus Motorsätze. Die Amplituden der mechanischen Leistungsschwingung und Frequenzschwingung verhalten sich nach Gl. (16) wie

$$\frac{\widetilde{\sum N}}{F} = \lambda \sum (S_g + S_n) = \sqrt{\sum (S_g + S_n) \cdot \sum \frac{N_0}{\delta T_s}}. \tag{18}$$

Die elektrische Leistungsschwingung ist entsprechend kleiner im Verhältnis $\sum S_n / \sum (S_g + S_n)$.

Aus der Tatsache, daß sich für alle zusammengeschlossenen Kraftwerke eine einzige Differentialgleichung ergibt, erkennen wir, *daß das gesamte Netz unter der Wirkung aller Kraftmaschinenregler Gemeinschaftsschwingungen ausführt.* Diese bestehen in Fluktuationen der Energie zwischen den *rotierenden Massen* des gesamten Systems auf der einen Seite *und den Energievorräten der Kraftmaschinen* auf der anderen Seite, sei es Dampf, Wasser oder Öl. Dies steht im Gegensatz zu den schnelleren Synchronisierschwingungen zwischen den einzelnen Generatoren und Motoren, die Fluktuationen der Leistung lediglich zwischen den verschiedenen rotierenden Massen der Maschinen hervorrufen.

Wir wollen als Beispiel ein Stromversorgungsnetz betrachten, daß nur drei Kraftmaschinensätze besitzt mit den Nennleistungen $N_0 = 5$, 10 und 20 MW, mit Anlaufzeitkonstanten von $T_a = 8$, 5 und 20 sec, mit Drehzahlreglern von $\delta = 5$, 3 und 6% totalem Abfall und Servomotoren mit $T_s = 2$, 1 und 4 sec Schlußzeit, während die zahlreichen Motoren zusammen eine Netzschwungleistung von $\sum S_n = 500$ MWsec besitzen. Die gemeinschaftliche Reglerfrequenz des Gesamtsystems ist dann

$$\lambda = \sqrt{\frac{\dfrac{5}{5\% \cdot 2} + \dfrac{10}{3\% \cdot 1} + \dfrac{20}{6\% \cdot 4}}{8 \cdot 5 + 5 \cdot 10 + 20 \cdot 20 + 500}} = \sqrt{\frac{50 + 333 + 83 \ \text{MW/sec}}{40 + 50 + 400 + 500 \ \text{MW sec}}}$$

$$= \sqrt{\frac{466}{990}} = 0{,}686 \text{ in } 2\pi \text{ sec oder } 0{,}109 \text{ Per/sec}.$$

Die Reglerfrequenz der einzelnen freilaufenden Maschinen würde demgegenüber betragen

$$\lambda_1 = \sqrt{\frac{50}{40}} = 1{,}12; \qquad \lambda_2 = \sqrt{\frac{333}{50}} = 2{,}58; \qquad \lambda_3 = \sqrt{\frac{83}{400}} = 0{,}454.$$

Dies Beispiel zeigt, daß die mittelgroße Maschine von 10 MW Nennleistung durch die Wirkung ihres Reglers mit kleinem Abfall und ihres Servomotors mit kleiner Schlußzeit bei weitem die stärksten Kräfte ausübt, die viermal so groß sind wie die der 20 MW Maschine. Die Schwungleistung wird andererseits vorwiegend von der 20 MW Maschine und von den gesamten rotierenden Motormassen geliefert, welch letztere die Frequenz erheblich verringern. Messungen in Kraftwerksnetzen zeigen, daß die Anlaufzeitkonstante T_a aller Motoren, bezogen auf die speisende Generatorleistung, meistens in der Größenordnung von 10 bis 20 sec liegt, wobei diese großen Werte auf die Unterlastung der meisten Motoren zurückzuführen sind. *Die Frequenz eines derartigen Netzes läßt sich bei Abweichungen vom Beharrungszustand niemals schneller wieder auf den Sollwert bringen als es einer Schwingungsdauer von fast 10 sec entspricht,* was der reziproke Wert der niedrigen Frequenz von 0,1(9 Per/sec ist.

Bei jeder Belastungsänderung $\sum N$ des ganzen Netzes, die die Drehzahl und Frequenz zum Schwanken bringt, beteiligen sich nach Gln. (2) und (12) die verschiedenen Synchronkraftmaschinen genau nach Maßgabe ihrer Reguliergeschwindigkeit gemessen in kW/sec. Jede einzelne Maschine erhält daher durch die Wirkung ihrer Steuerung einen Leistungsanteil zugewiesen, der sich durch Division und Integration dieser beiden Gleichungen bestimmt zu

$$\widetilde{N} = \frac{N_0/\delta\, T_s}{\sum N_0/\delta\, T_s} \sum \widetilde{N}. \tag{19}$$

Dies ist eine *Aufteilung der Leistung, die vollkommen verschieden ist* von den beiden früheren Regeln in Gln. (30) und (32) von Kapitel 22.

Wünscht man alle Maschinen entsprechend ihrer Nennleistung an der Aufnahme dieser Stöße zu beteiligen, so muß man *die Drehzahlregler und Servo-*

motoren so aufeinander abstimmen, daß das Produkt δT_s aller Maschinen untereinander gleich ist. Da jedoch die Stoßleistung vor dem langsamen Eingreifen der Regler entsprechend den Schwungleistungen der einzelnen Maschinen verteilt war, so tritt durch die Wirkung der Kraftmaschinensteuerung im allgemeinen eine Veränderung der Leistungsaufteilung ein und es treten Schwankungen und Leistungsverschiebungen zwischen den verschiedenen Maschinen auf. Die Differenz zwischen der alten und neuen Leistungsverteilung bestimmt die Leistungsschwingung jedes Generators, deren Amplitude sich nach Gl. (19), und nach Gl. (32) von Kapitel 22, ergibt zu

$$\widetilde{W} = \left[\frac{S_g}{\Sigma\,(S_g + S_n)} - \frac{N_0/\delta T_s}{\Sigma\,N_0/\delta T_s} \right] \widetilde{\Sigma N}. \tag{20}$$

Diese das ganze Netz durchflutenden Leistungsschwingungen haben die gemeinsame Eigenfrequenz der Gl. (15). *Sie können in den einzelnen Generatoren positiv oder negativ sein,* je nach dem Überwiegen des ersten oder zweiten Gliedes in dem Klammerausdruck der Gl. (20)

Wären keine Netzschwungmassen vorhanden, so könnten wir den Klammerwert dieser Gleichung zum Verschwinden bringen, wenn wir für sämtliche Synchronkraftmaschinen

$$\frac{S_g}{N_0/\delta T_s} = \frac{T_a\,N_0}{N_0/\delta T_s} = \delta T_s\,T_a = \text{const} \tag{21}$$

machen würden, denn dann würde dies Produkt für jede Maschine mit dem Summenwert für das ganze Netz übereinstimmen und nach Gl. (6) würden alle Reglerfrequenzen der einzelnen Maschinen gleich werden.

Auch unter der Wirkung der Netzschwungmassen hat *diese Abstimmungsregel* den großen Vorteil, daß die Leistungsanteile aller Synchronmaschinen sich genau entsprechend ihren eigenen Schwungmassen aufteilen. Man erkennt dies am besten, wenn man Gl. (20) umschreibt in

$$\widetilde{W} = \left[\frac{\Sigma\,N_0/\delta T_s}{\Sigma\,(S_g + S_n)} - \frac{N_0/\delta T_s}{S_g} \right] \frac{S_g}{\Sigma\,N_0/\delta T_s} \widetilde{\Sigma N}, \tag{22}$$

denn jetzt werden unter der Bedingung (21) die Werte in der Klammer für alle Maschinen einander gleich. Die Synchronkraftmaschinen arbeiten jetzt während der langsamen Ausgleichsschwingungen nach einem Laststoß nicht mehr gegeneinander, sondern führen alle ihre Schwingungen gemeinschaftlich und anteilsgerecht aus, wobei ihre Leistung proportional der individuellen Schwungleistung S_g ist. *Diese Proportionalverteilung der Leistung entsprechend den Schwungleistungen ist die sicherste Gewähr dafür, daß keine Stabilitätsstörungen durch Außertrittfallen einzelner Maschinen nach irgend einem Stoße in der Anlage eintreten.*

Ohne Abstimmung des gesamten Generatorsystems können jedoch große Differenzen in den zweiten Gliedern der Klammer von Gl. (22) für die einzelnen Maschinen auftreten. Die Maschinensätze mit dem kleinsten $\delta T_s\,T_a$, die die höchste selbständige Reglerfrequenz ergeben, sind stets am meisten gefährdet. Für die drei Maschinen unseres obigen Beispiels ist dieser charakteristische Wert $\delta T_s\,T_a = 5 \cdot 2 \cdot 8 = 80;\ 3 \cdot 1 \cdot 5 = 15;$ und $6 \cdot 4 \cdot 20 = 480,$ was zu einer völlig unangemessenen Verteilung jedes anfallenden Stoßes führt. Stark verschiedene selbständige Reglerfrequenzen, die zu unbalancierter Lastverteilung während des Ausgleichszustandes des ganzen Systems führen, treten besonders auf, wenn Dampf- und Wasserkraftwerke zusammen arbeiten.

c) Frequenzänderung nach Belastungsstößen. Nach einem Leistungsstoß im Netzsystem stellt sich das System aller Maschinen nach einiger Zeit auf einen *neuen Gleichgewichtszustand* ein, der durch die Summeneigenschaften aller Kraftmaschinenregler bestimmt ist. Dabei ändert sich im allgemeinen nicht nur die Leistung, sondern auch die Drehzahl der Maschinen, oder die Frequenz des Netzes. Für jede Kraftmaschine ist nach Abb. 2 die endliche Leistungsabweichung vom Beharrungszustand

$$\varDelta N = \frac{N_0 \varDelta n}{\delta}. \tag{23}$$

Die Summe aller dieser Änderungen ist durch den Gesamtstoß $\overline{N}$ bestimmt, der lediglich wegen der Verluste etwas größer als der elektrische Leistungsstoß $\overline{W}$ auf das Netz ist. Da die Drehzahländerungen $\varDelta n$ aller Maschinen gleich sind, so ist

$$\overline{N} = \left(\frac{N_{01}}{\delta_1} + \frac{N_{02}}{\delta_2} + \cdots\right)\varDelta n = \sum \frac{N_0}{\delta}\cdot \overline{\sigma}, \tag{24}$$

wobei an Stelle der bleibenden Drehzahländerung $\varDelta n$ auch die Frequenzänderung $\overline{\sigma}$ geschrieben werden kann, beides im relativen Werte gemessen.

Die gesamte Drehzahl-Leistungs-Charakteristik sämtlicher Kraftmaschinen baut sich nach Gl. (24) durch einfache Summation aller Kennlinien N_0/δ über der gemeinsamen Drehzahl auf, wie es in Abb. 4 dargestellt ist. Für die bleibende Drehzahländerung unter der Wirkung des Leistungsstoßes $\overline{N}$ ergibt sich danach

$$\varDelta n = \overline{\sigma} = \frac{\overline{N}}{\sum N_0/\delta} \tag{25}$$

und der Einzelstoß für jede Maschine ist nach Gl. (23)

$$\varDelta N = \frac{N_0/\delta}{\sum N_0/\delta}\,\overline{N}. \tag{26}$$

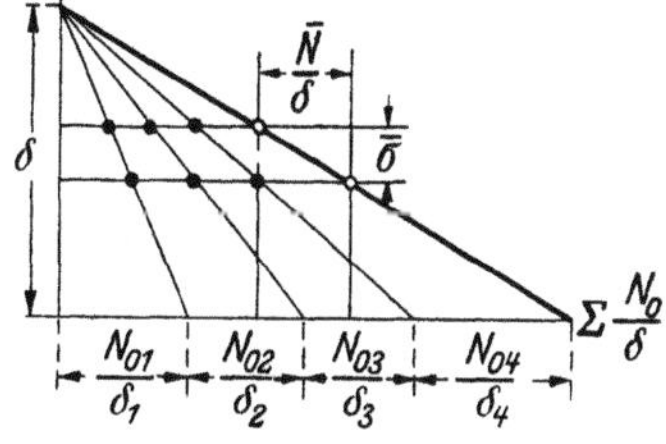

Abb. 4.

Die im Netz anfallenden Leistungsänderungen *verteilen sich also auf die einzelnen Kraftmaschinen im Beharrungszustand entsprechend der Statik der Regler*, die aus dem Quotient von Nennleistung und totalem Drehzahlabfall in kW/% gemessen wird.

Wir haben früher gesehen, daß wir während der Regulierperiode der Maschine bestenfalls erreichen können, daß die Leistungsstöße sich wie die Schwungleistungen, also entsprechend $S = T_a N_0$ auf die einzelnen Maschinen verteilen. Wünscht man daher möglichst günstigen Anschluß des Beharrungszustandes an die Regulierperiode, so muß man

$$\frac{T_a N_0}{N_0/\delta} = \delta\, T_a = \text{const} \tag{27}$$

für alle Kraftmaschinen machen. Dies erfordert *eine Abstimmung aller Drehzahlregler, derart, daß ihre Ungleichförmigkeit umgekehrt proportional der Anlaufzeitkonstante des Maschinensatzes ist*. Für ein bestimmtes Netz mit stark unterschiedlichen Maschinen könnte man die Regler z. B. nach folgender Tabelle abstimmen:

Anlaufzeitkonstante der Maschine . $T_a =$ 3   5   7   10   15   20 sec,
Ungleichförmigkeit des Reglers . . $\delta =$ 10 6 4,3 3   2   1,5 %.

Wenn man außerdem noch die Abstimmungsbedingung (21) einhalten will, nach der eine Proportionalverteilung der elektrischen Leistungen während der Regulierperiode vorhanden ist, so muß man *die Schlußzeiten der Servomotoren aller Kraftmaschinen untereinander gleichhalten*.

Die langsamen Reglerschwingungen, die den Übergang in den neuen Beharrungszustand beenden, sind in Abb. 5 dargestellt. Diese Schwingungen vermitteln den stetigen Übergang zwischen dem Dauerzustand vor und nach dem Leistungsstoß $\overline{N}$, der eine Frequenzänderung $\overline{\sigma}$ nach Gl. (25) verursacht. In Gl.(14)

und (16) haben wir den Zusammenhang von mechanischer Leistung und Frequenz während irgendwelcher Ausgleichsvorgänge hergeleitet und können nun diese Beziehung für die Bestimmung der anfänglichen Schwingungsamplituden benutzen, wenn auch durch die Dämpfung ein langsames Abklingen erfolgt, wie es in Abb. 5 angedeutet ist. Der Leistungs- und Frequenzstoß bildet den Anfangs-

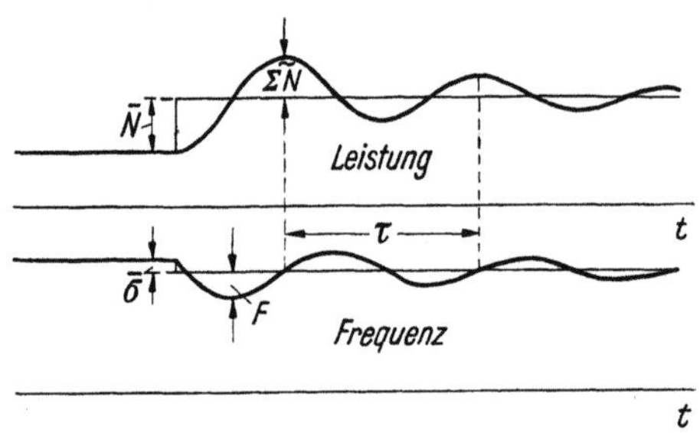

Abb. 5.

wert dieser Schwingungen zur Zeit $t=0$, und daher ist nach Gl. (14) die Frequenzabweichung

$$\bar{\sigma} = F \cos \gamma \qquad (28)$$

und nach Gl. (16) die Leistungsabweichung

$$\bar{N} = \lambda F \sum (S_g + S_n) \cdot \sin \gamma. \qquad (29)$$

Daraus ergibt sich durch Division für den Phasenwinkel γ der Reglerschwingungen

$$\operatorname{tg} \gamma = \frac{\bar{N}}{\bar{\sigma} \lambda \sum (S_g + S_n)} = \frac{\sum N_0/\delta}{\sqrt{\sum (S_g + S_n) \cdot \sum N_0/\delta T_s}}, \qquad (30)$$

worin der Quotient $\bar{N}/\bar{\sigma}$ nach Gl. (25) und die Regelungsfrequenz λ nach Gl. (15) eingesetzt ist.

Die *Amplitude der Frequenzschwingung* ergibt sich hiermit aus Gl. (28) zu

$$F = \frac{\bar{\sigma}}{\cos \gamma} = \bar{\sigma} \sqrt{1 + \operatorname{tg}^2 \gamma} = \bar{\sigma} \sqrt{1 + \frac{(\sum N_0/\delta)^2}{\sum (S_g + S_n) \cdot \sum N_0/\delta T_s}}. \qquad (31)$$

Sie ist also im allgemeinen *erheblich größer als der bleibende Frequenzunterschied* $\bar{\sigma}$. Setzen wir, um Zahlenwerte für ein Beispiel zu gewinnen, lauter Kraftmaschinen mit gleichartiger Regelung und gleichen Anlaufzeiten voraus, so können wir die Nennleistungen herausheben und erhalten den einfachen Ausdruck

$$F = \bar{\sigma} \sqrt{1 + \frac{T_s}{\delta (T_a + T_n)}}, \qquad (32)$$

wobei T_n die Anlaufzeitkonstante des Motornetzes ist. Für 3 sec Schlußzeit, 5% Ungleichförmigkeit und eine Anlaufzeit des Gesamtsystems von 30 sec erhält man eine Schwingungsamplitude vom

$$\frac{F}{\bar{\sigma}} = \sqrt{1 + \frac{3 \cdot 100}{5 \cdot 30}} = 1{,}73\,\text{fachen}$$

Wert des bleibenden Frequenzunterschiedes. Es tritt demnach ein *erhebliches Überregulieren* auf, wie in Abb. 5 gezeigt ist, das aber durch die Wirkung der großen Netzschwungmassen kleiner ist, als es für den Einzellauf jeder individuellen Maschine sein würde. Führt man die stationäre Frequenzabweichung nach Gl. (25) in Gl. (31) ein, so erhält man die Amplitude der Frequenzschwingung in Abhängigkeit vom Leistungsstoß

$$F = \bar{N} \sqrt{\frac{1}{(\sum N_0/\delta)^2} + \frac{1}{\sum (S_g + S_n) \cdot \sum N_0/\delta T_s}} \simeq \frac{\bar{N}}{\sum N_0} \sqrt{\delta^2 + \frac{\delta T_s}{T_a + T_n}}. \qquad (33)$$

Der vereinfachte letzte Ausdruck gilt wieder für ganz gleichartige Maschinen. Man sieht hier am deutlichsten, wie durch den Einfluß kleiner Schwungmassen und schlechter Steuerungseigenschaften der Kraftmaschinen ein starkes Überschwingen der Frequenz hervorgerufen wird.

Für die Amplitude der Zufluß-Leistungsschwingung der gesamten Kraftmaschinen des Netzes erhält man nunmehr aus Gl. (18)

$$\sum \widetilde{N} = \overline{N}\,\sqrt{\frac{\Sigma\,(S_g + S_n)\cdot \Sigma\,N_0/\delta\,T_s}{(\Sigma\,N_0/\delta)^2}+1} \simeq \overline{N}\,\sqrt{\frac{\delta\,(T_a + T_n)}{T_s}+1}, \qquad (34)$$

wobei auch hier der Wert für gleichartige Schwung- und Regelungsverhältnisse hinzugefügt ist. Für das eben erwähnte Beispiel erhält man ein Überschwingen der Leistungspendelungen um den

$$\frac{\sum \widetilde{N}}{\overline{N}} = \sqrt{\frac{5\cdot 30}{100\cdot 3}+1} = 1{,}23\,\text{fachen}$$

Betrag des Leistungsstoßes. Im Gegensatz zu den Frequenzschwingungen sind für die Leistungsschwankungen große Netzschwungmassen ungünstig. Ein Teil von diesen Schwankungen, der proportional zu $\sum S_g$ ist, verbleibt in den Schwungmassen der Generatorsätze. Der andere Teil, der proportional zu $\sum S_n$ ist, fließt in das Netz und endet in den Schwungmassen der Asynchronmotoren.

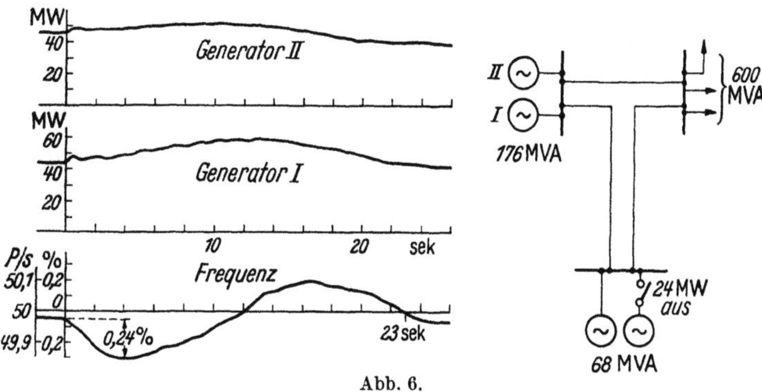

Abb. 6.

In Abb. 6 sind *die Ergebnisse eines Stoßversuches in einem Großkraftnetz* dargestellt, das zahlreiche Generatoren enthält von einer gesamten Nennleistung von 800 MVA. Ein Leistungsstoß von minus 24 MW wurde dem Netze aufgeprägt, indem einer der speisenden Generatoren plötzlich abgeschaltet wurde, so daß seine Leistung von den anderen Maschinen der zusammengeschlossenen Werke momentan übernommen werden mußte. Es bildete sich dabei eine gedämpfte Frequenzschwankung von 23 sec Schwingungsdauer aus, entsprechend $\lambda = 0{,}274$, die durch die gemeinschaftliche Wirkung aller Geschwindigkeitsregler des Systems verursacht wurde. Die Amplitude dieser Frequenzschwingung ist $F = -0{,}24\%$ der Normalfrequenz. Zwei Generatoren I und II in einem entfernten Kraftwerk zeigen eine langsame Leistungsschwingung derselben Frequenz, aber von verschiedener Größe und darübergelagert sind anfängliche schnelle Schwingungen, deren Perioden bei beiden Maschinen verschieden sind, nämlich 1,57 und 1,40 sec, was durch die unterschiedlichen synchronisierenden Kräfte dieser Maschinen bedingt ist.

IV. Einfluß der Erde.

24. Erdschlußströme in isolierten Netzen.

Wenn in einem Starkstromnetz eine Wechselstromleitung an irgendeinem Punkte Schluß gegen Erde bekommt, so kann durch die Erdschlußstelle ein erheblicher Strom zur Erde fließen. Wenn ein zweiter Punkt des Netzes geerdet ist, zum Beispiel der Sternpunkt des Systems, so strömt der Strom vom Fehlerort zu dieser Erdelektrode. Wenn der Sternpunkt isoliert ist und kein weiterer Punkt geerdet ist, so kann sich in Gleichstromsystemen kein Erdstrom ausbilden. *In Wechselstromanlagen kann jedoch der Erdstrom vom Fehlerort durch die Erdkapazität der gesunden Leitungen zur Stromquelle zurückfließen*, und daher kann sich ein erheblicher Erdstrom entwickeln, auch wenn nur ein einziger Punkt im Gesamtsystem einen Erdschluß erhält. Im praktischen Betriebe von Wechselstromanlagen treten solche einpoligen Erdschlüsse häufig auf. Sie entstehen meist durch Reißen von Leitungen, durch Überschlag oder Durchbruch der Isolation, durch Staub und Schmutz auf den Isolatoren, sowie durch Vögel, Äste und andere Fremdkörper, die in die Leitungen geraten. Bei Netzen mit großer Kapazität, also vor allem in Kabelnetzen oder Hochspannungsanlagen, können die Erdschlußströme bedeutende Größe erhalten. Sie breiten sich in den Leitungen selbst sowie in der Erde auf große Entfernungen aus und können zu schweren Störungen Anlaß geben. Zwischen den Leitungen und der Erde und auch zwischen Leitungen ungleicher Spannung schließen sich diese Ströme durch das Isoliermittel als Verschiebungsströme und erfüllen den ganzen Raum in der Umgebung der Wechselstromleitung mit ihrem Felde. Wir wollen im folgenden die Erscheinungen verfolgen, die in den Leitungen und in der Erde auftreten, wenn ein bestimmter Punkt des Netzes metallischen Erdschluß erhält.

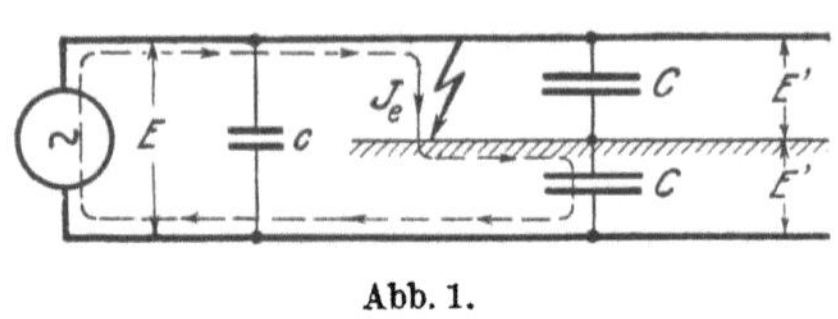

Abb. 1.

a) Verteilung in den Leitungen. Ein Überschlag von einem Leiter eines isolierten Einphasennetzes nach Erde ist in Abb. 1 durch einen Blitzpfeil eingetragen, und der Verlauf des Erdschlußstromes, der durch solch einen Fehler verursacht wird, ist gestrichelt dargestellt. Er fließt von der Stromquelle her über den Erdschlußpunkt der kranken Leitung zur Erde, breitet sich in ihr unter der Leitung aus und tritt durch die Kapazität C der gesunden Leitung von der Erdoberfläche als Verschiebungsstrom zu dieser über, um von dort zur Stromquelle zurückzufließen. Die Kapazität c zwischen den Leitungen wird vom Erdschluß nicht beeinflußt, und wenn der Erdschlußstrom nicht so groß ist, daß er die Spannung zwischen den Leitungen erheblich beeinflußt, so bleibt der in c fließende Strom ungeändert. Dagegen ändert sich der Strom in den Erdkapazitäten C sehr erheblich. Die Spannung der kranken Leitung gegen Erde wird Null, so daß durch ihre Kapazität kein Strom mehr fließt. Dagegen steht die Kapazität der gesunden Leitung nunmehr unter der doppelten Spannung wie bei gesundem Netz und wird daher vom doppelten Ladestrom durchflossen, der vollständig als Erdschlußstrom in Erscheinung tritt.

Für Freileitungsnetze oder Kabelnetze, deren Längenerstreckung nicht gar zu groß ist, kann die Wirkung der Selbstinduktion der Leitungen für die Erdschlußströme gegenüber ihrer Kapazität vernachlässigt werden. Auch die Wirkung der Streuinduktion der Generatoren und Transformatoren ist für die regulären Erdschlußströme im allgemeinen nur gering. Wenn wir beide Selbstinduktionswirkungen und außerdem den Einfluß der Leitungswiderstände vernachlässigen, so ist der Erdschlußstrom nur durch die Größe der Kapazität der gesunden Leitungen bestimmt. Wir erhalten ihn daher für Einphasennetze mit der Frequenz ω und der Spannung E nach Abb. 1 zu

$$J_e = \omega C E. \tag{1}$$

Der Erdschlußstrom von Einphasennetzen ist doppelt so groß wie der Erdkapazitätsstrom bei gesunden Leitungen. Daher wird die kapazitive Belastung des Generators bei Erdschluß wesentlich größer als beim normalen Betriebe.

Wir können den Erdschlußstrom noch auf einem anderen Wege bestimmen, der wohl nicht für Einphasenanlagen, jedoch für Drehstromnetze einfacher ist und der die Überlagerung zweier Zustände benutzt. Durch vollständigen Erdschluß eines Punktes der Anlage wird die Spannung zwischen der kranken Leitung und Erde an dieser Stelle von der gesunden Spannung E' auf Null gebracht. Dem regulären System der Spannungen und Ströme überlagert sich daher eine Spannung von der Größe $-E'$ an der Erdschlußstelle. Die Summe beider Spannungen ist am Erdschlußpunkt Null. *Alle Abweichungen des geerdeten Systems vom ungeerdeten sind dann lediglich verursacht durch die Wirkung dieser Spannung $-E'$.* Sie ist genauso wie die Netzspannung harmonisch veränderlich und erzeugt ihrerseits einen Wechselstrom, der, vom Erdschlußpunkt ausgehend, innerhalb der Erde zu den beiden Leitungskapazitäten C der Abb. 1 läuft, um von dort durch die kranke Leitung direkt, durch die gesunde Leitung indirekt über die Stromquelle zum Erdschlußpunkt zurückzukehren. Da für Einphasennetze nach Abb. 1 die gesunde Spannung am Erdschlußpunkte $E' = E/2$ ist und der überlagerte Erdschlußstrom die beiden parallel geschalteten Kapazitäten $2\,C$ durchläuft, so erhält man für seine Stärke wieder die Beziehung (1). Der in der Kapazität der kranken Leitung fließende Teil des Erdschlußstromes hebt den dort fließenden regulären Kapazitätsstrom gerade auf, der andere Teil in der Kapazität der gesunden Lei-

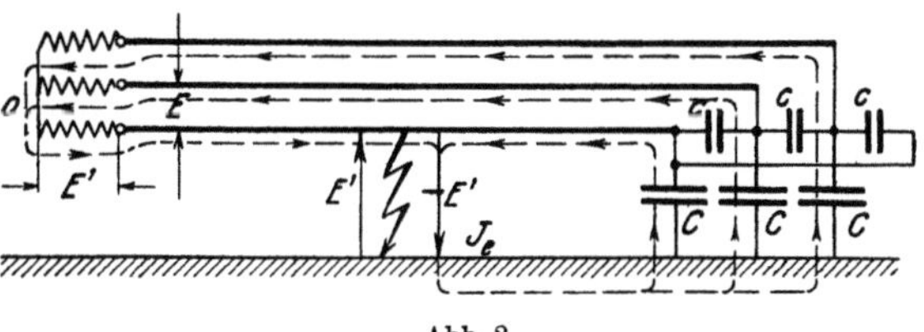

Abb. 2.

tung setzt sich zum regulären Kapazitätsstrom verdoppelnd hinzu.

Ganz ähnlich liegen die Verhältnisse beim Erdschluß in Drehstromanlagen, der in Abb. 2 dargestellt ist. An der Erdschlußstelle besteht bei gesundem Netz die Phasenspannung E' zwischen Erde und Leitungen. Fügt man dort die Spannung $-E'$ hinzu, so wird die gesamte Spannung an der Erdschlußstelle Null, was einem metallischen Erdschluß entspricht. Unter der Wirkung dieser Spannung entsteht ein Erdschlußstrom J_e, der nach Abb. 2 in die Erde übertritt und sich in drei parallelen Zweigen auf die Erdkapazitäten der Drehstromleitungen verteilt. Er fließt in diesen zur Erdschlußstelle zurück, in der kranken Leitung direkt, in den beiden gesunden Leitungen über die Wicklungen des Transformators. In der kranken Leitung hebt der Erdschlußstrom den regulären Kapazitätsstrom auf, in den gesunden Leitungen verstärkt er ihn. Er erzeugt dabei eine übergelagerte einphasige Belastung des Transformators und des speisenden Generators.

Die Stärke des Erdschlußstromes ist nach Abb. 2

$$J_e = 3\,\omega\,C\,E' = \sqrt{3}\,\omega\,C\,E, \tag{2}$$

wenn mit E die Größe der verketteten Drehspannung bezeichnet wird. *Der Erdschlußstrom in Drehstromnetzen ist daher dreimal so groß wie der Erdkapazitätsstrom jeder gesunden Leitung.* Die einphasige Blindleistung dieses Erdschlußstromes ist

$$W_e = E'\,J_e = 3\,\omega\,C\,E'^2 = \omega\,C\,E^2. \tag{3}$$

Sie muß von der Stromquelle zusätzlich geleistet werden.

In Abb. 3 ist dargestellt, in welcher Weise sich die Erdschlußströme auf die gesunden und kranken Leitungsteile einer Drehstromanlage und auf die Erde räumlich verteilen. Die Verschiebungsströme treten in die Leitungen gleichmäßig verteilt über ihre ganze Länge ein, so daß der Strom in allen drei Leitungen

vom fernen Ende her linear zunimmt. In der kranken Leitung tritt am Erdschlußpunkte eine Unstetigkeit auf. Rechts von ihm verläuft der Strom wie in den gesunden Leitungen, links von ihm läuft der Erdschlußstrom der kranken Leitung
auf den Erdschlußpunkt zu, wächst also in entgegengesetzter Richtung an, und
außerdem schließen sich die beiden Ströme der gesunden Leitungen über dieses
Leitungsstück zur Erdschlußstelle zurück. In der Erde breitet sich ein Teil des
Stromes längs der Leitungsstrecke
nach rechts, ein anderer nach links
aus. Beide besitzen einen ebenfalls
linearen Anstieg, der in Abb. 3 dargestellt ist und das Spiegelbild der
Summe der Ströme in den Leitungen darstellt.

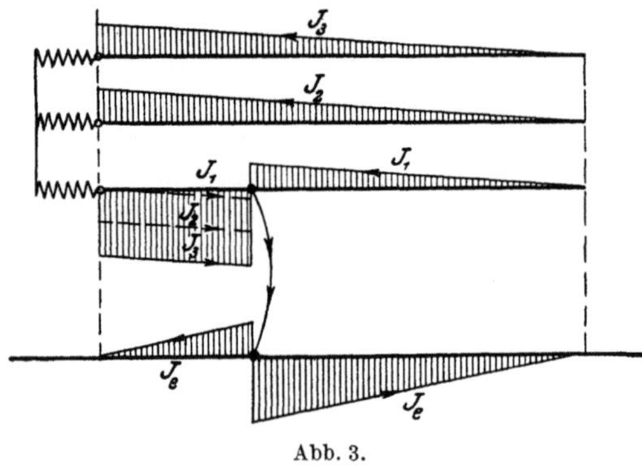

Abb. 3.

Diese vom Erdschluß herrührende
Stromverteilung überlagert sich den
regulären Strömen des Leitungsnetzes, sowohl den Kapazitätsströmen des gesunden Zustandes wie
den normalen Belastungsströmen.
*Während die regulären Kapazitäts-
ströme bei gleichen Teilkapazitäten aller Leitungen eine symmetrische Mehrphasen-
belastung der Stromquelle ergeben, erzeugen die Erdschlußströme stets eine vollständig einphasige Belastung und bewirken daher, daß die gesamten Spannungs-
und Stromsysteme der Anlage stark unsymmetrisch verzerrt werden.*

Es ist nicht immer zulässig, die Selbstinduktion der Erdschlußstrombahnen
zu vernachlässigen. Maßgebend dafür ist die Höhe der Eigenfrequenz

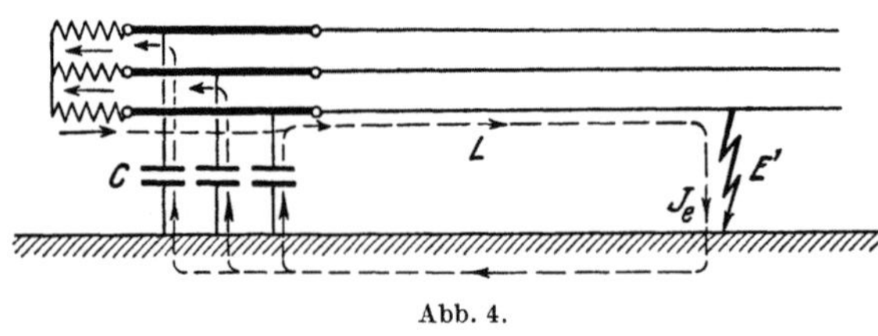

Abb. 4.

$$v = \frac{1}{\sqrt{LC}}, \qquad (4)$$

die der Erdschlußstromkreis
besitzt. Nur wenn diese groß
gegenüber der Netzfrequenz
ist, spielt die Selbstinduktion
eine untergeordnete Rolle,
anderenfalls können sich bei
Erdschluß gefährliche Resonanzzustände ausbilden. Sehr lange Leitungen, die
in Kabelnetzen gegen 750 km und bei Freileitungen gegen 1500 km Länge besitzen, haben so große Selbstinduktion, daß ihre Eigenfrequenz bis auf die
Größenordnung von 50 Per/sec heruntergeht. Derartige Leitungsstrecken kommen
allerdings selten vor, sie würden auch ohne Erdschluß Resonanz mit der Betriebsspannung ergeben.

*In Anlagen, bei denen Kabelnetze und Freileitungen zusammenarbeiten, ergeben
sich niedrige Eigenfrequenzen bereits bei viel kleineren Leitungslängen.* Abb. 4 stellt
ein solches Drehstromnetz schematisch dar. Erhält eine der Freileitungen in
erheblichem Abstand vom Kabelnetz Erdschluß, so entsteht ein Erdschlußstromkreis, der durch die Pfeile dargestellt ist. Die Selbstinduktion wird im wesentlichen von der kranken Freileitung gebildet, auch die Streuung der Maschinen
und Transformatoren trägt mit zu ihr bei. Die Kapazität besteht im wesentlichen
aus der Erdkapazität des gesamten Kabelnetzes, in dem die drei Phasenleitungen
parallel wirken. Da der Erdschlußstromkreis unter einer treibenden Wechselspannung E' steht, die gleich der negativen Phasenspannung ist, so kann die
Höhe der hier auftretenden Erdschlußspannungen berechnet werden. Arbeitet

man nicht gerade in unmittelbarer Resonanz, so daß man die dämpfende Wirkung der Widerstände vernachlässigen kann, so erhält man nach Kapitel 4, Gl. (14) als Kapazitätsspannung

$$E_C^* = \frac{E}{\sqrt{3}\left[1 - \left(\frac{\omega}{\nu}\right)^2\right]}. \tag{5}$$

Ebenso ergibt sich der tatsächliche Erdschlußstrom unter dieser Spannung zu

$$J_e^* = \frac{J_e}{1 - \left(\frac{\omega}{\nu}\right)^2}, \tag{6}$$

er wird durch die Resonanznähe wesentlich vergrößert.

Entsteht der Erdschluß plötzlich, so können wie beim Einschalten eines Kondensators oder eines Schwingungskreises nach Kapitel 2 und 6 kurzzeitige Ausgleichsüberspannungen bis zum doppelten Betrage der eben berechneten entstehen.

Ein Drehstrom-Kabelnetz für 10000 Volt bei 50 Per/sec, das eine gesamte Ausdehnung von 250 km besitzt, ergibt unter der Phasenspannung $E' = 5760$ Volt einen Erdkapazitätsstrom von 180 Amp. Dann hat es nach Gl. (2) eine Kapazität von

$$3\,C = \frac{180 \cdot 10^6}{314 \cdot 5760} = 100\,\mu\mathrm{F}.$$

Entsteht in einer angeschlossenen Freileitung nach 30 km Länge ein vollständiger Erdschluß, so ist mit einer Selbstinduktion der kranken Leitung von etwa $L = 75$ mH zu rechnen, so daß der Erdschlußkreis eine Eigenfrequenz von etwa

$$\nu = \frac{1}{\sqrt{75 \cdot 10^{-3} \cdot 100 \cdot 10^{-6}}} = 365 \text{ in } 2\pi \text{ sec} \quad \text{oder} \quad f = 58 \text{ Per/sec}$$

erhält. Dies liegt bereits unzulässig nahe an der Betriebsfrequenz. Es würden an der Selbstinduktion und Kapazität, d. h. im größten Teile des Leitungsnetzes, hohe resonanzhafte Spannungen entstehen, die sich der normalen Betriebs-spannung überlagern. Nach Gl. (5) ergibt sich eine Erdschlußüberspannung von

$$E_C^* = \frac{10000}{\sqrt{3}\left[1 - \left(\frac{50}{58}\right)^2\right]} = 22\,600 \text{ Volt},$$

also mehr als das Doppelte der regulären Netzspannung. Die Anlage würde durch diese Überspannungen, die kurz nach dem Durchbruch nochmals fast aufs Doppelte ansteigen können, wahrscheinlich zerstört werden. Der wirkliche Erd-schlußstrom würde

$$J_e^* = \frac{180}{1 - \left(\frac{50}{58}\right)^2} = 705 \text{ Amp}$$

betragen, also fast das Vierfache des Kapazitätsstromes des Kabelnetzes allein.

Zur Abhilfe gegen derartige Gefährdungen, die bei ungünstiger Lage des Erdschlußpunktes im Freileitungsnetz auftreten können, muß man *die Frei-leitungen von den Kabeln elektrisch isolieren*, nötigenfalls durch Transformatoren mit der Übersetzung 1:1, so daß die Erdschlußströme des einen Netzteiles nicht in den anderen leitend übertreten können.

In reinen Freileitungs- oder Kabelnetzen ergeben sich durch das Zusammen-wirken der Transformator- und Maschinenstreuung mit der Netzkapazität *relativ hohe Eigenfrequenzen des Erdschlußkreises.* Dieselben können zu Resonanzen und Erdschlußüberspannungen Anlaß geben, wenn die Netzspannung starke Oberschwingungen enthält. In Abb. 5 ist der hierbei auftretende Stromverlauf eingetragen, wie er sich in einer Fernleitung zwischen zwei Transformatoren ausbildet. Eine der Erdkapazitäten C der Leitung liegt direkt an der überlagerten Phasenspannung $-E'$, die anderen beiden werden von ihr über die Transformatorstreuungen gespeist, die unter sich parallel liegen.

Bei einer Leitungslänge von 90 km mißt man beim Betrieb mit 35 kV einen dreipoligen Erdkapazitätsstrom von 9 Amp. Daher ist die Kapazität zweier Leitungen etwa

$$2\,C = \frac{2}{3} \cdot \frac{9 \cdot \sqrt{3} \cdot 10^6}{314 \cdot 35000} = 0{,}95\,\mu\mathrm{F}\,.$$

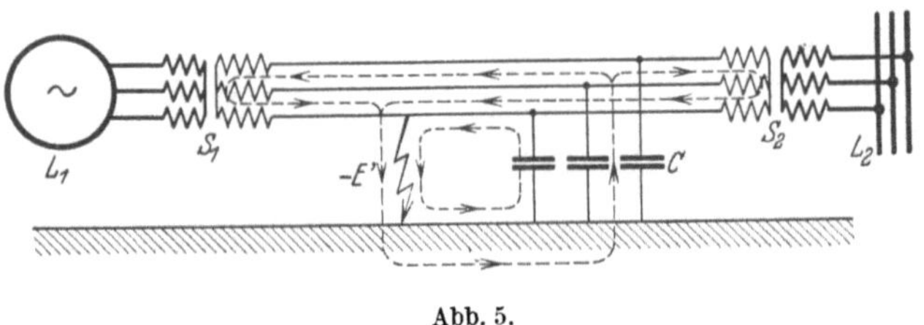

Abb. 5.

Rechnet man mit je 4% Streuung für die Endtransformatoren und 12% für die hinter ihnen liegenden Netzteile, also zusammen mit 16%, so erhält man bei 100 Amp Nennstrom für die Parallelschaltung der beiden Transformatoren eine Selbstinduktion

$$\frac{L}{2} = \frac{1}{2} \cdot \frac{0{,}16 \cdot 35000 \cdot 10^3}{314 \cdot 100} = 89\,\mathrm{mH}\,.$$

Der Erdschlußkreis hat daher eine Eigenfrequenz von

$$\nu = \frac{1}{\sqrt{89 \cdot 10^{-3} \cdot 0{,}95 \cdot 10^{-6}}} = 3450 \text{ in } 2\pi\,\mathrm{sec}\,,$$

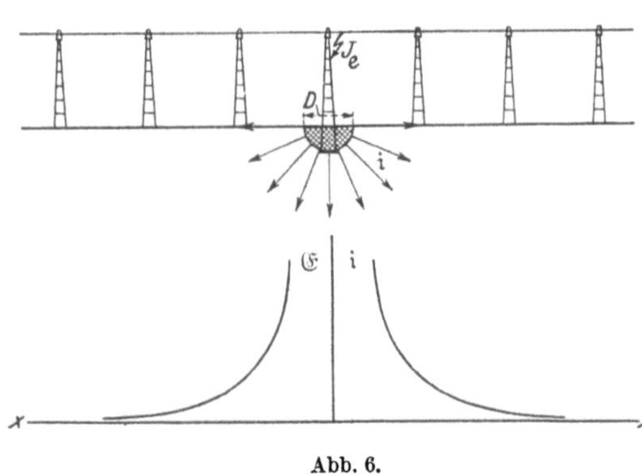

Abb. 6.

und dies ist das $3450/314 = 11$-fache der Grundfrequenz. Falls daher das Netz eine erhebliche 11te Oberwelle besitzt, wird diese bei Erdschluß hohe Überspannungen erregen.

b) Stromverlauf in der Erde. Entsteht ein Erdschluß in einer Kabelstrecke, so tritt der Erdschlußstrom meistens in die metallische Bewehrung des Kabels über und breitet sich nur allmählich im Erdboden aus. Ist die Leitfähigkeit dieses Mantels nicht der Stärke des Erdschlußstromes angemessen, sind vor allem schlechte Übergangsstellen an den Muffen zwischen mehreren Kabelstrecken vorhanden, so können starke Brandwirkungen entstehen. *Man muß daher bei ausgedehnten Kabelnetzen für guten metallischen Schluß oder aber für vollständige Isolierung aller Kabelmäntel sorgen.*

Bei Freileitungen tritt der Erdschlußstrom eines durch Bruch oder Überschlag zerstörten Isolators durch den Fuß von eisernen Masten in die Erde ein, so wie es in Abb. 6 dargestellt ist. *Er breitet sich bei homogener Erde in der näheren Umgebung der Erdschlußstelle gleichmäßig nach allen Seiten und in die Tiefe aus* und erzeugt im Erdboden, der den spezifischen Leitungswiderstand s besitzt, ein erhebliches Spannungsgefälle $\mathfrak{E}$, dessen Verlauf ebenfalls in Abb. 6 dargestellt ist.

Bei allseitig gleichmäßiger Ausbreitung des Stromes ist auf jeder Halbkugelfläche, die im Erdinnern um den Eintrittspunkt geschlagen wird, die gleichförmige Stromdichte i vorhanden. Der Gesamtstrom ist daher für jeden Abstand x vom Mastfuß

$$J_e = 2\pi x^2 i. \tag{7}$$

Die Stromdichte ist demnach

$$i = \frac{J_e}{2\pi x^2}, \tag{8}$$

und die elektrische Feldstärke, das ist die Spannung pro Längeneinheit, ist

$$\mathfrak{E} = s\,i = \frac{s\,J_e}{2\pi x^2}. \tag{9}$$

Ein Erdstrom $J_e = 100$ Amp erzeugt in $x = 1$ m Entfernung an der Oberfläche von feuchtem Boden, dessen spezifischer Widerstand $s = 10^2\,\Omega$ m sein möge, eine Feldstärke von

$$\mathfrak{E} = \frac{10^2 \cdot 100}{2\pi \cdot 1^2} = 1600 \text{ Volt/m},$$

was einen bemerkenswert hohen Wert darstellt.

Wir wollen für unsere Berechnung annehmen, daß der Strom durch eine gut leitende, in die Erdoberfläche versenkte Halbkugel vom Durchmesser D an Stelle des Mastfußes eintritt. Das entspricht der Wirklichkeit zwar nicht genau, jedoch kann man durch einfache Messungen für jede Elektrodenform leicht den gleichwertigen Kugeldurchmesser feststellen. Die durch den Erdwiderstand des Stromes J hervorgerufene Spannung E am Mast gegenüber einem beliebigen Punkte im Innern oder an der Oberfläche der Erde mit der Entfernung x ist dann

$$E = \int_{D/2}^{x} \mathfrak{E}\,dx = \frac{s\,J_e}{2\pi} \int_{D/2}^{x} \frac{dx}{x^2} = \frac{s\,J_e}{2\pi}\left[\frac{2}{D} - \frac{1}{x}\right]. \tag{10}$$

Für Entfernungen, die groß sind gegenüber dem Eintritts-Kugeldurchmesser, verschwindet das zweite Klammerglied gegenüber dem ersten. Man kann dort also schreiben

$$E = \frac{s\,J_e}{\pi D} = R J_e. \tag{11}$$

Darin ist

$$R = \frac{s}{\pi D} \tag{12}$$

eine Größe, die unabhängig vom Strom und von der Entfernung x ist und nur durch den spezifischen Widerstand der Erde und den Eintritts-Kugeldurchmesser gegeben ist. Man nennt sie den *Ausbreitungswiderstand oder Übergangswiderstand der Erdung*.

Wenn ein eiserner Mast einer Hochspannungsleitung mit einem äquivalenten Halbkugeldurchmesser seines Fußes von $D = 3{,}2$ m in sandigem Boden mit einem spezifischen Widerstand $s = 10^3\,\Omega$ m steht, so besitzt er einen Erdungswiderstand

$$R = \frac{10^3}{\pi \cdot 3{,}2} = 100\,\Omega.$$

Steht der gleiche Mast jedoch in besser leitendem Lehm- oder Ackerboden mit $s = 10^2\,\Omega$ m, so geht sein Erdwiderstand auf $10\,\Omega$ herunter.

Für jede beliebige Form der Erdelektrode ist die Spannung gegenüber weit entfernten Punkten und daher der Übergangswiderstand durch eine ähnliche Formulierung gegeben. Er ist stets proportional dem spezifischen Leitungswiderstand s des Erdbodens und umgekehrt proportional der Hauptabmessung, z. B.

D der Elektrode. So erhält man beispielsweise für kreisförmige Platten vom Durchmesser d, die auf dem Erdboden liegen, den Übergangswiderstand

$$r = \frac{s}{2\,d}.\tag{13}$$

Schreitet ein Mensch oder ein Tier entsprechend Abb. 7 die Umgebung der Erdschlußstelle ab, so erhält er vom Erdboden her Spannung aufgedrückt, die ihn unter Umständen beschädigen kann. Nennt man seine Schrittweite S, so ist die *Schrittspannung* gleich dem Linienintegral der Feldstärke über die Schrittweite, also mit Gl. (9)

$$e_S = \int\limits_x^{x+S} \mathfrak{E}\,dx = \frac{s\,J_e}{2\,\pi}\int\limits_x^{x+S}\frac{dx}{x^2} = \frac{s\,J_e}{2\,\pi}\,\frac{S}{x\,(x+S)}.\tag{14}$$

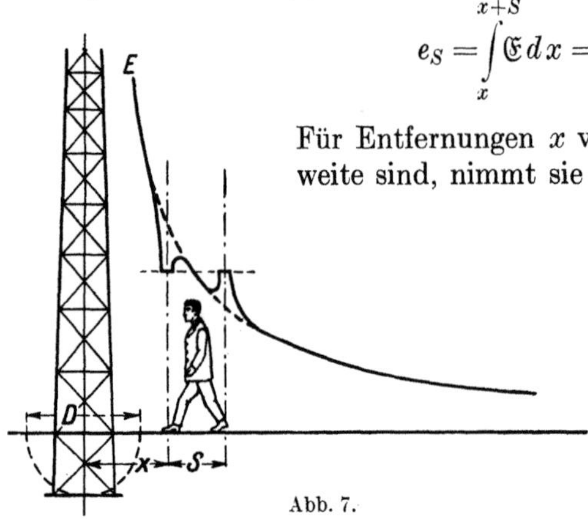

Abb. 7.

Für Entfernungen x vom Mast, die groß gegen die Schrittweite sind, nimmt sie nach der Näherungsformel

$$e_S = \frac{s\,J_e}{2\,\pi}\,\frac{S}{x^2}\tag{15}$$

umgekehrt wie das Quadrat der Entfernung ab. In der Nähe des Mastes kann sie bis zu einem Höchstwert ansteigen, der mit $x = D/2$ gegeben ist zu

$$e_S = \frac{2}{\pi}\,\frac{S}{D\,(D+2\,S)}\,s\,J_e.\tag{16}$$

Die Schrittspannung ist nach diesen Beziehungen außer vom Erdstrom und der Mastentfernung noch abhängig von der Schrittweite und dem spezifischen Widerstand der Erde und wird um so stärker, je größer diese beiden Werte sind.

Für die Gefährdung der Lebewesen kommt nun aber in Wirklichkeit nicht die Höhe der Spannung in Betracht, sondern der Strom, der den Körper durchfließt. Seine Größe hängt erheblich vom Leitungswiderstande des Körpers ab, dessen Wert sehr variabel ist. Wir wollen daher den gefährlichsten Fall betrachten, daß der Körperwiderstand gleich Null ist, so daß unter der Wirkung der Schrittspannung der denkbar größte Strom durch den Körper fließt.

Dieser Kurzschlußstrom beeinflußt natürlich die Spannungsverteilung in der Umgebung der Fußpunkte, und zwar muß er sich so groß einstellen, daß unter der Wirkung seines eigenen Feldes und des vom Mast ausgehenden Erdstromfeldes die Spannungsdifferenz zwischen den beiden Fußpunkten gleich Null wird. Wenn wir zur Vereinfachung der Anschauung die Fußpunkte als Kreisplatten vom Durchmesser d auffassen, der klein gegenüber der Schrittweite sein möge, so verteilt sich der Strom jedes Fußes nach ganz ähnlichen Gesetzen wie der Maststrom im Erdboden und besitzt unter jedem Fuß einen Ausbreitungswiderstand nach Gl. (13), durch dessen Wirkung der Spannungsverlauf unter den Füßen so weit gehoben oder gesenkt wird, daß kein Spannungsunterschied zwischen den Füßen mehr besteht. In Abb. 7 sind diese Verhältnisse dargestellt.

Da der Kurzschlußstrom i_S durch den Körper in den beiden Ausbreitungswiderständen r zusammengenommen der ursprünglichen Schrittspannung e_S das Gleichgewicht halten muß, so ist seine Größe gegeben durch die Bedingung

$$2\,r\,i_S = e_S.\tag{17}$$

Er wird also nach Einsetzen von Gl. (13) und (14)

$$i_S = \frac{S\,d}{x\,(x+S)}\,\frac{J_e}{2\,\pi}. \tag{18}$$

Das Verhältnis dieses gefährlichsten Körperstromes zum Erdstrom des Mastes hängt also lediglich ab von der Schrittweite S, dem gleichwertigen Fußplattendurchmesser d und der Entfernung x vom Mastmittelpunkt. Es ist dagegen gänzlich unabhängig von der Leitfähigkeit des Erdbodens.

Für Mastentfernungen, die groß gegen die Schrittweite sind, erhält man die Näherungsformel

$$\frac{i_S}{J_e} = \frac{1}{2\,\pi}\,\frac{S\,d}{x^2}. \tag{19}$$

Für Berührung des einen Fußes mit dem gleichwertigen Mastfußdurchmesser D erhält man den Höchstwert

$$\frac{\overline{i_S}}{J_e} = \frac{2}{\pi}\,\frac{S\,d}{D\,(D+2\,S)}. \tag{20}$$

Wenn der Strom nicht durch beide Füße in den Körper ein- und austritt, sondern wenn man in Schrittweite vom Mast steht und denselben mit der Hand berührt, so kann man deren Übergangswiderstand zum eisernen Mast vernachlässigen, so daß der Kurzschlußstrom nur durch einen einzigen Fußwiderstand bestimmt wird. In Gl. (17) fällt dann der Faktor 2 fort, und man erhält für Mastberührung mit der Hand den doppelten Strom der Gl. (20). Steht man dabei nicht nur mit einem, sondern mit beiden Füßen um die Schrittweite vom Mast entfernt, so wird der den Körper durchfließende Strom wegen des verringerten Fußwiderstandes sogar noch größer. In all diesen Fällen kann jedoch andererseits der Eigenwiderstand des Körpers eine gewisse Abschwächung bewirken. Man kann dieselbe berücksichtigen, indem man den Strom nach diesen Formeln verringert im Verhältnis des Ausbreitungswiderstandes beider Füße nach Gl. (13) zum Gesamtwiderstand von Körper und Füßen. Genaue Zahlenwerte hierfür sind aber schwer anzugeben.

Für einen gleichwertigen Mastfußdurchmesser von $D=2$ m, eine Schrittweite $S=1$ m und einen gleichwertigen Fußplattendurchmesser $d=0,2$ m erhält man für den Fall der Gl. (20) einen höchstmöglichen Körperstrom von

$$\frac{\overline{i_S}}{J_e} = \frac{2\cdot 1\cdot 0,2}{\pi\cdot 2\,(2+2\cdot 1)} = 1,6\,\%.$$

Sieht man einen Körperstrom von 0,1 Amp als tödlich an, so muß der Erdschlußstrom im Maste unterhalb 6,3 Amp bleiben, um gefahrlos zu sein.

Um die *Zone der Gefährdung um einen Mastfuß* zu bestimmen, können wir mit der Näherungsformel (19) rechnen und erhalten durch Umkehrung ihren Radius zu

$$X = \sqrt{\frac{S\,d}{2\,\pi}\,\frac{J_e}{i_S}}. \tag{21}$$

Das ergibt mit denselben Zahlen wie eben, jedoch mit einem Maststrom von 100 Amp

$$X = \sqrt{\frac{1\cdot 0,2}{2\,\pi}\cdot\frac{100}{0,1}} = 5,7\,\text{m}.$$

Bei 1000 Amp Erdschlußstrom, wie er bei Großkraftanlagen vorkommen kann, steigt die tödliche Zone um den kranken Mast bis auf 18 m an. Auch außerhalb dieser Zone kann bereits eine Gefährdung auftreten je nach der Schrittstromstärke i_S, die man als schädlich ansieht. Die Gefahrzone ist unabhängig von den speziellen Eigenschaften der Masterdung, sie läßt sich jedoch durch Tiefenerdung erheblich geringer halten, also durch Fortverlegung des Mittelpunktes der Stromeintrittsstelle von der Erdoberfläche nach unten.

Bisher haben wir angenommen, daß der spezifische Leitungswiderstand s der Erde in der näheren und weiteren Umgebung des geerdeten Mastes an jeder Stelle der Oberfläche und der Tiefe den gleichen Wert besitzt. Dies ist aber in Wirklichkeit fast nie der Fall. Im allgemeinen sind in der Nähe der Erdoberfläche

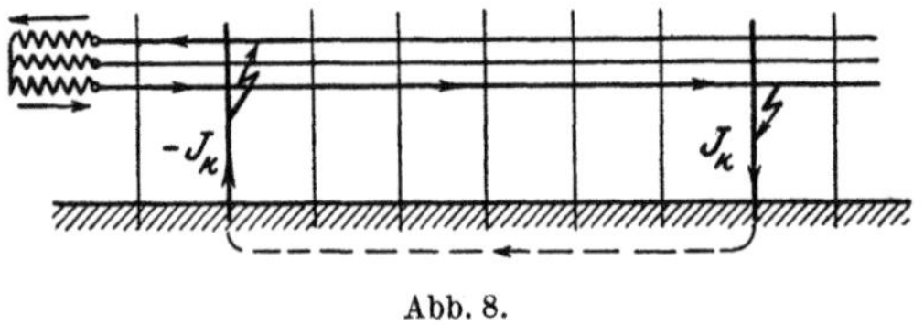

Abb. 8.

Schichten verschiedener Leitfähigkeit vorhanden, die bewirken, daß der Strom sich nicht mehr so gleichförmig verteilt, wie es nach Abb. 6 in Gl. (8) angesetzt wurde. Sehr häufig leitet die Schicht unmittelbar an der Erdoberfläche den Strom wesentlich schlechter als die tieferen Schichten, die stärker vom Grundwasser durchsetzt sind. Der Strom fließt dann vom Mastfuß aus zum größeren Teil nach unten in die gut leitenden Schichten und nur ein geringerer Teil als eben berechnet bleibt an der Erdoberfläche haften. Die Schrittspannung und damit auch der gefährliche Körperstrom kann dadurch erheblich verringert werden.

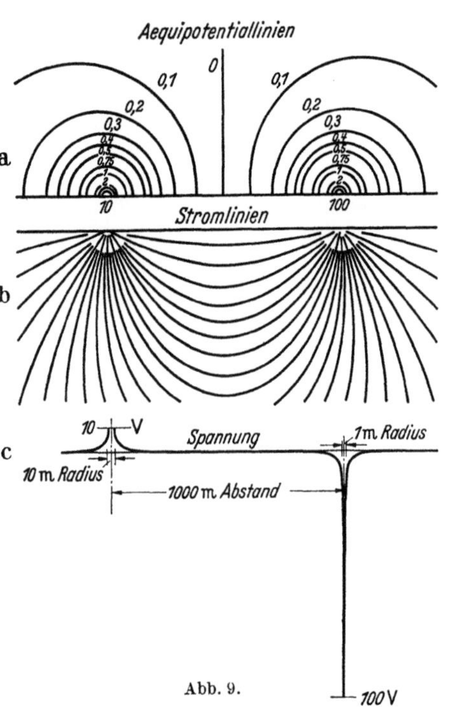

Abb. 9.

Es treten aber auch Fälle ein, in denen die Schichtung der Leitfähigkeit umgekehrt verläuft. Beispielsweise kann sich in einem gewissen Abstand unter der Oberfläche eine schlecht leitende Horizontalschicht befinden. Der Erdstrom wird dann hauptsächlich in der gut leitenden Oberschicht von begrenzter Tiefe fließen und entwickelt hier eine Stromdichte und damit ein Spannungsgefälle, das größer ist, als es den bisherigen Formeln entspricht, so daß die Gefährdung der Lebewesen an der Erdoberfläche steigt. Besonders ungünstig liegen die Verhältnisse, wenn nur die äußerste Schicht der Erdoberfläche durch kräftige Regenschauer stark durchfeuchtet ist und verhältnismäßig hohe Leitfähigkeit besitzt, während sich darunter eine dickere, schlecht leitende Bodenschicht, etwa von ausgetrocknetem Sande, befindet. Der Erdstrom konzentriert sich dann zum großen Teil an der gut leitenden Oberfläche.

Die bei einpoligem Erdschluß von Wechselstromleitungen sich entwickelnden Erdströme müssen durch die Kapazität der anderen, gesunden Phasenleitungen ins Netz zurückfließen und können daher im allgemeinen nur mäßige Werte erreichen. Außerordentlich starke Erdströme treten jedoch dann auf, wenn nach Abb. 8 gleichzeitig zwei Erdschlüsse auf verschiedenen Masten und in verschiedenen Phasenleitungen des Netzes auftreten. Dann ist nämlich die volle Netzspannung nur über die Erdwiderstände zweier Masten und die Selbstinduktion der Leitungen kurzgeschlossen. Dabei entwickeln sich sehr große plötzliche und dauernde Kurzschlußströme, deren Größe im allgemeinen ein Vielfaches der Kapazitätsströme ist. Sie können so stark sein, daß sie sogar die Feuchtigkeit in der Nähe der Masten zum Verdampfen bringen und die Erdoberfläche im weiten Umkreise von den Erdungsstellen unter gefährliche Spannungen setzen können.

Um die *Stromausbreitung in der Erde bei Doppelerdschluß* zu erhalten, braucht man nur die beiden Stromverteilungen einander zu überlagern. Man erhält durch Überdeckung von zwei radialen Stromliniensystemen einen resultierenden Verlauf in der Erde, wie er in Abb. 9b unter der Voraussetzung konstanten spezifischen Widerstandes innerhalb des Erdraums dargestellt ist. Da die Mastabstände stets groß gegenüber den äquivalenten Mastdurchmessern sind, so wird der Stromverlauf in der Nähe jedes Mastes durch den anderen nicht wesentlich gestört. In Abb. 9a ist auch *die Verteilung der Spannung durch ihre Äquipotentiallinien* eingetragen. Dabei ist angenommen, daß ein Mast von 10 m und ein Mast von 1 m äquivalentem Durchmesser vom Strom durchflossen werden. Da die Feldstärke und Spannung nach Gl. (9) und (10) beim letzteren mit seinen kleinen x und D auf den zehnfachen Betrag ansteigen, so erkennt man in Abb. 9c, daß die gesamte auf den Erdboden wirkende Spannung sich hauptsächlich um diesen kleinen Mast herum konzentriert. *Zwischen* ihren Ein- und Austrittsstellen breiten sich die Ströme in der Erde sehr weit aus, die Stromdichte ist dort außerordentlich gering und liefert keinen erheblichen Beitrag zur gesamten Spannung. Der Erdwiderstand erscheint vielmehr vollständig in dem Bereich um beide Elektroden konzentriert und ist daher praktisch unabhängig von ihrem Abstand.

Wenn jedoch eine gut leitende Schicht an der Oberfläche der Erde vorhanden ist, dann werden die Stromlinien sich nicht in die Tiefe entwickeln, sondern nahe an der Oberfläche bleiben. Ihr Verlauf innerhalb dieser Schicht und auch die Verteilung der Spannung ist in Abb. 10 für denselben Abstand und dieselben Abmessungen der Elektroden dargestellt wie vorher. In diesem Falle konzentriert sich die Spannung nicht so stark auf die Nähe der Elektroden, sondern breitet sich über große Gebiete der Oberfläche aus.

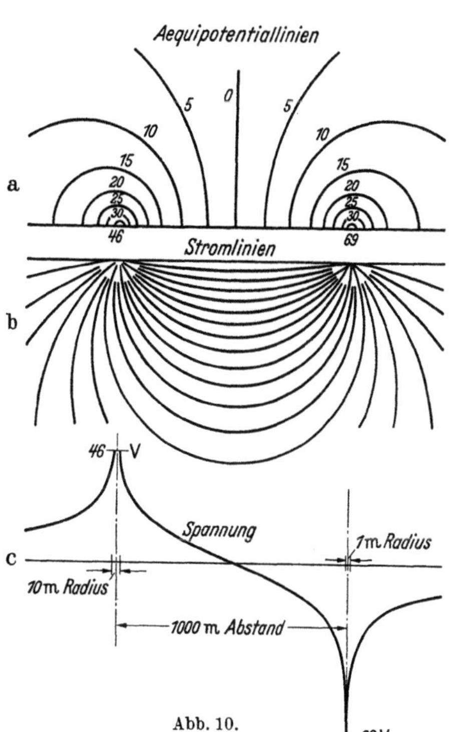

Abb. 10.

25. Erdungselektroden.

Der Boden unter der Erdoberfläche besteht keineswegs aus homogenem Material, und dadurch wird eine exakte Berechnung der Verteilung der Ströme schwierig oder gar unmöglich. Der spezifische Widerstand hängt von der Art des Bodens ab und schwankt deshalb über die Tiefe und auch mit dem Abstand. Wenn keine Messungen für einen bestimmten Punkt der Erde vorliegen, können

die *Zahlen der Zahlentafel I* als Werte für den mittleren spezifischen Widerstand
des Untergrundes benutzt werden. Der Widerstand ist viel kleiner unterhalb des
Grundwasserspiegels als oberhalb. Gefrorener Boden, wie z. B. die Oberflächen-
schicht im Winter, hat jedoch besonders hohen Widerstand. Es ist daher zur
Herstellung guter Erdungen nötig, die Frostgrenze zu vermeiden und den Grund-
wasserspiegel zu erreichen.

Zahlentafel I. *Mittlerer Widerstand des Erdbodens.*

Art der Erde	Nasser organischer Boden	Feuchter Boden	Trockener Boden	Felsen	Einheit
Spezifischer Widerstand $s =$	10	10^2	10^3	10^4	Ω m

In Abb. 1 ist die Veränderung des spezifischen Widerstandes s dargestellt,
wie sie gemessen ist in Abhängigkeit von: a. dem Feuchtigkeitsgehalt, b. der
Temperaturveränderung und c. vermehrtem Salzgehalt in Gewichtsprozenten.

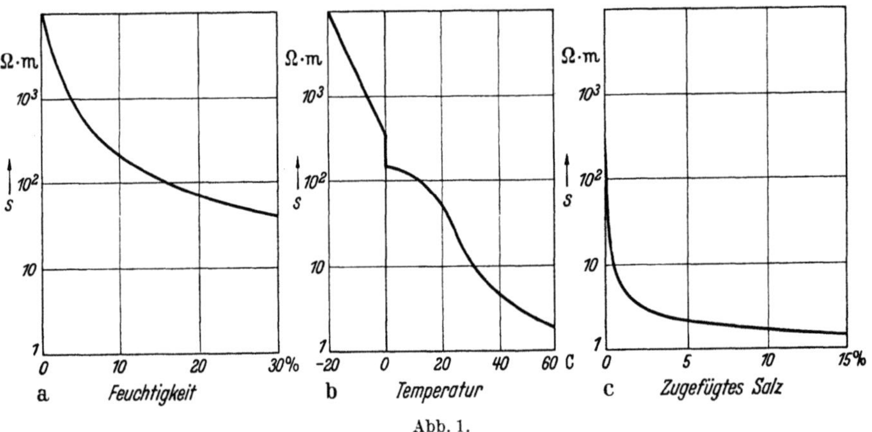

Abb. 1.

Aus den logarithmischen Maßstäben erkennt man, daß diese drei Parameter
den Erdwiderstand um mehrere Zehnerpotenzen verändern und daher sehr große
Unterschiede bewirken können. Zufällige Schwankungen, wie sie durch Wetter
und Jahreszeiten, durch Regen, Frost und andere Feuchtigkeits- und Temperatur-
verhältnisse entstehen, haben großen Einfluß auf die Leitfähigkeit des Bodens.

a) Zwei Erdelektroden. Um eine einfache Behandlung zu ermöglichen, wollen
wir den spezifischen Widerstand des Bodens als konstant betrachten und wollen
die Form der Elektroden auf äquivalente Halbkugeln von gleichem OHMschen
Widerstand reduzieren.

Für Messungen an der Erdoberfläche werden häufig *zwei Elektroden in Serie*
benutzt. Wenn wir Gl. (10) von Kapitel 24 auf die beiden Stromverteilungs-
systeme von Abb. 2 anwenden, die sich von den Halb-
kugeln mit den Radien B und b ausbreiten, so erhalten wir durch Superposition die Spannung zwischen
den beiden Elektroden. Ihr totaler Widerstand ist daher

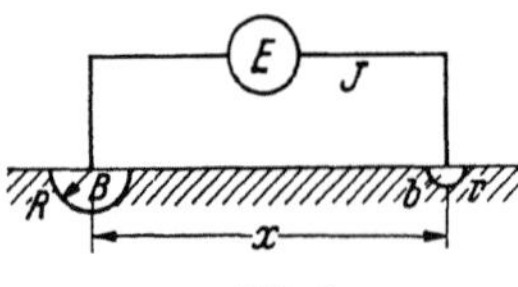

Abb. 2.

$$R = \frac{E}{J} = \frac{s}{2\pi}\left(\frac{1}{B} + \frac{1}{b} - \frac{2}{x}\right), \qquad (1)$$

was *kleiner ist als die Summe der Widerstände R und r* der beiden Elektroden selbst.
Durch diese Gleichung kann s aus Messungen des Quotienten von Spannung

und Strom bestimmt werden, wenn die Abmessungen bekannt sind und s konstant in der Erde ist. Wenn dies letztere nicht der Fall ist, so kann der spezifische Widerstand in der Umgebung der kleineren Elektrode trotzdem gemessen werden, wenn ihr Radius b klein gewählt wird gegenüber B und x. Denn dann verschwindet nicht nur das letzte, sondern auch das erste Glied in der Klammer von Gl. (1).

Wenn *zwei parallele Erdelektroden* benutzt werden, die gegenseitig im Raume ihrer hohen Feldstärken liegen wie in Abb. 3, so beeinflussen sie sich erheblich. Für jede der Kugeln in Abb. 3 ist die Spannung von ihrer Oberfläche mit dem Radius b über einen Abstand y nach Gl. (10) von Kapitel 24

$$E = \frac{sJ}{4\pi}\left(\frac{1}{b} - \frac{1}{y}\right) = p_b - p. \qquad (2)$$

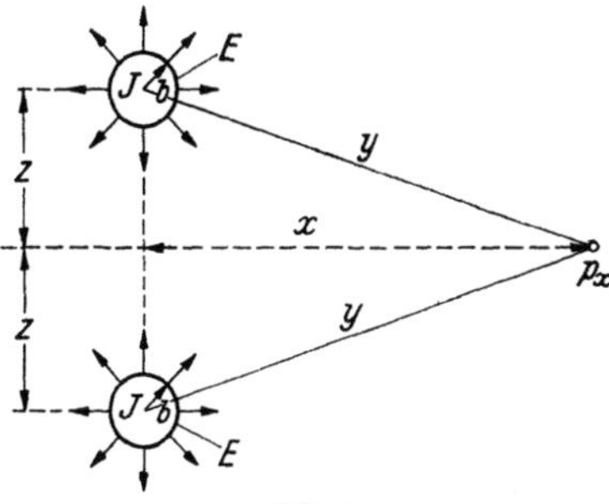

Abb. 3.

Da hierin die Spannung innerhalb der Klammer durch eine Differenz bestimmt ist, die nur von Entfernungen abhängt, so kann die Spannung durch die *Differenz zweier Potentiale* ausgedrückt werden, wie es auf der rechten Seite von Gl. (2) angeschrieben ist. Das Potential p einer kugelförmigen Stromquelle im Raum ist daher

$$p = \frac{sJ}{4\pi y} \qquad (3)$$

und solche Potentiale können stets superponiert werden, wenn mehr als eine Quelle vorhanden ist.

In der Mittelebene zwischen den beiden Kugeln von Abb. 3 ist das Potential deshalb

$$p_x = 2\,\frac{sJ}{4\pi y}, \qquad (4)$$

sofern beide Elektroden den gleichen Strom J zur Erde leiten. Auf der Oberfläche jeder der Kugeln ist andererseits das Eigenpotential bestimmt durch den Radius b, während das gegenseitige Potential durch den mittleren Abstand $2z$ zwischen den Kugelmittelpunkten gegeben ist. Das Gesamtpotential ist daher

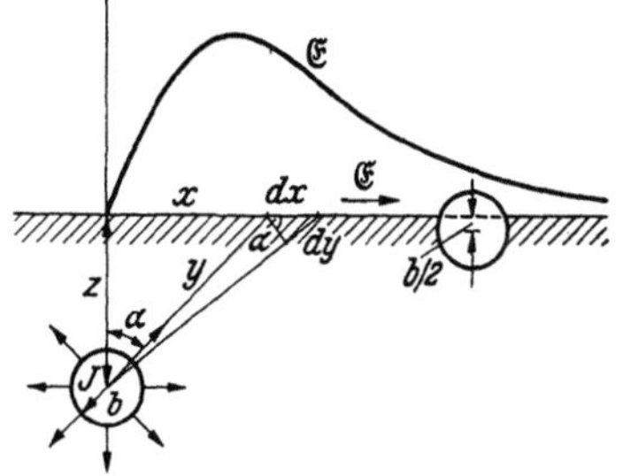

Abb. 4.

$$p = E = \frac{s}{4\pi}\left(\frac{J}{b} + \frac{J}{2z}\right) = \frac{sJ}{4\pi b}\left(1 + \frac{b}{2z}\right). \qquad (5)$$

Der Widerstand von zwei parallelen Kugeleidern, die zusammen den Strom $2J$ führen, ist demnach

$$R = \frac{E}{2J} = \frac{s}{4\pi b} \cdot \frac{1}{2}\left(1 + \frac{b}{2z}\right). \qquad (6)$$

Der erste Bruch stellt den Erdwiderstand einer Kugel dar. Der letzte Faktor ist für weit entfernte Elektroden mit $z = \infty$ gleich $1/2$; für nahe Elektroden jedoch z. B. mit $z = b$ gleich $1/2(1 + 1/2) = 3/4$. Entfernte Kugelerder sind daher gegenseitig unabhängig in ihren Widerständen und ihr Parallelwiderstand kann nach den üblichen Regeln berechnet werden. *Benachbarte Parallel-Elektroden jedoch erleiden eine Vergrößerung ihres Erdwiderstandes* durch gegenseitige Beeinflussung.

Abb. 4 stellt einen *kugelförmigen Tiefenerder* dar. Wir können die Anordnung nach Abb. 4 als die Hälfte der von Abb. 3 betrachten und erhalten den Widerstand einer solchen Tiefenelektrode zum Doppelten von Gl. (6), nämlich

$$R = \frac{E}{J} = \frac{s}{4\pi b}\left(1 + \frac{b}{2z}\right). \qquad (7)$$

15*

Nahe an der Oberfläche, z. B. bei $z = b/2$, erhält man $\left(1 + \dfrac{b}{2\,b/2}\right) = 2$. so daß der Widerstand mit Gl. (12) von Kapitel 24 übereinstimmt. Unter der Oberfläche nimmt der Erdungswiderstand ab und in größerer Tiefe verschwindet das Korrektionsglied $b/2\,z$, und der Widerstand wird halbiert.

Bei Anwendung von Tiefenelektroden ist der Raum hoher Stromkonzentration für Lebewesen nicht zugänglich, und daher sinkt die Gefahr der Schrittspannung in der Nähe des Erders. An irgendeinem Punkte der Oberfläche ist nach Abb. 4

$$\frac{x}{y} = \sin\alpha = \frac{dy}{dx}, \tag{8}$$

wobei x der Abstand von der Achse des Tiefenerders und α der entsprechende Zentriwinkel ist. Die Feldstärke an der Oberfläche ist daher

$$\mathfrak{E} = \frac{d\,p_x}{d\,x} = \frac{d\,p_x}{dy}\sin\alpha. \tag{9}$$

Nach Einsetzung des Potentials p_x von Gl. (4) erhalten wir die Oberflächenfeldstärke als

$$\mathfrak{E} = \frac{s\,J}{2\,\pi}\frac{d(1/y)}{dy}\sin\alpha = \frac{s\,J}{2\,\pi}\frac{\sin\alpha}{y^2}. \tag{10}$$

Nun ist für α nahe bei $90°$ $\sin\alpha/y^2 = 1/x^2$, während für kleine Werte von α $\sin\alpha/y^2 = x/z^3$ ist. In großer Entfernung sinkt daher die Feldstärke genau wie bei einer Halbkugel, während senkrecht über der Tiefenelektrode die Feldstärke null wird und für kleine Werte von x linear ansteigt. Die Feldstärke hat ein Maximum für einen Winkel, der sich aus $\mathrm{tg}\,\alpha = 1/\sqrt{2}$ bestimmt, nämlich

$$\mathfrak{E} = \frac{s\,J}{3\,\sqrt{3}\,\pi\,z^2}. \tag{11}$$

Das Verhältnis dieses Wertes zum Höchstwert an einem Oberflächenerder nach Gl. (9) von Kapitel 24 ist

$$\frac{2}{3\,\sqrt{3}}\left(\frac{b}{z}\right)^2 = 0{,}39\left(\frac{b}{z}\right)^2. \tag{12}$$

Dies zeigt, daß sich *durch Tiefenanordnung des Erders die Gefahr für schreitende Lebewesen gewaltig verringern läßt*.

b) Stab- und Drahterder. Kugel- oder Halbkugelelektroden eignen sich nicht für den praktischen Gebrauch als Erder. Dafür werden Stab-, Rohr- oder Drahtelektroden bevorzugt, die einen relativ kleinen Querschnitt besitzen, verglichen mit ihrer Länge. In guter Annäherung können wir solch eine Stabelektrode in der Erde, wie in Abb. 5 gezeigt ist, in eine große Anzahl n nahezu kugelförmiger Elemente unterteilen, die über die Länge l des Stabes in der Erde eine gegenseitige Entfernung

$$dl = \frac{l}{n} \tag{13}$$

besitzen und von denen jedes einen Strom J/n in den Boden leitet. Wenn y der Abstand von irgend einem Element bis zu einem Punkt an der Erdoberfläche ist und α den Winkel zwischen y und der Stabachse bedeutet, dann zeigt das rechte Diagramm in Abb. 5, daß

$$\sin\alpha = \frac{y\,d\alpha}{dl} \tag{14}$$

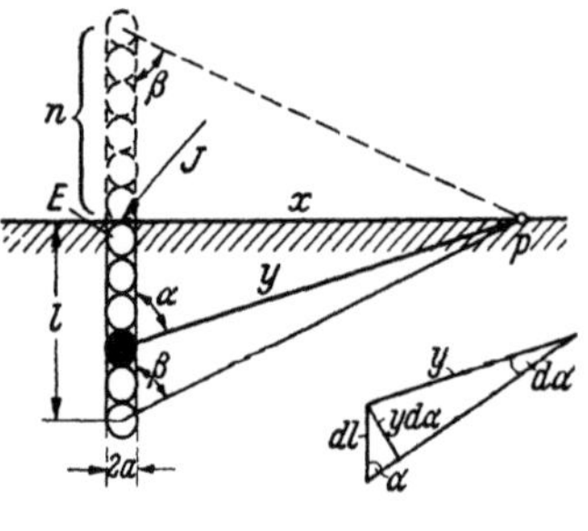

Abb. 5.

ist. Das Potential dp jedes Elementes ist durch Gl. (3) bestimmt, wobei als Strom J/n zu nehmen ist. Wenn wir die Entfernung y von Gl. (14) und das

Längenelement von Gl. (13) einsetzen, so erhalten wir für das Potentialelement an der Erdoberfläche, verursacht durch ein Stabelement,

$$dp = \frac{sJ/n}{4\pi y} = \frac{sJ}{4\pi n}\,\frac{n}{l}\,\frac{d\alpha}{\sin\alpha}.$$ (15)

Bezeichnen wir, wie in Abb. 5, den Grenzwert des Winkels α mit β, dann wird das *Potential in der Mittelebene eines Stabes* von der Länge $2l$, der $2n$ Kugeln enthält und daher das Spiegelbild über dem Erdboden einschließt, bestimmt durch das Integral von dp zwischen $+\beta$ und $-\beta$, nämlich

$$p = \frac{sJ}{4\pi l}\int_{+\beta}^{-\beta}\frac{d\alpha}{\sin\alpha} = \frac{sJ}{2\pi l}\ln\left(\operatorname{ctg}\frac{\beta}{2}\right).$$ (16)

Dieser Ausdruck würde exakt gelten, wenn die Stromdichte in der Erde längs des Stabes gleichmäßig verteilt wäre, was tatsächlich eine ausreichende Annäherung an die Wirklichkeit darstellt.

Das Potential in der Symmetrieebene des Staberders ist also nur von vier Parametern abhängig, nämlich dem spezifischen Widerstand s des Bodens, dem Strom J, der dem Erder zufließt, seiner Länge l im Boden, drei Zahlen, die stets für einen bestimmten Erder gegeben sind, und dem Winkel β zwischen der Stabachse und der Verbindungslinie des unteren Stabendes mit dem betrachteten Punkt an der Erdoberfläche. Für verschiedene Punkte in der Mittelebene ist β der einzige veränderliche Parameter.

Für großen Abstand x des betrachteten Punktes von der Stabachse vereinfacht sich der Logarithmus in Gl. (16) zu

$$\ln\left(\frac{1+\cos\beta}{\sin\beta}\right) \simeq \cos\beta \simeq \frac{l}{x},$$ (17)

und das Potential wird

$$p_\infty = \frac{sJ}{2\pi x},$$ (18)

Abb. 6.

was identisch mit dem für eine Halbkugel ist.

Andererseits zeigt Abb. 6, daß für die Staboberfläche, wo das Potential p identisch mit der Spannung E des Erders wird,

$$\operatorname{ctg}\frac{\beta}{2} \simeq \frac{2l}{a}$$ (19)

wird, sofern der Radius a klein im Verhältnis zur Länge l ist. Der *Widerstand des Staberders* wird daher als Verhältnis von Spannung zu Strom

$$R = \frac{E}{J} = \frac{s}{2\pi l}\ln\left(\frac{2l}{a}\right).$$ (20)

Die Form des Stabes, die das Verhältnis l/a bestimmt, ist hierin von geringerer Bedeutung, da sie nur das Argument eines Logarithmus beeinflußt. Die Länge l des Stabes dagegen ist von ausschlaggebendem Einfluß, und *der Erdwiderstand ist nahezu umgekehrt proportional dieser Länge.*

In der Praxis werden oft Rohre von $a = 2{,}5$ cm Radius und $l = 6$ m Länge benutzt. Wenn diese in feuchten Boden eingetrieben werden, ergeben sie einen Widerstand von

$$R = \frac{10^2\,\Omega\,\text{m}}{2\pi\cdot 6\,\text{m}}\ln\left(\frac{2\cdot 6}{2{,}5\cdot 10^{-2}}\right) = 2{,}65\cdot\ln 480 = 16\,\Omega.$$

Dies ist der gleiche Wert wie für eine Halbkugel von 2 m Durchmesser.

An der Erdoberfläche entwickelt sich entsprechend Abb. 7 eine Feldstärke

$$\mathfrak{E} = \frac{dp}{dx} = \frac{dp}{d\beta}\frac{d\beta}{dx}, \tag{21}$$

wobei der Winkel β als Veränderliche eingeführt ist. Dieser ist mit x verknüpft durch die Beziehung

$$\operatorname{tg}\beta = \frac{x}{l}, \qquad \frac{dx}{d\beta} = \frac{l}{\cos^2\beta}, \tag{22}$$

wobei der letzte Ausdruck lediglich die Ableitung des ersten ist. Durch Differentiation von Gl. (16) nach β und Einsetzen von Gl. (22) in (21) ergibt sich die Feldstärke zu

$$\mathfrak{E} = \frac{sJ}{4\pi l}\frac{2}{\sin\beta}\frac{\cos^2\beta}{l} = \frac{sJ}{2\pi l}\frac{\cos\beta}{x}. \tag{23}$$

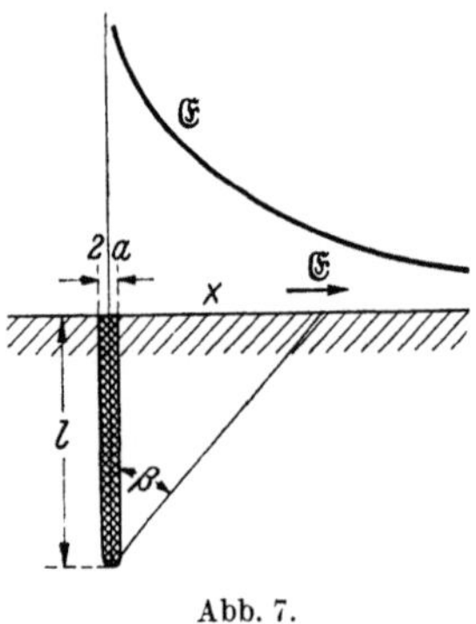

Abb. 7.

Sie nimmt ab mit zunehmenden x und β, wie es in Abb. 7 angedeutet ist.

Für große Abstände x ist angenähert $\cos\beta = l/x$ und die *Feldstärke*

$$\mathfrak{E}_\infty = \frac{sJ}{2\pi x^2} \tag{24}$$

wird *identisch mit der für eine Halbkugel.* Für kleines x ist jedoch $\cos\beta \simeq 1$ und die Feldstärke

$$\mathfrak{E}_0 = \frac{sJ}{2\pi l x} \tag{25}$$

wird *viel größer als für eine Halbkugel.* Dies ist durch die starke Konzentration des Stromes auf den schmalen Umfang des Stabes oder Rohres bedingt.

Entlang der Stablänge ist die Stromdichte zwischen Staboberfläche und Erde über dem größeren Teil der Länge nahezu konstant. Am unteren Stabende jedoch wächst sie tatsächlich auf den etwa doppelten Wert an, was durch die Spitzenwirkung des Endes verursacht wird.

Zahlentafel II. *Einfache Erderformen.*

Kugel: $R = \dfrac{s}{4\pi B}$		Platte: $R = \dfrac{s}{8b}$	
Stab, Rohr, Draht: $R = \dfrac{s}{4\pi l}\ln\left(\dfrac{2l}{a}\right)$		Ring: $R = \dfrac{s}{4\pi^2 b}\ln\left(\dfrac{8b}{a}\right)$	
Band: $R = \dfrac{s}{4\pi l}\ln\left(\dfrac{4l}{w}\right)$		Tiefer Draht: $R_z = R\left[1 + \dfrac{\ln(l/z)}{\ln(2l/a)}\right]$	
Äquivalenz von Stab und Band: $a = w/2$		Oberflächenelektrode: $R_0 = 2R$	

Auf ähnliche Weise kann das Potential und der Erdwiderstand anderer Elektrodenformen durch Superposition kugelförmiger oder zylindrischer Elemente abgeleitet werden. *Zahlentafel II gibt einen Überblick für einige einfache Gestaltungen der Erder.* Man erkennt, daß ein flaches Band eine ganz ähnliche Beziehung ergibt wie ein kreisförmiger Stab und daß daher *das Band äquivalent ist zu einem Stab oder Draht vom halben Durchmesser des Bandes.*

Der Widerstand eines Drahtringes mit dem Kreisumfang $2\pi b$ ist nur wenig größer als der eines geraden Drahtes der Länge $2l = 2\pi b$. Der Unterschied ist durch das Fehlen der Stabenden mit ihrer höheren Stromdichte bedingt.

Der Widerstand eines Erders in der Nähe der Erdoberfläche ist immer doppelt so groß wie der Widerstand derselben Elektrode in großer Tiefe, weil die Stromverteilung durch den oberen Halbraum abgeschnitten ist.

Wie alle diese Gleichungen zeigen, ist der Widerstand hauptsächlich bestimmt durch die größte Abmessung der Erdelektrode und nur in geringem Maße durch die kleineren Abmessungen wie Querschnitt oder Dicke. Wir sehen daher, *daß die Oberfläche der Elektrode ohne großen Einfluß ist und daß nur die lineare Ausdehnung Bedeutung hat.*

Die einfachste Methode, um den Widerstand einer Erdelektrode von komplizierter Formgebung zu bestimmen, z. B für den Mastfuß einer Hochspannungsleitung oder einer Sendeantenne, besteht oft in der *Messung* des Widerstandes eines verkleinerten Modells einer solchen Erdung *in einem elektrolytischen Trog.* Der Widerstand der tatsächlichen Erdung ist dann niedriger im Verhältnis der linearen Abmessungen und höher im Verhältnis der spezifischen Widerstände des umgebenden Halbleiters. Stets liefert der Radius der äquivalenten Halbkugel ein sehr bequemes Vergleichsmaß.

c) Vielfach-Stabelektroden. Etliche häufig benutzte Erdelektroden setzen sich aus mehreren Stäben oder Drähten zusammen, und es ist zweckmäßig, analytische Formeln für sie zu entwickeln. In einer vierstrahligen Elektrode wie in Abb. 8 ist das Eigenpotential jedes geraden Drahtes von der Länge $2l$ entsprechend Gln. (16) und (19)

$$p_0 = \frac{sJ}{2\pi l}\ln\left(\frac{2l}{a}\right). \tag{26}$$

Dies muß vermehrt werden um das gegenseitige Potential zwischen den gekreuzten Drähten. Gl. (16) gibt das Potential eines Drahtes von der Länge $2l$ in seiner Mittelebene wieder. Für Winkel $\beta \leqq 45°$ wie in Abb. 8 ist

$$\operatorname{ctg}\frac{\beta}{2} \gtreqless \frac{2l}{x}. \tag{27}$$

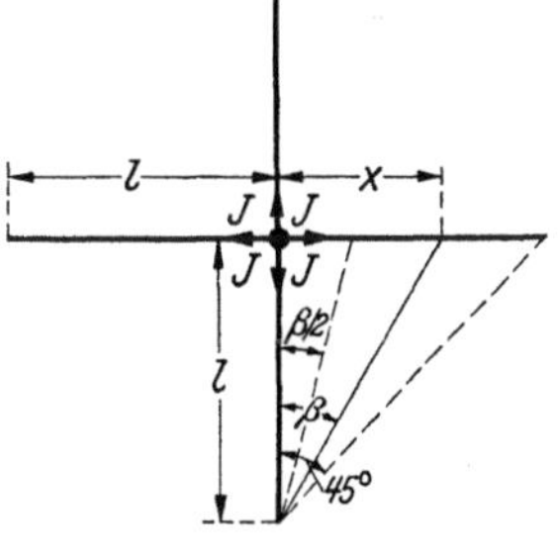

Abb. 8.

Der Mittelwert des Logarithmus von $2l/x = \xi$ über die Länge l eines Drahtes ist

$$\frac{1}{l}\int_0^l \ln\left(\frac{2l}{x}\right)dx = 2\int_\infty^2 \ln\xi\, d\frac{1}{\xi} = -2\int_\infty^2 \frac{\ln\xi\, d\xi}{\xi^2} = 2\left[\frac{\ln\xi}{\xi} + \frac{1}{\xi}\right]_\infty^2 = \ln 2 + 1. \tag{28}$$

Das gegenseitige Potential zwischen den gekreuzten Drähten ist daher fast

$$p_1 = \frac{sJ}{2\pi l}(\ln 2 + 1). \tag{29}$$

Die Spannung E jedes der Leiter ist gegeben durch die Summe der Potentiale oder sehr nahezu durch

$$E = p_0 + p_1 = \frac{sJ}{2\pi l}\left[\ln\left(\frac{2l}{a}\right) + \ln 2 + 1\right], \tag{30}$$

232 IV. Einfluß der Erde.

und daher ist der *Erdwiderstand der gesamten vierstrahligen Elektrode* sehr angenähert

$$R = \frac{E}{4J} = \frac{s}{8\pi l}\left[\ln\left(\frac{4\,l}{a}\right) + 1\right].\tag{31}$$

Wenn solch ein Drahtstern nahe der Erdoberfläche in einer Tiefe eingebettet wird, die klein ist im Vergleich zur Längenabmessung der Elektrode, dann hat der Widerstand den doppelten Wert von Gl. (31), so wie es in dem letzten Beispiel der Zahlentafel II angezeigt ist.

Der Widerstandswert von Gl. (31) ist ein wenig größer als der für einen geraden Draht von der Länge $4\,l$, weil in der Klammer zum Logarithmus noch der Wert 1 addiert ist. Dieser Zuwachs rührt von dem wechselseitigen Einfluß der Stromverteilungen in der Erde her, der durch die benachbarten Teile der gesamten Elektrode verursacht ist. Mit mehr als vier radialen Drähten nimmt dieser Einfluß zu und verhindert so, daß der Widerstand sich im Verhältnis zur Anzahl der radialen Drähte vermindert. Für zahlreiche Drähte, die schließlich *eine Kreisscheibe* bilden, nähert sich der Widerstand dem Werte

$$R = \frac{s}{8\,l}.\tag{32}$$

Für mittlere Werte des Verhältnisses von Radius zu Länge der Drähte zeigt der Vergleich von Gl. (32) mit (31), daß mit Zunahme der Drahtzahl bis unendlich der Widerstand abnimmt bis auf

$$\frac{R^\circ}{R^+} = \frac{\pi}{\ln(4\,l/a) + 1} = \frac{\pi}{9,3} \simeq \frac{1}{3}\tag{33}$$

des für den vierstrahligen Erder gültigen Wertes. *Der Vorteil, der sich durch zunehmende Zahl der Drähte erzielen läßt, ist also nicht sehr beträchtlich.*

Eine andere vielgebrauchte zusammengesetzte Elektrode ist in Abb. 9 dargestellt, nämlich *mehrfache Rohrerder in Parallelschaltung.* An der Erdoberfläche ist das Potential jedes Rohres wieder durch die allgemeine Gl. (16) gegeben. Die Spannung an jeder Elektrode ist durch die Summe der Potentiale gegeben, die von dem betrachteten Rohr und allen anderen Rohren hervorgerufen wird. Für Rohr 1 ist die Spannung z. B.

$$E_1 = \frac{s}{2\pi l}\left[J_1\ln\left(\mathrm{ctg}\,\frac{\beta_1}{2}\right) + J_2\ln\left(\mathrm{ctg}\,\frac{\beta_2}{2}\right) + \cdots\right].\tag{34}$$

Hierin sind die Ströme der Rohre noch nicht bestimmt, jedoch wollen wir der Einfachheit halber den spezifischen Widerstand des Bodens und die Länge aller Rohre als gleichförmig annehmen. Es können nun ebenso viele Gleichungen dieser Art angeschrieben werden als Rohre in der Elektrode vorhanden sind, wobei die Winkel β stets am unteren Ende aller Rohre zu nehmen sind, zwischen dem jeweiligen Rohr und dem oberen Ende des betrachteten Rohres, so wie es in Abb. 9 dargestellt ist. Daher können für jede Anordnung solcher Rohre eine ausreichende Zahl von Gleichungen aufgestellt werden, um die Verteilung der Ströme auf die einzelnen Rohre zu bestimmen.

Der erste cotangens von Gl. (34) bezieht sich auf den betrachteten Stab und kann nach Gl. (19) ausgewertet werden. Die weiteren cotangens, die sich auf die anderen Stäbe beziehen, können entsprechend Abb. 9 als Verhältnis der Länge l des Rohres zu einer Entfernung a_n ausgedrückt werden, die durch den Winkel $\beta/2$ auf dem Abstand A_n zwischen den Stäben abgeschnitten wird.

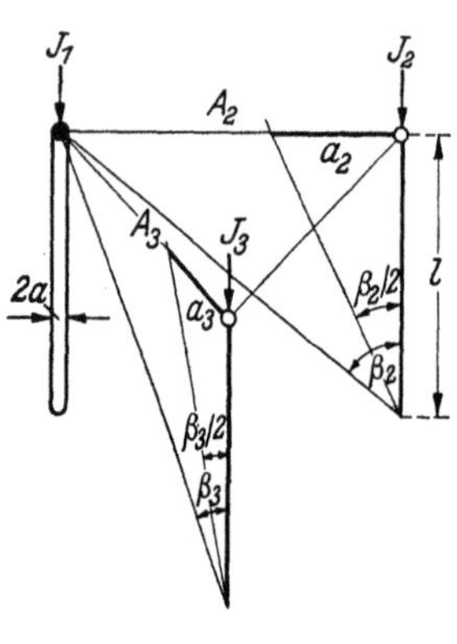

Abb. 9.

Daher ist

$$\operatorname{ctg}\frac{\beta_1}{2}=\frac{l}{a/2}, \qquad \operatorname{ctg}\frac{\beta_n}{2}=\frac{l}{a_n}. \tag{35}$$

Wenn die Rohre direkt verbunden sind und symmetrisch zueinander angeordnet sind, dann sind die Spannungen und Ströme

$$E_1=E_2=E_3\cdots=E\;; \qquad J_1=J_2=J_3\cdots=\frac{J}{n}. \tag{36}$$

Daher nehmen mit Hilfe von Gl. (35) alle Gln. (34) die Form an

$$E=\frac{s}{2\,\pi\,l}\frac{J}{n}\left[\ln\left(\frac{l}{a/2}\,\frac{l}{a_2}\,\frac{l}{a_3}\cdots\right)\right]. \tag{37}$$

Für jeden praktischen Fall kann diese Gleichung leicht ausgewertet werden, jedoch sollen drei charakteristische Beispiele im einzelnen betrachtet werden.

Bei großem Verhältnis A_n/l, wenn die Rohre weit voneinander entfernt sind, ist offenbar $\beta_n/2=45^0$ und $a_n=l$. Daher sind alle Quotienten $l/a_n=1$ und der gemeinschaftliche Widerstand wird

$$R=\frac{E}{J}=\frac{1}{n}\cdot\frac{s}{2\,\pi\,l}\ln\left(\frac{2\,l}{a}\right). \tag{38}$$

In diesem Falle ist der Oнмsche Widerstand umgekehrt proportional der Zahl der parallelen Rohre verkleinert.

Bei kleinem Verhältnis A_n/l, wenn die Rohre nahe beieinander sind, werden die Winkel β klein und daher ist immer $a_n=A_n/2$, wie aus Abb. 9 zu ersehen ist. Der Widerstand wird daher, wenn die Rohrzahl n unter den Logarithmus gesetzt wird,

$$R=\frac{s}{2\,\pi\,l}\ln\left(\frac{2\,l}{\sqrt[n]{a\,A_2\,A_3\,A_4\cdots}}\right)=\frac{s}{2\,\pi\,l}\ln\left(\frac{2\,l}{A}\right). \tag{39}$$

In dem letzten Ausdruck ist die n-te Wurzel aus dem Produkt der Entfernungen zwischen allen Elektroden und der ersten Elektrode einschließlich ihres eigenen Radius durch die geometrisch mittlere Entfernung

$$A=\sqrt[n]{a\,A_2\,A_3\,A_4\cdots} \tag{40}$$

ausgedrückt. Der Vergleich von Gl. (39) mit Gl. (20) zeigt, daß die Summe von mehreren oder auch vielen nahe beieinander gelegenen Rohren so wirkt, als hätte man nur ein Rohr vom Radius A. *In Zahlentafel III* ist der Wert von A für drei einfache Beispiele angegeben. Da A in Gl. (39) unter dem Logarithmus steht, *so vermindert sich der totale Erdwiderstand nahe benachbarter Elektroden nur geringfügig mit wachsender Anzahl der Rohre.*

Bei mittlerem Verhältnis $A_n/l=1$, wenn die Rohre einen Abstand haben, der gleich ihrer Länge ist, wird offenbar $\beta_n=45^\circ$ und daher $\operatorname{ctg}\beta_n/2=2,4$. Bei-

Zahlentafel III.

Mittlerer geometrischer Abstand von Parallelstäben.

n	Anordnung	Geometrisch mittlerer Abstand
2		$A=\sqrt{a\,A_2}$
3		$A=\sqrt[3]{a\,A_3^2}$
4		$A=\sqrt[4]{\sqrt{2}\,a\,A_4^3}$

spielsweise wird für $n = 3$ Rohre der charakteristische Teil von Gl. (37)

$$\frac{1}{3}\ln\left(\frac{l}{a/2}\cdot 2{,}4\cdot 2{,}4\right),$$

und für Werte von $l = 6$ m, $a = 2{,}5$ cm, $s = 10^2\ \Omega$ m, wie in den früheren Beispielen, wird der Widerstand

$$R = \frac{2{,}65}{3}\ln(480\cdot 2{,}4^2) = 7{,}0\,\Omega.$$

Für weit entfernte Rohre, mit $A_n = \infty$, würde der Widerstand $16/3 = 5{,}3\ \Omega$ sein. *Demnach erfahren 3 Rohre mit Abständen gleich ihrer Länge eine gegenseitige Beeinflussung, durch die ihr Widerstand um 32% vermehrt wird.*

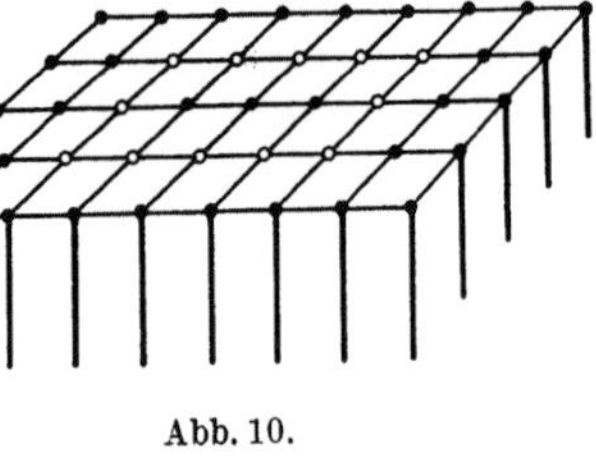

Abb. 10.

Um in schlechtem Boden von hohem spezifischen Widerstand niedrigen Erdwiderstand zu erzielen, ist es oft nötig, eine ganze Reihe von Rohren in einzelnen Linien oder über eine ausgedehnte Fläche anzuordnen. In solchen Erderbetten wie in Abb. 10 führen die inneren Rohre niedrigeren Strom als die äußeren wegen der gegenseitigen Beeinflussung durch die umgebenden Rohre. In jedem Falle ergibt die Anwendung der passenden Zahl von Gleichungen die richtige Lösung für die Stromverteilung und den gesamten Oнмschen Widerstand des Erderbetts. Selbst ungleiche Längen der Rohre und unterschiedlicher spezifischer Widerstand um die einzelnen Rohre kann ohne weiteres mit berücksichtigt werden.

d) Erwärmung des Bodens. Wenn eine Erdelektrode dauernd belastet werden soll, oder selbst nur für kürzere Zeit, so muß der Temperaturanstieg des Bodens beachtet werden, um eine Überlastung zu vermeiden, durch die Feuchtigkeit aus der Erde verdampfen könnte. Die Stromdichte um eine Kugelelektrode vom Radius B innerhalb der Erde ändert sich mit der Entfernung x wie

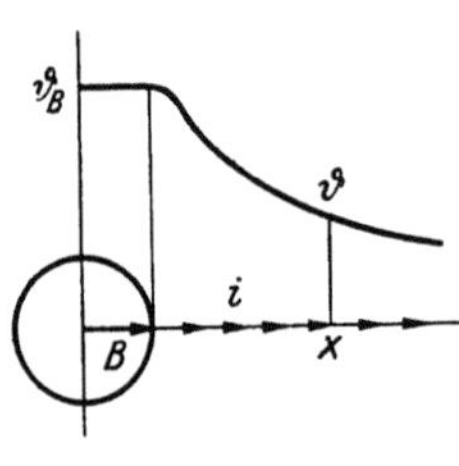

Abb. 11.

$$i = \frac{J}{4\,\pi\,x^2}\,, \tag{41}$$

was in Abb. 11 angedeutet ist. Hierdurch wird in jedem Raumelement eine Stromwärme $s\,i^2$ erzeugt, die wegen des hohen Wertes von s einen erheblichen Betrag annehmen kann. Diese Wärme wird zum Teil in den Raumelementen der Erde gespeichert, die eine mittlere spezifische Wärme von $\gamma = 1{,}75\cdot 10^6$ Ws/Cm^3 besitzt, zum Teil wird sie von höherer zu tieferer Temperatur in der Erde geleitet, wobei die mittlere Wärmeleitfähigkeit etwa $\lambda = 1{,}2$ W/Cm ist. Obwohl diese beiden Wärmekonstanten des Bodens von ausschlaggebener Bedeutung sind, ist ihr tatsächlicher Wert nur selten genau gemessen worden.

Die Differentialgleichung der radialen Wärmeleitung um eine Kugel ist

$$\gamma\frac{d\vartheta}{dt} - \frac{\lambda}{x}\frac{d^2(x\,\vartheta)}{dx^2} = s\,i^2. \tag{42}$$

Da i mit x variiert, so ist es schwierig, eine allgemeine Lösung dieser Gleichung anzugeben. Wir können jedoch zwei interessante Stadien der Erwärmung betrachten, die partikuläre Integrale ergeben, nämlich die Dauererwärmung und die kurzzeitige Erwärmung.

Für andauernden Erdstrom verschwindet die zeitliche Ableitung in Gl. (42) und die Differentialgleichung wird mit Gl. (41)

$$\lambda \frac{d^2 (x\,\vartheta)}{d\,x^2} + \frac{s}{x^3} \left(\frac{J}{4\,\pi}\right)^2 = 0\,. \tag{43}$$

Nach zwei einfachen Integrationen erhalten wir die Lösung für die Temperaturverteilung über die Entfernung x

$$\vartheta = \frac{s}{\lambda} \left(\frac{J}{4\,\pi}\right)^2 \cdot \frac{1}{x} \left(\frac{1}{B} - \frac{1}{2\,x}\right), \tag{44}$$

was in Abb. 11 dargestellt ist. *Der Höchstwert der Bodentemperatur* herrscht an der Elektrode für $x = B$ und ist

$$\vartheta_B = \frac{1}{2}\,\frac{s}{\lambda} \left(\frac{J}{4\,\pi\,B}\right)^2. \tag{45}$$

Er hängt nur von den zwei Konstanten s und λ des Bodens ab und von der linearen Stromdichte J/B. Der zulässige Erdstrom einer Kugelelektrode ist daher

$$J = 4\pi B\,\sqrt{2\,\frac{\lambda}{s}\,\vartheta} = \frac{1}{R}\,\sqrt{2\,s\,\lambda\,\vartheta}\,. \tag{46}$$

Darin ist im letzten Ausdruck der Widerstand $R = s/4\,\pi\,B$ eingeführt. *Der zulässige Strom des Erders ist daher außer durch die Bodenkonstanten nur durch seinen Widerstand und die Temperaturzunahme ϑ bestimmt.*

Der Wärmefluß und die Stromverteilung um Elektroden beliebiger Form folgen der gleichen mathematischen Gesetzmäßigkeit, nämlich Poissons Differentialgleichung. Daher ist der letzte Ausdruck von Gl. (46) nicht nur für Kugelelektroden gültig, sondern für irgendwelche Erderformen, sei es ein Rohr, ein Ring, eine Scheibe oder eine kompliziertere Gestalt. Wenn der Widerstand bekannt ist, der stark von der Form abhängt, so kann somit die zulässige Stromstärke leicht bestimmt werden.

Für die Spannung an der Erdelektrode, gemessen vom Metall bis zu einem sehr entfernten Punkt, erhalten wir aus dem letzten Ausdruck der Gl. (46)

$$E = J R = \sqrt{2\,s\,\lambda\,\vartheta}\,. \tag{47}$$

Wir sehen, daß diese Spannung außer von den Bodenkonstanten nur vom Temperaturanstieg im Dauerzustand abhängt. *Umgekehrt bestimmt die Spannung, die man einer Erdelektrode aufdrückt, ihre Dauertemperatur.* Diese Schlußfolgerungen gelten für jede beliebige Erderform.

Beispielsweise erhalten wir für $\vartheta = 60$ C in feuchtem Boden

$$E = \sqrt{2 \cdot 10^2 \cdot 1{,}2 \cdot 60} = 120\ \text{Volt}\,.$$

Diese Spannung darf nicht überschritten werden, wenn die Übertemperatur eingehalten werden soll.

Die zulässige Stromdichte an der Erderoberfläche, wo die Höchsttemperatur auftritt, bestimmt sich für Kugelelektroden nach Gl. (46) zu

$$i = \frac{I}{4\,\pi\,B^2} = \frac{1}{B}\,\sqrt{2\,\frac{\lambda}{s}\,\vartheta}\,. \tag{48}$$

Für unser Beispiel ist dies

$$i = \frac{1}{1}\,\sqrt{2 \cdot \frac{1{,}2}{10^2} \cdot 60} = 1{,}2\ \text{Amp/m}^2\,.$$

Wir sehen somit, *daß die im Dauerbetrieb erlaubte Stromdichte nur recht gering ist.* Der Boden und die stromführende Elektrode darf nicht bis 100 C aufgeheizt werden, da sonst seine Feuchtigkeit vollständig verdampfen würde und der Strom durch den außerordentlich vergrößerten Widerstand unterbrochen würde.

Für kurzzeitige Belastung des Erders spielt das zweite Glied in Gl. (42), das die Wärmeleitung widerspiegelt, nur eine geringfügige Rolle und kann daher vernachlässigt werden. Als Differentialgleichung verbleibt nur

$$\frac{d\vartheta}{dt} = \frac{s}{\gamma} i^2. \tag{49}$$

Die Erwärmung folgt daher den gleichen Gesetzen wie bei gewöhnlichen linearen Leitern. Wenn der spezifische Widerstand s und die spezifische Wärme γ konstant sind, dann steigt die Temperatur linear an, und die zulässige Stromdichte ist

$$i = \sqrt{\frac{\gamma}{s} \frac{\vartheta}{t}}. \tag{50}$$

Da keine Längendimension in Gl. (49) erscheint, so gilt diese Differentialgleichung für jedes Raumelement des Bodens ganz unabhängig von der Art der Stromverteilung. *Gl. (50) kann daher für jede beliebige Erderform angewandt werden.*

Elektroden in feuchtem Boden, die eine Erwärmung von 60° nicht überschreiten sollen, dürfen während einer Dauer von 100 sec mit einer Stromdichte

$$i = \sqrt{\frac{1,75 \cdot 10^6}{10^2} \cdot \frac{60}{100}} = 100 \ \text{Amp/m}^2$$

belastet werden, was ein ziemlich hoher Betrag ist. Für Sandboden mit zehnmal höherem spezifischem Widerstand ist bei derselben Stromdichte nur eine kurzzeitige Belastung von 10 sec zulässig. Höhere Stromdichte oder eine längere Belastungszeit würde die Feuchtigkeit des Bodens in kurzer Zeit verdampfen, und dadurch kann eine Explosion im Raume um den Erder erfolgen, wie es gelegentlich aufgetreten ist.

Die Spannung am Erder kann während der kurzzeitigen Belastung sehr hohe Werte erreichen. In unserem Beispiel für feuchten Boden ist die Spannung im Verhältnis der Stromdichten größer als bei Dauerbetrieb und erreicht damit einen Wert von

$$E = 120 \cdot \frac{100}{1,2} = 10\,000 \ \text{Volt}.$$

Der anfängliche Temperaturanstieg, der für kurze Zeit durch Gl. (49) gegeben wird, ist in Abb. 12 dargestellt. Die Enderwärmung, die bei gegebenen Bodenkonstanten durch Gl. (45) bestimmt wird, ist ebenfalls in Abb. 12 angezeigt. Die zwischenliegende Verbindungskurve folgt der vollständigen Differentialgleichung (42), sie ist aber schwierig analytisch abzuleiten. Wir können jedoch sehr einfach *die Zeitkonstante T* bestimmen, wenn wir diese definieren als die Zeit, in der der lineare anfängliche Anstieg die Dauertemperatur erreichen würde, wie es in Abb. 12 zu sehen ist. Für diesen Schnittpunkt ist nach Gln. (45) und (49), nachdem in ersterer der Strom durch seine Dichte ausgedrückt wird,

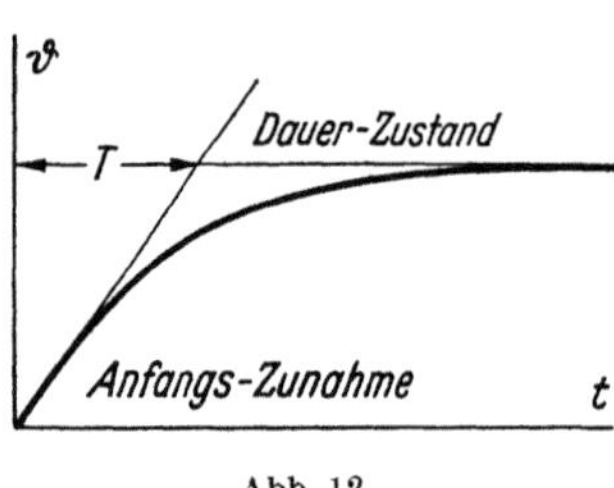

Abb. 12.

$$\vartheta_{dauer} = \frac{1}{2} \frac{s}{\lambda} B^2 i^2 = \frac{s}{\gamma} i^2 T = \vartheta_{anfangs}. \tag{51}$$

Daraus ergibt sich die *Erwärmungszeitkonstante für eine kugelförmige Erdelektrode* und ihren umgebenden Boden zu

$$T = \frac{1}{2} \frac{\gamma}{\lambda} B^2. \tag{52}$$

Dieser Wert ist nur abhängig von den Wärmekonstanten des Bodens und dem

Quadrat des Radius B. Für andere Erderformen folgt die Zeitkonstante einem ähnlichen Ausdruck, nur muß anstatt B eine andere charakteristische Längendimension des Erders benutzt werden, die zwischen der größten und kleinsten Abmessung der Elektrode liegt.

Für eine Kugel vom Radius $B = 1\,\mathrm{m}$ ist die Zeitkonstante z. B.

$$T = \frac{1}{2} \cdot \frac{1{,}75 \cdot 10^6}{1{,}2} \cdot 1^2 = 0{,}73 \cdot 10^6 \ \mathrm{sec} = 8{,}5 \ \mathrm{Tage}\,.$$

Dies ist *eine sehr lange Zeitdauer*, die durch das geringe Wärmeleitvermögen des Bodens bedingt ist und die in voller Übereinstimmung mit Prüfergebnissen steht.

26. Sternpunktserdung von Drehstromnetzen.

In einem voll isolierten Drehstromnetz ist der Schwerpunkt oder Sternpunkt des Systems in seiner Spannung nicht festgelegt, sondern kann frei schwanken. Wenn alle drei Drehstromleitungen gesund und symmetrisch sind, dann stimmt die Spannung des Sternpunktes und der Erde überein, so wie es in Abb. 1a dargestellt ist. Alle drei Leitungen besitzen dann die gleiche Phasenspannung E' gegen Erde. Beim Erdschluß einer Leitung jedoch nimmt diese die Spannung der Erde an, der Sternpunkt erhält dadurch nach Abb. 1b die Spannung E'.

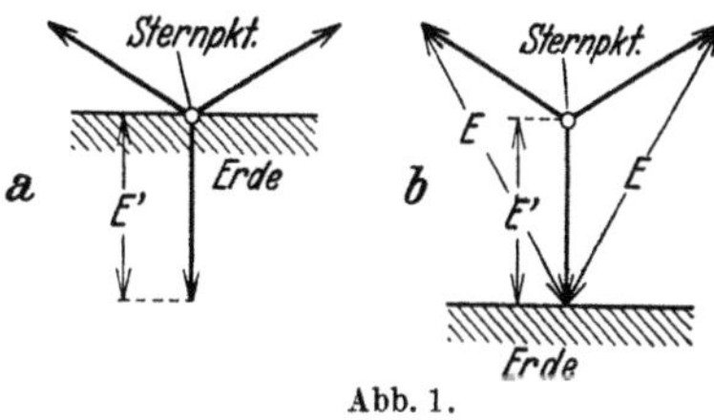

Abb. 1.

Er hebt sich also über die Spannung der Erde, und die beiden gesunden Leitungen besitzen gegen Erde nunmehr die verkettete Spannung E. Die Isolation wird dabei $\sqrt{3}$ mal stärker beansprucht als bei gesundem Netz.

a) Erdkurzschlußströme. Eine Abhilfe gegen derartige Spannungsverlagerungen und Überspannungen erzielt man *durch Erdung des Sternpunktes der Drehstromanlage*, indem man die Wicklungsmitte eines oder mehrerer Hochspannungstransformatoren gut leitend mit der Erde verbindet. Bei einem Erdschlusse bilden sich jetzt keine kapazitiven Stromkreise, sondern Kurzschlußkreise aus, wie sie in Abb. 2 dargestellt sind, so daß nunmehr starke Überströme auftreten. Man muß diese *Erdkurzschlußströme* möglichst bald durch Abschalten der Leitung unterbrechen, da ihre Wirkungen sonst verheerend sind.

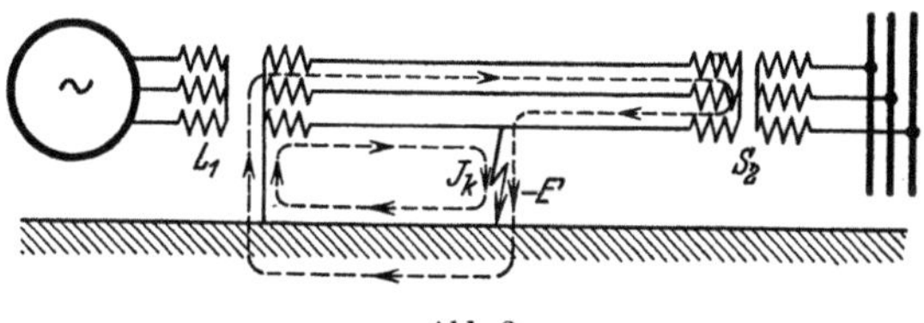

Abb. 2.

Der Erdkurzschlußstrom zwischen der Fehlerstelle und dem geerdeten Sternpunkt besteht aus zwei Teilen, die beide unter der Wirkung der Erdschlußspannung $-E'$ stehen. Der erste Teil des Stromes schließt sich direkt über den kurzgeschlossenen Transformatorschenkel und wird durch dessen Luftstreufeld L_1 bestimmt, der zweite Teil schließt sich in zwei gleichartigen Zweigen über die anderen Transformatorschenkel und fließt durch die gesunden Leitungen und den Endtransformator mit der Streuung S_2 zur Fehlerstelle zurück. Der *gesamte Erdkurzschlußstrom* ist also

$$J_k = \frac{E'}{\omega L_1} + 2\frac{E'}{\omega L_1 + \omega S_2} = \frac{E'}{\omega L_1}\left(1 + \frac{2}{1 + \dfrac{S_2}{L_1}}\right). \tag{1}$$

Dabei haben wir der Einfachheit halber die Widerstände der Leitungen und der Erdstrombahn vernachlässigt und ihre Reaktanzen mit zu den Transformatoren geschlagen.

Ist der *Endtransformator* klein gegen den Anfangstransformator, oder ist die Leitung gar offen, so ist S_2 sehr groß gegen L_1, so daß das zweite Klammerglied verschwindet. Der Kurzschlußstrom ist dann nur durch das Luftfeld des kranken Schenkels bestimmt. Ist der Endtransformator jedoch sehr groß, so ist S_2 gering gegen L_1, und die Klammer erhält den Wert 3. Der sternpunktsgeerdete Transformator wird dann praktisch durch den Erdschluß an seinen 3 Polen kurzgeschlossen. In der Tat ist die Kurzschlußreaktanz gegen seinen Sternpunktsstrom $\omega L_1/3$.

Besitzt der Transformator in der Stern-Sternschaltung der Abb. 2 *magnetischen Rückschluß seiner Eisenkerne*, etwa bei Ausführung mit vier oder mehr Schenkeln, mit Manteleisen oder bei Zerteilung in drei einphasige Kerne, so wird die Selbstinduktion L_1 jedes Pols außerordentlich groß und ist durch seine Leerlaufsreaktanz bestimmt. Der Erdstrom wird dann nach Gl. (1)

$$J_k = 3\,\frac{E'}{\omega L_1} = 3\,J_\mu\,, \tag{2}$$

er sinkt also auf den Leerlaufstrom des Gesamttransformators herab. Die Sternpunktserdung bewirkt in diesem Falle keinen Überstrom.

Führt man den Transformator nach Abb. 3 mit *Dreieckschaltung der nichtgeerdeten Wicklung* aus, so kann diese im Gegensatz zur Sternschaltung nach Abb. 2 innere Wicklungsströme führen. Diese fließen in allen drei Schenkeln in gleicher Richtung und können daher die magnetische Wirkung der Sternpunktsströme, die ebenfalls gleichsinnig wirken, vollständig kompensieren. Zwischen den primären und sekundären Strömen jedes Kernes kann daher nur die geringe Wicklungsstreuung S_1 wirksam werden, gleichgültig, ob die Eisenkerne magnetischen Rückschluß besitzen oder nicht. Der Erdkurzschlußstrom ist daher jetzt

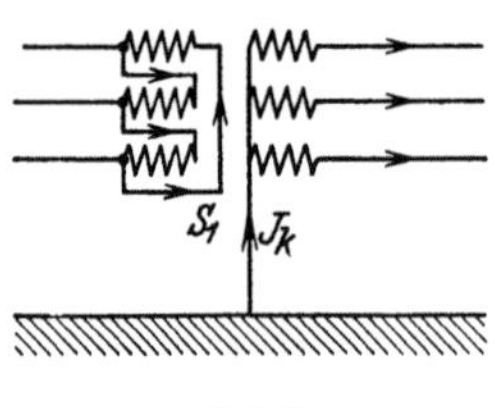

Abb. 3.

$$J_k = \frac{E'}{\omega S_1}\left(1 + \frac{2}{1 + \dfrac{S_2}{S_1}}\right). \tag{3}$$

Die Wicklungsstreuung S_1 ist immer sehr viel kleiner als die Luft- und Jochstreuung L_1.

Da der *Erdkurzschlußstrom stets einphasig* ist, bewirkt er ebenso wie früher der Erdkapazitätsstrom eine starke unsymmetrische Belastung der Stromquellen des Netzes. Er ist aber induktiv und senkt die Spannung daher erheblich ab.

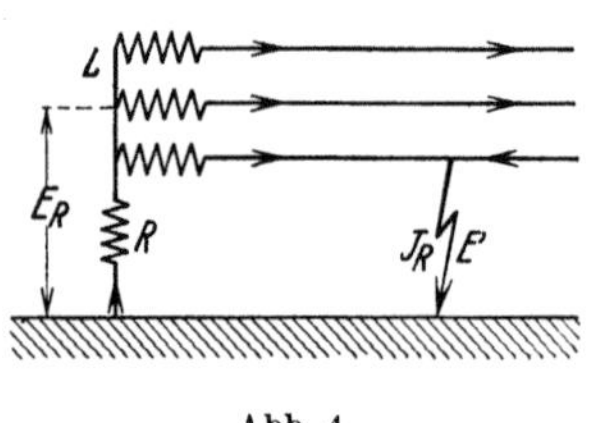

Abb. 4.

Durch die unmittelbare Erdung des Sternpunktes im Transformator erzielt man den Vorteil, daß die in seiner Nähe liegenden Wicklungteile nur mäßige Spannung besitzen. Man kann sie daher mit geringerer Isolierung ausführen als die an den Klemmen des Transformators liegenden Spulen, so daß man eine gestaffelte Isolation erhält, die weniger Material für die gesamte Wicklung verbraucht.

Den Nachteil der hohen Erdschlußströme sucht man durch *Einschaltung eines Widerstandes R vor den Sternpunkt* nach Abb. 4 zu vermeiden. Der Kurzschlußstrom vermindert sich dann auf

$$J_R = \frac{E'}{\sqrt{R^2 + \omega^2 L^2}}\,, \tag{4}$$

wobei mit L jetzt die resultierende Selbstinduktion des gesamten Kurzschluß-
kreises nach Gl. (1) bis (3) bezeichnet ist. Dadurch ist aber die Spannung E_R
des Sternpunktes gegen Erde nicht mehr völlig festgelegt, sondern kann erhebliche Werte annehmen. Sie bestimmt sich zu

$$E_R = J_R R = J_R \sqrt{\left(\frac{E'}{J_R}\right)^2 - \omega^2 L^2}, \tag{5}$$

wenn man R aus Gl. (4) einsetzt. Bildet man nunmehr das Verhältnis der Sternpunktsspannung zur Phasenspannung und führt an Stelle
der Erdschlußreaktanz ωL den vollen Erdkurzschlußstrom J_k ohne Sternpunktswiderstand entsprechend
Gl. (1) oder (3) ein, so erhält man

$$\frac{E_R}{E'} = \sqrt{1 - \left(\frac{J_R}{J_k}\right)^2}. \tag{6}$$

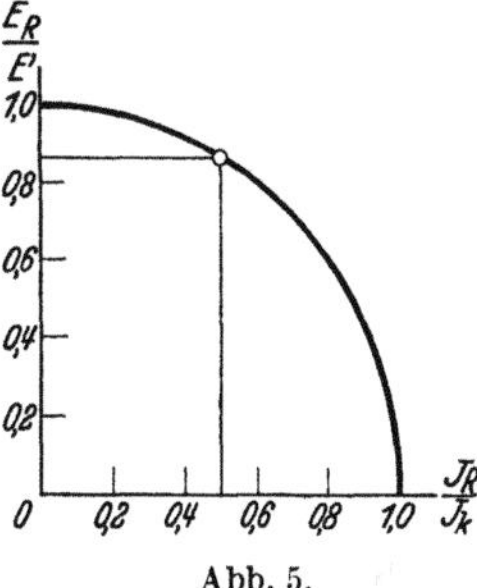
Abb. 5.

Diese Beziehung wird graphisch durch das Kreisdiagramm von Abb. 5 dargestellt und zeigt, daß *schon
bei einer geringen Verkleinerung des Erdschlußstromes J_R
gegenüber seinem Höchstwert J_k ein starker Anstieg der
Sternpunktsspannung E_R auftritt.* Eine Verringerung des
Erdschlußstromes auf die Hälfte durch Einfügen eines
Widerstandes bewirkt bereits, daß sich die Sternpunktsspannung auf das

$$\frac{E_R}{E'} = \sqrt{1 - \frac{1}{2^2}} = 0,865\,\text{fache}$$

der Phasenspannung hebt, die bei isoliertem Sternpunkt im Falle eines Erdschlusses voll vorhanden wäre. Die Anwendung gestaffelter Isolierung nach dem
Sternpunkt zu erscheint hierbei nicht mehr zulässig, da dessen Spannung jetzt
nahezu frei schwanken kann. Dagegen dämpft ein solcher Widerstand die im
Kapitel 24 geschilderten kapazitiven Resonanzüberspannungen erheblich ab.

b) Induktive Erdschlußlöschung. Ganz andere Wirkungen erzielt man durch
Erdung des Drehstromsternpunktes über eine Drosselspule. Zur Abführung stati-

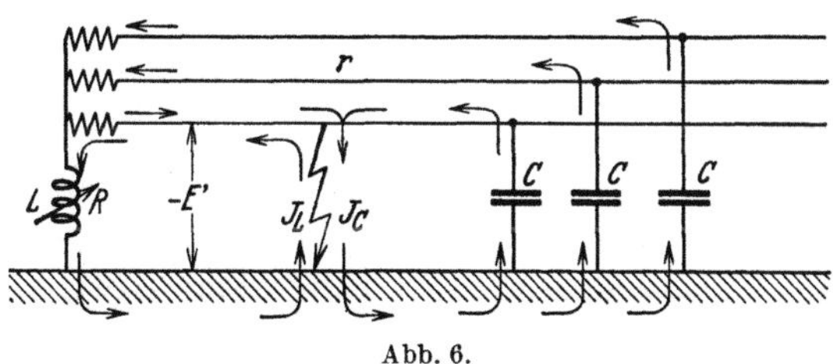
Abb. 6.

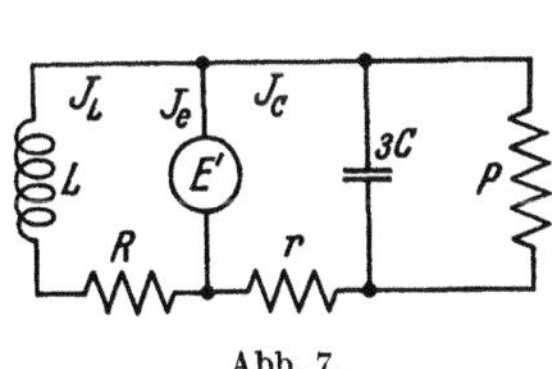
Abb. 7.

scher Ladungen hat man solche Spulen seit langer Zeit benutzt, wofür sie natürlich mit hoher Selbstinduktion ausgeführt wurden. Besonders günstige Verhältnisse treten aber bei Abstimmung der Selbstinduktion L auf die Kapazität des
Netzes auf, wie es in Abb. 6 für eine *Erdschlußspule* dargestellt ist. Wie die
Pfeile in dieser Abbildung zeigen, wird jetzt bei einem Erdschluß von der überlagerten Phasenspannung $-E'$ nicht nur die Erdkapazität $3\,C$, sondern parallel
dazu auch die Selbstinduktion L gespeist, deren Blindstrom entgegengesetzte
Richtung besitzt. Wir können diese Anordnung durch das Ersatzbild der Abb. 7
darstellen, wobei auch die Widerstände eingetragen sind, nämlich R für die
Drosselspule und ihre Erdung, und r für den Leitungskreis einschließlich der
Transformatoren. Der Widerstand der Erdschlußstelle selbst und die geringe

Streuung des Haupttransformators spielen keine erhebliche Rolle und sind daher fortgelassen. Die Ableitungsverluste der Leitungsisolatoren und die Oberflächenverluste durch Korona wirken ähnlich wie die Leitungsverluste und sind durch den Parallelwiderstand P angedeutet.

Der Strom J_C in der Erdkapazität des Netzes bestimmt sich dann aus

$$E' = r J_C + \frac{J_C}{j\,3\,\omega\,C}, \tag{7}$$

und der Strom J_L in der Selbstinduktion aus

$$E' = R J_L + j\,\omega\,L J_L. \tag{8}$$

Schließlich ist der Verluststrom J_P im Widerstand der Isolation bestimmt durch

$$E' = P J_P, \tag{9}$$

wenn der unbedeutende Spannungsabfall in dem Leitungswiderstand r hier vernachlässigt wird.

Der gesamte Erdstrom an der Fehlerstelle setzt sich zusammen aus dem kapazitiven Netzstrom, dem induktiven Sternpunktsstrom und dem Isolations-Verluststrom zu

$$J_e = E' \left(\frac{1}{r + 1/j\,3\,\omega\,C} + \frac{1}{R + j\,\omega\,L} + \frac{1}{P} \right). \tag{10}$$

Die Widerstände r und R sind stets gering. Daher können wir diesen Ausdruck binomisch entwickeln und erhalten nach Trennung der reellen und imaginären Glieder

$$J_e = E' \left\{ j\left(3\,\omega\,C - \frac{1}{\omega L} \right) + \left[r\,(3\,\omega\,C)^2 + \frac{R}{(\omega L)^2} + \frac{1}{P} \right] \right\}. \tag{11}$$

Der Erdstrom besteht also aus zwei um 90^0 phasenverschobenen Anteilen, wobei der erste nur von den Blindwiderständen, der letzte auch von den Wirkwiderständen bestimmt wird.

Die Abhängigkeit des Fehlerstromes an der Erdschlußstelle von der Selbstinduktion ist in Abb. 8 dargestellt, und zwar ist $1/\omega L$ als Veränderliche aufgetragen, weil diese Blindleitfähigkeit proportional der Leistung der Drosselspule ist. Führt man diese zu

$$W_L = \frac{E'^2}{\omega L} = 3\,\omega\,C\,E'^2 = W_e \tag{12}$$

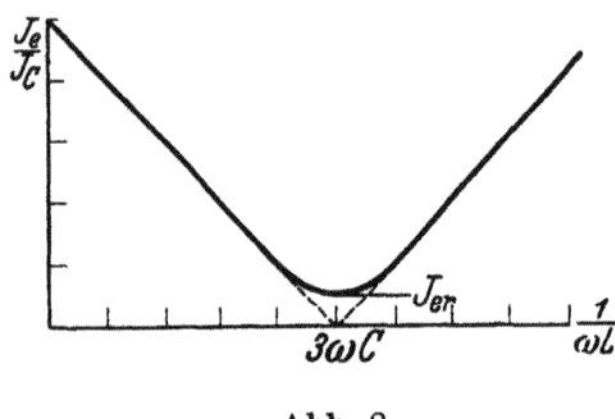

Abb. 8.

aus, so daß sie nach Kapitel 24, Gl. (3) gerade der einphasigen Blindleistung des kapazitiven Erdschlußstromes entspricht, so kompensiert sie diesen vollständig und ruft einen tiefen Sattel in der Fehlerstromkurve hervor. Das System nach Abb. 7 steht dann in *Stromresonanz*, in Gl. (10) verschwindet mit

$$3\,\omega^2\,L\,C = 1 \tag{13}$$

das erste imaginäre Klammerglied von Gl. (11) und es bleibt nur das durch die Widerstände bedingte reelle letzte Glied bestehen. Der *minimale Erdschlußstrom* berechnet sich daraus mit den Gln. (7) und (13) zu

$$J_{er} = 3\,\omega\,C\,(r + R)\,J_C + \frac{E'}{P} = \frac{(r + R)\,J_C^2}{E'} + \frac{E'}{P}. \tag{14}$$

Dieser *Reststrom im Erdschlußfehler* ist also durch die Verluste des Kapazitätsstromes in den Reihenwiderständen und der Phasenspannung in den Parallelwiderständen bedingt. Im allgemeinen beträgt er nur wenige Prozent des kapazitiven Stromes. Da alle Glieder in Gl. (14) mit der gesamten Leitungslänge des Netzes zunehmen, so wächst der Reststrom weit stärker als proportional mit dieser an.

Durch richtige Abstimmung der induktiven Erdung gelingt es also, den stationären Erdschlußstrom fast zum Verschwinden zu bringen. Ein Spannungsdurchbruch irgendeiner Leitung gegen Erde, etwa ein Isolatorüberschlag, kann daher nur im ersten Augenblick der Zündung einen Strom verursachen. Ein dauernder Lichtbogen kann sich jedoch nicht entwickeln, weil der Strom bis auf den kleinen Rest nach Gl. (14) zusammenbricht. In Abb. 9 ist ein solcher Überschlag in einem Netz von 30 kV mit einem Erdkapazitätsstrom von 140 Amp oszillographiert, man sieht, daß der Erdschlußstrom i_e nach wenigen Halbwellen verschwindet. Der Strom i_L im Löscher schnellt beim Zünden hoch und klingt nach dem Löschen in gedämpften Wellen aus. Der Erdschluß-

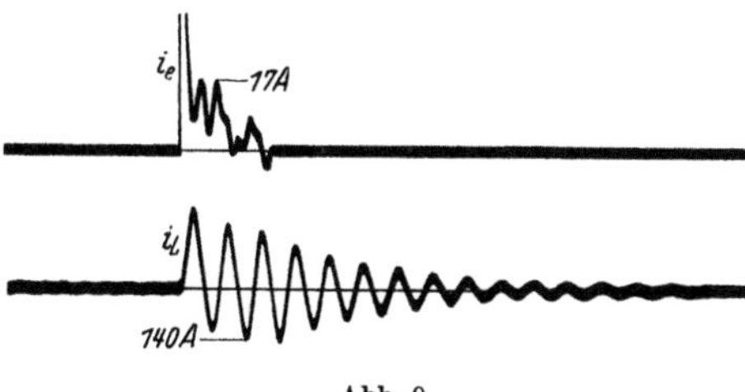

Abb. 9.

lichtbogen eines 100 kV Netzes mit 60 Amp Kapazitätsstrom ist in Abb. 10 dargestellt, wie er sich nach der Zündung durch einen dünnen überbrückenden Kupferdraht entwickelte. Abb. 11 zeigt den gleichen Vorgang bei induktiver Löschung, wobei der entstehende, äußerst kleine Funke vergrößert herausgezeichnet ist. *Man kann auf diese Weise bei allen Betriebsspannungen Erdschluß-lichtbögen bis zu etwa 30 Amp Reststrom zum Verlöschen bringen.* Dabei ist es gleichgültig, ob diese Stromstärke bei günstigster Abstimmung nach Gl. (14) nur aus Wirkstrom besteht, oder ob sie bei ungenauer Abstimmung nach Abb. 8 auch induktiven oder kapazitiven Reststrom mit enthält.

Während Lichtbögen durch Überspannungen oder Fremdkörper in freier Luft endgültig gelöscht werden, ist dies beim *Durchschlag fester Isolatoren* häufig nicht möglich, da die nach dem Löschen wiederkehrende Spannung stets erneut durchbricht. Abb. 12 zeigt das Oszillogramm der Phasenspannung und des Erdschluß-stromes eines 25 kV Kabels, in dem ein Isolationsfehler zwischen Leiter und Bleimantel entsteht. Die Spannung bricht mit einem kurzen Entladungsschlag zusammen, sie erholt sich langsam wieder gemäß der Zeitkonstante des Schwingungskreises und das gleiche Spiel beginnt in dauernder Folge von neuem. Die Beanspruchung der Fehlerstelle und die Rückwirkung auf den Netzbetrieb ist hierbei nur ein kleiner Bruchteil derjenigen bei ungelöschtem Erdstrom.

Im Augenblick des Überschlags einer Drehstromleitung gegen Erde treten zu den bisher berechneten Dauerströmen noch Ausgleichsströme hinzu. Sie verlaufen nach dem Schema der Abb. 7 im induktiven und kapazitiven Zweige getrennt, ihre Summe stellt den *Einschaltstoß im Erdschlußfunken* dar. Er beträgt nach Kapitel 2, Gl. (33) und Kapitel 1, Gl. (34)

$$J_e'' = J_C \frac{\sin \varphi}{3 \, \omega \, C \, r} \varepsilon^{-\frac{t}{T_C}} - J_L \cos \varphi \, \varepsilon^{-\frac{t}{T_L}}. \tag{15}$$

Es treten also im Augenblick des Überschlags zwei Gleichstromstöße im Funken auf, die nach den unterschiedlichen Zeitkonstanten der beiden Stromzweige relativ schnell abklingen, ihre anteilige Größe hängt von der zufälligen Schaltphase des Durchschlags ab. Setzt man die Dauerströme nach Gl. (7) und (8) unter Vernachlässigung der Widerstandsglieder ein, so erhält man

$$J_e'' = \frac{E'}{r} \sin \varphi \, \varepsilon^{-\frac{t}{3 \, C r}} - \frac{E'}{\omega L} \cos \varphi \, \varepsilon^{-\frac{t}{L/R}} \tag{16}$$

und sieht, daß im allgemeinen das erste Glied bei weitem überwiegt und im Maximalfall mit dem Kurzschlußstoß der Phasenspannung auf den Netzwider-

stand übereinstimmt. Wenn die Erdschlußstelle selbst einen erheblichen Erdwiderstand p besitzt, dann dämpft dieser den kapazitiven Einschaltstoß auf den
höchsten Wert

$$J_e'' = \frac{E'}{r+p} \tag{17}$$

herab. Dieser beträchtliche Stromstoß, der mit der Zeitkonstante $3\,C\,(r+p)$ ab-

Abb. 10. Erdschlußlichtbogen einer isolierten Hochspannungsleitung von 100 kV, 60 Amp Kapazitätsstrom.
(Siemens-Schuckertwerke, Berlin)

klingt, ist im Oszillogramm der Abb. 9 deutlich zu erkennen. Je nach den Widerständen kann dieser Entladungsstrom durch die Wirkung der Selbstinduktion l
der Leitung sogar oszillatorisch werden, wenn ihr Schwingungswiderstand $\sqrt{l/C}$
den Ohmschen Wert $(r+p)$ übersteigt.

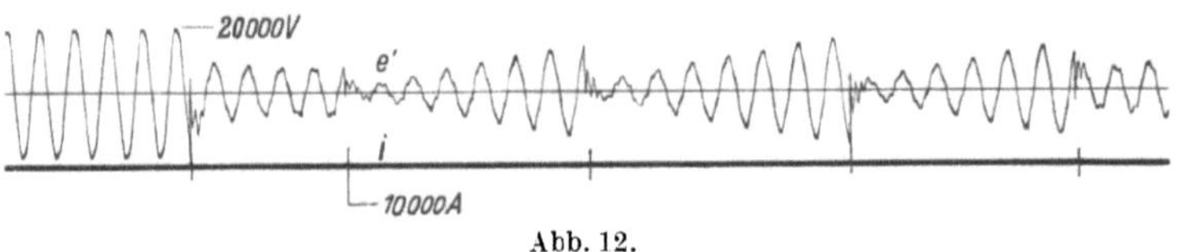

Abb. 12.

Wir können uns das vollständige Ersatzbild des Erdschlusses nach Abb. 6
einschließlich der Transformatorstreuungen, nämlich L_1 für den Erdstrom und S
für die Kapazitätsströme, in Abb. 13 aufzeichnen. Dort ist auch die Leitungskapazität c der gesunden Leiter gegen den erdgeschlossenen mit eingetragen, die
parallel zur Transformatorstreuung liegt. Sie bewirkt, daß der anfängliche Kapazitätsstoß sehr bald eine überlagerte Schwingung erhält, deren Frequenz durch
die Summe der Erd- und Leitungskapazitäten und die Streuinduktionen bestimmt
wird. Abb. 9 und 14 lassen dies gut erkennen.

Man sieht aus Abb. 13, daß der rechte Stromzweig auf Oberwellen bei Erd-
schluß recht empfindlich ist. Die Streuung S kann mit den in Reihe liegenden
Kapazitäten in Spannungsresonanz erregt werden, mit den parallel liegenden
Kapazitäten in Stromresonanz, wenn die Phasenspannung oder der Erdschluß-

Abb. 11. Erdschlußlichtbogen der Hochspannungsleitung von Abb. 10 bei abgestimmter Erdschlußlöschspule.
(Siemens-Schuckertwerke, Berlin)

strom entsprechende Oberwellen enthalten. Der erstere Fall war bereits in
Kapitel 24 an Hand von Abb. 5 behandelt.

Nach dem Löschen eines Erdschlußlichtbogens schwingt der aus L und C
bestehende Schwingungskreis noch eine Weile weiter, die seiner Zeitkonstante
entspricht. Man sieht dies deutlich am Löscher-
strom i_L von Abb. 9. Bei vollkommener Abstimmung der Eigenfrequenz nach Gl. (13) schwingt
er genau im Takt der Netzfrequenz, bei unvollkommener Abstimmung nahezu. Wir haben daher ganz die gleichen Verhältnisse, wie wir sie
in Kapitel 7 beim Ausschalten von Schwingungskreisen betrachtet haben, und sehen, daß die
Spannung an der Erdschlußfehlerstelle entspre-

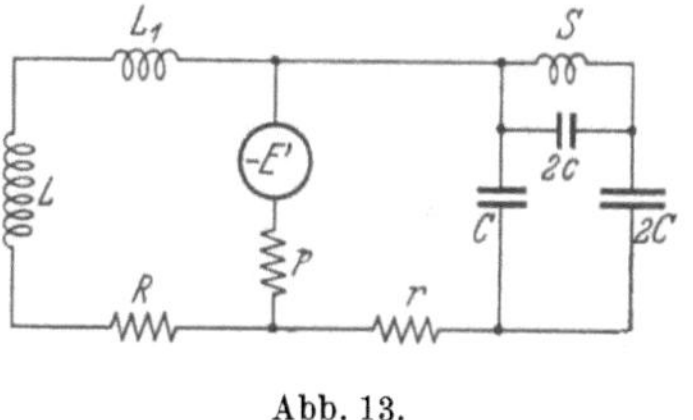

Abb. 13.

chend Gl. (55) und (56) jenes Kapitels nur äußerst langsam ansteigt. *Die Ausschaltbedingungen für den Lichtbogen sind also besonders günstig.* In dem Oszillogramm der Abb. 14 ist der Erdschlußstrom und die Phasenspannung eines
50 kV Netzes beim Luftdurchbruch durch einen Fremdkörper aufgenommen.
Dieser verbrennt in etwa 2 Perioden und leitet einen Lichtbogen ein, dessen
Entladungsschlag schon nach einer Halbwelle löscht. Alsdann erkennt man an
der Phasenspannung die langsamen Schwebungen zwischen der Netzfrequenz

und der auspendelnden Eigenfrequenz des Resonanzkreises, durch die die Spannungen allmählich auf ihre regulären Werte zurückkehren.

Es ist besonders vorteilhaft, daß bei einer derartigen *Erdschlußlöschung der reguläre Betrieb des Netzes nicht unterbrochen zu werden braucht.* Weder bei kurzzeitig vorübergehenden noch bei dauernden Erdschlüssen tritt eine Änderung der verketteten Spannung zwischen den Leitungen ein. Die Anlage kann daher im Erdschlußzustand weiterbetrieben werden, bis der Fehler gefunden ist. Da sich erfahrungsgemäß ein großer Teil aller Leitungsfehler, insbesondere die betriebsgefährdenden zweipoligen Kurzschlüsse, aus ursprünglich einpoligen Erdschlüssen entwikkeln, deren flackernde Lichtbögen auf die gesunden Leitungen übergreifen, so vermeidet man

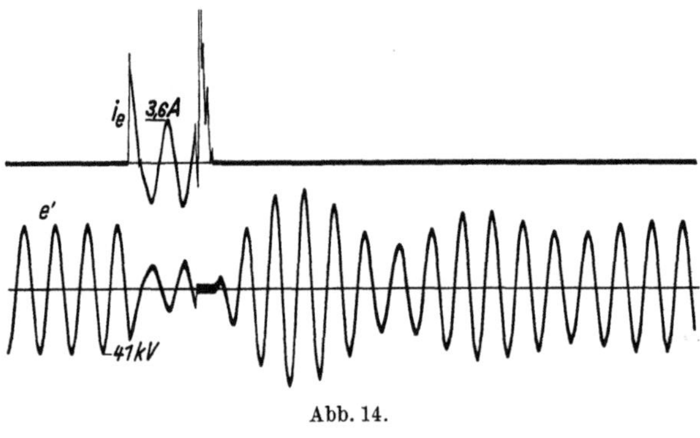

Abb. 14.

durch induktive Erdschlußlöschung viele dieser Fehler und schränkt dadurch die Betriebsunterbrechungen auf ein geringes Maß ein.

Im gesunden erdschlußfreien Zustande des Netzes bilden die Sternpunktsselbstinduktion und alle Netzkapazitäten zusammen mit Erde, Leitungen und Transformatoren nach Abb. 6 und 7 einen elektrischen Schwingungskreis, der auf alle Spannungen e anspricht, die *in seinem Inneren* auf die Serienschaltung von Selbstinduktion und Kapazität wirken. In völlig symmetrischem Zustand der Drehstromanlage treten solche Spannungen nicht auf, jedoch können sie durch irgendwelche Unsymmetrien im Transformator oder in den Leitungen, beispielsweise durch unterschiedliche Erdkapazität der Einzelleitungen, hervorgerufen werden. Sie entwickeln einen inneren Strom entsprechend

$$e = (r + R)\,i + j\,\omega\,L\,i + \frac{i}{j\,3\,\omega\,C}, \tag{18}$$

falls wir hier die Leitfähigkeit der Isolatoren vernachlässigen. Dieser Strom fließt von der Erde durch die Drosselspule in den Sternpunkt und erzeugt dort eine Spannung

$$e_L = R\,i + j\,\omega\,L\,i. \tag{19}$$

Vernachlässigt man auch hier den Widerstand gegenüber der Induktanz, so wird die relative *Spannungsverlagerung des Sternpunkts*

$$\frac{e_L}{e} = \frac{j\,\omega\,L}{(r + R) + j\left(\omega\,L - \dfrac{1}{3\,\omega\,C}\right)}. \tag{20}$$

Sie erreicht für volle Erdschlußkompensation nach Gl. (13) den Höchstwert

$$\frac{e_{Lr}}{e} = \frac{j\,\omega\,L}{r + R} = \frac{j}{3\,\omega\,C\,(r + R)}, \tag{21}$$

der bei geringen Widerständen so groß werden kann, daß er die Phasenspannung erreicht oder sogar überschreitet. *Die Drehspannungen der drei Leitungen liegen dann schon bei gesundem Zustand des Netzes unsymmetrisch zur Erde,* ähnlich wie in Abb. 1b. Die relative Sternpunktsverlagerung nach Gl. (21) hängt von genau den gleichen Größen ab wie der relative Erdschlußreststrom nach dem ersten

Glied von Gl. (14), nur im umgekehrten Sinne. Man darf daher einerseits die Widerstände im Sternpunktszweige nicht gar zu klein ausführen, und muß andererseits auf möglichste Symmetrie der drei Phasenleitungen im ganzen Netz achten, wenn man Spannungsverlagerungen durch Resonanz des Löschkreises vermeiden will.

Eine extreme Unsymmetrie tritt auf der Leitung auf, wenn ein einzelner Pol vollständig unterbrochen wird, wie es Abb. 15 zeigt. In diesem Zustand besitzt der wirksame Stromkreis nur zwei Erdkapazitäten in Parallele, die durch eine innere Spannung von der Größe $E'/2$ in Serie zur Sternpunkts-Induktanz gespeist werden. Wenn die Löschdrosselspule auf vollständige Kompensierung der Erdfehler abgestimmt war, wie nach Gl. (13), dann ergibt die Resonanzgleichung, ähnlich der Gl. (20), aber mit nur $2\omega C$,

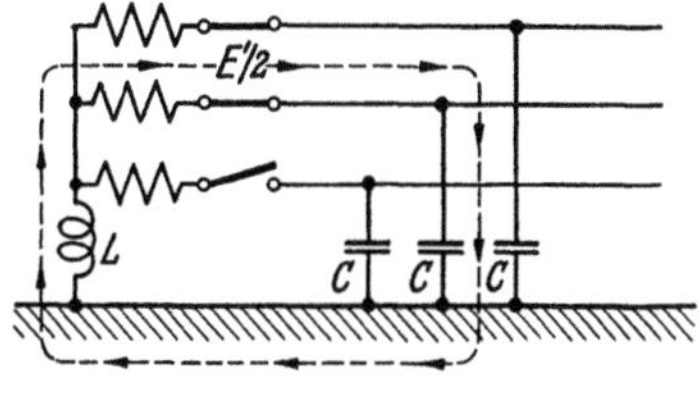
Abb. 15.

$$e_L = \frac{E'/2}{1 - 1/2\,\omega^2 L C} = \frac{E'/2}{1 - 3/2} = -E', \qquad (22)$$

wobei der geringfügige Einfluß des Widerstandes vernachlässigt ist. Der Sternpunkt wird daher um eine erhebliche Spannung verlagert, so als ob der unterbrochene Transformatorpol mit der Erde verbunden wäre. Die beiden Leitungsspannungen steigen entsprechend auf $\sqrt{3}E' = E$ an. Wenn jedoch die Sternpunktsdrossel irrtümlicherweise auf $2\omega C$ anstatt auf $3\omega C$ abgestimmt wäre, entsprechend 33% Unterkompensierung, so würde unter der treibenden Spannung

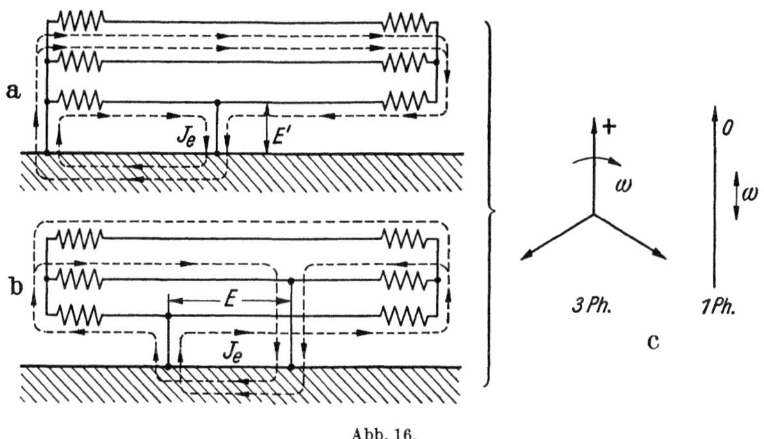
Abb. 16.

$E'/2$ vollständige Resonanz auftreten und eine extrem hohe Überspannung im Netz erzeugen. Einpolige Unterbrechung durch Trennschalter oder Sicherungen muß daher sehr vorsichtig verwendet werden.

c) Symmetrische Phasenkomponenten. Bisher haben wir die Entwicklung von Erdströmen, die von Erdschlußfehlern in der Leitung herrührten, auf Grund der *Superposition eines Einphasensystems des Fehlerstromes über das Dreiphasensystem der regulären Belastungsströme* betrachtet. Die räumliche Verteilung der überlagerten Ströme im Netz und in der Erde ist im einzelnen in Abb. 16a für ein sternpunktsgeerdetes Netz mit einem Erdschlußfehler dargestellt, und in Abb. 16b für ein isoliertes Netz mit zwei Erdschlußfehlern. Andererseits zeigt Abb. 16c im Vektordiagramm das zeitliche Verhalten der beiden Stromsysteme, nämlich des regulären Drehstromsystems und des überlagerten Einphasensystems, welch letzteres durch die Spannung E' oder E erzeugt wird, die den Fehler einleitete. Das letztere Stromsystem kann irgendeine Phasenlage gegenüber dem ersteren haben.

Man kann auch noch andere Lösungen angeben, die für die Untersuchung solcher unsymmetrisch verteilter Fehlerströme in Drehstromnetzen benutzt werden können. Ganz allgemein kann man jede beliebige Belastung eines Generators durch Zusammenwirken von drei regulären Stromsystemen beschreiben: Das erste System rotiert im Uhrzeigersinne mit dem Generator und hat *positive Phasenfolge*; das zweite System rotiert gegen den Uhrzeigersinn und hat *negative Phasenfolge*; und das dritte System steht still und hat die *Phasenfolge null*. Meistens sind im Raume die beiden ersten Systeme auf die Klemmen und das dritte System auf den Sternpunkt der Stromquelle bezogen. Abb. 17a stellt durch zeitliche Vektordiagramme diese drei Komponenten dar, in die Strom und Spannung jedes sinusförmigen Drehstromsystems zerlegt werden kann. Diese Zerlegung ist unter dem Namen der *symmetrischen Phasenkomponenten* bekannt.

Von dem positiven oder Rechtssystem können wir einen Teil abspalten, der in seiner Größe dem negativen oder Linkssystem gleicht, wie es in Abb. 17b

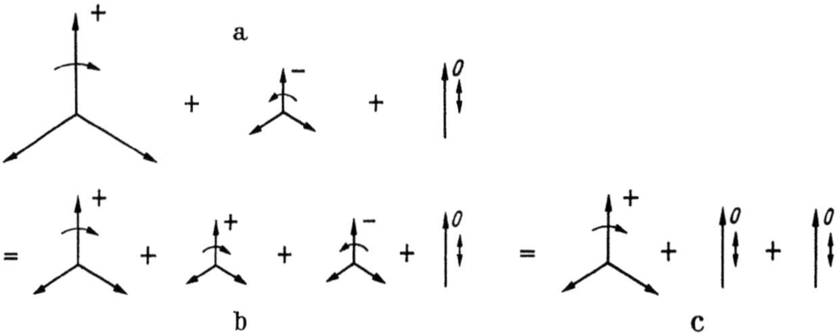

Abb. 17.

gezeigt ist. Wenn alsdann die beiden Drehstromsysteme von gleicher Größe und entgegengesetztem Rotationssinn zusammengefaßt werden, so ergeben sie ein einphasiges oder Ruhsystem, wie es in der Mitte von Abb. 17c angedeutet ist, das jedoch noch irgendeinen Phasenwinkel besitzen kann. Im Raume kann dieses System den Klemmen oder dem Sternpunkte der Stromquelle zugeordnet sein, je nach Lage des Falles. Wenn wir nun die beiden Ruhsysteme von Abb. 17c vereinigen, so erhalten wir ein Ergebnis, das identisch mit Abb. 16c ist.

Die Zerlegung in drei Komponenten kann von Vorteil sein, wenn die Rückwirkung der Ströme in Maschinen behandelt werden muß, besonders in Synchrongeneratoren und Asynchronmotoren. Diese Maschinen führen im regulären Betrieb *Ströme von positiver Phasenfolge*, wie im linken Diagramm von Abb. 17a. Solch ein balanciertes Belastungsstromsystem entwickelt *ein Ankerrückwirkungsfeld, das synchron mit den Polen rotiert*, und daher kann seine Wirkung sehr einfach beschrieben werden.

Andererseits entwickelt ein *Stromsystem von negativer Phasenfolge*, wie es durch irgendeine Unsymmetrie in der Belastung erzeugt wird, *ein Ankerrückwirkungsfeld, das entgegengesetzt wie die Pole rotiert*. Solch ein Feld übt im Prinzip eine sehr unterschiedliche Wirkung in rotierenden Maschinen aus, die getrennt betrachtet werden kann. Dies ist in einigen Beispielen der Kapitel 13 bis 15 ausgeführt worden, wo dieses Feld in den meisten Fällen fast ausgelöscht wurde. *In Transformatoren und Leitungen verhalten sich die Rechts- und Linkssysteme ohne jeden Unterschied.*

Schließlich entwickelt ein *Nullsystem*, dessen Strom wie in Abb. 16a dem Sternpunkt der Wicklung zugeführt wird, in rotierenden Maschinen *ein Ankerrückwirkungsfeld, das im wesentlichen aus höheren harmonischen Wellen im Raume besteht.* Auch dieses kann getrennt betrachtet werden und führt zu einer verringerten Streuinduktanz seiner Ströme in der Wicklung. *In Transformatoren entwickelt das Nullsystem der Ströme einen Fluß, der in den drei Kernen in gleicher Richtung strömt* im Unterschiede von den zyklisch wandernden Flüssen der rotierenden Systeme. Die Wirkung eines solchen Systems ist in diesem Kapitel untersucht worden, z. B. an Hand von Abb. 2 bis 6.

In rotierenden Maschinen und Transformatoren mit *isoliertem Sternpunkt* kann *kein Nullsystem* von Strömen auftreten. Es überlagert sich vielmehr das durch Fehlerströme erzeugte Einphasensystem an den Klemmen der Stromquelle, wie es in Abb. 16b dargestellt ist und wie es in einigen Beispielen von Kapitel 24 schon benutzt wurde.

Wenn die Parameter des Leitungsnetzes, der Transformatoren und der Maschinen für das Verhalten unter den drei Stromsystemen in Raum und Zeit bekannt sind, so kann jeder Fall einer unsymmetrischen Belastung durch Zerlegung in die drei symmetrischen Phasenkomponenten gelöst werden. Be onders in komplizierten Fällen von mehrfachen Fehlern in verzweigten Netzen ist diese Art der Untersuchung vorteilhaft, obschon ziemlich umständlich. Andererseits können viele grundlegende Fälle viel einfacher gelöst werden durch Zerlegung in nur zwei Stromverteilungen, nämlich eine reguläre dreiphasige und eine einphasige Komponente. Diese Methode ist daher in den entsprechenden Beispielen dieses Buches verwendet.

27. Wirkung des Erdungsseils bei Erdschlüssen.

Will man das Auftreten von gefährlichen Spannungen in der Nähe eines zufälligen Erdungspunktes von Freileitungen vermeiden, so muß man dafür sorgen, daß die Ströme in der Umgebung des mit Erdschluß behafteten Mastes, in der hohe Stromkonzentration auftritt, in metallischen Leitern fließen können und erst in größeren Abständen vom geerdeten Maste ihren Weg durch die Erde nehmen. Man pflegt dies entweder dadurch zu erreichen, daß man die Erdungsströme von jedem Mastfuß in einen unterirdisch möglichst ausgedehnten Kranz von Erdern fließen läßt, der den Mast umgibt, oder *indem man die eisernen Masten der Leitungsstrecke durch ein besonderes Erdungsseil miteinander verbindet,* so daß den Erdschlußströmen nicht nur der kranke Mast selbst, sondern auch sämtliche anderen Masten zum Übertritt in die Erde zur Verfügung stehen. Da nun aber das Erdungsseil einen gewissen Leitungswiderstand besitzt, so wird durch weit entfernte Masten nicht so viel Strom in die Erde fließen als durch Masten, die dem Erdschluß naheliegen. Der größte Strom wird stets durch den Erdschlußmast selbst zur Erde übertreten.

a) Erdungsseil auf den Masten. Um die Verteilung des Stromes zu finden, können wir entsprechend Abb. 1 für den n ten Mast,

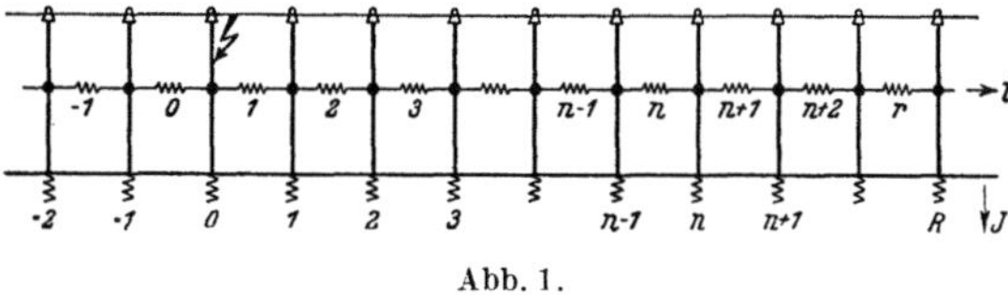

Abb. 1.

vom Erdungspunkt aus gerechnet, aussagen, daß der in ihm zur Erde übertretende Strom J_n gleich sein muß der Differenz der Ströme i_n und i_{n+1} in den ihm benachbarten Teilen des Erdungsseiles

$$J_n = i_n - i_{n+1}. \tag{1}$$

Wir wollen den Widerstand des Erdseilabschnittes zwischen zwei Masten r und den Erdungswiderstand jedes Mastes R nennen und dabei annehmen, daß alle Masten gleichen Erdwiderstand und einen Abstand besitzen, der groß genug gegenüber dem Mastfuß ist, so daß ihre Stromverteilungen sich in der Erde gegenseitig nicht merklich beeinflussen. Wenn die Selbstinduktion des Erdseils oder der Masten eine Rolle spielt, wie z. B. bei hohen Frequenzen, wie sie bei Blitzeinschlägen auftreten, dann würde R und r als Impedanz dieser Leiter angesehen werden. Die Umlaufspannung für den Stromkreis, der aus dem $n$ten Abschnitt des Erdungsseiles und dem $n$ten und $n-1$ ten Mast der Strecke gebildet wird, ist

$$J_n R - J_{n-1} R + i_n r = 0. \tag{2}$$

Diese beiden Gln. (1) und (2) beherrschen das Gesetz der Stromverteilung auf alle Masten und Erdseilabschnitte vollständig, wenn man für n nacheinander die Zahlen 0, 1, 2, 3, 4, 5 usw. einsetzt, die angeben, den wievielten Mast vom Erdschlußmast aus man betrachten will.

Um die Unbekannten i und J in Gl. (1) und (2) zu trennen, kann man nach Gl. (2) schreiben

$$i_n = \frac{R}{r}(J_{n-1} - J_n). \tag{3}$$

Diese Gleichung gilt für den $n$ten Streckenabschnitt des Erdseiles. Wendet man sie auf den $(n+1)$ten Abschnitt an, so muß man in ihr n durch $n+1$ ersetzen und erhält

$$i_{n+1} = \frac{R}{r}(J_n - J_{n+1}). \tag{4}$$

Durch Einsetzen von Gl. (3) und (4) in Gl. (1) entsteht alsdann

$$\frac{r}{R} J_n = J_{n+1} - 2 J_n + J_{n-1}. \tag{5}$$

Das ist eine Beziehung, die eine lineare *Differenzengleichung* zweiter Ordnung für den Maststrom J darstellt.

Eine ähnliche Beziehung erhält man für den Erdseilstrom i, wenn man die Gl. (1) für den $(n-1)$ten Mast ansetzt zu

$$J_{n-1} = i_{n-1} - i_n. \tag{6}$$

Setzt man Gl. (1) und (6) in Gl. (2) ein, dann entsteht

$$\frac{r}{R} i_n = i_{n+1} - 2 i_n + i_{n-1}, \tag{7}$$

also dieselbe Differenzengleichung wie die Gl. (5) für J.

Zur Lösung dieser Differenzengleichungen müssen wir einen Ansatz machen, in welcher Weise der Strom von der Ordnungszahl n der Masten abhängt. Wir versuchen es mit

$$J_n = A \, \varepsilon^{\alpha n}, \tag{8}$$

in dem A eine willkürliche, noch zu bestimmende Konstante bedeutet und α ein Zahlenwert ist, dessen Größe sich durch Einsetzen in die Differenzengleichung (5) ergibt. Zu dem Zweck setzen wir $n+1$ und $n-1$ an Stelle von n in Gl. (8) und erhalten

$$J_{n+1} = A \, \varepsilon^{\alpha (n+1)} = A \, \varepsilon^{\alpha} \, \varepsilon^{\alpha n} \tag{9}$$

und

$$J_{n-1} = A \, \varepsilon^{\alpha (n-1)} = A \, \varepsilon^{-\alpha} \, \varepsilon^{\alpha n}. \tag{10}$$

Damit wird aus Gl. (5), wenn wir die gemeinsamen Faktoren aller Glieder streichen,

$$\frac{r}{R} = \varepsilon^{\alpha} - 2 + \varepsilon^{-\alpha} = \left(\varepsilon^{\frac{\alpha}{2}} - \varepsilon^{-\frac{\alpha}{2}}\right)^2 = \left(2 \, \mathfrak{Sin} \, \frac{\alpha}{2}\right)^2, \tag{11}$$

und daraus erhält man für die Exponentialziffer α die Bestimmungsgleichung

$$\mathfrak{Sin}\,\frac{\alpha}{2} = \frac{1}{2}\sqrt{\frac{r}{R}}. \tag{12}$$

Mit deutschen Buchstaben werden dabei die hyperbolischen Funktionen bezeichnet.

Da die Widerstände r und R bekannt sind, so kann man α stets berechnen und erkennt aus Gl. (8), daß der von den Masten in die Erde übertretende Strom J sich mit zunehmender Entfernung vom Erdschlußmaste nach einem Exponentialgesetz ändert. Da sowohl positive wie negative Werte von α der Bedingungsgleichung (11) genügen, so können wir als vollständige Lösung der Differenzengleichung in Erweiterung von Gl. (8) schreiben

$$J_n = A\,\varepsilon^{\alpha n} + B\,\varepsilon^{-\alpha n}. \tag{13}$$

Die beiden willkürlichen Konstanten A und B entsprechen der Tatsache, daß in der Differenzengleichung (5) rechts die *zweite Differenz* von J_n steht, nämlich

$$J_{n+1} - 2J_n + J_{n-1} = (J_{n+1} - J_n) - (J_n - J_{n-1}) = \varDelta^2 J_n. \tag{14}$$

Häufig ist der Widerstand r des Erdseiles zwischen 2 Masten relativ klein gegenüber dem Erdungswiderstand R jedes Mastes. Dann ist der $\mathfrak{Sinus}$ der Gl. (12) sehr klein und man kann für ihn sein Argument setzen. Man erhält damit die Näherungsformel

$$\alpha = \sqrt{\frac{r}{R}}, \tag{15}$$

die bis zu Werten von etwa $r/R = 0{,}1$ anwendbar ist. *Die Wurzel aus dem Verhältnis vom Widerstand des Erdseiles zwischen zwei Masten zum Erdwiderstand jedes Mastes ist also charakteristisch für die Verteilung der Ströme in den Erdleitungen.*

Da wir für den Erdseilstrom i_n in Gl. (7) dieselbe Differenzengleichung gewonnen haben wie für den Maststrom J_n in Gl. (5), so erhalten wir für ihn in Analogie mit Gl. (13)

$$i_n = a\,\varepsilon^{\alpha n} + b\,\varepsilon^{-\alpha n}, \tag{16}$$

in der nur a und b andere Konstanten bedeuten.

Da die Ströme durch die Beziehung (1) miteinander verknüpft sind, so sind die Konstanten A, B und a, b nicht unabhängig voneinander. Man erhält vielmehr durch Einsetzen der Lösungen (13) und (16) in Gl. (1)

$$A\,\varepsilon^{\alpha n} + B\,\varepsilon^{-\alpha n} = a\,\varepsilon^{\alpha n}(1 - \varepsilon^{\alpha}) + b\,\varepsilon^{-\alpha n}(1 - \varepsilon^{-\alpha}) \tag{17}$$

und daraus, weil diese Beziehung für jedes n gelten muß,

$$\left.\begin{aligned}
A &= a(1 - \varepsilon^{\alpha}), \\
B &= b(1 - \varepsilon^{-\alpha}).
\end{aligned}\right\} \tag{18}$$

Der Erdseilstrom wird damit nach Gl. (16)

$$i_n = \frac{A\,\varepsilon^{\alpha n}}{1 - \varepsilon^{\alpha}} + \frac{B\,\varepsilon^{-\alpha n}}{1 - \varepsilon^{-\alpha}}. \tag{19}$$

In den beiden Gln. (13) und (19) sind jetzt nur noch zwei Konstanten A und B enthalten, deren Größe aus den Grenzbedingungen des Problems bestimmt werden muß.

Wenn der Erdschluß am Leitungsende auftritt, so gabelt sich der Erdschlußstrom J_e nach Abb. 2 in den Mastfußstrom J_0 und den Erdseilstrom i_1. Es ist also

$$J_e = J_0 + i_1. \tag{20}$$

Dies ist die Grenzbedingung am einen Ende der Strecke mit $n = 0$.

Für sehr große Abstände n vom Erdschlußmast können die Ströme nicht über alle Maßen groß werden, sie müssen vielmehr mit wachsendem n kleiner und kleiner werden. Für den Grenzfall sehr langer Leitungen muß daher in Gl. (13) und (19)

$$A = 0 \tag{21}$$

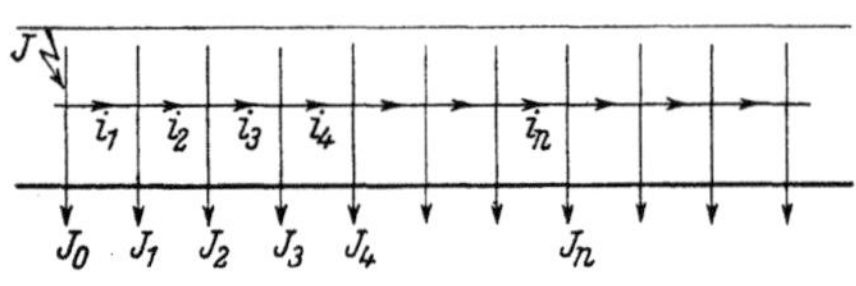

Abb. 2.

werden. Es bleibt dann in beiden Gleichungen nur das zweite Glied mit B stehen, es ist also

$$J_n = B\,\varepsilon^{-\alpha n}, \qquad i_n = \frac{B\,\varepsilon^{-\alpha n}}{1 - \varepsilon^{-\alpha}}. \tag{22}$$

Durch Einsetzen dieser Werte in Gl. (20), wobei $n = 0$ für J_n und $n = 1$ für i_n zu setzen ist, erhält man die Beziehung

$$J_e = B + \frac{B\,\varepsilon^{-\alpha}}{1 - \varepsilon^{-\alpha}} = \frac{B}{1 - \varepsilon^{-\alpha}}. \tag{23}$$

Die Konstante B ist also im Verhältnis zum Erdschlußstrom J_e

$$\frac{B}{J_e} = 1 - \varepsilon^{-\alpha} = 1 - \frac{1 - \mathfrak{Tg}\,\dfrac{\alpha}{2}}{1 + \mathfrak{Tg}\,\dfrac{\alpha}{2}} = \frac{2\,\mathfrak{Tg}\,\dfrac{\alpha}{2}}{1 + \mathfrak{Tg}\,\dfrac{\alpha}{2}}. \tag{24}$$

Der größte in die Erde fließende Strom herrscht natürlich am Erdschlußmast mit $n = 0$. Es ist nach Gl. (22) mit B nach Gl. (24)

$$J_0 = (1 - \varepsilon^{-\alpha})\,J_e = \frac{2\,\mathfrak{Tg}\,\dfrac{\alpha}{2}}{1 + \mathfrak{Tg}\,\dfrac{\alpha}{2}}J_e. \tag{25}$$

Der größte Erdseilstrom ist in der am Erdschlußmast anliegenden Strecke vorhanden mit $n = 1$. Er ist aus Gl. (20) oder (22) zu errechnen zu

$$i_1 = J_e - \frac{2\,\mathfrak{Tg}\,\dfrac{\alpha}{2}}{1 + \mathfrak{Tg}\,\dfrac{\alpha}{2}}J_e = \frac{1 - \mathfrak{Tg}\,\dfrac{\alpha}{2}}{1 + \mathfrak{Tg}\,\dfrac{\alpha}{2}}J_e = \varepsilon^{-\alpha}\,J_e. \tag{26}$$

Zur Zahlenrechnung ist es bequem, die transzendenten Funktionen zu vermeiden. Man kann dazu unter Berücksichtigung von Gl. (12) schreiben

$$\mathfrak{Tg}\,\frac{\alpha}{2} = \frac{\mathfrak{Sin}\,\dfrac{\alpha}{2}}{\sqrt{1 + \mathfrak{Sin}^2\,\dfrac{\alpha}{2}}} = \frac{1}{2}\sqrt{\frac{\dfrac{r}{R}}{1 + \dfrac{1}{4}\dfrac{r}{R}}} \tag{27}$$

und erhält dadurch für die am meisten interessierenden Ströme nach Gl. (25) und (26) einfach zu berechnende Ausdrücke. Für einen Erdseilwiderstand von $r = 1{,}5\ \Omega$ zwischen zwei Masten und einen Mastfußwiderstand von $R = 50\ \Omega$ erhält man genau genug nach Gl. (27)

$$\mathfrak{Tg}\,\frac{\alpha}{2} = \frac{1}{2}\sqrt{\frac{1{,}5}{50}} = 0{,}087$$

und damit nach Gl. (25) den Mastfußstrom zu

$$J_0 = \frac{2 \cdot 0{,}087}{1 + 0{,}087}J_e = 0{,}16\,J_e$$

und den größten Erdseilstrom nach Gl. (26) zu

$$i_1 = \frac{1 - 0,087}{1 + 0,087} J_e = 0,84\, J_e.$$

Man erkennt, daß man durch Verbinden der Masten durch ein Erdseil mit relativ kleinem Widerstande den vom Erdschlußmast in die Erde überfließenden Strom auf einen geringen Bruchteil vermindern kann.

Das Erdseil entlastet den Erdschlußmast und führt die Erdströme auch den anderen Masten zu. Wie sie sich auf die einzelnen Masten und die einzelnen Erdseilabschnitte verteilen, geht aus den Formeln (22) hervor und ist in Abb. 3 für den Fall $r/R = 0,03$ bildlich dargestellt.

Wir wollen den Mastabstand n bestimmen, in dem der Erdstrom auf 1% des Anfangswertes abgeklungen ist. Dafür ist nach Gl. (22)

$$\varepsilon^{-\alpha n} = \frac{1}{100} \qquad (28)$$

und demnach

$$n_{1\%} = \frac{\ln 100}{\alpha} \cong 4,6 \sqrt{\frac{R}{r}}. \qquad (29)$$

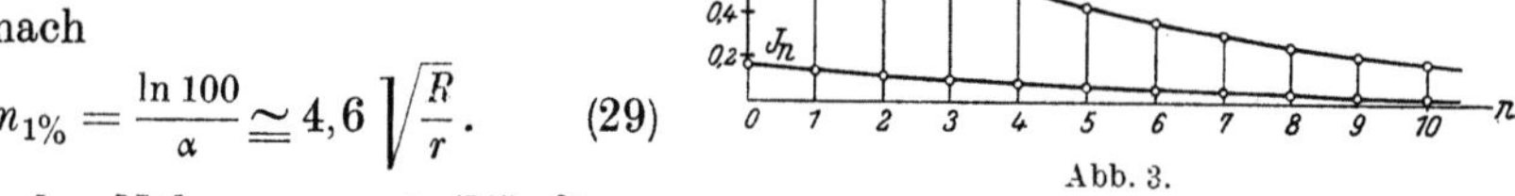
Abb. 3.

Darin ist der Näherungswert (15) für α eingesetzt. Der Ausbreitungsbereich der Erdströme auf die Masten dehnt sich also nahezu umgekehrt wie die Wurzel aus dem Widerstand des Erdseiles aus. Für $r/R = 0,03$ erhält man demnach am 26ten Mast vom Streckenende nur noch einen Erdstrom von 1% des Erdstromes am kranken Mast.

Hierdurch ist gleichzeitig ausgedrückt, wann man die Leitung als lang genug ansehen darf, um nach Gl. (21) die ersten Glieder von Gl. (13) und (19) zu

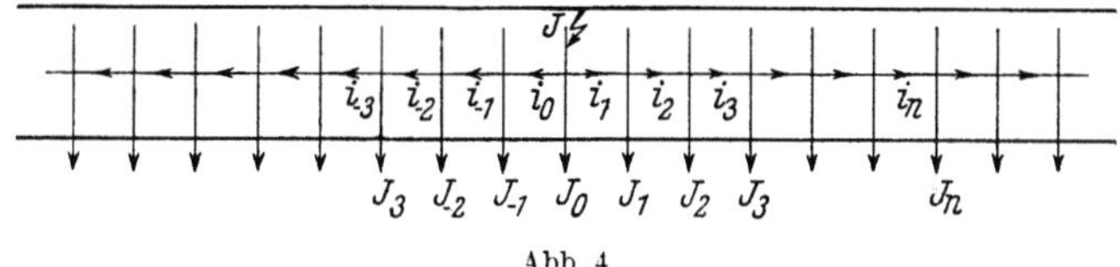
Abb. 4.

streichen. Es muß, um keinen erheblichen Fehler in der Rechnung zu begehen, mindestens die durch Gl. (29) gegebene Mastzahl vorhanden sein.

Findet der Erdschluß nicht am Ende, sondern *an einer beliebigen Stelle* auf der freien Strecke statt, so breitet sich der Erdschlußstrom zu beiden Seiten des gestörten Mastes im Erdseil aus, wie es Abb. 4 darstellt. Die Verteilung wird dann links und rechts vom Erdschlußmast die gleiche sein, so daß wir für beide Seiten die bisherige Lösung ansetzen können, wenn wir n in Gl. (22) nach links und rechts positiv zählen. Nur die Grenzbedingung am Erdschlußmast wird jetzt anders.

Der gesamte Erdschlußstrom J_e gabelt sich nach Abb. 4 in drei Teile. Ein Teil fließt durch den Mast direkt zur Erde, zwei andere unter sich gleiche Teile fließen in die Erdseile nach rechts und links. Es ist also jetzt

$$J_e = J_0 + 2\, i_1. \qquad (30)$$

Setzt man darin die Werte von Gl. (22) für die Ströme ein, so erhält man

$$J_e = B + 2\,\frac{B\,\varepsilon^{-\alpha}}{1 - \varepsilon^{-\alpha}} = B\,\frac{1 + \varepsilon^{-\alpha}}{1 - \varepsilon^{-\alpha}} = B\,\mathfrak{Ctg}\,\frac{\alpha}{2}, \qquad (31)$$

und daher wird der Erdstrom des kranken Mastes nach Gl. (22) mit $n = 0$

$$J_0 = \mathfrak{Tg}\,\frac{\alpha}{2}\, J_e. \qquad (32)$$

16 a *

Den größten Erdseilstrom erhält man aus Gl. (30) zu

$$i_1 = \frac{J_e - J_0}{2} = \frac{1 - \mathfrak{T}\mathfrak{g}\,\dfrac{\alpha}{2}}{2} J_e. \tag{33}$$

Durch Vergleich der beiden letzten Beziehungen mit Gl. (25) und (26) erkennt man, *daß die größten auftretenden Erdströme und Erdseilströme beim Erdschluß auf der freien Strecke wesentlich kleiner sind als beim Erdschluß am letzten Streckenmast.* Sie sind nahezu, jedoch nicht ganz halb so groß geworden, da $\mathfrak{T}\mathfrak{g}\,\alpha/2$ im allgemeinen ein kleiner Bruch ist.

Zur zahlenmäßigen Berechnung der Ströme kann man auch hier die Gl. (27) benutzen. In allen Fällen, in denen r/R geringer als der oben bereits genannte Wert 0,1 ist, genügt es sogar, die Näherungsformel (15) anzuwenden und in Gl. (27)

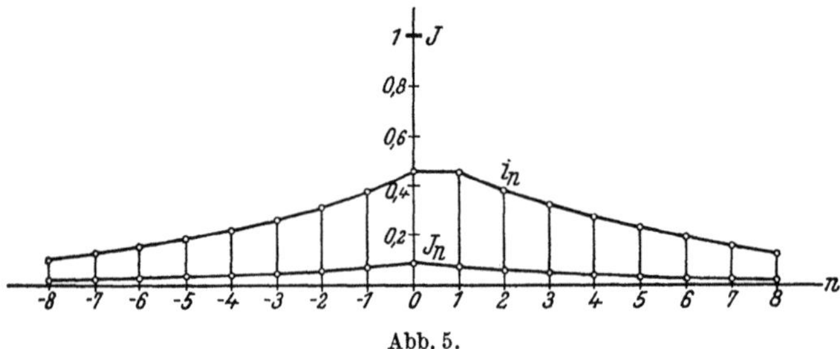

Abb. 5.

den Nenner unter der Wurzel gleich 1 zu setzen. Man erhält dann aus Gl. (32) die Näherungsformel für den größten Masterdstrom

$$J_0 = \frac{1}{2} \sqrt{\frac{r}{R}} J_e \tag{34}$$

und aus Gl. (33) für den größten Erdseilstrom

$$i_1 = \frac{1}{2}\left(1 - \frac{1}{2}\sqrt{\frac{r}{R}}\right) J_e. \tag{35}$$

Auch hier stellt sich wieder die Wurzel aus dem Widerstandsverhältnis als maßgebend für die Stärke der Mastströme heraus. In Abb. 5 ist die Verteilung der Mastströme und Erdseilströme längs der Leitung auf beiden Seiten des Erdschlußmastes für $r/R = 0,03$ bildlich dargestellt. Auch hier gilt das gleiche Abklingungsgesetz der Gl. (29).

Mit den oben genannten Zahlenwerten für die Widerstände erhält man jetzt den Mastfußstrom zu

$$J_0 = \frac{1}{2} \sqrt{\frac{1.5}{50}} J_e = 0,086\, J_e$$

und den Erdseilstrom zu

$$i_1 = \frac{1}{2}\,(1 - 0,086)\, J_e = 0,457\, J_e.$$

Es hat Interesse, den Widerstand der hier betrachteten Anordnungen, bei dem zahlreiche Masten parallel geschaltet sind, zu kennen, da von seiner Größe die Höhe der Spannung im Erdschlußmast selbst abhängt. Da der Strom im Erdschlußmast durch die Wirkung des Erdseiles geringer wird als der gesamte Erdschlußstrom, und zwar je nachdem um das Maß der Gl. (25) oder (32), so wird auch die Spannung im Erdschlußmast und daher der Widerstand der Gesamtanordnung um das gleiche Maß geringer. Im zuletzt behandelten Falle des Erdschlusses auf der freien Strecke ist demnach *der gesamte Widerstand der verketteten Stromleitung* nach Abb. 4

$$\sum R, r = R \operatorname{\mathfrak{Tg}} \frac{\alpha}{2} \simeq \frac{1}{2} \sqrt{Rr}. \tag{36}$$

Er läßt sich also näherungsweise durch das halbe geometrische Mittel aus Mastwiderstand und Erdseilwiderstand bestimmen.

In dem Zahlenbeispiel mit einem Mastwiderstand von $R = 50\,\Omega$ und einem Erdseilwiderstand zwischen zwei Masten von $r = 1,5\,\Omega$ erhalten wir durch Anwendung des Erdseiles eine Reduktion des Erdstromes im gestörten Mast auf 8,6% des Stromes ohne Erdseil, und ebenso sinkt auch der Widerstand der gesamten Leitungskette auf 8,6% des Übergangswiderstandes eines Mastfußes. Der wirksame Widerstand ist nach Gl. (36)

$$\sum R, r = \frac{1}{2} \sqrt{50 \cdot 1,5} = 4,3\,\Omega.$$

Tritt in einem Leitungsnetz gleichzeitig Erdschluß an zwei verschiedenpoligen Leitungen auf, so stellt dieser *Doppelerdschluß* einen mehr oder weniger vollständigen Kurzschluß der Leitungen dar. Der Strom fließt aus der einen Leitung durch den einen Erdschlußmast in die Erde hinein und durch den anderen Erdschlußmast wieder aus der Erde heraus in die zweite Leitung. Ein Teil des Stromes kann auch direkt durch das Erdseil von einem fehlerhaften Mast bis zum anderen fließen.

Bei großem Abstand der gleichzeitig geerdeten Masten, der größer ist als der doppelte Wert nach Gl. (29), stören sich die beiden Stromausbreitungssysteme nicht. Man kann sie daher nach den bisherigen Gesichtspunkten behandeln und erhält als gesamten Erdwiderstand des Doppelerdschlusses das Doppelte der Gl. (36). Liegt der Mastabstand der Erdschlüsse über dieser Grenze, so ist seine wirkliche Größe ohne Einfluß. Der Strom breitet sich in den Erdschichten zwischen den Erdschlußmasten auf so große Querschnitte aus, daß deren Widerstand keinen erheblichen Beitrag liefert. Es ist beachtenswert, *daß danach auch sehr entfernt auftretende Doppelerdschlüsse nur Erdwiderstände von wenigen Ohm besitzen.*

Ist die Mastentfernung jedoch klein, so beeinflussen sich die Stromsysteme in den Erdungsseilen beider Erdschlußmasten erheblich. Der Widerstand wird dann geringer und kann bei Erdschlüssen auf Nachbarmasten bis unter den Widerstand eines Erdseilabschnittes selbst sinken. Die Erde wird dann vom Kurzschlußstrom entlastet, der hauptsächlich seinen Weg durch das Erdseil nimmt.

b) Eingegrabene Erdungsleiter. Bei der Untersuchung der Erdelektroden in Kapitel 25 haben wir kurze Leiter betrachtet mit konstanter Spannung über ihre Länge. Wenn jedoch lange Elektroden benutzt werden, wie Drähte oder Bänder, Kabelhüllen, Straßen- oder Eisenbahnschienen, Rohrleitungen oder ähnliche *Erdungsleiter von beträchtlicher Länge*, so erleidet der Strom einen Ohmschen Spannungsabfall in dem inneren Widerstand r der Elektrode, bevor er sich im Widerstand R der Erde ausbreitet. Abb. 6 zeigt, wie der Gesamtstrom J_0 in einen Erdleiter eintritt

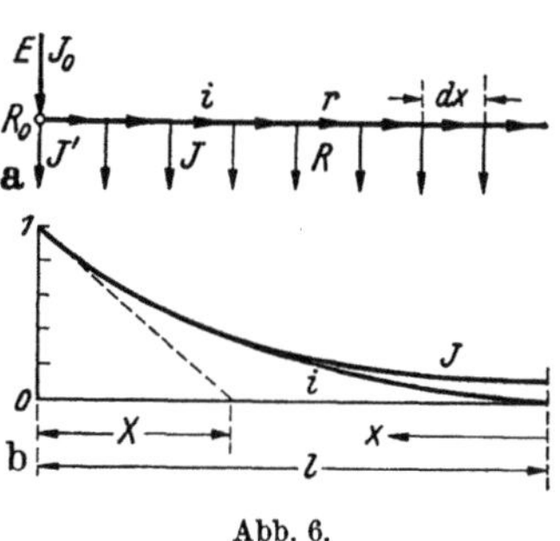

Abb. 6.

und dessen Ausdehnung unter allmählicher Abnahme seiner Stärke folgt, indem er den Leiter als räumlicher Erdstrom J verläßt. Wir wollen den Leiterstrom i in Ampere messen, den Erdstrom J in Amp/m, den Widerstand r der langen

Elektrode in Ω/m und den Widerstand R der Erde in Ω m. Der Ausbreitungs-widerstand R wird ein wenig längs der Drahtlänge x variieren wegen der Konzentration der Erdstromdichte J nahe den Endpunkten; es ist jedoch für dies Problem ausreichend genau, einen Mittelwert über die ganze Länge zu nehmen. Wegen des allmählichen Stromübertritts vom Leiter in die Erde treten jetzt keine endlichen Differenzen auf, sondern es müssen statt dessen Differentialquotienten angesetzt werden.

An jedem Punkte eines langen Drahtes ist die Summe des ein- und ausfließenden Stromes im Leiter und des zur Erde fließenden Stromes gleich null. Daher ist

$$J + \frac{di}{dx} = 0, \tag{37}$$

was völlig der Gl. (1) entspricht. Andererseits ist die Spannung längs eines schmalen Rechtecks, das von einem Leiterelement mit dem Widerstand $r\,dx$ und den beiden angrenzenden Erdwiderständen R gebildet wird, gleich null. Dies liefert

$$R\frac{dJ}{dx} + r\,i = 0, \tag{38}$$

ganz entsprechend Gl. (2). Aus Gln. (37) und (38) erhalten wir *die Differentialgleichung für den Leiterstrom i*

$$\frac{d^2 i}{dx^2} - \frac{r}{R}\,i = 0 \tag{39}$$

und eine entsprechende Beziehung für den Erdstrom J.

Wenn wir x vom fernen Ende des Leiters mit der Länge l rechnen und zur Abkürzung

$$\beta = \sqrt{\frac{r}{R}} \tag{40}$$

setzen, so ergibt die Lösung der Gl. (39) für die Stromverteilung im Leiter

$$i = \frac{\mathfrak{Sin}\,\beta\,x}{\mathfrak{Sin}\,\beta\,l}\,J_0. \tag{41}$$

Entsprechend folgt aus Gl. (37) die Verteilung des Erdstroms zu

$$J = \beta\,\frac{\mathfrak{Cof}\,\beta\,x}{\mathfrak{Sin}\,\beta\,l}\,J_0. \tag{42}$$

Die Abnahme beider Ströme entlang der Elektrode ist in Abb. 6 b dargestellt.

In der Nähe des Anfangs eines langen Leiters besitzen die hyperbolischen Verteilungen eine *Raumkonstante X*, die bestimmt wird durch ihre Subtangente als

$$X = \frac{1}{\beta} = \sqrt{\frac{R}{r}}. \tag{43}$$

Wenn die Elektrode länger als $3\,X$ ist, so ist der Erdstrom nach dieser Länge auf einen unbedeutenden Rest abgesunken. *Die Wirkung eingegrabener langer Elektroden ist daher durch die allmähliche Abdämpfung begrenzt, die nach Gl. (43) durch das Verhältnis von Leiterwiderstand zu Erdwiderstand bestimmt wird.*

Für niedrige Werte des Drahtwiderstandes r oder seiner Länge l ist das Produkt βl gering und daher ist

$$\mathfrak{Sin}\,\beta\,l \cong \beta\,l, \qquad \mathfrak{Cof}\,\beta\,l \cong 1. \tag{44}$$

Die Ströme sind nunmehr in Annäherung

$$i = \frac{x}{l}\,J_0, \qquad J = \frac{J_0}{l}. \tag{45}$$

Der Leiterstrom nimmt somit linear mit x ab, und der Erdstrom ist gleichförmig über l verteilt, wie es bei Elektroden unter konstanter Spannung der Fall ist.

Für große Werte des Drahtwiderstandes r oder der Länge l, jedoch unter Ausschluß des Punktes $x=0$ und seiner Umgebung, wird

$$\mathfrak{Sin}\,\beta\,x \cong \mathfrak{Cof}\,\beta\,x \cong \frac{1}{2}\,\varepsilon^{\beta\,x}. \tag{46}$$

Daher sinken nach Gln. (41) und (42) beide Ströme i und J von ihren Anfangswerten exponentiell ab, und der Erdstrom ist dem Leiterstrom zugeordnet durch

$$J = \sqrt{\frac{r}{R}}\,i. \tag{47}$$

Der Widerstand R_0 der Gesamtelektrode in der Erde ist durch das Verhältnis von Spannung E zum Anfangsstrom J_0 gegeben, und die Spannung ist gleich dem OHMschen Abfall des anfänglichen Erdstroms J' im Erdwiderstand R. Daher ist

$$R_0 = \frac{E}{J_0} = \frac{R J'}{J_0}. \tag{48}$$

Wenn wir am Anfang, für $x=l$, Gl. (42) verwenden und darin Gl. (40) einsetzen, so wird der Widerstand einer langgestreckten eingegrabenen Elektrode allgemein

$$R_0 = \sqrt{r R}\,\mathfrak{Ctg}\,\beta\,l, \tag{49}$$

und dies ist für große $\beta\,l$, mit $\mathfrak{Ctg}\,\beta\,l=1$, einfach

$$R_0 = \sqrt{r R}. \tag{50}$$

Der Erdungswiderstand einer langen Elektrode ist somit in gleichem Maße durch den metallischen Widerstand der Elektrode und durch den Erdwiderstand des Bodens bestimmt, wobei der geometrische Mittelwert beider wirksam ist. Das Ergebnis von Gl. (50) ist sehr ähnlich der Gl. (36) für konzentrierten Übertritt des Stromes in die Erde, dort jedoch nach beiden Seiten.

Als Beispiel wollen wir den Bleimantel eines Kabels betrachten mit einem Radius $a=2$ cm und einer Länge $l=1$ km, das in feuchtem Boden nahe der Erdoberfläche eingegraben ist. Der Erdwiderstand für jedes Meter Kabellänge ist nach Gl. (20) von Kapitel 25

$$R = \frac{s}{2\,\pi}\ln\left(\frac{l}{a}\right) = \frac{10^2}{2\,\pi}\ln\left(\frac{10^3}{2\cdot10^{-2}}\right) = 170\,\Omega\mathrm{m}.$$

Dies würde einen Gesamtwiderstand des Bleimantels zur Erde von $R/l = 0{,}17\,\Omega$ ergeben, wenn die Spannung an der Elektrode über ihre ganze Länge konstant gehalten würde. Der Widerstand des Bleimantels ist etwa $r=1{,}5\cdot10^{-3}\,\Omega/\mathrm{m}$ und dies gibt nach Gl. (43) eine Raumkonstante

$$X = \sqrt{\frac{170}{1{,}5\cdot10^{-3}}} = 337\,\mathrm{m}.$$

Mit $\mathfrak{Ctg}\,1000/337=1$ wird der resultierende Widerstand von Bleimantel und Erde

$$R_0 = \sqrt{1{,}5\cdot10^{-3}\cdot170} = 0{,}5\,\Omega.$$

Die Spannung längs des Bleimantels nimmt daher über die Kabellänge nahezu auf null ab und der wirksame Widerstand R_0 ist dreimal so groß wie bei konstanter Spannung.

Wenn ein eingegrabener Erddraht benutzt wird, *um benachbarte Leitungsmaste zu verbinden*, so folgt der Strom im Draht wieder der Differentialgleichung (39), jedoch sind die Integrationskonstanten andere als in der Lösung von Gl. (41). Sie können bestimmt werden, indem man die Ströme an den Enden des Erddrahtes vereinigt mit den Strömen, die nach den Gleichungen des vorhergehenden Abschnitts durch die Masten fließen.

28. Atmosphärische Felder über der Leitung.

Ein großer Teil aller Leitungsstörungen rührt von der Einwirkung atmosphärischer Felder her, die man daher durch Schutzleiter von den Betriebsleitungen fernzuhalten sucht. Dennoch bleibt eine starke Beeinflussung bestehen, durch die besonders bei schnellen Feldänderungen erhebliche Spannung in den Freileitungsnetzen influenziert werden kann. Kabel mit ihren geschlossenen Metallmänteln sind diesen Störungen nicht ausgesetzt, besonders wenn sie in der Erde verlegt sind.

a) Schirmwirkung von Erdseilen. Von einer gestreckten Leitung im Raum mit der Spannung E strahlen elektrische Kraftlinien gleichmäßig radial nach außen. Durch den Einfluß der Erdoberfläche mit dem Abstand k verändert sich das Kraftlinienbild jedoch, die Feldlinien streben wie in Abb. 1 auf die Erde zu. Sie stehen nicht nur senkrecht auf der Oberfläche des Leiters, sondern auch auf der gut leitenden Erdoberfläche, deren Einfluß sich daher durch ein *Spiegelbild* der Leitung mit negativer Spannung im Abstande k *unter der Erdoberfläche* darstellen läßt. Leitet die Erdoberfläche schlecht, so tritt die Spiegelung erst am Grundwasser auf.

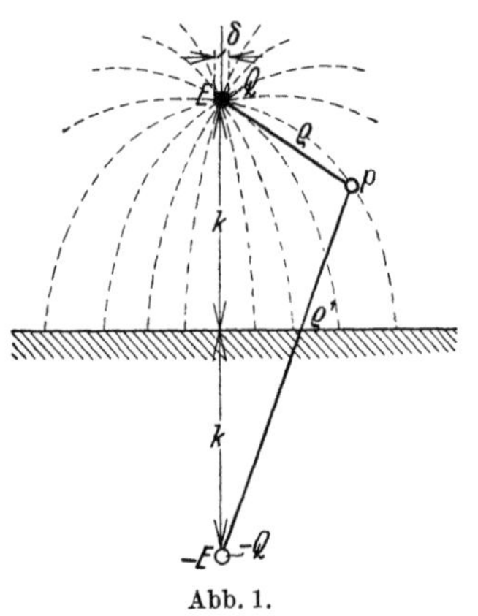

Abb. 1.

Um die Spannungsverhältnisse zu übersehen, wollen wir das *elektrostatische Potential* bestimmen, das im Raum über der Erdoberfläche besteht. Das Potential in der Umgebung eines einzelnen langen zylindrischen Leiters ist bekanntlich

$$p_E = -2v^2 Q \ln \varrho. \tag{1}$$

Darin ist Q die elektrische Ladung der Längeneinheit des Leiters und v die Lichtgeschwindigkeit in dem umgebenden Raum, während ϱ den Abstand des betrachteten Punktes von der Leitung bezeichnet. Da das wirksame elektrische Feld nicht nur von der Leitung selbst, sondern auch von ihrem Spiegelbild unter der Erde mit entgegengesetzter Ladung herrührt, so ist das *gesamte Potential im Luftraum* entsprechend Abb. 1

$$p = p_E + p_{-E} = -2\,v^2 Q \ln \varrho + 2\,v^2 Q \ln \varrho' = 2\,v^2 Q \ln\left(\frac{\varrho'}{\varrho}\right). \tag{2}$$

Dabei ist ϱ' der Abstand des betrachteten Punktes vom Spiegelbild der Leitung.

Für die Erdoberfläche selbst sind stets ϱ und ϱ' einander gleich, ihr Potential ist daher Null. *Steht die Leitung unter der Spannung E gegen Erde,* so können wir ihre Ladung bestimmen, wenn wir Gl. (2) auf ihre eigene Oberfläche anwenden, deren Abstand ϱ' vom Spiegelbild im Mittel gleich $2\,k$ ist, während ihr Abstand ϱ vom Mittelpunkt des kreisförmigen Drahtes selbst gleich seinem halben Durchmesser δ ist. Das Potential oder die Spannung der Leitung gegen Erde läßt sich daher nach Gl. (2) ausdrücken durch

$$E = 2\,v^2 Q \ln\left(\frac{2\,k}{\delta/2}\right). \tag{3}$$

Hieraus kann die Ladung Q sofort bestimmt werden.

Über der Erdoberfläche besteht im allgemeinen ein natürliches elektrisches Feld, das von atmosphärischen Ursachen herrührt. Die Kraftlinien dieses Feldes strahlen von der Erdoberfläche senkrecht nach oben und enden in Raumladungen weit oberhalb der Leitungen. Wenn $\mathfrak{E}_0$ die *Feldstärke dieses primären Luftfeldes* bedeutet und z den Abstand vom Boden, so ist das Potential des atmosphärischen Feldes

$$p_0 = \mathfrak{E}_0\, z. \tag{4}$$

Es ist an der Erdoberfläche gleich Null und nimmt proportional der Höhe zu.

Eine *isolierte Leitung* nimmt an jeder Stelle das Potential dieses Feldes an. Ladungen können sich auf ihr nicht ansammeln. Wenn man aber nach Abb. 2 *ein Erdseil in der Höhe k zieht, das an allen Masten gut mit der Erde verbunden ist,* so bilden sich Ladungen auf diesem aus, die ein sekundäres Feld erzeugen und dadurch das ursprüngliche Luftfeld stören. Das Potential dieser Ladung Q des Erdseils im ganzen Raum über der Erde ist ebenfalls durch die allgemeine Gl. (2) gegeben.

Für die Erdoberfläche mit $z = 0$ und $\varrho = \varrho'$ verschwinden beide Potentiale von Gln. (2) und (4). Sie müssen sich aber auch für die Oberfläche des Erdseils selbst zu Null ergänzen. Dort ist z gleich der Bodenhöhe k des Erdseils, ϱ' gleich dem Doppelten dieses Wertes und ϱ gleich dem halben Seildurchmesser δ. Es ist also hier

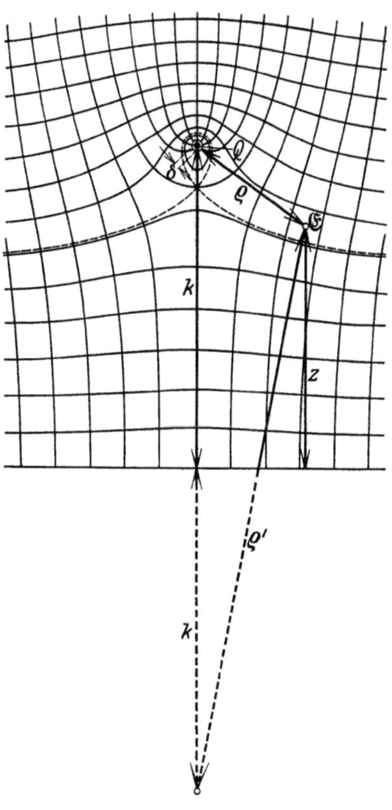

Abb. 2.

$$(p_0 + p_e)_{z=k} = \mathfrak{E}_0\, k + 2\, v^2\, Q \ln\!\left(\frac{4\,k}{\delta}\right) = 0. \tag{5}$$

Daraus bestimmt sich die Ladung des Erdseils zu

$$Q = -\,\frac{\mathfrak{E}_0\, k}{2\, v^2 \ln\!\left(\dfrac{4\,k}{\delta}\right)}, \tag{6}$$

und setzt man dies in Gl. (2) ein, so erhält man für dessen Potential im Raum

$$p_e = -\,\mathfrak{E}_0\, k\, \frac{\ln\!\left(\dfrac{\varrho'}{\varrho}\right)}{\ln\!\left(\dfrac{4\,k}{\delta}\right)}. \tag{7}$$

Das gesamte Potential über der Erdoberfläche wird nunmehr

$$p = p_0 + p_e = \mathfrak{E}_0\, z - \mathfrak{E}_0\, k\, \frac{\ln\!\left(\dfrac{\varrho'}{\varrho}\right)}{\ln\!\left(\dfrac{4\,k}{\delta}\right)}. \tag{8}$$

Die Form der Äquipotentiallinien und Kraftlinien in der Umgebung des Erdseils ist in Abb. 2 dargestellt. Man erkennt, daß *das Potential rings um das Erdseil erheblich verringert* ist, und zwar nicht nur unterhalb, sondern auch seitlich und oberhalb desselben. Das Erdseil zieht einen Teil der von oben kommenden Kraftlinien auf sich, dadurch wird die Feldstärke über ihm erheblich vergrößert, unter ihm bildet sich dagegen eine Schattenzone aus.

Für jede Stelle des Raumes kann man hiernach die *Schirmwirkung* des Erdseils bestimmen. Wie wir aus Abb. 2 erkennen, müssen wir unterscheiden zwischen der Abschirmung des Potentials und der Abschirmung der Feldstärke.

Die *relative Änderung des Potentials*, die das Erdseil *am Ort einer benachbarten Hochspannungsleitung* hervorruft, ist mit Gl. (4) und (8)

$$\eta = \frac{p_0 - p}{p_0} = \frac{-p_e}{p_0} = \frac{k}{z}\,\frac{\ln\left(\dfrac{\varrho'}{\varrho}\right)}{\ln\left(\dfrac{4\,k}{\delta}\right)}, \tag{9}$$

wobei jetzt ϱ der Abstand des Erdseils von der Betriebsleitung mit der Höhe $z = h$ ist. Für mäßige Abstände können wir nach Abb. 2 schreiben

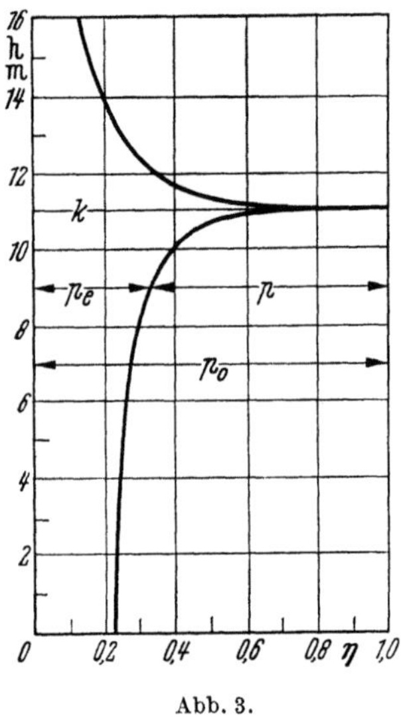

Abb. 3.

$$\eta = \frac{k}{h}\,\frac{\ln\left(\dfrac{k+h}{\varrho}\right)}{\ln\left(\dfrac{4\,k}{\delta}\right)}. \tag{10}$$

Für ein Erdseil von $\delta = 8$ mm Durchmesser, das in einem Abstand von $\varrho = 1$ m über einer Hochspannungsleitung mit $h = 10$ m, also in $k = 11$ m Höhe gezogen ist, erhält man eine Schirmwirkung

$$\eta = \frac{11}{10}\,\frac{\ln\dfrac{11+10}{1}}{\ln\dfrac{4\cdot 11}{0{,}008}} = 39\%.$$

Für andere Leiterabstände vom gleichen Erdseil ist in Abb. 3 die Schirmwirkung in der Vertikalebene aufgetragen. Da sie nach Gl. (10) logarithmisch verläuft, so sieht man, daß der Durchmesser des Erdseils und sein Abstand ϱ nur mäßigen Einfluß besitzen und daß die Wirkung sich daher praktisch meist in der Größe von 30 bis 40% hält. Um dieses Maß wird das natürliche Potential über der Erdoberfläche und auch alle seine Änderungen am Ort der Freileitung durch den Einfluß des Erdseils vermindert, so daß es *eine nützliche Wirkung auf das Freiwerden von Ladungen und Überspannungen bei atmosphärischen Vorgängen und Gewittern* besitzt.

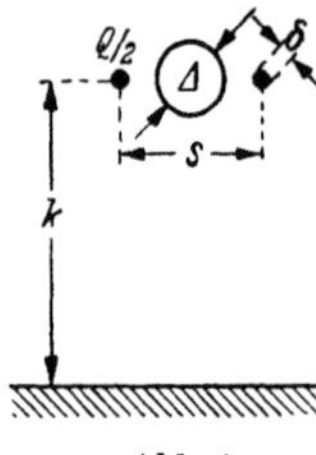

Abb. 4.

Da die Abschirmung sich rings um das Erdseil erstreckt, so kann man durch Verwendung mehrerer Erdseile eine verstärkte Wirkung erzielen. Das resultierende Potential zweier Erdseile nach Abb. 4 können wir bestimmen, wenn wir beachten, daß auf jedem nur die Hälfte der Gesamtladung Q liegt. Das Potential jedes der Erdleiter wird dann sowohl durch die eigene Ladung als auch durch die im Abstand s befindliche Ladung des anderen Erdseils hervorgebracht. Es wird daher für die Erdseiloberfläche bestimmt durch die Summe

$$p_e = 2\,v^2\,\frac{Q}{2}\ln\left(\frac{2\,k}{\delta/2}\right) + 2\,v^2\,\frac{Q}{2}\ln\left(\frac{2\,k}{s}\right), \tag{11}$$

und dies läßt sich zusammenfassen zu

$$p_e = 2\,v^2\,Q\ln\left(\frac{4\,k}{\sqrt{2\,\delta\,s}}\right). \tag{12}$$

Die Gesamtladung Q beider Seile bestimmt sich hieraus ganz analog Gl. (5) und (6), und wir erkennen daher durch Vergleich der Argumente des Logarithmus, daß die beiden Seile entsprechend Abb. 4 wie ein *Ersatzerdleiter* wirken, der einen

Durchmesser

$$\varDelta = \sqrt{2\,\delta\,s} \tag{13}$$

besitzt, der also durch einen Mittelwert aus Erdseildurchmesser und Abstand bestimmt ist. *Da der wirksame Durchmesser durch den Erdseilabstand s stark vergrößert erscheint, so steigt die Schirmwirkung erheblich an.*

Beispielsweise ergeben zwei Seile von 8 mm Stärke und 2 m Abstand einen wirksamen Durchmesser von

$$\varDelta = \sqrt{2\cdot 0{,}008\cdot 2} = 0{,}18\ \text{m}.$$

Hiermit bestimmt sich die Schirmwirkung auf eine 1 m tiefer liegende Hochspannungsleitung mit denselben Zahlen wie oben aus Gl. (10) zu

$$\eta = \frac{11}{10}\,\frac{\ln 21}{\ln\dfrac{4\cdot 11}{0{,}18}} = 61\%\,.$$

Die Schirmwirkung ist also auf das Anderthalbfache gestiegen und hat entsprechend dem großen wirksamen Erdseildurchmesser natürlich auch eine größere Ausbreitungszone ringsherum. Während daher Leitungen mit Mastbildern nach Abb. 5a

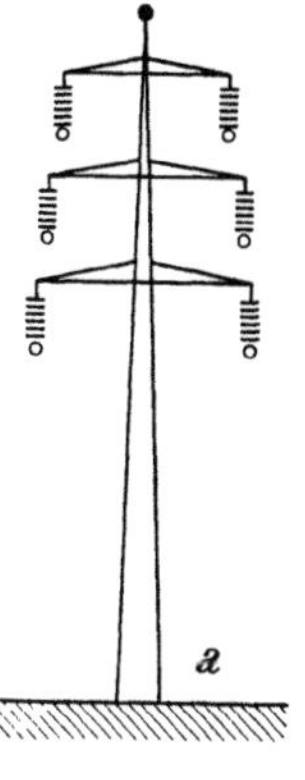
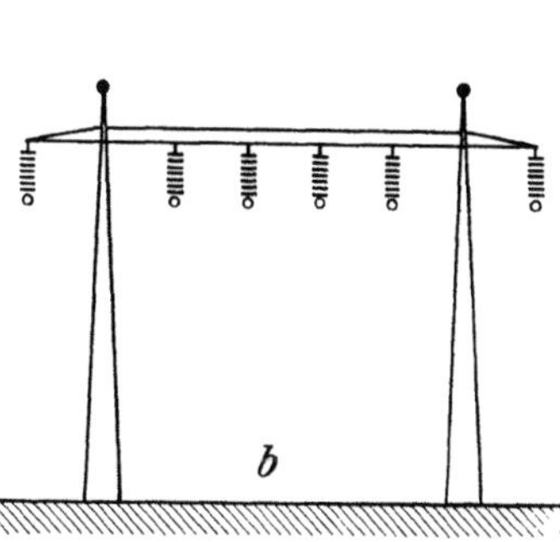

Abb. 5.

durch ein Erdseil nur schwach geschirmt erscheinen, ist der elektrostatische Schutz durch die beiden Erdseile im Mastbild nach Abb. 5b erheblich besser. Würde man noch mehr Erdseile in der Nähe der Leitung anbringen, so erhielte man schließlich eine käfigartige Umhüllung der Hochspannungsleitungen, die dieselben von den Einflüssen des Außenfeldes fast vollständig abschirmen würde.

Während das Potential rings um das Erdseil herum keine großen Schwankungen besitzt, so daß man dieses aus Gründen der Abschirmung sowohl über als auch unter der Hochspannungsleitung anbringen könnte, sind die *Feldstärken*, wie Abb. 2 zeigt, sehr unterschiedlich verteilt.

Aus dem Potential nach Gl. (7) bestimmt sich die vom Erdseil hervorgerufene zusätzliche Feldstärke in Richtung des Radius bei kleinem ϱ und großem, wenig veränderlichem ϱ' zu

$$\mathfrak{E}_e = \frac{d\,p_e}{d\,\varrho} = \frac{k}{\varrho}\,\frac{\mathfrak{E}_0}{\ln\left(\dfrac{4\,k}{\delta}\right)}\,. \tag{14}$$

Die *Randfeldstärke* am Erdseil selbst mit $\varrho = \delta/2$ ist daher

$$\mathfrak{E}_{e\,r} = \frac{\dfrac{2\,k}{\delta}}{\ln\left(\dfrac{4\,k}{\delta}\right)}\,\mathfrak{E}_0\,. \tag{15}$$

Da der Logarithmus hierin viel kleiner ist als sein Argument, *so erscheint jedes atmosphärische Feld am Erdseilrand in hoher Verdichtung, und zwar um so stärker, je höher das Erdseil geführt ist.* Mit den obengenannten Zahlen ergibt sich

$$\mathfrak{E}_{e\,r} = \frac{\dfrac{2\cdot 11}{0{,}008}}{8{,}6}\,\mathfrak{E}_0 = 320\ \mathfrak{E}_0\,.$$

Eine Luftfeldstärke von 10 kV/m, wie sie bei Gewittern meist weit überschritten wird, ruft daher bereits eine Randfeldstärke von 32 kV/cm hervor, bei der das Erdseil zu sprühen beginnt. *Da der natürliche Blitz im allgemeinen nach den Zonen höchster Feldstärke verläuft, so zieht das Erdseil ihn von der Hauptleitung fort und auf sich zu.*

Dicht um das Erdseil herum überwiegt seine hohe Feldstärke nach Gl. (14) das primäre Luftfeld erheblich. Ihr Verlauf in der Vertikalebene ist in Abb. 6 dargestellt. Die relative Änderung des Luftfeldes durch das Erdseil ist

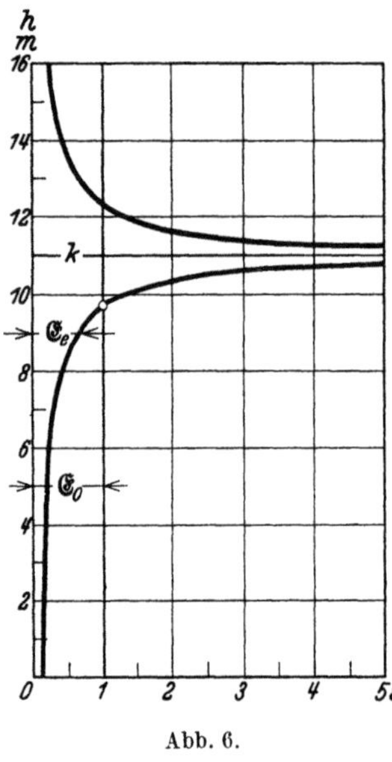

Abb. 6.

$$\varepsilon = \frac{\mathfrak{E}_e}{\mathfrak{E}_0} = \frac{k/\varrho}{\ln\left(\dfrac{4\,k}{\delta}\right)}. \tag{16}$$

An der Erdoberfläche mit $\varrho = k$ wird die Feldstärke stets verringert, in unserem Beispiel um

$$\varepsilon = \frac{1}{8,6} = 11,6\,\%.$$

Dieser Wert sollte hier tatsächlich verdoppelt werden wegen des Einflusses des Spiegelbilds, den wir in Gl. (14) vernachlässigt haben.

Für einen bestimmten *Abstand unter dem Erdseil*, nämlich für

$$\varrho_0 = \frac{k}{\ln\left(\dfrac{4\,k}{\delta}\right)} \tag{17}$$

wird $\varepsilon = 1$ und daher wird das ursprüngliche Feld vollständig aufgehoben. In unserem Beispiel tritt dies ein für

$$\varrho_0 = \frac{11}{8,6} = 1,28\,\text{m}.$$

Die Schutzwirkung gegen die Luftfeldstärke ist für diesen Punkt also 100%, so daß er die günstigste Lage für die Hauptleitung darstellt mit der geringsten Treffwahrscheinlichkeit für einen Blitzeinschlag. Näher am Erdseil steigt die Feldstärke wieder an und ist oberhalb desselben sogar stets größer als im Raum ohne Erdseil.

Um den Blitz nach Möglichkeit von der Hauptleitung abzulenken, wird man sie daher stets unterhalb des Erdseiles und in die Nähe des Neutralpunktes nach Gl. (17) legen.

b) Mehrdrähtige Freileitung. Die meisten Fernleitungen bestehen aus zwei, drei oder mehr Leitern und es ist fraglich, *wie diese angeordnet werden müssen, um die höchste Schutzwirkung zu erreichen.* Oft liegt das Problem allerdings umgekehrt, indem Lage und Abstand der Phasenleiter gegeben ist, und daher wollen wir die günstigste Stelle für das Erdseil bestimmen.

Die Feldstärke $\mathfrak{E}_e$, die durch die Anwesenheit des Erdseils erzeugt wird und durch Gl. (14) gegeben ist, kann der Entfernung ϱ_0 unterhalb des Erdseils zugeordnet werden, an der nach Gl. (17) die primäre Feldstärke $\mathfrak{E}_0$ aufgehoben ist. Man erhält aus diesen beiden Gleichungen

$$\mathfrak{E}_e = \frac{\varrho_0}{\varrho}\,\mathfrak{E}_0. \tag{18}$$

Diese einfache Beziehung ist gültig für igendeine Richtung α und für mäßigen Abstand ϱ zwischen dem Erdseil und dem betrachteten Punkt.

Die Gesamtfeldstärke an diesem Punkt setzt sich, wie es in Abb. 7 dargestellt ist, zusammen aus dem ursprünglichen Vektor $\mathfrak{E}_0$ senkrecht zur Erdoberfläche und dem zusätzlichen Vektor $\mathfrak{E}_e$ in der Richtung α. Der resultierende Vektor ist daher

$$\mathfrak{E} = \sqrt{\mathfrak{E}_0^2 + \mathfrak{E}_e^2 - 2\,\mathfrak{E}_0\,\mathfrak{E}_e \cos\alpha}\,. \qquad (19)$$

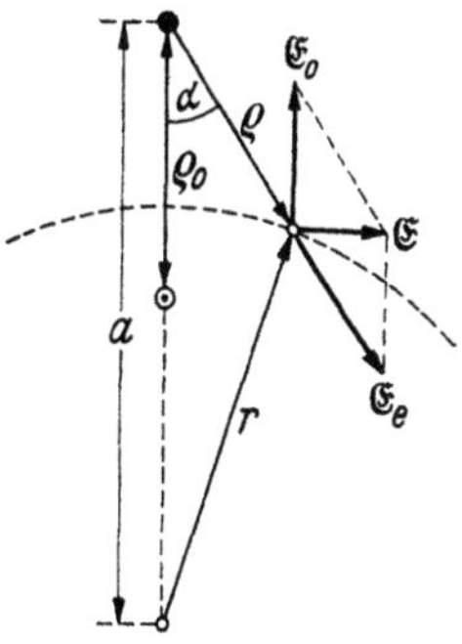

Einführung von Gl. (18) unter der Wurzel ergibt

$$\left(\frac{\mathfrak{E}}{\mathfrak{E}_0}\right)^2 = 1 + \left(\frac{\varrho_0}{\varrho}\right)^2 - 2\,\frac{\varrho_0}{\varrho}\cos\alpha, \qquad (20)$$

und wenn man mit ϱ^2 multipliziert

$$\left[1 - \left(\frac{\mathfrak{E}}{\mathfrak{E}_0}\right)^2\right]\varrho^2 + \varrho_0^2 - 2\,\varrho\,\varrho_0 \cos\alpha = 0. \qquad (21)$$

Dies ist aber für konstantes $\mathfrak{E}$ die Gleichung eines Kreises, der symmetrisch zur Senkrechten durch das Erdseil liegt und in Abb. 7 gestrichelt gezeichnet ist. Sein Mittelpunktsabstand ist

$$a = \frac{\varrho_0}{1 - (\mathfrak{E}/\mathfrak{E}_0)^2} \qquad (22)$$

und sein Radius

$$r = \sqrt{a^2 - \varrho_0\,a}\,. \qquad (23)$$

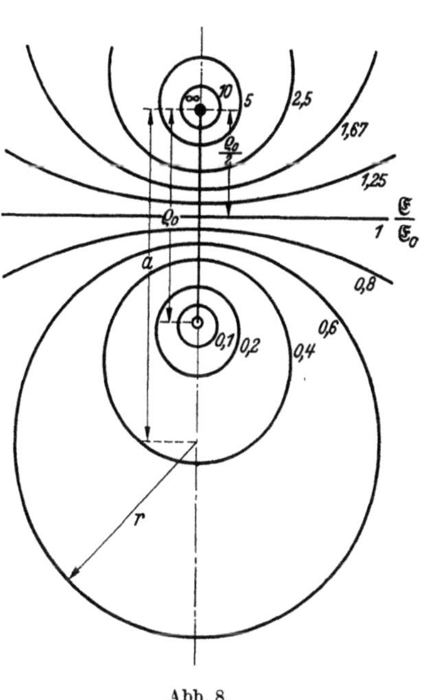
Abb. 7.

In Abb. 8 ist die gesamte Schar von Kreisen dargestellt, die alle die Grundlinie ϱ_0 zwischen dem Erdseil und dem Neutralpunkt durchschneiden. Auf jedem Kreise ist die Gesamtfeldstärke konstant, wie sie durch Gl. (22) bestimmt ist; ihr Wert variiert von 0 am Neutralpunkt bis auf ∞ im Mittelpunkt des Erdseils.

Für $\mathfrak{E} = \mathfrak{E}_0$, also eine Feldstärke gleich der ursprünglichen Größe, liefert Gl. (21)

$$\varrho \cos\alpha = \frac{\varrho_0}{2}, \qquad (24)$$

und dies stellt eine horizontale Gerade durch den Mittelpunkt der Grundlinie ϱ_0 dar. *Oberhalb dieser Mittellinie ist die Feldstärke größer, unterhalb ist sie kleiner als die primäre Feldstärke. Daher gibt das Erdseil nur im Raume unter der Mittellinie einen wirklichen Schutz gegen die elektrischen Feldstärken in der Luft.*

Abb. 8.

Wenn die Anordnung der Leitung auf den Masten gegeben ist, wie zum Beispiel in Abb. 5a, so kann die atmosphärische Feldstärke an der Stelle jedes der Leiter aus solch einer Kreisschar entnommen werden, die in das Querschnittsbild der Leiter eingezeichnet ist. Wenn andererseits die Feldstärke an allen Leitern ein Minimum sein soll, *so ergibt sich die günstigste Lage für das Erdseil aus dem kleinsten Kreise, mit dem man die Lage der Leiter umschreiben kann.* Der Abstand a für das Erdseil vom Mittelpunkt dieses Kreises ist entsprechend Gl. (23)

$$a = \frac{\varrho_0}{2} + \sqrt{r^2 + \left(\frac{\varrho_0}{2}\right)^2}, \qquad (25)$$

was graphisch wie in Abb. 9 konstruiert werden kann. Ein negatives Vorzeichen vor der Wurzel ist unerwünscht, da dies Kreise in der oberen Hälfte der Abb. 8 geben würde, die zu hohe Feldstärke besitzen. Die Entfernung a in Gl. (25) ist nur durch die Tiefe des Neutralpunktes und durch den gegenseitigen Abstand der Leiter bestimmt. Deren Anordnung sollte so gedrängt und so gleichmäßig als möglich gewählt werden, um die höchstmögliche Schutzwirkung zu erzielen. Dies ergibt häufig eine hohe Lage des Erdseils über der Leitung, wie es in Abb. 10 angedeutet ist. Die resultierende Feldstärke an den Außenleitern ist nun gemäß Gl. (22)

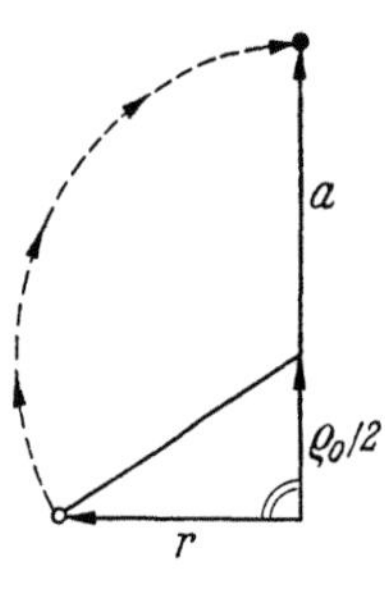

Abb. 9.

$$\frac{\mathfrak{E}}{\mathfrak{E}_0} = \sqrt{1 - \frac{\varrho_0}{a}}. \tag{26}$$

Als Beispiel betrachten wir ein Erdseil derselben Geometrie wie oben mit $\varrho_0 = 1{,}28$ m. Der den Leitern umschriebene Kreis möge einen Radius $r = 1$ m besitzen. Dies ergibt nach Gl. (25) eine Entfernung bis zum Erdseil von

$$a = \frac{1{,}28}{2} + \sqrt{1^2 + \left(\frac{1{,}28}{2}\right)^2} = 1{,}83 \,\text{m},$$

was mehr ist als der größte Abstand zwischen zwei Leitern. Die Feldstärke ist nach Gl. (26)

$$\mathfrak{E} = \sqrt{1 - \frac{1{,}28}{1{,}83}}\, \mathfrak{E}_0 = 0{,}55\, \mathfrak{E}_0,$$

und daher tritt eine erhebliche Schutzwirkung auf. Jede andere Lage des Erdseils würde einen geringeren Schutz für einige der Leiter ergeben.

Man kann die Schutzwirkung durch verschiedene Mittel verstärken. Vor allem sollten die äußersten Drähte von Mehrfachleitungen auf einem symmetrischen Kreise liegen. Eine Verminderung der Leiterabstände würde ein kleineres r ergeben, jedoch vermindert sich hierbei der Isolationsabstand. Größerer Durchmesser des Erdseils würde ϱ_0 verlängern, jedoch mehr Material erfordern. Den besten Schutz erreicht man indessen durch die Verwendung von zwei oder mehr Erdseilen von angemessenem Durchmesser sowie horizontalem Abstand. Nach Gl. (13) ist diese Anordnung gleichwertig einem Erdseil von viel größerem Durchmesser und führt daher zu wesentlich vermehrtem Schutz in der Leiterzone.

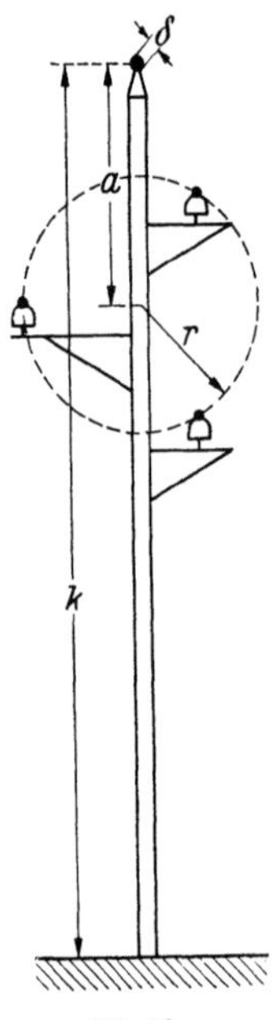

Abb. 10.

Bisher haben wir angenommen, daß das Erdseil vollkommen geerdet ist und daß die Hochspannungsleiter vollkommen isoliert sind. Das Erdseil ist tatsächlich an vielen Punkten durch die Masten mit niedrigem Erdwiderstand sehr gut mit der Erde verbunden. Die wirksamen Leiter jedoch sind häufig nicht völlig isoliert, sondern sind durch die Sternpunkte der Transformatoren in den Schaltstationen an ihren Enden geerdet. Allerdings liegt diese Erdung oft weit entfernt von der Gewitterzone und ist immer unvollkommen für schnelle atmosphärische Störungen.

c) Feldänderung über der Leitung. Wir wollen daher die Einwirkung der atmosphärischen Felder auf die Freileitung selbst bestimmen und vor allem die Spannungen und Ströme in ihr berechnen, wenn die Luftfeldstärke sich zeitlich ändert. Wir betrachten aber nur solche Verhältnisse, bei denen die Änderung über der ganzen Leitung gleichmäßig erfolgt. Ist die Hochspannungsleitung an einem Neutralpunkt für die Betriebsspannung *starr geerdet* und ist der Widerstand und die Selbstinduktion des Erdüberganges nur gering, so entspricht sie weitgehend dem eben behandelten Erdseil, jedoch ist sie nicht an jedem Mast, sondern nach Abb. 11 nur an einem Punkt kurz mit der Erde verbunden. Das gesamte Potential der Leitung wird dann durch Gl. (5) bestimmt, jedoch nennen wir jetzt zum Unterschied die Höhe der Freileitung h und ihren Durchmesser d. Dann ist

$$(p_0 + p_l)_{z=h} = h\,\mathfrak{E}_0 + 2\,v^2 Q \ln\left(\frac{4\,h}{d}\right) = 0\,. \qquad (27)$$

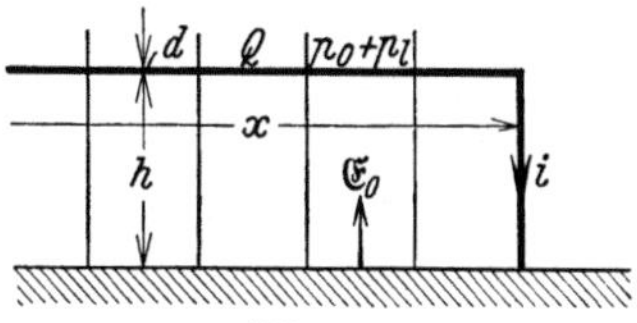

Bei Feldänderungen bleibt die Ladung nicht konstant, sondern erzeugt einen *Erdungsstrom*

$$i = x\frac{dQ}{dt}\,, \qquad (28)$$

Abb. 11.

worin x die Länge der Leitung und Q wieder die Ladung pro Längeneinheit ist. Setzen wir Gl. (27) hierin ein, so wird

$$i = -\frac{x\,h}{2\,v^2 \ln\left(\frac{4\,h}{d}\right)}\frac{d\mathfrak{E}_0}{dt} = -C\,h\,\frac{d\mathfrak{E}_0}{dt}\,. \qquad (29)$$

Darin ist in üblicher Weise mit

$$C = \frac{x}{2\,v^2 \ln\left(\frac{4\,h}{d}\right)} \qquad (30)$$

die gesamte Kapazität der Leitung bezeichnet. *Die Freileitung wird also vom Luftfeld $\mathfrak{E}_0$ gerade so beeinflußt, als wenn man ihre Erdkapazität C von einer äußeren Spannung $h\,\mathfrak{E}_0$ speisen würde.*

Ein Einzelleiter von $d = 8$ mm Durchmesser besitzt bei $h = 10$ m Höhe nach Gl. (30) pro km eine Kapazität

$$C = \frac{10^5}{2\cdot 3^2\cdot 10^{20}\cdot 8,5}\,10^9 = 0,0066\cdot 10^{-6}\ \text{F}.$$

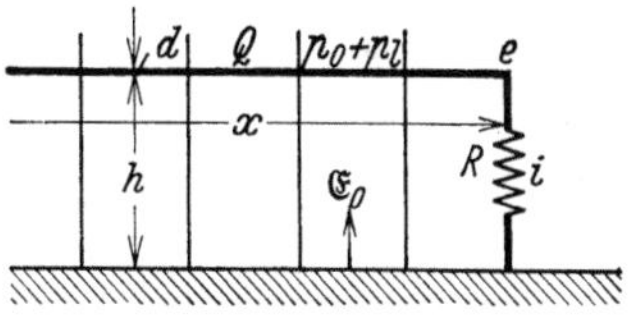

Abb. 12.

Drei zusammengehörige Drehstromleiter haben etwa die doppelte Erdkapazität, also $C = 0,013\ \mu\text{F/km}$. Ändert sich das Erdfeld auf einer Leitung von 1 km Länge in 10 μs um 100 kV/m, wie es in Gewitterzonen vorkommt, so wird in ihr nach Gl. (29) ein Strom von

$$i = 0,013\cdot 10^{-6}\cdot 10\,\frac{100\cdot 10^3}{10\cdot 10^{-6}} = 1300\ \text{Amp}$$

influenziert, der durch den Sternpunkt zur Erde fließt. Dieser Strom ist recht beträchtlich, besitzt aber nur sehr kurze Dauer.

Ist die Leitung über einen Widerstand geerdet, wie in Abb. 12, so verschwindet ihr Potential nicht wie in Gl. (27), sondern wird durch den Oнмschen Spannungsabfall erst zum Erdpotential Null ergänzt. Es ist jetzt

$$(p_0 + p_l)_{z=h} + R\,i = h\,\mathfrak{E}_0 + 2\,v^2 Q \ln\left(\frac{4\,h}{d}\right) + R\,i = 0\,. \qquad (31)$$

Führen wir darin die Kapazität der Leitung nach Gl. (30) und den Strom nach Gl. (28) ein, so wird daraus

$$h\,\mathfrak{E}_0 + \frac{1}{C}\int i\,dt + R\,i = 0\,, \qquad (32)$$

und wenn wir nunmehr wie früher

$$e_C = \frac{1}{C} \int i \, dt \tag{33}$$

die Kapazitätsspannung nennen und sie an Stelle des Stromes einführen, so erhalten wir

$$R\,C \frac{d e_C}{d t} + e_C = -h\,\mathfrak{E}_0. \tag{34}$$

Diese Beziehung entspricht völlig der Widerstandsladung eines Kondensators durch die äußere Spannung $h\,\mathfrak{E}_0$.

Die an der Leitung *meßbare Spannung* setzt sich nach Gl. (31) aus der Summe der Kapazitätsspannung und der atmosphärischen Spannung zusammen. Sie ist mit Gl. (32) und (33)

$$e = h\,\mathfrak{E}_0 + e_C = -R\,i = -R\,C \frac{d e_C}{d t} \tag{35}$$

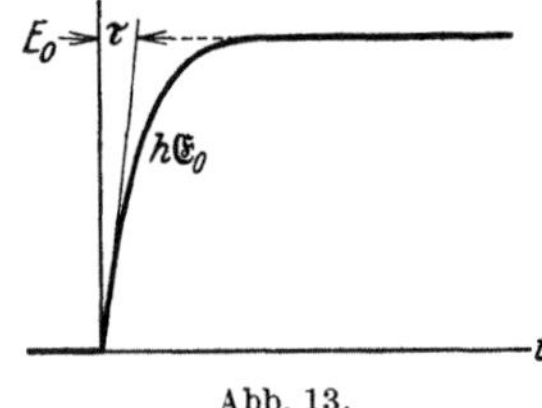

und wird daher durch die Änderung der Kapazitätsspannung bedingt. Dabei stellt

$$T = R\,C \tag{36}$$

die Zeitkonstante der geerdeten Leitung dar.

Wenn wir ein *exponentielles Änderungsgesetz des Luftfeldes* gemäß Abb. 13 mit der Zeitkonstante τ annehmen, das gegeben ist durch

$$h\,\mathfrak{E}_0 = E_0 \left(1 - \varepsilon^{-\frac{t}{\tau}}\right), \tag{37}$$

so bildet sich nach der Differentialgleichung (34) eine stationäre Kapazitätsspannung e_C' und eine Ausgleichsspannung e_C'' aus. Für die erstere machen wir den Ansatz

$$e_C' = A + B\,\varepsilon^{-\frac{t}{\tau}} \tag{38}$$

und erhalten durch Einsetzen in Gl. (34)

$$-\frac{T}{\tau} B\,\varepsilon^{-\frac{t}{\tau}} + A + B\,\varepsilon^{-\frac{t}{\tau}} = -E_0 + E_0\,\varepsilon^{-\frac{t}{\tau}}. \tag{39}$$

Führen wir die hieraus sich ergebenden Konstanten A und B in Gl. (38) ein, so wird die stationäre Kapazitätsspannung

$$e_C' = -E_0 \left(1 - \frac{\varepsilon^{-\frac{t}{\tau}}}{1 - \frac{T}{\tau}}\right). \tag{40}$$

Die Ausgleichsspannung ist wie früher in Kapitel 2

$$e_C'' = K\,\varepsilon^{-\frac{t}{T}}, \tag{41}$$

und da für $t = 0$ die Gesamtspannung erst zu entstehen beginnt, so ist

$$e_{C0}' + e_{C0}'' = -E_0 \left(1 - \frac{1}{1 - \frac{T}{\tau}}\right) + K = 0. \tag{42}$$

Daraus ergibt sich der Anfangswert K und damit die gesamte Kapazitätsspannung zu

$$e_C = -E_0 \left(1 - \frac{\varepsilon^{-\frac{t}{\tau}}}{1 - \frac{T}{\tau}} - \frac{\varepsilon^{-\frac{t}{T}}}{1 - \frac{\tau}{T}}\right). \tag{43}$$

Die meßbare Spannung an der Leitung bestimmt sich nunmehr nach Gl. (35) zu

$$e = -T\frac{de_C}{dt} = \frac{T}{T-\tau}\left(\varepsilon^{-\frac{t}{T}} - \varepsilon^{-\frac{t}{\tau}}\right)E_0. \qquad (44)$$

Sie wird als Differenz zweier Exponentialfunktionen dargestellt, deren Zeitkonstanten durch die Leitungserdung und durch die Feldänderung bestimmt sind. Das Vorzeichen dieser Differenz stimmt stets mit dem Vorzeichen des Nenners überein, so daß die Leitungsspannung stets gleichsinnig mit der Feldänderung ist. Abb. 14 stellt den zeitlichen Verlauf dieser Spannung dar, sie steigt bei unterschiedlichen Zeitkonstanten schnell an und fällt langsam wieder ab. Der Anstieg ist stets durch die kleinere, der Abfall durch die größere Zeitkonstante von Gl. (44) gegeben. Das Maximum bleibt stets unterhalb des Wertes E_0.

Bei relativ *schneller Feldänderung* bestimmt deren Verlauf die kurze Anstiegzeit τ, während der Abfall durch die Erdungszeitkonstante T gegeben ist. Der erste Faktor in Gl. (44) ist nahezu 1, so daß die Leitungsspannung anfangs

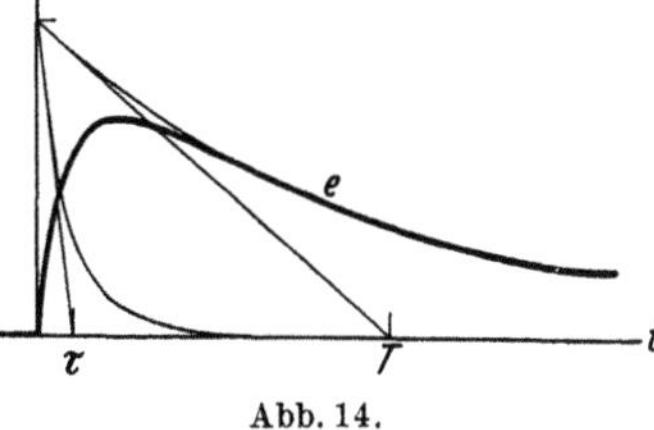

Abb. 14.

der Feldänderung ebenso folgt, als ob die Leitung isoliert sei. Erst später strebt sie allmählich der Erdspannung Null wieder zu. Bei relativ *langsamer Feldänderung* dagegen steigt die Spannung mit der Erdungszeitkonstante T an, ihre Größe ist aber jetzt wegen des ersten Faktors in Gl. (44) sehr gering. Die Ladung fließt bereits im Entstehen zur Erde ab.

Beeinflußt das schwankende Luftfeld eine Drehstromleitung von 1 km Länge, die über einen Widerstand von $100\,\Omega$ geerdet ist, so ist deren Zeitkonstante

$$T = 0{,}013 \cdot 10^{-6} \cdot 100 = 1{,}3 \cdot 10^{-6} = 1{,}3\,\mu\text{s}.$$

Bei einer Anstiegzeitkonstante von $\tau = 10\mu$s ergibt sich ein Größenfaktor von

$$\frac{T}{T-\tau} = \frac{1{,}3}{1{,}3 - 10} = 15\%,$$

so daß die maximale Leitungsspannung unter diesem Bruchteil der Feldänderung bleibt. Die Wirksamkeit der Erdung ist also erheblich, sie bleibt die gleiche, wenn man bei 10 km Leitungslänge nur $10\,\Omega$ Erdwiderstand anwendet. Hat man aber 10 km Leitung über $1000\,\Omega$ geerdet, so ist die Erdungszeitkonstante

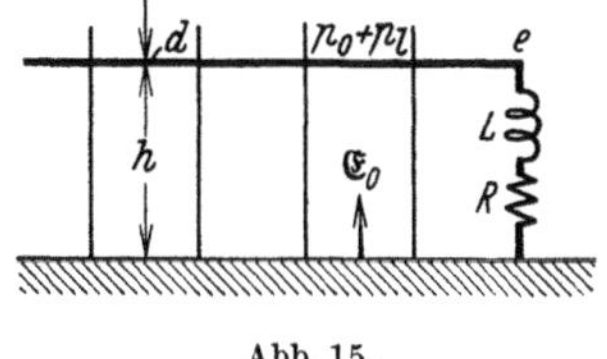

Abb. 15.

$$T = 0{,}13 \cdot 10^{-6} \cdot 1000 = 1{,}3 \cdot 10^{-4} = 130\,\mu\text{s},$$

und damit wird der Größenfaktor von Gl. (44)

$$\frac{T}{T-\tau} = \frac{130}{130 - 10} = 108\%.$$

Die Ladung fließt jetzt nur langsam ab, die influenzierte Spannung erreicht nahezu ihre maximale Höhe, die nach Gl. (37) bei $h = 10$ m Leitungshöhe und $\mathfrak{E}_0 = 100$ kV/m Feldstärke

$$E_0 = 10 \cdot 100 = 1000 \text{ kV}$$

beträgt. Bei so hohen Spannungen ist ein Überschlag selbst guter Hochspannungsisolatoren zu erwarten.

Erfolgt die Erdung der Leitung über Selbstinduktion und Widerstand wie in Abb. 15, so tritt zu der Potentialgleichung (31) noch eine induktive Spannung hinzu. Es wird

$$(p_0 + p_l)_{z=h} + R\,i + L\frac{di}{dt} = h\,\mathfrak{E}_0 + \frac{1}{C}\int i\,dt + R\,i + L\frac{di}{dt} = 0 , \qquad (45)$$

oder bei Einführung der Kapazitätsspannung nach Gl. (33)

$$LC\frac{d^2 e_C}{dt^2} + RC\frac{de_C}{dt} + e_C = - h\,\mathfrak{E}_0 . \qquad (46)$$

Dabei ist die meßbare Spannung der Leitung gegen Erde genau wie oben durch die Summe

$$e = h\,\mathfrak{E}_0 + e_C \qquad (47)$$

bestimmt. Wir erkennen aus der Form von Gl. (46), *daß die induktiv geerdete Leitung bei atmosphärischen Störungen Eigenschwingungen ausführt, deren Frequenz durch ihre Erdkapazität und die Erdungsselbstinduktion bestimmt ist* und die durch den Erdungswiderstand zeitlich gedämpft werden.

Sind die *Feldänderungen langsam* gegenüber den Eigenschwingungen, so ist die induktive Spannung sehr klein und die Erscheinungen ähneln daher sehr dem vorher behandelten Fall. *Schnelle Feldänderungen* rufen dagegen ausgeprägte Schwingungen hervor, und wenn sie kurzzeitig gegenüber der Eigenschwingungsdauer sind, so wirken sie auf das schwingende System fast so wie ein plötzlicher

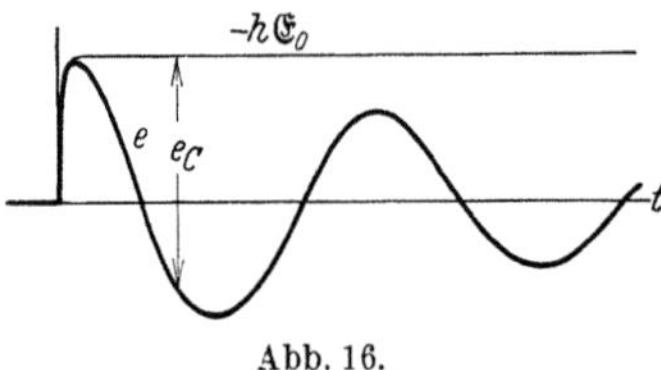

Abb. 16.

Einschaltstoß, den wir bereits in Kapitel 6 behandelt hatten. Abb. 16 zeigt, wie die Spannung der induktiv geerdeten Leitung im ersten Augenblick der *schnellen* Luftfeldänderung $h\,\mathfrak{E}_0$ völlig folgt, geradeso als ob die träge Leitung isoliert wäre, und sich dann unter Schwingungen allmählich wieder dem Erdpotential angleicht. Die Kapazitätsspannung e_C schießt dabei fast aufs Doppelte über die Spannungsänderung hinaus, die Leitungsspannung gegen Erde wechselt jedoch wegen der Summenbildung nach Gl. (45) im weiteren Verlauf lediglich ihr Vorzeichen, ohne höhere Überspannungen zu erreichen als die durch die Feldänderung unmittelbar influenzierten.

Induktiv gelöschte Netze haben nach Kapitel 26 eine Eigenfrequenz von etwa 50 Per/sec. Dies ist so langsam gegenüber den störenden in der Atmosphäre vorkommenden Feldänderungen von 1 bis 1000 μs Dauer, daß sie im Augenblick der Feldvariation wie vollkommen von Erde isolierte Leitungen wirken und erst nachträglich ihre Ausgleichsschwingungen nach Abb. 16 ausführen. *Spannungswandler oder Erdungsdrosselspulen* an Hochspannungsleitungen haben noch weit größere Selbstinduktion und führen daher noch wesentlich langsamere Schwingungen aus.

Auch bei *direkter Erdung des Sternpunktes* von Transformatoren wirkt deren Streuung stark induktiv. Selbst wenn diese nur 1% der zur Erdschlußlöschung nötigen Selbstinduktion beträgt, so erzeugt sie erst Eigenschwingungen vom $\sqrt{100} = 10$fachen der eben genannten Frequenz, also von etwa 500 Per/sec. Schnelle atmosphärische Feldänderungen bis zu etwa 100 μs Dauer können daher auch durch solche Leitungen nicht unmittelbar zur Erde abfließen, sondern versetzen sie in starke nachfolgende Schwingungen. Nur sehr kurze Leitungssysteme mit sehr großen Transformatoren besitzen bei Sternpunktserdung Eigenschwingungsdauern, die bis zur Größe von 10 μs herunterreichen können.

In allen betrachteten Fällen werden diejenigen Leitungsabschnitte, die keiner Feldänderung ausgesetzt sind, und auch irgendwelche anderen Erdkapazitäten, die frei gewordenen Ladungen so ausbreiten wie ein Parallelzweig, der nicht durch die atmosphärischen Feldänderungen gespeist wird. Die tatsächlich auftretenden

Spannungen können daher durch die Anwesenheit solcher paralleler Leiter stark vermindert werden.

Starre schwingungsfreie Erdungen, die man früher durch direkte Ableitung aller Leitungspole über Wasserstrahlerder zu erzielen suchte, ermöglichen zwar einen schnellen Ausgleich der influenzierten Ladungen nach der Erde, wenn ihre Zeitkonstante in Gl. (44) klein genug ist. Sie schieben dann aber das Erdpotential genauso nach oben, wie wir es an Hand von Abb. 2 für Erdseile berechnet hatten, und erzeugen daher in ihrer Umgebung bei jeder Feldänderung sehr hohe lokale Feldstärken. Diese ionisieren die Luft in ihrer Umgebung und begünstigen damit den Einschlag des Blitzes in die Leitung.

Die Gesichtspunkte für die Fernhaltung direkter Blitzeinschläge und für die Verminderung der Spannung von indirekten Blitzschlägen mit ihren Feldänderungen widersprechen sich also gegenseitig.

Wendet man aber besondere Erdseile zur Abschattung der atmosphärischen Felder von der Leitung an, so werden die influenzierten Spannungen nach Maßgabe der Schirmwirkung der Erdseile abgeschwächt, so daß auch die indirekten Blitzschläge ihre Gefahren weitgehend verlieren.

29. Influenzstörung von Nachbarleitungen.

Starkstromleitungen erzeugen in ihrer Umgebung elektromagnetische Felder, die in der Nähe verlaufende Schwachstromleitungen beeinflussen können. Sowohl im regulären Betrieb, besonders aber bei Kurzschlüssen und Schaltvorgängen, können selbst bei erheblicher Entfernung Spannungen in der Schwachstromleitung entstehen, die zu unangenehmen Störungen in den empfindlichen Telephon- und Telegraphenapparaten führen. Wir wollen zunächst die Fernwirkungen untersuchen, die von den stationären oder quasistationären *elektrostatischen Feldern der Hochspannungsleitungen* ausgehen.

a) Einfachleitungen. Der einfachste Fall liegt vor, wenn eine Schwachstromleitung in der Nähe einer einphasigen Wechselstromleitung verläuft, deren Strom durch die Erde zurückgeleitet wird entsprechend Abb. 1. Die Einphasenleitung sei in der Höhe h, die Schwachstromleitung in der Höhe k über dem Erdboden geführt. Die Hochspannungsleitung mit der Spannung E gegen Erde erzeugt ein elektrisches Feld im Luftraum, dessen Kraftlinien gestrichelt dargestellt sind und in ihrem Verlauf auch die isoliert gedachte Schwachstromleitung treffen und unter Spannung setzen.

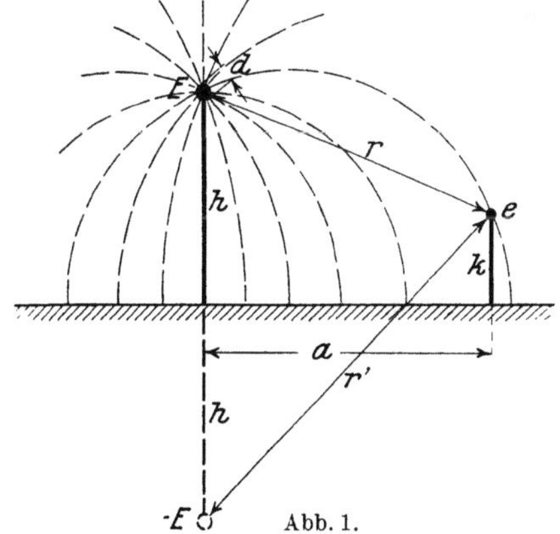

Abb. 1.

Um zu erfahren, welche Spannung die Schwachstromleitung unter Berücksichtigung des Einflusses der nahen Erdoberfläche erhält, müssen wir das elektrostatische Potential angeben, das die Hochspannungsleitung mit ihrem Spiegelbild am Orte der Schwachstromleitung besitzt. Dies ist nach Gl. (2) von Kapitel 28

$$e = 2\,v^2\,Q \ln\left(\frac{r'}{r}\right), \tag{1}$$

wobei Q die Ladung des primären Leiters darstellt und r und r' die Abstände des isolierten sekundären Leiters von der primären Leitung und ihrem Spiegelbild.

Da für die Erdoberfläche r und r' einander gleich sind und ihr Potential daher Null ist, so gibt Gl. (1) unmittelbar *die Spannung der Schwachstromleitung gegenüber der Erde* an. Den Ausdruck

$$g = \frac{e}{Q} = 2\,v^2 \ln\left(\frac{r'}{r}\right), \tag{2}$$

der eine Konstante des Leitungssystems bildet, wollen wir die *elektrische Wechselinfluenz* der Längeneinheit zwischen der Starkstrom- und Schwachstromleitung nennen. Sie gibt die Größe der von der Ladung Q influenzierten Spannung e an.

Die Spannung E der Hochspannungsleitung gegen Erde ist, ähnlich wie in Gl. (3) von Kapitel 28,

$$E = 2\,v^2 Q \ln\left(\frac{2\,h}{d/2}\right), \tag{3}$$

wobei jetzt die Höhe der Starkstromleitung mit h und ihr Durchmesser mit d bezeichnet ist.

Die *elektrostatische Selbstinfluenz* der Längeneinheit der Leitung wird damit

$$q = \frac{E}{Q} = \frac{1}{c} = 2\,v^2 \ln\left(4\,\frac{h}{d}\right), \tag{4}$$

sie ist das Reziproke ihrer Kapazität c pro Längeneinheit gegen Erde.

Man erhält nunmehr aus Gl. (1) oder (2) durch Einsetzen von Q aus Gl. (3) oder (4) für die Spannung in der Schwachstromleitung

$$e = \frac{g}{q}\,E = \frac{\ln\left(\dfrac{r'}{r}\right)}{\ln\left(\dfrac{4\,h}{d}\right)}\,E. \tag{5}$$

Da der Logarithmus im Zähler dieser Gleichung stets kleiner ist als der im Nenner, so wird auf die Schwachstromleitung nur ein Bruchteil der Hochspannung der Starkstromleitung übertragen. Bei geringen Abständen r kann derselbe immerhin erheblich werden.

Für Leitungen auf demselben Gestänge mit den Abständen $h = 10$ m und $k = 5$ m vom Erdboden, also entsprechend Abb. 1 mit $r = 5$ m und $r' = 15$ m, wird bei einem Durchmesser der Starkstromleitung von $d = 8$ mm in der Schwachstromleitung eine Spannung von

$$\frac{e}{E} = \frac{\ln\dfrac{15}{5}}{\ln\dfrac{4\cdot 10}{0{,}008}} = \frac{1{,}1}{8{,}5} = 13\,\% $$

der Hochspannung, also ein recht hoher Betrag durch elektrostatische Influenz erzeugt.

Die Leitungsabstände r und r' drückt man bequemer durch den Abstand a und die Höhen h und k der Masten aus. Es ist nach Abb. 1

$$\left. \begin{aligned} r^2 &= a^2 + (h-k)^2 = a^2 + h^2 + k^2 - 2\,h\,k, \\ r'^2 &= a^2 + (h+k)^2 = a^2 + h^2 + k^2 + 2\,h\,k \end{aligned} \right\} \tag{6}$$

und daher

$$r'^2 = r^2 + 4\,h\,k. \tag{7}$$

Für Abstände, die einigermaßen groß gegenüber den Masthöhen sind, erhält man daher in ausreichender Näherung

$$\ln\left(\frac{r'}{r}\right) = \frac{1}{2}\ln\left(\frac{r'}{r}\right)^2 = \frac{1}{2}\ln\left(1 + 4\,\frac{h\,k}{r^2}\right) \simeq \frac{2\,h\,k}{r^2 + 2\,h\,k} = \frac{2\,h\,k}{a^2 + h^2 + k^2} \simeq \frac{2\,h\,k}{a^2}. \tag{8}$$

Damit wird

$$e = \frac{2\,E}{\ln\left(\frac{4\,h}{d}\right)}\,\frac{h\,k}{a^2 + h^2 + k^2} \cong \frac{2\,E}{\ln\left(\frac{4\,h}{d}\right)}\,\frac{h\,k}{a^2}, \tag{9}$$

so daß die von der Starkstromleitung auf die Schwachstromleitung übertragene Spannung proportional dem Produkt der beiden Leitungshöhen über der Erde und nahezu umgekehrt proportional dem Quadrat ihrer Entfernung ist.

Führt man die Leitungen in derselben Höhe wie im eben genannten Beispiel, jedoch in einem Abstande $a = 30$ m, so sinkt die übertragene Spannung auf

$$\frac{e}{E} = \frac{2}{8,5}\cdot\frac{10\cdot 5}{30^2 + 10^2 + 5^2} = 1,15\%$$

der Hochspannung herab. Auch dies ist ein Betrag, der bei hoher Spannung E noch unzulässig sein kann, beispielsweise entwickeln 15000 Volt Hochspannung fast 180 Volt in der Schwachstromleitung.

Die starken Spannungen, die von Einfachleitungen, z. B. von einphasigen Wechselstrombahnleitungen, in der Ferne influenziert werden, rühren daher, daß die wirksamen positiven und negativen Hochspannungsladungen den großen Abstand $2\,h$ besitzen, dem die Fernwirkung proportional ist. Die zur Fernleitung mit Hochspannung meistens verwandten Drehstromleitungen besitzen diesen Nachteil nicht. Man führt hier vielmehr die Hin- und Rückleitung des Stromes, der sich zyklisch auf die drei Leitungen verteilt, mit relativ geringem Abstande aus, so daß die entgegengesetzten Ladungen auf den Leitungen einander sehr benachbart sind und sich in der Ferne stärker aufheben.

b) Doppel- und Drehstromleitungen. Wir können das Potential einer Doppelleitung aus dem der Einfachleitung entwickeln, wenn wir beachten, daß die Oberleitung allein das gleiche Feld ausbildet wie eine Einfachleitung einschließlich ihres Spiegelbildes. Nach Abb. 2 entspricht dabei der Leiterabstand s der Doppelleitung der doppelten Leitungshöhe bei der Einfachleitung, und die Spannung an der Doppelleitung ist E, während bei der Einfachleitung $2\,E$ zwischen Oberleitung und Spiegelbild auftrat. Das Potential der Doppeloberleitung in jedem Punkte des Raumes ist daher nach Gl. (1) und (4), jedoch mit ϱ anstatt r für die Entfernungen,

$$p = \frac{\frac{E}{2}}{\ln\left(\frac{2\,s}{d}\right)}\ln\left(\frac{\varrho'}{\varrho}\right). \tag{10}$$

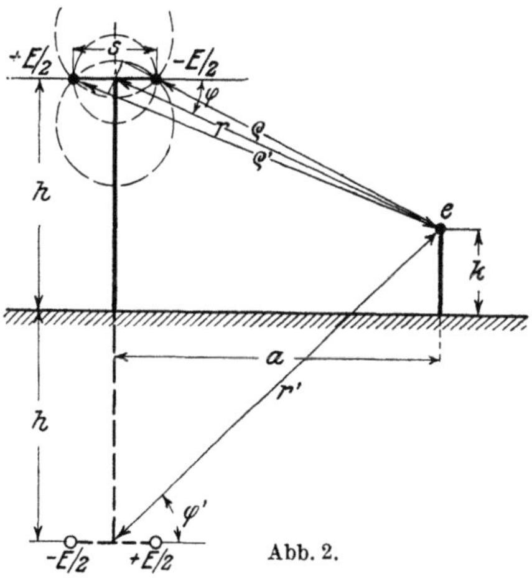

Abb. 2.

Da man die Schwachstromleitung selten in unmittelbarster Nähe der Starkstromleitung zieht, so besitzen ϱ und ϱ' die gleiche Größenordnung. Man kann für sie daher nach Abb. 2 schreiben

$$\left.\begin{aligned} \varrho &= r - \frac{s}{2}\cos\varphi \\[4pt] \varrho' &= r + \frac{s}{2}\cos\varphi, \end{aligned}\right\} \tag{11}$$

wenn r den Abstand der Schwachstromleitung von dem Mittelpunkt der Starkstromleitung bezeichnet und φ den Winkel, um den die Schwachstromleitung

von der Feldachse der Starkstromleitung absteht. Damit erhält man näherungsweise

$$\ln\left(\frac{\varrho'}{\varrho}\right) = \ln\left(\frac{1 + \frac{s\cos\varphi}{2r}}{1 - \frac{s\cos\varphi}{2r}}\right) \simeq \frac{s\cos\varphi}{r} \tag{12}$$

und daher für das Potential der Doppeloberleitung in einigem Abstand

$$p = \frac{E\,s}{2\ln\left(\frac{2s}{d}\right)}\,\frac{\cos\varphi}{r}. \tag{13}$$

*Die Beeinflussung der Schwachstromleitung hängt jetzt also nicht nur von der
Entfernung, sondern auch von der Winkellage der Leitungen zueinander ab.* Liegt
die Schwachstromleitung in Richtung der Achse der Starkstromleitung mit
$\varphi = 0$, so ist die Einwirkung am größten. Liegt sie auf der Mittelsenkrechten,
also in Abb. 2 auf demselben Mast, so ist die Beeinflussung Null. Das Potential
der Doppeloberleitung nimmt nach Gl. (13) umgekehrt proportional der Entfernung ab, also wesentlich schneller als das der Einfachoberleitung nach Gl. (1),
das nur logarithmisch sinkt.

Da die elektrischen Kraftlinien an der Erdoberfläche stets senkrecht enden,
so wird die Kraftlinienverteilung der Starkstromleitung durch die Erde geändert,
und zwar wieder so, als ob ein Spiegelbild der Leitung mit negativem Vorzeichen
in der Tiefe h unter der Erdoberfläche bestände. Die gesamte Spannung, die in
der Schwachstromleitung erzeugt wird, ist dann nach Abb. 2 und Gl. (13)

$$e = \frac{E\,s}{2\ln\left(\frac{2s}{d}\right)}\left(\frac{\cos\varphi}{r} - \frac{\cos\varphi'}{r'}\right). \tag{14}$$

Dies kann für jede Lage der Leitung stets aus dem Querschnittsbild errechnet
werden.

Drehstromleitungen kann man sich zur Bestimmung der Fernwirkung stets
aus drei Doppelleitungen zusammengesetzt denken, wobei dann jeder Leiter
zweimal gezählt ist. Durch Addition der Einzelbeeinflussungen nach Gl. (14) und Division durch 2 erhält man dann die Gesamteinwirkung auf die Schwachstromleitung. Bei *An-ordnung der Drehstromleiter im gleichseitigen Dreieck* nach Abb. 3 ist dies besonders einfach, da jeder Leiter gerade in der neu-tralen Zone des Feldes der bei-den anderen Leiter liegt und daher die Spannung Null be-sitzt, wenn die anderen ihre höchste Spannung gegeneinan-der haben.

Für diese Dreiecksanord-nung der Leiter bildet sich in

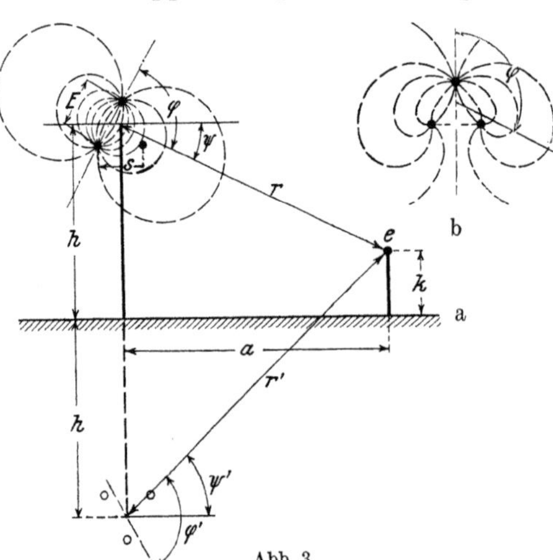
Abb. 3.

jeder Wechselstromperiode dreimal ein Feld aus, das identisch mit dem Feld der
Doppelleitung ist, wie es in Abb. 3a dargestellt ist. In den zwischenliegenden
drei Zeiträumen gehen die elektrischen Kraftlinien vom einen auf den anderen

Leiter über. Das Feld hat dabei eine Verteilung nach Abb. 3 b. Die Achse des
Feldes dreht sich demnach ziemlich gleichmäßig im Kreise herum und hat nach
Ablauf einer Wechselstromperiode wieder die Anfangslage erreicht. Bezeichnen
wir mit E die höchste Spannung und mit s den Abstand zweier Phasenleiter,
so stellt Gl. (13) das *Drehpotential* der Drehstromleitung in einiger Entfernung
dar, wenn wir seine Achse mit wachsender Zeit t von einer Anfangslage ψ aus
den Winkel

$$\varphi = \psi + \omega t \tag{15}$$

gleichmäßig durchlaufen lassen. Dabei verstehen wir unter r den mittleren
Abstand der Schwachstrom- und Starkstromleitung, entsprechend Abb. 3.

Die Fernwirkungen einer Drehstromleitung und einer einphasigen Doppelleitung von gleicher Spannung und gleichem Leitungsabstand sind also einander gleich. Nur rotiert das dreiphasige Feld um die Leitungen herum, während das einphasige Feld lediglich in Größe pulsiert. Die Stärke der Beeinflussung
von fremden Leitungen ist daher bei Drehstrom unabhängig vom Winkel φ,
nur die Phase der influenzierten Spannung ändert sich mit ihm.

Da auch die Kraftlinien der Drehstromleitung, die die Erdoberfläche erreichen. dort senkrecht einmünden, so muß man wieder ein Spiegelbild unter
der Oberfläche hinzufügen, wenn man das vollständige elektrische Feld im
Luftraum erhalten will. Das Spiegelbild muß nicht nur entgegengesetzte Spannung, sondern auch entgegengesetzte Drehrichtung haben wie die Oberleitung,
was in Abb. 3 dargestellt ist. Dabei ist

$$\varphi' = \psi' + \omega t \tag{16}$$

der Winkel, den die Achse des gespiegelten Drehfeldes mit dem Abstande r'
von der Schwachstromleitung bildet.

Die vom gesamten Drehstromsystem in der Schwachstromleitung influenzierte
Spannung ist nunmehr ganz entsprechend Gl. (14) für die Doppelleitung

$$e = \frac{E s}{2 \ln\left(\frac{2 s}{d}\right)} \left(\frac{\cos \varphi}{r} - \frac{\cos \varphi'}{r'}\right), \tag{17}$$

wobei E hier die *verkettete Drehspannung* bezeichnet. Wegen der Wichtigkeit
der Fernwirkung von Drehstromleitungen wollen wir diesen Ausdruck noch
weiter auswerten.

Wenn man die Schwachstromleitung am Hochspannungsgestänge führt, so
sind die Winkel ψ und ψ' und daher auch φ und φ' einander gleich. Ersetzt
man dann r und r' durch die Masthöhen, so erhält man

$$e = \frac{s}{2 \ln\left(\frac{2 s}{d}\right)} \left(\frac{1}{h-k} - \frac{1}{h+k}\right) E \cos \varphi = \frac{E}{\ln\left(\frac{2 s}{d}\right)} \frac{s k}{h^2 - k^2} \cos(\omega t + \psi). \tag{18}$$

Bei einem Leiterabstand $s = 2$ m, einem Drahtdurchmesser $d = 8$ mm, einer
mittleren Höhe $h = 10$ m für die Hochspannungs- und $k = 5$ m für die Schwachstromleitung erhält man

$$\frac{e}{E} = \frac{1}{\ln \dfrac{2 \cdot 2}{0,008}} \cdot \frac{2 \cdot 5}{10^2 - 5^2} = \frac{10}{6,2 \cdot 75} = 2,2\,\%$$

der Drehspannung in der Schwachstromleitung influenziert.

Für größere Entfernungen der Schwachstromleitung kann man in Gl. (17)
r' und r beide näherungsweise gleich dem Abstande a setzen und erhält durch

Zusammenfassung der Winkelfunktionen

$$e = \frac{E\,s}{2\ln\left(\frac{2\,s}{d}\right)} \frac{2}{a} \sin\left(\frac{\varphi' + \varphi}{2}\right) \sin\left(\frac{\varphi' - \varphi}{2}\right). \tag{19}$$

Da dann gemäß Abb. 3 die Winkel ψ und ψ' in Gl. (15) und (16) beide sehr klein und daher φ und φ' nahezu einander gleich sind, so darf man schreiben für

$$\sin\frac{\varphi' + \varphi}{2} \simeq \sin\varphi \tag{20}$$

und für

$$2\sin\frac{\varphi' - \varphi}{2} \simeq \varphi' - \varphi = \psi' - \psi \simeq \frac{h+k}{a} - \frac{h-k}{a} = \frac{2\,k}{a}. \tag{21}$$

Man erhält damit für die Spannung der Schwachstromleitung den Näherungsausdruck

$$e = \frac{E}{\ln\left(\frac{2\,s}{d}\right)} \frac{s\,k}{a^2} \sin(\omega\,t + \psi). \tag{22}$$

Auch hier ist die in der Schwachstromleitung induzierte Spannung umgekehrt proportional dem Quadrat der Entfernung und proportional der Höhe der Schwachstromleitung über der Erde und ferner dem Drahtabstand der Starkstromphasenleitungen, jedoch unabhängig von der Höhe der Starkstromleitung über der Erde. Für einen Leitungsabstand $a = 30$ m und dieselben Zahlen wie eben erhält man in der Schwachstromleitung eine Spannung von

$$\frac{e}{E} = \frac{1}{6{,}2} \cdot \frac{2 \cdot 5}{30^2} = 0{,}16\%$$

der Hochspannung influenziert. Drehstromleitungen besitzen also nur eine 6- bis 8 mal kleinere Fernwirkung wie einphasige mit Erdrückleitung. Die nach Gl. (22) durch die Winkelfunktion angegebene Phase der influenzierten Spannung hat sich bei großem Mastabstand um 90° gegenüber der Spannung gedreht, die nach Gl. (18) am gleichen Mast influenziert wird. Das entspricht der Richtungsänderung des Fahrstrahls r um 90° im Drehfeld der Spannungslinien.

    c) Erdschluß von Drehstromleitungen. Wesentlich stärkere Fernwirkungen als beim regulären Betriebe des Drehstromsystems entstehen, wenn ein Leiter Erdschluß erhält. Seine Spannung sinkt dann auf Null und auch die Spannung der anderen Leiter ändert sich. Da die Relativspannung der drei Leiter gegeneinander die gleiche bleibt, so fassen wir den Zustand wieder so auf, als ob sich dem ganzen Leitersystem eine einphasige Spannung überlagert, die gleich dem negativen der vorherigen Spannung des geerdeten Leiters ist. Bei Erdschluß besteht dann die Fernwirkung der regulären Drehspannung nach wie vor weiter. Es tritt jedoch noch die Wirkung der überlagerten Spannung hinzu, die in allen Leitungen die gleiche Größe $-E/\sqrt{3}$ besitzt. Ihre Feldlinien sind in Abb. 4 gestrichelt eingetragen. Der Einfluß der Erde kann wieder durch ein Spiegelbild der Leitung mit entgegengesetzt gerichteter Spannung dargestellt werden.

    Die Feldlinien konzentrieren sich jetzt nicht mehr um einen einzigen geladenen Leiter wie in Abb. 1, sondern sie streben drei parallel geschalteten Leitungen mit den gegenseitigen Abständen s und den Durchmessern d zu, auf denen je 1/3 der Gesamtladung Q sitzt. Um deren Größe zu bestimmen, beachten wir, daß das Potential oder die Spannung jedes der drei Leiter sowohl durch die eigene Ladung hervorgebracht wird, als auch durch die Summe der beiden anderen im Abstand s befindlichen Ladungen. Wir wenden daher Gl. (1) auf die drei Leiter an und setzen für den Abstand der Spiegelbilder unter dem

Logarithmus durchweg den Mittelwert $2\,h$, was eine vollständig ausreichende Näherung ergibt. Dann ist

$$\frac{E}{\sqrt{3}} = 2\,v^2\,\frac{Q}{3}\ln\left(\frac{2\,h}{d/2}\right) + 2\cdot 2\,v^2\,\frac{Q}{3}\ln\left(\frac{2\,h}{s}\right), \tag{23}$$

und das läßt sich zusammenfassen zu

$$\frac{E}{\sqrt{3}} = 2\,v^2\,Q\ln\left(\frac{4\,h}{\sqrt[3]{4\,d\,s^2}}\right). \tag{24}$$

Die *Dreifachleitung* nach Abb. 4 besitzt also gegenüber der Einfachleitung nach Abb. 1 und Gl. (3) einen *äquivalenten Leitungsdurchmesser*, der durch die *dritte Wurzel aus der Drahtstärke und dem Quadrat des Leiterabstandes* bedingt ist.

Die Spannung in der Schwachstromleitung erhält man nunmehr nach Gl. (1) zu

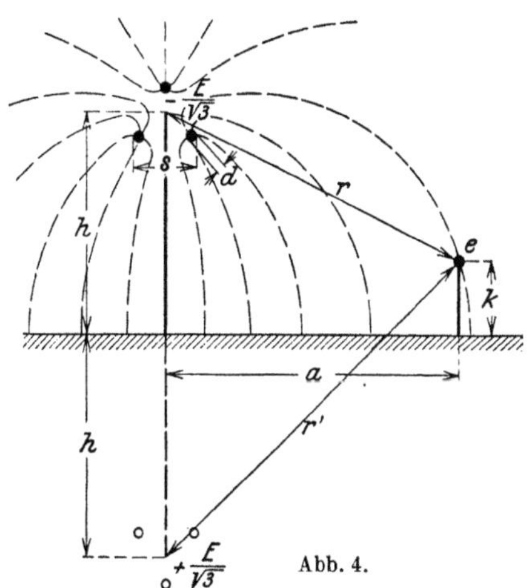

Abb. 4.

$$e = \frac{\ln\left(\dfrac{r'}{r}\right)}{\ln\left(\dfrac{4\,h}{\sqrt[3]{4\,d\,s^2}}\right)}\frac{E}{\sqrt{3}} \tag{25}$$

und als Näherungsformel für große Entfernung der Stark- und Schwachstromleitungen entsprechend Gl. (8)

$$e = \frac{2\,E}{\sqrt{3}\ln\left(\dfrac{4\,h}{\sqrt[3]{4\,d\,s^2}}\right)}\frac{h\,k}{a^2 + h^2 + k^2}. \tag{26}$$

Mit den bisher benutzten Zahlen ergibt das für Führung der Schwachstromleitung am gleichen Mast nach Gl. (25) eine Influenzspannung von

$$\frac{e}{E} = \frac{\ln\dfrac{15}{5}}{\sqrt{3}\ln\left(\dfrac{4\cdot 10}{\sqrt[3]{4\cdot 0{,}008\cdot 2^2}}\right)} = \frac{1{,}1}{7{,}5} = 14{,}7\,\%$$

und für Führung in 30 m Abstand nach Gl. (26)

$$\frac{e}{E} = \frac{2}{7{,}5}\cdot\frac{10\cdot 5}{30^2 + 10^2 + 5^2} = 1{,}3\,\%$$

der Hochspannung. *Man sieht, daß diese Spannungen ein Vielfaches von denen sind, die beim regulären Betriebe der Drehstromleitung auftreten und daß sie die für Einfachleitungen berechneten sogar noch etwas übertreffen. Man wird daher Schwachstromstörungen vor allem bei Erdschluß im Drehstromsystem erwarten dürfen.*

Um die Störungen durch den normalen Drehstrombetrieb zu vermeiden, ist es üblich, *die Drehstromleitung auf ihrer ganzen Länge mehrfach zu verdrillen,* so daß die einzelnen Phasenleitungen von Strecke zu Strecke ihre Lage wechseln. Dadurch erreicht man, daß die von je drei aufeinander folgenden Verdrillungsstrecken erzeugten Spannungen sich in der Schwachstromleitung gegenseitig aufheben, da sie um je 120° in der Phase versetzt sind. Es bleibt dann nur ein unerheblicher Rest bestehen, der von Unsymmetrien herrührt. *Auf die Fernwirkung der bei Erdschluß auftretenden Spannungen hat diese Verdrillung jedoch keinerlei Einfluß*, weil die drei Leitungen im Erdschlußzustand sämtlich gleichgerichtete Zusatzspannungen führen, die sich nicht aufheben können.

Sehr unangenehme Einwirkungen auf Schwachstromleitungen können durch *Oberschwingungen der Spannungskurve* von Drehstromleitungen hervorgerufen werden. Die dreifachen, neunfachen und entsprechend höheren Oberschwingungen besitzen nämlich in den drei Phasenwicklungen von Maschinen und Transformatoren, vom Sternpunkt aus gesehen, die gleiche Richtung. *Erdet man daher den Sternpunkt* von Drehstromwicklungen, die häufig solche Oberwellen von erheblicher Stärke enthalten, nach Abb. 5, so laden diese Oberspannungen die drei Leitungen gleichphasig auf. Ihre Fernwirkung ist daher erheblich und kann nach den letzten Gln. (25) und (26), natürlich unter Fortlassung des nur für Erdschluß geltenden Divisors $\sqrt{3}$, berechnet werden. Wegen ihrer hohen Frequenz wirken diese Oberwellen auf Telephone in viel stärkerem Maße störend als die Spannungen der Grundfrequenz.

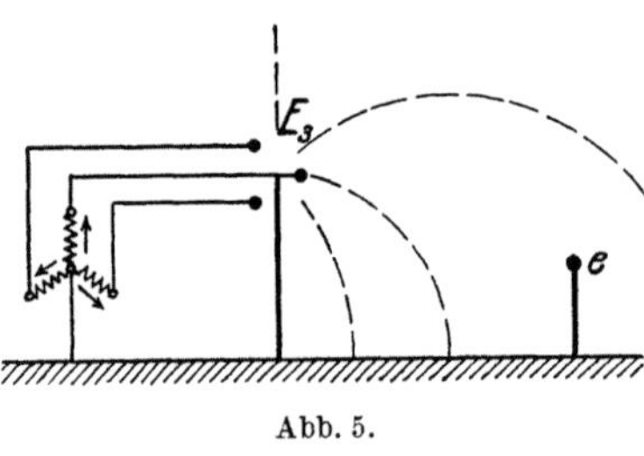

Abb. 5.

Sie treten manchmal auch bei isoliertem Neutralpunkt auf, wenn die Wicklungen eine erhebliche Erdkapazität besitzen, die ihren Übertritt, wenn auch in geschwächtem Maße, ermöglicht.

Wenn man bedenkt, daß bereits bei 10000 Volt Spannung der Starkstromleitung jedes influenzierte Prozent einer Spannung von 100 Volt in der Schwachstromleitung entspricht, so erkennt man, daß ein ungestörter Betrieb derselben in der Nähe von Hochspannungsleitungen besondere Mittel erfordert. Von den früher benutzten Einfachleitungen mit Erdrückleitung für Telephon und Telegraphen kommt man daher immer mehr ab und *benutzt für die Hin- und Rückleitung des Schwachstromes Doppelleitungen.* Dadurch heben sich die influenzierten Spannungen für den Sprechkreis zum größten Teil auf. Es bleibt nur ein geringer durch den Leiterabstand der Schwachstromdoppelleitung bedingter Rest, den man durch vielfaches Kreuzen derselben noch weiter vermindern kann. Die Spannung der beiden Schwachstromdrähte gegen Erde bleibt natürlich bestehen und kann unter Umständen zur Gefährdung der Benutzer führen. *Schwachstromleitungen, die in großer Nähe von Hochspannungsleitungen geführt sind, müssen daher im allgemeinen für hohe Spannung isoliert werden.*

Laufen mehrere Hochspannungssysteme am gleichen Gestänge und schaltet man eines derselben von der Stromquelle ab, so wird es dadurch noch nicht spannungslos, da es starke Influenzspannungen von den anderen Leitungen erhält. Will man Arbeiten an ihm vornehmen, so muß man es daher vorher sehr sorgfältig erden.

30. Erdrückströme unter Wechselstromleitungen.

Wenn Starkstrom in die Erde übertritt, so können wir die Vorgänge in der *nahen Umgebung der Elektroden* nach Kapitel 25 bestimmen, indem wir den Widerstand des Erdbodens als vorherrschend ansehen. Hier spielen die magnetischen Wirkungen der Erdströme keine erhebliche Rolle, so daß sich die Ausbreitungsvorgänge in der Nachbarschaft der Elektroden für Gleichstrom und Wechselstrom nicht unterscheiden. *Zwischen den Elektroden* breitet sich der Strom aber sehr stark im Erdreich aus und erzeugt in diesem weiten Raum auch erhebliche Magnetfelder. Daher ist hier bei Wechselstrom auch die Wirkung der Selbstinduktion von Einfluß auf den Stromverlauf.

a) Verteilung der Stromdichte. Um die genauere Verteilung der Stromdichte im Erdboden zu finden, betrachten wir Bezirke in einiger Entfernung von den Erdelektroden, so daß wir die Aufgabe zweidimensional behandeln können. In Abb. 1 sind die beiden üblichen Fernleitungsarten für Wechselströme dargestellt, nämlich eine Oberleitung im Luftraum über der Erde und eine Kabelleitung dicht unter der Oberfläche der Erde. Der Abstand von Leiter und Erde ist in beiden Fällen mit h bezeichnet.

Wir wollen die Querschnittbilder der Abb. 1 durch das der Abb. 2 ersetzen, in dem *der Strom J in der Leitung im Mittelpunkt einer halbkreisförmigen Talmulde vom Radius h fließt.* Wir
werden sehen, daß dieses Ersatzbild den tatsächlich vorkommenden Fällen mit ausreichender Genauigkeit entspricht. Zur Aufstellung der Differentialgleichung für den Stromverlauf in der Erde sind in Abb. 2 zwei magnetische Kraftlinien besonders herausgehoben. Sie würden genau konzentrisch um die Hinleitung verlaufen, wenn die Erde sich nach oben und unten gleichmäßig um

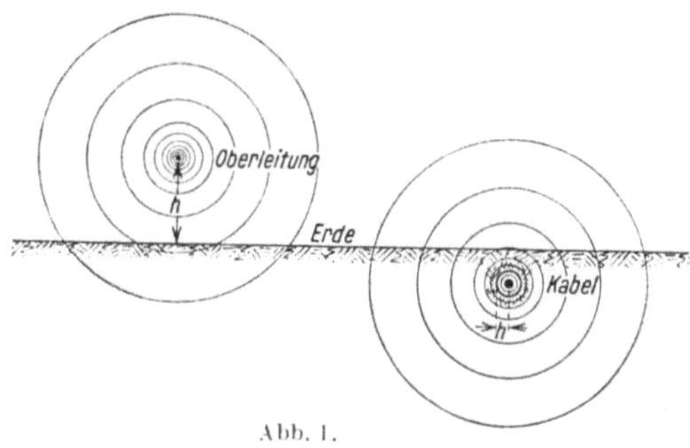

Abb. 1.

die Leitung herum erstreckte. Da sie aber nur einen Halbraum bildet und daher die Erdströme auch nur im unteren Halbraum fließen, so verlaufen die Kraftlinien nur angenähert in konzentrischen Kreisen. Die Abweichung liegt jedoch in der Größe unserer sonstigen Näherungsannahmen.

Wir wenden das *Magnetisierungsgesetz*

$$\oint \mathfrak{B}\, ds = 4\pi i \tag{1}$$

auf den in Abb. 2 zur Hälfte schraffierten Kreisring an. Nennen wir die Stromdichte in der Erde i, die magnetische Kraftliniendichte $\mathfrak{B}$, wobei wir die Permeabilität für Luft und Erde zu 1 annehmen, und den Abstand vom Hinleiter ϱ, so erhalten wir

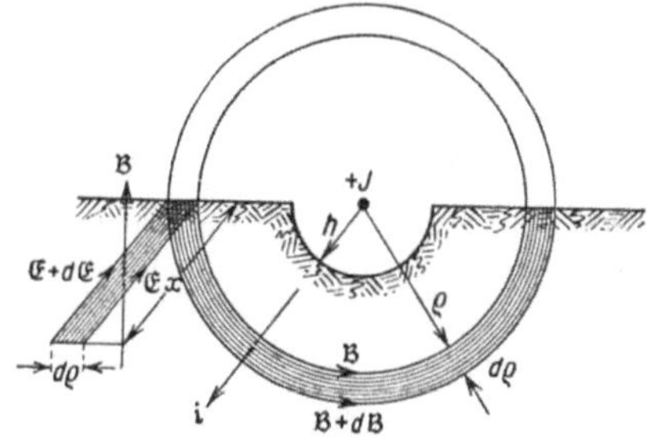

Abb. 2.

$$2\pi(\varrho+d\varrho)(\mathfrak{B}+d\mathfrak{B}) - 2\pi\varrho\,\mathfrak{B} = 4\pi\, i \cdot \pi\varrho\, d\varrho. \tag{2}$$

Das ergibt als Differentialbeziehung

$$\frac{1}{\varrho}\frac{\partial}{\partial\varrho}(\varrho\,\mathfrak{B}) = 2\pi\, i. \tag{3}$$

Ferner wenden wir das *elektrische Induktionsgesetz*

$$\oint \mathfrak{E}\, ds = \frac{d\Phi}{dt} \tag{4}$$

auf einen Längsstreifen der Abb. 2 von der Länge x an. Bezeichnet $\mathfrak{E}$ die elektrische Feldstärke, so erhalten wir

$$x(\mathfrak{E}+d\mathfrak{E}) - x\mathfrak{E} = x\, d\varrho\,\frac{d\mathfrak{B}}{dt}. \tag{5}$$

18*

Daraus folgt als Zusammenhang zwischen magnetischer und elektrischer Feldstärke

$$\frac{\partial \mathfrak{E}}{\partial \varrho} = \frac{\partial \mathfrak{B}}{\partial t}. \tag{6}$$

Schließlich gilt für jeden Punkt der Erde das *Ohmsche Gesetz*

$$\mathfrak{E} = s\,\mathfrak{i}, \tag{7}$$

das Feldstärke und Stromdichte mit dem spezifischen Widerstand s des Erdbodens verknüpft, den wir als gleichmäßig verteilt ansehen. Diese Näherungsannahme ist in der Wirklichkeit am allerwenigsten erfüllt.

Eliminiert man aus Gln. (3), (6) und (7) die magnetische und elektrische Feldstärke, so erhält man als *Differentialgleichung für den Verlauf der Stromdichte in der Erde*

$$\frac{1}{\varrho}\frac{\partial}{\partial \varrho}\left(\varrho\frac{\partial \mathfrak{i}}{\partial \varrho}\right) = \frac{2\pi}{s}\frac{\partial \mathfrak{i}}{\partial t}. \tag{8}$$

Diese Beziehung unterscheidet sich von Gl. (14) des Kapitels 10, die den Verlauf der Wirbelströme im Eisen regelt, nur dadurch, daß sie auf der linken Seite polar statt rechtwinklig aufgebaut ist und daß auf der rechten Seite das Verhältnis der Kraftlinienwege mit und ohne Strombelag gleich 1/2 ist.

Wenn der Wechselstrom J im Hinleiter zeitlich sinusförmig verläuft, so dürfen wir das gleiche auch für die Stromdichte an jedem Punkt des Erdinnern annehmen. Bezeichnet man mit $f(\varrho)$ eine Funktion des Abstandes, so können wir daher den Ansatz machen

$$\mathfrak{i} = K \cdot f(\varrho) \cdot \varepsilon^{-j\omega t}, \tag{9}$$

wobei ω die Kreisfrequenz des Stromes ist und K eine Konstante bedeutet. Setzen wir dies in Gl. (8) ein, so erhalten wir für $f(\varrho)$ die Beziehung

$$\frac{1}{\varrho}\frac{\partial}{\partial \varrho}\left(\varrho\frac{\partial f(\varrho)}{\partial \varrho}\right) + j\,2\pi\frac{\omega}{s}\,f(\varrho) = 0. \tag{10}$$

Dies ist eine bekannte Differentialgleichung, deren Lösung durch *Besselsche Funktionen* von der Ordnung Null dargestellt wird. Da die Stromdichte im Unendlichen verschwinden muß, so kommt als Lösung die komplexe *Hankelsche Funktion*

$$f(\varrho) = H_0(\sqrt{j}\,\varkappa\,\varrho) \tag{11}$$

mit komplexem Argument in Betracht, wobei

$$\varkappa = \sqrt{2\pi\frac{\omega}{s}} = 2\pi\sqrt{\frac{f}{s}} \tag{12}$$

eine reziproke Länge ist, die nur von der Frequenz f des Wechselstromes und dem spezifischen Widerstand s der Erde abhängt. Eine Vorstellung der Größe von $1/\varkappa$ für die verschiedensten praktisch vorkommenden Frequenzen und Widerstände liefert Zahlentafel I.

Zahlentafel I. *Ausbreitungsziffern* $1/\varkappa$ *für Wechselstrom in der Erde.*

Frequenz $f =$	$16^2/_3$	50	150	500	5000	50000	500000	P/s
Seewasser $\quad s = 10^{11}\,\dfrac{cm^2}{sec}$	123	71	41	22,4	7,1	2,24	0,71	m
Feuchter Boden $s = 10^{13}$,,	1230	710	410	224	71	22,4	7,1	m
Trockener Boden $s = 10^{14}$,,	3900	2240	1300	710	224	71	22,4	m
Felsgestein $\quad s = 10^{15}$,,	12300	7100	4100	2240	710	224	71	m

Wir bestimmen zunächst die Integrationskonstante K von Gl. (9), und zwar aus der Bedingung, daß der totale Erdstrom gleich dem negativen Hinleitungsstrom mit der Amplitude J sein muß. Es ist also mit Bezug auf Abb. 2

$$\int_h^\infty \mathfrak{i}\,\pi\varrho\,d\varrho = \pi K\,\varepsilon^{-j\omega t}\int_h^\infty \varrho\,H_0\left(\sqrt{j}\,\varkappa\varrho\right)d\varrho = -J\,\varepsilon^{-j\omega t}. \tag{13}$$

Nun gilt als Integrationsregel für die BESSELsche Funktion

$$\int x H_0(x)\,dx = x H_1(x), \tag{14}$$

wobei H_1 die Funktion erster Ordnung ist. Damit wird in Gl. (13)

$$\int_h^\infty \varrho\,H_0\left(\sqrt{j}\,\varkappa\varrho\right)d\varrho = \left[\frac{\varrho}{\sqrt{j}\,\varkappa}H_1\left(\sqrt{j}\,\varkappa\varrho\right)\right]_{\varrho=h}^{\varrho=\infty} = -\frac{h}{\sqrt{j}\,\varkappa}H_1\left(\sqrt{j}\,\varkappa h\right) \tag{15}$$

und daher

$$K = \frac{\sqrt{j}\,\varkappa}{\pi h\,H_1\left(\sqrt{j}\,\varkappa h\right)}J. \tag{16}$$

Die *Stromdichte in der Erde* ist also in jedem Abstand ϱ

$$\mathfrak{i} = \sqrt{j}\,\frac{\varkappa}{\pi h}\frac{H_0\left(\sqrt{j}\,\varkappa\varrho\right)}{H_1\left(\sqrt{j}\,\varkappa h\right)}J\,\varepsilon^{-j\omega t}. \tag{17}$$

Für die Funktionen H_0 und H_1 existieren Tafeln und Kurven, so daß man mit ihnen ebenso einfach wie mit Sinus- und Kosinusfunktionen rechnen kann. Ihr Betrag nimmt mit wachsendem Argument schnell ab, sie besitzen Vektoreigenschaft und daher auch eine wachsende Phase.

Der erste Bruch in Gl. (17) ist für jeden Fall gegeben und der letzte Faktor drückt den Leitungsstrom aus. H_1 ist ein konstanter Wert, der nur vom Erdabstand h abhängt. Da H_0 mit zunehmendem Argument kleiner und kleiner wird, so nimmt auch die Stromdichte mit wachsender Entfernung von der Hinleitung in demselben Maße ab. *Die Erdströme breiten sich daher bei Wechselstrom nicht beliebig in die Tiefe und Breite der Erde aus, sondern bleiben in der Nachbarschaft der Hinleitung.*

Da H_0 und H_1 nicht nur ihre Größe, sondern auch die Phase mit wachsendem Argument ändern, so erkennt man außerdem, daß die Erdwechselströme *keinen einheitlichen Phasenwinkel* gegenüber dem Leitungsstrom J besitzen, sondern ihn von Ort zu Ort ändern. Um die Anschauung zu erleichtern, sind in Abb. 3 und 4 die Funktionen H_0 und $\sqrt{j}H_1$ als *Vektordiagramm* nach Größe und Phase aufgetragen und die jeweiligen Argumente $\varkappa\varrho$ an die Vektorendpunkte angeschrieben. Bereits unmittelbar unter der Leitung für $\varrho=h$ besitzen die Ströme eine gewisse Nacheilung. Nach außen hin pflanzen sie sich wellenförmig und stark gedämpft über die Oberfläche und das Innere der Erde fort.

b) Erdfeld bei niedriger Frequenz. Für alle Frequenzen der Starkstromtechnik einschließlich ihrer Oberwellen im Bereich der Tonfrequenzen können wir Näherungswerte für die BESSELschen Funktionen einführen. Sehen wir als äußerste Grenzwerte an: eine Leitungshöhe von $h=20$ m, eine Frequenz von $f=5000$ Per/sec und sehr nassen Boden mit $s=0{,}5\cdot10^{13}$ cm²/sec, so erhalten wir

$$\varkappa h = 2\,\pi h\sqrt{\frac{f}{s}} = 2\,\pi\cdot20\cdot10^2\sqrt{\frac{5000}{0{,}5\cdot10^{13}}} = 0{,}4.$$

Etwa bis zu diesem Wert gilt aber für die in Gl. (16) und (17) vorkommende

Funktion H_1 der Näherungsausdruck

$$H_1\left(\sqrt{j}\,\varkappa\,\varrho\right) = \frac{-2\sqrt{j}}{\pi\,\varkappa\,\varrho}.\qquad(18)$$

Daher wird mit $\varrho = h$ die Integrationskonstante nach Gl. (16)

$$K = -\frac{\varkappa^2}{2}\,J\qquad(19)$$

und damit die Stromdichte nach Gl. (17)

$$i = -\frac{\varkappa^2}{2}\,H_0\left(\sqrt{j}\,\varkappa\,\varrho\right)J\,\varepsilon^{-j\,\omega\,t}.\qquad(20)$$

Die Integrationskonstante K wird also reell und unabhängig vom Erdabstand h der Leitung. Dies kann als Beweis für die Zulässigkeit des Näherungsbildes Abb. 2 gegenüber den wirklichen Anordnungen nach Abb. 1 angesehen werden, denn die genaue Lage der Leitung relativ zur Erdoberfläche ist aus den Formeln nunmehr ganz herausgefallen. Wir können daher Gl. (20) als *universell bis zu Frequenzen von 5000 Per/sec* ansehen, gleichgültig, ob die Hinleitung der Ströme in einer Talmulde nach Abb. 2 oder als Oberleitung oder Kabel nach Abb. 1 erfolgt.

Unmittelbar unter der Hinleitung, also für $\varrho = h$, ist die Stromdichte in der Erde am größten. Für feuchten Boden ist bei 50 periodigem Wechselstrom nach Zahlentafel I $1/\varkappa = 710$ m und daher bei $h = 10$ m $\varkappa h = 0{,}014$. Dafür liest man aus der

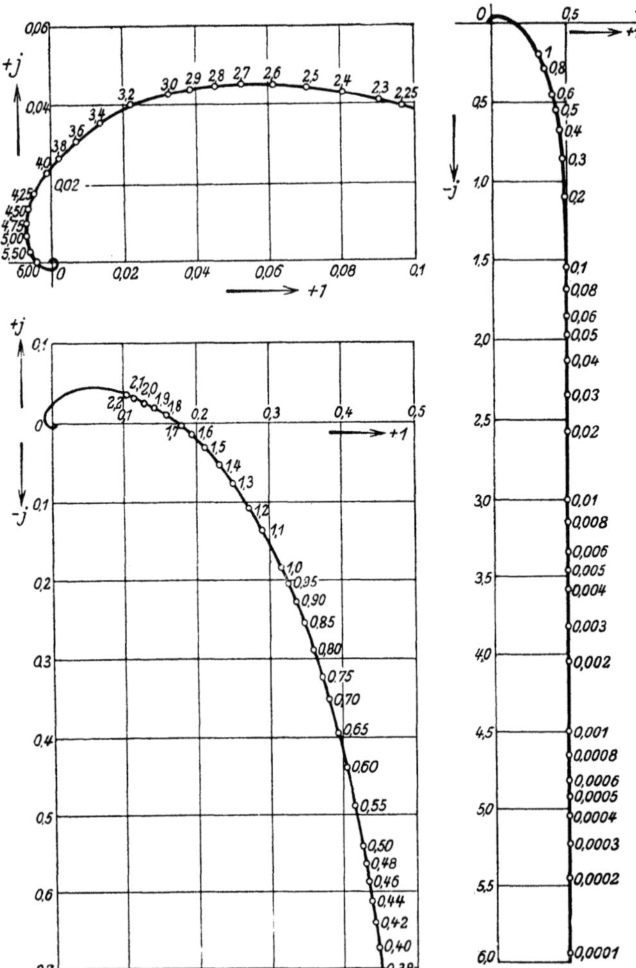

Abb. 3. Vektordiagramme der Besselschen Funktion $H_0\left(\sqrt{j}\,\varkappa\,\varrho\right)$.

Kurventafel Abb. 3 für den absoluten Betrag ab $H_0 = 2{,}85$ Da der Wert von $2/\varkappa^2$ jetzt gerade gleich 1 km² ist, so ergibt sich die Stromdichte nach Gl. (20)

$$i_{50} = -2{,}85\,J\,\frac{\text{Amp}}{\text{km}^2}.\qquad(21)$$

Für jedes Ampere Leitungsstrom erhält man also knapp 3 Amp/km² Stromdichte in der Erde unter der Leitung.

Nach außen zu wird die Stromdichte nach Gl. (20) und Abb. 3 schnell geringer. Bereits für

$$\varkappa\varrho = 3 \tag{22}$$

ist H_0 so gering geworden, daß keine erhebliche Stromdichte mehr vorhanden ist. Der Strom fließt daher in einer Erdzone in der Nähe der Leitung, deren Ausdehnung durch diesen Wert gegeben ist. Bei Wechselstrom von 50 Per/sec in feuchtem Boden gibt das mit dem speziellen Wert der Zahlentafel I

$$\varrho = 3/\varkappa = 3 \cdot 710 = 2130 \ \text{m}.$$

Allgemein kann man daher die etwa dreifachen Werte der Zahlentafel I als Ausdehnungsbereich der Erdströme ansehen. *Der Rückstrom in der Erde breitet sich daher bei Starkströmen auf den Bereich einiger Kilometer, bei tonfrequenten Strömen auf den Bereich einiger hundert Meter seitlich und in die Tiefe aus.*

Für zahlenmäßige Berechnungen können wir asymptotische Näherungswerte der Funktion H_0 benutzen. Für *kleine Argumente*, etwa bis $\varkappa\varrho = 0{,}5$, ist

$$H_0\left(\sqrt{j}\,\varkappa\varrho\right) = \frac{1}{2} - j\,\frac{2}{\pi}\ln\left(\frac{2}{\gamma\,\varkappa\,\varrho}\right), \tag{23}$$

wobei

$$\gamma = 1{,}7811$$

die EULERsche Konstante ist. Mit kleiner werdendem ϱ nimmt dieser Wert logarithmisch zu, so daß das zweite Glied überwiegt. H_0 ist daher hier im wesentlichen imaginär, der Strom unter der Leitung eilt dem Hinleitungsstrom um fast 90° nach.

Für *große Werte des Arguments*, etwa von $\varkappa\varrho = 1$ an, ist

$$H_0\left(\sqrt{j}\,\varkappa\varrho\right) = \sqrt{\frac{2}{\pi\,\varkappa\,\varrho}} \cdot \varepsilon^{-\frac{\varkappa\varrho}{\sqrt{2}}} \cdot \varepsilon^{\,j\left(\frac{\varkappa\varrho}{\sqrt{2}} - \frac{3\pi}{8}\right)}. \tag{24}$$

H_0 nimmt hier stärker als exponentiell ab, sein Phasenwinkel dreht sich mit wachsendem ϱ kontinuierlich herum.

Wenn die Hinleitung des Stromes nicht in gerader Linie, sondern unregelmäßig gekrümmt verläuft, beispielsweise nach Abb. 5, so verlaufen die Rückströme nicht etwa auf dem kürzesten Wege zwischen den Erdelektroden, sondern sie

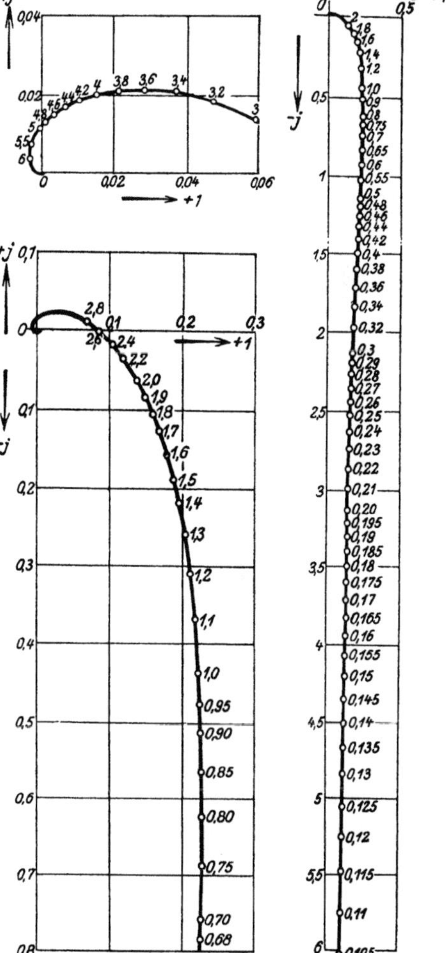

Abb. 4. Vektordiagramme der BESSELschen Funktion $\sqrt{j}\,H_1\left(\sqrt{j}\,\varkappa\varrho\right)$.

folgen in ihrem ganzen Verlaufe stets dem Leitungszuge. Sie werden durch die elektromagnetische Verkettung mit den Leitungsströmen stets zur Leitungsbahn hin gedrängt und können sich von ihr nicht weiter entfernen, als es durch Gl. (22) angegeben wird. Dieses Ergebnis ist für weit verzweigte Wechselstromleitungen von erheblicher Bedeutung, denn es zeigt, *daß deren Erdströme sich nicht quer durch das Gelände ausbreiten und es auf weite Strecken verseuchen können, sondern daß sie stets dem Leitungszuge folgen und alle seine Umwege mitmachen.*

Trotz der außerordentlich geringen Stromdichte der Rückströme ist die Spannung in der Erde wegen ihres hohen spezifischen Widerstandes recht beträchtlich. Sie ist pro Längeneinheit durch Gl. (7) gegeben und beträgt daher über die Länge x

$$e = s\,x\,\mathfrak{i}. \qquad (25)$$

Setzt man die Stromdichte nach Gl. (20) und darin $\varkappa^2$ nach Gl. (12) ein, so fällt der spezifische Widerstand heraus, und es wird

$$e = -\,x\,\omega\,J\cdot\pi\,H_0\,(\sqrt{j}\,\varkappa\,\varrho)\,\varepsilon^{-j\omega t}. \qquad (26)$$

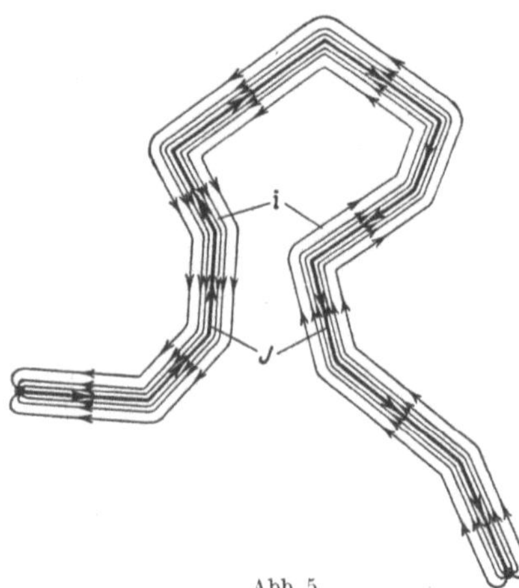

Abb. 5.

Direkt unter der Hinleitung, also für $\varrho = h$, darf man die Näherungsformel (23) verwenden und erhält als Amplitude der Wechselspannung an der Erdoberfläche

$$E = -\,x\,\omega J\left(\frac{\pi}{2} - j\,2\ln\frac{2}{\gamma\,\varkappa\,h}\right). \qquad (27)$$

Dieser Ausdruck stellt den Spannungsabfall des Wechselstromes $-J$ in der Erde längs der Leitungsstrecke x dar. Er hat den gleichen Aufbau wie die Spannung an einem Stromkreise, der Widerstand und Selbstinduktion enthält, nämlich

$$E = -\,(R - j\,\omega\,L)\,J. \qquad (28)$$

Durch Vergleich erhalten wir daher den *wirksamen OHMschen Widerstand der Erdströme* zu

$$R = \frac{\pi}{2}\,\omega\,x = \pi^2 f\,x \qquad (29)$$

und *ihre Selbstinduktion* zu

$$L = 2\,x\ln\left(\frac{2}{\gamma\,\varkappa\,h}\right) = 2\,x\ln\left(\frac{0{,}178}{h}\sqrt{\frac{s}{f}}\right). \qquad (30)$$

Um sie im praktischen Maßsystem zu erhalten, muß man beiden Werten noch den Faktor 10^{-9} hinzufügen.

Es zeigt sich also, daß Wechselstrom bei seiner Rückleitung durch die Erde keineswegs, wie Gleichstrom, nur den Ausbreitungswiderstand der Elektroden zu überwinden hat, sondern *daß noch ein Widerstandsbetrag nach Gl. (29) hinzukommt, der von der Leitungslänge abhängt und außerdem proportional seiner Frequenz, aber unabhängig vom spezifischen Bodenwiderstand ist.* Dies rührt daher, daß die Wechselstromlinien sich in der Erde nicht beliebig weit ausbreiten können, sondern in einem Bündel unter der Hinleitung zurückfließen. Das Bündel ist um so dichter, je höher die Frequenz ist, und daher kommt es, daß der wirksame Widerstand mit steigender Frequenz wächst.

Zahlentafel II. *Widerstand der Erdrückleitung und Dimensionen äquivalenter Leiter.*

Frequenz f	$16^2/_3$	50	150	500	5000	Per/sec
Erdwiderstand R	0,017	0,05	0,15	0,5	5	Ω/km
Durchmesser des Rückleiters d	3,65	2,13	1,23	0,68	0,21	cm
Tiefe der Rückstromebene $\bar{h}$	1380	800	460	250	80	m

In Zahlentafel II ist der Widerstand der Erdrückleitung in Ω/km für verschiedene Frequenzen ausgerechnet, und gleichzeitig ist der Durchmesser d eines Kupferdrahtes angegeben, der den gleichen Widerstand besitzt. *Für Stark-*

ströme von 50 Per/sec ersetzt also die Erde einen Rückleitungsdraht von reichlich 20 mm Durchmesser, für Sprechströme von 500 Per/sec einen solchen von knapp 7 mm Durchmesser.

Außerdem besitzen die Erdströme eine beträchtliche *Selbstinduktion* nach Gl. (30), die vom Erdabstand der Hinleitung sowie vom Bodenwiderstand und der Frequenz abhängt. Da aber alle diese Größen unter dem Logarithmus stehen, so ist *ihr Einfluß nicht sehr groß.* Bei $x = 1$ km, $f = 50$ Per/sec und $h = 10$ m Leitungshöhe erhält man für feuchten Boden

$$L = 2 \cdot 10^5 \ln \left(\frac{0,178}{10^3} \sqrt{\frac{10^{13}}{50}} \right) \cdot 10^{-9} = 0,88 \frac{\mathrm{mH}}{\mathrm{km}}.$$

Das ist etwa halb soviel, wie die Selbstinduktion derartiger Leitungen durch Luftkraftlinien über der Erde beträgt und kommt als Zuschlag zu dieser noch hinzu. Mit wachsender Frequenz nimmt die Erdselbstinduktion wegen der größeren Stromkonzentration mehr und mehr ab.

c) Stromverlauf bei Hochfrequenz. Für wesentlich höhere Frequenzen als 5000 Per/sec muß man auf die allgemein gültige Beziehung (17) zurückgehen. Besonderes Interesse hat eine Vereinfachung jedoch für typische Hochfrequenzströme, wie sie häufig als Wanderwellen in Starkstromnetzen in Erscheinung treten und wie sie als Trägerströme im Nachrichtendienst benutzt werden. Für große Werte des Arguments, etwa von $\varkappa \varrho = 1$ an, erhielten wir für H_0 die Näherungsformel (24), während für H_1 gilt

$$H_1 \left(\sqrt{j} \varkappa \varrho \right) = \sqrt{\frac{2}{\pi \varkappa \varrho}} \cdot \varepsilon^{-\frac{\varkappa \varrho}{\sqrt{2}}} \cdot \varepsilon^{j \left(\frac{\varkappa \varrho}{\sqrt{2}} - \frac{7\pi}{8} \right)}. \tag{31}$$

Nach Gl. (12) entspricht dem Grenzwert $\varkappa \varrho = 1$ bei feuchtem Boden für $\varrho = 10$ m Leitungsabstand eine Frequenz von 250000 Per/sec, für 5 m Leitungsabstand von 10^6 Per/sec. Bei Kabeln mit geringem Erdabstand muß man selbst bei derartigen Frequenzen noch mit den genauen Formeln rechnen.

Setzt man nun die eben genannten Näherungsformeln in den Ausdruck (17) für die Erdstromdichte ein, so erhält man

$$\mathfrak{i} = \sqrt{j} \, \frac{\varkappa}{\pi \sqrt{h \varrho}} J \varepsilon^{-\frac{\varkappa}{\sqrt{2}}(\varrho - h)} \cdot \varepsilon^{j \frac{\varkappa}{\sqrt{2}}(\varrho - h)} \cdot \varepsilon^{j \frac{\pi}{2}} \cdot \varepsilon^{-j\omega t}, \tag{32}$$

was sich zusammenfassen läßt zu

$$\mathfrak{i} = j \sqrt{j} \cdot 2 \sqrt{\frac{f}{h \varrho s}} \varepsilon^{-\frac{\varkappa}{\sqrt{2}}(\varrho - h)} \cdot J \varepsilon^{j \left[\frac{\varkappa}{\sqrt{2}}(\varrho - h) - \omega t \right]}. \tag{33}$$

Aus den Exponentialfaktoren erkennt man, daß die Stromdichte sich jetzt in der Form einer gedämpft fortschreitenden Sinuswelle von $\varrho = h$ ab nach außen ausbreitet. Die Phase der Stromdichte dreht sich mit zunehmender Entfernung gleichmäßig herum. Für $\varrho = h$ hat sie bereits den Wert $j \sqrt{j}$, das sind 3/2 Rechte oder 135° gegenüber dem Leitungsstrom J.

Die Spannung in der Erde ergibt sich hieraus nach Gl. (25). Faßt man die Werte so zusammen, daß nur das Entfernungsverhältnis ϱ/h auftritt, so erhält man

$$e = j \sqrt{j} \cdot 2 \frac{x}{h} \sqrt{f s} \sqrt{\frac{h}{\varrho}} \varepsilon^{-\frac{\varkappa h}{\sqrt{2}} \left(\frac{\varrho}{h} - 1 \right)} \cdot J \varepsilon^{j \left[\frac{\varkappa h}{\sqrt{2}} \left(\frac{\varrho}{h} - 1 \right) - \omega t \right]}. \tag{34}$$

Spannung und Strom sinken also nach außen wesentlich schneller als exponentiell ab. Unmittelbar unter der Leitung für $\varrho = h$ ist der Höchstwert beider vorhanden.

Die Spannungsamplitude ist hier

$$E = j\sqrt{j} \cdot 2\frac{x}{h}\sqrt{f s}\, J\,, \tag{35}$$

und wenn man berücksichtigt, daß

$$j\sqrt{j} = -\frac{1}{\sqrt{2}}(1-j) \tag{36}$$

ist, so wird sie

$$E = -(1-j)\sqrt{2}\,\frac{x}{h}\sqrt{f s}\, J\,. \tag{37}$$

Vergleicht man diesen Ausdruck für die wirksame Spannung am Erdrande mit Gl. (28) für den Spannungsabfall in der Rückleitung, *so erhält man bei Hochfrequenz für den wirksamen Widerstand und die wirksame Induktanz der Erdströme den gleichen Wert,* nämlich

$$R = \omega L = \sqrt{2}\,\frac{x}{h}\sqrt{f s}\,. \tag{38}$$

Die Selbstinduktion wird damit

$$L = \frac{1}{\sqrt{2}\,\pi}\frac{x}{h}\sqrt{\frac{s}{f}}\,. \tag{39}$$

Widerstand und Selbstinduktion von hochfrequenten Erdrückströmen werden also wesentlich durch den Erdabstand der Hinleitung bestimmt, sie sind der Leitungshöhe umgekehrt proportional. Außerdem wächst der Widerstand mit der Wurzel aus der Frequenz an, die Selbstinduktion nimmt im gleichen Maße ab. Bei einer Leitungshöhe von $h = 10$ m erhält man pro Kilometer Länge bei feuchtem Boden und einer Frequenz von 10^6 Per/sec einen Erdwiderstand von

$$R = \sqrt{2}\cdot\frac{10^5}{10^3}\sqrt{10^6\cdot 10^{13}}\cdot 10^{-9} = 450\ \Omega/\text{km}\,.$$

Das ist ein ganz gewaltiger Betrag, *der eine starke Dämpfung aller Hochfrequenzströme bewirkt.* Bei schädlichen Wanderwellen ist dies sehr erwünscht, bei nützlichen Signalwellen wird man die Rückleitung durch die Erde besser vermeiden. Die Selbstinduktion ist für das gleiche Zahlenbeispiel

$$L = \frac{1}{\sqrt{2}\,\pi}\cdot\frac{10^5}{10^3}\sqrt{\frac{10^{13}}{10^6}}\cdot 10^{-9} = 0{,}071\ \frac{\text{mH}}{\text{km}}\,.$$

Sie spielt also gegenüber der Selbstinduktion der Hinleitung von der Größenordnung 1,5 mH/km keine erhebliche Rolle.

Beides rührt von der starken Konzentration der Rückströme in den obersten Schichten der Erde her. Ihre Raumkonstante berechnet sich nach dem reellen Exponenten der Gl. (33) zu

$$X = \frac{\sqrt{2}}{\varkappa} = \frac{1}{\sqrt{2}\,\pi}\sqrt{\frac{s}{f}}\,. \tag{40}$$

Das ist für die genannten Zahlenwerte nur 7,1 m. In einer Tiefe vom 3- bis 4 fachen dieser Raumkonstante, *also in etwa 25 m Tiefe, sind diese hochfrequenten Erdströme bereits verschwunden.*

Bekanntlich dringen Hochfrequenzströme auch bei metallischen Leitern nicht in den vollen Querschnitt ein, sondern drängen sich an ihrer Oberfläche zusammen, so daß der Widerstand wesentlich vergrößert wird. Ein Draht vom Durchmesser d_0 und dem spezifischen Widerstand s_0 besitzt dabei den OHMschen Widerstand

$$R_0 = 2\frac{x}{d_0}\sqrt{f s_0}\,. \tag{41}$$

Damit können wir den Drahtdurchmesser derjenigen Kupferleitung bestimmen, die den gleichen Widerstand wie die Erde besitzt. Er ergibt sich durch Vergleich mit Gl. (38) zu

$$d_0 = \sqrt{2}\,h\,\sqrt{\frac{s_0}{s}}. \tag{42}$$

Der *gleichwertige Drahtdurchmesser* ist also nur durch die Erdhöhe h der Leitung und die spezifischen Widerstände von Erde und Draht bestimmt, er ist jedoch *für alle Frequenzen der gleiche*, sofern sie überhaupt im Bereich der Hochfrequenz liegen. Für 10 m Leitungshöhe ergibt sich, daß ein Kupferdraht von

$$d_0 = \sqrt{2}\cdot 10^3 \sqrt{\frac{10^5}{56\cdot 10^{13}}} = 1{,}9\cdot 10^{-2}\,\mathrm{cm},$$

also von etwa 0,2 mm Durchmesser, dieselbe Leitfähigkeit besitzt wie die Erde unter der Hinleitung. Daraus erkennt man, *welch schlechten Rückleiter die Erde für hochfrequenten Wechselstrom bildet.*

d) Luftfeld über der Erde. Bisher haben wir unsere Betrachtungen im wesentlichen auf die Erdströme und ihre elektromagnetischen Felder erstreckt. Nun bildet sich aber selbst bei dem einfachen Schema der Abb. 6 außer den magnetischen Kraftlinien, die die Erde durchdringen, in dem Luftraum um die Leitung bis zum Abstand h auch ein Luftfeld aus, das induktive Spannungen in der Leitung erzeugt. Im Innern des Leiters steigt seine Dichte *bei mäßigen Frequenzen* linear an, außerhalb fällt sie umgekehrt proportional ab. Der gesamte magnetische Luftfluß, der den mittleren Strom umkreist, ist daher

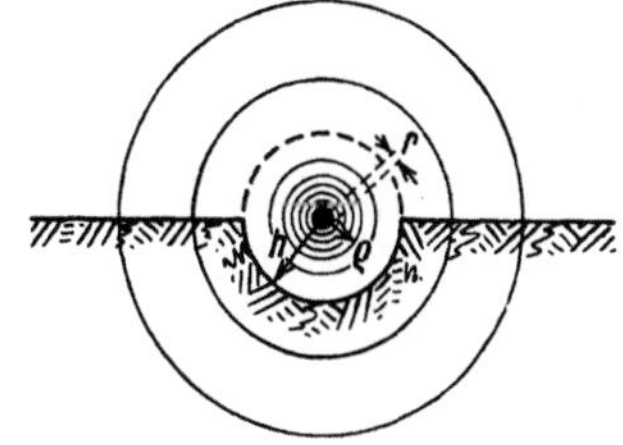

Abb. 6.

$$\Phi = x\int\limits_0^h \mathfrak{B}\,d\varrho = x\int\limits_0^r \frac{2J\varrho}{r^2}\,d\varrho + x\int\limits_r^h \frac{2J}{\varrho}\,d\varrho = 2\,xJ\left(\frac{1}{2}+\ln\frac{h}{r}\right). \tag{43}$$

Damit wird die Selbstinduktion der Luftkraftlinien

$$L = \frac{\Phi}{J} = 2\,x\left(\ln\frac{2\,h}{d}+\frac{1}{2}\right). \tag{44}$$

Dieser Betrag kommt zu dem Wert von Gl. (30) noch hinzu. Während die Selbstinduktion dieser Luftlinien mit zunehmendem Erdabstand h logarithmisch größer wird, nimmt die Selbstinduktion der Erdkraftlinien nach Gl. (30) damit logarithmisch ab. *Die gesamte Selbstinduktion einer Luftleitung mit Erdrückleitung* ist daher als Summe

$$\bar{L} = 2\,x\left(\ln\frac{4}{\gamma\,\varkappa\,d}+\frac{1}{2}\right), \tag{45}$$

und somit *unabhängig von ihrer Erdhöhe.*

Für einen Leiter von $d=8$ mm Durchmesser erhalten wir mit unserem früheren Zahlenwert von $1/\varkappa = 710$ m pro km Schleifenlänge

$$\bar{L} = 2\cdot 10^5\left(\ln\frac{4\cdot 710}{1{,}78\cdot 0{,}008}+\frac{1}{2}\right)\cdot 10^{-9} = 2{,}54\,\frac{\mathrm{mH}}{\mathrm{km}}.$$

Es fragt sich nun, ob die wirkliche Luftleitung, die nicht in einer Talmulde nach Abb. 6 geführt ist, sondern über der ebenen Erde im Abstand h verläuft, die gleiche Selbstinduktion besitzt. Wir können die wirkliche Leiteranordnung dadurch erhalten, daß wir zu der Leitung in der Talmulde noch eine Leitungsschleife hinzufügen, deren eine Seite nach Abb. 7a ebenfalls im Mittelpunkt der Talmulde gezogen ist, während die andere Seite am Ort der wirklichen Leitung über der Erde verläuft. Speisen wir diese Leitungsschleife mit dem gleichen Strom J, so erreichen wir nach Abb. 7a, daß sich die sehr benachbarten Ströme aufheben und als Ergebnis nur die Erdströme unter der Oberfläche und der Leitungsstrom $+J$ in der wirklichen Oberleitung verbleiben.

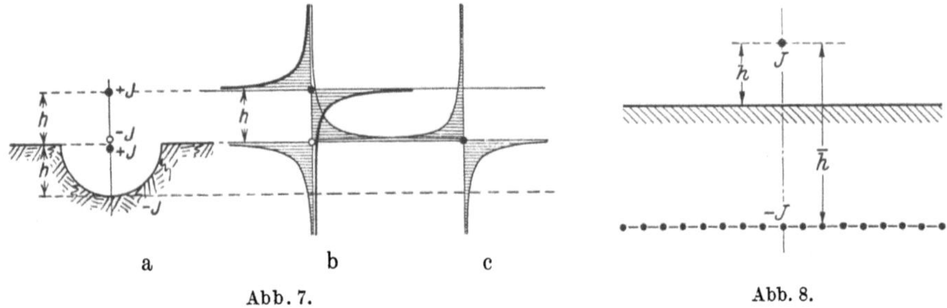

Abb. 7.   Abb. 8.

In Abb. 7b und c sind nun die Magnetfelder der Doppelleitung und der Talmuldenleitung schraffiert aufgetragen. Man erkennt, daß sich die dünn gezeichneten Feldkurven der drei Leitungszweige gegenseitig aufheben, so daß nur die stark hervorgehobenen Bestandteile erhalten bleiben. Die Talmulde kann man sich bei mäßigen Frequenzen wegen der sehr geringen Erdstromdichte mit Rückströmen ausgefüllt denken, ohne das Magnetfeld merklich zu verändern. Daher kommt als wirksames Luftfeld zwischen der wirklichen Oberleitung und der Erdoberfläche nur das stark gezeichnete Feld bis zum Abstand h in Betracht, und dies ergibt *genau die Selbstinduktion, die wir in Gl. (44) und (45) hergeleitet hatten.*

Wir können noch einen Schritt weiter gehen in der Betrachtung der Stromrückkehr und fragen, *in welcher äquivalenten Tiefe $\bar{h}$ der gesamte Erdstrom $-J$ zurückfließend gedacht werden kann,* so wie es in Abb. 8 dargestellt ist. Wir vergleichen dafür die wirkliche Selbstinduktion nach Gl. (45) mit der Selbstinduktion eines Leiters in der Höhe $\bar{h}$ über einer vollkommen leitenden Ebene wie in Abb. 8. Dieser Wert ist durch Gl. (44) gegeben, wenn wir h durch $\bar{h}$ ersetzen. Die Gleichheit der Argumente unter dem Logarithmus ergibt die ideelle Rückkehrtiefe

$$\bar{h} = \frac{2}{\gamma \varkappa} = \frac{\sqrt{s/f}}{\pi \gamma}. \tag{46}$$

Bei Wechselstrom von 50 Per/sec in feuchtem Boden erhalten wir

$$\bar{h} = \frac{\sqrt{10^{13}/50}}{\pi \cdot 1{,}78} = 0{,}8 \cdot 10^5 \,\mathrm{cm} = 800 \,\mathrm{m}.$$

Für höhere Frequenzen sind die Tiefen $\bar{h}$ geringer und sind für einige Fälle in der letzten Zeile von Zahlentafel II angeführt.

Für sehr *hochfrequente Ströme* darf man sich die Talmulde nicht durch Erdströme ausgefüllt denken, da diese am Erdrande mit erheblicher Dichte fließen. Hier muß daher zur Bestimmung des richtigen Feldes über die Länge $2h$ integriert werden, so daß sich die Selbstinduktion der Oberleitung unter Fortfall des inneren Drahtfeldes ergibt zu

$$L = 2\,\varkappa \ln \frac{2\,h}{r} \tag{47}$$

und die gesamte Selbstinduktion der Schleife mit Gl. (39) zu

$$\bar{L} = 2\,\varkappa \ln \frac{4\,h}{d} + \frac{\varkappa}{\sqrt{2\,\pi\,h}} \sqrt{\frac{s}{f}}. \tag{48}$$

Hier lassen sich die beiden Glieder nicht weiter zusammenfassen. Es ist z. B. für feuchten Erdboden bei $d = 8$ mm Leiterdurchmesser, $h = 10$ m Leiterhöhe und $f = 10^6$ Per/sec, pro km

$$\overline{L} = 2 \cdot 10^5 \ln\left(\frac{4 \cdot 10}{0,008}\right) 10^{-9} + 0,071 \cdot 10^{-3} = 1,7 \, (1 + 4,2\%) \, 10^{-3} = 1,77 \, \frac{\text{mH}}{\text{km}}.$$

Das erste Glied überwiegt das zweite hierin zahlenmäßig bei weitem.

Die Ausbreitung der Hochfrequenzströme unter Freileitungen ändert sich erheblich, wenn längs des Hauptleiters noch weitere Drähte vorhanden sind, die als Rückleiter in Betracht kommen. In Abb. 9 ist eine Drehstromfernleitung dargestellt, von der nur ein Leiter benutzt wird, um hochfrequente Träger-signale zu übertragen. Wegen des hohen Wider-

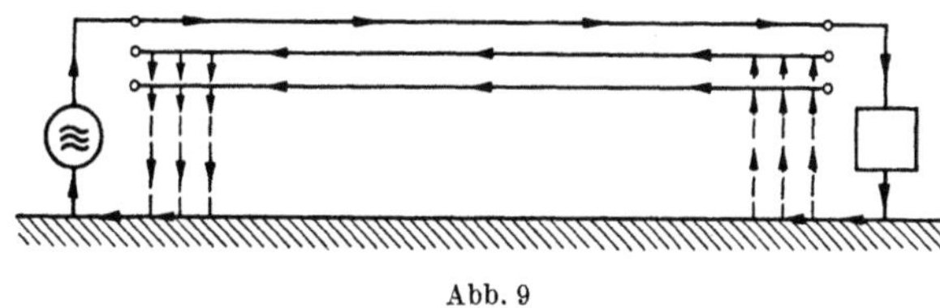

Abb. 9

standes der Stromrückkehr durch die Erde wählen die Erdströme den leichteren Weg durch die beiden anderen Starkstromleiter. Am fernen Ende fließen sie diesen Leitern durch deren Erdkapazität in Parallele zu und kehren am nahen Ende in derselben Weise zur Erde zurück. Hierdurch umgehen sie den Erdboden fast vollständig und erleiden verhältnismäßig geringe Verluste. Auch die Selbst-induktion der Hochfrequenz-Stromschleife wird hierdurch erheblich verringert. Wenn einer der Starkstromleiter durch einen Unfall unterbrochen sein sollte, so bildet der Erdboden in der gleichen Weise einen Nebenschluß zur Bruchstelle und ermöglicht somit die ungestörte Fortsetzung der Hochfrequenzübertragung.

31. Induktive Fernwirkung auf Schwachstromleitungen.

Da die Erdrückströme unter Wechselstromleitungen sich bei niederen Fre-quenzen auf sehr große Entfernungen im Erdboden ausbreiten, so schwächen sie das Feld der Oberleitung viel weniger, als es ein Spiegelbild der Oberleitung im mäßigen Abstand h tun würde. Nur bei äußerst hoher Frequenz verlaufen die Erdströme in so geringer Tiefe gegenüber der Leitungshöhe, daß man die Erdoberfläche als spiegelnd ansehen darf. Je weiter sich die Rückströme in der Erde ausbreiten, um so größer ist daher die induktive Fernwirkung auf Nach-barleitungen. Außer dem Erdfeld bleibt aber noch ein von der Starkstromleitung erzeugtes Luftfeld bestehen, das in seiner Größe annähernd mit dem Feld bei flächenhaftem Rückstrom übereinstimmt und ebenfalls induktiv in die Ferne wirkt.

a) Spiegelnde Erdoberfläche. Wir können diese Wirkung des Luftfeldes auf eine Nachbarleitung leicht berech-nen, wenn wir sie mit der elektrosta-tischen Fernwirkung vergleichen. Beide sind in Abb. 1 schematisch dargestellt. Wenn die Erdoberfläche sehr gut leitet, so stellen die elektrischen und magne-tischen Kraftlinien um die Starkstrom-leitung rechtwinklig sich kreuzende Systeme dar. Die magnetische Wechsel-

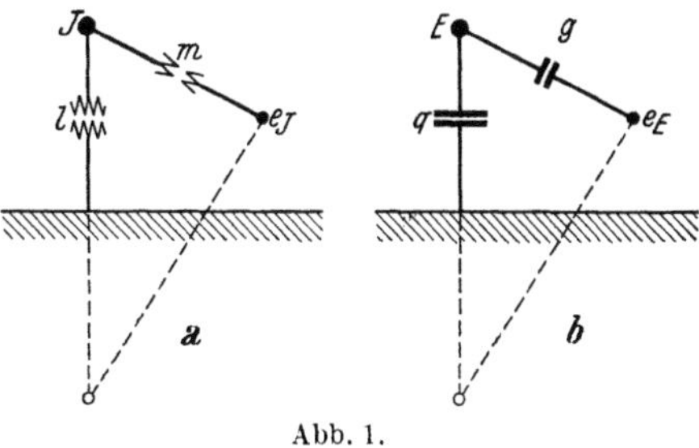

Abb. 1.

induktion m zwischen den Leitungen verhält sich dann zur elektrostatischen Wechselinfluenz g genau so wie die Selbstinduktion l der Starkstromleitung ein-schließlich ihres Spiegelbildes zu ihrer Selbstinfluenz q. Dies Verhältnis ist aber durch die Lichtgeschwindigkeit v bestimmt. Es ist also

$$\frac{m}{g} = \frac{l}{q} = \frac{1}{v^2}.\tag{1}$$

Dies gilt für ganz beliebige Anordnung der Leitungen auf der Stark- oder Schwachstromseite, also für Einfachleitungen wie für Doppel- oder Drehstromleitungen.

Die in der Schwachstromleitung von der Länge x durch einen Wechselstrom J mit der Frequenz ω induzierte Spannung ist

$$e_J = \omega\, m\, x\, J,\tag{2}$$

wenn m die Wechselinduktion pro Längeneinheit bezeichnet. Vergleichen wir diese induktive Spannung mit der früher in Kapitel 29, Gl. (5) berechneten elektrostatisch influenzierten Spannung e_E, so erhalten wir

$$\frac{e_J}{e_E} = \frac{m\,q}{g}\,\frac{\omega\,x\,J}{E},\tag{3}$$

und wenn wir hierin die Influenzkoeffizienten durch Gl. (1) herausschaffen, so wird

$$\frac{e_J}{e_E} = \frac{\omega\,l\,x\,J}{E} = \frac{E_{Lx}}{E}.\tag{4}$$

Darin ist die Selbstinduktionsspannung der Starkstromleitung, gerechnet auf die Strecke x der Parallelführung zur Schwachstromleitung, mit E_{Lx} bezeichnet.

Man erkennt, *daß die magnetisch induzierte Spannung in der Schwachstromleitung nur einen kleinen Bruchteil der elektrostatisch influenzierten darstellt*, denn die induktive Spannung der Starkstromleitung pflegt immer klein gegenüber ihrer Betriebsspannung zu sein. Nur im Kurzschlußfall kann sie gleich der Betriebsspannung werden, wenn diese am Leitungsanfang nicht absinkt und wenn der kurzgeschlossene Abschnitt mit der Länge x der Parallelführung übereinstimmt. Sinkt dagegen die Spannung am Leitungsanfang auf die Hälfte und ist die parallel geführte Strecke $^1/_3$ der gesamten Kurzschlußentfernung, so ist das Spannungsverhältnis nur

$$\frac{e_J}{e_E} = \frac{1}{2}\cdot\frac{1}{3} = 16{,}7\,\%.$$

Die Phase der induzierten Spannung ist um $90°$ zum Strom verschoben und kann daher je nach dessen Phasenverschiebung zu seiner Spannung erheblich von der Influenzspannung abweichen. Die Oberwellen des Starkstroms treten nach Gl. (4) proportional ihrer Frequenz hervor, und da außerdem Telephonhörer empfindlicher gegen sie sind als gegen die Grundwelle, so können sie gelegentliche Störungen hervorrufen.

Für den speziellen Fall der *einpoligen Oberleitung und einpoligen Schwachstromleitung* entsprechend Abb. 1, Kapitel 29, können wir die Selbstinfluenz von Gl. (4), Kapitel 29 in Gl. (1) einsetzen und erhalten für die Selbstinduktion

$$l = 2\ln\left(4\,\frac{h}{d}\right).\tag{5}$$

Führen wir dies und die in Kapitel 29, Gl. (9) berechnete Influenzspannung e_E in Gl. (4) ein, so erhalten wir die *induktiv durch das Luftfeld übertragene Spannung zwischen entfernten Einfachleitungen* in Annäherung zu

$$e_J = 2\,\omega\,x\,J\,\frac{h\,k}{a^2}.\tag{6}$$

Sie ist ebenfalls proportional den beiden Leitungshöhen h und k und umgekehrt proportional dem Quadrat des Abstands a. Für eine Parallelführung von $x = 10$ km, einem Strom von $J = 100$ Amp, Masthöhen von $h = 10$ und $k = 5$ m und einen Abstand von $a = 30$ m ergibt sich eine übertragene Spannung von

$$e_J = 2 \cdot 314 \cdot 10^6 \cdot 100 \cdot \frac{10 \cdot 5}{30^2} \cdot 10^{-9} = 3{,}5 \text{ Volt},$$

wobei der letzte Zahlenfaktor zur Umrechnung auf praktische Einheiten dient. Dies ist ein sehr geringer Betrag, der sich mit zunehmendem Leitungsabstand weiter schnell verkleinert.

b) Fernwirkung der Erdströme. Die Spannung des Erdfeldes in der Nachbarschaft einer Starkstromleitung mit dem Wechselstrom J ist für Frequenzen bis zu etwa 5000 Per/sec nach Gl. (26) des vorigen Kapitels 30

$$e = -x\,\omega\,J \cdot \pi\,H_0\big(\sqrt{j}\,\varkappa\,\varrho\big), \tag{7}$$

wobei der Zeitfaktor fortgelassen ist.

Führt man entsprechend Abb. 2 im Abstand ϱ eine Schwachstromleitung von der Länge x und erdet sie an beiden Enden, so greift man diese Spannung von der Erde ab, die nunmehr einen Strom durch die Nachbarleitung treibt. Die Spannung entsteht hiernach durch *Widerstandsabzweigung* aus dem Erdstromfeld.

Man kann sie aber ebensogut auch als Spannung der *gegenseitigen Induktion* auffassen, die durch die Kraftlinien der gemeinsamen Leitungs- und Erdströme entwickelt wird. Beide Auffassungen führen zum gleichen Ziel, da die Ausbreitung der Erdströme ja durch die Verknüpfung des Induktionsgesetzes und des Oнмschen

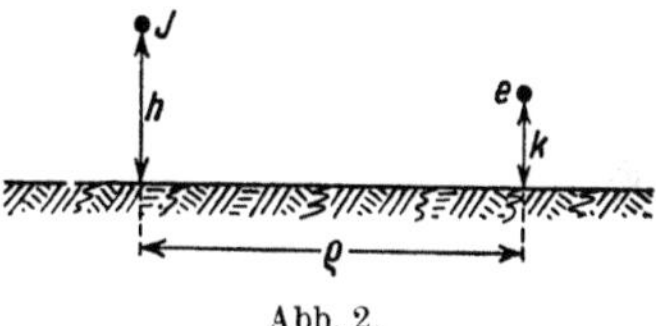

Abb. 2.

Gesetzes bedingt ist. Will man mit der gegenseitigen Induktion rechnen, so kann man die Amplitude der sekundären Spannung schreiben

$$e = \omega\,m\,x\,J \tag{8}$$

und erhält nach Gl. (7) für die *Wechselinduktion* den Ausdruck

$$m = \pi\,H_0\big(\sqrt{j}\,\varkappa\,\varrho\big). \tag{9}$$

Da nun H_0 nicht nur eine bestimmte Größe, sondern auch einen erheblichen und stark veränderlichen Phasenwinkel besitzt, so muß man die übliche Auffassung der Wechselinduktion erweitern. Sie hängt hier nicht nur von der geometrischen Konstellation der beiden Leitungen ab, sondern außerdem noch *von der Frequenz des Wechselstromes und dem spezifischen Widerstand des Erdreiches.* Anschaulicher ist es daher, man rechnet direkt mit der Amplitude der erzeugten Sekundärspannung nach Gl. (7).

Den besten Überblick über ihren Verlauf erhält man durch Betrachtung der Funktion H_0 im Vektordiagramm der Abb. 3, Kapitel 30, da hierdurch Größe und Phase der Sekundärspannung gleichzeitig wiedergegeben werden. Will man die richtige Lage des Vektors zum Leitungsstrom J erhalten, so muß man diesen gemäß Gl. (7) nach links in Richtung der negativ reellen Achse auftragen.

Man sieht, daß für sehr kleine Entfernungen die Sekundärspannung recht erheblich ist und um mehr als 90° hinter dem Leitungsstrom nacheilt. Für größere Entfernungen dreht sich der Vektor H_0 auf seinem Spiraldiagramm immer weiter herum, für $\varkappa\varrho = 1{,}7$, was bei 50 Per/sec und feuchtem Boden einer Entfernung von 1,2 km entspricht, ist er bereits um 180° phasenverschoben. *Die Spannung breitet sich also in Form einer gedämpften Welle über die Erde aus.* Für $\varrho = 100$ m Abstand, $f = 50$ Per/sec und $s = 10^{13}$ cm²/sec ist $\varkappa\varrho = 0{,}14$. Dafür wird $H_0 = 1{,}41$ und damit die übertragene Spannung nach Gl. (7) bei 100 Amp Leitungsstrom und 10 km Leitungslänge

$$e = 10 \cdot 10^5 \cdot 314 \cdot 100 \cdot \pi \cdot 1{,}41 \cdot 10^{-9} = 140 \text{ Volt}.$$

Der letzte Faktor rührt wieder vom Übergang auf das praktische Maßsystem her. Die Spannung des Erdfeldes ist also sehr viel größer als die des Luftfeldes nach Gl. (6). Bei $\varrho = 1$ km Abstand und sonst gleichen Verhältnissen erhält man immer noch 23 Volt, bei 10 km aber nur noch 10^{-5} Volt.

Läuft die Sekundärleitung *nahe an der Starkstromleitung*, so kann man die Näherungsformel (23) von Kapitel 30 in Gl. (7) einführen und erhält

$$e_0 = - x\,\omega\,J \left[\frac{\pi}{2} - j\,2\ln\left(\frac{0{,}178}{\varrho}\sqrt{\frac{s}{f}}\right)\right]. \tag{10}$$

Das erste Glied stellt eine übertragene Widerstandsspannung, das zweite eine induktive Spannung dar, beide wachsen mit der Frequenz stark an, der Einfluß des Abstandes ist nur·gering. Verläuft die Sekundärleitung dagegen *in großer Entfernung von der Starkstromleitung*, so erhält man durch Einführen der Näherungsformel (24) von Kapitel 30

$$e_\infty = -\,2\,\pi\,x\,J\,\sqrt{f\frac{\sqrt{s\,f}}{\varrho}}\;\varepsilon^{-\pi\sqrt{\frac{2f}{s}}\,\varrho} \cdot \varepsilon^{\,j\left(\frac{x\varrho}{\sqrt{2}} - \omega t - \frac{3\pi}{8}\right)}. \tag{11}$$

Die Spannungsamplitude nimmt etwas schneller als exponentiell mit dem Abstand ab und etwas langsamer als exponentiell mit der Wurzel aus der Frequenz. Oberwellen werden daher in größeren Abständen sehr stark geschwächt.

An dem letzten komplexen Exponentialfaktor, in dem auch die zeitliche Variation eingetragen ist, erkennt man am deutlichsten die wellenförmige Ausbreitung der Spannung in der Erde; sie erfolgt mit einer Wellenlänge

$$\Lambda = 2\,\pi\,\frac{\sqrt{2}}{x} = \sqrt{\frac{2\,s}{f}} \tag{12}$$

und mit einer Geschwindigkeit

$$v = \omega\,\frac{\sqrt{2}}{x} = \sqrt{2\,f\,s} \tag{13}$$

und besitzt gegenüber dem Nullpunkt von Zeit und Ort einen Phasensprung von $\tfrac{3}{8}\,\pi$, also von $\tfrac{3}{4}$ eines rechten Winkels. Wegen der starken Dämpfung der Erdströme kommen nur die ersten Halbwellen zur richtigen Ausbildung. Die Wellengeschwindigkeit ist nach Gl. (13) für 50-periodigen Strom 300 bis 3000 km/sec, also zwar viel kleiner als die Lichtgeschwindigkeit, aber doch so groß, daß sie praktisch für die Übertragung keine Rolle spielt.

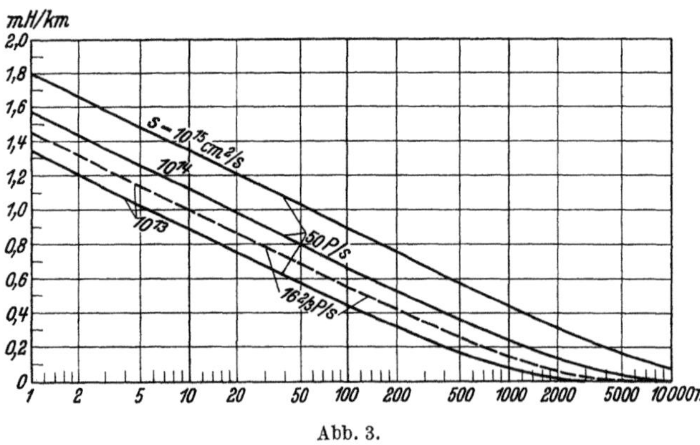

Abb. 3.

Für feuchte Erde mit einem spezifischen Widerstand $s = 10^{13}$ cm²/sec, für trockenen Boden mit $s = 10^{14}$ cm²/sec und für Felsgestein mit $s = 10^{15}$ cm²/sec ist in Abb. 3 die Wechselinduktion m nach Gl. (9) für 50 Per/sec in Abhängigkeit von der Entfernung aufgetragen. Für feuchte Erde ist auch die Kurve für Bahnstrom von 16⅔ Per/sec gestrichelt eingetragen. Als Einheiten sind mH/km gewählt, also der zehnte Teil der absoluten Einheit. *Während demnach die über-*

*tragenen Spannungen für feuchte Erde schon nach einigen hundert Metern Leitungs-
abstand geringfügig geworden sind, ist dies für Felsgestein erst nach mehreren tau-
send Metern der Fall.* Diese Ergebnisse stimmen qualitativ und quantitativ mit
zahlreichen Messungen überein, die in verschiedenen Ländern mit sehr unterschiedlichen Bodenverhältnissen durchgeführt wurden.

c) Doppel- und Drehstromleitungen. Bei Doppelleitungen nach Abb. 4
fließt der Starkstrom in einer Leitung hin und in einer zweiten in mäßigem Abstande von ihr zurück, so daß die Erde gar nicht vom Betriebsstrom berührt
wird. Dennoch bilden sich in ihr *parasitäre Erdströme oder Wirbelströme* aus, weil
die von beiden Leitungen induzierten Erdfelder ein wenig gegeneinander verschoben sind und sich daher nicht vollständig
aufheben.

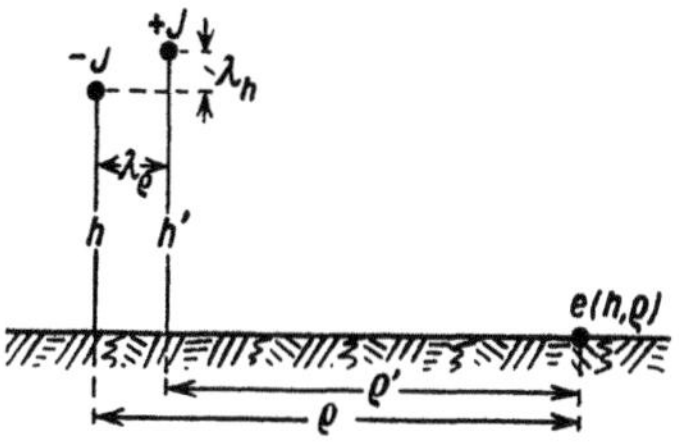

Wenn die Spannung e in der Nachbarleitung
sowohl vom Abstand ϱ wie von der Leitungshöhe h der Starkstromleitung abhängt

$$e = e\,(h, \varrho), \qquad (14)$$

so ist die von der gesamten Schleife erzeugte
Differenzspannung

$$e' = e\,(h', \varrho') - e\,(h, \varrho). \qquad (15)$$

Abb. 4.

Im allgemeinen ist nun der Abstand der Hin- und Rückführung des Stromes in
der Leitungsschleife einigermaßen klein gegenüber den Entfernungen h und ϱ,
so daß man mit den Bezeichnungen von Abb. 4 schreiben darf

$$dh = \lambda_h; \quad d\varrho = \lambda_\varrho. \qquad (16)$$

Damit wird aus Gl. (15)

$$e' = e\,(h + dh,\ \varrho + d\varrho) - e\,(h, \varrho), \qquad (17)$$

und das ergibt die *resultierende Sekundärspannung* in Näherung zu

$$e' = \lambda_h \frac{\partial e}{\partial h} + \lambda_\varrho \frac{\partial e}{\partial \varrho}. \qquad (18)$$

Die Spannung ist also *proportional den vertikalen und horizontalen Leiterabständen
der Starkstrom-Doppelleitung* und wird außerdem durch die *Differentialquotienten
der Spannung der Einfachleitung* nach diesen beiden Richtungen bestimmt.

Da die Erdspannung nach Gl. (7) gar nicht von der Leitungshöhe h abhängt,
so verschwindet der erste Differentialquotient der Gl. (18), der die Wirkung senkrecht übereinander liegender Leitungen angibt. Dagegen üben *horizontale Stark-
stromschleifen* mit dem Abstand λ_ϱ nach dem zweiten Glied der Gl. (18) erhebliche
Fernwirkungen aus. Durch Differenzieren von Gl. (7) erhält man unter Beachtung der hierfür gültigen Rechenregel

$$e' = x\,\omega\,J \cdot \pi\,\varkappa\,\lambda_\varrho \cdot \sqrt{j}\,H_1\left(\sqrt{j}\,\varkappa\,\varrho\right). \qquad (19)$$

Das Verhältnis zur Spannung der Einfachleitung ist daher

$$\frac{e'}{e} = -\,\varkappa\,\lambda_\varrho \frac{\sqrt{j}\,H_1\left(\sqrt{j}\,\varkappa\,\varrho\right)}{H_0\left(\sqrt{j}\,\varkappa\,\varrho\right)}, \qquad (20)$$

und da die beiden BESSELschen Funktionen für größere Entfernungen im Betrage einander gleich werden, so wird dies angenähert

$$\frac{e'}{e} = \varkappa\,\lambda_\varrho = 2\,\pi\,\lambda_\varrho \sqrt{\frac{f}{s}}. \qquad (21)$$

Für einen Leiterabstand $\lambda_\varrho = 2$ m erhält man bei 50 periodigem Wechselstrom

$$\frac{e'}{e} = 2\pi \cdot 200 \sqrt{\frac{50}{10^{13}}} = 2{,}8\,^0\!/_{00}\,.$$

Man sieht daraus, *daß die Fernwirkung von Doppelleitungen nur ein sehr geringer Bruchteil derjenigen von Einfachleitungen ist.*

Die *Fernwirkung von Drehstromleitungen* nach Abb. 5a bestimmt man am einfachsten so, daß man den Strom J_3 als gemeinsamen Rückstrom der Ströme J_1 und J_2 auffaßt, so daß man nur die vektorielle Summe dieser beiden Ströme im Produkt mit ihren jeweiligen Horizontalabständen vom Leiter 3 zu bilden braucht. Dies ist in dem stark gezeichneten Linienzug der Abb. 5b geschehen und liefert *den wirksamen Vektor* λJ, mit dessen Größe und Phase man nunmehr in Gl. (19) eingeht.

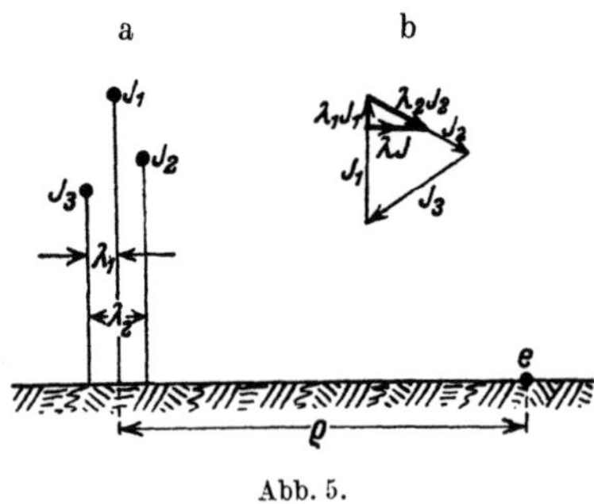

Abb. 5.

Wenn die Ströme der Drehstromleitung nicht wie in Abb. 5b symmetrisch sind, sondern ein schiefwinkliges Dreieck bilden, so ändert das an der Konstruktion des resultierenden Fernwirkungsstromes gar nichts. Wenn ihre Summe jedoch nicht Null ergibt, so daß das Dreieck sich nicht schließt, so deutet dies an, daß außer den Leitungsströmen noch ein Erdstrom fließt. Dieser darf natürlich nicht nach Gl. (19) behandelt werden, sondern ist getrennt zu bestimmen und in seiner Fernwirkung nach der früheren Gl. (7) zu berechnen.

Um die Störspannung der Schwachstromleitung gegen Erde von den empfindlichen Betriebsstromkreisen fernzuhalten, verzichtet man heute meistens auf Rückleitung durch die Erde und wendet *Doppelleitungen für Hin- und Rückführung des Schwachstromes* an, wie es Abb. 6 darstellt. Die Umlaufspannung in der Schwachstromschleife ist dann als Differenz der Einzelspannungen jeder Leitung gegeben durch

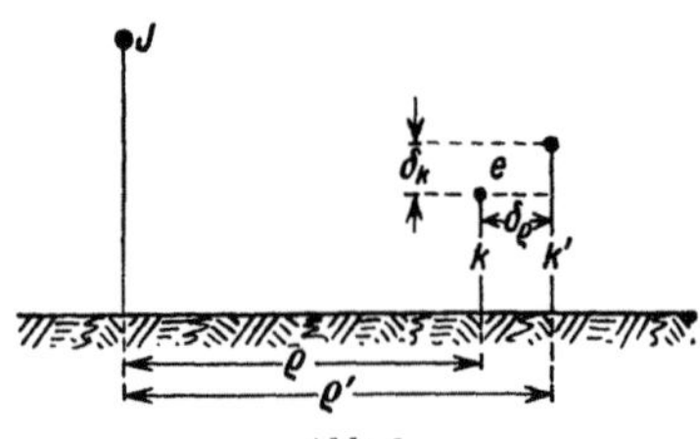

Abb. 6.

$$e'' = e(k', \varrho') - e(k, \varrho). \qquad (22)$$

Wenn man die horizontalen und vertikalen Abstände der Sekundärleitung als mäßig gegenüber den Entfernungen k und ϱ betrachtet und sie mit

$$dk = \delta_k; \qquad d\varrho = \delta_\varrho \qquad (23)$$

bezeichnet, so ergibt sich die *Spannung in der Schwachstromschleife* zu

$$e'' = \delta_k \frac{\partial e}{\partial k} + \delta_\varrho \frac{\partial e}{\partial \varrho}. \qquad (24)$$

Wenden wir diese Berechnungsregel auf die Erdspannung nach Gl. (7) an, so erhalten wir analog der Gl. (19) nunmehr für die Schwachstromschleife

$$e'' = x\omega J \cdot \pi \varkappa \delta_\varrho \cdot \sqrt{j}\, H_1\left(\sqrt{j}\,\varkappa\varrho\right). \qquad (25)$$

Auch hier ist *nur der Horizontalabstand δ_ϱ der Schwachstromleitung* maßgebend für die Übertragung von Spannung, während ihr Vertikalabstand δ_k keine Einwirkung verursacht. Im Verhältnis zur Erdspannung nach G . (7) erhält man jetzt den Ausdruck

$$\frac{e''}{e} = -\varkappa \delta_\varrho \frac{\sqrt{j}\, H_1\left(\sqrt{j}\,\varkappa\varrho\right)}{H_0\left(\sqrt{j}\,\varkappa\varrho\right)}, \qquad (26)$$

der analog Gl. (21) für größere Entfernungen übergeht in

$$\frac{e''}{e} = \varkappa\, \delta_\varrho = 2\,\pi\, \delta_\varrho \sqrt{\frac{f}{s}}. \tag{27}$$

Für 20 cm Horizontalabstand der Schwachstromleiter ergibt das bei 50 Per/sec

$$\frac{e''}{e} = 2\,\pi \cdot 20 \sqrt{\frac{50}{10^{13}}} = 0{,}28\,^0/_{00},$$

also einen äußerst geringen Bruchteil. *Der Betrieb von Schwachstromanlagen wird daher durch Anwendung von Doppelleitungen außerordentlich viel störungsfreier.*

Andere Mittel, durch die man die Beeinflussung von Starkstromleitungen erheblich verringern kann, bestehen in der Anwendung von tertiären Leitern in der Nachbarschaft der Starkstrom- und Schwachstromleitungen. Erdungsseile über der Starkstromfernleitung, Kabelhüllen um die Starkstrom- oder Schwachstromleitung, Schienen von Straßen- oder Eisenbahnen oder auch Bündel von anderen Leitern entlang den Übertragungsstrecken wirken als Tertiärleiter, wenn sie in gutem Kontakt mit der Erde stehen. Sie schirmen das Magnetfeld der Starkstromleitung zu einem beträchtlichen Maße ab und erlauben nur einem geringen Restbetrag, die Schwachstromleitung zu stören.

32. Schaltströme in der Erde.

Außer den stationären Gleich- und Wechselströmen treten bei allen Erdschlußfällen im Augenblick des Schaltens noch exponentiell abklingende Ströme auf, die sich in die Erde ergießen und in den meisten Fällen aus verlöschendem Gleichstrom bestehen. Die Stromdichte i dieses Schaltstromes verbreitet sich nach Abb. 2, Kapitel 30, in dem Halbraum der Erde mit dem Abstand ϱ nach derselben Differentialgleichung

$$\frac{1}{\varrho}\frac{\partial}{\partial \varrho}\left(\varrho\,\frac{\partial i}{\partial \varrho}\right) = \frac{2\,\pi}{s}\frac{\partial i}{\partial t}, \tag{1}$$

die wir bereits in Kapitel 30, Gl. (8), hergeleitet hatten.

Der Anfangswert J des Stromes richtet sich ebenso wie s ine Zeitkonstante T nach dem jeweils vorliegenden Störungsfall. Wird z. B. *ein Gleichstrombahnmotor* nach Abb. 1 *plötzlich eingeschaltet,* so steigt der Strom wegen der Selbstinduktion der Motorwicklung nach deren Zeitkonstante T an, und es fließt daher außer dem regulären Gleichstrom J noch ein Schaltstrom

$$i = J\,\varepsilon^{-\frac{t}{T}} \tag{2}$$

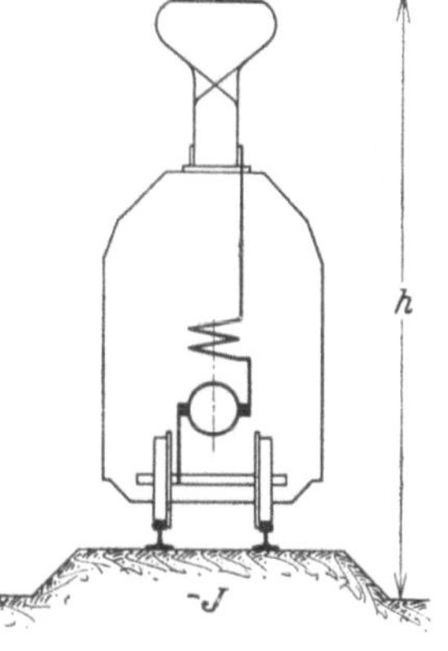
Abb. 1.

durch die Erde. Derselbe Vorgang, nur mit größerem Strom und kleinerer Zeitkonstante, tritt beim *plötzlichen Erdschluß der Fahrleitung auf,* und schließlich ist auch *bei Wechselstromanlagen* der Ablauf aller *Erdschluß- oder Erdkurzschlußerscheinungen* stets mit einem Ausgleichsstrom nach Gl. (2) verknüpft, dessen Amplitude in der Größenordnung der Kurzschlußströme liegt.

a) Exponentielle Stromänderung. Da der gesamte Ausgleichsstrom nach Gl. (2) zeitlich exponentiellen Verlauf hat, so können wir dies auch von der Stromdichte annehmen. Ihre Verteilung über die Erde nach einer Funktion $f(\varrho)$ bestimmt sich dann aus der Differentialgleichung (1). Wir machen also den Ansatz

$$i = K \cdot f(\varrho) \cdot \varepsilon^{-\frac{t}{T}}, \tag{3}$$

in dem T die gegebene Zeitkonstante und K eine Integrationskonstante bedeutet. Setzen wir dies in Gl. (1) ein, so erhalten wir für $f(\varrho)$ die Beziehung

$$\frac{1}{\varrho}\frac{\partial}{\partial\varrho}\left(\varrho\,\frac{\partial f(\varrho)}{\partial\varrho}\right) + \frac{2\,\pi}{s\,T}\,f(\varrho) = 0\,.\tag{4}$$

Die Lösung dieser Differentialgleichung wird ebenfalls durch BESSELsche Funktionen von der Ordnung Null dargestellt. Da die Stromdichte im Unendlichen verschwinden muß, so kommt die NEUMANNsche Zylinderfunktion

$$f(\varrho) = N_0(\beta\,\varrho)\tag{5}$$

mit reellem Argument in Betracht. Darin ist

$$\beta = \sqrt{\frac{2\,\pi}{s\,T}}\tag{6}$$

eine reziproke Länge, die nur von der Zeitkonstante T des Ausgleichsstromes und dem spezifischen Widerstand s der Erde abhängt.

Diese Funktion N_0 ist in Abb. 2 dargestellt, und man sieht daraus, daß die Stromdichte in der Erde von ihrem Wert unter der Oberleitung nach außen zu unter wellenförmigem Verlauf allmählich absinkt.

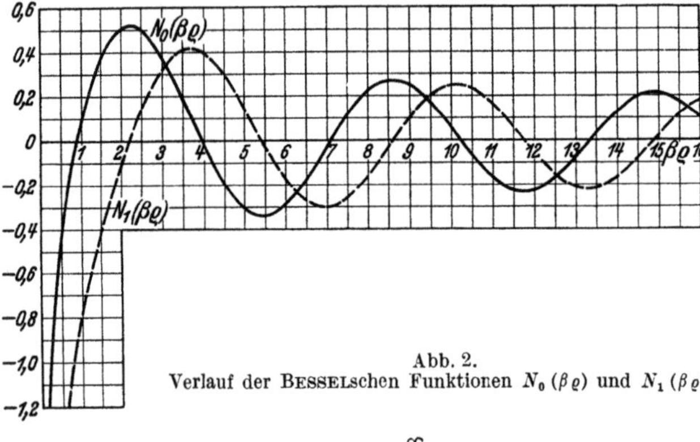

Abb. 2.
Verlauf der BESSELschen Funktionen $N_0(\beta\varrho)$ und $N_1(\beta\varrho)$.

Wir bestimmen die Integrationskonstante K von Gl. (3) aus der Bedingung, daß der gesamte Erdstrom gleich dem negativen Hinleitungsstrom ist. Durch Integration der Stromdichte vom Abstand h aus über den unendlichen Halbraum erhalten wir den Erdstrom zu

$$\int\limits_{h}^{\infty} i\,\pi\,\varrho\,d\varrho = -\,i\,.\tag{7}$$

Setzt man darin die Werte der Gln. (2), (3) und (5) ein und streicht den gemeinsamen Exponentialfaktor, so erhält man

$$J = -\,\pi\,K\int\limits_{h}^{\infty}\varrho\,N_0(\beta\,\varrho)\,d\varrho\,.\tag{8}$$

Zur Ausführung der Integration gilt die Regel

$$\int x\,N_0(x)\,d\,x = x\,N_1(x)\,,\tag{9}$$

wobei N_1 die NEUMANNsche Funktion erster Ordnung ist, deren Verlauf Abb. 2 ebenfalls zeigt. Damit wird aus Gl. (8)

$$J = \frac{\pi\,h}{\beta}\,K\,N_1(\beta\,h)\,.\tag{10}$$

Nun gilt für alle praktisch vorkommenden Fälle von h der Näherungswert für kleines Argument

$$N_1(\beta\,\varrho) = -\,\frac{2}{\pi\,\beta\,\varrho}\,,\tag{11}$$

so daß man für die Integrationskonstante die einfache Beziehung erhält

$$K = \frac{\beta J}{\pi h \, N_1(\beta h)} = -\frac{\beta^2}{2} J, \tag{12}$$

die unabhängig von der Erdhöhe $\varrho = h$ der Leitung geworden ist.

Für die *Stromdichte* in jedem Abstand ϱ erhält man damit aus Gl. (3) und (6)

$$\mathrm{i} = -\frac{\pi}{sT} N_0(\beta \varrho) \cdot J \varepsilon^{-\frac{t}{T}}. \tag{13}$$

Der Rückstrom in der Erde ist also außer seinem räumlichen Verlaufe nach der BESSELschen Funktion N_0 noch umgekehrt proportional dem Produkt aus spezifischem Erdwiderstand und Zeitkonstante des Stromkreises.

Der Wert von β im Argument stellt eine reziproke Länge dar. Er wird für einen spezifischen Erdwiderstand von $s = 10^{13}$ cm²/sec und eine Zeitkonstante des Schaltstromes von $T = {}^1/_{10}$ sec nach Gl. (6)

$$\beta = \sqrt{\frac{2\pi}{10^{13} \cdot 0{,}1}} = \frac{1}{4000 \text{ m}}.$$

Man erkennt daher aus Abb. 2, daß sich die räumlichen Wellen des Stromes über außerordentlich große Gebiete erstrecken und daß ihre Amplituden in der Ferne nur sehr langsam abnehmen. *Die Fernwirkungen von Schaltströmen können daher bei starken Störungen recht erheblich werden.*

Zur zahlenmäßigen Berechnung ist es bequem, Näherungsformeln für die NEUMANNsche Funktion einzuführen. Es gilt

bis etwa $\quad \beta \varrho = 0{,}5$: $\qquad N_0(\beta \varrho) = -\frac{2}{\pi} \ln\left(\frac{2}{\gamma \beta \varrho}\right),$ $\tag{14}$

über etwa $\beta \varrho = 0{,}5$: $\qquad N_0(\beta \varrho) = \sqrt{\frac{2}{\pi \beta \varrho}} \sin\left(\beta \varrho - \frac{\pi}{4}\right),$ $\tag{15}$

wobei mit $\gamma = 1{,}7811$ wieder die EULERsche Konstante bezeichnet wird. Für geringe Abstände, z. B. direkt unter der Leitung mit $\varrho = h = 10$ m Leitungshöhe und den eben genannten Zahlenwerten wird die Stromdichte damit nach Gl. (13)

$$\mathrm{i} = \frac{2}{10^{13} \cdot 0{,}1} \ln\left(\frac{2 \cdot 4000}{1{,}78 \cdot 10}\right) J = 0{,}122 \cdot 10^{-10} \, J/\text{cm}^2 = 0{,}122 \, J/\text{km}^2.$$

Man erhält also für jedes Ampere Leitungsstrom nur reichlich $^1/_{10}$ Amp/km² Stromdichte in der Erde. Diese *sehr geringe Stromdichte des Schaltstromes* entspricht ganz der weiten Ausbreitung von stationärem Gleichstrom über große Erdgebiete und bewirkt, daß auch die Schaltstörungen sich weit in die Ferne fortpflanzen.

Rechnet man die Ausbreitungszone in der Erde bis zu einer solchen Entfernung z, in der nur 5% der Stromdichte unter der Leitung vorhanden ist, so erhält man die Bedingungsgleichung

$$N_0(\beta z) = \frac{5}{100} N_0(\beta h) \tag{16}$$

und daraus unter Zuhilfenahme der Näherungsformel (14) für die rechte und (15) für die linke Seite dieser Gleichung unter Fortlassung des Sinusfaktors

$$z = \frac{200\,\pi}{\beta \left(\ln \frac{2}{\gamma \beta h}\right)^2} = \frac{200}{\left(\ln \frac{2}{\gamma \beta h}\right)^2} \sqrt{\frac{\pi}{2} s T}. \tag{17}$$

Danach kommt man mit den eben genannten Zahlenwerten auf eine Ausbreitungszone von

$$z = \frac{200\,\pi \cdot 4000}{\left(\ln \dfrac{2 \cdot 4000}{1{,}78 \cdot 10}\right)^2} = 67{,}2\,\text{km} .$$

Während sich die Ausbreitung von technischen Wechselströmen in der Erde auf eine relativ schmale Zone beiderseits der Leitung beschränkt, so erkennt man, daß diese Eingrenzung für *Schaltströme mit mäßig kleiner Zeitkonstante* nicht mehr besteht, daß diese sich vielmehr *auf weite Gebiete in die Ferne* auswirken können. Nur für außerordentlich kleine Zeitkonstante würde sich eine schmale Ausbreitungszone ergeben.

Nun beziehen sich unsere Rechnungen über Schaltstörungen allerdings auf Streckenführungen, deren Länge größe als die Querausbreitung der Erdströme ist. Weil aber Strecken von der eben berechneten Länge unzerteilt nur selten vorkommen, so sind unsere Überlegungen als Näherungsrechnungen zu betrachten, die nur der Größenordnung nach eine Vorstellung von den wirklichen Verhältnissen geben können.

Eine genauere Behandlung des Problems zeigt ferner, daß der tatsächliche Ausgleichsstrom in der Erde keinen rein exponentiellen Charakter besitzt, sondern daß noch weitere Ströme mit anderen Zeitkonstanten auftreten, als sie dem Widerstand und der Selbstinduktion der Starkstromleitung entsprechen. Diese Zusatzströme vermitteln den Anschluß der hier behandelten Grundlösung an den stromlosen Zustand in der Erde vor dem Schaltvorgang, ganz ähnlich wie bei den Wirbelströmen im Kapitel 10. Sie haben alle sehr kleine Zeitkonstanten und klingen daher außerordentlich schnell ab, so daß sie nur in den allerersten Augenblicken nach dem Schalten eine Wirkung äußern können.

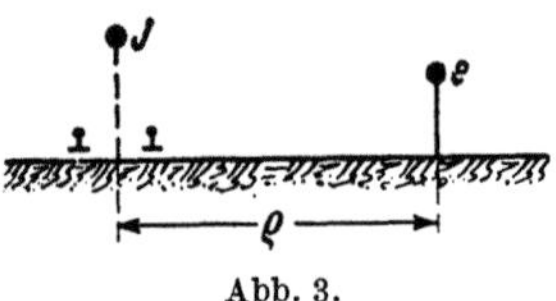

Abb. 3.

In einer beiderseits geerdeten Nachbarleitung nach Abb. 3 wird von den Erdströmen eine Spannung erzeugt, die durch die Stromdichte an der Erdoberfläche, ihren spezifischen Widerstand und die Länge x der Nachbarleitung bestimmt wird. Sie ist also mit Gl. (13)

$$e = s\,x\,\mathfrak{i} = -\,\pi\,\frac{x}{T}\,N_0\,(\beta\,\varrho)\,J\,\varepsilon^{-\frac{t}{T}} . \tag{18}$$

Für die Nachbarschaft der Leitung, etwa bis zu Abständen von 1 km, erhält man für den zeitlichen Anfangswert der Spannung mit der Näherung von Gl. (14)

$$e = 2\,\frac{x}{T}\,J \ln\left(\frac{2}{\gamma\,\beta\,\varrho}\right) = \frac{x\,J}{T} \ln\left(\frac{2\,s\,T}{\pi\,\gamma^2\,\varrho^2}\right) . \tag{19}$$

Die in einer Nachbarleitung erzeugte Spannung ist also nahezu umgekehrt proportional der Zeitkonstante des Schaltstromes, sie nimmt mit der Entfernung nur langsam, wie der Logarithmus von $1/\varrho$ ab.

Auch im Starkstromkreise selbst wird durch das Erdfeld eine Spannung induziert, deren Anfangswert wir aus Gl. (19) mit $\varrho = h$ für $t = 0$ bestimmen können zu

$$E = 2\,x\,\frac{J}{T}\,\ln\left(\frac{2}{\gamma\,\beta\,h}\right) . \tag{20}$$

Da die Selbstinduktionsspannung des Schaltstroms nach Gl. (2) ausgedrückt wird durch

$$L\,\frac{di}{dt} = L\,\frac{J}{T}\,\varepsilon^{-\frac{t}{T}} , \tag{21}$$

so sehen wir, daß *die Erdströme eine wirksame Selbstinduktion*

$$L = 2\,x\ln\left(\frac{2}{\gamma\,\beta\,h}\right) = 2\,x\ln\left(0{,}448\,\frac{\sqrt{s\,T}}{h}\right) \tag{22}$$

besitzen, die von der Höhe der Leitungsführung, vom Erdwiderstand und von der Schaltzeitkonstante abhängt und die eine formale Ähnlichkeit mit der Erdselbstinduktion von Wechselströmen nach Gl. (30) des Kapitels 30 besitzt.

Für eine Leitungshöhe $h = 10$ m, eine Zeitkonstante $T = {}^1\!/_{10}$ sec und einen Erdwiderstand $s = 10^{13}$ cm^2/sec erhält man für jeden km Leitungslänge

$$L = 2\cdot 10^5\ln\left(\frac{0{,}448}{10^3}\,\sqrt{\frac{10^{13}}{10}}\right)\cdot 10^{-9} = 1{,}22\,\frac{\mathrm{mH}}{\mathrm{km}}\,.$$

Die Selbstinduktion dieser Schaltströme ist also größer als die von 50periodigen Wechselströmen, was von der weiteren Ausbreitung ihres Feldes in der Erde herrührt. Der Spannungsabfall des Schaltstromes in der Erde ist rein induktiv,

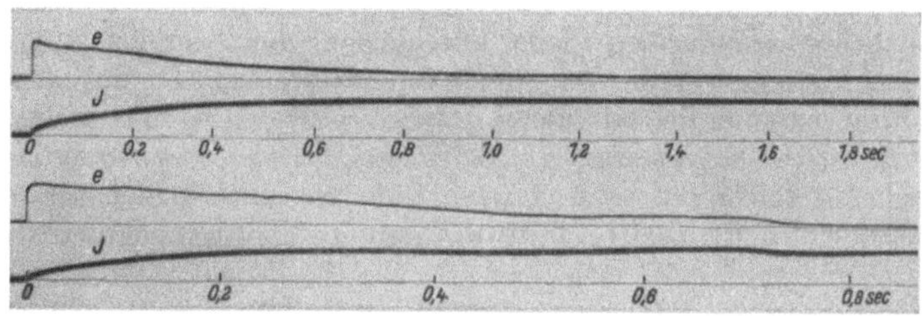

Abb. 4.

ein zusätzlicher Erdwiderstand von merkbarer Größe tritt aus dem gleichen Grunde hier nicht auf.

Für *große Abstände* wird die Nachbarspannung nach Gl. (18) mit der Näherung von Gl. (15) für $t = 0$

$$e = -\frac{x\,J}{T}\,\sqrt{\frac{2\,\pi}{s\,\varrho}}\,\sin\left(\beta\,\varrho - \frac{\pi}{4}\right). \tag{23}$$

An Stelle des Logarithmus in der Nahzone tritt also hier die Wurzel aus $1/\varrho$ auf, so daß die Abnahme mit der Entfernung relativ gering ist.

Für einen Schaltstrom von $J = 100$ Amp, eine Parallelführung der Leitungen von $x = 10$ km Länge und sonst gleiche Zahlen wie eben ergibt sich in der Nachbarleitung bei $\varrho = 100$ m Abstand eine Anfangsspannung von $e = 7{,}6$ Volt, bei $\varrho = 1$ km erhält man 3,0 Volt, und selbst bei 10 km Abstand verbleiben immer noch 1,6 Volt im Augenblick des Schaltens. Die Spannung ist also *in der Nahzone viel geringer als bei Wechselstrom*, sie sinkt aber mit zunehmendem Leitungsabstand nur sehr langsam ab, so daß sie *in der Fernzone viel größere Beträge als bei Wechselstrom* behält.

An einer Gleichstrom-Vollbahnstrecke wurden Messungen eines künstlichen Erdschlusses und seiner Wirkung vorgenommen. Abb. 4 zeigt zwei Oszillogramme des ansteigenden Starkstromes J und der in einer Schwachstromleitung erzeugten Spannung e. Beide haben ganz entsprechend unseren Rechnungen nahezu exponentiellen Verlauf. Allerdings sind die Zeitkonstanten des Starkstromes und der Nachbarspannung merkbar verschieden, aus beiden Spannungskurven ergeben sie sich dagegen übereinstimmend zu etwa $T = 0{,}6$ sec. Der stationäre Erdkurzschlußstrom betrug $J = 2300$ Amp, wovon jedoch ein Teil durch die Schienen zurückfloß. Die Länge der Parallelführung war $x = 19$ km und der Leitungsabstand $\varrho = 10$ m. Der Anfangswert der Spannung in der Schwachstromleitung ergibt sich aus den Oszillogrammen zu $e = 65$ Volt und 70 Volt. Der spezifische Erdwiderstand in der Umgebung des Bahnkörpers war zu etwa $s = 10^{12}$ cm²/sec ermittelt.

Nach unserer Näherungsformel (19) ergibt sich mit diesen Zahlenwerten eine Spannung von

$$e = \frac{19 \cdot 10^5 \cdot 2300}{0,6} \ln \left(\frac{2 \cdot 10^{12} \cdot 0,6}{\pi \cdot 1,78^2 \cdot 10^6} \right) \cdot 10^{-9} = 85 \text{ Volt}.$$

Bedenkt man, daß ein Teil des Erdschlußstromes durch die Schienen und nicht durch die Erde zurückfloß, so erscheint die Übereinstimmung mit den gemessenen Werten ausreichend.

Bei geringeren Zeitkonstanten der Ausgleichsströme werden die übertragenen Spannungen nach Gl. (19) erheblich größer, sie breiten sich dann aber nicht mehr auf so ungeheure Entfernungen aus. Da man mit derartigen Ausgleichsströmen auch beim *Abschalten* starker Kurzschlüsse über Lichtbogenschalter rechnen muß, so können auch hierbei unangenehme Fernwirkungen entstehen.

b) Plötzlicher Stromanstieg. Es ist durchaus möglich, unregelmäßig veränderliche Ströme durch eine Reihe von Gliedern auszudrücken, die mit verschiedenen Zeitkonstanten exponentiell abklingen. *Andererseits gibt es eine geschlossene Lösung unserer Differentialgleichung (1) für Ströme, die momentan anspringen.* Solch ein anfängliches Verhalten setzt voraus, daß der äußere Stromkreis keinerlei Selbstinduktion enthält. Diese Bedingung kann nur dadurch verwirklicht werden, daß der stromführende Leiter sehr nahe zur Erdoberfläche verläuft, so daß lediglich das Magnetfeld der Erde und kein weiterer verzögernder magnetischer Fluß wirksam ist. Das Verhalten der Erde selbst kommt hierbei zur unverzerrten Darstellung.

Diese partikuläre Lösung der Differentialgleichung (1) ist

$$i = \frac{K}{t} \, \varepsilon^{-\frac{2\pi \varrho^2}{s \, t}}, \tag{24}$$

was leicht durch Differenzieren bestätigt werden kann. Dieser Ausdruck für den zweidimensionalen Fall ist ähnlich, aber nicht identisch, mit Gl. (34) in Kapitel 11 für den eindimensionalen Fall. Die Verteilung der Stromdichte über den Radius ist in Abb. 5 dargestellt. Ursprünglich ist der Erdstrom dicht um den Leiter konzentriert und breitet sich mit der Zeit über die Tiefe aus, *so daß die verschiedenen Entfernungen ϱ in aufeinanderfolgenden Zeiten erreicht werden entsprechend*

$$\frac{\varrho_2}{\varrho_1} = \sqrt{\frac{t_2}{t_1}}. \tag{25}$$

Abb. 5.

Die Amplitude der Verteilung der Stromdichte klingt umgekehrt proportional zur Zeit ab.

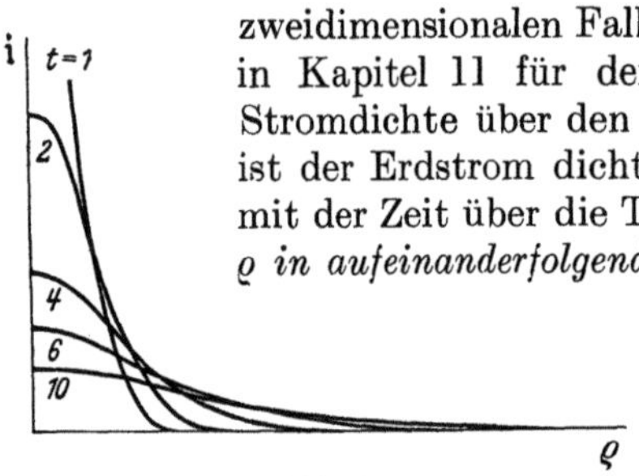

Der gesamte Rückkehrstrom in der Erde bestimmt sich analog zu Gl. (7) durch

$$-J = \int_0^\infty i \, \pi \varrho \, d\varrho = K \frac{\pi}{t} \int_0^\infty \varepsilon^{-\frac{2\pi \varrho^2}{s \, t}} \varrho \, d\varrho = K \frac{s}{2} \int_0^\infty \varepsilon^{-\eta^2} \eta \, d\eta. \tag{26}$$

Die Integration muß hier bis zum Ursprung ausgedehnt werden, wo der Leiterstrom fließt. Dabei ist eine Hilfsgröße

$$\eta = \sqrt{\frac{2\pi}{s \, t}} \, \varrho \tag{27}$$

eingeführt, um das wohlbekannte Integral in Gl. (26) zu erhalten, das den numerischen Wert $^1/_2$ besitzt. Die Integrationskonstante ist somit

$$K = -\frac{4}{s}J,\tag{28}$$

und dies ergibt *die Stromdichte*

$$\mathfrak{i} = -\frac{4}{s}\frac{J}{t}\varepsilon^{-\frac{2\pi\varrho^2}{s}\frac{1}{t}}.\tag{29}$$

Es ist interessant, dies Ergebnis mit Gl. (13) für einen exponentiellen Leiterstrom J zu vergleichen.

In einer parallelen Leitung von der Länge x wird die Spannung

$$e = s\,x\,\mathfrak{i} = -4\,x\,\frac{J}{t}\varepsilon^{-\frac{2\pi\varrho^2}{s}\frac{1}{t}}\tag{30}$$

erzeugt. Diese Funktion ist in Abb. 6 abhängig von der Zeit dargestellt. *Sie steigt sehr schnell von 0 bis auf ein Maximum an, und fällt dann allmählich wieder ab* ähnlich wie eine gewöhnliche Exponentialkurve. Die Zeit, zu der das Maximum erreicht wird, kann durch Differenzieren von Gl. (30) bestimmt werden zu

$$t_m = \frac{2\pi}{s}\varrho^2,\tag{31}$$

was einen Exponent vom Werte -1 ergibt. Diese Anstiegzeit ist proportional dem Quadrat des Abstandes, und somit empfangen die verschiedensten Stellen ihre Maximalspannung mit abnehmender Ausbreitungsgeschwindigkeit, ganz entsprechend der allgemeinen Gl. (25).

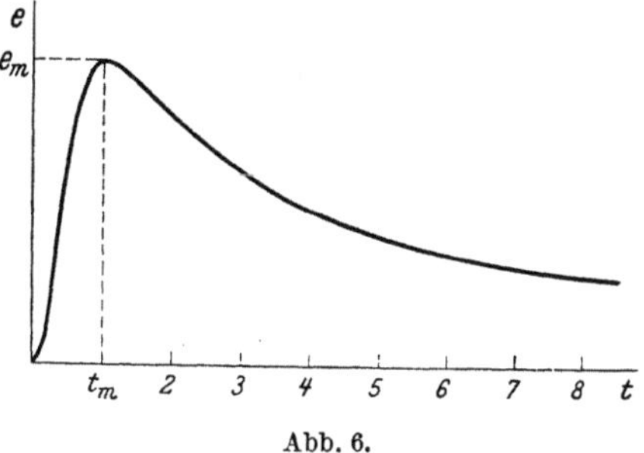

Abb. 6.

Die Maximalspannung selbst wird durch Einsetzen von Gl. (31) in Gl. (30)

$$e_m = -\frac{2}{\pi\,\varepsilon}\frac{s}{\varrho^2}\,x\,J.\tag{32}$$

Diese Formulierung wäre fast identisch mit Gl. (19), wenn dort das Logarithmuszeichen fehlen würde. Hier jedoch sinkt die Spannung räumlich sehr schnell ab entsprechend dem Quadrat des Radius. Für kleines ϱ ist die Spannungsspitze sehr hoch wegen des momentanen Anstiegs des sehr nahen Stromes J.

Bei einem Strom $J = 100$ Amp, der über eine Länge $x = 10$ km $= 10^6$ cm parallel zu einer Nachbarleitung fließt, mit beiden Leitungen im gegenseitigen Abstand $\varrho = 1$ km $= 10^5$ cm dicht an der Erdoberfläche, die einen spezifischen Widerstand $s = 10^{13}$ cm²/sec hat, erhalten wir für dasselbe Beispiel wie oben eine Spannung in der Sekundärleitung von

$$e_m = \frac{2}{\pi\,\varepsilon}\frac{10^{13}}{10^{10}}\cdot 10^6\cdot 100\cdot 10^{-9} = 23,5\,\text{Volt}.$$

Dies ist viel größer als bei exponentiellem Verlauf des Primärstromes, was durch die plötzliche Änderung des Stromes im jetzigen Falle bedingt ist. Diese Spannung erscheint nach Gl. (31) bei $\varrho = 1$ km nach einer Zeit

$$t_m = \frac{2\pi}{10^{13}}10^{10} = 6,3\cdot 10^{-3}\,\text{sec},$$

was außerordentlich kurz im Vergleich zu der Zeitkonstante von $^1/_{10}$ sec in unserem früheren Falle ist.

Wir sehen aus diesem Beispiel, *daß die Ausbreitungszeiten für das Erdfeld, wie sie von der Variation der Erdströme selbst verursacht werden, äußerst kurz sind* und daher nicht die nachfolgenden Erscheinungen beeinflussen können, die von eingeprägten Strömen mit langsamerem exponentiellen Verlauf herrühren.

B. Vorgänge in Stromkreisen mit gekrümmter Charakteristik.

V. Veränderlicher Widerstand.

33. Erwärmung gekühlter Leiter.

Jeder Leiter wird nach dem Einschalten durch die Stromwärme in seinem Widerstand geheizt, wobei die Energieverluste proportional dem Ohmschen Widerstand sind. Solange die Erwärmung gering ist, dient die zugeführte Leistung hauptsächlich zur Steigerung der Temperatur des Leiters. Mit ansteigender Temperatur tritt eine Wärmeabfuhr nach außen auf, die die weitere Erwärmung verlangsamt und schließlich begrenzt. Andererseits jedoch wächst der Leitungswiderstand metallischer Leiter mit zunehmender Temperatur an und dadurch wird die Stromwärme bei gegebenem Strom vergrößert. Dies kann unter Umständen der äußeren Wärmeabfuhr die Waage halten, so daß sich gar kein Gleichgewichtszustand mehr ausbildet.

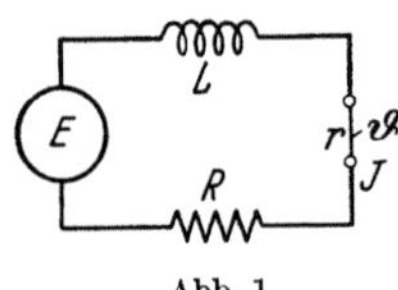

Abb. 1.

a) **Temperaturanstieg.** Wir betrachten einen Stromkreis nach Abb. 1, der von einer Wechselspannung mit dem Effektivwert E gespeist wird, die in der Selbstinduktion L und den Widerständen R und r einen Strom entwickelt

$$J = \frac{E}{\sqrt{(R+r)^2 + (\omega L)^2}} \cdot \tag{1}$$

Dabei ist *r der Widerstand des Leitungsteiles, dessen Erwärmung wir verfolgen wollen* und der in Abb. 2 vergrößert herausgezeichnet ist. Zur zeitlichen Änderung der Temperatur ϑ ist ein Wärmebetrag erforderlich, der proportional ist der spezifischen Wärme γ des Leitermaterials für die Raumeinheit und dem Volumen v. Außerdem wird von der Oberfläche o des Leiters eine Wärmemenge abgegeben, die im wesentlichen proportional ist der Übertemperatur oder Erwärmung ϑ über die Umgebung und der Wärmeabgabeziffer ζ. Bei sehr hohen Erwärmungen tritt noch eine vermehrte Strahlungsleistung hinzu, die schließlich mit der vierten Potenz der Temperatur ansteigt. Dies wollen wir hier jedoch nicht berücksichtigen, sondern den Anteil der Strahlung in ζ mit einbegreifen. Insgesamt erhält man demnach als Energiebilanz der Wärme

Abb. 2.

$$\gamma v \frac{d\vartheta}{dt} + \zeta o \vartheta = J^2 r = \frac{E^2 r}{(R+r)^2 + (\omega L)^2} \cdot \tag{2}$$

Auch der geheizte Widerstand ist temperaturabhängig

$$r = r_0 (1 + \alpha \vartheta), \tag{3}$$

wobei für Kupfer und ähnliche Leitungsmetalle $\alpha = 1/235$ ist, so daß die allgemeine Lösung dieser Gleichung nicht einfach ist.

Wir wollen deshalb drei verschiedene Bereiche unterscheiden, die zu unterschiedlichen Lösungen des Problems führen, je nachdem der erwärmte Widerstand r klein gegenüber den anderen Widerständen R und ωL ist, oder ob er in der gleichen Größenordnung mit diesen liegt, oder gar groß gegen dieselben ist. In Abb. 3 ist die Wirkung dieser Bereiche auf die Stromwärme $J^2 r$ dargestellt. Sie wächst mit zunehmender Temperatur im unteren Bereich linear an, bleibt im mittleren Bereich ziemlich konstant und nimmt im oberen Bereich langsam wieder ab.

Im unteren Bereich kleinen Widerstandes r können wir seinen Einfluß im Nenner der Gln. (1) und (2) vernachlässigen, so daß der Strom J_0 konstant bleibt. Setzen wir den Widerstand aus Gl. (3) in Gl. (2) ein, so erhalten wir zur Bestimmung des Temperaturanstiegs die Differentialgleichung

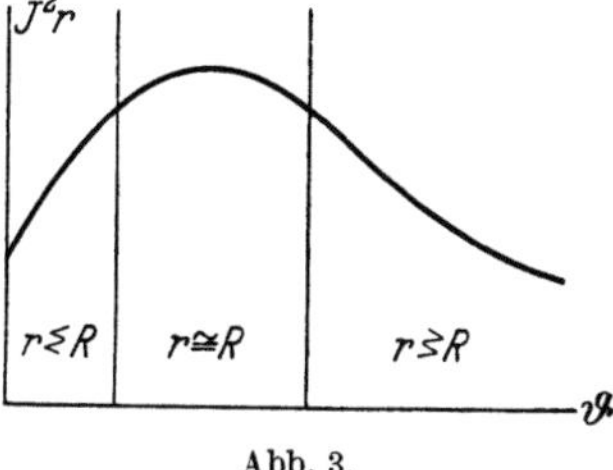

Abb. 3.

$$\gamma v \frac{d\vartheta}{dt} + \zeta o\,\vartheta = J_0^2 r_0 \left(1 + \alpha\,\vartheta\right), \qquad (4)$$

oder, wenn wir die beiden Glieder mit ϑ zusammenfassen und durch γv dividieren,

$$\frac{d\vartheta}{dt} + \frac{\zeta o}{\gamma v}\left(1 - \alpha \frac{J_0^2 r_0}{\zeta o}\right)\vartheta = \frac{J_0^2 r_0}{\gamma v}. \qquad (5)$$

Hierin können wir einige oft wiederkehrende Werte zusammenfassen. Wir nennen

$$T = \frac{\gamma v}{\zeta o} = \frac{\gamma q}{\zeta u} = \frac{a}{2}\frac{\gamma}{\zeta} \qquad (6)$$

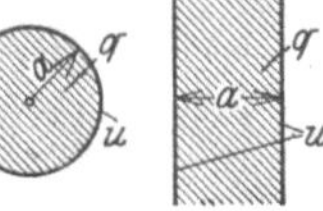

Abb. 4.

die *Temperaturzeitkonstante des Leiters*. Dabei haben wir nach Abb. 2 das Verhältnis von Volumen v zur Oberfläche o durch das von Querschnitt q zum Umfang u ausgedrückt, das stets durch die Angabe einer linearen Leiterdimension bestimmt ist. Für runde oder flache Leiterquerschnitte wird es z. B. nach Abb. 4 gleich $a/2$, wobei a der Radius oder die Stärke des Heizleiters ist. Außerdem ist die Temperaturzeitkonstante nur noch mit der Kühlwirkung ζ veränderlich, da die spezifische Wärme γ eine Materialkonstante ist.

Ferner bezeichnen wir mit

$$A = \frac{J_0^2 r_0}{\gamma v} = \frac{J_0^2 s_0 l}{\gamma l q^2} = \frac{s_0}{\gamma} i_0^2 \qquad (7)$$

die *Anfangserwärmung* des Leiters. Wir haben dabei den spezifischen Widerstand s_0 und die Länge des Leiters l eingeführt und sehen, daß diese Erwärmung außer von Materialkonstanten lediglich vom Quadrat der Stromdichte abhängig ist. Aus Gl. (5) erkennen wir, daß A die anfängliche Temperatursteigerung unmittelbar nach dem Schalten darstellt, wenn ϑ noch sehr klein ist.

Schließlich nennen wir

$$H = \frac{J_0^2 r_0}{\zeta o} = \frac{J_0^2 s_0 l}{\zeta u l q} = \frac{q}{u}\frac{s_0}{\zeta} i_0^2 = \frac{a}{2}\frac{s_0}{\zeta} i_0^2 \qquad (8)$$

die *Heizstärke* des Vorganges. Sie stellt einen Temperaturwert dar, der nach Gl. (4) der Enderwärmung des Leiters ohne Widerstandszunahme entspricht und der ebenfalls vorwiegend durch das Quadrat der Stromdichte und außerdem noch von der linearen Leiterstärke und der Kühlwirkung ζ bestimmt wird. Wir können ihn auch ausdrücken durch das Produkt

$$H = A\,T. \qquad (9)$$

Mit diesen Abkürzungen wird Gl. (5) für die Temperaturzunahme

$$\frac{d\vartheta}{dt} + \frac{1-\alpha H}{T}\vartheta = A \, .\tag{10}$$

Ihre Lösung ist

$$\vartheta = \frac{H}{1-\alpha H}\left(1 - \varepsilon^{-\frac{1-\alpha H}{H}At}\right) = \vartheta_\infty\left(1 - \varepsilon^{-\frac{t}{T_\varepsilon}}\right),\tag{11}$$

wobei die *exponentielle Zeitkonstante*

$$T_\varepsilon = \frac{T}{1-\alpha H} = \frac{1}{A}\frac{H}{1-\alpha H}\tag{12}$$

stark von der Heizstärke H nach Gl. (8) abhängig ist, während die *Endtemperatur*

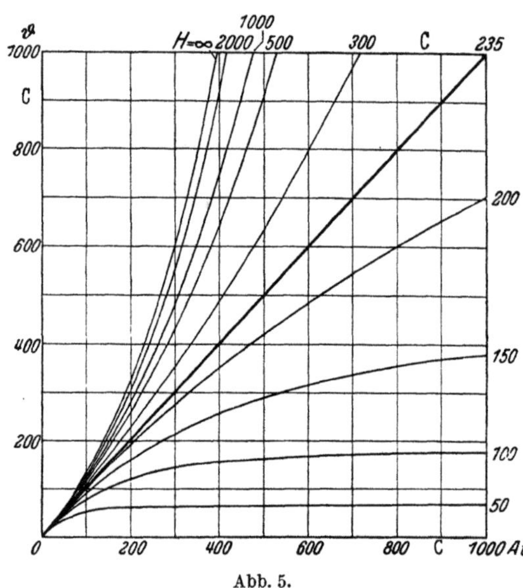

$$\vartheta_\infty = \frac{AT}{1-\alpha H} = \frac{H}{1-\alpha H}\tag{13}$$

fast vollständig von ihr bestimmt wird.

In Abb. 5 ist der zeitliche Verlauf der Temperatur nach Gl. (11) aufgetragen, und zwar über dem Produkt At, um eine einheitliche Kurvenschar zu erhalten. Wir sehen, *daß die Anfangserwärmung tatsächlich in allen Fällen gleich ist.* Sie berechnet sich aus Gl. (10) oder (11) zu

$$\left(\frac{d\vartheta}{dt}\right)_0 = A = \frac{s_0}{\gamma}i_0^2 \, ,\tag{14}$$

übereinstimmend mit dem Wert nach Gl. (7). Der weitere Verlauf der Erwärmung erfolgt nach einer Exponentialkurve,

Abb. 5.

deren Grenztemperatur ϑ_∞ sich nach Gl. (11) mit größerer Heizstärke H rapide hinaufschiebt. Für den kritischen Wert

$$\alpha H = \frac{\alpha r_0}{\zeta_0}J_0^2 = \frac{a}{2}\frac{\alpha}{\zeta}s_0 i_0^2 = 1 \, ,\tag{15}$$

also für eine bestimmte Stromdichte, steht die durch den Temperaturkoeffizient α verstärkte Widerstandsheizung mit der durch die Kühlziffer ζ bedingten äußeren Abkühlung im Gleichgewicht. Die Exponentialzeitkonstante T_ε sowie auch die Endtemperatur ϑ_∞ werden unendlich groß, das zweite Glied in Gl. (10) verschwindet. *Die Temperatur steigt daher linear immer weiter an, bis der Leiter geschmolzen oder verdampft ist.*

Für noch größere Heizstärke H als 235 C wirkt die Widerstandsvermehrung stärker als die Abkühlung, der Exponent in Gl. (11) wird positiv, die Erwärmung wächst nach einer ansteigenden Exponentialkurve, so daß die Schmelz- oder Verdampfungstemperatur nach noch kürzerer Zeit erreicht wird.

Da für warmes Kupfer der spezifische Widerstand $s_0 = \frac{1}{45}\frac{\Omega\,\mathrm{mm^2}}{\mathrm{m}}$ und die Kühlziffer $\zeta = 15\,\frac{\mathrm{W}}{\mathrm{C\,m^2}}$ ist, so erzeugt eine konstante Stromdichte von $i_0 = 10$ Amp/mm² in einem runden Kupferleiter von $2a = 1{,}0$ cm Durchmesser nach Gl. (8) eine Heizstärke

$$H = \frac{0,5}{2} \cdot \frac{10^2 \cdot 10^4}{45 \cdot 15} = 370 \, \text{C}.$$

Der Grenzwert von 235 C nach Gl. (15) wird also bereits überschritten, *die Erwärmung wird labil.* Da die spezifische Wärme für Kupfer und ähnliche Leitungsmetalle $\gamma = 3{,}5 \frac{\text{W sec}}{\text{C cm}^3}$ ist, so wird die Anfangserwärmung nach Gl. (7) oder (14)

$$A = \frac{10^2}{45 \cdot 3{,}5} = 0{,}63 \, \text{C/sec}.$$

Nach 10 min würde damit bei gleichmäßiger Steigerung eine Temperatur von 378 C entwickelt werden, während nach Gl. (11) oder Abb. 5 eine tatsächliche Temperatur von 510 C erreicht wird. Die Temperaturzeitkonstante ist dabei nach Gl. (6)

$$T = \frac{0,5}{2} \cdot \frac{3{,}5 \cdot 10^4}{15} = 580 \, \text{sec} = 9{,}7 \, \text{min}$$

und die Exponentialzeitkonstante nach Gl. (12)

$$T_\varepsilon = \frac{9{,}7}{1 - 370/235} = -16{,}9 \, \text{min}.$$

Für die Erwärmung beim *Kurzschluß von Starkstromleitungen* ist die Abweichung vom linearen Verlauf meist relativ klein, so daß man dort nach Gl. (14) rechnen darf. Bei Schmelzsicherungen und ähnlichen thermisch wirkenden Einrichtungen dagegen wünscht man einen möglichst starken Temperaturanstieg mit wachsendem Strom. Bei ihnen sucht man daher möglichst hohe Heizstärke H zu erreichen. Dies erfordert außer angemessener Leiterstärke a und niedriger Kühlwirkung ζ eine relativ hohe Stromdichte i_0.

Im mittleren Bereich des Widerstandes r bleibt nach Abb. 3 die Stromwärme

$$J^2 r = J_0^2 r_0 \tag{16}$$

nahezu konstant, so daß wir aus Gl. (2) als Differentialgleichung erhalten

$$\gamma v \frac{d\vartheta}{dt} + \zeta o \vartheta = J_0^2 r_0. \tag{17}$$

Diese Beziehung stimmt mit der früheren Gl. (4) überein, wenn wir dort $\alpha = 0$ setzen. Mit denselben Abkürzungen für Zeitkonstante, Anfangserwärmung und Heizstärke nach Gl. (6), (7) und (8) wird die Differentialgleichung jetzt entsprechend Gl. (10)

$$\frac{d\vartheta}{dt} + \frac{\vartheta}{T} = A. \tag{18}$$

Ihre Lösung ist

$$\vartheta = \vartheta_\infty \left(1 - \varepsilon^{-\frac{t}{T}}\right). \tag{19}$$

Darin ist die Endtemperatur mit Gl. (8) und (9)

$$\vartheta_\infty = A \, T = H = \frac{a}{2} \frac{s_0}{\zeta} i_0^2, \tag{20}$$

was jetzt stets einen endlichen Wert besitzt. Endtemperatur und Heizstärke werden also hier identisch. *Die Temperatur steigt immer nach der gleichen Zeitkonstante T von Gl. (6) an, die unabhängig von der Stromdichte ist.* T ist daher stets positiv und bewirkt einen abklingenden Beitrag zur Temperatur des Leiters. Die Anfangserwärmung für kleines ϑ berechnet sich aus Gl. (18) zu

$$\left(\frac{d\vartheta}{dt}\right)_0 = A = \frac{s_0}{\gamma} i_0^2, \tag{21}$$

sie ist dieselbe wie im vorigen Fall nach Gl. (14).

Da der Widerstand mit steigender Temperatur anwächst, *so nimmt die Strom-stärke allmählich ab.* Setzen wir Gl. (3) für den Widerstand in Gl. (16) für die Stromwärme ein, so erhalten wir als Verhältnis des Anfangs- zum Endstrom mit Beachtung von Gl. (20)

$$\frac{J_0}{J_\infty} = \sqrt{1 + \alpha H}. \tag{22}$$

Für das oben betrachtete Beispiel gibt dies mit der Endtemperatur von 370 C ein Absinkverhältnis des Stromes auf

$$\frac{J_\infty}{J_0} = \frac{1}{\sqrt{1 + 1{,}58}} = 0{,}62.$$

Erst bei 700 C Enderwärmung geht der Strom auf die Hälfte des Einschaltwertes zurück.

Im oberen Bereich überwiegenden Widerstandes r wird die Differentialglei-chung (2)

$$\gamma v \frac{d\vartheta}{dt} + \zeta o \vartheta = \frac{E^2}{r_0(1 + \alpha \vartheta)} = \frac{J_0^2 r_0}{1 + \alpha \vartheta}, \tag{23}$$

oder nach Einführung unserer Abkürzungen

$$\frac{d\vartheta}{dt} + \frac{\vartheta}{T} = \frac{A}{1 + \alpha \vartheta}. \tag{24}$$

Obgleich diese Gleichung im Prinzip integriert werden kann, so ist die Lösung sehr umständlich und wir wollen daher nur die hauptsächlich interessierenden Grenzwerte von Temperatur und Strom bestimmen.

Die Anfangserwärmung ist für kleine Temperaturen ϑ wieder allein durch das erste Glied bestimmt und daher mit Gl. (7)

$$\left(\frac{d\vartheta}{dt}\right)_0 = A = \frac{s_0}{\gamma} i_0^2. \tag{25}$$

Sie ist also in allen drei betrachteten Bereichen die gleiche.

Wenn die Endtemperatur erreicht ist, verschwindet das erste Glied von Gl. (24). Wir erhalten daher zu ihrer Berechnung die quadratische Gleichung

$$\vartheta_\infty (1 + \alpha \vartheta_\infty) = AT = H, \tag{26}$$

worin auf der rechten Seite Gl. (9) eingeführt ist. Die *Endtemperatur* wird daraus

$$\vartheta_\infty = \frac{1}{2\alpha} (\sqrt{1 + 4 \alpha H} - 1). \tag{27}$$

Das liefert mit den oben genannten Zahlenwerten

$$\vartheta_\infty = \frac{235}{2} \left(\sqrt{1 + 4 \cdot \frac{370}{235}} - 1 \right) = 200 \, C,$$

also einen gegenüber 370 C beträchtlich verminderten Betrag. Für *geringe Er-wärmung* kann man Gl. (26) zunächst unter Vernachlässigung des quadratischen Gliedes lösen und erhält einen ersten Wert für ϑ_∞, den wir alsdann als Korrektur in die Klammer einsetzen. Dadurch entsteht der Näherungswert

$$\vartheta_\infty' = \frac{H}{1 + \alpha H}, \tag{28}$$

der in einem bemerkenswerten Gegensatz zu Gl. (13) steht. Die Widerstands-zunahme schwächt die Endtemperatur hier erheblich, während diese im früheren Fall gesteigert wurde. Für *große Erwärmung* kann man andererseits das lineare

Glied in Gl. (26) vernachlässigen und erhält als Näherungswert

$$\vartheta''_\infty = \sqrt{\frac{H}{\alpha}}. \tag{29}$$

Die Endtemperatur steigt also schließlich nur mit der Wurzel aus der Heizstärke an.

Der Strom sinkt während der Erwärmung durch den zunehmenden hohen Widerstand r stark herab, und zwar nach Gl. (1) fast umgekehrt proportional zu diesem. Man erhält daher als Stromverhältnis nach Gl. (3)

$$\frac{J_0}{J_\infty} = 1 + \alpha\,\vartheta_\infty. \tag{30}$$

Dieser Fall liegt z. B. beim Einschalten von Metallfadenlampen vor, die von konstanter Spannung gespeist werden. Nimmt man ihre Brenntemperatur mit $\vartheta_\infty = 2350\,C$ an, so wird der Anfangsstrom

$$J_0 = \left(1 + \frac{2350}{235}\right) J_\infty = 11\,J_\infty.$$

Man erhält also im Schaltaugenblick einen kräftigen Überstrom. Derselbe klingt zwar nicht exponentiell ab, aber doch mit einer Zeitkurve, die nach Gl. (24) maßgeblich durch die Zeitkonstante T bestimmt ist, und da Glühlampendrähte nur äußerst kleinen Durchmesser besitzen, so beträgt die Anheizdauer entsprechend Gl. (6) nur einige hundertstel Sekunden.

Zahlentafel I. *Endgültige Erwärmung gekühlter Leiter.*

Speisung mit konstantem	Strom	Leistung	Spannung
Widerstandsbereich $\dfrac{r}{R}$ oder $\dfrac{r}{\omega L}$	$\ll 1$	$\simeq 1$	$\gg 1$
Enderwärmung ϑ_∞	1330 C	200 C	129 C
Stromverhältnis $\dfrac{J_\infty}{J_0}$	1	0,74	0,64

Zur Übersicht sind in Zahlentafel I die Enderwärmungen und Stromverhältnisse zusammengestellt, die sich für ein bestimmtes Beispiel bei gleichem Anfangsstrom ergeben, wenn man den gleichen Leiter entsprechend unseren drei Bereichen verschiedenartig speist, nämlich mit konstantem Strom, konstanter Leistung und konstanter Spannung. Man sieht, daß die Art der Speisung großen Einfluß auf den Verlauf der Schalterwärmung besitzt, da die Endtemperatur in hohem Maße von ihr abhängt. Irgendwelche Heizleiter, die für einen dieser Fälle bestimmt sind, können daher völlig versagen, wenn sie unter anderen Betriebsbedingungen benutzt werden.

b) Indirekte Widerstandsänderung. Da der Widerstand eines Leiters direkt von seiner Temperatur abhängt und die Temperatur durch den Strom bestimmt wird, so hängt der Widerstand mittelbar vom Strom durch den Leiter ab. Wegen der Wärmekapazität des Leiters ist diese Beziehung im allgemeinen nicht eindeutig. *Wenn wir jedoch einen dünnen Leiter anwenden,* der relativ kleines Volumen und große Oberfläche besitzt, so wird seine Temperaturzeitkonstante äußerst klein, wie wir in Gl. (6) gesehen haben, und daher wird der thermische Gleichgewichtszustand sehr schnell erreicht. *In diesem Falle folgt die Temperatur fast augenblicklich jeder Stromänderung.*

Unter solchen Umständen wird die Stromwärme sofort durch die Oberfläche abgeführt, und somit wird das erste Glied der allgemeinen Gl. (2) vernachlässigbar klein. Wenn wir mit e und i die veränderlichen Werte von Spannung und

Strom eines solchen erwärmten Leiters bezeichnen, so vereinfacht sich in diesem quasistationären Zustand die Energiegleichung zu

$$ei = \zeta\, o\, \vartheta. \tag{31}$$

Diese Beziehung ist nicht nur für Gleichstrom gültig, sondern bleibt auch korrekt für die Effektivwerte von Wechselstrom, falls dessen Periode noch kürzer ist als die Temperaturzeitkonstante des Leiters.

Der Widerstand eines metallischen Drahtes ist nach Gl. (3)

$$\frac{e}{i} = r = r_0 + \alpha\, r_0 \vartheta. \tag{32}$$

Wenn wir ϑ aus Gln. (31) und (32) eliminieren, so ergibt sich

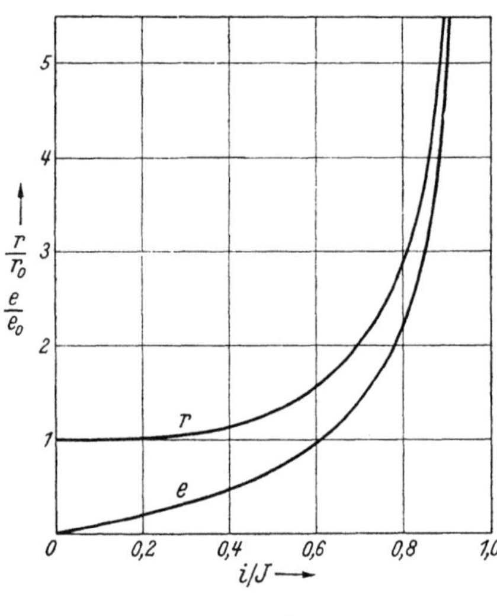

Abb. 6.

$$\frac{e}{i} = r_0 + \frac{\alpha\, r_0}{\zeta\, o}\, e\, i = r_0 + \frac{e\, i}{J^2}. \tag{33}$$

Im letzten Ausdruck haben wir mit

$$J = \sqrt{\frac{\zeta\, o}{\alpha\, r_0}} \tag{34}$$

einen *kritischen Strom* bezeichnet, der völlig der Gl. (15) entspricht und der einen Grenzstrom unseres Problems darstellt, der nicht ohne Schaden für den Leiter überschritten werden kann.

Die Lösung der Gl. (33) nach e ergibt *die Spannung am Heißleiter* zu

$$e = \frac{r_0 i}{1 - (i/J)^2} = r_0 J\, \frac{i/J}{1 - (i/J)^2}. \tag{35}$$

Der Strom $i = J$ würde also die Spannung auf unendlich steigern. Der Widerstand wird andererseits

$$r = \frac{r_0}{1 - (i/J)^2}, \tag{36}$$

was ebenfalls sehr stark stromabhängig ist. Abb. 6 zeigt die Änderung von Spannung und Widerstand eines solchen dünnen Leiters in Abhängigkeit vom durchfließenden Strom i. Für kleinen Strom ändert sich der Widerstand nur langsam, aber er nimmt schnell zu, wenn der Strom sich dem Grenzwert J nähert. *Um dies Verhalten in erheblichem Maße zu verwirklichen, ist es nötig, nicht nur dünne Drähte oder Bänder von kleiner Dicke a zu verwenden, sondern auch Metalle mit hohem Schmelzpunkt auszuwählen*, wie Molybdän, Tantal oder Wolfram. Das letztgenannte Metall erlaubt eine Widerstandsvermehrung auf mehr als das Zehnfache des kalten Wertes, wenn man nahe an den Grenzstrom herangeht, bei dem es schmelzen würde.

Die Spannungskurve in Abb. 6 stellt die e–i-Charakteristik des Leiters dar. Nur der Anfangsteil ist linear, bald darauf steigt die Spannung steil an. Diese gekrümmte Charakteristik kann für viele nützliche Zwecke verwendet werden, falls die zeitliche Stromänderung innerhalb der Dauer einer Temperaturzeitkonstante des Leiters nur gering ist. Anderenfalls würde die Spannung der Stromänderung etwas nacheilen und dadurch eine Art Hysteresiseffekt im Stromkreise ergeben.

Abb. 7a zeigt, *wie ein ungesättigter selbsterregter Gleichstromgenerator durch Verwendung eines Heißleiters stabilisiert werden kann*. Wie in Abb. 7b dargestellt, ist die Ankerspannung proportional dem Magnetisierungsstrom, jedoch wird die

Spannung, die der Erregerstrom benötigt, durch Einschaltung eines Heißwiderstandes r in Reihe zum Widerstand R der Erregerwicklung zum schnellen Anstieg gebracht. Der Schnittpunkt dieser beiden Kurven ergibt eine stabile Selbsterregung, die überdies sehr einfach durch Veränderung des festen oder des veränderlichen Widerstandes reguliert werden kann.

Abb. 8 zeigt *ein Beispiel für die selbsttätige Spannungsregelung eines Wechselstromgenerators durch Verwendung von Heißwiderständen.* Diese sind hier in einem Brückenkreise angeordnet und wieder in Reihe zur Nebenschlußwicklung des Erregers geschaltet. Die Brücke ist ferner an zwei Punkten, die neutral zum Gleichstromkreis liegen, von der Wechselspannung des Generators durch Vermittlung eines passenden Transformators gespeist. Jede Abweichung der Klemmenspannung E vom vorgeschriebenen Wert ändert den Brückenwiderstand erheblich und beeinflußt so die Gleichspannung, die von der Brücke verzehrt wird. Dadurch ändert sich der Nebenschlußstrom und stellt sehr nahezu den früheren Wert der Spannung E wieder her. Je näher der Brückenstrom am Grenzstrom J liegt, um so empfindlicher wird die Regulierung.

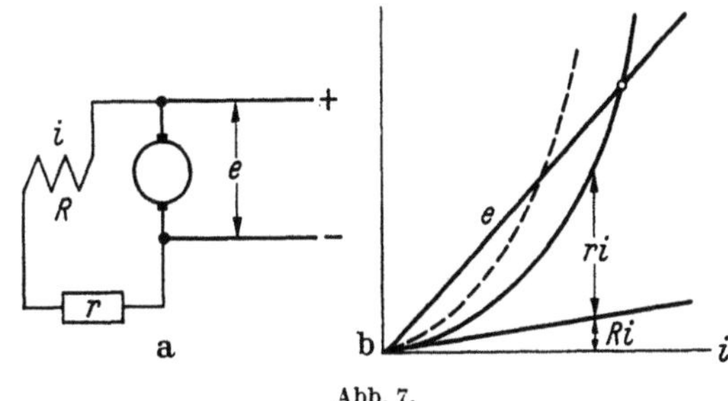
Abb. 7.

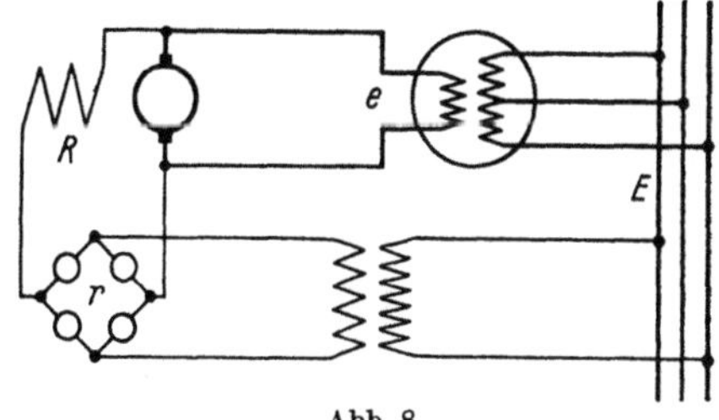
Abb. 8.

Da der Widerstand solcher Heißleiter hoch ist bei großen Strömen und niedrig bei kleinen Strömen, so können sie mit Vorteil zur Begrenzung von Überströmen angewandt werden, wie sie bei der Ladung und Entladung von Kondensatoren oder beim Schalten von Selbstinduktionen auftreten. Sie eignen sich ferner für den Bau von nichtproportionalen Strom- oder Spannungsteilern, zum Beispiel zur Erhöhung oder Verminderung der Empfindlichkeit von Meßinstrumenten oder Relais.

34. Schmelzen von Sicherungsdrähten.

Wir wollen das Verhalten von Schmelzsicherungen unter der Wirkung von Kurzschlußströmen betrachten, die um ein Vielfaches größer sind als der reguläre Strom im Stromkreise. Solche Sicherungen sollen Überströme in sehr kurzer Zeit unterbrechen, und es ist daher berechtigt, den Wärmedurchgang durch die Oberfläche des Drahtes zu vernachlässigen und ebenso jegliche Wärmeleitung im Inneren des Sicherungsmaterials. Wir betrachten den Strom als durch die äußeren Bedingungen des Stromkreises gegeben, und daher erwärmt sich der Schmelzdraht zeitlich gemäß der steilsten Kurve von Abb. 5 in Kapitel 33.

Die Zunahme des Widerstandes bewirkt einen beschleunigten Anstieg der Temperatur bis zum Schmelzpunkt des Metalls. Alsdann schmilzt der Draht unter konstanter Temperatur, und seine Schmelzwärme wird durch den Strom während der Schmelzzeit allmählich entwickelt. Diese Verhältnisse sind in dem Temperatur-Zeit-Diagramm der Abb. 1 dargestellt. Während der kurzen hier in Betracht kommenden Zeit spielen Gravitationskräfte keine Rolle, und daher kann das jetzt flüssige Metall zusammenhalten und weiterhin bis zur Verdampfungstemperatur erwärmt werden. Der Draht wird auch nicht momentan verdampfen, sondern braucht eine gewisse Zeit, während der die Verdampfungswärme durch den Strom erzeugt werden kann.

Zu irgendeinem Zeitpunkt, bevor das Material vollständig verdampft ist, wird der metallische Zusammenhang des Schmelzdrahtes unterbrochen und es bildet sich ein Lichtbogen. Hierdurch steigt die Temperatur rapide an, jedoch nimmt der Strom jetzt ab, falls die Sicherung ordnungsgemäß arbeitet. Wir wollen hier nur die Erwärmungsperioden des Drahtes betrachten bis zur Zeit der Bildung eines Lichtbogens.

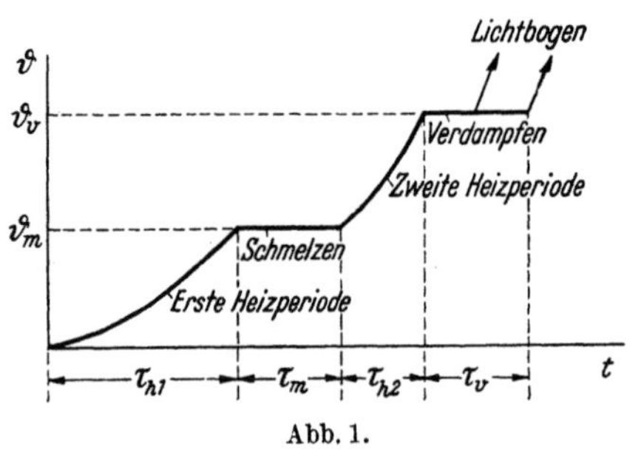

Abb. 1.

a) Schmelzen und Verdampfen. Wir bezeichnen mit i und r Strom und Widerstand des Schmelzdrahtes und mit γ die spezifische Wärme der Raumeinheit des Materials vom Volumen v. Die Erwärmung ϑ ist dann bestimmt durch die Differentialgleichung

$$\gamma\, v\, \frac{d\vartheta}{dt} = i^2 r. \tag{1}$$

Darin können wir Volumen und Widerstand des Drahtes durch seine Länge l, seinen Querschnitt q und seinen spezifischen Widerstand s ausdrücken und erhalten

$$\gamma\, l\, q\, \frac{d\vartheta}{dt} = i^2 s\, \frac{l}{q}. \tag{2}$$

Da $i/q = \mathfrak{i}$ die Stromdichte ist, so vereinfacht sich dieses zu

$$\gamma\, \frac{d\vartheta}{dt} = \mathfrak{i}^2 s, \tag{3}$$

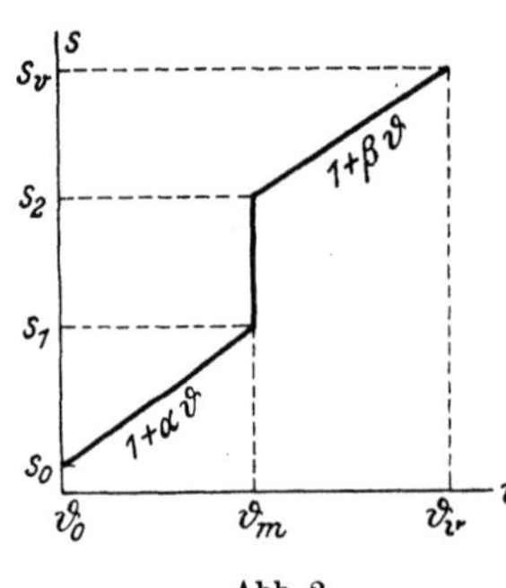

Abb. 2.

eine Beziehung, die nur noch spezifische Werte enthält. Wir können sie in der Form schreiben

$$\frac{\gamma}{s}\, d\vartheta = \mathfrak{i}^2 dt, \tag{4}$$

worin die linke Seite die beiden hauptsächlichen Eigenschaften des Sicherungsmetalls enthält und die rechte Seite lediglich das Quadrat der Stromdichte abhängig von der Zeit, was wir als gegeben ansehen.

Während einer jeden Heizperiode von Abb. 1 bleibt die spezifische Wärme nahezu konstant, der spezifische Widerstand jedoch ändert sich stark. Abb. 2 zeigt seine Änderung mit der Temperatur, zunächst vom kalten Zustand bis zum Schmelzen, wo er auf einen höheren Wert springt, der bis zum Verdampfungspunkt wiederum ansteigt. Der Verlauf im festen und auch im flüssigen Zustand ist fast linear und demnach ist

$$s = s_0 (1 + \alpha\, \vartheta). \tag{5}$$

Wir vernachlässigen die geringfügige Änderung von γ mit der Temperatur und setzen den Wert von Gl. (5) in Gl. (4) ein. Dies gibt nach Integration

$$\frac{\gamma}{s_0} \int \frac{d\vartheta}{1 + \alpha\, \vartheta} = \int \mathfrak{i}^2 dt. \tag{6}$$

Die rechte Seite drückt das Hineinfließen des Quadrats der Stromdichte während der betrachteten Zeit aus, was wir als *Strom-Zeit-Integral* bezeichnen wollen, das für jede Kurvenform des Heizstromes ausgewertet werden kann. Das Integral der linken Seite ist andererseits eine einfache Funktion der Temperatur, und wir wollen es die *scheinbare Temperatur* ϑ' nennen. Die Auswertung ergibt

$$\vartheta' = \int_0^\vartheta \frac{d\vartheta}{1 + \alpha\,\vartheta} = \frac{1}{\alpha} \ln\,(1 + \alpha\,\vartheta) = \vartheta\,\frac{\ln\,(1 + \alpha\,\vartheta)}{\alpha\,\vartheta}. \tag{7}$$

Diese Beziehung spiegelt die Variation des Widerstandes vollständig wider. Abb. 3 zeigt die exponentielle Zuordnung von wirklicher und scheinbarer Temperatur für den Wert $\alpha = 1/235$, wie er für Kupfer gilt. Wenn wir nun für Gl. (6) schreiben

$$\vartheta' = \frac{s_0}{\gamma} \int i^2 dt, \tag{8}$$

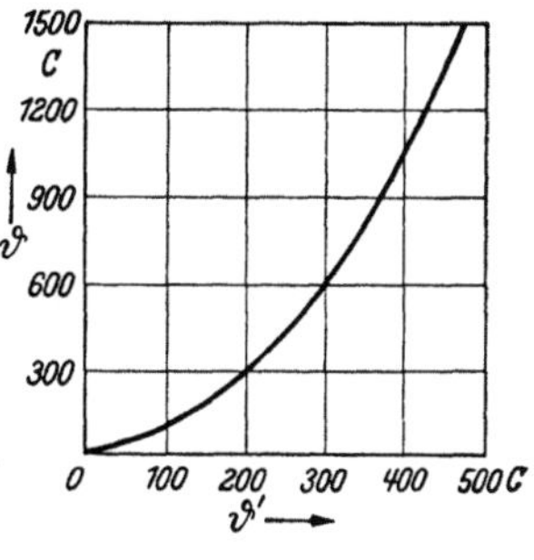

Abb. 3.

so sehen wir, *daß ϑ' die Temperatur ist, die erreicht würde, wenn der spezifische Widerstand seinen Anfangswert s_0 beibehalten würde.* Die Erwärmung des Sicherungsdrahtes kann daher gefunden werden, indem man zunächst die scheinbare Temperatur nach Gl. (8) bestimmt und dann die wirkliche Temperatur von Abb. 3 oder Gl. (7) entnimmt. *Wenn zum Beispiel konstanter Widerstand die scheinbare Temperatur $\vartheta' = 400\ C$ ergeben würde, so wird die wirkliche Temperatur mehr als $1000\ C$ betragen, was einen gewaltigen Unterschied bedeutet.*

Bei konstanter Stromdichte stellt die Abszisse von Abb. 3 in einem anderen Maßstab die zunehmende Zeit selbst dar. Beide Koordinaten geben natürlich die Erwärmung über die Anfangstemperatur der Sicherung an, die ihrerseits beträchtlich höher als die Umgebungstemperatur sein kann, wenn der Draht vorher Strom führte.

Für den Betrieb der Sicherung ist es wichtig zu wissen, welcher Strom und welche Zeit nötig sind, um den Schmelzpunkt zu erreichen. Aus Gln. (7) und (8) sehen wir, daß

$$\int i^2 dt = \frac{\gamma}{s_0}\vartheta' = \frac{\gamma}{s_0\,\alpha} \ln\,(1 + \alpha\,\vartheta_m) \tag{9}$$

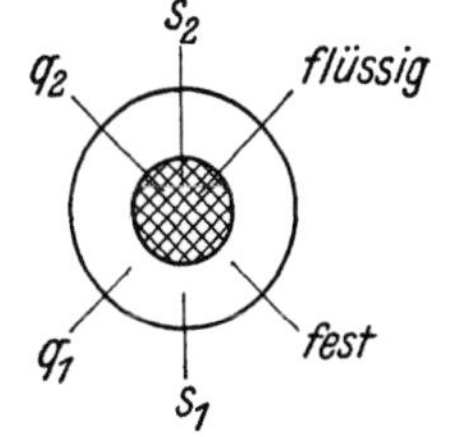

Abb. 4.

nur von Materialkonstanten des Schmelzdrahtes abhängt, einschließlich der Schmelztemperatur ϑ_m. *Daher hat dieses Strom-Zeit-Integral für jedes Sicherungsmetall einen ganz bestimmten Wert, der eine absolute Materialkonstante ist.*

Nach Erreichung des Schmelzpunktes beginnt der Sicherungsdraht sich zu verflüssigen. Im allgemeinen werden die inneren Teile des Querschnittes heißer sein als die äußeren und daher zuerst schmelzen, wie es in Abb. 4 angedeutet ist. Alsdann wird die Schmelzzone sich ausdehnen und schließlich den Umfang erreichen, sobald die totale Schmelzwärme des Drahtes durch die Stromwärme erzeugt ist. Die Verflüssigung des gesamten Drahtvolumens geht daher in einer endlichen Zeit vor sich, die wir nunmehr bestimmen wollen.

In jedem Zeitelement schmilzt ein Volumenelement dv, und mit h als Schmelzwärme pro Volumeneinheit wird die Energiebilanz jedes Elements ausgedrückt durch

$$h\,dv = i^2\,r\,dt. \tag{10}$$

Bei der Schmelztemperatur ist der spezifische Widerstand des flüssigen Metalls viel höher als der des festen Materials. Daher ist der Widerstand des Drahtes aus zwei Pfaden zusammengesetzt, wie in Abb. 4 gezeigt, nämlich dem durch das innere flüssige Metall vom Querschnitt q_2 und spezifischen Widerstand s_2, und dem durch das äußere noch feste Metall mit den Werten q_1 und s_1. Der Widerstand des Drahtes von der Länge l im schmelzenden Zustand ist daher

$$r = \frac{1}{q_1/s_1\, l + q_2/s_2\, l}. \tag{11}$$

Wenn ein Teil v des Gesamtvolumens V des Sicherungsdrahtes verflüssigt ist, dann sind die verschiedenen Volumina

$$V = lq; \quad v = lq_2; \quad V - v = lq_1. \tag{12}$$

Wir können daher den Widerstand des schmelzenden Drahtes abhängig von dem veränderlichen Verhältnis v/V ausdrücken als

$$r = \frac{s_1\, l/q_1}{1 + \dfrac{s_1}{s_2}\left(\dfrac{v}{V - v}\right)} = \frac{s_1\, l/q}{1 - \dfrac{v}{V}\left(1 - \dfrac{s_1}{s_2}\right)}. \tag{13}$$

Dieser Widerstand wächst mit zunehmender Verflüssigung an, wie es in Abb. 5 dargestellt ist.

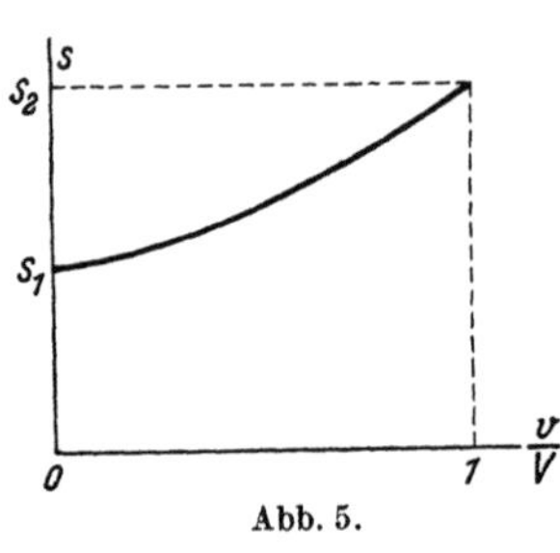

Abb. 5.

Wir wollen diesen veränderlichen Widerstand in die rechte Seite von Gl. (10) einsetzen und die linke Seite mit dem Volumen V erweitern, entsprechend der ersten Gl. (12). Dies ergibt

$$h\, l\, q\, \frac{dv}{V} = i^2\, \frac{s_1\, l/q}{1 - \dfrac{v}{V}\left(1 - \dfrac{s_1}{s_2}\right)}\, dt, \tag{14}$$

was vereinfacht werden kann zu

$$\frac{h}{s_1}\left[1 - \frac{v}{V}\left(1 - \frac{s_1}{s_2}\right)\right]\frac{dv}{V} = i^2 dt. \tag{15}$$

Integration der linken Seite zwischen den Grenzen $v = 0$ und $v = V$ liefert

$$\int_0^V \left[1 - \frac{v}{V}\left(1 - \frac{s_1}{s_2}\right)\right]\frac{dv}{V} = \frac{1}{2}\left(1 + \frac{s_1}{s_2}\right). \tag{16}$$

Wenn wir nun den Gemeinschaftswert

$$s_m = \frac{2\, s_1}{1 + s_1/s_2} = \frac{2}{1/s_1 + 1/s_2} \tag{17}$$

als den *mittleren spezifischen Widerstand des Sicherungsdrahtes während des Schmelzens* betrachten, so erhalten wir aus der integrierten Gl. (15) das höchst einfache Ergebnis

$$\int i^2\, dt = \frac{h}{s_m}. \tag{18}$$

Für das Schmelzen des gesamten Sicherungsdrahtes benötigen wir daher einen bestimmten Wert des Strom-Zeit-Integrals, der nur bestimmt ist durch die spezifische Schmelzwärme und den mittleren spezischen Widerstand nach Gl. (17). *Dieser Betrag ist wiederum eine Materialkonstante des Schmelzdrahtes.*

Wenn der flüssige Metallzylinder seine Gestalt für eine kurze Zeit beibehält, wird er durch den Strom weiter erwärmt. Der spezifische Widerstand wächst dann weiter linear an vom Werte s_2 auf

$$s = s_2(1 + \beta\, \vartheta_2). \tag{19}$$

Dies ist auch in Abb. 2 dargestellt, wobei jetzt β der Temperaturkoeffizient im flüssigen Zustand und ϑ_2 die Erwärmung über dem Schmelzpunkt ist. Nach Einsetzung von Gl. (19) in Gl. (4) erhalten wir denselben Lösungstyp wie vorher in Gl. (9), nämlich

$$\int \mathfrak{i}^2\, dt = \frac{\gamma}{s_2}\vartheta_2' = \frac{\gamma}{s_2\,\beta}\ln\left(1 + \beta\,\vartheta_{2v}\right). \tag{20}$$

Um das ganze Strom-Zeit-Integral für die zweite Heizperiode bis zur Verdampfung des Metalls zu bestimmen, müssen wir also die Temperaturdifferenz ϑ_{2v} zwischen Schmelzpunkt und Verdampfungspunkt in Rechnung stellen. Da der spezifische Widerstand s_2 des geschmolzenen Metalles viel höher ist als s_0 des festen Metalles, so ist die zweite Heizperiode beträchtlich kürzer als die erste, und der Wert des Strom-Zeit-Integrals ist ebenfalls viel kleiner.

Der Gesamtwert des Strom-Zeit-Integrals bis zur Verdampfung des Sicherungsdrahtes ist nach Addition der Gln. (9), (18) und (20)

$$C = \int \mathfrak{i}^2\, dt = \frac{\gamma}{s_0\,\alpha}\ln\left(1 + \alpha\,\vartheta_m\right) + \frac{h}{s_m} + \frac{\gamma}{s_2\,\beta}\ln\left(1 + \beta\,\vartheta_{2v}\right). \tag{21}$$

Die Zahlentafeln I und II geben die entsprechenden Zahlenwerte an für die beiden Metalle Kupfer und Silber.

Zahlentafel I. Elektrothermische Konstanten von Sicherungsmetallen.

Sicherungsmetall	Kupfer	Silber	Einheit
Anfänglicher spez. Widerstand bei 20 C $\quad s_0 =$	$1{,}72\cdot10^{-6}$	$1{,}64\cdot10^{-6}$	Ω cm
Spez. Widerstand in festem Zustand beim Schmelzpunkt . . . . $s_1 =$	$10{,}2\ \cdot10^{-6}$	$8{,}4\ \cdot10^{-6}$	Ω cm
Spez. Widerstand in flüssigem Zustand beim Schmelzpunkt . . . . $s_2 =$	$21{,}3\ \cdot10^{-6}$	$16{,}6\ \cdot10^{-6}$	Ω cm
Mittlerer spez. Widerstand während des Schmelzens . . . . $s_m =$	$13{,}8\ \cdot10^{-6}$	$11{,}2\ \cdot10^{-6}$	Ω cm
Temperaturkoeffizient des festen Widerstandes . . . . $\alpha =$	$4{,}39\cdot10^{-3}$	$4{,}42\cdot10^{-3}$	1/C
Temperaturkoeffizient des flüssigen Widerstandes . . . . $\beta =$	$0{,}38\cdot10^{-3}$	$0{,}71\cdot10^{-3}$	1/C
Schmelztemperatur über 20 C . . . . . $\vartheta_m =$	1063	940	C
Verdampfungstemperatur über 20 C. . . $\vartheta_v =$	2280	1930	C
Verdampfungstemperatur über dem Schmelzpunkt . . . . $\vartheta_{2v} =$	1217	990	C
Spez. Wärme der Volumeneinheit . . . . $\gamma =$	3,76	2,60	$\dfrac{\text{W sec}}{\text{C cm}^3}$
Schmelzwärme der Volumeneinheit . . . $h =$	1833	1139	$\dfrac{\text{W sec}}{\text{cm}^3}$

Zahlentafel II.
Strom-Zeit-Integral von erwärmten Sicherungsdrähten, $\int \mathfrak{i}^2\, dt$ in $(Amp/cm^2)^2$ sec.

Sicherungsmetall	Kupfer	Silber
Erste Erwärmungsperiode bis zum Schmelzen, Gl. (9)	$8{,}63\cdot10^8$	$5{,}91\cdot10^8$
Schmelzperiode, Gl. (18)	$1{,}33\cdot10^8$	$1{,}02\cdot10^8$
Zweite Erwärmungsperiode bis zum Verdampfen, Gl. (20) . .	$1{,}76\cdot10^8$	$1{,}07\cdot10^8$
Gesamtes Strom-Zeit-Integral, Gl. (21), ... $C = \sum \int \mathfrak{i}^2\, dt =$	$11{,}72\cdot10^8$	$8{,}00\cdot10^8$

Wir sehen aus den Werten von Zahlentafel II, *daß bei diesen beiden Metallen die erste Erwärmungsperiode etwa 3/4 des Gesamtbetrages ausmacht, und daß der*

Rest sich ziemlich gleichmäßig auf die Schmelzperiode und die zweite Erwärmungsperiode aufteilt. Ferner erkennen wir, daß Silber nur 2/3 des Strom-Zeit-Integrals von Kupfer benötigt und daher diesem überlegen ist.

Andererseits verursachen hohe Schmelz- und Verdampfungstemperaturen große Widerstandsänderungen während der Erwärmung und lassen daher niedrige Temperatur beim Normalstrom zu. In dieser Hinsicht ist Kupfer etwas vorteilhafter als Silber. Beide Metalle sind jedoch vielen anderen Sicherungsmaterialien mit niedrigem Schmelzpunkt weit überlegen.

Die vollständige Verdampfung des Sicherungsmetalls braucht auch eine gewisse Zeit, innerhalb der der Strom die Verdampfungswärme erzeugen muß. Es ist jedoch zweifelhaft, ob diese Erscheinung in regulärer Weise erfolgt oder ob der flüssige Zylinder unter der mechanischen Wirkung des Dampfdrucks explodiert. Auf jeden Fall wird der Widerstand des leitenden Strompfades zu dieser Zeit außerordentlich vergrößert, und es bildet sich ein Lichtbogen in dem expandierenden Metalldampf aus.

Eine andere Wirkung, durch die der metallische Zusammenhang unterbrochen werden kann, ist *der Einschnürungseffekt, der durch das starke zirkulare Magnetfeld innerhalb des dünnen Schmelzdrahtes hervorgerufen wird.* Durch den axialen Strom werden in diesem Felde radiale Kräfte erzeugt, die gegen das Drahtzentrum gerichtet sind und die daher das Metall zerquetschen können, unter Umständen sogar bevor die Verflüssigung eingetreten ist.

b) Strom-Zeit-Integral. Unter den angegebenen Erwärmungsbedingungen ist die Entwicklung des Strom-Zeit-Integrals abhängig von der zeitlichen Kurvenform des Kurzschlußstromes. Wir wollen drei oft wiederkehrende Fälle untersuchen.

Gleichstrom setzt gewöhnlich nach einem exponentiellen Gesetz ein

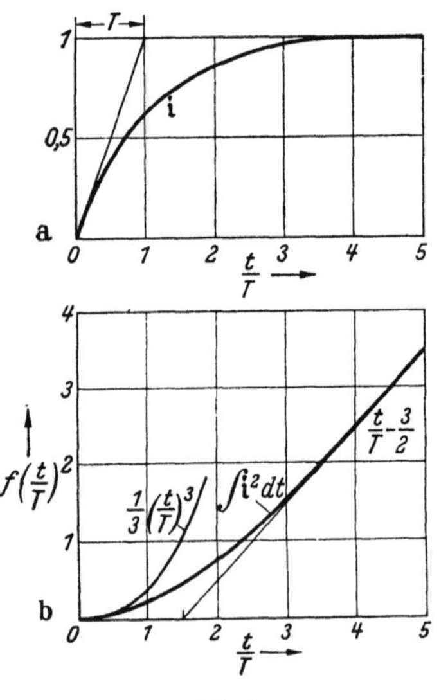

Abb. 6.

$$i = \mathfrak{J}\left(1 - \varepsilon^{-\frac{t}{T}}\right), \qquad (22)$$

wobei $\mathfrak{J}$ die endgültig *verfügbare Stromdichte* ist und T die Zeitkonstante des Stromkreises. Das Integral

$$\int i^2\, dt = \mathfrak{J}^2 \int \left(1 - 2\varepsilon^{-\frac{t}{T}} + \varepsilon^{-\frac{2t}{T}}\right) dt = \mathfrak{J}^2\left[t - \frac{3}{2}T + T\left(2\varepsilon^{-\frac{t}{T}} - \frac{1}{2}\varepsilon^{-\frac{2t}{T}}\right)\right] \quad (23)$$

ist in Abb. 6 unterhalb der Stromkurve selbst dargestellt in Abhängigkeit von der Zeit.

Für kleine Zeiten im Vergleich zur Zeitkonstante können die Exponentialfunktionen in Potenzreihen entwickelt werden, und wenn wir Glieder bis zur dritten Ordnung berücksichtigen, so erhalten wir

$$\text{für } t \ll T: \qquad \int i^2\, dt = \mathfrak{J}^2 \frac{T}{3}\left(\frac{t}{T}\right)^3. \qquad (24)$$

Die Heizwirkung nimmt daher anfangs proportional der dritten Potenz der Zeit zu, was in Abb. 6b besonders herausgezeichnet ist. Für einen gegebenen Wert C des Strom-Zeit-Integrals nach Gl. (21) und Zahlentafel II ist daher die Zeit τ, nach welcher die Sicherung durchbrennt,

$$\tau = \sqrt[3]{3\,C\left(\frac{T}{\mathfrak{J}}\right)^2}\,.\tag{25}$$

Die Durchbrennzeit hängt daher bei gegebener Materialkonstante C nur von der verfügbaren Stromdichte $\mathfrak{J}$ ab, die vom endgültigen Kurzschlußstrom im Sicherungsdraht erzeugt würde, und von der Zeitkonstante des Stromkreises, beides zur $^2/_3$ ten Potenz erhoben.

Für Zeiten von der Größenordnung der Zeitkonstante T kann die Lösung der Gl. (23) graphisch der Kurve von Abb. 6 entnommen werden. *Für lange Zeiten* im Vergleich zur Zeitkonstante verschwinden jedoch die Exponentialglieder in Gl. (23), und wir erhalten

$$\text{für } t \gg T: \quad \int \mathfrak{i}^2 dt = \mathfrak{J}^2\left(t - \frac{3}{2}\,T\right).\tag{26}$$

Die Heizwirkung nimmt daher schließlich linear mit der Zeit zu, wie es auch aus Abb. 6 hervorgeht. Dieser asymptotische Wert hat indessen eine Zeitverzögerung von $^3/_2\,T$ gegenüber dem Beginn des Kurzschlußstromes. Die Durchbrennzeit der Sicherung ist jetzt in Umkehrung von Gl. (26)

$$\tau = \frac{C}{\mathfrak{J}^2} + \frac{3}{2}\,T,\tag{27}$$

was sehr verschieden von Gl. (25) aufgebaut ist. Die auftretende Verzögerung wird durch den anfänglichen Strommangel, verglichen mit dem endgültigen Strom, verursacht.

Wenn wir eine Zeitkonstante des Stromkreises von $T = 10^{-2}$ sec annehmen und eine verfügbare Stromdichte $\mathfrak{J} = 10^8$ Amp/cm², die endgültig in einem Silberschmelzdraht von zum Beispiel 0,2 mm Durchmesser einen Strom von 30000 Amp entwickeln würde, so würde dieser Strom nach Gl. (25) und Zahlentafel II nach einer Zeit

$$\tau = \sqrt[3]{3 \cdot 8{,}0 \cdot 10^8 \cdot \left(\frac{10^{-2}}{10^8}\right)^2} = 0{,}29 \cdot 10^{-3}\,\text{sec}$$

unterbrochen werden. *Dies ist lange bevor der Kurzschlußstrom seinen endgültigen Wert erreicht haben würde*, und somit ist die hohe verfügbare Stromdichte lediglich fiktiv.

Eine wirkungsvolle Sicherung sollte den Strom auf einen kleinen Bruchteil des verfügbaren Stromes begrenzen. Für kleine Unterbrechungszeiten im Vergleich zur Zeitkonstante ist der ansteigende Strom nach Gl. (22) in Annäherung

$$\frac{\mathfrak{i}}{\mathfrak{J}} = \frac{t}{T}\,.\tag{28}$$

Daher ist das Verhältnis des Stromes im Augenblick der Unterbrechung $t = \tau$ zum verfügbaren Strom, beide ausgedrückt durch ihre Stromdichten, unter Benutzung von Gl. (25)

$$\frac{\mathfrak{i}_\tau}{\mathfrak{J}} = \sqrt[3]{\frac{3\,C}{\mathfrak{J}^2 T}}\,.\tag{29}$$

Mit den Werten des früheren Beispiels ist dies

$$\frac{\mathfrak{i}_\tau}{\mathfrak{J}} = \sqrt[3]{\frac{3 \cdot 8{,}0 \cdot 10^8}{10^{16} \cdot 10^{-2}}} = 2{,}9\,\%\,.$$

Wir sehen, daß unter der schnellen Wirkung der Sicherung die Unterbrechung bei einem sehr kleinen Strom erfolgt, verglichen mit dem verfügbaren Strom des Kreises. Wenn ein noch kleinerer Bruchteil für den Durchbrennstrom gewünscht werden sollte, so ist es nötig, eine höhere fiktive Stromdichte $\mathfrak{J}$ des endgültigen Stromes im Sicherungsdraht zu wählen.

Symmetrischer Kurzschlußwechselstrom setzt in einer Sinuskurve ein. Daher ist die Stromdichte

$$i = \mathfrak{J} \sin \omega t , \tag{30}$$

worin jetzt $\mathfrak{J}$ die Amplitude und ω die Kreisfrequenz ist. Das Zeitintegral ist

$$\int i^2 \, dt = \mathfrak{J}^2 \int \sin^2 \omega t \, dt = \mathfrak{J}^2 \left(\frac{t}{2} - \frac{\sin 2 \omega t}{4 \omega} \right) . \tag{31}$$

Es nimmt stufenförmig zu, wie Abb. 7 zeigt. Für kleine Zeiten im Vergleich zur Periodendauer können wir die Sinusfunktion in eine Potenzreihe entwickeln und erhalten

$$\text{für } t \ll \frac{1}{\omega}: \qquad \int i^2 \, dt = \frac{\mathfrak{J}^2}{\omega} \frac{(\omega t)^3}{3} , \tag{32}$$

was im Aufbau der Gl. (24) für ansteigenden Gleichstrom sehr ähnlich ist. Durch Umkehrung bestimmen wir die Durchbrennzeit zu

$$\tau = \frac{1}{\omega} \sqrt[3]{3 \frac{\omega C}{\mathfrak{J}^2}} = \sqrt[3]{\frac{3 C}{(\omega \mathfrak{J})^2}} . \tag{33}$$

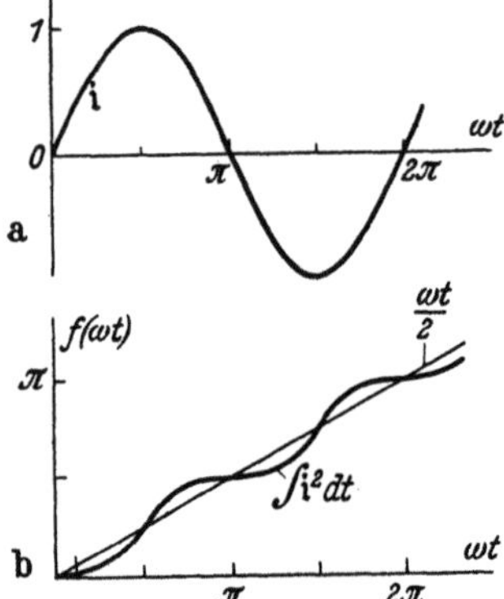

Abb. 7.

Mit $\omega / 2 \pi = 50$ Per/sec und einer verfügbaren Stromdichte von wiederum $\mathfrak{J} = 10^8$ Amp/cm² wird die Unterbrechungszeit

$$\tau = \sqrt[3]{\frac{3 \cdot 8 \cdot 10^8}{(314 \cdot 10^8)^2}} = 0{,}28 \cdot 10^{-3} \text{ sec} .$$

Zu Beginn kann das Verhältnis der beiden Ströme von Gl. (30) angenähert werden durch ωt. Wenn wir diesen Wert durch Gl. (33) ausdrücken, wird das *Verhältnis von Durchbrennstrom zu verfügbarem Strom*

$$\frac{i_\tau}{\mathfrak{J}} = \omega \tau = \sqrt[3]{3 \frac{\omega C}{\mathfrak{J}^2}} , \tag{34}$$

was große Ähnlichkeit mit Gl. (29) für Gleichstrom hat. Jedoch bedeutet hier $\mathfrak{J}$ die fiktive Amplitude der Wechselstromdichte. Mit denselben Zahlen wie im letzten Beispiel brennt die Sicherung durch bei

$$\frac{i_\tau}{\mathfrak{J}} = \sqrt[3]{3 \cdot \frac{314 \cdot 8 \cdot 10^8}{10^{16}}} = 2{,}0 \%$$

des verfügbaren Stromes. Für weitere Verminderung dieses Verhältnisses müßte die fiktive Stromdichte vergrößert werden.

Unsymmetrischer Kurzschlußwechselstrom setzt in einer einseitig verschobenen Kosinuskurve ein. Die Stromdichte ist daher

$$i = \mathfrak{J}(1 - \cos \omega t) . \tag{35}$$

Dies ergibt ein Zeitintegral

$$\int i^2 \, dt = \mathfrak{J}^2 \int (1 - 2 \cos \omega t + \cos^2 \omega t) \, dt = \mathfrak{J}^2 \left(\frac{3}{2} t - \frac{2 \sin \omega t}{\omega} + \frac{\sin 2 \omega t}{4 \omega} \right) , \tag{36}$$

das in Abb. 8 aufgetragen ist und viel höhere Stufen besitzt als das des vorigen Falles. Für kleine Zeiten ergibt die Entwicklung der Sinusausdrücke in Potenzreihen bis zur fünften Ordnung

$$\text{für } t \ll \frac{1}{\omega}: \qquad \int i^2 \, dt = \frac{\mathfrak{J}^2}{\omega} \frac{(\omega t)^5}{20} . \tag{37}$$

Wegen der fünften Potenz der Zeit entwickelt sich der Heizeffekt anfangs sehr langsam, nimmt aber später rapide zu.

Die Umkehrung von Gl. (37) ergibt die Durchbrennzeit der Sicherung

$$\tau = \frac{1}{\omega} \sqrt[5]{20 \frac{\omega C}{\mathfrak{J}^2}} = \sqrt[5]{\frac{20 C}{(\omega^2 \mathfrak{J})^2}}, \tag{38}$$

was eine etwas andere Struktur als Gl. (33) ist. Ein Zahlenbeispiel unter denselben Annahmen wie oben ergibt jetzt

$$\tau = \sqrt[5]{\frac{20 \cdot 8 \cdot 10^8}{(314^2 \cdot 10^8)^2}} = 0,7 \cdot 10^{-3} \, \text{sec},$$

was länger als im vorigen Beispiel mit symmetrischem Strom ist.

Das Stromverhältnis von Gl. (35) kann anfänglich angenähert werden durch $(\omega t)^2/2$. Unter Benutzung von Gl. (38) wird daher das Verhältnis von Durchbrennstrom zur verfügbaren Stromamplitude

$$\frac{i_\tau}{\mathfrak{J}} = \frac{(\omega\tau)^2}{2} = \frac{1}{2} \sqrt[2,5]{20 \frac{\omega C}{\mathfrak{J}^2}} = \sqrt[2,5]{3,53 \frac{\omega C}{\mathfrak{J}^2}}. \tag{39}$$

Dieser Ausdruck ist nicht gar zu verschieden von dem der Gl. (34) bis auf den Wurzelexponenten. Die Sicherung wird in diesem Falle bei

$$\frac{i_\tau}{\mathfrak{J}} = \sqrt[2,5]{3,53 \cdot \frac{314 \cdot 8 \cdot 10^8}{10^{16}}} = 1,1\%$$

der verfügbaren Stromamplitude durchbrennen, welch letztere aber nur die Hälfte der Stromspitze beträgt, wie aus Abb. 8a hervorgeht.

Da man niemals voraussehen kann, in welchem Augenblick der Wechselstromperiode ein Kurzschluß einsetzt, so muß man auf den

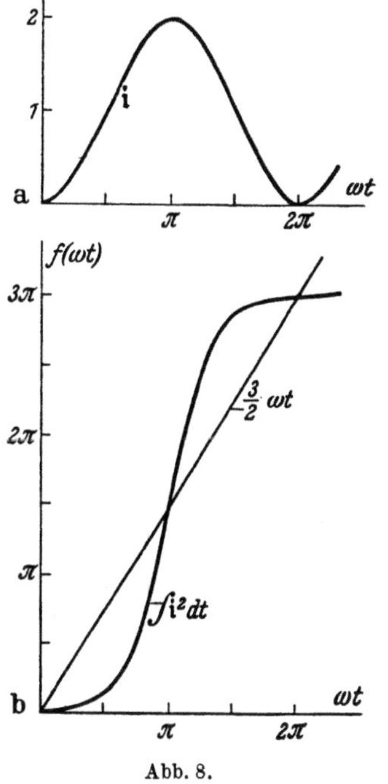

Abb. 8.

schlimmsten Fall vorbereitet sein. *Für den vorliegenden Zweck des Durchbrennens von Sicherungen ist dies offenbar der symmetrische Kurzschlußfall,* da er nahezu den doppelten Wert des Durchbrennstromes ergibt, zum mindesten in unserem Zahlenbeispiel.

Es ist wünschenswert, daß beim Durchbrennen der Sicherung unter Kurzschluß die verfügbare Stromdichte $\mathfrak{J}$ ein rein fiktiver Wert bleibt, von dem die Stromdichte i_τ im Augenblick des Durchbrennens nur ein kleiner Bruchteil ist. Die Stromdichte des normalen Stromes ist natürlich noch viel kleiner.

Wenn anstatt des verfügbaren Stromes *die Anstieggeschwindigkeit des Stromes* nach dem Kurzschlußaugenblick bekannt ist, so kann eine sehr einfache Formulierung abgeleitet werden. Dies ist der Fall für Gleichstrom und für symmetrischen Wechselstrom. Für solche linear ansteigenden Ströme ist der anfängliche Anstieg gegeben durch

$$\left(\frac{di}{dt}\right)_0 = \frac{\mathfrak{J}}{T} = \omega \mathfrak{J} \tag{40}$$

für Gleich- beziehungsweise Wechselstrom.

Führt man dies in die Gln. (25) und (33) ein, so ergibt sich *für beide Fälle die Durchbrennzeit* zu

$$\tau = \sqrt[3]{\frac{3 C}{(di/dt)_0^2}}. \tag{41}$$

Die Unterbrechungsstromdichte nimmt auch den gleichen Wert für Gleich- und Wechselstrom an, der sich durch Einsetzen von Gl. (40) in Gln. (29) und (34) ergibt zu

$$i_\tau = \sqrt[3]{3\,C\left(\frac{d\,i}{d\,t}\right)_0}. \qquad (42)$$

Natürlich hätten wir diese Beziehungen auch direkt aus dem Strom-Zeit-Integral ableiten können. Es ist bemerkenswert, *daß die Stromdichte i_τ und daher auch der gesamte Durchbrennstrom proportional der dritten Wurzel aus dem zeitlichen Anstieg des Kurzschlußstromes ist.* Demgemäß ändert ein beträchtlicher Unterschied in $d\,i/d\,t$ den Durchbrennstrom nur um mäßige Beträge.

Schnelle Strombegrenzungssicherungen sind von besonderem Wert für den Schutz schwacher Stromkreise, die von Hochleistungsnetzen gespeist werden, wobei das Verhältnis von Kurzschlußstrom zu Normalstrom sehr groß ist. Würden hierbei langsamer wirkende mechanische Unterbrecher benutzt, so würde dies Leistungsschalter erfordern, die fähig sein müßten, die volle Kurzschlußleistung des Systems zu unterbrechen.

Unsere Zahlenbeispiele zeigen, *daß strombegrenzende Sicherungen schon bei einem kleinen Bruchteil des verfügbaren Stromes unterbrechen, sofern die fiktive Stromdichte im Schmelzdraht hoch genug gewählt wird.* Dies schließt ein, daß auch der Normalstrom eine erhebliche Dichte besitzt, wenn auch von viel geringerer Größenordnung. Hierbei ist gute elektrische Leitfähigkeit und intensive Kühlwirkung notwendig, um Überhitzung des Sicherungsdrahtes im normalen Betriebe zu vermeiden. Dieses kann erreicht werden durch Auswahl von Silber als Schmelzmetall, durch Benutzung sehr dünner Drähte, nötigenfalls mehrerer in Parallele, um relativ große kühlende Oberfläche zu erzielen, und durch Einbetten der Drähte in isolierendes Kristallpulver mit guter Wärmeleitung.

In Hochspannungsnetzen ist die Spannung am Sicherungsdraht stets klein verglichen mit der Netzspannung, selbst im Augenblick des Durchbrennens, wo der metallische Widerstand stark vergrößert ist. In Niederspannungsnetzen jedoch, und ebenfalls bei der Prüfung von Hochspannungssicherungen unter vollem Strom aber mit verminderter Spannung, kann der anwachsende Widerstand der Sicherung den Strom erheblich verringern. In solchen *Fällen des Betriebes mit nahezu konstanter Spannung wird die Unterbrechungszeit sehr erheblich verlängert* im Vergleich zu dem Verhalten bei konstantem Strom.

35. Halbleiter im Stromkreis.

Im Gegensatz zu metallischen Leitern nimmt der OHMsche Widerstand von halbleitenden Materialien mit steigender Temperatur ab. In flüssigen Elektrolyten ist die Abnahme nur mäßig, nämlich von der Größenordnung $-0,4\%/C$, was ähnlich wie bei Metallen ist, nur von entgegengesetztem Vorzeichen.

In festen Halbleitern, wie in Kohle, Karbiden, Oxyden, Sulfiden oder Silikaten, steigt die Änderung des Widerstandes bis auf $4\%/C$ und höher. Solch eine Abnahme bewirkt, *daß der Widerstand sich tausendfach und mehr ändern kann bei Temperaturänderungen um nur einige hundert Grad.* Abb. 1 stellt im logarithmischen Maßstab das typische Verhalten des spezifischen Widerstandes eines Halbleiters im Vergleich zu dem eines Metalles dar im Bereich von -100 bis zu $+400$ C.

Einige Halbleitermaterialien, besonders solche, die aus scharfkantigen Kristallen bestehen, zeigen eine ähnliche Abnahme des Widerstandes mit zunehmendem Strom, ohne daß eine wesentliche Erwärmung notwendig ist. *In beiden Fällen, mit und ohne vermittelnde Wärmewirkung, sinkt daher der Widerstand r von Halbleitern mit zunehmendem Strom*, wie es in Abb. 2 für das Material Thyrit gezeichnet ist. Die Spannung e steigt daher mit wachsendem Strom nicht linear an, sondern nach einer charakteristischen Kurve, die konkav zur i-Achse gekrümmt ist, wie es in Abb. 2 dargestellt ist. Dies Verhalten ist entgegengesetzt

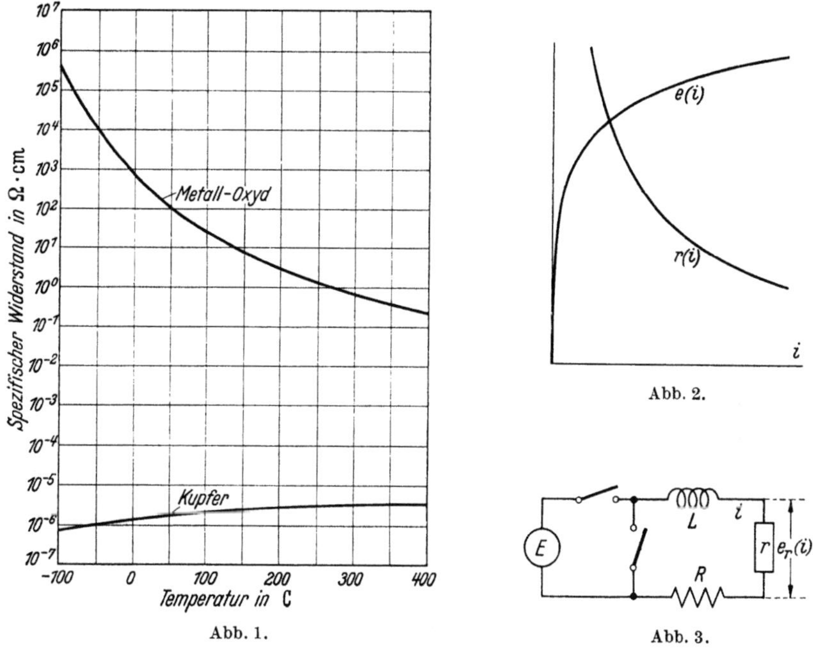

Abb. 1.

Abb. 2.

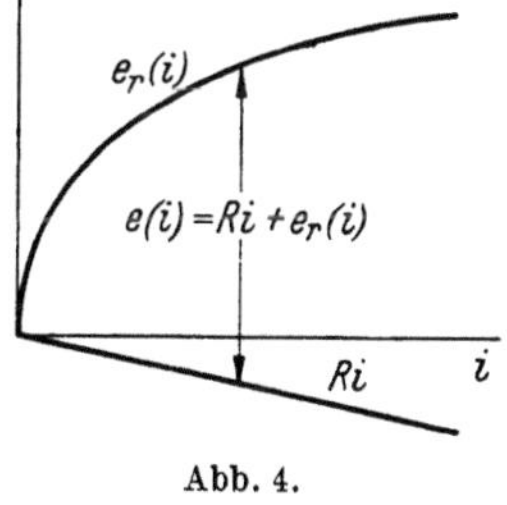

Abb. 3.

zu dem von metallischen Widerständen, deren Charakteristik konvex gegen die i-Achse gebogen ist, entsprechend Abb. 6 in Kapitel 33.

a) Induktive und kapazitive Ströme. Wenn ein Halbleiter r einen Teil eines Stromkreises bildet, der wie in Abb. 3 von einer konstanten Spannung E gespeist wird und Induktanz L und womöglich auch konstanten Widerstand R enthält, so ist die Differentialgleichung des Kreises nach Schließen des Schalters

$$L \frac{di}{dt} + e(i) = E, \tag{1}$$

wobei $e(i)$ die Gesamtspannung am konstanten und variablen Widerstand bezeichnet, die vom Strome i wie in Abb. 4 abhängt. Wir betrachten somit die beiden Widerstandsarten gemeinschaftlich. Die resultierende Charakteristik $e(i)$ ist um so mehr gekrümmt, je größer

Abb. 4.

der Anteil des variablen Widerstandes r ist. Im allgemeinen ist die Form der Funktion $r(i)$ oder der Spannung $e_r(i)$ und daher auch die von $e(i)$ graphisch gegeben.

Zur Lösung trennen wir die Variablen von Gl. (1) und integrieren. Wir erhalten

$$t = L \int \frac{di}{E - e(i)}. \tag{2}$$

Dies Integral kann graphisch leicht ausgewertet werden, da die Funktion unter dem Integral nur von i abhängt. Wir erhalten daher durch Invertierung der Kurve, die in Abb. 5a durch Schraffur herausgehoben ist, und nach Integration der letzteren, die Zeit t als Funktion des Stromes i. In Abb. 5 sind alle Kurven in einer solchen Lage gezeichnet, daß sich das übliche Diagramm für i abhängig von t ergibt.

Die Integration kann auch ausgeführt werden, indem man Gl. (1) in der Form schreibt

$$\frac{di}{dt} = \frac{E - e(i)}{L}. \tag{3}$$

Hiernach wird die zeitliche Stromänderung direkt bestimmt durch die Abweichung zwischen der treibenden Spannung E und der $e(i)$-Charakteristik für den Wert des jeweiligen Stromes. Diese Differenz kann von Abb. 5a abgegriffen und als

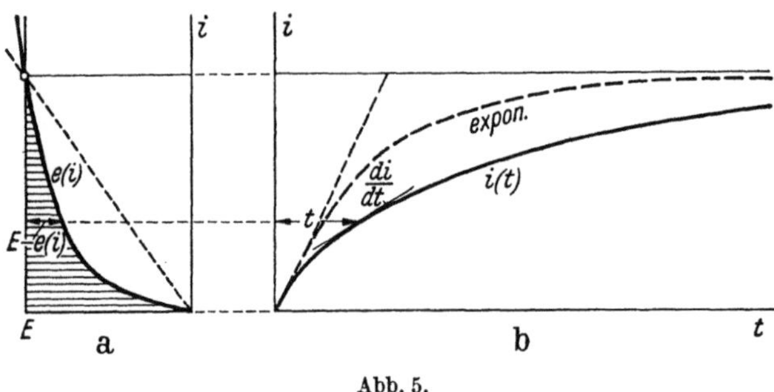

Abb. 5.

Größe der Neigung nach Abb. 5b übertragen werden. Auf diese Weise kann der zeitliche Anstieg des Stromes nach dem Einschalten rein geometrisch, Schritt für Schritt, konstruiert werden.

Wenn wir den Stromanstieg in Abb. 5b mit der gestrichelten Kurve vergleichen, die einen exponentiellen Anstieg darstellt, wie er bei konstantem Wider-

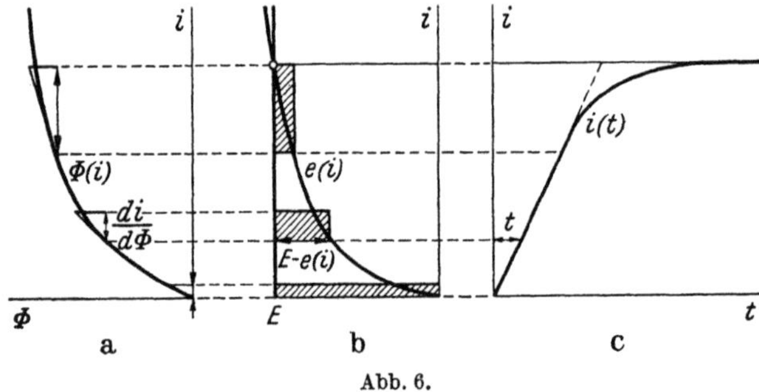

Abb. 6.

stand von gleichem Endwerte auftreten würde, so sehen wir, *daß ein Halbleiter zu Anfang eine größere Krümmung hervorruft und daher eine schnellere Abweichung des Anstiegs von der geradlinigen Ursprungstangente bewirkt.*

Wenn die Selbstinduktion L des Stromkreises nicht konstant ist wegen magnetischer Sättigung ihres Eisenkreises, so kann das Einschaltproblem in sehr ähnlicher Weise gelöst werden. Die Differentialgleichung ist jetzt

$$N\frac{d\Phi}{dt} + e(i) = E, \tag{4}$$

wobei N die Windungszahl ist und $\Phi(i)$ der Magnetfluß der Selbstinduktion, wie er durch die Charakteristik in Abb. 6a dargestellt ist. Die totale Ableitung dieses Flusses nach der Zeit ist

$$\frac{d\Phi}{dt} = \frac{d\Phi}{di}\frac{di}{dt}. \tag{5}$$

Hierin kann $d\Phi/di$ aus der Neigung der magnetischen Charakteristik entnommen werden. Daher enthält die Lösung

$$\frac{di}{dt} = \frac{E - e(i)}{N}\frac{di}{d\Phi} \tag{6}$$

auf der rechten Seite zwei Quotienten, die vollständig bestimmt sind durch die Widerstandscharakteristik von Abb. 6b und die magnetische Charakteristik von Abb. 6a. In Abb. 6c ist die Auswertung von Gl. (6) dargestellt. Die Neigung dieser Stromkurve ist gegeben durch die Abweichung der Widerstandscharakteristik von der gegebenen Spannung, multipliziert mit der Neigung der magnetischen Charakteristik, bezogen auf Φ. Die Größe dieses Produkts ist durch die schraffierten Rechteckflächen in Abb. 6b dargestellt.

Wir erkennen aus Abb. 6c, daß der Stromanstieg nach dem Einschalten während einer beträchtlichen Zeit geradlinig ist, solange bis die endgültige Stromstärke beinahe erreicht ist. Dies rührt davon her, daß die Ableitung $di/d\Phi$ durch die Sättigungswirkung des Flusses mit dem Strome stark ansteigt, wie in Abb. 6a, während die Differenz $E - e(i)$, wie in Abb. 6b, rapide abnimmt. *Durch geeignete Abstimmung der Form dieser beiden Charakteristiken ist es möglich, einen nahezu proportionalen zeitlichen Stromanstieg zu erreichen, fast bis zum endgültigen Werte.* Solch ein Verhalten ist für viele Zwecke in Regulieranordnungen sehr nützlich.

Wenn der r–L-Stromkreis von Abb. 3 abgeschaltet wird durch Kurzschluß der Stromquelle, so verschwindet die treibende Spannung E, und daher wird Gl. (1) bei konstanter Selbstinduktion

$$\frac{di}{dt} = -\frac{e(i)}{L}. \tag{7}$$

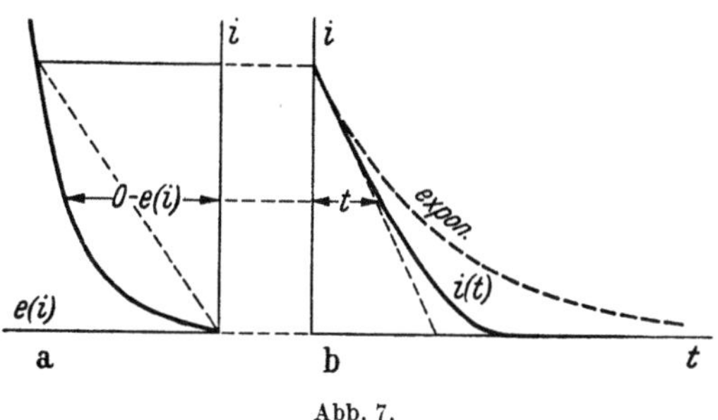

Abb. 7.

Die Lösung ist in Abb. 7 dargestellt und *zeigt, daß sich jetzt der Entladungsstrom im Anfange länger linear verhält als ein exponentieller Verlauf für konstanten Widerstand.* Gegen Ende kriecht dann der Strom schnell auf null wegen des stark ansteigenden Widerstandswertes. Solch ein Verhalten ist wertvoll, wenn Thyritwiderstände parallel zu Magnetspulen angewandt werden, um diese gegen Überspannungen beim Unterbrechen des Stromes zu schützen. Wegen des hohen Widerstandes unter mäßigen Spannungen verbrauchen solche Schutzanordnungen nicht so viel Strom im regulären Betriebe wie ein konstanter Widerstand nach Kapitel 1d.

Für eine gesättigte Selbstinduktion ist die Lösung

$$N\frac{di}{dt} = -e(i)\frac{di}{d\Phi}. \tag{8}$$

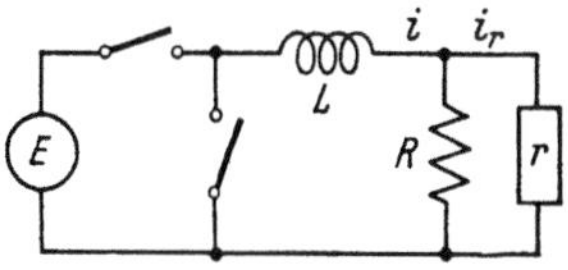

Abb. 8.

In diesem Falle würde hohe Sättigung des Flusses die anfängliche Linearität des Stromabfalles zerstören.

Wenn der konstante Widerstand R parallel zum Halbleiter r liegt, wie in Abb. 8, so entwickelt man die Gesamtcharakteristik durch Addition der beiden Ströme für jede Spannung, wie es aus Abb. 9 zu sehen ist. Diese $e(i)$-Charakteristik kann in genau derselben Weise wie oben benutzt werden, um das Verhalten des Gesamtstromes zu bestimmen. Alsdann kann der Strom in seine beiden Zweige an Hand von Abb. 9 zerspalten werden.

Abb. 10 zeigt einen Stromkreis, der einen Kondensator in Serie mit den beiden Widerständen r und R enthält und der auf eine konstante Spannung E geschaltet oder von ihr abgeschaltet werden kann. Die Stromkreisgleichungen sind jetzt

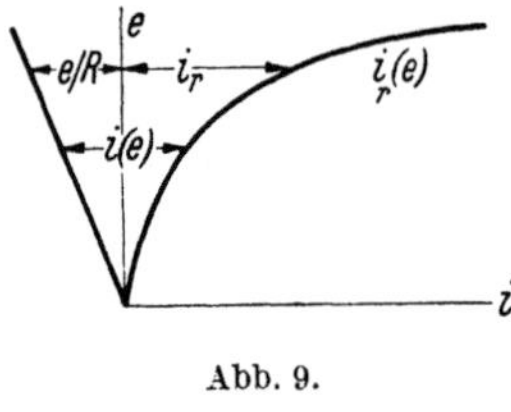
Abb. 9.

$$e_c = E - e\,(i)\,;\qquad i = C\frac{de_c}{dt}.\qquad(9)$$

Wiederum bezeichnet $e\,(i)$ die Spannung beider Widerstände und e_C ist die Kondensatorspannung. In Abb. 11a ist die erste Gl. (9) graphisch dargestellt. Die Widerstandsspannung $e\,(i)$ mit einer Kurvenform wie in Abb. 4 wird von der treibenden Spannung E abgezogen, was graphisch die Kondensatorspannung $e_c\,(i)$ als Funktion abhängig vom Strom ergibt. Diese Kurve kann ebensogut als Stromkurve abhängig von der Kondensatorspannung betrachtet werden, nämlich als Funktion $i\,(e_c)$. Aus der zweiten Gl. (9) können wir daher die Lösung unseres Problems ganz allgemein ableiten als

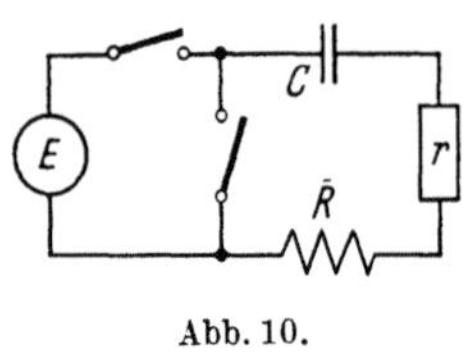
Abb. 10.

$$t = C\int\frac{de_c}{i\,(e_c)}.\qquad(10)$$

Die Zeit erscheint hier als ein Integral über den reziproken Strom in Abhängigkeit von der Kondensatorspannung, integriert nach e_C.

Andererseits können wir die allgemeine Lösung auch in der Form schreiben

$$\frac{de_c}{dt} = \frac{i\,(e_c)}{C}.\qquad(11)$$

Hierin ist die Neigung oder zeitliche Änderung der Kondensatorspannung direkt durch den Strom $i\,(e_C)$ bestimmt, wie er für irgendeinen Schaltprozeß durch das

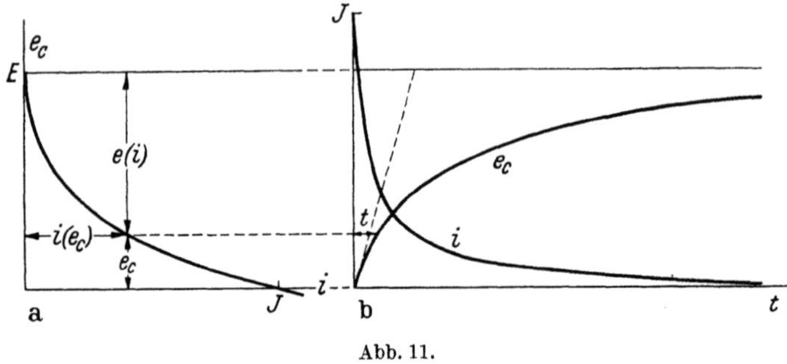
Abb. 11.

Diagramm in Abb. 11a gegeben ist. Dies führt zu der gleichen Schritt-für-Schritt-Konstruktion, wie sie oben beschrieben ist, und ergibt die Kurve e_C in Abb. 11b.

Zur Einschaltezeit $t = 0$ ist die Kondensatorspannung $e_C = 0$. Dies liefert aus der ersten Gl. (9) die anfängliche Widerstandsspannung

$$e_0\,(i) = E,\qquad(12)$$

und aus Abb. 11a den anfänglichen Strom $i = I$, so daß beide Werte durch den Schnitt der Widerstandscharakteristik mit der Null-Spannungslinie bestimmt sind. Abb. 11b zeigt den Anstieg der Kondensatorspannung e_C von null bis zum Werte E, und den Strom i, der nunmehr von Abb. 11a entnommen werden kann.

Wegen des rapiden Abfalls dieses Stromes verringert sich die Neigung von e_c schon von Anfang an, und *daher tritt kein linearer Teil in dieser Kurve auf.* Die Spannung kriecht vielmehr dauernd langsam auf den Endwert zu.

Der Strom beginnt mit einer hohen Spitze, die durch den kleinen Widerstandswert des Halbleiters bei hohen Strömen bedingt ist. Schließlich jedoch sinkt der Strom sehr langsam gegen null, weil jetzt der Widerstand des Halbleiters sehr groß ist. Somit kriechen Strom sowohl wie Kondensatorspannung beide langsam auf ihre Endwerte.

Die Spannungscharakteristik und die Ladespannungskurve sind in Abb. 12 mit den Kurven für konstanten Widerstand verglichen, der denselben Anfangs-

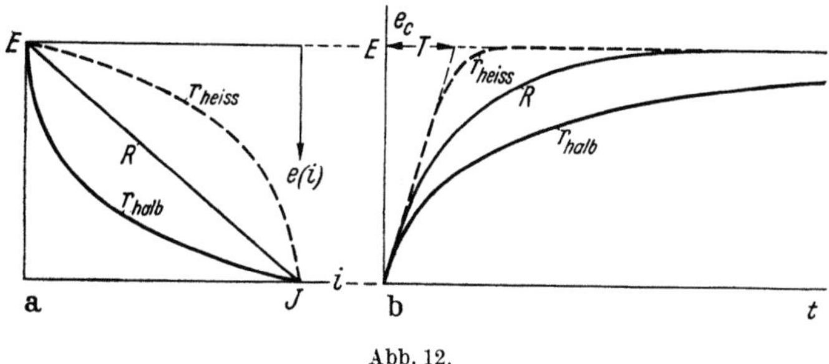

Abb. 12.

strom, aber exponentiellen Spannungsanstieg liefern würde. Weiterhin ist die Spannungscharakteristik eines heißen Metallwiderstandes in Abb. 12a gestrichelt eingetragen. Dessen Ladespannung bleibt nach Abb. 12b über einen viel längeren Zeitraum linear und proportional zur Zeit als jeder der anderen Fälle, obwohl alle die gleiche Anfangsneigung besitzen. *Ein sich erwärmender Metallwiderstand*

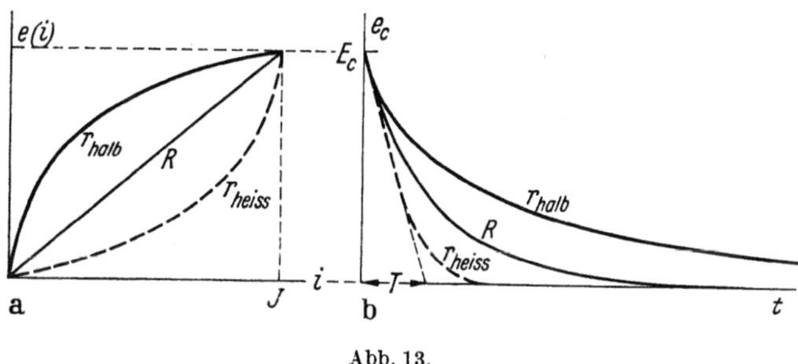

Abb. 13.

von kleiner Wärmezeitkonstante kann daher mit Vorteil verwendet werden, wo immer geradlinige Anstiegkurven verlangt werden, wie zum Beispiel in Kathodenstrahl-Ablenkröhren.

Ganz ähnlich stellen die starken Kurven in Abb. 13 die plötzliche Entladung eines Kondensators über einen Halbleiter dar. Die allgemeine Lösung von Gl. (11) gilt auch für diesen Fall. Da die Spannung E hier null ist, so zeigt Abb. 13a direkt die Widerstandscharakteristik $e(i)$. Dies ergibt dieselbe Art der kriechenden Kurven von e_c und i wie oben in Abhängigkeit von der Zeit.

Gleichzeitig ist in Abb. 13 die exponentielle Entladung über einen konstanten Widerstand eingetragen, und die beschleunigte Entladung durch einen Heißmetall-Widerstand von kleiner Wärmezeitkonstante. Der letztere Fall ergibt wieder ein linearisiertes Verhalten der Kondensatorspannung, weil der Strom i in Abb. 13a nicht so schnell absinkt wie in den beiden anderen Fällen.

Wenn der Stromkreis mit variablem Widerstand *sowohl Selbstinduktion wie Kapazität enthält*, so kann die Ladung und Entladung solcher Schwingungskreise nach den Methoden des folgenden Kapitels 36 ausgewertet werden. Das Diagramm der Abb. 14 stellt die Kapazitätsspannung e_c abhängig vom induktiven Strom i_L dar, wie sie von der gezeichneten Spannungscharakteristik $e(i)$ des Widerstandes abgeleitet werden kann. Solch ein unharmonisches Spiraldiagramm von Strom und Spannung entwickelt sich stets, wenn der L-C-Stromkreis plötzlich auf einen Widerstand entladen wird, dessen Wert mit abnehmendem Strom stark anwächst. Abb. 15 zeigt das Oszillogramm eines solchen Stromes, in dem nur drei oszillatorische Halbwellen auftreten. Diese entwickeln sich, solange der mittlere Widerstand unterhalb des kritischen Wertes bleibt. Schließlich wird dieser Wert jedoch überschritten und der kleine Rest der Ladung verschwindet aperiodisch.

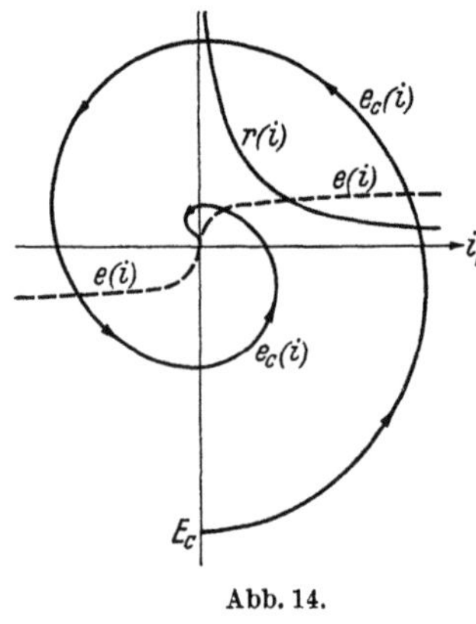

Abb. 14.

b) Fallende Spannungscharakteristik. Wenn der Widerstand eines Halbleiters mit steigender Temperatur sehr steil abnimmt, so kann die Spannung am Widerstand konstant bleiben oder sogar mit zunehmendem Strom abnehmen. Wir wollen die Bedingungen ableiten, unter denen solch eine fallende Spannungscharakteristik auftreten kann. Der Einfachheit halber beschränken wir uns hier auf stationäre Temperaturzustände im Halbleiter, die vorliegen, wenn die Wärmezeitkonstante sehr klein ist, wie wir aus Kapitel 33 b wissen.

In diesem Falle wird die im Widerstand erzeugte Wärme unmittelbar durch die Oberfläche abgegeben und die Energiegleichung für den thermischen Dauerzustand ist daher

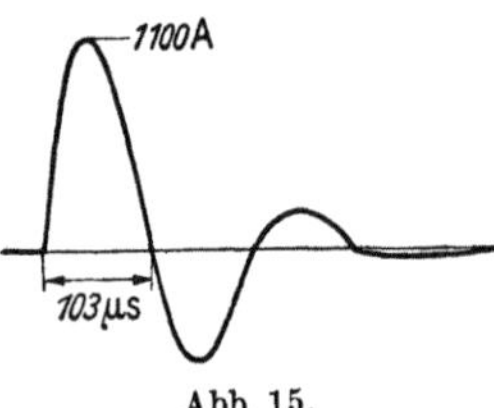

Abb. 15.

$$e\,i = \zeta\, o\, \vartheta. \tag{13}$$

Wir haben dabei vorausgesetzt, daß die Kühlwirkung proportional der Oberfläche o und der Abgabekonstante ζ ist. Indessen kann jedes andere Kühlungsgesetz benutzt werden, ohne die Ableitungen zu beeinträchtigen, wir würden lediglich $\zeta(\vartheta)$ anstatt $\zeta \cdot \vartheta$ zu schreiben haben. Spannung e und Strom i werden dann zweckmäßig auf den Gesamtwiderstand des Stromkreises bezogen, gleichgültig ob konstanter Widerstand R in Reihe oder Parallele zu dem variablen Widerstand r vorhanden ist, wie es in Abb. 4 und 9 erläutert ist. Wir haben ferner ϑ auf einen zweckmäßig gewählten Temperaturwert des Systems zu beziehen. Wenn wir nunmehr Serienschaltung betrachten, und r als temperaturabhängig ansehen, so kann der Gesamtwiderstand durch Strom und Spannung ausgedrückt werden als

$$\frac{e}{i} = R + r(\vartheta). \tag{14}$$

Es ist daher sowohl das Produkt als auch der Quotient von Spannung und Strom durch gegebene Funktionen der Temperatur bestimmt, die entsprechend Gln. (13) und (14) in Abb. 16a und b abhängig von ϑ fett aufgetragen sind.

Von diesen zwei Kurven eliminieren wir graphisch die Temperatur ϑ, indem wir in Abb. 17a e/i als Funktion von $e \cdot i$ auftragen. Dieses ergibt eine Kurve von identischer Gestalt mit Abb. 16b, wenn die Wärme durch Leitung abgeführt wird wie nach der geraden Linie von Abb. 16a. Wenn die Wärme jedoch durch

Konvektion oder Strahlung abgeführt wird, so können die gestrichelten Kurven benutzt werden, was lediglich die Abszissenskala der fallenden Widerstandskurve in Abb. 17a ändert.

Durch Multiplikation von Abszisse und Ordinate jedes Punktes der Kurve in Abb. 17a erhalten wir nach Radizierung

$$\sqrt{e\,i \cdot \frac{e}{i}} = e\,, \qquad (15)$$

und durch Division und Radizierung

$$\sqrt{\frac{e\,i}{e/i}} = i\,. \qquad (16)$$

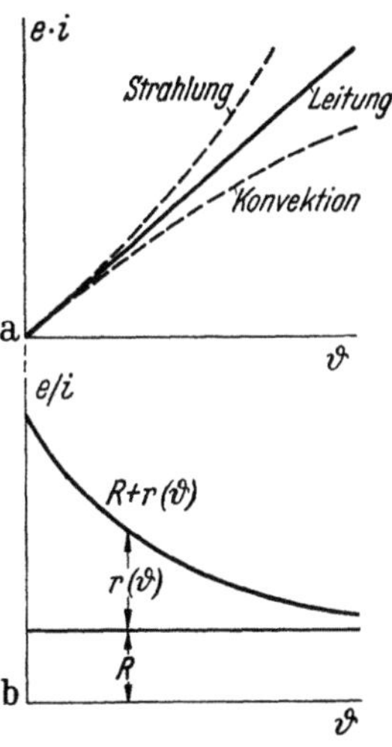
Abb. 16.

Wenn wir diese zwei Werte in Abb. 17b auftragen, *so erhalten wir unmittelbar die e-i-Charakteristik des Widerstandes.* Diese Konstruktion kann für irgend ein empirisches Gesetz der Temperaturabhängigkeit des Widerstandes und der Wärmeabgabe ausgeführt werden. Für kleines Produkt $e \cdot i$ und großen Quotienten e/i, entsprechend niedrigen Temperaturen, ist der Strom und zugleich auch die Spannung sehr klein. Für großes $e \cdot i$ und kleines e/i, entsprechend großen Temperaturen, wird der Strom groß und die Spannung mäßig. Die Spannung kann jedoch wiederum klein werden für sehr kleines e/i bei sehr großem $e \cdot i$. In diesem Falle erreicht die e–i-Charakteristik einen Maximalwert und fällt dann wieder ab.

Die Höchstspannung tritt gemäß Gl. (15) auf, wenn

$$e\,i \cdot \frac{e}{i} = \text{const.} \qquad (17)$$

ist. Dies ergibt mit Gln. (13) und (14)

$$[r(\vartheta) + R] \cdot \vartheta = \text{const.} \qquad (18)$$

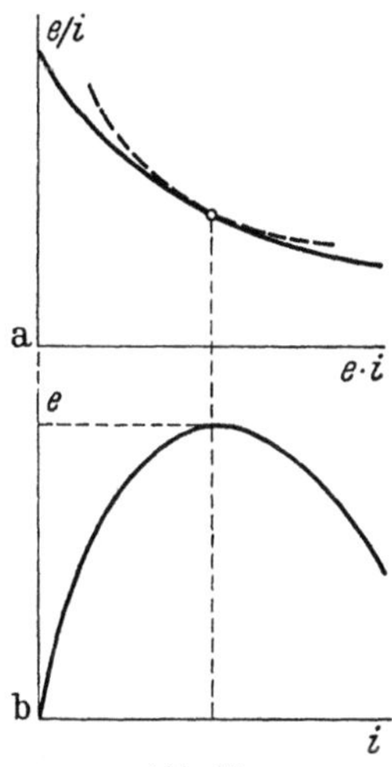
Abb. 17.

Die Spannungscharakteristik wird daher fallend, wenn und wo die Widerstandsänderung stärker als umgekehrt proportional zur Temperatur ist, so wie es in Abb. 17 durch Vergleich mit der gestrichelten Hyperbel angedeutet ist. Bei abweichenden Kühlungsgesetzen, wie in Abb. 16a gestrichelt, wird diese Regel nur geringfügig modifiziert.

Für Thermistor-Material zeigt Abb. 18 eine vollständige Charakteristik mit ihren steigenden und fallenden Abschnitten. An verschiedenen Punkten der Kurve sind die Temperaturen über der der umgebenden Luft angegeben. Solche Widerstände werden in Meß- und Regulierapparaten benutzt oder für die Verstärkung und Erzeugung von Schwingungen in verschiedenartigen Apparaten der Stark- und Schwachstromtechnik.

c) Stabilität des Temperaturanstiegs. Im allgemeinsten Falle der Erwärmung eines temperaturabhängigen Widerstandes kann die Wärmekapazität des Widerstandsmaterials nicht mehr vernachlässigt werden.

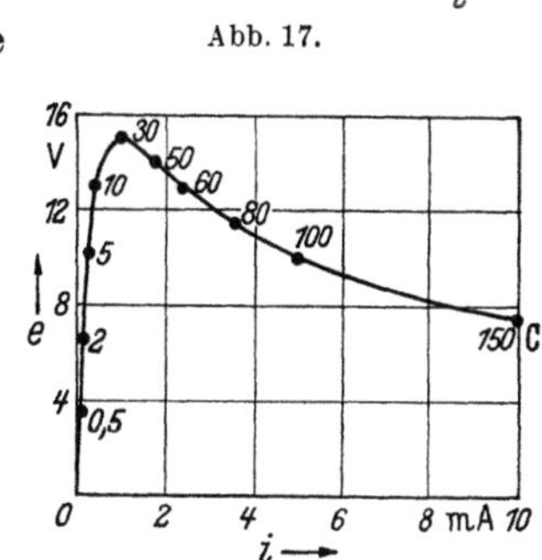
Abb. 18.

Diese Eigenschaft gibt den Ausschlag, in welcher Weise irgendein stationärer Zustand erreicht wird. Wir betrachten dafür das Verhalten eines Widerstandes $r(\vartheta)$, der wieder in Reihe mit einem konstanten Widerstand R liegen möge, und beide sollen von einer gegebenen Spannung E gespeist werden, die Gleich- oder Wechselspannung darstellen möge. Im Gleichstromfalle wie in Abb. 19 ist der Strom

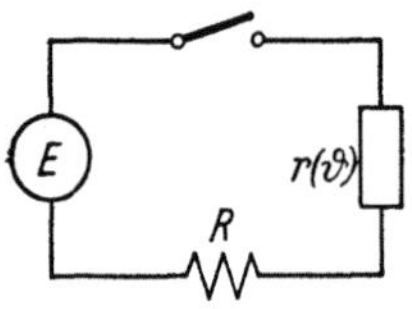

$$i(\vartheta) = \frac{E}{R + r(\vartheta)}, \tag{19}$$

und die Spannung am Wärmewiderstand ist

$$e(\vartheta) = \frac{E\,r(\vartheta)}{R + r(\vartheta)}. \tag{20}$$

Abb. 19.

Im Wechselstromfalle kann die etwas abweichende Gl. (1) von Kapitel 33 benutzt werden, deren Grenzfälle jedoch in Gln. (19) und (20) enthalten sind. Im allgemeinen werden Strom sowohl wie Spannung temperaturabhängig sein. Für verschwindendes R bleibt jedoch die Spannung konstant, $e = E$; für fast unendliches R wird der Strom konstant, $i = E/R$.

Die Temperaturänderung des Wärmewiderstandes wird durch dieselbe Differentialgleichung wie in Gl. (2) von Kapitel 33 bestimmt, nämlich

$$\gamma\,v\,\frac{d\vartheta}{dt} + \zeta\,o\,\vartheta = e(\vartheta)\cdot i(\vartheta). \tag{21}$$

Wenn wir dies durch ζo dividieren, erhalten wir als Faktor vor dem Differentialquotienten

$$T = \frac{\gamma\,v}{\zeta\,o}, \tag{22}$$

was wir *als Wärmezeitkonstante erkennen*, die identisch ist mit Gl. (6) von Kapitel 33. Auf der rechten Seite bestimmt dann

$$\frac{e(\vartheta)\cdot i(\vartheta)}{\zeta\,o} = H(\vartheta) \tag{23}$$

die elektrische Leistung, die den Widerstand erwärmt, geteilt jedoch durch die Konstanten der Wärmeabfuhr aus der Oberfläche. Dieser Quotient bringt *die Heizstärke des Prozesses* zum Ausdruck. Formal ähnelt diese demselben Begriff wie in Gl. (8) von Kapitel 33, jedoch wird hier durch H die Gleichgewichtstemperatur dargestellt, wie man aus Gl. (21) für verschwindenden Temperaturanstieg ersieht. Die Heizstärke ist hier temperaturabhängig und kann für den Gleichstromfall einfach aus dem Produkt der Gln. (19) und (20) bestimmt werden.

Mit diesen Abkürzungen schreibt sich die Differentialgleichung (21)

$$T\,\frac{d\vartheta}{dt} + \vartheta = H(\vartheta). \tag{24}$$

Die Lösung für die zeitliche Temperaturänderung kann entweder in Form einer Quadratur angegeben werden

$$t = T \int \frac{d\vartheta}{H(\vartheta) - \vartheta}, \tag{25}$$

oder wir können den Temperaturanstieg ausdrücken als

$$\frac{d\vartheta}{dt} = \frac{H(\vartheta) - \vartheta}{T}. \tag{26}$$

Anstatt wiederum die graphische Darstellung dieser beiden Lösungen durchzuführen, wollen wir nur den Wert des Zählers auf der rechten Seite von Gl. (26) betrachten, da sein Vorzeichen angibt, ob die Temperatur zeitlich steigt oder fällt.

In Abb. 16b hatten wir die gegebenen Werte des konstanten Widerstandes R und des variablen Widerstandes $r(\vartheta)$ abhängig von ϑ aufgetragen. Aus der resultierenden Kurve kann mit Hilfe der Gln. (19) und (20) sowohl $i(\vartheta)$ wie $e(\vartheta)$ abgeleitet werden, und diese sind in Abb. 20a aufgetragen. Ihr Produkt in Abhängigkeit von ϑ ist ebenfalls in Abb. 20a dargestellt. Die letztere Kurve ist in Abb. 20b wiederholt, jedoch geteilt durch die Abgabeziffer ζo der Oberfläche, so wie es in Gl. (23) für $H(\vartheta)$ angegeben ist. Dieser Wert ist nach seiner Definition ebenfalls eine Temperatur. Durch diese Kurve ist die gerade Linie ϑ gezogen, und somit stellen die Ordinaten der schraffierten Differenzflächen die Werte des Zählers auf der rechten Seite von Gl. (26) dar.

Die Gerade schneidet die Kurve in Abb. 20b zweimal, und *daher sind zwei Gleichgewichtstemperaturen ϑ_1 und ϑ_2 möglich. Jedoch ist nur Punkt 1 stabil, während Punkt 2 labil ist.* Wir sehen dies unmittelbar aus den Vorzeichen, die entsprechend Gl. (26) in die Flächen eingetragen sind und anzeigen, ob die Temperatur in ihren Bereichen steigt oder fällt. Im unteren Bereich steigt die Temperatur bis zum Endwert ϑ_1. Dies Verhalten ist für die meisten Fälle erwünscht. Im mittleren Bereich nimmt die Temperatur stets ab. Wenn daher durch irgendeinen thermischen Zufall der mittlere Bereich erreicht wird, zum Beispiel durch eine kurzzeitige Überspannung an den Widerständen, so wird die Temperatur auf den stabilen Wert ϑ_1 zurückkehren. Wenn dagegen die Überschußerwärmung so stark sein sollte, daß ϑ_2 überschritten wird, so steigt die Temperatur weiter an, wird unstabil und der Widerstand wird durchbrennen. *Wir sehen somit, daß der relative Wert von $H(\vartheta)$ verglichen mit ϑ entscheidend für Leben oder Tod eines temperaturabhängigen Widerstandes ist.*

Die starke Kurve H in Abb. 20b entspricht einem gewissen Wert des konstanten Widerstandes R, wie er in Abb. 16b gezeigt ist. Wenn jedoch R sehr klein ist, so sehen wir aus Gln. (19) und (20), daß H nach Gl. (23)

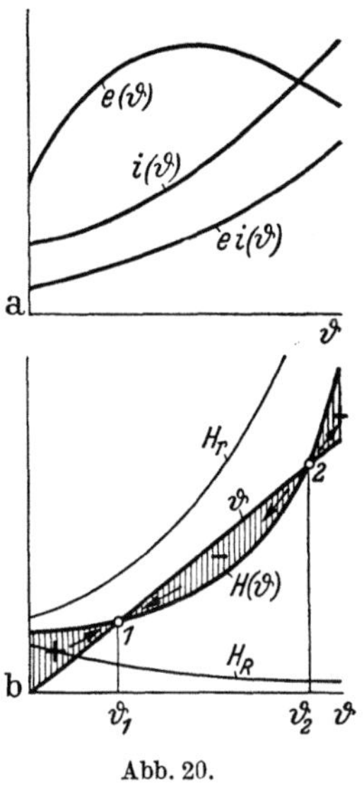

Abb. 20.

zunehmen muß. Die Grenzkurve für $R=0$ ist in Abb. 20b als H_r eingezeichnet und entspricht der Anwesenheit von r allein, das nunmehr unmittelbar von konstanter Spannung gespeist wird. Wir erkennen, daß dieser Fall oft zu einem vollständig labilen Verhalten führt, was natürlich von der Stärke der Abnahme des Wärmewiderstandes r abhängt. Wenn andererseits R sehr groß im Vergleich zu r ist, so entsteht die untere mit H_R bezeichnete Kurve in Abb. 20b, die nunmehr das Verhalten des Wärmewiderstandes bei konstantem Strom wiedergibt, wie aus Gl. (19) zu ersehen ist.

Wir erkennen, daß das Verhalten von thermischen Halbleitern mit steil fallendem Widerstand meistens unstabil ist beim Betriebe mit konstanter Spannung und stabil beim Betriebe mit konstantem Strom, und daß oft ein Serienwiderstand von konstantem Werte zur Stabilisierung notwendig ist.

Wenn die Wärmeabfuhr nicht proportional zur Temperatur ist, sondern durch die Wirkung von Konvektion oder Strahlung nach einer konkaven oder konvexen Kurve vor sich geht, wie in Abb. 16a gestrichelt, so haben wir in unserer Konstruktion von Abb. 20b lediglich diese Kurve anstatt der geraden Linie ϑ zu benutzen. Die Art der Kühlung des Heißleiters hat daher erheblichen Einfluß auf die Stabilitätsbedingung. Wenn andererseits die spezifische Wärme γ in Gl. (21) auch von der Temperatur abhängen sollte, so würde die Zeitkonstante T ein wenig schwanken. Dies kann leicht in Gln. (25) und (26) berücksichtigt werden und führt zu einer geringfügigen Abweichung der zeitlichen Veränderung, ohne indessen die Art der graphischen Auswertung oder die Integrierbarkeit des Problems zu beeinflussen.

Überdies ist diese Entwicklung nicht beschränkt auf Widerstände, die mit der Temperatur abnehmen, sondern kann ebenso auf zunehmenden Widerstand angewandt werden, wie er in Kapitel 33 betrachtet wurde. Dort war jedoch wegen des linearen Verhaltens metallischer Widerstände eine analytische Integration möglich. Umgekehrt wie bei dem jetzigen Problem führte in jenem Falle konstante Spannung zu stabilem und konstanter Strom oft zu unstabilem Verhalten.

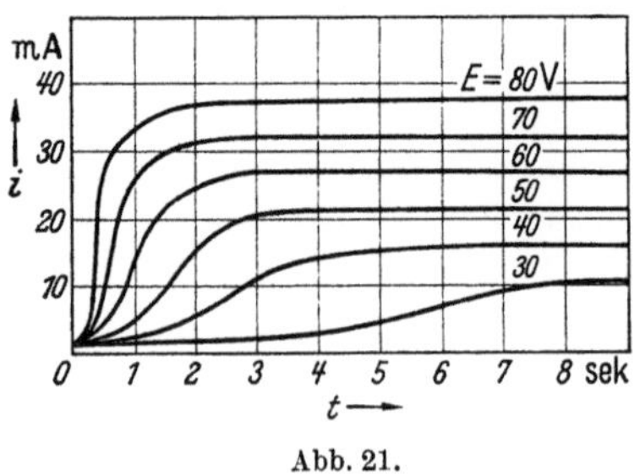

Abb. 21.

Nachdem für jeden Fall die zeitliche Entwicklung der Temperatur nach Gln. (25) oder (26) und Abb. 20b bekannt ist, können nunmehr Spannung und Strom in Abhängigkeit von der Zeit aus den e- und i-Kurven der Abb. 20a abgegriffen werden. Aus der mäßig großen Anfangstangente der i-Kurve schließen wir, daß der Strom zunächst langsam anwachsen wird, dann allerdings wird er rapide steigen und sich schließlich asymptotisch einem Grenzwert nähern, falls ein solcher existiert.

In Abb. 21 ist der Verlauf von Strömen wiedergegeben, wie er oszillographisch an Thermistor-Material gemessen wurde, das über einen konstanten Widerstand an verschieden große Gleichspannungen geschaltet wurde.

36. Selbsterregte Schwingungen.

Manche elektrischen Stromkreise besitzen die Eigenart, daß das zeitliche Verhalten des Stromes in bestimmten Punkten oder Bereichen stabil, in anderen aber unstabil ist. Häufig ergeben die stabilen Punkte das stationäre Verhalten, während die unstabilen Bereiche bei Ausgleichszuständen durchlaufen werden. Dies tritt in Gleichstromkreisen auf, wenn irgendwo ein nichtlinearer Zusammenhang von Spannung und Strom herrscht. In den Abschnitten b der Kapitel 33 und 35 haben wir derartige Widerstände betrachtet. Wenn jedoch Selbstinduktion und Kapazität vorhanden sind, die elektrische Energie aufspeichern können, so haben wir in Kapitel 16 gesehen, daß Eigenschwingungen

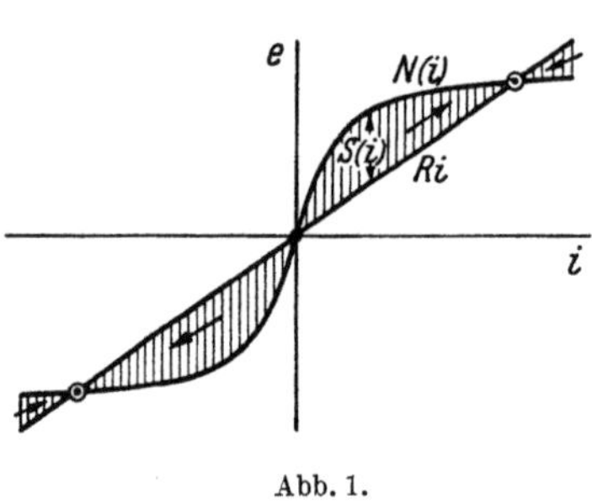

Abb. 1.

erregt werden können, wenn die Energieerzeugung irgendwo den Energieverbrauch überschreitet. Dies kann allgemein auftreten, wenn Bereiche des Überschusses und des Mangels an Leistung mit einem oder mehreren Energiespeichern zusammenwirken.

a) Existenzbedingungen. Ein Kollektorgenerator mit Serienerregung, wie er summarisch im Kapitel 16 behandelt wurde, erzeugt durch Rotation des Ankers eine Spannung $N(i)$ und verbraucht dieselbe als Ri im Widerstand der Belastung und der Erregerwicklung. Abb. 1 stellt diese Spannungen in einem gemeinschaftlichen Diagramm dar. Wenn wir beide Seiten desselben betrachten, für positive als auch negative Ströme, so finden wir drei Punkte, in denen die gekrümmte

Charakteristik sich mit der geraden schneidet, so daß die Maschine hier im stationären Zustand arbeiten kann. Jedoch verhalten sich *nur die beiden äußeren Punkte*, die durch die Vorzeichen von e und i unterschieden sind, *stabil, während der innere Punkt*, der durch die Nullwerte von e und i gegeben ist, *labil ist.* In den schraffierten Bereichen bewegt sich der Stromspannungszustand auf die stabilen Punkte zu, und die Geschwindigkeit dieser Bewegung hängt davon ab, in welcher Weise die Spannungsdifferenz

$$S(i) = N(i) - R(i) \tag{1}$$

vom Stromkreis aufgenommen werden kann. *Wir bezeichnen diesen Überschuß*

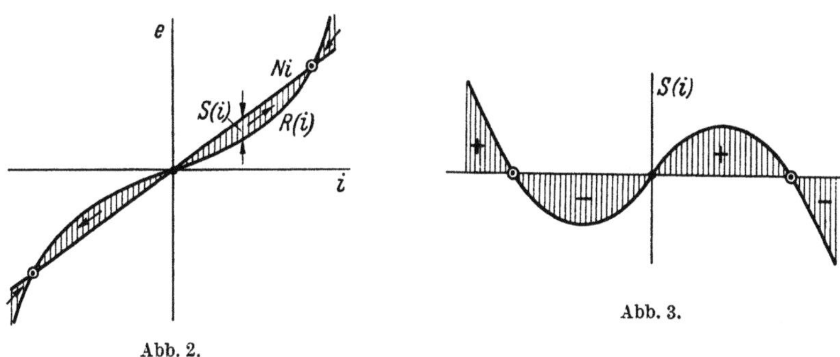

Abb. 2.

Abb. 3.

als die Anfachungs-Spannung des Stromkreises. In Gl. (1) haben wir sowohl die treibende Spannung $N(i)$ als auch die widerstehende Spannung $R(i)$ als beliebige Funktion des Stromes betrachtet, die letztere, da wir in Abschnitt b von Kapitel 33 sahen, daß sogar ein ungesättigter Generator stabilisiert werden kann durch eine Widerstandspannung, die stärker als linear mit i anwächst. Dieses ist in Abb. 2 besonders dargestellt, ähnlich wie in Abb. 7b von Kapitel 33, jedoch für positiven als auch negativen Strom. Die Anfachungs-Spannung hat für beide Fälle, von Abb. 2 und Abb. 3, die gleiche typische Kurvenform, die in Abb. 3 über dem ganzen Bereich des Stromes aufgetragen ist.

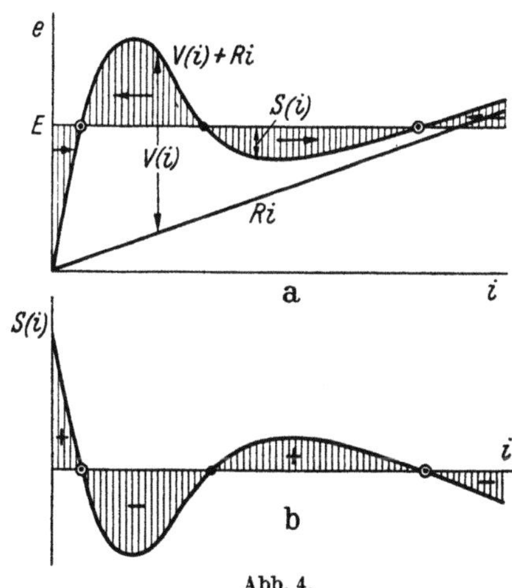

Abb. 4.

Während metallische Wärmewiderstände stets eine steigende Charakteristik besitzen wie in Abb. 2, können Halbleiter auch eine fallende Spannungscharakteristik $r i = V(i)$ haben, wie es in Abschnitt b von Kapitel 35 dargelegt wurde. Die gesamte Spannungscharakteristik eines solchen Halbleiters in Serie mit einem konstanten Widerstand R ist in Abb. 4a aufgetragen. Wenn wir hierzu die konstante treibende Spannung E eintragen, so erhalten wir einen Überschuß oder Mangel an Spannung in den verschiedenen Strombereichen, wie es in Abb. 4a schraffiert ist und in Abb. 4b gesondert abhängig vom Strom aufgetragen ist. In diesem Falle ist die Anfachungs-Spannung

$$S(i) = E - R i - V(i). \tag{2}$$

Wie in Abb. 3, *zeigt die Anfachungs-Spannung wieder zwei positive und zwei negative Bereiche, die durch zwei äußere stabile und einen inneren labilen Punkt getrennt sind.* Während sich aber die Anfachungs-Spannung von Abb. 3 über positive und negative Ströme erstreckt, kann sich nach Abb. 4 nur Strom eines einzigen Vorzeichens entwickeln, das gegeben ist durch das Vorzeichen der konstanten Spannung E. Ferner ist in Abb. 3 die Anfachungs-Spannung symmetrisch mit Bezug auf den labilen Punkt; in Abb. 4b ist sie durchweg sehr unsymmetrisch. Wir dürfen daher erwarten, daß Stromkreise mit Halbleitern von fallender Charakteristik sich im Hinblick auf die Ausbildung von Schwingungen ähnlich wie die Anfachungskreise der Abb. 1 und 2 verhalten, daß sie in Einzelheiten jedoch abweichen. *In den Maschinenstromkreisen wird die Energie mechanisch zugeführt* und bestimmt die treibende Spannung $N(i)$, während $R(i)$ die Belastung und die Erregungsverluste umfaßt. *In den Halbleiterstromkreisen wird die Energie elektrisch zugeführt* durch die treibende Spannung E, und R bedeutet den Belastungswiderstand, während $V(i)$ die inneren Verluste deckt.

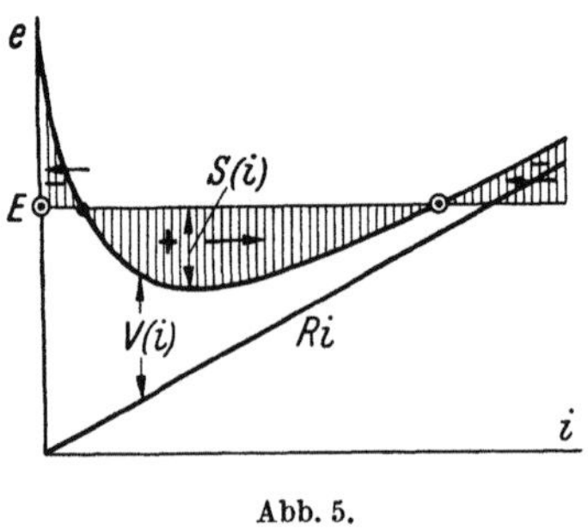

Abb. 5.

Viele andere Stromkreise oder deren Teile verhalten sich ebenfalls nichtlinear. Gasförmige Leiter zum Beispiel, besonders elektrische Lichtbögen, entwickeln eine Spannung, die mit dem Strom abfällt, und daher ist ihre Charakteristik einschließlich eines Stabilisierungswiderstandes R von einer Form wie in Abb. 5. Hier liegt der untere stabile Punkt beim Strom null und nur drei Bereiche der Anfachungs-Spannung sind vorhanden, solange keine Rückzündung stattfindet.

Wenn zu den Elementen des Stromkreises, die durch Abb. 1 bis 5 beschrieben sind, Energiespeicher hinzugefügt werden, in Form von Selbstinduktion L und Kapazität C, so entsteht ein Stromkreis, wie er in Abb. 6 gezeichnet ist. Darin sind

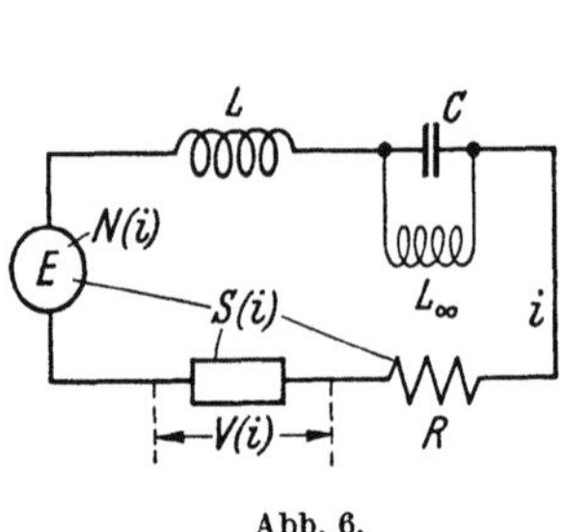

Abb. 6.

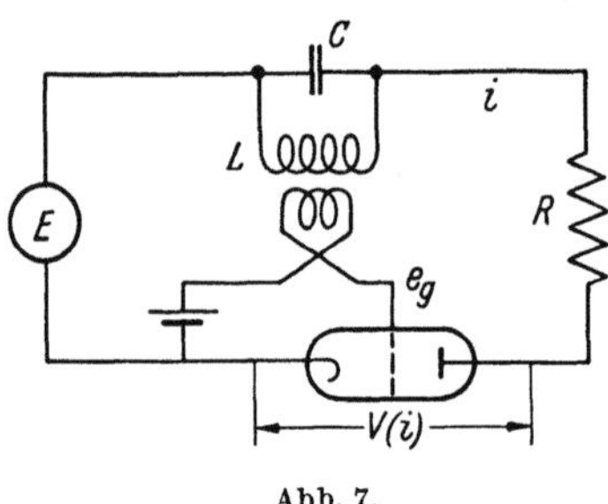

Abb. 7.

beide stromabhängigen Elemente dargestellt, $N(i)$ durch rotierende Induktion erzeugt und $V(i)$ durch variablen Widerstand hervorgerufen, wobei jedes dieser Elemente eine Anfachungs-Spannung entwickeln kann, wie sie vorher getrennt beschrieben ist. Um einen unbehinderten Fluß des Gleichstroms zu ermöglichen, ist eine besondere große Selbstinduktion L_∞ parallel zur Kapazität in Abb. 6 vorgesehen, oder man könnte den Widerstand R, die Selbstinduktion L, oder beide, parallel der Kapazität C anordnen, ohne das Wirkungsprinzip des Stromkreises wesentlich zu ändern.

Für den gleichen Zweck werden häufig Drei-Elektroden-Vakuumröhren benutzt, wie es im Stromkreis der Abb. 7 als Beispiel dargestellt ist. Ursprünglich nimmt die Spannung an einem Vakuumraum mit ansteigendem Strom zu. Wenn jedoch eine veränderliche Gitterspannung e_g angewandt wird, die sich mit ansteigendem Strom von negativen bis zu positiven Werten ändert, wie in Abb. 8a, so ändert sich der Widerstand r der Röhre in Abhängigkeit von der

Gitterspannung wie in Abb. 8b und variiert nunmehr mit dem Strom i wie in Abb. 8c. In dem letzteren Diagramm sind auch die Spannungen im Stromkreis dargestellt, insbesondere $V(i)$ an der Vakuumröhre. Ein ähnliches Verhalten kann durch eine große Zahl verschiedenartiger Schaltungen zwischen den Hauptelementen des Stromkreises hervorgerufen werden und führt immer zu einer Kurve der Anfachungs-Spannung, wie sie in Abb. 9 durch Verwendung von Gl. (2) aus Abb. 8c abgeleitet ist. Diese Kurve hat denselben Charakter wie die Verteilung der Anfachungs-Spannung von Halbleitern und Lichtbögen in Abb. 4 und 5. In Hochvakuumröhren jedoch ist das Verhalten des Elektronenstroms wohl definiert und kann leicht beherrscht und geregelt werden.

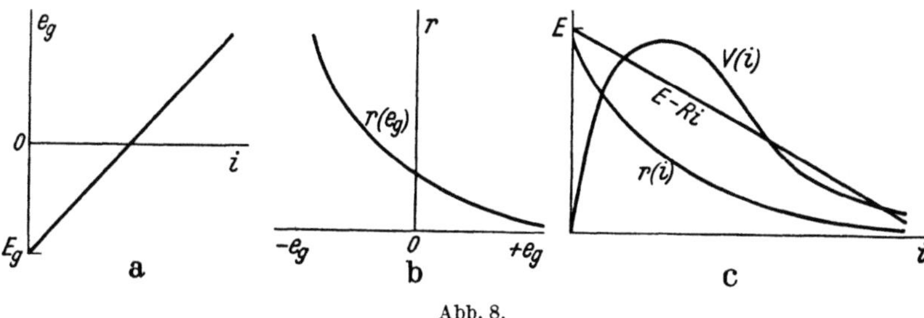

Abb. 8.

b) Erregungsmechanismus. Wir betrachten das einfache Schema der Serienschaltung von L, C und $S(i)$, wie es in Abb. 6 dargestellt ist, im einzelnen. In anderen Fällen mögen die Energiespeicher verschieden von L und C sein, oder die Anfachungskräfte mögen von $N(i)$ oder $V(i)$ abweichen, und der Energie verbrauchende Widerstand mag sich von R unterscheiden. Es ist indessen fast immer möglich, das Verhalten durch passende Reduktion der Variablen auf einen ähnlich einfachen Stromkreis zurückzuführen.

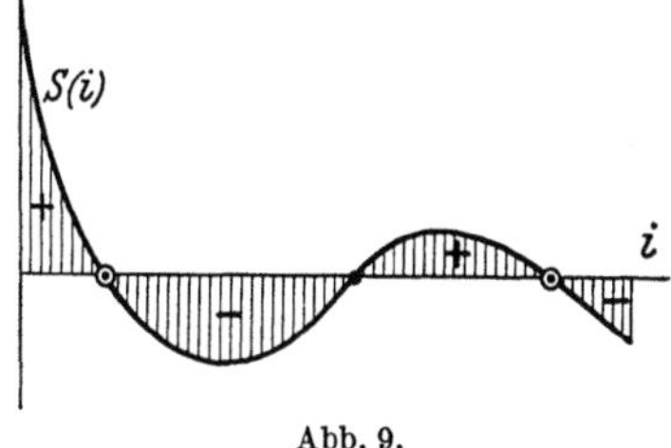

Abb. 9.

In jedem Augenblick ist die Beziehung zwischen dem Strom i_L, der durch die Selbstinduktion fließt, der Spannung e_C an der Kapazität und der Anfachungs-Spannung $S(i)$ durch die Differentialgleichungen gegeben

$$L\frac{di_L}{dt} + e_C = S(i_L); \qquad i_L = C\frac{de_C}{dt}. \tag{3}$$

Wenn wir das Zeitelement dt des ersten Gliedes durch seinen Wert aus der zweiten Gleichung ersetzen, so ergibt sich

$$L\frac{di_L}{dt} = L\,di_L\,\frac{i_L}{C\,de_C} = \frac{L}{C}\,i_L\frac{di_L}{de_C}. \tag{4}$$

Zur Vereinfachung wollen wir den Index C in der Kondensatorspannung fortlassen und wollen mit

$$i = \sqrt{\frac{L}{C}}\,i_L \tag{5}$$

einen reduzierten Strom im Kreise bezeichnen, der wegen des Faktors $\sqrt{L/C}$ tatsächlich die Dimension einer Spannung besitzt. Dann erhalten wir *die grundlegende Differentialgleichung*

$$i\frac{di}{de} + e = S(i), \tag{6}$$

in der der neue Strom i auch im Argument der Anfachungs-Spannung eingeführt ist. Diese Gleichung stellt eine Beziehung zwischen der Spannung e und dem Strom i dar, die in Strenge graphisch dargestellt werden kann.

Ehe wir dies für den allgemeinen Fall durchführen, wollen wir die Beziehung zwischen e und i *für extrem kleine Anfachung* betrachten. Dies ist in Abb. 10 auf Grund einer symmetrischen Kurve von $S(i)$ dargestellt, wie sie von einer Maschine nach Abb. 3 erzeugt wird. Im Grenzfalle $S(i) = 0$ lautet Gl. (6)

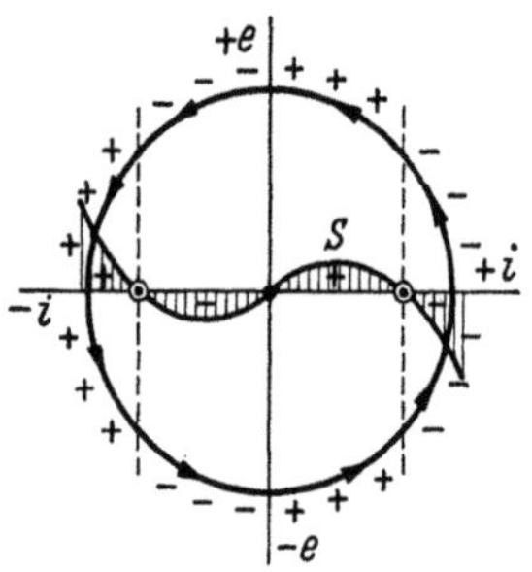

$$i\,di + e\,de = 0, \tag{7}$$

was sofort integriert werden kann zu

$$\frac{i^2}{2} + \frac{e^2}{2} = \text{const.}, \tag{8}$$

und mit Gl. (5) ergibt

$$L\frac{i_L^2}{2} + C\frac{e_c^2}{2} = \text{const.} \tag{9}$$

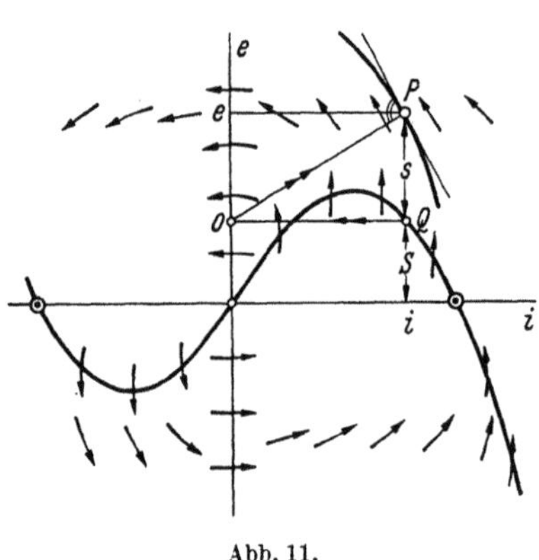

Abb. 10.

Diese Bahngleichungen für e und i stellen einen Kreis dar, der in Abb. 10 gezeichnet ist.

Wenn kein L und C im Stromkreis vorhanden wäre, so würde Gleichstrom von beliebiger Richtung erzeugt, dessen Größe durch die stabilen Nulldurchgänge von S gegeben wäre. *Bei Anwesenheit von L und C jedoch oszilliert der Strom notwendigerweise, wie es durch das Kreisdiagramm von i und e dargestellt wird.* Jetzt wird in den Bereichen, in denen im Hinblick auf die Stromrichtung $S(i)$ anfachend wirkt, dieser Strom angetrieben, während in den Bereichen, wo $S(i)$ widerstehend ist, der Strom verzögert wird. Dies ist durch die Plus- und Minus-Vorzeichen längs der Kreisbahn in Abb. 10 angedeutet. Wenn der Kreis kleiner wäre und die i-Achse in oder zwischen den stabilen Punkten $S = 0$ durchschnitte, so würde der Strom durchweg durch Anfachungs-Spannung angetrieben werden, und hierdurch würde die Bahn expandieren. Sie muß sich zu solch einer Größe ausdehnen, daß die treibenden und bremsenden Kräfte auf den Strom einander innerhalb der gesamten Umdrehung des e–i-Punktes über die Bahn ausgleichen würden. Ganz entsprechend würde eine Bahn, die größer wäre als der Gleichgewichtskreis, der in Abb. 10 gezeichnet ist, vorwiegend verzögernde Bereiche enthalten, und daher würde der Kreis schrumpfen. *Die Gleichgewichtsbahn hat daher stets einen Radius, der etwas größer ist als die Abszisse der Nulldurchgänge von $S(i)$.*

Wenn nun die Anfachungs-Spannung klein, aber endlich ist, so existieren außer der stationären e–i-Bahn von Gl. (8) und Abb. 10 noch innere und äußere Spiralbahnen, die sich asymptotisch der Kreisbahn nähern. Da ferner der Strom während jeder Umdrehung auf diesen Bahnen zweimal verzögert und viermal beschleunigt wird, so werden der Kreis und die Spiralen etwas verzerrt aussehen. *Es entwickeln sich dann außer der Grundschwingung, die durch die Kreisbahn dargestellt wird, noch dritte und höhere Oberschwingungen.*

Für Anfachungs-Spannungen beliebiger Größe und Form führt die Differentialgleichung (6) zu der folgenden Entwicklung: In der e–i-Ebene von Abb. 11

Abb. 11.

möge Punkt P einen Lösungspunkt bedeuten. Für eine beliebige Richtung der Lösungskurve durch P ist die Länge der Subnormale

$$s = -i \frac{di}{de}. \tag{10}$$

Dies ist aber identisch mit dem ersten Ausdruck der grundlegenden Gl. (6). Wenn wir daher den Abstand des Punktes P von einem Punkte Q, der senkrecht unter P auf der $S(i)$-Kurve liegt, zu einer Subnormale machen, dann wird die Differentialgleichung (6) befriedigt, weil im Diagramm

$$e = S + s \tag{11}$$

ist, in Übereinstimmung mit Gl. (6).

Um daher die Richtung der Lösungskurve in irgendeinem Punkt P zu finden, haben wir durch den Punkt Q, der auf der Anfachungs-Charakteristik senkrecht unter P liegt, eine Horizontale bis zum Punkt O auf der e-Achse zu ziehen. Alsdann verbinden wir O mit Punkt P und zeichnen in P die Senkrechte zu OP. Dies gibt die Richtung der Lösungskurve durch P, da s ihre Subnormale ist. Mit dieser einfachen Konstruktion können wir die gesamte Ebene mit Richtungslinien bedecken, von denen einige in Abb. 11 gezeichnet sind. Auf der Kurve der Anfachungs-Spannung selbst sind die Tangenten stets vertikal; auf der vertikalen Achse durch den labilen Punkt sind sie stets horizontal. Diese Konstruktion wird manchmal die Methode der Isoklinen genannt.

Wenn wir die gesamte Ebene dicht genug bedecken, so können wir ohne Schwierigkeit alle nur irgend möglichen Lösungsbahnen mit jeder gewünschten Genauigkeit zeichnen. Dies ist in Abb. 12 für zwei verschiedene Anfangspunkte gezeigt. Ein einfacher Weg, solche Bahnen zu zeichnen, besteht im Ziehen aufeinanderfolgender Kreisbögen durch benachbarte Punkte P, und zwar um Mittelpunkte O auf der e-Achse, die die Ordinaten der betreffenden Anfachung S besitzen. Alle inneren Bahnen sind divergent, alle äußeren Bahnen sind konvergent, und *beide vereinigen sich schließlich zu einer geschlossenen Bahn, die die stationäre Schwingung von Spannung und Strom darstellt. Die divergierenden und konvergierenden Spiralen andererseits stellen die Ausgleichszustände des Systems dar.* Für kleine Anfachung, wie in Abb. 10, sind die Bahnen nahezu kreisförmig; für große Anfachung jedoch, wie in Abb. 12, deformieren sie sich zu einem Viereck mit mehr oder weniger abgerundeten Ecken.

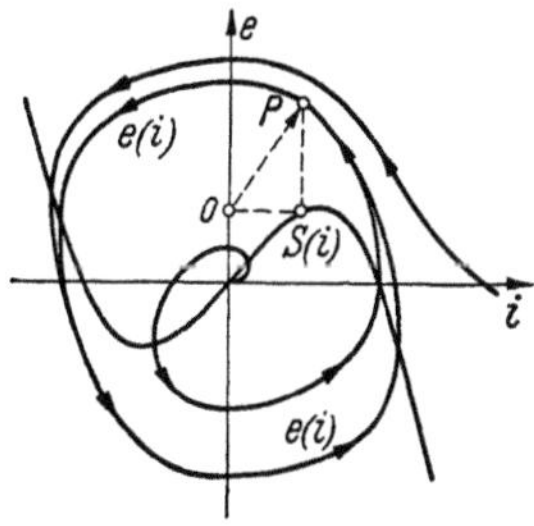

Abb. 12.

Es ist bemerkenswert, daß alle Bahnen um einen labilen Gleichgewichtspunkt kreisen und nicht etwa um einen stabilen Punkt der Anfachungs-Charakteristik, was man bei oberflächlicher Betrachtung vielleicht erwarten könnte. Dies bedeutet, daß die Anfachungs-Spannung zur Erregung von Schwingungen für zunehmenden Strom ihr Vorzeichen von minus zu plus wechseln muß. Wie wir aus Abb. 4, 5 und 9 erkennen, *trifft dies in Stromkreisen mit veränderlichem Widerstand nur in solchen Zonen zu, wo die Spannungscharakteristik abfällt.* Mathematisch ausgedrückt ergibt dies die Bedingung

$$\frac{dV(i)}{di} < 0, \tag{12}$$

oder *der differentielle Widerstand muß negativ sein.* In Bezirken, in denen kein labiler Punkt besteht, wie zum Beispiel für sehr kleine Ströme in den eben erwähnten Charakteristiken, kann keine Selbsterregung von Schwingungen auftreten.

Wenn die Anfachungs-Spannung symmetrisch ist mit Bezug auf die positive und negative Stromachse, wie in Abb. 10 und 12, so entwickeln sich Schwingungen, die auch symmetrisch in plus und minus sind. Dies ist jedoch nicht der Fall bei einseitigen Anfachungs-Spannungen, wie in Abb. 4, 5 und 9. In diesen Fällen schwingt der Strom lediglich zwischen einem Maximal- und Minimalwert um den labilen Punkt herum, und die Kurvenform des Wechselstromanteils dieses Stromes enthält jetzt geradzahlige Oberschwingungen von beträchtlicher Größe.

Wir wollen nunmehr *die zeitliche Entwicklung von Strom und Spannung* verfolgen. Das Zeitelement ist unter Beachtung von Gl. (5) durch die zweite Gl. (3) gegeben als

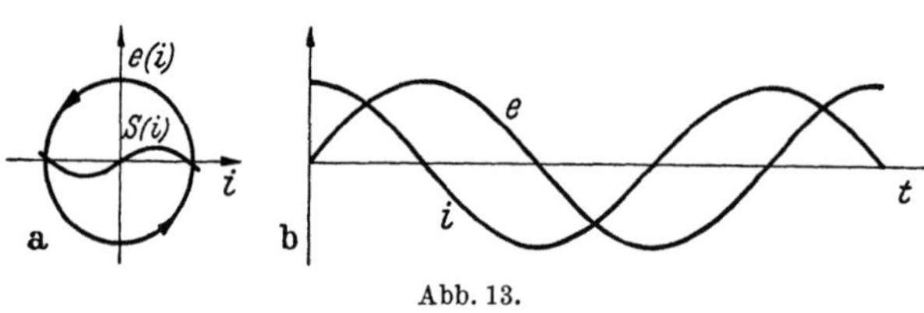

Abb. 13.

$$dt = C \frac{d e_{\sigma}}{i_L} = \sqrt{LC}\, \frac{de}{i}. \qquad (13)$$

Daher ist die Entwicklungszeit von Strom und Spannung

$$t = \sqrt{LC} \int \frac{de}{i}. \qquad (14)$$

Dies kann aus der Bahnkurve durch eine einfache Quadratur ausgewertet werden. Andererseits können wir aber auch die Spannungsänderung aus ihrer Ableitung konstruieren

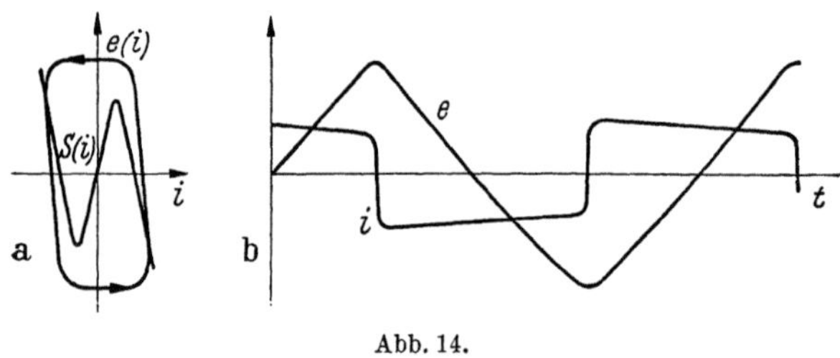

Abb. 14.

$$\frac{de}{dt} = \frac{i\,(e)}{\sqrt{LC}}. \qquad (15)$$

Abb. 13 stellt die zeitlichen Strom- und Spannungskurven dar für relativ kleine Anfachung wie in Abb. 10. Abb. 14 zeigt andererseits die Entwicklung für große Anfachung, die noch stärker ist als in Abb. 12. In diesem letzteren Fall wird die Spannung nahezu dreieckig und der Strom fast rechteckig, im Gegensatz zu den beinahe sinusförmigen Kurven des ersteren Falles.

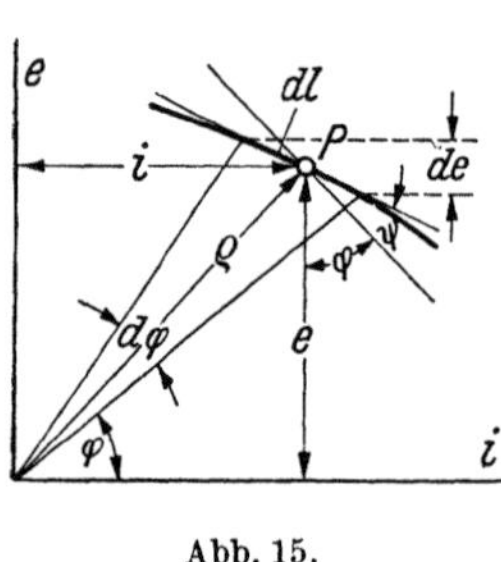

Abb. 15.

Wenn wir mit ϱ den Radiusvektor und mit φ den Phasenwinkel des Bahnpunktes P bezeichnen, wie in Abb. 15, und mit ψ den Winkel zwischen der Senkrechten zum Radius und der Kurventangente im Punkt P, so können wir die differentiale Spannungsänderung längs des Bahnelementes dl ausdrücken als

$$de = dl \cos(\varphi + \psi). \qquad (16)$$

Andererseits läßt sich der Strom durch Radius und Phasenwinkel ausdrücken als

$$i = \varrho \cos \varphi. \qquad (17)$$

Weiterhin gilt die Beziehung aus Abb. 15

$$\varrho\, d\varphi = dl \cos \psi, \qquad (18)$$

so daß wir den Integranden von Gl. (14) ausdrücken können durch

$$\frac{de}{i} = d\varphi \, \frac{\cos(\varphi + \psi)}{\cos \varphi \cos \psi} = d\varphi \, (1 - \operatorname{tg} \varphi \operatorname{tg} \psi). \qquad (19)$$

Damit ergibt sich das Zeitelement der Schwingung, die geometrisch längs der

e–i-Bahn verläuft, zu

$$dt = \sqrt{LC}\,\frac{de}{i} = \sqrt{LC}\,d\varphi\,(1 - \operatorname{tg}\varphi\,\operatorname{tg}\psi)\,. \tag{20}$$

Die Winkelgeschwindigkeit des Radiusvektors ist demnach

$$\frac{d\varphi}{dt} = \frac{1/\sqrt{LC}}{1 - \operatorname{tg}\varphi\,\operatorname{tg}\psi}\,. \tag{21}$$

Die Bahnkurve wird daher nicht gleichförmig durchlaufen, jedoch kann der Wechsel der Geschwindigkeit hiernach in einfacher Weise geometrisch bestimmt werden. *Nur für $\psi = 0°$, wenn die Bahn also senkrecht zum Radius verläuft und somit einen genauen Kreis bildet, bleibt die Winkelgeschwindigkeit konstant.* Für diesen Fall ergibt Gl. (20) mit einem Winkel von 360° die Schwingungsperiode

$$\int dt = \tau = \sqrt{LC}\int_{0}^{2\pi} d\varphi = 2\pi\sqrt{LC}\,. \tag{22}$$

Für andere Formen der Bahnkurve kann die Periode mit Hilfe von Gl. (20) graphisch integriert werden. Die Winkelgeschwindigkeit ist niedrig auf den ansteigenden und absteigenden Teilen der Bahn und hoch auf den oberen und unteren Teilen, wie man durch Vergleich der Vorzeichen von $\operatorname{tg}\psi$ und $\operatorname{tg}\varphi$ während der Rotation erkennt. Da die Tangensfunktionen mit wachsendem φ oszillieren, so kann die Periode nicht sehr stark von dem Wert nach Gl. (22) abweichen.

Die Länge des Radiusvektors ist bestimmt durch

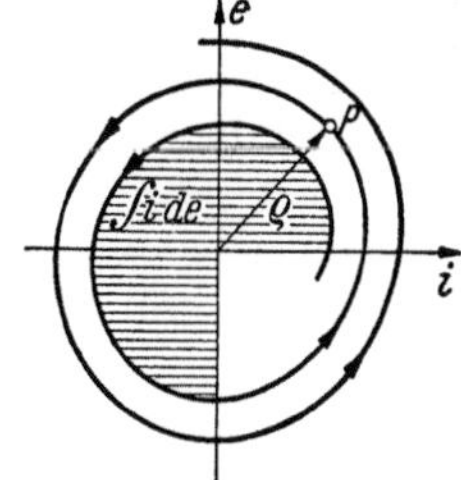

Abb. 16.

$$\varrho^2 = i^2 + e^2 = \frac{2}{C}\left(\frac{L}{2}\,i_L^2 + \frac{C}{2}\,e_C^2\right). \tag{23}$$

Das Quadrat des Radius ist somit proportional der gesamten Energie, die in jedem Augenblick in den beiden Speichern L und C angesammelt ist. Nur mit rein sinusförmigen Schwingungen bleibt diese Energie während der ganzen Periode konstant. *Bei deformierter Bahn gleichen die L–C-Speicher den Unterschied aus zwischen der Energieerzeugung durch die Stromquelle und dem Verbrauch in den Widerständen und der Belastung.* Dies gilt während jedes stationären oder Ausgleichszustandes und ist für den letzteren aus Abb. 16 ersichtlich.

Die Arbeit, die in dem konstanten Widerstand R umgesetzt wird, durch den das System belastet sein mag, ist

$$A_R = \int R\,i_L^2\,dt\,. \tag{24}$$

Durch Änderung der Integrationsvariablen nach Gl. (13) ergibt dies mit Gl. (5)

$$A_R = RC\int i_L\,de_C = \frac{R}{\sqrt{L/C}}\,C\int i\,de\,. \tag{25}$$

Dies Integral wird durch die schraffierte Fläche in Abb. 16 wiedergegeben. *Für jede geschlossene stationäre Bahn gibt daher die innenliegende Fläche die mittlere Leistung pro Periode an.*

Wenn Schwingungen im Stromkreis durch die Wirkung der Spannung $V(i)$ am veränderlichen Widerstand r erzeugt werden, so wird in diesem Widerstand eine Arbeit verloren

$$A_r = \int V(i_L)\,i_L\,dt = C\int V(e)\,de\,, \tag{26}$$

wobei der letzte Ausdruck durch dieselbe Umformung wie eben gewonnen ist.

Dies Integral kann ausgewertet werden, wenn man wie in Abb. 17 ein $V(e)$-Diagramm zeichnet, indem man aus den $V(i)$- und $e(i)$-Charakteristiken der Abb. 17a den Strom i graphisch eliminiert. Diese Kurve umschreibt wie in Abb. 17b eine Fläche, weil die aufsteigenden und abfallenden Teile der $V(i)$-Kurve sich auf verschiedene Kondensatorspannungen $e(i)$ beziehen. *Die Fläche dieses Diagramms bestimmt daher den inneren Verlust während einer Periode.* Durch geschickte gegenseitige Abstimmung der $V(i)$-Charakteristik und der $e(i)$-Bahnkurve können diese Verluste auf ein Minimum gebracht werden. Dies führt indessen meistens zur Ausbildung erheblicher Oberwellen.

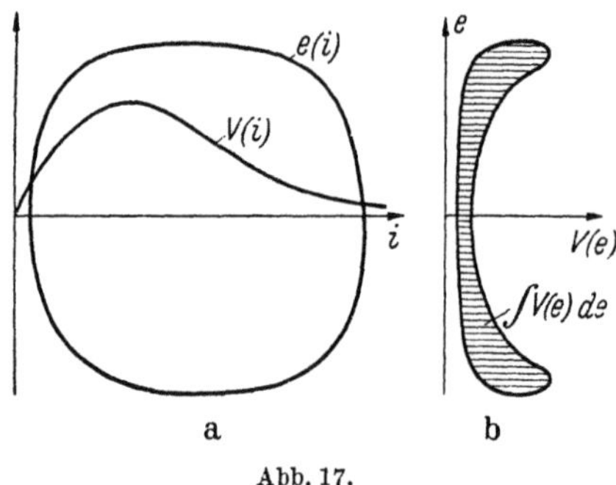

a   b

Abb. 17.

Zahlreiche Anordnungen in elektrischen, mechanischen, wärmetechnischen oder anderen verwandten Gebieten enthalten zusammenwirkende Elemente mit nichtlinearem Verhalten und können auf ähnliche Verhältnisse mit Instabilitäten oder Schwingungen führen, wie sie hier abgeleitet sind. An Stelle von Energiespeichern, wie sie in elektrischen Stromkreisen durch L und C mit ihren Zeitkonstanten für Ladung und Entladung auftreten, mögen andere Verzögerungen im System wirken, was zu ganz ähnlichen Ergebnissen führt. Dies tritt zum Beispiel in Regulier- und Servomechanismen auf, besonders wenn sie als geschlossene Systeme mit automatischer Rückführung ausgebildet sind.

VI. Lichtbogenunterbrechung.

37. Haupteigenschaften des Lichtbogens.

Zwischen Strom und Spannung im elektrischen Lichtbogen besteht ein Zusammenhang von gänzlich anderer Art wie bei einem festen Leiter. Während dort die Spannung dem Strom proportional ist, was durch die ansteigende Gerade e_R in Abb. 1 dargestellt wird, nimmt im Lichtbogen die Spannung e_B zwischen den Elektroden mit zunehmender Stromstärke bis auf einen Grenzwert ab, bei sinkender Stromstärke wächst sie wieder an. Zum erstmaligen Durchschlagen der Luftstrecke zwischen den Elektroden ist nach Abb. 1 die Zündspannung e_z erforderlich. Der nachfolgende Strom vergrößert die Leitfähigkeit der Luft so stark, daß die Lichtbogenspannung immer geringer wird. Die Ursache dieses abweichenden Verhaltens erklärt sich durch den andersartigen Transport des Stromes im Lichtbogen. Während der Spannungsabfall fester Leiter lediglich durch die Stromdichte bedingt ist, mißt

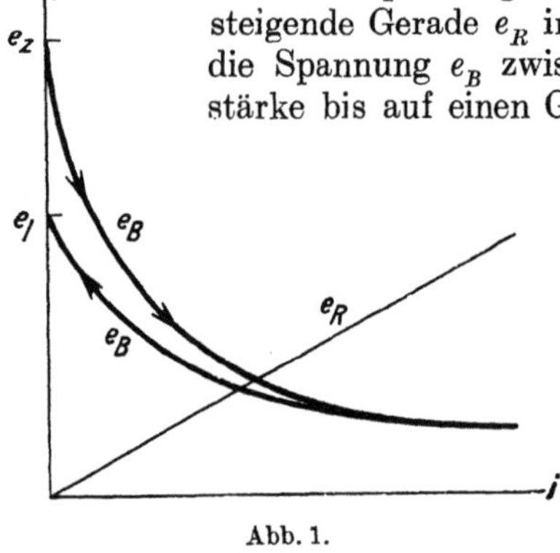

Abb. 1.

man im Lichtbogen durch Einführung von Sonden eine Spannungsverteilung nach Abb. 2, die sich in drei Teile gliedert, *den Anodenfall e_a, den Kathodenfall e_k und die Spannung der eigentlichen Bogensäule e_l.* Die beiden ersteren sind etwas von der Stromstärke abhängig, der letztere ist nahezu proportional der Bogenlänge l.

Vom glühenden Kathodenfleck strömen unter der Wirkung der elektrischen Feldstärke Elektronen aus, die auf neutrale Moleküle treffen und sie elektrisch zerspalten oder *ionisieren*. Diese fliegen ihrerseits unter der Wirkung der Feldstärke im Bogen auf die Elektroden zu und bringen sie durch Stoß auf hohe Temperatur. Die leichten negativen Elektronen prallen dabei auf die Anode, die schweren positiven Ionen auf die Kathode. Im Gas und an den Elektroden werden hierdurch neue Elektronen frei und das Spiel beginnt von vorne. Herrscht dauerndes Gleichgewicht innerhalb dieses Mechanismus, so bleibt der Bogen brennen, anderenfalls erlischt er. Man kann daher Lichtbögen nicht mit jeder beliebigen Stromstärke, Spannung und Länge unterhalten, sondern es ist ein bestimmter Zusammenhang zwischen diesen drei Größen notwendig, wenn das Gleichgewicht im Lichtbogen erhalten bleiben soll. *Diesen Zusammenhang stellt die Lichtbogencharakteristik dar.* Durch das Wandern der Elektronen und Ionen im Lichtbogen häufen sich vor der Anode negative Teilchen, und vor der Kathode positive Teilchen an. Diese verursachen den konzentrierteren Anoden- und Kathoden-Spannungsabfall.

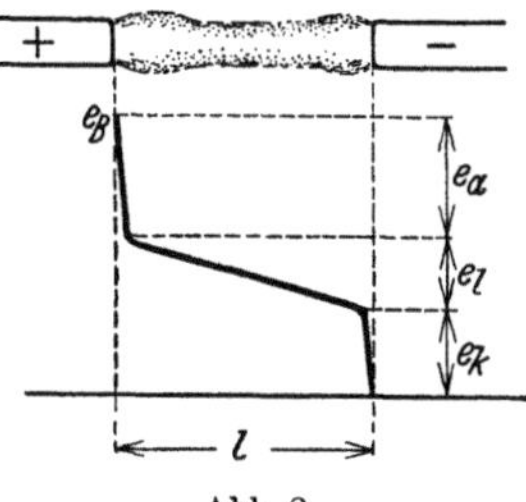

Abb. 2.

Die in Wärme verwandelte Energie im Lichtbogen wird durch Leitung, Strahlung und Konvektion zerstreut; durch Leitung vor allem an Metallelektroden in das hinter den Brennflecken liegende Material, durch Strahlung vor allem bei Kohleelektroden von den Brennflecken aus in den umgebenden Raum und durch Konvektion von der Bogensäule an das umspülende Gas. Ferner spielt eine Rolle in der Übertragung der Wärme auch die Dissoziation des Gases in der Lichtbogensäule und die Diffusion der Ionen und der Moleküle im Lichtbogen. Da die Wärmeleitung von Metallen, insbesondere von Kupfer, sehr stark ist, so beträgt die *Temperatur ihrer Brennflecken* nur etwa 2000 bis 3000 C, während sie bei Kohleelektroden auf 3000 bis 4000 C steigt. Die *Gastemperatur* im Lichtbogen mißt man zu 5000 bis 8000 C, die niederen Werte bei geringen, die höheren bei starken Strömen. Die *Stromdichte* im Kathodenfleck beträgt bei Kupfer mehrere 1000, bei Kohle mehrere 100 Amp/cm², während sie in der Bogensäule selbst meist unter 100 Amp/cm² liegt. Richtige Lichtbögen mit glühender Kathode bilden sich im allgemeinen nur bei Stromstärken über 0,5 Amp aus. Unterhalb dieses Wertes kann bei hoher Spannung ein *Glimmstrom* zwischen den Elektroden übergehen, der nicht an eine glühende Kathode gebunden ist.

Der Verlauf der Lichtbogencharakteristik läßt sich für mäßige Ströme und Spannungen durch die von AYRTON herrührende Gleichung wiedergeben

$$e_B = a + \frac{b}{i}. \tag{1}$$

Die Spannung sinkt also mit zunehmendem Strom nach einer Hyperbel herab. Dabei hängen die Konstanten a und b ihrerseits linear von der Lichtbogenlänge l ab

$$\left.\begin{array}{l} a = \alpha + \gamma\, l, \\ b = \beta + \delta\, l. \end{array}\right\} \tag{2}$$

Für Lichtbögen zwischen Kupferelektroden in Luft ist im Mittel

$$\alpha = 30 \text{ V}, \qquad \gamma = 10 \text{ V/cm},$$
$$\beta = 10 \text{ VA}, \qquad \delta = 30 \text{ VA/cm}.$$

In Abb. 3 ist eine Schar derartiger Lichtbogencharakteristiken für verschiedene Bogenlängen dargestellt. Für größere Ströme kann der gesamte Anoden- und Kathodenfall als äquivalent zu einer Länge von 3 cm angesehen werden.

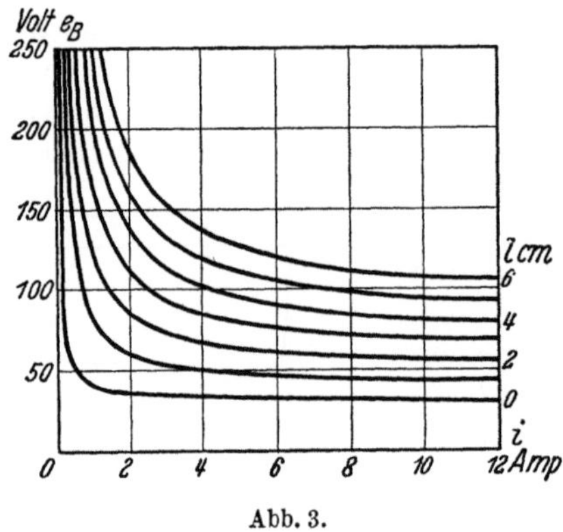

Abb. 3.

Wenn wir einen solchen Lichtbogen *in einem Ohmschen Gleichstromkreise* nach Abb. 4 unterhalten wollen, so müssen wir wegen der abfallenden Charakteristik des Bogens eine bestimmte Bedingung an den Stromkreis stellen. Würden wir den Lichtbogen mit fest gegebener Spannung E speisen, so würde sein Ionenmechanismus zwar bei dem Strom i_E, der der Spannung E in Abb. 5 entspricht, im Gleichgewicht sein, bei einer kleinen Abweichung von diesem Brennpunkt 1 wäre die Spannung der Stromquelle aber entweder viel zu groß, oder sie ist nicht ausreichend, so daß der Lichtbogen verlöscht. Wir müssen *zur Stabilisierung der Verhältnisse einen ausreichend großen Widerstand R vorschalten*, durch dessen Spannungsabfall dem Lichtbogen nur die Spannung

$$e_B = E - Ri \qquad (3)$$

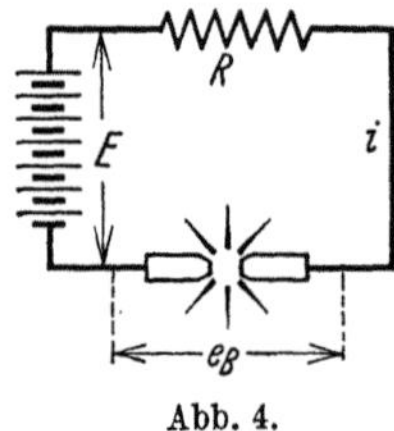

Abb. 4.

zur Verfügung steht. Tragen wir diese Spannung als gerade Linie in Abb. 5 ein, so sehen wir, daß nunmehr noch ein zweiter Schnittpunkt 2 mit der Lichtbogencharakteristik bei dem großen Strom J auftritt. Bei einer geringen Vergrößerung dieses Stromes erhielte der Lichtbogen zu wenig Spannung, bei einer Verkleinerung zu viel, so daß der Strom stets auf diesen stabilen Schnittpunkt zurückkehrt.

Die Netzcharakteristik nach Gl. (3) schneidet die Lichtbogencharakteristik auch noch in dem oberen Punkt 3 der Abb. 5, der jedoch, genau wie früher ohne Vorschaltwiderstand, labil ist. Wollen wir den Lichtbogen mit einem geringen Strom i_E stabil brennen lassen, so müssen wir eine *sehr*

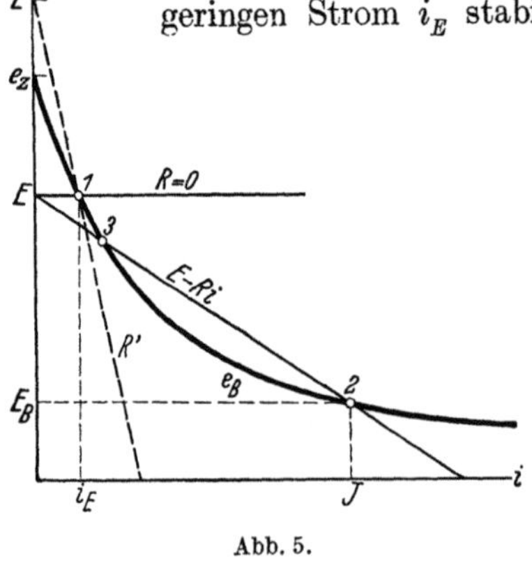

Abb. 5.

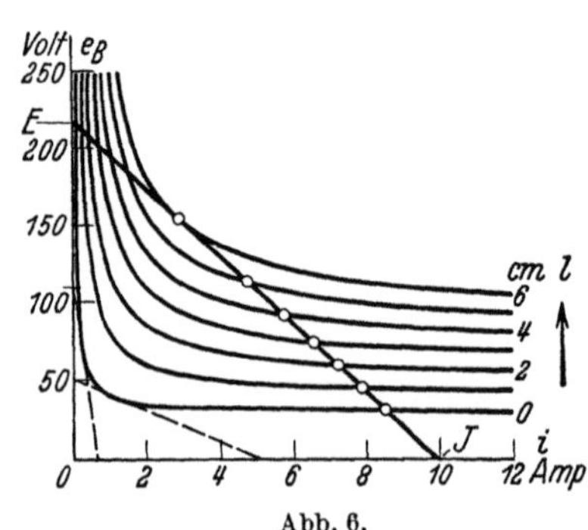

Abb. 6.

steile Netzcharakteristik nach Abb. 5 benutzen und bedürfen dazu eines hohen Vorschaltwiderstandes R' und einer entsprechend hohen Spannung E' der Stromquelle.

Verlängern wir den Lichtbogen allmählich, so rückt seine Charakteristik entsprechend Abb. 6 nach oben. Dadurch nimmt der stabil brennende Strom ab bis die Charakteristik die Widerstandslinie nur noch berührt. Im nächsten Augenblick verlöscht der Bogen, da ihm keine genügende Spannung mehr zur Verfügung steht, und der Strom springt auf Null. In Abb. 7 ist die Abnahme des Stromes und die gleichzeitige Zunahme der Lichtbogenspannung aus unserer Charakteristikenschar in Abhängigkeit von der Lichtbogenlänge graphisch übertragen. *Der Strom wird danach durch Ausziehen des Lichtbogens erst langsam, später schneller und schließlich plötzlich ausgeschaltet,* die Spannung am Bogen

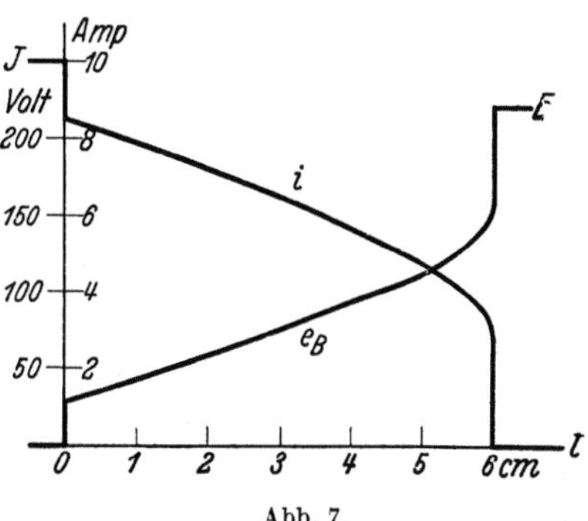

Abb. 7.

steigt entsprechend bis zur vollen Netzspannung E an. Die maximal auftretende Bogenlänge ist nach Abb. 6 durch den Berührungspunkt der Widerstandslinie mit einer Charakteristik gegeben. Wird der Bogen mit gleichmäßiger Geschwindigkeit ausgezogen, so entspricht der Kurvenverlauf der Abb. 7 genau dem zeitlichen Verlauf der Ströme und Spannungen.

Da gemäß Gl. (1) und (2) für die Bogenlänge Null bereits eine Lichtbogenspannung vorhanden ist, so kann man alle Stromkreise mit OHMschem Widerstand, deren Netzcharakteristik nach Gl. (3) und Abb. 6 unterhalb dieser Grenzcharakteristik bleibt, *lichtbogenfrei abschalten.* Wie die eingezeichneten Linien zeigen, gilt dies unterhalb von etwa 30 Volt für jede beliebige Stromstärke, für höhere Netzspannungen jedoch nur für kleinere Ströme. Beispielsweise kann man bei 110 Volt noch einen Strom von 0,5 Amp ohne Lichtbogen unterbrechen. Durch vielfache Unterbrechung des Stromes an metallischen Elektroden in Reihenschaltung kann man dies Prinzip auch für größere Ströme und Spannungen mit Vorteil verwenden.

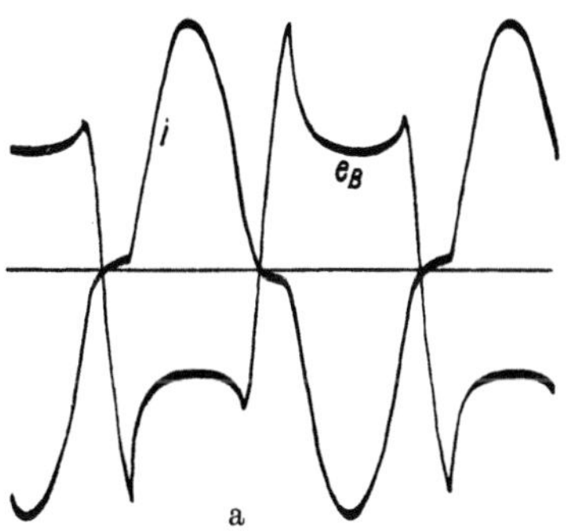

a

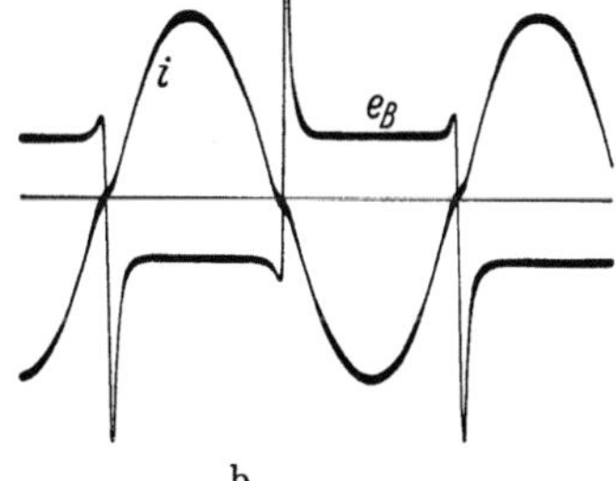

b

Abb. 8.

Mißt man Spannung und Strom an einem *Wechselstromlichtbogen,* so erhält man je nach der Natur des Gases, dem Material der Elektroden und der Frequenz verzerrte Strom- und Spannungskurven, wie sie in Abb. 8a für Kohle- und 8b für Kupferelektroden in Luft dargestellt sind. Zeichnet man aus diesen Zeitkurven die Strom-Spannungscharakteristik auf, so sieht man aus Abb. 9a und b, daß dieselbe nicht mehr eindeutig ist, sondern zwei verschiedene Äste für zunehmenden und abnehmenden Strom besitzt. Diese *Lichtbogenhysteresis* rührt von der Wärmekapazität der Elektroden und des Bogengases her, die sich bei schneller Änderung des Stromes dem jeweiligen Zustand nicht sofort anpassen können. Ihre Temperatur und daher auch die Lichtbogenspannung entspricht

vielmehr noch einem vorhergehenden Zustand des Stromes. Wegen der hohen
Wärmeleitung von Metallelektroden gleicht sich deren Temperatur relativ schnell
aus, und daher unterscheiden sich die beiden Äste nach Abb. 9b nicht so stark
wie die von Abb. 9a für Kohleelektroden.

Beim Stromdurchgang durch Null ergibt die AYRTONsche Gl. (1) unendliche
Lichtbogenspannung, während sie in Wirklichkeit beim Wechselstrombogen
nach Abb. 8 durchaus endlich bleibt. Bei jedem Stromwechsel ist jedoch zum
Durchbruch der Gasstrecke zwischen den Elektroden zunächst eine relativ hohe

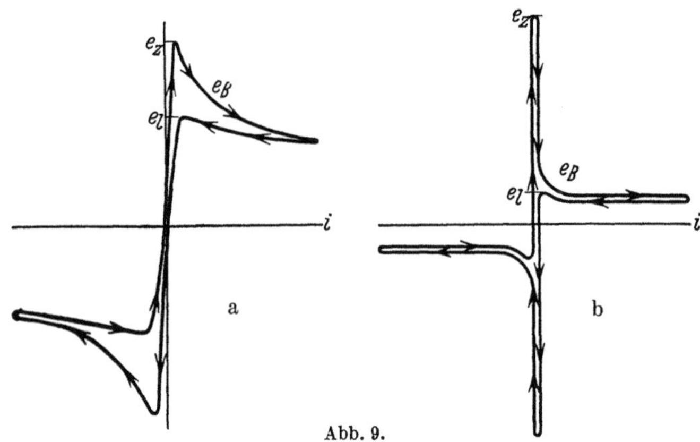

Abb. 9.

Zündspannung e_z erforderlich. Erst der nachfolgende Strom bewirkt durch seine
Erhitzung eine immer stärkere Ionisierung, so daß die *Brennspannung* e_B geringer wird. Bei abnehmendem Strom vergrößert sich die Lichtbogenspannung
wieder und erreicht beim Strome Null den Wert der *Löschspannung* e_l. Sie ist
bei Wechselstrom wesentlich geringer als die Zündspannung, weil Bogengas und

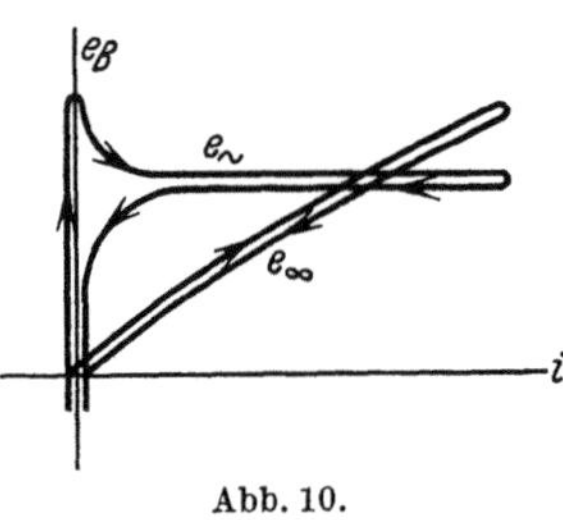

Abb. 10.

Kathode beim Löschen noch eine erhebliche Tem-
peratur besitzen, während sie beim jedesmaligen
Zünden erheblich kälter sind. In Abb. 9 sind diese
Werte hervorgehoben.

Bei langen Lichtbögen verschwindet der Einfluß
der Elektroden, der den Unterschied der beiden
Formen von Abb. 9 bewirkte, und in ruhiger Luft
wird die Lichtbogencharakteristik ähnlich der von
Abb. 9a. Wenn jedoch *künstliche Kühlung* angewandt wird, so zeigen selbst lange Lichtbögen unabhängig vom Material der Elektroden eine Charak-
teristik mehr von der Art von Abb. 9b, was von der schnelleren Zustandsänderung herrührt.

Der Unterschied zwischen dem Zünd- und Löschast der Charakteristik ist
um so geringer, je besser die Wärmeleitfähigkeit der Elektroden und der Lichtbogengase ist, da dann ein schnellerer Temperaturausgleich stattfindet. Während
man bei Metallelektroden und stark gekühlten Lichtbogensäulen *bei geringer
Frequenz oder langsamem Durchgang des Stromes durch Null nach Abb. 9b eine
mäßige Löschspitze und eine hohe Zündspitze erhält*, vermindern sich beide mit
zunehmender Frequenz mehr und mehr, so wie es in Abb. 10 als $e_\sim$ dargestellt
ist, da während des raschen Stromwechsels keine erhebliche Zeit zur Abkühlung
zur Verfügung steht. Für *sehr hohe Frequenz* schließlich ändert sich die Temperatur der Elektroden während der ganzen Wechselstromwelle nicht erheblich,

die beiden Äste der Bogencharakteristik fallen fast zusammen, entsprechend e_∞ in Abb. 10. Es tritt jetzt keine Zünd- und Löschspannung mehr auf, die Charakteristik verläuft vielmehr ziemlich geradlinig durch den Nullpunkt und der Lichtbogen verhält sich nahezu wie ein OHMscher Widerstand.

Bei Kohlelichtbögen ändert sich der Verlauf der Charakteristik bei *wachsender Bogenlänge,* wie es in Abb. 11 nach rechts hin gezeigt ist. Bei kurzem Bogen sind nur unerhebliche Zünd- und Löschspitzen vorhanden, erst bei längerem Bogen wird die Zündspannung beträchtlich über die Brennspannung des Bogens gehoben.

Ein extremer Fall ist in der Charakteristik von Abb. 12 dargestellt, die an einem Lichtbogen gemessen wurde, *der einen Strom von 20000 Amp über eine Länge von 30 cm in freier Luft*

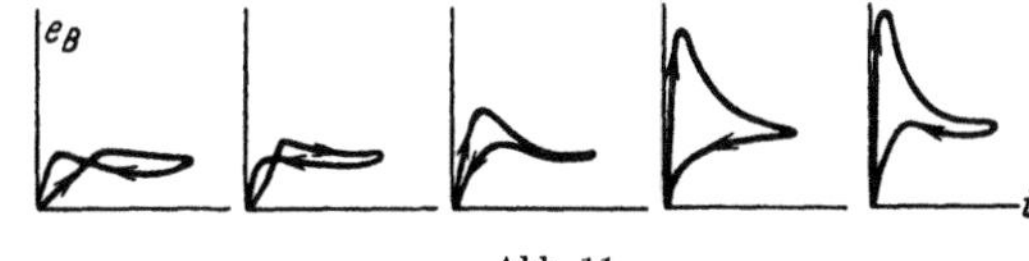

Abb. 11.

führte. Die Kurve zeigt wieder eine Schleife, die von unregelmäßigen Bewegungen des Bogens in der Luft herrühren dürfte. Aufeinanderfolgende Halbwellen ergaben nicht immer genau die gleiche Form.

Die Brennspannung an solchen Hochstrom-Wechselstrom-Lichtbögen mit Längen bis zu einem Meter und mehr wurde im Mittel zu

$$e_b = 13 \text{ bis } 15 \text{ Volt/cm} \tag{4}$$

gemessen, und diese Feldstärke ist nahezu unabhängig von Strom und Länge. Dies ist größer als der Wert $\gamma = 10$ Volt/cm für hohen Gleichstrom nach Gln. (1) und (2). Sowohl die Temperaturen wie die erzeugten und abgeführten Wärmemengen sind ziemlich dieselben in Gleichstrom- und Wechselstrom-Lichtbögen, aber der mittlere Strom ist im letzteren Falle nur das $2/\pi$ fache der Amplitude. Die Spannung sollte daher im Verhältnis $\pi/2$ größer sein, um dieselbe elektrische Leistung zu erzeugen.

Die Wiederzündspannung nach dem Nulldurchgang des Stromes entwickelt sich anscheinend ungleichmäßig über aufeinanderfolgende kurze Zeitabschnitte. Während der ersten Mikrosekunden nach null

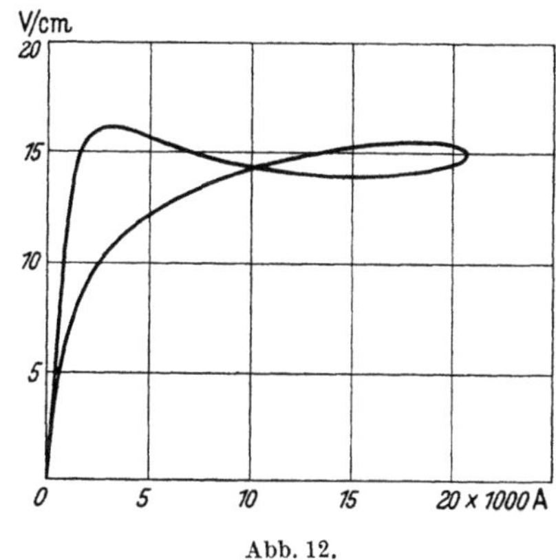

Abb. 12.

ändert sich die Lichtbogentemperatur nicht sehr. Jedoch erfolgt nahe der Kathodenoberfläche eine äußerst schnelle Entionisierung und daher sind hier nach einer Zeit von etwa 10^{-6} sec Spannungen bis zu 300 Volt nötig, um eine Rückzündung herbeizuführen. Gleichzeitig geht eine langsame Diffusion von Ionen in der ganzen Lichtbogensäule vor sich, wodurch die gesamte Rückzündungsspannung während eines Zeitraumes von der Größenordnung 10^{-4} sec weiter vermehrt wird. In einem frei brennenden Lichtbogen steigt die Feldstärke bis auf 50 oder 100 Volt/cm und auch mehr an. Währenddessen beginnen die Temperaturen in der Bogensäule und an den Elektroden abzusinken und dadurch steigt die Zündspannung allmählich bis auf den stationären Wert von etwa 30 kV/cm, zum Beispiel in gewöhnlicher Luft, falls nicht inzwischen eine Rückzündung eingetreten ist.

38. Ausschalten induktiver Gleichstromkreise.

Wir haben bei unseren früheren Untersuchungen angenommen, daß es möglich ist, den Widerstand des Stromkreises ganz plötzlich zu ändern, daß man ihn insbesondere an der Schaltstelle beim Einschalten momentan von Unendlich auf Null, beim Ausschalten von Null auf Unendlich bringen kann. In Wirklichkeit trifft diese Voraussetzung nicht zu. *Es ist stets eine endliche Zeit erforderlich, um diese große Widerstandsänderung an der Schaltstelle zu bewirken.* Beim Einschaltvorgang spielt die allmähliche Änderung keine wesentliche Rolle, da der Strom durch die Wirkung der Selbstinduktion doch nur langsam anwächst und daher während der kurzen Schaltdauer der Kontakte keine merkbare Spannung an ihnen hervorruft. Beim Ausschalten dagegen besitzt der Strom zunächst noch seine volle Stärke und kann daher eine erhebliche Spannung am Schalter erzeugen, deren Veränderung den Ablauf des Ausschaltvorganges maßgebend beeinflußt. In der Tat erhielten wir im Kapitel 1 unendliche Ausschaltspannungen, wenn wir annahmen, daß der Schalterwiderstand momentan von Null auf Unendlich gesteigert wurde, und konnten nur dadurch eine Begrenzung der Ausschaltspannung erzielen, daß wir dem Strom einen Nebenweg zur Schaltstelle darboten.

Wenn der Kontaktwiderstand beim Ausschalten des Stromkreises veränderlich ist, dann sind unsere früheren einfachen Schaltgesetze nicht mehr anwendbar. Die Superposition des stationären Stromes i' und des Ausgleichsstromes i'' hat konstanten Widerstand des Stromkreises zur ausdrücklichen Voraussetzung. Bei veränderlichem Widerstand erhält man für den Verlauf des Stromes keine lineare Differentialgleichung mit konstanten Koeffizienten mehr. Die Spannung des Gesamtstromes ist daher nicht mehr gleich der Summe der Spannungen irgendwelcher Teilströme. Man muß zur weiteren Untersuchung des Ausschaltvorganges bestimmte Gesetze für die Veränderung des Kontaktwiderstandes oder der Ausschaltspannung einführen und die dann entstehende Differentialgleichung direkt lösen.

a) Widerstandsschalter. Öffnet man den Schalter eines beliebigen Stromkreises, so wird während der Öffnungsdauer entweder der Kontaktdruck oder die Kontaktfläche immer geringer und nimmt schließlich bis auf Null ab, so wie es in Abb. 1 dargestellt ist. Nimmt man gleichmäßige Bewegung der Schaltkontakte an und nennt die Öffnungsdauer τ, so vermindert sich die ursprüngliche Kontaktfläche F auf

$$f = F\left(1 - \frac{t}{\tau}\right),\tag{1}$$

wenn man die laufende Zeit t vom Beginn der Öffnungsdauer an zählt. Der Kontaktwiderstand, der bei voller Fläche r ist, vergrößert sich daher auf

$$\frac{r}{1 - \dfrac{t}{\tau}} = \frac{r\,\tau}{\tau - t}.\tag{2}$$

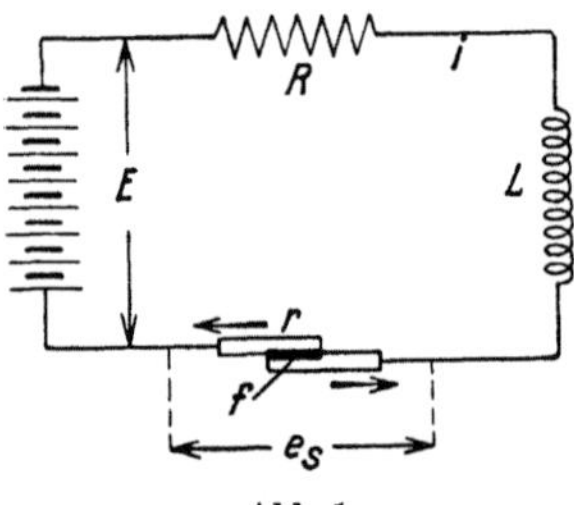

Abb. 1.

Dieser veränderliche Widerstand tritt zu dem konstanten Nutzwiderstand R des Stromkreises noch hinzu. Man erhält daher für den Ausschaltvorgang des Gleichstromkreises nach Abb. 1 die Differentialgleichung

$$L\frac{di}{dt} + R\,i + \frac{r\,\tau}{\tau - t}\,i = E.\tag{3}$$

Sie ist zwar linear in i, besitzt aber einen von der Zeit abhängigen Koeffizienten im dritten Glied.

Die Lösung dieser Gleichung in geschlossener Form ist möglich und würde uns den Verlauf des Stromes während der Ausschaltdauer τ liefern. Sie ist jedoch recht kompliziert, so daß wir uns mit einer partiellen Lösung begnügen wollen. Interesse hat für uns vor allen Dingen die Größe von Spannung und Stromdichte am Schalter im Augenblick des tatsächlichen Öffnens der Kontakte. Zu Beginn der Schalterbewegung, wenn die Kontaktfläche noch erheblich ist, ist die Schalterspannung e_s sicher gering, erst mit abnehmender Kontaktfläche und zunehmendem Kontaktwiderstand nach Gl. (2) wird sie erheblich. Sie ist jederzeit gegeben durch

$$e_s = \frac{r\,\tau}{\tau - t}\, i\,.\qquad(4)$$

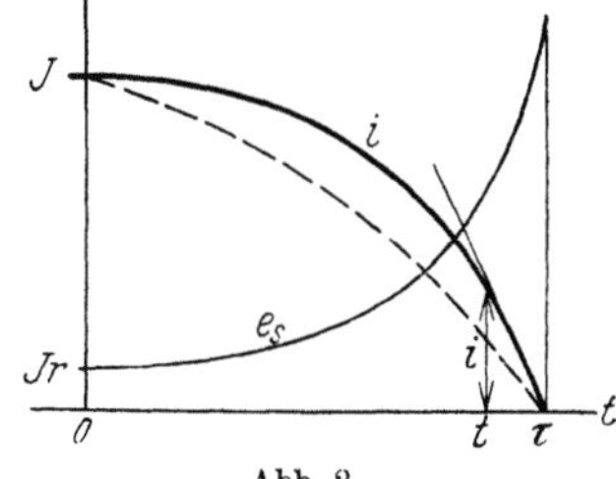

Abb. 2.

Entsprechend der Darstellung in Abb. 2 wird der Strom i im Verlauf des Ausschaltens immer geringer. Da er am Schluß der Schaltzeit, also für $t = \tau$, Null werden soll, so kann man für die Nähe des Schaltendes setzen

$$\frac{d\,i}{d\,t} = -\frac{i}{\tau - t}\,.\qquad(5)$$

Setzt man dies in die Differentialgleichung (3) ein, so erhält man

$$-\frac{L\,i}{\tau - t} + R\,i + \frac{r\,\tau}{\tau - t}\,i = E\,.\qquad(6)$$

Für den letzten Schaltaugenblick wird der Strom selbst sehr klein, man darf daher das zweite Glied dieser Gleichung vernachlässigen. Der Widerstand R des Leitungskreises ist daher ohne Einfluß auf das Ende des Ausschaltvorgangs. Lediglich der Quotient $i/(\tau - t)$ behält eine endliche Größe. Ersetzt man ihn durch seinen Wert aus Gl. (4), so erhält man

$$-\frac{L}{r\,\tau}\,e_s + e_s = E\,,\qquad(7)$$

und daher wird der Endwert der Ausschaltspannung

$$E_s = \frac{E}{1 - \dfrac{L}{r\,\tau}}\,.\qquad(8)$$

Aus dieser Beziehung, die die höchste Spannung des Ausschaltvorganges darstellt, erkennt man, *daß große Selbstinduktion L und kleine Schaltdauer τ die Ausschaltspannung gegenüber der Betriebsspannung stark vergrößern.* Hoher Kontaktwiderstand r ist dagegen zweckmäßig, um die Ausschaltspannung in geringen Grenzen zu halten. Für gewisse Werte von L, r und τ kann die Ausschaltspannung unendlich werden, und für noch größere Werte des Quotienten im Nenner der Gl. (8) wird sie sogar negativ und würde gegen den Strom gerichtet sein. In diesem Fall darf die Differentialgleichung jedoch nicht mehr nach unserem Verfahren behandelt werden.

Als Bedingung für endliche Ausschaltspannung ergibt sich also, daß die Öffnungsdauer des Schalters

$$\tau > \frac{L}{r}\qquad(9)$$

sein muß. Sie muß also größer sein als die Zeitkonstante der Schaltkontakte selbst, berechnet mit der gesamten Selbstinduktion des Stromkreises. Das Einhalten dieser Bedingung kann man im allgemeinen nur erreichen durch genügend große Öffnungszeiten und durch Wahl geeigneten Kontaktmaterials mit hohem Flächenwiderstand.

Für einen Kreis *ohne* Selbstinduktion läßt sich der zeitliche Verlauf des Stromes aus Gl. (3) leicht bestimmen. Sie vereinfacht sich dabei zu

$$R\,i + \frac{r\,\tau}{t-\tau}\,i = E \tag{10}$$

und hat die Lösung

$$i = \frac{E}{R + \dfrac{r}{1 - \dfrac{t}{\tau}}}. \tag{11}$$

Der Ausschaltwiderstand r kommt also erst zur Wirkung, wenn seine zeitliche Zunahme die Größenordnung des sonstigen Widerstandes R im Stromkreise erreicht hat. Das tritt meistens erst gegen Ende der Ausschaltdauer τ ein.

Für einen bestimmten Fall ist der vollständige Verlauf des Stromes und der Schalterspannung im induktiven Kreise während der Öffnungsdauer in Abb. 2 eingetragen. Der Ausschaltvorgang spielt sich physikalisch so ab, daß der mit dem Abgleiten der Kontaktflächen zunehmende Kontaktwiderstand den Strom entsprechend Gl. (11) nach der gestrichelten Linie der Abb. 2 abscheren würde, wenn sich die Selbstinduktion des Kreises dem nicht widersetzte und ihn aufrechtzuerhalten suchte. Der Strom verlöscht deshalb anfangs nur langsamer und muß dies Zurückbleiben gegen Ende der Öffnungsdauer, wenn der Kontaktwiderstand überwiegend wird, einholen. Durch die alsdann schnellere Stromänderung entsteht eine entsprechend hohe Selbstinduktionsspannung nach Gl. (8), die man als Öffnungsspannung des Stromkreises bezeichnet.

Gl. (9) stellt eine *Bedingung für gutes Abschalten* aller Gleit- und Druckkontakte dar. Sie kann vor allem für Stufenschalter, z. B. von Widerständen, für Relaiskontakte und besonders für das Kommutieren der Ströme in Kollektormaschinen angewandt werden. Dort streichen die einzelnen Kollektorlamellen unter den feststehenden Bürsten mit erheblicher Geschwindigkeit hinweg, wobei trotz der Selbstinduktion der Ankerspulen keine hohe Spannung an der Ablaufkante entstehen darf.

Noch einer weiteren Bedingung muß der Schalter genügen. Seine Kontakte müssen ausreichende Wärmekapazität besitzen, um die beim Ausschalten entstehende Stromwärme aufnehmen zu können. Die während der gesamten Öffnungsdauer entstehende *Schaltarbeit* ist

$$A = \int_0^\tau e_s\,i\,dt. \tag{12}$$

Setzt man hierin die Spannung e_s an den Schaltkontakten ein, die nach Gl. (4) durch das dritte Glied der Differentialgleichung (3) gegeben ist, so erhält man

$$A = \int_0^\tau \left(E - R\,i - L\,\frac{di}{dt}\right) i\,dt = \int_0^\tau (E - R\,i)\,i\,dt - \int_J^0 L\,i\,di. \tag{13}$$

Dabei sind im letzten Glied, in dem sich das Zeitdifferential forthebt und das Stromdifferential übrigbleibt, als Integralgrenzen die Werte des Stromes zur Zeit $t = 0$ und τ eingesetzt. Die Integration dieses Gliedes läßt sich alsdann ausführen, da wir die Selbstinduktion als konstant ansehen. Führt man außerdem unter dem ersten Integral an Stelle der Spannung E den Anfangsstrom J ein, der nach Gl. (11) im wesentlichen durch den größeren Widerstand R bestimmt ist, so erhält man die Schaltarbeit zu

$$A = \frac{LJ^2}{2} + R \int_0^{\tau} (J - i)\, i\, dt. \tag{14}$$

Das erste Glied stellt hierin *die in der Selbstinduktion des Stromkreises aufgespeicherte Arbeit dar. Diese wird beim Ausschalten vollständig dem Schalter zugeführt, die Stromquelle erhält nichts zurück.* Die gesamte Schaltarbeit enthält außerdem noch einen zweiten Bestandteil, der *vom Verlauf des verschwindenden Stromes i abhängt und dem Schalter von der Stromquelle zugeführt wird.* Wir wollen diesen Überschuß für zwei extreme Fälle berechnen. Der Verlauf des Ausschaltestromes i wird nach Abb. 3 irgendwo zwischen dem Strome i_1 liegen, der bei geringer Selbstinduktion und kleinem Widerstand R geradlinig während der Öffnungsdauer abfällt, und dem Strome i_2, der bei großer Selbstinduktion und erheblichem R fast bis zum Schluß der Öffnungsdauer konstant bleibt.

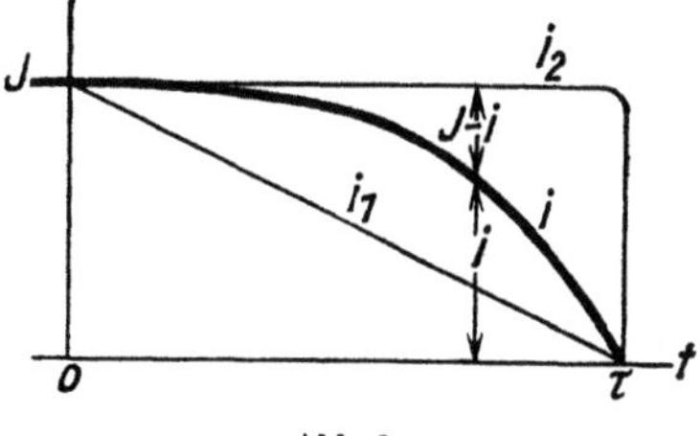

Abb. 3.

Für den ersten Grenzfall ist

$$i_1 = J\left(1 - \frac{t}{\tau}\right) = J - J\frac{t}{\tau}, \tag{15}$$

so daß das Integral der Gl. (14) wird

$$\int_0^{\tau} (J - i)\, i\, dt = J^2 \int_0^{\tau} \frac{t}{\tau}\left(1 - \frac{t}{\tau}\right) dt = J^2 \frac{\tau}{6}. \tag{16}$$

Es hat hierbei seinen höchsten Wert. Die maximale Schaltarbeit wird daher

$$A_{\max} = \frac{LJ^2}{2} + \frac{RJ^2\tau}{6}. \tag{17}$$

Führt man an Stelle des Widerstandes die Zeitkonstante des Stromkreises

$$T = \frac{L}{R} \tag{18}$$

ein, so kann man die Schaltarbeit auf die Form bringen

$$A_{\max} = \frac{LJ^2}{2}\left(1 + \frac{1}{3}\frac{\tau}{T}\right) \tag{19}$$

und sieht, daß sie um so größer wird, je länger die Öffnungsdauer τ des Schalters im Verhältnis zur Zeitkonstante T ist.

Im zweiten Grenzfall ist der Strom i_2 bis zum letzten Augenblick gleich dem ursprünglichen Strome J, so daß der Klammerwert unter dem Integral der Gl. (14) verschwindet und das ganze Integral gleich Null wird. In diesem Fall tritt die geringstmögliche Schaltarbeit

$$A_{\min} = \frac{LJ^2}{2} \tag{20}$$

auf, die nur gleich der Arbeit ist, die in der Selbstinduktion aufgespeichert war.

Trotz der geringeren Schaltarbeit werden die Kontakte in diesem Falle großer Selbstinduktion stärker beansprucht, weil die Arbeit sich nicht auf die ganze Öffnungsdauer verteilt, sondern im letzten Moment an der ablaufenden Kante der Kontakte frei wird und diese Ablaufkante stärker erhitzen kann als die größere Arbeit nach Gl. (19), die sich auf die ganze Kontaktfläche verteilt.

Die Schaltkontakte müssen so bemessen sein, daß sie die Schaltarbeit durch ihre Wärmekapazität und innere Wärmeableitung aufnehmen können, ohne dabei zu schmelzen, damit keine Brandperlen entstehen. Die günstigsten Stoffe in dieser Hinsicht sind Silber und Kupfer. Das erstere wird meist für schwache Ströme, das letztere oft für starke Ströme verwendet. Besonders Silber besitzt außerdem geringen Kontaktwiderstand, so daß auch die Erwärmung im Dauerbetrieb gering bleibt, jedoch ist es schwer, die Überspannungsbedingung (9) gleichzeitig zu erfüllen.

Wesentlichen Einfluß auf die Ausschaltspannung und die Schaltarbeit praktisch gebräuchlicher Stromkreise hat die Art ihrer Belastung. Glühlampen und ähnliche Widerstände sind fast ohne Selbstinduktion und lassen sich leicht abschalten. Batterien und Nebenschlußmotoren liefern eine vom Strom unabhängige Gegenspannung, so daß beim Öffnen des Schalters nur eine geringe wirksame Spannung unterbrochen wird, die keine erheblichen Ausschaltspannungen erzeugt. Die Erregerspulen dieser Motoren, die erhebliche Selbstinduktion besitzen, bleiben dabei durch den Anker geschlossen, so daß sich ihre Energie nicht in den Schalter zu entladen braucht. Serienmotoren dagegen verlieren beim Ausschalten ihre Gegenspannung und ihre volle Feldenergie und verursachen dadurch erheblich stärkere Beanspruchung des Schalters.

b) Lichtbogenschalter. Bei Starkstromschaltern, die den ganzen Stromkreis von seiner vollen Spannung abtrennen müssen, läßt sich die Überspannungsbedingung (9) fast nie einhalten. Die Spannung am Schalter steigt dann beim Öffnen der Kontakte auf hohe Beträge und bewirkt, daß der Strom nicht abreißt, sondern weiterfließt. Die an den Kontakten entstehende Wärme erhitzt dieselben so stark, daß das zwischen ihnen befindliche Isoliermittel, Luft oder Öl, ionisiert wird, so daß sich ein Lichtbogen ausbilden kann. Dieser besitzt endlichen Widerstand, er erlaubt ein Weiterfließen des Stromes und verhindert das Zustandekommen unendlich großer Spannungen. Der Lichtbogen verlängert die wirkliche Ausschaltdauer über die Öffnungsdauer der Kontakte hinaus und gibt der Energie, die in der Selbstinduktion des Kreises aufgespeichert ist, ausreichende Zeit, sich zu entladen. Er hält so lange an, bis hierbei die Spannung am Schalter unter die Lichtbogenspannung gesunken ist. Nur wenn man den Lichtbogen durch künstliche Mittel unterdrückt oder zerreißt, etwa durch Einbetten des Schalters in Öl oder durch starke magnetische Blasfelder, so entstehen beim Verstoß gegen die Bedingung (9) starke Überspannungen am Schalter, die man dann durch Parallelwiderstände und analoge Mittel verringern muß.

Wenn beim Öffnen des Schalters eine Stromdichte bestehen bleibt, die die Kontakte, vor allem den negativen Stromaustritt, zum Glühen oder gar Schmelzen bringt, so strömen von dieser Kathode Elektronen aus, die die Luftstrecke zwischen den Kontakten ionisieren und dadurch für den Strom leitend machen. Der Widerstand im Schalter ist jetzt nur noch durch den Mechanismus des Lichtbogens gegeben und läßt sich nicht mehr in eine einfache Beziehung zur laufenden Zeit bringen. *Selbst wenn man die Kontakte schnell auseinanderreißt, gelingt es doch nicht, den Strom willkürlich zum Verschwinden zu bringen. Wir wollen daher unsere Aufgabe umkehren und danach fragen, innerhalb welcher Zeit dieser Ausschaltlichtbogen von selbst zum Verschwinden kommt.*

Für die Stromänderung beim Ausschalten wollen wir die Löschcharakteristik des Lichtbogens als gegeben und unabhängig von der tatsächlichen Löschzeit ansehen. Da die AYRTONsche Gl. (1) des vorigen Kapitels 37 für sehr kleinen Strom nicht mehr gilt, so können wir sie für unsere Betrachtungen nicht verwenden, sondern wollen die wirkliche Lichtbogencharakteristik nach Abb. 1, Kapitel 37, die an jedem Schalter durch Messung aufgenommen werden kann, unseren Berechnungen zugrunde legen.

Wir machen zunächst die einfache, wenn auch ungünstige Voraussetzung, daß beim Abschalten von Starkstromkreisen mit erheblicher Selbstinduktion die Bewegung der Schalterkontakte so schnell erfolgt, daß sie bereits ihre Endstellung erreicht haben, bevor der Strom sich noch merklich ändern konnte. Dann hat der Lichtbogen während der ganzen Brenndauer konstante Länge, so daß wir mit einer bestimmt gegebenen Charakteristik rechnen können, die in Abb. 4 dargestellt ist. Bezeichnen wir die vom Strom i abhängige Spannung des Lichtbogens mit

$$e_B = e_B(i), \tag{21}$$

so erhalten wir als Differentialgleichung für den induktiven Gleichstromkreis der Abb. 5, der von der Spannung E gespeist wird,

$$L\frac{di}{dt} + Ri + e_B = E. \tag{22}$$

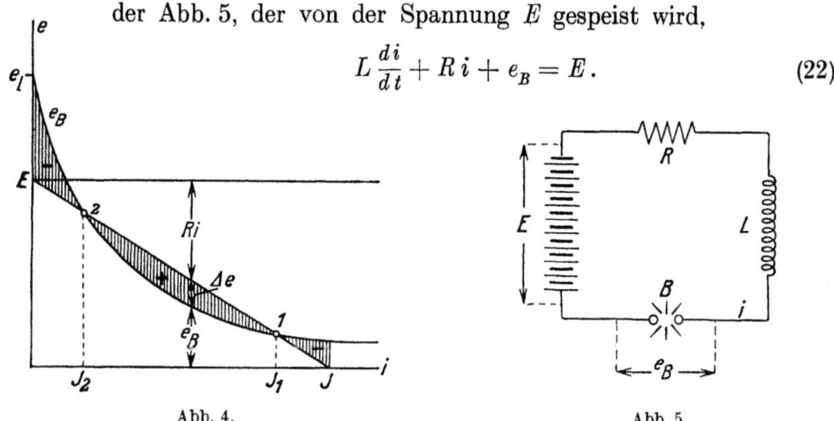

Abb. 4.   Abb. 5.

Wir können dieselbe auch schreiben

$$L\frac{di}{dt} = (E - Ri) - e_B(i) = \Delta e. \tag{23}$$

Darin sind auf der rechten Seite alle konstanten oder nur vom Strom i abhängigen Spannungen zu der Differenzspannung Δe zusammengefaßt, die sich aus der Charakteristik in Abb. 4 leicht abgreifen läßt, wenn man dort die Gerade $E - Ri$ einträgt. Bei stationärem Betrieb würde diese Linie die Spannung angeben, die nach Abzug der Widerstandsspannung von der EMK des Stromkreises noch für den Lichtbogen übrigbliebe. Da dieser jedoch nur die Spannung e_B gebraucht, so wirkt die Restspannung Δe auf eine Änderung des Stromes hin. Ihre Größe bestimmt nach Gl. (23) die Selbstinduktionsspannung, also die Änderungsgeschwindigkeit des Stromes.

Rechts von Punkt *1* der Abb. 4 ist Δe negativ, der Strom sinkt also und nähert sich diesem Punkt. Links von Punkt *1* ist Δe positiv, der Strom wächst also und nähert sich ebenfalls Punkt *1*, der somit ein stationärer, stabiler Betriebspunkt des Lichtbogens ist. Für Verhältnisse in der näheren Umgebung des Punktes *1* wird der Lichtbogen also nicht erlöschen. Der Strom, der bei kurzgeschlossenem Lichtbogen den Wert

$$J = \frac{E}{R} \tag{24}$$

besessen hat, sinkt lediglich auf den Wert J_1 herab. Zum Löschen des Bogens ist ständig negatives Δe erforderlich, das nur links vom Punkt *2* der Abb. 4 vorhanden ist. Dort nimmt der Strom wegen des negativen Δe nach Gl. (23) dauernd ab bis zum vollständigen Verlöschen. Da die Lichtbogencharakteristik für jeden Schalter gegeben ist, so erkennt man, daß man nicht beliebige Ströme und Spannungen mit ihm abschalten kann. *Er ist vielmehr nur für solche Strom-kreise geeignet, deren Widerstandslinie zwischen E und J vollständig unterhalb der Charakteristik verläuft. Nur dann ist ständig negatives Δe und damit dauernde Abnahme des Stromes bis zum Verlöschen des Lichtbogens vorhanden.* Dies ist die Bedingung für das Löschen des Ausschaltlichtbogens.

Um den zeitlichen Verlauf des Stromes zu erhalten, müssen wir die Diffe-rentialgleichung (23) lösen. Die Selbstinduktionsspannung Δe ist aus dem Cha-rakteristikdiagramm graphisch gegeben und hängt allein vom Strom i ab. Wir können daher in Gl. (23) die Variablen trennen und schreiben

$$dt = L\,\frac{di}{\Delta e}. \tag{25}$$

Das gibt integriert

$$t = L \int_{J}^{i} \frac{di}{\Delta e}, \tag{26}$$

und damit ist die Bestimmung der laufenden Zeit t abhängig von der Strom-

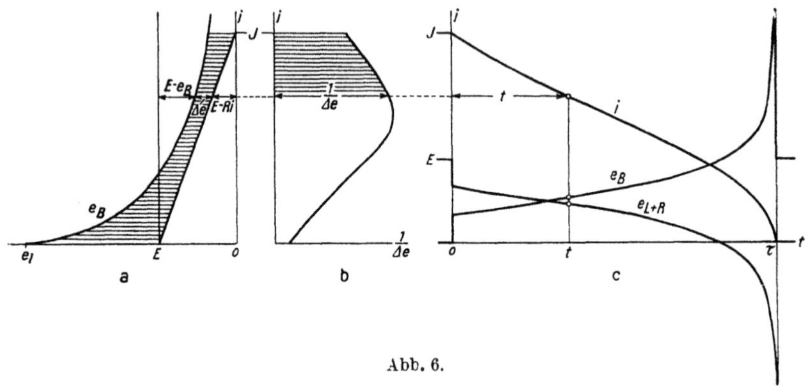

Abb. 6.

stärke i auf ein Integral zurückgeführt, das sich graphisch leicht auswerten läßt. Das Integral beginnt zur Zeit $t = 0$ mit dem vorherigen Strom J als untere Grenze. Da Δe stets negativ ist, so ist auch di negativ, der Strom nimmt also mit wach-sender Zeit dauernd ab.

In Abb. 6a ist in die Lichtbogencharakteristik e_B, die hier umgeklappt ge-zeichnet ist, die stationäre Spannungsgerade $E - Ri$ eingetragen, und es ist dar-aus das Reziproke der Differenzspannung, also $1/\Delta e$ abhängig von i in Abb. 6b aufgetragen. Die Integration dieser Kurve nach i liefert in Abb. 6c den Zu-sammenhang von Zeit und Strom, also die Ausschaltkurve des Stromes. Jedem Augenblickswert des Stromes kann man durch Eingehen in Abb. 6a die zu-gehörige Lichtbogenspannung e_B und auch die Spannung am abgeschalteten Stromkreise zuordnen, die sich nach Gl. (22) ergibt zu

$$e_L + e_R = E - e_B \tag{27}$$

und daher auch direkt aus Abb. 6a entnommen werden kann.

Man erkennt aus Abb. 6c, daß der Strom sich zuerst allmählich und später immer schneller verkleinert, bis er im letzten Augenblick unter der Wirkung der Löschspannung e_l rapide verschwindet. Demgemäß nimmt die Spannung am Lichtbogen erst gegen Ende der ganzen Ausschaltzeit stark zu. Die Spannung an der Belastung springt beim Öffnen des Schalters um die Lichtbogenspannung herab, durchschreitet im Verlauf des Ausschaltens die Nullinie und erreicht zum

Schluß einen hohen negativen Wert, dessen Absolutwert gegeben ist durch

$$\Delta e_l = e_l - E. \tag{28}$$

Die höchste Ausschaltspannung am Ende der Löschperiode ist also gar nicht mehr abhängig von den Eigenschaften des Stromkreises, sondern wird nur noch bestimmt durch die Löschspannung des Lichtbogens und die Netzspannung. Die Selbstinduktion und der Widerstand des Stromkreises haben keinerlei Einfluß auf die höchste Ausschaltspannung, sondern bestimmen lediglich die Dauer und den Verlauf des Ausschaltvorganges.

Die Überspannungen, die beim Ausschalten von Gleichstromkreisen auftreten, sind demnach außer durch die Größe der Netzspannung nur durch die Eigenschaften des Schalters bestimmt. Um sie gering zu halten, muß man Schalter mit denkbar kleinen Löschspannungen verwenden, was sich durch geringe Schaltwege erzielen läßt, die nur so groß sein müssen, daß das Löschen der Netzspannung überhaupt erfolgt und die gesamte Charakteristik über der Widerstandslinie des Stromkreises liegt. Schädlich ist es, den Lichtbogen weit auseinanderzureißen. Der Strom verschwindet dann zwar etwas schneller, aber nur unter Entwicklung sehr hoher Spannungen. Da der Widerstand R des Nutzstromkreises keinen Einfluß auf die Ausschaltspannung besitzt, so vermögen auch Vorschaltwiderstände nur insofern Einfluß auszuüben, als sie den stationären Strom J vermindern und damit nach Abb. 6a die Differenzspannung

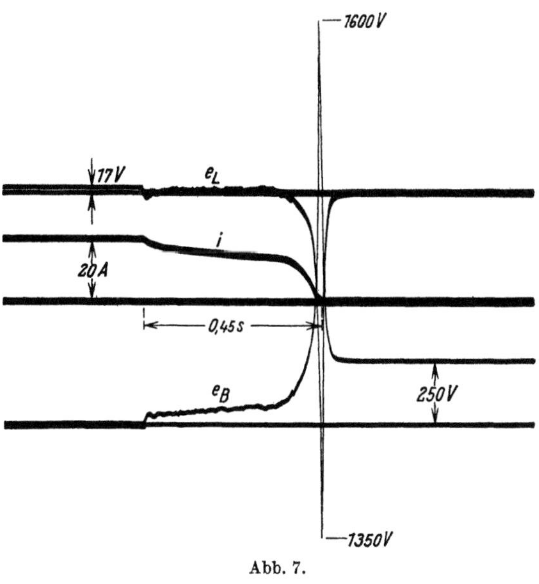

Abb. 7.

während des Ausschaltens vergrößern, wodurch das Ausschalten beschleunigt wird. Die Löschüberspannung nach Gl. (28) wird durch sie jedoch nicht vermindert.

Abb. 7 stellt das Ausschaltoszillogramm eines hochinduktiven Stromkreises ohne jede Dämpfung dar. Der Strom verschwindet allmählich durch den erlöschenden Lichtbogen, die Spannung an der Selbstinduktion und am Schalter steigt währenddessen bis zu seiner Löschspannung an, die erheblich über der normalen Netzspannung liegt.

Man kann Gl. (26) für die Ausschaltzeit auf eine übersichtlichere Form bringen, indem man ihre rechte Seite mit Gl. (24) erweitert. Man erhält dann

$$t = \frac{L}{R} \int \frac{E}{\Delta e} d\left(\frac{i}{J}\right). \tag{29}$$

Darin stellt der Faktor vor dem Integral die magnetische Zeitkonstante des Belastungsstromkreises dar, die unabhängig vom Schalter ist, während das Integral eine Funktion darstellt, die unabhängig vom Aufbau des Stromkreises ist und nur durch die Lichtbogencharakteristik des Schalters sowie die Werte von Spannung und Strom bestimmt ist, die er abschalten soll. Für die gesamte Ausschaltdauer τ vom Öffnen der Kontakte bis zum Abreißen des Lichtbogens müssen wir über das Stromverhältnis i/J von 0 bis 1 integrieren und erhalten

$$\tau = T \int_0^1 \frac{E}{\Delta e}\, d\left(\frac{i}{J}\right). \tag{30}$$

Dies Integral stellt die gesamte Fläche der Kurve von Abb. 6b als absoluten Zahlenwert dar. *Wir wollen es die numerische Ausschaltdauer des Schalters nennen und erkennen, daß die tatsächliche Ausschaltdauer τ sich durch das Produkt der Zeitkonstante des Stromkreises mit der numerischen Ausschaltdauer des Schalters ausdrücken läßt.* Diese Zahl kann für jeden Schalter durch Bestimmung seiner Charakteristik ausgerechnet werden und stellt eine für die Konstruktion typische Größe dar. Ist die Differenzspannung Δe im Mittel gleich der Netzspannung E, so ist die numerische Ausschaltdauer gleich 1. Häufig wird Δe größer sein, so daß das Ausschalten schneller erfolgt als während der Zeitkonstante T.

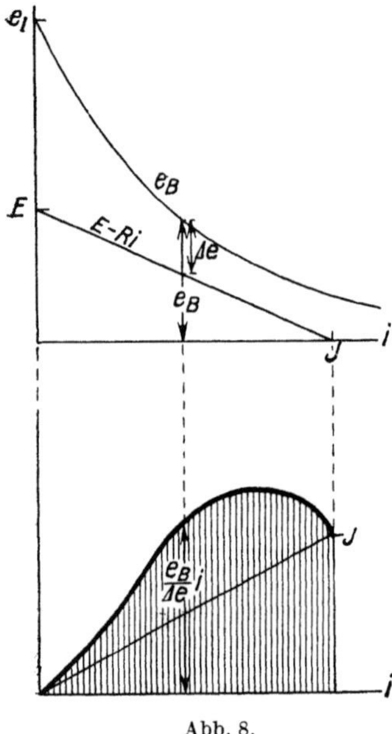

Abb. 8.

Während der Ausschaltdauer wird im Lichtbogen und an den Kontakten des Schalters elektrische Leistung frei. Die gesamte Schaltarbeit ist wieder

$$A = \int_0^\tau e_B\, i\, dt. \tag{31}$$

Um die Integration ohne Kenntnis der Ausschaltzeit durchführen zu können, ersetzen wir die Integrationsvariable dt durch di nach Gl. (25) und erhalten

$$A = L \int_J^0 \frac{e_B}{\Delta e}\, i\, di. \tag{32}$$

Dies Integral kann nach Abb. 8 ausgewertet werden, da die Lichtbogenspannung e_B und die Differenzspannung Δe allein abhängig vom Strom sind. Es stellt ebenfalls einen Wert dar, der lediglich von den Eigenschaften des Schalters und seinen Spannungen und Strömen abhängt, während der Faktor vor dem Integral nur durch den Stromkreis selbst bestimmt ist.

Erweitert man die Beziehung (32) mit dem halben Quadrat des ursprünglichen Stromes, so erhält man in

$$A = \frac{LJ^2}{2} \int_0^1 \frac{e_B}{\Delta e}\, 2\, \frac{i}{J}\, d\left(\frac{i}{J}\right) \tag{33}$$

einen Ausdruck, der vor dem Integral die in der Selbstinduktion des Stromkreises aufgespeicherte Arbeit angibt, während das Integral selbst einen absoluten Zahlenwert darstellt, den wir als numerische Schaltarbeit bezeichnen wollen und der eine für jeden Schalter eigentümliche Ziffer darstellt, die nur von seiner Bauart, jedoch nicht von den Eigenschaften des Stromkreises abhängt. Für sehr lange Lichtbögen wird im ganzen Strombereich Δe nahezu gleich e_B. Das ergibt die geringste Schaltarbeit vom numerischen Betrage 1. Für sehr kurze Lichtbögen hält sich Δe nach Abb. 8 in der Größenordnung von $\frac{1}{2}e_B$, so daß sich eine numerische Schaltarbeit gleich 2 ergibt. Kleinere Differenzspannungen wird man im Interesse der Sicherheit der Abschaltung kaum anwenden. Die Schaltarbeit liegt also stets zwischen dem Ein- und Zweifachen der in der Selbstinduktion aufgespeicherten Energie. Man kann demnach durch übermäßig lange Lichtbögen die Schaltarbeit keineswegs beliebig verkleinern, das Integral bleibt stets ein wenig größer als 1. Daß die Schaltarbeit stets größer ist als die in der Selbstinduktion aufgespeicherte Arbeit, rührt daher, daß nach Gl. (14) während des Ausschaltens auch von der Stromquelle her Leistung in den Schalter geliefert wird.

Die Schaltarbeit wird zum Teil im Lichtbogen, zum Teil an den Kontakten frei und kann diese im ganzen auf hohe Temperatur und sogar zum Schmelzen bringen. *Sie müssen daher eine Wärmekapazität besitzen, die ausreicht, um die Arbeit aufzunehmen, die beim jedesmaligen Ausschalten nach Gl. (33) als Wärme auftritt.* Dies muß um so mehr beachtet werden, als man den Lichtbogen gewöhnlich an besonderen, schwächer gebauten Funkenziehern brennen läßt, um den Abbrand der Hauptkontakte zu vermeiden, die andauernd den vollen Strom zu führen haben.

Kühlt man die Schaltkontakte und den Lichtbogen durch Einbetten in Öl sehr stark ab, so vermindert man die Menge der Elektronen und Ionen, die den Lichtbogen leitend erhalten. Infolgedessen ist die Spannung des Lichtbogens unter Öl wesentlich größer als in Luft. Vor allem gilt dies von der

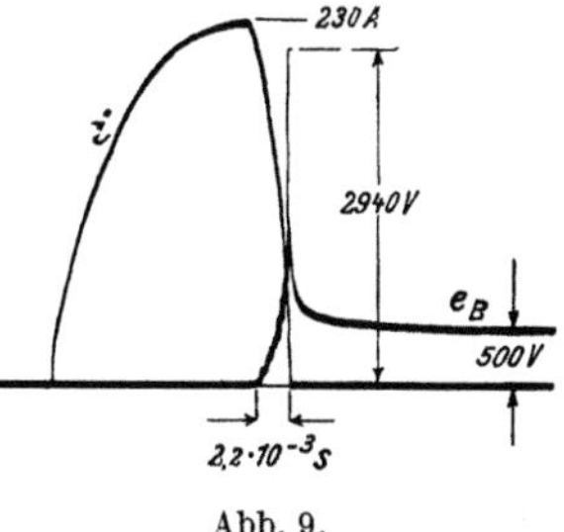

Abb. 9.

Löschspannung e_l des Bogens. Die Ausschaltdauer des Gleichstromes wird daher durch Anwendung von Ölschaltern zwar wesentlich verkleinert, die Ausschaltspannung wird jedoch sehr groß, die Schaltarbeit wird nicht wesentlich vermindert. Abb. 9 stellt ein Ausschaltoszillogramm eines Magnetkreises dar, in dem hohe Überspannungen mit sehr starker Spitzenbildung durch den Ölschalter erzeugt werden. Man verwendet deshalb zum Schalten von starken Gleichströmen ausschließlich Luftschalter.

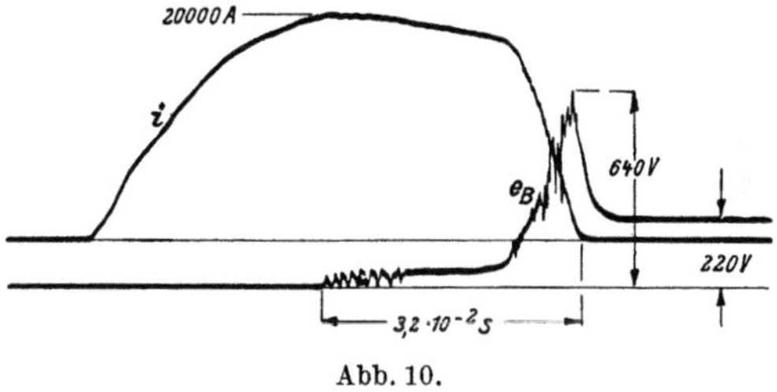

Entgegengesetzte Wirkung hat die Verwendung von Kontaktmaterial mit schlechter Wärmeleitung, vor allem von Kohlekontakten. Dieselben halten bei abnehmendem Strom ihre Temperatur länger aufrecht, liefern dabei mehr Elektronen in den Lichtbogen und besitzen daher besonders bei kurzen Lichtbögen eine geringere Brennspannung als Metallkontakte, vor allem im Augenblick des Löschens. Dadurch wird, wie man an Abb. 6 verfolgt, während des Ausschaltens eine geringere Restspannung Δe erzeugt, die die Schaltdauer zwar vergrößert, dafür aber die Löschspannung e_l erheblich verkleinert und damit die Abreißüberspannung vermindert. Für schwierige Fälle sind deshalb Schalter mit Kohlekontakten sehr nützlich.

Abb. 10.

Starkstromschalter müssen natürlich nicht nur die normalen Betriebsströme der Anlage abschalten, sondern sie müssen auch *den bei Störungen auftretenden Kurzschlußströmen gewachsen sein*, die bei Gleichstromkreisen nur durch die Betriebsspannung und den zwischen der Stromquelle und der Kurzschlußstelle liegenden Leitungswiderstand bestimmt werden. Die Lichtbogencharakteristik des Schalters muß so hoch liegen, daß nicht nur für den Normalstrom, sondern auch für diesen Kurzschlußstrom ein stabiles Weiterbrennen des Lichtbogens nach Abb. 4 vermieden wird. Danach richtet sich die Bogenlänge, die zwischen den Kontakten erforderlich ist. Abb. 10 zeigt das Ausschalten des Kurzschlusses

einer Zentrale von 220 Volt bei 20000 Amp. Hier blieb der Lichtbogen zunächst
stabil stehen und erlosch erst durch das Aufsteigen zwischen den Hörnerkontakten.

Zum Abschalten von Überlastungsströmen und Kurzschlüssen verwendet
man oft *Schmelzsicherungen*, bei denen ein hochbelasteter Draht von vermin-
dertem Querschnitt zum Abschmelzen kommt. Dies leitet einen Ausschaltlichtbogen ein, der zwischen den Elektroden des Schmelzstückes überspringt und
als Bogen konstanter Länge genau nach den eben erläuterten Gesetzen allmählich verlöscht. Man erkennt, wie wichtig es ist, nicht nur den Schmelzdraht selbst,

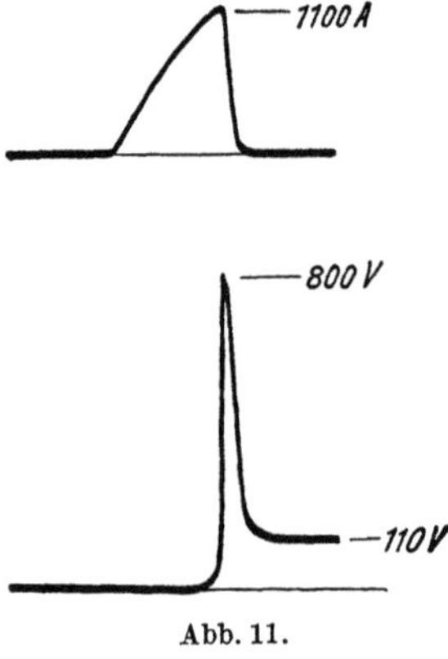

Abb. 11.

sondern auch seine Elektroden auf Wärmekapazität
und Abstand zu dimensionieren. Abb. 11 zeigt oszillographische Aufnahmen von Stromverlauf und Spannung des Durchbrennens einer 20 Amp-Sicherung
beim Schalten einer Batterie auf einen Kurzschluß
mit 110 Volt. Der Strom steigt in sehr kurzer Zeit bis
auf 1100 Amp an und fällt dann so schnell ab, daß
trotz der geringen Selbstinduktion des Kurzschluß-
kreises eine Ausschaltspannung von 800 Volt entsteht, die als Löschspannung durch den Lichtbogen
der Sicherung bedingt ist.

Öffnet man die Kontakte eines Schalters so langsam, daß sie sich *während des Löschens des Lichtbogens noch bewegen*, so ist die bisherige Rechnung
mit konstanter Bogenlänge und fester Charakteristik

nicht mehr korrekt. Man kann dann für die verschiedenen Kontaktabstände,
die zu bestimmten Zeiten nach Beginn des Öffnens vorhanden sind, die jeweiligen Charakteristiken auftragen und die Integration derselben schrittweise
vornehmen, wie es in Abb. 12 gezeichnet ist. Man erkennt dann, daß der
Strom im Anfange, bei sehr kleiner Kontaktöffnung, nur wenig abnimmt, weil
die Differenzspannung Δe nur äußerst gering ist. Erst bei erheblichen Abständen
beginnt diese Differenzspannung zu wirken und den Strom zum schnelleren

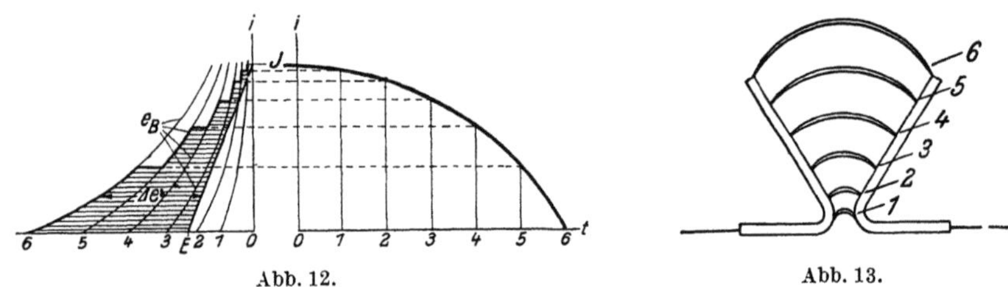
Abb. 12.   Abb. 13.

Verschwinden zu bringen. Solange Δe sehr klein ist, ist die numerische Durch-
führung der Integration nach Gl. (26) unbequem. Es ist dann besser, die
mittlere Neigung der Stromkurve in den anfänglichen Zeitabschnitten aus-
zurechnen, die sich nach Gl. (23) ergibt zu

$$\frac{di}{dt} = \frac{\Delta e}{L}. \tag{34}$$

Wie man aus Abb. 12 erkennt, nimmt der Strom bei variabler Lichtbogenlänge
im Anfang verzögert, gegen Ende der Ausschaltzeit beschleunigt ab. Demgemäß
kann die Ausschaltspannung sehr viel größere Werte als bei begrenzter Lichtbogenlänge annehmen, ohne daß irgendein Vorteil hiermit verknüpft ist.

Man erzielt häufig eine veränderliche Lichtbogenlänge dadurch, daß man
den Auftrieb der heißen Lichtbogenluft benutzt, um den Bogen zwischen *Hörner-*

kontakten nach Abb. 13 mehr und mehr zu verlängern. Der kleinste Kontaktabstand darf dabei von der Netzspannung natürlich nicht durchschlagen werden. Da aber die Spannung während des Hochsteigens des Lichtbogens wesentlich größer als die Netzspannung werden kann, so ist ein Überschlag und daher ein mehrfaches Zünden an der engsten Stelle der Hörner möglich. Abb. 14 stellt ein Oszillogramm des Stromes und der Lichtbogenspannung an einem Hörnerschalter dar, bei dem *mehrere solcher Rückzündungen* auftraten.

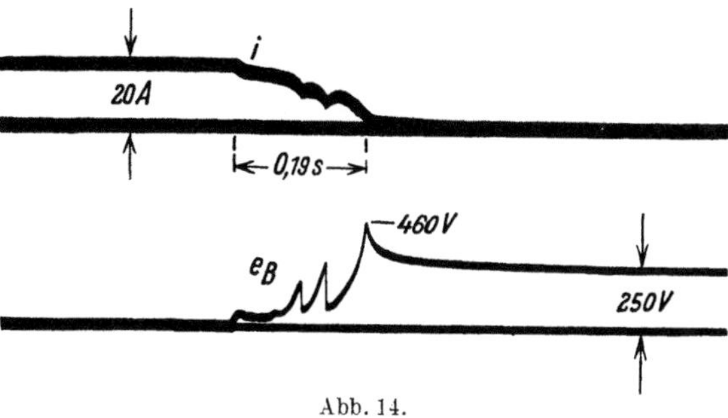

Abb. 14.

Der Verlauf von Strom und Spannung in der Charakteristik ist in Abb. 15 dargestellt, in der außer der Zünd- und Löschcharakteristik e_{B1} der engsten Stelle noch die Löschcharakteristiken für die längeren hochgetriebenen Lichtbögen eingetragen sind. Nach dem Öffnen der Kontakte wandert der Lichtbogen sofort hoch, so daß der charakteristische Stromspannungspunkt auf der stark gezeichneten Linie e_B bei abnehmendem Strom schnell auf hohe Spannungen kommt. Sobald hierdurch die Zündspannung e_{z1} der engsten Stelle überschritten wird, setzt dort ein neuer Lichtbogen ein. Er übernimmt sofort den noch vorhandenen Strom i_s, so daß die Spannung plötzlich auf die tiefste Charakteristik e_{B1} springt. Liegt diese unter der Widerstandslinie des Stromkreises wie in Abb. 15, so nimmt der Strom des von neuem aufsteigenden Lichtbogens zunächst zu. Er erreicht ein Maximum i_m beim Durchtritt des charakteristischen Punktes durch die Widerstandslinie und nimmt alsdann durch die steigende Spannung und die wachsende Lichtbogenlänge wieder ab. Die Neuzündung an der engsten Stelle und das sprungweise Zusammenbrechen der Spannung kann sich beim Hochwandern

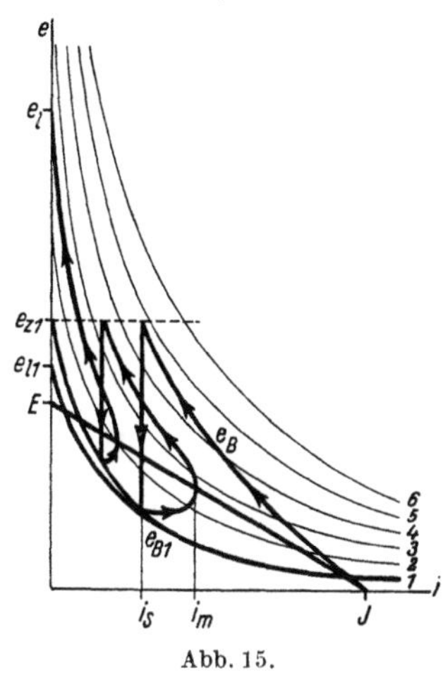

Abb. 15.

des Lichtbogens noch häufiger wiederholen. Im Oszillogramm 14 treten zwei Rückzündungen auf, die auch in Abb. 15 eingetragen sind. Sie bewirken Schleifen in der Charakteristik und damit eine Zunahme der Schaltarbeit. Die Rückzündung setzt schließlich aus, wenn durch allmähliche Abkühlung der Elektroden an der engsten Stelle deren Zündspannung stark anwächst.

An Stelle des thermischen Auftriebes verwendet man zur Erzielung verlängerter Licht

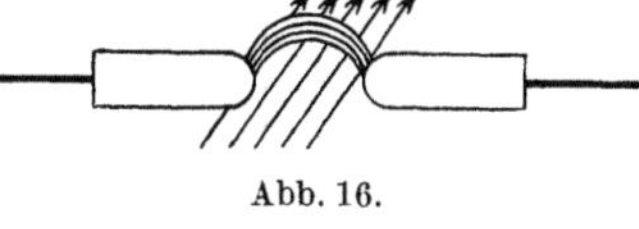

Abb. 16.

bögen auch *magnetische Blaswirkung*, indem man quer zum Lichtbogen ein Magnetfeld erzeugt, dessen dynamische Wirkung den Bogen nach außen treibt, wie es in Abb. 16 dargestellt ist. Die Blaswirkung und damit die Verlängerung des Lichtbogens ist um so stärker, je größer das Produkt aus Feldstärke und Strom ist. Starke Felder können den Lichtbogen daher auf sehr große Längen auseinanderreißen. Dabei treten im allgemeinen zahlreiche Rückzündungen auf, die den Strom und vor allem die Spannung am Lichtbogen zum schnellen

Flattern bringen. Abb. 17 stellt ein Oszillogramm von Strom und Spannung bei der Unterbrechung eines eben entstandenen starken Kurzschlusses dar, die *durch die Wirkung des Blasfeldes unter heftigen Spannungssprüngen* erfolgt.

Die Blaswirkung durch Auftrieb oder Magnetfelder hat den Vorteil, daß die tiefste Charakteristik des Schalters nach Abb. 15 unterhalb der Widerstandslinie des Stromkreises liegen darf, was besonders beim Abschalten von Kurzschlüssen für die Dimensionierung des Schalters wertvoll sein kann. Sie hat dagegen den Nachteil, *daß zahlreiche schnelle Spannungssprünge* auftreten, die schädliche Wirkungen auf die Wicklungen des Stromkreises ausüben können.

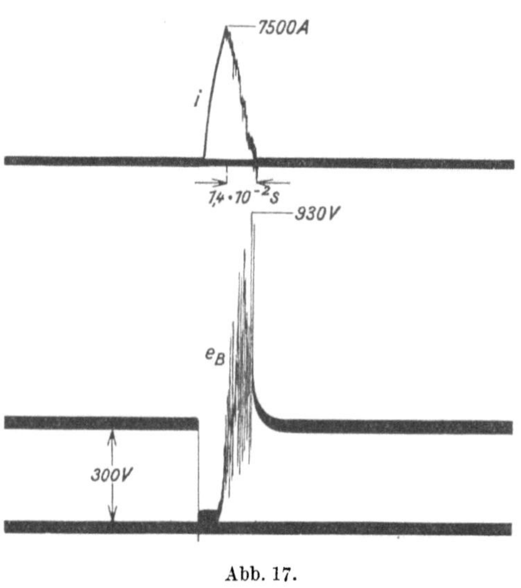

Abb. 17.

c) Parallelwiderstand zum Lichtbogen. Wenn die Ausschaltüberspannung eines Lichtbogenschalters größer ist als man sie für die Anlage zulassen will, so kann man mit Vorteil einen Parallelwiderstand zum Lichtbogen oder zum Stromkreis anwenden. Daß man durch solche Widerstände die Spannung beim momentanen Abschalten begrenzen kann, hatten wir schon in Kapitel 1 gesehen. In einem Lichtbogenstromkreise nach Abb. 18 gilt für den Verlauf des Stromes i dieselbe Differentialgleichung wie früher

$$L\frac{di}{dt} + Ri + e_B = E. \tag{35}$$

Der Gesamtstrom, der den Belastungskreis durchfließt, setzt sich jetzt aber aus dem Lichtbogenstrom i_B und dem Strom i_r im Parallelwiderstand zusammen zu

$$i = i_B + i_r. \tag{36}$$

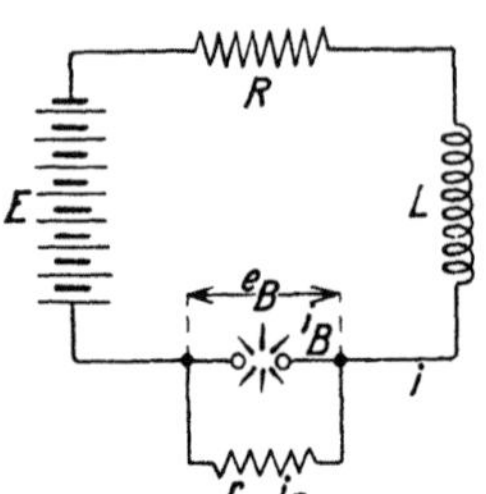

Abb. 18.

In der Charakteristik des Schalters einschließlich Parallelwiderstand muß man jeder Lichtbogenspannung e_B die Summe dieser beiden Ströme zuordnen, und da der Parallelstrom stets proportional der Lichtbogenspannung ist, so wird sie dargestellt durch

$$i = i_B + \frac{e_B}{r}. \tag{37}$$

Man erhält die Charakteristik der Parallelschaltung daher nach Abb. 19 durch graphische Addition des jeder Spannung zugeordneten Lichtbogenstromes zu dem der Spannung proportionalen Widerstandsstrom. Die abfallende Lichtbogencharakteristik wird also durch den Parallelwiderstand geschert, je kleiner er ist, um so flacher ist die Widerstandsgerade geneigt. Die gesamte Charakteristik des Lichtbogenschalters mit Schutzwiderstand setzt sich aus zwei Teilen zusammen: einem geradlinigen Teil, der allein durch den Widerstand bestimmt ist und dem erloschenen Bogen entspricht, und einem gekrümmten durch den brennenden Lichtbogen gegebenen Ast. Beide sind in Abb. 19 stark hervorgehoben.

Um den zeitlichen Verlauf der Ausschaltströme und -spannungen zu erhalten, muß man mit dieser resultierenden Charakteristik die Konstruktion nach Abb. 6 durchführen. Die Differenzspannung Δe wird dadurch für große Ströme verstärkt und kann für einen mittleren Strombereich sogar löschende Werte erhalten, wenn der Lichtbogen ohne Parallelwiderstand stationär weiterbrennen würde. Ist der Strom bis zu einem bestimmten Werte i_l gesunken, so löscht der Lichtbogen aus, der Strom fließt nur noch durch den Parallelwiderstand, der auf eine entsprechend hohe Spannung geladen wird, die sich aus Abb. 19 abgreifen läßt. Der Strom sinkt weiter, wobei sich die Spannung am Schalter geradlinig verringert, bis sie einen dem Dauerstrom i_∞ entsprechenden Betrag erreicht. Unter diesen Wert, der dem Schnittpunkt der beiden Widerstandslinien in Abb. 19 und daher ihrer Reihenschaltung entspricht, kann der Strom nicht sinken.

Die höchste Spannung tritt hier nicht am Ende der Ausschaltperiode auf, sondern beim Löschen des Lichtbogens, sie ist in Abb. 19 ebenso groß wie ohne Parallelwiderstand. Wendet man aber einen geringeren Parallelwiderstand an, so kann die Lichtbogencharakteristik, wie es in Abb. 20 gezeigt ist, in ihrem

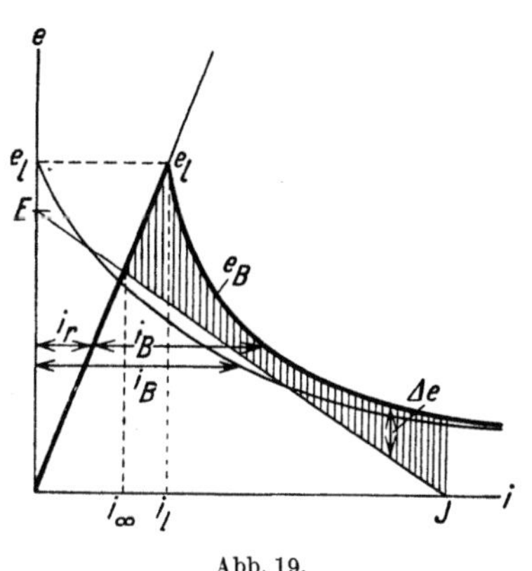

Abb. 19.

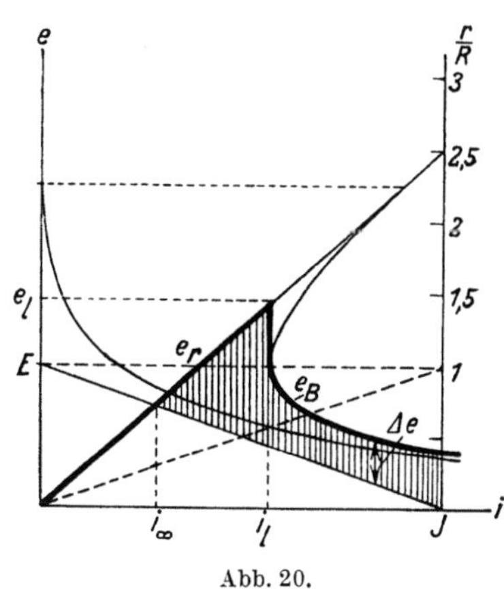

Abb. 20.

oberen Teil so stark abgebogen werden, daß sie eine senkrechte Tangente erhält. Die Lichtbogenspannung kann dann beim Abnehmen des Stromes an diesem Punkte nicht weiter wachsen, weil sonst der Strom wieder zunehmen würde, der Lichtbogen löscht daher plötzlich aus. Der ganze Strom i_l springt auf den Parallelwiderstand über und erhöht dessen Spannung bis zum Werte e_l, der kleiner ist als die Löschspannung des Bogens selbst. *Durch einen geeignet bemessenen Parallelwiderstand zum Lichtbogen gelingt es somit, die Löschspannung sehr erheblich zu verringern und damit die höchste im Stromkreis auftretende Ausschaltüberspannung auf unschädliche Werte zu bringen.* Nach dem Löschen des Lichtbogens sinkt die Differenzspannung Δe linear mit dem Strome, so daß die Zeit nach Gl. (26) logarithmisch mit ihm ansteigt. Der Strom klingt daher von diesem Augenblick an exponentiell mit der Zeit bis auf seinen Endwert ab.

Wenn man den Parallelwiderstand zum Schalter ebenso groß macht wie den Widerstand des äußeren Stromkreises, so hat seine Widerstandslinie in Abb. 20 auch dieselbe Stärke der Neigung wie die EJ-Gerade. Aus dem dort eingetragenen Maßstab für r/R kann man daher ablesen, wie groß der Parallelwiderstand zur Erzielung des soeben behandelten nützlichen Effektes sein muß. Würde man den Strom J nicht über den Lichtbogen ausschalten, sondern parallel zum Widerstand r momentan unterbrechen, so würde die Spannung bis zum Schnitt der Widerstandslinie e_r mit diesem Maßstab anschnellen. Man erhielte also recht erhebliche

Spannungen von einer Größe, wie sie in Kapitel 1 berechnet wurden. Durch gemeinsame Anwendung von Lichtbogenschalter und Parallelwiderstand kann man die Ausschaltcharakteristik auf eine überaus günstige Form bringen. Man kann die Leistungsfähigkeit des Schalters dadurch vergrößern und die Ausschaltspannungen dabei wesentlich verringern.

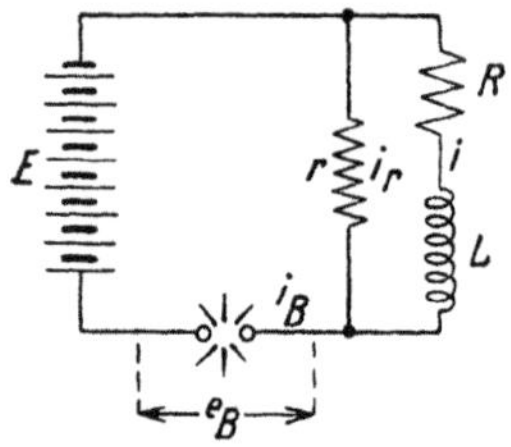

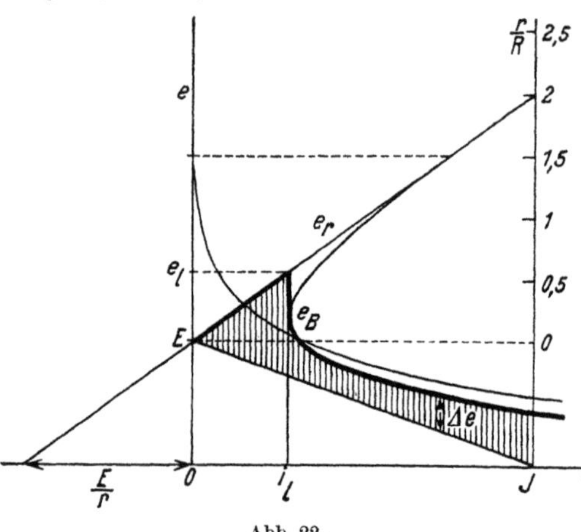
Abb. 21.

Legt man den Schutzwiderstand nicht parallel zum Schalter, sondern parallel zum Außenstromkreis, wie es in Abb. 21 dargestellt ist, so gilt für den Nutzstromkreis wieder die Differentialgleichung (35). Der Lichtbogenstrom setzt sich nunmehr aus der Summe der Ströme i im Nutzkreise und i_r im Parallelzweige zusammen. Er ist also

$$i_B = i + i_r. \tag{38}$$

Der Parallelstrom bestimmt sich andererseits aus der Netzspannung und Lichtbogenspannung zu

$$i_r = \frac{E - e_B}{r}, \tag{39}$$

so daß man für den Nutzstrom in Abhängigkeit von der Lichtbogenspannung erhält

$$i = i_B + \frac{e_B}{r} - \frac{E}{r}, \tag{40}$$

ein Ausdruck, der sich nur um ein konstantes Glied von Gl. (37) unterscheidet.

Die wirksame Schaltercharakteristik wird daher jetzt durch Abb. 22 dargestellt. Die Widerstandslinie des Parallelwiderstandes hat die gleiche Neigung wie im letzten Falle, sie schneidet jedoch auf der rückwärts verlängerten

Abb. 22.

i-Achse die Strecke E/r ab, was aus Gl. (40) sofort hervorgeht, wenn man i_B und e_B gleich 0 setzt. Durch einen Parallelwiderstand zum Nutzstromkreise wird also der gleiche günstige Einfluß auf die Löschspannung des Lichtbogens erzielt. Nach erfolgtem Löschen klingt der Strom hier sogar exponentiell vollständig bis auf Null ab. Allerdings wird die löschende Spannung Δe für größere Ströme geringer als im vorigen Fall.

Zum Abschalten von Nutzlasten wird man daher zweckmäßig einen Parallelwiderstand zum Hauptstromkreise verwenden. Zum Unterbrechen von

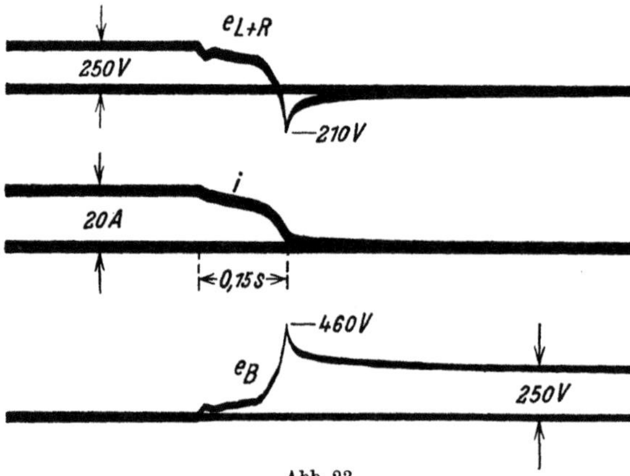
Abb. 23.

Kurzschlüssen legt man den Schutzwiderstand dagegen besser parallel zum Schalter, da er dann für jede zufällige Lage der Kurzschlußstelle wirksam ist.

Die nachträgliche Unterbrechung des geringen Stromes durch den Parallelwiderstand verursacht dabei keine besonderen Schwierigkeiten.

In Abb. 23 ist das Ausschaltoszillogramm des gleichen selbstinduktiven Stromkreises wie in Abb. 7, jedoch mit Parallelwiderstand vom 5 fachen Betrage dargestellt. Man erkennt die gewaltige Verringerung der Ausschaltspannung und gleichzeitig damit das langsame Nachklingen der Spannung durch den Widerstand. Daß die Überspannung auch bei allen Oszillogrammen ohne Schutzwiderstand nicht sofort nach dem Abreißen des Lichtbogens vollständig verschwindet, rührt von den sekundären Wirbelströmen her, die sich bei den meisten Gleichstrommagneten ausbilden können und die genau wie ein entsprechend großer Parallelwiderstand dämpfend wirken.

39. Ausschalten von Wechselstrom.

Wechselstrom läßt sich im Prinzip wesentlich leichter ausschalten als Gleichstrom, weil er in seinem regulären Verlauf sowieso nach jeder Halbperiode durch Null hindurchgeht. Wenn es gelänge, den Schalter mit solcher Präzision zu betätigen, daß er den Stromkreis im Augenblick des natürlichen Nulldurchganges des Stromes unterbricht, so bliebe der Kreis von da ab stromlos, ohne daß irgendwelche Erwärmungserscheinungen an der Schaltstelle aufträten. Praktisch ist ein solches Präzisionsschalten bisher nicht möglich, weil die Massenwirkung der Schaltkontakte und ihrer Antriebsorgane keine so genaue Einstellung und so hohe Schaltgeschwindigkeit erlaubt. Bei 50 periodigem Wechselstrom müßte die Genauigkeit Zeiten von der Größenordnung einiger zehntausendstel Sekunden erreichen. Bei den heute üblichen Schaltern erstreckt sich die Ausschaltdauer dagegen über einen wesentlich längeren Zeitraum, der größere Bruchteile oder Vielfache der Periodendauer beträgt.

Bei Widerstandsschaltern, die das Ausschalten durch allmähliche Zunahme des Kontaktwiderstandes bewirken, sind die Erscheinungen ähnlich wie bei Gleichstrom. Dieser Fall ist jedoch nicht sehr wichtig, da die hohen in Wechselstromkreisen üblichen Spannungen fast stets eine Lichtbogenbildung zwischen den Schaltkontakten bewirken.

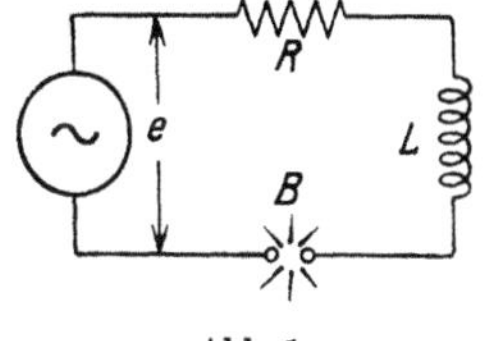

Abb. 1.

Hierbei treten wesentlich andere Erscheinungen als bei Gleichstromschaltern auf, da sich bei Wechselstrom die treibende Spannung der Stromquelle dauernd verändert und ein wiederholtes Löschen und Zünden des Lichtbogens bewirken kann.

a) Spannungs- und Stromverhältnisse. Die einfachsten Verhältnisse liegen vor, wenn der über einen Lichtbogen B nach Abb. 1 abzuschaltende Stromkreis nur sehr geringe Selbstinduktion L und überwiegenden Widerstand R besitzt. Es mögen z. B. Glühlampen von einem Netz konstanter Wechselspannung e abgeschaltet werden. Dann geht der Strom i gleichzeitig mit der Spannung e durch Null, und hierbei erlischt der Lichtbogen zwischen den Schaltkontakten jedesmal. Unmittelbar nach dem Löschen sinkt die Temperatur der Kontakte und die Zündspannung e_z steigt sehr schnell an, nach einer Kurve, die in Abb. 2 gestrichelt eingetragen ist. Bei sehr kleinem Lichtbogen wird sie bald

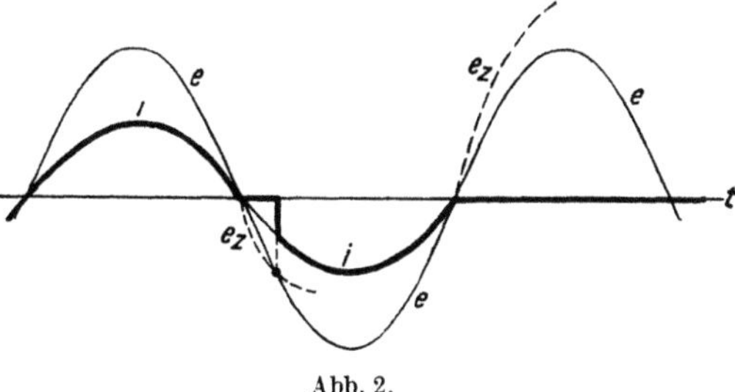

Abb. 2.

von der ebenfalls ansteigenden Wechselspannung eingeholt, so daß der Strom
unter Neuzündung des Bogens schnell auf seinen stationären Wert springt. *Ist
die Kontaktentfernung beim nächsten Nulldurchgang von Strom und Spannung
ausreichend groß, um die Zündspannung und ihren Anstieg durch die Kühlung
des Lichtbogens so zu vergrößern, daß sie dauernd über der Wechselspannung der
Stromquelle bleibt, so zündet der Bogen nicht wieder, sondern bleibt erloschen.* Der
Strom bleibt dann nach Erreichen des Nullwertes dauernd Null.

Bei Metallkontakten mit guter Wärmeleitung, vor allem bei Kupferkontakten,
tritt die Löschwirkung sehr schnell ein, so daß nur geringe Kontaktwege erforderlich sind. Bei höheren Spannungen, die entsprechend der zweiten Halbwelle in Abb. 2 leichter einen Überschlag der Kontakte bewirken können, emp-
fiehlt es sich, auch der Bogensäule durch gute Wärmeableitung starke Löschwirkung zu geben. Da es sich demnach bei Wechselstrom weniger darum handelt,
den Strom zu unterbrechen als vielmehr *ein Neuzünden des Lichtbogens zu verhindern*, so kann man durch relativ kleine Schalter ganz erhebliche induktions-
freie Leistungen beherrschen. Noch leichter lassen sich Maschinen mit selbständiger Gegenspannung, wie Synchronmotoren und Einankerumformer, abschalten,
vor allem wenn ihre Leitungen vorwiegend Ohmschen Widerstand besitzen,
weil dieser nur unter der Wirkung der geringen Differenz der Spannungen steht.
Tatsächlich ist aber auch ihre Streuinduktion zu beachten.

Ungünstiger werden die Erscheinungen beim Ausschalten von induktiven
Wechselstromkreisen, von Transformatoren, Asynchronmotoren und ähnlichen
Maschinen und vor allem in dem gefährlichen Falle des Abschaltens von Kurzschlußströmen. Der Widerstand R des Stromkreises ist dann meist gering gegenüber der Induktanz, so daß die Phasenverschiebung des Stromes gegenüber der
Spannung erheblich wird. Der Nulldurchgang des Stromes findet dann nicht
mehr wie in Abb. 2 bei geringer Spannung statt, diese ist vielmehr beim Löschen
des Lichtbogens so groß, daß sie ihn sofort wieder zünden kann und den Strom
in entgegengesetzter Richtung durchtreibt.

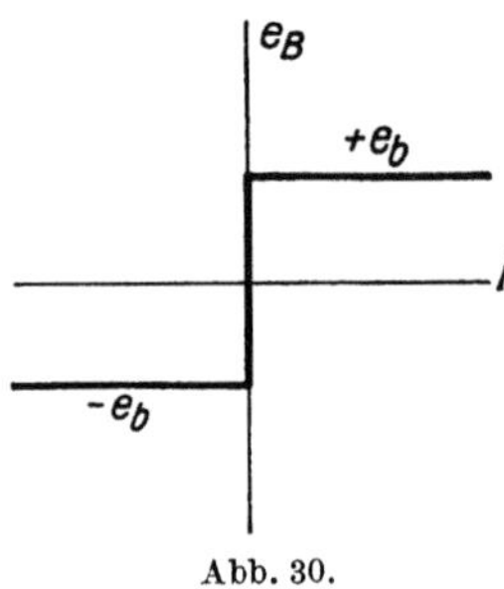

Abb. 30.

In jedem Falle ist der Stromverlauf im induktiven
Kreise durch die Beziehung bestimmt

$$L\frac{di}{dt} + Ri + e_B = e,\qquad (1)$$

die durch die Lichtbogenspannung e_B ihr charakteristi-
sches Gepräge erhält. Wir wollen die Vorgänge, die
beim Brennen des Wechselstromlichtbogens in einem
induktiven Kreise auftreten, zunächst unter der einfachen Annahme verfolgen, daß der Lichtbogen konstante Länge hat und eine rechteckige Charakteristik
besitzt, daß seine Spannung daher nach Abb. 3

$$e_B = \pm e_b \qquad (2)$$

ist, wobei das positive Vorzeichen für positive Ströme und das negative Vorzeichen für negative Ströme gilt. Für längere Wechselstrombögen in Luft ist e_b
etwa 15 bis 30 Volt/cm, in Wasserstoff dagegen 75 bis 150 Volt/cm, in Ölgas 50
bis 100 Volt/cm. Die kleineren Werte gelten dabei für hohe Ströme, die größeren
für geringe Stromstärken. Vom Einfluß der Zünd- und Löschspannung am Lichtbogen, der nur für sehr kleine Ströme erheblich ist, und vom Einfluß des Ohmschen Spannungsabfalles, der für praktische Wechselstromkreise gering ist, sehen
wir vorläufig ab. Dann können wir in Gl. (1) die Spannung Ri vernachlässigen
und können sie integrieren, wenn wir für die Wechselspannung schreiben

$$e = E\sin(\omega t + \varphi),\qquad (3)$$

wobei φ der Phasenwinkel der Spannung im Augenblick des Nulldurchganges des Stromes, also zur Zeit $t=0$ sein soll. Für die positive Halbwelle des Stromes erhalten wir dann aus Gl. (1)

$$i = \frac{1}{L}\int_0^t (e - e_B)\,dt = \frac{E}{L}\int_0^t \sin(\omega t + \varphi)\,dt - \frac{e_b}{L}\int_0^t dt \qquad (4)$$

oder integriert

$$i = -\frac{E}{\omega L}\cos(\omega t + \varphi) + \frac{E}{\omega L}\cos\varphi - \frac{e_b}{\omega L}\omega t. \qquad (5)$$

Nach Ablauf einer Halbperiode $\mathfrak{T}/2$, also für

$$\omega t = \pi \qquad (6)$$

muß der Strom bei stationärem Verlauf wieder durch Null gehen. Es ist daher nach Gl. (5)

$$-E[\cos(\pi + \varphi) - \cos\varphi] = e_b\,\pi, \qquad (7)$$

und daraus ergibt sich für den Phasenwinkel

$$\cos\varphi = \frac{\pi}{2}\frac{e_b}{E}. \qquad (8)$$

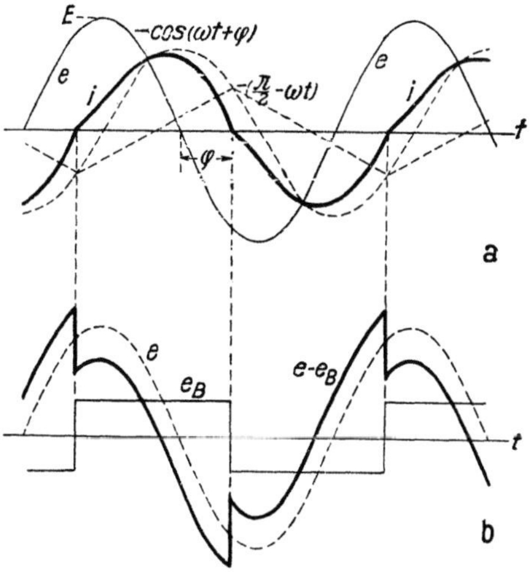

Die Phasenverschiebung in einem rein induktiven Kreise, in dem ein Lichtbogen brennt, ist also keineswegs 90°, sondern sie ist nach Gl. (8) durch das Verhältnis der Lichtbogenspannung zur Spannungsamplitude der Stromquelle gegeben. Sie nähert sich mit größer werdender Lichtbogenspannung, also mit zunehmender Entfernung der Schaltkontakte, immer mehr dem Werte Null.

Führt man den Wert von $\cos\varphi$ in Gl. (5) ein, so erhält man für den Verlauf des Stromes den übersichtlicheren Ausdruck

$$i = -\frac{E}{\omega L}\cos(\omega t + \varphi) +$$
$$+ \frac{e_b}{\omega L}\left(\frac{\pi}{2} - \omega t\right). \qquad (9)$$

Der Strom besteht also aus zwei Komponenten, von denen die erste den stationären Blindstrom bei ganz geschlossenem Schalter darstellt, der 90° Phasenverschiebung gegenüber der Spannung nach Gl. (3) besitzt. Die zweite Komponente stellt einen zeitlich geradlinigen Strom dar, dessen Bedeutung mit wachsender Lichtbogenspannung zurimmt. Abb. 4a zeigt diese Teilströme und auch den Gesamtstrom für geringe, Abb. 5a für größere Brennspannung e_B im Vergleich zur treibenden Spannung E. Die Stromkurven sind für beide Halbperioden gezeichnet, sie setzen sich stets aus einer Kosinuslinie und einer Dreiecklinie zusammen, so daß sich mit zunehmender Lichtbogenspannung stark verzerrte Kurvenformen ergeben. In Abb. 4b

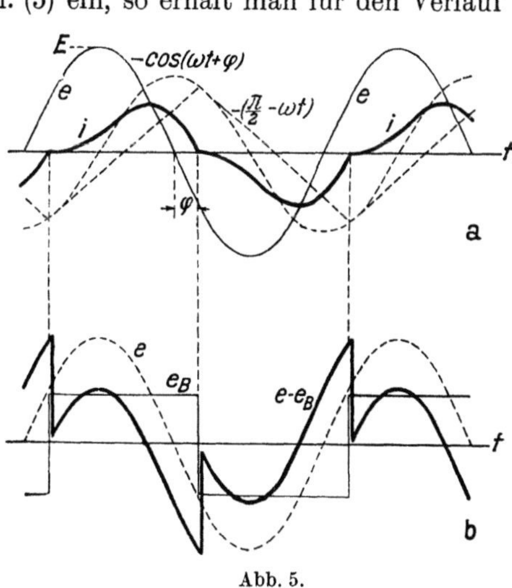

Abb. 4.

Abb. 5.

und 5b ist zu diesem Stromverlauf auch *die Spannung am Lichtbogen und die für den Außenstromkreis übrigbleibende Spannung* $e - e_B$ *dargestellt, die mit zunehmender Lichtbogenlänge einen immer verzerrteren Verlauf mit immer größeren Spannungssprüngen erhält.* Abb. 6 gibt ein Oszillogramm von Strom und Spannungen eines induktiven Lichtbogenkreises wieder, in dem man die charakteristische Verzerrung der Stromkurve erkennt.

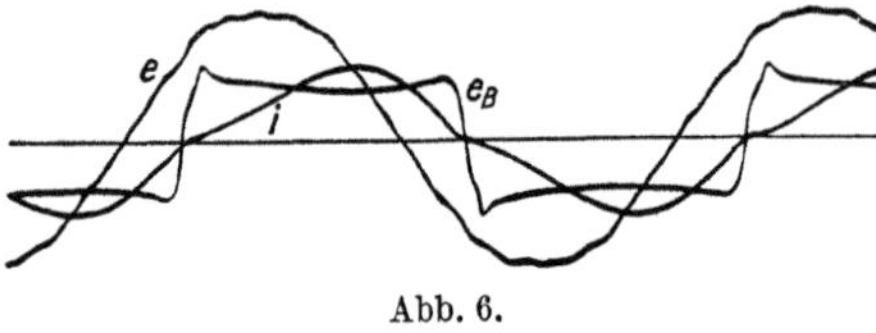

Abb. 6.

Aus Gl. (8) ergibt sich daß die Phasenverschiebung des verzerrten Stromes für einen bestimmten Wert der Lichtbogenspannung, nämlich das $2/\pi$ fache der Netzspannung, zu Null wird. Dies tritt jedoch in Wirklichkeit nicht ein, denn schon vorher wird nach Abb. 7 die Lichtbogenspannung beim Nulldurchgang des Stromes gleich oder größer als der Augenblickswert der Netzspannung, so daß der Lichtbogen nach dem Erlöschen nicht sofort neu zündet. Es tritt vielmehr eine stromlose Pause ein, die so lange dauert, bis die Netzspannung e die Lichtbogenspannung e_B wieder erreicht hat. Auch die Spannung im Außenkreis verschwindet während dieser Pause. Sie besitzt außerordentlich verzerrten Verlauf, der in Abb. 7 ebenfalls dargestellt ist.

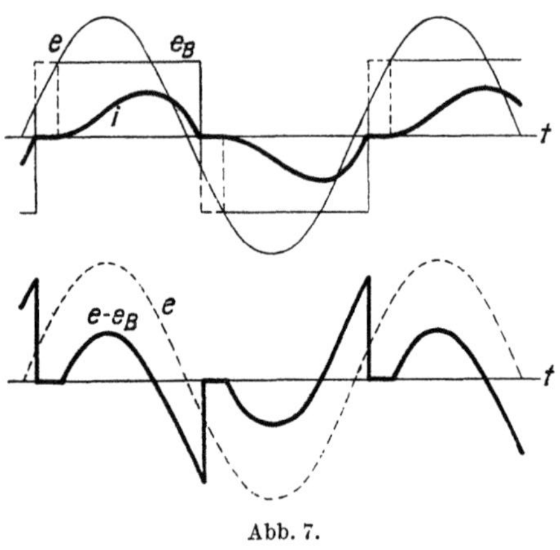

Abb. 7.

Die Kurvenformen, wie sie in den letzten Gleichungen und Abbildungen abgeleitet wurden, sind nicht auf Schalter beschränkt, sondern treten immer auf, wenn ein Lichtbogen in einem induktiven Stromkreise brennt. Abb. 8 gibt ein Oszillogramm des Stromes in einem Lichtbogenofen wieder, das ganz ähnlich aussieht, wie es in Abb. 7 hergeleitet wurde.

Insbesondere folgen Metalldampf-Lichtbogenlampen genau den gleichen Regeln, gleichgültig ob sie direkt oder in fluoreszierenden Röhren benutzt werden. Um starkes Flimmern zu vermeiden, sollte der Strom keine bemerkbare Unterbrechung in ihnen erleiden. Eine stromfreie Pause entsteht, wenn die Lichtbogenspannung gleich der Netzspannung von Gl. (3) bei $t = 0$ wird, so daß

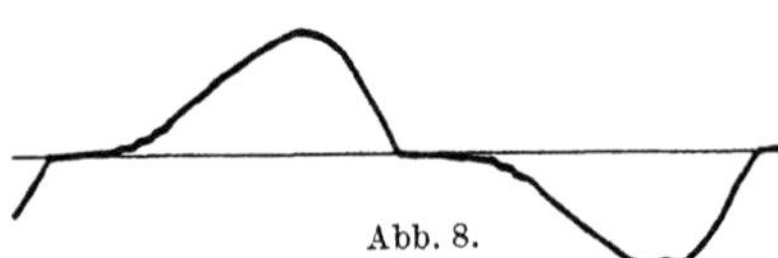

Abb. 8.

$$e_b = E \sin\varphi_0. \tag{10}$$

Zusammen mit Gl. (8) ergibt dies für den Grenzwinkel

$$\operatorname{tg}\varphi_0 = \frac{2}{\pi} = 0{,}637; \qquad \varphi_0 = 32{,}5°. \tag{11}$$

Damit wird $\cos\varphi_0 = 0{,}84$ und die Grenzspannung des Lichtbogens ist nach Gl. (10)

$$e_b = 0{,}547\,E.$$

Diese Bogenspannung sollte bei keiner Wechselstrom-Lichtbogenlampe überschritten werden. Wenn wir den Lichtbogenstrom aus seinen Komponenten wie in Abb. 5a für kleinere Winkel als den Grenzwert von Gl. (11) konstruieren würden, dann würde anfänglich ein geringer Strom von umgekehrter Richtung erscheinen. In Wirklichkeit tritt dies jedoch nicht auf, man muß vielmehr die Integration des Stromes in Gl. (4) zwischen anderen Grenzen vornehmen, um die nichtanalytische, stromfreie Pause auszuschließen.

In Wirklichkeit tritt diese stromlose Pause nur selten auf, weil die Lichtbogencharakteristik fast stets ausgeprägte Zündspitzen besitzt, die wir nunmehr mitberücksichtigen wollen. In Abb. 9 ist der tatsächliche Verlauf der Charakteristik dargestellt. Bei abnehmendem Strom wächst die Lichtbogenspannung bis zur Löschspannung e_l an, sie steigt bei Umkehrung der Stromrichtung auf den höheren Wert der Zündspannung e_z, um mit zunehmendem, entgegengerichtetem Strom schnell geringer zu werden. Dasselbe Spiel wiederholt sich dann beim nochmaligen Richtungswechsel des Stromes. Enthält der Stromkreis erheblichen OHMschen Widerstand R, so kann man dessen Spannungsabfall zur Lichtbogenspannung addieren, so daß Abb. 9

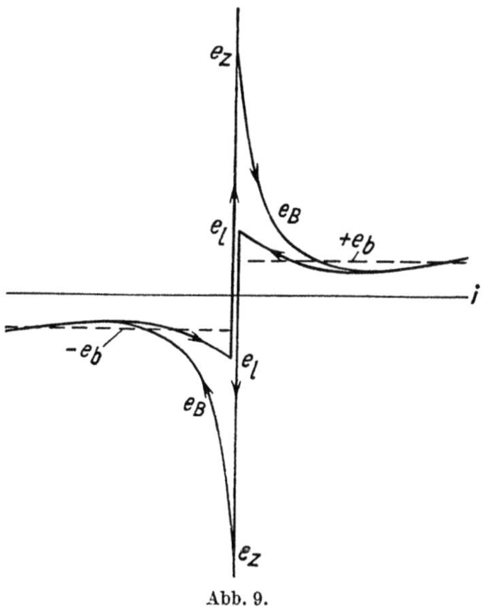

Abb. 9.

die gemeinsame Spannungscharakteristik des Stromkreises darstellt. Da die Lichtbogenspannung bei großen Strömen etwas sinkt, die Widerstandsspannung dagegen zunimmt, so erhält man für größere Ströme einen schwach gekrümmten Verlauf der Charakteristik.

Wir können in Abb. 9 die mittlere Brenn- und Widerstandsspannung e_b eintragen und daraus nach Gl. (8) mit ausreichender Genauigkeit die Phasenverschiebung des Stromes berechnen. Die Stromstärke ist dann in der Nähe des Nulldurchgangs ein wenig kleiner, in der Nähe des Maximums ein wenig größer, als es Gl. (9) und die Abb. 4 und 5 angeben. Ihren genaueren Verlauf könnte man durch schrittweise graphische Integration des ersten Ausdruckes der Gl. (4) auswerten, im allgemeinen lohnt sich das aber nicht, solange die Charakteristik nicht sehr genau bekannt ist.

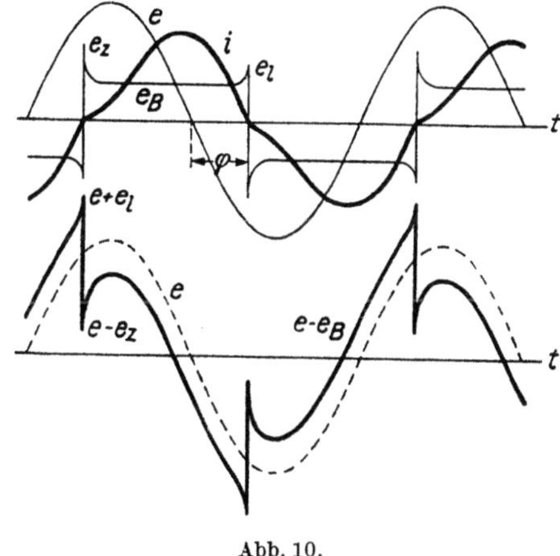

Abb. 10.

Abb. 10 stellt den tatsächlichen Verlauf des Stromes und der Lichtbogenspannung dar. Die Zündspitze verändert den Verlauf der Erscheinungen nur wenig, solange sie unterhalb der speisenden Spannung bleibt. Sie wird jedoch bei zunehmender Kontaktentfernung schon bei recht geringen mittleren Lichtbogenspannungen und daher bei einer Phasenverschiebung φ, die sich von 90° noch nicht weit entfernt hat, gleich oder größer als die Netzspannung. Im allgemeinen überschreitet sie die Netzspannung bereits, während der Stromwechsel noch fast bei deren Scheitel stattfindet und verhindert dadurch von einem bestimmten Kontaktabstand an vollständig das Wiederzünden des Lichtbogens.

Dies tritt auf, wenn die bei $t=0$ im Augenblick des Nulldurchgangs des Stromes erscheinende Zündspannung e_z gleich oder größer wird als der Augenblickswert der Netzspannung

$$e_z \gtrless E \sin\varphi_z. \tag{12}$$

Der unterbrechende Phasenwinkel ist daher, nach Division dieses Ausdrucks durch Gl. (8), gegeben durch

$$\operatorname{tg}\varphi_z = \frac{2}{\pi}\frac{e_z}{e_b}. \tag{13}$$

Er ist also allein durch das Verhältnis der Zündspannung zur Brennspannung bestimmt. Ein Verhältnis von 5 bis 20, wie es oft in praktischen Schaltern auftritt, ergibt einen unterbrechenden Phasenwinkel $\varphi_z = 73°$ bis $85{,}5°$, entsprechend $\sin\varphi_z = 0{,}95$ bis $0{,}99$, was beides nahe am Höchstwert der Netzspannung liegt.

Die wiederkehrende Spannung zwischen den Kontakten nach dem Löschen des Lichtbogens ist daher sehr nahezu gleich der Amplitude der Netzspannung. Dies steht im Gegensatz zu Widerstandsstromkreisen wie in Abb. 2, bei denen anfänglich die Spannung null am Unterbrechungsbogen erscheint.

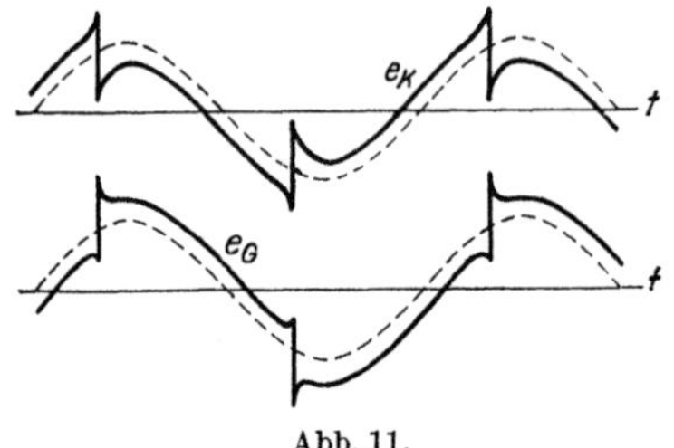

Abb. 11.

Die Selbstinduktion L umfaßt nicht nur die im äußeren abzuschaltenden Stromkreis liegenden magnetischen Felder, sondern auch die Streufelder der speisenden Wechselstromquelle. Besonders bei Kurzschlüssen wird die Selbstinduktion zum großen Teil im Generator liegen, während die der äußeren Leitungen nur geringfügig ist. Infolgedessen tritt an den Klemmen des Generators eine Spannung auf, die sich aus der treibenden Spannung e und einem Teil der Selbstinduktionsspannung $e-e_B$ zusammensetzt. Nennt man S die Streuinduktion der Stromquelle, so ist ihre Klemmenspannung

$$e_G = e - \frac{S}{L}(e - e_B) = \left(1 - \frac{S}{L}\right)e + \frac{S}{L}e_B. \tag{14}$$

Sie wird also von einem Teil der elektromotorischen Kraft und einem anderen Teil der Lichtbogenspannung aufgebaut. Dagegen ist die Spannung am Außenkreis

$$e_K = (L - S)\frac{di}{dt} = \left(1 - \frac{S}{L}\right)(e - e_B). \tag{15}$$

Sie wird also durch die Generatorstreuung lediglich in ihrer Größe vermindert. Abb. 11 stellt die Spannungen nach dem in Abb. 10 gezeichneten Verlauf für Generatorklemmen und Außenkreis dar, wenn die Streuinduktion des Generators gleich der Hälfte der ganzen Selbstinduktion des Kreises angenommen wird.

Aus den Gln. (14) und (15) folgt, daß sich die Höhe der plötzlichen Spannungssprünge, die durch die Lichtbogenspannung e_B gegeben sind, auf den Generator- und den Außenkreis nach Maßgabe der Streuinduktion und der äußeren Selbstinduktion aufteilt. *Die Summe der Spannungssprünge im ganzen Stromkreise ist nach Abb. 10 stets gleich der Summe von Zünd- und Löschspannung des Lichtbogens, die im ungünstigsten Falle, wenn die Löschspannung nahezu gleich der Zündspannung ist, gleich der doppelten Amplitude der Generatorspannung nach dem Abschalten werden kann.* Der Absolutwert der Spannung im ganzen Stromkreis kann sich, wie man an Abb. 10 ebenfalls verfolgen kann, im ungünstigsten Falle bis auf den doppelten Wert der treibenden Spannung der Stromquelle erheben.

Wenn viel Widerstand R im auszuschaltenden Stromkreise enthalten ist, wird die Phasenverschiebung von Strom und Spannung geringer als nach Gl. (8). Die Zündspitze e_z durchschneidet nach Abb. 10 die Spannung e dann schon früher, der Lichtbogen löscht schon bei kleinerem Kontaktabstand. Die Spannungssprünge sowohl wie die Überspannungen werden geringer, und zwar, wie man aus Abb. 10 ersieht, proportional dem Sinus der tatsächlichen Phasenverschiebung. Es können dann aber stromlose Pausen und darauf Rückzündungen mit höherer Spannung eintreten, wenn die Zündspannung nach dem erstmaligen Löschen noch unterhalb der treibenden Spannungsamplitude des Generators liegt. Es liegt also auch beim Abschalten induktionsfreier Belastung die Möglichkeit stärkerer Spannungssprünge vor, besonders wenn man den Schalter nur sehr langsam öffnet.

Man erkennt nunmehr, daß der Ausschaltvorgang bei Wechselstrom wesentlich verschieden von dem bei Gleichstrom ist. Während dort der Ausschaltlichtbogen, auch bei festem Kontaktabstand, in einem Zuge verlöscht und dabei Überspannungen erzeugen kann, die durch die Höhe der Löschspitze gegeben sind, löscht und zündet der Ausschaltlichtbogen bei Wechselstrom während der Bewegung der Schalterkontakte, die hier notwendig ist, im dauernden Wechsel bei jedem Nulldurchgang des Stromes.

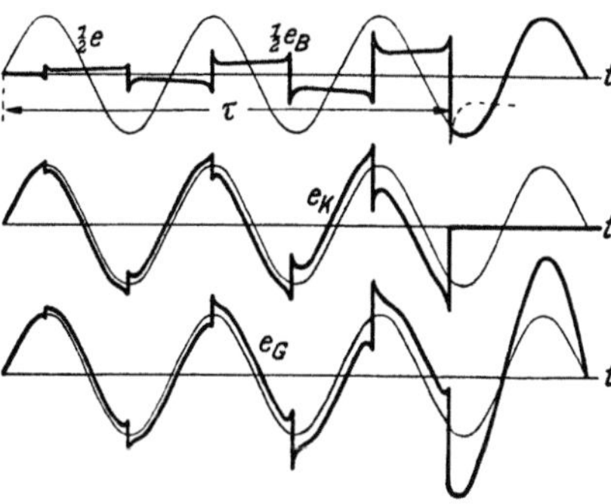

Abb. 12.

Die Lösch- und Zündspannungen werden immer größer, die Zündspannung erreicht schließlich bei zunehmender Kontaktentfernung und Lichtbogenlänge als Grenzwert die Größe der Spannungsamplitude E. Dann zündet der Lichtbogen nicht mehr von neuem und dadurch wird die völlige Ausschaltung bewirkt. In Abb. 12 ist der Verlauf der Spannung am Lichtbogen, am Generator und am Außenkreise während des Ausschaltens durch zunehmende Lichtbogenlänge entsprechend Gl. (14) und (15) dargestellt.

Abb. 13 zeigt ein Oszillogramm der Ausschaltspannung an einem induktiven Stromkreis, der durch einen Luftschalter von der Stromquelle getrennt wurde.

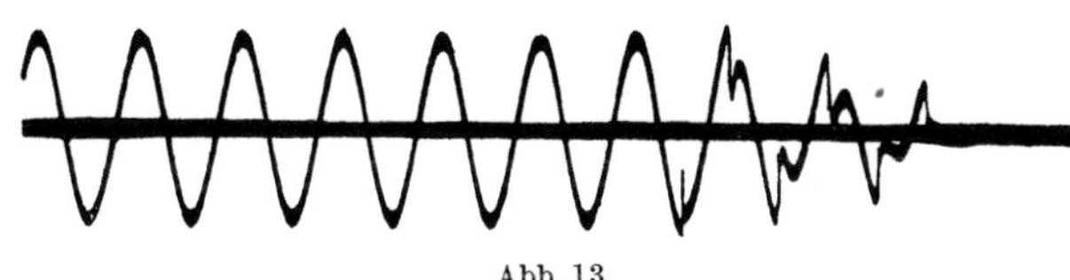

Abb. 13.

b) Leistung im Lichtbogen. Wir wollen die während einer Halbperiode des Stromes im Lichtbogen freiwerdende Arbeit berechnen, die im Schalter in Wärme umgesetzt wird. Sie ist

$$A_{\mathfrak{T}/2} = \int\limits_0^{\pi/\omega} e_B \, i \, dt. \tag{16}$$

Setzt man hierin e_B nach Gl. (1) ein, so entsteht

$$A_{\mathfrak{T}/2} = \int\limits_0^{\pi/\omega} (e - R\,i)\,i\,dt - L \int\limits_0^0 i\,di = \int\limits_0^{\pi/\omega} e\,i\,dt - \int\limits_0^{\pi/\omega} R\,i^2\,dt. \tag{17}$$

Dabei ist in dem Gliede mit L sowohl die untere als die obere Integrationsgrenze mit Null einzusetzen, weil der Strom i, nach dem integriert wird, sowohl bei Beginn wie beim Ende der betrachteten Halbwelle verschwindet. Dies Integral ist daher Null. *Die magnetische Energie des Stromkreises, die beim Ausschalten von Gleichstrom den Hauptbetrag der freiwerdenden Arbeit darstellte, liefert also beim Wechselstromausschalten keinen Beitrag zur Schaltarbeit. Die in der Selbstinduktion aufgespeicherte Arbeit wird vielmehr vollständig an die Stromquelle zurückgeliefert und braucht nicht am Schalter in Wärme umgesetzt zu werden.* Es bleibt nur die Differenz der von der Stromquelle gelieferten und im sonstigen Stromkreise verbrauchten Arbeitsmengen für den Schalter übrig. Das Ausschalten von Wechselstrom ist daher viel leichter als das von Gleichstrom derselben Leistung.

Für die wirkliche Ausrechnung der Schaltarbeit ist es bequemer, die Gl. (16) direkt zu integrieren, besonders da wir den geringen Einfluß der Lösch- und Zündspitzen bei der Integration vernachlässigen wollen. Sie bewirken zwar, daß während der sehr kleinen Lösch- und Zündzeit die Spannung e_B am Bogen sehr groß ist, jedoch ist gleichzeitig der Strom i sehr gering, so daß ihr Produkt unter dem Integral nicht erheblich in Betracht kommt. Wir dürfen demnach in Gl. (16) die konstante Lichtbogenspannung nach Gl. (2) und den daraus bestimmten Strom nach Gl. (9) einsetzen und erhalten

$$A_{\mathfrak{T}/2} = -\frac{E\,e_b}{\omega L}\int_0^{\pi/\omega}\cos(\omega t + \varphi)\,dt + \frac{e_b^2}{\omega L}\int_0^{\pi/\omega}\left(\frac{\pi}{2} - \omega t\right)dt. \tag{18}$$

Nun ist

$$\left.\begin{aligned}\int_0^{\pi/\omega}\cos(\omega t + \varphi)\,dt &= -\frac{2}{\omega}\sin\varphi \simeq -\frac{2}{\omega},\\[2mm]\int_0^{\pi/\omega}\left(\frac{\pi}{2} - \omega t\right)dt &= 0.\end{aligned}\right\} \tag{19}$$

Der Beitrag des zweiten Integrals verschwindet daher. Somit wird die Schaltarbeit während einer Halbperiode

$$A_{\mathfrak{T}/2} = 2\frac{E\,e_b}{\omega^2 L}\sin\varphi = \frac{2}{\omega}J\,e_b\sin\varphi, \tag{20}$$

wobei die Amplitude J des noch nicht unterbrochenen Wechselstromes als Quotient von Spannung und Blindwiderstand entsprechend dem ersten Gliede von Gl. (9) eingeführt ist. Der Phasenwinkel φ ist stets in der Nähe von 90°, seine untere Grenze ist durch Gl. (13) gegeben.

Die Lichtbogenspannung e_b ändert sich nun mit zunehmender Kontaktentfernung während der Ausschaltdauer τ nahezu proportional der Lichtbogenlänge, wie es in Abb. 12 angedeutet ist. Um einen Näherungswert für die gesamte Schaltarbeit zu erhalten, wollen wir annehmen, daß die Brennspannung e_b stets proportional der Zündspannung e_z bleibt und daß diese während des Ausschaltens mit wachsender Zeit linear bis zum Endwert E ansteigt. Dann ist die Lichtbogenspannung

$$e_b = \frac{t}{\tau}E\left(\frac{e_b}{e_z}\right), \tag{21}$$

wobei der Quotient e_b/e_z einen Wert darstellt, der bei Metallkontakten in der Größenordnung einiger Prozent liegt. Daher ist $\cos\varphi$ nach Gl. (8) sehr gering und $\sin\varphi$ in Gl. (20) ist stets sehr nahe an 1. Da die Zeit einer Halbperiode nach Gl. (6) gleich π/ω ist, so wird während der Ausschaltdauer τ eine Zahl von $\tau\omega/\pi$ Halbwellen durchlaufen. Wenn wir dann noch zur Bestimmung der mittleren Lichtbogenspannung in Gl. (21) für t/τ den Wert $1/2$ einsetzen, so erhalten wir die gesamte Schaltarbeit nach Gl. (20) zu

$$A_\tau = \frac{\tau\,\omega}{\pi}\,\frac{2}{\omega}\,J\,\frac{1}{2}\,E\left(\frac{e_b}{e_z}\right) = \frac{1}{\pi}\,\frac{e_b}{e_z}\,\tau\,EJ\,. \qquad (22)$$

Die Schaltarbeit wird daher bestimmt durch die unterbrochene Leistung, berechnet aus den Amplituden des Stromes vor der Unterbrechung und der Spannung nach der Unterbrechung, durch die Schaltdauer τ und durch das Verhältnis der Brennspannung bei vollem Strom zur Zündspannung beim Stromdurchgang durch Null. Geringe Schaltarbeit erhält man vor allem, wenn man die Schalter so baut, daß sie durch möglichst hohe Zündspannung e_z eine kurze Ausschaltdauer τ ergeben. Dies führt auf Kontakte mit hoher spezifischer Wärme und guter Wärmeleitfähigkeit, die eine so große gesamte Wärmekapazität besitzen müssen, daß sie die auf die Elektroden entfallende Schaltarbeit aufnehmen können, ohne sich stark zu erhitzen und neue Elektronen zu emittieren. Das Lichtbogengas soll die Fähigkeit besitzen, beim Stromdurchgang durch Null seine Ionisation schnell zu verlieren. Dies alles sollte unterstützt werden durch schnellstes Ausziehen des Lichtbogens auf große Länge.

Auch bei Wechselstromschaltern wirkt ein Parallelwiderstand zum Lichtbogen oder zur Selbstinduktion günstig auf den Schaltvorgang ein. Er verändert die Form der wirksamen Charakteristik des Schalterlichtbogens ebenso wie bei Gleichstrom nach Kapitel 38, Abb. 20 und 22 und verursacht, daß die Lichtbogenspannung beim Stromwechsel nicht unstetig durch Null geht, sondern geradlinig, so wie es

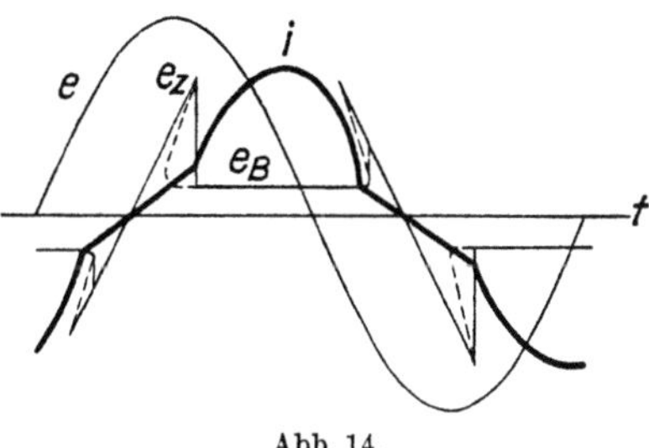

Abb. 14.

in Abb. 14 dargestellt ist. Dadurch wird der Spannungssprung von der Löschspitze bis zur Zündspitze vermieden und durch einen allmählichen Übergang ersetzt. Nach Erreichen der Zündspannung e_z fällt die Spannung am Bogen allerdings unstetig bis auf die kleine Lichtbogenspannung e_b herab, jedoch ist dieser steile Spannungsfall erheblich geringer als die ohne Widerstand auftretenden Sprünge. Der Strom springt dabei vom Schutzwiderstand plötzlich auf den Lichtbogen über.

Auch beim Löschen bewirkt das Überspringen des Stromes vom Lichtbogen auf den Schutzwiderstand einen steilen Spannungsanstieg, jedoch auch hier von geringer Höhe, wie Abb. 14 zeigt. Dort ist auch die jetzt auftretende Form der Stromkurve eingetragen. Die Sprunghöhe der Spannung ist selbst unter ungünstigsten Umständen immer kleiner als E, das ist die Hälfte des ohne Schutzwiderstand auftretenden Betrages. Verwendet man einen sehr kleinen Schutzwiderstand parallel zum Lichtbogen, so kann man die Zündspitze so stark von ihrer ursprünglichen Lage abbiegen, daß sie ganz außerhalb der Spannungskurve e fällt, so daß ein Neuzünden unmöglich ist.

Ein anderer günstiger Umstand, der durch Parallelwiderstand erreicht werden kann, ist die Zeitspanne, die dem Lichtbogen zwischen Löschen und Zünden aufgedrückt wird. Dadurch gewinnen die Elektroden und die Bogensäule ausreichende Zeit zum Abkühlen, und somit wird die natürliche Wiederzündspannung sehr erheblich vergrößert.

Schutzwiderstände am Lichtbogen vermindern also nicht nur die Sprungspannungen, sondern sie beschleunigen auch die Löschwirkung des Lichtbogens beim Richtungswechsel des Stromes, und schließlich nehmen sie sogar einen Teil der Schaltarbeit auf und entlasten dadurch die Kontakte. Ebenso günstig wirken auch Belastungskreise parallel zum Lichtbogen oder zur abzuschaltenden Selbstinduktion, wenn sie Oнмsche Widerstände von geeigneter Größe enthalten.

Bisher haben wir den Ausschaltvorgang von Wechselstrom so behandelt, als ob der Kontaktabstand für jede Halbwelle des Stromes nahezu konstant bleibt und sich nur allmählich von Halbperiode zu Halbperiode vergrößert, bis die Zündspannung des Lichtbogens die dem Stromkreis aufgedrückte Spannung überschreitet. Da nun Gl. (22) zeigt, daß die gesamte Schaltarbeit um so geringer wird, je kürzer die Ausschaltdauer ist, so wird man versuchen, die Ausschaltgeschwindigkeit so hoch als möglich zu steigern. *Am günstigsten ist es, wenn man die Ausschaltdauer ungefähr gleich der Dauer einer Halbperiode macht.* Geht man noch weiter und schaltet so schnell aus, daß der Lichtbogen in geringerer Zeit als einer halben Periode verschwindet, so treten zusätzliche Überspannungen im Stromkreise auf. Gl. (22) verliert dann ihre Gültigkeit, weil e_B bei der Integration nicht mehr als konstant angesehen werden darf. Abb. 15 stellt diese Verhältnisse dar, wobei die Ausschaltdauer τ zu zwei Dritteln der Halbperiodendauer angenommen ist. Der Strom verschwindet vor seinem natürlichen Nulldurchgang unter der Wirkung der schnell wachsenden Lichtbogenspannung e_B, die bis zur Löschspitze e_l ansteigt.

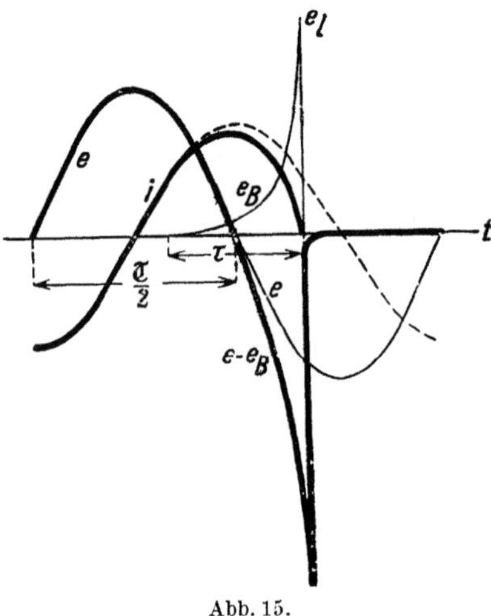

Abb. 15.

Der Vorgang ist jetzt ähnlich wie beim Ausschalten von Gleichstrom. Dort war jedoch die eingeprägte Spannung E konstant, hier ist sie veränderlich und wechselt während der Ausschaltdauer ihr Vorzeichen, so daß die höchste Spannung im Stromkreise, die bei Gleichstrom durch die Differenz $e-e_B$ gegeben war, hier als absolute Summe beider Größen in Erscheinung tritt und eine hohe Überspannungsspitze $e+e_B$ erzeugt. Man kann durch überschnelles Schalten auf Spannungsspitzen vom vielfachen Betrage der normalen Spannungsamplitude kommen. Abb. 16 gibt ein Oszillogramm von Spannung und Strom beim Schnellausschalten eines induktiven Wechselstromkreises durch Ölschalter wieder, das über den vorherigen stationären Verlauf geschrieben wurde. Es zeigt deutlich

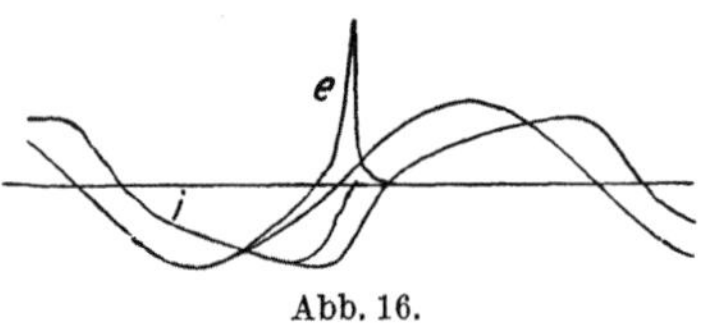

Abb. 16.

das vorzeitige Verschwinden des Stromes und die damit verbundene Überspannung.

Derartige Löschspitzen der Spannung können auch bei Schaltern auftreten, deren Schaltdauer mehrere Halbperioden beträgt, wenn die Schaltgeschwindigkeit zunächst gering ist und in der letzten Halbperiode so groß wird, daß durch die schnell zunehmende Kontaktentfernung die Löschspannung wesentlich größer wird als die vorhergehende Zündspannung. Zweckmäßiger ist es aber, die Kontaktgeschwindigkeit so zu regeln, daß die endgültige Stromunterbrechung durch das Ausbleiben der Zündung des Lichtbogens erfolgt, und nicht durch wirkliches Löschen.

c) Unterbrechung unter Öl. Durch Eintauchen der Schaltkontakte in Öl oder andere Flüssigkeiten kann man die Entstehung eines Lichtbogens zwischen ihnen beim Ausschalten zwar nicht völlig verhindern, jedoch kühlt das Öl die Kontakte und den Bogen selbst so stark ab, daß er bei gleicher Länge wesentlich höhere Spannung als beim Brennen in Luft entwickelt. Sowohl die Löschspannung, besonders aber die Zündspannung, läßt sich durch Einbetten in Öl auf ein hohes Vielfaches der entsprechenden Spannung in Luft steigern, so daß Ölschalter vor allem geeignet sind, Wechselstromkreise hoher Spannung zu unterbrechen.

Alle Einzelheiten, die wir für den Ausschaltvorgang von Luftschaltern hergeleitet haben, lassen sich ausnahmslos auf den Schaltvorgang in Ölschaltern übertragen. Es treten jedoch noch einige Erscheinungen hinzu, die für Ölschalter besonders charakteristisch sind und deren Wirksamkeit in Frage stellen können, wenn sie nicht genügend beachtet werden.

Da von der gesamten Schalterspannung nur ein Teil auf den Lichtbogen selbst entfällt und ein anderer Teil an den Fußpunkten des Lichtbogens auftritt, so pflegt man bei hohen Spannungen mehrere Unterbrechungsstellen in Serie zu verwenden. Man erzielt dadurch den weiteren Vorteil, daß die elektrische Schaltgeschwindigkeit ein Vielfaches der mechanischen wird, und man erhält kürzere Einzellichtbögen, die sich räumlich weniger deformieren als ein einziger sehr langer Lichtbogen und daher leichter in vorgeschriebenen Bahnen zu erhalten sind.

Die höchste Beanspruchung erleiden die Ölschalter nicht im normalen Betriebe, sondern dann, wenn sie einen Kurzschluß abschalten müssen. Vor allem können Stoßkurzschlußströme, die beim plötzlichen Kurzschluß auftreten, verderblich wirken, da ihre Stromstärke auf ein hohes Vielfaches des Normalstromes anschnellt, was die Schaltarbeit, die die Kontakte und das Öl aufnehmen müssen, nach Gl. (22) entsprechend vergrößert. Dabei wirkt nicht nur der hohe Strom, sondern auch die durch den heißeren Lichtbogen verkleinerte Zündspannung und dadurch verlängerte Schaltdauer ungünstig auf die Schaltarbeit ein. Man pflegte deshalb früher die Stoßkurzschlußströme nicht sofort nach ihrem Entstehen auszuschalten, sondern einige Sekunden zu warten, bis die Ausgleichsströme zum größten Teil abgeklungen sind und nur noch der Dauerkurzschlußstrom fließt. Dadurch wird nicht nur der auszuschaltende Strom wesentlich kleiner, sondern gleichzeitig ist auch die treibende Spannung des Generators durch die Rückwirkung des Kurzschlußstromes nahezu bis auf seine Streuspannung herabgesunken, so daß das Produkt EJ beim Dauerkurzschlußstrom nur einen geringen Bruchteil des Wertes beim Stoßkurzschlußstrom beträgt. Heute verlangt man von den Ölschaltern aber auch das Abschalten von Strömen unmittelbar nach Erreichen des Stoßkurzschlußstromes.

Bei Ölschaltern ist es besonders erstrebenswert, mit einem Minimum an Schaltarbeit nach Gl. (22) auszukommen, da die freiwerdende Wärme eine starke Zersetzung und Verkohlung des Öles bewirkt. Man bemüht sich daher, durch Verwendung von Schnellschaltern die Ausschaltdauer τ bis herab zu einer halben Periode zu verringern. Bei längerer Lichtbogendauer wird mehr und mehr Öl zu Gas zersetzt, so daß die entstehende heiße Gasblase ganz gewaltige Dimensionen erreichen kann.

Brennt der Lichtbogen nicht tief genug im Öl, so kühlen sich die Gase beim Hochsteigen nicht ausreichend ab und können die Öloberfläche in Brand setzen. Selbst bei großer Ölhöhe über dem Lichtbogen kann eine Explosion der Lichtbogengase, die sich über dem Ölspiegel ansammeln, erfolgen, wenn sie durch herumspritzende Metallperlen oder durch Spannungsüberschläge über dem Ölraum entzündet werden. Diese Störungen können vor allem eintreten, wenn Bauart und Abmessungen des Schalters seiner Schaltarbeit nicht entsprechen.

Die heißen Gase, die zum Brennen des Lichtbogens dienen, entstehen innerhalb eines Bruchteiles einer Halbperiode, also bei 50 periodigem Wechselstrom in weniger als einer hundertstel Sekunde. Die plötzliche Verdampfung und Zersetzung des Öles wirkt daher wie eine Explosion und entwickelt einen hohen Gasdruck im Lichtbogen, der bis zu einigen Zehnern und gar Hunderten von Atmosphären betragen kann. Dieser Druck eilt als Kugelwelle im Öl nach außen. Er vermindert sich zwar entsprechend der Zunahme der kugelförmigen Wellenfläche, jedoch kann er beim Erreichen der Wandung des Ölgefäßes noch so groß sein, daß er starke Ausbauchungen oder gar Risse hervorruft. Beim Eintreffen an der Öloberfläche schleudert die Druckwelle eine Ölfontäne heraus, was sich bei schwerer Beanspruchung des Schalters jede Halbperiode wiederholen kann und zu unerwünschten Nebenerscheinungen führt.

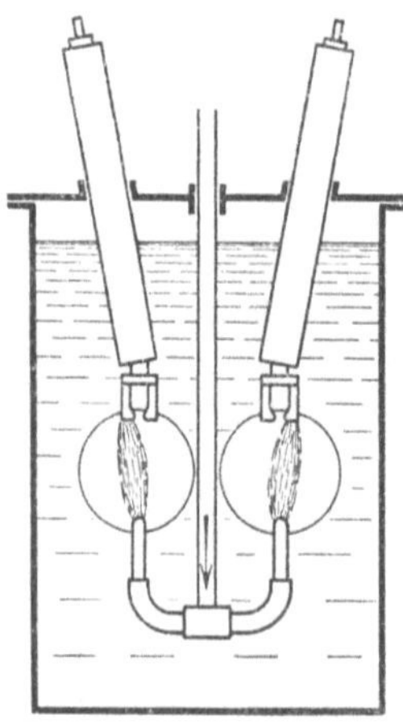

Abb. 17.

Man kann nach zahlreichen Messungen mit einer *durch den Lichtbogen zersetzten Ölgasmenge* von im Mittel 50 cm³/kWsec rechnen. Tritt daher beim Abschalten einer Kurzschlußleistung von ½ Million kVA während einer Abschaltdauer von $^5/_{100}$ sec und einem Verhältnis der Brenn- zur Zündspannung von 5% nach Gl. (22) eine Schaltarbeit von

$$A_\tau = \frac{1}{\pi} \cdot \frac{5}{100} \; \frac{5}{100} \cdot \frac{10^6}{2} = 400 \text{ kWsec}$$

auf, so entstehen mindestens 20 l Ölgas von normalem Druck und normaler Temperatur. Beträgt der Entstehungsdruck im Lichtbogen 20 atm und die Entstehungstemperatur 5500 C, also das 20fache der absoluten Normaltemperatur von 273 C, so gleichen sich diese beiden Wirkungen im Gasvolumen zunächst aus. Bei zweifacher Unterbrechung jedes Poles im dreiphasigen Schalter erhält man 6 Gasblasen von je 20/6 = 3,3 l Inhalt, die einen Durchmesser von 18,5 cm besitzen. In Abb. 17 sind solche Gasblasen in kugelförmiger Form in die Schalterskizze eingetragen, und

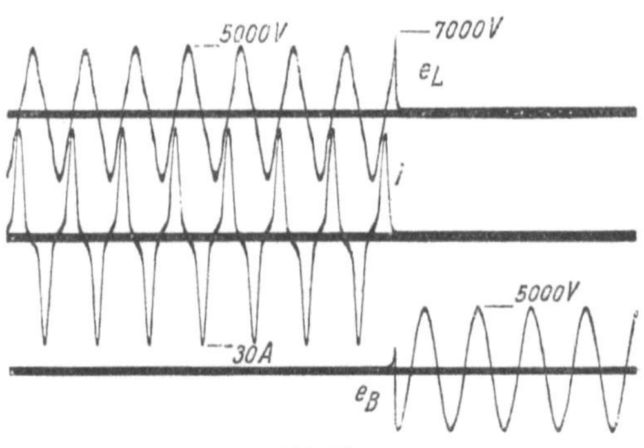

Abb. 18.

man sieht, *daß die notwendigen Dimensionen des Ölschalters stark durch sie bestimmt werden.* Dehnt sich die Gasblase mit ihrem starken Innendruck schneller aus, als sie sich am umgebenden Öl abkühlen kann, so können die heißen Gase benachbarter Pole zusammenschlagen und einen Stehlichtbogen verursachen, der nunmehr nicht mehr abreißt, sondern zu weiterer Ölverdampfung und enormem Druckanstieg im Kessel führt.

Will man die Ausschaltvorgänge in einem Kurzschlußlichtbogen unter Öl zahlenmäßig vorausbestimmen, so darf man die auftretenden Spannungen nicht aus Versuchen mit geringen Strömen entnehmen. *Die Spannungen am Lichtbogen werden vielmehr durch den im Bogen auftretenden Druck sehr vergrößert und können daher nur durch einen wirklichen Kurzschlußversuch festgestellt werden.* Für das Ausschalten ist es günstig, daß mit zunehmendem Strom und zunehmender Schaltarbeit auch der Druck und damit die Lichtbogenspannung anwächst. Jedoch kann dieser Druck wegen der nur periodisch freiwerdenden Schaltarbeit

beim Übergang auf die nächste Halbperiode schon wieder gesunken sein, *so daß die Zündspannung und damit die Dauer des ganzen Ausschaltvorganges sich doch nur nach den normalen Druckver-*
hältnissen richten.

Abb. 18 stellt Oszillogramme von Spannung und Strom beim Abschalten geringer Leistung durch einen Ölschalter dar. Die Normallast des Schalters wird im allgemeinen innerhalb einer einzigen Halbperiode abgeschaltet und es treten dabei keine störenden Erscheinungen auf. Beim Abschalten von Kurzschlüssen jedoch nimmt der Druck während der Brenndauer des Lichtbogens erheblich zu, wenn er sich nicht *durch geeignete Öffnungen des Kessels nach außen ausgleichen kann.* Es können sonst in kürzester Zeit Überdrucke entstehen, die jeden Ölkessel sprengen oder ihn zum mindesten von seinem Deckel abreißen.

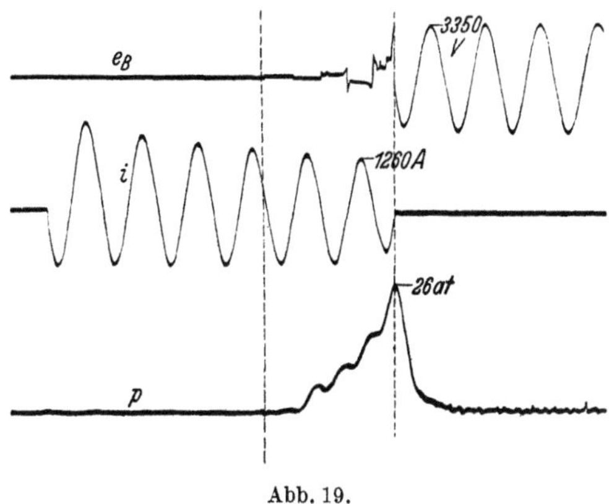

Abb. 19.

In dem Abschaltoszillogramm eines Kurzschlusses von 2100 kVA Leistung nach Abb. 19 nimmt der Druck p in der Löschkammer eines Schalters stufenweise während jeder Halbwelle bis zum endgültigen Verlöschen des Lichtbogens zu und erreicht einen Endwert von 26 atm. Trotz der größeren

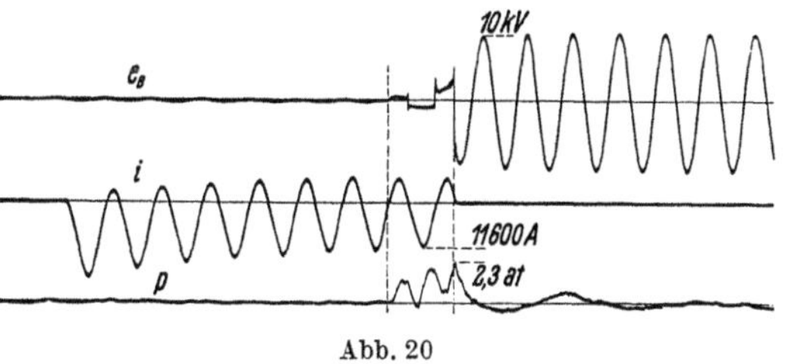

Abb. 20

Leistung eines anderen Schalters von 58000 kVA, der in Abb. 20 oszillographiert ist, nimmt der Druck hier am Ende jeder Halbwelle wieder ab und erreicht nur einen Endwert von 2,6 atm, weil der Kessel große Ausblasöffnungen besaß. In beiden Oszillogrammen brannte der Lichtbogen während einer Reihe von Perioden bis zum Löschen.

Kurzschlußlichtbögen unter Öl zeigen oft eine eigentümliche Schwingungserscheinung der Gasblase, die den Lichtbogen bildet. Bei Übertragung des gewaltigen Gasdruckes auf das umgebende Öl dehnt sich die heiße Lichtbogenblase aus und wirft das Öl nach oben. Ihr Druck wird dadurch geringer und wird schließlich vom Außendruck des Öls überwunden, das alsdann zurückflutet. Die Gasblase wird dadurch komprimiert, ihr Innendruck steigt wieder, bis er so groß geworden ist, daß er den Druck der zuströmenden Ölmassen überwindet und sie wieder nach außen

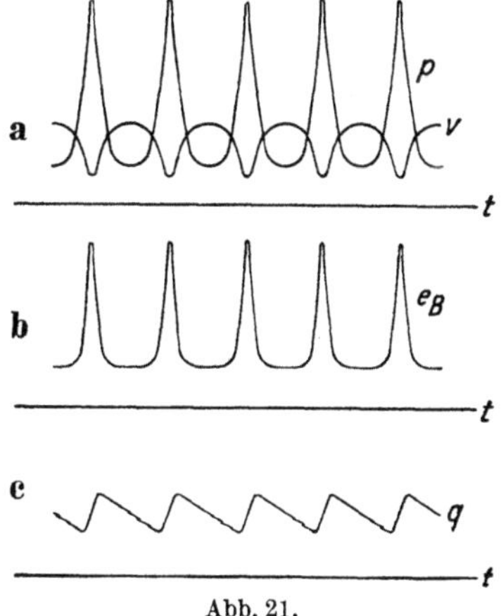

Abb. 21.

schleudert. Da Druck und Volumen der Lichtbogenblase den thermodynamischen Gasgesetzen gehorchen, so wächst der Druck mit abnehmendem Volumen rapide an. Es entstehen bei der elastischen Schwingung der Ölmasse gegen die Lichtbogengasblase starke Druckspitzen p im Innern, die in Abb. 21a abhängig von der Zeit dargestellt sind. Gleichzeitig ist auch das pendelnde Volumen v der Gasblase eingetragen. Diese elastischen Eigenschwingungen sind im allgemeinen schnell gegenüber der Wechselstromfrequenz. Ihre Schwingungsdauer ist bestimmt durch die Ölmasse im Schalter über dem Lichtbogen und durch die Größe der Gasblase.

Der Strom bleibt während dieser Schwingungen nahezu konstant, dagegen steigt die Lichtbogenspannung e_B mit zunehmendem Druck stark an, etwa so, wie es in Abb. 21b dargestellt ist. Die im Lichtbogen auftretende Wärme q ist daher nicht konstant, sondern pulsiert ebenfalls mit der Eigenschwingungsdauer des Lichtbogens. Sie steigt durch die Spannungsspitzen schnell an und fällt während der Zwischenzeit durch die Wärmeableitung nach außen wieder ab. Wie man aus Abb. 21c erkennt, hat sie eine solche Phase, daß sie das Volumen des Lichtbogens genau in seinem Eigentakte zu vergrößern und zu verkleinern strebt. *Die mechanischen Eigenschwingungen können sich hierdurch selbst erregen und auf hohe Beträge heraufarbeiten, so daß starke Druckstöße und scharfe Spannungsspitzen im Lichtbogen entstehen, die ihn schließlich zum Verlöschen bringen.* Diese Spannungsspitzen während der Brenndauer des Kurzschlußlichtbogens sind im Oszillogramm Abb. 22 durch photographische Verstärkung herausgeholt und daher deutlich zu erkennen.

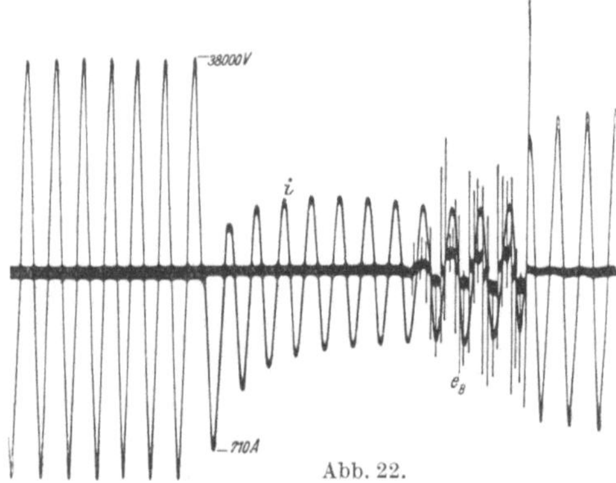

Abb. 22.

Außer den Kräften, die durch den Gasdruck im Lichtbogen und durch das Hin- und Herschleudern der Ölmassen bewirkt werden, treten bei Kurzschlüssen starke elektrodynamische Kräfte sowohl auf den Lichtbogen wie auf allen stromführenden Teilen auf. Sie suchen die durch den Strom im Schalter gebildete Schleife zu vergrößern und treiben daher den Lichtbogen nach außen in der Richtung von der Stromquelle fort.

d) Hochleistungsschalter. Die Unterbrechung eines Wechselstromlichtbogens erfolgt, wenn die Netzspannung den Bogen nach einem Nulldurchgang des Stromes nicht wieder zu zünden vermag. Im Prinzip kann die Wiederzündung durch verschiedene Mittel verhindert werden. Die Entwicklung der äußeren Spannung zwischen den Kontakten des Schalters kann um eine kurze Zeitspanne verzögert werden, um dem Lichtbogen etwas Zeit zur Abkühlung und dadurch zur Erhöhung seiner Zündspannung zu geben. Oder der Strom kann vor oder nach dem Nulldurchgang während kurzer Zeit auf niedrigen Werten gehalten werden, um zu verhindern, daß während der kritischen Wiederzündungszeit Wärme im Lichtbogen entwickelt wird. Diese beiden Mittel erfordern die Hinzunahme äußerer Stromkreiselemente, um Spannung oder Strom zu beeinflussen.

Schließlich kann man *die Rückzündungsfestigkeit durch Beeinflussung des Lichtbogens künstlich vergrößern, hauptsächlich durch Kühlung oder Entionisierung der Lichtbogensäule und ihrer Elektroden.* In der Praxis hat man den letztgenannten Mitteln den Vorzug gegeben, da sie innerhalb des Schalters angewandt werden können, ohne die Ausbildung der äußeren Stromkreise irgendwie zu beeinflussen.

Die Brenn- und Zündspannungen hängen sehr stark von dem Gas ab, in dem der Lichtbogen brennt. *Wasserstoff* erzeugt wegen seiner großen Wärmeleitung fünf- bis zehnmal so hohe Spannungen wie Luft und würde sich daher am besten für die Stromunterbrechung eignen. In *Lichtbögen unter Öl* wird Wasserstoff von selbst entwickelt durch Zersetzung dieses Löschmittels. Noch reichlicher ist er in *Lichtbögen unter Wasser* vorhanden. Andere Flüssigkeiten sind auch versucht worden, jedoch mit geringerem Erfolg.

Der klassische *Ölkesselschalter* mit zwei Unterbrechungen in Reihe wie in Abb. 17 benutzt diese Wirkung und arbeitet befriedigend bei der Unterbrechung von mäßig großen Leistungen. Der Lichtbogen brennt frei im offenen Ölgas und seine Wärme wird hauptsächlich *durch Leitung und Strahlung* auf das umgebende kalte Öl übertragen. Wenn der Lichtbogen wie in Abb. 23 in eine *Löschkammer* eingeschlossen ist, aus der der bewegliche Kontakt herausgezogen wird, so strömt schnellfließendes Öl durch die Öffnung unter der Wirkung des Druckes, der sich in der Löschkammer entwickelt. Der axiale Ölfluß kühlt den Lichtbogen sehr stark *durch Wärmekonvektion*. Ein anderes Mittel für die gleiche Wirkung ist in Abb. 24 dargestellt. Das *natürliche Magnetfeld* des Stromes wird verstärkt

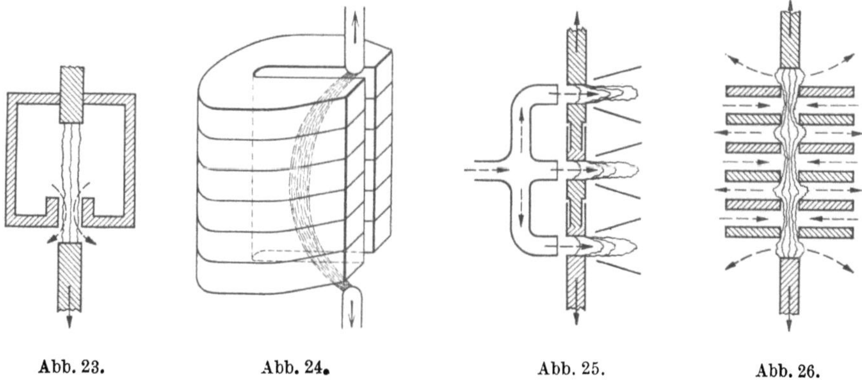

Abb. 23.   Abb. 24.   Abb. 25.   Abb. 26.

und einseitig verlagert durch Anwendung eines exzentrischen Eisenjoches. Seine *Blaswirkung* zieht den Lichtbogen in das Innere des Schlitzes, wodurch das Öl verdrängt und nach außen durch den Bogen gedrückt wird. Hier wird der Lichtbogen durch Wärmekonvektion und *Turbulenz* gekühlt und *entionisiert*. Jedes der Hilfsmittel von Abb. 23 oder 24 kann innerhalb des Kessels eines üblichen Ölschalters wie in Abb. 17 verwendet werden.

Stärkere Kühlwirkung kann erzielt werden, indem man *einen Ölstrahl unter hohem Druck* durch den Lichtbogen zwingt, der durch eine eigene Ölpumpe erzeugt wird, die durch den Unterbrechungsmechanismus des Schalters betätigt werden kann. Abb. 25 stellt einen *Querfluß des Öles* mit hoher Geschwindigkeit durch mehrfache Unterbrechungsstellen des Lichtbogens dar. Außer der Bogensäule werden durch die Unterteilung auch alle benachbarten Metallkontakte gekühlt. Man kann mit dieser Anordnung unter Verwendung einer *ausreichenden Zahl von Unterbrechungen in Reihe* außerordentlich hohe Netzspannungen bewältigen. Das Öl strömt hier quer durch den Lichtbogen und bläst die Bogensäule seitwärts in einen Auspuff. Abb. 26 deutet eine andere Bauart an, bei der *das Öl radial und axial durch den Lichtbogen strömt*. Der Ein- und Austritt des Öls im Lichtbogenraum erfolgt radial unter hoher Geschwindigkeit, und dazwischen strömt es axial durch den Bogen. Dieser wird daher mehr oder weniger innerhalb seines ursprünglichen Raumes gehalten, und dadurch wird eine sehr wirksame Kühlung erzwungen. Die Anordnungen nach Abb. 25 und 26 brauchen nicht in einem der üblichen Ölkessel untergebracht zu werden; es ist völlig ausreichend, eine geringere Ölmenge zu benutzen, die lediglich dem Volumen des Lichtbogenraumes, der Pumpe und der Ölleitungen entspricht. Solche *ölarmen Leistungsschalter* sind sehr vorteilhaft wegen der geringeren Feuersgefahr, die sonst die ganze Schaltstation zerstören kann.

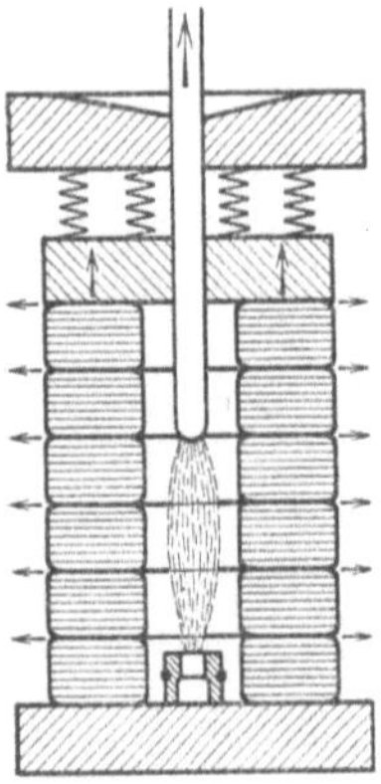

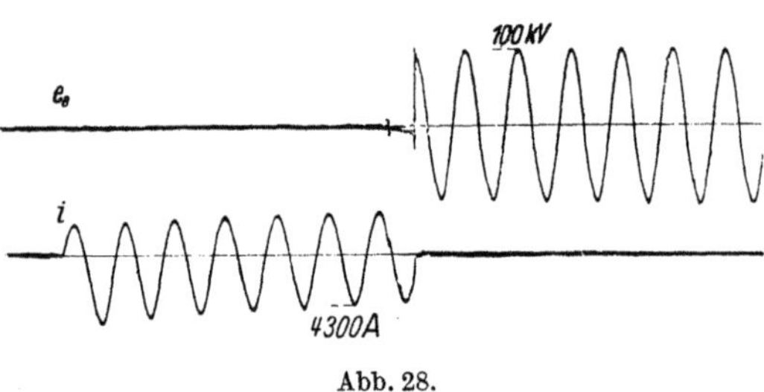

Einen weiteren Schritt in dieser Richtung geht der *Wasserschalter*, von dem Abb. 27 ein Querschnittsbild zeigt und der vollständig vermeidet, den Lichtbogen mit brennbarem Material zu löschen. Unter dem hohen Druck, der sich in der Lichtbogenkammer während der Unterbrechung entwickelt, öffnet sich die nachgiebig gelagerte Wandung axial, und Dampf und Wasser strömen durch die radialen Schlitze aus, so daß der Lichtbogen durch Turbulenz, Konvektion und *Expansion* gekühlt wird. Abb. 28 gibt ein Oszillogramm der Unterbrechung durch solch einen Wasserschalter wieder, der den Lichtbogen eines starken Kurzschlußstromes unter 100 kV Spannung in zwei Halbwellen löscht.

Um das brennbare Öl ganz zu vermeiden, sind auch *Luftschalter für Hochleistungs-Unterbrechung* entwickelt worden. Die üblichen Hebelschalter, wie sie in Kapitel 15, Abb. 7, dargestellt sind, bilden einen offenen Lichtbogen in freier Luft aus und können nur für das Schalten von niedrigen Strömen und Spannungen mit Erfolg benutzt

Abb. 27

werden. Unter Kurzschlußbedingungen würde solch ein Lichtbogen nicht erlöschen, und daher wird diese Art Unterbrecher in Starkstromnetzen lediglich als *Trennschalter* gebraucht, der nur im stromlosen Zustand geöffnet oder geschlossen wird.

Die Verwendung eines *axialen Luftstromes* um und durch den Lichtbogen wird in einer Anordnung nach Abb. 29 ermöglicht, bei der gleichzeitig mit der Trennung der Kontakte komprimierte Luft aus einem Behälter konzentrisch durch eine Düse strömt, die als feste Elektrode dient. Durch passende Führung der Luftströmung ist es möglich, sehr hohe Geschwindigkeiten zu erreichen, und daher kühlt diese axiale Wärmekonvektion den Bogen sehr wirksam. Ein *Luftschalter mit Querblasung* ist in Abb. 30 angedeutet. Hier wird der Lichtbogen zwischen isolierenden Platten auf große Länge ausgezogen und dadurch in mehrere Unterbrechungsabschnitte aufgeteilt. Solche seitwärts beblasenen Schalter können anstatt durch Luft auch durch ein *querverlaufendes Magnetfeld* zur Wirkung gebracht werden, das seinerseits durch den zu unterbrechenden Strom erregt wird. Hierdurch wird eine ähnliche Wirkung, nämlich ein Ausziehen des Lichtbogens, erzielt, wobei die Trennwände aus Metall bestehen können, um die Bogensäule durch Wärmeleitung abzukühlen.

Abb. 28.

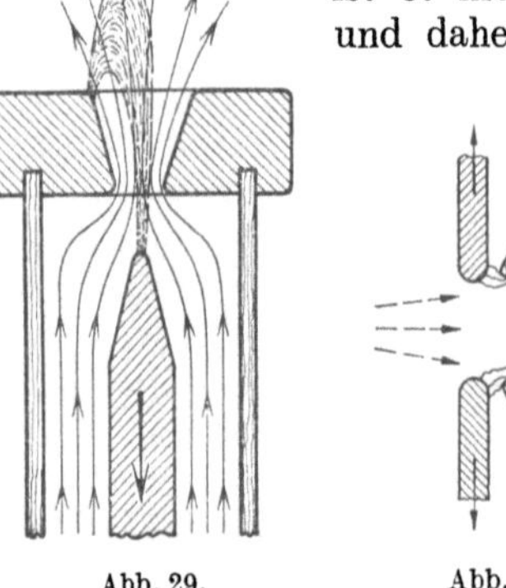

Abb. 29. 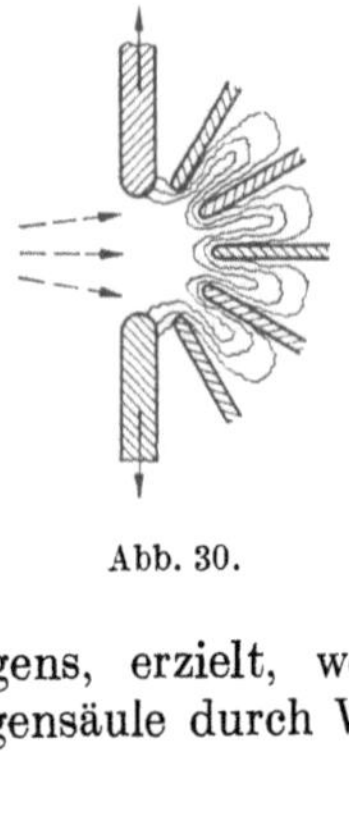   Abb. 30.

Eine *radiale Luftkühlung* des Lichtbogens, der sich zwischen zwei pilzförmigen Elektroden bildet, ist in Abb. 31 dargestellt, wobei der Luftstrom durch zentrale Öffnungen in den Kontakten der kritischen Zone zugeführt wird. Diese Anordnung kann in freier Luft benutzt werden und ermöglicht einen sehr geschickten mechanischen Entwurf des Schaltermechanismus. Im Gegensatz hierzu kann man eine *Vielfachunterbrechung für Luftschalter* von sehr hoher Spannung nach demselben Schema wie in Abb. 26 anwenden und hierbei eine gemeinschaftliche radiale und axiale Kühlung durch direkte Luftkonvektion bewirken. Um mit Sicherheit hohe Geschwindigkeiten in Luftstrahlschaltern zu erhalten, ist es unbedingt erforderlich, verhältnismäßig kurze, weite Kanäle für den Luftstrom zwischen Druckbehälter und Lichtbogen vorzusehen. Wenn die erforderliche Luftmenge nahe beim Licht-

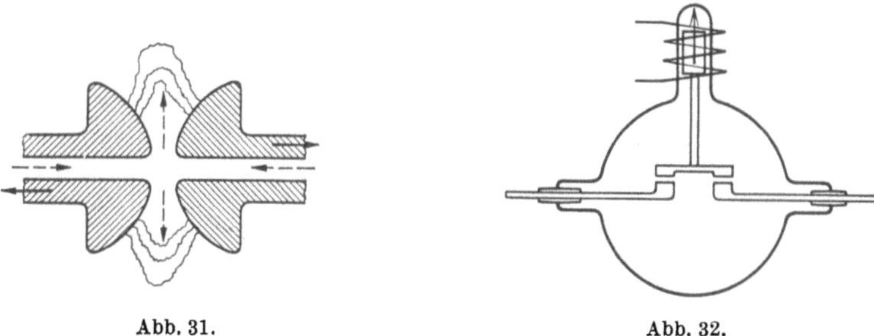

Abb. 31. Abb. 32.

bogen verfügbar gehalten wird, so können im kritischen Augenblick der Löschung leicht *Luftgeschwindigkeiten größer als die Schallgeschwindigkeit* erreicht werden.

Ein völlig anderes Unterbrechungsprinzip wird in *Hochvakuumschaltern* benutzt, wie sie in Abb. 32 dargestellt sind. Wenn der Druck so niedrig ist, daß die zur Ionisierung verfügbare Zahl der Moleküle außerordentlich klein ist, so kann sich selbst bei kleinen Kontaktabständen und unter hoher Spannung keine Entladung oder Lichtbogenzündung entwickeln. Daher erlöscht bei mäßiger Stromstärke ein Lichtbogen, der zwischen den Kontakten gezogen wird, leicht

Abb. 33. Abb. 34.

bei seinem Nulldurchgang, und dementsprechend sind Vakuumschalter wirksam und zuverlässig für solche Fälle. Wegen ihrer sehr plötzlichen Unterbrechung neigen sie dazu, Überspannungen zu erzeugen. Beim Unterbrechen starker Ströme jedoch verdampfen die Elektroden an den Anoden- und Kathoden-Fußpunkten des Lichtbogens. Dadurch wird genügend Metallgas befreit und ionisiert, und hierdurch kann sich ein Lichtbogen trotz des ursprünglich hohen Vakuums ausbilden.

Sämtliche Gesichtspunkte, die wir für die Lichtbogenlöschung in Leistungsschaltern entwickelt haben, gelten auch für die Unterbrechung des Stromes in *Lichtbogen-Sicherungen,* wie sie vielfach gebraucht werden, um Kurzschlußströme in Starkstromnetzen abzuschneiden. Abb. 33 zeigt eine *Füllmaterial-Sicherung,* in der ein spiraliger Sicherungsdraht in eine Schicht von Kristallpulver eingebettet ist. Nach Verdampfung des Drahtes unter der Stromwärme folgt ein Lichtbogen längs der Bahn des Metalldampfes nach. Das Pulver schlägt diesen Dampf sofort *durch Oberflächenkondensierung* und Wärmeleitung nieder und kühlt den Lichtbogen so wirksam, daß beim nächsten Nulldurchgang des Stromes keine Wiederzündung erfolgt. Abb. 34 stellt eine *Ausblase-Sicherung* dar, in der nach Verdampfung des Sicherungsdrahtes der Lichtbogen in einer Röhre brennt, deren Wandung aus Fiber oder gewissen anderen organischen Materialien besteht. Die Lichtbogenhitze treibt durch Dissoziation Gase aus der Röhrenwandung in einer solchen Menge aus, daß *ihre Strömung aus den offenen Enden* selbst einen Hochleistungslichtbogen durch Turbulenz und Konvektion so stark kühlt, daß oft die Wiederzündung schon nach dem ersten Nulldurchgang des Stromes ausbleibt.

Dasselbe Ausblaseprinzip wie nach Abb. 34 wird auch für *Überspannungsableiter* benutzt, durch die sich Blitzströme zwischen einer Oberleitung und der Erde entladen können. Auch hier verhindert die Gasströmung eine Wiederzündung nach dem ersten Nulldurchgang des regulären Erdschlußstromes, der sonst unter der Phasenspannung zur Erde aufrechterhalten bliebe.

Die Wiederzündspannung, die zur schließlichen Unterbrechung des Stromes führt, kann an einem Leistungsschalter unter voller Kurzschlußleistung oszillographisch gemessen werden. Die Werte der Wiederzündfestigkeit, die sich aus solchen Messungen für die verschiedensten Bauarten von Leistungsschaltern ergeben, stimmen nicht sehr weitgehend überein. Jedoch können die Zahlen von *Zahlentafel I* als Mittelwerte der *Wiederzündfeldstärke* angesehen werden, wie sie

Zahlentafel I. *Rückzündfeldstärke von Lichtbögen in Leistungsschaltern.*

Art der Kühlung	Kühlmittel			Einheit
	Luft	Öl	Wasserstoff	
Freier Bogen eingeschlossen im Kessel	0,3	0,8	1,4	$\dfrac{kV}{cm}$
Bogen in strömendem Kühlmittel	1,5	5	—	$\dfrac{kV}{cm}$
Druckstrahl durch den Bogen	3	10	—	$\dfrac{kV}{cm}$

in den verschiedenen dort angegebenen Fällen auftreten. Sie sind jedoch Abweichungen bis zu wenigstens $\pm 50\%$ unterworfen, die von der Art des Entwurfs und dem Betrieb des individuellen Schalters abhängen. Wenn ein kaltes Kühlmittel mit starker entionisierender Wirkung mit den heißen Bogengasen durch Turbulenz kräftig gemischt wird, besonders während und dicht beim Stromdurchgang durch Null, so können diese Werte sogar wesentlich überschritten werden.

Um die Dauer der Lichtbogenperiode zu begrenzen, *muß der Mechanismus des Leistungsschalters die Kontakte mit einer angemessenen Geschwindigkeit auseinanderziehen.* In dem Bereiche von kleinen bis zu großen Unterbrechern werden in den Schaltern der Praxis Geschwindigkeiten von 1 bis 2 bis 4 m/sec angewandt.

Wenn die größte Länge des Lichtbogens mit l und die Wiederzünd-Feldstärke mit $\mathfrak{E}_z$ bezeichnet wird, so ist die Wiederzündspannung

$$l\,\mathfrak{E}_z = E. \tag{23}$$

Bei n Unterbrechungen in Reihe, von denen jede mit einer Geschwindigkeit v vorgenommen wird, die während der Unterbrechungszeit τ konstant bleibt, wächst die Lichtbogenlänge an bis auf

$$l = n\,v\,\tau. \tag{24}$$

Durch Eliminierung von l erhalten wir hieraus die Dauer der Unterbrechung

$$\tau = \frac{E}{n\,v\,\mathfrak{E}_z}. \tag{25}$$

Wenn wir als Wiederzündspannung die Amplitude der Netzspannung eines 220 kV Systems ansehen, so ergibt ein Vielfachunterbrecher mit $n = 4$ Lichtbögen in Reihe bei einer Wiederzünd-Feldstärke $\mathfrak{E}_z = 5$ kV/cm und einer mittleren Kontaktgeschwindigkeit $v = 3$ m/sec eine Unterbrechungsdauer von

$$\tau = \frac{\sqrt{2} \cdot 220}{4 \cdot 300 \cdot 5} = 5{,}2 \cdot 10^{-2} \text{ sec}.$$

Dies ist eine Zeit von etwa 5 Halbwellen des Netzstromes. In der Praxis findet man *Löschdauern von ½ bis 3 bis 6 vollen Perioden* in erfolgreich arbeitenden Leistungsschaltern.

Die Gesamtzeit bis zum Abschalten des Kurzschlusses besteht aus dieser Lichtbogendauer und einer *zusätzlichen Vorbereitungsdauer*, innerhalb der die Relais den Schalter auslösen und in der der Schaltermechanismus sich zu bewegen beginnt. In Hochleistungssystemen sollte diese Zeit des unbehinderten Flusses des Kurzschlußstromes nicht länger sein als 1 bis 3 bis 6 Perioden, je nach der Schwere des Kurzschlusses.

40. Rückschlagspannung nach Unterbrechung.

Wir haben in Kapitel 39 im wesentlichen die Wirkung der Selbstinduktion des Stromkreises auf die Lichtbogenunterbrechung betrachtet. Wir wissen jedoch aus früheren Überlegungen, besonders in Kapitel 7, daß *die Nebenkapazitäten des Stromkreises* während kurzer Zeit nach der Unterbrechung von großem Einfluß auf das Verhalten des Kreises sind. Wir wollen daher jetzt die Vorgänge bei Unterbrechung eines Stromkreises nach Abb. 1 betrachten, in dem C eine relativ kleine Kapazität bedeutet, zu welcher die Leitungen, Transformatoren, Maschinen usw. alle ihren Teil beitragen. Im Dauerzustand vor der Unterbrechung ist die treibende Spannung und der Strom

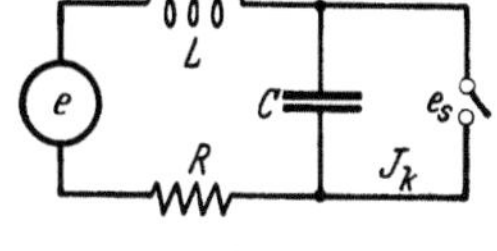

Abb. 1.

$$\left.\begin{aligned} e' &= E \sin(\omega t + \psi), \\ i' &= J \cos(\omega t + \varphi). \end{aligned}\right\} \qquad (1)$$

Hierin wird J häufig die Kurzschluß-Amplitude des Wechselstromes bedeuten.

Nach der Unterbrechung oder einer anderen plötzlichen Stromänderung treten Ausgleichschwingungen auf, wie sie in Abb. 2 für jeden Sprung der Lichtbogenspannung beim Nulldurchgang des Stromes dargestellt sind, besonders nach

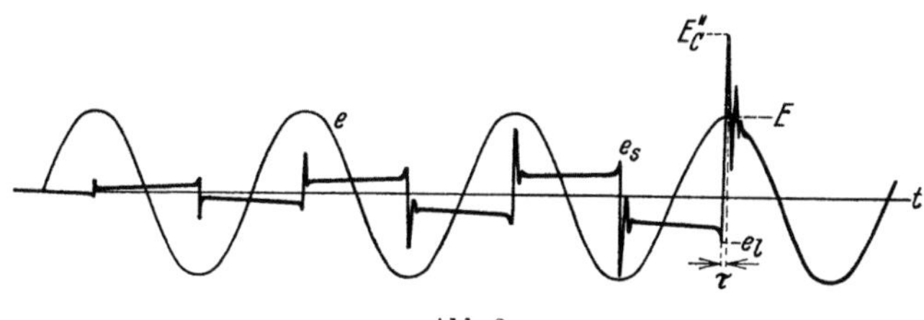

Abb. 2.

dem endgültigen Erlöschen des Stromes. Diese *Rückschlagspannung* erzeugt im Stromkreis und besonders am Schalter eine Überspannung, die das Zwei- oder Mehrfache der Betriebsspannung betragen kann.

Wenn die Rückschlagspannung größer ist als die elektrische Festigkeit der Lichtbogengase nach dem Nulldurchgang des Stromes, so wird der Lichtbogen wieder zünden. Dies tritt in Abb. 2 sechsmal beim Stromwechsel während der allmählichen Trennung der Kontakte auf. Beim letztenmal jedoch gelingt es der Rückschlagspannung der Ausgleichschwingung nicht mehr, den Lichtbogen wieder zu zünden, und daher bleibt der Stromkreis endgültig unterbrochen. Wir erkennen daraus, daß beim Vorgang der Stromunterbrechung die Nebenkapazitäten des Stromkreises trotz ihrer Kleinheit eine sehr wichtige Rolle für den Erfolg oder Mißerfolg der Wirkung eines Leistungsschalters spielen.

a) Schneller Spannungsanstieg. Für stark induktive Stromkreise mit kleinem Widerstand, wie sie vorherrschen, wenn ein Kurzschlußstrom unterbrochen wird, waren die Ausgleichspannungen und Ströme in Gln. (5) und (6) von Kapitel 7 abgeleitet als

$$e_C'' = E_C'' \, \varepsilon^{-\frac{t}{2T}} \sin (v\,t + \gamma), \left.\vphantom{\begin{array}{c}a\\a\end{array}}\right\}$$
$$i'' = J'' \, \varepsilon^{-\frac{t}{2T}} \cos (v\,t + \gamma). \tag{2}$$

Darin ist für schwache Dämpfung die Zeitkonstante T und die Eigenfrequenz v

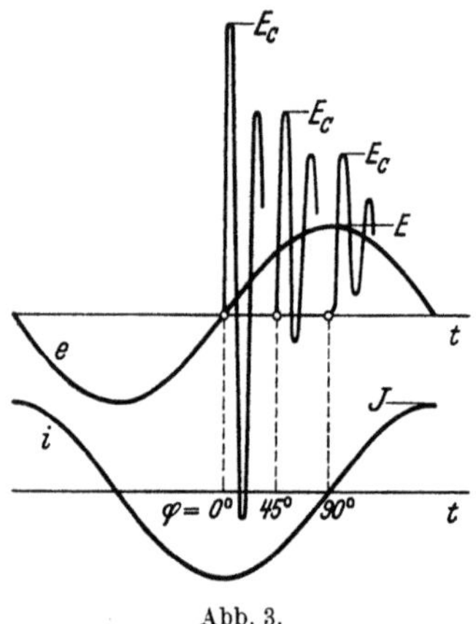

Abb. 3.

$$T = \frac{L}{R}; \qquad v = \frac{1}{\sqrt{LC}}, \tag{3}$$

und der Phasenwinkel γ, mit dem die Eigenschwingung beginnt, ist

$$\operatorname{tg} \gamma = \frac{\omega}{v} \operatorname{tg} \varphi, \tag{4}$$

worin φ der Ausschaltwinkel des Stromes ist, gemessen von dessen Amplitudenwert, wie nach Gl. (1). Für den gleichen Stromkreis sind die Schwingungsamplituden nach Gln. (42) und (45) von Kapitel 7

$$E_C'' = \sqrt{\frac{L}{C}} \, J'' = E \sqrt{\left(\frac{v}{\omega}\right)^2 \cos^2 \varphi + \sin^2 \varphi}. \tag{5}$$

Am meisten interessiert sind wir an der Rückschlagspannung e_C'', die sich gleich nach dem Nulldurchgang des Stromes entwickelt. Diese Spannung hängt in Amplitude und Anfangsphasenwinkel stark vom Phasenwinkel φ ab, mit dem der Strom unterbrochen wird. Einige Beispiele für den Anstieg dieser Spannung, die sich an der Kapazität und daher nach Abb. 1 auch am Lichtbogen entwickelt, sind in Abb. 3 dargestellt. Für $\varphi = 90°$ unterbricht der Strom beim natürlichen Nulldurchgang seiner Kosinuskurve, siehe Gl. (1). Für diesen Fall ergibt Gl. (4) $\gamma = 90°$, und daher steigt die Spannung nach Gl. (2) *in der Form einer Kosinuskurve an*, anfangs langsam und später schneller. *Ihre Amplitude ist nach Gl. (5) gleich der Netzspannung E und verdoppelt daher die Rückschlagskraft der Netzspannungsamplitude*, wie es aus Abb. 3 zu ersehen ist.

Wenn jedoch die Unterbrechung bei $\varphi = 0$ erfolgt, also während des Strommaximums, so ist der anfängliche Phasenwinkel der Rückschlagspannung $\gamma = 0$. Daher steigt die Spannung jetzt *in der Form einer Sinuskurve steil vom Anfang an und erreicht eine Amplitude, die nach Gl. (5) größer ist als die Netzspannung, im Verhältnis der Eigenfrequenz v zur Netzfrequenz ω*. Dies ist ebenfalls in Abb. 3 dargestellt. Für zwischenliegende Schaltphasenwinkel φ zeigt Gl. (5), daß wegen des großen Wertes v/ω die Amplitude der Ausgleichspannung nahezu proportional $\cos \varphi$ ist, ein Wert, der das Verhältnis des Unterbrechungstromes zu seiner Amplitude ausdrückt. Gl. (4) zeigt aber, daß der anfängliche Phasenwinkel nahezu $\gamma = 0$ bleibt bis zu Schaltwinkeln, die sehr dicht bei $\varphi = 90°$ liegen. Daher beginnen alle Kurven der Rückschlagspannung wie eine Sinuskurve anzusteigen, bis auf diejenigen direkt bei $\varphi = 90°$. Abb. 3 zeigt auch eine zwischenliegende Kurve für einen Schaltwinkel $\varphi = 45°$.

Im Prinzip kann ein Lichtbogen bei irgendeiner Stromstärke momentan verlöschen, wenn eine Kapazität C in seiner Nähe liegt, die, wie in Abb. 1, durch keinerlei Selbstinduktion vom Lichtbogen getrennt ist. Dann kann in jedem Augenblick der Strom vom Lichtbogen zur Kapazität überspringen und sie schnellstens zu der hohen Spannung aufladen, die eben beschrieben ist. Wegen des winzigen Zeitintervalls würde dies zu einer unmittelbaren Wiederzündung des

Lichtbogens führen, und dies kann sich während der Brennperioden vielfach wiederholen. *Die gezahnten Spannungskurven, die oft während des Abschaltens beobachtet werden, wie zum Beispiel an dem Oszillogramm der Abb. 4, werden wahrscheinlich durch solche Sägezahnwiederzündungen verursacht.* Wenn der Strom zum letztenmal null wird,

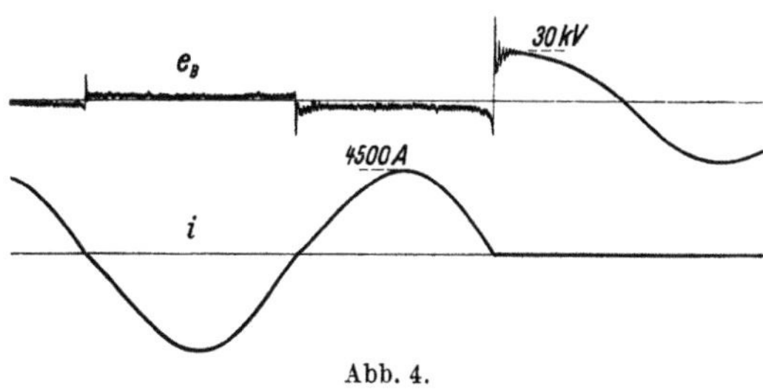

Abb. 4.

was in Abb. 4 etwas vorzeitig erfolgt, wie man aus den Längen der verschiedenen Halbwellen sieht, so steigt die Spannung jedoch mehr in der Form einer Kosinuskurve entsprechend der rechts gezeichneten Schwingung in Abb. 3. Dadurch wird dem Lichtbogen etwas mehr Zeit gegeben für Abkühlung und Entionisierung und für das Anwachsen seiner elektrischen Festigkeit gegen Rückzündung. Daher entwickelt sich jetzt die volle Schwingung, die lediglich durch die Wirkung der Zeitkonstante T des Stromkreises gedämpft ist.

Wegen ihrer Bedeutung für die Stromunterbrechung in Leistungsschaltern sind die Kurvenformen der Rückschlagspannung für verschiedene Unterbrechungswinkel φ des Stromes in Abb. 5 gezeichnet, und zwar für ein Frequenzverhältnis $\nu/\omega = 100$, das an der unteren Grenze der in wirklichen Netzen beobachteten Werte liegt. Alle Kurven, wie sie vom Unterbrechungspunkt aus ansteigen, sind vom selben Ursprung ab gezeichnet. Nur diejenigen Spannungen steigen langsam an, die bei $\varphi \cong 90°$ entstehen, also sehr nahe beim natürlichen Nulldurchgang des Stromes, und geben dem ausgezogenen Lichtbogen eine ausreichende Zeit zur Abkühlung. *Die*

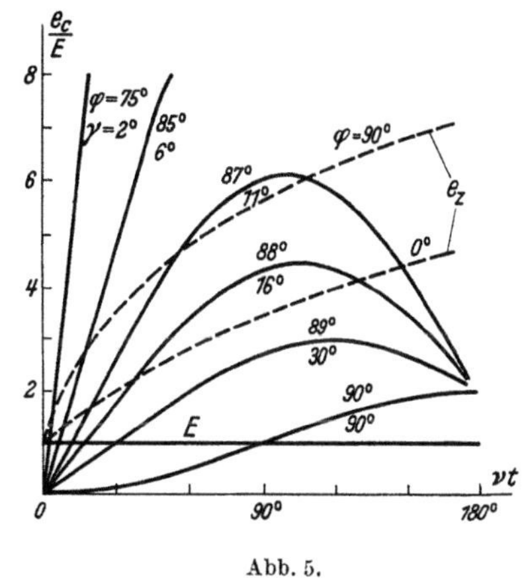

Abb. 5.

Spannungen jedoch, die sich bei nur etwas kleineren Winkeln φ entwickeln, also bei vorzeitiger Unterbrechung, steigen von Anfang an sehr steil an.

Weiterhin sind in Abb. 5 zwei gestrichelte Kurven dargestellt, die den zeitlichen Anstieg der wiederkehrenden elektrischen Festigkeit des Lichtbogens darstellen, die einer Wiederzündung entgegenwirkt. Diese Kurven steigen, umgekehrt, schnell an nach dem natürlichen Nulldurchgang des Stromes für $\varphi = 90°$, jedoch langsam für einen Lichtbogen, der durch die volle Amplitude des Stromes vorgeheizt ist, wie bei $\varphi = 0°$. Die Form dieser gestrichelten Erholungskurven für die Festigkeit soll mehr die Tendenz der Ergebnisse einiger Messungen anzeigen als tatsächliche Zahlenwerte geben, die von vielen verschiedenen Bedingungen

abhängen. *Wenn die Kurve der Rückschlagspannung die entsprechende Erholungs-
kurve für die elektrische Festigkeit erreicht oder schneidet, so tritt eine Rückzündung
des Lichtbogens ein.* Die Wahrscheinlichkeit hierfür ist am größten bei vorzeitiger
Unterbrechung und kurzen Lichtbögen und am kleinsten für lange Lichtbögen
nahe dem natürlichen Nulldurchgang des Stromes.

Solch ein Verhalten sollte eigentlich eine vorzeitige Unterbrechung des Stromes
ausschließen. Jedoch zeigen die meisten Lichtbogenunterbrechungen bei genauer
Prüfung durch Oszillogramme, *daß die letzte Halbwelle des Stromes wesentlich kürzer
als die vorhergehenden ist.* Dies kann nur erklärt werden, wenn man für die Löschung
des Lichtbogens eine endliche Zeitdauer in Betracht zieht an Stelle der momentanen Unterbrechung, wie sie oben angenommen wurde. Tatsächlich kann die
letztere niemals auftreten, wenn auch nur eine winzige Selbstinduktion zwischen
dem Lichtbogen und der Kapazität von Abb. 1 vorhanden ist.

Wir wollen daher die Differentialgleichung zwischen der Spannung und dem
Strom eines Lichtbogens ableiten, der im Stromkreis von Abb. 6 brennt. Um eine
knappe Lösung zu erhalten, wollen wir alle Widerstände außerhalb des Lichtbogens vernachlässigen. Im Hauptstromkreis zwischen Lichtbogen und Stromquelle sind die Spannungen

$$e = L\frac{di}{dt} + e_B.\tag{6}$$

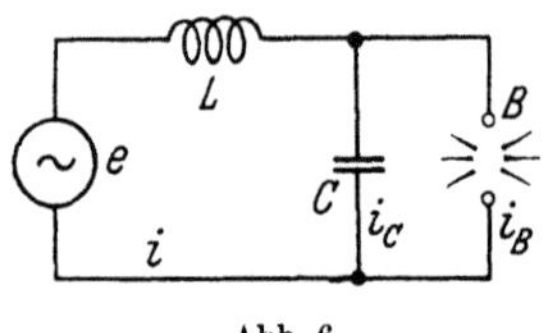

Abb. 6.

Die Lichtbogenspannung, die der Kondensatorspannung
gleicht, ist

$$e_B = e_C = \frac{1}{C}\int i_C\,dt\tag{7}$$

und der Gesamtstrom in der Selbstinduktion ist

$$i = i_C + i_B.\tag{8}$$

Wenn wir Gl. (8) in Gl. (6) einsetzen und den Kapazitätsstrom durch Gl. (7) ausdrücken, so ergibt sich

$$e = LC\frac{d^2 e_B}{dt^2} + e_B + L\frac{di_B}{dt}.\tag{9}$$

*Diese Gleichung beschreibt das Verhalten von Strom und Spannung des Licht-
bogens vor, während und nach der Löschung.* Während des regulären Brennens
mit der Netzfrequenz ist der erste Ausdruck auf der rechten Seite außerordentlich klein, weil die Eigenfrequenz v des Kreises nach der zweiten Gl. (3) sehr
hoch ist. Daher gehorcht der Wechselstromlichtbogen *während seines stationären
oder quasistationären Brennens* den Regeln von Kapitel 39. Nur wenn e_B sich
rapide ändert, wie beim Nulldurchgang des Stromes, kann die zweite Ableitung
von e_B groß genug werden, um dem ersten Glied von Gl. (9) einige Bedeutung
zuzuweisen. *Nach dem Löschen des Lichtbogens* ist andererseits $i_B = 0$, und daher
reduziert sich Gl. (9) durch Verschwinden des letzten Gliedes zu der Gleichung
eines gewöhnlichen Schwingungskreises, wie er oben betrachtet wurde.

Während der Löschdauer des Lichtbogens sind alle Glieder der Gl. (9) von gleicher
Wichtigkeit. In diesem Zustand hängt die Spannung e_B sowohl von der Zeit wie
vom Strom ab. Der Strom jedoch ist auch eine Funktion der Zeit, und daher
ist es zweckmäßig, den folgenden Ansatz für die Lichtbogenspannung zu machen

$$e_B = e_b\,\varepsilon^{\frac{t-t_0}{Q}} = e_b\,\varepsilon^{\frac{t'}{Q}}.\tag{10}$$

Wir nehmen also an, *daß die Löschspannung zeitlich exponentiell anwächst,* wie
es in Abb. 7 graphisch dargestellt ist. Hierin ist t' die Zeit vom Beginn der
Löschung ab, e_b ist die vorherige stationäre Lichtbogenspannung und *Q ist die
Löschzeitkonstante der Entionisierung,* die durch Diffusion und Wiedervereinigung

der Ionen und durch Temperaturabnahme des Lichtbogens und seiner Elektroden
hervorgerufen wird. Da alle diese Erscheinungen zeitlich nahezu exponentiell
variieren, so erscheint es berechtigt, für die Lichtbogenspannung ein Gesetz nach
Gl. (10) anzusetzen. Die meisten Abschaltoszillogramme zeigen ebenfalls einen
Anstieg der Löschspannung, der gut durch ein exponentielles Gesetz ausgedrückt
werden kann. Die Zeitkonstante Q ist durch die augenblickliche Energiebilanz
im Lichtbogen bestimmt und ist sehr unterschiedlich für die verschiedenen Löschmittel. *Ihre Größenordnung ist:* bei Stickstoff- und Sauerstoffgehalt des Licht-
bogengases, wie in Luftschaltern, 10^{-3} sec; in Gasen mit Wasserstoffgehalt, wie
in Öl- und Wasserschaltern, 10^{-4} sec; und in reinem Wasserstoff 10^{-5} sec. Ferner
sind diese Werte verschieden, je nachdem, ob der Strom abnimmt oder zunimmt
oder konstant oder gar null bleibt.

Bis zur Zeit t_0 ist die Lichtbogenspannung innerhalb jeder Halbwelle nahezu
konstant. Danach steigt sie entsprechend Gl. (10) an, während die treibende
Spannung e nach einer regulären Sinuskurve variiert. Daher ist vor t_0 die zweite
Ableitung von e_B in Gl. (9) null, und der Strom folgt genau den Ergebnissen
von Kapitel 39 und kann durch dessen Gln. (4), (8) und (9) ausgedrückt werden,
wie sie dort in Abb. 4 und 5 graphisch dar-
gestellt sind. Von t_0 ab ist die zweite Ableitung jedoch

$$\frac{d^2 e_B}{dt^2} = \frac{e_b}{Q^2} \varepsilon^{\frac{t'}{Q}}, \qquad (11)$$

und daher ergibt Gl. (9)

$$L\frac{di_B}{dt} = e - \frac{1}{v^2 Q^2} e_b \varepsilon^{\frac{t'}{Q}} - e_b \varepsilon^{\frac{t'}{Q}}, \qquad (12)$$

worin LC durch $1/v^2$ ersetzt ist. Integriert
nach der Zeit gibt dies für den zusätzlichen
Strom für Zeiten später als t_0

$$i_B = i_0 - e_b \frac{Q}{L}\Big(1 + \frac{1}{v^2 Q^2}\Big)\Big(\varepsilon^{\frac{t'}{Q}} - 1\Big). \quad (13)$$

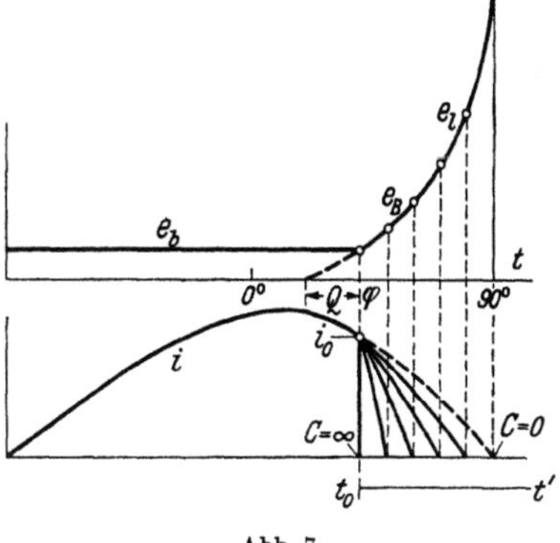

Abb. 7.

Darin ist i_0 der ursprüngliche Lichtbogenstrom, wie er aus Gl. (9) von Kapitel 39
oder aus der geometrischen Konstruktion der dortigen Abb. 4 hervorgeht.

*Wir sehen also, daß der Strom unter der Wirkung einer exponentiell ansteigenden
Löschspannung exponentiell abnimmt.* Dies erfolgt mit zunehmender Geschwindigkeit, und der Strom würde durch Null hindurchgehen, wenn nicht in diesem
Augenblick die Löschspannung ihr Vorzeichen ändern würde. Der Strom Null
im Lichtbogen ist erreicht, wenn nach Gl. (13)

$$\varepsilon^{\frac{t'}{Q}} = \frac{i_0 L}{e_b Q\,(1 + 1/v^2 Q^2)} + 1 \qquad (14)$$

ist. Da hauptsächlich die Selbstinduktion L die Stromamplitude

$$J = \frac{E}{\omega L}, \qquad (15)$$

vor der Unterbrechung bestimmt, so können wir diesen Wert in die rechte Seite
von Gl. (14) einsetzen. Wir erhalten den häufig wiederkehrenden Quotienten

$$\frac{i_0 L}{Q} = \frac{i_0}{J}\,\frac{E}{\omega Q} = \frac{E}{\omega Q}\cos\varphi, \qquad (16)$$

in dem $i_0/J = \cos\varphi$ sehr nahezu das Verhältnis des anfänglichen Löschstromes zu der Amplitude vor dem Löschen ist. Dies ergibt aus Gl. (14) die Löschdauer zu

$$t'_Q = Q \ln\left[1 + \frac{i_0}{J}\frac{E}{e_b}\frac{1}{\omega Q\,(1 + 1/v^2 Q^2)}\right].\tag{17}$$

Für ein Beispiel wollen wir annehmen, daß die Frequenz v außerordentlich hoch ist, entsprechend einer sehr kleinen Kapazität, so daß der Klammerausdruck im Nenner von Gl. (17) gleich 1 wird. Dann erhalten wir die Wirkung der Löschspannung in voller Reinheit. Die Entionisierungszeitkonstante möge $Q = 10^{-4}$ sec sein, das Verhältnis der Brennspannung zur Spannungsamplitude $e_b/E = {}^1/_{20}$, und das Löschen möge beginnen bei einem Strom von $i_0/J = {}^1/_5$ der vorherigen Stromamplitude. Dies ergibt für den Logarithmus von Gl. (17)

$$\ln\left(1 + \frac{1}{5}\cdot 20\cdot\frac{1}{314\cdot 10^{-4}}\right) = \ln\,(1 + 127) = 4{,}84\,.$$

Dieser Wert schwankt nicht viel unter verschiedenartigen Annahmen, die nur das Argument des Logarithmus beeinflussen. Auch niedrigere Eigenfrequenzen bis herab zu 10^4 Per/sec oder tiefer können den Logarithmus nicht erheblich ändern. Nur sehr geringer Strom i_0 oder sehr niedrige Frequenz v würden diesen Wert gegen null zu verkleinern. *In jedem Falle ist die Löschzeit proportional zur Zeitkonstante Q und daher stets in der Größenordnung dieser Entionisierungszeit und besitzt Zahlenwerte zwischen niedrigen Vielfachen und großen Bruchteilen von Q.*

Die höchste Löschspannung wird erreicht, wenn der Strom Null wird und bestimmt sich durch Einsetzen der Bedingung (14) in Gl. (10) unter Benutzung von Gl. (16) zu

$$e_l = e_b + \frac{i_0/J}{\omega Q\,(1 + 1/v^2 Q^2)}\,E\,.\tag{18}$$

In Abb. 7 sind mehrere Löschkurven des Stromes dargestellt, wie sie durch verschieden große Kapazitäten parallel zum Lichtbogen verursacht werden. Bei völliger Abwesenheit von Kapazität würde die Eigenfrequenz $v = \infty$ werden und die endgültige Löschspannung wäre

$$e_l = e_b + \frac{i_0/J}{\omega Q}\,E\,.\tag{19}$$

Sehr große Kapazität würde andererseits niedrige Eigenfrequenz ergeben und somit das zweite Glied von Gl. (18) zum Verschwinden bringen. In diesem extremen Falle würde die Löschzeit nach Gl. (17) zu null werden, da auch hier das letzte Glied unter dem Logarithmus verschwindet. Der Strom würde daher augenblicklich vom Lichtbogen zur Kapazität überspringen. *Tatsächlich ist das plötzliche Zuschalten einer großen Kapazität parallel zum Lichtbogen ein wohlbekanntes Mittel, um ihn auszulöschen.*

Mit den Werten unseres früheren Beispiels ist die Löschspannung ohne Parallelkapazität nach Gl. (19)

$$e_l = e_b + \frac{1/5}{314\cdot 10^{-4}}\,E = e_b + 6{,}4\,E\,.$$

Dieser hohe Wert rührt her von der Annahme einer vorzeitigen Unterbrechung bei 1/5 des vollen Stromes. Mit mäßig großer Nebenschlußkapazität, die eine Eigenfrequenz von 10^4 Per/sec ergeben möge, wird entsprechend Gl. (18) das zweite Glied $6{,}4\,E$ verringert durch einen Divisor

$$1 + \frac{1}{(2\,\pi\,10^4\cdot 10^{-4})^2} = 1 + 0{,}025 = 1{,}03\,.$$

Bei höherer Kapazität und 10^3 Per/sec wird der Divisor

$$1 + \frac{1}{(2\,\pi\,10^3\cdot 10^{-4})^2} = 1 + 2{,}5 = 3{,}5\,,$$

und bei großer Kapazität entsprechend 10^2 Per/sec wird er

$$1 + \frac{1}{(2\,\pi\,10^2 \cdot 10^{-4})^2} = 1 + 250 = 251\,.$$

Im letzteren Falle ist die Unterbrechung fast momentan, da derselbe Divisor nach Gl. (17) auch für die Löschzeit maßgebend ist. Tatsächlich führt eine große Kapazität, die dem Lichtbogen direkt parallel geschaltet ist, zu häufig sich wiederholendem rapidem Auslöschen und Wiederzünden mit Strom- und Spannungsstößen, die viel größer sein können als die in Abb. 4 während der Brennzeit auftretenden Zacken. Ohne künstlich vergrößerte Kapazität sind die Eigenfrequenzen von Starkstromnetzen viel höher als 10^3 Per/sec, und daher ist der Einfluß auf die Löschspannung bei dem Werte $Q = 10^{-4}$ sec, der für die Entionisierungszeitkonstante angenommen wurde, nur gering.

Der Ladestrom der Kapazität ist

$$i_C = C\,\frac{d}{dt}\left(e_b\,\varepsilon^{\frac{t'}{Q}}\right) = \frac{C}{Q}\,e_b\,\varepsilon^{\frac{t'}{Q}}\,. \tag{20}$$

Er steigt exponentiell mit der Zeit an, gerade so wie seine Spannung. Am Ende der Löschperiode wird dieser Strom nach Einsetzen von Gl. (14) in Gl. (20) unter Verwendung von Gl. (3)

$$i_{Cl} = \frac{C}{Q}\,e_b\left[1 + \frac{i_0\,L}{e_b\,Q\,(1 + 1/\nu^2\,Q^2)}\right] = \frac{C}{Q}\,e_b + \frac{i_0}{1 + \nu^2\,Q^2}\,. \tag{21}$$

Der Mechanismus des Löschvorgangs beginnt physikalisch mit der Entstehung einer zunehmenden Lichtbogenspannung, unter deren Wirkung Strom vom Lichtbogen auf die Kapazität geschoben wird. *Der Bogen kühlt dadurch schneller ab, vermehrt seine Spannung stärker und beschleunigt somit den Vorgang noch weiter. Auf diese Weise wird die Kapazität geladen, während der Lichtbogen vom Strom entlastet wird.* Die Löschzeitkonstante Q wird somit nicht ganz unabhängig von der Größe der Nebenschlußkapazität C sein.

Wenn durch diesen Mechanismus die Löschspannung erheblich über die vorherige Brennspannung des Lichtbogens gestiegen ist, so darf man schließlich erwarten, daß bei der Umkehr des Stromes die elektrische Festigkeit des Bogens der auftretenden Rückschlagspannung widerstehen kann. Die Größe und Phase dieser Spannung wird durch die eben betrachteten Löschvorgänge stark beeinflußt.

Um die wirkliche Stärke der Rückschlagschwingungen zu bestimmen, müssen wir die allgemeinen Schaltgesetze von Kapitel 3, Gl. (9) anwenden auf die Größe der Spannung an der Kapazität und des Stromes in der Selbstinduktion im letzten Augenblick der Löschung. Zur Vereinfachung wollen wir die geringe Brennspannung e_b vernachlässigen und ebenso den sehr geringen Strom, der im Dauerzustand mit Netzfrequenz durch die Kapazität fließt. Wenn wir dann die Zeit t vom Löschzeitpunkt aus rechnen, so werden die Ausgleichswerte von Gl. (2) für $t = 0$ mit Benutzung von Gln. (18) und (21), aber ohne deren erste Glieder,

$$\left.\begin{aligned} E_C''\sin\gamma &= e_{C0} - e_{C0}' = \frac{i_0\,L}{Q\,(1 + 1/\nu^2\,Q^2)} + E\sin\varphi\,, \\[2mm] J''\cos\gamma &= i_{L0} - i_{L0}'' = \frac{i_0}{1 + \nu^2\,Q^2} - 0\,. \end{aligned}\right\} \tag{22}$$

Im letzten Ausdruck der ersten Gleichung haben wir den Winkel φ auf das Ende der Löschperiode bezogen, anstatt auf den Anfang wie in Gl. (16). Jedoch ist die Winkeldifferenz in Grad sehr gering, wie man aus der Berechnung der Löschzeit in Gl. (17) sehen kann.

Wenn wir in Gl. (22) die erste Zeile durch die zweite dividieren, so erhalten wir für den anfänglichen Phasenwinkel der Rückschlagschwingung

$$\operatorname{tg}\gamma = \sqrt{\frac{C}{L}}\left[\frac{L\,(1+v^2\,Q^2)}{Q\,(1+1/v^2 Q^2)} + \frac{E\sin\varphi\,(1+v^2\,Q^2)}{i_0}\right], \tag{23}$$

was sich durch Einsetzen der Frequenz v an Stelle von C und L und unter Benutzung von Gl. (16) vereinfacht zu

$$\operatorname{tg}\gamma = v\,Q + (1+v^2\,Q^2)\,\frac{\omega}{v}\,\operatorname{tg}\varphi. \tag{24}$$

Dieser Ausdruck reduziert sich für momentane Unterbrechung mit $Q=0$ auf die frühere Gl. (4). Endliche Löschzeitkonstante Q jedoch vergrößert den anfänglichen Phasenwinkel sehr erheblich, was so wichtig für die allmähliche Entwicklung der Rückschlagspannung ist, wie es an Hand von Abb. 5 erläutert war. Diese Darstellung zeigte, daß bei momentaner Unterbrechung γ sehr gering ist für alle Werte von φ bis zu beinahe 90°, was von dem hohen Werte von v herrührt.

In Starkstromnetzen ist der Wert von ω/v stets ungefähr $^{1}/_{100}$ oder niedriger. Daher ist bei Werten von $v\,Q$ bis zu etwa 1 das erste Glied auf der rechten Seite von Gl. (24) überwiegend groß, besonders für kleine und mäßige Ausschaltwinkel φ. *Dies ergibt Phasenwinkel γ, die viel größer als null sind, und daher kann die Rückschlagspannung zu Anfang nicht steil ansteigen.* Für größere Werte von $v\,Q$ als 1 herrscht das zweite Glied in Gl. (24) vor, so daß der anfängliche Phasenwinkel γ schnell auf 90° zustrebt. Gl. (24) vereinfacht sich dann zu

$$\operatorname{tg}\gamma = v\,Q\,(1+\omega\,Q\,\operatorname{tg}\varphi). \tag{25}$$

Zahlentafel I gibt die Werte von $v\,Q$ für einen Bereich der Eigenfrequenzen v im Kreismaß wieder, wie sie in Starkstromnetzen vorhanden sind, und zwar für einen Bereich der Löschzeitkonstanten, wie sie in den Lichtbögen von Leistungsschaltern auftreten. In der letzten Zeile der Zahlentafel sind die Werte von ω/v angegeben, die das letzte Glied von Gl. (24) bestimmen, und in der rechten Spalte die Werte von ωQ für eine Netzfrequenz von 50 Per/sec. Wir schließen von dieser Zahlentafel, daß mit Ausnahme von Leistungsschaltern mit kürzester Löschdauer in Netzen mit

Zahlentafel I. *Werte von vQ, ωQ und ω/v in Netzen und Schaltern zur Bestimmung des Phasenwinkels der Rückschlagspannung.*

Löschzeitkonstante des Lichtbogens	Eigenfrequenz des Netzes v in 2π sec			$\omega Q =$
	30 000	300 000	3 000 000	
	$vQ =$			
$Q = 10^{-3}$ sec	30	300	3000	0,3
$Q = 10^{-4}$ sec	3	30	300	0,03
$Q = 10^{-5}$ sec	0,3	3	30	0,003
$\omega/v =$	10^{-2}	10^{-3}	10^{-4}	

niedrigster Eigenfrequenz, schon das erste Glied der Gln. (24) und (25) eine Größe erreicht, die den Phasenwinkel γ auf beinahe 90° schiebt. Dies bewirkt selbst für kleine Unterbrechungswinkel φ eine Pause von niedriger Rückschlagspannung zwischen den Schaltkontakten. In Abb. 8 sind die Werte des anfänglichen Phasenwinkels γ dargestellt in Abhängigkeit vom Schaltwinkel φ, und zwar für momentane Unterbrechung beim Frequenzverhältnis $v/\omega = 100$ und für allmähliches Löschen mit einer Zeitkonstante $Q = 10^{-4}$ sec.

Wenn wir jetzt nur die Fälle betrachten, in denen das Produkt vQ erheblich größer als 1 ist, was nach Zahlentafel I bei den meisten Leistungsschaltern der Praxis der Fall ist, so sehen wir, daß $\mathrm{tg}^2\gamma$ groß gegen 1 ist, und somit ist

$$\frac{1}{\cos\gamma} = \sqrt{1 + \mathrm{tg}^2\gamma} \simeq \mathrm{tg}\,\gamma\,. \tag{26}$$

Daher erhalten wir aus der zweiten Gl. (22) für den Strom

$$J'' = i_0\,\frac{\mathrm{tg}\,\gamma}{1 + v^2Q^2} = i_0\left(\frac{1}{vQ} + \frac{\omega}{v}\,\mathrm{tg}\,\varphi\right). \tag{27}$$

Hiernach und mit Gl. (16) wird die Amplitude der Ausgleichspannung

$$E_C'' = \sqrt{\frac{L}{C}}\,J'' = \sqrt{\frac{L}{C}}\,\frac{E}{\omega L}\cos\varphi\left(\frac{1}{vQ} + \frac{\omega}{v}\,\mathrm{tg}\,\varphi\right), \tag{28}$$

was nach Zusammenfassung ergibt

$$E_C'' = E\left(\frac{\cos\varphi}{\omega Q} + \sin\varphi\right). \tag{29}$$

Wenn wir dies Ergebnis mit Gl. (5) vergleichen, so sehen wir, daß in dem ersten Glied beider Gleichungen, das bei vorzeitiger Unterbrechung ausschlaggebend ist, der reziproke Wert der endlichen Löschzeitkonstante Q die Stelle der Rückschlagfrequenz v eingenommen hat, welch letztere aus dem Endergebnis vollständig verschwunden ist. In Abb. 8 ist die Amplitude der Rückschlagspannung für dieselben Werte der Parameter v/ω und Q wie vorher aufgetragen, sowohl für momentane als allmählich

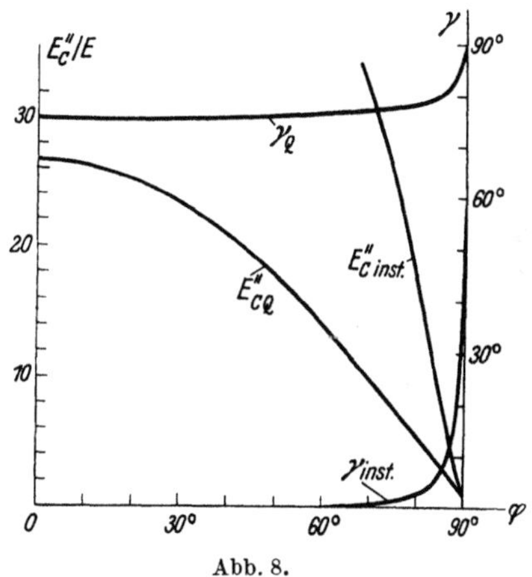

Abb. 8.

gelöschte Unterbrechung des Stromes. Gl. (29) ist gültig, wenn vQ beträchtlich größer ist als 1 und zeigt, daß dann die Größe der Rückschlagspannung völlig unabhängig vom Werte der Eigenfrequenz v des Netzes ist. Nur für $\varphi = 90°$ nimmt diese Spannung denselben Wert $E_C'' = E$ an wie bei momentaner Unterbrechung. Dieser Grenzwert ist unabhängig von dem Gesetz der Lichtbogenlöschung.

Beim numerischen Vergleich dieser Ergebnisse sehen wir, daß mit einer mittelgroßen Eigenfrequenz des Netzes von 50 kPer/sec *bei momentaner Unterbrechung vor dem natürlichen Nulldurchgang des Stromes* eine Amplitude der Rückschlagspannung entsteht von

$$E_C'' = \frac{v}{\omega}\,E\cos\varphi = \frac{50\,000}{50}\,E\cos\varphi = 1000\,E\cos\varphi\,,$$

wobei wir das unbedeutende Glied mit $\sin\varphi$ vernachlässigt haben. *Bei allmählicher Unterbrechung jedoch,* wenn der Lichtbogen mit einer Zeitkonstante $Q = 10^{-4}$ sec löscht, entwickelt sich eine Amplitude von nur

$$E_C'' = \frac{1}{\omega Q}\,E\cos\varphi = \frac{1}{314\cdot 10^{-4}}\,E\cos\varphi = 31{,}8\,E\cos\varphi\,,$$

was um fast 2 Größenordnungen geringer ist. Bei vorzeitiger Löschung um 10°, wie es oft bei der Unterbrechung von Kurzschlußströmen gefunden wird, würden wir $\cos 80° = 0{,}17$ erhalten, und damit würde die Amplitude der Rückschlagspannung das $31{,}8 \cdot 0{,}17 = 5{,}4$fache der Netzspannung werden. Dies wird natürlich weiter reduziert durch die Wirkung der Widerstandsdämpfung im Stromkreis, wie es durch die Zeitkonstante T in Gl. (2) zum Ausdruck gebracht wird.

In Abb. 9 ist solch eine gedämpfte Rückschlagschwingung dargestellt, die bei der endgültigen Löschspannung e_l beginnt. Der physikalische Grund für die viel kleinere Schwingung und den günstigeren anfänglichen Phasenwinkel, die jetzt unter dem Einfluß einer vorzeitigen Löschung des Lichtbogens auftreten, ist die Tatsache, *daß mit steigender Lichtbogenspannung der Strom vom Bogen fortgeschoben wird auf die Nebenkapazität, bevor die endgültige Lichtbogenunterbrechung vollendet ist.*

b) Mehrfache Eigenschwingungen. Sehr oft befindet sich der Leistungsschalter nicht direkt am Orte des Kurzschlusses, sondern in solcher Entfernung nach der Stromquelle hin, daß sowohl der fehlerhafte Teil des Netzes als auch der dem Generator benachbarte Teil beträchtliche Selbstinduktion und Kapazität besitzt. Dies ist in Abb. 10 dargestellt und möge einen Fall wiedergeben, in dem der Schalter zwischen einer Sammelschiene liegt, die eine abgehende Leitung speist, und einer Drosselspule, die die Leitung schützt, in welch letzterer ein Fehler aufgetreten ist.

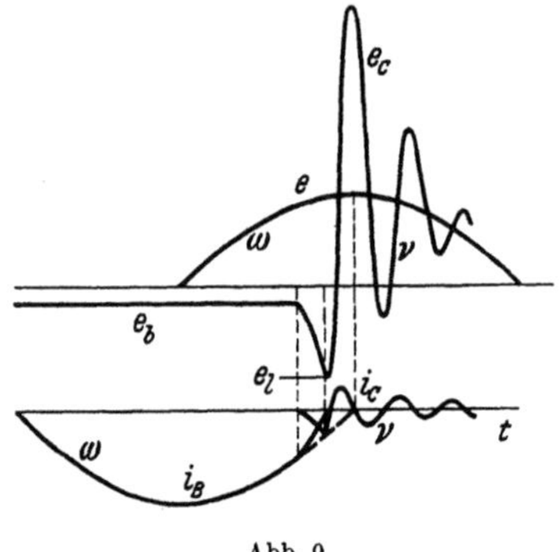

Abb. 9.

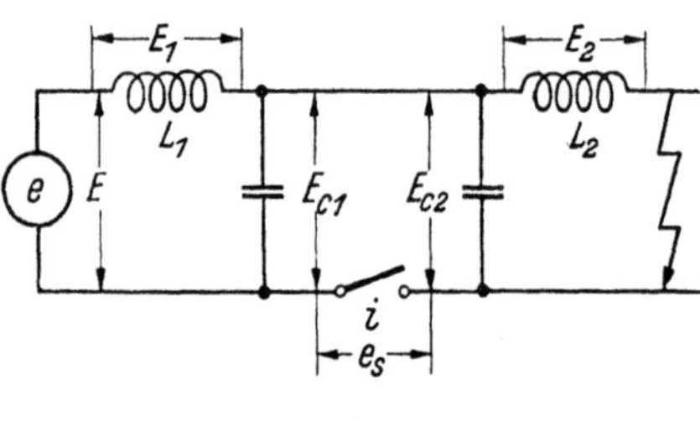

Abb. 10.

In diesem Falle zerfällt die treibende Spannung des Kurzschlußstromes in zwei Teile, die proportional den Selbstinduktionen L_1 und L_2 der beiden Teile des Netzes sind, die voneinander getrennt werden. Die Kapazitäten sind meistens so klein, daß sie keinen beträchtlichen Strom von Netzfrequenz aufnehmen, weder während des Betriebes noch unter Kurzschluß. Die Spannungsamplituden in den zwei Stromkreisen sind daher vor der Unterbrechung

$$E_1 = \frac{L_1}{L_1 + L_2} E; \qquad E_2 = \frac{L_2}{L_1 + L_2} E. \tag{30}$$

Von dem Augenblick an, in dem der Lichtbogen endgültig erloschen ist, sind die beiden Stromkreise auf der rechten und der linken Seite in Abb. 10 vollständig getrennt und jeder schwingt in der ihm eigenen Frequenz

$$\nu_1 = \frac{1}{\sqrt{L_1 C_2}}; \qquad \nu_2 = \frac{1}{\sqrt{L_2 C_2}}. \tag{31}$$

die unter sich sehr verschieden sein können. Der Generatorkreis schwingt daher mit seiner Frequenz ν_1 genau so, wie es oben beschrieben wurde, jedoch unter der kleineren Spannung E_1. Der fehlerhafte Kreis schwingt andererseits mit der Frequenz ν_2 unter der Spannung E_2, und diese Schwingung klingt bis auf null ab, da keine treibende Spannung vorhanden ist.

Abb. 11 gibt die Entwicklung der Spannungen e_{C1} und e_{C2} an den Kapazitäten nach Unterbrechung beim Strome null wieder. Die beiden Einzelspannungen sind eine über der anderen dargestellt, und ihre Summe bildet die Generatorspannung vor der Unterbrechung. Nach der Unterbrechung jedoch ist die Spannung am

Schalter durch die Differenz der beiden Kapazitätsspannungen gegeben, nämlich

$$e_s = e_{C\,1} - e_{C\,2} = E \cos\omega\, t - E_1 \varepsilon^{-\frac{t}{T_1}} \cos\nu_1 t - E_2 \varepsilon^{-\frac{t}{T_2}} \cos\nu_2 t\,. \tag{32}$$

Die unterschiedlichen Dämpfungen der beiden Stromkreise sind hier durch die Zeitkonstanten T_1 und T_2 angedeutet. Diese Spannung ist direkt von den zwei Schwingungen in Abb. 11a entnommen und in Abb. 11b für sich dargestellt. *Wir sehen, daß die Rückschlagspannung am Lichtbogen jetzt eine kompliziertere Kurvenform besitzt, die durch das Zusammenwirken beider Eigenschwingungen innerhalb des Gesamtstromkreises bedingt wird. Die Gesamtspannung am Lichtbogen kann jedoch niemals größer werden als*

$$e_{s\,\mathrm{max}} = E + E_1 + E_2 = 2\,E\,, \tag{33}$$

falls die Unterbrechung beim Stromdurchgang durch null erfolgt. Meistens wird die höchste Spannung etwas kleiner als dieser Grenzwert sein, weil die Frequenzen ν_1 und ν_2 inkohärent sind und ihre Maxima nicht gleichzeitig auftreten. Bei vorzeitiger Unterbrechung werden natürlich beide Amplituden E_1 und E_2 der Ausgleichschwingungen durch einen Faktor wie in Gl. (29) vergrößert.

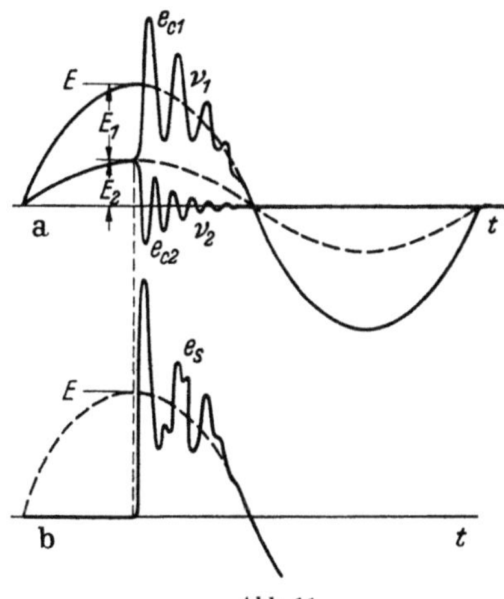

Abb. 11.

Wenn die Unterbrechung nicht in der Nähe des Generators erfolgt, sondern weitab im Leitungsnetz, so sind eine Reihe selbständiger Selbstinduktionen und Kapazitäten zum mindesten auf der Generatorseite des Schalters vorhanden. Wenn zum Beispiel der Schalter hinter einem Transformator liegt, der durch einen Generator gespeist wird, wie nach Abb. 12, so kann jedes dieser beiden Elemente seine eigene Eigenschwingung ausführen. Die anregenden Spannungen sind in diesem Falle dieselben wie in Gl. (30), und das gleiche gilt für die Spannung am Schalter nach Gl. (32) und auch für die höchstmögliche Spannung nach Gl. (33). Tatsächlich ist der Stromkreis von Abb. 12 elektrisch identisch mit dem von Abb. 10. Die Spannungen an den beiden Teilen des Kreises und am Schalter werden daher ebenfalls durch Abb. 11 dargestellt, wobei jetzt ν_1 und ν_2 nach Gl. (31) die Eigen-

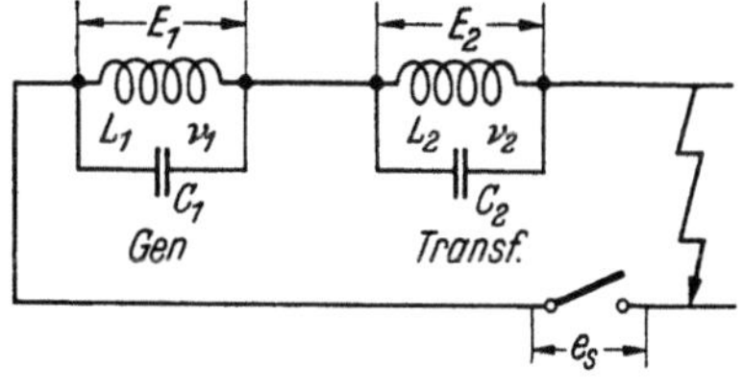

Abb. 12.

frequenzen von Generator und Transformator sind. *Es spielt daher keine Rolle, auf welcher Seite des Schalters die schwingungsfähigen Elemente des Stromkreises liegen.*

Nun besitzt aber ein Transformator nicht nur innere Kapazität seiner Wicklung, sondern seine Hauptkapazität erstreckt sich von Wicklung zu Erde oder zu den anderen Phasenwicklungen, und da das gleiche auch für den Generator gilt, so ergibt sich ein äquivalentes Schema entsprechend Abb. 13. Dieses Schaltschema stellt die vorherrschenden Elemente genauer dar, die hier einen verketteten oder gekuppelten Stromkreis aufbauen. Nach wohlbekannten Regeln der Schaltungstheorie kann jedoch ein wirkliches Netz nach Abb. 13 mit Kapazitäten C_1' und C_2' leicht in dasjenige von Abb. 12 transformiert werden, in dem nunmehr C_1 und C_2 reduzierte Kapazitäten bedeuten. Diese und die Selbstinduktionen L_1 und L_2 wirken jetzt paarweise miteinander ohne gegenseitige Wechselwirkung und *ergeben die Hauptschwingungen des Netzes, nämlich* v_1 *für den Kreis* $L_1 C_1$ *und* v_2 *für den Kreis* $L_2 C_2$. Dies Diagramm liefert daher die tatsächliche Rückschlagspannung nach Gln. (30) und (32), sofern als Selbstinduktionen L, als Eigenfrequenzen v und als Zeitkonstanten T diejenigen der Hauptschwingungen genommen werden, gleichgültig, wo die Kapazitäten liegen.

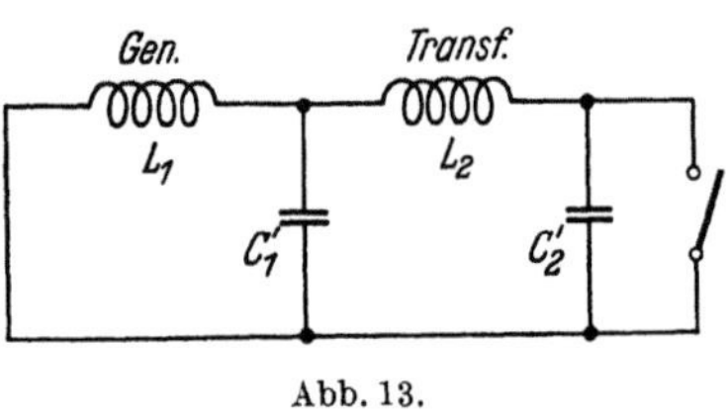

Abb. 13.

Die Stromkreise wirklicher Starkstromnetze sind meistens noch viel komplizierter. Abb. 14 stellt einen Stromkreis dar, der auf der linken Seite des Schalters aus Generator, Transformator und Übertragungskabel besteht und auf der rechten Seite aus Schutzdrosselspule und Fernleitung, auf welch letzterer ein Kurzschlußfehler auftritt. Alle diese Elemente enthalten

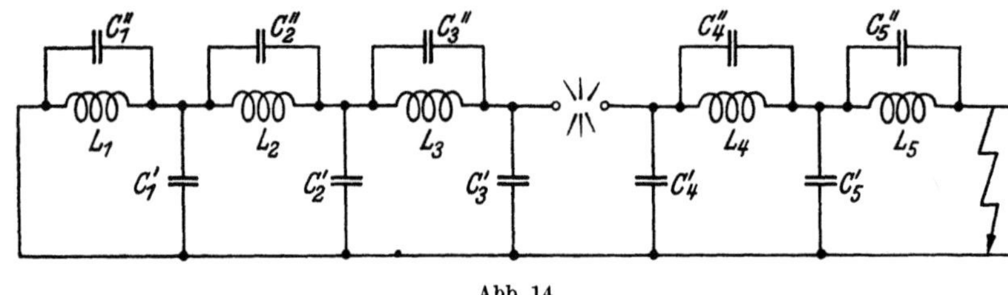

Abb. 14.

Selbstinduktion und Kapazität, die teils konzentriert sind und gegen Erde wirken, teils über die Wicklung verteilt sind. *Dieser Stromkreis kann auf das äquivalente Schema von Abb. 15 reduziert werden, in dem alle Kapazitäten parallel zu den einzelnen Selbstinduktionen liegen,* die ihrerseits nahezu denselben Wert wie

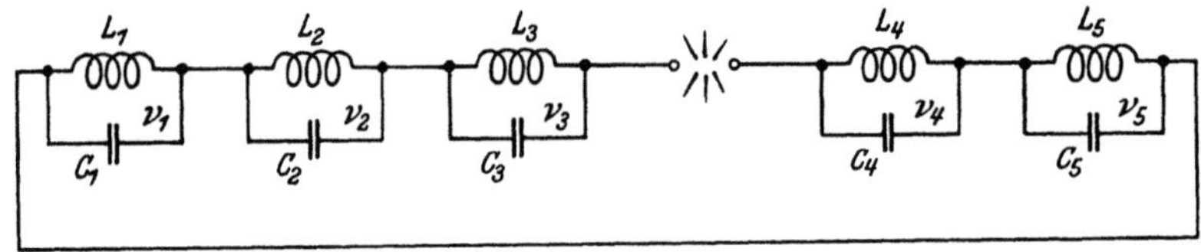

Abb. 15.

vorher behalten. Die Rückschlagspannung am Schalter hat jetzt eine noch kompliziertere Form, nämlich

$$e_s = E \cos \omega t - \sum E_n \varepsilon^{-\frac{t}{T_n}} \cos v_n t, \tag{34}$$

worin v_n die reduzierten oder Hauptschwingungsfrequenzen bedeuten, T_n die entsprechenden Zeitkonstanten der verschiedenen Elemente und

$$E_n = \frac{L_n}{\sum L} E \tag{35}$$

die Anfangsamplituden der Hauptschwingungen der unabhängigen Elemente, die möglicherweise um den Faktor der Gl. (29) vergrößert werden müssen.

Für einen bestimmten Fall ist die Höhe der Frequenzen in Abb. 16 in Form einer spektralen Verteilung dargestellt. In Wirklichkeit ist die Kapazität sowohl wie die Selbstinduktion aller betrachteten Elemente nicht konzentriert, sondern ist über die Länge der Leiter verteilt. Infolgedessen entwickeln sich außer den eben angegebenen Hauptschwingungen noch eine unendliche Anzahl von höheren harmonischen oder nichtharmonischen Schwingungen, wie sie durch die dünnen Spektrallinien in Abb. 16 angedeutet sind. Diese Nebenschwingungen benutzen jedoch nur einen geringen Anteil der verschiedenen Kapazitäten und Selbstinduktionen und tragen daher nur in geringem Maße zu dem gesamten Schwingungsspektrum bei. *Aus alledem erkennen wir, daß die Rückschlagspannung in wirklichen Fällen aus einer ganzen Anzahl von Komponenten besteht und daß ihre Kurvenform daher recht kompliziert werden kann* und von der einfachen Sinus-

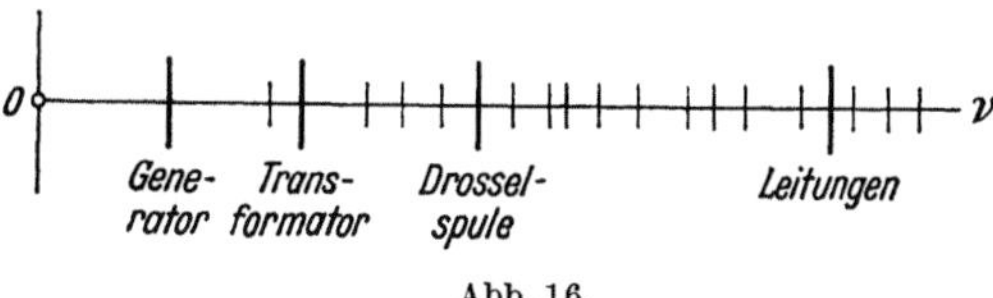

Abb. 16.

oder Kosinuskurve erheblich abweichen kann. Bei Unterbrechung im natürlichen Nulldurchgang des Stromes *kann jedoch die resultierende Amplitude niemals größer werden als das Doppelte der Netzspannung vor der Unterbrechung.*

Im praktischen Betriebe von Starkstromanlagen findet man Werte der Eigenfrequenzen, die sich für die verschiedenen Teile der Stromkreise über einen weiten Bereich erstrecken. *Zahlentafel II gibt ihre Größenordnung für die drei Haupttypen*

Zahlentafel II. *Eigenfrequenzen der Hauptelemente von Starkstromnetzen.*

Eigenfrequenz von	Hoch-spannung	Mittel-spannung	Nieder-spannung	Einheit
Generatoren	5	15	50	10^3 Per/sec
Transformatoren	15	50	150	10^3 Per/sec
Drosselspulen	50	150	500	10^3 Per/sec

von Maschinen und Apparaten an. Für jedes dieser Geräte ist die Frequenz im allgemeinen umgekehrt proportional der Spannung, was von der größeren Länge der Wicklungen herrührt, und ist somit in Hochspannungsnetzen am geringsten. Große Leistung erhöht andererseits die Frequenz, was durch größeren Magnetfluß und kürzere Windungslänge bedingt ist. Umgekehrt erniedrigt geringe Nennleistung die Frequenz, und beides ist etwa proportional der Wurzel aus der Leistung. Transformatoren besitzen unterschiedliche Eigenfrequenzen ihrer Hoch- und Niederspannungswicklungen. Für Übertragungskabel und -freileitungen

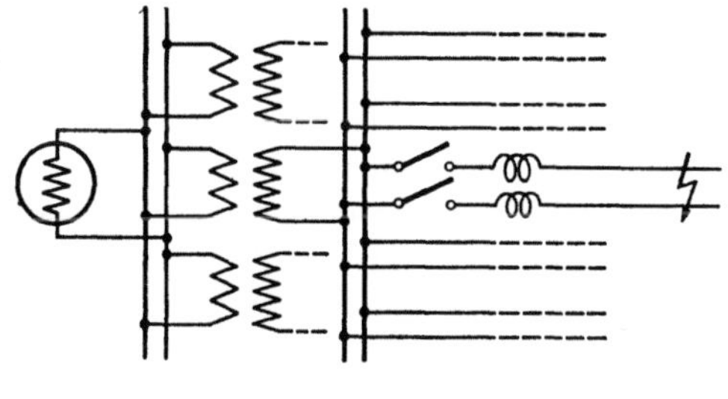

Abb. 17.

erstrecken sich die Frequenzen über noch weitere Bereiche und sind im wesentlichen umgekehrt proportional zur Länge. Verbindungsleitungen und -kabel, Sammelschienen sowie Schalt- und Meßapparate zwischen den Hauptelementen der Zahlentafel II vermindern die Eigenfrequenzen beträchtlich durch ihre zusätzliche Kapazität.

Wir wollen die Verhältnisse numerisch betrachten, *die beim Abschalten eines Kurzschlußfehlers auftreten, der in einem Leitungsabschnitt entstanden ist und über eine Drosselspule durch einen Hochspannungstransformator von den Generatoren eines Kraftwerkes gespeist wird.* Wie in Abb. 17 gezeigt ist, mögen die Generatorsammelschienen und auch die Transformatorsammelschienen noch eine Anzahl anderer Transformatoren und Leitungen in Parallele zu dem fehlerhaften Stromkreis speisen. *Zahlentafel III* gibt in der ersten Zeile die Eigenfrequenzen der ver-

Zahlentafel III.

Teil-Amplituden und Frequenzen der Rückschlagschwingungen nach Unterbrechung im Netz.

Ursprung der Schwingung	Generator	Transformator	Drosselspule	Leitung	Einheit
Eigenfrequenz	15	25	50	100	%
Nennleistung	15	5	1	1	
Reaktanz	20	7	5	0,5	%
Reaktanz, bezogen auf Freileitung.	1,33	1,4	5	0,5	%
$\dfrac{L_n}{\varSigma L} = \dfrac{E_n}{E}$	16	17	<u>61</u>	6	%

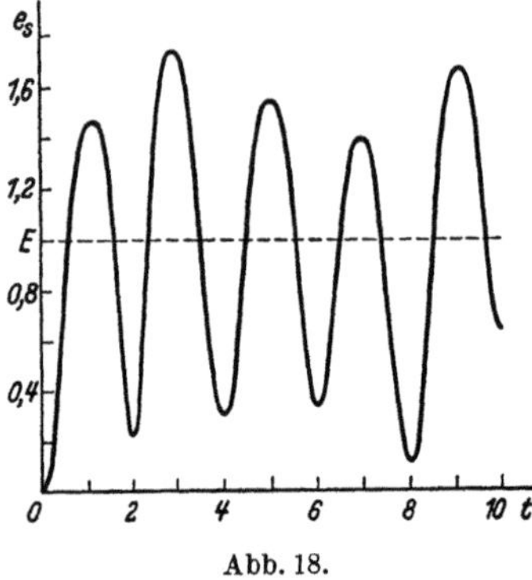

Abb. 18.

schiedenen Elemente in willkürlichen Einheiten an. Die zweite Zeile enthält die Nennleistung der Elemente im Verhältnis zur Nennleistung der Fernleitung, wie es durch die Verzweigung der Leistungsverteilung bedingt ist. Die dritte Zeile zeigt den induktiven Spannungsabfall jedes Elementes in Prozent, bezogen auf seinen eigenen Nennstrom, und die vierte Zeile gibt denselben Spannungsabfall wieder, jedoch bezogen auf den Nennstrom der Fernleitung, in der der Kurzschluß auftrat. Diese letzteren Zahlen ergeben zusammen den gesamten Spannungsabfall des Fernleitungsstromes, nämlich 8,23%. Unter Kurzschlußbedingungen steigt dieser Abfall auf 100%, und der Anteil der einzelnen Selbstinduktionen in Prozent der Gesamtspannung ist in der fünften Zeile der Zahlentafel angegeben.

Aus den Zahlen der letzten Zeile erkennen wir, daß die Selbstinduktion der Drosselspule alle anderen Induktanzen bei weitem übertrifft. Diese Spule, die in erster Linie verantwortlich ist für die Verringerung des Kurzschlußstromes im Fehler auf ein zulässiges Maß, erzeugt andererseits den Hauptteil der Rückschlagspannung nach der Unterbrechung, nämlich einen Betrag von 61%. In Abb. 18 ist die vollständige Kurve der Rückschlagspannung am Leistungsschalter aufgetragen, die sich aus vier Schwingungen zusammensetzt mit Frequenzen und Amplituden, wie sie aus Zeile 1 und 5 der Zahlentafel III entnommen sind.

Der gleiche Schalter möge nun in einem Hochleistungsprüffeld untersucht werden, dessen Generator und Transformator der Nennleistung von Fernleitung und Drosselspule angemessen ist. Die Leitung selbst möge jedoch fortgelassen werden, da in Wirklichkeit der Fehler ja auch direkt hinter der Drosselspule hätte auftreten können. *Zahlentafel IV* zeigt die nunmehr wirksamen Zahlen. Die relativen induktiven Abfälle sind ebenso angenommen wie vorher und machen jetzt im ganzen 32% aus. Die vierte Zeile der Zahlentafel gibt den relativen Anteil der drei Elemente an der gesamten Induktanz an, und wir sehen, daß der Generatorbeitrag alle anderen bei weitem überwiegt. Diese Maschine ist daher jetzt hauptsächlich verantwortlich, sowohl für die Entwicklung des Kurzschlußstromes als auch für die Kurvenform der Rückschlagspannung. Abb. 19 stellt diese Kurve im gleichen Maßstab wie Abb. 18 dar, und wir sehen, daß das Maximum viel später auftritt als vorher, wegen der tiefliegenden Eigenfrequenz des Generators.

Es kann vorkommen, daß ein Leistungsschalter der Beanspruchung der Kurz-
schlußunterbrechung bei solch einer Prüffeldabschaltung gewachsen ist, daß er
jedoch beim gleichen Kurzschlußstrom im wirklichen Netz versagt, weil hier die

Zahlentafel IV.

Teil-Amplituden und Frequenzen der Rückschlagschwingungen nach Unterbrechung im Prüffeld.

Ursprung der Schwingung	Generator	Trans-formator	Drosselspule	Einheit
Eigenfrequenz	15	25	50	%
Nennleistung	1	1	1	
Reaktanz	20	7	5	%
$\dfrac{L_n}{\Sigma L} = \dfrac{E_n}{E}$	63	22	15	%

Rückschlagspannung schneller auftritt. Es ist
daher üblich, Hochleistungsprüfgeneratoren und
-transformatoren mit einem Minimum von Reaktanz zu bauen, um ein Maximum des Kurzschlußstromes für die Prüfung zu erhalten. Dies
läßt sich erreichen durch größeren magnetischen
Fluß und kürzere Wicklungslänge als in normalen Maschinen. Hierdurch wird sowohl die
Selbstinduktion als auch die Erdkapazität der
Wicklungen geringer, und dadurch erhöht sich
die Eigenfrequenz der Prüfmaschine. Auf diese
Weise läßt sich die wahre Beanspruchung des
Leistungsschalters während des Kurzschluß-
versuchs sehr beträchtlich steigern.

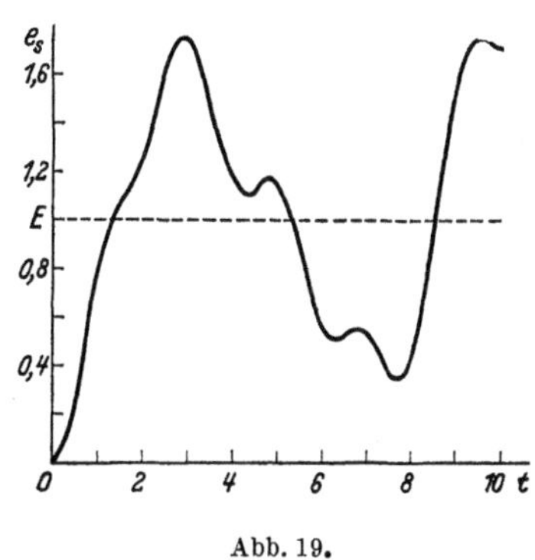

Abb. 19.

Diese Betrachtungen zeigen, *daß in wirklichen Netzen Drosselspulen zwischen
Sammelschienen und Speiseleitungen hauptsächlich verantwortlich sind für die Ent-
stehung von sehr schnell ansteigenden Rückschlagspannungen.* Ihr Verhalten läßt
sich daher erheblich verbessern, wenn man diesem Effekt entgegenwirkt durch
Verminderung ihrer Eigenfrequenz oder durch Dämpfung ihrer Schwingungen.
Dies kann erreicht werden durch Verwendung von zusätzlicher Kapazität und
Widerstand parallel zu den Spulen.

Jeder Widerstand in Serie oder Parallele zu den Hauptelementen des Stromkreises dämpft die Rückschlagschwingungen, gleichgültig, welche Frequenz sie
besitzen. Dies wird durch die Zeitkonstanten angezeigt, beispielsweise durch T_n
in Gl. (34), die für jede Hauptschwingung verschieden sind. Die Größe der Rückschlagspannung wird verringert und der Spannungsanstieg wird verzögert, wenn
erheblicher Widerstand im Stromkreis vorhanden ist. In Hochleistungskreisen
kann ein besonderer Reihenwiderstand während des normalen Betriebes nicht
zugelassen werden, jedoch darf man ihn im Schalter während des Ziehens des
Lichtbogens verwenden. Auch Parallelwiderstand kann zu demselben Zwecke
benutzt werden. Wir sahen in Kapitel 39, Abb. 14, daß hierdurch die Spannungen
im brennenden Lichtbogen in der Nähe des Nulldurchgangs des Stromes stark
vermindert werden. Dies trifft auch für die Rückschlagspannung nach der Unterbrechung zu. *Hochleistungsschalter für schwierige Ausschaltbedingungen werden
daher häufig mit Schutzwiderständen versehen.* Die Schwingungen werden aperiodisch, und die Rückschlagspannung wird daher reduziert zu einem allmählichen
Wiederauftreten der Netzspannung E, wenn ein Nebenschlußwiderstand von der

Größe

$$R \gtreqless \frac{1}{2}\sqrt{\frac{L}{C}} \qquad (36)$$

angewandt wird. In Abb. 20 ist durch eine Reihe von Kurven dargestellt, wie eine einfache Schwingung sich verändert, wenn ein Nebenschlußwiderstand zur Kapazität von hohen auf niedrige Werte verringert wird.

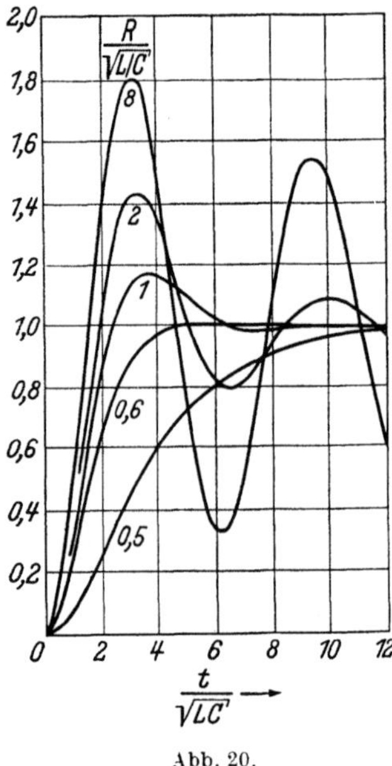

Abb. 20.

In Abb. 21 ist die Entwicklung des Lichtbogens in Schaltern mit Zwischenkontakten angedeutet, die es erlauben, während der Unterbrechung Widerstände wirksam werden zu lassen. Im Anfang liegt ein Widerstand parallel zum ganzen Lichtbogen oder zu einem größeren Teil desselben. Nachdem so die Unterbrechung des Parallellichtbogens erleichtert ist, liegt der Widerstand in Reihe zum Restteil des Lichtbogens, und hierdurch wird der verbleibende Strom gänzlich unterbrochen. Für das Ausschalten von Kurzschlußströmen kann ein bestimmter Wert des Widerstandes passend sein, und für andere Zwecke ein anderer Wert, und daher werden manchmal zwei Widerstände von sehr verschiedenem Ohmwert benutzt, wie es in Abb. 21 dargestellt ist.

Auch der Lichtbogen selbst kann einen Nebenschluß zu der Hauptkapazität des Kreises bilden, wie nach Abb. 6, wenn der Bogen beim Strom null noch nicht vollständig gelöscht ist, und in diesem Falle kann er die Rückschlagspannung wesentlich vermindern. Wir haben in Kapitel 37 an Hand von Abb. 10 gesehen, daß für so hohe Frequenzen, wie sie in Rückschlagspannungen auftreten, der verbleibende Lichtbogen einen bestimmten Oнмschen Widerstand besitzt. Beim Betrieb von Netzen bilden ferner belastete Zweigleitungen in Parallele zu dem Kurzschlußzweig Nebenschlußwiderstände zu dem unterbrechenden Lichtbogen,

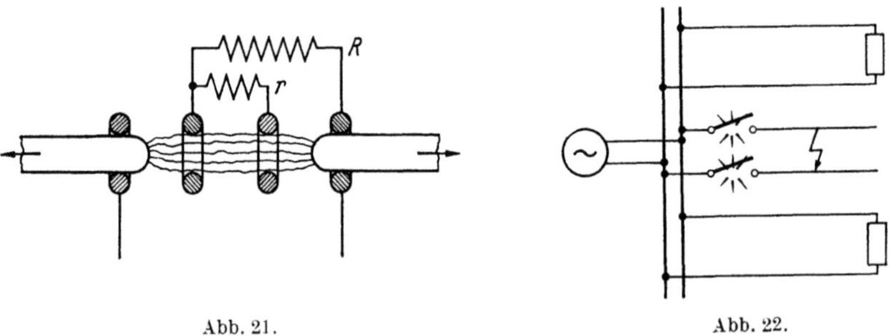

Abb. 21.   Abb. 22.

wie es aus Abb. 22 zu ersehen ist. *Daher wird ein Leistungsschalter leichter arbeiten, wenn er in einem verzweigten hochbelasteten Netz unterbricht, als wenn er für sich selbst ohne jeglichen Parallelwiderstand ausschalten muß.*

Nach allen diesen Überlegungen ist es *unmöglich, eine allgemeine Regel für den Anstieg der Rückschlagspannung unmittelbar nach der Unterbrechung des Lichtbogens anzugeben.* In jedem einzelnen Falle ist die Anstiegsgeschwindigkeit stark beeinflußt von dem anfänglichen Phasenwinkel γ der Rückschlagschwingung, der sich ändert mit der Eigenfrequenz v, der Entionisierungszeit Q und der Phase φ der Stromunterbrechung; ferner von der Dämpfung dieser Schwingung, die sich ändert mit der Parallellast zum Leistungsschalter, dem verbleibenden Lichtbogenwiderstand und etwa vorhandenen Schutzwiderständen im Schalter; schließlich von der Kurvenform der Schwingung und ihren Teilfrequenzen, die sich ändern mit den Selbstinduktionen und Kapazitäten des zu unterbrechenden Kreises, gemessen von seinem Ende bis in die Generatoren in den Kraftwerken, und die stark abhängen von der Vorherrschaft bestimmter induktiver Spannungen an einem oder mehreren Schwingungselementen dieses Stromkreises.

Bei Beschränkung auf das Vorherrschen einer einzelnen ungedämpften Schwingung von nahezu kosinusförmigem Verhalten, wie sie nach Unterbrechung mit einem Phasenwinkel φ nahe bei 90° auftritt, kann die Anstieggeschwindigkeit der Ausgleichsspannung, die in Abb. 23 dargestellt ist, entweder ausgedrückt werden durch die Ableitung

$$\frac{d\,e_c''}{dt} = \omega\,e_C'\qquad(37)$$

mit dem Höchstwert

$$\left(\frac{d\,e_c''}{dt}\right)_{\max} = \omega\,E_C'' = 2\,\pi\,f\,E_C''.\qquad(38)$$

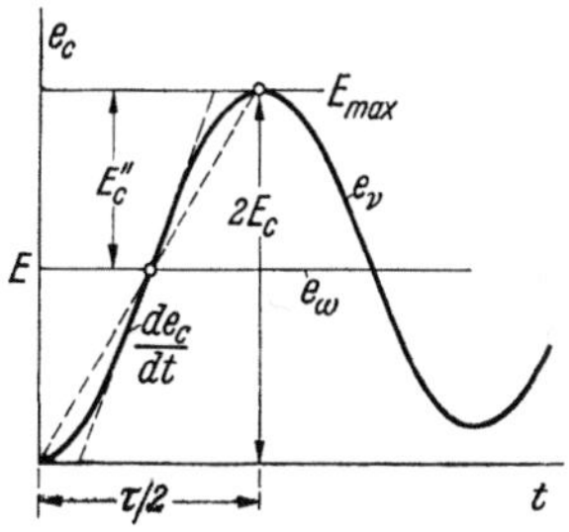

Wie man aus Abb. 23 erkennt, ist hierin nach der Unterbrechung die anfängliche Pause von niedriger Spannung am Lichtbogen unberücksichtigt gelassen, und daher erscheint der Wert von Gl. (38) etwas übertrieben. Oder der Spannungsanstieg kann durch den Mittelwert

Abb. 23.

$$\frac{\Delta e_c''}{\Delta t} = \frac{2\,E_c''}{\tau/2} = 4\,\frac{E_c''}{\tau} = 4\,f\,E_C''\qquad(39)$$

ausgedrückt werden, was ebenfalls in Abb. 23 angedeutet ist und worin τ die Periode und f die Frequenz in Sekunden ist. Diese Formulierung gibt etwas zu viel im Anfang und etwas zu wenig am Ende. Wenn ferner die zahlreichen Zufallsbedingungen, die oben aufgezählt wurden, außer acht gelassen werden und einfach die Amplitude der Überschwingung oberhalb der Netzspannung als $E_C'' = E$ angesetzt wird, wie es in Abb. 23 dargestellt ist, so kann *der Anstieg der Rückschlagspannung des Netzes an den Kontakten des unterbrechenden Leistungsschalters* sehr einfach ausgedrückt werden durch

$$\frac{d\,e_s}{dt} \cong 4\,f\,E,\qquad(40)$$

was natürlich nur ein roher Mittelwert ist.

Die Eigenfrequenz f von Generatoren, Transformatoren, Drosselspulen, und aller anderen Apparate, die hauptsächlich aus Wicklungen bestehen, ist umgekehrt proportional zur Nennspannung, die im wesentlichen die Länge der Wicklung bestimmt. *Daher variiert das Produkt $f E$ nicht sehr stark innerhalb jeder dieser Gruppen.* Der Spannungsanstieg in Kilovolt pro Mikrosekunde, wie er meistens unter praktischen Verhältnissen auftritt, kann daher durch die Zahlenwerte von *Zahlentafel V* ausgedrückt werden. Die niedrigeren Zahlen beziehen sich hier auf große Nennleistungen und starke Dämpfung und die höheren Zahlen auf niedrige Nennleistung und geringe Dämpfung. Die Netzspannung selbst hat keinen erheblichen Einfluß auf diese Werte, außer daß die Größe der mittleren Leistung, auf die sich Zahlentafel V bezieht, bei hoher Spannung größer ist als bei niedriger Spannung.

Zahlentafel V. *Anstieg der Rückschlagspannung nach Unterbrechung des Kurzschlusses.*

Hauptelement des Stromkreises	Hohe Leistung, starke Dämpfung	Mittlere Leistung, mittlere Dämpfung	Niedrige Leistung, schwache Dämpfung	Einheit
Generator	0,8	1,5	3	kV/μsec
Transformator	2,5	5	10	kV/μsec
Drosselspule	8	15	30	kV/μsec

Da das Ausschaltvermögen von Leistungsschaltern bei der Unterbrechung einer gegebenen hohen Kurzschlußleistung innerhalb gewisser Grenzen als umgekehrt proportional zur Schnelligkeit des Spannungsanstiegs gefunden wurde, so erfüllen Hochspannungsschalter ihre Anforderungen viel leichter als Niederspannungsschalter. Dies ist ein äußerst günstiger Umstand für die Zuverlässigkeit von elektrischen Kraftübertragungen, da für die Konzentration von sehr großen Leistungen im allgemeinen hohe Spannung verwendet wird.

41. Drehstromunterbrechung.

Beim Abschalten von Kurzschlußströmen in Drehstromnetzen treten eine Anzahl zusätzlicher Erscheinungen auf, die die Einzelheiten der Stromunterbrechung beeinflussen und dadurch die Beanspruchung der Schalter wesentlich vermehren oder auch vermindern können.

a) Absinken von Spannung und Strom. Kein Leistungsschalter arbeitet momentan nach dem Auftreten eines Kurzschlusses, sondern er unterbricht den Lichtbogen nach Ablauf einer kurzen Zeit, wie sie für die Auslösung des Schalters und das Ausziehen des Lichtbogens notwendig ist. Während dieser Zeitspanne, die von etwa 3 bis 30 Perioden schwankt, also von etwa $^1/_{20}$ bis $^1/_2$ sec, sinkt die treibende Spannung der Stromquelle beträchtlich von ihrem vollen Werte herab, den sie vor dem Kurzschluß hatte, und zwar als Folge der Ankerrückwirkung des Kurzschlußstromes im Generator. Im Prinzip war dies bereits in Abb. 12 von Kapitel 14 dargestellt. Die *Abfallgeschwindigkeit hängt von der Zeitkonstante des Generators im Kurzschlußzustande ab.* Da einphasige Belastung des Generators eine Ankerrückwirkung vom halben Werte der dreiphasigen Rückwirkung entwickelt, so ist das Ab-

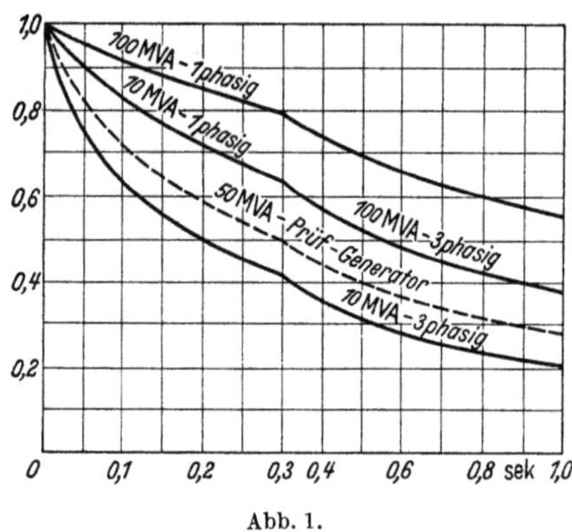

Abb. 1.

klingen des Feldes beim zweipoligen oder einpoligen Kurzschluß nur halb so groß wie im dreipoligen Falle. Abb. 1 gibt angenäherte Werte für das Absinken der Spannung unter diesen beiden Bedingungen wieder, wie es in praktischen Generatorsätzen auftritt, wenn der Kurzschluß in der Nähe der Stromquelle erfolgt. Für einen Kurzschluß weit draußen im Netzsystem ist das Absinken viel schwächer.

Wegen der magnetischen Sättigung im Generator erfolgt das Absinken am schnellsten gleich nach dem Einsetzen des Kurzschlusses. Darauf verlangsamt sich der Abfall und schließlich nähert sich die Spannung einer Exponentialkurve, die der Hauptfeldzeitkonstante des Generators entspricht. Diese ist im Kurzschlußzustand von der Größenordnung $^1/_2$ bis 1 bis 2 sec, von kleineren bis zu größeren Maschinen. Das anfängliche Absinken ist wichtig für schnellarbeitende Leistungsschalter, die spätere Veränderung dagegen für verzögerte Unterbrechung. Die Spannung von normaler Frequenz, die nach der Unterbrechung des Lichtbogens zwischen den Kontakten wiederkehrt, ist durch die verringerten Werte der Kurven in Abb. 1 bestimmt. Daher muß die Spannung E, die in den meisten Gleichungen der Kapitel 39 und 40 erscheint, angemessen gegenüber der normalen Netzspannung reduziert werden, so wie es der Auslösezeit und der Lichtbogendauer entspricht.

Der Kurzschlußstrom folgt während der Zeit zwischen dem Auftreten und dem Abschalten des Fehlers ziemlich genau dem Absinken der treibenden Spannung. *Da die Beanspruchung des Schalters sowohl durch den Strom als durch die wiederkehrende Spannung bestimmt wird, so kann sie durch Verzögerung der Unterbrechung sehr wesentlich verringert werden.*

b) Gleichstromkomponente. Kurzschlußströme, die bei einem dreiphasigen Fehler entstehen, enthalten stets eine abklingende Gleichstromkomponente, deren Anfangswert gleich dem vollen Wechselstrom ist. Es ist Sache des Zufalls, in welcher Phase des Netzes dieser gleichgerichtete Strom in größter Stärke erscheint, aber in einem oder zwei Phasenleitern tritt immer nahezu die volle Gleichstromkomponente auf, wie sie in Abb. 2 wiedergegeben ist. Dieser Strom klingt mit einer Zeitkonstante von $^1/_{20}$ bis $^1/_{10}$ bis $^1/_5$ sec ab für kleinere bis zu größeren Maschinen, wenn der Kurzschluß in der Nähe des Kraftwerks entsteht, und schneller, wenn er weiter ab im Netz auftritt. Daher wird die Unterbrechungsleistung *von schnellarbeitenden Leistungsschaltern* erheblich durch die Gleichstromkomponente beeinflußt, wie sie im Augenblick der

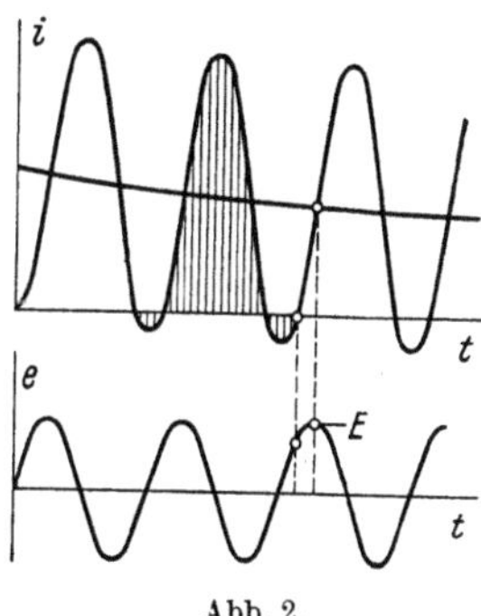

Abb. 2.

Lichtbogenlöschung vorhanden ist. Wir erkennen aus Abb. 2, daß die im Lichtbogen freiwerdende Energie während der 2., 4., 6. usw. Halbwelle vermehrt wird, dagegen während der 1., 3., 5. usw. Halbwelle stark verringert wird, wobei im letzteren Falle nur kleine Restflächen unterhalb der Nullinie übrigbleiben. Im allgemeinen wird daher der Lichtbogen nicht am Ende der großen Teilwelle verlöschen, sondern am Schluß einer der kleinen Teilwellen. Dadurch wird der Lichtbogen unter der direkten Wirkung einer relativ kleinen Bogenenergie unterbrochen. Überdies sehen wir aus Abb. 2, daß der Nulldurchgang des Stromes erheblich vorgeschoben wird, nämlich vom Augenblick der höchsten Spannung auf einen Zeitpunkt von viel kleinerer Augenblicksspannung.

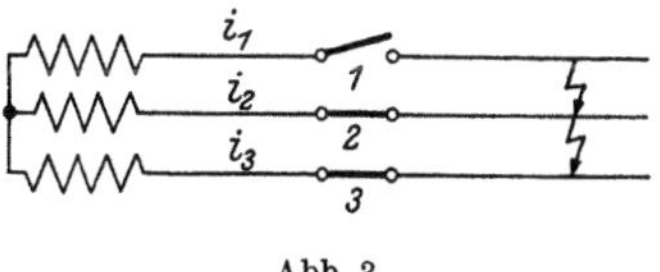

Abb. 3.

Durch diese beiden Effekte wird die Beanspruchung des Schalters bei der Unterbrechung stark verringert. Die stärkste Wirkung kann natürlich nur an einem Pole eines dreiphasigen Schalters auftreten. Auf den zweiten und dritten Pol trifft eine viel niedrigere Gleichstromkomponente oder überhaupt keine, und diese beiden Pole müssen daher den Lichtbogen unter fast ungeänderter Energie und Spannung unterbrechen.

c) Zuerst schaltender Pol. Die drei Drehstromkomponenten selbst durchschreiten ihre Nullwerte nicht zur selben Zeit, sondern unter Phasenverschiebungen. Wenn die Pole des Leistungsschalters bereit sind, die drei Lichtbögen zu löschen, zum Beispiel nach einem Dreiphasenkurzschluß wie in Abb. 3, dann wird einer der Ströme seinen Nullwert zuerst erreichen, wie es in Abb. 4a für i_1 dargestellt ist. Dieser Strom wird daher unterbrochen und von dann ab null sein. Es verbleiben die Ströme i_2 und i_3 im Netz, von denen jedoch nunmehr jeder der Rückstrom des anderen ist, und daher müssen beide dieselbe Größe und entgegengesetzte Richtung besitzen. Das dreiphasige Vektordiagramm der Ströme wird daher verzerrt, wie es in Abb. 5a dargestellt ist. In dem Augenblick, wo i_1 verschwindet, springen die verbleibenden Ströme in Phase und in Größe auf eine Lage senkrecht zu der des früheren Stromes i_1. Ihre Amplitude verringert sich somit auf $\sqrt{3}/2$ des vollen Wertes und von dann ab nehmen die Ströme regulär nach einer Kosinuskurve ab. Ihre zeitliche Veränderung ist in Abb. 4a gezeichnet. Sie erreichen beide ihren Nullwert zur selben Zeit $t_{2,3}$, was eine halbe Periode später ist als t_1 für den zuerst unterbrochenen Strom.

Die Spannungen an den drei Polen des Schalters ändern sich auch erheblich, wie es im Vektordiagramm von Abb. 5b gezeigt ist, das für 90° Phasenverschiebung gegen den Strom gezeichnet ist. Bei der Unterbrechung des ersten Stromes springen die Spannungsvektoren e_2 und e_3, die den übrigbleibenden Strom treiben,

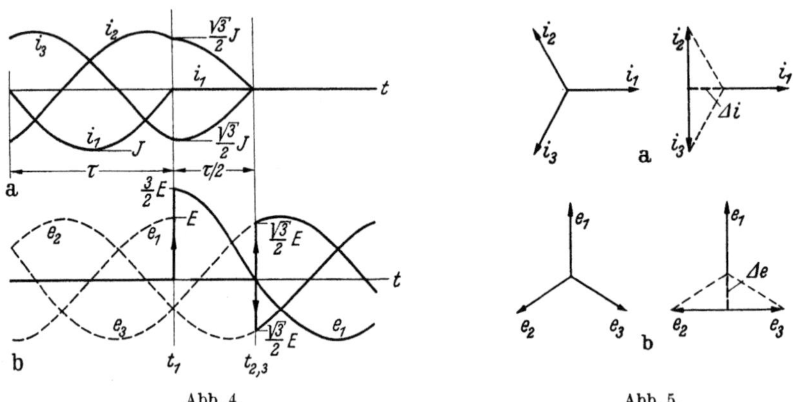

Abb. 4.   Abb. 5.

gleichzeitig in eine neue Lage, einander entgegengerichtet und senkrecht zu der Spannung e_1, die jetzt nicht mehr wirken kann. *Die Spannung am Schalterpol 1 springt daher im Augenblick t_1 seiner Unterbrechung um das Maß Δe von der Phasenspannung E auf den größeren Wert $3/2\ E$.* Diese Spannung herrscht nun in Abb. 3 zwischen Leiter 1 auf der Generatorseite und dem Neutralpunkt von Leiter 2 und 3, was identisch ist mit Leiter 1 auf der Kurzschlußseite. Dies ist auch für die Sinuskurven in dem Zeitdiagramm der Abb. 4b dargestellt. Durch das Auftreten dieser vermehrten Spannung *zwischen den zuerst schaltenden Kontakten wird deren Unterbrechung stark erschwert. Andererseits wird für die Ströme i_2 und i_3 die Unterbrechungsspannung zur Zeit $t_{2,3}$ auf den Betrag $\sqrt{3}/2$ des ursprünglichen Wertes vermindert,* wie wir aus den Diagrammen der Abb. 4b und 5b ersehen. Nachdem die Unterbrechung der drei Phasen vollendet ist, springen alle Spannungen zurück auf ihr ursprüngliches Vektordiagramm.

Es ist klar, daß die Amplituden der hochfrequenten Rückschlagspannungen nach der Unterbrechung der Ströme i_1, i_2 und i_3 auch vermehrt oder verringert werden im jeweiligen Verhältnis von $3/2$ und $\sqrt{3}/2$.

Die Unterbrechungsleistung, die an den drei Polen des Schalters auftritt, ist sehr unterschiedlich, abhängig davon, welcher Pol zuerst unterbricht. Bezogen auf die Amplituden von Phasenstrom und Phasenspannung vor der Unterbrechung und unter Benutzung der eben abgeleiteten numerischen Werte ist die Unterbrechungsleistung

am zuerst schaltenden Pol: Strom 1 · Spannung $3/2 = 3/2$,
am zweiten und dritten
schaltenden Pol: Strom $\sqrt{3}/2$ · Spannung $\sqrt{3}/2 = 3/4$ für jeden.

Die Gesamtleistung ist $3/2 + 2 \cdot 3/4 = 3$, wie es für alle Drehstromsysteme gilt. *Jedoch hat der zuerst schaltende Pol das Doppelte der Leistung jedes der nachfolgenden Pole zu unterbrechen,* und dieses noch dazu bei einer viel größeren wiederkehrenden Spannung. Die gesamte Leistung wird also in zwei Stufen unterbrochen, je eine für jede senkrechte Achse des Drehstromsystems; jedoch nicht in drei Stufen, je eine für jede Phase, wie es bei oberflächlicher Betrachtung erscheinen möchte. Die zwei auftretenden Leistungsstufen sind untereinander an Größe gleich, jedoch muß der zuerst schaltende Pol die ganze Stufe aufnehmen, während die beiden nachfolgenden Pole sich die Leistung teilen.

Beide Wirkungen, sowohl die höhere Lichtbogenleistung als die größere Wiederkehrspannung, verglichen mit den Werten einer einzelnen Phase allein, erschweren die Unterbrechung sehr beträchtlich. Diese Erschwerung ist auf den zuerst schaltenden Pol beschränkt, jedoch ist es reiner Zufall, welcher von den drei Schalterpolen dies sein wird.

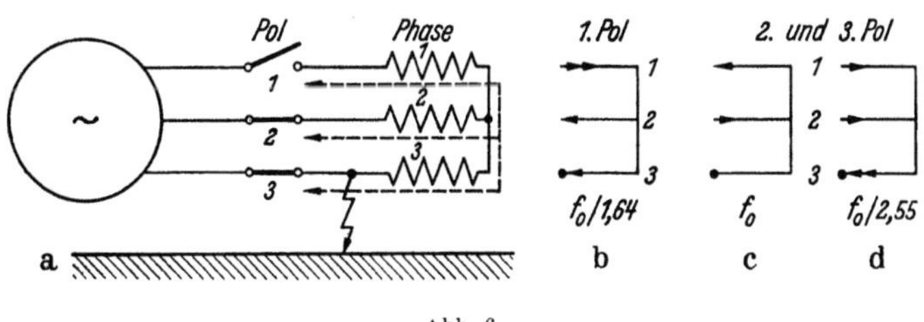

Abb. 6.

d) Erdschlußunterbrechung. Wenn in einem Drehstromnetz ein Erdschluß abgeschaltet werden soll, wie in dem Schaltbild der Abb. 6, und nicht eine symmetrische Belastung wie in Abb. 3, so wird der Unterbrechungsvorgang noch verwickelter. Die Eigenfrequenz des gestörten Teiles des Netzes wird in diesem Fall stark verändert, verglichen mit der im ungeerdeten Zustand. *In dem charakteristischen Beispiel von Abb. 6 erscheint sogar eine Anzahl verschiedenartiger Eigenschwingungen an der abgeschalteten Dreiphasenwicklung.* Wenn der erste Pol schaltet, z. B. der der gesunden Phase 1, dann wird die durch Spannungs- und Stromänderungen erregte Schwingung von der Phasenwicklung 1 ausgehen und sich in die Wicklungen 2 und 3 in Parallele entladen, so wie es in Abb. 6b durch Pfeile angedeutet ist. Die Fehlerstelle wirkt als gemeinschaftlicher Erdungspunkt für diese parallelen Wicklungen. Der Hochfrequenzstrom spaltet sich daher am Sternpunkt in zwei Teile, und *diese unsymmetrische Schwingung der gesamten Wicklung hat eine niedrigere Frequenz als f_0 für eine einzelne Phase, nämlich $f_0/1{,}64$.*

Wenn andererseits später die Pole 2 und 3 schalten, dann würde der Entladungsstrom innerhalb der Wicklungen 2 und 3 fließen, wenn sie symmetrisch wären. Nun ist aber allein die Wicklung 3 geerdet, und dies verschiebt das Gleichgewicht vollständig. Es treten dadurch gleichzeitig zwei Schwingungen auf, wie es durch die Pfeile in Abb. 6c und 6d angedeutet ist. Eine Schwingung verläuft zwischen den Phasen 2 und 1 allein, an die jetzt die fehlerhafte Wicklung als toter Zweig am Sternpunkt angehängt ist, wie in Abb. 6c. Diese Schwingung hat die normale Frequenz f_0 einer einzelnen Phasenwicklung. Die zweite Schwingung tritt zwischen der geerdeten Wicklung und den beiden anderen in Parallele auf, wie aus Abb. 6d zu ersehen ist. Dieser Strom spaltet sich wieder am Sternpunkt, jedoch ist nun die Wicklung, die doppelten Strom führt, geerdet, während sie in Abb. 6b frei war. Die Eigenfrequenz der Wicklung in dieser Anordnung ist daher noch geringer, nämlich $f_0/2{,}55$. Superposition der Abb. 6c und 6d ergibt nur dann den anfänglichen Strom in Phase 1 zu null, wie es mit offenem Pol 1 notwendig ist, wenn die Amplituden der zwei Eigenschwingungen von gleicher Größe sind. *Die hochfrequente Rückschlagspannung besteht daher in diesem Fall aus einer sehr unharmonischen Überlagerung von zwei Schwingungen, die gleiche Amplituden, aber irrationale Frequenzen besitzen.*

Daß hier drei verschiedene Frequenzen auftreten können, ist dadurch bedingt, daß Dreiphasenstromkreise ein gekuppeltes System von drei Freiheitsgraden bilden und daher drei Hauptschwingungen ausbilden können. Hierdurch wird das Spektrum der Komponenten der wiederkehrenden Spannung, wie es in Abb. 16 von Kapitel 40 angedeutet ist, noch viel komplizierter.

Da für den zuerst wie für die zuletzt schaltenden Pole die Frequenzen der Rückschlagspannung stark verringert werden und die Größen der Unterbrechungsspannungen nicht verändert sind, so wird die totale Beanspruchung des Leistungsschalters in diesem Falle kleiner als bei fehlerlosem symmetrischem Dreiphasendrehstromnetz. Es existieren noch sehr viel andere mögliche Unterbrechungsfälle der Abschaltung von Netzfehlern, sowohl bei Stern- wie bei Dreieckschaltung der Wicklungen, die im einzelnen betrachtet werden könnten. Dabei wird im allgemeinen die Eigenfrequenz der Rückschlagspannung, wenn sie überhaupt geändert wird, erheblich vermindert. Dies wird dadurch verursacht, daß bei einem Erdschlußfehler in einem isolierten oder induktiv geerdeten Netz eine größere Kapazität wirksam ist als im fehlerfreien Zustande des Systems.

42. Rückzündung von Kapazitätskreisen.

Wenn man einen Wechselstromkreis, der erhebliche Kapazität enthält, durch Ziehen eines Lichtbogens am Schalter außer Betrieb setzt, so löscht der Bogen ganz ähnlich wie beim Ausschalten von Selbstinduktionskreisen beim Durchgang des Stromes durch Null aus. Er kann aber hier nicht sofort wieder zünden, weil die Spannung an der abgeschalteten Kapazität nicht sofort verschwindet, sondern sich eine Zeitlang erhält, so daß zwischen den Schaltkontakten zunächst keine Spannung mehr herrscht. Erst allmählich, wenn die Wechselspannung des Netzes sich ändert, oder wenn die Kapazitätsspannung abfällt, entsteht wieder Spannung zwischen den Schaltkontakten, die dann nach einer stromlosen Pause zum Rückzünden des Lichtbogens führen kann. Da der jetzt einsetzende Einschaltstrom der Kapazität sich sehr schnell entwickelt und auf hohe Beträge anschwillt, so entstehen scharfe Stöße und Sprünge von Strom und Spannung, die die Anlage in gefährlicherer Weise beanspruchen können als die langsam verlaufenden Sinusspannungen des regulären Betriebes.

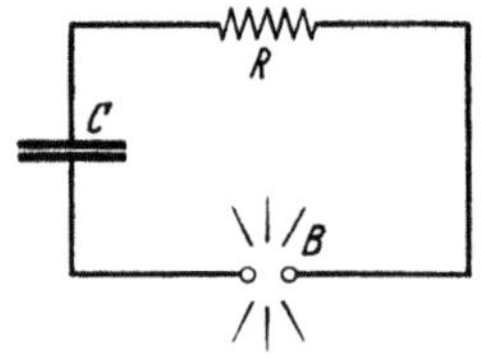

Da alle Hochspannungsanlagen erhebliche Kapazität der Leitungen besitzen, so ist ihr Ausschalten, vor allem in unbelastetem Zustande, kein ungefährlicher Vorgang. Wir wollen die dabei auftretenden Erscheinungen im einzelnen verfolgen.

a) Ladung und Entladung bei Gleichspannung. Als Vorfrage behandeln wir die *Entladung einer Kapazität über einen Funken*, die in Abb. 1 schematisch dargestellt ist. Sie erfolgt über den konstanten Widerstand R und den Widerstand des Zündfunkens oder Lichtbogens B, dessen Größe mit dem Strom stark veränderlich ist.

Abb. 1

In jedem Augenblick ist Gleichgewicht zwischen den Spannungen an der Kapazität e_C, am Widerstand e_R und am Lichtbogen e_B vorhanden

$$e_C + e_R + e_B = 0 \,. \tag{1}$$

Alle drei Spannungen hängen im wesentlichen vom Strom ab, die Kondensatorspannung ist daher

$$e_C = \frac{1}{C} \int i \, dt = -(R\, i + e_B) \,. \tag{2}$$

Sie ist bei gegebener Funkencharakteristik für jeden Strom völlig bekannt und läßt sich als Summenspannung in Abb. 2 abgreifen, wo die Lichtbogen- und Widerstandscharakteristiken für diesen Zweck nach verschiedenen Seiten aufgetragen sind.

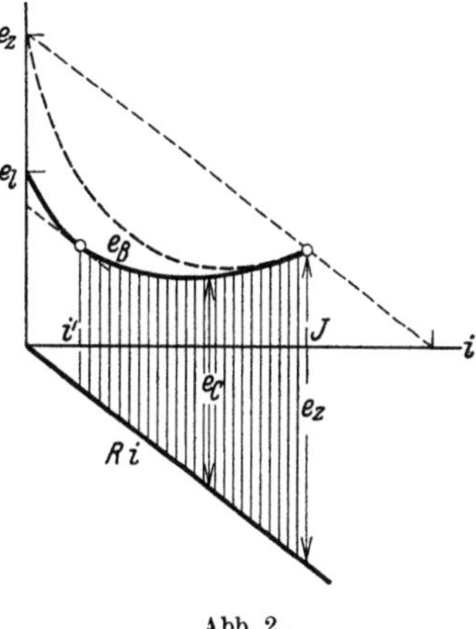

Abb. 2.

Der Überschlag an der Funkenstrecke erfolgt, wenn entweder ihre Kontakte einander allmählich genähert werden, sodaß die Durchbruchsspannung kleiner und kleiner wird, oder wenn die Spannung des Kondensators durch Aufladung von außen allmählich gesteigert wird. *In jedem Falle setzt die Entladung ein, wenn die Kondensatorspannung gerade mit der Zündspannung e_z übereinstimmt.* In Abb. 2 ist die Zünd- und Löschcharakteristik des Lichtbogens B eingetragen, jedoch ist die Zündkurve nur gestrichelt dargestellt, weil sie bei diesen schnellen Vorgängen keinen bestimmten Wert besitzt. Der Zündvorgang ist vielmehr durch einen komplizierten Elektronen- und Ionenmechanismus der Entladungsstrecke bestimmt. Sowie eine ausreichende Feldstärke erreicht ist, bildet sich in äußerst kurzer Zeit eine Ionenlawine zwischen den Funkenkontakten aus, die ein *fast plötzliches Einsetzen des Entladungsstromes* bewirkt und die Spannung am Funken von der Zündspannung auf die Brennspannung zusammenbrechen läßt. Der Strom setzt daher nach Abb. 2 mit einer Amplitude J ein, die man durch den Schnitt der Parallelen zur Widerstandsgeraden durch die Zündspannung erhält. Er ist nach Gl. (1) mit $e_C = -e_z$

$$J = \frac{e_z - e_B}{R} \,. \tag{3}$$

Für den weiteren Verlauf des Stromes erhalten wir aus Gl. (2) durch Differentiation allgemein

$$\frac{d e_C}{d t} = \frac{i}{C} \,, \tag{4}$$

oder nach Trennung der Variablen

$$dt = C \frac{d e_C}{i} \,. \tag{5}$$

Durch Integration erhält man für die laufende Zeit

$$t = C \int_0^{e_C} \frac{d e_C}{i} \,, \tag{6}$$

und da auf der rechten Seite e_C nach Gl. (2) nur vom Strom i abhängt, so läßt sich die Integration graphisch ausführen, so daß man die jedem Strom und jeder Kondensatorspannung zugehörige Ladezeit t bestimmen kann.

In Abb. 3 ist diese Integration durchgeführt. Abb. 3a stellt die aus Abb. 2 erhaltene Kondensatorspannung e_C abhängig vom Strom i dar. In Abb. 3b ist der reziproke Strom $1/i$ abhängig von der Kondensatorspannung aufgetragen, und in Abb. 3c ist dieser Kurvenverlauf nach e_C integriert. Es ergeben sich dabei mehrere Äste der Integralkurve, da bei der Integration der Kurve 3b sowohl positive als auch negative Flächenstücke entstehen. Die negativen Teile und die rückläufigen Äste der Integralkurve haben jedoch keine physikalische Bedeutung, der entsprechende Teil der Charakteristik wird vielmehr übersprungen. Es ist dies in Abb. 3a der abfallende Teil der Summenspannung unterhalb ihres Minimalstromes i'. Die Spannung am Kondensator verläuft daher längs der stark gezeichneten Kurve in Abb. 3c bis auf einen Endwert e', der diesem Minimalpunkt entspricht.

In Abb. 3d ist der jeder Zeit und jeder Kondensatorspannung nach Abb. 3a zugehörige Strom i aufgetragen. *Er nimmt anfangs stetig ab und springt beim Erreichen des Minimalwertes der Spannung vom Wert i' plötzlich auf Null.* Dieser Sprung ist in Abb. 3a und 2 durch gestrichelte Linien wiedergegeben. Man er-

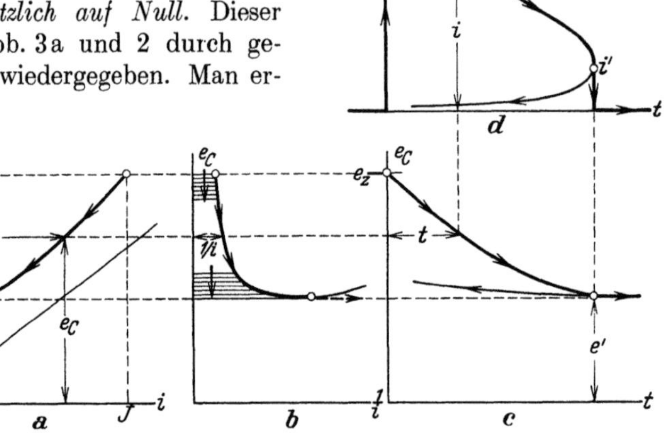

Abb. 3.

kennt, daß die Löschspannung des Lichtbogens hierbei nicht erreicht wird, wenn man nicht mit sehr großen Entladungswiderständen arbeitet.

Es treten somit bei der Funkenentladung eines Kondensators mehrere scharf getrennte Abschnitte auf. Zunächst bildet sich der Entladungskanal des Funkens selbst aus, wozu eine kleine Zeitdauer erforderlich ist, die man *Entladeverzug oder Funkenverzögerung* nennt. Sie ist fast unabhängig von dem Aufbau des äußeren Stromkreises und im wesentlichen durch die Ausbildung der Funkenstrecke bedingt. Ihre Größe beträgt von einigen millionstel bis zu einigen tausendstel Sekunden, so daß der Strom fast unstetig einsetzt. Der zweite Abschnitt verläuft auf der Löschcharakteristik des Funkens, die Spannung am Kondensator nimmt bis zu ihrem Minimalwert ab, die Spannung an der Funkenstrecke kann nach Abb. 2 bei kleinen Strömen und großen Widerständen erheblich zunehmen. *Dieser zweite Abschnitt der Entladung wird durch die Lage der Widerstandslinie wesentlich beeinflußt.* Schließlich bricht die Entladung bei Erreichen des Minimalstromes i' plötzlich ab, und es bleibt eine Restspannung e' auf dem Kondensator liegen, die bei mäßigen Widerständen merklich geringer ist als die Löschspannung der Funkenstrecke. Im Gegensatz zum metallisch geschlossenen Stromkreis klingt die Entladung hier nicht allmählich aus, sondern *bricht mit einem plötzlichen Ende ab.*

In Wirklichkeit ist die Lichtbogencharakteristik, die wir in Abb. 2 als gegeben angesehen haben, nicht unabhängig von dem zeitlichen Verlauf des Stromes, weil die Temperatur und damit die Elektronenemission dem Strom nicht momentan folgt, sondern durch die Wärmekapazität verzögert wird. Häufig besitzt die Brennspannung des Bogens während des Löschens *den fast konstanten Betrag* e_b, den sie unabhängig vom Strom bis zum Löschen beibehält. Dies tritt vor allem ein, wenn der Widerstand R so gering ist, daß sich bei flacher Neigung der Widerstandslinie große Ladeströme ausbilden, die sehr schnell abklingen. Den Verlauf des Stromes können wir dann nach Gl. (6) durch Einsetzen des Zusammenhangs von e_C und i berechnen. Bei konstantem e_B bilden wir aus Gl. (2) das Differential

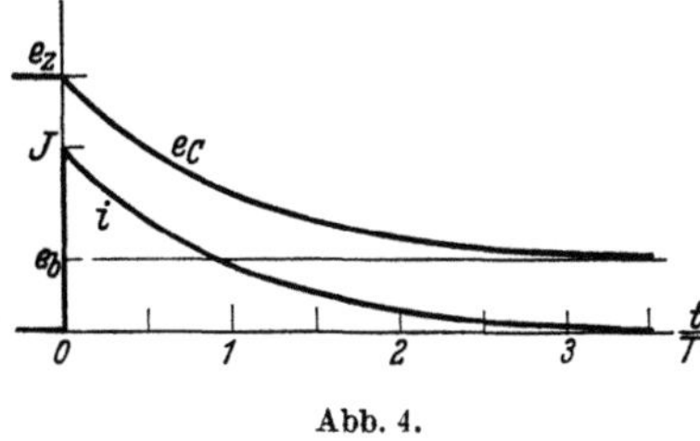

Abb. 4.

$$de_C = -R\,di \qquad (7)$$

und erhalten durch Einsetzen in Gl. (6)

$$t = -R\,C \int_J^i \frac{di}{i} = -R\,C \ln\left(\frac{i}{J}\right), \qquad (8)$$

wobei als untere Integrationsgrenze der Anfangsstrom J nach Gl. (3) eingesetzt ist. Der Entladungsstrom ist daher

$$i = J\,\varepsilon^{-\frac{t}{RC}}. \qquad (9)$$

Er verläuft also nach dem gleichen Exponentialgesetz wie bei metallischem Schluß der Kontakte in Kapitel 2.
Vor allem ist die Zeitkonstante des Stromkreises

$$T = RC \qquad (10)$$

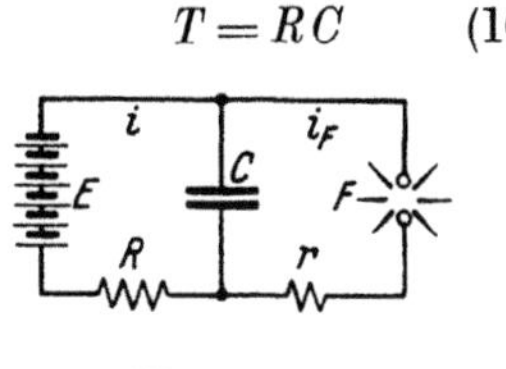

Abb. 5.

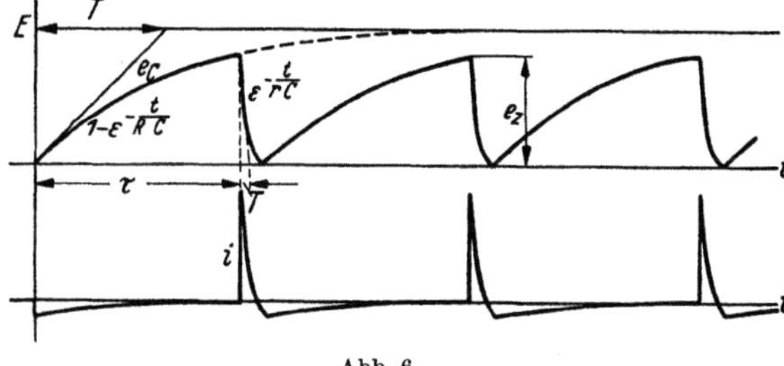

Abb. 6.

unverändert geblieben. Nur der Anfangsstrom J ist nach Gl. (3) etwas geringer geworden.

Die Kondensatorspannung sinkt jetzt ebenfalls exponentiell herab. Man erhält sie durch Einsetzen des Stromes von Gl. (9) und (3) in Gl. (2) zu

$$e_C = -(e_z - e_t)\,\varepsilon^{-\frac{t}{RC}} - e_b. \qquad (11)$$

Es bleibt also ein Restbetrag an Spannung auf dem Kondensator liegen, der die Größe der Brennspannung des Funkens hat. In Abb. 4 ist der Verlauf der Kondensatorspannung und des Entladestromes dargestellt. Beide brechen in Wirklichkeit durch die bei sehr kleinen Strömen ansteigende Löschspannung mit einem unstetigen Ende ab.

Eine übliche Anordnung zur *Erzeugung von Entladungsschlägen* ist in Abb. 5 dargestellt. Der Kondensator C wird von der Spannungsquelle E über einen großen Widerstand R aufgeladen und entlädt sich beim jedesmaligen Erreichen der Zündspannung durch die Funkenstrecke F über den kleinen Widerstand r. Den zeitlichen Verlauf von Strom und Spannung stellt Abb. 6 dar. Die Spannung wächst mit der großen Zeitkonstante des metallischen Ladekreises T_R langsam

an und sinkt mit der kleinen Entladezeitkonstante T_r des Funkenentladungs-
kreises schnell herab. Im umgekehrten Verhältnis der Widerstände steht die
Größe der Lade- und Entladeströme. *Man kann hierdurch sehr starke Stoßströme
erzeugen und kann die von ihnen erzeugte Stoßspannung am Entladewiderstand abgreifen und anderen Stromkreisen für den Gebrauch zuführen*, oder man kann *von
dem Kondensator* eine Spannung von der Form einer *Sägezahnkurve* entnehmen
wie nach Abb. 6.

Wenn der Ladewiderstand aus Material mit variabler Leitfähigkeit hergestellt
wird, wie es in Kapitel 35 untersucht wurde, so kann der Spannungsanstieg
entweder linearisiert werden oder auch stärker gekrümmt werden.

Durch passende Einstellung der Widerstände und Wahl einer geeigneten
Funkenstrecke mit konstanter Zündspannung, beispielsweise auch einer Glimm-
lampe, kann man die Frequenz der Entladung im weiten Bereich regeln. Sie
wird hauptsächlich durch die Ladezeit τ bestimmt, die sich nach Abb. 6 aus
dem Erreichen der Zündspannung

$$e_z = E\left(1 - \varepsilon^{-\frac{\tau}{RC}}\right) \tag{12}$$

ergibt zu

$$\tau = RC \ln \frac{1}{1 - e_z/E}. \tag{13}$$

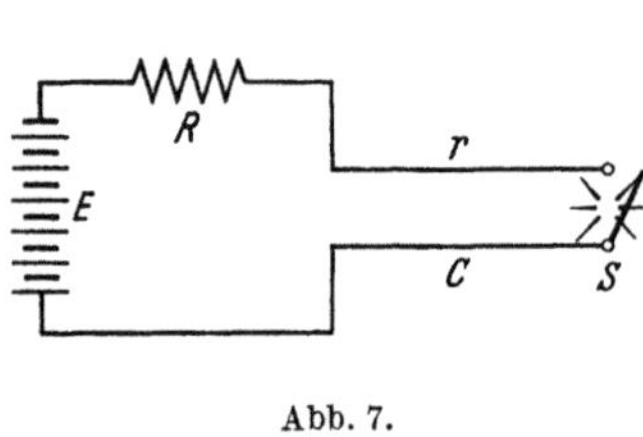

Abb. 7.

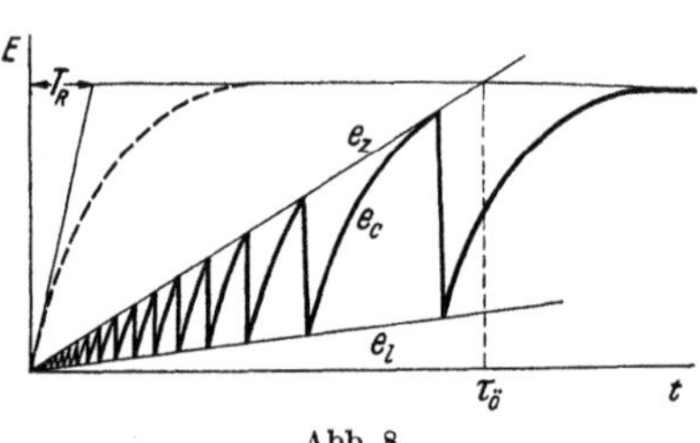

Abb. 8.

Um sichere Verhältnisse zu erzielen, wird man e_z nicht zu nahe an E legen, denn
kleine Schwankungen beeinflussen sonst die Frequenz erheblich. Beispielsweise
erhält man bei $e_z/E = 80\%$ für die Ladedauer das 1,6fache der Zeitkonstante T_R.

*Intermittierende Entladungen entstehen in vielen Fällen unbeabsichtigt beim
Schließen oder Öffnen eines Schalters.* Abb. 7 zeigt einen Belastungswiderstand R,
der durch Gleichspannung E gespeist wird, und der Stromkreis ist durch eine
Leitung von geringem Widerstand r und kleiner Kapazität C geschlossen, die zum
Schalter S führt. Solch geringfügige Nebenkapazität ist in allen elektrischen
Geräten vorhanden. Der Stromkreis ähnelt dem von Abb. 5, jedoch ändert sich
hier die Länge der Funkenstrecke. *Wenn der Schalter allmählich geöffnet wird,*
so lädt die Spannung E die Kapazität C nach einer exponentiellen Kurve mit
der Zeitkonstante $T_R = CR$. Die Spannung am Schalter nimmt zu, jedoch bricht
sie bald wieder zusammen wegen des noch geringen Kontaktabstands. Nunmehr
entlädt sich die Kapazität mit der Zeitkonstante Cr rapide über den kleinen
Widerstand r in den Lichtbogen. Die Entladung bricht ab, wenn die Löschspannung e_l erreicht ist, wie es ausführlich an Hand von Abb. 3 dargelegt wurde.
Bei der nächsten Ladung von C ist die Zündspannung e_z etwas größer geworden.
Abb. 8 stellt die wiederholten Entladungen während des Öffnens der Kontakte
dar, wie sie unter der anwachsenden Zündspannung erfolgen, bis e_z die Spannung E der Stromquelle überschreitet. Im einzelnen ist das Verhalten in Abb. 8
sehr ähnlich dem in Abb. 6; jedoch ist hier auch die Löschspannung mit berücksichtigt.

Solche intermittierenden Entladungen entstehen insbesondere, *wenn Ströme von mäßiger Größe in Stromkreisen mit kleiner Selbstinduktion unterbrochen werden.* Sie können vermieden werden durch sehr schnelles Schalten, wodurch e_z schneller zunimmt als der exponentielle Spannungsanstieg. *Für funkenfreies Öffnen des Schalters* ergibt sich daher als Bedingung für die Öffnungszeit, gemessen bis zu einem Kontaktabstand, bei dem $e_z = E$ ist,

$$\tau_{\ddot{o}} \gtrless CR . \tag{14}$$

Sehr ähnlich ist das Verhalten beim *allmählichen Schließen des Schalters S.* Wenn während der Verkürzung des Kontaktabstands die abnehmende Zündspannung e_z die Spannung E der Stromquelle durchschreitet, so tritt eine rapide Entladung der Kapazität mit der Zeitkonstante $T_r = Cr$ auf, wie es in Abb. 9 gezeigt ist. Nach dem Erlöschen dieses Funkens steigt die Spannung mit der Zeitkonstante CR wieder an, bis die inzwischen abnehmende Zündspannung e_z wieder erreicht wird. Solche intermittierenden Entladungen wiederholen sich mit abnehmender Amplitude, wie in Abb. 9, bis schließlich der Schalter metallisch geschlossen ist. Im Prinzip ist es möglich, die wiederholten Entladungen durch schnelleres Schließen des Schalters zu vermeiden. Jedoch muß dies so rasch erfolgen, daß die Schließungszeit, gerechnet vom Erreichen der Zündspannung $e_z = E$, nur

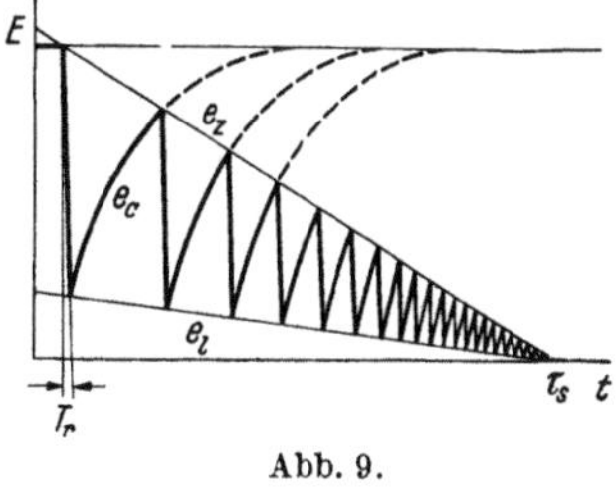

Abb. 9.

$$\tau_s \gtrless Cr \tag{15}$$

beträgt, um schon die erste exponentielle Wiederladung zu vermeiden. *In den meisten Fällen ist diese Zeit so kurz, daß es schwierig ist, den Schalter mit der nötigen Geschwindigkeit zu bewegen.*

Die intermittierenden Entladungen erzeugen beim Schließen sowie beim Öffnen sehr hohe Stromspitzen, wie sie in Abb. 6 dargestellt sind, die die Oberfläche der Kontakte verbrennen und korrodieren können.

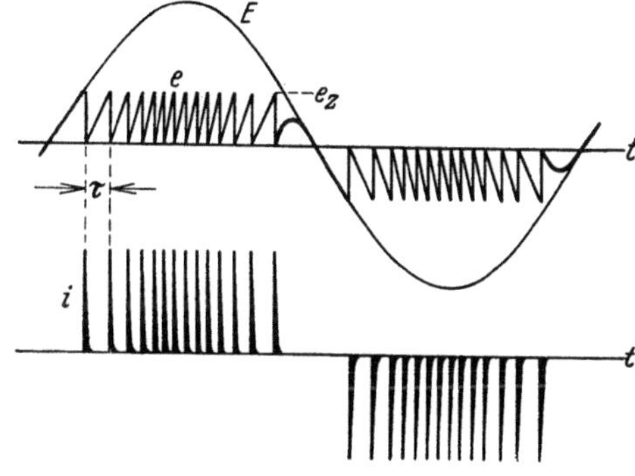

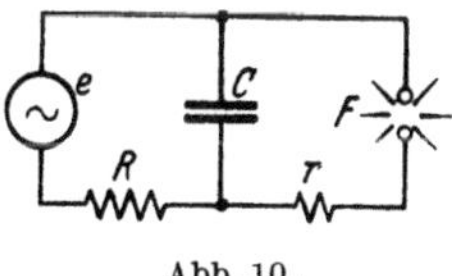

Abb. 10.

Abb. 11.

Daher ist hohe Schmelztemperatur und große Wärmekapazität und Wärmeleitung ausschlaggebend für die Wahl des Kontaktmaterials. Andererseits kann man die intermittierenden Funken auch unterdrücken durch künstliche Vergrößerung der Kapazität C von einem nebensächlichen Betrag auf eine erhebliche Größe, so daß die Gln. (14) und (15) befriedigt werden. Für die Schließbedingung kann man auch den Widerstand r nahe am Schalter künstlich vergrößern. Schließlich kann man zur Erzielung der gleichen Wirkung, nämlich der Verlangsamung der Entladung, auch einen besonderen c-r-Stromkreis parallel zum Schalter anbringen, oder man kann zusätzliche Selbstinduktion L in den C-r-S-Stromkreis legen.

Speist man den Stromkreis entsprechend Abb. 10 mit *Wechselspannung* und macht die Ladedauer nach Gl. (13) relativ klein, so treten während jeder Halbwelle zahlreiche Entladungen auf, die in Abb. 11 dargestellt sind. Man kann dann für jede Teilaufladung den Wert E der jeweiligen Ladespannung als langsam veränderlich ansehen, so daß der Spannungsanstieg an der Kapazität während

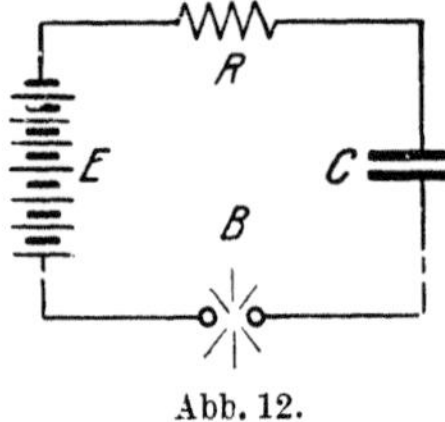
Abb. 12.

jeder Halbwelle erst steiler und dann wieder flacher wird. Die Entladungen häufen sich daher in der Mitte der Halbwellen an. Besonders groß wird ihre Frequenz im Anfang des Ausziehens einer Funkenstrecke, weil dann die Zündspannung sehr gering gegen die treibende Spannung ist. *Schaltet man einen Stromkreis mit niedrigem Widerstand,* etwa einen Kurzschlußkreis, *über einen Lichtbogen aus* und liegt eine gewisse Kapazität parallel zum Schalter, so findet man manchmal *Hunderte von derartigen Teilentladungen* in jeder Halbwelle, die von heftigen Stromstößen begleitet sind.

Wird der Kondensator nach Abb. 12 *über einen Funken aufgeladen,* was bei Hochspannungsanlagen selbst bei schnellem Schließen der Schalter fast stets der Fall ist, so hält die Spannung e der Stromquelle allen anderen Spannungen das Gleichgewicht

$$e = e_C + e_R + e_B. \tag{16}$$

Für Gleichspannungsladung mit der konstanten Spannung E ist daher die Kondensatorspannung

$$e_C = (E - Ri) - e_B = \Delta e. \tag{17}$$

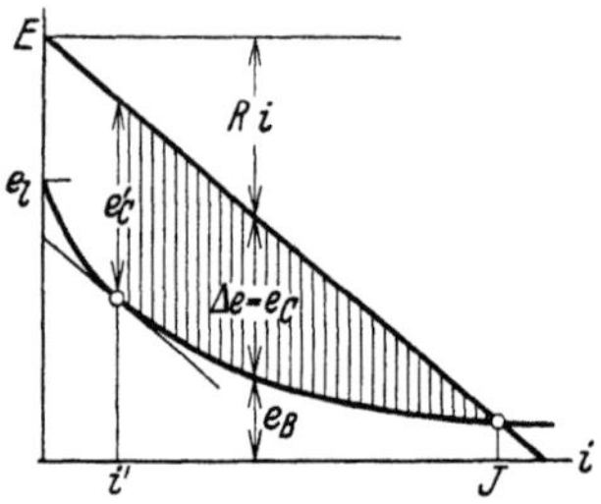

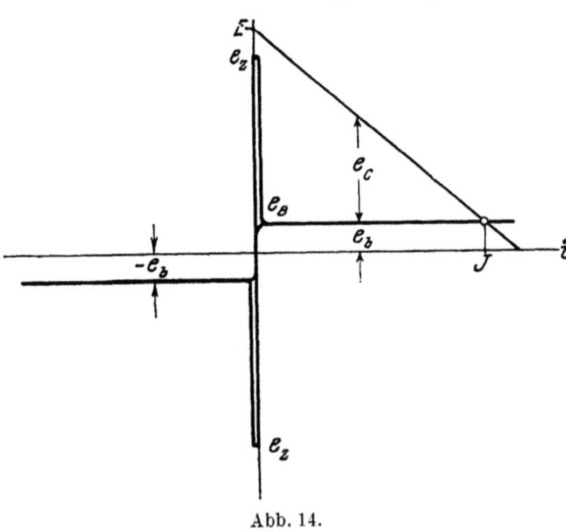
Abb. 13.

Sie läßt sich daher in Abb. 13 als Differenzspannung zwischen der Funkenspannung und der Widerstandslinie abgreifen, welch letztere jetzt vom Wert der Ladespannung aus zu ziehen ist. Den weiteren zeitlichen Verlauf kann man wieder durch Integration nach dieser Differenzspannung aus Gl. (6) bestimmen.

Auch hier setzt der Vorgang mit einem Funken ein, sowie die Zündspannung der Funkenstrecke von der Spannung E erreicht wird. Der Strom springt während des Entladeverzugs auf den Anfangswert J und verlöscht dann wieder nach Maßgabe der Differenzspannung Δe. Die Kondensatorspannung wächst dabei entsprechend der schraffierten Fläche in Abb. 13 zunächst an. Sie erreicht einen Maximalwert e_C', bei dem die Aufladung plötzlich abbricht, wenn der Höchstwert der Differenzspannung zwischen Widerstandslinie und Bogencharakteristik erreicht ist. Der Strom springt dabei vom Wert i' auf Null, die Ladung ist beendet. Sowohl bei kleinen wie bei großen

Abb. 14.

Ladewiderständen R kann die Endspannung e_C' am Kondensator erheblich unter der Spannung E der Stromquelle bleiben. Der Spannungsrest bleibt nach vollzogener Ladung an der Funkenstrecke liegen.

Bei *konstanter Lichtbogenspannung* e_b werden die Spannungsverhältnisse durch Abb. 14 dargestellt. Wir können dann den Verlauf des Vorgangs rechnerisch behandeln. Der Anfangsstrom ergibt sich aus Gl. (17) mit $e_C = 0$ zu

$$J = \frac{E - e_b}{R}. \tag{18}$$

Bei konstantem e_B wird das Differential der Kondensatorspannung von Gl. (17) wieder durch Gl. (7) bestimmt. Man erhält daher nach Gl. (6) auch dieselben Ausdrücke (8) und (9) für den Verlauf des Stromes. Die Spannung am Kondensator wird nach Einsetzen von Gl. (9) und (18) in Gl. (17)

$$e_C = (E - e_b)\left(1 - \varepsilon^{-\frac{t}{RC}}\right). \tag{19}$$

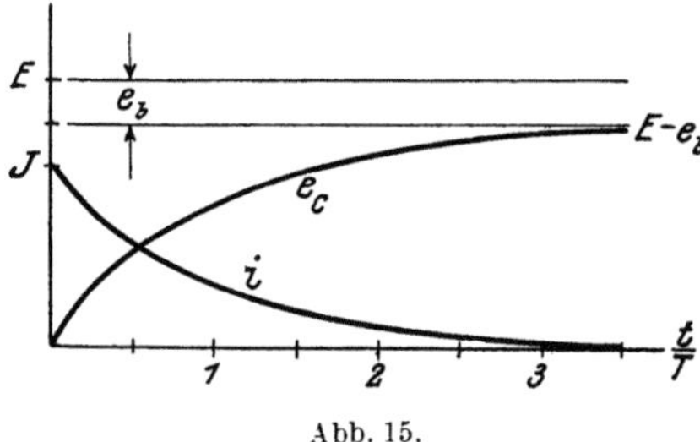

Abb. 15.

Ladestrom und Kondensatorspannung verlaufen also auch hier nach dem gleichen Bildungsgesetz wie bei metallischem Kontaktschluß, nur werden Anfangsstrom und Endspannung nach Maßgabe der Lichtbogenspannung verringert. Abb. 15 stellt den zeitlichen Verlauf beider Größen dar.

Der Ladevorgang kann als beendet angesehen werden nach einer Zeit, die gloich dcm π-fachen der Zeitkonstante T nach Gl. (10) ist. Einerseits hat sich dann die Exponentialkurve ihrem Endwerte bis auf $\varepsilon^{-\pi} = 4{,}3\%$ genähert, andererseits ist der Vorgang dann in Wirklichkeit durch die Wirkung der gekrümmten Charakteristik nach Abb. 13 sicher abgebrochen.

b) Umladung durch Wechselspannung. In Wechselstromkreisen für Starkstrom, die erhebliche Kapazität C enthalten, ist der Leitungswiderstand R im allgemeinen so gering, daß sein Spannungsabfall sehr viel kleiner als die Kapazitätswechselspannung ist. Das Verhältnis dieser beiden Spannungen ist

$$\frac{E_R}{E_C} = \frac{JR}{J/\omega C} = \omega R C = \frac{\pi T}{\mathfrak{T}/2}, \tag{20}$$

wobei mit

$$\frac{\mathfrak{T}}{2} = \frac{\pi}{\omega} \tag{21}$$

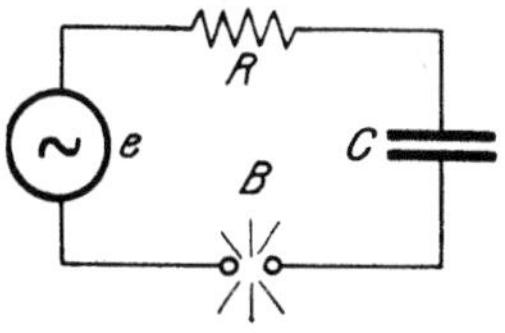

Abb. 16.

die Dauer einer Halbwelle der Wechselspannung bezeichnet wird. Man erkennt daraus nach den letzten Bemerkungen, daß in derartigen Kreisen nach Abb. 16 *die Ladedauer durch einen Funkenüberschlag stets gering ist im Vergleich zur Dauer einer halben Periode der Betriebsfrequenz.*

Die Wechselspannung der Stromquelle ändert sich daher während der kurzen Dauer des Ladevorganges nicht wesentlich, so daß wir die Funkenladung des Kondensators mit Wechselstrom in ausreichender Annäherung nach denselben Gesetzen behandeln dürfen, die wir soeben für die Gleichstromfunkenladung erhalten haben. Ob dabei der Funkenüberschlag unter positiver oder negativer Spannung der Stromquelle erfolgt, ist gleichgültig, weil die Lichtbogencharakteristik bei symmetrischen Kontakten nach Abb. 14 für positive und negative Spannungen und Ströme genau gleichartig verläuft.

Stellt man die Funkenstrecke B des Stromkreises der Abb. 16 so ein, daß die Wechselspannung e der Stromquelle ausreicht, sie zu durchschlagen, so wird beim jedesmaligen Erreichen der Zündspannung e_z ein Ladefunken zwischen den Kontakten überspringen und den Kondensator in kurzer Zeit nach dem Gesetz

der Gl. (19) auf eine Spannung laden, die nur um das Maß der geringen Bogenspannung e_b unter der jeweiligen Spannung e der Stromquelle liegt. Nach dem
Löschen des Ladefunkens, das praktisch innerhalb der sehr kleinen Zeit πT erfolgt, behält der Kondensator seine Spannung. Die Spannung e der Stromquelle
ändert sich jedoch und schwingt nach einiger Zeit in die entgegengesetzte Richtung.

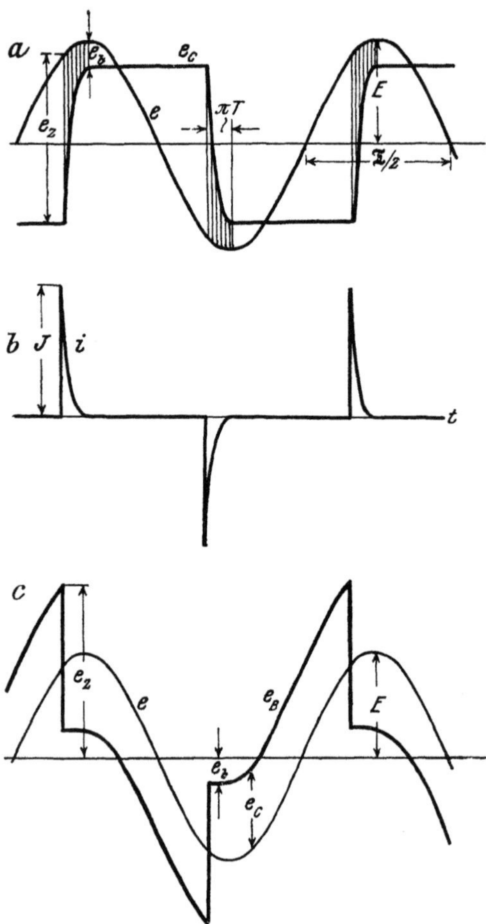

Abb. 17.

Zwischen den Kontakten entsteht
daher eine Spannung, die größer
und größer wird und schließlich
wiederum ausreicht, die Funkenstrecke zu durchschlagen. Der Kondensator lädt sich in kurzer Zeit
nahezu auf die jetzt herrschende
Spannung der Stromquelle und
behält sie nach dem Löschen des
Funkens bei, bis er beim abermaligen Wechsel der Spannung e
nochmals umgeladen wird.

In Abb. 17 sind diese Vorgänge
dargestellt. *Immer wenn die Differenz zwischen der veränderlichen
Netzspannung e und der Kondensatorspannung e_C die Höhe der Zündspannung e_z erreicht hat, wird der
Kondensator umgeladen und behält
diese neue Spannung bis zur nächsten Rückzündung bei.* Lediglich
während der in Abb. 17a schraffierten Zeit fließt somit Strom im
Kreise, der jetzt keineswegs mehr
sinusähnlicher Wechselstrom ist,
*sondern der aus einzelnen scharfen
Stromstößen besteht,* deren Anfangswert nach Gl. (3) wegen des geringen Widerstandes R kurzschlußartigen Charakter hat und der entsprechend · der geringen Zeitkonstante nach Gl. (9) und (10) sehr
schnell verlöscht. Abb. 17b stellt
diesen Stromverlauf dar.

Die Spannung an der Funkenstrecke ist nach Gl. (16) gegeben durch

$$e_B = e - e_C - e_R. \tag{22}$$

Während der Funke erloschen ist, wird sie also durch die Differenz der Spannung
von Stromquelle und Kondensator bestimmt. Während er brennt, ist sie natürlich gleich e_b. Ihr Verlauf ist in Abb. 17c dargestellt. Sie springt beim jedesmaligen
Zünden des Funkens plötzlich um den Betrag $e_z - e_b$. Trotz sinusförmiger
Spannung der Stromquelle besitzen sowohl Kondensatorspannung wie Lichtbogenspannung als auch die Spannung am Widerstand nach Abb. 17 einen stark
verzerrten Verlauf. *Die Kondensatorspannung ist fast rechteckförmig, die Lichtbogenspannung enthält gegeneinander versetzte Bruchstücke der Sinuswelle, die
Widerstandsspannung stimmt in der Form völlig mit der Stoßkurve des Stromes
überein.*

Welche Lage die Kurve der Kondensatorspannung gegenüber der Spannungskurve der Stromquelle hat, hängt von der Höhe der Zündspannung des Funkens ab. In Abb. 17 ist e_z fast gleich $2E$ angenommen. Das Zünden findet dabei erstmalig überhaupt nur statt, wenn der Kondensator zu Anfang schon vorgeladen war, da sonst die Spannung E nicht ausreichen würde, die größere Spannung e_z zu überwinden. Wenn der Umladevorgang jedoch einmal eingeleitet ist, so wiederholt er sich Halbwelle für Halbwelle in regelmäßigem Wechsel. Die größte Zündspannung, die von der Stromquelle noch überwunden wird, ist

$$E_z = 2E - e_b, \tag{23}$$

wenn mit E die Amplitude ihrer Wechselspannung bezeichnet wird.

Bei Einstellung der Funkenstrecke auf eine derartige Durchschlagspannung wird der Kondensator stets im Maximum der Spannung der Stromquelle umgeladen, so daß seine rechteckige Spannungswelle genau eine viertel Periode gegen die sinusförmige Spannungswelle der Stromquelle versetzt ist. Die Stromstöße sind

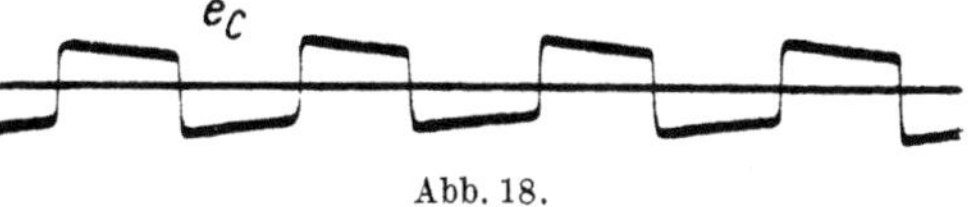

Abb. 18.

daher bei dieser Einstellung in Phase mit der Amplitude der Spannung der Stromquelle. *Die üblichen Regeln über die Phasenverschiebung von Ladeströmen werden also durch die Wirkung der intermittierenden Funkenstrecke vollständig durchbrochen.* Gleichzeitig treten nach Gl. (21) *Überspannungen im Stromkreise auf von einer Höhe bis zur doppelten Spannung der Stromquelle,* die sich bis zum Augenblick des Zündens

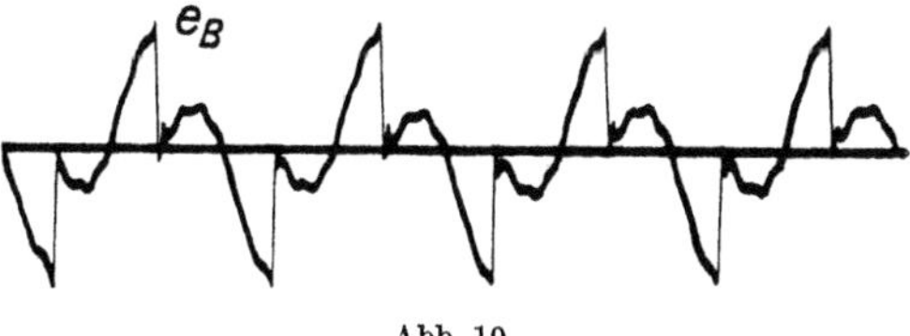

Abb. 19.

an der Funkenstrecke B entwickeln und durch den stoßartig einsetzenden Strom ganz plötzlich auf den Widerstand R des Leitungskreises übertragen werden.

In Abb. 18 und 19 sind oszillographische Aufnahmen der Funkenumladung eines Kondensators wiedergegeben. Abb. 18 stellt die Spannung am Kondensator und Abb. 19 die am Lichtbogen dar. Die Zündspannung des Funkens lag dabei etwas unterhalb der doppelten Generatorspannung, so daß die Kondensatorspannung etwas unter der Netzspannung bleibt. Ihr geringes Absinken nach jeder Umladung rührt von dem Meßstrom des Oszillographen her.

Sind die Kontakte B in Abb. 16 auf noch kleinere Zündspannung eingestellt, so schlägt der Ladefunken schon eher über und kann sie bei geringer Entfernung sogar mehrfach in jeder Halbwelle überbrücken, wobei dann natürlich nur geringere Spannungs- und Stromstöße auftreten.

Beim *Ausschalten von Kapazitäten* wird der Wechselstromlichtbogen mit zunehmender Entfernung der Kontakte länger und länger. Bereits bei kleiner Bogenlänge wird der reguläre Ladestrom des Kondensators, der gering gegenüber den hier behandelten Stromstößen ist, beim ersten Nulldurchgang nach dem Beginn des Öffnens abreißen. Erst nachdem sich die Wechselspannung um einen endlichen Betrag geändert hat, erfolgt ein kurzes Rückzünden, das die Kondensatorspannung auf den neuen Wert der Wechselspannung bringt. Dies wiederholt sich bei zunehmender Bogenlänge zwischen den Schalterkontakten fortwährend und bringt die Kondensatorspannung in treppenförmigen Stufen zunehmender Größe immer wieder auf die Spannung der Stromquelle. In Abb. 20 ist der Verlauf der Kondensatorspannung, der Lichtbogenspannung und des Stromes während des Ausschaltvorganges dargestellt. Es ist dabei zur Vereinfachung der Zeichnung angenommen, daß sowohl die Zeitkonstante T als auch die Lichtbogenspannung e_b sehr gering sind, so daß die rechteckförmige Kondensatorspannung im Augenblick des Zündens stets genau auf die Spannung der Stromquelle gebracht wird.

Man erkennt, daß *mit zunehmender Kontaktentfernung Spannungssprünge am Kondensator und Schalter auftreten, die größer und größer werden* und stets mit der Zündspannung des Lichtbogens zwischen den Schaltkontakten übereinstimmen. Sie wachsen dauernd an, bis sie nach Gl. (23) die Höhe der doppelten Betriebsspannung erreicht haben. Dann bleibt der Lichtbogen endgültig erloschen. *Der Kondensator behält eine Restladung von der Spannungshöhe E, so daß die Spannung e_B am Schalter nach beendetem Ausschalten ganz einseitig der*

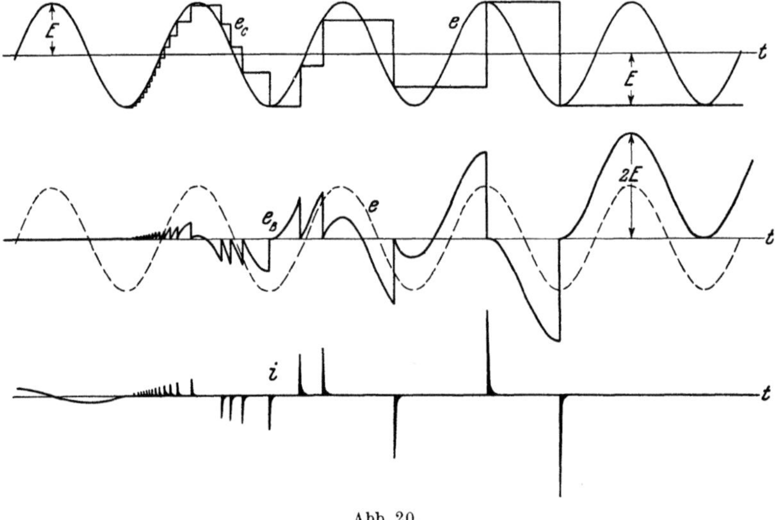

Abb. 20.

Nullinie verläuft und im Takte der Netzfrequenz zwischen den Werten Null und $2\,E$ schwingt. Durch die im Kondensator liegenbleibende Ladung mit der Gleichspannung E wird daher der Schalter gegen Ende der Schaltdauer und auch nach dem Ausschalten *mit der Spannung $2\,E$ beansprucht*, die doppelt so groß ist, wie sie beim Ausschalten nicht kapazitiver Wechselstromkreise auftritt. Außer dieser unerwünschten Höhe kann auch die Kurvenform der Spannung zu Störungen Anlaß geben, die anstatt der glatt verlaufenden Sinuswelle während des Ausschaltens scharfe Spitzen und Sprünge besitzt.

Je langsamer das Ausschalten erfolgt, um so leichter können sich die Spannungssprünge bis zur Größe $2\,E$ heraufarbeiten. Abb. 20, in der die Ausschaltdauer nur drei Wechselstromperioden dauert, zeigt, daß diese Zeit bereits ausreicht, um die Spannung durch vielfaches Rückzünden auf diesen schädlichen Wert zu bringen. Ist die Ausschaltdauer jedoch geringer, beträgt sie etwa, wie in Abb. 21, nur die Zeit einer einzigen Halbwelle, so bleiben die Spannungssprünge wesentlich geringer als $2\,E$, so daß sowohl die Zahl als auch die Höhe der verzerrten Spannungsstöße und daher die Möglichkeit sekundärer Gefährdungen nur gering ist. An der Restladung des Kondensators mit nahezu voller Spannung und der Beanspruchung des Schalters mit doppelter Spannung nach dem Ausschalten ändert die kurze Schaltdauer jedoch nicht viel. Diese Wirkungen würden sogar auftreten, wenn man die Kontakte beim letzten Durchgang des regulären Ladestromes durch Null plötzlich auseinanderrisse, ohne daß irgendeine Rückzündung stattzufinden braucht.

Auch beim *Einschalten des Stromkreises* durch Annähern der Kontakte treten bei Hochspannung Schaltfunken auf, sowie die Zündspannung zwischen den

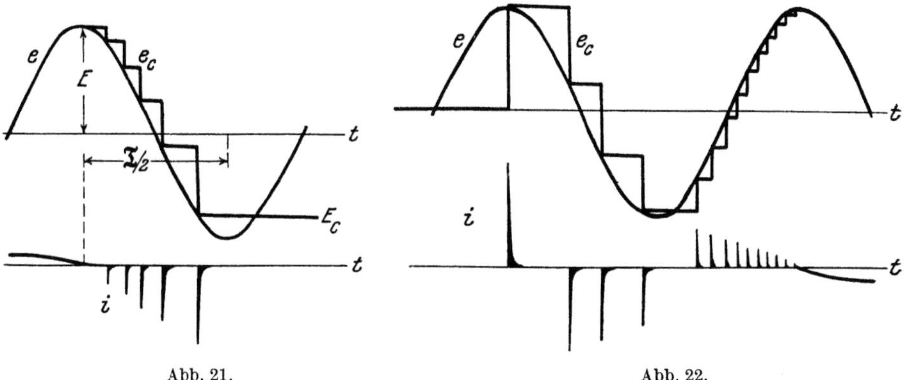

Abb. 21.   Abb. 22.

Kontakten gering genug geworden ist, um einen Überschlag der Betriebsspannung zu ermöglichen. Besitzt die Kapazität keine Vorladung, so findet die erste Zündung bei langsamem Einschalten im Spannungsmaximum der Sinuswelle statt. Die darauf folgenden Zündsprünge werden mit abnehmender Funkenlänge kleiner und kleiner entsprechend der Darstellung in Abb. 22. Man erkennt daraus, daß *das Einschalten ungeladener Kapazitäten nicht entfernt so gefährlich ist wie das langsame Ausschalten derselben.*

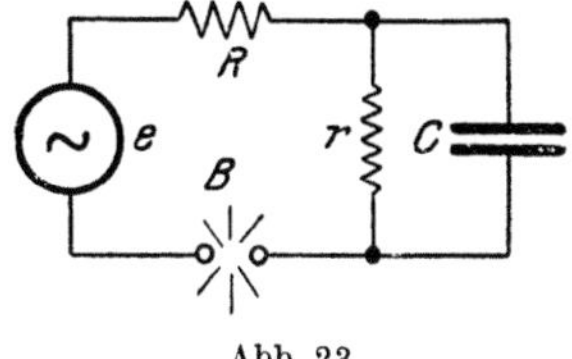

Abb. 23.

Die hohen Stromstöße und Spannungssprünge beim Lichtbogenschalten sind vor allem dadurch bedingt, daß die Kapazität nach dem Löschen des Stromes noch einige Zeit geladen bleibt. Dies ist natürlich nur der Fall, wenn sie keine merkliche Ableitung besitzt. Gibt man ihrer Spannung jedoch Gelegenheit zum Ausgleich, etwa durch einen parallel geschalteten Ableitungswiderstand nach Abb. 23 oder 24, so kann nach einer halben Periode, wenn die höchste Rückzündungsspannung der Stromquelle auftritt, schon ein so starker Abfall der Kondensatorspannung erfolgt sein, daß die am Schalter auftretende Summenspannung nicht mehr ausreicht, um seine Kontakte zu überbrücken.

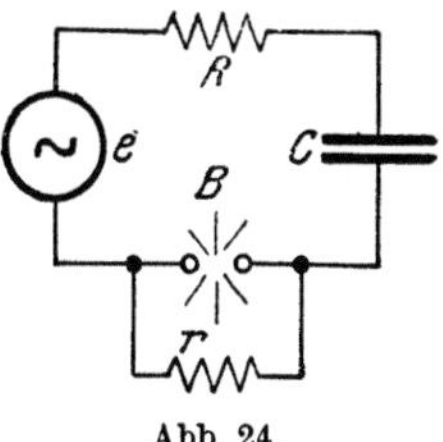

Abb. 24.

Durch den Parallelwiderstand r zum Kondensator entlädt sich dessen Spannung exponentiell. Sie ist also

$$e_C = E_C \, \varepsilon^{-\frac{t}{rC}} \tag{24}$$

und hat daher nach Ablauf einer halben Periode nach Gl. (21) nur noch den Wert

$$\left(\frac{e_C}{E_C}\right)_{\mathfrak{T}/2} = \varepsilon^{-\frac{\pi}{\omega r C}}. \tag{25}$$

Macht man den Parallelwiderstand ebenso groß wie den Blindwiderstand des Kondensators, also

$$r = \frac{1}{\omega C}, \tag{26}$$

26*

so klingt die Spannung innerhalb einer halben Periode auf $e^{-\pi} = 4,3\%$ der ursprünglichen Spannung ab. Die Entladung bis zur nächsten Zündung ist demnach praktisch vollständig. Ein doppelt so hoher Widerstand würde nur eine Entladung auf 20% verursachen, was schon einen erheblichen Überschuß bedeutet. Ein Schutzwiderstand nach Gl. (26) verbessert also den Ausschaltvorgang wesentlich. Er verursacht natürlich die Entstehung eines Belastungsstromes von gleicher Größe wie der reguläre Kapazitätsstrom, so daß die Phasenverschiebung des Gesamtstromes gegenüber der Spannung von 90° auf 45° verringert wird, was ebenfalls auf eine Erleichterung des Ausschaltvorganges hinzielt, da die Unterbrechung im Lichtbogen dann günstiger verläuft. Als Parallelwiderstand r wirkt natürlich auch jeder Belastungswiderstand des Stromkreises. *Bedenkliche Rückzündungen treten daher nur bei überwiegender Kapazität, besonders bei vollständigem Leerlauf kapazitiver Netze auf.*

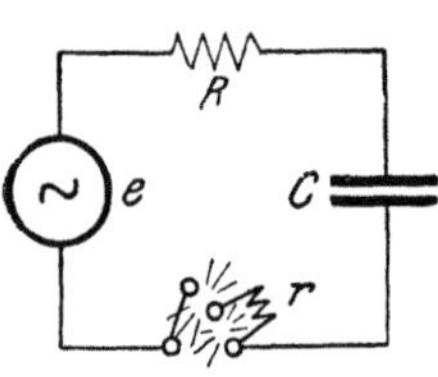

Abb. 25.

Ein anderes Mittel, um das Ausschalten ungefährlicher zu gestalten, ist die Einschaltung eines Widerstandes in Serie zum Lichtbogen, etwa von derselben Größenordnung wie nach Gl. (26). Dadurch wird die Dauer jedes Ladefunkens, wie man aus Gl. (20) erkennt, in die Größenordnung einer halben Periode gebracht. Ein Abreißen des Lichtbogens findet dann kaum noch statt, so daß die Kondensatorspannung sich den Änderungen der Betriebsspannung fast vollständig anschmiegt. Beide Wirkungen des Widerstandes r vereinigt man, wenn man den Kondensator über einen Schutzwiderstand nach Abb. 25 ein- und ausschaltet, der als Parallelwiderstand zum Lichtbogen für die erste und als Serienwiderstand für die letzte Ausschaltstufe wirkt. Man pflegt aus diesen Gründen Starkstromkreise, die erhebliche Kapazität enthalten, manchmal über Schutzwiderstände zu schalten.

43. Funkenentladung von Schwingungskreisen.

Wir fanden früher im Kapitel 5, daß die elektrischen Ausgleichsströme in Schwingungskreisen mit Selbstinduktion und Kapazität durch die Wirkung des OHMschen Leitungswiderstandes exponentiell gedämpft werden und dadurch je nach der Höhe des Widerstandes und der dadurch bedingten Größe der Zeit-

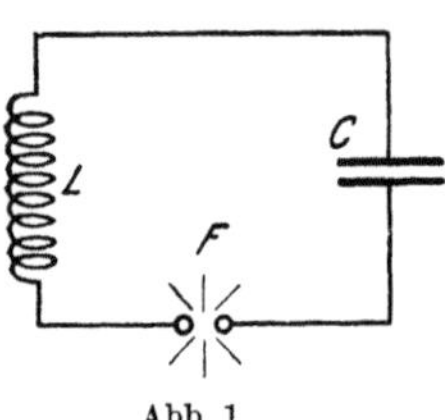

Abb. 1.

konstante nach Durchlaufen einer großen Zahl von Schwingungen allmählich erlöschen. Die Schwingungen können dadurch einsetzen, daß die Isolierung der Leitungen an irgendeiner Stelle durchbrochen wird, sei es durch Auftreten von Überspannungen, sei es durch zu schwaches oder durch anderweitig zerstörtes Material oder durch Annähern von Kontakten aneinander. Die Entladung verläuft dann nach erfolgtem Durchbruch im Isoliermittel und erhält je nach den auftretenden Energiemengen einen Charakter, der vom schwachen Funken bis zum gewaltigen Lichtbogen wechseln kann. Manchmal ist in solchen Fällen der OHMsche Spannungsabfall in den Leitungen geringfügig gegenüber der im Lichtbogen auftretenden widerstehenden Spannung. Wir wollen daher zunächst verfolgen, welche Form der Verlauf der Entladeeigenschwingung in einem Stromkreise nach Abb. 1 annimmt, *wenn lediglich im Funken oder Lichtbogen Widerstandsspannungen bestehen.*

Für Entladungen von hoher Frequenz, die bei derartigen Durchschlägen oft auftreten, verändert sich die Temperatur des Lichtbogens und auch der Elektroden innerhalb einer Schwingung nur wenig. Die Spannung zwischen den

Elektroden, die im wesentlichen durch die Temperatur bestimmt wird, ist daher nahezu unabhängig von der Größe der momentanen Stromstärke, sie wechselt nur bei Umkehrung der Stromrichtung ihr Vorzeichen. Der Zusammenhang der Funkenspannung e_F mit dem Strom i wird dann in guter Annäherung durch Abb. 2 dargestellt. Das Oszillogramm der Funkenspannung einer derartigen hochfrequenten Entladeschwingung zeigt Abb. 3. Man sieht, daß die Spannung unmittelbar nach dem Einsetzen auf einen gewissen Wert springt, den sie während des ganzen einseitigen Verlaufs des Stromes nahezu beibehält, um nach

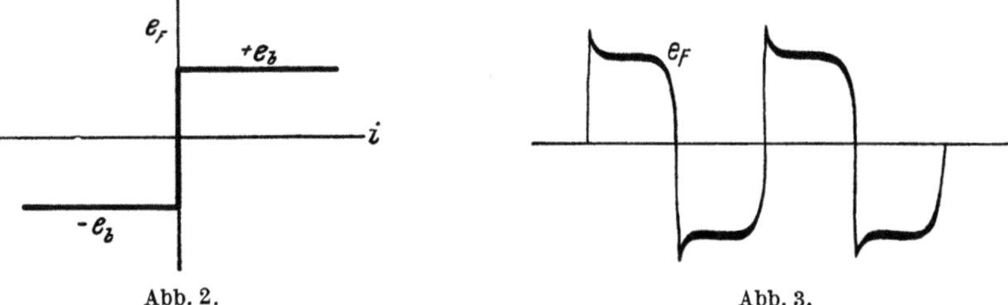

Abb. 2.Abb. 3.

Stromumkehr einen ebenso großen negativen Wert anzunehmen. Die Spannung dieses Funkens ist also tatsächlich unabhängig vom Strom. Lediglich zur Zündung ist ein kleiner Spannungsüberschuß erforderlich, der durch die Spitze nach jedem Nulldurchgang dargestellt wird.

Erfolgt in irgendeinem Stromkreise ein Isolationsdurchbruch, durch den Selbstinduktion und Kapazität einen Schwingungskreis in Serie zu dem entstehenden Funken oder Lichtbogen bilden, was schematisch in Abb. 1 dargestellt ist, so herrscht in diesem Kreise in jedem Augenblick Gleichgewicht aller Spannungen. Es ist also

$$e_L + e_F + e_C = 0. \tag{1}$$

Die Spannung an der Selbstinduktion e_L und an der Kapazität e_C können wir durch den Differentialquotienten und das Integral des Stromes nach der Zeit in geschlossener Form ausdrücken

$$\left.\begin{aligned} e_L &= L\frac{di}{dt}, \\ e_C &= \frac{1}{C}\int i\,dt. \end{aligned}\right\} \tag{2}$$

Dagegen ist für den Verlauf der Funkenspannung e_F ein geschlossener Ausdruck nicht bekannt. Wir schreiben sie daher nach Abb. 2

$$e_F = \pm e_b \tag{3}$$

und müssen als Vorzeichen dieser Spannung in jedem Augenblick das des Stromes wählen, da sie mit wechselnder Stromrichtung auch ihre Richtung ändert.

Als Differentialgleichung für den Verlauf des Stromes erhalten wir dann

$$L\frac{di}{dt} \pm e_b + \frac{1}{C}\int i\,dt = 0. \tag{4}$$

Wegen des veränderlichen Vorzeichens im zweiten Gliede ist sie nicht in geschlossener Form lösbar, wir müssen vielmehr jede Halbperiode des Stromes für sich betrachten, innerhalb deren die Stromrichtung und daher das Vorzeichen von e_b konstant bleibt.

Differenzieren wir Gl. (4), so erhalten wir für den Verlauf des Stromes in jeder dieser Halbperioden

$$\frac{d^2i}{dt^2} + \frac{i}{LC} = 0 \tag{5}$$

und daher als Lösung einen sinusförmigen Verlauf nach dem Gesetz

$$i = J\,\varepsilon^{jvt} = J\sin vt \tag{6}$$

mit der Frequenz

$$v = \frac{1}{\sqrt{LC}}. \tag{7}$$

Innerhalb jeder Halbwelle des Stromes verläuft demnach der Strom und damit auch die Spannung an der Selbstinduktion, die entsprechend der ersten Gl. (2) und Gl. (6) ist

$$e_L = jvLJ\,\varepsilon^{jvt} = vLJ\cos vt, \tag{8}$$

nach demselben Gesetz, als wenn gar keine Funkenstrecke im Kreise vorhanden wäre. *Die Eigenfrequenz v und damit die Dauer der Halbschwingung ist genau so groß wie im völlig widerstandslosen Stromkreis.* Sie ist nicht nur unabhängig von der Amplitude des Stromes, sondern auch von der Größe der Funkenspannung.

Die Amplitude J der Schwingung ist für jede Halbperiode konstant. Sie kann jedoch, da die Integration der Differentialgleichung nur innerhalb einer Halbperiode durchführbar war, für die verschiedenen Halbwellen, aus denen sich die oszillatorische Entladung zusammensetzt, verschiedene Werte besitzen. Bevor wir ihren Verlauf bestimmen, berechnen wir erst die Kondensatorspannung nach der zweiten Gl. (2) und Gl. (6) und beachten, daß wir beim Integrieren noch eine Konstante hinzufügen dürfen, die so groß gewählt werden muß, daß die Grundgleichung (1) befriedigt wird. Wir schreiben demnach

$$e_C = \frac{1}{jvC} J\varepsilon^{jvt} \mp e_b = -\frac{1}{vC} J\cos vt \mp e_b. \tag{9}$$

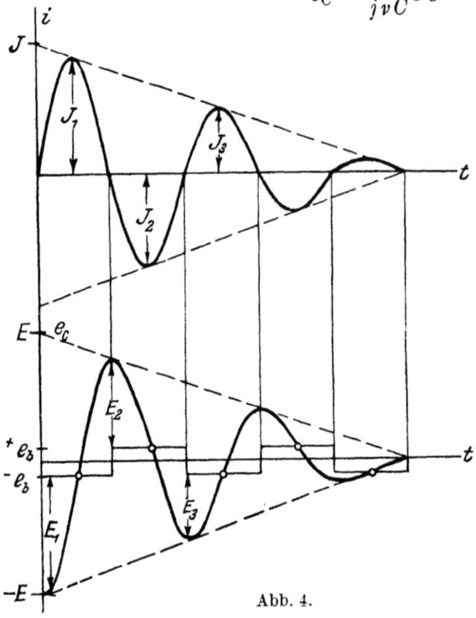

Dann ist nämlich, wenn man Gl. (7) und (8) beachtet,

$$e_C = -(e_L \pm e_b), \tag{10}$$

was unter Benutzung von Gl. (3) mit Gl. (1) identisch ist.

Die Kondensatorspannung besteht also aus einem kosinusförmig verlaufenden und einem konstanten Teil. Ihr absoluter Betrag ist stets um das Maß der Funkenspannung von der Selbstinduktionsspannung verschieden. In Abb. 4 ist der Verlauf des Stromes und der Kondensatorspannung für die erste und auch die folgenden Halbperioden aufgetragen. *Die Halbwelle der Kondensatorspannung liegt unsymmetrisch zur Nullachse, sie ist um den jeweils konstanten Betrag der Funkenspannung $\pm e_b$ verschoben.*

Abb. 4.

Die Amplituden von Strom und Spannung erhalten wir wie immer aus den Grenzbedingungen. Zur Zeit $t = 0$ erfolgt der Durchbruch und der Strom setzt ein. Der Kondensator war vorher auf eine Spannung geladen, die wir gleich $-E$ setzen wollen, um mit positivem Strom zu beginnen. Es ist also nach Gl. (9) für $t = 0$

$$-E = -\frac{J}{vC} - e_b, \tag{11}$$

und daraus erhält man für die Amplitude J_1 der Stromstärke in der ersten Halbwelle unter Beachtung von Gl. (7)

$$J_1 = \nu C (E - e_b) = (E - e_b)\sqrt{\frac{C}{L}}. \tag{12}$$

Nach Beendigung dieser sinusförmigen Halbwelle kehrt der Strom sein Vorzeichen um. Für die zweite Halbwelle gelten für die Spannungen wieder die Gln. (6), (8) und (9), jedoch ist entsprechend der negativen Stromrichtung jetzt das untere Vorzeichen vor die Funkenspannung e_b zu setzen, so daß der in Abb. 4 gezeichnete Verlauf der Kondensatorspannung entsteht. Strom und Spannung der beiden Halbwellen müssen natürlich stetig ineinander übergehen. Der Strom tut dies ohne weiteres unter Durchschreitung des Nullwertes. Die Gleichheit der Spannungen beim Übergang auf die zweite Halbperiode ergibt dagegen eine Beziehung, aus der sich die für sie geltende Stromamplitude J_2 errechnen läßt. Nach Gl. (9) muß nämlich für $\nu t = \pi$ sein

$$\frac{J_1}{\nu C} - e_b = \frac{J_2}{\nu C} + e_b, \tag{13}$$

so daß man erhält

$$J_2 = J_1 - 2 e_b \nu C = J_1 - 2 e_b \sqrt{\frac{C}{L}}. \tag{14}$$

Die Amplitude der zweiten Stromhalbwelle ist demnach um ein Maß geringer als die der ersten, das sich ergibt als Quotient der doppelten Funkenspannung durch den Schwingungswiderstand des Stromkreises.

Dementsprechend ist auch die Amplitude der kosinusförmigen Wechselspannung in der zweiten Halbperiode geringer als in der ersten. Man kann sie aus Abb. 4 direkt ablesen zu

$$E_2 = E_1 - 2 e_b. \tag{15}$$

Ganz die gleichen Überlegungen für den Zusammenhang der Ströme und Spannungen beider Halbperioden gelten auch beim Übergang auf die 3te, 4te und $n$te Halbperiode. Stets wird die Spannungs- sowie die Stromamplitude um das gleiche Maß verringert, weil die Funkenspannung e_b ihr Vorzeichen in bezug auf die Kondensatorspannung wechselt. Es ist daher, wenn n die Ordnungszahl der Halbwellen bedeutet,

$$\left.\begin{aligned}
J_n &= J_1 - 2 (n - 1) e_b \sqrt{\frac{C}{L}}, \\
E_n &= E_1 - 2 (n - 1) e_b = (E - e_b) - 2 (n - 1) e_b.
\end{aligned}\right\} \tag{16}$$

Während die Strom- und Spannungsamplituden in Schwingungskreisen mit lediglich Ohmschem Leitungswiderstand exponentiell gedämpft und erst nach sehr langer Zeit ganz abgeklungen sind, nehmen sie hiernach in Stromkreisen mit vorwiegender Lichtbogen- oder Funkendämpfung linear ab und erreichen daher nach einer endlichen, im allgemeinen kurzen Zeit ihr Ende. In jenem Fall hat man geometrische Abnahme, im hier behandelten Fall arithmetische Abnahme der Strom- und Spannungsamplituden. In Abb. 4 ist der vollständige Verlauf dieser Schwingungen dargestellt.

Die Schwingung dauert so lange an und führt so viele Halbwellen N aus, bis die ursprüngliche Kondensatorspannung E durch die dauernd von ihr subtrahierte doppelte Funkenspannung $2 e_b$ bis auf deren eigenen Betrag herabgesunken ist und nicht mehr zum Durchtreiben des Stromes ausreicht, bis also

$$E - 2 N e_b = e_b \tag{17}$$

oder kleiner geworden ist. Die Zahl der auftretenden Halbwellen wird damit

$$N = \frac{E - e_b}{2\,e_b},\qquad(18)$$

aufgerundet auf die nächste ganze Zahl. Der Kondensator behält daher im allgemeinen eine gewisse Restspannung.

Ist die Funkenspannung e_b sehr klein gegenüber der Kondensatorspannung E, die zum erstmaligen Durchbrechen der Isolation bei kalten Elektroden nötig war, so erhält man zahlreiche Wellen. Bildet die Funkenspannung jedoch einen erheblichen Bruchteil der Durchbruchspannung, so entstehen nur wenige Halbwellen. *Ist sie ein Drittel der Durchbruchspannung oder mehr, so erhält man nur eine einzige Halbwelle von Strom und Spannung*, nach deren Ablauf der Kondensator eine entgegengesetzte Ladung bis zu einem Drittel der Größe wie vorher behält.

Wenn die Spannung am Lichtbogen nicht entsprechend Abb. 2 vollständig konstant ist, sondern für sehr kleine Ströme anwächst, so wie es nach dem Oszillogramm der Abb. 3 tatsächlich der Fall ist und vor allem bei Schwingungen auftritt, die mittelhohe Frequenz besitzen, so stellt unsere Rechnung und insbesondere die Gl. (6) doch noch eine ausreichende Annäherung für den Stromverlauf in jeder Halbwelle dar. Auch die Spannungen und ihre Amplituden gehorchen dann noch genau genug den Gln. (9), (15) und (16), jedoch findet das Ende des Schwingungsvorganges nunmehr früher statt, wenn nämlich die Kondensatorspannung nicht mehr in der Lage ist, die Zündspannung e_z des Lichtbogens zu überwinden, die in Abb. 5 dargestellt ist. Man muß daher jetzt diese

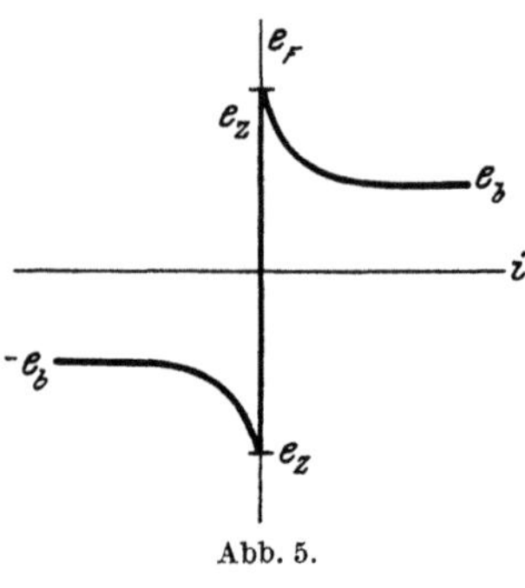

Abb. 5.

Zündspannung auf der rechten Seite von Gl. (17) ansetzen und erhält daraus für die Zahl der auftretenden Halbwellen

$$N_z = \frac{E - e_z}{2\,e_b}.\qquad(19)$$

Bei mäßig hohen Frequenzen ν der Schwingungen ergibt sich hierdurch meistens nur eine kleine Zahl von Wellen, so daß eine erhebliche Restladung bestehenbleibt.

Besitzt der Stromkreis entgegen unserer bisherigen Annahme *auch in den Leitungen erheblichen Widerstand*, so läßt sich dieser nunmehr leicht mit berücksichtigen. Man erhält dann für jede Halbschwingung nicht eine reine Sinuswelle, sondern eine entsprechend der Zeitkonstante des Leitungskreises gedämpfte Halbwelle, die von der Sinusform etwas abweicht. An Stelle von Gl. (6) wird der Strom

$$i = J\,\varepsilon^{-\frac{t}{2T}}\sin\nu t,\qquad(20)$$

wobei sich Zeitkonstante T und Frequenz ν wie in Schwingungskreisen ohne Funken nach Kapitel 5 bestimmen. Für mäßig großen Leitungswiderstand bleibt die erste Stromamplitude nach Gl. (12), die sich aus der Grenzbedingung des ersten Durchbruchs ergibt, bestehen. Bei den nächsten Halbwellengrenzen entsprechend Gl. (13) oder (15) muß jedoch die Abnahme der Spannung durch Widerstandsdämpfung berücksichtigt werden. Anstatt des Wertes $E - 2\,e_b$ für die Kondensatorspannung am Ende der ersten Halbwelle nach Abb. 4 erhält man jetzt für $t = \pi/v$ nur

$$E_C = (E - e_b)\,\varepsilon^{-\frac{\pi}{2vT}} - e_b,\tag{21}$$

so daß die Amplitude der zweiten Halbschwingung geringer wird. Die Schwingungen verlöschen daher mit gemeinsamem Funken- und Leitungswiderstand schneller als mit nur einem von beiden. Sie erreichen auch hier durch den Einfluß der Funkenspannung und vor allem durch deren Zündspannung bald ein vollständiges Ende.

Wird die Wiederzündspannung e_z des Funkens bereits nach der ersten Halbwelle gerade erreicht oder gar unterschritten, so erhält man *nur einen einzigen unperiodischen Schlag*. Für die Dämpfung und Zündspannung erhält man dann aus Gl. (21) mit $E_C = e_z$ die Bedingung

$$\varepsilon^{-\frac{\pi}{2}\frac{R}{\sqrt{L/C}}} = \frac{e_z + e_b}{E - e_b}.\tag{22}$$

Dabei ist für v der Näherungswert für mäßigen Widerstand eingesetzt, was stets zulässig ist. Für den *aperiodischen Grenzwiderstand* erhält man daraus

$$\frac{R}{\sqrt{L/C}} = \frac{2}{\pi}\ln\frac{E - e_b}{e_z + e_b},\tag{23}$$

was *nur einen einzelnen Entladungsschlag ergibt*.

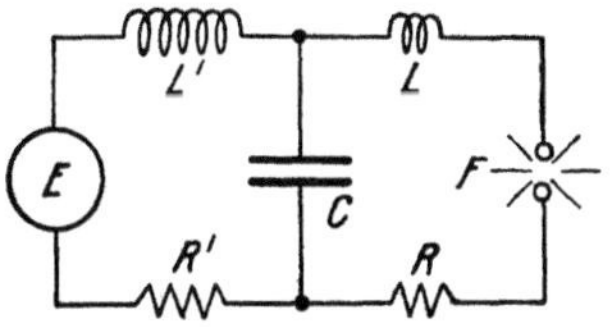

Bei einer Kondensatorspannung $E = 10\,000$ Volt, einer Brennspannung $e_b = 50$ Volt und einer Wiederzündspannung $e_z = 1000$ Volt gibt das

$$\frac{R}{\sqrt{L_i C}} = \frac{2}{\pi}\ln\frac{10\,000 - 50}{1000 + 50} = \frac{2}{\pi}\ln 9{,}5 = 1{,}43\,.$$

Abb. 6.

Der Dämpfungswiderstand braucht also nur wesentlich kleiner zu sein als der doppelte Schwingungswiderstand, wie es beim metallischen Schluß des Kreises nach Kapitel 5, Gl. (16) notwendig wäre.

Man benutzt die Erscheinung der Funkenentladung häufig zur *Erzeugung hochfrequenter Schwingungen*. Ein Kondensator C wird nach Abb. 6 von einer Gleich- oder Wechselstromquelle über eine große Selbstinduktion L' aufgeladen und entlädt sich, wenn seine Spannung die Durchbruchspannung der Funkenstrecke F erreicht hat, über die kleine Selbstinduktion L. Die Eigenschwingungen des linken Ladekreises und des rechten Entladeschwingungskreises sind dann sehr verschieden und stören sich gegenseitig nicht erheblich. Verwendet man Gleichstrom zur Ladung, so schwingt die Kondensatorspannung fast bis aufs Doppelte über die speisende Spannung E hinaus. Benutzt man Wechselstrom, so kann man sie durch Abstimmung des Ladekreises auf Resonanz auf noch viel höhere Werte treiben. Die Funkenstrecke wird in beiden Fällen auf diese hohe Spannung eingestellt und löst nach dem Durchbruch unter Entwicklung starker Ströme kräftige Eigenschwingungen des Entladekreises aus, deren Frequenz sich durch Regeln der Selbstinduktion leicht in weiten Grenzen ändern läßt. Die Schwingungen verlöschen nach Maßgabe der Widerstands- und Funkendämpfung und entladen den Kondensator nahezu, worauf er sich unter Ladeschwingungen wiederum bis zur Durchbruchspannung des Funkens lädt. Dieser Vorgang kann nach einem Isolationsdurchbruch auch als ungewollte Erscheinung in Starkstromkreisen für Gleichstrom oder Wechselstrom eintreten.

44. Ausschalten von Schwingungskreisen.

Wechselstromkreise der Starkstromtechnik enthalten fast immer erhebliche Selbstinduktion, die die Erscheinung des Rückzündens von Kapazitäten beim Ausschalten wesentlich beeinflussen kann. Vor allem besitzen Wechselstrom-

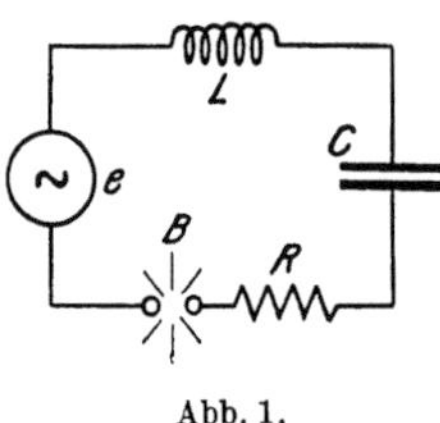

Abb. 1.

generatoren und Transformatoren erhebliche Streuinduktion, aber auch die Leitungen selbst können bei großer Länge einen beträchtlichen Beitrag zur gesamten Selbstinduktion L liefern. Wir wollen daher untersuchen, in welcher Weise das Schalten von Wechselstrom in einem Schwingungskreise nach Abb. 1 über einen Lichtbogen B vor sich geht. Solche Verhältnisse *treten häufig in Hochspannungsnetzen auf, wenn die Ladeströme von Fernleitungen unterbrochen werden.* An Stelle der abklingenden Gleichstromaufladungen des Kapitels 42 treten dann bei jedem Funkenüberschlag Eigenschwingungen des Kreises ein, die den Funkenentladungen nach dem vorigen Kapitel 43 entsprechen und daher bald zum Verlöschen kommen. Die Spannung am Kondensator schießt bei dieser schwingenden Ladung auf fast das doppelte Maß übers Ziel, ähnlich wie wir es beim metallischen Einschalten von Schwingungskreisen mit Gleichspannung in Kapitel 6 kennengelernt hatten. Der Strom setzt nicht mehr unstetig ein, sondern entwickelt sich allmählich ohne Sprünge.

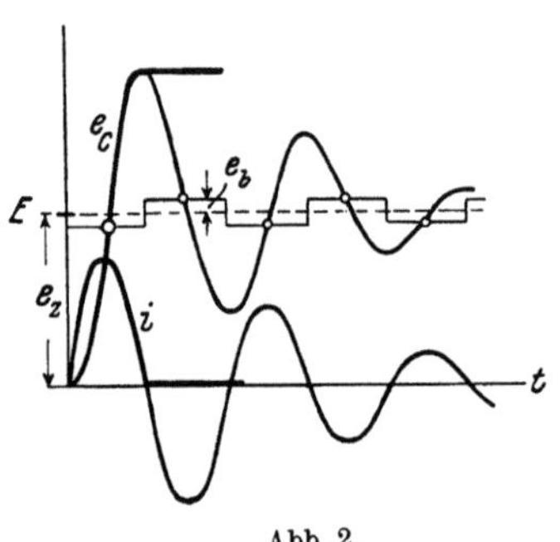

Abb. 2.

a) Rückzündungsspannung. Wir setzen auch hier voraus, daß der ganze Ladevorgang schon nach einem geringen Bruchteil der Halbperiode der regulären Wechselspannung abgelaufen ist, so daß wir deren Veränderung für den Verlauf der Eigenschwingungen außer acht lassen können. Praktisch ist dies meistens der Fall. In Abb. 2 ist der Verlauf von Kondensatorspannung e_C und Ladestrom i dargestellt, wenn die Schaltkontakte von der Zündspannung e_z durchschlagen werden. Die Spannung pendelt in abklingenden Schwingungen um den Wert der Ladespannung E. Der Strom besitzt abwechselnd positive und negative Halbwellen. Dabei ist wieder eine Lichtbogencharakteristik nach Abb. 3 angenommen, bei der die Spannung nach Überwindung der großen Zündspannung e_z schon für mäßige Ströme auf die konstante Brennspannung e_b sinkt.

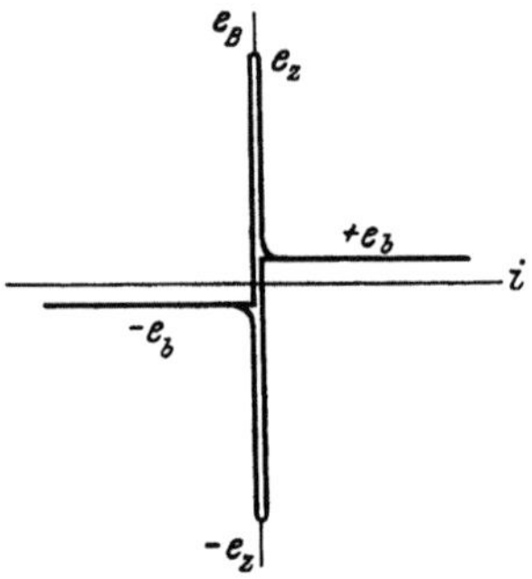

Die Frequenz der Ladeschwingungen ist

$$v = \frac{1}{\sqrt{LC}}, \tag{1}$$

sofern der Leitungswiderstand R sich in mäßigen Grenzen hält. Der Stromverlauf ist dann bestimmt durch

$$i = J\,\varepsilon^{-\frac{R}{2L}t}\sin v\,t, \tag{2}$$

wobei die erste Stromamplitude nach Kapitel 43, Gl. (12) ist

$$J = (e_z - e_b)\,\sqrt{\frac{C}{L}}. \tag{3}$$

Abb. 3.

Die Spannung am Kondensator verläuft dann während der ersten Halbwelle
nach der Beziehung

$$e_C = (E - e_b) - (e_z - e_b)\,\varepsilon^{-\frac{R}{2L}t}\cos\nu\,t. \tag{4}$$

Für die folgenden Halbwellen ist das Vorzeichen der Lichtbogenspannung e_b
immer umzukehren.

Je nach der Höhe der Eigenfrequenz, also der Größe von
Selbstinduktion und Kapazität
in Gl. (1), und den Wärmeeigen-
schaften der Elektroden können
sich nun zwei wesentlich verschiedene Erscheinungen ausbilden. Ist die *Eigenfrequenz sehr
groß*, was beispielsweise bei kleinen Kapazitäten der Fall ist, so
erfolgen die Ladeschwingungen
so schnell, daß der Lichtbogen
beim Stromdurchgang durch Null
in Abb. 2 seine Temperatur beibehält und die Zündspannung
für die zweiten und folgenden

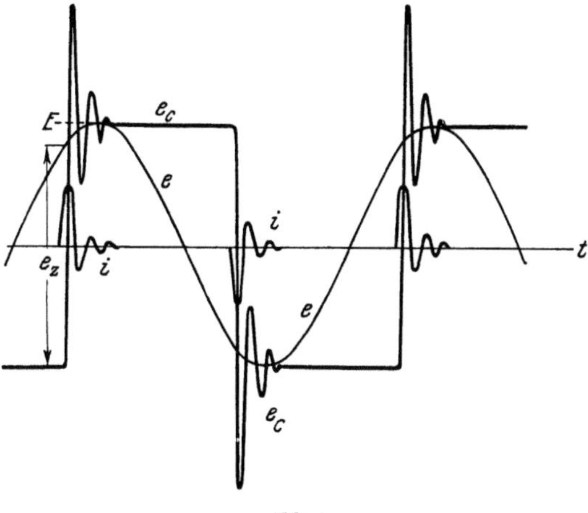

Abb. 4.

Halbwellen nur gering ist. Die Schwingung klingt dann nahezu vollständig aus
und *bringt den Kondensator auf eine Endspannung, die nach Abb. 2 nur um das
recht geringe Maß der Lichtbogenspannung* $\pm e_b$ *von der Ladespannung* E *der
Stromquelle verschieden ist.* Diese Spannung behält der Kondensator bis zur

nächsten Rückzündung bei. Seine
mittlere Spannung verläuft daher genau wie beim Ausschalten
von Kapazitätskreisen in Kapitel 42. Darüber ist jedoch noch
die schnelle *Zündschwingung* ge-
lagert, die die Kondensatorspannung für kurze Zeit fast auf
den doppelten Wert der Netzspannung bringen kann. Abb. 4
stellt diesen Vorgang für das
Einsetzen der Zündung kurz vor
dem Maximum der Wechselspannung bildlich dar.

Ist *die Eigenfrequenz geringer*,
so reißt die Zündschwingung
schon nach einer kleinen Zahl

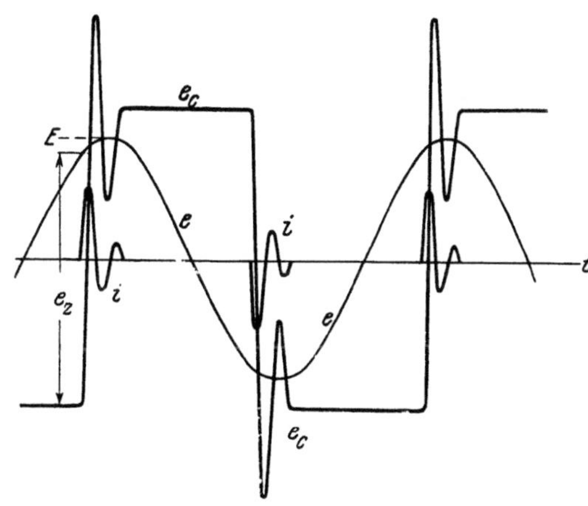

Abb. 5.

von Halbwellen ab, sowie nämlich die Zündspannung beim Nulldurchgang des
abklingenden Stromes durch Abkühlung der Funkenstrecke größer wird als
die Differenz der abklingenden Kondensatorspannung und der Netzspannung.
In Abb. 5 ist der Fall dargestellt, daß nur drei Halbwellen der Zündschwingung
zustande kommen. Man sieht, daß dann auf dem Kondensator eine Spannung
liegenbleibt, die wesentlich größer ist als die ladende Amplitude E der Wechselspannung. Dies tritt stets dann ein, wenn die Zahl der Halbwellen der Zündschwingung *ungerade* ist, während bei gerader Zahl der Halbwellen die Kondensatorspannung kleiner bleibt als die Netzspannung. In Abb. 6 ist ein Oszillo-

gramm der Spannung am Kondensator eines Schwingungskreises wiedergegeben, der über eine kurze Funkenstrecke mit Wechselspannung gespeist wurde. Es treten neben den häufigen Zündschwingungen mit 2 Halbwellen auch einige mit 1, 3 und 4 Halbwellen hervor, die vollständig die soeben hergeleitete Form besitzen. Abb. 7 zeigt den oszillographierten Stromverlauf verschiedener derartiger Schwingungen.

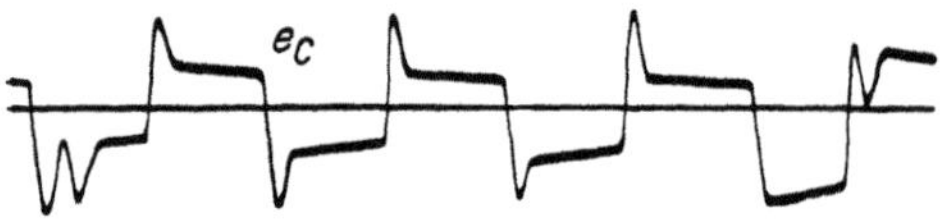

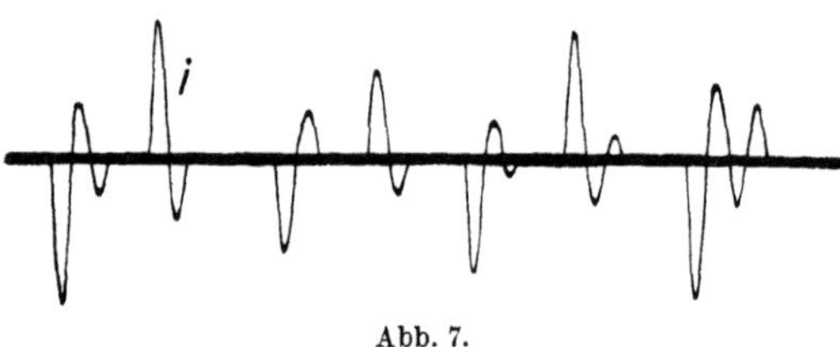

Abb. 6.

Der ungünstigste Fall tritt ein, wenn *die Eigenfrequenz des Kreises so gering wird und die Abkühlung der Elektroden so groß ist, daß der Lichtbogen bereits nach einer einzigen Halbwelle der Zündschwingung erlischt*, so daß nur die erste, in Abb. 2 stark gezeichnete Halbperiode von Strom und Spannung zustande kommt. Dann bleibt auf der Kapazität eine Spannung liegen, die bis an das Doppelte der Zündspannung heranreichen kann. Die Zündspannung wird ihrerseits am größten, wenn die Rückzündung stets im Scheitel der Netzspannung erfolgt. Diese Verhältnisse sind in Abb. 8 dargestellt. Da nun die Spannung in der nächsten Halbperiode der Wechselspannung nach dem Rückzünden durch die Höhe der vorherigen Kondensatorspannung bestimmt wird, so erkennt man aus Abb. 8, daß sich die Kondensatorspannung bei mehreren aufeinanderfolgenden Rückzündungen *zu immer höheren Werten heraufschwingen kann*. Wäre keine Dämpfung der Zündschwingung vorhanden, so würde die Überspannung $e_{\ddot{u}}$ über die Netzspannung bei jedem Rückzündungsstoß gleich der Zündspannung e_z sein. Man erhielte also in Abb. 8 für die Kondensatorspannung, die beim erstmaligen Verlöschen des Stromes gleich der Netzspannung bleibt, nach der ersten Rückzündung im Scheitelwert der Netzspannung die dreifache, bei der zweiten Rückzündung die fünffache, bei der dritten Rückzündung die siebenfache Amplitude der Netzspannung usw. Die Spannung am Kondensator und ebenso natürlich die an der Selbstinduktion könnte sich also mit rapider Geschwindigkeit auf enorme Werte

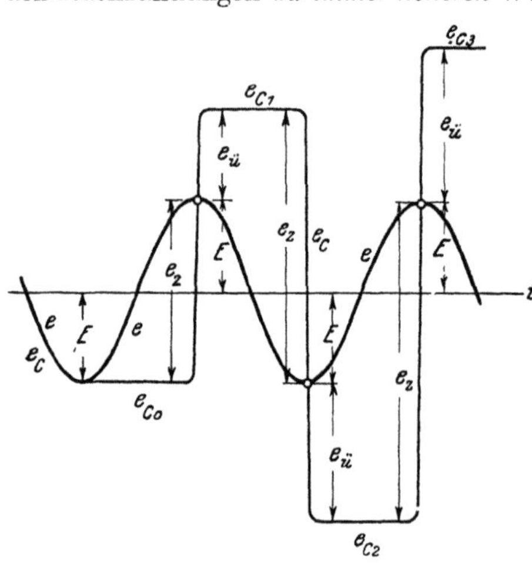

Abb. 7.

Abb. 8.

emporarbeiten, wenn man gleichzeitig die Zündspannung so vergrößern würde, daß der Durchschlag stets im Scheitel der Netzspannung erfolgt. Durch die Dämpfung des Stromkreises wird jedoch bewirkt, daß die Spannung nicht über alle Maßen wachsen kann.

Wie wir aus den fetten Kurven in Abb. 2 erkennen, wird die *Brenndauer eines Funkens,* der nach der ersten halben Eigenschwingung unterbrochen wird, nicht so sehr durch die Dämpfung als *durch die Eigenfrequenz des Stromkreises bestimmt*. Daher darf selbst bei geringer Eigenfrequenz v, die natürlich trotzdem erheblich größer als die Netzfrequenz ω ist, die Dämpfung sehr gering sein, ohne daß unsere Voraussetzung über die Dauer des ganzen Zündvorganges hinfällig wird, die kurz gegenüber der Halbwellendauer der regulären Wechselspannung sein sollte.

Wir wollen zunächst annehmen, daß die Brennspannung e_b nur gering ist gegenüber der Widerstandsspannung, so daß die Spannung am Schalter nach dem Zünden auf Null sinkt. Dann liegt nach der Zeit einer Halbwelle

$$ t = \frac{\pi}{v} \tag{5} $$

eine Spannung auf dem Kondensator, die die Netzspannung um einen Betrag übertrifft, der sich durch Einsetzen in Gl. (4) mit $e_b = 0$ ergibt zu

$$ e_{\ddot{u}} = e_z \, \varepsilon^{-\frac{\pi}{2} \frac{R}{vL}} = \ddot{u} \, e_z . \tag{6} $$

Würde der Lichtbogen nicht nach der ersten, sondern nach der dritten, fünften oder einer späteren *ungeraden* Halbwelle abreißen, so würde $\ddot{u}$ einen den späteren Spannungswerten entsprechenden Betrag haben, der nach Abb. 2 zwar kleiner als nach Gl. (6), aber stets *positiv* ist. Reißt der Lichtbogen dagegen nach der zweiten, vierten, sechsten oder einer späteren *geraden* Halbwelle ab, so nimmt $\ddot{u}$ nach Abb. 2 *negative* Werte an.

In Abb. 8 ist dargestellt, welche Erscheinungen beim Ausschalten im ungünstigsten Falle auftreten können. Dieser Fall liegt vor, wenn die Schaltkontakte sich mit einer solchen Geschwindigkeit voneinander entfernen, daß ihre Zündspannung nach jeder halben Wechselstromperiode gerade um das gleiche Maß gewachsen ist, um das die Kondensatorüberspannung nach Gl. (6) über die vorherige Spannung hinausgeschossen ist. Dann tritt die Rückzündung genau im Scheitel der Wechselspannung ein, was wir für unsere weiteren Berechnungen annehmen wollen. Das erstmalige Öffnen des Stromkreises erfolgt beim Durchgang des regulären Wechselstromes durch Null, also noch am Scheitel der Wechselspannung, so daß nach Abb. 8 z. B. die Spannung $-E$ auf dem Kondensator liegen bleibt. Die erste Rückzündung unter der nunmehrigen Zündspannung $e_z = 2\,E$ bringt ihn dann nach Gl. (6) auf eine Spannung

$$ e_{C1} = E + e_{\ddot{u}} = E + (2\,E)\,\ddot{u} = (1 + 2\,\ddot{u})\,E, \tag{7} $$

die bei geringem Widerstand, mit $\ddot{u}$ nach Gl. (6) in der Nähe von 1, schon erheblich über der Betriebsspannung liegen kann.

Haben sich nach der nächsten Halbperiode die Kontakte so weit entfernt, daß ihre Zündspannung gerade wieder von der an ihnen herrschenden Spannung $e_{C1} + E$ überwunden wird, dann setzt eine neue Rückzündung ein. durch die die Kondensatorspannung wiederum übers Ziel hinausschießt und nach Abb. 8 nunmehr auf den Wert

$$ e_{C2} = E + (e_{C1} + E)\,\ddot{u} = (1 + \ddot{u})\,E + \ddot{u}\,e_{C1} \tag{8} $$

kommt. Sie wird also noch weiter verstärkt. Nach der dritten und den späteren Halbwellen entsteht unter gleichen Umständen eine noch höhere Überspannung. Die Kondensatorspannung der $(n+1)$ten Rückzündung ist stets

$$ e_{C(n+1)} = E + (e_{Cn} + E)\,\ddot{u} = (1 + \ddot{u})\,E + \ddot{u}\,e_{Cn} . \tag{9} $$

Sie arbeitet sich also allmählich immer weiter herauf. In Abb. 9 ist dies für einen bestimmten Fall dargestellt, dessen Widerstandsdämpfung so erheblich angenommen ist, daß $\ddot{u} = 0{,}5$ wird. Es entwickelt sich dann allmählich die dreifache Betriebsspannung an der Kapazität, falls man den Lichtbogen am Schalter derart verlängert, wie es die zunehmende Zündspannung gerade erlaubt.

Zieht man den Lichtbogen langsamer auseinander, so findet die Rückzündung schon vor dem Scheitel der sinusförmigen Betriebsspannung statt und erreicht nur so hohe Beträge, wie sie der jeweiligen Zündspannung des Schalterlichtbogens entsprechen. Die erreichbare Endspannung ist jedoch schließlich die gleiche, wenn der Lichtbogen nur lang genug geworden ist. *Man erhält also das eigentümliche Ergebnis, daß die Spannung am Kondensator und dadurch auch am Lichtbogen sich mit zunehmender Länge des letzteren durch eine Art Selbsterregung immer weiter heraufarbeitet und schließlich auf einem Grenzwert anlangt, der ein erhebliches Vielfaches der Netzspannung ist.* Nur wenn man den Kontaktabstand noch weiter vergrößert, oder wenn man

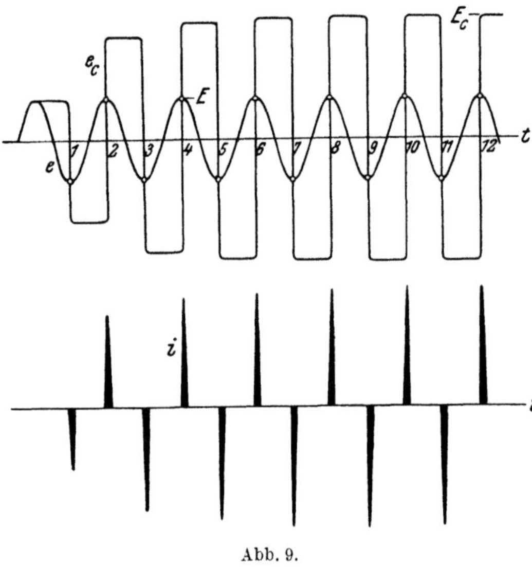

Abb. 9.

ihn schneller verlängert als sich die Überspannungen heraufarbeiten, kann man den Lichtbogen zum Verlöschen bringen.

Die Höhe der bei langsamem Ausziehen des Lichtbogens erreichbaren Überspannung läßt sich dadurch berechnen, daß sie schließlich einem Grenzwert zustrebt. Dann muß für sehr großes n der Wert der $n$ten und $(n+1)$ten Ladespannung übereinstimmen. Ihr Endwert E_C ist somit nach Gl. (9) bestimmt durch

$$E_C = (1 + \ddot{u})\, E + \ddot{u}\, E_C \tag{10}$$

und wird

$$E_C = \frac{1 + \ddot{u}}{1 - \ddot{u}}\, E\,. \tag{11}$$

Für positives Überspannungsverhältnis $\ddot{u}$, also für Löschen des Lichtbogens nach einer ungeraden Zahl von Halbwellen des Stromes, wird die Kondensatorspannung demnach stets größer als die Netzspannung. Für gerade Halbwellenzahl, bei der das Verhältnis $\ddot{u}$ negativ ist, bleibt sie dagegen unter der Netzspannung. Die Abweichung wird nach Gl. (11) um so erheblicher, je mehr sich das positive $\ddot{u}$ dem Werte 1 nähert. Unter ungünstigen Umständen kann sich die Kondensatorspannung daher beim Ausschalten auf enorme Beträge heraufarbeiten. Beispielsweise erhält man bei einer Dämpfung der Eigenschwingungen auf das $\ddot{u} = 0{,}9$fache den 19fachen Wert der Betriebsspannung und bei schwächeren Dämpfungen noch wesentlich höhere Überspannungen.

Durch diese Erscheinungen erklären sich die riesigen Lichtbögen, die man beim Ausschalten großer Kapazitäten durch Luftschalter beobachtet und die eine Länge von vielen Metern erreichen können. Die Bögen lösen sich oft aus dem Zwischenraum der Schaltkontakte los und wandern in die freie Luft, wobei sie sich durch

Luftströmungen entsprechend der eben berechneten Zunahme der Zündspannung immer weiter verlängern und leicht durch Überschlagen auf andere Leitungen zu schweren Kurzschlüssen führen können. Abb. 10 stellt ein Bild eines künstlichen Lichtbogens bei 20 000 Volt Netzspannung an einer Hörnerstrecke dar. Ein anderes sehr anschauliches Bild eines enormen Lichtbogens zwischen Leitung und Erde, wie er durch einen Erdschluß in einem ausgedehnten 100 kV Leitungsnetz erzeugt wird, war in Abb. 10 von Kapitel 26 gezeigt und soll später näher erläutert werden. Um diese außerordentlichen Überspannungen zu vermeiden, muß man für möglichst schnelles Löschen des Kapazitätslichtbogens sorgen, am besten schon nach einer Halbperiode der regulären Wechselspannung. Das erreicht man vor allem durch Anwendung von Ölschaltern mit schnell bewegten Kontakten; oder im Falle von Erdschluß-Lichtbögen durch die Verwendung von induktiver Kompensierung des Ladestromes.

Findet das Löschen des Rückzündungslichtbogens nach einer einzigen Halbwelle der Eigenschwingung statt — und mit diesen ungünstigen Verhältnissen muß man häufig rechnen —, so erhält man das Überspannungsverhältnis nach Gl. (6) durch Einführung der Eigenfrequenz aus Gl. (1) zu

$$\ddot{u} = \frac{e_u}{e_z} = \varepsilon^{-\frac{\pi}{2}\frac{R}{\sqrt{L/C}}}. \tag{12}$$

Es ist also lediglich vom Verhältnis des Ohmschen Widerstandes zum Schwingungswiderstand des Kreises abhängig. Führt man diesen Wert in Gl. (11) ein, so erhält man als Verhältnis der höchstmöglichen Kapazitätsspannung zur treibenden Spannung der Stromquelle

$$\frac{E_c}{E} = \frac{1 + \varepsilon^{-\frac{\pi}{2}\frac{R}{\sqrt{L/C}}}}{1 - \varepsilon^{-\frac{\pi}{2}\frac{R}{\sqrt{L/C}}}} = \mathfrak{Ctg}\left(\frac{\pi}{4}\frac{R}{\sqrt{L/C}}\right). \tag{13}$$

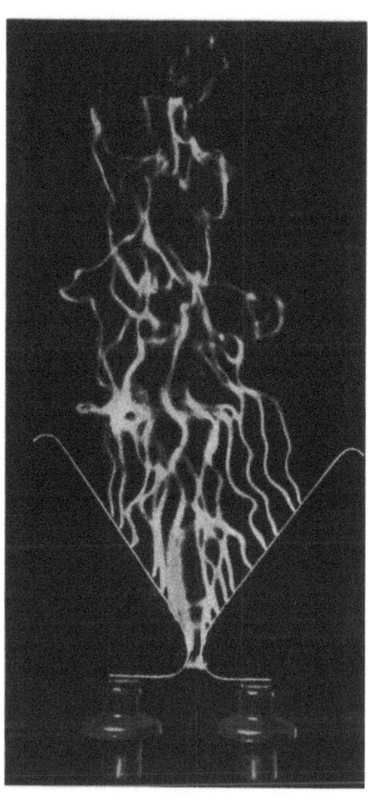

Abb. 10.

Für kleinen Widerstand R im Verhältnis zum Schwingungswiderstand $\sqrt{L/C}$ kann man aus der bekannten Reihenentwicklung für die hyperbolische Funktion die Näherungsformel herleiten

$$\frac{E_c}{E} = \frac{4}{\pi}\frac{\sqrt{L/C}}{R}, \tag{14}$$

aus der man sieht, *daß die höchsten Überspannungen nahezu umgekehrt proportional dem Ohmschen Widerstand sind*, daß sie also in praktischen Wechselstromkreisen mit kleinen Widerständen sehr groß werden können. Beträgt das Widerstandsverhältnis 5%, so kann sich eine Spannung vom

$$\frac{E_c}{E} = \frac{4}{\pi}\cdot\frac{100}{5} = 25{,}4\text{fachen Betrage}$$

der Netzspannung entwickeln.

Bei kürzeren Lichtbögen darf man die Spannung e_b am Bogen wohl vernachlässigen, bei langen Bögen spielt sie jedoch eine wesentliche Rolle und hält auch ihrerseits die Überspannungen in endlichen Grenzen. In Abb. 11 ist ihr Einfluß dargestellt. Die Spannung schwingt jetzt entsprechend Abb. 2 um die Kurve $e - e_b$ als Nullinie, so daß man bei Rückzündung im ungünstigsten Augenblick, also im Scheitel der Wechselspannung, für die $(n+1)$te Kondensatorspannung an Stelle von Gl. (9) erhält

$$e_{C(n+1)} = (E - e_b) + (e_{C_n} + E - e_b)\,\ddot{u} = (1 + \ddot{u})(E - e_b) + \ddot{u}\,e_{C_n}. \tag{15}$$

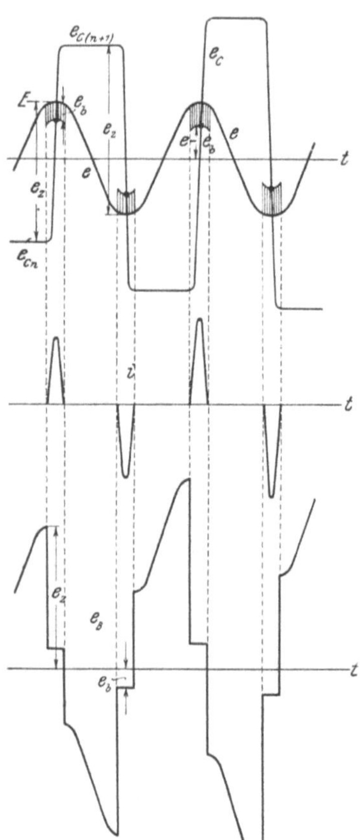
Abb. 11.

Den Grenzwert dieser Spannung nach völligem Heraufarbeiten erhält man daraus durch Gleichsetzen des $n$ten und $(n+1)$ten Wertes von e_C zu

$$E_C = \frac{1 + \ddot{u}}{1 - \ddot{u}}(E - e_b). \tag{16}$$

Die Brennspannung e_b verändert sich nun aber selbst mit zunehmender Bogenlänge. Einigermaßen konstant bleibt lediglich ihr Verhältnis zur Zündspannung, die sich ihrerseits nach Abb. 11 stets aus Kondensatorspannung und Netzspannung zusammensetzt. Es ist daher für den Endzustand

$$e_b = \frac{e_b}{e_z} E_z = \frac{e_b}{e_z}(E_C + E). \tag{17}$$

Setzt man dies in Gl. (16) ein und löst nach E_C auf, so erhält man unter Einführung der hyperbolischen Funktion für den Quotienten mit $\ddot{u}$ die Kapazitätsspannung

$$\frac{E_C}{E} = \frac{1 - \dfrac{e_b}{e_z}}{\mathfrak{Tg}\left(\dfrac{\pi}{4}\dfrac{R}{\sqrt{L/C}}\right) + \dfrac{e_b}{e_z}}. \tag{18}$$

Aus dieser Beziehung geht hervor, *daß die höchste Kondensatorspannung durch die endliche Lichtbogenspannung ebenfalls begrenzt wird.* Wäre der Widerstand des Stromkreises Null, so würde der $\mathfrak{Tangens}$ verschwinden und man erhielte

$$\frac{E_C}{E} = \frac{e_z}{e_b} - 1. \tag{19}$$

Beträgt die Brennspannung 5% der Zündspannung, so läßt sie die Kondensatorspannung auf den 19fachen Betrag der Netzspannung ansteigen, also so hoch, bis der konstante Teil e_b der Lichtbogenspannung gleich der Netzspannung selbst geworden wäre.

Die größte Länge, die der Ausschaltlichtbogen erreichen kann, richtet sich nach der größten Zündspannung. Diese ist nach Abb. 8 oder 11

$$E_z = E_C + E. \tag{20}$$

Sie wird also mit Gl. (18)

$$\frac{E_z}{E} = \frac{1 + \mathfrak{Tg}\left(\dfrac{\pi}{4}\dfrac{R}{\sqrt{L/C}}\right)}{\dfrac{e_b}{e_z} + \mathfrak{Tg}\left(\dfrac{\pi}{4}\dfrac{R}{\sqrt{L/C}}\right)}. \tag{21}$$

Der zeitliche Verlauf der Lichtbogenspannung ist in Abb. 11 ebenfalls eingetragen.

Nimmt man für ein Zahlenbeispiel das Verhältnis von Lichtbogenspannung zur Zündspannung zu 5% und das Verhältnis vom Ohmschen Widerstand zum Schwingungswiderstand zu ebenfalls 5% an, wobei man statt des Tangens sein Argument setzen darf, so ergibt sich nach Gl. (18) eine höchste Kapazitätsspannung vom

$$\frac{E_c}{E} = \frac{1 - \dfrac{5}{100}}{\dfrac{\pi}{4}\cdot\dfrac{5}{100} + \dfrac{5}{100}} = 10{,}6\text{fachen Betrage}$$

und nach Gl. (21) eine höchste Zündspannung vom

$$\frac{E_z}{E} = \frac{1 + \dfrac{\pi}{4}\cdot\dfrac{5}{100}}{\dfrac{5}{100} + \dfrac{\pi}{4}\cdot\dfrac{5}{100}} = 11{,}6\text{fachen Betrage}$$

der Netzspannung. Das sind Überspannungen von einer Höhe, wie sie durch andere Erscheinungen nicht leicht künstlich hervorgerufen werden können. *Die Störungen, die beim Lichtbogenschalten von Kapazitäten aller Art auftreten können, gehören daher zu den gefährlichsten, die die Elektrotechnik kennt.* Erfahrungen in vielen Netzsystemen zeigen, daß unter den hier betrachteten Umständen Schaltüberspannungen auftreten, die zum 2- bis 4- bis 6fachen der normalen Netzspannung gemessen wurden, die erstgenannten Vielfachen oft, die letzteren seltener. Die wirklich gemessene Überspannung hängt noch von vielen sekundären Bedingungen ab, insbesondere von der Überschlagsspannung der Leitungsisolatoren und der Blitzableiter, die diese Werte natürlich begrenzt.

Wir wollen die *Schaltgeschwindigkeit* bestimmen, die zur Vermeidung solcher Kapazitätsrückzündungen erforderlich ist. Der erste Überschlag kann nach Abb. 8 oder 11 bereits nach einer Halbwelle mit dem Wert $2\,E$ eintreten. Die anfängliche Steigerung der Spannung in Volt/sec ist daher

$$\frac{d\,e_z}{dt} = \frac{e_{z1}}{\mathfrak{T}/2} = \frac{2\,E}{\pi/\omega} = \frac{2\,\omega}{\pi}\,E = 4\,f\,E. \tag{22}$$

Will man die Rückzündung unterdrücken, so muß man dafür sorgen, daß die Durchbruchsfestigkeit des Schaltweges noch schneller zunimmt. Die Zündspannung des Durchbruchsfunkens ist angenähert proportional seiner Länge l. Ihre zeitliche Zunahme ist daher

$$\frac{d\,e_z}{d\,t} = \frac{e_z}{l}\frac{d\,l}{d\,t} = \frac{e_z}{l}\,v_s, \tag{23}$$

wenn man mit v_s die Schaltgeschwindigkeit bezeichnet. Durch Vergleich mit Gl. (22) erhält man für ihren Minimalwert die Bedingung

$$v_s = \frac{4\,f\,E}{e_z/l}. \tag{24}$$

Für Luftlichtbögen mäßiger Stromstärke darf man mit $e_z/l = 500$ Volt/cm rechnen, so daß man für 10 kV Netze bei 50 Per/sec erhält

$$v_s = \frac{4\cdot 50\cdot 10\cdot 10^3}{500} = 4\cdot 10^3\,\text{cm/sec} = 40\,\text{m/sec}.$$

Solche Geschwindigkeiten sind in ruhiger Luft kaum herstellbar, so daß der Lichtbogen zunächst stehenbleibt. Wenn jedoch gleichzeitig mit der Trennung der Kontakte Druckluft durch den Lichtbogen geblasen wird, so kann diese Geschwindigkeit durch das Ausziehen des Bogens leicht überschritten werden. Außerdem wird die ursprüngliche Überschlagsstrecke dann eine viel höhere Zündspannung besitzen als vorher, da sie in einer Zone von kühler Luft liegt. Für Lichtbögen mit mäßigen Strömen unter Öl ist die Zündspannung etwa das 10 fache der oben erwähnten, so daß bei 2 facher Unterbrechung jedes Poles eine mechanische Geschwindigkeit von $40/10 \cdot 2 = 2$ m/sec ausreicht, um den Bogen zu unterdrücken. *Bei höheren Spannungen muß man zu 4- und 6 facher Unterbrechung greifen und die Schaltergeschwindigkeit unter Öl noch weiter erhöhen, wenn man die Ausdehnung kapazitiver Lichtbögen mit Sicherheit vermeiden will.*

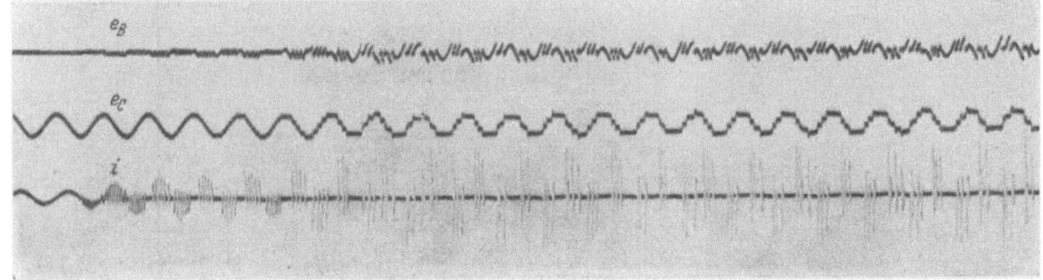

Abb. 12a.

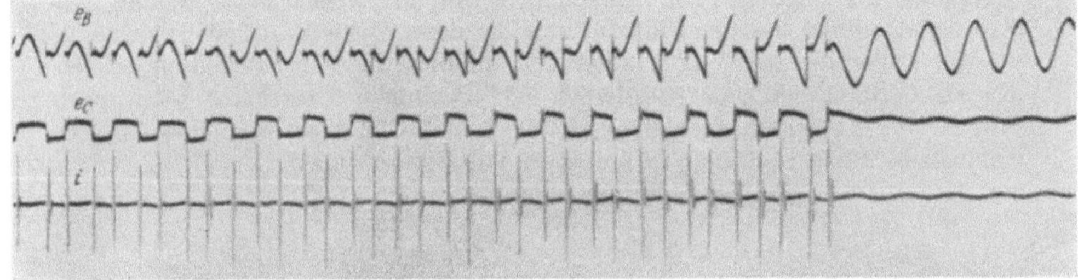

Abb. 12b.

Da die Spannungszunahme nach Abb. 11 im weiteren Verlauf gegenüber ihrem Anfangswert zurückbleibt, weil Widerstand und Brennspannung dämpfend wirken, so kann man den Lichtbogen nach seinem anfänglichen Entstehen noch mit etwas geringerer Schaltgeschwindigkeit als nach Gl. (24) löschen, bevor er sich völlig heraufgearbeitet hat.

b) Schaltstrom und Schaltarbeit. Der Strom verläuft beim Ausschalten von Schwingungskreisen über einen Lichtbogen nicht mehr nach einer regulären Sinuswelle, die 90° gegen die Spannungswelle versetzt ist, sondern er besteht aus einzelnen Stromstößen großer Stärke, die je nach der Funkenlänge auch im Maximum der Spannungskurve auftreten können und deren zeitlicher Verlauf durch Gl. (2) und (3) bestimmt ist. Löscht der Lichtbogen nach jeder ersten Halbwelle der Rückzündungsschwingung aus, so treten, wie es in Abb. 9 dargestellt ist, nur einzelne, durch lange Pausen getrennte Stromstöße auf, die gut in Phase mit der Netzspannung liegen und daher erhebliche Leistung entwickeln.

Erfolgt die Löschung erst nach einer oder mehreren Halbwellen, so sind die Stromstöße oszillatorisch. Die Spannung kann sich dann nicht auf viel mehr als das Doppelte heraufarbeiten, so daß die Verhältnisse denen der Kapazitätsumladung nach Kapitel 42 ähneln. Abb. 12 gibt ein Oszillogramm der Funkenspannung e_B, der Kondensatorspannung e_C und des Stromes i wieder, die sich entwickeln, wenn man kapazitiven Ladestrom von einer induktiven Stromquelle, wie Transformator oder Generator, langsam abschaltet. Die Kurven entsprechen ganz dem Schema der Abb. 20, Kapitel 42, nur treten hier statt der aperiodischen Teilentladungen überall oszillatorische auf, wie in Abb. 4.

Abb. 12a stellt den Anfang, 12b das Ende des Vorganges dar. Man erkennt, wie sich bereits bei kurzem Lichtbogen sofort zahlreiche Teilentladungen in jeder Halbwelle ausbilden, die mit heftigen Ladestromstößen verbunden sind. Mit zunehmender Lichtbogenlänge werden die Stöße seltener, aber heftiger. Die Treppenkurve der Kondensatorspannung geht schließlich in eine Rechteckkurve über, die Bogenspannung vergrößert sich immer mehr zu einzelnen, gegeneinander versetzten Sinushalbwellen, bis schließlich ihre Zündspitze nicht mehr aufgebracht werden kann und der Ausschaltbogen erlischt. In diesem Oszillogramm tritt keine vorzeitige Unterbrechung der Zündschwingung auf, und daher liegt kein Grund vor, daß die Spannung höher als $2E$ klettern sollte.

Wenn wir annehmen, daß für den regulären Betrieb Leitungswiderstand und Blindwiderstand der Selbstinduktion gering sind gegen den Blindwiderstand der Kapazität des Stromkreises, was bei Starkstromkreisen im allgemeinen zutrifft, dann wird der reguläre Wechselstrom, solange der Schalter geschlossen ist, im wesentlichen bestimmt durch den Quotienten von Netzspannung und Kapazitätsblindwiderstand. Das Verhältnis der *im Widerstand entwickelten mittleren Leistungen oder der Arbeiten* vom Zündstrom beim Ausschalten und regulärem Wechselstrom vor dem Ausschalten ist daher für jede Halbwelle

$$\frac{a_z}{a} = \frac{\int\limits_0^{\pi/\nu} R\,i^2\,dt}{\frac{1}{2}\,RJ_c^2\,\frac{\mathfrak{X}}{2}} = \frac{\int\limits_0^{\pi/\nu} i^2\,dt}{\frac{\pi}{2}\,\omega C^2 E^2}. \tag{25}$$

Dabei sind für den regulären Wechselstrom J_C und seine Periodendauer $\mathfrak{X}$ die bekannten Werte aus Kapazität, Spannung und Frequenz eingesetzt. Führt man hierin Gl. (2) und (3) ein und ersetzt dann das Produkt von Selbstinduktion und Kapazität durch die Eigenfrequenz nach Gl. (1), so erhält man

$$\frac{a_z}{a} = \frac{2}{\pi}\,\frac{(e_z - e_b)^2}{E^2}\,\frac{\nu^2}{\omega}\int\limits_0^{\pi/\nu} \varepsilon^{-\frac{R}{L}t}\,\sin^2\nu t\,dt. \tag{26}$$

Das darin auftretende Integral ist

$$\int\limits_0^{\pi/\nu} \varepsilon^{-\frac{R}{L}t}\,\sin^2\nu t\,dt = \frac{L}{2R}\left(1 - \varepsilon^{-\pi\frac{R}{\sqrt{L/C}}}\right) \eqsim \frac{L}{2R}\,\frac{\pi R}{\sqrt{L/C}} = \frac{\pi}{2\nu}, \tag{27}$$

wobei der Näherungswert für das meist geringe Verhältnis von Widerstand zu Schwingungswiderstand gilt. Man erhält damit für den Effektivwert des jeweiligen Zündstromes im Verhältnis zu dem des regulären Wechselstroms

$$\frac{\bar{i}_z}{\bar{J}_c} = \sqrt{\frac{a_z}{a}} = \sqrt{\frac{\nu}{\omega}}\,\frac{e_z - e_b}{E}. \tag{28}$$

Wegen der hohen Eigenfrequenz ist dieser Wert stets größer als 1.

Der Höchstwert ergibt sich durch Einsetzen der höchstmöglichen Zündspannung nach Gl. (21) bei lang ausgezogenem Bogen zu

$$\frac{\bar{J}_z}{\bar{J}_c} = \sqrt{\frac{\nu}{\omega}}\left(1 - \frac{e_b}{e_z}\right)\frac{1 + \mathfrak{Tg}\left(\frac{\pi}{4}\frac{R}{\sqrt{L/C}}\right)}{\frac{e_b}{e_z} + \mathfrak{Tg}\left(\frac{\pi}{4}\frac{R}{\sqrt{L/C}}\right)}. \tag{29}$$

Mit den oben genannten Zahlen und einer Eigenfrequenz von 10facher Höhe der Netzfrequenz erhält man ein Verhältnis der Effektivströme vom

$$\frac{\bar{J}_z}{\bar{J}_c} = \sqrt{10}\left(1 - \frac{5}{100}\right)\cdot 11{,}6 = 35\,\text{fachen Betrage}.$$

Beim Abschalten von Kapazitäten über einen Lichtbogen wird daher der Effektivwert des Stromes während des Schaltvorganges zunächst nicht verkleinert, wie man erwarten sollte, sondern durch die Wirkung der stoßweise auftretenden Rückzündungsströme ganz gewaltig vergrößert. Man hat dabei öfter das Durchschmelzen von Sicherungen beobachtet.

Die *Schaltarbeit*, die im Lichtbogen selbst während einer Halbperiode frei wird, berechnet sich bei ebenfalls nur einer einzigen Halbwelle der Zündschwingung mit Gl. (2) und (3) zu

$$a_{\mathfrak{T}/2} = \int\limits_0^{\pi/\nu} e_B i\, dt = e_b(e_z - e_b)\sqrt{\frac{C}{L}}\int\limits_0^{\pi/\nu} \varepsilon^{-\frac{R}{2L}t}\sin\nu t\, dt. \tag{30}$$

Das Integral hat darin den Wert

$$\int\limits_0^{\pi/\nu} \varepsilon^{-\frac{R}{2L}t}\sin\nu t\, dt = \frac{1}{\nu}\left(1 + \varepsilon^{-\frac{\pi}{2}\frac{R}{\sqrt{L/C}}}\right) = \sqrt{LC}\,(1 + \ddot{u}), \tag{31}$$

wobei das Dämpfungsverhältnis $\ddot{u}$ nach Gl. (12) eingeführt ist. Damit erhält man die maximale Halbwellen-Schaltarbeit bei ausgezogenem Bogen durch Einführen der Zündspannung E_z nach Gl. (21) zu

$$A_{\mathfrak{T}/2} = \frac{e_b}{e_z}\left(1 - \frac{e_b}{e_z}\right)E_z^2 C(1 + \ddot{u})$$

$$= \frac{e_b}{e_z}\left(1 - \frac{e_b}{e_z}\right)C(1 + \ddot{u})\left[\frac{1 + \frac{1 - \ddot{u}}{1 + \ddot{u}}}{\frac{e_b}{e_z} + \mathfrak{Tg}\left(\frac{\pi}{4}\frac{R}{\sqrt{L/C}}\right)}\right]^2 E^2. \tag{32}$$

Darin ist der $\mathfrak{Tangens}$ im Zähler nach Gl. (11) und (13) durch $\ddot{u}$ ausgedrückt. Durch Ausmultiplizieren entsteht

$$A_{\mathfrak{T}/2} = \frac{e_b}{e_z}\left(1 - \frac{e_b}{e_z}\right)\frac{C E^2}{1 + \ddot{u}}\left[\frac{2}{\frac{e_b}{e_z} + \mathfrak{Tg}\left(\frac{\pi}{4}\frac{R}{\sqrt{L/C}}\right)}\right]^2. \tag{33}$$

Wenn man nun beachtet, daß häufig mit ausreichender Genauigkeit

$$\frac{1 - \frac{e_b}{e_z}}{1 + \ddot{u}} = \frac{1}{2} \tag{34}$$

ist, weil die Abweichungen von 1 im Zähler und von 2 im Nenner dieses Bruches sich nahezu die Waage halten, so erhält man für die maximale Schaltarbeit die Näherungsformel

$$A_{\mathfrak{T}/2} = \frac{4\dfrac{e_b}{e_z}}{\left[\dfrac{e_b}{e_z} + \mathfrak{Tg}\left(\dfrac{\pi}{4}\,\dfrac{R}{\sqrt{L/C}}\right)\right]^2}\,\frac{C\,E^2}{2}. \tag{35}$$

Die Schaltarbeit im Lichtbogen konzentriert sich während jeder Halbwelle der Netzspannung auf die kurze Zeitspanne einer Halbwelle der Zündschwingung. Sie ist nach Gl. (35) ein bestimmtes Vielfaches der Arbeit, die in der abgeschalteten Kapazität unter der Netzspannung aufgespeichert war. Für das obengenannte Zahlenbeispiel mit 5% Brennspannung und 5% OHMschem Spannungsabfall ist sie das

$$\frac{4\cdot\dfrac{5}{100}}{\left(\dfrac{5}{100} + \dfrac{\pi}{4}\cdot\dfrac{5}{100}\right)^2} = 25\,\text{fache}$$

dieser Ladearbeit. Trotz der mäßigen am Lichtbogen herrschenden Spannung nach dem Zünden wird dort eine sehr große Leistung frei, die bei erheblichen Kapazitäten und hohen Spannungen gewaltige Brandwirkungen erzeugen kann.

Würde kein Widerstand im Stromkreis vorhanden sein, so wäre die Schaltarbeit nach Gl. (33) mit $\ddot{u} = 1$

$$A_{\mathfrak{T}/2} = 4\left(\frac{e_z}{e_b} - 1\right)\frac{C\,E^2}{2}. \tag{36}$$

Sie wäre also fast im 4fachen Verhältnis von Zündspannung zu konstanter Brennspannung größer als die reguläre Kondensatorarbeit. In Wirklichkeit bleibt sie durch den Einfluß des Leitungswiderstandes erheblich unter dieser Grenze.

Während beim Ausschalten von Gleichstromkreisen die in der Selbstinduktion aufgespeicherte Arbeit im Schalterlichtbogen frei wird, sahen wir, daß diese beim Ausschalten induktiver Wechselstromkreise vollständig an die Stromquelle zurückgeliefert wird und nicht in den Lichtbogen übergeht. *Beim Ausschalten kapazitiver Wechselstromkreise wird, wie wir jetzt sehen, nicht nur die reguläre in der Kapazität aufgespeicherte Arbeit im Schalterlichtbogen frei, sondern diese Arbeit kann sich durch mehrfaches Rückzünden und Heraufklettern der Spannung auf einen hohen Wert vervielfachen, so daß der Schalter unter äußerst ungünstigen Bedingungen arbeitet.* Es ist erwähnenswert, daß in Hochspannungs-Fernleitungen die reguläre kapazitive Energie oft von derselben Größenordnung ist wie die induktive Energie. Um diese gewaltige Schaltarbeit zu vermeiden, muß man trachten, Kapazitätsströme mit möglichst großer Geschwindigkeit zu unterbrechen, so daß die Spannung sich nicht hocharbeiten kann.

Jeder Nebenschlußwiderstand oder jede Belastung parallel zum Lichtbogen oder zur Kapazität bietet der Kondensatorladung einen Ausgleichsweg dar und verkleinert dadurch oder verhindert gar die Wiederzündungsschwingungen. *Daher werden diese Erscheinungen hauptsächlich bei Unterbrechung unbelasteter kapazitiver Stromkreise beobachtet.* Wenn die Ausschaltgeschwindigkeit nicht genügend beschleunigt werden kann, um eine Wiederzündung zu verhindern, so ist es zweckmäßig, einen Nebenschlußwiderstand zum Lichtbogen vorzusehen, dessen Wert in der Größenordnung der aperiodischen Dämpfung des $C\text{–}L$-Kreises liegen sollte.

c) Aussetzender Erdschluß. Lichtbögen mit Kapazitätslast treten nicht nur beim gewollten Ausschalten von Leitungen oder Kabeln auf, sondern sie bilden sich in Starkstromnetzen oft als ungewollte Erscheinungen beim Erdschluß einer

Leitung aus. Abb. 13 stellt die Kapazitäten dar, die die Leitungen einer Drehstromanlage gegen Erde besitzen. Zwischen einer Leitung und der Erde ist außerdem ein Erdschluß über einem Lichtbogen B eingezeichnet. Wäre der Erdschluß metallisch, so würde durch ihn die kranke Leitung gegen Erde und damit auch ihre Kapazität c kurzgeschlossen, und den gesunden Leitungen würde sich die ursprüngliche Spannung der kranken Leitung überlagern, so daß ihre Kapazitäten C von verstärkten Strömen durchflossen würden. Wenn jedoch der Erdschluß nicht metallisch ist, sondern über eine Luftstrecke erfolgt, in der der Erdschlußfunke oder -lichtbogen nach dem Nulldurchgang des Stromes auslöschen kann, so entstehen die soeben besprochenen Rückzündungserscheinungen. Ändern die Fußpunkte des Lichtbogens ihren Abstand nicht, so bleibt

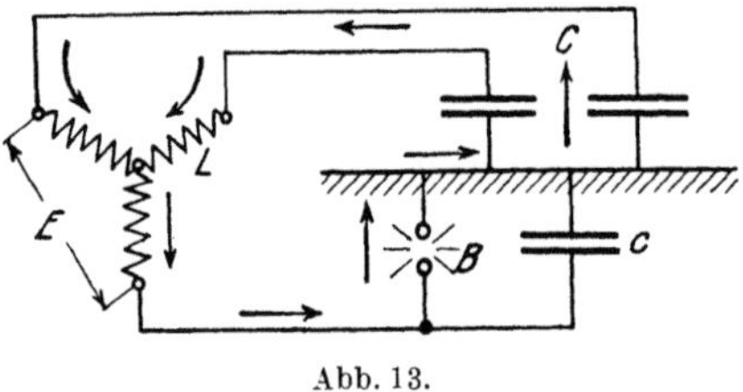

Abb. 13.

die entwickelte Spannung konstant. Entfernen sie sich jedoch voneinander, etwa beim Fortbrennen eines Fremdkörpers an der Leitung, so können sich an den gesunden wie an den kranken Leitungen sehr hohe Überspannungen entwickeln.

Der Strom im Erdschlußfunken B fließt vom Generator oder Transformator her zur Erde, tritt von dort in die Kapazitäten der gesunden Leitungen über und fließt durch diese Leitungen zur Stromquelle zurück. Die reguläre Spannung zwischen den beiden gesunden Leitungen und der reguläre Strom in ihnen beeinflussen den Verlauf des Erdschlußstromes nicht, weil in diesen Teilen Widerstand, Selbstinduktion und Kapazität konstant sind und daher vollkommene Superposition herrscht. Die gesunden Leitungen sind für den Erdschlußstromkreis parallel geschaltet, so daß die Summe ihrer Kapazitäten gegen Erde wirksam ist. Der ganze Kreis steht unter der mittleren Spannung der beiden gesunden Leitungen gegen die kranke, also unter

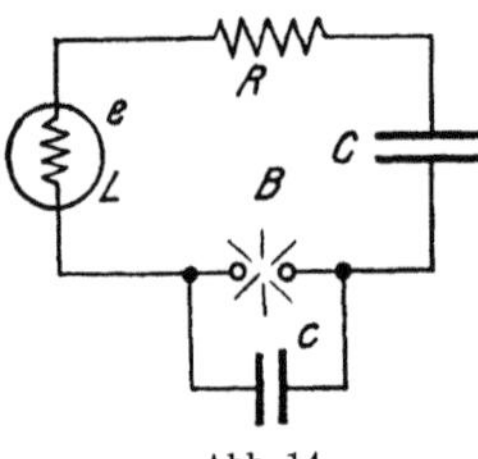

Abb. 14.

$$E'' = \frac{\sqrt{3}}{2} E, \tag{37}$$

wenn mit E die verkettete Drehspannung bezeichnet wird. Die wirklichen Verhältnisse werden daher durch den Ersatzstromkreis der Abb. 14 dargestellt, in dem die Kapazität c der kranken Phase parallel zum Lichtbogen liegt. *Durch diese Nebenkapazität c, die bei Drehstromnetzen nach Abb. 13 die halbe Größe der Hauptkapazität C hat und bei Einphasennetzen sogar volle Größe besitzt, unterscheidet sich demnach der intermittierende Erdschluß von den vorher behandelten Ausschaltvorgängen.*

Die Wirkung der Nebenkapazität ist dreifach. Sie sendet einerseits beim jedesmaligen Zünden des Lichtbogens einen Entladestrom in denselben, der sich dem Strome der Zündschwingung überlagert und die Wärmeproduktion vergrößert. Solange im Kreise der Nebenkapazität keine überwiegenden Widerstände oder Selbstinduktionen vorhanden sind, erlischt diese Entladung sehr rasch gegenüber der ersten Halbwelle der Zündschwingung des Hauptkreises, so daß ihr Einfluß nur gering ist. Nach dem Löschen des Lichtbogens bewirkt die Nebenkapazität andererseits einen kapazitiven Schluß des Hauptstromkreises, so daß die auf der Hauptkapazität im Augenblick des Löschens befindliche Ladung nicht voll auf ihr liegenbleibt, sondern zum Teil auf die Nebenkapazität herüberströmt, mit der sie ja über die Selbstinduktion L des Generators leitend verbunden ist. Der Ausgleich erfolgt über Eigenschwingungen des

Systems C, c, L, durch die die Spannung an der Nebenkapazität von Null an dauernd steigt und fällt, während die Spannung an der Hauptkapazität um entsprechende Beträge schwankt. Wenn diese Schwingungen nach Ablauf einer halben Periode der regulären Wechselspannung noch nicht abgeklungen sind, so erfolgt die nächste Rückzündung des Lichtbogens vorwiegend zu einer Zeit, in der die Hauptkapazität das Maximum, die Nebenkapazität das Minimum ihrer Spannung besitzt, denn in diesem Augenblick ist die Spannung am Lichtbogen, die ja inzwischen ihr Vorzeichen gewechselt hat, am größten.

Schließlich bewirkt die Nebenkapazität, daß sich die reguläre Wechselspannung nach dem Löschen nicht vollständig auf den Lichtbogen legt, sondern sich im umgekehrten Verhältnis der Kapazitäten auf Haupt- und Neben-

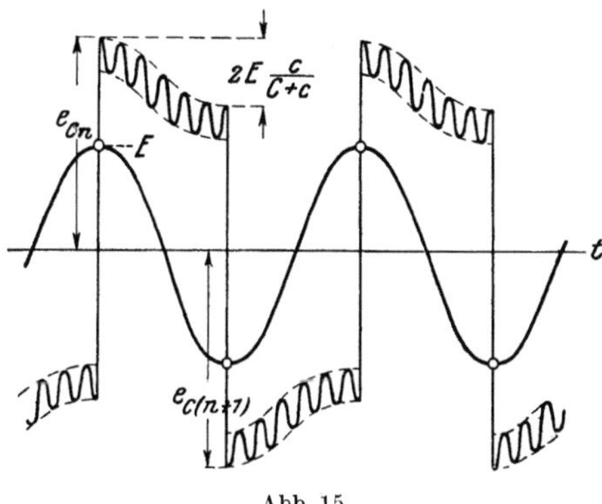

Abb. 15.

kapazität aufteilt. Die mittlere Spannung an der Hauptkapazität bleibt daher nicht konstant bis zur nächsten Rückzündung, sondern folgt dem Wechsel der Netzspannung mit einem gewissen Anteil, der durch das Verhältnis $c/(c+C)$ gegeben ist. Abb. 15 zeigt den Verlauf der Spannung e_C an der Hauptkapazität.

Während der halben Wechselstromperiode, die zwischen zwei Rückzündungen vergeht, sinkt daher die Spannung an der Hauptkapazität um den Betrag $2\,Ec/(C+c)$. Damit wird die $(n+1)$te Kapazitätsspannung nach Abb. 15

$$e_{C(n+1)} = E + \left(e_{Cn} - 2E\frac{c}{C+c} + E\right)\ddot{u} = \left(1 + \frac{C-c}{C+c}\ddot{u}\right)E + \ddot{u}\,e_{Cn}, \qquad (38)$$

sofern man der einfachen Übersicht halber nur dämpfende Einflüsse durch Widerstände während der einen Halbwelle der Zündschwingung in Rechnung zieht. Den Endwert der Spannung nach vollständigem Heraufarbeiten erhält man wieder durch Gleichsetzen des $n$ten und $(n+1)$ten Wertes von e_C zu

$$E_C = \frac{1 + \dfrac{C-c}{C+c}\ddot{u}}{1 - \ddot{u}}\,E''. \qquad (39)$$

Gegenüber Gl. (11) für den einfachen Stromkreis erkennt man, daß die Wirkung der Nebenkapazität die Endspannung zwar verkleinert, daß sie jedoch das starke Heraufarbeiten, das vor allem durch die Differenz im Nenner dieser Gleichung bedingt wird, nicht zu verhindern vermag. Für Dreiphasensysteme mit $c = {}^1\!/_2 C$ erhält man unter Benutzung der Gl. (37) die bei Erdschluß übergelagerte Kapazitätsspannung an den gesunden Leitungen im Höchstfalle zu

$$E_C = \frac{\sqrt{3}}{2} \cdot \frac{1 + \frac{\ddot{u}}{3}}{1 - \ddot{u}} E \tag{40}$$

und für Einphasensysteme mit $c = C$ zu

$$E_C = \frac{1}{1 - \ddot{u}} E. \tag{41}$$

Tatsächlich treten diese hohen Spannungen nur auf, wenn die Lichtbogenlänge sich allmählich ausdehnt bis auf einen so großen Zwischenraum, daß er gerade den erzeugten Spannungen standhält. Wenn jedoch die Elektroden festliegen, so endet die ansteigende Spannung bei einem Werte, wie er für die Wiederzündung ihres Abstandes nötig ist. Jeder dieser Fälle tritt von Zeit zu Zeit in Hochspannungs-Fernleitungen auf, der erstere Fall meist in Oberleitungen in der Luft, der letztere meist in Kabeln in der Erde.

Für eine Dämpfung der Zündschwingung auf das $\ddot{u} = 0{,}9$fache erhält man nach diesen Beziehungen bei Drehstromnetzen das 11,3fache, bei Einphasennetzen das 10fache der Betriebsspannung, während wir ohne Nebenkapazität das 19fache errechnet hatten. Die Dämpfung der Kapazitätsschwingungen nach dem Löschen und die Lichtbogenspannung selbst bewirken natürlich, daß diese Formeln nur als Grenzwerte aufzufassen sind, die ein Erdschlußlichtbogen beim allmählichen Auseinanderwandern seiner Fußpunkte erreichen kann.

Durch die hohen Überspannungen beim aussetzenden Erdschluß wird es ermöglicht, daß Erdschlußlichtbögen, die durch Überschläge oder Durchschläge der Isolation oder durch Fremdkörper zwischen den Leitungen eingeleitet werden, ihre Ausdehnung ungeheuer vergrößern können. *Der unter seiner Eigenwärme oder durch Wind abtreibende Erdschlußlichtbogen arbeitet sich selbst durch Anwachsen der Zündspannung auf immer höhere Spannungen hinauf und erreicht dabei gewaltige Dimensionen.* Häufig kommt er in Berührung mit den gesunden Leitungen des Netzes und verursacht dadurch direkten Kurzschluß zwischen den Phasenleitungen.

Belastungsapparate, wie Transformatoren und Motoren, wirken bei aussetzenden Erdschlüssen nicht so sehr durch den Widerstand als durch die Selbstinduktion ihrer Wicklungen. Sie üben daher keine erhebliche Dämpfung aus, sondern verringern nur die Frequenz der Eigenschwingungen des Systems, da ihre Selbstinduktion parallel zu der der Stromquelle liegt. Alle Strom- und Spannungsstöße werden dabei über die Transformatoren auf die Niederspannungskreise übertragen und können auch hier starke Störungen hervorbringen.

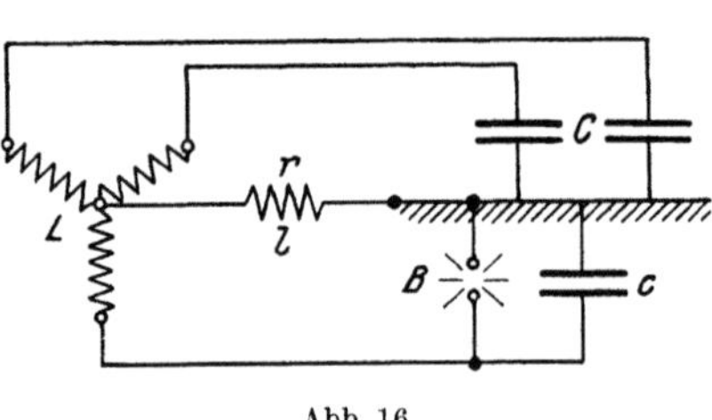

Abb. 16.

Als Schutzvorkehrung gegen das Heraufarbeiten der Spannung bei Erdschlüssen verwendet man vorwiegend zwei Mittel. Passend bemessene Widerstände können parallel zur Kapazität oder zum Lichtbogen angeordnet und durch Funkenstrecken, etwa mit Selbstlöschung, eingeschaltet werden, sowie Überspannungen auftreten. Noch wirksamer ist es bei Drehstromanlagen, den Widerstand zwischen Erde und Wicklungssternpunkt der Stromquelle anzubringen, so wie es in Abb. 16 dargestellt ist, da bei dieser Schaltung nicht die regulären Ströme und Spannungen, sondern nur die Fehlerspannungen auf den Wider-

stand r wirken. Das Hinüberschießen der Kondensatorspannung über die Netzspannung um das Maß $\ddot{u}$ beim Rückzünden wird durch jeden Widerstand im
Stromkreise oder parallel zu ihm wesentlich gedämpft, und außerdem bewirkt
jeder Parallelwiderstand zur Kapazität oder zum Lichtbogen ein Absinken der
Spannung bis zur nächsten Rückzündung. Durch beide Einflüsse wird das Anwachsen der Kondensatorspannung verlangsamt oder gar verhindert und ihr
Endwert auf ein erträgliches Maß begrenzt.

Ein anderes sehr wirksames Mittel besteht in dem Ersatz der Widerstände,
z. B. des Sternpunktwiderstandes in Abb. 16 durch eine Drosselspule l, die entsprechend Kapitel 26 so bemessen wird, daß sie einen phasennacheilenden Strom
von möglichst gleicher Größe in den Erdschlußpunkt fließen läßt, wie er als
phasenvoreilender Strom von der regulären Wechselspannung in der Kapazität C
erzeugt wird. Diese beiden Ströme heben sich unmittelbar nach dem Erdschluß
im Erdschlußpunkte auf, so daß sich gar kein Erdschlußlichtbogen zu entwickeln
braucht. Bei Gleichheit des Selbstinduktionsstromes mit dem Ladestrom der
Kapazität herrscht Resonanz der Netzspannung mit der Eigenschwingung dieses
Kreises aus l und C. Die Spannung an der kranken Stelle, die nach ihrem Durchbruch plötzlich auf Null gesunken war, arbeitet sich daher nur allmählich wieder
auf den früheren Wert herauf. Besteht die Störungsursache weiter, so wiederholt
sich das Spiel alsbald, ist sie inzwischen verschwunden, z. B. bei Zweigen oder
Vögeln zwischen den Leitungen oder bei Blitzüberschlägen über die Isolatoren, so
tritt der ordentliche Zustand der Anlage wieder ein.

Abb. 10, Kapitel 26 zeigt den riesigen Erdschlußlichtbogen eines 100 kV Dreh-
stromnetzes von 60 Amp Stromstärke, die folgende Abb. 11 den Bogen desselben
Netzes bei induktiver Erdschlußlöschung, bei der nur ein kleines Fünkchen am
Isolator hervorgebracht wird, wie es das vergrößerte Einsatzbild zeigt.

45. Lichtbogenschwingungen.

Bei elektrischen Stromkreisen mit konstanten charakteristischen Werten
von Selbstinduktion, Widerstand und Kapazität sahen wir in Kapitel 3, daß die
nach jeder Gleichgewichtsstörung oder jedem Schaltvorgang auftretenden
Ströme und Spannungen sich zusammensetzen lassen aus einem stabilen, stationären Werte, der dauernd erhalten bleibt, und einem zusätzlichen Betrag, der
als freier Ausgleichswert mit wachsender Zeit allmählich verlöscht. Dieser Ausgleichsstrom verläuft wie in einem Stromkreise ohne eingeprägte elektromotorische
Kraft und kann sich daher nicht dauernd erhalten.

Für veränderlichen Widerstand des Stromkreises, vor allem beim Auftreten
von Lichtbögen, haben wir in den letzten Kapiteln die Vorgänge für den speziellen Fall des Ausschaltens behandelt. Wir wollen jetzt untersuchen, was für
Erscheinungen sich entwickeln, wenn *stationäre Lichtbögen* im Stromkreise auftreten. Vor allem wollen wir nach der *Stabilität* der Ströme in solchen Lichtbogen-
kreisen fragen und wollen dazu untersuchen, welche Wirkungen durch kleine
Abweichungen des Stromes vom regulären Verlaufe hervorgerufen werden.

Für den Fall, daß der Schwingungskreis mit Gleichstrom gespeist wird,
wurde in Kapitel 36 eine strenge graphische Lösung von allgemeiner Gültigkeit
abgeleitet. Elektrische Starkstromnetze werden jedoch vorwiegend mit Wechselstrom betrieben, und somit ändert sich die speisende Spannung sinusförmig mit
der Zeit. Für diesen Fall ist keine ebenso umfassende Lösung bekannt.

In Stromkreisen nach der Art von Abb. 1, die Selbstinduktion L, Widerstand R, Kapazität C und einen Lichtbogen B in beliebiger Zusammenstellung
enthalten und von einer Stromquelle mit der Spannung e gespeist werden, richtet

sich der Verlauf des Stromes nach der Differentialgleichung

$$L \frac{di}{dt} + R\,i + \frac{1}{C} \int i\,dt + e_B(i) = e.\tag{1}$$

Dabei sind L, R und C konstante Größen, während die Abhängigkeit der Lichtbogenspannung e_B vom Strom durch die Bogencharakteristik nach Abb. 2 dargestellt wird. Diese Gleichung ergibt als Lösung einen stationären Strom i', der dauernd im Stromkreise fließt und der je nach der Art der eingeprägten Spannung e ein Gleichstrom oder Wechselstrom von vorgeschriebener Frequenz sein kann. Wenn nun der tatsächliche Strom eine gewisse Abweichung i'' von seinem

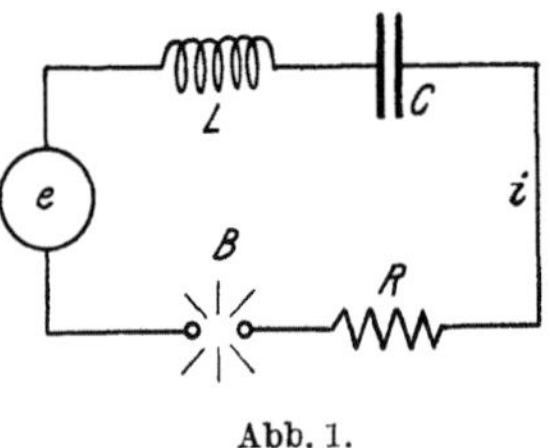

Abb. 1.

regulären Verlauf besitzt, so daß der wirkliche Strom

$$i = i' + i''\tag{2}$$

ist, so werden die Spannungen der Selbstinduktion, des Widerstandes und der Kapazität proportional *vergrößert*. Die Spannung am Lichtbogen *verringert* sich jedoch wegen der abfallenden Charakteristik auf das Maß

$$e_B = e_B' - e_B''.\tag{3}$$

Setzt man diese Ströme und Spannungen in die Differentialgleichung (1) ein, so zerfällt diese in zwei getrennte Gleichungen, nämlich

$$\left.\begin{aligned} L \frac{di'}{dt} + R\,i'' + \frac{1}{C} \int i'\,dt + e_B' &= e, \\ L \frac{di''}{dt} + R\,i'' + \frac{1}{C} \int i''\,dt - e_B'' &= 0. \end{aligned}\right\}\tag{4}$$

Die erste ergibt den regulären Strom i', den wir hier nicht weiter betrachten wollen, die zweite stellt die Beziehung dar, nach der der freie Strom i'' verläuft, der durch irgendeine Gleichgewichtsstörung im Stromkreise eingeleitet werden kann. Schreibt man dieselbe in der Form

$$L \frac{di''}{dt} + R\,i'' + \frac{1}{C} \int i''\,dt = e_B'',\tag{5}$$

so erkennt man, *daß der freie Strom nicht mehr wie in einem kurzgeschlossenen Stromkreise aus L, R und C verläuft, sondern daß er unter der Wirkung einer eingeprägten Spannung e_B'' steht, die ihren Sitz im Lichtbogen hat und in ihrer Größe durch den Verlauf der Bogencharakteristik bestimmt wird.* Es ist daher möglich, daß die freien Ströme hier überhaupt nicht mehr zum Verschwinden kommen, sondern dauernd weiter bestehenbleiben, geradeso wie in Kapitel 16.

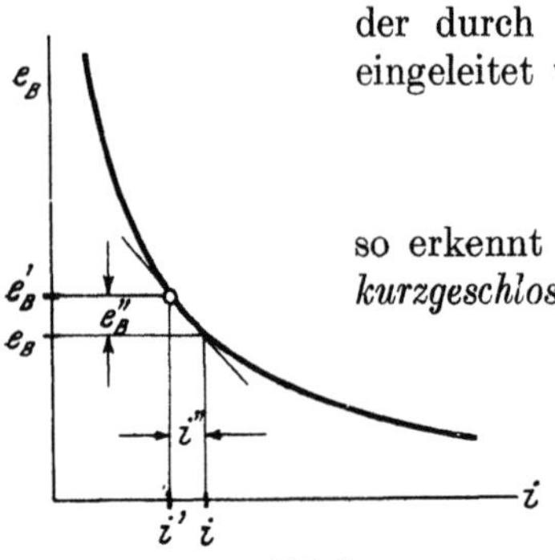

Abb. 2.

Für geringe Abweichungen vom regulären Verlauf, die wir zunächst untersuchen wollen, können wir die Veränderung der Spannung als linear abhängig vom Strome ansehen und daher nach Abb. 2 schreiben

$$e_B = e_B' + \frac{\partial e_B}{\partial i}(i - i') = e_B' + \frac{\partial e_B}{\partial i} i'' = e_B' - e_B''.\tag{6}$$

Dies gilt vor allem, wenn der freie Strom sich schneller ändert als der reguläre Stromverlauf. Dabei stellt $\partial e_B / \partial i$ die Änderung der Spannung mit dem Strome in der Umgebung des regulären Arbeitspunktes dar, die nach Abb. 2 durch Tangentenbildung der Charakteristik entnommen werden kann. Der letzte Ausdruck auf der rechten Seite ist von G. (3) übernommen. Für kleine Stromabweichungen ist die eingeprägte Spannung e''_B des freien Stromes demnach proportional diesem Strom selbst, so daß wir sie in Gl. (5) mit der Widerstandsspannung zusammenfassen können, indem wir schreiben

$$L\frac{di''}{dt} + \left(R + \frac{\partial e_B}{\partial i}\right)i'' + \frac{1}{C}\int i''\,dt = 0\,.\tag{7}$$

Aus dieser Beziehung sieht man, daß der freie Strom i'' im Lichtbogen nach einer ähnlichen Differentialgleichung verläuft, wie sie früher im Kapitel 5, Gl. (2) für die freien Ausgleichsströme ohne Lichtbogen hergeleitet war. Lediglich der Widerstand erscheint durch das Zusatzglied $\partial e_B/\partial i$ verändert. Da nun dieses Glied wegen der abfallenden Charakteristik für normale Lichtbögen nach Abb. 2 einen negativen Wert besitzt, so wird der resultierende Widerstand des Kreises dadurch vermindert. *Die freien Ströme, die bei jedem Schaltvorgang einsetzen, verlöschen daher in Stromkreisen mit Lichtbögen langsamer, da ihre Dämpfung geringer ist.*

Wenn die Verhältnisse im Lichtbogen und im Schwingungskreise so liegen, daß der Abfall der Charakteristik zahlenmäßig gleich dem Ohmschen Widerstande des Stromkreises wird, also

$$\frac{\partial e_B}{\partial i} = -R\,,\tag{8}$$

dann verschwindet das Dämpfungsglied für die freien Ströme in Gl. (7) vollständig. Dieselben verlöschen dann mit wachsender Zeit nicht mehr, sondern können ungedämpft als selbsterregte Wechselströme weiterbestehen. Die Differentialgleichung (7) geht dann über in die einfachere Beziehung

$$L\frac{di''}{dt} + \frac{1}{C}\int i''\,dt = 0\,.\tag{9}$$

Ihre Lösung für den freien Strom im Schwingungskreise ist

$$i'' = J''\sin vt,\tag{10}$$

wobei seine Frequenz

$$v = \frac{1}{\sqrt{LC}}\tag{11}$$

lediglich durch Selbstinduktion und Kapazität im Stromkreise bestimmt wird und mit der Frequenz der freien Eigenschwingung identisch ist.

Dieser freie, ungedämpfte und sinusförmige Wechselstrom stellt sich in Schwingungskreisen, die irgendwelche Lichtbögen enthalten, immer dann ein, wenn die Selbsterregungsbedingung (8) für sein Entstehen erfüllt ist. Er überlagert sich dem regulären Strom und verzerrt dadurch dessen Verlauf. Welche Amplitude der freie Strom besitzt, geht aus diesen Betrachtungen noch nicht hervor. Wir haben lediglich angenommen, daß sie klein gegenüber dem gesamten Lichtbogenstrom ist.

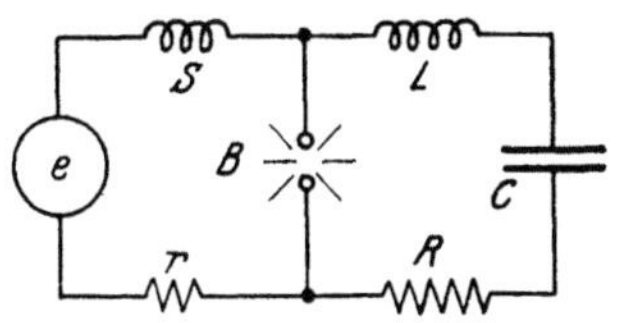

Der in Abb. 1 dargestellte Stromkreis mit Serienschaltung aller einzelnen Glieder eignet sich vor allem zur Speisung mit Wechselstrom. Besitzt die Kapazität jedoch noch einen Parallelzweig, oder ist der reguläre Strom nicht konstant, wie bei Schaltvorgängen, so kann man ihn auch mit Gleichstrom betreiben. Stets ist in den Gln. (4) für den regulären und den freien Strom der tatsächlich wirksame Ohmsche Widerstand für die beiden Stromarten maßgebend für die Stärke und die Ausbildung der Ströme.

Abb. 3.

In der Praxis treten häufig Stromkreise auf, bei denen der Lichtbogen nicht in Serie, sondern in Parallele geschaltet ist, wie es Abb. 3 darstellt. Auch in derartigen verzweigten Stromkreisen kann man den regulären und den freien Strom im Lichtbogen nach Gl. (2) und (3) trennen und erhält dieselben Gln. (4). L, R und C bedeuten dann die resultierenden Selbstinduktionen, Widerstände und Kapazitäten für die beiden Ströme. Der reguläre Strom steht stets unter dem Einfluß der eingeprägten Spannung der Stromquelle, die Lichtbogenspannung e_B' wirkt ihr entgegen. Der freie Strom steht unter der *eingeprägten Spannung* e_B'', *die ihren Sitz im Lichtbogen hat* und eine Selbsterregung von Schwingungen ermöglichen kann.

Speist man die Anordnung nach Abb. 3 mit *Gleichstrom*, so ist der reguläre Strom i' konstant und fließt daher lediglich durch den Lichtbogen B. Ist die Selbstinduktion S der Stromquelle sehr groß, so hindert sie den freien Wechselstrom am Übertritt in diese, so daß er lediglich in dem dem Lichtbogen parallel geschalteten Schwingungskreise $LCRB$ zirkuliert, andernfalls verzweigt er sich auch in die Stromquelle. Er erhält seine Leistung, die im Widerstande R vernichtet wird, aus dem Lichtbogen zugeführt, der sie seinerseits aus der Gleichstromquelle entnimmt. Der Lichtbogen arbeitet bei geringen freien Strömen in der Umgebung des regulären in Abb. 2 eingezeichneten Punktes. Er besitzt für den freien Strom einen *negativen Widerstand* oder eine *Anfachung* nach Gl. (8), die durch die Stärke der Charakteristikneigung gegeben ist und dem positiven Belastungswiderstand im Schwingungskreise entgegenwirkt.

Wenn der Abfall der Charakteristik größer ist als der Widerstand des Schwingungskreises, so wird das Dämpfungsglied der Differentialgleichung (7) negativ. Der freie Strom wächst daher ebenso stark exponentiell an, wie er bei positivem Dämpfungsgliede abgeklungen wäre. Seine Amplitude J'' nach Gl. (10) und damit die Schwankung des gesamten Lichtbogenstromes wird dann mit zunehmender Zeit größer und größer. Sie wächst jedoch in Wirklichkeit nicht bis ins Unendliche, weil die Neigung der Charakteristik innerhalb des Schwingungsbereiches nicht mehr konstant bleibt. Für große Schwingungen verändert sie sich, wie man aus Abb. 2 erkennt, vielmehr so, daß die eingeprägte Lichtbogenspannung e_B'' nicht mehr proportional dem Strome i'' ist. Sie ändert sich zwar immer noch im Takte des Stromes, aber der Mittelwert von $\partial e_B / \partial i$ wird immer geringer und verhindert dadurch ein beliebig starkes Anwachsen des Stromes. Der freie Schwingungsstrom erreicht daher bald einen Endwert, was in Abb. 4 dargestellt ist.

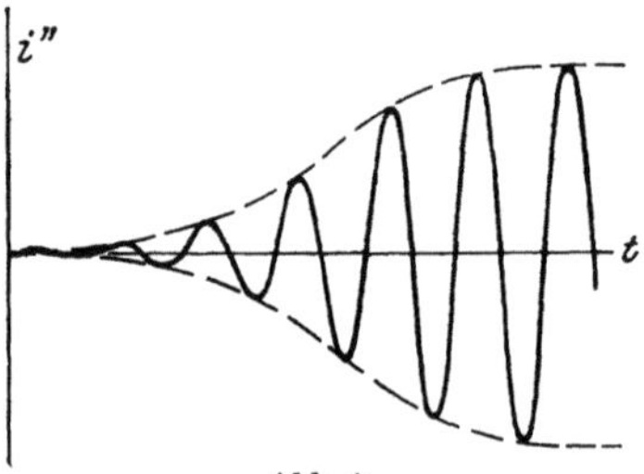

Der Grenzwert des freien Stromes, der in einem beliebigen Schwingungskreise entstehen kann, ohne daß der Lichtbogen auslöscht, ist durch den regulären Strom J' im Bogen gegeben. Es ist also stets

$$J'' \leqq J', \tag{12}$$

Abb. 4.

denn sonst würde nach Gl. (2) der gesamte Lichtbogenstrom zeitweise negativ, wofür eine große Rückzündungsspannung erforderlich wäre, die vom freien Strom im allgemeinen nicht geliefert werden kann. *Der Lichtbogenstrom schwankt daher äußerstenfalls zwischen Null und seinem doppelten regulären Wert.*

Durch die veränderliche Neigung der Charakteristik bei großen freien Strömen wird auch der Verlauf der Schwingungen etwas verändert, so daß sie nicht mehr genau sinusförmig bleiben. Der Lichtbogen kann sogar auf kurze Zeit ganz verlöschen. Der Vorgang zwischen den Elektroden hat dann nicht mehr den Charakter eines normalen Lichtbogens, sondern den eines plötzlich einsetzenden und aussetzenden Funkens.

Die höchste Spannung an der Kapazität, deren Kenntnis für die Beurteilung von Überspannungserscheinungen wichtig ist, ergibt sich bei sinusartigen Schwingungen zu

$$E_C'' = \frac{J''}{vC} = J'' \sqrt{\frac{L}{C}} \lessgtr J' \sqrt{\frac{L}{C}}, \tag{13}$$

wobei der Grenzwert des Stromes von Gl. (12) eingesetzt ist. *Mit dem Entstehen derartiger selbsterregter Spannungen, die bei großen Selbstinduktionen hohe Werte annehmen können, muß man beim Auftreten von Lichtbögen in schwach gedämpften Schwingungskreisen häufig rechnen.*

Gefährlich werden diese Erscheinungen besonders dann, wenn die Eigenfrequenz des Schwingungskreises nicht zu hoch ist und der Lichtbogen zwischen Metallelektroden brennt, da seine Spannung dann den Stromschwankungen fast vollständig folgt, so daß bei kleinen Strömen große Spannungen und bei großen Strömen geringe Spannungen vorhanden sind. Dieser Verlauf bleibt bis zu der Größenordnung von etwa 1000 Per/sec erhalten. Ist die Frequenz der Lichtbogenschwingung dagegen größer, so folgt die Temperatur im Bogen und an den Elektroden dem schwingenden Strom nicht mehr vollständig nach, sie schwankt nur noch weniger und kann daher keinen starken Abfall der Charakteristik mehr bewirken. Die Lichtbogenspannung wird dann mehr und mehr konstant, so daß die Fähigkeit zur Erzeugung ungedämpfter Eigenschwingungen schwächer wird und bei sehr hohen Eigenfrequenzen entsprechend Abb. 10, Kapitel 37 sogar vollständig aufhört. Hierdurch wird es bewirkt, daß die nach Gl. (13) entwickelte höchstmögliche Spannung nicht mit abnehmender Kapazität immer größer wird, *daß vielmehr mit geringerer Kapazität auch die Eigenfrequenz v nach Gl. (11) ansteigt und der Lichtbogen damit schließlich seine Fähigkeit zur Anregung von Schwingungen verliert.*

Wird der Lichtbogen mit *Wechselstrom* gespeist, so wandert der reguläre Arbeitspunkt auf der Charakteristik hin und her und durchläuft in jeder Wechselstromperiode einmal den ganzen Zyklus von Strom und Lichtbogenspannung, der in Abb. 5 dargestellt ist und sich auf den ersten und dritten Quadranten erstreckt. Die Neigung der Charakteristik, deren Stärke nach Gl. (7) für das Anwachsen oder Abklingen der freien Ströme maßgebend ist, ändert sich jetzt fortwährend. Sie ist jedoch, wie Abb. 5 zeigt, fast während des ganzen Verlaufes negativ, so daß die eingeprägte Spannung e_B'' des Lichtbogens im zeitlichen Mittel über eine Periode des regulären Wechselstromes

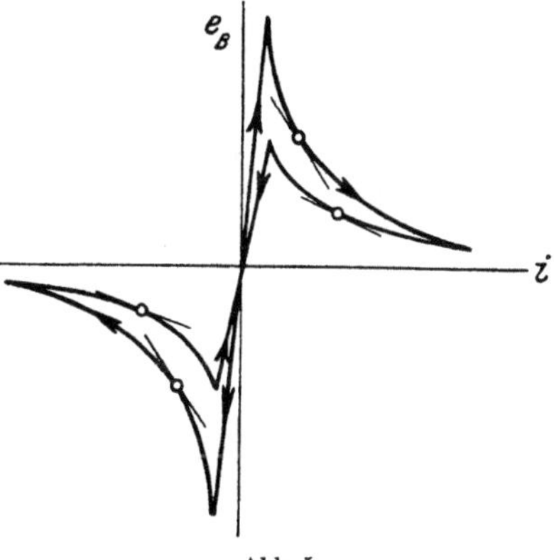

Abb. 5.

einen erheblichen Wert besitzt, der durch eine mittlere Neigung der gesamten Charakteristik gegeben ist. Die Eigenschwingungen können sich daher bei Wechselstromspeisung des Lichtbogens in ganz der gleichen Weise wie bei Gleichstromspeisung entwickeln, nur ist in der Bedingung für die Selbsterregung nach Gl. (8) die mittlere Neigung der Charakteristik des Wechselstromlichtbogens einzuführen. Da der Schwingungswiderstand des Kreises meistens sehr viel größer ist als der OHMsche Widerstand und die ihn überwindende Lichtbogenspannung, so ist das mittlere Glied der Gl. (7), das bei Wechselstromspeisung um Null herum schwankt, stets klein gegenüber den beiden anderen Gliedern, so daß sich der Verlauf der freien Schwingung trotz veränderlicher Neigung der Charakteristik doch mit guter Annäherung nach den Gln. (9), (10) und (11) richtet. *Die freien Ströme verlaufen daher auch hier mit der Eigenfrequenz des Schwingungskreises und lagern sich dem regulären Wechselstrom einfach über.*

Man sieht daraus, daß die Existenz von freien Lichtbogenschwingungen, die man als Unstabilität des gesamten Bogenzustandes auffassen kann, nicht an eine bestimmte Schaltung oder Stromart des Kreises gebunden ist. Sie können vielmehr stets dann auftreten, wenn sich parallel oder in Serie zu Schwingungskreisen Lichtbögen entwickeln, deren Charakteristik der Selbsterregungsbedingung nach Gl. (8) genügt. Will man das Hocharbeiten der Schwingungen verhindern, zu dem nach Abb. 4 eine gewisse Zeit erforderlich ist, so muß man dafür sorgen, daß der Lichtbogen so schnell als möglich nach seinem Entstehen wieder unterdrückt wird, am besten indem man seinen Stromkreis schleunigst spannungslos macht.

Gefährliche Wirkungen können Lichtbogenschwingungen im Gefolge von Kurzschlüssen in Netzen hervorrufen, wenn die Kurzschlußströme so mäßig sind, daß ihre Lichtbogencharakteristik noch erheblich abfällt. Abb. 6 stellt dar, wie ein Wechselstromgenerator über einen Transformator mit Streuinduktion ein Leitungsnetz speist, das erhebliche Kapazität aufweist. Entsteht beispielsweise im Unterspannungskreise des Generators ein Kurzschlußlichtbogen, so

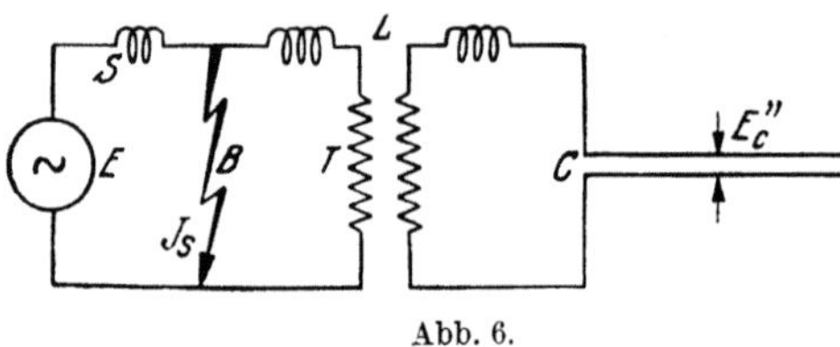

Abb. 6.

erhält man genau das Schema der Abb. 3, wenn man alle Werte von Selbstinduktion, Kapazität und Widerstand auf einen einzigen Kreis reduziert. Die Netzkapazität ist über die Selbstinduktion von Leitungen und Transformator parallel zum Lichtbogen geschaltet.

Der Stoßkurzschlußstrom des Generators im Lichtbogen, der nach einem plötzlichen Kurzschluß einige Zeit anhält, ist bei Vernachlässigung aller Widerstände äußerstenfalls

$$J_s = \frac{2\,E}{\omega\,S},\tag{14}$$

wobei E die Netzspannung des Generators und S die Streuinduktion von Generator und Leitungen bis zur Kurzschlußstelle bedeutet. Da die Eigenfrequenz der Leitungen und Transformatoren in Wechselstromnetzen meist viel größer ist als die Betriebsfrequenz, so pulsiert der Kurzschlußstrom sehr langsam gegenüber den freien Strömen, so daß sich diese, entsprechend den Erläuterungen an Abb. 5, ihm überlagern. Setzt man zur Bestimmung der Hochfrequenzspannung an der Kapazität diesen Kurzschlußstrom in Gl. (13) ein, so erhält man mit Gl. (11)

$$E_C'' \leqq J_s \sqrt{\frac{L}{C}} = \frac{2\,E}{\omega\,S} \sqrt{\frac{L}{C}} = 2\,\frac{L}{S}\,\frac{\nu}{\omega}\,E.\tag{15}$$

Man erkennt hieraus, daß die äußerstenfalls auftretende Überspannung vom Verhältnis der Selbstinduktionen hinter und vor der Kurzschlußstelle sowie vom Verhältnis der Eigenfrequenz der kurzgeschlossenen Netzteile zur Betriebsfrequenz abhängt. Die Spannung kann um so größer werden, je näher der Kurzschluß am Generator liegt.

Aus diesem Zusammenhang erklären sich die Überspannungen, die man als Folge von Kurzschlußlichtbögen gelegentlich antrifft und die zu starken Zerstörungen in großen Netzen führen können. Bemerkenswert ist der Umstand, daß die höchsten Überspannungen in Netzteilen auftreten können, die von der Kurzschlußstelle am weitesten entfernt sind und von denen man eigentlich annehmen sollte, daß sie durch den Kurzschluß nahezu spannungslos gemacht wären. Da jede Belastung des Stromkreises wie ein dämpfender Widerstand wirkt, erreichen die Überspannungen der Lichtbogenschwingung dann ihre größte Höhe, wenn die hinter dem Kurzschluß liegenden Netzteile nicht oder nur schwach belastet sind oder wenn sie etwa ihre Belastung beim Eintritt der Störung selbsttätig abschalten.

Selbsterregte Lichtbogenschwingungen können auch *beim Unterbrechen von Stromkreisen* auftreten, solange der Strom während des Öffnens als regulärer Gleichstrom oder Wechselstrom weiterfließt und der Schalterlichtbogen auf irgendwelche Schwingungskreise geschlossen ist. Schaltet man beispielsweise einen Motor oder Transformator nach Abb. 7 von einem Generator ab, so muß man beachten, daß beide Wicklungen, und vor allem auch längere Zwischenleitungen, nicht nur Selbstinduktion, sondern auch Kapazität besitzen, die mit eingezeichnet ist. Man erkennt dann, daß sich verschiedenartige Schwingungsmöglichkeiten über den Lichtbogen ergeben, deren Bahnen in Abb. 7 punktiert angedeutet sind und deren Ströme sich alle im Lichtbogen überlagern. Sind die Kapazitäten nicht gar zu klein und daher die Frequenzen nicht gar zu hoch, so

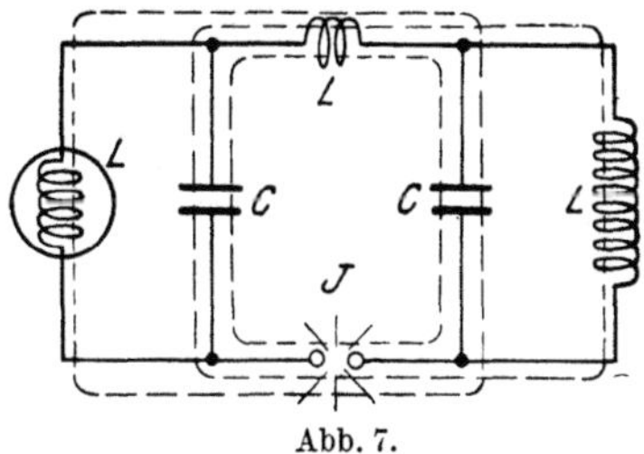

Abb. 7.

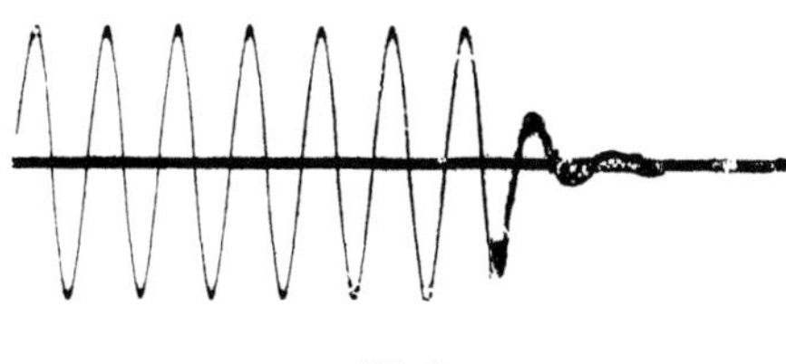

Abb. 8.

erregt der Lichtbogen alle oder einige dieser Schwingungen und erzeugt dadurch während des Ausschaltens störende Spannungsschwankungen. Abb. 8 gibt ein Abschaltoszillogramm eines laufenden Drehstrommotors wieder, an dem man scharfe und schnelle Zackenbildungen erkennt, die der regulären Ausschaltspannung überlagert sind. Wegen der mehrfachen Schwingungen, die durch den Ausschaltlichtbogen angeregt werden, haben diese Zacken meist sehr unregelmäßige Form. Besonders bei schwachen Strömen, also gegen Ende des Ausschaltvorganges, sind die Bedingungen der Selbsterregung günstig, da dann die Lichtbogencharakteristik am steilsten verläuft. Man kann den Grenzwert der Spannungsschwingungen nach Gl. (13) abschätzen.

Solche Überspannungen, die zum Überschlag der Leitungsisolatoren führten, sind gelegentlich beobachtet worden, *wenn leerlaufende Kabelnetze von der Hochspannungsseite von Transformatoren unter Spannung abgetrennt wurden.* Eine Abhilfe fand man im vorherigen Abschalten der Niederspannungsseite des Transformators, wobei der zu unterbrechende Strom vielfach größer war. Hierdurch wurde die mittlere Neigung der Lichtbogencharakteristik stark vermindert, und die Neigung zur Selbsterregung verschwand.

Wendet man Schutzkapazitäten an, um die beim schnellen Ausschalten entstehenden regulären Überspannungen zu vermeiden, so darf man diese nicht zu gering wählen, weil sich sonst beim zufälligen langsamen Schalten durch selbsterregte Schwingungen höhere Überspannungen ausbilden können als ohne diese Kapazität. Um die Schwingungsmöglichkeiten zu vermindern, ist es zweckmäßig, die Schutzkondensatoren parallel zum Schalter zu legen und nicht zu den Selbstinduktionen des Stromkreises.

Auch beim nichtmetallischen einpoligen *Erdschluß von Leitungsnetzen* besteht die Möglichkeit von Lichtbogenschwingungen, wie man aus Abb. 9 erkennt, in der mit C die Kapazität, mit L die Selbstinduktion der Leitungen und zwischengeschalteten Transformatoren bezeichnet ist. Es treten auch hier zwei Schwingungskreise mit verschiedenen Eigenfrequenzen auf, von denen der eine in Serie, der andere parallel zum Lichtbogen liegt. Beide können mit ihrer jeweiligen Eigenfrequenz vom Lichtbogen angeregt werden und sich auf hohe Spannungen an den Leitungen heraufarbeiten, falls der Lichtbogen stationär brennt und die Bedingung (8) für die Selbsterregung der freien Schwingungen erfüllt ist.

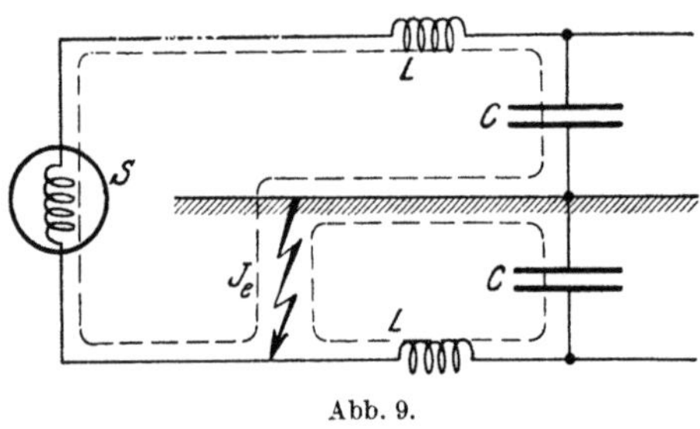
Abb. 9.

Werden die freien Schwingungen bei irgendwelchen Schaltanordnungen so stark und ist der Lichtbogen so gut gekühlt, daß er unter ihrem Einfluß zum vollständigen Verlöschen kommt, so hält sich die Charakteristik nach Abb. 5 längere Zeit auf dem Punkte $i = 0$. Es hat dann keinen Sinn mehr, mit einer mittleren Neigung der Charakteristik zu rechnen. Die freien Ströme gehorchen dann nicht mehr den Differentialgleichungen (7) und (9), so daß man keinen Vorteil mehr von der Zerteilung des Gesamtstromes in den regulären und freien Bestandteil erhält. Um die Erscheinungen an derartigen aussetzenden Lichtbögen zu verfolgen, ist es zweckmäßiger, den Gesamtstrom nicht aufzuteilen, sondern seinen Verlauf in geschlossener Form zu bestimmen, so wie es im vorhergehenden Kapitel 44 erläutert wurde.

VII. Magnetische Sättigung in ruhenden Stromkreisen.

46. Schalten gesättigter Gleichstromkreise.

Unsere allgemeinen Regeln über das Auftreten von zusätzlichen Ausgleichsströmen kurz nach dem Einschalten von Stromkreisen hatten zur Voraussetzung, daß Widerstand, Selbstinduktion und Kapazität der Stromkreise konstante Werte besitzen. In technisch verwendeten Eisenkreisen tritt nun aber bei starken magnetischen Feldern stets Sättigung des Eisens auf, die bewirkt, daß die Selbstinduktion der das Feld umschließenden Spulen keineswegs konstant ist, sondern sich mit der Stromstärke stark verändert. Es ist deshalb zweckmäßig, bei derartigen Kreisen gar nicht mehr mit dem Begriff der Selbstinduktion zu rechnen, sondern die Erzeugung der induzierten Spannung durch das magnetische Feld direkt anzusetzen.

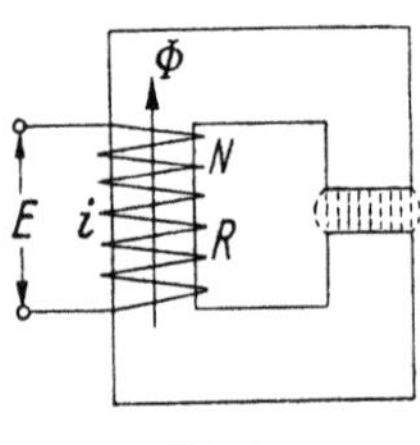
Abb. 1.

a) Fremderregung von Magnetfeldern. Wir wollen zunächst verfolgen, in welcher Weise Strom und Feld ansteigen, wenn wir einen Gleichstrommagneten mit hoher Eisensättigung nach dem Schema der Abb. 1 an eine konstante Spannung schalten. Es bildet sich dann unter der Wirkung des ansteigenden Stromes ein ebenfalls anwachsendes Magnetfeld Φ aus, dessen Abhängigkeit vom Strom im allgemeinen graphisch durch die magnetische Charakteristik nach Abb. 2 gegeben ist.

Enthält die Erregerspule N Windungen, so wird durch den zunehmenden Magnetfluß in ihr eine Spannung $N d\Phi/dt$ induziert. Außerdem tritt im Ohmschen Widerstande R des Stromkreises ein Spannungsverlust Ri auf, so daß die konstante eingeprägte Spannung E der Summe beider das Gleichgewicht halten muß

$$E = N\frac{d\Phi}{dt} + Ri. \tag{1}$$

Nach sehr langer Zeit wird der Strom und das Feld konstant geworden sein, so daß der Differentialquotient in dieser Gleichung verschwindet. Der stationäre oder Dauerstrom wird daher

$$J = \frac{E}{R}, \tag{2}$$

so daß man Gl. (1) auch schreiben kann

$$N\frac{d\Phi}{dt} = E - Ri = R(J - i) = R\,\varDelta i. \tag{3}$$

Aus der magnetischen Charakteristik der Abb. 2 kann man nicht nur den Strom i als Funktion des magnetischen Kraftflusses Φ entnehmen, sondern man kann in ihr auch den in Gl. (3) stehenden Differenzstrom $\varDelta i$ zwischen dem Endstrom und dem jeweiligen Strom als Funktion des jeweiligen Flusses ansehen. Gl. (3) ist daher integrierbar, wenn man sie schreibt

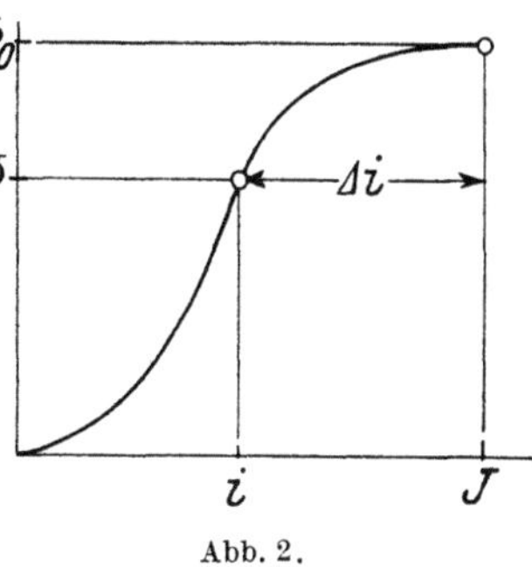

Abb. 2.

$$dt = \frac{N\,d\Phi}{R\,\varDelta i}. \tag{4}$$

Das ergibt die Zeit, die seit Beginn des Einschaltens vergangen ist, zu

$$t = \frac{N}{R}\int_{\Phi_a}^{\Phi}\frac{d\Phi}{\varDelta i}. \tag{5}$$

Als untere Grenze des Integrals ist dabei der Anfangsfluß Φ_a zur Zeit $t = 0$ gesetzt, der beim Einschalten und Erregen entweder zu Null oder besser als Remanenzfluß anzunehmen ist, und der beim Entregen den Fluß vor der Vornahme des Schaltprozesses angibt.

Da auf der rechten Seite der Gl. (5) Windungszahl und Widerstand der Erregerwicklung bekannte Größen sind und der Zusammenhang von Φ und $\varDelta i$ nach der Charakteristik bekannt ist, *so läßt sich durch graphisches Auswerten des Integrals für jeden Fluß Φ die seit dem Einschalten vergangene Zeit t finden.*

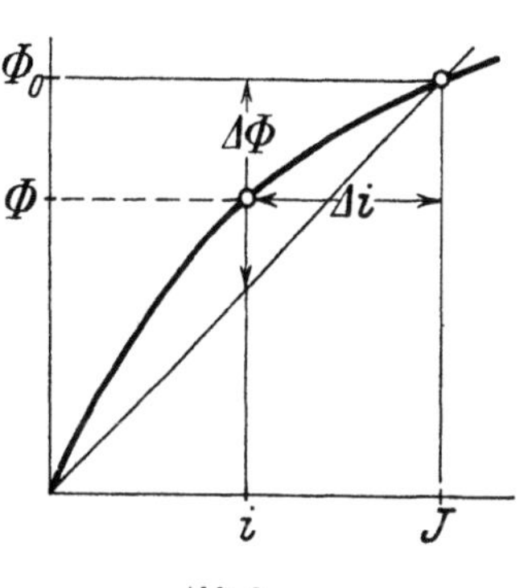

Abb. 3.

Man kann die Gl. (5) auf eine für die graphische Integration bequemere Form bringen, wenn man anstatt des Stromes $\varDelta i$ den in Abb. 3 dargestellten Fluß $\varDelta\Phi$ einführt, der die Differenz darstellt zwischen dem Endfluß Φ_0 und einem proportional mit dem Strome sich ändernden Flußbetrage. Dieser kann nach Ziehen der in Abb. 3 gezeichneten Hilfsgeraden zwischen dem Nullpunkt und dem stationären Punkt von Fluß und Strom ebenso bequem graphisch abgegriffen werden wie der Differenzstrom. Es verhält sich nach Abb. 3

$$\frac{\varDelta\Phi}{\Phi_0} = \frac{\varDelta i}{J}. \tag{6}$$

Wenn man diesen Wert für $\varDelta i$ in das Integral der Gl. (5) einführt und die Konstanten Φ_0 und J vor das Integral setzt, wobei noch Gl. (2) beachtet werden kann, so erhält man zur Bestimmung der Erregungszeit die für die graphische Integration bequeme Form

$$t = \frac{N \Phi_0}{E} \int\limits_{\Phi_a}^{\Phi} \frac{d\Phi}{\Delta\Phi}. \tag{7}$$

Darin stellt das Integral eine dimensionslose Zahl dar, weil im Zähler und Nenner nur Flußdifferenzen stehen. Wir wollen sie die *numerische Erregungszeit* nennen. Sie ist lediglich durch die Form der magnetischen Charakteristik zwischen Anfangs- und Endfluß bestimmt und kann ohne Zubilfenahme der sonstigen Konstanten des Stromkreises ausgewertet werden.

Der Quotient vor dem Integral ist dagegen durch die drei Bestimmungsgrößen des Stromkreises, nämlich Windungszahl, gewünschter Fluß und Netzspannung gegeben. Er hat die Dimension einer Zeit und soll die *Zeitkonstante T des gesättigten Gleichstromkreises* genannt werden. In der Tat erhält man für sie den Ausdruck

$$T = \frac{N \Phi_0}{E} = \frac{L_0 J}{R J} = \frac{L_0}{R}, \tag{8}$$

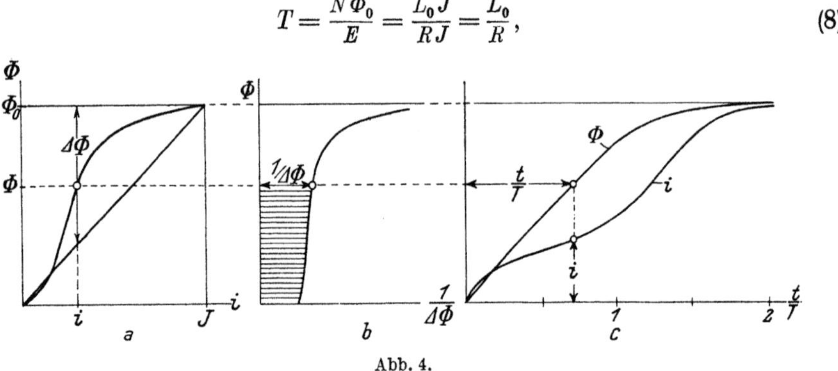

Abb. 4.

wenn man den Fluß Φ_0 durch eine ideelle Selbstinduktion L_0 ersetzt, die dem Betriebspunkt des Magneten entspricht. *Die Größe dieser Zeitkonstante ist für jeden Erregungsvorgang konstant, jedoch hängt ihr Wert von dem gewünschten Endflusse und der aufgedrückten Spannung ab, sie ist also nicht mehr, wie bei ungesättigten Magnetkreisen, eine absolute Konstante des Kreises.*

In Abb. 4 ist die Auswertung des Integrals nach Gl. (7) für eine bestimmte Magnetisierungskurve durchgeführt. Man trägt zunächst aus der Charakteristik den Wert $1/\Delta\Phi$ über Φ auf, integriert diese Kurve nach Φ und findet dadurch nach Gl. (7) die zu jedem Fluß gehörige Zeit t im Verhältnis zur Zeitkonstante T. Dadurch erhält man den kurvenmäßigen Zusammenhang des Kraftflusses mit der Zeit und kann nun zu jeder Zeit durch Eingehen in die Charakteristik die jeweilige Stromstärke i zuordnen. Auf diese Weise entsteht der in Abb. 4c gezeichnete Fluß- und Stromverlauf abhängig von der Zeit.

Man erkennt aus dieser Abbildung, *daß das Feld wohl mit einer gewissen Näherung nach einer Exponentialkurve ansteigt*, wenn es sich auch in seinem oberen Bereiche dem Endwerte wesentlich schneller nähert, als dies ohne Sättigung der Fall wäre, so daß *die Erregungszeiten kürzer sind. Dagegen besitzt die Stromstärke gänzlich anderen Verlauf, indem sie in zwei deutlich ausgeprägten Treppenstufen anwächst.* Dies rührt daher, daß in einem großen Bereiche der Feldstärke eine geringe Änderung des Stromes schon eine starke Feldänderung hervorruft und daher eine Spannung erzeugt, die ausreicht, um der aufgedrückten Spannung unter Abzug des OHMschen Spannungsabfalles das Gleichgewicht zu halten.

In Abb. 5 ist nach derselben Gl. (7) der Vorgang des *Abklingens oder Entregens eines Magnetfeldes* ausgewertet, wenn die Magnetwicklung auf ihren eigenen oder einen äußeren Widerstand kurzgeschlossen wird. Man sieht, daß auch hier das Magnetfeld einigermaßen gleichmäßig abklingt, während der Strom zuerst, im Bereiche hoher Sättigung, sehr rasch und späterhin, bei kleinen Feldstärken, nur sehr langsam und schleichend geringer wird. Von einem exponentiellen Abklingen ist die Stromstärke recht weit entfernt.

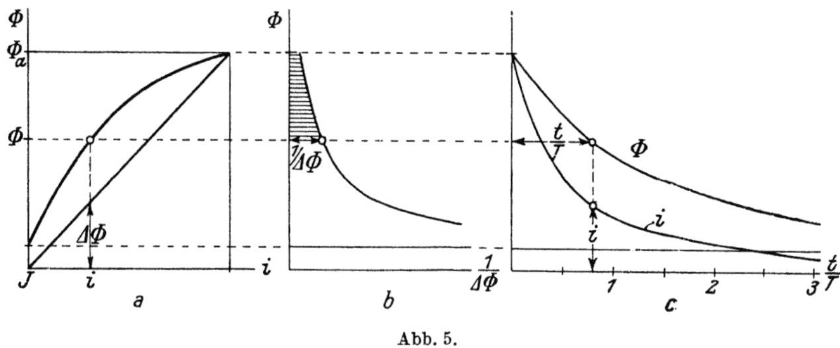

Abb. 5.

Dieses wäre nur dann vorhanden, wenn Fluß und Strom proportional wären was für abnehmendes Feld entsprechend Abb. 5

$$\varDelta \Phi = - \Phi \tag{9}$$

ergäbe. Dann erhielte man nach Gl. (7)

$$t = T \int_{\Phi_a}^{\Phi} \frac{d\Phi}{-\Phi} = - T \ln \frac{\Phi}{\Phi_a} \tag{10}$$

oder

$$\Phi = \Phi_a \, \varepsilon^{-\frac{t}{T}}, \tag{11}$$

was mit der früheren Lösung für konstante Selbstinduktion in Kapitel 1 übereinstimmt. Für Annäherung an den Endzustand bis auf 5% ergibt dieser ungesättigte Vorgang nach Gl. (10) eine numerische Entregungszeit von

$$\left(\frac{t}{T}\right)_{5\%} = - \ln \frac{5}{100} = 3 \, .$$

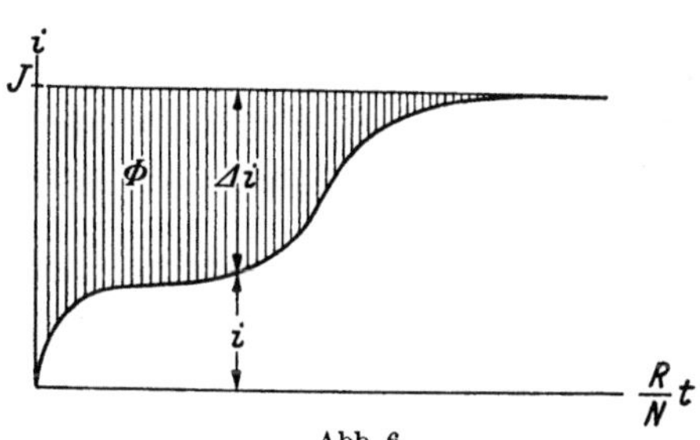

Abb. 6.

Nach Abb. 4c *hat der gesättigte Magnet eine viel kürzere Erregungszeit* und nach Abb. 5c *eine viel längere Entregungszeit*, als sie durch den numerischen Wert 3 für nichtgesättigte Kerne gegeben ist.

Größere Feldmagnete, wie sie in Dynamomaschinen benutzt werden, besitzen sehr lange Erregungs- und Entregungszeiten, die bis zu größeren Bruchteilen einer Minute betragen können. Es ist deshalb schwierig, die Stärke ihres Magnetflusses genau festzustellen, denn die Messung mit dem ballistischen Galvanometer ist wegen dessen zu geringer Schwingungsdauer nicht durchführbar. Man kann aber leicht den Verlauf des Stromes in einem solchen Magneten beim Anschalten an eine konstante Spannung oszillographisch messen. Trägt man denselben, wie es in Abb. 6 gezeichnet ist, abhängig von der dimensionslosen Größe *Rt/N* auf, *so stellt die schraffierte Fläche zwischen dem Strom selbst und seiner*

Asymptote, die er als Endwert erreicht, maßstäblich die Größe des gesamten erzeugten Kraftflusses dar. Denn man erhält aus Gl. (3) für das Kraftflußdifferential

$$d\Phi = \frac{R}{N}\,\Delta i\,dt \tag{12}$$

und daher durch Integration für den gesamten Fluß

$$\Phi = \frac{R}{N}\int_0^t \Delta i\,dt. \tag{13}$$

Dieses Integral ist aber nichts anderes als die eben genannte Fläche.

In Abb. 7 und 8 sind einige oszillographische Aufnahmen für den Erregerstrom eines Gleichstrommagneten mit kleinem Luftspalt dargestellt. Die Kurven sind für verschiedene Endwerte des Stromes aufgenommen. Abb. 7 stellt das Erregen vom feldfreien Zustande aus dar, Abb. 8 den Strom beim Reversieren des Feldes. Im Gegensatz zu den Einschaltströmen bei konstanter Selbstinduktion, die stets die gleiche Form einer Exponentiallinie haben, sind die Einschalt-

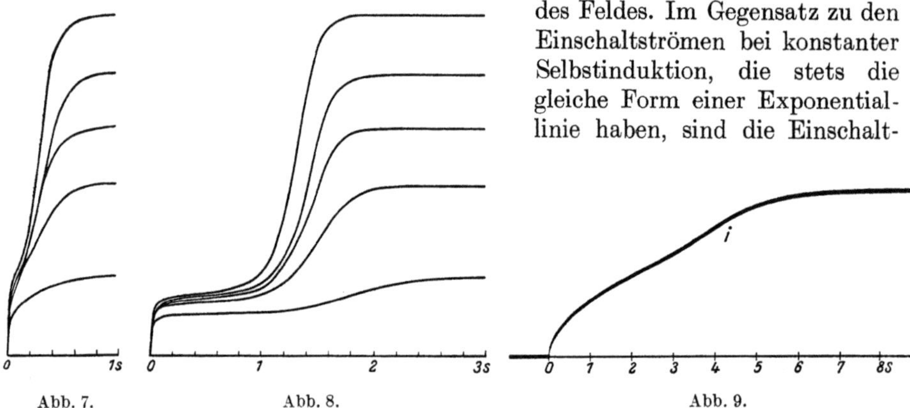

Abb. 7.　　　　　Abb. 8.　　　　　　　　　Abb. 9.

kurven beim Vorhandensein von magnetischer Sättigung nicht mehr untereinander ähnlich, sondern hängen sehr von den Anfangs- und Endpunkten der magnetischen Charakteristik ab, zwischen denen geschaltet wird. Abb. 9 zeigt den Anstieg des Erregerstromes eines großen Drehstromgenerators mit üblicher Eisensättigung im Leerlaufzustande nach dem plötzlichen Einschalten.

Will man möglichst schnelle Erregung erzielen, was besonders für Regulierdynamos erwünscht ist, so erkennt man aus Gl. (7) und (8), daß man bei gegebenem Kraftfluß *mit möglichst wenig Windungen der Erregerspule, also mit großem Strome, und mit möglichst hoher Spannung arbeiten muß.* Es kann zur Erzielung kurzer Erregungszeiten notwendig sein, die Erregerspulen aus schlechtleitendem Material herzustellen oder *einen großen Teil des Widerstandes des Gesamtkreises außerhalb der Magnetspulen zu legen,* um diese Forderungen weitgehend zu erfüllen. Diese Gesichtspunkte wendet man bei Anordnungen zur *Schnellerregung* des Magnetflusses stets an, sei es für Generatoren, Motoren, Relais oder andere magnetische Kreise.

Wie man aus Abb. 4 erkennt, beträgt der Wert der numerischen Erregungszeit bis zur Annäherung an den stationären Fluß auf 95% etwa 2. Für die verschiedensten Formen von magnetischen Charakteristiken findet man Werte, die stets zwischen 1 und 3 liegen, wobei sich die niederen Werte für hoch gesättigte, die höheren für ungesättigte Kreise entsprechend Gl. (10) ergeben.

Die Größe der Zeitkonstante hängt in jedem Falle vom Betriebe der Erregerspule ab. Führt der Feldmagnet einer großen Dynamo einen Fluß $\Phi_0 = 25 \cdot 10^6$

Kraftlinien und erregt man ihn bei einer Spannung $E = 110$ Volt mit insgesamt $N = 1900$ Windungen, so ist seine magnetische Zeitkonstante nach Gl. (8)

$$T = \frac{1900 \cdot 25 \cdot 10^6}{110 \cdot 10^8} = 4{,}3 \sec .$$

Seine gesamte Auferregungszeit wird also bei mittleren Sättigungen des Eisens mindestens 9 sec betragen. Die Entregungszeit ist wegen des schleichenden Verlöschens nach Abb. 5 noch viel länger.

b) Selbsterregung von Gleichstromdynamos. Zum Magnetisieren größerer Gleich- oder Wechselstrommaschinen werden fast stets Gleichstromerregermaschinen benutzt, die ihr Magnetfeld nach dem Schema der Abb. 10 selbst erregen. Diese Erregermaschinen müssen in weitem Bereiche ihrer Feldstärke und Spannung reguliert werden, wenn man erreichen will, daß die von ihnen gespeiste Hauptmaschine bei veränderlicher Belastung konstante Spannung behält. Sie müssen daher magnetische Sättigung besitzen, um stabil zu arbeiten. Auch für viele andere Regulierzwecke werden in der Technik selbsterregte Gleichstrom-Dynamomaschinen verwendet. Wir wollen untersuchen, nach welchen zeitlichen Gesetzen das Erregen und Entregen dieser Maschinen erfolgt.

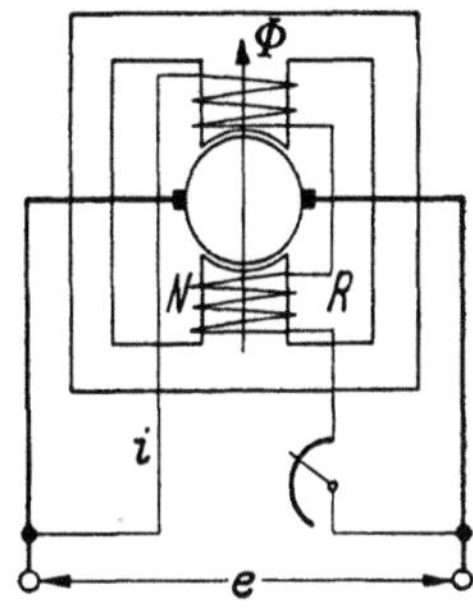

Abb. 10.

Während man bei Fremderregung von Magneten durch Vernachlässigung der Sättigung und der Krümmung der Magnetisierungskurve nach Gl. (11) immerhin Annäherungsergebnisse erhält, die einen physikalischen Sinn besitzen, *ist die Selbsterregung ohne magnetische Sättigung undenkbar*, da keine Stabilität der Spannung und des Stromes in der Maschine herrschen würden. Ohne Sättigungserscheinung würde die Maschine entweder ihren Magnetismus vollständig verlieren oder die Magnetfelder und mit ihnen die Spannungen und Ströme würden so stark ansteigen, daß sie verbrennt. Die Bestimmung der Selbsterregungsvorgänge ist daher nur unter voller Berücksichtigung der Sättigungserscheinungen möglich.

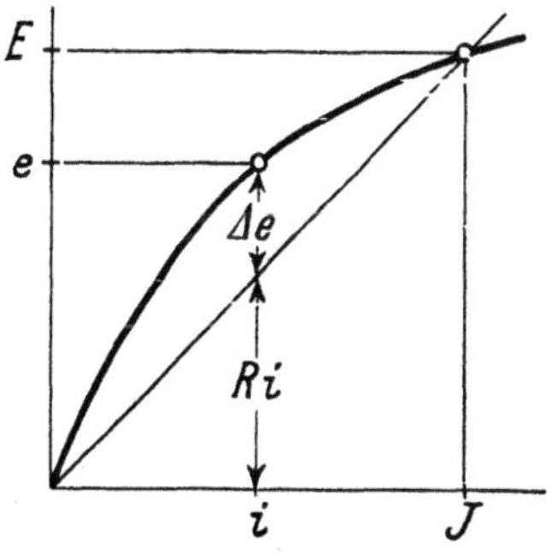

Wir nehmen an, daß die elektrische und magnetische Rückwirkung des Stromes im Anker so gering ist, daß seine Spannung dadurch nicht wesentlich verändert wird. Dann ist die elektromotorische Kraft des Ankers identisch mit der Klemmenspannung e und hält im Erregerkreis jederzeit dem OHMschen Spannungsabfall und der durch Feldänderung induzierten Spannung das Gleichgewicht. Es ist also ganz ähnlich der Gl. (1)

$$e = N \frac{d\Phi}{dt} + R i , \qquad (14)$$

Abb. 11.

jedoch ist hier die Spannung e an der Erregerwicklung selbst veränderlich.

In Abb. 11 ist die magnetische Charakteristik der selbsterregten Maschine dargestellt, wobei an Stelle des magnetischen Flusses die Ankerspannung e als Funktion des Erregerstromes i aufgetragen ist. Außerdem ist eine Widerstandslinie eingetragen, die den OHMschen Spannungsabfall $R i$ in der Erregerwicklung abhängig vom Strom darstellt. Sie ist eine Gerade, die vom Nullpunkt ansteigt und die Charakteristik in ihrem stationären Betriebspunkte schneidet.

Wenn nach Ablauf sehr langer Zeit völliges Gleichgewicht in der Maschine herrscht und die Feldänderung in Gl. (14) verschwunden ist, dann stimmt der

Oʜᴍsche Spannungsabfall des Dauererregerstromes J mit der stationären Klemmenspannung E überein. Daher ist

$$J = \frac{E}{R}. \tag{15}$$

Man kann somit in dem Bilde der Charakteristik die Widerstandslinie ziehen, wenn nur der gewünschte Betriebspunkt mit seinem E und J bekannt ist, ohne daß man den Widerstand selbst errechnen muß.

Wir können nunmehr Gl. (14) auf die Form bringen

$$N \frac{d\Phi}{dt} = e - R\,i = \varDelta e \tag{16}$$

und erkennen, daß die Änderung des Kraftflusses nur gegeben ist durch die Differenzspannung $\varDelta e$, die zwischen der Charakteristik und der Widerstandslinie der Abb. 11 eingeschlossen ist. Diese Spannung kennen wir aber für jeden Punkt der Kurve, also auch als Funktion der jeweiligen Spannung e der Maschine.

Die Klemmenspannung e der Dynamo ist jederzeit dem Fluß Φ proportional. Es ist also

$$\frac{\Phi}{\Phi_0} = \frac{e}{E}, \tag{17}$$

wobei mit Φ_0 und E die stationären Werte von Fluß und Spannung bezeichnet sind. Die Flußänderung läßt sich daher in eine Spannungsänderung umrechnen durch

$$\frac{d\Phi}{dt} = \frac{\Phi_0}{E} \frac{de}{dt}. \tag{18}$$

Setzt man dieses in Gl. (16) ein, so erhält man

$$\varDelta e = \frac{N\Phi_0}{E} \frac{de}{dt} = T \frac{de}{dt}, \tag{19}$$

wobei der aus bekannten Werten bestehende Quotient

$$T = \frac{N\Phi_0}{E} \tag{20}$$

wieder als *Zeitkonstante der Maschine* bezeichnet werden soll.

Da die Differenzspannung $\varDelta e$ eindeutig von der Klemmenspannung e abhängt, so läßt sich Gl. (19) nach Trennung der Variablen integrieren und ergibt die seit der Vornahme des Einschaltens vergangene Zeit

$$t = T \int \frac{de}{\varDelta e}. \tag{21}$$

Das Integral in dieser Beziehung wollen wir wieder die *numerische Erregungszeit* nennen. Es ist ebenso wie das Integral der Gl. (7) lediglich von dem Verlauf der Charakteristik abhängig und stellt einen dimensionslosen Zahlenwert dar. Das Bildungsgesetz ist jedoch von jenem dadurch verschieden, daß der Nenner $\varDelta e$ hier nur den kleinen Wert der Abweichung von Charakteristik und Widerstandslinie besitzt, während er früher in $\varDelta\Phi$ die Abweichung des entsprechenden Punktes der Widerstandsgeraden vom Endwerte des Flusses enthielt. *Die numerische Erregungszeit für Selbsterregung ist daher stets wesentlich größer als die für Fremderregung.*

Dagegen stimmt die Zeitkonstante nach Gl. (20) in ihrer Formulierung mit jener nach Gl. (8) vollständig überein. Während dieselbe aber bei Fremderregung für verschiedene Erregungsstärken veränderlichen Wert besaß, denn Fluß Φ_0 und Spannung E änderten sich unabhängig voneinander, ist *die Zeitkonstante beim Vorgang der Selbsterregung eine absolute Konstante der Maschine.* Dies rührt daher, daß die stationäre Spannung E bei gegebener Drehzahl der selbsterregten

Maschine stets *genau* proportional dem stationären Fluß Φ_0 ist, ganz unabhängig davon, mit welchem Widerstand im Erregerkreise, also mit welcher Sättigung oder Ankerspannung, oder auf welchem Punkt der Charakteristik gearbeitet wird.

In Abb. 12 ist für die Charakteristik einer bestimmten Maschine das Integral der Gl. (21) ausgewertet, indem zuerst die Kurve für Δe und $1/\Delta e$ aufgezeichnet und dann nach e integriert wurde. Die Integralkurve gibt direkt den Verlauf der Spannung abhängig von der Zeit t im Verhältnis zur Zeitkonstante T an. Zu jeder Zeit kann man alsdann auch den zur Spannung gehörigen Erregerstrom auftragen und erhält so auch dessen Verlauf in Abhängigkeit von der Zeit. Man sieht, *daß die Maschine sich, ausgehend von ihrer geringen Remanenzspannung,*

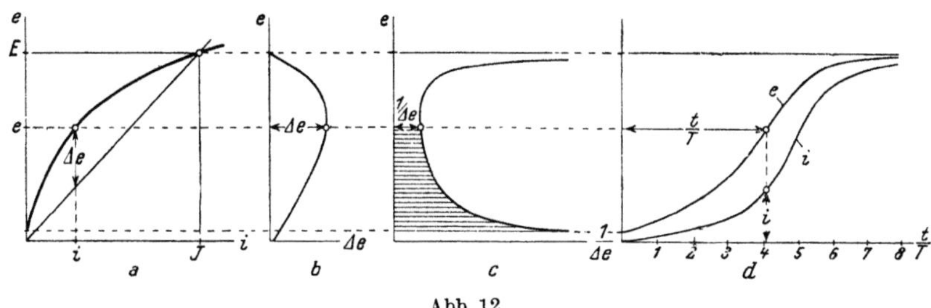

Abb. 12.

zunächst sehr langsam, dann schneller und schneller erregt und sich schließlich wieder verzögert ihrer stationären Spannung asymptotisch nähert.

Die numerische Erregungszeit bis auf 95% der stationären Spannung ist je nach der Krümmung der Charakteristik gleich 5 bis 15, wobei die niederen Zahlen für starke, die hohen für schwache Krümmung und Sättigung gelten. Dies ist ein Vielfaches der Erregungszeit für Fremderregung.

In Abb. 13 ist der Verlauf der Entregung dargestellt, die durch einen vergrößerten Widerstand im Erregerkreise hervorgerufen wird. Sie verläuft wesent-

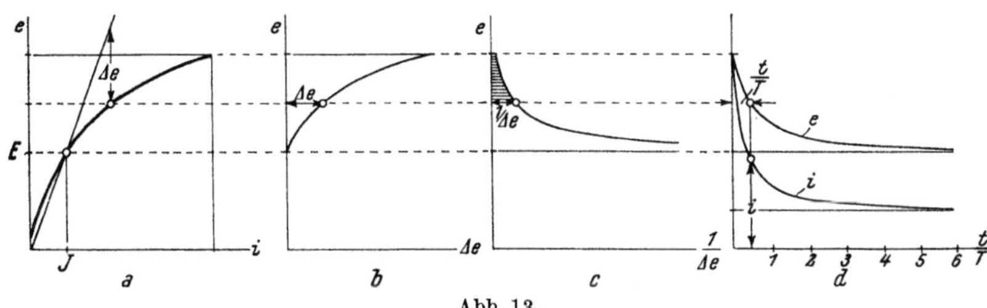

Abb. 13.

lich rascher als die Auferregung, weil die Differenzspannung Δe jetzt eine beträchtliche Größe besitzt, insbesondere zu Beginn des Vorgangs.

Man kann ein einfacheres Näherungsgesetz für den Vorgang der Selbsterregung finden, wenn man die Annahme macht, daß die Differenzspannung Δe in Abhängigkeit von der Ankerspannung nach einer symmetrischen Parabel verläuft, wodurch nach Abb. 12 der prinzipielle Verlauf der Charakteristik gut wiedergegeben wird. Wir setzen demnach

$$\frac{\Delta e}{E} = 4\,\mathfrak{e}\,(1 - \mathfrak{e})\,\Delta e\,. \tag{22}$$

Dabei ist $\Delta \mathfrak{e}$ das Verhältnis der größten Differenzspannung zur stationären Spannung, das für den Selbsterregungsvorgang maßgebend ist, und

$$\mathfrak{e} = \frac{e}{E} \tag{23}$$

bedeutet das Verhältnis der jeweiligen Spannung zur stationären Spannung.
Man erhält damit aus Gl. (21)

$$t = T \int \frac{de}{E\,4\,e\,(1-e)\,\varDelta e} = \frac{T}{4\,\varDelta e} \int \frac{de}{e\,(1-e)}, \tag{24}$$

und dieses gibt integriert

$$t = \frac{T}{4\,\varDelta e} \ln\left(\frac{e}{1-e}\right). \tag{25}$$

Die Erregungszeit von einer relativen Spannung e_1 bis zu einer anderen e_2
ergibt sich damit zu

$$t = \frac{T}{4\,\varDelta e} \ln\left[\frac{e_2\,(1-e_1)}{e_1\,(1-e_2)}\right]. \tag{26}$$

*Die Selbsterregungszeit hängt also außer von der Zeitkonstante noch sehr wesentlich
von der größten Überschußspannung $\varDelta e$ und von der relativen Anfangs- und
Endspannung des Selbst-
erregungsvorganges ab.*

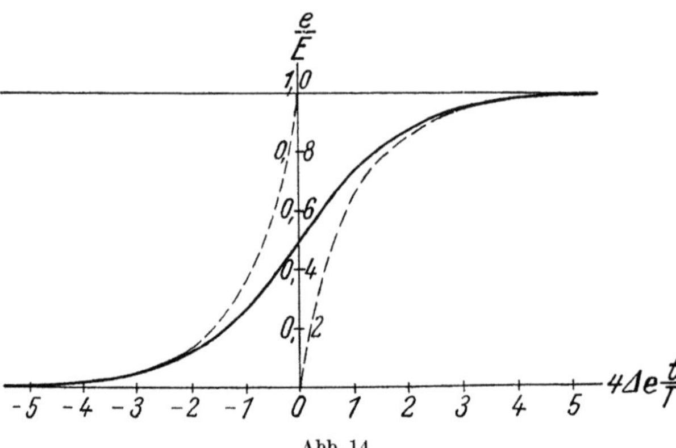

Abb. 14.

Bei einer höchsten
Überschußspannung von
$\varDelta e = {}^1/_5$ der stationären
Spannung erhält man
als numerische Selbst-
erregungszeit von einer
Remanenzspannung e_1
$= 5\%$ bis zu einer End-
spannung $e_2 = 95\%$ des
stationären Wertes

$$\left(\frac{t}{T}\right)_{5\text{-}95\%} = \frac{5}{4} \ln\left(\frac{95 \cdot 95}{5 \cdot 5}\right)$$
$$= 7{,}4\,.$$

Das ergibt mit der jeweiligen Zeitkonstante multipliziert die Erregungszeit in
Sekunden. Würde die Charakteristik flacher verlaufen, so daß die Überschußspannung nur $\varDelta e = {}^1/_{10}$ betrüge, so würde die Erregungszeit doppelt so groß sein.

Um den zeitlichen Verlauf der Selbsterregungskurve zu überblicken, ist es
bequemer, Gl. (25) umzukehren. Dann erhält man die Abhängigkeit der relativen
Spannung von der Zeit zu

$$e = \frac{1}{1 + \varepsilon^{-4\,\varDelta e\,\frac{t}{T}}}. \tag{27}$$

In Abb. 14 ist diese Kurve dargestellt, die typisch für den allgemeinen Spannungsverlauf ist. Der Nullpunkt der Zeit ist dabei willkürlich in die Mitte des
ganzen Vorganges gelegt. Für sehr kleine Spannung e und dementsprechend
große negative Zeit der Gl. (27) überwiegt das zweite Glied im Nenner, so daß
man den Näherungswert erhält

$$e_0 = \varepsilon^{4\,\varDelta e\,\frac{t}{T}}. \tag{28}$$

Für große Spannung dagegen und positive Zeit überwiegt das erste Glied im
Nenner, so daß man als asymptotische Näherung erhält

$$e\infty = 1 - \varepsilon^{-4\,\varDelta e\,\frac{t}{T}}. \tag{29}$$

Die selbsterregte Maschine zeigt also im Anfangszustand labiles exponentielles
Anwachsen der Spannung, im Endzustand stabiles exponentielles Erreichen der
stationären Spannung. Das letztere ist der Fremderregung ähnlich, jedoch ist

die Zeitkonstante im reziproken Verhältnis von 4 $\varDelta e$ größer, der Vorgang dauert also viel länger. In Abb. 14 sind die asymptotischen Näherungskurven gestrichelt eingetragen.

Man erkennt aus diesen Formeln und Kurven einerseits den ausschlaggebenden Einfluß der Anfangsspannung, also im allgemeinen der Remanenzspannung, auf die zeitliche Dauer des Vorganges. Man sieht andererseits, daß derselbe nur noch von dem dimensionslosen Exponenten $4\,\varDelta e\,t/T$ abhängt, *daß man also für schnellen Selbsterregungsvorgang außer der Wahl einer geeigneten Anfangsspannung noch eine große Überschußspannung $\varDelta e$, also stark gekrümmte Charakteristik, und eine kleine Zeitkonstante T verwenden muß.*

Die Zeitkonstante läßt sich in Beziehung setzen zu der minutlichen Drehzahl n der Gleichstrommaschine. Deren Ankerspannung ist nämlich

$$E = \frac{\Phi_0}{\sigma} N_a \frac{n}{60} \frac{p}{a}, \qquad (30)$$

wobei σ den Streuungsfaktor der Polschenkel, N_a die Drahtzahl des Ankers und p/a das Verhältnis der Zahl der Pole zur Zahl der Ankerstromzweige bedeutet. Setzt man diesen Wert in Gl. (20) ein, so erhält man für die Zeitkonstante der Maschine

$$T = \sigma \frac{a}{p} \frac{N}{N_a} \frac{60}{n}. \qquad (31)$$

Sie ist also vollständig bestimmt durch das Verhältnis der wirksamen Windungs- oder Drahtzahlen von Magnetschenkeln und Anker und durch die Drehzahl der Maschine. *Um kleine Zeitkonstante und damit einen schnellen Erregungsvorgang zu erhalten, muß man entweder schnellaufende Maschinen oder relativ geringe Erregerwindungszahl im Verhältnis zur Ankerleiterzahl verwenden.* Von der Einstellung des Regulierwiderstandes im Erregerkreise und damit vom jeweiligen Betriebszustand der Maschine ist die Zeitkonstante der Selbsterregung dagegen völlig unabhängig.

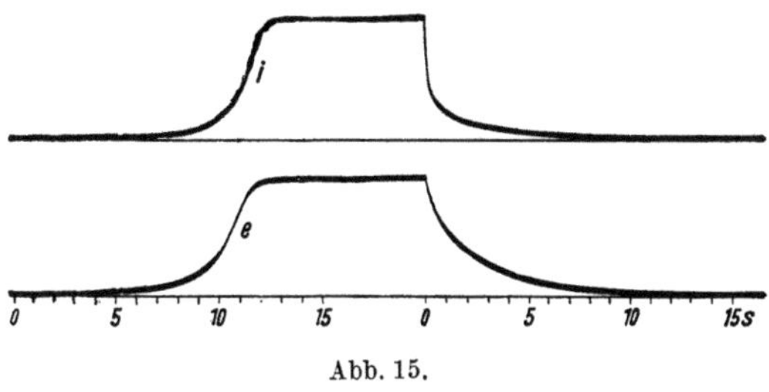

Abb. 15.

Für eine Erregermaschine von 500 U/min mit $a/p = 1/2$, die bei einem Streufaktor von $\sigma = 1{,}25$ auf den Polen insgesamt $N = 1360$ Windungen und im Anker $N_a = 146$ Leiter besitzt, ergibt sich nach Gl. (31) eine Zeitkonstante

$$T = 1{,}25 \cdot \frac{1}{2} \cdot \frac{1360}{146} \cdot \frac{60}{500} = 0{,}70 \text{ sec}.$$

Die gesamte Erregungszeit zwischen den obengenannten Grenzwerten beträgt daher je nach der Sättigung des Eisens etwa 5 bis 10 sec. Abb. 15 stellt eine oszillographische Aufnahme von Spannung und Erregerstrom beim Erregen und Entregen einer solchen Maschine dar.

c) Verzögerung durch Wirbelströme. In Gleichstrommagneten treten beim Schalten häufig sekundäre Ströme auf, die durch die magnetische Flußänderung in allen irgendwie geschlossenen Stromkreisen induziert werden. Solche Wirbelströme können z. B. in metallischen Spulenkästen oder anderen massiven Konstruktionsteilen entstehen, in Druckplatten oder Dämpferwicklungen, die die Feldachse umschließen, in metallischen Nieten, die die Eisenbleche zusammenhalten, vor allem auch in ganz oder teilweise massiven Eisenkernen. Für ungesättigte Kreise hatten wir bereits im Kapitel 8 den Einfluß auf das Feld und die Primärströme berechnet. Wir wollen diese Wirkung nunmehr auch für gesättigte

Magnetkreise betrachten. Dabei wollen wir aber zur Vereinfachung die Streuung zwischen primären und sekundären Strömen vernachlässigen, da das Streufeld stets in ungesättigten Bahnen verläuft und somit nach den früheren Berechnungen leicht zusätzlich berücksichtigt werden kann.

Der von beiden Wicklungen umschlossene Magnetfluß Φ nach Abb. 16 wird von der Summe der primären und sekundären Ströme erzeugt,

$$i = i_1 + i_2 \,. \tag{32}$$

Wenn die Primärwicklung von einer zeitlich beliebig veränderlichen Spannung e gespeist wird, so gilt für ihren Kreis mit dem Widerstand R_1

$$N \frac{d\Phi}{dt} + R_1 i_1 = e \,. \tag{33}$$

Zur Vereinfachung der Rechnung beziehen wir die Stärke des sekundären Stromes auf die primäre Windungszahl N, obgleich häufig in Wirklichkeit nur eine einzige Sekundärwindung vorhanden ist. Beim Sekundärkreis müssen wir dann auch den Widerstand R_2 auf die primäre Windungszahl N umrechnen. Da dieser Kreis kurz geschlossen ist, so gilt

$$N \frac{d\Phi}{dt} + R_2 i_2 = 0 \,. \tag{34}$$

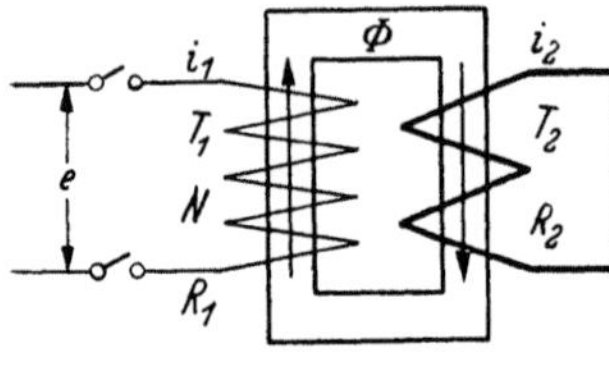

Abb. 16.

Da wir durch die magnetische Charakteristik nur den Zusammenhang des Flusses Φ mit dem Gesamtstrom i kennen, so wollen wir den letzteren in Gl. (33) einführen. Setzen wir zunächst i_2 aus Gl. (34) in (32) ein, so wird

$$i = i_1 - \frac{N}{R_2} \frac{d\Phi}{dt} , \tag{35}$$

und damit ergibt sich aus Gl. (33)

$$N \left(1 + \frac{R_1}{R_2}\right) \frac{d\Phi}{dt} + R_1 i = e \,. \tag{36}$$

An Stelle der Widerstände ist es bequemer, die Zeitkonstanten der beiden Wicklungen einzuführen, weil sich diese oft leichter berechnen oder messen lassen. Sie sind, bezogen auf den normalen Fluß Φ_0

$$T_1 = \frac{N\Phi_0}{E} = \frac{N\Phi_0}{R_1 J_1}, \qquad T_2 = \frac{N\Phi_0}{R_2 J_2} \,. \tag{37}$$

Da die Ströme J_1 und J_2 zur Erzeugung desselben Flusses Φ_0 bei gleicher Windungszahl übereinstimmen, so ist das Verhältnis der Widerstände

$$\frac{R_1}{R_2} = \frac{T_2}{T_1} , \tag{38}$$

es ist also durch das reziproke Verhältnis der Zeitkonstanten bestimmt. Hiermit wird aus Gl. (36)

$$N \frac{T_1 + T_2}{T_1} \frac{d\Phi}{dt} + R_1 i = e , \tag{39}$$

und wenn wir nunmehr an Stelle der Windungszahl N die primäre Zeitkonstante T_1 nach der ersten Gl. (37) einführen, so erhalten wir

$$(T_1 + T_2) \frac{d(\Phi/\Phi_0)}{dt} = \frac{e - R_1 i}{E} \,. \tag{40}$$

Wir erkennen hieraus, *daß das Magnetfeld sich unter der gemeinsamen Wirkung der Erreger- und der Wirbelströme so verhält, als flösse der Gesamtstrom in der Primärwicklung, deren Zeitkonstante jedoch um das Maß der sekundären Zeitkon-*

stante vergrößert wäre. Als wirksame Zeitkonstante für das Hauptfeld kommt also die Summe

$$T_h = T_1 + T_2 \tag{41}$$

beider Stromkreise in Betracht. *Alle Wirbelströme wirken daher verzögernd auf jede Veränderung des Magnetfeldes ein.* Wir können hiernach sämtliche Schaltvorgänge für gesättigte Magnetkreise mit Wirbelstromdämpfung nach den gleichen Regeln berechnen, die wir oben hergeleitet haben. Die Primär- und Sekundärwicklungen wirken für die Flußänderungen so, als ob sie einfach parallel geschaltet wären.

Wenn wir nun aber die Ströme messend verfolgen wollen, so können wir den Sekundärkreis und damit auch den Gesamtstrom i meistens gar nicht erfassen. Wir wollen deshalb eine Beziehung aufstellen zwischen dem Gesamtstrom, der allein in die Berechnung eingeht, und dem Primärstrom, für den unsere Erregerstromoszillogramme gelten. Da wir in Gl. (35) den Sekundärwiderstand R_2 im allgemeinen nicht kennen, so drükken wir ihn nach Gl. (38) durch seine Zeitkonstante aus und erhalten

$$i_1 = i + \frac{T_2}{T_1}\frac{N}{R_1}\frac{d\Phi}{dt}$$

$$= i + J_1 T_2 \frac{d(\Phi/\Phi_0)}{dt}. \tag{42}$$

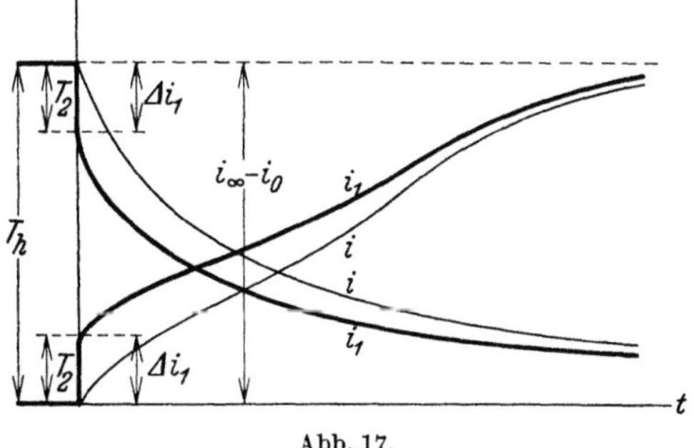

Dabei ist zur Vereinfachung die erste Gl. (37) herangezogen. Haben wir durch graphische Integration der allgemeinen Gl. (40) den Verlauf von Fluß und Gesamtstrom gefunden, so können wir hieraus sofort den Primärstrom konstruieren. Für zunehmenden Fluß ist der Primärstrom größer, für abnehmenden Fluß kleiner als der Gesamtstrom, und zwar um ein Maß, das wesentlich von der sekundären Zeitkonstante abhängt. In Abb. 17 sind ansteigende und abnehmende Ströme für diese beiden Vorgänge dargestellt.

Da der Sekundärstrom erst mit dem Schaltprozeß beginnt, so ist vor einem plötzlichen Schaltvorgang der Primärstrom und Gesamtstrom identisch. Im Schaltmoment macht der Primärstrom daher einen Sprung Δi_1, der durch das zweite Glied von Gl. (42) gegeben ist. Führen wir darin die Flußänderung nach Gl. (39) ein, so wird

$$\Delta i_1 = i_1 - i = \frac{T_2}{T_h}\left(\frac{e}{R_1} - i\right). \tag{43}$$

Der Quotient e/R_1 stellt darin den stationären Primärstrom $i\infty$ unter der Schaltspannung e dar, während der Gesamtstrom i, wie eben gesagt, durch den Strom i_0 unmittelbar vor dem Schalten gebildet wird. Wir erhalten demnach für den Stromsprung beim Schalten

$$\Delta i_1 = \frac{T_2}{T_h}(i\infty - i_0). \tag{44}$$

Beim plötzlichen Schalten verhält sich daher der anfängliche Sprung des Primärstromes zu der Gesamtänderung des Stromes im Dauerzustand wie die sekundäre Zeitkonstante zur gesamten Hauptfeldzeitkonstante. Dies ergibt an Hand von Abb. 17 eine einfache Regel zur Bestimmung der Wirbelstromzeitkonstante durch Einschalt- oder Ausschaltoszillogramme. Um keine Verwechslung mit dem durch Sättigung bedingten Stromsprung zu erhalten, wie ihn Abb. 7 und 8 zeigen, wird man den Schaltprozeß bei diesem Experiment möglichst im Gebiet starker Feldänderungen vornehmen.

47. Sättigungsstoß beim Schalten von Wechselstrom.

Wir hatten im Kapitel 1 gefunden, daß beim Einschalten einer Wechselspannung auf ungesättigte Drossselspulen mit konstanter Selbstinduktion Überströme vom doppelten Betrage des normalen Stromes auftreten können. Dieser ungünstige Fall tritt dann ein, wenn in einem Augenblick geschaltet wird, in dem die Wechselspannung ihren Nullwert durchschreitet. Wir wollen nunmehr die Wirkung der Eisensättigung auf die Einschaltströme betrachten und dabei

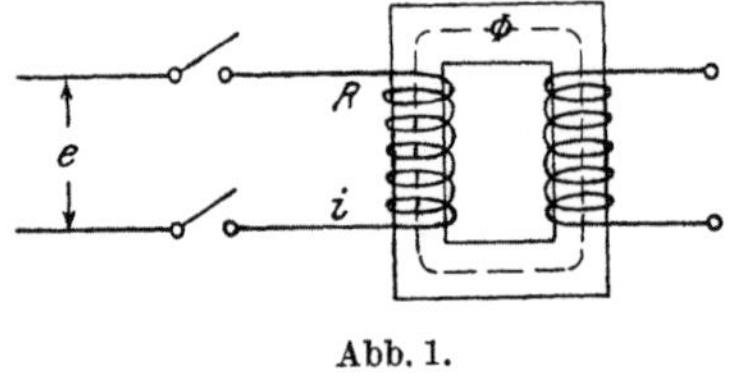

Abb. 1.

von vornherein diesen ungünstigen Schaltmoment zugrunde legen. Die Wechselspannung ist dann

$$e = E \sin \omega t \qquad (1)$$

und es wird zur Zeit $t = 0$ geschaltet.

Würde der magnetisch gesättigte Stromkreis, beispielsweise ein leerlaufender eisengeschlossener Transformator nach Abb. 1, keinen OHMschen Widerstand der Wicklungen besitzen, so würde seine Flußschwankung jederzeit genau proportional der Klemmenspannung sein. Es wäre also

$$N \frac{d\Phi}{dt} = E \sin \omega t, \qquad (2)$$

wenn N die Windungszahl der Wicklung ist. Den Fluß selbst erhält man dann durch Integration der Gl. (2) zu

$$\Phi = -\Phi_1 \cos \omega t + C, \qquad (3)$$

wobei mit $\Phi_1 = E/\omega N$ seine Amplitude bezeichnet wird. Die Integrationskonstante C muß aus der Grenzbedingung bestimmt werden, daß zur Zeit $t = 0$

$$\Phi_0 = 0 \qquad (4)$$

ist. Denn der magnetische Kraftfluß kann sich nicht plötzlich ändern, da sonst unendliche Spannungen induziert würden, er muß daher im Schaltmoment den gleichen Wert wie vor dem Einschalten besitzen. Hat der Eisenkreis erhebliche Remanenz, was bei technischen Transformatoren meist vorkommt, so ist der Remanenzfluß als Anfangsfluß zu betrachten. Vernachlässigen wir ihn zunächst, so ist der Anfangsfluß gleich Null, und wir erhalten durch Einsetzen von Gl. (4) in (3) die Integrationskonstante zu

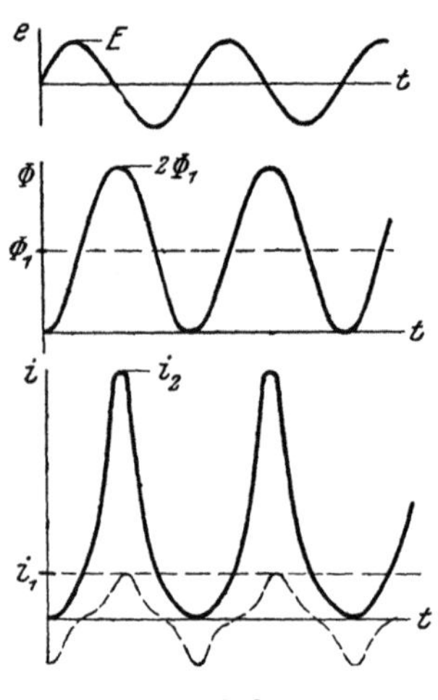

Abb. 2.

$$C = \Phi_1. \qquad (5)$$

Für den Verlauf des Flusses ergibt sich daher die Beziehung

$$\Phi = \Phi_1 (1 - \cos \omega t). \qquad (6)$$

In Abb. 2 ist der zeitliche Verlauf der Spannung nach Gl. (1) und des magnetischen Flusses nach Gl. (6) dargestellt. Da der Stromkreis widerstandsfrei angenommen wurde, so findet kein Verlöschen des Einschaltzustandes statt, derselbe erhält sich vielmehr sehr lange Zeit. Wir sehen, *daß der magnetische Fluß nicht wie im stationären Zustand mit der Amplitude Φ_1 um den Nullwert herumschwingt, sondern daß er im Takte der Wechselspannung zwischen den Werten 0 und $2\Phi_1$ hin- und herschwankt.*

Welcher Strom nun in jedem Augenblick in der Magnetwicklung fließt, um diesen *durch die Wechselspannung erzwungenen* Fluß zu unterhalten, geht aus

der magnetischen Charakteristik des Stromkreises nach Abb. 3 hervor. Arbeitet man bei dem beabsichtigten stationären Fluß Φ_1 in der Nähe des Knies der Charakteristik mit einem mäßigen Magnetisierungsstrom i_1, so wächst der Strom beim Überschreiten dieses Flusses im allgemeinen außerordentlich stark an und besitzt in den Augenblicken, in denen der höchste Fluß Φ_2 erreicht wird, ganz extrem große Werte i_2. Der dieser Charakteristik punktweise entnommene Verlauf des Stromes ist in Abb. 2 ebenfalls dargestellt. *Der Strom besitzt zu Zeiten der größten Feldstärke stark ausgebildete Spitzen, die ein hohes Vielfaches des normalen Stromes darstellen.* Der normale Magnetisierungsstrom ist in Abb. 2 zum Vergleich gestrichelt eingetragen.

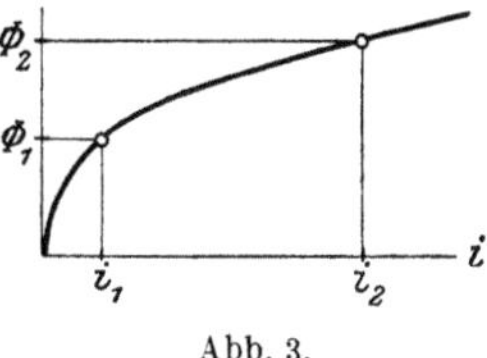

Abb. 3.

Wenn der magnetische Kreis vollständig eisenge-
schlossen ist, so besitzt er im allgemeinen vor dem
Einschalten ein erhebliches Remanenzfeld. Das Ein-
schaltfeld zur Zeit $t = 0$ ist dann nicht wie in Gl. (4)
Null, sondern entspricht diesem Felde Φ_r. Da durch
das Wirken der äußeren Wechselspannung nach Gl. (2)
ein kosinusförmiges Schwanken des Flusses nach Gl. (3) erzwungen wird, so lagert sich die volle Flußschwankung vom Betrage des doppelten Normalflusses noch über das Remanenzfeld. Falls dieses zufällig die gleiche Richtung besitzt wie das erzwungene Feld, womit man der Sicherheit halber natürlich rechnen muß, addieren sich beide, im anderen Falle subtrahieren sie sich. Abb. 4 zeigt das magnetische Verhalten des Stromkreises im ungünstigsten Falle, in dem *noch weit größere Einschaltestromspitzen entstehen wie bei Vernachlässigung der Remanenz.*

In jedem praktisch vorliegenden Falle kann man die höchste Stromspitze, die eine halbe Periode nach dem Einschalten der Spannung bei widerstandslosem Stromkreise auftreten würde, aus der magnetischen Charakteristik des Transformators oder Wechselstrommagneten abgreifen, indem man den Strom bestimmt, der zur Erzeugung des doppelten sta-
tionären Feldes, nötigenfalls unter Hinzufügung
des Remanenzfeldes, erforderlich ist. Wegen
des flachen Verlaufs der Magnetisierungslinie
im Bereiche höherer Sättigungen werden diese
Einschaltströme bei stark gesättigten Transformatoren von außerordentlicher Größe und
können sogar die Höchststromschalter im Augenblick des Einschaltens zum sofortigen Wieder-
auslösen bringen.

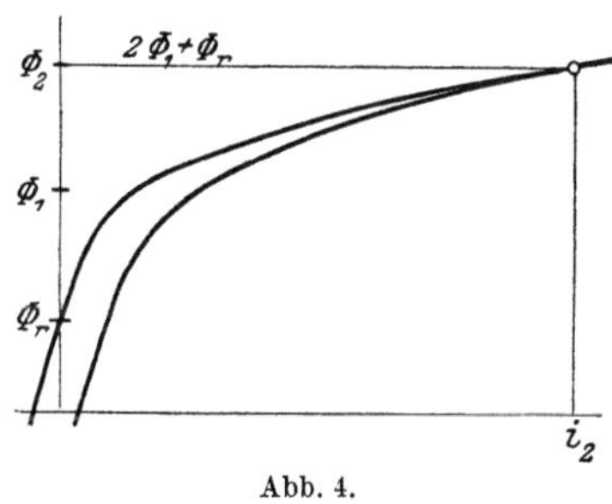

Abb. 4.

In Wirklichkeit bleiben die ganz einseitig
von der Nullachse verlaufenden Ströme nach Abb. 2, die der Stromquelle nicht nur Wechselstrom von verzerrter Kurvenform, sondern auch einen Gleichstromanteil entnehmen, nicht beliebig lange bestehen, sondern klingen unter der Wirkung des Widerstandes allmählich ab. Es gilt dann anstatt der einfachen Gl. (2) die vollständige Beziehung für das Gleichgewicht der Spannungen

$$N \frac{d\Phi}{dt} + R\,i = e, \tag{7}$$

wobei R den Widerstand des Stromkreises bezeichnet. Die strenge Lösung des Problems ist nicht einfach, weil Feld und Strom in dieser Differentialgleichung, wie man schon aus Abb. 2 erkennt, sehr verschiedenen zeitlichen Verlauf besitzen.

Wir können jedoch zu einer Näherungslösung gelangen, wenn wir beachten, daß der OHMsche Spannungsabfall in technischen Transformatoren stets sehr klein ist gegenüber der Klemmenspannung E und der ihr entsprechenden Flußschwankung $N\, d\Phi/dt$. Selbst bei erheblichen Einschaltströmen i ist das zweite Glied der Gl. (7) daher immer noch geringfügig im Vergleich zum ersten, so daß es zu seiner Berücksichtigung genügt, wenn wir den Verlauf des Stromes i näherungsweise kennen. Der einfachste Ansatz ist, daß wir den Strom i proportional zum Flusse Φ setzen nach der Beziehung

$$i = \frac{N}{L}\,\Phi . \tag{8}$$

Hierin bedeutet L den arithmetischen Mittelwert der Selbstinduktion, der über einen Strombereich von 0 bis i_2 genommen ist. Dies ist einleuchtend, wenn man bedenkt, daß der allgemeine Ausdruck für die Selbstinduktion bei veränderlichen Parametern ist

$$L = N\frac{d\Phi}{di} . \tag{9}$$

Daher ist die mittlere Selbstinduktion bei veränderlichem Strom

$$L_m = \frac{1}{i_2}\int\limits_0^{i_2} L\,di = \frac{N}{i_2}\int\limits_0^{i_2}\frac{d\Phi}{di}\,di = \frac{N\,\Phi_2}{i_2} , \tag{10}$$

und *dies ist unabhängig von dem Kurvenverlauf der magnetischen Charakteristik.* Die Proportionalitätskonstante L in Gl. (8) soll daher aus den höchsten Werten von Fluß Φ_2 und Strom i_2 bestimmt werden, wie sie in Abb. 3 angegeben sind. Sie besitzt dabei ihren geringst möglichen Wert, so daß der Einfluß des Stromes für andere Augenblicke reichlich stark berücksichtigt wird. Führt man den Näherungsverlauf des Stromes nach Gl. (8) in die Beziehung (7) ein, so erhält man mit Gl. (1) als Differentialgleichung des Problems

$$\frac{d\Phi}{dt} + \frac{R}{L}\,\Phi = \frac{E}{N}\sin\omega\, t . \tag{11}$$

Diese Beziehung für den Verlauf des Feldes ist uns wohlbekannt, sie stimmt mit der Differentialgleichung für den Verlauf des Stromes beim Einschalten einer sättigungsfreien Selbstinduktion nach Kapitel 1, Gl. (25) im Prinzip überein. Genau wie dort den Strom, zerlegen wir hier den Fluß in zwei Teile

$$\Phi = \Phi' + \Phi'' , \tag{12}$$

worin in ausreichender Näherung

$$\Phi' = -\,\Phi_1\cos\omega\, t \tag{13}$$

den stationären Fluß nach Ablauf der Einschaltvorgänge darstellt. Für den vorübergehenden Fluß erhalten wir dann durch Lösung der Gl. (11) ohne rechtes Glied und Bestimmung der Amplitude aus der Grenzbedingung, wonach der Gesamtfluß zur Zeit $t = 0$ verschwindet,

$$\Phi'' = \Phi_1\,\varepsilon^{-\frac{R}{L}t} . \tag{14}$$

Die Remanenz haben wir hierbei wieder unberücksichtigt gelassen.

Der gesamte Fluß wird somit nach Gl. (12)

$$\Phi = \Phi_1\left(-\cos\omega\, t + \varepsilon^{-\frac{R}{L}t}\right) . \tag{15}$$

Sein Verlauf ist in Abb. 5 dargestellt. Wir erkennen nunmehr, daß der Fluß in seiner ersten Halbperiode nicht mehr ganz auf den doppelten Betrag des stationären Flusses steigt, sondern um ein gewisses Maß darunter bleibt.

Aus der Charakteristik in Abb. 6 sind die zu jedem Fluß gehörigen und daher in jedem Augenblick auftretenden Ströme entnommen und in Abb. 5 aufgetragen. *Man sieht, daß die erste Stromspitze durch die Abdämpfung des Feldes unter seinen doppelten Normalwert erheblich geringer geworden ist, was der Wirkung des Wicklungswiderstandes zuzuschreiben ist.* In dem Maße, wie das im Einschaltmoment entstehende Ausgleichsfeld Φ'' im Eisen abklingt, verschwinden auch die Stromspitzen mehr und mehr, und wenn das Feld nach einiger Zeit zu einem reinen Wechselfeld geworden ist, hat auch der Strom seinen stationären Verlauf mit der bei Magnetisierungsströmen üblichen Kurvenform erreicht.

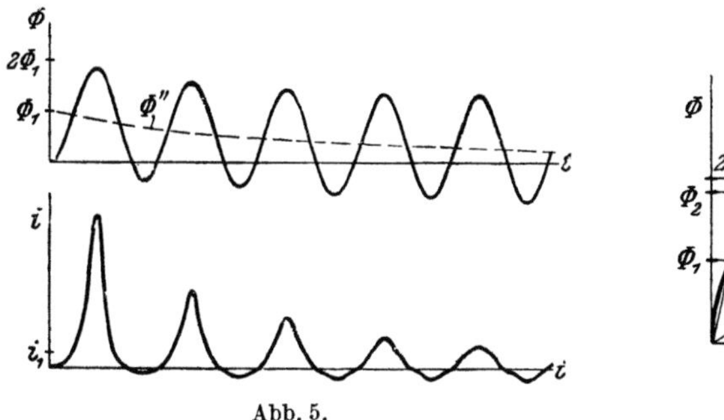 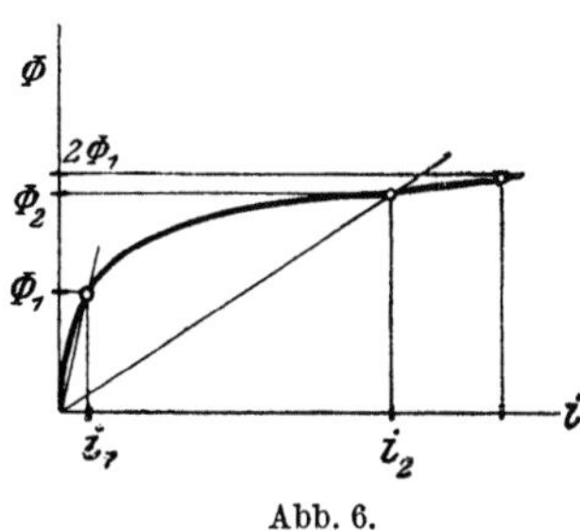

Abb. 5. Abb. 6.

Der größte Fluß tritt nahezu eine halbe Periode nach dem Einschalten auf, also für

$$\omega t = \pi, \qquad t = \frac{\pi}{\omega}. \tag{16}$$

Setzt man dies in Gl. (15) ein, so erhält man für das Verhältnis $\varkappa$ des maximalen Kraftflusses Φ_2 zum stationären Normalfluß Φ_1

$$\varkappa = \frac{\Phi_2}{\Phi_1} = 1 + \varepsilon^{-\pi\frac{R}{\omega L}}. \tag{17}$$

Es kann für bekannte Werte von R und L berechnet werden. Aus der magnetischen Charakteristik kann man nunmehr entsprechend Abb. 6 die zugehörigen Ströme und daher auch das Verhältnis σ des höchsten Einschaltstromes zum normalen Magnetisierungsstrom

$$\sigma = \frac{J_2}{J_1} \tag{18}$$

bestimmen. Man sieht, daß es nur vom Verlauf der Charakteristik und vom Verhältnis Widerstand zu Reaktanz abhängig ist. Beträgt dies Verhältnis nur 5%, so wird der höchste Fluß bereits vom Zweifachen auf das

$$1 + \varepsilon^{-\frac{\pi \cdot 5}{100}} = 1{,}86 \,\text{fache}$$

reduziert, was eine ganz beträchtliche Stromverringerung zur Folge hat.

Für größere Transformatoren sind diese Stromstöße manchmal unerwünscht stark. Man pflegt sie dann über einen Vorkontaktschalter mit kurzzeitig vorgeschaltetem Schutzwiderstand einzuschalten, durch den, wie die Gl. (17) zeigt, der Kraftfluß und damit auch das Stromverhältnis erheblich reduziert werden kann. Um den notwendigen Schutzwiderstand zu bestimmen, lösen wir Gl. (17) nach dem Exponenten auf und erhalten

$$\pi \frac{R}{\omega L} = \ln \frac{1}{\varkappa - 1}. \tag{19}$$

Es ist nun bequemer, anstatt der Selbstinduktion L beim Spitzenstrom die Selbstinduktion für den Zustand des stationären Feldes einzuführen, die nach Gl. (8) und Abb. 6 unter Berücksichtigung von Gl. (17) und (18) in dem Verhältnis stehen

$$\frac{L}{L_1} = \frac{\Phi_2/J_2}{\Phi_1/J_1} = \frac{\Phi_2}{\Phi_1}\frac{J_1}{J_2} = \frac{\varkappa}{\sigma}. \tag{20}$$

Damit berechnet sich nach Gl. (19) das Verhältnis von Widerstand zu Leerlaufsreaktanz oder auch vom Ohmschen Spannungsabfall des Magnetisierungsstromes J_μ zur Netzspannung zu

$$\frac{R}{\omega L_1} = \frac{R J_\mu}{\omega L_1 J_\mu} = \frac{E_R}{E} = \varrho = \frac{\varkappa}{\pi \sigma} \ln \frac{1}{\varkappa - 1}. \tag{21}$$

Das Verhältnis des höchsten beim Einschalten noch zulässigen Stromstoßes zum normalen Magnetisierungsstrome des Transformators, also der Zahlenwert von σ, ist für jeden praktischen Fall bekannt, er richtet sich nach der Größe des Netzes und der Einstellung der vorgeschalteten Stromauslöser. Aus der magnetischen Charakteristik des Transformators kann damit nach Abb. 6 das zugehörige Verhältnis $\varkappa$ der Kraftflüsse direkt entnommen werden, und aus beiden Größen zusammen kann man nunmehr nach der Endgleichung (21) das erforderliche Widerstandsverhältnis ϱ bestimmen.

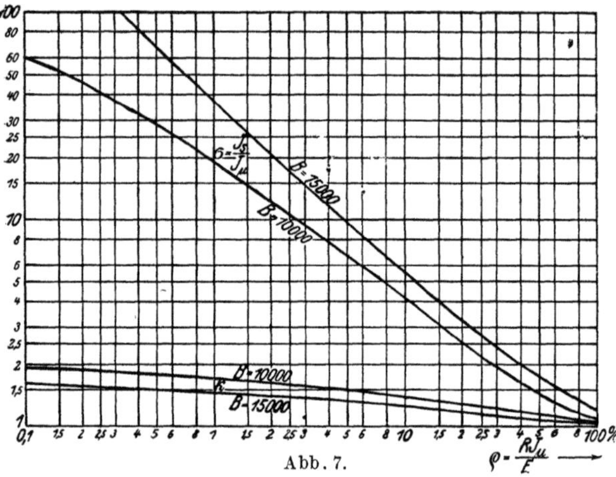

Abb. 7.

Der Gesamtwiderstand des Stromkreises, also Wicklungswiderstand und Schutzwiderstand, ergibt sich dann zu

$$R = \varrho \frac{E}{J_\mu}. \tag{22}$$

In Abb. 7 ist die relative Größe σ des Sättigungsstromes J_s beim Einschalten im Verhältnis zum Magnetisierungsstrom J_μ und auch die Kraftflußerhöhung $\varkappa$ über das stationäre Maß in Abhängigkeit von dem relativen Spannungsabfall ϱ des Magnetisierungsstromes dargestellt, und zwar für übliches hochlegiertes Transformatorblech, das mit einer normalen Induktion von 10000 oder 15000 Gauß beansprucht wird. *Man erkennt, daß man schon bei 4% Gesamtspannungsabfall nur noch Ströme vom 8- bis 12fachen Betrage des Magnetisierungsstromes erhält, daß es also ausreicht, im Schutzwiderstand nur wenige Prozent der Magnetisierungsleistung verzehren zu lassen.* Alle diese Zahlen sind auf den Leerlaufstrom des Transformators bezogen, der nur einen geringen Prozentsatz des Normalstromes beträgt.

Es genügt im allgemeinen, wenn der Schutzwiderstand nur während weniger Wechselstromperioden wirkt. Der Einschaltstrom ist dann schon so stark abgeklungen und das Feld hat sich dem normalen Verlauf so weit genähert, daß das Überschalten auf volle Netzspannung keine erheblichen Störungen mehr bewirkt.

Abb. 8 stellt das Oszillogramm des Einschaltstromes eines großen, aber mäßig gesättigten Transformators dar, der direkt ans Netz geschaltet wurde, was zu hohen und lange dauernden Überströmen Anlaß gibt. Bei Abb. 9 wurde ein kleiner hochgesättigter Transformator ans Netz geschaltet; seine Überströme sind zwar auch sehr groß, verlöschen aber ziemlich schnell. In Abb. 10 ist der gleiche Transformator über einen

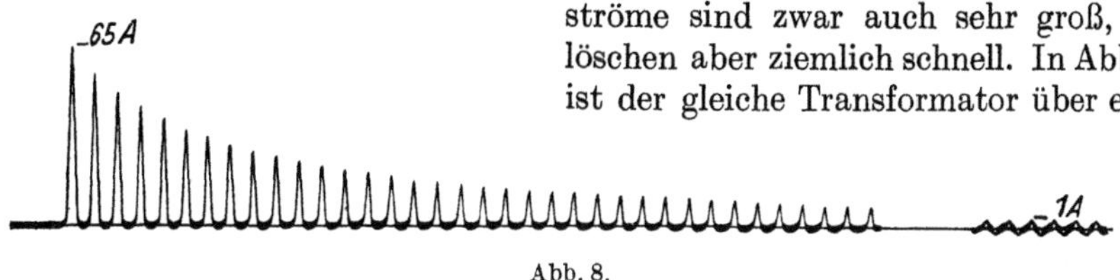

Abb. 8.

Schutzwiderstand von 3% Spannungsabfall eingeschaltet. Seine dämpfende Wirkung verkleinert die erste Stromspitze erheblich und läßt weitere Überstromspitzen kaum zur Ausbildung kommen.

Den Kurven in Abb. 7 für die Einschaltströme und Einschaltfelder haben wir als Charakteristik die Magnetisierungskurve des Eisenbleches zugrunde gelegt, um bestimmte Zahlenwerte zu erhalten. Eigentlich muß die Bestimmung der Größen $\varkappa$ und σ jedoch an der ma

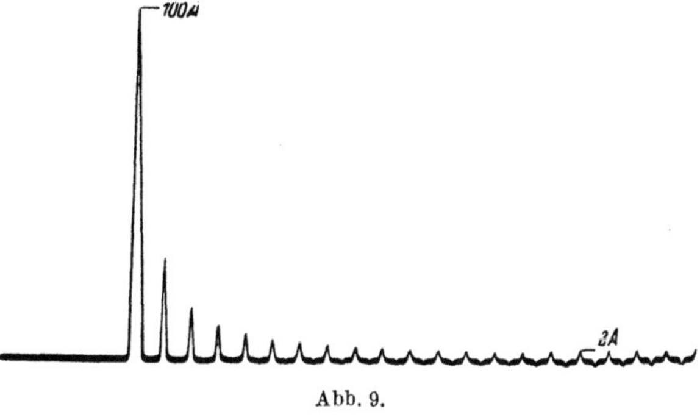

Abb. 9.

gnetischen Charakteristik des ganzen Transformators vorgenommen werden, die sich von der des Bleches in mehrfacher Hinsicht unterscheidet. Abb. 11 zeigt, bezogen auf das dünn gezeichnete Koordinatenkreuz, die Magnetisierungskurve des Bleches selbst. Häufig sind im magnetischen Kreise Luftspalte vorhanden, zum mindesten aber Stoßfugen der Blechpakete, die einen konstanten magnetischen Luftwiderstand besitzen.

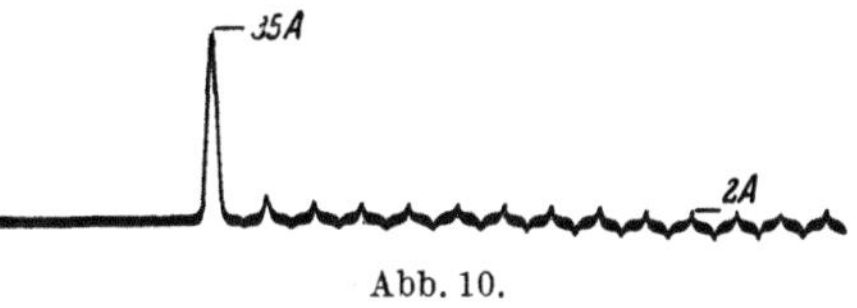

Abb. 10.

Der erregende Strom des Transformators wird dadurch um ein Maß vergrößert, das proportional dem Fluß ist, so daß als Ordinatenachse die gescherte dicke Linie der Abb. 11 zu gelten hat.

Außer dem Feld im Eisen erzeugt die an Spannung geschaltete Wicklung des Transformators noch ein erhebliches Feld in der Luft. Dasselbe ist größer als das gewöhnlich als Streufeld bezeichnete Luftfeld, da die Rückwirkung der sekundären Ströme auf dasselbe fortfällt, wenn bei offener Sekundärwicklung eingeschaltet wird. Dieses primäre Luftfeld erzeugt einen Fluß, der proportional dem Strom ist und der zu dem Eisenfluß addiert werden muß. In der Charakteristik berücksichtigt man dies dadurch, daß man den Fluß nicht von der ursprünglichen Abszissen

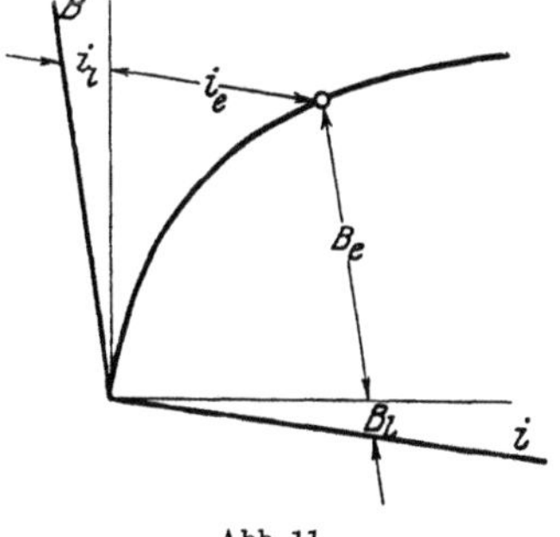

Abb. 11.

achse aus rechnet, sondern von einer um das Maß des Luftfeldes gescherten schrägen Linie, die ebenfalls in Abb. 11 dick eingetragen ist. Äußere, vor dem Transformator liegende Selbstinduktionen, die von Leitungen oder anderen

Transformatoren und Maschinen herrühren können, lassen sich natürlich durch die gleiche Scherung wie das Luftfeld berücksichtigen.

Die beiden zuletzt genannten Einflüsse wirken auf eine merkliche Verminderung der Sättigungsstöße beim Einschalten von Wechselstrommagneten oder Transformatoren hin, da die Scherungen eine erhebliche Streckung der Charakteristik bewirken. Andererseits vergrößert die Remanenzerscheinung, wie wir an Hand von Abb. 4 sahen, die Stöße nicht unwesentlich. Da es auf die genaue Einhaltung eines ganz bestimmten Schutzwiderstandes nach dem flachen Verlauf der Kurven in Abb. 7 nicht ankommt, wenn man nur aus dem Bereich extrem hoher Einschaltstöße herausbleibt, so kann man diese Kurven für die Bemessung von Schutzschaltern häufig als Anhalt benutzen.

Das Luftstreufeld von Transformatoren bewirkt übrigens, daß die Sättigungsströme beim Einschalten niemals größer werden können als die beim plötzlichen sekundären Kurzschluß auftretenden Stoßströme, deren mechanischen Kräften die Festigkeit der Wicklungen stets gewachsen sein muß. Sie sind daher weniger für den Transformator gefährlich, als störend für die Auslöseapparate und Sicherungen der Anlage, die sie zum Ansprechen bringen können.

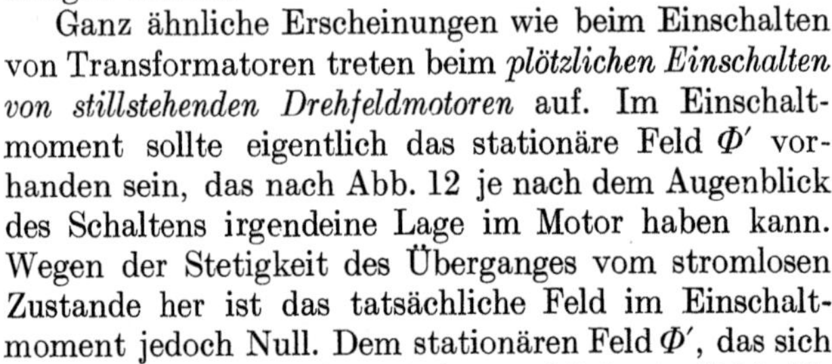

Abb. 12.

Ganz ähnliche Erscheinungen wie beim Einschalten von Transformatoren treten beim *plötzlichen Einschalten von stillstehenden Drehfeldmotoren* auf. Im Einschaltmoment sollte eigentlich das stationäre Feld Φ' vorhanden sein, das nach Abb. 12 je nach dem Augenblick des Schaltens irgendeine Lage im Motor haben kann. Wegen der Stetigkeit des Überganges vom stromlosen Zustande her ist das tatsächliche Feld im Einschaltmoment jedoch Null. Dem stationären Feld Φ', das sich im Raume dreht, überlagert sich daher im Einschaltaugenblick ein Feld Φ'', das entgegengesetzt gleiche Größe besitzt. Beide Teilfelder zusammen bilden das gesamte Magnetfeld des Motors.

Kurze Zeit nach dem Einschalten hat sich der stationäre Feldbestandteil Φ' im Motor vorwärts gedreht. Das Ausgleichsfeld dagegen hat seine Lage im Raume beibehalten, es hängt als Gleichfeld fest an der Ständerwicklung und klingt all-

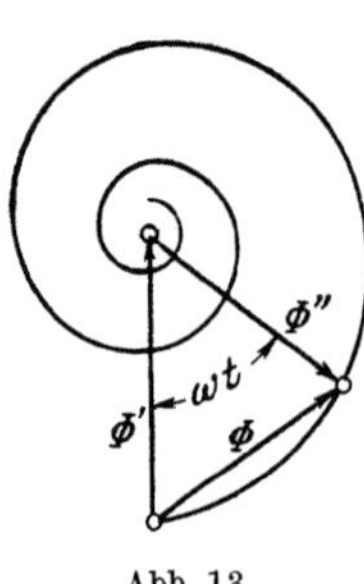

Abb. 13.

mählich nach Gl. (14) ab. In dem Maße, wie sich Φ' von seiner ursprünglichen Lage entfernt, schwillt das tatsächliche Motorfeld an. Nach einer halben Periode hat sich Φ' so weit gedreht, daß es die gleiche Richtung wie das stehengebliebene Feld Φ'' erhält, so daß sich beide Feldstärken addieren. Würde Φ'' nicht im Abklingen begriffen sein, so bestände in diesem Augenblick das Doppelte der stationären Feldstärke im Motor. In Wirklichkeit bleibt der Wert der Feldstärke kleiner und ist durch Gl. (17) gegeben. Für die Zwischenzeiten zeichnet man die Felder am besten relativ zu dem Drehfelde Φ' auf. Dieses selbst wird dann durch einen konstanten Vektor dargestellt, während Φ'' sich gleichförmig rückwärts dreht und dabei exponentiell verlöscht, so daß sein Vektor auf einer logarithmischen Spirale läuft, wie es in Abb. 13 dargestellt ist. Die Summe beider Vektoren gibt die Größe und Richtung des Gesamtfeldes Φ zu jeder Zeit an. Es pulsiert um den Wert des stationären Drehfeldes mit wechselnder Geschwindigkeit und Größe.

Die zur Erzeugung des Feldes erforderlichen Ströme werden dem Drehstromnetz entnommen. Sie besitzen einen dem abklingenden Stehfelde entsprechenden

Gleichstromteil und einen vom Drehfelde verursachten Wechselstromteil. Es ist Zufall und hängt vom Schaltmomente ab, welche der drei Phasenwicklungen den größten Strom führt. Jedenfalls erkennen wir, *daß durch das ständige Rotieren des normalen Feldes Φ' und durch das allmähliche Abklingen des stillstehenden Einschalte- oder Ausgleichsfeldes Φ'' abwechselnd Verstärkungen und Schwächungen des Gesamtfeldes zustande kommen und daß dementsprechend Ströme aus dem Drehstromnetz entnommen werden, die in der am meisten beanspruchten Phasenwicklung eine Kurvenform ähnlich der Abb. 5 besitzen.* Wir sehen also, daß in der Achse, in der das Feld ursprünglich eingeschaltet werden sollte, die Ausbildung der Ein-

schaltströme im Drehstrommotor mit offenem oder stillstehendem Läufer nahezu denselben Beziehungen gehorcht, die für ruhende Transformatoren hergeleitet waren. In der quer dazu liegenden Achse jedoch werden gar keine Ausgleichsströme entwickelt.

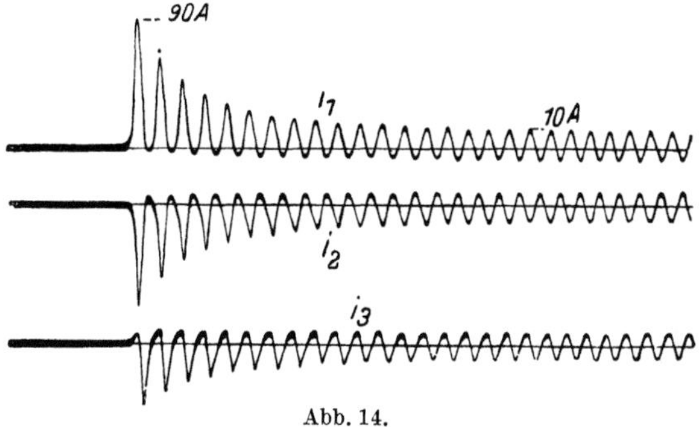

Abb. 14.

Die Sättigungsstöße beim Einschalten von Drehstrommotoren können daher auf die gleiche Weise nach Gl. (21) berechnet werden wie bei Transformatoren. Wegen des stets vorhandenen erheblichen Luftspaltes im magnetischen Kreise zwischen Ständer und Läufer, sowie wegen der relativ großen Streuspannung dieser Maschinen, ist jedoch der Einfluß der beiden Scherungen der Charakteristik nach Abb. 11 sehr erheblich, so daß die ohne Schutzschalter auftretenden Überströme bei Motoren nicht so gewaltige Dimensionen annehmen können wie bei eisengeschlossenen Trans-

formatoren mit ihren geringen Luftfeldern. Abb. 14 zeigt die Einschaltströme der drei Phasenwicklungen eines größeren Drehstrommotors bei offenem Läuferkreis.

Ist der Läufer des noch stillstehenden Motors während des Einschaltens geschlossen oder ist der eingeschaltete Transformator belastet, so treten im Schaltaugenblick dieselben Ausgleichsfelder wie bei offener Sekundärwicklung

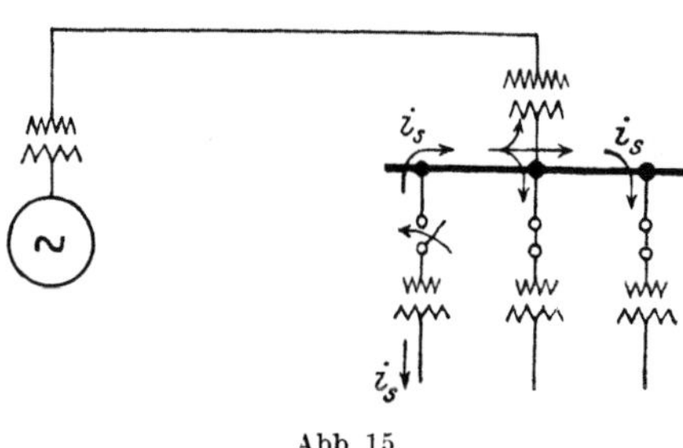

Abb. 15.

auf, die dem stationären Felde entgegengesetzt sind. Das Ausgleichsfeld verlöscht jetzt aber langsamer, weil auch die sekundäre Wicklung mit ihrer Zeitkonstante am Abklingen beteiligt ist. Die Stärke der primären Stromstöße geht dagegen zurück, weil ein erheblicher Teil des gesamten magnetisierenden Ausgleichsstromes jetzt in der Sekundärwicklung fließt. Die Erscheinung der Vervielfachung der Stromspitzen durch die Sättigung des Eisens bleibt jedoch bestehen, so daß die Magnetisierungsströme bei sekundärem Schluß der Wicklungen ebenfalls die eigentümlich verzerrte Kurvenform nach Abb. 5 behalten und nur in ihrer Größe verringert und in ihrer Dauer verlängert werden, etwa in dem gleichen Maße, wie es für sättigungsfreie Stromkreise im Kapitel 9 gefunden wurde.

Die starken Sättigungsstromstöße werden mit ihrem Gleich- und Wechselstromglied dem Netz entnommen, das wir bisher als sehr ergiebig angesehen haben. Ist das nicht der Fall, so können sie in ihm starke Rückwirkungen ausüben, wenn noch andere magnetisch gesättigte Eisenkreise angeschlossen sind. Wird der eingeschaltete Transformator z. B. an ein Netz gelegt, das vom Kraftwerk aus mit erheblichem Spannungsabfall betrieben wird und das in seiner Nähe ähnliche Transformatoren speist, wie es in Abb. 15 gezeichnet ist, so fließen die Magnetisierungsausgleichsströme auch in diese hinein und bewirken dort ein über das Wechselfeld der stationären Magnetisierung gelagertes Gleichfeld. Dies gibt Anlaß zu einer Vergrößerung und Spitzenbildung des Magnetisierungsstromes auch in den fremden Transformatoren, die je nach der Stärke des abklingenden Gleichstromes und der Sättigung ihres Eisens so groß werden kann, *daß auch diese überlastet werden und die Auslöser ihrer Schalter ansprechen.* Wir sehen daraus, wie wichtig es ist, hochgesättigte Transformatoren von erheblicher Leistung über Schutzwiderstände zu schalten oder ihre Auslöser angemessen zu verzögern.

48. Eisensättigung in Schwingungskreisen.

Bei unseren früheren Betrachtungen über elektrische Schwingungskreise, vor allem in den Kapiteln 4 bis 6, haben wir stets angenommen, daß die Selbstinduktion des Kreises unabhängig vom Strom und konstant ist. Dies ist in der Tat für solche Selbstinduktionen der Fall, deren magnetische Felder vorwiegend in Luft verlaufen, also beispielsweise für die Magnetfelder, die sich um Freileitungen oder in Kabeln ausbilden, sowie für die Streufelder von Maschinen und Transformatoren. Solche Stromkreise jedoch, deren Magnetfelder ganz oder zum größten Teil in Eisen verlaufen, besitzen keine konstante Selbstinduktion mehr, dieser Wert ist vielmehr bei großen Strömen und Feldstärken wesentlich geringer als bei kleinen.

Wir wollen untersuchen, was für Abweichungen im Stromverlauf von elektrischen Schwingungskreisen durch die Anwesenheit von Eisen mit magnetischer Sättigung hervorgerufen werden, wenn sie von einer äußeren Spannung gespeist werden, und wie die Resonanzverhältnisse der Stromkreise durch diese Einflüsse geändert werden.

a) Ferroresonanz. Um die Wirkung der Eisensättigung in voller Reinheit zu erkennen, wollen wir den Widerstand des Stromkreises und den ihm entsprechen-

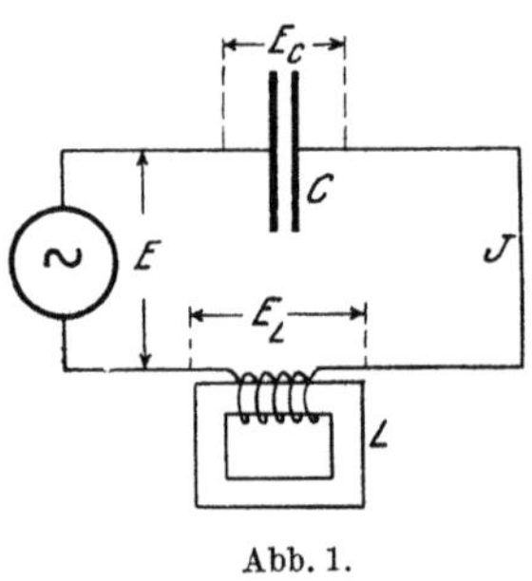

Abb. 1.

den OHMschen Spannungsabfall zunächst vernachlässigen. Wir nehmen also an, daß eine gegebene elektromotorische Kraft E von sinusförmigem Verlauf nach dem Schema der Abb. 1 auf einen Stromkreis wirkt, der eine konstante Kapazität C und eine magnetisch eisengeschlossene Spule L in Reihenschaltung besitzt. Die eingeprägte Spannung muß dann in jedem Augenblick den Spannungen an der Kapazität und an der Selbstinduktion das Gleichgewicht halten. Wenn wir auf die Kurvenverzerrungen, die sich unter dem Einfluß der Eisensättigung in jeder Wechselstromperiode ausbilden können, nicht achten, sondern nur die sinusförmige Grundschwingung von Strom und Spannung weiter verfolgen, so gilt auch für deren Amplitude die Gleichgewichtsbedingung

$$E = E_L + E_C. \tag{1}$$

Die Spannung an der Selbstinduktion ist nun nicht proportional dem Strome, sondern sie ist durch die magnetische Charakteristik des Eisenkreises in Abhängigkeit vom Strom J graphisch gegeben und in Abb. 2 dargestellt. Die Charakteristik der Amplituden von E_L und J ist natürlich etwas davon abhängig, ob man sie mit sinusförmiger Spannung und verzerrtem Strom oder mit sinusförmigem Strom und verzerrter Spannung oder mit verzerrten Strömen und Spannungen aufnimmt. Auf diese Unterschiede wollen wir aber hier nicht eingehen, sondern denken uns die Kurve so gegeben, wie sie in dem Schwingungskreise wirklich vorhanden ist.

Die Spannung der Drosselspule ist bei veränderlicher Frequenz stets dieser proportional und kann daher dargestellt werden durch den Ausdruck

$$E_L = \omega \cdot f(J), \tag{2}$$

wobei $f(J)$ eine der Eisenspule eigentümliche Funktion von der Form der Charakteristik ist, die nur von der Windungszahl und dem Eisenkern abhängt. Die Spannung am Kondensator ist in bekannter Weise proportional dem Strom und umgekehrt proportional der Frequenz und Kapazität. Sie steht in Gegenphase zur Spannung an der Selbstinduktion und ist daher

$$E_C = -\frac{J}{\omega C}. \tag{3}$$

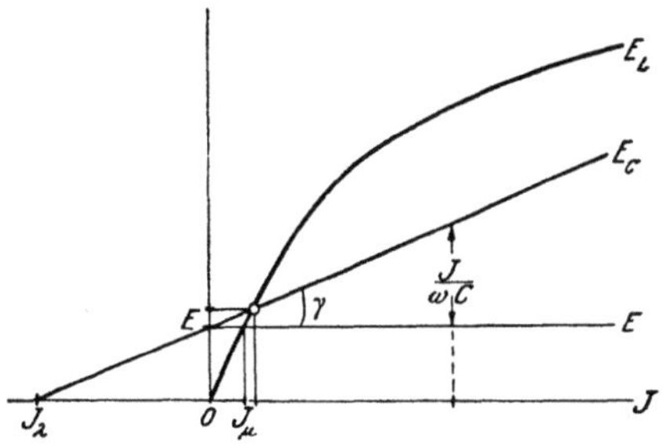

Abb. 2.

Das Gleichgewicht der Spannungen im Stromkreise ist also nach Einsetzen von Gl. (2) und (3) in Gl. (1) gegeben durch

$$E_L = \omega \cdot f(J) = E + \frac{J}{\omega C}. \tag{4}$$

Diese Beziehung führt zu einer sehr einfachen graphischen Lösung des Problems, denn sie zeigt, daß die Spannung E_L der eisengesättigten Selbstinduktion stets gleich sein muß der Summe aus der konstanten Netzspannung E und der dem Strom proportionalen Kapazitätsspannung. In Abb. 2 sind beide Spannungen abhängig vom Strome eingetragen. Die Netzspannung E wird durch eine horizontale Linie dargestellt, die Kapazitätsspannung E_C lagert sich als ansteigende Gerade darüber. Ihr Neigungswinkel γ wird bestimmt durch

$$\operatorname{tg}\gamma = \frac{1}{\omega C}. \tag{5}$$

Die Neigung ist also um so stärker, je kleiner die Kapazität des Kondensators ist. Verlängert man die Gerade E_C, die nichts anderes ist als die geradlinige Charakteristik des Kondensators mit konstanter Kapazität, nach links, so schneidet sie die ins Negative verlängerte Stromachse in einem Abstande vom Nullpunkt, der gleich

$$J_\lambda = -\frac{E}{\operatorname{tg}\gamma} = -\omega C E \tag{6}$$

ist, der also den Ladestrom des Kondensators unter alleiniger Wirkung der Netzspannung E darstellt. Andererseits wird der Magnetisierungsstrom J_μ der Drosselspule unter alleiniger Einwirkung der Netzspannung gegeben durch den Schnittpunkt der E-Linie mit der magnetischen Charakteristik, er ist in Abb. 2 ebenfalls dargestellt.

Durch die einfache graphische Konstruktion der Abb. 2 sind wir in der Lage, die Strom- und Spannungsverhältnisse in eisengesättigten Schwingungskreisen zu übersehen. Die Bedingungsgleichung (4) für die Gleichheit der Spannungen wird nur durch den Schnittpunkt der Kondensatorcharakteristik mit der magnetischen Charakteristik erfüllt, der in Abb. 2 hervorgehoben ist. Der Schwingungskreis kann also nur mit den hierdurch bestimmten Strömen und Spannungen arbeiten. Während die Netzspannung, allein auf die Selbstinduktion geschaltet den geringen Magnetisierungsstrom J_μ, allein auf die Kapazität geschaltet den erheblichen Ladestrom J_λ hervorbringen würde, tritt durch die vereinigte Wirkung beider im Schwingungskreise ein mittelgroßer Strom auf, es entwickelt sich dabei aber eine Spannungserhöhung, *die Selbstinduktionsspannung steigt um das durch den Schnittpunkt der Charakteristiken bedingte Maß über die Netzspannung hinaus an.* Verkleinert man die Kapazität und damit den Ladestrom J_λ bei konstant gehaltener Netzspannung, so wird die Neigung der Kondensatorgeraden größer und größer, die Spannung an der Selbstinduktion nimmt dadurch erheblich zu.

In Abb. 3 ist der Verlauf des charakteristischen Punktes für konstant gehaltene gesättigte Drosselspule und veränderte Größe der Kapazität dargestellt.

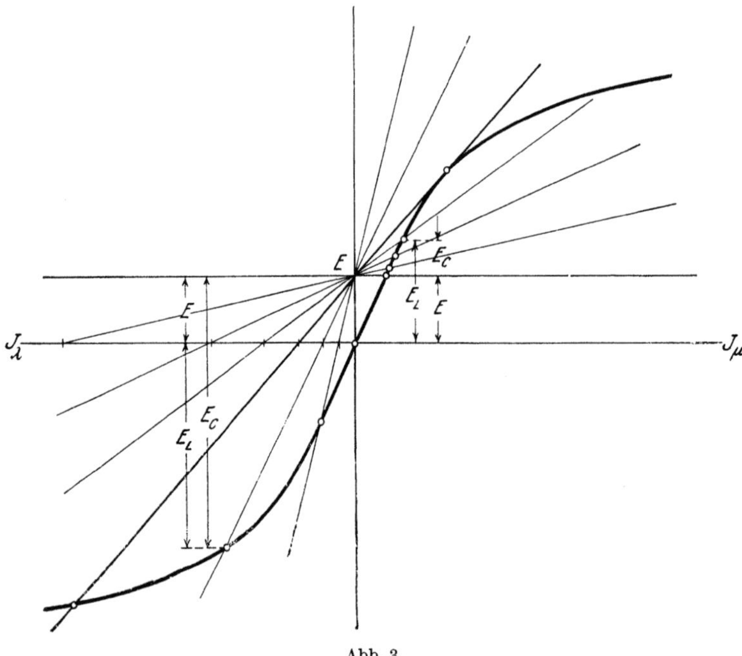

Abb. 3.

Man erkennt, daß sehr große Kapazität, also sehr großer Ladestrom J_λ, wie eine leitende Verbindung wirkt. Die Selbstinduktionsspannung ist dabei gleich der eingeprägten Spannung E. Abnehmende Kapazität bewirkt, daß der Betriebspunkt auf der magnetischen Charakteristik auf höhere und höhere Spannungen rückt, jedoch tritt durch die Krümmung der Charakteristik schließlich eine Grenze ein, wenn nämlich die Kondensatorlinie die magnetische Charakteristik nicht mehr schneidet, sondern nur noch berührt. Für noch kleinere Kapazität ist ein Betriebszustand im rechten Quadranten mit positiver Selbstinduktionsspannung und Aufnahme von nacheilendem Magnetisierungsstrom aus der Stromquelle nicht mehr möglich.

Nun schneidet aber die Kondensatorlinie, die in Abb. 3 vollständig durchgezeichnet ist, die magnetische Charakteristik noch in einem weiteren Punkte, nämlich auf der negativen Seite der Ströme und Spannungen. Dieser Betriebszustand stellt sich daher für kleine Kapazitäten tatsächlich ein. Er bewirkt, daß der bisher der Spannung nacheilende Magnetisierungsstrom im Schwingungskreise seine Richtung wechselt und zu einem der Spannung voreilenden Ladestrom wird, dessen Größe entsprechend dem weit außen liegenden Schnittpunkte sehr hohe Werte annehmen kann. Dementsprechend ist auch die Spannung an der Selbstinduktion, die von der J-Achse aus zu rechnen ist, und noch mehr die Spannung am Kondensator, die von der E-Linie aus zählt, außerordentlich vergrößert, es treten hohe Überspannungen im Stromkreise auf. Verkleinert man die Kapazität noch weiter, so rückt der Betriebspunkt auf dem negativen Ast der Charakteristik herauf, die Spannungen an der Selbstinduktion und Kapazität werden kleiner, bis bei außerordentlich kleiner Kapazität die Selbstinduktionsspannung schließlich verschwindet und die Kondensatorspannung mit der eingeprägten Spannung übereinstimmt.

In Abb. 4 ist die Größe der Spannung an der Drosselspule abhängig von der Größe der Kapazität graphisch dargestellt, wobei keine Rücksicht auf die Richtung oder Phase der Spannung genommen ist. *Man erkennt, daß bei eisengesättigter Selbstinduktion kein ausgeprägter Resonanzpunkt mit unendlichen Spannungen mehr auftritt, daß vielmehr im ganzen dargestellten Bereiche nur endliche Spannungen vorhanden sind.*

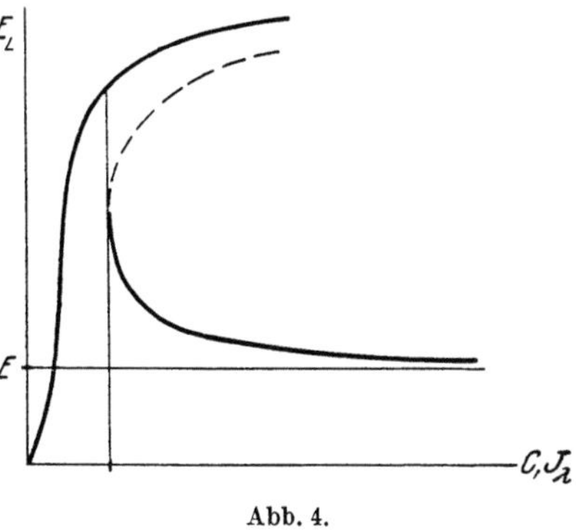

Abb. 4.

Dagegen tritt durch die Wirkung der Sättigung ein Unstetigkeitspunkt auf, bei dem die Spannung bei Verkleinerung der Kapazität von einem geringen auf einen höheren Wert springen muß. Der Schwingungszustand des Stromkreises und vor allem die Phasenlage des Stromes in bezug auf die eingeprägte Spannung *kippt in diesem Punkt um* und kann trotz Fehlens jeder eigentlichen Resonanzerscheinung das Auftreten starker Überspannungen und Überströme bewirken.

Man erkennt übrigens aus Abb. 3, daß die Kondensatorlinie auch für große Kapazitäten den negativen Ast der magnetischen Charakteristik schneiden kann. *Es sind in diesem Bereiche daher zwei Schwingungszustände im Kreise möglich,* einer mit kleinen Spannungen und nacheilenden Magnetisierungsströmen, ein anderer mit großen Spannungen und voreilenden Kapazitätsströmen, die beide in Abb. 4 eingetragen sind.

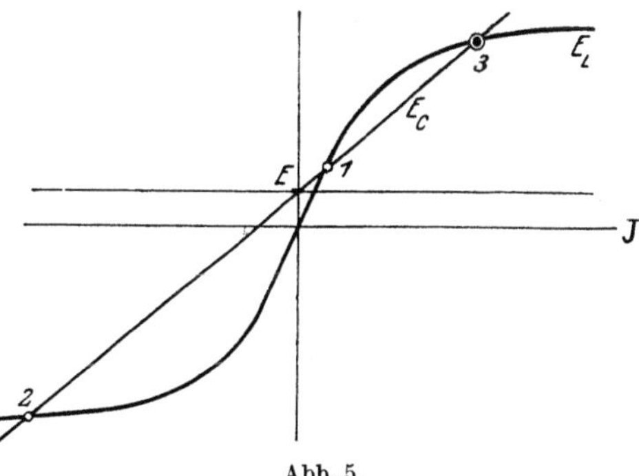

Abb. 5.

Welcher von beiden Zuständen eintritt, hängt vom Zufall ab und ist durch die Spannungsphase, mit der der Stromkreis eingeschaltet wird, bestimmt. Wie Abb. 3 zeigt, ist im Falle kleiner Spannungen und Ströme auf dem positiven Ast der Charakteristik, den man im allgemeinen zu erhalten wünscht, die Selbstinduktionsspannung um das Maß der Netzspannung größer als die Kondensatorspannung, während sie im Falle großer Spannungen und Ströme auf dem negativen Ast um dasselbe Maß kleiner ist.

Tatsächlich schneidet die Kondensatorlinie die magnetische Charakteristik im allgemeinen noch in einem dritten Punkte, der ebenso wie die beiden anderen in Abb. 5 dargestellt ist. Lediglich die Punkte *1* und *2* entsprechen jedoch stabilen Betriebszuständen des Stromkreises, während *Punkt 3 ein unstabiles Ver-*

halten zeigt. Man erkennt dies durch folgende Überlegung: Wenn durch Ansteigen oder Abfallen des Stromes eine kleine Abweichung von Punkt *1* entstehen würde, so ändert sich die in Richtung der eingeprägten Spannung E wirkende Kondensatorspannung E_C linear mit dem Strom. Die entgegengesetzt wirkende Selbstinduktionsspannung E_L ändert sich jedoch stärker mit dem Strom, da sie steiler ansteigt, so daß der Strom wieder auf seinen ursprünglichen Betrag zu-

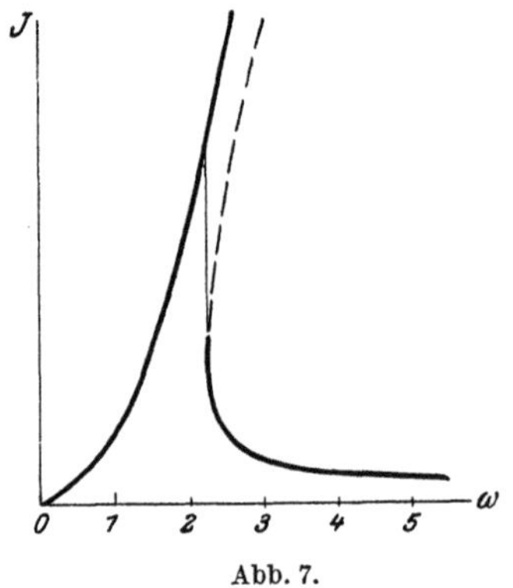

Abb. 6.

rückgeht. Ebenso würde sich beim Abweichen des Stromes von Punkt *2* die der treibenden Spannung E hier gleichgerichtete Selbstinduktionsspannung E_L nicht so schnell ändern wie die entgegengesetzt wirkende Spannung E_C, daher geht der Strom auch hier wieder auf den Schnittpunkt *2* zurück. Anders liegen die Verhältnisse bei Punkt *3*. Hier ändert sich bei jeder Abweichung des Stromes vom Schnittpunkt die der treibenden Spannung E gleichgerichtete Kondensatorspannung E_C stärker als die entgegenwirkende Spannung E_L, so daß der Strom sich stärker ändert und sich vom Punkt *3* weiter und weiter entfernt. Der Übersicht halber ist der dem Schnittpunkt *3* entsprechende labile Ast der Spannungskurve in Abb. 4 gestrichelt eingetragen.

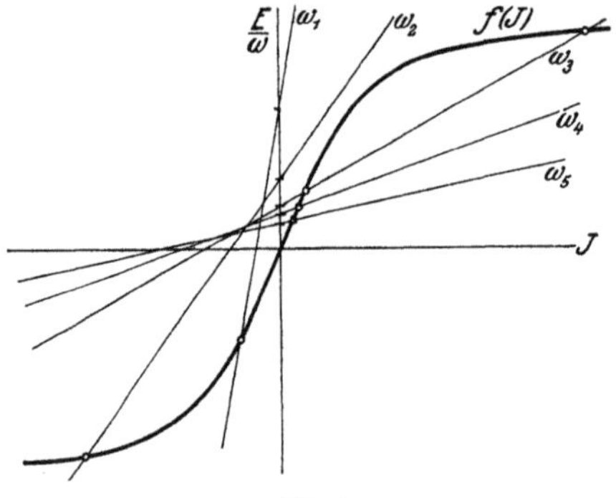

Um einen direkten Vergleich mit den Resonanzkurven für konstante Selbstinduktion nach Kapitel 4 zu erhalten, in dem der Verlauf von Strom und Konden-

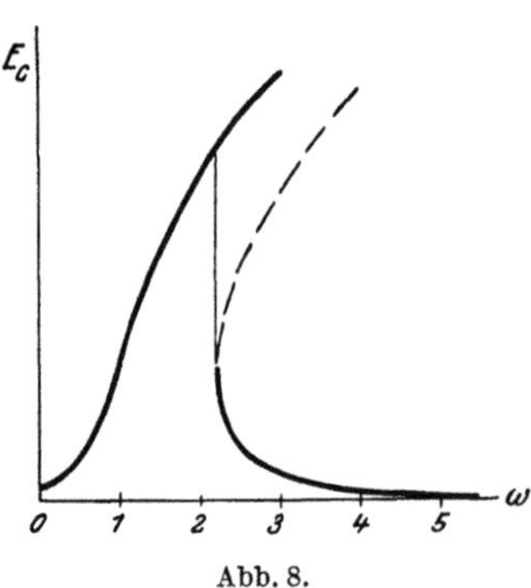

Abb. 7.

Abb. 8.

satorspannung abhängig von der speisenden Frequenz ω betrachtet ist, dividieren wir Gl. (4) durch diese Größe und erhalten

$$f(J) = \frac{E}{\omega} + \frac{J}{\omega^2 C}. \tag{7}$$

In der zugehörigen Abb. 6 bleibt die magnetische Charakteristik $f(J)$ dann für alle Frequenzen die gleiche, nur die Lage und Neigung der Kondensatorlinie ändert sich mit der Frequenz. Für niedrige Frequenz ω_1 arbeitet man auf dem negativen Teil der Charakteristik, also mit voreilenden Ladeströmen im Kreise, der Zustand ist eindeutig. Mit wachsender Frequenz berührt und schneidet die Kondensatorlinie schließlich auch den positiven Teil der Charakteristik, so daß man bei hoher Frequenz, etwa ω_3, mehrere mögliche Zustände erhält und schließlich bei ω_5 auf dem positiven Teil der Charakteristik mit nacheilenden Magnetisierungsströmen im Kreise arbeitet. Abb. 7 und 8 stellen die Abhängigkeit des Stromes und der Kondensatorspannung von der Frequenz dar und sind direkt mit Kapitel 4, Abb. 4 und 5 für konstante Selbstinduktion vergleichbar.

In den Abb. 7 und 8 sind auch die Äste gestrichelt eingetragen, die den labilen Schnittpunkten entsprechen. Es ist dann eine weitgehende Ähnlichkeit

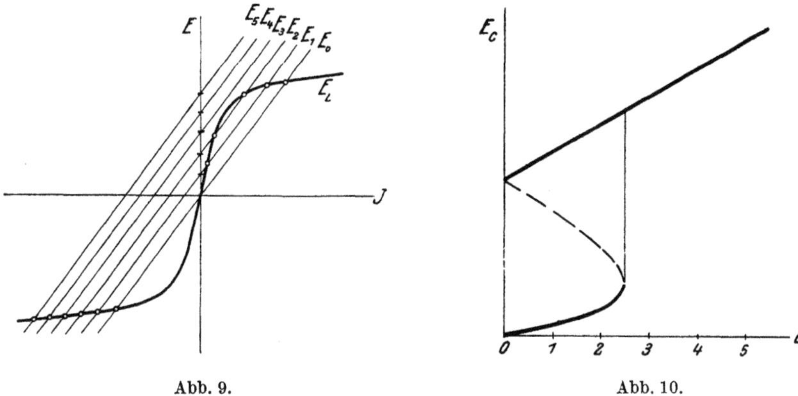

Abb. 9.   Abb. 10.

des *mathematischen* Kurvenverlaufs mit den Resonanzkurven vorhanden, nur sind die Resonanzspitzen durch die Wirkung der Sättigung weit abgebogen. Das *physikalische* Bild wird dadurch völlig anders, es tritt Mehrdeutigkeit der Erscheinungen auf, so daß die hohen Resonanzspitzen gar nicht durchschritten zu werden brauchen.

Auch durch *Änderung der erregenden Spannung*, durch die sich bei ungesättigten Kreisen alle Ströme und Spannungen einfach proportional ändern würden, kann man hier den

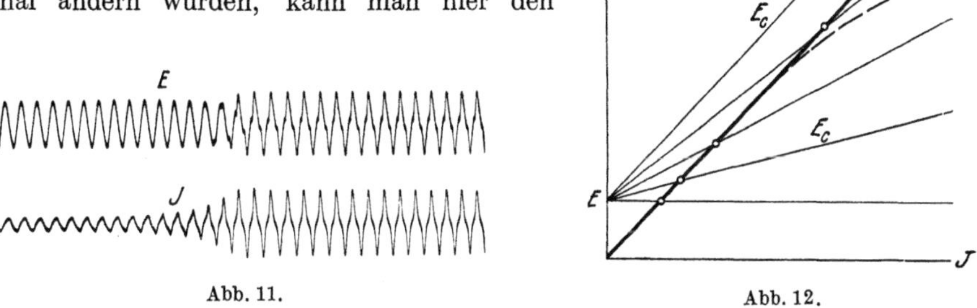

Abb. 11.   Abb. 12.

Schwingungszustand des Kreises vollständig verschieben. In Abb. 9 sind mehrere Kondensatorlinien für verschiedene Spannungen E eingezeichnet, und in Abb. 10 ist die Spannung an der Kapazität abhängig davon aufgetragen. Abb. 11 stellt ein Oszillogramm des Umkippens auf größere Ströme bei geringer Steigerung der Spannung dar, aus dem man gleichzeitig die typische Kurvenverzerrung ersehen kann.

Den Zusammenhang mit den früher behandelten Resonanzspannungen für sättigungsfreie Kreise, deren Höhe im wesentlichen durch die Eigenfrequenz des Stromkreises bestimmt wurde, erkennt man, wenn man in Abb. 12 eine geradlinige Charakteristik E_L aufzeichnet und die Kondensatorlinie nach dem Schema der bisherigen Diagramme für verschieden große Kapazitätswirkung einträgt, wobei wir vom OHMschen Widerstand absehen wollen. Die Selbstinduktionsspannung nach Gl. (2) wird dann proportional dem Strom, und zwar

$$E_L = \omega\, f(J) = \omega\, L\, J, \qquad (8)$$

wenn mit L der nunmehr konstante Wert der Selbstinduktion bezeichnet wird.

Der charakteristische Schnittpunkt beider Linien rückt jetzt mit zunehmender Kapazitätswirkung erst langsam und dann schneller auf der Selbstinduktionsgeraden herauf und läuft schließlich ins Unendliche, wenn die Kondensatorlinie und Selbstinduktionslinie gleiche Neigung besitzen, wenn also nach Gl. (5) und (8)

$$\frac{1}{\omega C} = \frac{\omega\, f(J)}{J} = \omega\, L \qquad (9)$$

und daher

$$\omega = \frac{1}{\sqrt{C L}} = \nu_L \qquad (10)$$

wird. Dies ist genau unsere frühere Bedingung für den Eintritt der Resonanz bei Übereinstimmung der erzwungenen und der Eigenfrequenz von sättigungsfreien Stromkreisen. Bei Schwingungskreisen mit Eisensättigung kann bei der gestrichelten Charakteristik in Abb. 12, die gleiche Anfangsneigung besitzt, schon lange vor der Resonanz ein Umkippen in den gefährlicheren Schwingungszustand mit hohen Strömen und Spannungen eintreten. *Die Resonanzbedingung (10) darf also auf solche Kreise auch nicht mit der Einschränkung angewandt werden, daß man die Selbstinduktion für geringe Magnetisierung unterhalb der Sättigung einsetzt.* Man muß vielmehr stets die graphische Untersuchung auf Grund der wirklichen magnetischen Charakteristik vornehmen.

b) Einfluß von Widerstand und Streuung. Es könnte scheinen, als ob es möglich wäre, mit dem stabilen Punkte *2* der Abb. 5 auf außerordentlich hohe Werte der Ladeströme und Überspannungen zu gelangen, wenn der Einfluß der Kapazität den der Selbstinduktion erheblich überwiegt. In Wirklichkeit ist dem Anwachsen der Ströme jedoch eine Grenze gesetzt durch den bisher vernachlässigten Ohmschen Spannungsabfall im Stromkreise, der sich phasensenkrecht zu der Summe von Selbstinduktions- und Kondensatorspannung addiert. Die Gesamtspannung am Schwingungskreise wird daher

$$E = \sqrt{(E_L + E_C)^2 + (R J)^2}, \qquad (11)$$

so daß man mit Gl. (2) und (3) für die Spannung an der eisengesättigten Drosselspule erhält

$$E_L = \omega \cdot f(J) = \sqrt{E^2 - (R J)^2} + \frac{J}{\omega C}. \qquad (12)$$

Diese Beziehung erlaubt wieder eine einfache graphische Darstellung ähnlich der Abb. 2, nur muß man anstatt der konstanten Spannungslinie für E hier die Wurzel der Gl. (12) auftragen. Dieselbe stellt bekanntlich eine Ellipse dar, deren Hauptachsen in den Koordinatenrichtungen liegen und die in Abb. 13 eingezeichnet ist. Für kleinen Strom ist der Einfluß des Widerstandes demnach sehr gering, die Wurzel ist fast gleich E, für größere Ströme verringert er die Wirkung der eingeprägten Spannung, um sie vollständig aufzuzehren, wenn J bis auf E/R angewachsen ist und die Wurzel zu Null macht. Dies ist der höchste Grenzwert für den Strom, der auftreten kann. Die Hauptachsen der Ellipse haben daher die Größe E und E/R und sind in jedem Falle gegeben.

Addiert man in Abb. 13 zu dieser Ellipse die Kondensatorlinie entsprechend dem letzten Gliede der Gl. (12), so erhält man die schrägliegende Ellipse als Darstellung für die gesamte rechte Seite dieser Gleichung. Ihre Schnittpunkte mit der Charakteristik für E_L stellen die drei möglichen Schwingungszustände des Stromkreises dar. Da wir in Gl. (11) die Spannung ohne Rücksicht auf ihre Phasenlage stets mit dem positiven Vorzeichen eingesetzt haben, so liegen in Abb. 13 alle drei Schnittpunkte im positiven Quadranten, obgleich der Punkt *2* eigentlich zum negativen Ast gehört. Auch hier stellen die Schnittpunkte *1* und *2* stabile, dagegen *3* instabile Schwingungszustände des Kreises dar.

Man erkennt aus diesem Diagramm, daß geringer Widerstand nur schwachen Einfluß auf den Schnittpunkt *1* für kleine Ströme und Spannungen hat, daß er aber bei großen Ladeströmen das Über-
handnehmen der Ströme und Spannungen im Schnittpunkt *2* verhindert. Großer Widerstand dagegen kann die Ellipse so verkürzen, daß der Schnittpunkt *2* über-haupt verschwindet, so daß nur ein ein-ziger Schwingungszustand mit geringen Strömen und Spannungen möglich ist und ein Umkippen nicht mehr erfolgen kann. Die gestrichelte Ellipse in Abb. 13 stellt diesen Fall dar. *Das Einfügen Ohmschen Widerstandes ist daher das sicherste Mittel, um Stromkreise, die zum Umkippen neigen, zu stabilisieren.*

Aus allen diesen Überlegungen geht hervor, daß in Schwingungskreisen mit Eisensättigung eine eigentliche Resonanz der Kapazität mit der Selbstinduktion gar

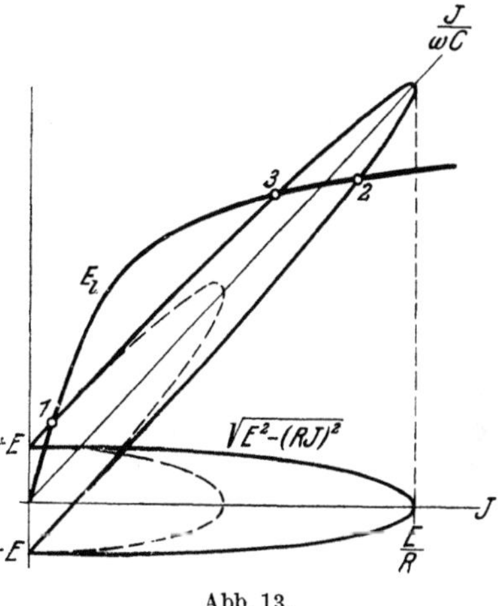

Abb. 13.

nicht auftreten kann, sondern daß nur ein Wechsel im Schwingungszustand durch Überspringen von einem Punkt der Charakteristik auf einen anderen weit entfernten stattfindet. *Es läßt sich jedoch keine bestimmte Frequenz angeben, die für den Schwingungskreis ganz besonders gefährlich wäre.* Dies rührt davon her, daß Schwingungskreise mit magnetischer Sättigung keine ausgesprochene Eigenschwingungszahl mehr besitzen, daß diese vielmehr veränderlich ist und

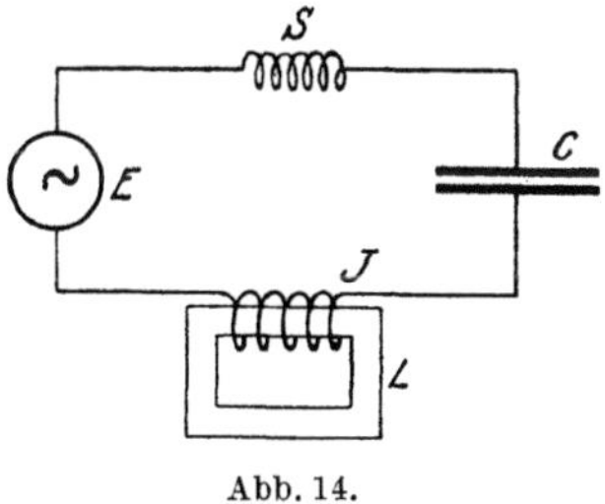

Abb. 14.

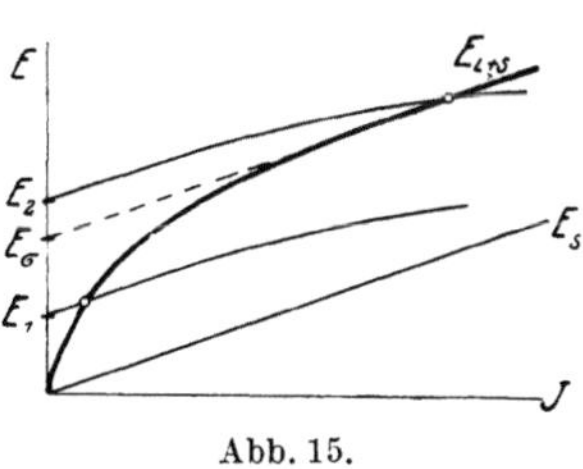

Abb. 15.

von der Stärke der Magnetisierung und der Ausbildung der Ströme selbst ab-hängt. Würde sich ein resonanzhafter Strom ausbilden wollen, weil die er-zwungene Frequenz für irgendeine Magnetisierungsstärke nahe bei der Eigen-frequenz liegt, so würde diese durch den zunehmenden Strom und die abnehmende Selbstinduktion sofort verlagert werden und den Kreis außer Resonanz bringen.

Ist in dem Schwingungskreise nach dem Schema der Abb. 14 außer der eisengesättigten noch *eine konstante Selbstinduktion S* vorhanden, etwa die Streuung von Maschinen und Transformatoren oder das Luftstreufeld der Eisen-spule selbst, so kann man die magnetische Charakteristik für beide zusammen-fassen, indem man ihre Spannungen addiert. Abb. 15 zeigt, daß die beiden Äste der resultierenden Charakteristik dann für sehr große Ströme eine konstante Neigung erhalten, die gleich der Neigung der Streuinduktion S ist. Hierdurch wird an den Erscheinungen der Mehrwertigkeit und des Umkippens der Schwingungszustände nichts geändert. Jedoch kann jetzt der Schnittpunkt der Kondensatorlinie mit der Magnetcharakteristik unter Umständen ins Unendliche rücken. Ihre Neigung muß dafür nach Gl. (5) sein

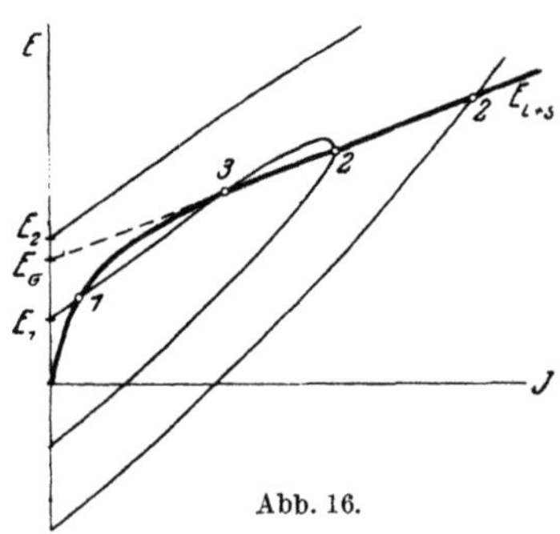

Abb. 16.

$$\frac{1}{\omega C} = \omega S, \qquad (13)$$

so daß richtige Resonanz eintreten kann, wenn

$$\omega = \frac{1}{\sqrt{C S}} = \nu_s \qquad (14)$$

ist, wenn also die Eigenfrequenz aus Kapazität und Streuinduktion mit der Betriebsfrequenz übereinstimmt. Dies erfordert sehr viel größere Kapazität, als sie nach Gl. (10) für das Umkippen äußerstenfalls nötig ist.

Nun bewirkt aber der Widerstand des Stromkreises, daß die Kapazitätslinie der Abb. 15 nicht genau geradlinig verläuft, sondern elliptisch etwas gekrümmt ist. Für kleine treibende Spannung E tritt daher trotz Streuresonanz nur ein einziger Schnittpunkt auf, der nach Abb. 15 im regulären Arbeitsgebiet der Eisenspule liegt. Steigert man aber die Spannung E bis über das Knie der Magnetcharakteristik, so rückt der Schnittpunkt ganz plötzlich auf sehr große Werte von Spannung und Strom, die nunmehr fast nur noch durch den Widerstand des Kreises begrenzt sind.

Diejenige Spannung E_σ, die nach Abb. 15 vollständiger Sättigung des Eisenkerns entspricht, scheidet zwei wesentlich verschiedene Gebiete voneinander. Ist E *kleiner als* E_σ, so können, wie Abb. 16 zeigt, außerhalb der Streuresonanz zwei stabile Zustände auftreten. Dagegen tritt bei Streuresonanz nach Gl. (14) kein singulärer Zustand ein, im Gegenteil, die hohen Ströme und Spannungen sind dabei unmöglich. Wenn jedoch E *größer als* E_σ ist, so ist nach Abb. 16 stets nur ein einziger Schwingungszustand möglich, der auf große resonanzhafte Ströme und Spannungen führt, wenn die Streuresonanzbedingung (14) erfüllt ist. Im ersteren Falle überwiegt die Sättigungserscheinung, im letzteren die Streuung. Je höher die treibende Spannung E über der Sättigungsspannung E_σ liegt, um so bedeutungsloser wird die Sättigung für den Verlauf des Schwingungszustandes.

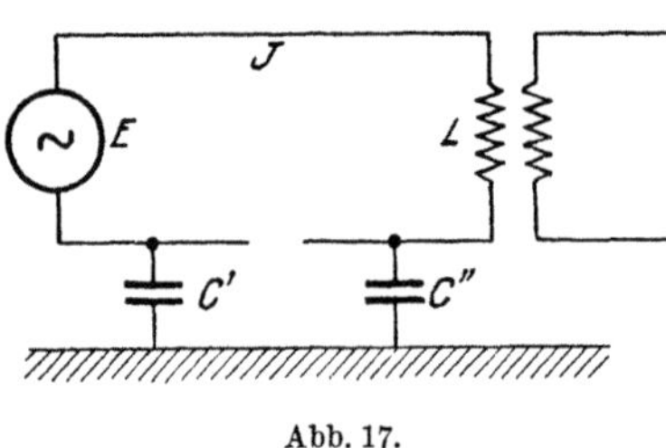

Abb. 17.

Solche Fälle, wie sie hier untersucht sind, können in der Praxis auftreten, wenn Transformatoren von Fernleitungen gespeist werden, die Serien-Kondensatoren zur Verringerung ihres induktiven Spannungsabfalles enthalten.

c) Einpolige Stromunterbrechung. Die hier geschilderten Kippvorgänge treten beim regulären Betrieb von Starkstromnetzen im allgemeinen nicht auf. Die Erscheinungen können jedoch bei Störungen im Netz und bei unzweckmäßigen Schalthandlungen eintreten. In Abb. 17 ist schematisch dargestellt, in welcher Weise der Strom in einem Hochspannungsleitungsnetze verläuft, wenn eine Phase durch Leitungsbruch oder durch nur einpoliges Ausschalten unterbrochen wird. Die beiden getrennten Leitungsteile besitzen eine gewisse Kapazität gegen Erde, so daß *trotz der Unterbrechung noch ein Strom im Kreise zirkulieren kann.* Derselbe durchläuft nunmehr den eisengesättigten Transformator und die beiden Erdkapazitäten der Leitung in Serie, so daß wir tatsächlich den in Abb. 1 zugrunde gelegten Fall vor uns haben.

Läuft der Transformator leer oder nur schwach belastet, so sind die dämpfenden Widerstände des Stromkreises gering und können nach Abb. 13 in erster Näherung vernachlässigt werden. Je nach dem Verhältnis des Ladestromes J_λ, der die unterbrochenen Leitungsteile unter der unmittelbaren Wirkung der Netzspannung durchfließen würde, zum normalen Magnetisierungsstrom J_μ des Transformators stellt sich ein Schnittpunkt der Kapazitätsgeraden mit der Transformatorcharakteristik ein, der eine geringe oder große Spannungserhöhung am Transformator und an der unterbrochenen Leitung hervorrufen kann. Sind die Ladeströme der Leitung außerordentlich groß, liegen also beiderseits der Unterbrechung große Kabelnetze oder ausgedehnte Hochspannungsnetze, so erkennt man an Hand von Abb. 2, daß die Spannungserhöhung in erträglichen Grenzen bleibt, weil die Kapazitätsgerade sehr flach verläuft. *Sind die Ladeströme J_λ jedoch geringer und liegen sie in der Größenordnung der Magnetisierungsströme der angeschlossenen Transformatoren, so wird die Neigung der Kapazitätsgeraden so steil, daß eine erhebliche Spannungssteigerung am Transformator eintritt, wenn nicht der Netzzustand sogar umkippt, womit nach Abb. 3 noch erheblichere Überspannungen verknüpft sind.*

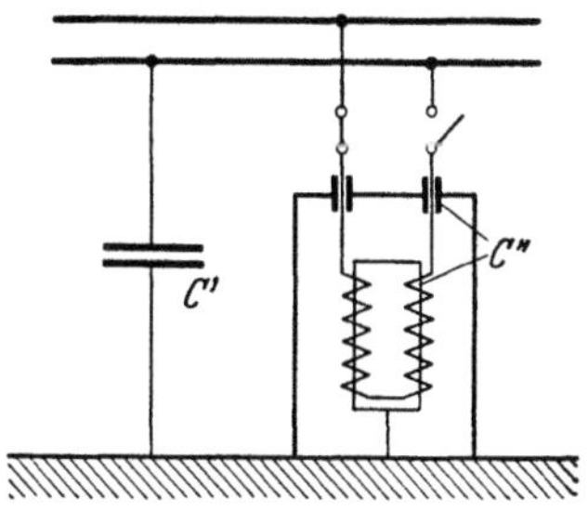

Das Eisen der Transformatoren sättigt sich dann vollständig bis auf eine Kraftliniendichte von etwa 25000 Gauß, während man im normalen Betrieb nur mit etwa 14000 Gauß arbeitet. Die Transformatoren erhalten dadurch bei Vernachlässigung von Streuung und Widerstand eine Überspannung vom etwa

$$\frac{25\,000}{14\,000} = 1{,}8\,\text{fachen Betrage}$$

Abb. 18.

der Netzspannung E, und an der Unterbrechungsstelle der Leitung tritt eine Spannung von etwa $1{,}8 + 1 = 2{,}8\,E$ auf, die sich nach Maßgabe der Größe der in Serie liegenden Leitungskapazitäten zwischen diese und die Erde aufteilt. Die gesunden und kranken Leitungen, die bei regulärem Betrieb nur normale Spannung gegen Erde besitzen, erhalten dadurch starke Überspannungen, durch die Überschläge und weitgehende Zerstörungen der Isolation hervorgerufen werden können.

Man hat dieses Umkippen der Spannung häufiger bei Spannungswandlern ohne Sternpunktserdung beobachtet, wenn sie nach Abb. 18 einpolig vom Netz getrennt werden. Ihre Wicklungs-, Durchführungs- und Anschlußkapazität C'' gegen Erde ist dann klein gegen die eines Netzpoles C', so daß sie zahlenmäßig allein wirksam ist. Sie liegt meist in der Größe von etwa $2 \cdot 10^{-4}$ Mikrofarad. Ihr Ladestrom ist daher nach Gl. (6) z. B. bei 30 kV Netzspannung

$$J_\lambda = 314 \cdot 2 \cdot 10^{-4} \cdot 10^{-6} \cdot 30 \cdot 10^3 = 1{,}88\,\text{mA}.$$

Da nun der Magnetisierungsstrom eines solchen Wandlers etwa $J_\mu = 1{,}5\,\text{mA}$ beträgt, so sieht man, daß die Bedingung für das Kippen erfüllt ist. Sie kann in Drehstromanlagen sowohl beim einpoligen als auch beim zweipoligen Abtrennen auftreten.

Ist der Ladestrom J_λ der unterbrochenen Leitungsteile sehr gering, so kippt der Stromkreis notwendig auf den entgegengesetzten Schwingungszustand wie im normalen Betriebe um, jedoch tritt dann, wie man aus Abb. 3 ersieht, wegen der sehr steilen Kapazitätsgeraden am Transformator doch nur eine geringe Spannung auf, die, zur Netzspannung addiert, die Spannung an der Unterbrechungsstelle ergibt. Gegen Erde wird die Spannung auch in diesem Falle stets vergrößert.

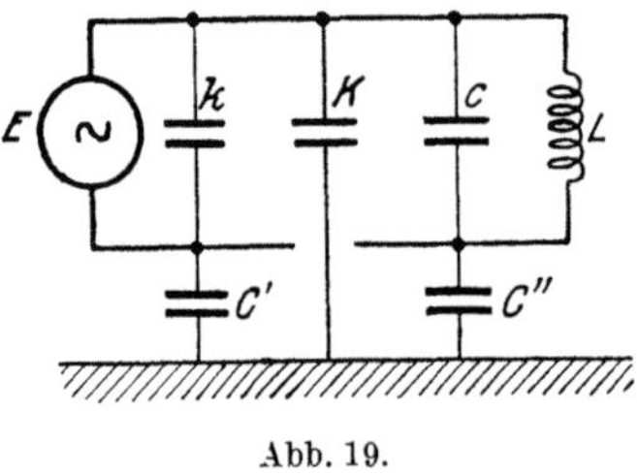

Abb. 19.

Das Schaltungsschema der Abb. 17 stellt die Stromverteilung im unterbrochenen Stromkreise in Wirklichkeit nicht ganz vollständig dar. Es treten vielmehr noch weitere Kapazitätsströme auf, sowohl zwischen der gesunden Leitung und Erde als auch zwischen gesunder und kranker Leitung. Der vollständige Stromverlauf wird durch Abb. 19 dargestellt. Abgesehen von Kapazitätsströmen in K und k, die durch den Generator direkt geliefert werden, ist der Transformator noch durch einen gewissen Kapazitätsstrom in c überbrückt. Abb. 20 stellt diesen Stromkreis in einfachster Form dar.

Die Spannung am Hauptkondensator C ist hierbei

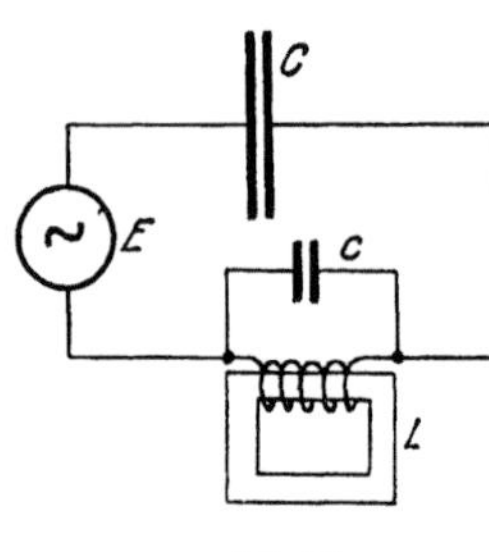

Abb. 20.

$$E_C = - \frac{J + J_c}{\omega C} = - \frac{J - \omega c E_L}{\omega C} = - \frac{J}{\omega C} + \frac{c}{C} E_L, \quad (15)$$

wenn mit c die Kapazität des Nebenkondensators bezeichnet wird und J nach wie vor den Strom im Transformator bedeutet. Setzt man diesen Wert anstatt des Ausdruckes (3) in die Gl. (1) für das Spannungsgleichgewicht ein, so erhält man

$$E = \left(1 + \frac{c}{C}\right) E_L - \frac{J}{\omega C}, \quad (16)$$

oder nach Einführung der magnetischen Charakteristik aus Gl. (2)

$$E_L = \omega \cdot f(J) = \frac{E}{1 + c/C} + \frac{J}{\omega (C + c)}. \quad (17)$$

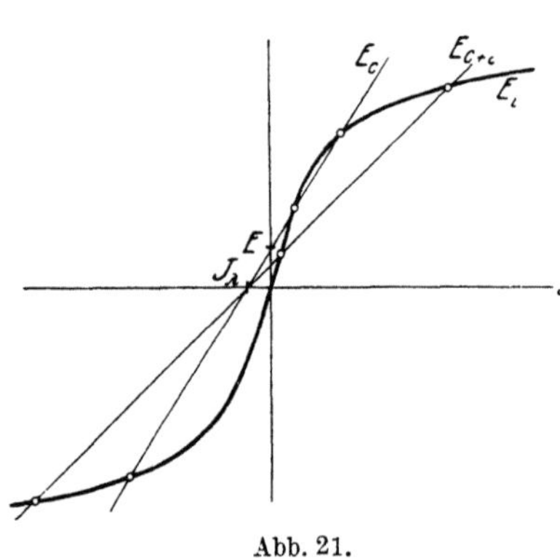

Abb. 21.

Man hat danach, um zu der in Abb. 21 dargestellten graphischen Lösung zu gelangen, entweder die magnetische Charakteristik im Verhältnis $1 + c/C$ vergrößert zu zeichnen oder einfacher die Kapazitätslinie unter Beibehaltung ihres Fußpunktes J_λ im gleichen Verhältnis flacher zu neigen. Durch den Nebenkondensator c werden demgemäß die Spannungserhöhungen am Transformator beim Arbeiten im regulären Zustand verkleinert, beim Umkippen jedoch vergrößert. Die Wirkung dieser Netzkapazität kann also unter Umständen recht ungünstig sein.

Man erkennt aus allen diesen Betrachtungen, *daß das einpolige Schalten und ebenso das einpolige Durchschmelzen von Sicherungen und schließlich auch einpolige Leitungsbrüche zu gefährlichen Überspannungen in schwach belasteten Leitungsteilen mit Transformatoren führen können*, wenn die Kapazitätsströme in der Größenordnung der Magnetisierungsströme liegen. Als Mittel dagegen wendet man häufig Funkenableiter mit vorgeschaltetem Dämpfungswiderstand an, die die überanspruchte Leitung über einen Widerstand von angemessener Größe erden, sowie Überspannungen auftreten. Die gefährlichen Kipperscheinungen kommen dann durch die Widerstandsdämpfung zum Verschwinden.

In Drehstromanlagen wird durch das Umkippen der Phasenspannung von Transformatoren bei Unterbrechung einer einzigen Zuleitung eine sehr eigentümliche Erscheinnng verursacht. Während beim regulären Betrieb die Spannungen der drei Klemmen des Transformators identisch sind mit den drei Klemmenspannungen des speisenden Generators, kann sich bei Unterbrechung einer Phasenleitung deren Transformatorspannung von der zugehörigen Generatorspannung entfernen. Abb. 22 stellt diesen Schaltungsfall im Schema dar. Ist das Verhältnis der Lade- und Magnetisierungsströme so groß, daß ein Umkippen der Spannung stattfindet, so ändert diese an der unterbrochenen Phasenleitung im

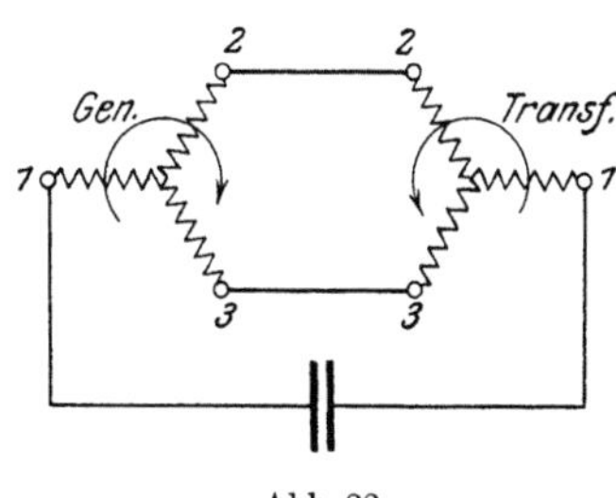

Abb. 22.

Transformator nicht nur ihre Größe, sondern sie wird auch um 180° in der Phasenrichtung herumgeworfen. Der Spannungsverlauf an den drei Klemmen des Transformators hat dann die umgekehrte zeitliche Phasenfolge wie vorher. *Kleinere an den Transformator geschlossene Drehstrommotoren, die noch keine ernsthafte, das Umkippen zerstörende Belastung darstellen, kehren alsdann ihre Drehrichtung um.* Dies ist bei Leitungsbrüchen in Drehstromanlagen öfter beobachtet worden.

49. Oberschwingungen.

Für den störungsfreien Betrieb elektrischer Anlagen ist es zweckmäßig, mit möglichst einfachem zeitlichem Verlauf von Strom und Spannung zu arbeiten. In Gleichstromanlagen wünscht man Strom und Spannung von genau konstanter Stärke zu besitzen, weil bei Zufuhr schwankenden Stromes die Lampen flackern würden und alle Motoren doch nur den Mittelwert ausnützen würden und überdies Geschwindigkeitsänderungen erleiden würden. In Wechselstromanlagen sollte der Verlauf der Spannung und des Stromes rein sinusförmig erfolgen, weil die wichtigsten Stromverbraucher, die asynchronen Drehstrommotoren, durch Vermittlung ihres Drehfeldes nur sinusförmige Spannungen und Ströme verarbeiten können. Jede Abweichung von der reinen Sinusform erzeugt parasitäre Felder in diesen Motoren, die nicht nur unnützen Energieverbrauch verursachen, sondern auch das nutzbare Drehmoment des Motors erheblich schwächen.

Schließlich können alle Abweichungen vom glatten Verlauf des Gleichstromes oder Wechselstromes, die dann Spannungen und Ströme von höherer Frequenz bilden, zu zahlreichen Störungen innerhalb und außerhalb der Leitungsnetze führen. Sie können im Innern erhebliche Überspannungen und Überströme erzeugen, mit ihren gefährlichen Wirkungen auf Durchschlag und Durchbrennen, sie können zum Brummen und Pendeln von Maschinen, zum Feuern der Kollektoren Anlaß geben und können in benachbarten Leitungen, besonders für Schwachstrom, starke Beeinflussungen hervorrufen.

Die Störungen des konstanten Verlaufs von Gleichstrom und -spannung, und des sinusförmigen Verlaufs von Wechselstrom und -spannung bezeichnen wir als Oberschwingungen. In Abb. 1 und 2 sind Grundwerte und typische Oberschwingungen *o* für beide Fälle dargestellt. Sie verdanken ihre Entstehung der Eigenart des Aufbaus und der Wirkungsweise unserer Dynamomaschinen, Transformatoren, Gleichrichter, Apparate und Leitungen.

Rein periodische Kurvenformen, also solche, die sich nach einer bestimmten Zeit formgetreu wiederholen, kann man nach einem Lehrsatz von FOURIER auffassen als eine Summe von Sinus- und Kosinuswellen, deren Frequenzen im Verhältnis der ganzen Zahlen zueinander stehen. Man kann also die periodische Funktion $f(\omega t)$ mit der Grundfrequenz ω zerlegen in

$$\left. \begin{aligned} f(\omega t) = A_0 &+ A_1 \cos \omega t + A_2 \cos 2\,\omega t + A_3 \cos 3\,\omega t + A_4 \cos 4\,\omega t \ldots \\ &+ B_1 \sin \omega t + B_2 \sin 2\,\omega t + B_3 \sin 3\,\omega t + B_4 \sin 4\,\omega t \ldots \end{aligned} \right\} \quad (1)$$

A_0 tritt natürlich nur auf, wenn ein Gleichstromglied in der Kurve enthalten ist. A_n und B_n sind die Amplituden der Teilwellen, ω ist die Frequenz der Grundschwingung, $2\,\omega$, $3\,\omega$ usw. sind die Frequenzen der Oberschwingungen. Bei einigermaßen glatt verlaufenden Kurven nehmen

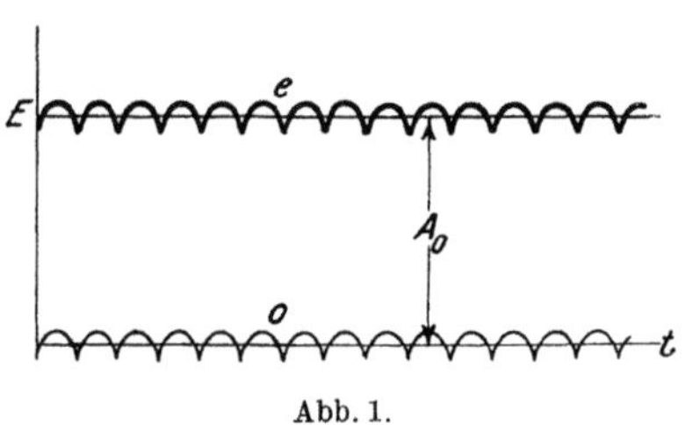

Abb. 1.

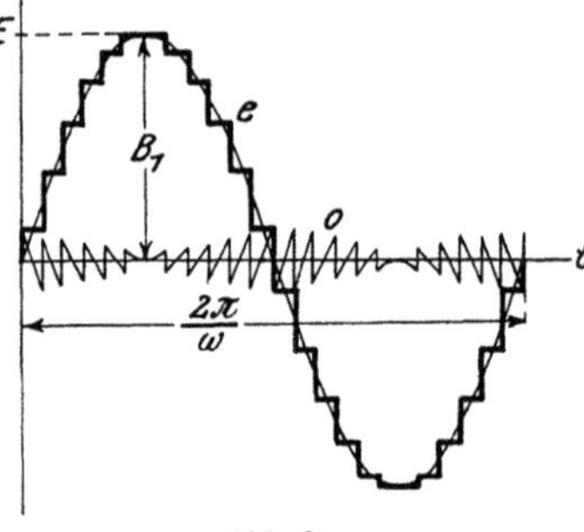

Abb. 2.

die Amplituden der Oberwellen mit wachsender Ordnungszahl schnell ab, so daß nur die niederen Oberwellen wichtig sind. Bei zackigen Kurven treten auch höhere Oberwellen in bemerkbarem Maße auf. Abb. 3 zeigt eine Kurve, die nur eine dritte Oberwelle von 25% und eine fünfte von 12% besitzt. Abb. 4 stellt eine Kurve mit nur einer dreizehnten Oberwelle von 10% dar. Besitzen

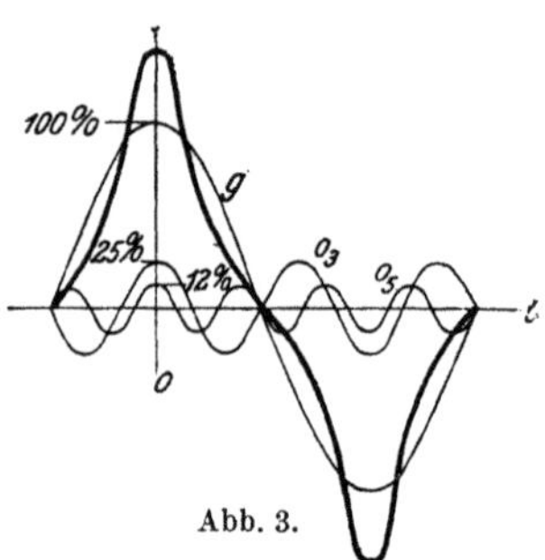

Abb. 3.

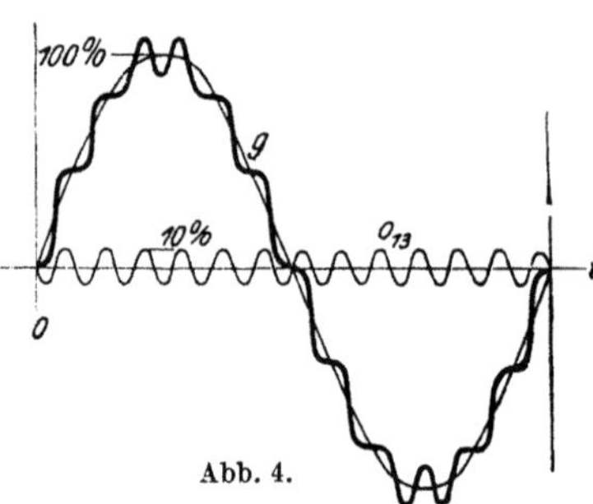

Abb. 4.

die positiven und negativen Halbwellen der Kurven gleiche Form, so fallen alle geradzahligen Oberwellen fort. Verläuft die Kurve symmetrisch zur Nullordinate, wie in Abb. 3, so treten nur Kosinusglieder auf, verläuft sie spiegelungssymmetrisch zur Nullordinate, wie in Abb. 4, so treten nur Sinusglieder auf.

Die Zerlegung einer gegebenen Kurve in harmonische Teilwellen nach Gl. (1) ist völlig willkürlich. Man könnte in Einzelfällen auch Entwicklungen nach anderen Funktionen mit Nutzen verwenden. Die harmonische Zerlegung bietet jedoch besondere Vorteile bei der Betrachtung von Schwingungserscheinungen, weil sich deren lineare Differentialgleichungen für harmonische Funktionen besonders bequem lösen lassen. Und da diese Schwingungsgleichungen viele Probleme der Elektrotechnik beherrschen, so besitzt die harmonische Zerlegung eine sehr weitgehende Verwendbarkeit. *Man muß jedoch im Auge behalten, daß es vielerlei Erscheinungen gibt, bei denen eine Zerlegung in harmonische Teilwellen keine tiefere physikalische Erkenntnis vermittelt, bei denen man vielmehr das Gesamtbild des Kurvenverlaufes oder einzelne Abschnitte desselben der Betrachtung unterwerfen muß.*

a) Kurvenform von Dynamomaschinen und Gleichrichtern. In Gleichstrommaschinen und Wechselstromkollektormaschinen werden durch den Kollektor Oberschwingungen erzeugt, die von dem Hinwegstreichen der *einzelnen Kollektorlamellen* unter den Bürsten sowie von dem Auftreten von *Kommutierungskurzschlußströmen* unter ihnen herrühren. Durch die nur endliche Zahl von Kollektorlamellen werden bei der Drehung des Ankers dauernd kleine Unsymmetrien des Stromkreises hervorgerufen, die sich in schnellen Schwankungen der Span-

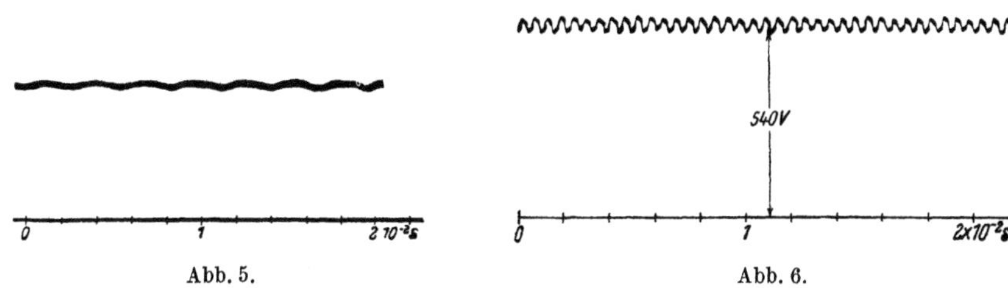

Abb. 5.   Abb. 6.

nung und des Stromes bemerkbar machen. Die Frequenz dieser Schwankungen ist gegeben durch die Lamellenzahl des Kollektors und seine Drehzahl.

Da man ferner die wirksamen Leiter in sämtlichen Gleichstrom- und Wechselstrommaschinen am Umfange der Maschine in Nuten einbettet, die durch Zähne getrennt sind und daher eine ungleichmäßige Oberfläche ergeben, so entstehen außer der gewollten Spannung noch *Zahn-* oder *Nutenschwankungen*, die von

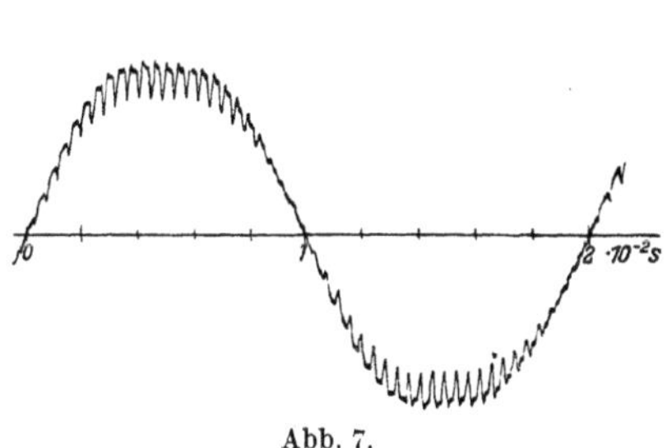

Abb. 7.

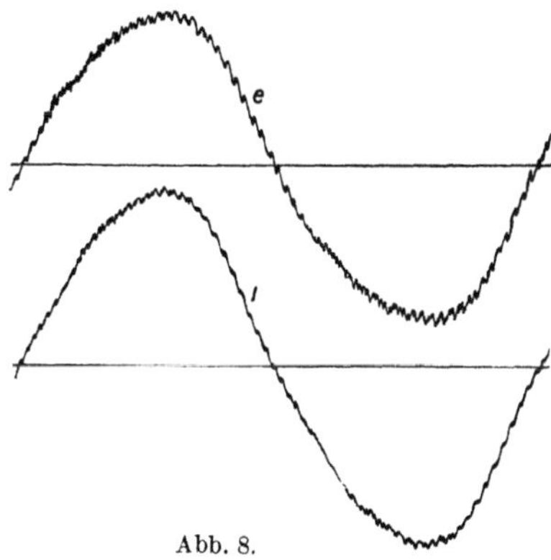

Abb. 8.

der nur endlichen Zahl der Nuten herrühren und deren Frequenz durch die Nutenzahl und die Drehzahl der Maschine bestimmt wird. Durch eine große Zahl von feinen Nuten oder durch angemessene Schrägung der Nuten lassen sich diese Störungen erheblich vermindern.

Abb. 5 zeigt ein Oszillogramm der Leerlaufspannung eines Gleichstromgenerators, in dem die groben Nutenschwingungen deutlich hervortreten. Abb. 6 gibt die Spannungskurve eines Einankerumformers bei Betrieb mit normaler Last wieder. Abb. 7 zeigt die in einem asynchronen Drehstrommotor induzierte Spannung, und Abb. 8 stellt den Verlauf von Strom und Spannung eines Einphasenbahnmotors im Betriebe dar. Überall erkennt man außer den Grundwerten noch schnelle Oberschwingungen, die den glatten Verlauf erheblich stören.

Recht beträchtlich sind die Oberschwingungen, die von *Quecksilberdampf-stromrichtern* erzeugt werden, besonders wenn sie mit niedriger Phasenzahl ausgeführt werden. Da diese Umformer im Innern mit stark zerhackten Strömen arbeiten, so wirken ihre Unregelmäßigkeiten nicht nur auf den Gleichstromkreis, sondern auch auf das Drehstromnetz zurück. Abb. 9 gibt die Spannung auf der Gleichstromseite, Abb. 10 Strom und Spannung auf der Drehstromseite eines vollbelasteten sechsphasigen Drehstrom-Gleichrichters wieder. Im ersteren treten vor allem die sechsfachen Oberwellen und ihre Vielfachen hervor, im letzteren die fünf- und siebenfachen sowie die elf- und dreizehnfachen Harmonischen des Stromes. Da die einzelnen Anodenströme nahezu rechteckige Form besitzen, so ist die Größe der Oberwellen umgekehrt proportional der Ordnungszahl n. In Drehstromsystemen verschwinden jedoch alle Ordnungen n, die durch 3 teilbar sind, und ferner bei m Anoden im Gleichrichter auch alle Ordnungen, die niedriger sind als $n = m \pm 1$. Somit erzeugt ein Drehstrom-Gleichrichter mit 12 Anoden auf der Wechselstromseite Oberwellen der 11ten, 13ten und höheren Ordnung.

Besonders stark können diese Oberschwingungen werden, wenn man den Lichtbogen von außen steuert und ihn dadurch in jeder Brennperiode verspätet

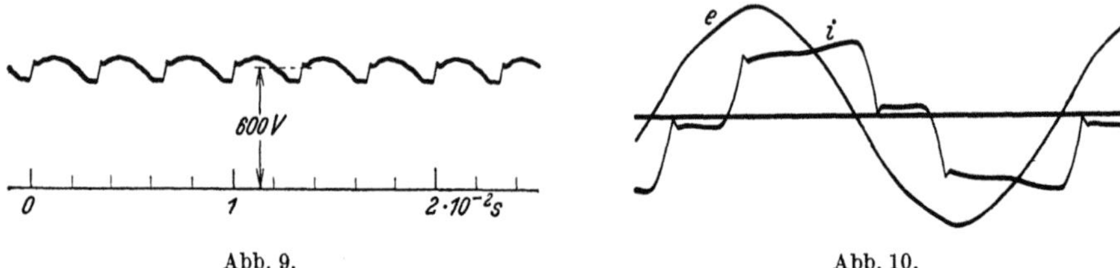

Abb. 9.   Abb. 10.

zündet oder vorzeitig löscht. Die Kurvenform des Lichtbogenstromes wird in solchen Steuergleichrichtern oder -wechselrichtern fast unstetig, so daß zur Fernhaltung der Sprünge von den Netzen besondere Glättungsstromkreise nötig werden.

Synchronmaschinen zur Erzeugung von Wechselströmen erfordern für gute Spannungskurven einen *sinusförmigen Verlauf der magnetischen Feldstärke am wirksamen Umfange des Ankers*. Selbst wenn es gelingt, durch geeignete Formgebung der Feldpole den Verlauf des Feldes am Ankerumfang bei Leerlauf sinusförmig zu machen, so treten doch bei Belastung Ankerrückwirkungsfelder in der Maschine auf, die bei Drehstrom und besonders bei Einphasenstrom eine erhebliche Verzerrung des Leerlauffeldes bewirken. Übermäßige Verzerrungen pflegen auch bei Kurzschlüssen aufzutreten, vor allem, wenn sie einphasig erfolgen und so weit entfernt vom Kraftwerk entstehen, daß sie die Klemmenspannung nicht vollständig auf Null bringen. Es gelingt nur durch *geeignet ausgebildete Wicklungen*, die sich von der Feldverzerrung nicht beeinflussen lassen, die Spannungskurven sowohl bei Leerlauf als auch bei Belastung und Überlast wirklich sinusförmig zu machen. Bei schlechter Feldform und bei ungünstiger Wicklungsanordnung von Synchrongeneratoren können Oberschwingungen von sehr erheblichem Betrage erzeugt werden. Sie besitzen bei harmonischer Zerlegung Frequenzen, die bei symmetrischen Magnetpolen nur ungerade Vielfache der Grundfrequenz sind, die also das 3-, 5-, 7-, 9fache usw. derselben betragen.

In Abb. 11 bis 16 sind Oszillogramme wiedergegeben, die für verschiedenartige Drehstromgeneratoren sowohl den Verlauf der Feldkurve b darstellen, als auch die Phasenspannung e' und die Netzspannung e^λ, die in den Wicklungen induziert wird. Abb. 11 stellt diese Kurven für einen Turbogenerator mit fein genutetem Läufer dar, der eine Reihe schneller Oberschwingungen der Spannung hervorruft. Abb. 12 gibt die Kurven bei Leerlauf eines grobnutigen Turbogenerators wieder, der eine so günstige Wicklung besitzt, daß seine Netzspannung

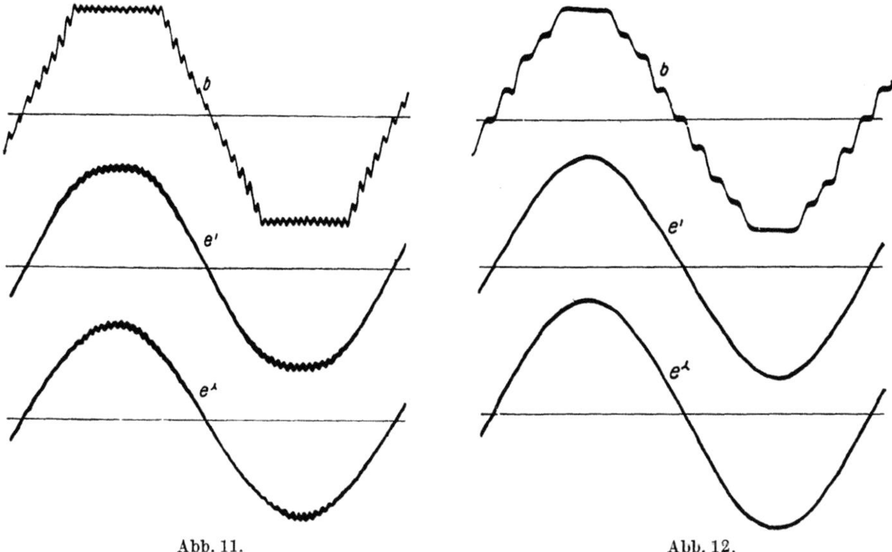

Abb. 11.   Abb. 12.

nach Abb. 13 auch bei Belastung mit stark verzerrtem Strome i und schiefer Feldkurve völlig sinusförmig bleibt. In Abb. 14 ist eine ungünstige, in Abb. 15 eine bessere und in Abb. 16 eine fast sinusförmige Feldkurve von Drehstrom-

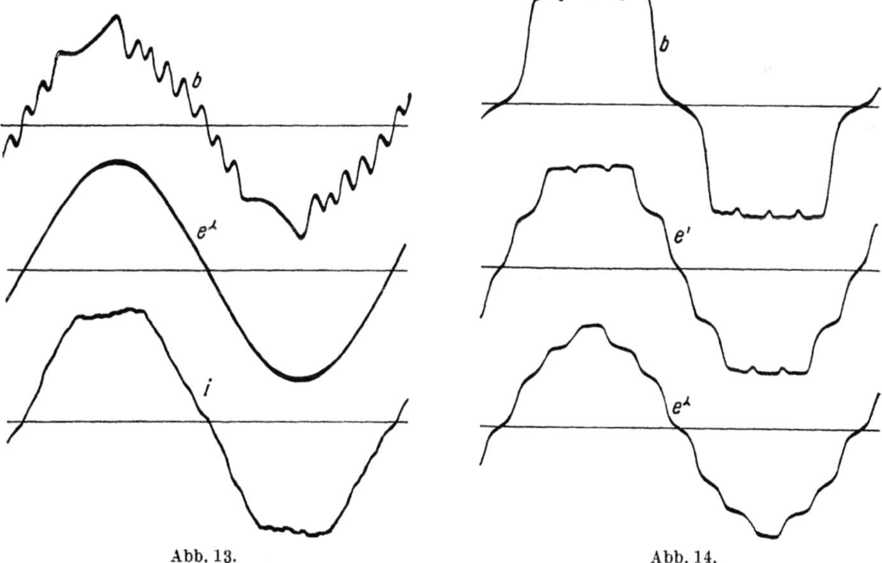

Abb. 13.   Abb. 14.

Schenkelpolgeneratoren wiedergegeben. Die zugehörigen Phasenspannungen und Netzspannungen genügen nur im letzten Falle weitgehenden Anforderungen an eine gute Sinusform.

Man erkennt aus allen Oszillogrammen, daß starke Oberschwingungen in den Spannungskurven auftreten, wenn man die Maschinen nicht mit größter

Sorgfalt baut. Die Oberschwingungen treten dabei genau so gut in Motoren wie in Generatoren auf. Sie nehmen von den Maschinen aus, in denen sie entstehen, ihren Weg ins Netz und überlagern sich den Grundwerten der Spannung. Wir haben früher gesehen, daß sie dabei erhebliche Störungen verursachen können. Abb. 17 zeigt, was für verzerrte Spannungs- und Stromkurven man manchmal in Verbrauchsanlagen findet. In Abb. 18 und 19 sind die Kurvenformen zweier Dreh-

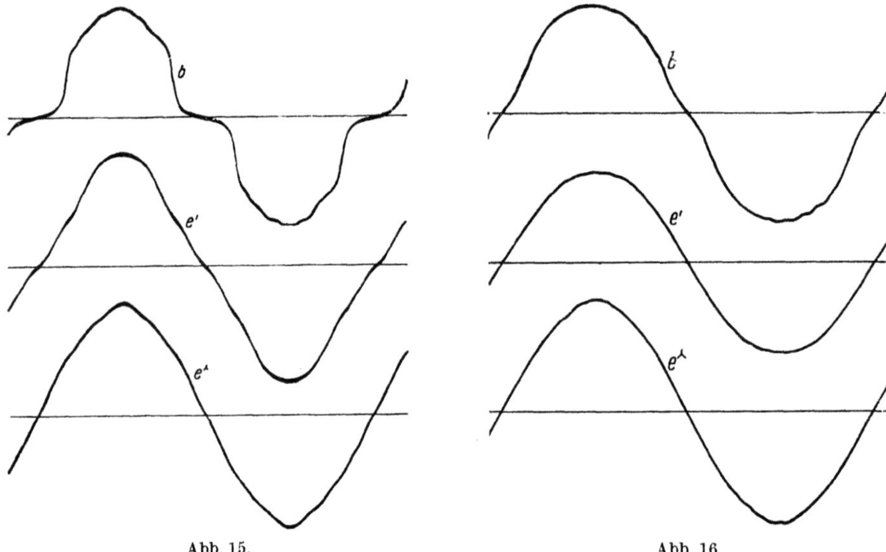

<table>
<tr><td>Abb. 15.</td><td>Abb. 16.</td></tr>
</table>

strom-Überlandnetze wiedergegeben, die so starke Oberschwingungen der Spannung aufweisen, daß in der Kapazität der Hochspannungsleitungen gewaltige Oberströme entwickelt werden, die den Grundstrom zum Teil in den Schatten stellen und nutzlose Stromwärmeverluste hervorrufen.

Durch Unsymmetrie der Wicklungen von Dynamomaschinen können auch *Unterfelder* in ihnen auftreten. Sie erzeugen Spannungen und Ströme, deren

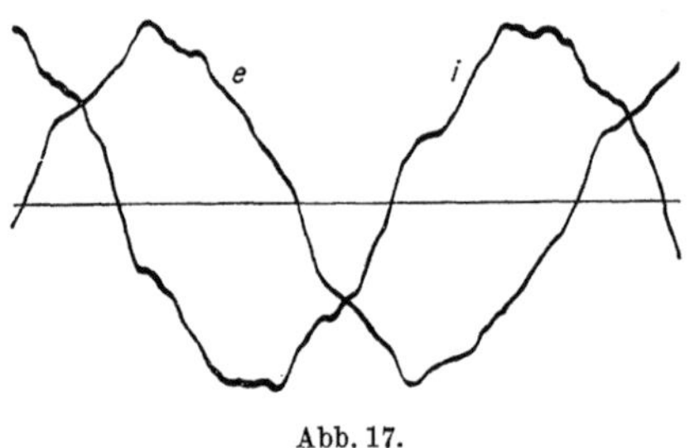

Abb. 17.

Frequenz einen ganzzahligen Bruchteil der Frequenz der regulären Spannung beträgt, und können zu starken mechanischen Rüttelkräften Anlaß geben. Bei wichtigen Maschinen pflegt man deshalb symmetrische Wicklungen anzuwenden.

b) Verzerrung in Transformatoren, Drosselspulen und Leitungen. Während die bisher genannten störenden Schwingungen ihre Entstehung vorwiegend den Unregelmäßigkeiten in umlaufenden Dynamomaschinen verdanken, können auch *ruhende Transformatoren und Drosselspulen* zu Oberschwingungen Anlaß geben, wenn ihr Eisenkern in erheblichem Maße magnetisch gesättigt ist. In Abb. 20a ist der Zusammenhang des magnetischen Flusses Φ im Eisen mit dem magnetisierenden Strome i_μ dargestellt. Erzwingt man einen zeitlich sinusförmigen Verlauf dieses Stromes nach der in Abb. 20b dünn gezeichneten Kurve, so ändert sich der Kraftfluß zeitlich nach einer abgeflachten Kurvenform, die durch Eingehen mit den verschiedenen Werten des Stromes in die Charakteristik für aufeinanderfolgende Zeiten punktweise ermittelt werden kann und in Abb. 20c dünn ausgezogen ist. Die in der Transformatorwicklung hierdurch induzierte Spannung ist gegeben durch die zeitliche Änderung $d\Phi/dt$ des Flusses, die aus der letzten Kurve durch Differentiation er-

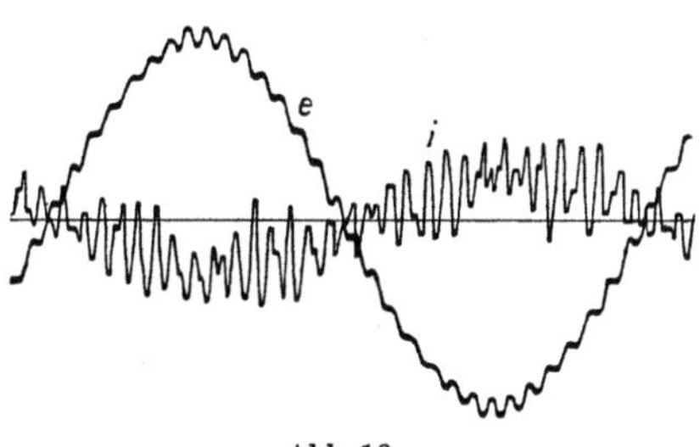

Abb. 18.

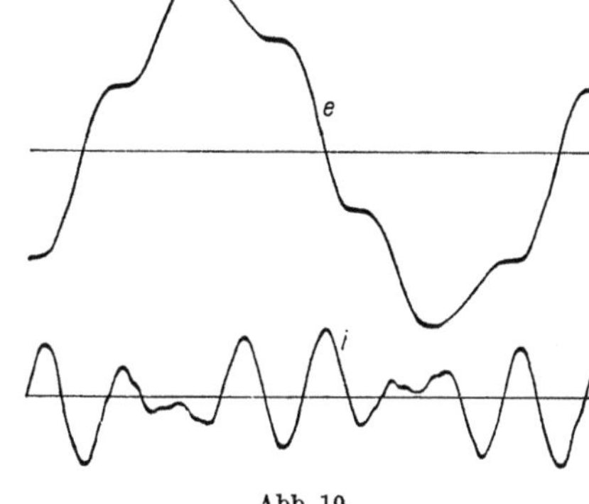

Abb. 19.

halten wird. Sie hat einen spitzen Verlauf, der zusammen mit dem Stromverlauf in Abb. 21 aufgezeichnet ist.

Erzwingt man andererseits einen sinusförmigen Verlauf der Spannung, so ändert sich auch der Kraftfluß sinusförmig, entsprechend der dicken Kurve der Abb. 20c. Dann wird dem Netz ein Magnetisierungsstrom entnommen, der punktweise aus der Charakteristik Abb. 20a ermittelt werden kann und dessen zeitlicher Verlauf in Abb. 20b stark ausgezogen ist. Es ergibt sich

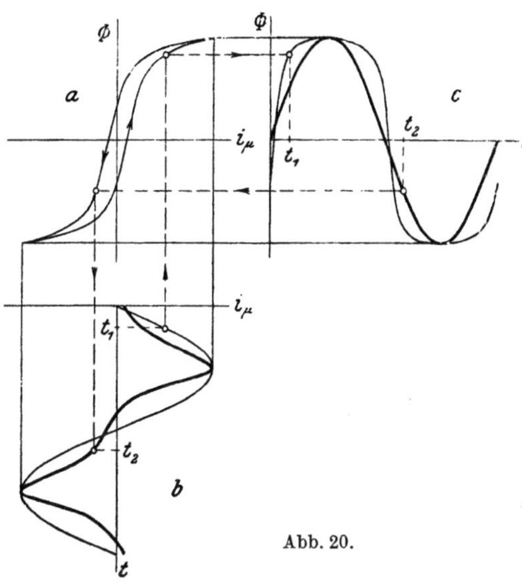

Abb. 20.

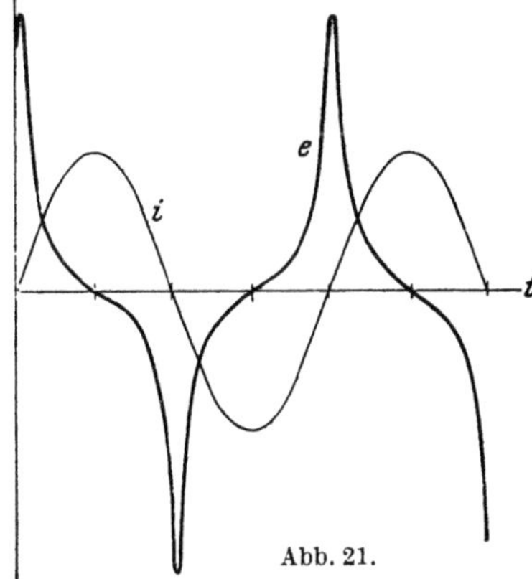

Abb. 21.

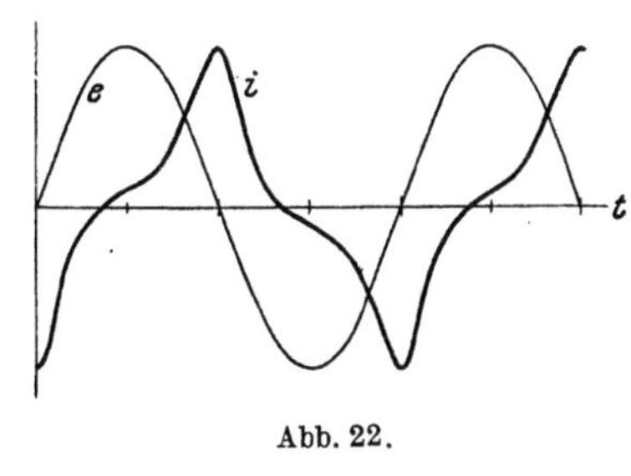

Abb. 22.

eine spitze Stromkurve, die mit der zugehörigen Spannung in Abb. 22 nochmals zusammen dargestellt ist.

Man sieht hieraus, daß durch die Wirkung der magnetischen Eisensättigung erhebliche Verzerrungen der Strom- und Spannungskurven entstehen. Sinusförmige

Spannung am Transformator ergibt einen spitz verlaufenden Magnetisierungsstrom, der bei hohen Sättigungen des Eisenkernes und stark gekrümmter Charakteristik erhebliche Oberschwingungen enthält, deren Frequenz bei harmonischer Zerlegung die 3-, 5-, 7fache usw. der Grundschwingung ist. Sinusförmiger Verlauf des Magnetisierungsstromes ergibt dagegen eine spitze Spannungskurve, die nunmehr ihrerseits harmonische Oberschwingungen von 3-, 5-, 7facher usw.

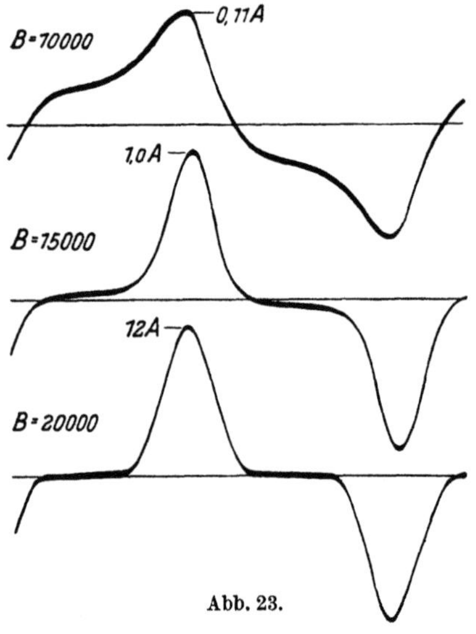

Abb. 23.

Frequenz der Grundspannung besitzt. Diese Oberschwingungen können die gleichen schädlichen Wirkungen im Leitungsnetz hervorrufen wie die Oberwellen von Dynamomaschinen.

Die Hysteresis des Eisens, die in Abb. 20 den auf- und absteigenden Ast der Magnetisierungskurve auseinanderzieht, wirkt auf eine kleine Unsymmetrie der spitzen Strom- und Spannungskurven hin, ohne sonstige störende Folgen zu haben.

In Abb. 23 ist der oszillographisch aufgenommene Verlauf des Magnetisierungsstromes eines leerlaufenden Transformators mit vollständig geschlossenem Eisenkern wiedergegeben, der von einer nahezu sinusförmigen Spannung gespeist wird. Der Strom ist bei drei verschiedenen höchsten Kraftliniendichten aufgenommen. Dichten von 10000 bis 15000 Gauß werden in üblichen Transformatoren verwendet, bei 20000 Gauß wird das Knie der Magnetisierungskurve schon erheblich überschritten, was starke Stromspitzen verursacht.

Die Oberwellen des Magnetisierungsstromes, die nach Abb. 22 bei gegebener Spannungskurve auftreten, schließen sich über die Netzleitungen und vor allem über die Stromquelle, die sie dabei ungünstig belasten, so daß eine gewisse Rückwirkung auf deren Spannungskurve eintreten kann. Da die Oberwellen nur von den Eisenmagnetisierungsströmen herrühren und daher im allgemeinen gering sind im Vergleich zum Gesamtstrom der Anlage, so hält sich die durch sie bewirkte Verzerrung von Strom und Spannung meist in mäßigen Grenzen. Jedoch können sie bei leerlaufenden Netzteilen oder wenn Resonanzen auftreten, manchmal sehr bemerkbar werden.

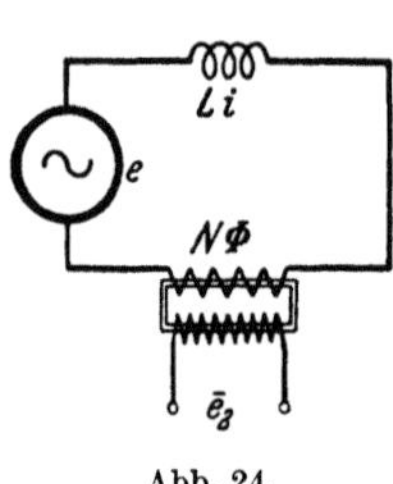

Abb. 24.

Stärkere Wirkungen können auftreten, wenn der Verlauf des Stromes gegeben ist und nach Abb. 21 erhebliche Spannungsoberwellen erzeugt werden. Jedoch ist rein sinusförmiger Strom nicht leicht zu verwirklichen, er wird unter der Wirkung der Spannungsspitzen im allgemeinen erheblich verzerrt.

Häufig ist der eisengeschlossene Kreis nach Abb. 24 mit einer konstanten Selbstinduktion in Serie geschaltet, deren Spannung genau proportional der Stromänderung ist. In Abb. 25a ist die magnetische Charakteristik Ψ eines solchen Stromkreises dargestellt, die sich aus einer Geraden Li und der Eisenkurve $N\Phi$ additiv zusammensetzt, welch letztere bei hoher Sättigung schon für sehr geringe Ströme nahezu ihren Endwert erreicht. Die Spannung an diesem Stromkreis ist

$$e = L\frac{di}{dt} + N\frac{d\Phi}{dt} = \frac{d}{dt}(Li + N\Phi) = \frac{d\Psi}{dt}. \tag{2}$$

Bei sinusförmig aufgedrückter Spannung e verläuft daher auch der Gesamtfluß Ψ entsprechend Abb. 25b sinusartig, so daß man einen abgesetzten Stromverlauf nach Abb. 25c erhält. Man kann ferner in Abb. 25b die beiden Teilflüsse durch punktweises Übertragen aus der Charakteristik eintragen und erhält durch Differentiation in Abb. 26a außer der Gesamtspannung e auch die Spannung an der Selbstinduktion e_L, während Abb. 26b die Restspannung e_Φ darstellt, die an der Spule mit Eisenschluß auftritt. Diese besteht aus einer schwachen

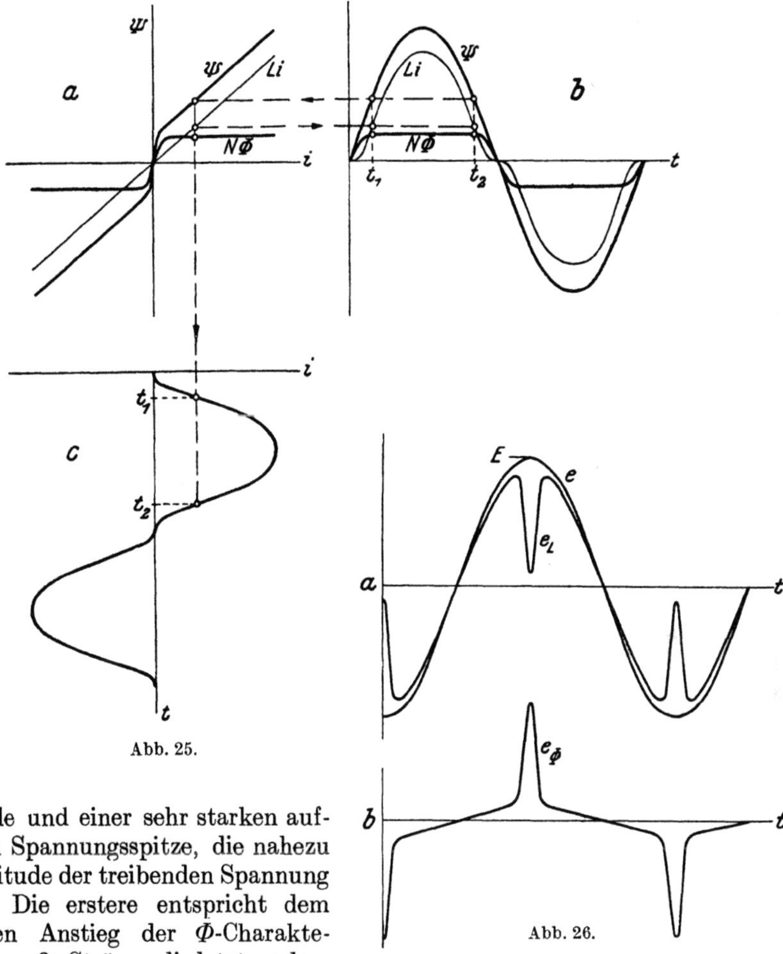

Sinuswelle und einer sehr starken aufgesetzten Spannungsspitze, die nahezu die Amplitude der treibenden Spannung erreicht. Die erstere entspricht dem schwachen Anstieg der Φ-Charakteristik für große Ströme, die letztere dem schnellen Wechsel von Φ beim Nulldurchgang des Stromes. Da der Strom dort nach Abb. 25c während einer kurzen Zeitspanne fast Null bleibt, so herrscht alsdann keine erhebliche Spannung an der Luftselbstinduktion, die volle Netzspannung wirft sich vielmehr während dieser Zeit auf die eisengeschlossene Spule. *Relaisspulen, Stromwandler bei offener Sekundärwicklung und andere Serientransformatoren oder Serienwicklungen mit ganz oder fast geschlossenem Eisenkern können daher enorme Spannungsspitzen in ihren Wicklungen erhalten, wenn sie von starken Kurzschlußströmen durchflossen werden, die ihr Eisen übersättigen* und sonst nur durch die proportionale Selbstinduktion des Stromkreises eingedämmt werden. Abb. 27 zeigt den oszillographierten Spannungsverlauf an einer derartigen Serienspule, der oft zum Durchschlag der Isolierung führt. Nur durch

Öffnen des Eisenschlusses und Einfügen eines Luftspaltes in den Magnetkreis oder durch Schließen einer Sekundärwicklung läßt sich diese Erscheinung vermeiden.

Für eine Reihe von Anwendungen sind solche scharf definierten Spitzenströme sehr erwünscht. Sie können zum Beispiel mit Vorteil verwendet werden zur Regelung von Gleichrichtern, Wechselrichtern und ähnlichen Geräten. Eine kleine eisengeschlossene Spule, die hochwertiges magnetisches Material enthält, dessen Charakteristik die Nullinie steil durchschneidet, wie in Abb. 25a, ermöglicht die Erzeugung einer solchen Steuerspannung bei irgendwelchem gewünschten Phasenwinkel des Hauptstromes.

Nennt man das Verhältnis der Luft- und Eisenflüsse beim Nulldurchgang des Stromes entsprechend Abb. 25a

$$\left(\frac{L i}{N \Phi}\right)_0 = \varkappa \,, \qquad (3)$$

so erhält man aus Gl. (2) die Amplitude der Netzspannung

$$E = (1 + \varkappa)\left(N \frac{d\Phi}{dt}\right)_0, \qquad (4)$$

und daher wird die *Spannungsspitze am Eisenkreis* in diesem Zeitpunkt

$$\bar{e} = \left(N \frac{d\Phi}{dt}\right)_0 = \frac{E}{1 + \varkappa}. \qquad (5)$$

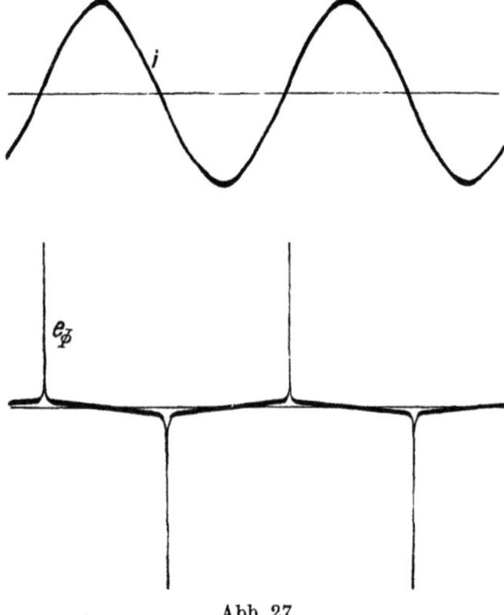

Abb. 27.

Bei ganz geschlossenem Eisenkreis ist $\varkappa$ manchmal sehr klein und die Spitze ist daher im wesentlichen durch die treibende Spannung des Stromkreises bestimmt. Besitzt der eisengeschlossene Transformator nach Abb. 24 eine Sekundärwicklung, so ist deren Spannung im Maß der Übersetzung der Windungszahlen größer. In einem Stromwandler für 10 kV und 100 Amp, dessen Sekundärwicklung für 5 Amp bemessen ist, entsteht daher beim zufälligen Öffnen derselben eine Spannung vom Grenzwert

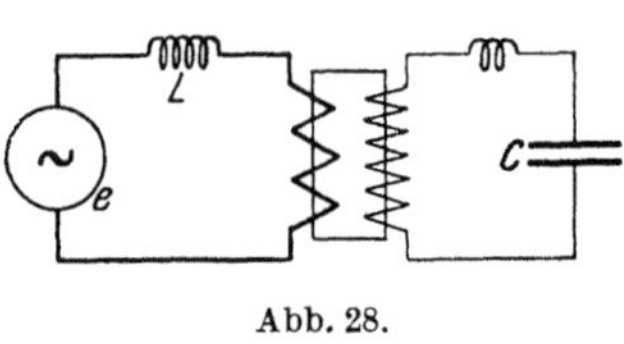

Abb. 28.

$$\bar{e}_2 = 10 \cdot \frac{100}{5} = 200 \text{ kV,}$$

wenn die äußere Selbstinduktion bei einem gleichzeitigen Kurzschluß gering geworden ist. Dies kann durch einen Unfall eintreten oder durch Schmelzen einer Sicherung durch den Kurzschlußstrom selbst.

Wird ein Transformator durch eine Niederspannungsleitung mit erheblicher Selbstinduktion gespeist, die auch in der Streuung von Generator und Transformator bestehen kann, wie es Abb. 28 darstellt, so erhält die Spannung am eisengesättigten Transformator hiernach selbst bei guter Generatorspannung eine spitze Kurvenform, wenn auch nicht ganz so schroff wie in Abb. 26. Trifft die Eigenfrequenz des Hochspannungskreises gerade mit einer der hierdurch erzeugten Oberwellen zusammen, so tritt eine starke hochfrequente Spannungssteigerung auf, die der Anlage gefährlich werden kann.

Arbeitet man mit hoher Eisensättigung und läßt dadurch sehr spitze Spannungsschläge von abwechselndem Vorzeichen wie in Abb. 27 auf den Schwingungskreis wirken, so kann man jede *beliebig hohe Eigenfrequenz desselben reso-*

nanzhaft anregen, wenn sie ungerade Ordnungszahl besitzt. Abb. 29 zeigt ein Oszillogramm, in dem die 15. Oberwelle als Eigenfrequenz durch jeden Spannungsstoß erneut angeschlagen wird und bis zum nächsten Stoß durch ihre Dämpfung etwas abklingt.

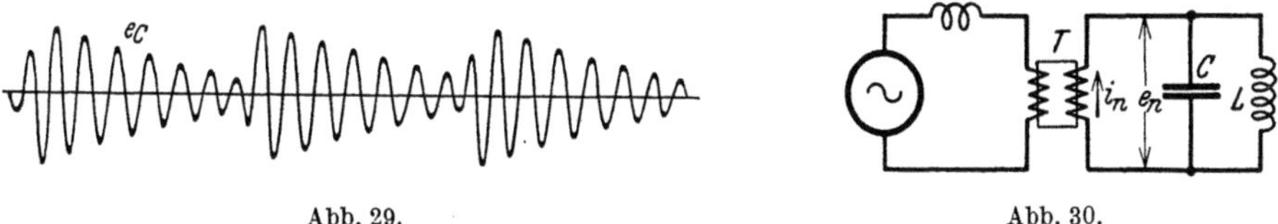

Abb. 29.   Abb. 30.

Während die Serienschaltung des Schwingungskreises in Abb. 28 vornehmlich auf die Spannung von Oberwellen anspricht, sind in unseren Starkstromnetzen vielfach Parallelschaltungen von Selbstinduktion und Kapazität vorhanden, die *stark auf die Ströme der Oberwellen reagieren* können. In Abb. 30 ist dargestellt, wie ein eisengesättigter Transformator T mit der Kapazität C des Hochspannungsnetzes und einer Selbstinduktion L zusammenarbeitet, die die Verbraucher, die Generatoren

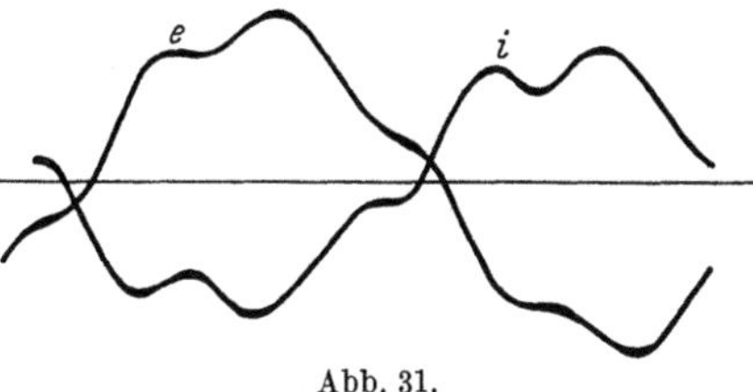

Abb. 31.

und auch die Transformatorwicklung selbst mit einbegreifen möge. Da im Eisenkreis des Transformators durch die Feldausbildung Oberströme von be

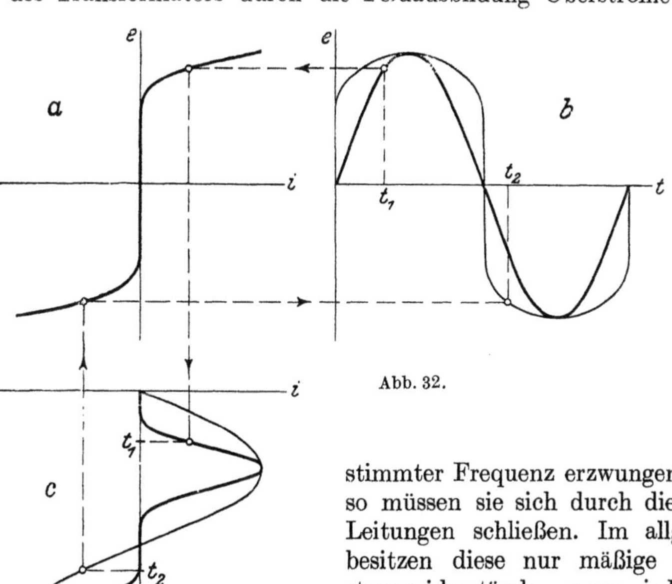

Abb. 32.

stimmter Frequenz erzwungen werden, so müssen sie sich durch die äußeren Leitungen schließen. Im allgemeinen besitzen diese nur mäßige Wechselstromwiderstände, wenn jedoch ihre Kapazität und resultierende Selbstinduktion sich *in Stromresonanz für irgendeine der Oberwellen n* befindet, dann besitzen sie für diese Frequenz einen sehr hohen Widerstand und

lassen deren Strom i_n daher nur unter Erzeugung einer hohen Oberspannung e_n hindurchtreten. Diese breitet sich im ganzen Netz aus und kann starke Störungen erzeugen. Abb. 31 zeigt ein derartiges Netzoszillogramm von Strom und Span nung, dessen fünfte harmonische Oberwelle durch den Magnetisierungsstrom einiger Transformatoren besonders stark hervorgerufen wurde. Sowohl bei Abschaltung dieser Transformatoren als bei erheblicher Änderung der Netzverhältnisse und Zerstörung der Stromresonanzbedingung verschwindet diese Erscheinung sofort.

Ähnliche Oberschwingungen wie die magnetische Sättigung erzeugt auch jede Abweichung der elektrischen Charakteristik des Stromkreises vom geradlinigen Verlauf. Aus Abb. 8 in Kapitel 37 erkennt man, daß in einem *Wechselstromlichtbogen* die Spannung eine flache, der Strom eine spitze Kurvenform hat, daß also beide erhebliche Oberwellen besitzen. Hierdurch werden unter Umständen Eigenschwingungen von höherer Frequenz angeregt, die beim Lichtbogenschalten von kapazitiven Kreisen zu bedeutenden Überspannungen führen können.

Auch das *Glimmfeuer*, das bei Leitungen sehr hoher Spannung von einer bestimmten Grenzspannung ab auftritt und darüber ein rapides Anwachsen des Stromes bewirkt, verursacht Oberschwingungen im Strom oder in der Spannung der Hochspannungsleitung. Abb. 32 stellt die Charakteristik des Glimmstromes einer solchen Leitung dar und zeigt, daß für zeitlich sinusförmigen Glimmstrom die Spannung abgeflacht verlaufen muß und daher außer der Grundwelle auch aus starken Oberwellen besteht, während bei sinusförmiger Spannung der Strom eine spitze Kurve besitzt und jetzt seinerseits erhebliche Oberwellen enthält.

Allgemein erkennt man, daß jede Abweichung der elektrischen oder magnetischen Charakteristik des Stromkreises vom linearen, proportionalen Verlauf Oberschwingungen erzeugt, die zu erheblichen Störungen Anlaß geben können. Zahlentafel I gibt eine Übersicht über die verschiedenen in Starkstromkreisen auftretenden Oberschwingungen und zeigt auch die Frequenz an, die die wichtigsten Oberwellen bei harmonischer Zerlegung im allgemeinen besitzen.

Zahlentafel I. Entstehung von Oberschwingungen.

Entstehungsart	Frequenz pro Periode der Grundspannung	pro Sekunde
A. In Dynamomaschinen		
1. Kollektor und Bürsten	Lamellen pro Polpaar	500—3000
2. Zähne und Nuten	Nuten pro Polpaar ± 1	250—3000
3. Unreine Feldkurve	3, 5, 7 usw.	150—1000
4. Unsymmetrie der Wicklung	Bruchteil	5—25
B. In Stromrichtern		
5. Gleichstromkreis	2, 4, 6 usw.	100—1000
6. Wechselstromkreis	3, 5, 7 usw.	150—1000
C. In Kreisen mit gekrümmter Charakteristik		
7. Magnetische Sättigung und Hysteresis . .	3, 5, 7 usw.	150—1000
8. Lichtbogen und Funken	3, 5, 7 usw.	150—5000
9. Glimmfeuer bei Hochspannung	3, 5, 7 usw.	150—1000
10. Halbleiter	3, 5, 7 usw.	150—1000

c) Oberwellen bei Drehstrom. Eine besondere Wirkung üben die *3fachen Oberschwingungen* und alle höheren harmonischen Wellen, deren Ordnungszahl durch 3 teilbar ist, *in Drehstromnetzen* aus. Die drei sinusförmigen Grundwellen des regulären Dreiphasensystems sind zeitlich um je eine drittel Periode gegeneinander versetzt, wie es Abb. 33 darstellt. Um genau denselben Zeitabstand eilen auch die Oberschwingungen der drei Phasenleitungen einander nach, die in Abb. 33 getrennt voneinander gezeichnet sind. Da nun die Zeit einer drittel

Periode der Grundschwingung gleich der vollen Periodendauer der dritten Oberschwingung ist, so sieht man, daß die dritten Oberwellen von Strom oder Spannung in allen drei Phasenwicklungen von Drehstromkreisen sämtlich gleichphasig sind. Ihre Wechselspannungen oder -ströme sind also bei *Sternschaltung*
nach Abb. 34 in allen drei Leitungen gleichphasig, entweder vom Sternpunkt
fort oder auf ihn zu gerichtet. *Die 3fachen Oberspannungen setzen daher das ge-*

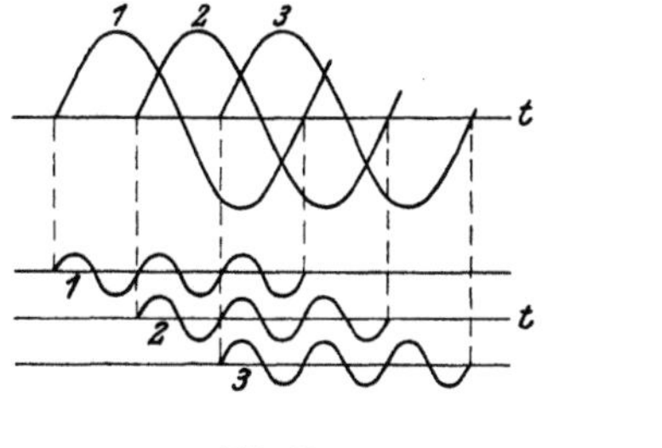

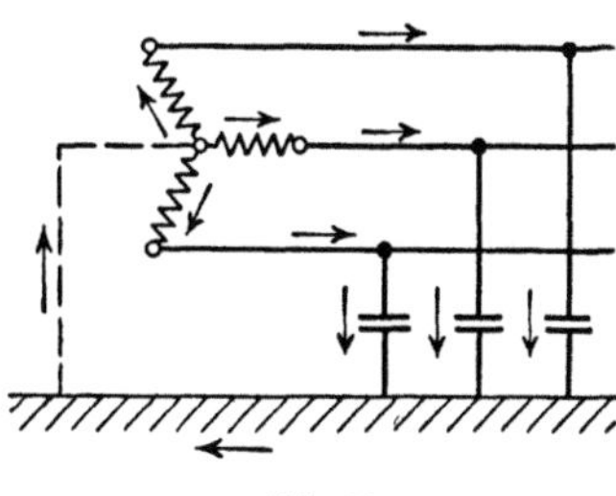

Abb. 33.   Abb. 34.

samte Drehstromnetz gegenüber dem Neutralpunkt der Wicklungen unter Wechsel-
spannung, während zwischen den Phasenleitungen keine von ihnen herrührende
Spannung auftritt. Für den normalen Stromverlauf sind sie daher nicht bemerkbar, solange der Sternpunkt isoliert ist.

Erdet man jedoch nach Abb. 34 den Sternpunkt des Drehstromsystems direkt
oder über einen Oʜᴍschen oder induktiven Widerstand, so erzeugen die 3fachen
Oberspannungen Ladeströme in der Kapazität des Gesamtnetzes gegen Erde und
können dabei nach Kapitel 29 starke Fernwirkungen auf benachbarte Schwachstromleitungen ausüben. Dasselbe gilt auch für Oberspannungen der 9ten, 15ten
usw. Ordnung. Da die Oberströme auch die Selbstinduktion der Wicklungen
durchfließen, so kann wegen ihrer hohen Frequenz bei großer Kapazität der
Netzleitungen unter Umständen Resonanz mit derjenigen Eigenschwingung des
Netzes eintreten, die dem in Abb. 34 dargestellten Stromverlauf entspricht.
Derartige Erscheinungen sind vor allem in Netzen mit hochgesättigten Transformatoren beobachtet worden, die nach dem Kurvenverlauf der Abb. 21 starke
3fache Oberwellen der Spannung erzeugen. Sie können auch nach Abb. 32 bei
Leitungen mit starkem Glimmstrom auftreten.

Schaltet man die drei Phasenwicklungen entsprechend Abb. 35 in *Dreieck*,
so wirken die 3fachen Oberspannungen wegen ihrer Gleichphasigkeit alle in
derselben Umlaufrichtung. Sie sind also auf die Selbstinduktion der Wicklung
kurzgeschlossen und erzeugen innere Ströme. In Gene-
ratoren und Motoren sind dieselben schädlich, da sie
nutzlose Stromwärmeverluste erzeugen und das Erregerfeld verzerren. In Transformatoren sind sie nützlich, weil sie einen Zusatz-Magnetisierungsstrom bilden,
der der gesamten Stromkurve einen beliebigen Verlauf

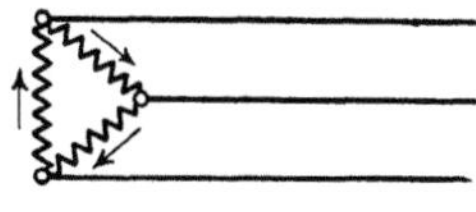

Abb. 35.

gestattet und daher nach Abb. 20 bis 22 sinusförmigen Verlauf von Feldstärke
und Spannung in allen Wicklungen ermöglicht. *Zur Vermeidung von 3fachen*
Oberwellen der Spannung wendet man daher bei Transformatoren für Hochspan-
nung vielfach Dreieckschaltung der Unterspannungswicklung an. Will man auf
die Sternschaltung aus anderen Gründen nicht verzichten, so kann man den
Transformator außer mit der Primär- und Sekundärwicklung noch mit einer
in Dreieck geschalteten Tertiärwicklung versehen, in der sich dann alle 3fachen
Oberströme und deren Oberwellen entwickeln können.

Auch bei *Zickzackschaltung* der Drehstromwicklungen nach Abb. 36 können sich keine dreifachen Oberströme im Sternpunkt entwickeln, denn die Grundspannungen von je zwei Teilwicklungen sind um 60° phasenverschoben, ihre Oberspannungen daher nach Abb. 33 um $3 \cdot 60° = 180°$, so daß sie sich genau entgegen wirken und nach außen hin aufheben. *Diese Schaltung eignet sich daher besonders gut zur Sternpunktserdung.*

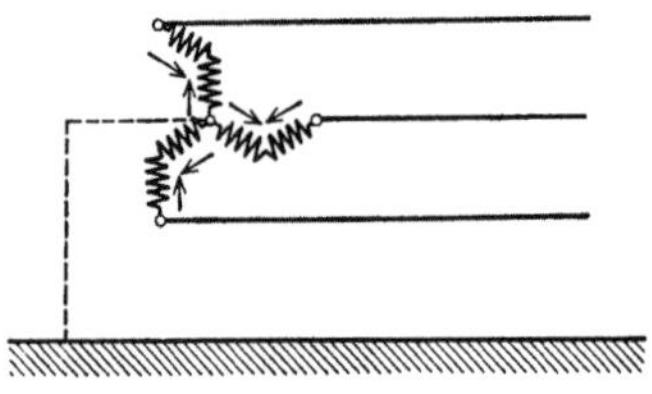

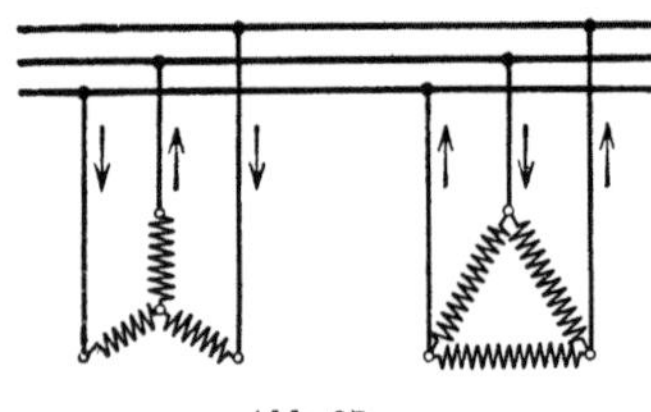

Abb. 36.

Alle diese Regeln über das Verhalten der 3fachen Oberwellen der Spannung gelten unter der Bedingung vollkommener Symmetrie des Drehstromsystems in seinen drei Phasen. Dies bedeutet, daß die Eigenschaften der drei Leitungen und Wicklungen untereinander gleich sein müssen und daß die induzierten drei Phasenspannungen an Größe gleich und in der Richtung um 120° verschoben sein müssen. Anderenfalls verbleibt ein Rest an dritten und höheren Oberwellen, die sich zyklisch rotierend durch das Netz verbreiten, in der gleichen Weise wie alle anderen Oberwellen.

Gegenüber *höheren Oberwellen* verhalten sich die verschiedenen Drehstromschaltungen ebenfalls sehr unterschiedlich. Schon bei mittlerer Sättigung des Eisens liefern sie alle durch ihren verzerrten Magnetisierungsstrom erhebliche fünfte und siebente Oberströme ins Netz, die je für sich ein vollständiges dreiphasiges System bilden. Diese Systeme

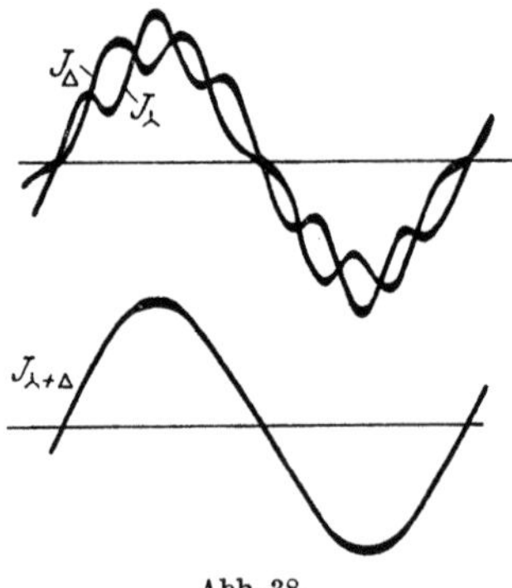

Abb. 37.

Abb. 38.

besitzen aber bei Sternschaltung einerseits und bei Dreieck- oder Zickzackschaltung andererseits entgegengesetzten Richtungssinn, und daher gelingt es, *ihre Oberschwingungen durch paarweises Zusammenschalten mehrerer Transformatoren mit verschiedenartigen Wicklungen wie nach Abb. 37 für das übrige Netz zum Verschwinden zu bringen.* Abb. 38 stellt die Oszillogramme der einzelnen Magnetisierungsströme zweier gleich stark gesättigter Transformatoren mit Stern- und Dreieckschaltung dar und auch den Gesamtstrom im Netz, der nunmehr fast oberwellenfrei ist.

50. Unharmonische Schwingungen.

In Kapitel 48 haben wir die Wirkung der magnetischen Sättigung auf Größe und Phase von eingeprägten Schwingungen betrachtet, jedoch ohne Berücksichtigung der Kurvenformen von Strom und Spannung. Wir wollen nun im einzelnen *den Einfluß untersuchen, den eine nicht lineare Charakteristik innerhalb jeder Periode auf die Kurvenform ausübt,* wenn der Stromkreis Kapazität und gesättigte Selbstinduktion enthält. In zahlreichen praktischen Systemen besitzt der eine oder der andere Teil eine gekrümmte Charakteristik, und diese Fälle können immer auf die Lösungsmethode zurückgeführt werden, die wir hier entwickeln wollen. Die Charakteristik ist meistens von Messungen her graphisch gegeben, und dieser Umstand legt es nahe, die Lösung auch durch eine graphische Auswertung abzuleiten. Wir wollen eine strenge Lösungsmethode entwickeln, die für Eigenschwingungen auf eine geschlossene Formulierung führt, die durch Quadraturen ausgeführt werden kann, während für erzwungene Schwingungen eine schrittweise Methode besser zum Ziele führt.

a) Verzerrung der Eigenschwingungen. Zuerst wollen wir die elektromagnetischen Schwingungen betrachten, die ein gesättigter Fluß Φ ausführt, dessen Erregerspule nach Abb. 1 auf eine Kapazität C geschaltet ist. Die magnetische Charakteristik ist in Abb. 2 dargestellt, worin jedoch an Stelle von Fluß Φ und Erregerstrom i die magnetische Induktion B und der Strombelag A als Variable eingeführt sind. *Diese spezifischen Größen* sind Φ und i zugeordnet durch den Querschnitt q und die Länge l des auf konstanten Querschnitt reduzierten magnetischen Kreises, sowie die Windungszahl N der Wicklung, nämlich

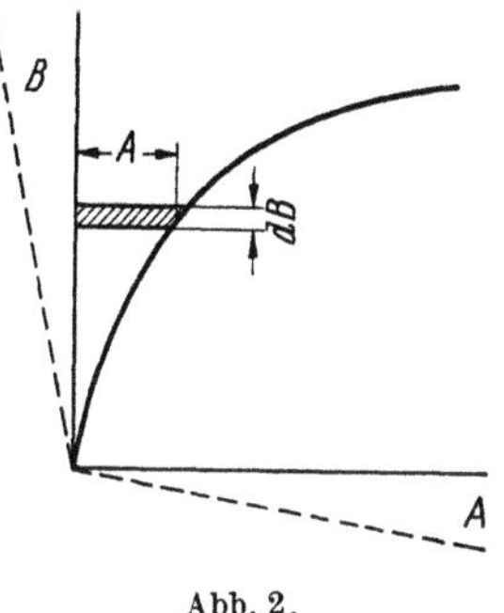

Abb. 1.

$$B = \frac{\Phi}{q}; \qquad A = \frac{N i}{l}. \qquad (1)$$

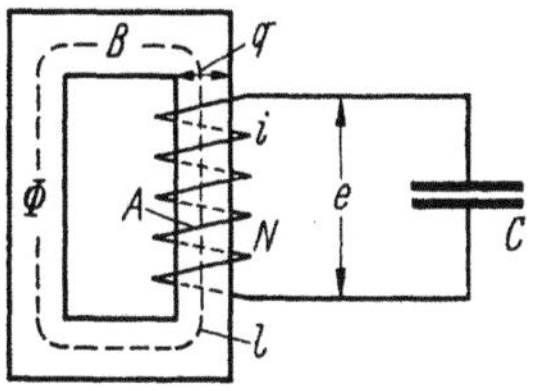

Die Differentialgleichung für die Eigenschwingungen ist bei Abwesenheit von OHMschem Widerstand

$$N \frac{d\Phi}{dt} + \frac{1}{C} \int i \, dt = 0, \qquad (2)$$

was durch Verwendung von Gl. (1) übergeht in

$$q N \frac{dB}{dt} + \frac{l}{NC} \int A \, dt = 0. \qquad (3)$$

Wenn wir nun zur Abkürzung den Parameter

$$\tau = \sqrt{C \frac{q}{l} N^2} = \sqrt{CA} \qquad (4)$$

einführen, den wir als *Eigenzeit der Anordnung* bezeichnen wollen, so ergibt Gl. (3) nach Differentiation die einfache Differentialgleichung

$$\frac{d^2 B}{dt^2} + \frac{A}{\tau^2} = 0. \qquad (5)$$

Abb. 2.

Diese charakteristische Gleichung, die das Verhalten des elektromagnetischen Kreises bestimmt, enthält nur zwei Parameter, nämlich die Eigenzeit τ als Konstante des Systems und die magnetische Charakteristik, die nach Abb. 2 eine graphisch gegebene Funktion ist und analytisch entweder als $B(A)$ oder als $A(B)$ ausgedrückt werden kann. Nach Gl. (4) ist die Eigenzeit lediglich durch die Größe der Kapazität C und einer Selbstinduktion A bestimmt, welch letztere die Selbstinduktion der Erregerspule darstellt, wenn das Eisen des magnetischen Kreises durch Luft ersetzt wird. Somit erscheint τ hier als die Eigenperiode eines Luftflusses, ausgedrückt in Einheiten von 2π sec.

Jeder zusätzliche Magnetfluß, sei es in Streupfaden parallel zum Eisenjoch oder in einer konstanten Selbstinduktion in Reihe mit dem elektrischen Stromkreis, kann durch Scheren der Abszissenachse von Abb. 2 in die gestrichelte Gerade berücksichtigt werden. Ein Luftspalt im magnetischen Kreise, oder eine konstante Selbstinduktion parallel zum gesättigten Stromkreis, kann andererseits durch Scheren der Ordinatenachse von Abb. 2 in die gestrichelte Lage berücksichtigt werden. *Man kann daher das Verhalten einer großen Mannigfaltigkeit von gesättigten elektromagnetischen Stromkreisen durch dieselbe Differentialgleichung (5) beschreiben.*

Diese Gleichung kann durch Trennung der Variablen gelöst werden. Wir erweitern sie zu dem Zweck mit der Ableitung $\dot{B} = dB/dt$ und erhalten

$$\dot{B}\frac{d\dot{B}}{dt} + \frac{dB}{dt}\frac{A}{\tau^2} = 0, \tag{6}$$

oder nach Streichung von dt

$$\dot{B}\,d\dot{B} + \frac{1}{\tau^2}A\,dB = 0. \tag{7}$$

Dies gibt integriert

$$\frac{\dot{B}^2}{2} + \frac{1}{\tau^2}\int_{B_0}^{B} A\,dB = 0. \tag{8}$$

Die Integration des zweiten Gliedes kann graphisch ausgeführt werden mit Hilfe der Charakteristik von Abb. 2, wobei die untere Grenze entsprechend den Anfangsbedingungen gewählt werden muß. Eine stetige Änderung der oberen Grenze ergibt unmittelbar die Integralkurve. Daher ist die Ableitung

$$\frac{dB}{dt} = \dot{B} = \sqrt{-\frac{2}{\tau^2}\int A\,dB} \tag{9}$$

nunmehr graphisch bestimmt als Funktion von B allein. Nach Trennung der Variablen ergibt nochmalige Integration die laufende Zeit als

$$t = \tau\int \frac{dB}{\sqrt{-2\int A\,dB}}. \tag{10}$$

Dies Integral kann ebenfalls streng ausgewertet werden. Wir brauchen nur die reziproke Kurve von Gl. (9) zu zeichnen und diese nochmals nach B zu integrieren. Oder wir können auch die Lösungskurve direkt aufzeichnen aus aufeinanderfolgenden Elementen dB/dt, wie sie durch Gl. (9) bestimmt sind. Wir wollen das Integral in Gl. (10), das gleich dem Verhältnis t/τ ist, als *numerische Schwingungszeit* bezeichnen. Sie hängt nur vom Kurvenverlauf der wirksamen Charakteristik ab, während alle Systemkonstanten zu der Eigenzeit τ zusammengefaßt sind. Nachdem wir die Abhängigkeit der Induktion B von der Zeit t gefunden haben, können wir nunmehr nach Gl. (1) leicht zum Strom i und der Spannung e zurückkehren und erhalten

$$i = \frac{l}{N}A; \qquad e = N\frac{d\Phi}{dt} = qN\frac{dB}{dt}, \tag{11}$$

worin die letzte Ableitung bereits durch Gl. (9) ausgedrückt war.

Wir wollen Gl. (10) zunächst *analytisch auf den einfachen Fall einer geradlinigen Charakteristik anwenden,* wie sie in Abb. 2 in der Nähe des Nullpunktes vorliegt. Dort ist B proportional zu A, nämlich

$$B = \mu A, \tag{12}$$

worin μ die Anfangspermeabilität des elektromagnetischen Systems ist. Dies ergibt für Gl. (9)

$$\sqrt{-2\int A\,dB} = \frac{j}{\sqrt{\mu}}B, \tag{13}$$

und daher aus Gl. (10)

$$t = \tau\frac{\sqrt{\mu}}{j}\ln\left(\frac{B}{B_0}\right). \tag{14}$$

Wenn wir diese Beziehung umkehren und die Exponentialfunktion des komplexen Arguments durch ihr trigonometrisches Äquivalent ersetzen, so erhalten wir

$$B = B_0 \cos\left(\frac{t}{\tau\sqrt{\mu}}\right). \tag{15}$$

Die Eigenzeit τ zusammen mit der Wurzel aus der Permeabilität bestimmt daher die Schwingungsdauer, die unter Benutzung von Gl. (4) wird

$$T = 2\pi\tau\sqrt{\mu} = 2\pi\sqrt{\mu\,\Lambda\,C}. \tag{16}$$

Hierin drückt $\mu\,\Lambda$ die Selbstinduktion des Eisenkreises aus. Die Schwingungsdauer ist unabhängig von der Amplitude B_0 der Schwingung, solange man im linearen Bereich der Charakteristik bleibt, wo μ konstant ist.

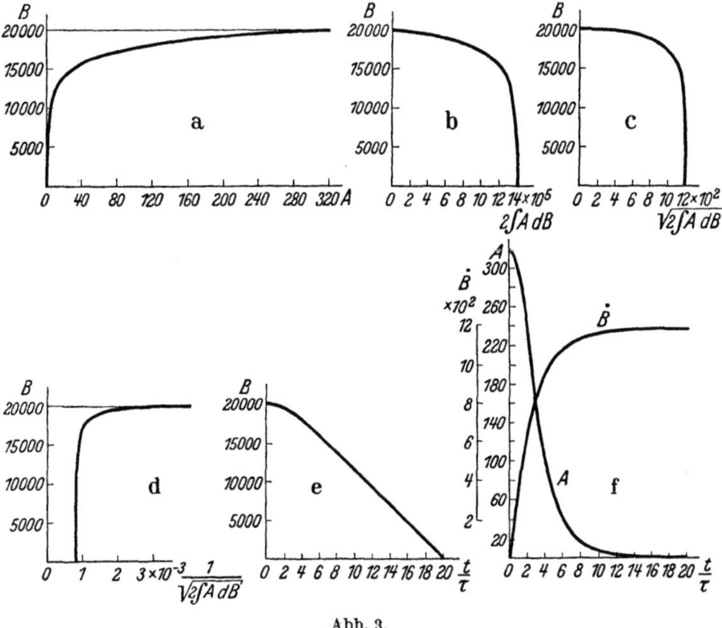

Abb. 3.

Für eine tatsächliche Eisencharakteristik, mit Krümmung durch magnetische Sättigung, stellt Abb. 3 die Auswertung dar, nach der man den zeitlichen Verlauf und die Kurvenform der Schwingung erhält. Abb. 3a gibt die magnetische Charakteristik wieder. In Abb. 3b ist die Integralkurve hiervon aufgetragen, angefangen mit 20000 Gauß, und in Abb. 3c ist diese Kurve radiziert. Abb. 3d gibt die reziproke Kurve hiervon, die in Abb. 3e wiederum integriert ist. Die letztere Kurve stellt nunmehr den Zusammenhang von Zeit und magnetischer Induktion dar, und wir erkennen, daß der Fluß nahezu geradlinig mit der Zeit abnimmt.

Jeder Zeit und jeder Induktion kann man nunmehr aus der ursprünglichen Charakteristik den zugehörigen Strombelag A zuordnen, und auch die Spannung als dB/dt aus der Abszisse der Abb. 3c, wie sie durch Gln. (9) und (11) ausgedrückt sind. Abhängig von der variablen Zeit ist dies in Abb. 3f aufgezeichnet. Die Integrationen sind wegen der Symmetrie im Kurvenverlauf nur für eine Viertelperiode dargestellt. In Abb. 4 ist daraus der Verlauf von Strom und Spannung für eine ganze Periode zusammengesetzt. *Der Strom besitzt starke Spitzenausbildung, während die Spannungskurve sehr flach ist. Die numerische*

Schwingungsdauer ergibt sich zu 80, während sie bei dem gleichen Schwingungs-kreise, aber ohne Eisen, nur 2π wäre und e und i beide sinusförmig verlaufen würden.

Die gleichen Auswertungen wurden auch für kleinere Amplituden als 20000 Gauß durchgeführt und sind in Abb. 5 zusammengestellt. Dabei sind nur die Kurvenformen der ersten Viertelperiode von Strom und Spannung aufgetragen, die durch A und dB/dt gemessen werden. Man sieht, daß sich bei geringer werdender Amplitude die spitzen und flachen Kurven immer mehr abschleifen und schließlich bei kleinen Schwingungen in einen sinus- oder kosinusförmigen Verlauf übergehen. Gleichzeitig nimmt die numerische Dauer der Schwingungen sehr erheblich zu, nämlich von 20 bis zu beinahe 70 für eine Viertelwelle. Abb. 6 stellt die Abhängig-keit der vollen numerischen Schwingungsdauer von

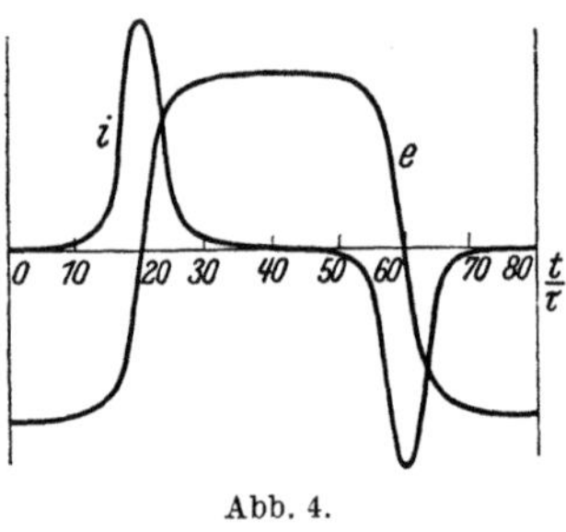

Abb. 4.

der Amplitude der Induktion dar. Bis zu etwa 7000 Gauß bleibt die Schwingungs-dauer konstant mit 271, was daher rührt, daß die Magnetisierungskurve bis dorthin ziemlich geradlinig verläuft. Bei Schwingungen mit größerer Amplitude

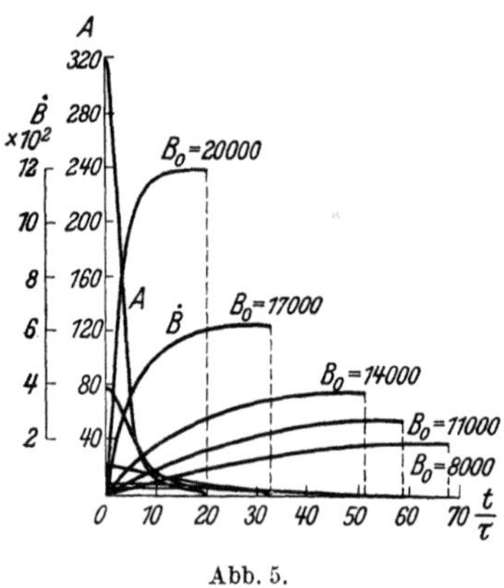

Abb. 5.

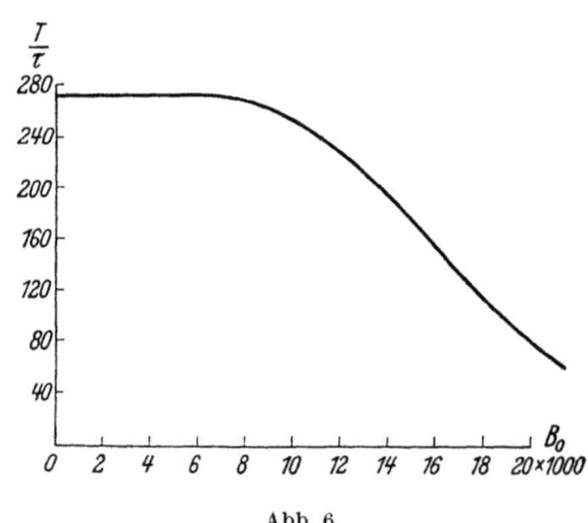

Abb. 6.

nimmt die Schwingungsdauer mehr und mehr ab, die Eigenfrequenz des elektro-magnetischen Kreises wird also mit zunehmender Sättigung größer und größer.

Wir erkennen aus dieser Untersuchung, daß elektrische Eigenschwingungen in magnetisch gesättigten Schwingungskreisen nur bei kleiner Amplitude harmonisch sind und konstante Eigenfrequenz besitzen, daß die Kurven-form der Schwingungen sich jedoch mit zunehmender Ampli-tude mehr und mehr verzerrt, und daß gleichzeitig die Eigen-schwingungen schneller und schneller werden. Diese beiden Kennzeichen, verzerrte Kurvenform und Abhängigkeit der Eigenfrequenz von der Amplitude, sind charakteristische Eigen-schaften aller unharmonischen Schwingungen.

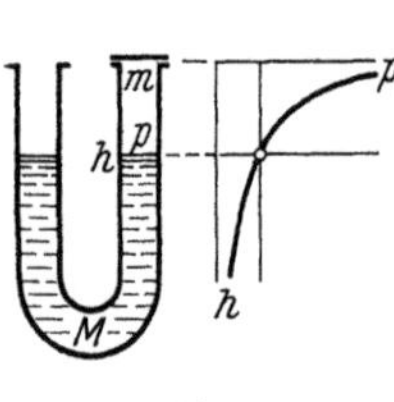

Abb. 7.

Als zweites Beispiel wollen wir *adiabatische Schwingungen von Gasblasen* untersuchen, wie sie nach Kapitel 39 in Öl-schaltern auftreten können. Wir vereinfachen das Problem und betrachten die lineare Schwingung eines zylindrischen Gasvolumens v gegen eine Flüssigkeits-säule der Masse M, die in einem U-förmigen Rohre eingeschlossen sein möge wie in Abb. 7. Jede Bewegung des Spiegels h erzeugt eine Änderung des Druckes p auf die Oberfläche q zwischen Gas und Flüssigkeit. Das Gleichgewicht der

Kräfte auf die Flüssigkeit ergibt die Differentialgleichung

$$M \frac{d^2 h}{d t^2} + q\, p\,(h) = 0. \tag{17}$$

Führen wir an Stelle der Spiegelhöhe h das spezifische Volumen v des Gases ein durch

$$q\, dh = m\, dv, \tag{18}$$

worin m die Gasmasse bezeichnet, dann erhalten wir aus Gl. (17)

$$\frac{M m}{q} \frac{d^2 v}{d t^2} + q\, p\,(v) = 0. \tag{19}$$

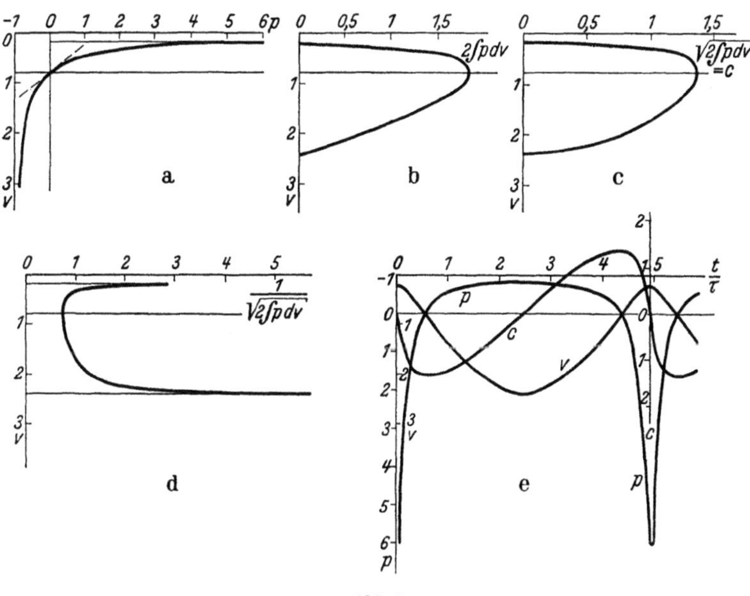

Abb. 8.

Wenn wir die Eigenzeit dieses Problems definieren als

$$\tau = \frac{\sqrt{M m}}{q}, \tag{20}$$

so erhalten wir als Differentialgleichung

$$\frac{d^2 v}{d t^2} + \frac{p\,(v)}{\tau^2} = 0. \tag{21}$$

Diese Beziehung hat genau dieselbe Form wie Gl. (5). Die Eigenzeit τ hängt hier vom Produkt der schwingenden Wasser- und Gasmassen ab, bezogen auf ihre Berührungsfläche. Sie wird also im wesentlichen vom geometrischen Mittel der Längen von Gassäule und Wassersäule bestimmt.

In Analogie zu Gl. (10) ist die Lösung dieses Problems gegeben durch

$$t = \tau \int \frac{d v}{\sqrt{- 2 \int p\, d v}}. \tag{22}$$

In Abb. 8 ist die Integration der adiabatischen Druck-Volumen-Kurve von Abb. 8a nach dem gleichen Schema wie in Abb. 3 ausgeführt. Man erhält in Abb. 8e aus der Integration unmittelbar die Kurve des Gasvolumens v in Abhängigkeit von der Zeit, die gleichzeitig die Höhe des Wasserspiegels angibt, wie aus Abb. 7 zu ersehen ist. Durch Übertragung der zugehörigen Druckwerte p aus Abb. 8a erhält man die sehr spitz verlaufende Druckkurve der Luft, und schließlich aus Abb. 8c die Geschwindigkeitskurve des Wassers, die alle in Abb. 8e über eine volle Periode dargestellt sind. *Man sieht, daß alle Kurven unsymmetrisch zur Null-Achse verlaufen und daß sich in der Druckkurve sehr scharfe positive Spitzen und ein negativer breiter Sattel ausbilden.* Die schwingende Wassersäule wird hiernach bei der Kompression des Gases sehr plötzlich reflektiert, weil der Gasdruck bei abnehmendem Volumen außerordentlich rasch anwächst. Dies bewirkt eine sehr rapide Geschwindigkeitsänderung.

Die Abb. 8 bezieht sich auf einen anfänglichen Überdruck von 6 atm. Für geringere Überdrucke sind einige Druckschwingungen in

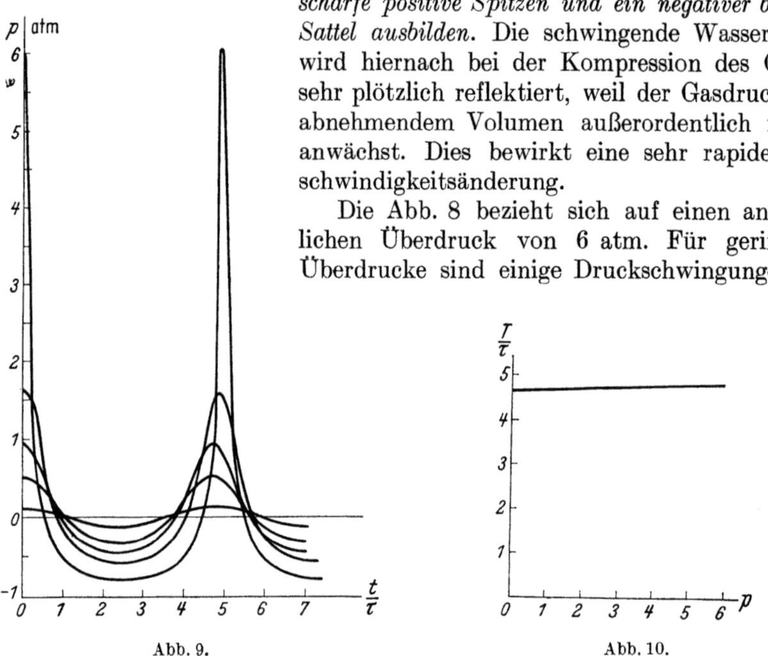

Abb. 9.   Abb. 10.

Abb. 9 zusammengestellt. *Wir sehen, daß nur bei kleinen Schwankungen von der Größenordnung 1/10 atm. nahezu sinusförmige Schwingungen vorhanden sind, daß sich bei großen Druckschwankungen dagegen stets scharf ausgeprägte Druckspitzen ausbilden.* Die Eigenschwingungsdauer hängt nur in geringem Grade

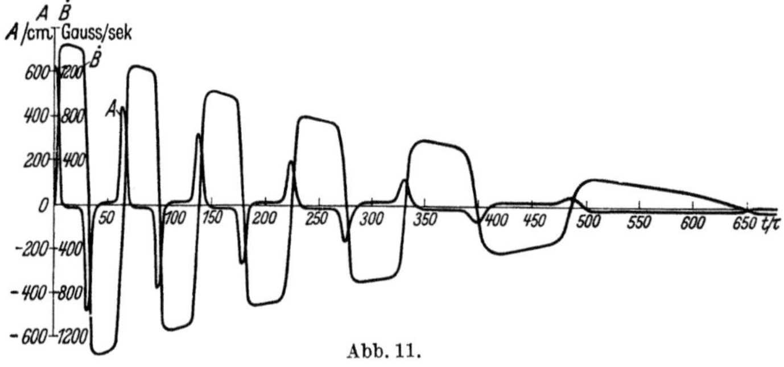

Abb. 11.

von der Amplitude ab, wie aus Abb. 10 zu ersehen ist. Zwar werden die Überdruckzeiten mit zunehmender Amplitude sehr viel kürzer, dafür dauern aber die Unterdruckgebiete um so länger. Die Summe beider Zeiten ändert sich nur wenig, so daß diese adiabatischen Druckschwingungen angenähert isochron verlaufen.

Wenn Hysteresis in der Magnetisierungskurve auftritt, so müssen die aufsteigenden und absteigenden Zweige bei der Auswertung der Gl. (10) unterschieden werden, was in Abb. 11 durchgeführt wurde. Da nunmehr die ursprüngliche Energie allmählich durch den Hysteresisverlust aufgezehrt wird, so klingt der Vorgang ab, und daher durchlaufen die Schwingungen unterschiedliche Kurvenformen, wie sie in Abb. 5 aufgezeichnet waren. In Abb. 12 ist ein Oszillogramm von Spannung und Strom einer solchen Schwingung wiedergegeben, die sehr nahezu mit dem Verlauf nach Abb. 11 übereinstimmt. Jedoch ist ihre Dämpfung größer wegen der zusätzlichen Verluste im OHMschen Widerstand der

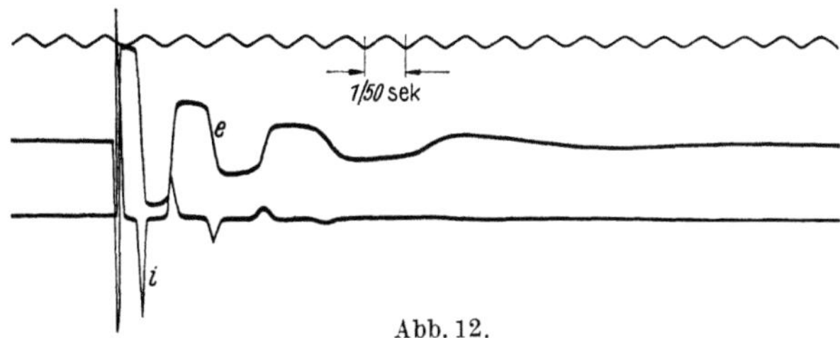

Abb. 12.

Spule. In den beiden letzten Abbildungen nimmt die Schwingungsdauer während des Abklingens ganz wesentlich zu, bis auf ein Vielfaches des ursprünglichen Wertes.

b) Erzwungene Ausgleichschwingungen. Wenn der magnetisch gesättigte Schwingungskreis von einer äußeren Spannung $e(t)$ gespeist wird wie in Abb. 13, dann lautet die vollständige Gleichung für den Stromkreis, einschließlich des OHMschen Widerstandes, den wir jetzt nicht mehr vernachlässigen wollen,

$$N \frac{d\Phi}{dt} + R\,i + \frac{1}{C} \int i\,dt = e(t). \tag{23}$$

Das erste Glied umfaßt auch die Wirkung einer etwa vorhandenen konstanten Selbstinduktion.

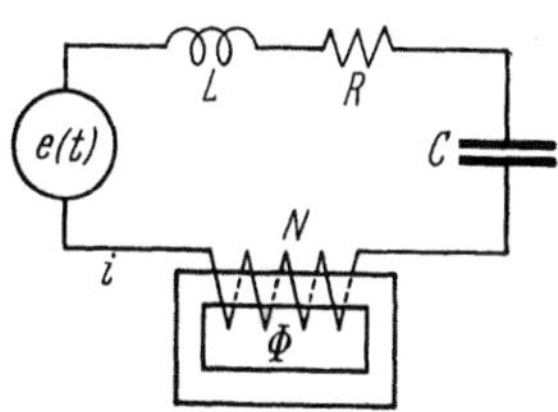

Wenn wir wieder die spezifischen Werte A und B an Stelle von i und Φ nach Gl. (1) einführen, und ferner die Eigenzeit τ nach Gl. (4), so erhalten wir

$$\tau \frac{dB}{dt} + \frac{RC}{\tau}\,A + \frac{1}{\tau} \int A\,dt = \frac{\tau}{q\,N}\,e(t). \tag{24}$$

Abb. 13.

Wir wollen nun für den *Widerstandskoeffizienten* und für die *eingeprägte Spannung* Abkürzungen benutzen, nämlich

$$\varrho = \frac{RC}{\tau} = \frac{R}{\sqrt{A/C}}; \qquad \varepsilon(t) = \frac{\tau}{q\,N}\,e(t) = \sqrt{\frac{C}{q\,l}}\,e(t), \tag{25}$$

und wollen ferner *das Verhältnis von laufender Zeit zu Eigenzeit* mit

$$\vartheta = \frac{t}{\tau} \tag{26}$$

bezeichnen. Dann vereinfacht sich Gl. (24) zu

$$\frac{dB}{d\vartheta} + \varrho A + \int A\,d\vartheta = \varepsilon(\vartheta). \tag{27}$$

Diese Formulierung umgreift alle möglichen Fälle von magnetisch gesättigten Schwingungen, obgleich sie nur vier Parameter enthält. Diese sind: die früher erläuterten Werte der Konstante τ und der Funktion $B(A)$, durch die die Eigenzeit und die magnetische Charakteristik der Eisen- und Luftflüsse definiert ist; und die neuen Parameter von Gl. (25), nämlich das Widerstandsverhältnis ϱ, das den OHMschen Widerstand bezogen auf den Schwingungswiderstand der Selbstinduktion in Luft angibt, und $\varepsilon(\vartheta)$, das die eingeprägte Spannung $e(t)$ bezogen auf einige festliegende Konstanten des Stromkreises zum Ausdruck bringt. In Gl. (27) ist im wesentlichen also das erste Glied durch die Form der magnetischen Charakteristik bestimmt, das zweite Glied durch den Wert des OHMschen Widerstandes, das dritte durch das Verhalten der Kapazität und das Glied auf der rechten Seite durch die eingeprägte Spannung. *Je nach den Werten der Parameter kann die Lösung von Gl. (27) sehr verschiedene Formen annehmen.* Über den Verlauf der Kurve $B(A)$ haben wir keinerlei Annahmen gemacht, und daher kann jede praktisch auftretende Form der wirksamen Magnetcharakteristik zur Auswertung benutzt werden.

Wenn die einzelnen Teile des Stromkreises nicht in Serie geschaltet sind wie in Abb. 13, sondern in Parallele, so kann eine sehr ähnliche Formulierung

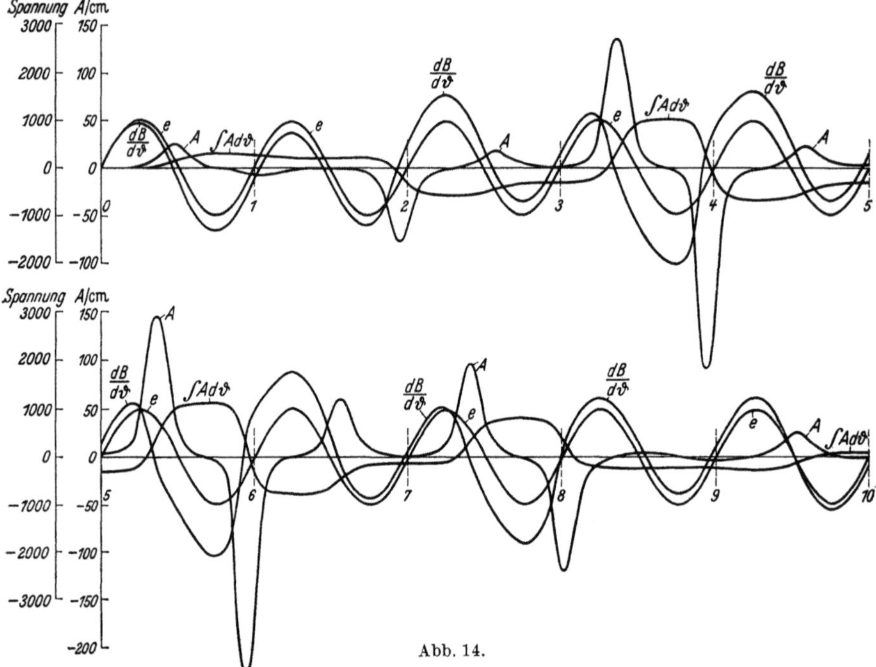

Abb. 14.

wie in Gl. (27) hergeleitet werden. Indessen wird dann das zweite Glied $\varrho' B$ anstatt ϱA und sein Widerstandskoeffizient lautet umgekehrt $\varrho' = \tau/RC$.

Für *eingeprägte Gleichspannung*, die sich zeitlich plötzlich ändert, kann das Verhalten in der Übergangszeit recht einfach bestimmt werden, weil ε sowohl vor als auch nach dem Sprung konstant ist. Daher hat das Störungsglied auf der rechten Seite von Gl. (27) keinen weiteren zeitlichen Einfluß, und der Verlauf der Abweichungen von B und A von dem neuen Dauerzustand rührt allein von der linken Seite her. Diese Seite unterscheidet sich jedoch von Gl. (5) nur durch das Widerstandsglied ϱA, das während der Ausführung der Integration als kleine Korrektion behandelt werden kann. Daher treten jetzt Schwingungen auf, die einen sehr ähnlichen Typus wie in Abb. 11 und 12 besitzen, die jedoch auf der plus- und minus-Seite unsymmetrisch sein werden.

Viel eigenartiger ist die Lösung für *eingeprägte Wechselspannung*. Zur Auswertung schreiben wir Gl. (27) um in

$$\frac{dB}{d\vartheta} = \varepsilon(\vartheta) - \varrho A - \int A\, d\vartheta. \tag{28}$$

Dann sehen wir klar, daß die zeitliche Änderung der Induktion B in erster Linie durch die eingeprägte Spannung gegeben ist, von der jedoch der Widerstandsabfall und das Kapazitätsglied abgezogen werden muß. Der erstere ist gewöhnlich klein; das letztere kann als ein Zeitintegral gleichzeitig mit der Entwicklung der linken Seite graphisch exakt bestimmt werden. In den *Anfangsbedingungen* kann ein remanenter Fluß im Magnetkern und eine ursprüngliche Ladung auf dem Kondensator leicht berücksichtigt werden. Abb. 14 stellt Kurven dar, wie sie für die induktive Spannung $dB/d\vartheta$, den Strom A und die kapazitive Spannung $\int A\, d\vartheta$ in schrittweiser Konstruktion oder mit Hilfe eines Differential-Analysators bestimmt werden können, *wenn die eingeprägte sinusförmige Spannung $e(t)$ plötzlich beim Phasenwinkel Null eingeschaltet wird.* Der Zeichnung liegt ein Stromkreis zugrunde, der eine magnetisch mäßig gesättigte Transformatorwicklung enthält, ferner eine konstante Streuinduktion in Serie und etwas Widerstand der Leitungen bis zur Kapazität, wie sie in einer praktischen Hochspannungsleitung vorhanden ist. Die Induktion B selbst ist nicht dargestellt, um die Abbildung nicht zu verwirren. Es ist jedoch ratsam, bei der Zeichnung der Kurven *alle* Veränderlichen in einer vollständigen Zahlentafel aufzutragen.

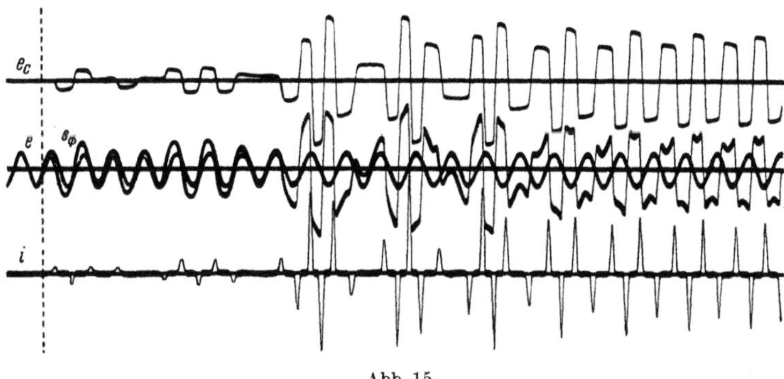

Abb. 15.

In den ersten 10 Perioden, die in Abb. 14 durch gestrichelte Linien angedeutet sind, *ähnelt nicht eine einzige Welle der anderen.* Da der Einschaltwinkel der Spannung als Null gewählt wurde, so könnte man eine sofortige Überstromspitze erwarten, jedoch entwickelt sich dieser Strom unter der Wirkung der Sättigung nur allmählich unter großen und unregelmäßigen Schwankungen seiner Amplitude. Die Stromwellen sind keineswegs von ständig wechselndem Vorzeichen, *sondern in vielen Perioden folgen zwei gleichgerichtete Stromamplituden einander. Während der Zeit, über die sich Abb. 14 erstreckt, ist keine regelmäßige Wiederholung der Vorgänge feststellbar.* Die induktive Spannung $dB/d\vartheta$ ist ähnlich der eingeprägten Spannung $\varepsilon(\vartheta)$, wenn auch manche unregelmäßige Abweichungen auftreten. Die Kapazitätsspannung $\int A\, d\vartheta$ zeigt jedoch ein völlig verschiedenes Verhalten und besteht meistens aus trapezartigen Formen mit flachem Rücken, der sich häufig über mehr als eine volle Periode erstreckt. Im Gegensatz zu jeglicher harmonischen Entwicklung zeigen diese Kurven das Vorhandensein beträchtlicher unharmonischer Ströme und Spannungen an, mit Schwingungsperioden, die sehr verschieden sind von der der eingeprägten Spannung.

Die Abb. 15 und 16 zeigen einige Oszillogramme, bei denen ein hochgesättigter L–C-Stromkreis plötzlich eingeschaltet wurde, und zwar war der Einschaltwinkel bei Abb. 15 beinahe Null, bei Abb. 16a und 16b nahezu 45° und 90°. *Ein kurzzeitiges, relativ ruhiges Anfangsstadium leitet über zu einer heftigen Ausbildung irregulärer Schwingungen für sämtliche gemessenen Parameter, wie Fluß,*

Kondensatorspannung, induktive Spannung und Strom. Der Widerstand dieses Versuchsstromkreises war viel höher als der für Abb. 14, und daher waren die Übergangszeiten viel kürzer. Trotzdem sind die wesentlichen Merkmale der theoretischen Kurvenformen von Abb. 14 auch im Anfang von Abb. 15 und 16 leicht erkennbar.

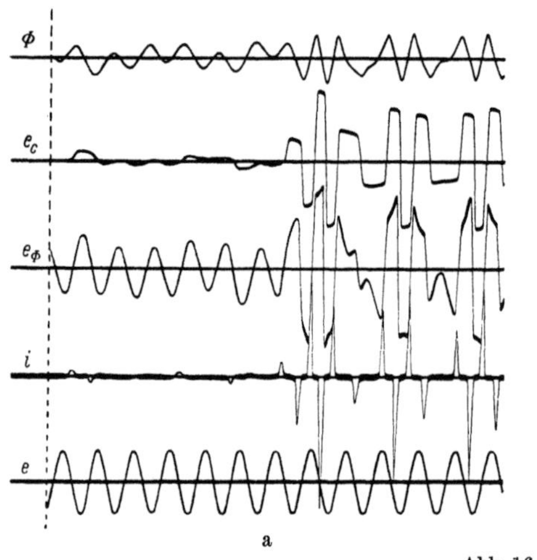
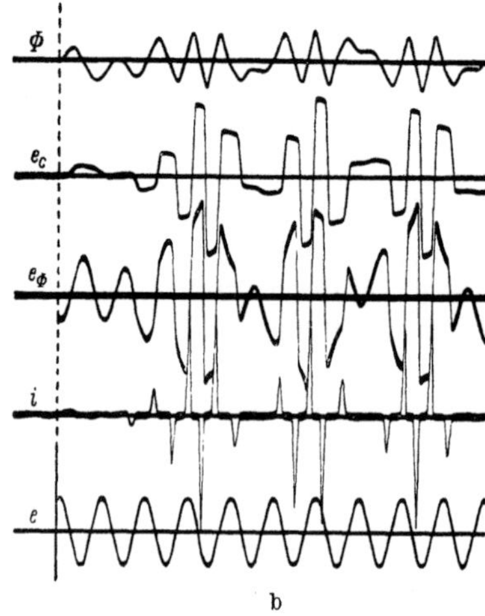

Abb. 16.

c) Oberschwingungen im Dauerzustand. Die Oszillogramme von Abb. 15 und 16 zeigen, daß selbst nach dem Abklingen der anfänglichen Ausgleichsschwankungen Kurvenformen von e und i verbleiben, die wesentlich verschieden sind von den sinusförmigen Kurven, die im Dauerzustand ungesättigter Stromkreise auftreten. *Vielfache Versuche zeigen, daß diese Kurvenformen recht unterschiedlich sind, je nach dem Grade der Sättigung und der Stärke der Hysteresis, nach dem Widerstande des Kreises und nach der Einschaltphase.* Für die Amplituden der erzwungenen Grundschwingungen hatten wir in Kapitel 48 eine Theorie entwickelt, aus der das Vorhandensein von zwei möglichen stabilen und einem labilen Zustand hervorging. Obgleich in Strenge keine Superposition erwartet werden kann, so wollen wir hier doch die Gestaltung der Kurvenform durch die Entwicklung ihrer Oberwellen betrachten.

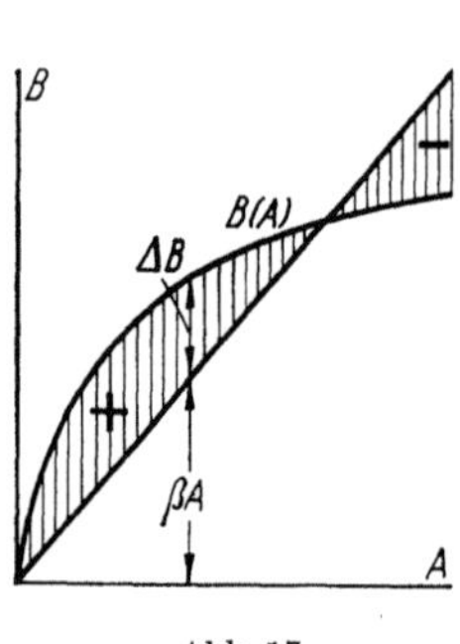

Abb. 17.

Zu diesem Zweck wollen wir unser Problem *linearisieren*, indem wir die wirkliche magnetische Charakteristik wie in Abb. 17 in einen *proportionalen Anteil βA und den Rest ΔB* zerspalten. Dabei ist β ein konstanter numerischer Faktor, der eine fiktive Permeabilität angibt, die zwischen 1 und μ liegt, so daß βA einen linearen Anstieg der Induktion und ΔB im wesentlichen den nichtlinearen Teil der Variation von B zum Ausdruck bringt. Wir setzen also

$$B = \beta A + \Delta B(A). \tag{29}$$

Das letztgenannte Glied ist in Abb. 17 schraffiert und ändert sich von positiven zu negativen Werten innerhalb des betrachteten Strombereichs. Wenn wir diesen Ausdruck in Gl. (27) einsetzen und die nichtlineare Komponente auf die rechte Seite setzen, so erhalten wir

$$\beta \frac{dA}{d\vartheta} + \varrho A + \int A \, d\vartheta = \varepsilon(\vartheta) - \frac{d(\Delta B)}{d\vartheta}. \tag{30}$$

In dieser Formulierung ist die linke Seite linear und gehorcht daher den gewöhnlichen Regeln der Proportionalität und Superposition. Auf der rechten Seite wirkt ein zusätzliches Glied, das als eine eingeprägte Spannung aufgefaßt werden kann. Wir sehen aus Abb. 17, daß diese Spannung ihr Vorzeichen innerhalb jeder Halbwelle mehrere Male ändert.

Gl. (30) kann benutzt werden, um *die Kurvenform der Schwingungen im Dauerzustand* unmittelbar abzuleiten. Wir hatten diese schon durch Anwendung der strengen Gl. (27) gefunden; jedoch erscheint sie dort in Reinheit erst nachdem die gesamten Anfangs- und Übergangszeiten abgelaufen sind, was bei kleinem Widerstand sehr lange dauert. Zur Lösung der Gl. (30) benutzen wir die *Methode der Iteration.* Als ersten Schritt vernachlässigen wir die nichtlineare Störungsfunktion ΔB auf der rechten Seite und erhalten in der üblichen Weise eine angenäherte Lösung A' aus der übrigbleibenden linearen Differentialgleichung (30) unter der Wirkung von $\varepsilon(\vartheta)$ allein. Dann gehen wir mit A' in die wirkliche Charakteristik der Abb. 17 ein und erhalten ein erstes $\Delta' B$ als Funktion der Zeit. Nunmehr subtrahieren wir die Ableitung dieser Kurve von der eingeprägten Spannung $\varepsilon(\vartheta)$ auf der rechten Seite von Gl. (30) und lösen diese lineare Gleichung wiederum für A. Dadurch erhalten wir entweder direkt oder durch Superposition eine verbesserte Lösung A''. Hiermit gehen wir wieder in die wirkliche Charakteristik und gewinnen ein verbessertes $\Delta'' B(\vartheta)$. Dies Verfahren kann wiederholt werden, bis keine weitere Verfeinerung in der stationären Lösung mehr auftritt. Es ist klar, daß eine ursprünglich harmonische Kurvenform von A' allmählich stark verzerrt wird durch diesen Prozeß der wiederholten Einführung des Krümmungseffekts der Charakteristik.

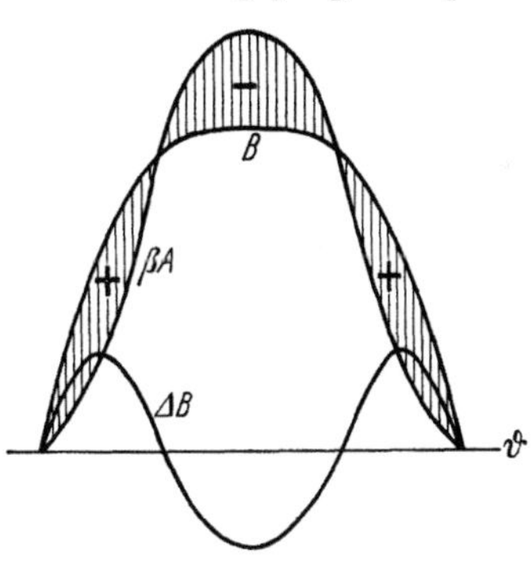

Abb. 18.

Da die Lage der geraden Linie βA im Charakteristikdiagramm willkürlich ist, so hängen sowohl die linke wie die rechte Seite der Gl. (30) vom Werte β ab. Durch passende Wahl von β kann man die Auswertung erheblich erleichtern. Trotzdem ist das Verfahren mühsam, und daher wollen wir jetzt *die Entwicklung von Oberwellen selbst ableiten,* die ja die Verzerrung der Kurvenform hervorrufen. Wenn die Lösung für A vorliegen würde, wie zum Beispiel in Abb. 14, so könnten wir unmittelbar das gesamte B und daher auch $dB/d\vartheta$ in die zwei Komponenten von Gln. (29) und (30) zerlegen. Damit würde das wirkliche ΔB der Abb. 17 in Abhängigkeit von der Zeit bekannt sein, wie es in Abb. 18 gemeinsam mit dem Teil βA dargestellt ist, der sich linear verhält. Die beiden Glieder auf der rechten Seite von Gl. (30) wirken unabhängig voneinander auf die linke lineare Seite, und wir erkennen somit, daß ein sinusförmiges $\varepsilon(\vartheta)$ einen sinusförmigen Strom der Speisefrequenz hervorbringen wird, während $\Delta B(\vartheta)$ die Summe aller überlagerten Oberwellenströme erzeugt. *Durch diesen Denkprozeß haben wir die Ursache des nicht sinusförmigen Verhaltens quantitativ ausgefiltert.*

Die nichtharmonische Spannung

$$\Delta\varepsilon = \frac{d(\Delta B)}{d\vartheta} \tag{31}$$

enthält eine ausgedehnte Reihe aller ungeraden Oberwellen, und auch von geraden Oberwellen, falls unsymmetrische Verhältnisse vorliegen sollten. Die Stromamplitude a_ν einer einzelnen höheren Schwingung der Frequenz ν, wie sie durch die Wirkung einer sinusförmigen Teilamplitude b_ν entsteht, die einen Bruchteil der Störungsfunktion ΔB ausmacht, kann aus der linearen linken Seite der Gl. (30) bestimmt werden, nämlich

$$j\,\nu\,\tau\,\beta\,a_\nu + \varrho\,a_\nu - \frac{j}{\nu\,\tau}\,a_\nu = -\,j\,\nu\,\tau\,b_\nu. \tag{32}$$

Hierin erscheint τ als ein Multiplikator von ν, da der letztere Wert sich auf die absolute Zeit t bezieht und nicht auf die numerische Zeit ϑ, wie nach Gl. (26). Die Amplitude des Oberwellenstromes ist demnach

$$a_\nu = \frac{(\nu\,\tau)^2}{\sqrt{[\beta\,(\nu\,\tau)^2 - 1]^2 + (\varrho\,\nu\,\tau)^2}}\,b_\nu. \tag{33}$$

Bei der bestimmten Frequenz

$$\nu = \frac{1}{\sqrt{\beta\,\tau^2}} = \frac{1}{\sqrt{\beta\,\Lambda\,C}}, \tag{34}$$

die durch die Selbstinduktion $\beta\,\Lambda$ bestimmt ist, tritt ein Resonanzmaximum der Oberwellenströme auf von der Größe

$$a_{\nu\,r} = \frac{\nu\,\tau}{\varrho}\,b_\nu = \frac{\nu\,\Lambda}{R}\,b_\nu = \frac{\sqrt{\beta\,\Lambda/C}}{R}\,\frac{b_\nu}{\beta}. \tag{35}$$

Die Resonanzfrequenz hängt von C und Λ ab, der Resonanzstrom von C, R und Λ, drei Parameter, die konstant sind. Beide Resonanzwerte hängen ferner von β ab, das durch die Lage der linearen Komponente der Charakteristik in Abb. 17 gegeben ist. Da diese Lage und daher der Wert von β willkürlich gewählt werden können, so sind diese Resonanzen virtuell und können für eine Anzahl von Oberwellenfrequenzen ν in Erscheinung treten und dabei die Amplituden aller ihrer Ströme vergrößern.

Alle diese Folgerungen würden exakt sein, wenn die Werte von ΔB in Abb. 18 über eine Anzahl aufeinander folgender Schwingungen gleich blieben. Indessen ist dies nicht notwendigerweise der Fall, wie die exakte Abb. 14 anzeigt. Daher werden die Veränderungen von ΔB und von βA oft verhindern, daß sich die Resonanzen scharf ausbilden. *Immerhin zeigen unsere Überlegungen, daß durch ausgeprägte Sättigung der magnetischen Charakteristik von Schwingungskreisen stets ein erheblicher Betrag von Oberwellen erzeugt wird, der sich auf hohe Vielfache der Speisefrequenz erstrecken kann.* Dies bezieht sich sowohl auf den Ausgleichszustand wie auf den Dauerzustand und steht in Übereinstimmung mit den Oszillogrammen von Abb. 15 und 16.

Das gleiche Resultat kann bei entsprechender Formulierung auch für Parallelschaltung einer gesättigten Selbstinduktion mit einer konstanten Kapazität hergeleitet werden. Jedoch ergeben sich die unharmonischen Kräfte jetzt aus der Abweichung des Magnetisierungsstromes vom linearen Verhalten. In jedem Fall der Reihen- oder Parallelschaltung kann man eine oder mehrere Oberschwingungen, wie sie in den unregelmäßigen Kurvenformen von Strom und Spannung enthalten sind, aussondern und durch abgestimmte Stromkreise mit konstantem L und C, die somit eine bestimmte Resonanzfrequenz haben, für sich verstärken.

d) Unterschwingungs-Resonanz. Die Differentialgleichung (27) und ihre strengen Lösungen, die eben diskutiert wurden, umfassen das Vorkommen aller möglichen Arten von Abweichungen vom einfach harmonischen Verhalten. Dies kann sowohl durch Schwingungen von höherer als auch von niedrigerer Frequenz als die der eingeprägten Spannung verursacht werden. Da Unterschwingungen gelegentlich beobachtet worden sind, sowohl im Laboratorium wie in der Praxis, so wollen wir dies Problem weiter untersuchen, *um zu einem klaren Verständnis der physikalischen Ursachen dieser komplizierten Erscheinung zu gelangen.*

Wir wollen dafür die Bedingungen betrachten, die notwendig sind für *voll-kommene Resonanzausbildung* zwischen einer eingeprägten Spannung und der *unharmonischen Eigenschwingung* eines gesättigten Stromkreises, wie sie früher an Hand von Abb. 4 beschrieben wurde. Die induktiven und kapazitiven Span-nungen würden dann in bezug auf Größe, Phase und Kurvenform im Gleich-gewicht miteinander stehen, und diese beiden Spannungen würden entgegen-gesetzt gleich sein, wie es in Abb. 19 dargestellt ist. Der Strom würde eine spitze Kurvenform haben, wie sie ebenfalls von Abb. 4 auf Abb. 19 übertragen ist. Dieser Strom und diese Spannungen würden Gl. (5) befriedigen, die in Ab-wesenheit eines Verlustwiderstandes abgeleitet wurde. Um diese Schwingungen dauernd aufrechtzuerhalten, muß die äußere Spannung einen Wert haben, der gleich $R\,i$ ist, da bei Resonanz die eingeprägte Spannung keine andere Arbeit zu leisten hat als den OHMschen Abfall im Stromkreis zu kompensieren. Mit den Strömen und Spannungen, die durch Gl. (5) gegeben sind, neutralisieren

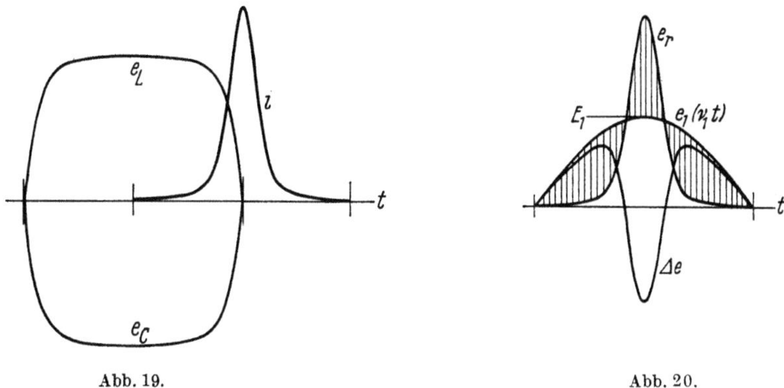

Abb. 19.   Abb. 20.

sich das erste und das dritte Glied auf der linken Seite der vollständigen Gl. (27) gegenseitig. Daher muß für diesen Fall die äußere Spannung gewählt werden zu

$$\varepsilon(\vartheta) = \varrho\,A, \qquad \text{oder} \qquad e_r(t) = R\,i, \tag{36}$$

ein Wert, der in Abb. 20 graphisch dargestellt ist.

Es kann daher in nichtlinearen Schwingungskreisen wahre Resonanz unterhalten werden, wenn die eingeprägte Spannung eine Größe, Frequenz und Kurvenform hat, wie sie durch den Ohmschen Spannungsabfall desjenigen Stromes gegeben ist, der sich in freier unharmonischer Eigenschwingung ausbildet. Je kleiner der Wider-stand ist, um so geringer ist die Spannung, die nötig ist, um den Resonanzzustand aufrechtzuerhalten. Die einzuprägende Spannung kann aufgefaßt werden als eine unendliche FOURIER-Reihe

$$e_r(t) = e_1(\nu_1\,t) + e_2(\nu_2\,t) + e_3(\nu_3\,t) + \cdots, \tag{37}$$

worin die Funktionen $e(\nu\,t)$ Sinus- oder Kosinusfunktionen sind und ν_1 die wahre Eigenfrequenz des Stromkreises ist.

Wenn der Stromkreis nun aber nicht von dieser spitzen Spannung gespeist wird, sondern von einer sinusförmigen Spannung der Grundfrequenz ν_1 und der Amplitude E_1, wie es auch in Abb. 20 angedeutet ist, dann verbleibt eine Diffe-renzspannung, die dort schraffiert dargestellt ist, als Fehlbetrag. Diese Span-nung $\varDelta e$ ist getrennt herausgezeichnet, und zwar zur negativen Seite, um klarer hervorzutreten. Im vorliegenden Falle enthält diese Spannung alle Oberwellen von Gl. (37), von denen offenbar die dritte vorherrschend ist. Diese Fehlspannung Δe erzeugt nun ihrerseits Ströme und induktive und kapazitive Spannungen, die die ursprünglichen Kurvenformen von Abb. 19 verändern, bis wieder ein Gleichgewichtszustand ausgebildet ist. Wegen der gekrümmten Charakteristik des Stromkreises kann keine lineare Überlagerung auftreten, indessen ist es klar, daß die tatsächlichen Ströme und Spannungen derart verändert werden, daß sie einen anderen Anteil dritter und höherer Oberwellen enthalten als vorher.

Der Stromkreis möge nunmehr von einer Spannung gespeist werden, die nicht die Eigenfrequenz ν_1, sondern deren dreifachen Wert besitzt, wie in Abb. 21.

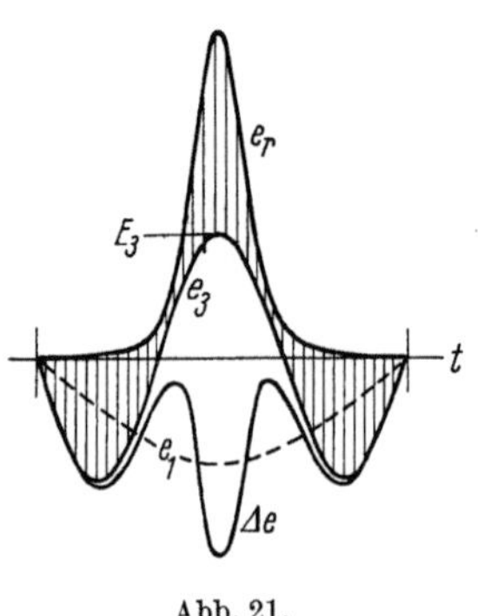

Abb. 21.

Die eingeprägte Spannung $e_3(\nu_3 t)$ ist die zweitbeste Annäherung an die spitze Spannung e_r, die eigentlich erfordert wird, und es verbleibt als Fehlbetrag die Differenzspannung Δe, die in Abb. 21 schraffiert und getrennt herausgezeichnet ist. Dieser Restbetrag enthält eine beträchtliche Welle von der Eigenfrequenz ν_1, die als e_1 gestrichelt gezeichnet ist, und die jetzt als unkompensierte und daher verzerrende Spannung im Stromkreise auftritt. Sie erzeugt Ströme und Spannungen, die im wesentlichen die Eigenfrequenz besitzen, die der Stromkreis vorher wie in Abb. 19 hatte. Wir erkennen daher, *daß das Einprägen einer Spannung $e_3(\nu_3 t)$ auf den gesättigten Stromkreis außer den Strömen i_3 noch beträchtliche Ströme $i_1(\nu_1 t)$ erzeugen wird, und* diesen zugeordnete *Spannungen e_{C1} und e_{L1}. Alle diese haben $^1/_3$ der Speisefrequenz und stellen daher eine Unterschwingungserscheinung dar, bezogen auf die Frequenz der Stromquelle.* Weitere Ströme mit Frequenzen von $^5/_3$, $^7/_3$ usw. der Speisefrequenz und mit unterschiedlichen Amplituden werden von den Oberwellen erzeugt, die in Δe von Abb. 21 enthalten sind.

Unter der Wirkung der tatsächlichen Ströme, die jetzt in dem System fließen, werden die Kurvenformen erheblich von denen der Abb. 19 abweichen. Der Strom i und die Spannungen e_L und e_C ändern dann ihre Größe, und dadurch muß sich die Eigenfrequenz ebenfalls ändern. Die beiden Spannungen kommen somit außer Form und außer Phase und können dadurch die Speisespannung e_3 vollständig zwischen sich aufnehmen.

Wenn wir schließlich den Stromkreis von einer Spannung $e_5(\nu_5 t)$ speisen, wie sie in Abb. 22 dargestellt ist, so verbleibt in Δe als wesentlicher Fehlbetrag eine Spannung e_1 von $^1/_5$ und eine Spannung e_3 von $^3/_5$ der Speisefrequenz. Die weitere Entwicklung von Strömen und Verzerrungen entspricht ganz der

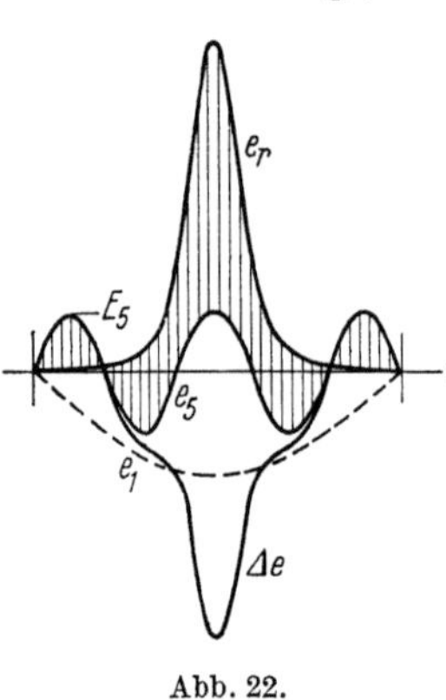

Abb. 22.

soeben beschriebenen, und wir sehen, daß Unterschwingungen von $^1/_5$ und $^3/_5$ der Frequenz der speisenden Spannung auftreten können und ebenfalls schnellere Schwingungen von der Ordnung $^7/_5$ und mehr. Dieselbe Schlußweise kann angewandt werden für Speisung des Stromkreises mit Spannung von irgend einer harmonischen Frequenz, die in der ursprünglichen Widerstandsspannung der Eigenschwingung enthalten ist, so wie es durch Gln. (36) und (37) ausgedrückt ist.

Wir schließen aus alledem, daß ein Schwingungskreis mit nichtlinearer Charakteristik fähig ist, mit seiner Eigenschwingung als Grundwelle anzusprechen auf eingeprägte Spannungen, die die Frequenz irgendeiner seiner Eigenschwingungs-Oberwellen besitzen. Dies bezieht sich auf jede mögliche Eigenschwingung des

Stromkreises. Wir haben nun aber gesehen, daß die Eigenfrequenz stark von der Amplitude der Schwingung abhängt, wie es in Abb. 5 und 6 gezeigt ist. Wir erkennen daher, daß solche Unterschwingungs-Resonanz nur auftreten kann, wenn die erzeugten Ströme und Spannungen von solcher Stärke sind, daß das genaue Verhältnis 1:3, 1:5, 3:5 usw. zwischen der Eigen-Grundfrequenz und der aufgedrückten Frequenz auftritt. *Dies erfordert für jede gegebene Charakteristik eine gewisse Größe der eingeprägten Spannung oder eine Größe innerhalb bestimmter Grenzen.* Anderenfalls können die Unterschwingungen von $^1/_3$, $^1/_5$ und niedrigerer Ordnung nicht durch den oben beschriebenen Mechanismus erregt werden.

Der Ohmsche Widerstand des Stromkreises spielt eine entscheidende Rolle. Bei $R = 0$ können alle Spannungen von Gl. (37) den Stromkreis bis auf die notwendige Amplitude erregen, und daher können alle Unterschwingungen von jeglicher Ordnung erzeugt werden. Bei niedrigem Widerstand sind relativ kleine Spannungen der Ordnung e_3, e_5 usw. ausreichend, um Unterschwingungen hervorzurufen. Mit größerem Widerstand sind viel höhere Spannungen notwendig, um den OHMschen Abfall einer Resonanzschwingung im Gleichgewicht zu halten wie nach Gl. (36). Schließlich wird nur noch die höchste Ordnung von Unterschwingungen, die meistens $^1/_3$ beträgt, bestehen bleiben. *Weitere Vergrößerung des Widerstandes kann benutzt werden, um irgendwelche zufälligen Unterschwingungs-Resonanzen vollständig zu unterdrücken.*

Je nach dem Widerstand im Stromkreis ist ein gewisser Größenbereich der eingeprägten Spannung fähig, Unterschwingungen zu erregen, und die verschiedenen Bereiche für e_3, e_5 usw. können sogar überlappen. Es werden daher manchmal eine Reihe von Unterwellenströmen von unterschiedlicher Ordnung, wie $^1/_3$, $^1/_5$ usw. und deren Oberwellen, gleichzeitig durch eine einzige eingeprägte Spannung von angemessener Größe erregt. Wenn die Charakteristik des Stromkreises nicht symmetrisch ist in ihrem plus- und minus-Verhalten, so werden nicht nur die ungeraden, sondern auch die geraden Unterschwingungen der Ordnung $^1/_2$, $^1/_4$ usw. und deren Oberwellen angeregt. Es kann sogar vorkommen, daß eine symmetrische Charakteristik unsymmetrisch von den Schwingungen durchlaufen wird und daß dabei gerade Ordnungen von Unter- und Oberschwingungen in Selbsterregung erzeugt werden.

Praktisch ist das Auftreten von Unterschwingungen in Stromkreisen mit gekrümmter Charakteristik bis herunter zu einer Ordnung von $^1/_9$ der eingeprägten Frequenz beobachtet worden.

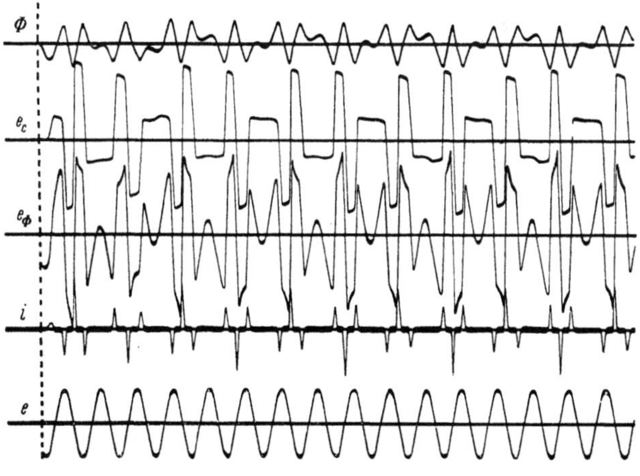

Abb. 23.

Abb. 23 zeigt ein Oszillogramm, in dem eine ganz oder nahezu vollständige Wiederholung der Grundwelle nach jeder 6ten und jeder 3ten Periode der eingeprägten Spannung erkennbar ist. Die vorherrschende Schwingung des Flusses ist hier von der Ordnung $^5/_3$. Die Dauer des Einschaltvorgangs ist bei diesem Versuch, der mit sehr hoher Spannung gemacht wurde, auffallend kurz. Wenn die magnetische Charakteristik Φ abhängig von i, oder B abhängig von A, direkt gemessen wird, zum Beispiel auf dem Schirm eines Kathodenstrahloszillographen, so wird eine identische Kurve nur nach vollständiger Wiederholung beschrieben. Die dazwischenliegenden Bahnen können aber durch eine kleine künstliche Verschiebung der einzelnen Kurven sichtbar gemacht werden.

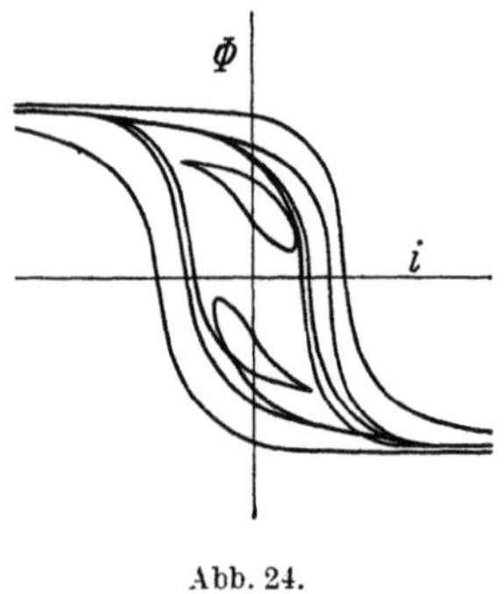

Abb. 24.

Abb. 24 zeigt solch ein Kathodenstrahl-Oszillogramm, auf welchem 5 Bahnen unterschieden werden können, was anzeigt, daß Unterschwingungen von mindestens der $^1/_5$fachen Ordnung zugegen sind.

In Kapitel 48 haben wir *das Vorhandensein von zwei möglichen stabilen Punkten* von Spannung und Strom auf der magnetischen Charakteristik festgestellt, einen mit niedrigem, den anderen mit höherem Strom. Dies war durch alleinige Betrachtung der Amplituden der Schwingung abgeleitet. Die Oszillogramme von Abb. 25 und 26 geben ein vollständiges Bild dieser beiden Zustände während der Einschalte- und der Dauerperioden wieder. Die Auswahl zwischen den beiden Zuständen wird lediglich durch die Schaltphase der eingeprägten Spannung entschieden. Der tiefere Zustand auf der Charakteristik besitzt eine sinusförmige, der höhere Zustand eine mehr dreieckige Flußkurve.

Wenn sich jedoch Unterschwingungen entwickeln, so existieren für die Amplituden keine festen Punkte mehr auf der Charakteristik. Diese Amplituden wandern

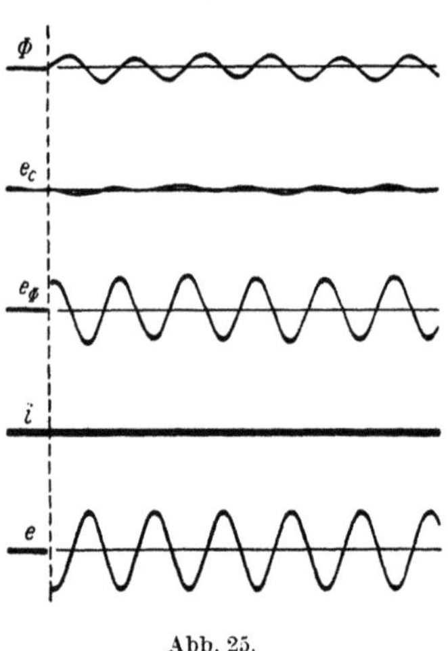

Abb. 25.

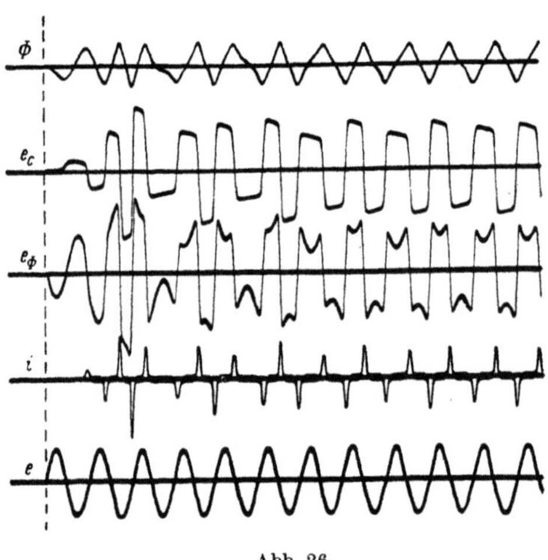

Abb. 26.

vielmehr auf und ab im Rhythmus der Unterschwingungen, und dadurch wird das Gleichgewicht gröblich gestört. Abb. 27 und 28 zeigen oszillographische Aufnahmen zweier zusätzlicher Zustände des Systems, die sich unter genau den gleichen Bedingungen wie in Abb. 25 und 26 entwickeln, jedoch bei unterschiedlichen Einschalt-Phasenwinkeln. Abb. 27 enthält eine Unterwelle der Ordnung $^1/_3$ von mittlerer Amplitude, wie es am deutlichsten aus der Flußkurve zu sehen ist. Auch höhere Oberwellen entwickeln sich, wie es die kapazitive Spannung e_C zeigt. Messungen mit einem Wellenanalysator ergeben deren Frequenzen zu $^5/_3$, $^7/_3$, $^9/_3$, $^{11}/_3$ und $^{15}/_3$. Von diesen könnten die Ordnungen $^9/_3$ und $^{15}/_3$ ebensogut als 3te und 5te Oberwelle der Speisefrequenz aufgefaßt werden.

Sehr verschieden ist das Aussehen der Abb. 28. Hier ist eine schwache Unterschwingung der Ordnung $^1/_4$ und eine starke von der Ordnung $^1/_2$ vorhanden, und dazu erscheint noch eine sehr starke Schwingung der Ordnung $^3/_2$, der zahlreiche gerade und ungerade Vielfache der Ordnung $^1/_4$ folgen, wie es durch den Wellenanalysator aufgedeckt wird, dessen vollständiges Spektrum in Abb. 29

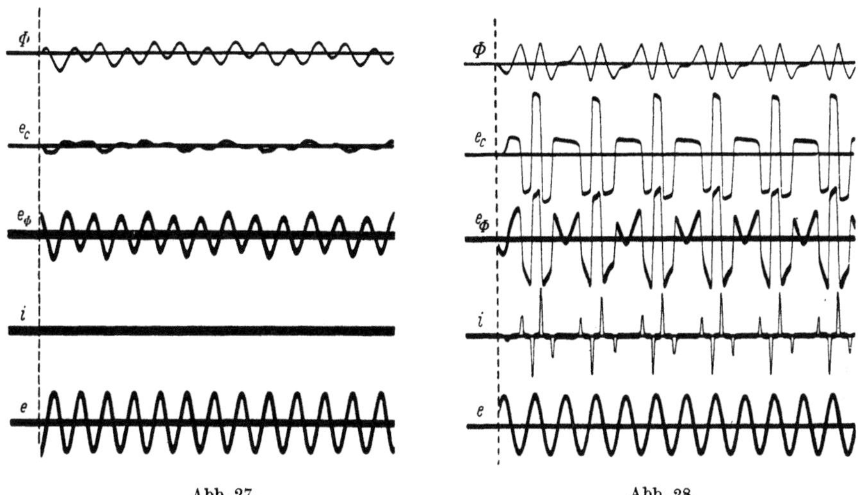

Abb. 27.   Abb. 28.

wiedergegeben ist. *Es ist erstaunlich, wie stark die Kurvenformen hierdurch verzerrt werden, zum Beispiel die des Stromes oder der Kapazitätsspannung.* Die vorherrschende Welle im Fluß scheint die der Ordnung $^3/_2$ zu sein in Übereinstimmung mit Abb. 29, während in der Kapazitätsspannung die Ordnung $^1/_2$ stark sichtbar ist, die die Symmetrie in Amplitude und Dauer von je zwei aufeinanderfolgenden Schwingungen vollständig verzerrt.

In Starkstromnetzen mit gesättigten Transformatoren treten Unterschwingungen gelegentlich auf in Stromzweigen mit kleinem Widerstand und nahe beim Leerlauf. Da der magnetische Widerstand von Transformatoren variabel ist, so erscheinen solche Schwingungen nur in engen Bereichen von Kapazität und eingeprägter Spannung. Sie können ebensowohl bei Serienschaltung von Transformator und Kapazität auftreten als bei Parallelschaltung. Wenn Unterschwingungen erscheinen, so führt dies zu unregelmäßigen Schwankungen von Strom und Spannung im Netz und es können Überspannungen entstehen, die die Isolierung gefährden.

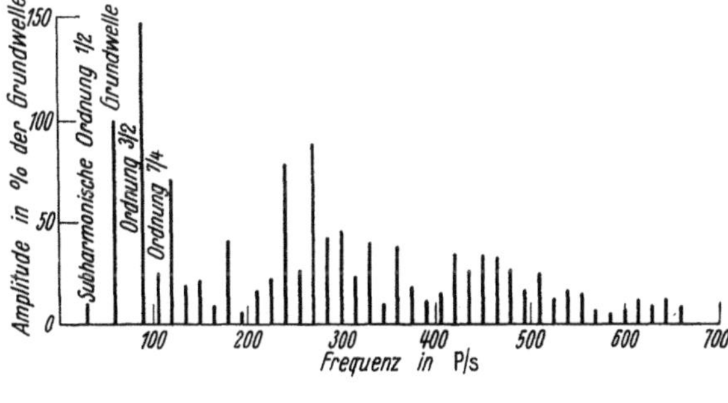

Abb. 29.

VIII. Rotierende Maschinen mit Sättigung.

51. Dauerkurzschluß gesättigter Drehstromgeneratoren.

Wir haben früher in Kapitel 13 den Dauerkurzschlußstrom für ungesättigte Generatoren als Quotient der treibenden Spannung durch den Blindwiderstand des Ständerkreises berechnet. Für stärkere Erregungen verändert aber die magnetische Sättigung der Maschine den Wert der Spannung und der Selbstinduktion sehr stark. Da sich nun die Bemessung von großen Netzen viel mehr nach den Kurzschlußströmen als nach den normalen Belastungsströmen richtet, so wollen wir eine genauere Methode zu ihrer Bestimmung herleiten.

a) Induktiver Kurzschluß bei Vorbelastung. Zunächst betrachten wir den einfachsten Fall, daß der Kurzschluß nach Abb. 1 in der Hauptleitung des Generators stattfindet, deren OHMscher Widerstand im allgemeinen gering ist. Dann wird die Stärke des Kurzschlußstromes durch den Blindwiderstand des äußeren und inneren Wechselstromkreises gemeinsam mit der magnetischen Charakteristik bestimmt. Seine Größe erhalten wir am einfachsten *durch ein graphisches Diagramm* nach Abb. 2. Dort ist die Leerlaufspannung E des speisenden Generators abhängig vom Magnetisierungsstrom J_μ aufgetragen

$$E = f(J_\mu). \tag{1}$$

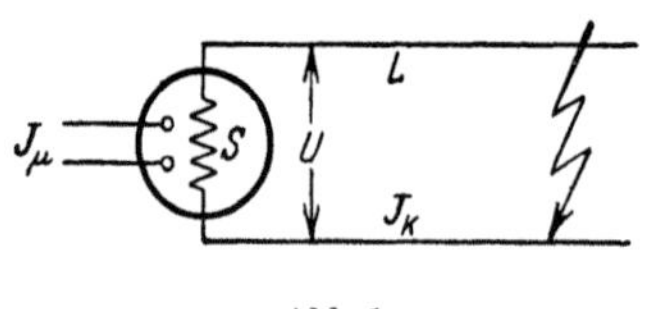

Abb. 1.

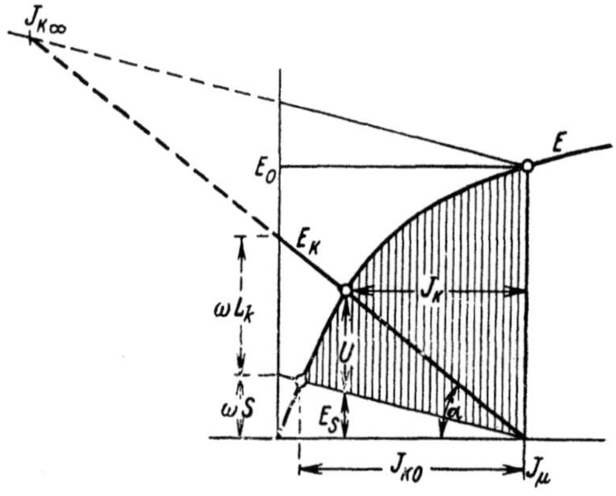

Abb. 2.

Sie stellt die bei jeder Magnetisierung des Generators in der Statorwicklung induzierte Spannung dar. Um den Kurzschlußstrom J_k durch den Leitungskreis zu treiben, ist eine Spannung E_k erforderlich, die ausreicht, um die Streuspannung E_S in der Generatorwicklung und die Selbstinduktionsspannung oder Klemmenspannung U im Außenkreis zu überwinden. Die Kurzschlußspannung ist daher mit den Bezeichnungen der Abb. 1

$$E_k = E_S + U = J_k(\omega S + \omega L). \tag{2}$$

Da die Streuung S des Generators und die Selbstinduktion L der äußeren Leitungen konstant sind, so wird der Zusammenhang von Kurzschlußstrom und treibender Spannung nach Gl. (2) durch eine gerade Linie dargestellt.

Der Kurzschlußstrom fließt durch die Ständerwicklung des Generators und entmagnetisiert als reiner Blindstrom das Feld desselben. Er wirkt daher dem Erregerstrom J_μ entgegen, und zwar in einem Maß, das durch das Windungsverhältnis von Ständer und Läufer bestimmt wird. Wenn wir daher die durch Gl. (2) gegebene *Kurzschlußcharakteristik des Netzes* unter dem Winkel

$$\operatorname{tg}\alpha = \frac{E_k}{J_k} = \omega S + \omega L \tag{3}$$

rückwärts vom Läufer-Erregerstrom aus auftragen, so erhalten wir für jeden Punkt derselben den restlichen, wirklich zur Feldbildung übrigbleibenden Wert der magnetisierenden Ströme. Da nun der Kurzschlußstrom nach Gl. (2) unter der Wirkung der Spannung nach Gl. (1) zustande kommt, so daß für den stationären Zustand

$$E = E_k \qquad (4)$$

ist, so wird *der wirkliche Arbeitszustand des Generators durch den Schnittpunkt der beiden Charakteristiken* dargestellt. Damit ergibt sich sofort der wirkliche Kurzschlußstrom J_k in Abb. 2, natürlich unter Berücksichtigung des Diagramm-maßstabes, und außerdem die wirkliche induzierte Spannung, von der ein Teil E_S zur Überwindung der Streuspannung im Generator verbraucht wird, während der andere Teil U als Klemmenspannung am Generator herrscht und den Strom durch den Außenkreis treibt.

Für verschiedene Lagen der Kurzschlußstelle im Netz und entsprechenden Blindwiderstand des Außenkreises kann man nach Gl. (3) und Abb. 2 die zugehörige Lage der Kurzschlußcharakteristik leicht finden, indem man im geeigneten Maßstab *den Blindwiderstand auf der Ordinatenachse aufträgt.* Weit entfernte Kurzschlüsse ergeben großen Blindwiderstand und steile Charakteristik. Dabei wird der Kurzschlußstrom gering, und die Klemmenspannung des Generators wird nur etwas kleiner als die Leerlaufspannung E_0. Bei Klemmenkurz-schluß dagegen ist die äußere Selbstinduktion Null, der Strom wird allein durch die Streuinduktion des Generators begrenzt, und es ergibt sich die tiefste Lage der Kurzschlußcharakteristik und der größte Kurzschlußstrom J_{k0}. Da dieser Strom und die ihm zugehörige Streuspannung stets aus der Maschinenberech-nung bekannt sind, so liegt dadurch der Maßstab des Diagramms ohne weiteres fest. Somit kann man die Ständer- und Läuferströme auftragen, ohne das Win-dungsverhältnis ihrer beiden Wicklungen genau zu kennen.

Bei verschiedenartigen Kurzschlußlagen überstreicht die Kurzschlußcharak-teristik den schraffierten Bereich des Diagramms, *dessen Breite stets die Größe des Kurzschlußstromes und dessen Höhe die restierende Klemmenspannung des Generators angibt.* Im Diagramm der Abb. 2 ist der Übersicht halber noch der Wert des Kurzschlußstromes $J_{k\infty}$ angegeben, den man errechnen würde, wenn man die Rückwirkung des Stromes im Generator vernachlässigen würde und einfach die Leerlaufspannung durch den äußeren Blindwiderstand dividierte. Der Strom würde natürlich viel zu groß erhalten.

Im allgemeinen entstehen Kurzschlüsse nicht bei leerlaufendem Generator, sondern während des vollen Betriebes des Kraftwerkes, so daß die Maschinen *vor Eintritt des Kurzschlusses eine erhebliche Vorbelastung* besitzen. Dann fließt im Ge-nerator nicht der Leerlauf-Erregerstrom wie in Abb. 2, sondern ein wesentlich höherer Erregerstrom, der die Ankerrückwirkung des normalen Netzstromes ausgleicht, die meist so groß ist, daß man den Erreger-strom vervielfachen muß. Entsprechend den Bezeichnungen von Abb. 3 tritt jetzt

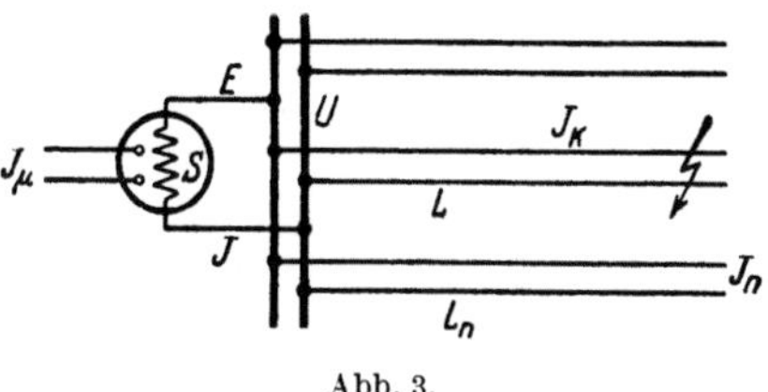

Abb. 3.

der induktive Strom J_n im Vorbelastungsnetz noch zum Kurzschlußstrom J_k hinzu und ergibt den gesamten Maschinenstrom

$$J = J_n + J_k. \qquad (5)$$

Die Klemmenspannung U bestimmt sich aus der induzierten Spannung E unter Abzug der Streuspannung E_S zu

$$U = E - E_S. \qquad (6)$$

Für die Kurzschlußspannung, die sowohl den Netzstrom wie den Kurzschlußstrom durch die Leitungen und den Generator treibt, ergeben sich wegen der parallel geschalteten kranken und gesunden Zweige zwei Beziehungen, nämlich

$$E_k = \omega\,S\,J + \omega\,L\,J_k = \omega\,S\,J + \omega\,L_n J_n. \tag{7}$$

Daraus erhält man nach einfacher Zwischenrechnung mit Gl. (5) für das Verhältnis von Kurzschlußspannung und Maschinenstrom

$$\frac{E_k}{J} = \operatorname{tg}\alpha = \omega\,S + \frac{\omega\,L \cdot \omega\,L_n}{\omega\,L + \omega\,L_n}. \tag{8}$$

Dies ist ein konstanter, vom Strom unabhängiger Wert, so daß *die Kurzschlußcharakteristik wieder durch eine gerade Linie dargestellt wird.*

In Abb. 4 ist außer der Leerlaufcharakteristik E des Generators der Erregerstrom J_μ für belasteten Zustand dargestellt, der durch die bekannte Konstruktion des POTIERschen Dreiecks gegeben ist, und rückwärts von diesem Erregerstrom ist die eben bestimmte Kurzschlußcharakteristik aufgetragen. Ihr

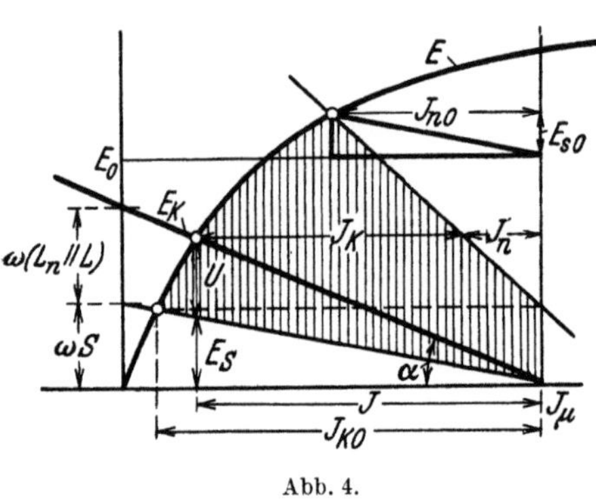

Abb. 4.

Schnittpunkt mit der Leerlaufcharakteristik ergibt wieder die im Generator erzeugte Spannung E und den gesamten im Generator fließenden Strom J. *Die Spannung teilt sich wieder auf in die innere Streuspannung E_S und die äußere Klemmenspannung U. Der Strom teilt sich ebenfalls in den Kurzschlußstrom J_k und den sonstigen Netzstrom J_n.* Zur richtigen Bestimmung des letzteren muß man beachten, daß er zwar vor dem Kurzschluß den vollen Wert J_{n0} besaß, daß er sich aber wegen der sinkenden Klemmenspannung proportional mit dieser verkleinert und daher bei Klemmenkurzschluß und tiefster Lage der Kurzschlußcharakteristik verschwindet. Für zwischenliegende Werte läßt er sich durch die gezeichnete Verbindungslinie interpolieren.

Die schraffierte Fläche in Abb. 4 stellt nunmehr wieder durch ihre Breite den tatsächlichen Kurzschlußstrom, durch ihre Höhe die Klemmenspannung beim Kurzschluß dar. Für Klemmenkurzschluß bleibt nur der Blindwiderstand der Streuung übrig, die Kurzschlußcharakteristik erhält dann ihre tiefste Lage und läuft parallel der Hypotenuse des POTIERschen Dreiecks in Abb. 4, deren Neigung ja ebenfalls durch das Verhältnis von Streuspannung zu Strom bestimmt ist. *Durch dieses Dreieck, das für jeden Generator bekannt ist, wird auch direkt der Maßstab des Kurzschlußstromes im Verhältnis zum Vorbelastungsstrome ohne weitere Rechnung bestimmt.*

Für beliebige Lagen der Kurzschlußstelle im Netz muß man nach Gl. (8) den Betrag der Parallelschaltung von Netzinduktanz und Kurzschlußinduktanz ausrechnen und diesen Blindwiderstand in gleichem Maßstab wie die Streuinduktanz in Abb. 4 auf der Abszissenachse nach oben auftragen, um die jeweilige Lage der Kurzschlußcharakteristik zu erhalten. Bei weit entfernten Kurzschlüssen ergibt sich auch hier ein geringer Kurzschlußstrom, während der Netzstrom einigermaßen erhalten bleibt. Bei Klemmenkurzschluß erreicht der Kurzschlußstrom seinen Höchstwert, der Netzstrom wird Null. Bei einer Erregung, die der normalen Belastung des Generators entspricht, liegt bei üblichen Generatoren der Klemmenkurzschlußstrom zwischen dem 1,5- und 3fachen Werte des Normalstromes.

b) Widerstand im Stromkreis. Wenn die OHMschen Widerstände im Kurzschlußkreise nicht mehr zu vernachlässigen sind, was besonders bei entfernt liegenden Kurzschlüssen in Kabelnetzen der Fall ist, so kann man sie im Diagramm mit berücksichtigen. Abb. 5 stellt dafür das Netz im Kurzschlußzustand dar. Die Kurzschlußspannung E_k, die vom Hauptfeld des Generators erzeugt werden muß, ist jetzt

$$E_k = \sqrt{(E_S + E_L)^2 + E_R^2}, \tag{9}$$

wobei die Spannungen auf der rechten Seite der jeweiligen Größe des Kurzschlußstromes entsprechen. Das Vektordiagramm dieser Spannungen ist in Abb. 6a stark hervorgehoben.

Diese Hauptfeldspannung des Generators ist in Abhängigkeit vom Erregerstrom J_μ wieder durch die Leerlaufcharakteristik gegeben, die in Abb. 6b dargestellt ist. Zur Zeichnung der Kurzschlußcharakteristik müssen wir rückwärts vom Erregerstrom J_μ aus den *Blindstromanteil* J_b des Kurzschlußstromes

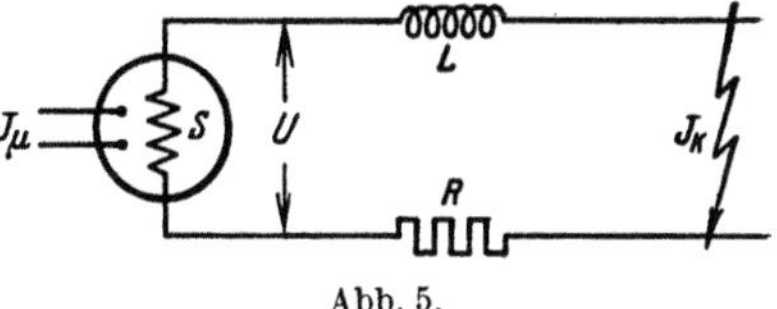

Abb. 5.

auftragen, denn *nur dieser wirkt entmagnetisierend* auf die Pole des Generators. Sein Vektor steht nicht senkrecht auf der Hauptfeldspannung E_k, sondern auf der Richtung der Polfeldspannung E_p, die sich aus der Hauptfeldspannung und der Querfeldspannung vektoriell zusammensetzt. Nach einer bekannten Konstruktion trägt man zur Gewinnung dieses Vektors im Diagramm nach Abb. 6a die

gesamte Querfeldspannung E_q in Richtung der Streuspannung der Maschine bis zum Punkte E_i auf und erhält als Projektion der Hauptfeldspannung E_k auf diese ideelle Längsfeldspannung E_i die wahre Polfeldspannung E_p, deren Größe dem Magnetfluß in den Polen entspricht. Diese Konstruktion gilt sowohl für Turbogeneratoren mit gleichen, als für Schenkelpolgeneratoren mit unterschiedlichen magnetischen Widerständen des Quer- und Längsfeldes.

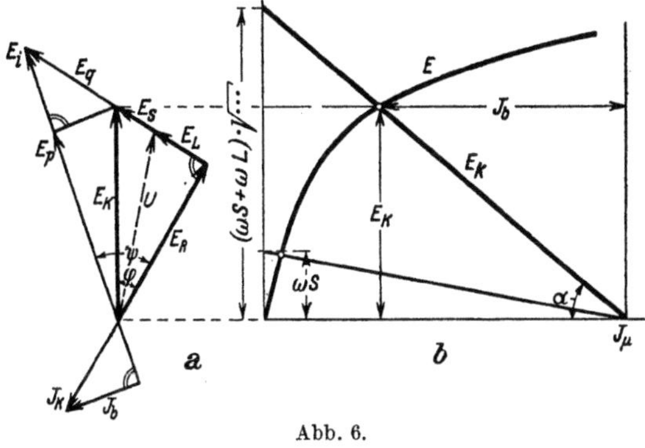

Abb. 6.

Die auf dieser Polfeldspannung senkrecht stehende Blindstromkomponente des Kurzschlußstromes J_k erhalten wir nunmehr nach Abb. 6a zu

$$J_b = J_k \sin\psi = J_k \frac{E_q + E_s + E_L}{E_i}. \tag{10}$$

Der Wert der ideellen Längsfeldspannung ist dabei

$$E_i = \sqrt{(E_q + E_S + E_L)^2 + E_R^2}. \tag{11}$$

Wir können nunmehr den *Neigungswinkel α der Kurzschlußcharakteristik* in Abb. 6b berechnen. Er ist gegeben durch

$$\operatorname{tg}\alpha = \frac{E_k}{J_b} = \frac{\sqrt{(E_S + E_L)^2 + E_R^2} \cdot \sqrt{(E_q + E_S + E_L)^2 + E_R^2}}{J_k (E_q + E_S + E_L)}, \tag{12}$$

wenn man der Reihe nach die Werte aus Gl. (9), (10) und (11) einsetzt. Hebt man die induktiven Spannungen heraus, so vereinfacht sich dies zu

$$\operatorname{tg}\alpha = \frac{E_s + E_L}{J_k}\sqrt{\left[1 + \left(\frac{E_R}{E_s + E_L}\right)^2\right]\left[1 + \left(\frac{E_R}{E_q + E_s + E_L}\right)^2\right]},\qquad (13)$$

oder wenn man statt der Spannungen und Ströme die Widerstands- und Reaktanzwerte einführt,

$$\operatorname{tg}\alpha = (\omega S + \omega L)\sqrt{\left[1 + \left(\frac{R}{\omega S + \omega L}\right)^2\right]\left[1 + \left(\frac{R}{\omega Q + \omega S + \omega L}\right)^2\right]}.\qquad (14)$$

Für verschwindend kleinen Widerstand ist die Neigung der Kurzschlußcharakteristik hiernach durch die innere Streuinduktanz und äußere Selbstinduktanz der Kurzschlußbahn gegeben, sie geht in Gl. (3) über. Mit wachsendem Widerstand steigt die Neigung der Kurzschlußlinie dagegen mehr und mehr an, sie bleibt aber stets geradlinig. Die Widerstandskorrektur ist quadratisch und spielt deshalb bei geringen Widerständen gegenüber den Induktanzen keine erhebliche Rolle. *Wenn jedoch die Ohmschen Widerstände wie bei Kabelnetzen in die Größenordnung der Induktanzen der Leitungen und der Streuungen von Maschinen und Transformatoren kommen oder sie sogar überschreiten, so wird ihr Einfluß wegen des quadratischen Gliedes von ausschlaggebender Bedeutung.*

Einige Beispiele mögen dies veranschaulichen. Es sei ein Generator angenommen mit $E_s = 15\%$ Ständerstreuung und $E_q = 45\%$ Querfeldspannung, was etwa einem großen Schenkelpolgenerator entspricht, während Turbogeneratoren viel höhere Querfeldspannung besitzen. Er arbeite auf ein Freileitungsnetz, das einschließlich Transformatoren $E_L = 10\%$ Selbstinduktionsspannung und $E_R = 5\%$ Ohmschen Spannungsabfall besitzt, alles bezogen auf den Generatornennstrom. Dann erhält man als Widerstandskorrektur

$$\sqrt{\left[1 + \left(\frac{5}{15 + 10}\right)^2\right]\left[1 + \left(\frac{5}{45 + 15 + 10}\right)^2\right]} = \sqrt{1,04 \cdot 1,005} = 1,02,$$

also einen verschwindend kleinen Betrag. Wird der Widerstand jedoch durch ein längeres Kabel verursacht, das nur zur Führung eines Teilstromes bestimmt ist und beim Durchfluß des ganzen Maschinenstromes bis zur Kurzschlußstelle $E_R = 50\%$ Ohmschen Spannungsabfall besitzen würde, so wird die Widerstandskorrektur

$$\sqrt{\left[1 + \left(\frac{50}{15 + 10}\right)^2\right]\left[1 + \left(\frac{50}{45 + 15 + 10}\right)^2\right]} = \sqrt{5 \cdot 1,5} = 2,75,$$

also sehr beträchtlich. Die Kurzschlußcharakteristik wird nunmehr stark gehoben, der im Generator fließende Blindstrom J_b wird wesentlich verringert, wie Abb. 6b zeigt.

Der *tatsächliche Kurzschlußstrom* ist nun aber wesentlich größer als J_b, wie sich aus dem Vektordiagramm in Abb. 6a ergibt. Er ist am bequemsten analytisch aus Gl. (10) zu bestimmen zu

$$J_k = J_b \frac{E_i}{E_q + E_s + E_L},\qquad (15)$$

oder, wenn man E_i aus Gl. (11) einsetzt,

$$J_k = J_b\sqrt{1 + \left(\frac{E_R}{E_q + E_s + E_L}\right)^2} = J_b\sqrt{1 + \left(\frac{R}{\omega Q + \omega S + \omega L}\right)^2}.\qquad (16)$$

Im zuletzt genannten Zahlenbeispiel ist der Kurzschlußstrom also

$$\sqrt{1 + \left(\frac{50}{45 + 15 + 10}\right)^2} = \sqrt{1,51} = 1,23$$

mal so groß als seine Blindstromkomponente nach der graphischen Konstruktion.

Die Verkleinerung des Stromes durch die Hebung der Kurzschlußcharakteristik unter dem Einfluß der OHMschen Widerstände wird also hierdurch zu einem gewissen Teil wieder wettgemacht.

Für den Weiterbetrieb des Netzes bei Störungen ist es wesentlich, welche *Restspannungen an den verschiedenen Teilen des Stromkreises bestehen bleiben.* Das Diagramm der Abb. 6b liefert zunächst nur die innere Generatorspannung E_k. Ihre Aufteilung in innere und äußere Spannungen erkennt man am besten aus dem stark gezeichneten Spannungsdreieck der Abb. 6a. Das Einfachste ist jedoch, daß man sich aus dem nunmehr nach Gl. (16) bekannten Kurzschlußstrom für jeden Teil der Kurzschlußstrombahn die induktiven und OHMschen Spannungen ausrechnet, die zusammen jeweils die Restspannung

$$U = J_k \sqrt{(\omega L)^2 + R^2} \tag{17}$$

am Stromkreis ergeben. Für die Klemmen des Generators hat man die gesamten äußeren Induktanzen und Widerstände einzusetzen, für weiter entfernt liegende Punkte nur die jeweiligen Anteile bis zur Kurzschlußstelle.

Man kann jetzt auch *die Leistung bestimmen, die vom Generator in die Kurzschlußbahn geliefert wird* und die den Generator abbremst. Sie ist am einfachsten aus dem nach Gl. (16) bekannten Kurzschlußstrom zu berechnen nach der Beziehung

$$W_k = J_k^2 R. \tag{18}$$

Mit wachsendem Widerstand des Kreises nimmt die Leistung erst zu und schließlich nach Durchschreitung eines Maximums wieder ab. Im Verein mit der geringen Restspannung nach Gl. (17) kann ein solcher Bremsstoß parallel arbeitende Generatoren leicht außer Tritt werfen.

c) Zweipoliger und einpoliger Kurzschluß. Häufig erfolgt der Kurzschluß nicht zwischen allen drei Leitungen eines Drehstromnetzes wie in Abb. 7a, sondern nur *zwischen zwei Leitungen, also zweipolig* wie in Abb. 7b, oder zwischen einer Leitung und *dem Sternpunkt der Generatorwicklung, also einpolig* wie in Abb. 7c. Die jetzt entstehenden *einphasigen Kurzschlußströme* werden wesentlich größer, weil ihre Ankerrückwirkung nur viel geringer ist.

Während die dreiphasigen Kurzschlußströme in den drei Phasenwicklungen des Ständers ein synchron rotierendes Drehfeld als Rückwirkungsfeld ausbilden,

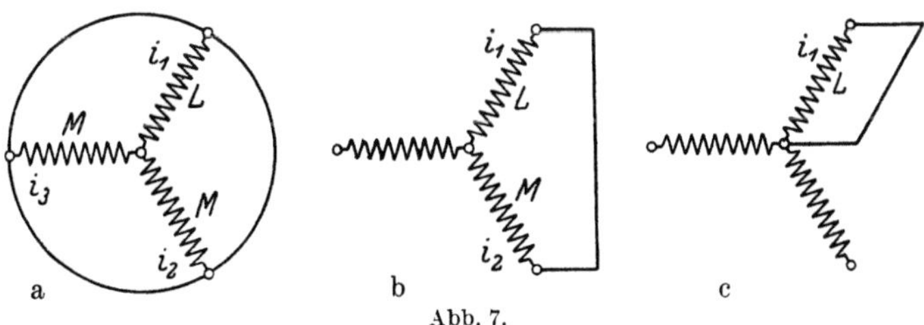

Abb. 7.

bleibt beim zweipoligen Kurzschluß eine Phasenwicklung des Ständers ganz unbeeinflußt. Die nunmehr einphasigen Kurzschlußströme fließen nur in zwei Phasenwicklungen in Reihe und entwickeln dabei ein reines Wechselfeld im Generator, das sich in zwei gegenläufige Drehfelder von je halber Amplitude aufspalten läßt. Das rückwärts gegen den Läufer rotierende Feld wird durch dessen Dämpfer- und Erregerwicklung fast ganz vernichtet, und nur das synchron mit dem Läufer rotierende Teilfeld übt eine Rückwirkung auf diesen aus, die daher *im Vergleich zur Wirkung des dreiphasigen Rückwirkungsfeldes von halber Größe ist.*

Die Stromverteilung in der Ständerwicklung ist beim zweipoligen Kurzschluß die gleiche, wie sie bei dreipoligem Kurzschluß in dem Augenblick wäre, in dem der Strom der dritten Phase durch Null geht. Dies ist in Abb. 8 vektoriell dargestellt. Bei dieser Phasenlage besitzen die Ströme in den betrachteten Wicklungen bei Drehstromdurchfluß trotz vollen Feldes nur den $\sqrt{3}/2$ ten Teil ihres Maximalwertes. Das Ständerwechselfeld ist daher bei einphasigem vollen Stromdurchfluß $2/\sqrt{3}$ mal stärker als das dreiphasige Drehfeld. Bezeichnen wir den dreiphasigen wirksamen Ständerstrombelag, der für die entmagnetisierende Wirkung nach Abb. 2 oder 4 in Betracht kommt, mit A_3, so wird der *wirksame Strombelag* des synchron rotierenden Drehfeldanteiles *beim zweipoligen Kurzschluß* demnach bei gleichem effektiven Strome

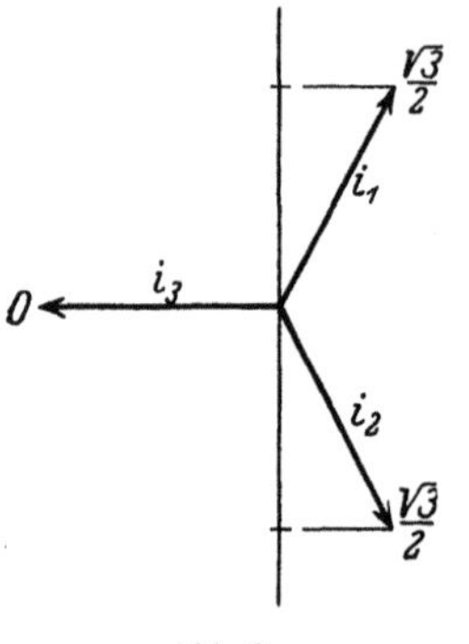

Abb. 8.

$$A_2 = \frac{1}{2} \cdot \frac{2}{\sqrt{3}} A_3 = \frac{A_3}{\sqrt{3}}. \qquad (19)$$

Der einpolige Kurzschlußstrom übt natürlich eine noch geringere Ankerrückwirkung aus, die wir mit der eben bestimmten zweipoligen Rückwirkung vergleichen wollen. Würden die beiden Phasenwicklungen des zweipoligen Kurzschlusses nach Abb. 7b gleichachsig in der Ständerwicklung liegen, so würde die Rückwirkung beim einpoligen Kurzschluß nach Abb. 7c gerade halb so groß sein. Da sie jedoch räumlich um 120° versetzt sind, so setzen sich ihre Amperewindungen nach Abb. 9 nur zu einem resultierenden Werte vom $\sqrt{3}$ fachen Betrage zusammen. Damit ergibt sich die Stärke der *Ankerrückwirkung des einpoligen Kurzschlusses* zu

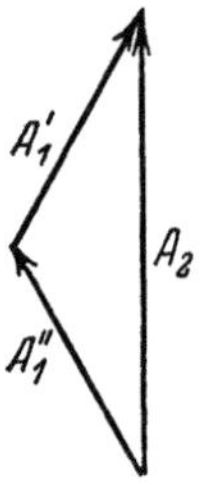

Abb. 9.

$$A_1 = \frac{A_2}{\sqrt{3}} = \frac{A_3}{3}. \qquad (20)$$

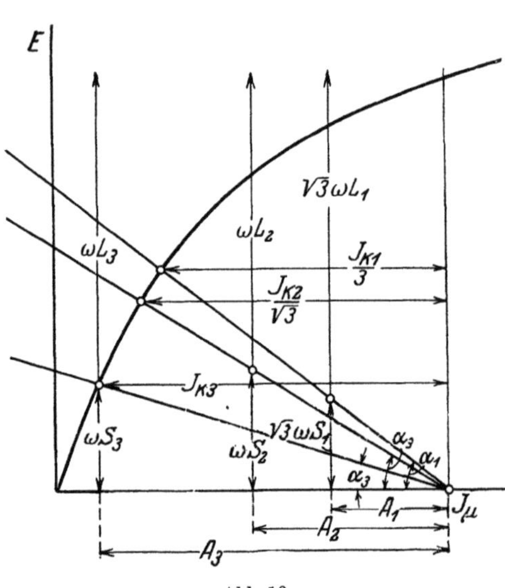

Abb. 10.

Diese drei Magnetisierungswerte der Kurzschlußströme sind in Abb. 10 rückwärts vom Erregerstrom J_μ ab im richtigen Verhältnis zueinander aufgetragen.

Um die Kurzschlußcharakteristiken einzutragen, müssen wir auch *die wirksame Streureaktanz* der drei verschiedenen Fälle in Vergleich setzen. Bezeichnen wir mit L die Selbstinduktion einer Phasenwicklung des Ständers und mit M die Wechselinduktion zwischen je zwei Phasenwicklungen und beachten, daß diese Werte für sämtliche drei Wicklungszweige die gleichen sind, so ist die in jeder Phasenwicklung induzierte Streuspannung mit Bezug auf Abb. 7 stets

$$e' = \frac{d}{dt}(L i_1 + M i_2 + M i_3). \qquad (21)$$

Bei *dreipoligem Drehstromdurchfluß* ist der Strom i_1 in der betrachteten Phasenwicklung jederzeit gleich der Summe der Ströme i_2 und i_3 in den beiden anderen Wicklungen. Die Größe der verketteten Streuspannung an den Klemmen der Ständerwicklung ist daher unter Berücksichtigung der Phasenverschiebung von 120°

$$e_3 = \sqrt{3}\, e' = \sqrt{3}\, (L + M) \frac{d\,i_1}{d\,t}. \tag{22}$$

Bei *zweipoligem einphasigen Stromdurchfluß* verschwindet i_3, und der Strom i_1 der betrachteten Phasenwicklung wird ebenso groß wie i_2 in der anderen Wicklung. Die Streuspannung an den Klemmen setzt sich nunmehr aus den gleich phasigen Streuspannungen beider Wicklungen zusammen zu

$$e_2 = 2\, e' = 2\, (L + M) \frac{d\,i_1}{d\,t}. \tag{23}$$

Da Gl. (22) und (23) sich nur durch den Zahlenfaktor unterscheiden, so stehen die Streuinduktanzen ωS beim zweipoligen und dreipoligen Stromdurchfluß in einem festen Verhältnis. Sie sind verknüpft durch die Beziehung

$$\omega S_2 = \frac{2}{\sqrt{3}}\, \omega S_3. \tag{24}$$

Beim *einpoligen Stromdurchfluß* durch nur eine einzige Phasenwicklung bleibt für deren Streuspannung nur das erste Glied von Gl (21) bestehen. Da wir sämtliche Streu- und Leerlaufspannungen bisher auf die Klemmen der Maschine bezogen haben, so wollen wir dies zum Vergleich auch mit der einpoligen Strou-spannung tun, indem wir mit $\sqrt{3}$ multiplizieren. Sie wird alsdann

$$e_1 = \sqrt{3}\, e' = \sqrt{3}\, L \frac{d\,i_1}{d\,t}. \tag{25}$$

Damit erhalten wir für die reduzierte einpolige Streureaktanz im Vergleich zur dreipoligen nach Gl. (22) die Beziehung

$$\sqrt{3}\,\omega S_1 = \frac{\sqrt{3}\, L}{\sqrt{3}\,(L+M)}\, \omega S_3 = \frac{1}{1 + \dfrac{M}{L}}\, \omega S_3. \tag{26}$$

Während die *zweipolige Streuung* nach Gl. (24) demnach *stets ein wenig größer als die dreipolige ist*, wird die auf die Klemmen reduzierte *einpolige* nach Gl. (26) *immer etwas kleiner* und richtet sich nach dem Verhältnis von Wechselinduktion zu Selbstinduktion der Phasenwicklungen. Im allgemeinen liegt dieses zwischen 0 und ½, so daß die reduzierte einpolige Streuung zwischen dem einfachen und $^2/_3$fachen Wert der dreipoligen Streuung liegt.

In Abb. 10 sind nun über den Ankerrückwirkungen A der ein-, zwei- und dreipoligen Kurzschlußströme die zugehörigen Streureaktanzen ωS aufgetragen, und zwar ausgehend von den bekannten Werten für den dreipoligen Kurzschluß. Zieht man die geradlinigen *Kurzschlußcharakteristiken* durch die Endpunkte der Streuungsstrecken, so erkennt man, daß sie *für zwei- und einpoligen Kurzschluß stets steiler liegen als für dreipoligen Kurzschluß*. Ihre Neigungen verhalten sich für den zweipoligen Kurzschluß nach Gl. (24) und (19) wie

$$\frac{\operatorname{tg}\alpha_2}{\operatorname{tg}\alpha_3} = \frac{\omega S_2}{A_2} \cdot \frac{A_3}{\omega S_3} = 2, \tag{27}$$

und für den einpoligen Kurzschluß nach Gl. (26) und (20) wie

$$\frac{\operatorname{tg}\alpha_1}{\operatorname{tg}\alpha_3} = \frac{\sqrt{3}\,\omega S_1}{A_1} \cdot \frac{A_3}{\omega S_3} = \frac{3}{1 + \dfrac{M}{L}}, \tag{28}$$

ein Wert, der stets zwischen 2 und 3 liegt.

Die *Restspannungen im Generator*, die sich durch den Schnitt der Kurzschlußlinien mit der Leerlaufcharakteristik ergeben, *bleiben beim ein- und zweipoligen Schluß stets größer als beim dreipoligen Kurzschluß*. Die Schwächung des Erregerstromes durch die Ankerrückwirkung wird gleichzeitig geringer. Da nun aber die wirksamen Statorwindungszahlen für den zwei- und einpoligen Kurzschlußfall nach Gl. (19) und (20) $\sqrt{3}$- und 3fach geringer geworden sind, so muß man zur Bestimmung der tatsächlich auftretenden Kurzschlußstromstärken im Stän-

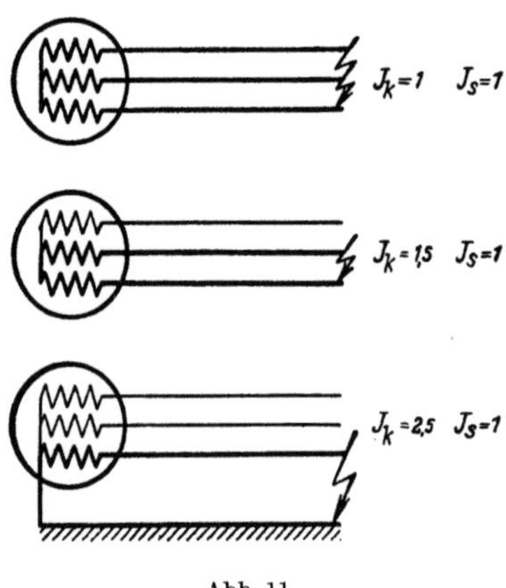

Abb. 11.

der, im Vergleich mit der des dreipoligen Kurzschlusses, die Amperewindungsstrecken mit eben diesen Faktoren multiplizieren. In Abb. 10 ist dies an den entsprechenden J_k-Strecken vermerkt. *Dadurch wird der zweipolige Kurzschlußstrom stets größer als der dreipolige, und der einpolige Kurzschlußstrom noch wesentlich größer als der zweipolige.*

Würde die Leerlaufcharakteristik in Abb. 10 außerordentlich steil verlaufen oder die Streuung selbst nur sehr gering sein, so würde sich die Länge der von den drei Kurzschlußlinien abgeschnittenen J_k-Strecken nur wenig unterscheiden. Der zweipolige Klemmenkurzschlußstrom würde in diesem Grenzfall bis zum $\sqrt{3}$fachen Werte, der einpolige bis zum 3fachen Werte des dreipoligen Kurzschlußstromes ansteigen. Wegen der erheblichen Neigung der Leerlaufcharakteristik sind jedoch die Blindstromstrecken des ein- und zweipoligen Kurzschlusses stets geringer als die des dreipoligen Kurzschlusses, so daß man in der Praxis unter diesen Zahlenwerten bleibt. Im Mittel erhält man nach Abb. 10 *beim zweipoligen Klemmenkurzschluß den 1,5-fachen und beim einpoligen Klemmenkurzschluß den 2,5fachen Betrag des dreipoligen Kurzschlußstromes*. In Abb. 11 sind diese Verhältnisse schematisch dargestellt und

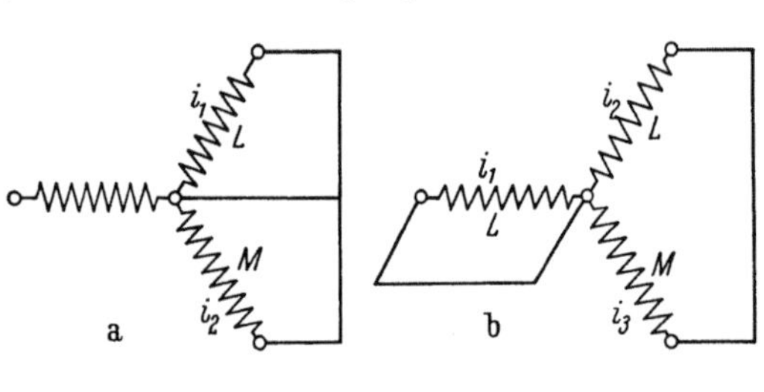

Abb. 12.

ergänzt durch die Zahlen für den Stoßkurzschlußstrom, die sich für die drei Kurzschlußarten nicht wesentlich unterscheiden. Alle diese Werte beziehen sich auf einen Kurzschluß in der Nähe der Generatorklemmen.

Findet der Kurzschluß nicht an den Klemmen des Generators, sondern weitab im Netze statt, so muß man die Induktanz der Netzleitungen zu der jeweiligen Streuinduktanz addieren, so wie es in Abb. 10 angedeutet ist. Beim einpoligen Kurzschluß ist dabei die tatsächliche Induktanz der Leitungen durch Multiplikation mit $\sqrt{3}$ ebenfalls auf die Klemmenspannung zu reduzieren, um mit der Leerlaufcharakteristik richtig vereinigt werden zu können.

Während Abb. 7 nur Diagramme für die einfachsten drei Arten des Kurzschlusses zeigt, treten in der Praxis häufig Kombinationen dieser Fälle gleichzeitig auf. Am wichtigsten ist der *Doppelerdschluß* zwischen zwei Leitern und dem Sternpunkt, der in Abb. 12a dargestellt ist, und der *kombinierte ein- und zweipolige Fehler*, wie nach Abb. 12b. Die Einzelfehler von Abb. 12a oder Abb. 12b können sogar an verschiedenen Stellen des wirklichen Netzes entstehen.

Der Fall von Abb. 12a kann entweder aufgefaßt werden als Differenz eines dreipoligen und eines einpoligen Kurzschlusses, deren gemeinsame Ankerrückwirkung ist

$$A_{2+1} = A_3 - A_1 = A_3 - 1/3\,A_3 = 2/3\,A_3 = 0{,}67\,A_3, \qquad (29)$$

oder als Summe von zwei einpoligen Kurzschlüssen, was ebenfalls $2\,A_3/3$ ergibt. Der Fall von Abb. 12b besteht aus einem einpoligen und einem zweipoligen Kurzschluß, und somit wird die gemeinsame Ankerrückwirkung

$$A_{1+2} = 1/3\,A_3 + \frac{1}{\sqrt{3}}\,A_3 = \frac{1+\sqrt{3}}{3}\,A_3 = 0{,}91\,A_3. \qquad (30)$$

Numerisch liegen beide Werte zwischen A_3 und A_2, wie es in Abb. 13 dargestellt ist. *Sie geben die Stärke der Ankerrückwirkung an für den gleichen Ständerstrom in jedem der Fehler wie er für den dreipoligen Fall angenommen war.* Da in beiden Fällen von Abb. 12 einige Wicklungsteile nicht an der vollen Ausbildung der Ankerrückwirkung teilnehmen, so wird diese hier geringer als bei einem vollständigen dreipoligen Kurzschluß.

Die induktive Spannung, die nötig ist, um die Kurzschlußströme durch den Stromkreis von Abb. 12a zu treiben, ist nach Gl. (21)

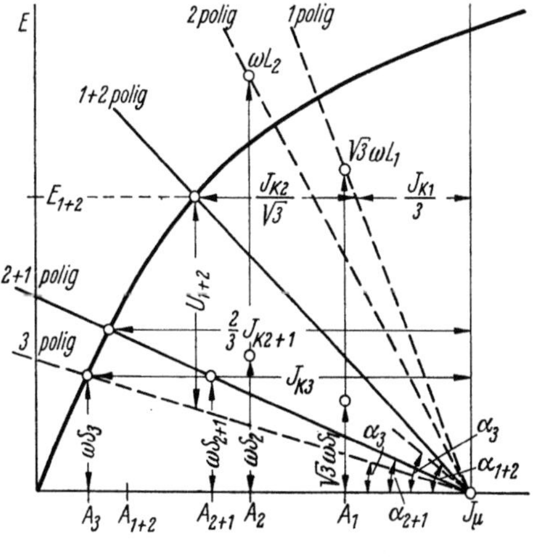

Abb. 13.

$$e_{2+1} = \frac{d}{dt}[(L\,i_1 + M\,i_2) + (L\,i_2 + M\,i_1)]$$

$$= (L + M)\,\frac{d}{dt}(i_1 + i_2). \qquad (31)$$

Da die Ströme i_1 und i_2 um 120° verschoben sind, so ist ihre Summe $\sqrt{3}$ mal so groß wie der Einzelwert. Dies ergibt beim Vergleich mit Gl. (22)

$$e_{2+1} = \sqrt{3}\,(L + M)\,\frac{d\,i_1}{dt} = e_3, \qquad (32)$$

und daher ist

$$\omega S_{2+1} = \omega S_3. \qquad (33)$$

Die Neigung der Fehlercharakteristik wird somit im Vergleich zu der des dreipoligen Kurzschlusses bestimmt durch

$$\frac{\operatorname{tg}\alpha_{2+1}}{\operatorname{tg}\alpha_3} = \frac{\omega S_{2+1}}{A_{2+1}} \cdot \frac{A_3}{\omega S_3} = \frac{3}{2}, \qquad (34)$$

worin die Werte von Gln. (29) und (33) eingeführt wurden. Die entsprechende Gerade in Abb. 13 schneidet die magnetische Charakteristik bei einer höheren Restspannung und einem geringeren Ankerrückwirkungsstrom als die dreipolige Charakteristik. Die horizontale Länge dieses Stromes entspricht jedoch gemäß Gl. (29) nur zwei Drittel des Kurzschlußstromes $J_{k\,2+1}$, wie es in Abb. 13 angeschrieben ist. *Daher ist der wirkliche Kurzschlußstrom in diesem Falle etwa das 1,3fache des dreipoligen Stromes,* und dieser Faktor liegt zwischen den zwei- und dreipoligen Werten von Abb. 11.

Für den Fall von Abb. 12b wollen wir zwei Fehler betrachten, die gleichzeitig an verschiedenen Stellen einer Fernleitung entstehen, wie es in Abb. 14 angedeutet ist. *Solche Vielfachfehler sind nicht ungewöhnlich während eines Gewitters über der Leitung.* Die elektrische Entfernung der Fehler vom geerdeten Sternpunkt der Generatorwicklung kann sehr geeignet durch die Werte der gesamten Selbstinduktionen L_1 und L_2 ausgedrückt werden, die sich beide auf dreipolige Fehler als Basis beziehen mögen. Die resultierende Charakteristik der beiden Stromkreise kann aus den Einzelcharakteristiken zusammengesetzt werden, indem die entmagnetisierenden Ströme für *eine gegebene EMK* addiert werden. Wir müssen also die Werte von $\operatorname{ctg}\alpha$, wie sie aus Gln. (27) und (28) hervorgehen, addieren. Wenn wir nunmehr den dreiphasigen Bezugswinkel α_3 auf den Erdschlußpunkt *1* beziehen, der oft den größeren Strom führt, so müssen wir $\operatorname{ctg}\alpha_2$ im Verhältnis L_1/L_2 reduzieren, und diese Induktanzen sind pro Phase eines dreipoligen Kurzschlusses an den Stellen *1* und *2* zu rechnen. Wir erhalten daher

$$\operatorname{ctg}\alpha_{1+2} = \operatorname{ctg}\alpha_1 + \frac{L_1}{L_2}\operatorname{ctg}\alpha_2 = \left(\frac{1 + M/L}{3} + \frac{1}{2}\frac{L_1}{L_2}\right)\operatorname{ctg}\alpha_3 . \tag{35}$$

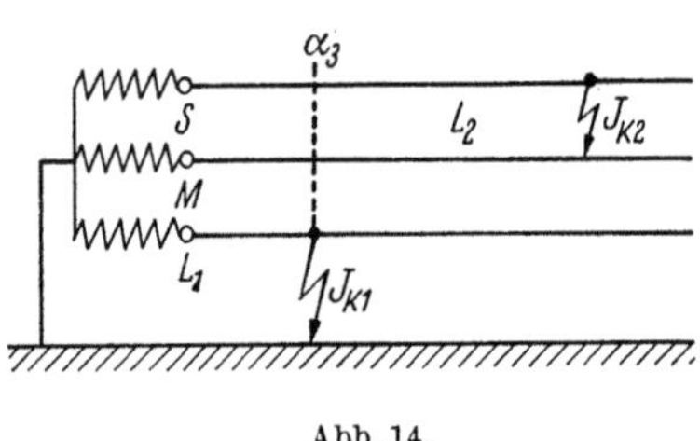

Abb. 14.

Die resultierende Neigung, bezogen auf einen dreipoligen Kurzschluß an der Stelle *1*, ist somit

$$\frac{\operatorname{tg}\alpha_{1+2}}{\operatorname{tg}\alpha_3} = \frac{6}{2\,(1 + M/L) + 3\,L_1/L_2} . \tag{36}$$

Darin hat das Verhältnis M/L gewöhnlich einen Wert von etwa $^1/_4$, und wenn beide Fehler in der Nähe der Generatorklemmen liegen, so daß $L_2 \simeq L_1$ ist, so wird die Neigung der Charakteristik etwa 1,1mal der des dreipoligen Falles. *In diesem Beispiel liegt also die Charakteristik des Doppelfehlers 10% höher als die dreipolige, und die Fehlerströme sind entsprechend größer.*

Wenn der Erdschlußfehler seinerseits weit draußen auf der Fernleitung entsteht, so muß eine vermehrte Selbstinduktion seines Stromkreises in Ansatz gebracht werden, wie sie durch den Rückstrom in der Erde verursacht wird und in Kapitel 30 bestimmt wurde. Dies muß beachtet werden, selbst wenn beide Fehler an derselben Netzstelle auftreten sollten. Wenn wir die Selbstinduktion L_1 und den Bezugswinkel α_3 konstant halten und den Wert L_2 des zweipoligen Leitungsfehlers variieren, so nimmt der Neigungswinkel α_{1+2} zu oder ab mit veränderlichem L_2. Für $L_2 = \infty$ nähert sich der Grenzwert von Gl. (36) dem einfachen Verhältnis der Gl. (28) für den einpoligen Erdschlußfehler.

Der Schnittpunkt der resultierenden Kurzschlußcharakteristik mit der Leerlaufcharakteristik in Abb. 13 bestimmt *die verbleibende EMK E_{1+2} im Generator.* Bei dieser Spannung geben die Einzelcharakteristiken, die gestrichelt eingezeichnet sind, die Fehlerströme getrennt an, die im zweipoligen Kurzschluß und im Erdschluß auftreten. Die Restspannung U_{1+2} an den Generatorklemmen kann ebenfalls mit guter Annäherung aus dem Diagramm entnommen werden, wie es in Abb. 13 gezeigt ist.

d) Wirkung von Kurzschlußdrosselspulen. Wir erkennen aus den vorstehenden Entwicklungen, daß die Dauerkurzschlußströme in ihrer Stärke von wesentlich anderen Faktoren bestimmt werden als die Stoßkurzschlußströme. Der Stoßstrom ist nur abhängig von der Netzspannung und der Streuinduktanz des Generators und der vorgeschalteten Transformatoren und Leitungen, der Dauerkurzschlußstrom ist dagegen außerdem noch abhängig von der Ankerrückwirkung im Generator sowie von dessen Sättigung und Erregungsstärke. Während daher die Stoßkurzschlußströme schon durch Vorschalten mäßig großer Drosselspulen erheblich vermindert werden können, ist dies beim Dauerkurzschlußstrom keineswegs immer der Fall. Die quantitative Wirkung von Drosselspulen auf die Stärke der Dauerkurzschlußströme ist vielmehr sehr verschieden, je nachdem sie in der Nähe des Kraftwerks oder weitab von diesem arbeiten.

Abb. 15 zeigt, daß man *bei einem Nahkurzschluß dicht beim Kraftwerk* durch Verdoppeln einer gewissen Reaktanz vor dem Generator nur eine unwesentliche Verminderung des Stromes erreicht, besonders bei stark gesättigten Generatoren. Hier richtet sich die Stärke des Kurzschlußstromes hauptsächlich nach der Größe der Erregung des Generators und nach der Ankerrückwirkung. Die Klemmenspannung U steigt jedoch erheblich an. Arbeitet man dagegen *weit entfernt vom Kraftwerk*, mit steiler Kurzschlußcharakteristik und mit Kurzschlußströmen, die den Generator selbst gar nicht mehr stark belasten, so erzielt man nach Abb. 15 durch eine Verdoppelung der vorgeschalteten

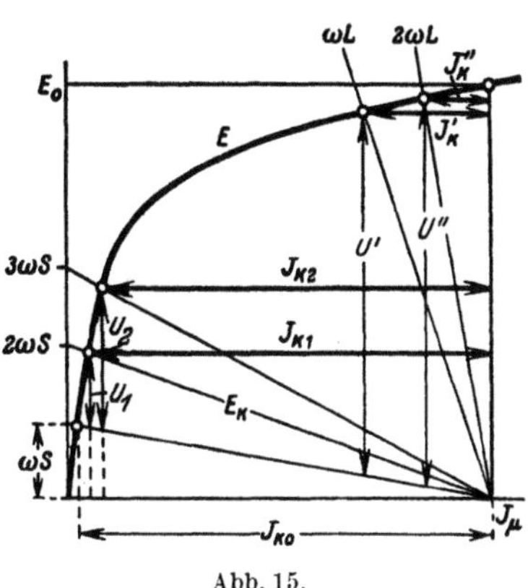

Abb. 15.

Reaktanz *nahezu eine Halbierung des Kurzschlußstromes*, während sich die Klemmenspannung bei eintretendem Kurzschluß nur wenig ändert.

Im letzteren Bereich ist fast nur die Spannung und die Reaktanz für die Entwicklung der Kurzschlußströme maßgebend, während die Erregung und die Stärke der Ankerrückwirkung des Generators nur eine nebensächliche Rolle spielen. Hier läßt sich die Stärke der Dauerkurzschlußströme daher durch den Quotienten von Spannung und Reaktanz ausreichend genau berechnen. Da dieses Verhältnis auch für die Stoßkurzschlußströme maßgebend ist, so erkennt man, daß diese die Dauerkurzschlußströme nicht sehr weit übersteigen können. *Das Verhältnis vom Stoß- zum Dauerkurzschlußstrom ist daher weitab vom Generator das 1,8- bis 2fache, während es in der Nähe des Generators bis zum 10- bis 20fachen ansteigen kann.*

Tritt ein Kurzschluß in der Nähe eines Kraftwerkes ein, so sinkt die Spannung an dessen Sammelschienen momentan auf Null. Dadurch wird nicht nur die *gesamte Strombelieferung des Netzes unterbrochen*, so daß alle angeschlossenen Verbraucher stillstehen, sondern die Generatoren des Kraftwerkes verlieren auch ihre synchronisierenden Kräfte und

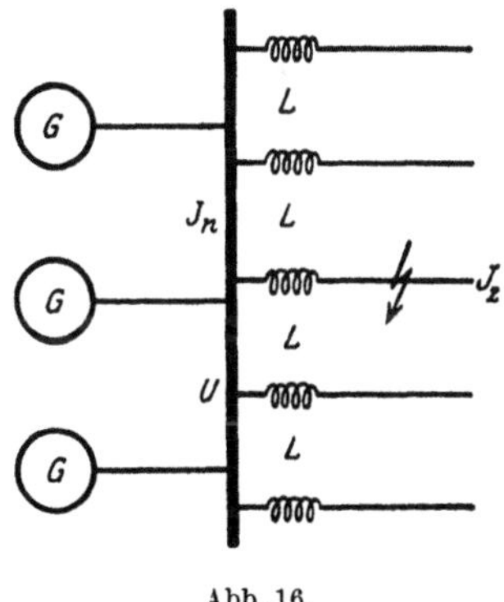

Abb. 16.

fallen außer Tritt. Man kann sich dagegen nur durch *Einbau von Kurzschluß- drosselspulen in sämtliche Zweigleitungen* sichern, die nicht nur die Kurzschlußströme begrenzen, sondern vor allem die Spannung an den Sammelschienen vor dem vollständigen Zusammenbrechen schützen und damit *die Wirkung des Kurzschlusses auf den kranken Leitungszweig beschränken.* Abb. 16 stellt diese Schutzanordnung schematisch dar, jede Speiseleitung ist über eine Drosselspule L an die Sammelschienen angeschlossen.

In Abb. 17 ist aufgetragen, wie die Spannung aller Zweigleitungen in der Nähe des Kraftwerkes ohne Verwendung von Drosselspulen sofort auf Null sinkt, wenn ein Kurzschluß eintritt. Erst nach dem Abschalten des Kurzschlusses steigt sie wieder an, jedoch springt sie zunächst auf einen mäßigen Wert, der dem inzwischen abgeklungenen Generatorfelde entspricht, und nähert sich erst allmählich wieder dem Sollwert. *Bei vorgeschalteter Drosselspule dagegen sinkt die Spannung an den Sammelschienen beim Kurzschluß in einem Abzweige zunächst nur um einen mäßigen Betrag,* der dem Spannungsabfall des geringeren Kurzschlußstromes in den Generatoren entspricht. Durch die Ankerrückwirkung des Kurzschlußstromes sinkt die Spannung während der Dauer des Kurzschlusses noch etwas weiter ab und erreicht nach dem Abschalten des Fehlers sehr bald wieder den Sollwert.

Wenn die Wirkung des Kurzschlusses auf die fremden Leitungen in Abb. 16 nicht zu fühlbar werden soll und wenn die Generatoren im Kraftwerk noch in Tritt bleiben sollen, so darf für eine Dauer von ein paar Sekunden oder Bruchteilen davon *die Spannung an den Sammelschienen erfahrungsgemäß nicht unter* $^2/_3$ *bis niedrigstens ½ der normalen Netzspannung sinken.* Bei längeren Auslösezeiten des unterbrechenden Schalters ist der Stoßkurzschlußstrom bereits abgeklungen, und daher hat die Sammelschienenspannung nach Abb. 17 im Abschaltmoment bereits ihren Dauerwert er-

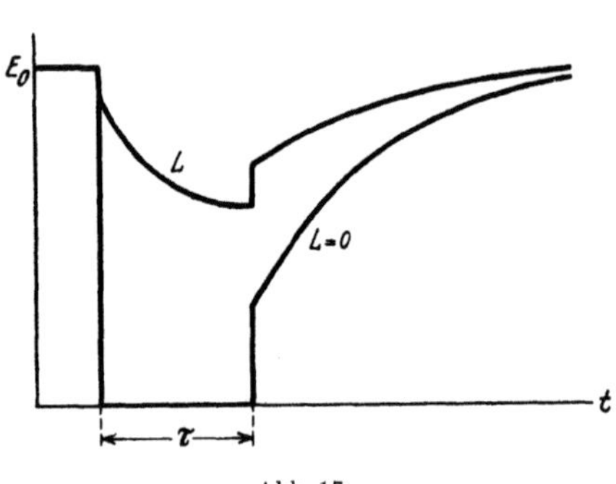

Abb. 17.

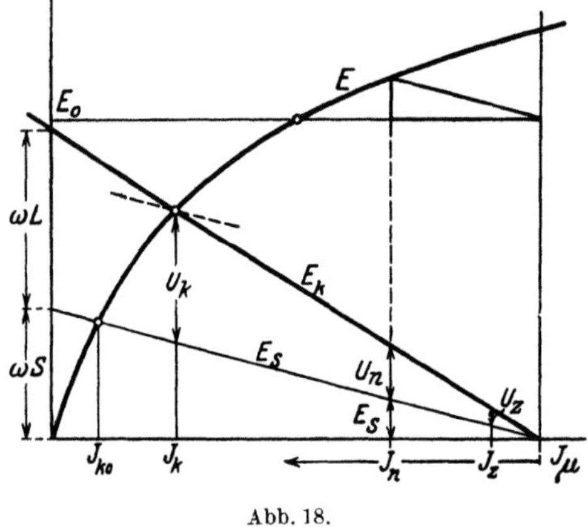

Abb. 18.

reicht, so daß wir ein Diagramm nach Abb. 2 und 4 zu ihrer zahlenmäßigen Bestimmung anwenden dürfen.

In Abb. 18 sind die Verhältnisse eingezeichnet, wie sie dann bei Abzweigdrosselspulen nach Abb. 16 auftreten. Beim Kurzschluß in einer Speiseleitung wollen wir an deren Drosselspule und damit auch an den Sammelschienen eine bestimmte Spannung U_k aufrechterhalten, etwa die Hälfte der Netzspannung E_0. Dann ziehen wir im Abstande U_k die gestrichelte Parallele zur Streucharakteristik E_S bis zum Schnitt mit der Leerlaufcharakteristik E. Durch diesen Punkt muß dann die Kurzschlußcharakteristik E_k laufen, die stark ausgezogen ist und ohne weiteres *die notwendige Reaktanz ωL der Abzweigdrosselspulen ergibt,* z. B. im Vergleich mit der inneren Streuung ωS der Kraftwerksgeneratoren.

Der Dauerkurzschlußstrom geht durch die Wirkung dieser Drosselspulen nur von J_{k0} auf J_k zurück, also gar nicht sehr viel. *Diesem Strom muß die Spule bis zum Abschalten des Kurzschlusses gewachsen sein.* Würde der normale Kraftwerksstrom J_n durch die Spule fließen, der nach Abb. 18 in den Generatoren die Streuspannung E_S erzeugt, so wäre ihre Spannung durch U_n gegeben. Da sie im normalen Betriebe nur von dem geringen Zweigstrom J_z durchflossen wird, so herrscht dann an ihr nur die induktive Spannung U_z, die direkt aus Abb. 18 abgegriffen werden kann. Nach dieser geringen Spannung richtet sich die Bemessung der Spulenwicklung für den gesunden Betrieb.

Bei einem Kraftwerk mit fünf gleich starken Speiseleitungen nach Abb. 16, dessen Spannung beim Kurzschluß nur auf $^2/_3$ der Nennspannung absinken soll, ergibt sich mit einem Kurzschlußverhältnis des tatsächlichen Stromes $J_k/J_n = 2{,}5$ nach der Konstruktion von Abb. 18 eine notwendige induktive Spannung der Drosselspulen bei ihrem Normalbetrieb von

$$\frac{2}{3} \cdot \frac{1}{2{,}5} \cdot \frac{1}{5} = 5{,}3\% .$$

Der hierdurch bewirkte Spannungsabfall des regulären Betriebsstromes ist bei mittlerem Leistungsfaktor noch erträglich. Bei schwächeren Zweigleitungen wird die notwendige Reaktanzspannung der Drosselspulen natürlich immer kleiner.

Wegen ihrer mäßigen Größe und ihrer beruhigenden Wirkung auf den Betrieb sind solche *Abzweigdrosselspulen eines der wichtigsten Hilfsmittel gegen die Betriebsstörungen durch Kurzschlüsse.* In Abb. 19 ist eine Kurzschlußdrosselspule gezeigt, wie sie in großen Unterstationen verwendet wird. Ihre Windungen sind zu Scheiben aufgewickelt, so daß sie auch unter den stärksten Kurzschlußstößen keine unzulässigen Kraftwirkungen erleiden. Die Oberfläche der Wicklung wird so bemessen, daß die Dauererwärmung durch den Normalstrom 60 bis 90 C nicht überschreitet. Der Kupferquerschnitt richtet sich dagegen nach dem Stoß- und Dauerkurzschlußstrom und seiner Wirkungszeit und wird gemäß Kapitel 15 so gewählt, daß äußerstenfalls 250 bis 300 C erreicht werden, damit die Isolierung der Spule nicht verbrennt.

Eine *Verwendung von Eisen* zur Erhöhung der Selbstinduktion derartiger Spulen ist wegen der Sättigungserscheinungen *nicht durchführbar.* Denn die Ströme und die von ihnen erzeugten Magnetfelder der Kurzschlußdrosselspulen sind so gewaltig, daß gerade bei ihrem Höchstwert,

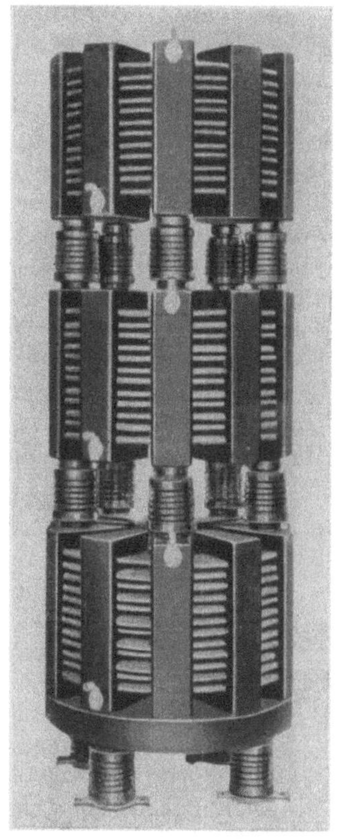

Abb. 19. Dreiphasige Drosselspule für 40 kVA, 167 Amp, 80 Volt, 60 P/s, isoliert für 6900 Volt. (General Electric Co., Schenectady, N.Y.)

wo man die größte Selbstinduktion gebraucht, eine wesentliche Erniedrigung durch Sättigung eintreten würde. Bei den geringen normalen Strömen dagegen, wo man mit möglichst kleinem induktiven Abfall auskommen möchte, verschwindet die Sättigung, so daß die Selbstinduktion unnötig groß würde. *Man pflegt Kurzschlußdrosselspulen daher stets als Luftspulen zu bauen.*

Für die Bestimmung der dämpfenden *Wirkung von Luftdrosselspulen auf den Stoßkurzschlußstrom* kann man genau die gleiche Formel mit der gleichen Stoßziffer anwenden, wie wir sie früher in Kapitel 14, Gl. (1) und (2) für Stoßkurzschlußströme an den Maschinenklemmen hergeleitet haben, nur ist jetzt die Induktanz der Drosselspulen mit in E_S einzurechnen. Wendet man Drosselspulen von 5% induktiver Spannung für den Normalstrom an, zu der noch etwa 1% Reaktanz für den Leitungsabfall hinzukommt, so kann man dadurch den Kurzschlußstrom selbst für sehr große Netze mit fester Sammelschienenspannung auf das höchstens

$$\frac{J_s}{J_n} = 1{,}8 \cdot \frac{100}{6} = 30\text{fache}$$

des Normalstromes begrenzen, was für die meisten Leitungen ausreichend ist. *3 bis 5% Reaktanz stellen daher übliche Zahlen für die Bemessung von Kurzschluß-drosselspulen dar.* Sie ergeben für den Normalstrom bei $\cos\varphi = 0{,}7$ etwa 2 bis 3,5% Spannungsabfall.

52. Kapazitätsbelastung von Generatoren und Motoren.

Wir haben früher in Kapitel 4 gesehen, daß ein Leitungsnetz mit großer Kapazität, das von einer Wechselstromquelle mit konstant gehaltener EMK gespeist wird, in Resonanzschwingungen geraten kann, und daß es in diesem Falle dem Generator starke Ladeströme entnimmt, die zu hohen Spannungssteigerungen Anlaß geben können. Für alle Oberwellen der Spannungskurve des Generators, die auf derartige Resonanzen führen, ist es ausreichend, wenn man mit konstanter treibender Spannung und konstanter Selbstinduktion der Maschinenwicklungen rechnet. Tritt jedoch der Resonanzfall für die Grund- oder Betriebsfrequenz des Generators ein, was bei sehr großen Netzen vorkommen kann, so üben die auftretenden Ladeströme eine so starke Rückwirkung auf das Generatorfeld selbst aus, daß dessen Sättigungszustand erheblich verändert wird. Man darf dann nicht mehr mit einer konstanten Selbstinduktion des Generators rechnen, sondern muß die Einwirkung auf die magnetische Charakteristik der Maschine betrachten, die den Zusammenhang ihrer Klemmenspannung mit dem Magnetisierungsstrom darstellt.

a) Magnetische Sättigung im Generator. Ein Wechselstromgenerator, der einphasig oder dreiphasig nach dem Schema der Abb. 1 auf eine Kapazität arbeitet, besitzt im Leerlauf, also bei abgeschaltetem Netz, eine Spannungscharakteristik,

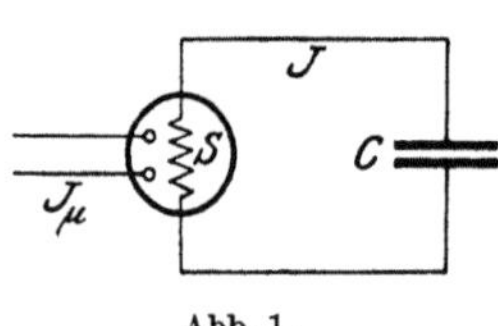

Abb. 1.

die in Abb. 2 durch die gekrümmte Kurve dargestellt ist. Die Spannung steigt bei kleinen Erregerströmen proportional zu diesen an, bei großen Erregerströmen nimmt sie wegen der magnetischen Sättigung im Eisen nur noch langsam zu. Zur Erzeugung der Leerlaufspannung E_0 in der Ständerwicklung ist ein magnetisierender Erregerstrom J_μ erforderlich, der dem Läufer von einer Gleichstromquelle zugeführt wird. Würden wir die Klemmenspannung der Maschine bei Belastung mit der Kapazität des Netzes durch geschicktes Regulieren des Erregerstromes stets auf dem festen Wert E_0 halten, so würden wir die einfachen Voraussetzungen des Kapitels 4 erfüllen und würden den Resonanzfall erhalten, wenn die Kapazität des Netzes so groß ist, daß sie mit der Selbstinduktion zwischen Generator und Kapazität eine Eigenfrequenz der ganzen Anlage ergibt, die gleich der Betriebsfrequenz der Maschine ist.

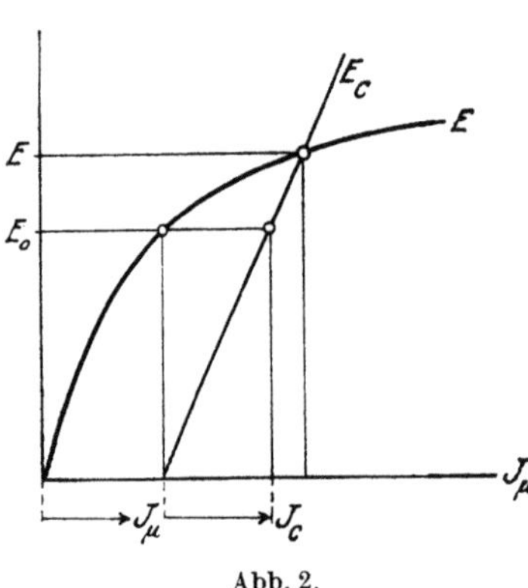

Abb. 2.

In Wirklichkeit läßt sich eine solche Regulierung nicht durchführen. Nicht die Klemmenspannung der Maschine, auch nicht etwa ihre elektromotorische Kraft ist gegeben und bleibt konstant, sondern der Erregergleichstrom J_μ für das Magnetfeld ist bei stationärem Betrieb als primär gegebene Größe zu betrachten. Wir wissen nun, daß jeder vom Generator abgegebene Ladestrom, der eine Viertelperiode Voreilung zur Wechselspannung besitzt, magnetisierend auf das Feld der Maschine wirkt. Rechnen wir den in der Wechselstromwicklung fließenden Ladestrom der

Kapazität im Verhältnis der wirksamen Ständerwindungszahl zur Läuferwindungszahl um, so können wir ihn im Maßstab des Erregerstromes in Abb. 2 zusätzlich zu J_μ eintragen und erhalten so durch Eingehen mit dem Summenstrom $J_\mu + J_C$ in die Charakteristik die nunmehrige vom Magnetfeld induzierte treibende Spannung. Sie ist durch die Rückwirkung des Ladestromes auf das Magnetfeld größer geworden, jedoch nicht proportional dem Ladestrom, wie es ohne Sättigung der Maschine sein würde, sondern um ein geringeres, dem flachen Verlauf der wirklichen Charakteristik entsprechendes Maß.

Hat man den Ladestrom der Belastungskapazität für die ursprüngliche Leerlaufspannung E_0 bestimmt, so wird er in Wirklichkeit wegen der durch ihn selbst erhöhten Spannung etwas größer. Man erhält die tatsächliche Maschinen- und Kondensatorspannung sowie den auftretenden Ladestrom exakt, wenn man in Abb. 2 diejenige Gerade einträgt, die den Zusammenhang von Ladestrom und Kapazitätsspannung darstellt, und die wir als *Kapazitätscharakteristik* des Netzes bezeichnen wollen. Da die Kapazität nur auf dieser Geraden und die Maschine nur

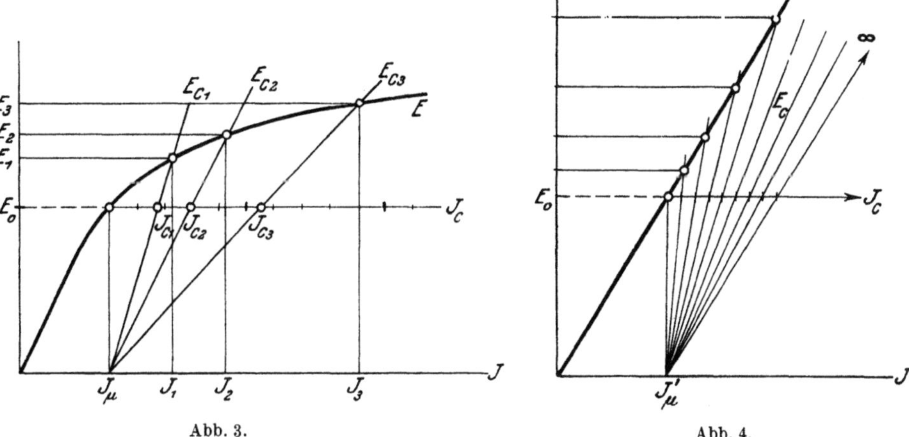

Abb. 3.

Abb. 4.

auf ihrer gekrümmten magnetischen Charakteristik arbeiten kann, so gibt der Schnittpunkt beider Linien nach Abb. 2 den tatsächlichen Betriebszustand an.

Vergrößert man die Kapazität des Netzes, so ändert sich die Neigung seiner Charakteristik, was in Abb. 3 für verschiedene Betriebszustände dargestellt ist. Man zeichnet die Kapazitätscharakteristik am besten so, daß man denjenigen Ladestrom J_C des Netzes, der bei gegebener Leerlaufspannung E_0 vorhanden wäre, vom Leerlaufpunkt der Charakteristik ab nach rechts, also zusätzlich zum Erregergleichstrom J_μ, aufträgt und die Gerade durch die Punkte J_C und J_μ zieht. Man sieht aus Abb. 3, *daß die Spannung im Netz mit zunehmendem Ladestrom größer und größer wird und bei geringen Sättigungen des Generators bald hohe Werte erreicht. Es treten jedoch auch bei außerordentlich starken Ladeströmen keine eigentlich resonanzartigen Erscheinungen auf.* Durch die magnetische Sättigung ist auch hier jede Möglichkeit zur Resonanzausbildung vernichtet.

Wenn keine Sättigung im Generator vorhanden wäre, so wäre der Magnetisierungsstrom J_μ proportional der Spannung, und die magnetische Charakteristik würde wie in Abb. 4 geradlinig sein. Alsdann würde die Maschinenspannung mit zunehmendem Ladestrom J_C größer und größer werden, um schließlich ins Unendliche zu wachsen, wenn die Maschinen- und Netzcharakteristiken parallel laufen. Es würde also für

$$J_C = J'_\mu \qquad (1)$$

richtige Resonanz auftreten. Beachtet man, daß der Ladestrom sich aus der Leerlaufspannung und Netzkapazität C berechnet zu

$$J_C = \omega C E_0, \qquad (2)$$

und daß die Leerlaufspannung ihrerseits durch den Magnetisierungsstrom und die Wechselinduktion M zwischen Ständer und Läufer gegeben ist zu

$$E_0 = \omega M J'_\mu, \qquad (3)$$

wobei ωM als Leerlaufreaktanz der Maschine bezeichnet wird, so erhält man durch Einsetzen in Gl. (1) als Bedingung für das Auftreten der Resonanz

$$\omega = \frac{1}{\sqrt{C M}} = v_m. \qquad (4)$$

Hierbei müssen C und M beide entweder auf den Ständer- oder Läuferkreis bezogen sein.

Wenn also der aus Netzkapazität und Leerlaufinduktanz der Maschine gebildete Schwingungskreis die Betriebsfrequenz als Eigenfrequenz besitzt, so tritt bei der sättigungsfreien Maschine Resonanz auf. Bei der wirklichen Maschine dagegen erkennt man aus der durch J_{C2} gehenden Geraden in Abb. 3, daß dieser Fall keinerlei Ausnahmestellung einnimmt und keinerlei Hochschnellen der Spannung bewirkt, *die Eisensättigung hat jegliche Resonanzneigung unterdrückt*. Führt man daher Wechselstromgeneratoren, die zum Speisen ausgedehnter Kabelnetze oder langer Hochspannungsfreileitungen mit großen Ladeströmen dienen, mit genügender Eisensättigung aus, so halten sich die Spannungserhöhungen, die bei reiner Kapazitätsbelastung an ihren Klemmen auftreten, stets in beherrschbaren Grenzen.

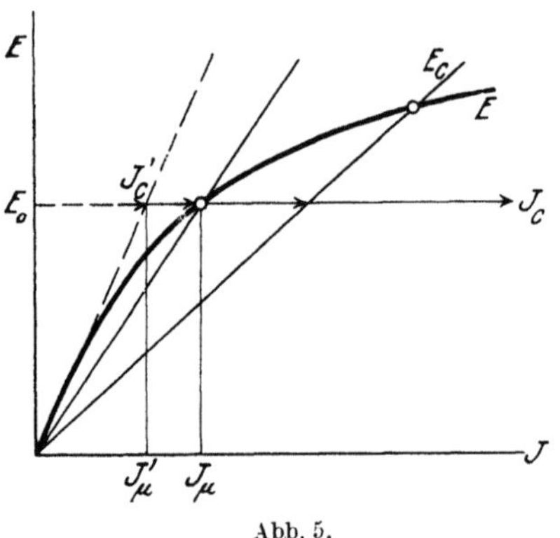

Abb. 5.

Verringert man den Erregergleichstrom J_μ des Generators bei gegebener Belastungskapazität, so rückt die Kapazitätslinie weiter nach links, und dadurch verringert sich die Maschinenspannung mehr und mehr. Sie nimmt jedoch, wie man aus Abb. 5 erkennt, mit verschwindendem Erregerstrom nur dann bis auf Null ab, wenn der Ladestrom J_C kleiner als der Leerlauferregerstrom J_μ der ungesättigten Maschine gewesen ist. Im anderen Falle ist der von der Kapazität erzeugte Ladestrom ausreichend groß, *um die Magnetisierung der Maschine vollständig zu übernehmen* und das Magnetfeld am Verlöschen zu verhindern. Die Anordnung ist selbsterregend geworden und entwickelt eine Spannung, die nach Abb. 5 durch den Schnittpunkt der beiden Charakteristiken von Maschine und Kapazität gegeben ist.

Diese Selbsterregung kann nur dann auftreten, wenn die Kapazitätscharakteristik eine flachere Neigung hat als der geradlinige Teil der magnetischen Charakteristik, wenn also die Kapazität C größer ist, als es der Bedingung (4) entspricht, oder wenn die Eigenfrequenz von Netz und sättigungsfreier Maschine geringer ist als die Betriebsfrequenz. *Die Resonanzbedingung der sättigungsfreien Anordnung ist daher für die wirkliche Maschine zum Kriterium für die Selbsterregung geworden.* Da man bei derartig selbsterregten Wechselstrommaschinen keinen Erregerstrom im Läufer mehr braucht, so kann die Selbsterregung nicht nur bei synchronen, sondern ebenso auch bei asynchronen Maschinen eintreten.

Große Ladeströme treten nach Kapitel 24 bei Erdschlüssen im Leitungsnetz auf, weil dann die Erdkapazitäten der gesunden Phasenleitungen unter stark vergrößerter Spannung stehen. Wird die wirksame Kapazität hierbei größer als nach dem Selbsterregungskriterium der Gl. (4), so kann man das leerlaufende Netz selbst durch Abschalten der Generatorerregung nicht mehr spannungsfrei machen. Es kann sich vielmehr je nach dem Überschuß des Ladestromes über den Magnetisierungsstrom der Maschinen eine dauernde Spannungssteigerung einstellen, die nur durch Unterbrechen des Kapazitätsstromes zu beseitigen ist.

b) Einfluß der Streuinduktion. Wir haben bisher von der Maschinenstreuung abgesehen, um eine einfache Übersicht über die Vorgänge zu erhalten. Man kann jedoch die Wirkung jeder vom Kapazitätsstrom durchflossenen Selbstinduktion, sowohl der Netzleitungen und Transformatoren als vor allem die Streuung des Generators mit berücksichtigen, wenn man bedenkt, daß ihre

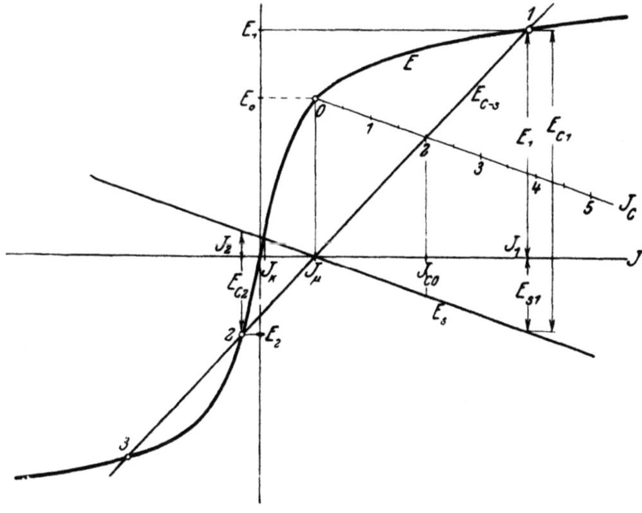

Abb. 6.

Spannung dem Strome proportional ist und ihm um 90° voreilt, während die Kapazitätsspannung um 90° nacheilt. Die Streuspannung liegt also stets in Gegenphase zur Kapazitätsspannung. In Abb. 6 ist daher vom Punkte J_μ aus die geradlinige Charakteristik der Streuspannung nach unten aufgetragen und über ihr als Grundlinie die ebenfalls geradlinige Kapazitätscharakteristik wie bisher nach oben. Gleichgewicht herrscht im Stromkreis nur dann, wenn die treibende Spannung E, die der gekrümmten Magnetcharakteristik der Maschine folgt, mit der Differenz von Kapazitätsspannung E_C und Streuspannung E_S übereinstimmt. Dies ist in dem in Abb. 6 hervorgehobenen Schnittpunkt *1* der Fall. Dort ist

$$E = E_C - E_S. \tag{5}$$

Mit diesen Verhältnissen arbeitet also die Anordnung.

Man erkennt, *daß sich die wirksame Kapazitätslinie durch die Wirkung der Streuung flacher neigt, so daß die Maschine mit stärkerem Felde und höherer Spannung als ohne Streuung arbeitet.* Die Spannung an der Kapazität wird außerdem noch um das Maß der Streuspannung selbst vergrößert und kann bei großer Maschinenstreuung und großen Ladeströmen sehr erheblich über den Normalwert anwachsen. Ausgeprägte Resonanzerscheinungen mit ihren steilen Spannungsspitzen stellen sich aber auch jetzt nicht ein.

Selbsterregung der Maschine tritt wieder auf, wenn die Neigung der Kapazitätsgeraden mindestens mit der Ursprungsneigung der magnetischen Charakteristik übereinstimmt. Da die Streuspannung

$$E_S = \omega\, S\, J_C \tag{6}$$

ist, wobei S die Streuinduktion der Maschine gegebenenfalls unter Einschluß von Transformatorstreuung und Selbstinduktion der Leitungen bedeutet, so muß nunmehr nach Gl. (5) sein

$$\omega\, M\, J'_\mu = \frac{J_c}{\omega\, C} - \omega\, S\, J_C\,, \tag{7}$$

was unter Beachtung der Bedingung (1) ergibt

$$\frac{1}{\omega\, C} = \omega\,(M + S) = \omega\, L_k\,. \tag{8}$$

Darin ist die Summe von Wechsel- und Streureaktanz zur Kurzschlußreaktanz ωL_k des Generators zusammengefaßt, die sich aus Leerlauf- und Kurzschlußversuch als Quotient von Leerlaufspannung und Kurzschlußstrom bei ungesättigter Erregung leicht bestimmen läßt. Als Grenzbedingung für die Selbsterregung erhält man hiermit

$$\omega = \frac{1}{\sqrt{C\, L_k}} = \nu_k\,, \tag{9}$$

was sich im Zahlenwert nicht sehr stark von Gl. (4) unterscheidet. *Durch die Wirkung der Streuung tritt die Selbsterregung schon bei einer etwas kleineren Kapazitätsbelastung des Generators auf.*

Vergrößert man die Belastungskapazität des Generators von kleinen Werten an mehr und mehr, so neigt sich ihre charakteristische Linie in Abb. 6 immer weiter und schneidet schließlich auch den negativen Ast der Magnetcharakteristik in zwei Punkten, von denen zwar der äußere labile, der innere jedoch elektrisch stabile Betriebszustände ergibt, was sich ähnlich wie im früheren Kapitel 48 zeigen läßt. Der kapazitive Wechselstrom der Maschine, der vorher im Sinne des Erregerstromes floß, hat hierbei seine Phasenrichtung gewechselt und entmagnetisiert die Maschine jetzt stärker, als der Erregergleichstrom sie magnetisiert, so daß auch das Feld seine Richtung umkehrt. *Die Maschine hat sich durch die überwiegende Kapazitätswirkung gegen die Richtung des ursprünglichen Feldes selbst erregt.* Die Spannung ist dabei auf einen relativ geringen Betrag gesunken, der durch den Schnittpunkt auf dem negativen Ast angegeben wird.

Obgleich sich der Schnittpunkt *2* in Abb. 6 als elektrisch stabil herausstellt, ist er experimentell nur schwer zu realisieren, weil er *mechanisch labil* ist. Jede kleine Abweichung des Polrades aus der Gleichgewichtslage bewirkt durch seine synchronisierenden Kräfte, daß es allmählich in die nächste Polteilung herüberschlüpft. Dabei dreht sich die Phase der erzeugten Spannung um 180°, so daß wieder der elektrisch und mechanisch stabile Zustand von Punkt *1* erreicht wird.

In Abb. 7 und 8 sind elektromotorische Kraft und Strom des Generators ohne Rücksicht auf ihre Phase in Abhängigkeit von der Belastungskapazität aufgetragen. Beide steigen zunächst an und werden bei einer bestimmten Kapazität, die merklich größer als die für Selbsterregung erforderliche ist, doppelwertig. Mit welchem Zustande die Anlage dann arbeitet, hängt vom Zufall ab oder, besser gesagt, von der Spannungsphase, mit der der Stromkreis eingeschaltet wurde. Auch der labile Kurvenast ist gestrichelt eingetragen und zeigt, daß man den gesamten Linienzug wieder als verbogene Resonanzkurve auffassen kann. In Abb. 9 ist der Verlauf der Spannung an der Kapazität dargestellt, die ebenfalls durchweg positiv aufgetragen ist.

Während die ausgezogenen Kurven der Abb. 7 bis 9 für einen bestimmten Erregergleichstrom im Läufer gelten, ist strichpunktiert auch der Zustand eingetragen, der sich entsprechend Abb. 5 bei Selbsterregung ohne Gleichstrom ergibt. Bei derjenigen Kapazität, die in der sättigungsfreien Maschine Resonanz hervorrufen würde, beginnt die Möglichkeit der Selbsterregung. Diese klettert schnell auf erhebliche Spannungen herauf und verläuft bei großen Kapazitäten zwischen dem stabilen und labilen Ast der Fremderregung weiter. Der Selbst-

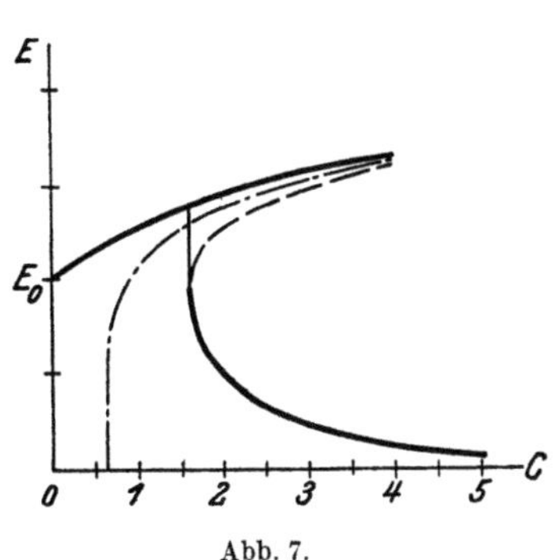

Abb. 7.

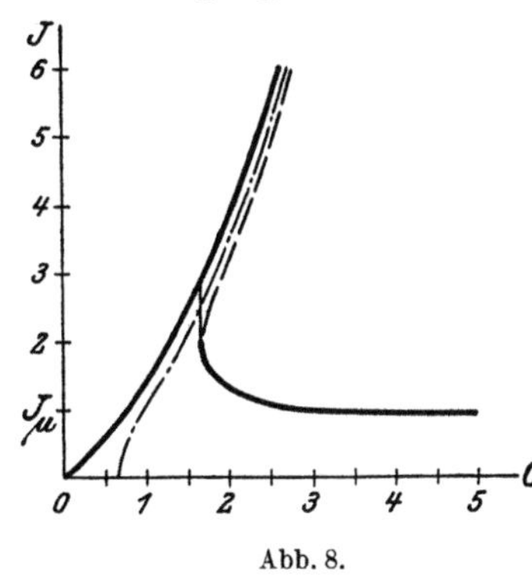

Abb. 8.

erregungszustand ist natürlich stets eindeutig und unabhängig davon, ob die Kapazitätslinie den positiven oder negativen Ast der Magnetcharakteristik schneidet, durch deren Nullpunkt sie läuft.

Steigert man die Kapazitätsbelastung in Abb. 6 noch weiter als bisher, so nimmt die Spannung auf dem negativen Ast ab. Die treibende Spannung auf dem hochgesättigten Ast der Charakteristik dagegen wächst schließlich nicht mehr erheblich an, sondern bleibt nahezu konstant. Dann liegen aber Verhältnisse vor, die ähnlich dem früher in Kapitel 4 behandelten Falle mit konstanter EMK sind, so daß man das Auftreten von Resonanzen erwarten darf. Tatsächlich läuft die Kapazitätslinie für große Belastung sehr flach und durchschneidet bei einem bestimmten Wert schließlich die Nulllinie. Der Schnittpunkt mit der Charakteristik rückt dann ins Unendliche, und sowohl E_C wie E_S werden daher unendlich groß.

Man erhält aus Gl. (5) allgemein

$$E = J_C \left(\frac{1}{\omega C} - \omega S \right). \qquad (10)$$

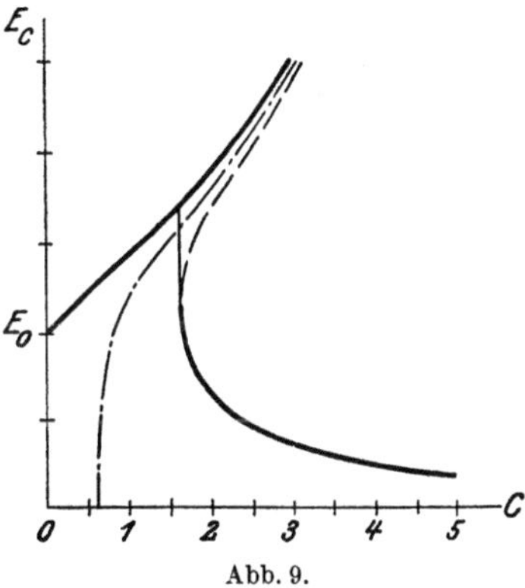

Abb. 9.

was für diesen Zustand bei konstanter Spannung E einen extrem großen Ladestrom ergibt, wenn die Streuresonanzbedingung

$$\omega = \frac{1}{\sqrt{C\,S}} = \nu_s \qquad (11)$$

erfüllt wird, wenn also die Eigenfrequenz zwischen Streuinduktion und Kapazität mit der Betriebsfrequenz übereinstimmt.

Für noch größere Ladeströme wird die Neigung der Kapazitätslinie negativ, weil jetzt die Wirkung der Streuspannung überwiegt. Sie schneidet nur noch mit ihrem rückwärtigen Ast die Magnetcharakteristik in einem einzigen Punkte auf der positiven Seite, so daß ein abermaliger Phasenwechsel der Spannungen eingetreten ist, der jetzt aber nicht sprunghaft, sondern unter allmählichem Nulldurchgang der treibenden Spannung erfolgt.

Schließt man die Leitungen kurz, was einem unendlichen Wert der Kapazität entspricht, so arbeitet man schließlich nach Abb. 6 auf dem Punkt, in dem die Streuungsgerade die magnetische Charakteristik rückwärts schneidet. Der sich hierbei in der Ständerwicklung einstellende Kurzschlußstrom entmagnetisiert den Generator so stark, daß er nur noch eine Spannung entwickelt, die gerade zur Überwindung der Streuspannung des Kurzschlußstromes ausreicht. Dies hatten wir im vorigen Kapitel 51 eingehender betrachtet.

Man sieht aus diesen Entwicklungen, daß resonanzhafte Zustände des Generators nur bei solchen Kapazitäten auftreten, die zusammen mit der Streuinduktion des Stromkreises eine Eigenfrequenz gleich der Betriebsfrequenz ergeben. Das bedingt so große Kapazität, wie es in Niederfrequenzkreisen kaum vorkommt, da die Ladeströme dann auch ohne Resonanz schon eine erhebliche Überlastung des Generators hervorrufen würden. Für Hochfrequenzmaschinen jedoch, die sehr große Streuspannung haben, verwendet man diese Erscheinung mit gutem Erfolg, um die stark drosselnde Wirkung der Streuinduktion zu kompensieren.

c) Wirkung von Widerstand und Magnetisierungswechselstrom. Für geringe Kapazitätsbelastung besitzt der bisher vernachlässigte OHMsche Widerstand des Stromkreises kaum bemerkbare Wirkungen. Sowie jedoch große Ströme auftreten, vor allem im Falle der Streuresonanz, gewinnt er erheblichen Einfluß auf die Erscheinungen, den wir genauer verfolgen wollen.

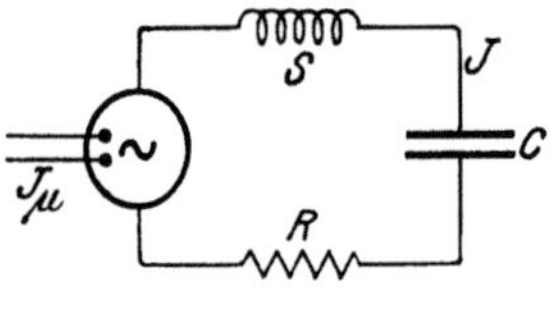

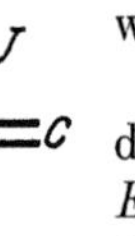

Gemäß Abb. 10 muß die treibende Spannung E des Generators jetzt auch der Widerstandsspannung E_R das Gleichgewicht halten, die in Phase mit dem Strome liegt. Sie ist daher in Erweiterung von Gl. (5)

Abb. 10.

$$E = \sqrt{(E_C - E_s)^2 + E_R^2}. \tag{12}$$

Alle drei Spannungen, sowohl die der Kapazität, der Streuinduktion wie des Widerstandes, sind proportional dem Strom, so daß die Belastungscharakteristik

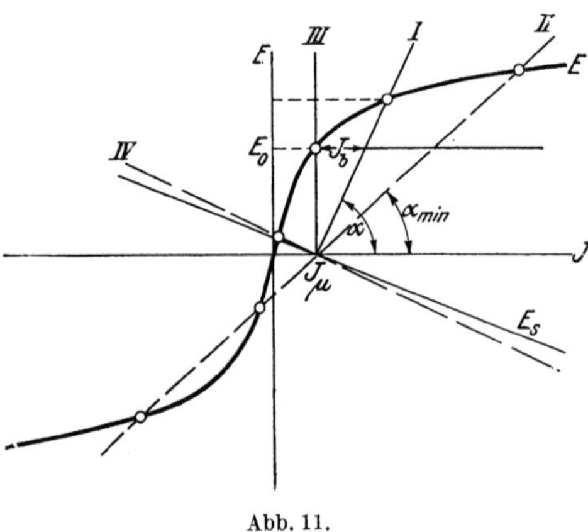

$$E = J \sqrt{\left(\frac{1}{\omega C} - \omega S\right)^2 + R^2}, \tag{13}$$

die den Zusammenhang von Spannung und Strom des Kreises angibt, auch jetzt geradlinig verläuft.

Der Strom J wirkt aber nicht mehr voll magnetisierend auf den Generator, da er durch den Widerstand eine Phasenverschiebung erleidet. Lediglich die phasensenkrechte Blindstromkomponente wirkt auf das Generatorfeld zurück. Diesen Blindstrom müssen wir daher in Abhängigkeit von der Spannung zum Magnetisierungsgleichstrom J_μ

Abb. 11.

des Generators hinzufügen, um die wirksame Belastungscharakteristik zu erhalten, die in Abb. 11 dargestellt ist.

Die Neigung dieser Netzcharakteristik bestimmen wir am einfachsten aus Kapitel 51, Gl. (14), wenn wir anstatt des dortigen äußeren induktiven Blindwiderstandes ωL den der Kapazität $-1/\omega C$ einsetzen. Sie ist dann

$$\operatorname{tg}\alpha = \sqrt{\left[\left(\omega S - \frac{1}{\omega C}\right)^2 + R^2\right)\right]\left[1 + \left(\frac{R}{\omega Q + \omega S - 1/\omega C}\right)^2\right]}, \tag{14}$$

wenn man den Faktor vor der Wurzel in ihr erstes Glied überführt.

Die letzten Glieder in den beiden Klammern spiegeln *den Einfluß des Leitungswiderstandes wider, der stets dahin wirkt, den Neigungswinkel α der Netzcharakteristik zu vergrößern*, so daß sie die Magnetisierungscharakteristik bei geringerer Spannung schneidet als bei Abwesenheit von Widerstand. Bei kleinen Widerständen ist der Einfluß gering, da er nur quadratisch wirksam ist. Wenn sich jedoch die Kapazitätsspannung der Streuspannung nähert, so wird die Neigung immer geringer, und *für den Fall der Streuresonanz* nach Gl. (11) wird sie

$$\operatorname{tg}\alpha_{\min} = R\sqrt{1 + \left(\frac{R}{\omega Q}\right)^2}. \tag{15}$$

Die Neigung Null, also der horizontale Verlauf mit seinen Ausartungen von Strom und Spannung, wird daher, besonders bei größeren Widerständen, niemals erreicht. Jedoch tritt bei diesem Zustand die stärkste Steigerung der Maschinenerregung ein, deren Größe nunmehr wesentlich vom Widerstand abhängt.

Bei einem bestimmten Werte der Kapazität hebt sich die Netzcharakteristik nach Gl. (14) stark an, nämlich für

$$\frac{1}{\omega C} = \omega Q + \omega S, \tag{16}$$

was *einen Resonanzzustand mit dem Querfeld* anzeigt. Jetzt wird das zweite Wurzelglied der Gl. (14) unendlich und bewirkt, daß sich die Netzcharakteristik vollständig senkrecht stellt. Die Spannung E hat

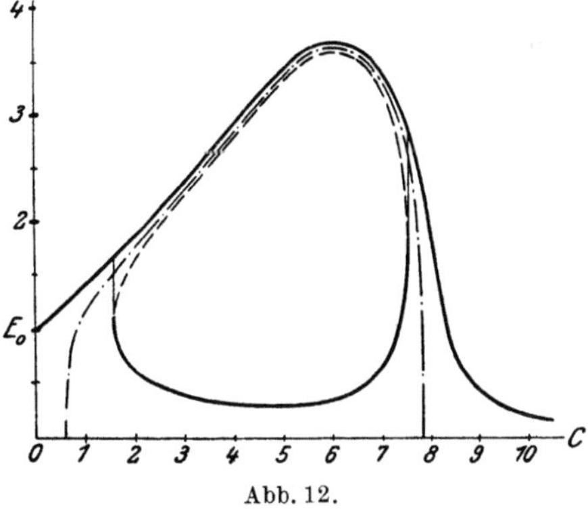

Abb. 12.

daher bei Querfeldresonanz wieder ihren Leerlaufswert und treibt einen Strom vom Betrage E_0/R durch die Leitung, der sich nach dem einfachen Ohmschen Gesetz berechnet, weil alle Streuungs- und Kapazitätswirkungen sich jetzt aufheben. Bei sehr großer Kapazität und überwiegender Selbstinduktion wirkt der Strom wieder entmagnetisierend, und die Netzcharakteristik neigt sich nach der anderen Seite und nähert sich allmählich der reinen Streuungslinie E_S in Abb. 11.

Der Schnittpunkt der Netzcharakteristik mit der Magnetcharakteristik wandert demnach auf dieser Kurve vom Leerlaufswerte aus erst auf sehr große Werte herauf und dann rückwärts wieder herunter bis auf einen geringen Endwert. Aus der so bestimmten treibenden Spannung E läßt sich der Strom nach Gl. (13) und daraus die Spannung an der Kapazität jederzeit bestimmen. Für einen gewissen Bereich von Kapazitäten ergeben sich nach Abb. 11 auch jetzt wieder Schnittpunkte auf der negativen Seite der Charakteristik, so daß der Zustand mehrdeutig wird. Abb. 12 stellt den Verlauf der Kapazitätsspannung mit wachsender Größe der Kapazität dar, die Kurven verlaufen sämtlich im Endlichen. Die reguläre Spannung des positiven Charakteristikastes besitzt einen resonanzartigen Verlauf, jedoch mit äußerst breitem Rücken; die anormale Spannung des negativen Astes, die ohne Rücksicht auf das Vorzeichen eingetragen ist, zerfällt in einen stabilen und einen labilen Teil, welch letzterer gestrichelt gezeichnet ist und den ersteren zu einem geschlossenen Kurvenzuge ergänzt.

In Abb. 12 ist außerdem die Spannung der Selbsterregung eingetragen, die sich ergibt, wenn man keinen Erregergleichstrom aufwendet, sondern den Generator nur durch äußeren Kapazitätsstrom erregt. Es ist bemerkenswert, *daß diese Selbsterregung nur in einem bestimmten Kapazitätsbereiche möglich* ist, der mit dem Werte für die Kurzschlußresonanz der ungesättigten Maschine beginnt und unterhalb der Querfeldresonanz endigt. Bei genauer Abstimmung auf den letztgenannten Zustand erfolgt keine Selbsterregung mehr, weil die senkrechte Netzcharakteristik in Abb. 11 ohne Erregergleichstrom J_μ die Magnetcharakteristik nicht mehr schneidet. Stärkste Selbsterregung erhält man für die flachste Neigung der Netzcharakteristik nach Gl. (15). *Sie hat einen größeren Wert der Neigung, als ihn selbsterregende Gleichstrommaschinen nach Kapitel 46, Abb. 11, besitzen.*

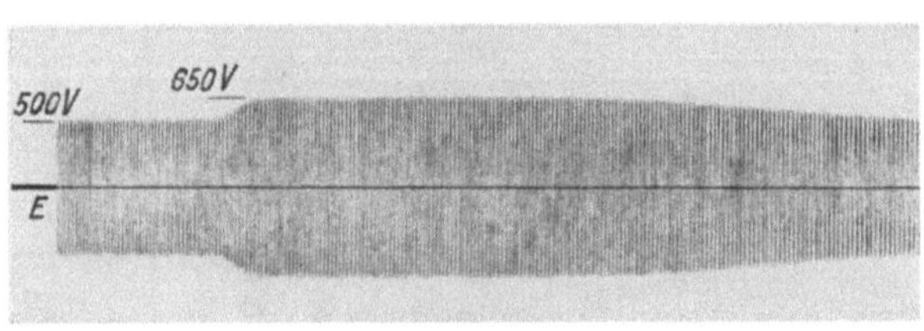

Abb. 13.

Der Unterschied ist dadurch bedingt, daß die selbsterregende Wechselstrommaschine außer dem Oнмschen Widerstand in diesem Grenzfall auch noch die Reaktanzspannung überwinden muß, die von Kapazität, Streu- und Querfeldinduktion verursacht wird.

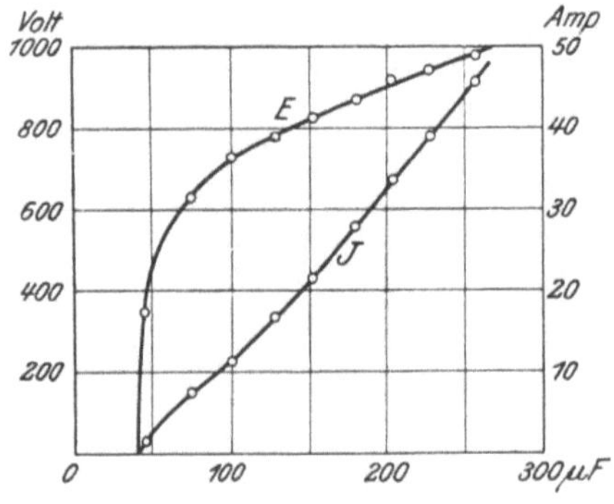

In Abb. 13 sind Meßwerte von Spannung und Strom einer derartigen selbsterregten Asynchronmaschine von 15 kVA Leistung bei 50 Per/sec und 625 Volt normaler Spannung in Abhängigkeit von der Belastungskapazität

Abb. 14.

aufgetragen. Erst oberhalb der Kapazitätslast von 40 μF beginnt die Möglichkeit der Erregung. Ihr Verlauf in Strom und Spannung stimmt mit den strichpunktierten Kurven der Abb. 8 und 12 gut überein.

Ähnlich wie der in Reihe zur Kapazität liegende Leitungswiderstand wirkt auch jeder Parallelwiderstand, der eine Belastung des Netzes und des Generators verursacht. Er bewirkt eine kräftige Hebung der Netzcharakteristik und damit eine Verringerung der Überspannungen gegenüber Leerlauf. Schaltet man daher von einer Leitung mit großer Kapazität die Belastung plötzlich ab, so muß man stets mit einer Senkung der Netzcharakteristik und daher mit einem starken Emporschnellen der Spannung am Generator rechnen.

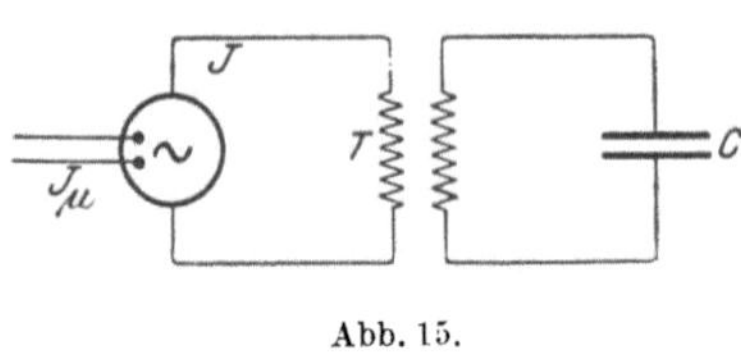

Abb. 15.

Dies kann auch bei Asynchronmotoren auftreten, die durch Kondensatoren phasenkompensiert werden, wenn man beide gemeinsam vom speisenden Netz trennt. Der Motor läuft dann unter der Wirkung seiner Schwungmassen langsam aus und kann dabei zu Anfang vom Kondensator so stark erregt werden, daß seine Spannung zunächst erheblich zunimmt. Abb. 14 zeigt diesen Abschaltvorgang im Oszillogramm.

Erheblichen Einfluß übt der nacheilende Magnetisierungsstrom von Transformatoren aus, die meistens nach dem Schema der Abb. 15 zwischen Generator und kapazitiver Hochspannungsleitung liegen. Weil dieser Strom durch die Sättigung des Transformatoreisens schneller als proportional mit der Spannung steigt, so kann er bei hohen Spannungen den voreilenden Kapazitätsstrom schließlich übersteigen. Wie in Abb. 16 dargestellt ist, zieht man den Transformator-Magnetisierungsstrom J_T für jede Spannung E von dem Kapazitätsstrom J_C ab, um die resultierende Charakteristik des Netzes zu erhalten. Man kann an ihr noch die oben beschriebenen Korrekturen für Streuung und Widerstand anbringen und erhält als Schnittpunkt der nunmehr ebenfalls gekrümmten Netzcharakteristik mit der Magnetcharakteristik der Maschine den tatsächlichen

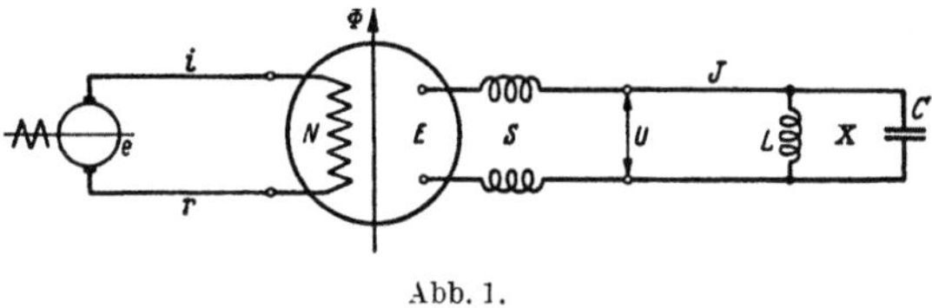

Abb. 16.

Arbeitspunkt für die treibende Spannung des Generators. Daraus kann man alle übrigen Spannungen und Ströme nach den üblichen Regeln berechnen. Man sieht, daß die Transformatorsättigung die Netzcharakteristik außerordentlich stark abbiegt und daher die Spannungssteigerungen wesentlich ermäßigt.

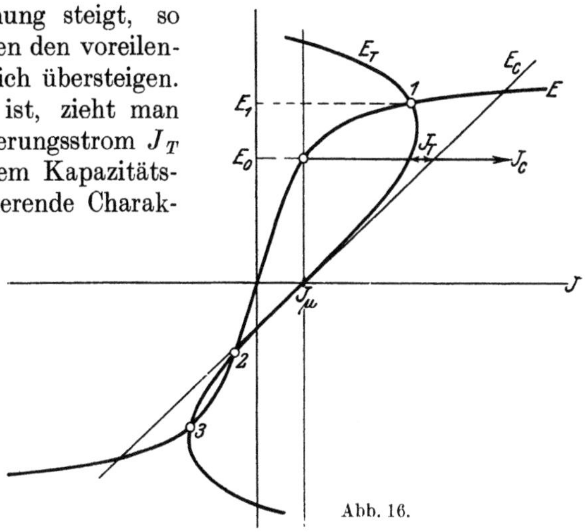

53. Schalten gesättigter Synchronmaschinen.

Wenn man eine Synchronmaschine belastet oder entlastet, so ändert sich der Arbeitszustand der Maschine nicht plötzlich, sondern es vergeht bis zum Erreichen des geänderten Zustandes eine Zeit, die durch die magnetischen Zeitkonstanten der Felder bedingt ist. Die allgemeine Art dieser Ausgleichserscheinungen ist uns nach Kapitel 12 bekannt, jedoch ist der quantitative Verlauf der Vorgänge stark von der magnetischen Sättigung abhängig. Wir wollen daher eine genauere Methode zur zahlenmäßigen Berechnung herleiten, die sich auf die wirkliche magnetische Charakteristik der Generatoren stützt.

a) Verlauf von Spannung und Strom. In Abb. 1 ist das prinzipielle Schaltschema einer Synchronmaschine dargestellt, die im Läufer mit der Spannung e und dem Strom i erregt

Abb. 1.

wird und im Ständer durch das umlaufende Feld Φ eine elektromotorische Kraft E erzeugt, die den Strom J sowohl durch die innere Streuung S als durch den äußeren Belastungswiderstand X treibt.

Für den Erregerkreis mit dem Widerstand r und der Windungszahl N auf dem Feldmagneten gilt die Beziehung

$$N\frac{d\Phi}{dt} + r\,i = e(t),\qquad(1)$$

wobei die Erregerspannung häufig konstant angenommen werden kann. Sie kann aber auch zeitlich veränderlich sein, wenn man sie etwa durch selbsttätige Regler, entsprechend der Belastungsänderung der Synchronmaschine, nachregelt. An Stelle des Flusses Φ können wir die elektromotorische Kraft E der Ständerwicklung einführen durch die Beziehung

$$\frac{\Phi}{\Phi_0} = \frac{E}{E_0}, \tag{2}$$

und erhalten damit als erstes Glied von Gl. (1)

$$N\frac{d\Phi}{dt} = \frac{N\Phi_0}{E_0}\frac{dE}{dt} = T_m\frac{dE}{dt}. \tag{3}$$

Dabei ist mit

$$T_m = \frac{N\Phi_0}{E_0} \tag{4}$$

eine *Maschinenzeitkonstante* bezeichnet, die wegen der Proportionalität von Fluß und Wechselspannung eine *absolute Konstante* ist.

Im Ständerstromkreis mit der Frequenz ω müssen wir den inneren Spannungsabfall in der Streuung der Maschine und den äußeren in der Belastung unterscheiden, welch letzterer die Netz- oder Klemmenspannung U darstellt. Es ist also für die Effektivwerte

$$E = \omega S J + U = \omega S J + X J = (\omega S + X) J. \tag{5}$$

Diese Beziehung gilt eigentlich nur für konstant gehaltene Wechselspannung. Wenn jedoch die zeitliche Veränderung der Amplitude nur relativ langsam gegenüber den schnellen Änderungen durch die Wechselstromfrequenz erfolgt, so können wir von einer Korrektur absehen.

Der Belastungswiderstand X kann entweder rein induktiv sein, in diesem Falle schreibt man am besten

$$X = \omega L. \tag{6}$$

Oder er kann rein kapazitiv sein, man schreibt ihn dann

$$X = -\frac{1}{\omega C}. \tag{7}$$

Er kann aber auch irgendeinen beliebigen komplexen Wert besitzen. Wir wollen uns zunächst auf reine Blindbelastung nach Gl. (6) oder (7) beschränken.

Der Zusammenhang der Ständerspannung mit dem erregenden Strom wird durch die *magnetische Charakteristik* nach Abb. 2 dargestellt. Das Magnetfeld selbst entsteht unter der Wirkung des Läuferstromes i und des entmagnetisierenden Ständerstromes J, den wir durch das *Windungsverhältnis m der Ankerrückwirkung* mit dem Läuferstrom vergleichen können. Die magnetische Charakteristik als Funktion der beiden Ströme wird daher dargestellt durch

$$E = E(i - m J). \tag{8}$$

Diese Beziehung gilt sowohl für stationäre wie für langsam veränderliche Zustände in der Maschine. Im letzteren Fall stellt J den veränderlichen Effektivwert des Ständerstromes dar.

Beim Leerlauf der Maschine mit $J = 0$ wird gemäß Gl. (8) die Spannung

$$E = E(i) \tag{9}$$

nur vom Läuferstrom bestimmt, wodurch die Leerlaufcharakteristik gegeben ist. Wir können sie natürlich ebenso gut schreiben

$$i = i(E), \tag{10}$$

wenn wir die Leerlaufspannung E als gegeben ansehen und nach dem zugehörigen

Erregerstrom i fragen. Für die belastete Maschine müssen wir daher in Umkehrung von Gl. (8) den Läuferstrom

$$i = i_\mu(E) + m\,J \tag{11}$$

aufwenden. Hierin ist $i_\mu(E)$ der Teil des Erregerstromes, der für *die Magnetisierung des inneren synchronen Flusses* gebraucht wird, und $m\,J$ ist der Teil, der für die Magnetisierung des Statorstromkreises notwendig ist und der durch die Maschine *auf die äußere Belastung übertragen wird*. Daher ist das erste Glied aus der Leerlaufcharakteristik abzugreifen und das letzte aus dem Ständerblindstrom zu berechnen. Dieser Ständerstrom hängt aber nach Gl. (5) ebenfalls von der elektromotorischen Kraft ab

$$J = \frac{E}{\omega S + X}, \tag{12}$$

so daß wir ihn in das Diagramm der Leerlaufcharakteristik, Abb. 2, als gerade Linie eintragen können. Wir nennen sie die *Netzcharakteristik,* und ihre Neigung ist einfach durch die feste Größe von $\omega S + X$ gegeben, was als $X + x$ im Diagramm dargestellt ist.

Setzen wir nunmehr die Werte aus Gl. (3), (11) und (12) in die Läufergleichung (1) ein, so erhalten wir die Beziehung

$$T_m \frac{dE}{dt} = e(t) - r\left[i_\mu(E) + \frac{m}{\omega S + X}E\right]. \tag{13}$$

Für jeden vorgegebenen zeitlichen Verlauf der Läuferspannung e kann hieraus nach bekannten graphischen Methoden der Verlauf der Ständerspannung E bestimmt werden. Denn die eckige Klammer auf der rechten Seite dieser Gleichung enthält lediglich Funktionen von E selbst, nämlich im ersten Glied den Leerlauferregerstrom aus der Maschinencharakteristik, im zweiten Glied den reduzierten Belastungsstrom aus der Netzcharakteristik, die beide in Abb. 2 aufgetragen sind. *Stets, wenn der Sollerregerstrom e/r nicht mit der Summe dieser beiden für die Erregung notwendigen Ströme übereinstimmt, ergibt sich nach Gl. (13) eine Änderung des Flusses oder der Ständerspannung nach Maßgabe der Zeitkonstante T_m.*

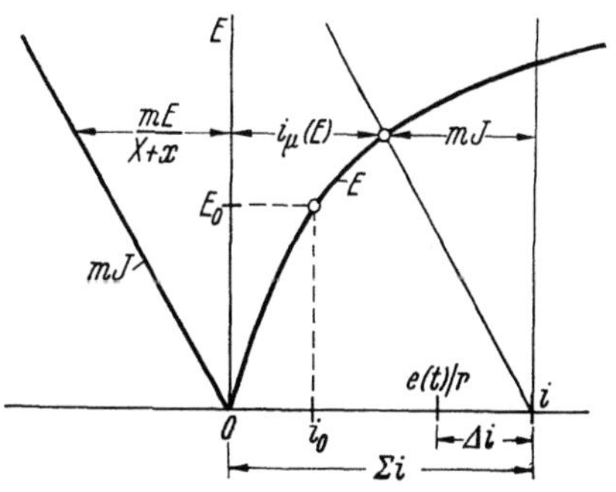

Abb. 2.

Um Berechnungen nach dieser Gleichung für die verschiedensten Maschinen vergleichen zu können, ist es bequem, sie so umzuformen, daß sie nur noch Relativwerte enthält. Dazu führen wir den *Leerlauferregerstrom i_0 und die Leerlauferregerspannung e_0* ein, die nach Abb. 2 der Ständerspannung E_0 beim Leerlauf der Maschine entsprechen,

$$e_0 = r\,i_0 = r\,i_\mu(E_0). \tag{14}$$

Dividieren wir dann beide Seiten der Gl. (13) durch diese Spannung, so erhalten wir die *endgültige Differentialbeziehung*

$$T_p \frac{d(E/E_0)}{dt} = \frac{e(t)}{e_0} - \frac{\Sigma i}{i_0}, \tag{15}$$

worin alle Glieder numerische Werte ohne Dimension besitzen. Dabei ist mit

$$T_p = \frac{E_0}{e_0}\,T_m = \frac{N\Phi_0}{e_0} = \frac{N\Phi_0}{r\,i_0} \tag{16}$$

die *Leerlaufsläuferzeitkonstante der Maschine* bezeichnet. Diese ist nicht wie die Maschinenzeitkonstante T_m nach Gl. (4) eine absolute Konstante, sondern sie hängt von dem auf der Charakteristik gewählten Leerlaufpunkte und von der Erregerspannung oder dem Widerstandswerte des Läuferkreises ab, wobei der Fluß Φ_0 und die Erregerspannung e_0 einander nicht mehr proportional sind. Diese Läuferzeitkonstante T_p ist aber andererseits nur noch abhängig von der Läuferwicklung und nicht mehr von der Ständerwicklung, wie T_m, was für den Vergleich verschiedenartiger Maschinen vorteilhaft ist.

Die Σi im letzten Glied der Gl. (15) stellt die Summe der inneren und äußeren Erregerströme nach Gl. (13) oder Abb. 2 dar, also den *bei jeder Spannung E auftretenden gesamten Magnetisierungsstrom*. Bei induktiver Belastung des Generators liefert die Netzcharakteristik entsprechend Abb. 2 einen positiven Beitrag zu dieser Summe, bei kapazitiver Belastung jedoch entsprechend Gl. (7) einen negativen Beitrag. Die Netzcharakteristik schwenkt in diesem Falle in den anderen Quadranten herüber. Da die Werte der rechten Seite von Gl. (15) in jedem Falle als bekannt angesehen werden können, so läßt sich der Verlauf der relativen Spannungsänderung hieraus stets schrittweise graphisch konstruieren.

Bleibt die Erregerspannung während des Schaltvorganges konstant entsprechend einem Sollstrom $\bar{i}$, so können wir Gl. (15) schreiben

$$T_p \frac{(dE/E_0)}{dt} = \frac{\bar{i}}{i_0} - \frac{\Sigma i}{i_0} = \frac{\Delta i}{i_0}. \tag{17}$$

Da die Stromdifferenz Δi jetzt nur noch von der Spannung E abhängt, so läßt sich dies integrieren und ergibt die *Schaltzeit*

$$t = T_p \int \frac{d(E/E_0)}{\Delta i/i_0}. \tag{18}$$

Sie läßt sich also durch eine einfache Quadratur graphisch bestimmen.

b) Kapazitive Spannungssteigerung. Wir wollen zuerst den Fall der kapazitiven Belastung bei konstanter Erregerspannung behandeln. Dem Erregerstrom i_1 vor dem Schaltprozeß entspricht dann die Erregerspannung

$$e_1 = r\,i_1. \tag{19}$$

Setzen wir diesen bestimmten Wert in Gl. (15) ein, so erhalten wir unter Beachtung von Gl. (11) bis (14)

$$T_p \frac{d(E/E_0)}{dt} = \frac{i_1 - \Sigma i}{i_0} = \frac{i_1 - i_\mu(E) - m\,J}{i_0}. \tag{20}$$

Nun ist aber bei kapazitiver Belastung der Wert

$$-m\,J = \frac{-m\,E}{\omega S + X} = \frac{m\,E}{\dfrac{1}{\omega C} - \omega S} = m\,\frac{\omega C}{1 - \omega^2 S C}\,E = m\,J_C \tag{21}$$

positiv, solange die Belastungskapazität nicht extrem große Werte jenseits der Resonanz mit der Maschinenstreuung annimmt. Er wird durch den von der Maschine abgegebenen Kapazitäts- oder Ladestrom bestimmt, unter Berücksichtigung von dessen Verstärkung durch die Wirkung der Streuinduktion. Wir können Gl. (20) daher schreiben:

$$T_v \frac{d(E/E_0)}{dt} = \frac{i_1 + m\,J_C - i_\mu(E)}{i_0} = \frac{\Delta i}{i_0}. \tag{22}$$

Dabei ist gemäß der graphischen Konstruktion in Abb. 3 mit Δi die *Erregerstromdifferenz* bezeichnet, die zwischen *der Leerlaufcharakteristik und der kapazitiven Netzcharakteristik* liegt, wobei die letztere vom Sollerregerstrom i_1 aus aufzutragen ist. Diese maßgebliche Stromdifferenz ist in Abb. 3 und in den folgenden Diagrammen schraffiert dargestellt.

Der zeitliche Verlauf der Ständerspannung des kapazitiv belasteten Generators ergibt sich hieraus nach Gl. (18), wobei die Integration nach dem Schema von Abb. 4 auszuführen ist. Es ist dabei nicht erforderlich, daß der Anfangswert der Spannung E dem Erregerstrom i_1 entspricht. In Abb. 4 ist als Beispiel ein Fall dargestellt, der einer erheblichen Vorbelastung des Generators entspricht, etwa durch eine Hochspannungsfernleitung, deren Belastung plötzlich herausfällt, so daß nur ihre Kapazitätswirkung übrigbleibt. Die elektromotorische Kraft E_1 ist dabei größer als die Leerlaufspannung E_0, und der Erregerstrom i_1 entspricht einem noch höheren Werte der Magnetcharakteristik. Unbeschadet dessen trägt man die kapazitive Netzcharakteristik von diesem Erregerstrom aus auf und beginnt die Integration mit dem Differenzerregerstrom Δi, der der tatsächlichen elektromotorischen Kraft E_1 entspricht. *Die elektromotorische Kraft*

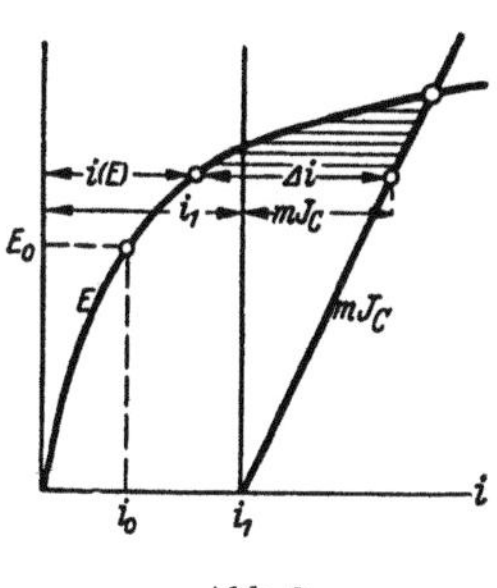

Abb. 3.

strebt einem gesteigerten Endwerte E_2 zu, der durch den Schnittpunkt der beiden Charakteristiken bestimmt ist.

Wir können nunmehr auch die Klemmenspannung U angeben, die in jedem Augenblick am Generator zu messen ist. Sie ist nach Gl. (5) für induktiven Strom um das Maß $\omega S J$ kleiner, für kapazitiven Strom um das gleiche Maß größer als die elektromotorische Kraft E. Ziehen wir deshalb in Abb. 4a vom Erregerstrom i_1

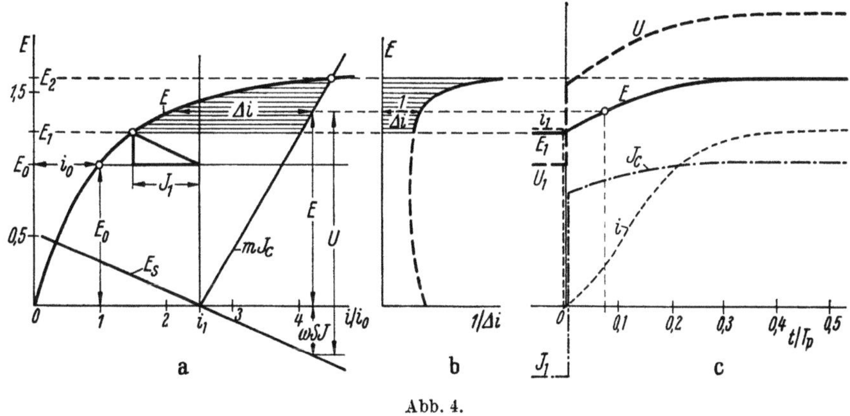

Abb. 4.

aus die wohlbekannte Streucharakteristik E_S, so können wir *die Klemmenspannung U* jederzeit *zwischen Netzcharakteristik und Streucharakteristik* abgreifen und sie alsdann als Zeitkurve auftragen. Die Klemmenspannung macht also *im Schaltaugenblick einen Sprung*, aus dem induktiven Abfall in der Streuung vor dem Schalten wird eine kapazitive Spannungssteigerung nach dem Schalten.

Auch die Größe des Erregerstromes während des Schaltvorganges läßt sich in dem Charakteristikdiagramm leicht konstruieren. Nach Gl. (11) und (21) ist für kapazitiven Belastungsstrom J_C der Erregerstrom

$$i = i_\mu(E) - m J_C. \tag{23}$$

Zieht man daher entsprechend Abb. 5 von dem jeweiligen Arbeitspunkt auf der Maschinencharakteristik eine Parallele zur Netzcharakteristik bis auf die

Erregerachse herunter, so schneidet man dort den jeweiligen Erregerstrom ab. In dem Zeitdiagramm von Abb. 4 ist sein Verlauf mit eingetragen. Man erkennt, *daß der Erregerstrom im Augenblick des Schaltens auf einen sehr niedrigen Wert springt* und im Verlauf der Auferregung der Maschine allmählich wieder auf seinen ursprünglichen Betrag zurückkehrt. Bei starker kapazitiver Belastung der Maschine, die durch eine flache Neigung der Netzcharakteristik dargestellt wird, kann der Erregerstrom sogar ins Negative springen. Der Magnetfluß bleibt jedoch positiv, und der Synchrongenerator wird durch diesen Vorgang nicht unstabil.

Es ist leicht, für die Neigung der kapazitiven Netzcharakteristik den richtigen Maßstab anzugeben. Man zeichnet sich dazu nach Abb. 6 das Potierdreieck in die Magnetcharakteristik ein, das dem normalen induktiven Belastungsstrom bei $\cos \varphi = 0$ entspricht und den Maßstab des Ständerstromes im Diagramm angibt. Wäre keine Streuung vorhanden, so brauchte man den Kapazitätsstrom, der bei der Nennspannung E_0 vorhanden ist, nur in Einheiten des Nennstromes J_n der Maschine nach rechts hin aufzutragen und dabei die Grundlinie des Potierdreiecks als Einheit zu wählen. Die Streuung bewirkt nach Gl. (21) eine solche

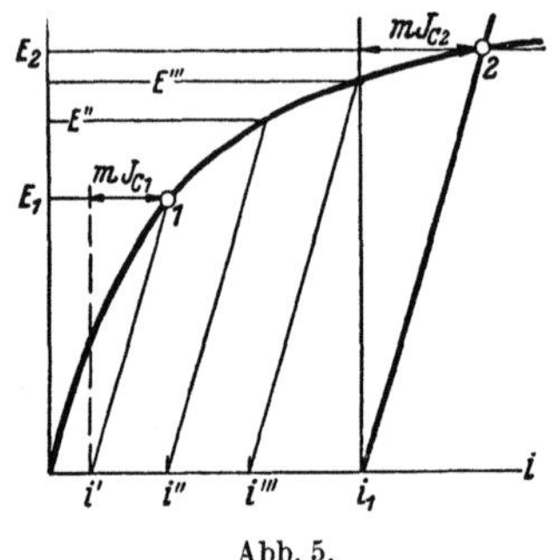

Abb. 5.

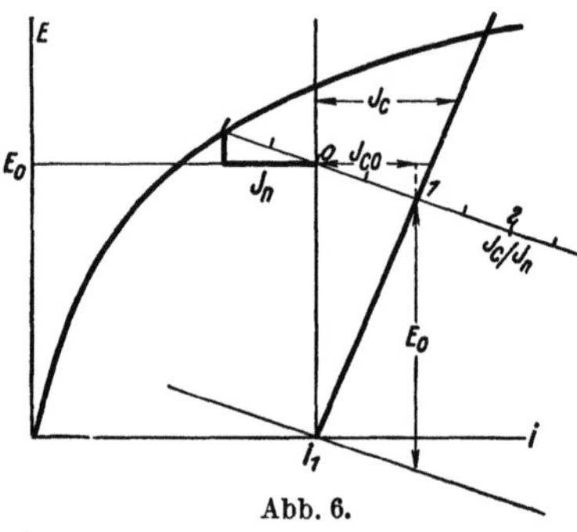

Abb. 6.

Vergrößerung, daß man *die Hypotenuse des Potierdreiecks als Einheit nehmen muß und den Kapazitätsstrom in deren Richtung rückwärts verlängert aufzutragen hat*, so wie es in Abb. 6 dargestellt ist. Durch diese Skala und den vor dem Schaltprozeß vorhandenen Erregerstrom i_1 liegt die Lage der Netzcharakteristik für beliebige kapazitive Belastungsströme nunmehr fest.

Die Größe des jeweiligen äußeren Kapazitätsstromes J_C kann man in dem Diagramm von Abb. 6 sofort entnehmen als Abschnitt zwischen der Netzcharakteristik und der Senkrechten durch den Vorerregerstrom i_1, wobei das Potierdreieck wieder als Einheit des Maßstabes dient.

In Abb. 7 ist die Belastung und Entlastung eines 100 kVA Generators durch die Kapazität eines 6000 V Drehstromkabelnetzes oszillographisch dargestellt, das plötzlich auf den Generator geschaltet wurde. Die Ladeleistung des Netzes betrug 86% der Nennleistung des Generators. Die Klemmenspannung steigt nach dem Einschalten in etwa 2 sec von 3000 V auf den Endwert von 6000 V an, also gerade auf das Doppelte. Der Anstieg erfolgt in zwei Stufen, die erste plötzliche Steigerung auf 3600 V entspricht der Streuspannung, die weitere allmähliche Steigerung der magnetisierenden Ankerrückwirkung des Generators. Der Erregerstrom springt beim Zuschalten der Kapazität plötzlich auf etwa die Hälfte, um allmählich auf den ursprünglichen Wert zurückzukehren. Beim Abschalten der Kapazität springt der Erregerstrom auf einen Höchstwert, der die volle Magnetisierung des vergrößerten Flusses übernimmt, während die Spannung zuerst in einem plötzlichen Sprunge und weiterhin allmählich absinkt.

c) Stoßströme bei induktiver Belastung. Wenn wir induktive Leistung auf die Synchronmaschine mit beliebigem Vorbelastungszustand schalten, so bleiben die Verhältnisse im Prinzip genau die gleichen wie oben, nur kehrt sich die Neigung der Netzcharakteristik um, so wie es in Abb. 8a dargestellt ist. Der Differenzerregerstrom Δi nach Gl. (17) oder (20)

$$\Delta i = (i_1 - m J_L) - i_\mu (E) \tag{24}$$

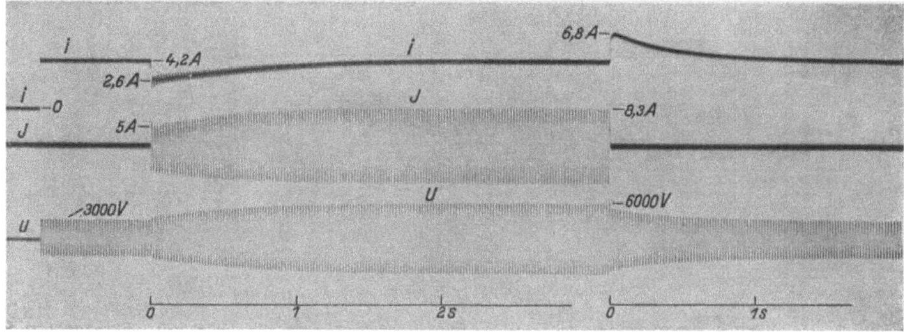

Abb. 7.

wird jetzt negativ, so daß er nach Gl. (17) keine Steigerung, sondern *ein Absinken der Spannung* hervorruft. Der zeitliche Verlauf der elektromotorischen Kraft wird durch dieselbe Gl. (18) wie oben beherrscht. Die entsprechende graphische Integration ist in Abb. 8a bis c durchgeführt.

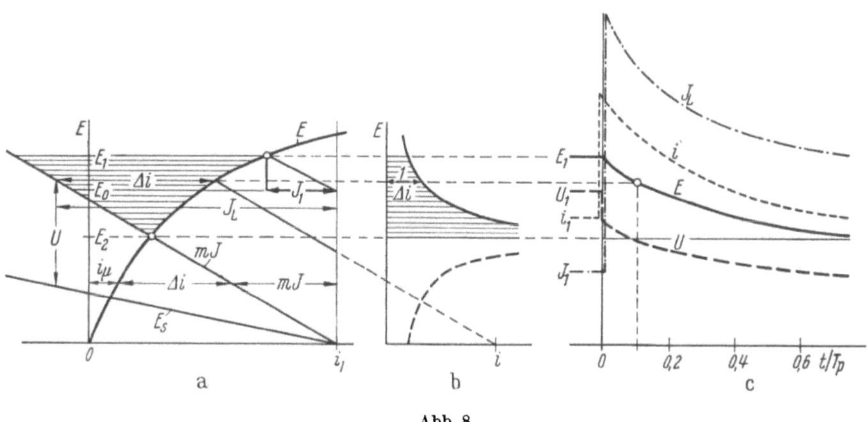

Abb. 8.

Die jeweilige *Klemmenspannung* U erhält man nach Gl. (5) und Abb. 8a wieder durch Eintragen der Streucharakteristik, deren Wert nunmehr von der elektromotorischen Kraft in Abzug kommt. Auch die Klemmenspannung ist in Abb. 8c eingetragen. Für den jeweiligen Erregerstrom erhält man gemäß Gl. (11) bei induktiver Belastung

$$i = i_\mu(E) + m J_L . \tag{25}$$

Durch Eintragen der Parallelen zur Netzcharakteristik $m J_L$ vom jeweiligen Arbeitspunkt auf der Maschinencharakteristik aus sieht man daher aus Abb. 8a, daß *der Erregerstrom bei plötzlicher induktiver Belastung auf einen erheblichen Wert ansteigt*, um allmählich wieder auf den Anfangswert zurückzusinken. Auch die Größe des jeweiligen Ständerstromes J_L selbst entnimmt man direkt dem Diagramm als Abschnitt zwischen der Netzcharakteristik und der Senkrechten durch den Vorerregerstrom i_1.

Ein besonders markanter Fall liegt vor, wenn der Generator *direkt an den Klemmen oder über niedrige äußere Induktanzen kurzgeschlossen* wird. Die Netzcharakteristik senkt sich dann wie in Abb. 9 sehr tief herunter. Dadurch wird

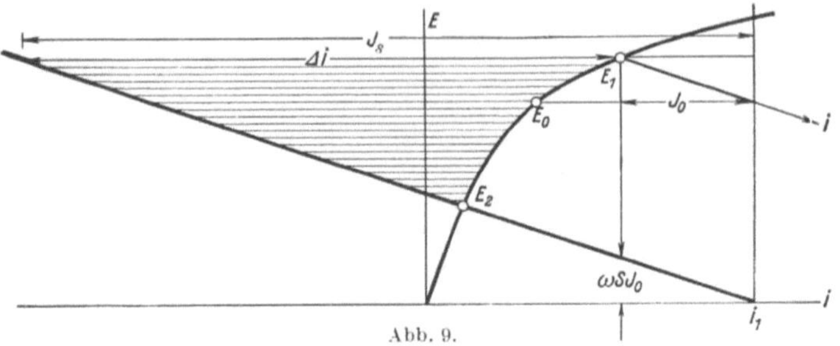

Abb. 9.

das Gleichgewicht zwischen den Strömen in der Maschine außerordentlich stark gestört, und es tritt ein sehr großer Differenzstrom Δi auf. Die Spannung sinkt demgemäß relativ schnell herab, es treten dabei zu Anfang außerordentlich große Ständerströme J_s und Läuferströme i auf, deren Wert aus Abb. 9 direkt abgegriffen werden kann. *Diese Ströme stellen im Ständer den Wechselstromanteil, im*

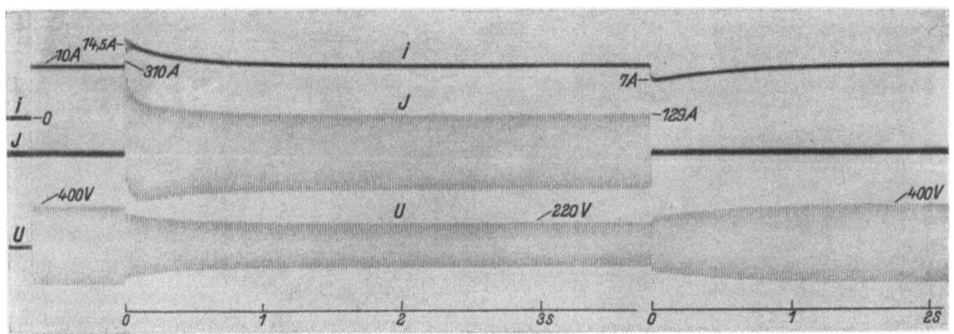

Abb. 10.

Läufer den Gleichstromanteil der Stoßkurzschlußströme dar. Wir haben hier also eine Methode gefunden, um deren zeitlichen Verlauf auch bei beliebiger Sättigung der Generatoren zahlenmäßig zu berechnen.

Abb. 10 stellt die plötzliche Belastung des gleichen Generators wie für Abb. 7 vom Leerlaufzustand auf eine äußere Kurzschlußdrosselspule dar. Die Klemmenspannung sinkt im Kurzschlußaugenblick zunächst plötzlich um ihren Streubetrag und dann allmählich bis auf ihren Dauerwert ab. Der Ständer- und der Erregerstrom springen auf einen Stoßwert an und fallen alsdann auf ihren Dauerwert ab.

In Abb. 11 sind die Schaltvorgänge eines Generators dargestellt, wenn er einmal vom Leerlaufzustande aus, das andere Mal vom induktiven Vollastzustande aus plötzlich kurzgeschlossen wird. Man erkennt, daß die wirksame Spannung im letzten Fall etwas größer ist und daß der anfängliche *Stoßkurzschlußstrom genau um das Maß des Vorbelastungsstromes vergrößert wird.* Aus der Ähnlichkeit des Leerlaufs- oder Lastdreiecks, und des Streudreiecks mit dem Normalstrom J_n und der ihm entsprechenden Streuspannung E_s, ergibt sich *die anfängliche Größe des Stoßstromes* zu

$$\frac{J_s}{J_n} = \frac{E}{E_s}, \qquad (26)$$

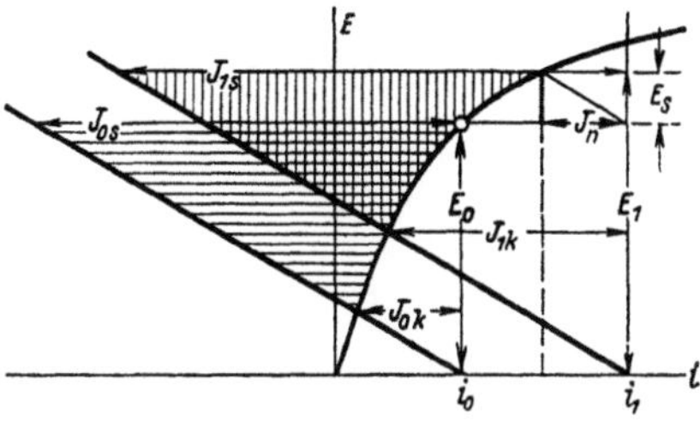

Abb. 11.

wobei unter E die jeweils wirksame elektromotorische Kraft E_0 oder E_1 zu verstehen ist, die den gesamten Stoßstrom in der Maschine hervorruft. Diese einfache Beziehung für den Wechselstromanteil des Stoßkurzschlußstromes gilt also selbst bei gesättigten Maschinen mit beliebiger Vorbelastung in aller Strenge.

d) Beliebige Schaltprozesse. Wir können nunmehr das allgemeine Gesetz angeben, nach dem sich die Zustandsänderungen einer Synchronmaschine bei konstanter Erregerspannung abspielen. Vor dem Schaltprozeß arbeitete die Maschine gemäß Abb. 12 mit dem Erregerstrom i_1 und einer elektromotorischen Kraft E_1, die durch den Schnittpunkt der Netzcharakteristik der Vorbelastung mit der Maschinencharakteristik bestimmt war. *Ändert sich nun die Netzcharakteristik plötzlich um irgendeinen Wert,* indem sie durch größere induktive Belastung nach links oder durch geringere induktive oder größere kapazitive Belastung nach rechts gedreht wird, *so bewegt sich der Arbeitspunkt der Maschine längs der magnetischen Charakteristik auf den neuen Schnittpunkt zu mit einer Geschwindigkeit, die sich durch Gl. (17) oder (18) aus den jeweiligen Stromdifferenzen der schraffierten Flächen in Abb. 12 bestimmen läßt.* Aus der jeweiligen Lage des Arbeits-

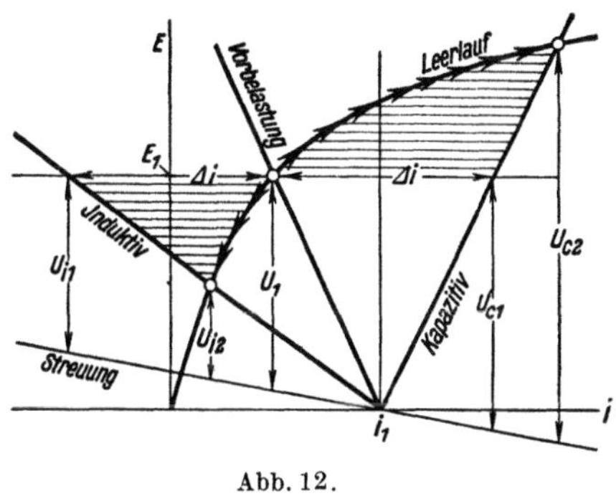

Abb. 12.

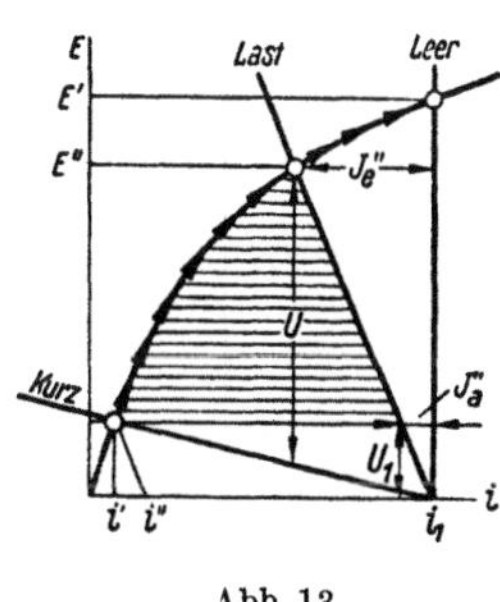

Abb. 13.

punktes kann man die Ständerströme, Läuferströme und Klemmenspannungen graphisch leicht bestimmen und sie den elektromotorischen Kräften und ihrem zeitlichen Verlauf zuordnen.

Auch die Vorgänge bei *Entlastung der Maschine* lassen sich mit diesem Diagramm leicht beschreiben. Wenn bei einem Generator z. B. der Dauerkurzschlußstrom plötzlich abgeschaltet wird, so springt der Erregerstrom nach Abb. 13, je nachdem ob auf Leerlauf oder Normallast geschaltet wird, zeitweise auf den geringen Betrag i' oder i''. Die elektromotorische Kraft E steigt mit einer Geschwindigkeit, die der Breite der schraffierten Fläche entspricht, allmählich hoch, die zugehörigen Werte von Klemmenspannung U und Ständerstrom J sind aus dem Diagramm ohne weiteres abzulesen. Der rechte Teil von Abb. 10 stellt die völlige Entlastung oszillographisch dar.

Wird andererseits eine erhebliche *Kapazitätslast abgeworfen* und tritt wieder der normale Lastzustand oder Leerlauf ein, so steigt nach Abb. 14 der Erregerstrom kurzzeitig erheblich an auf den Wert i' oder i''. Die Ständerspannung und die Ströme sind während des ganzen Verlaufs des Schaltvorganges wieder entsprechend den schraffierten Flächen direkt abzugreifen. Abb. 7 zeigt dies oszillographisch in ihrem rechten Teil.

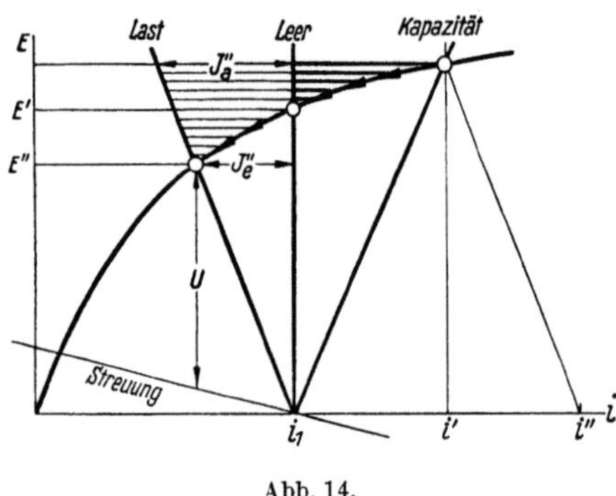

Abb. 14.

Als einzige Größe unserer Hauptgleichungen (17) und (18), die nicht in dem Charakteristiken-Diagramm enthalten ist, ergibt sich *die Zeitkonstante T_p des Läuferpolflusses*. Berechnungen nach Gl. (16) und oszillographische Versuche haben ergeben, daß für Maschinen der üblichen Bauart für 50 bis 60 Per/sec und ohne Hauptstromregler im Erregerkreis die Zeitkonstante T_p hauptsächlich von der synchronen Leistung abhängt, die jeder einzelne Pol erzeugt. Ihre Größenordnung ist in *Zahlentafel I* angegeben. Bei Maschinen für $16^2/_3$ Per/sec darf man mit den dreifachen Werten rechnen.

Zahlentafel I. *Polfluß-Zeitkonstanten von Synchrongeneratoren.*

Nennleistung pro Pol	100	1000	10 000	kVA
Zeitkonstante T_p	3	6	12	sec

Für eine gegebene Modelleistung haben schnellaufende Maschinen, in denen die Leistung auf wenige Pole konzentriert ist, größere Zeitkonstanten als Langsamläufer. Der numerische Wert des Integrals von Gl. (18) ist zum mindesten in der Größenordnung von $1/_{10}$. Wir sehen daher, daß die zeitliche Änderung der Amplituden der Ströme und Spannungen stets sehr langsam ist verglichen mit der Änderung der Werte innerhalb einer Periode mit der Frequenz 50 oder 60 Per/sec. Unsere Annahme in Gl. (5) ist daher völlig gerechtfertigt.

Dies ist jedoch nur korrekt während des Ausgleichszustandes, der auf den Schaltmoment folgt, es ist aber zweifelhaft für die Zeit $t = 0$, in der das Schalten stattfindet. *Unsere Kurven für Ständerstrom und -spannung stellen lediglich die Amplituden von harmonisch veränderlichen Größen dar*, so daß der Sprung dieser Amplituden bei $t = 0$ nicht notwendig eine tatsächliche Unstetigkeit bedeutet, sondern lediglich eine sehr schnelle Schwankung verglichen mit der nachfolgenden langsameren Veränderung. In Wirklichkeit treten noch weitere Ausgleichsströme auf, die von der Schaltphase abhängen und die den unstetigen Übergang der Werte von kurz vor bis kurz nach $t = 0$ verhindern. *Diese zusätzlichen Ausgleichsströme fließen ohne eingeprägte Spannung, klingen sehr schnell ab und überbrücken den Sprung der Amplituden*, der im Schaltaugenblick auftritt. Ihre Anfangswerte sind daher direkt durch die Strom- und Spannungssprünge bestimmt, die sich bei unserer Konstruktion ergeben haben.

Bei Belastung des Ständerkreises mit Selbstinduktion, äußerer sowohl wie innerer, ist der überlagerte Ausgleichsstrom im wesentlichen ein Gleichstrom, der mit der Streuzeitkonstante des Ständers verlöscht. Bei Belastung mit Kapazität besteht er aus abklingendem Wechselstrom, der der Eigenfrequenz der Kapazität mit der Streuinduktion der Maschine und der Leitungen entspricht. *Diese freien Ausgleichsströme der Streufelder entwickeln sich genau wie bei ungesättigten Ma-*

schinen. In den Oszillogrammen der Abb. 7 und 10 erkennt man besonders am Erregerstrom und Ständerstrom diese netzfremden Eigenfrequenzen kurz nach dem Schaltprozeß.

Wenn der Generator durch den Schaltprozeß außer mit Blindleistung noch *mit Wirkleistung belastet wird oder wenn er nur zwei- oder einpolig geschaltet wird,* so bleiben die Bestimmungsgleichungen (17) und (18) und daher die graphischen Konstruktionen ungeändert. Nur kommt jetzt eine steilere Netzcharakteristik zur Wirkung, wie wir es in Kapitel 51 bereits für den Dauerzustand hergeleitet hatten.

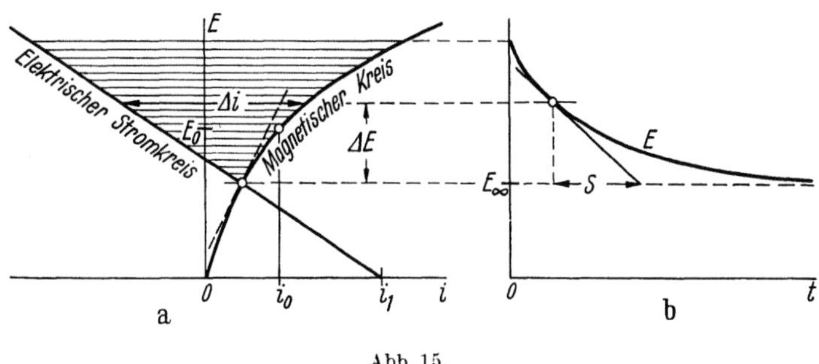

Abb. 15.

Bei starker Krümmung der magnetischen Charakteristik weichen die nach Abb. 4 und 8 erhaltenen Integralkurven erheblich von dem exponentiellen Verlauf ab, den die ungesättigte Maschine besitzt. Die Neigung jeder Kurve kann sehr sinnfällig durch den Wert ihrer Subtangente S ausgedrückt werden. Dies ist in Abb. 15b für die Kurve der Spannung E dargestellt, die aus den Charakteristiken der magnetischen und elektrischen Stromkreise der Synchronmaschine

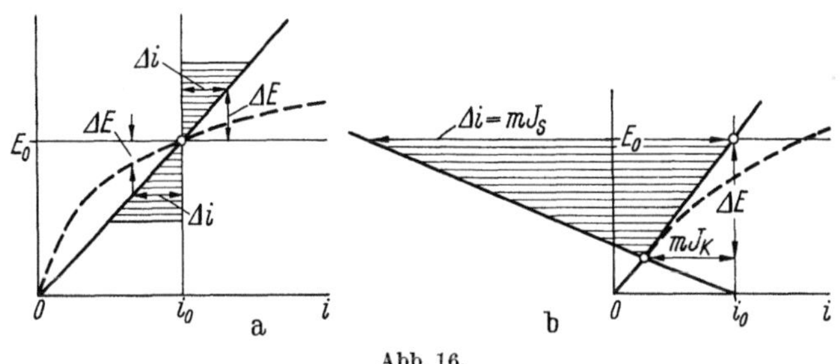

Abb. 16.

in Abb. 15a abgeleitet ist. Wenn wir Gl. (17) benutzen, so können wir die Subtangente, die auf der asymptotischen Achse abgeschnitten wird, ausdrücken durch

$$S = \frac{\Delta E}{dE/dt} = T_p \frac{\Delta E/E_0}{\Delta i/i_0}. \tag{27}$$

Darin haben wir mit ΔE den Unterschied der augenblicklichen und der endgültigen Spannung bezeichnet, wie er der Stromdifferenz Δi entspricht. Das Verhältnis der Subtangente zur Läuferpol-Zeitkonstante ist somit gegeben durch das Verhältnis von Höhe zu Breite der schraffierten Fläche zwischen den Charakteristiken in Abb. 15a, wenn beide in Relativwerten gemessen werden.

Wir wollen zwei extreme Fälle mit verschiedenen asymptotischen Gleichgewichtspunkten betrachten. *Für den Leerlauf einer ungesättigten Maschine* erkennen wir aus Abb. 16a, daß

$$\frac{\Delta E}{\Delta i} = \frac{E_0}{i_0} \tag{28}$$

ist. Dies ergibt nach Gl. (27)

$$S_0 = T_p , \qquad (29)$$

so daß *die Subtangente gleich der Läuferpol-Zeitkonstante* ist. Dies ist indessen ein idealer und fiktiver Fall. Bei Sättigung im Eisen wird entsprechend der gestrichelten Kurve von Abb. 16a für das gleiche $\varDelta i$ die Spannungsabweichung $\varDelta E$ kleiner als vorher und somit $S < T_p$. *Die Sättigung verringert also die äquivalente Zeitkonstante im Leerlaufzustand.*

Für den Klemmenkurzschluß einer ungesättigten Maschine sehen wir aus Abb. 16b, wo J_s den Stoßstrom und J_k den dauernden Kurzschlußstrom darstellt, daß

$$\varDelta i = m J_s , \qquad \varDelta E = E_0 \frac{m J_k}{i_0} \qquad (30)$$

ist. In diesem Zustand ist die Subtangente daher

$$S_k = T_p \frac{J_k}{J_s} = \sigma T_p , \qquad (31)$$

was nur ein Bruchteil der Läuferpol-Zeitkonstante T_p ist. Dies bedeutet, daß die äquivalente Selbstinduktion der Erregerwicklung durch die Rückwirkung der kurzgeschlossenen Ankerwicklung erheblich verkleinert wird. *Deshalb erfolgt das Abklingen der EMK und des Hauptflusses der Maschine unter Kurzschluß sehr viel schneller als bei Leerlauf, und zwar im Verhältnis des Dauerstroms zum Stoßstrom bei Kurzschluß.* Das Verhältnis dieser beiden Ströme gemessen ohne Gleichstromkomponente ist rechterhand in Gl. (31) durch den Streukoeffizienten σ der Maschine ausgedrückt, wie er in Kapitel 13, Gln. (12) und (22) definiert war. *Die Subtangente ist daher jetzt gleich der Streufeld-Zeitkonstante,* was mit den Ergebnissen der Kapitel 12 bis 14 für ungesättigte Maschinen übereinstimmt. Mit Berücksichtigung der Sättigung gilt jedoch die gestrichelte Kurve in Abb. 16b, und $\varDelta i$ wird größer für das gleiche $\varDelta E$, so daß S wiederum kleiner als vorher wird.

Wir sehen hieraus, *daß die Subtangente S, die die momentane Zeitkonstante der E-Kurve darstellt, nur für ungesättigte Maschinen konstant ist, und daher zeigen nur solche Maschinen ein exponentielles Abklingen der Spannungen und somit der Belastungs- und der Kurzschlußströme. Die wirklichen gesättigten Maschinen jedoch besitzen eine Subtangente S, die nach Gl. (27) und Abb. 15 anfänglich gering ist und erst zum Schluß auf einen konstanten Betrag anwächst, wenn sich die magnetische Charakteristik dem stationären Punkt linear nähert.* Bei kapazitiver Belastung kehrt sich dies Verhalten um; die Subtangente nimmt bei höherer Sättigung zeitlich ab.

Alle Einflüsse, die durch Verringerung der Ankerrückwirkung die Netzcharakteristik heben, wie zum Beispiel OHMscher Widerstand oder ein- und zweipolige Belastung, vergrößern den Wert der Subtangente gegen den Leerlaufswert der Gl. (29) hin. Zum Beispiel wird bei zweipoligem Klemmenkurzschluß die Neigung der Streucharakteristik doppelt so groß wie bei dreipoligem Kurzschluß, wie es in Kapitel 51, Gl. (27) und Abb. 10 gezeigt wurde. *Deshalb wird die Subtangente oder momentane Zeitkonstante dieses Falles zweimal so groß wie die dreipolige Zeitkonstante.* Dies stimmt mit den experimentellen Ergebnissen der Abb. 6 und 7 in Kapitel 14 völlig überein.

Für den Schluß der Ausgleichsperiode können wir eine *End-Zeitkonstante* T_∞ ableiten, wofür wir die magnetische Charakteristik nahe dem Schnittpunkt mit der Netzcharakteristik als geradlinig ansehen dürfen. Dann wird der letzte Bruch in Gl. (27) konstant, und somit wird der zeitliche Verlauf von Spannung und Strom wirklich exponentiell. In Abb. 17 ist der Wert des End-Verhältnisses der

Zeitkonstanten

$$\frac{T_\infty}{T_p} = \frac{\Delta E/E_0}{\Delta i/i_0} \tag{32}$$

dargestellt, abhängig von der Endspannung $E\infty$ eines Schaltvorganges im Verhältnis zur Normalspannung E_0 bei verschieden starken Erregungen i_1/i_0 von üblichen Synchronmaschinen. Die exponentielle End-Zeitkonstante $T\infty$ wächst im geradlinigen Bereich der Magnetisierungskurve linear an, erreicht kurz vor der Leerlaufspannung E_0, also beim Beginn der Krümmung der Charakteristik, ihr Maximum von ¼ bis ⅔ der Leerlaufszeitkonstante, je nach der Stärke der Erregung, und sinkt bei höheren Endwerten der Spannung rapide wieder bis auf geringe Bruchteile des Wertes T_p herab. *Die Feldänderungen der belasteten Maschine gehen daher*, wenn man sie als angenähert exponentiell auffaßt, *erheblich rascher vor sich* als nach der Leerlaufszeitkonstante T_p. Wir haben hierduch die Ausgleichsvorgänge der belasteten Synchronmaschine auf die leerlaufende reduziert.

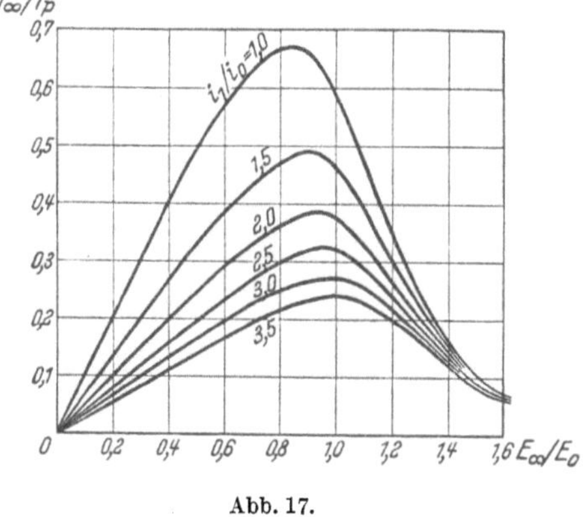
Abb. 17.

54. Ausgleichswirkungen von Dämpferkreisen und Läuferstreuung.

Eine Reihe wichtiger Erscheinungen beim Betriebe elektrischer Kraftwerksnetze wird stark beeinflußt durch die Wirkung der magnetischen Verkettung zwischen dem Rotorstreufluß und den Dämpferstromkreisen in den Polen der speisenden Synchronmaschinen. Besonders zwei der vorherrschenden Probleme hängen fast ganz von dieser Wirkung ab, nämlich die Entwicklung der gefährlichen Kurzschlußströme nach Größe und Zeit, und der Anstieg der wiederkehrenden Spannung in Leistungsschaltern, was der Unterbrechung der Kurzschlußströme eine Grenze setzt. Wir wollen daher die Wechselwirkung von Streuung und Dämpfer in ihren Einzelheiten betrachten unter voller Berücksichtigung der magnetischen Sättigung des Hauptflusses und mit Einschluß der Rückwirkung der Ankerwicklung auf die Dämpferstromkreise.

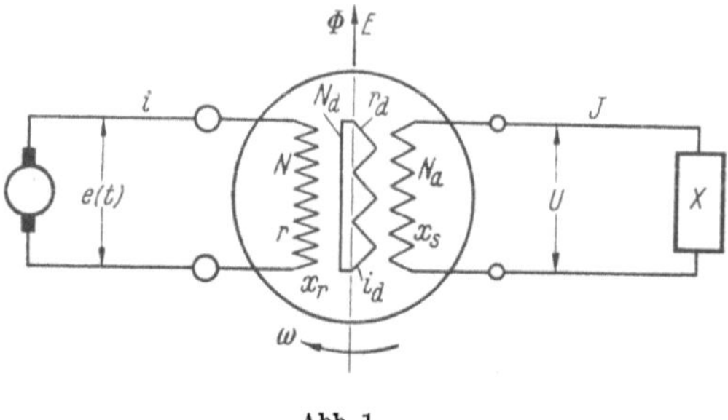
Abb. 1.

a) Wechselwirkung der elektrischen und magnetischen Kreise. Wir betrachten die hauptsächlichen Stromkreise einer Synchronmaschine, die schematisch in Abb. 1 gezeichnet sind und im Querschnittsbild der Abb. 2 mit geometrischen Einzelheiten dargestellt sind. Wenn die Pole des Generators mit Dämpferkreisen ausgerüstet sind, so bilden diese meistens eine Käfigwicklung an der Oberfläche der Polschuhe, sowohl bei zylindrischem Läufer wie mit ausgeprägten Polen. Der Gesamtfluß in der Dämpferwicklung ist daher identisch mit dem Fluß, der in die Ständeroberfläche eintritt, wenn wir den sehr kleinen tangentialen Fluß im Luftspalt einschließlich des Dämpfernutenflusses vernachlässigen. Zwischen Dämpfer und Erregerwicklung jedoch kann ein tangentialer Fluß hindurchtreten, der sich zwischen den benachbarten Polflanken schließt, wie es in Abb. 2 angedeutet ist. Dieser stellt den Rotorstreufluß dar, *an dessen veränderlichem Teil wir hier interessiert sind.* Um das Verhalten der Maschine in der Polachse etwas zu vereinfachen, ist in Abb. 2 ein konzentrierter Dämpfer und nicht eine verteilte Käfigwicklung dargestellt.

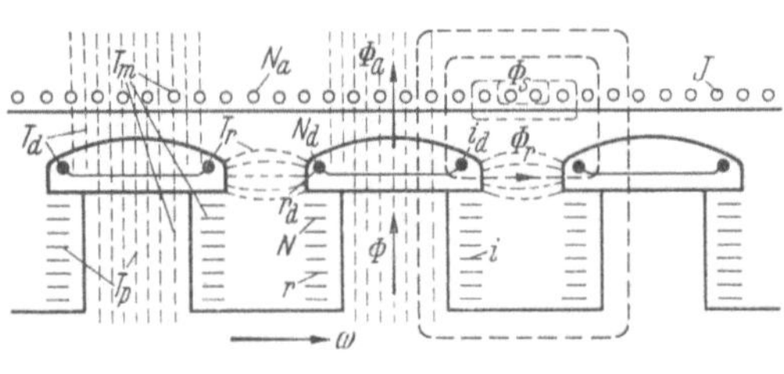

Abb. 2.

Im *Statorstromkreis*, dessen Widerstand wir vernachlässigen wollen, ist die innere elektromotorische Kraft E gegeben durch die Klemmenspannung U und die Streuspannungen, die von den Stator- und Rotorstreuflüssen Φ_s und Φ_r herrühren,

$$E = U + \omega N_a \Phi_s + \omega N_a \Phi_r, \quad (1)$$

wobei ω die konstante Kreisfrequenz und N_a die wirksame Windungszahl der Ankerwicklung bedeutet. Wenn die Klemmen durch einen Strom J in dem konstanten Blindwiderstand X belastet sind, so ist das erste Glied auf der rechten Seite von Gl. (1) gleich XJ. Wir wollen hauptsächlich den Fall betrachten, daß X rein induktiv ist, so daß Gl. (1) algebraisch bleibt. Wenn der Ständerstreufluß dem Strom proportional ist, so können wir das zweite Glied auf der rechten Seite von Gl. (1) durch $x_s J$ ausdrücken, wobei $x_s = \omega S_s$ die Ständerstreureaktanz ist. Der Streufluß im dritten Gliede ist jedoch, wie Abb. 2 zeigt, nicht nur mit der Ständerwicklung, sondern auch mit dem Dämpferstromkreis verkettet, und daher kann dieses Glied nicht so einfach ausgedrückt werden.

Der *Erregerstromkreis* des Läufers wird von einer äußeren Spannung e gespeist, die entweder als konstant oder als eine bekannte Funktion der Zeit gegeben ist. Bezeichnet r den Widerstand, N die Zahl der Erregerwindungen und Φ den Rotorpolfluß, dann ist der Erregerstrom i bestimmt durch

$$e(t) = r\,i + N\frac{d\Phi}{dt}, \quad (2)$$

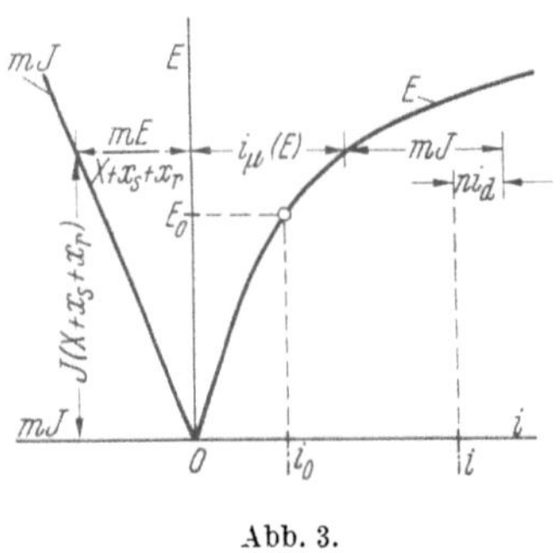

Abb. 3.

wobei das letzte Glied während des Ausgleichszustandes weit überwiegt.

Im *magnetischen Hauptstromkreis* von Abb. 2 erzeugt der Erregerstrom i den Magnetfluß Φ im Polkern, was einen Magnetisierungsstrom i_μ erfordert, der seinerseits von Φ und daher von der entsprechenden elektromotorischen Kraft E abhängt, wie es in der magnetischen Sättigungskurve von Abb. 3 gezeigt ist. Außerdem kompensiert der Erregerstrom die Ankerrückwirkung des Belastungsstromes J und auch die Rückwirkung des Dämpferstromes i_d in der Windungszahl N_d. Die gesamte Erregung des Hauptflusses ist daher durch die Beziehung bestimmt

$$i = i_\mu(E) + \frac{N_a}{N}J - \frac{N_d}{N}i_d. \quad (3)$$

In dieser Gleichung zählen wir als positiv: einen magnetisierenden Dämpferstrom i_d; jedoch einen entmagnetisierenden oder induktiven Ständerstrom J.

Der *Dämpferstromkreis* nach Abb. 2 ist vollständig verkettet mit dem Ankerfluß Φ_a, der seinerseits als Differenz des Rotorkernflusses Φ und des Rotorstreuflusses Φ_r ausgedrückt werden kann. Der Strom im kurzgeschlossenen Dämpfer vom Widerstand r_d ist daher bestimmt durch

$$0 = N_d \frac{d}{dt}(\Phi - \Phi_r) + r_d\, i_d\,. \tag{4}$$

Im *Rotorstreukreise* kann der Fluß Φ_r nach Abb. 2 betrachtet werden als erregt durch die gemeinsame Wirkung von Ständerstrom und Dämpferstrom, die beide entgegengesetzte positive Richtung besitzen. Der wirksame Rotorstreufluß ist daher

$$\Phi_r = \frac{x_r}{\omega N_a}\left(J - \frac{N_d}{N_a} i_d\right), \tag{5}$$

wenn wir die Rotorstreureaktanz im Dauerzustand, bezogen auf den Ständerstrom und ohne Einwirkung des Dämpferstromes, definieren als

$$x_r = \omega \frac{N_a \Phi_{r0}}{J_0}\,. \tag{6}$$

Wie im Kapitel 53 sind Rotorpolfluß Φ und EMK E stets proportional,

$$\frac{\Phi}{E} = \frac{\Phi_0}{E_0}, \tag{7}$$

wobei Φ_0 und E_0 die Normalwerte von Fluß und Ständerspannung bei Leerlauf der Maschine angeben. Das letzte Glied von Gl. (2) kann daher wieder in einer der beiden folgenden Formulierungen geschrieben werden

$$N \frac{d\Phi}{dt} = T_m \frac{dE}{dt} = e_0\, T_p\, \frac{d(E/E_0)}{dt}, \tag{8}$$

wobei e_0 die normale Rotorspannung ist. Hierin ist ferner

$$T_m = \frac{N\Phi_0}{E_0} \tag{9}$$

die *Zeitkonstante der ganzen Maschine*, die völlig unabhängig von der magnetischen Sättigung ist, während

$$T_p = \frac{N\Phi_0}{e_0} \tag{10}$$

die *Zeitkonstante der Läuferpole mit ihrer Erregerwicklung* ist, die konstant bleibt, solange die Normalwerte des Rotors nicht geändert werden.

b) Lösung der Stromkreis-Gleichungen. Die Beziehungen (1) bis (5) bilden die grundlegenden Gleichungen unseres Problems, die wir für den Ausgleichszustand der Maschine bei veränderlicher magnetischer Sättigung lösen wollen. Wir nehmen aber der Einfachheit halber an, daß die Sättigung des magnetischen Hauptkreises in den Polkernen konzentriert ist, wo sie am wirksamsten ist, und daß die Sättigung der magnetischen Streukreise nur unbedeutend ist. Wir wollen aus der gegebenen Gleichungsgruppe die untergeordneten Größen eliminieren, besonders diejenigen, die lineare Abhängigkeit zeigen, und wir beziehen die verbleibenden Glieder auf solche Parameter, die die Sättigung des magnetischen Hauptkreises enthalten, insbesondere auf die magnetische Leerlaufcharakteristik $i_\mu(E)$.

Wenn wir die Ableitung des Flusses nach Gl. (8) in Gl. (2) einsetzen, und gleichfalls den Wert des Erregerstromes nach Gl. (3), so erhalten wir als *Hauptbeziehung für die zeitliche Veränderung der EMK der Maschine*

$$T_m \frac{dE}{dt} = e(t) - r\,[i_\mu(E) + mJ - n\,i_d]\,. \tag{11}$$

Hierbei drücken

$$m = \frac{N_a}{N}, \qquad n = \frac{N_d}{N} \tag{12}$$

die Windungszahl-Verhältnisse der Anker- und Dämpferwicklung zur Erregerwicklung aus. Gl. (1) könnte gelöst werden, wenn der Inhalt der eckigen Klammer allein von der EMK E abhängig wäre, wie es für den Leerlauf-Magnetisierungsstrom i_μ der Fall ist.

Wenn wir in Gl. (1) Klemmenspannung und Flüsse durch Reaktanzen und Ströme ausdrücken, so erhalten wir unter Benutzung von Gl. (5)

$$E = XJ + x_s J + x_r \left(J - \frac{N_d}{N_a} i_d\right), \tag{13}$$

was anzeigt, daß der Rotor-Streuspannungsabfall im Ausgleichszustand vom Wert des Dämpferstromes abhängt. Der Statorstrom ist hiernach

$$J = \frac{E}{X + x_s + x_r} + \frac{x_r}{X + x_s + x_r} \frac{n}{m} i_d, \tag{14}$$

was im wesentlichen durch EMK und Dämpferstrom ausgedrückt ist. Die letzten zwei Glieder in der eckigen Klammer von Gl. (11) werden daher

$$mJ - n i_d = \frac{mE}{X + x_s + x_r} - \frac{X + x_s}{X + x_s + x_r} n i_d. \tag{15}$$

Hierdurch haben wir den Ständerstrom auf der rechten Seite von Gl. (11) durch die EMK E ausgedrückt, die die Hauptvariable unserer Differentialgleichung ist. Wir erhalten nunmehr für Gl. (11)

$$T_m \frac{dE}{dt} = e(t) - r\left[i_\mu(E) + \frac{mE}{X + x_s + x_r} - \frac{X + x_s}{X + x_s + x_r} n i_d\right]. \tag{16}$$

Um auch den Dämpferstrom i_d durch die EMK auszudrücken, führen wir den Rotorstreufluß Φ_r von Gl. (5) in Gl. (4) ein und erhalten

$$N_d \frac{d\Phi}{dt} + r_d i_d = N_d \frac{x_r}{\omega N_a} \frac{d}{dt}\left(J - \frac{n}{m} i_d\right). \tag{17}$$

Wenn wir Gl. (15) auf der rechten Seite von Gl. (17) einsetzen und auf ihrer linken Seite nach Gl. (7) E statt Φ einführen, so ergibt sich

$$N_d \frac{\Phi_0}{E_0} \frac{dE}{dt} + r_d i_d = N_d \frac{x_r}{\omega N_a}\left[\frac{dE/dt}{X + x_s + x_r} - \frac{n}{m} \frac{X + x_s}{X + x_s + x_r} \frac{di_d}{dt}\right]. \tag{18}$$

Den Bruch vor der eckigen Klammer auf der rechten Seite können wir durch Gl. (6) ausdrücken als Verhältnis des Läuferstreuflusses Φ_{r0} zum Ständerstrom J_0 im Dauerzustand. Andererseits ist die Summe aller Reaktanzen im ersten Nenner innerhalb der eckigen Klammer gegeben durch den Quotienten der EMK E_0 zum Strom J_0 für den Dauerzustand, in dem $i_d = 0$ ist. Es ergibt sich daher für das erste rechte Glied in Gl. (18)

$$N_d \frac{x_r}{\omega N_a} \frac{dE/dt}{X + x_s + x_r} = N_d \frac{\Phi_{r0}}{J_0} \frac{J_0}{E_0} \frac{dE}{dt}. \tag{19}$$

Diesen Ausdruck können wir vereinigen mit dem ersten Glied auf der linken Seite von Gl. (18) und erhalten

$$N_d \frac{\Phi_0 - \Phi_{r0}}{E_0} \frac{dE}{dt} = N_d \frac{\Phi_a}{E_0} \frac{dE}{dt}, \tag{20}$$

wobei die Differenz zwischen Polfluß und Rotorstreufluß im stationären Zustand durch den Ankerfluß Φ_a ausgedrückt ist. Das letzte Glied auf der rechten Seite von Gl. (18) kann umgeschrieben werden, und die konstanten Faktoren können abgekürzt werden, zu

$$\frac{x_r}{\omega}\left(\frac{N_d}{N_a}\right)^2 \frac{X+x_s}{X+x_s+x_r}\frac{di_d}{dt} = L_r\frac{di_d}{dt}\,. \tag{21}$$

und damit ergibt sich für die vollständige Gl. (18)

$$N_d\frac{\Phi_a}{E_0}\frac{dE}{dt} + r_d\,i_d + L_r\frac{di_d}{dt} = 0\,. \tag{22}$$

Wir sehen daraus, daß die Konstante L_r die Selbstinduktion der Dämpferwicklung für den Rotorstreufluß ist. Sie ist in Gl. (21) durch die Rotorstreuinduktion x_r/ω ausgedrückt, wie sie vom Anker aus beobachtet wird, reduziert wie das Quadrat des Windungsverhältnisses von Dämpfer- und Ankerstromkreis und multipliziert mit einem *Verkleinerungsfaktor*

$$\varrho = \frac{X+x_s}{X+x_s+x_r}\,, \tag{23}$$

der *den Einfluß der Ankerrückwirkung auf den Dämpferstromkreis* zum Ausdruck bringt.

Unser Problem besteht nun in der *gleichzeitigen Lösung der Differentialgleichungen (16) und (22), die beide als abhängige Variable lediglich E und i_d enthalten, jedoch zusammen mit einem nichtlinearen Glied $i_\mu(E)$, das die magnetische Charakteristik der Maschine ausdrückt.* Um diese Gleichungen nach einer graphischen Methode zu lösen, beachten wir, daß in der Hauptgleichung (16) der Dämpferstrom i_d nur die Rolle eines Korrektionsgliedes spielt mit Bezug auf die zeitliche Variation von Hauptfluß und EMK. Es wird daher ausreichend sein, wenn wir Gl. (22) durch eine angemessene Annäherung für die Veränderung von i_d befriedigen und diesen Dämpferstrom in die Hauptgleichung (16) einsetzen. Angeregt durch die Form von Gl. (22) wollen wir daher die Annahme machen, daß der Dämpferstrom sich zeitlich nahezu exponentiell ändert, so daß

$$\frac{di_d}{dt} = -\frac{i_d}{T}\,. \tag{24}$$

Dies läßt noch eine langsame Veränderung der Zeitkonstante T zu, deren Größe vorläufig unbestimmt gelassen wird.

Durch Einsetzen von Gl. (24) in Gl. (22) und Bezeichnung der Zeitkonstante des Dämpfers für den Rotorstreufluß als

$$T_r = \frac{L_r}{r_d} \tag{25}$$

erhalten wir unter Verwendung von Gl. (9)

$$\frac{N_d}{N}\frac{\Phi_a}{\Phi_0}T_m\frac{dE}{dt} + r_d\left(1-\frac{T_r}{T}\right)i_d = 0\,. \tag{26}$$

Hierdurch wird i_d als Funktion von dE/dt bestimmt. Wenn wir nun den Dämpferstrom i_d in das letzte Glied von Gl. (16) einsetzen, so wird dies nach Abkürzung durch Gl. (23)

$$r\,\varrho\,n\,i_d = \varrho\frac{N_d^2\Phi_a}{r_d}\frac{r}{N^2\Phi_0}\frac{T_m\,dE/dt}{1-T_r/T} = \frac{T_d}{T_p}\frac{T_m\,dE/dt}{1-T_r/T}\,. \tag{27}$$

Der mittlere Ausdruck ist hierin so angeordnet, daß wir unmittelbar erkennen, daß die ersten beiden Brüche das Verhältnis von zwei Zeitkonstanten angeben. Diese sind: eine Dämpfer-Zeitkonstante T_d, die durch den Widerstand und die Windungszahl des Dämpferkreises und durch den Ankerfluß bestimmt ist, der mit diesem Stromkreis verkettet ist, was einen größeren Wert als T_r nach Gl. (25) ergibt; und die Hauptpol-Zeitkonstante T_p, die durch die entsprechenden Werte der Erregerwicklung bestimmt wird und bereits in Gl. (10) definiert wurde. Wenn wir jetzt den letzten Ausdruck in der Klammer von Gl. (16), wie er durch Gl. (27) ausgewertet ist, mit der linken Seite von Gl. (16) vereinigen, so erhalten wir

$$T_m \left(1 + \frac{T_d/T_p}{1 - T_r/T}\right) \frac{dE}{dt} = e(t) - r\left[i_\mu(E) + \frac{mE}{X + x_s + x_r}\right]. \tag{28}$$

Hierin enthält die rechte Seite den Quotienten von EMK und Gesamtreaktanz des Stromkreises, ein Ausdruck, der die stationäre Netzcharakteristik angibt, wie es in Abb. 3 gezeigt ist. Wenn wir nun auf der linken Seite die Rotorpol-Zeitkonstante T_p von Gl. (10) einführen an Stelle der Maschinen-Zeitkonstante T_m von Gl. (9), so erhalten wir *die Differentialgleichung für die EMK der gesättigten Synchronmaschine mit Dämpferstromkreis in der endgültigen Form*

$$\left(T_p + \frac{T_d}{1 - T_r/T}\right) \frac{d(E/E_0)}{dt} = \frac{e(t)}{e_0} - \frac{\Sigma i}{i_0}. \tag{29}$$

Der letzte Ausdruck Σi gibt wieder die Summe von innerem und äußerem stationären Magnetisierungsstrom unter der EMK E an, was stets eine gegebene Funktion von E ist, wie in Abb. 3 gezeigt ist. Tatsächlich stimmen die rechten Seiten der Gln. (28) und (29) genau überein mit denen von Gln. (13) und (15) im Kapitel 53, wenn wir dort die Rotorstreuung mit einschließen.

Der Klammerausdruck auf der linken Seite von Gl. (29) ist die resultierende Zeitkonstante T, gemäß der die EMK E, und gleichzeitig natürlich Fluß und Dämpferstrom i_d, variieren kann. Dies ergibt die Bedingung

$$T = T_p + \frac{T_d}{1 - T_r/T}, \tag{30}$$

die auch als quadratische Gleichung

$$T^2 - T(T_p + T_d + T_r) + T_p T_r = 0 \tag{31}$$

ausgeschrieben werden kann. *Es treten hier also zwei unterschiedliche Zeitkonstanten auf, was der Existenz von zwei Läuferstromkreisen entspricht, nämlich den Erregerspulen und dem Dämpfer.* Gl. (31) gleicht vollständig der Gl. (28) von Kapitel 8 für die Zeitkonstanten von zwei magnetisch gekuppelten unsymmetrischen Stromkreisen.

Für mäßigen Wert der Rotorstreuung, wie sie in wirklichen Maschinen auftritt, ist die Rotorstreufeld-Zeitkonstante T_r klein im Vergleich mit den anderen Zeitkonstanten. Daher sind die beiden Lösungen der Gl. (31) in sehr guter Annäherung

$$T_1 = T_p + T_d; \qquad T_2 = \frac{T_r}{1 + (T_d + T_r)/T_p} \simeq T_r, \tag{32}$$

wobei das letzte Glied auf der rechten Seite eine weitere Annäherung für relativ kleines T_d darstellt. *Die große Hauptfeld-Zeitkonstante T_1 ist durch die Summe der Zeitkonstanten von Erregerwicklung und Dämpferstromkreis gegeben, die beide durch die Verkettung mit dem Hauptfluß im Anker und in den Polen verursacht werden. Die kleine Streufeld-Zeitkonstante T_2 andererseits ist hauptsächlich verursacht durch den Läuferstreufluß von Pol zu Pol in Verkettung mit dem Dämpferstromkreis allein.*

c) Graphische Darstellung der Lösung. Wir erkennen nunmehr, daß unsere Differentialgleichung (29) *zwei Lösungen hat, eine erzwungene, die dem Hauptfluß in den Polen zugeordnet ist und eine freie, die den Rotorstreufluß zwischen den Polen betrifft. Die erzwungene Lösung* ist durch die Differentialgleichung bestimmt

$$T_1 \frac{d(E/E_0)}{dt} = \frac{e(t)}{e_0} - \frac{i_\mu(E) + mJ_1}{i_0} = \frac{\Delta i_1}{i_0}. \tag{33}$$

Durch den großen Wert von T_1 liefert sie eine zeitlich langsame Änderung der EMK E und des entsprechenden Hauptpolflusses. Dieser Fluß wird erregt durch einen Ohmschen Strom e/r, der durch die Erregerspannung $e(t)$ bestimmt wird, von dem der Magnetisierungsstrom i_μ für den Hauptkreis und der Ständerstrom mJ_1 der Ankerrückwirkung abzuziehen sind, die beiden letzteren entsprechend der Spannung E. Für konstante Erregerspannung e gibt Abb. 4 rechts vom Punkt B eine graphische Darstellung der zeitlichen Änderung der EMK E, die für jedes E proportional dem Differenzstrom Δi_1 ist, was in Abb. 4 dicht schraffiert ist.

Diese Lösung ist identisch mit der von Kapitel 53, nur ist hier die Zeitkonstante T_1 um das Maß T_d größer als dort, was durch den gleichachsigen Dämpferstromkreis bewirkt wird.

Die *freie Lösung* ist durch die verbleibende Differentialgleichung von Gln. (29) und (33) gegeben, nämlich

$$T_2 \frac{d\,(E/E_0)}{dt} = -\frac{mJ_2}{i_0} = \frac{\Delta i_2}{i_0}. \tag{34}$$

Diese Beziehung ergibt wegen des kleinen Wertes von T_2 eine zeitlich sehr schnelle Änderung des Rotorstreuflusses. Dieser wird von den Dämpferströmen erregt, die durch J_2 ausgedrückt sind, er wird aber weder von der Erregerspannung $e(t)$ noch von dem Eisen-Magnetisierungsstrom $i_\mu(E)$ beeinflußt.

Die Änderung dieses Streuflusses und seiner Ströme ist auf der linken Seite von Abb. 4 zwischen den Punkten A und B durch weite Schraffur graphisch dargestellt und enthält als Erregerstrom nur den für die Rotorstreureaktanz x_r notwendigen Betrag. Ohne Sättigung im Rotorstreukreise ist Δi_2 proportional zu E, und der Streufluß sowie der entsprechende Teil des Dämpferstromes

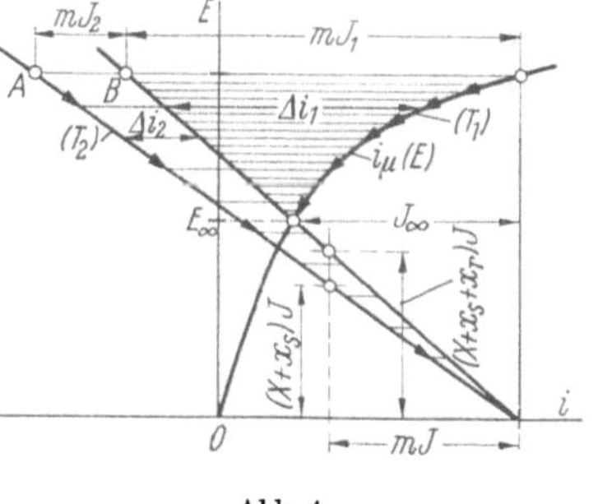

Abb. 4.

verlöscht daher exponentiell. Bei Sättigung des Streuflusses können wir Gl. (34) graphisch ebenso auswerten, wie es für Gl. (33) beschrieben wurde.

Die Anwesenheit eines Dämpferstromkreises bewirkt daher das Auftreten von zwei Netzcharakteristiken, eine für die gesamte Reaktanz $X + x_s + x_r$ und eine für die Reaktanz $X + x_s$ des Statorstromkreises allein, weil nur diese letzteren Reaktanzen von Flüssen herrühren, die frei schwanken können. Der gesamte Statorstrom ist stets gegeben als die Summe der erzwungenen und der freien Lösung, also $J_1 + J_2$, wie es auch schon aus Gl. (14) hervorgeht.

In Abb. 4 nimmt das erzwungene Δi_1 gegen Null ab bis zum Schnittpunkt der Sättigungs- und der Netzcharakteristik und ergibt dort eine Dauerspannung $E\infty$ und einen Dauerstrom $J\infty$ im Stator. Das freie Δi_2 jedoch nimmt bis zur Abszisse auf Null ab und hinterläßt weder Strom noch Spannung in der Dämpferwicklung. Die Abnahme ist langsam für den erzwungenen Strom Δi_1 mit der großen Zeitkonstante T_1, jedoch sehr schnell für den freien Strom Δi_2 mit der kleinen Zeitkonstante T_2. *Daher ist Δi_2 nahezu verschwunden, wenn Δi_1 gerade beginnt sich zu bewegen.*

Die Anfangsbedingungen im Augenblick des Schaltens können leicht angegeben werden, wenn wir die Flüsse und Stromkreise in Abb. 2 betrachten. Die elektrisch geschlossene Erregerwicklung ist mit dem Fluß Φ im Polkern verkettet, und *daher bleibt der Polfluß im Augenblick des Schaltens konstant*. Die kurzgeschlossene Dämpferwicklung ist mit dem Polfluß plus Rotorstreufluß verkettet, die zusammen den Ankerfluß Φ_a bilden. Daher bleibt dieser Fluß, der den Luftspalt zwischen dem Polschuh und der Ankeroberfläche durchsetzt, konstant und *somit kann auch der Rotorstreufluß Φ_r sich im Augenblick des Schaltens nicht ändern.* Nur der Statorstreufluß Φ_s und der induktive Fluß des äußeren Stromkreises können sich direkt mit dem Ständerstrom verändern.

In Abb. 5 ist die zeitliche Entwicklung des Kurzschlußstromes dargestellt, wenn die Klemmen eines gesättigten Generators im Leerlaufszustand plötzlich kurzgeschlossen werden und die Erregerspannung konstant gehalten wird. Die magnetische Leerlaufscharakteristik $i_\mu(E)$ der Maschine in Verbindung mit der Ständer-Streucharakteristik $x_s J$ und der gesamten Streucharakteristik $(x_s + x_r) J$ bestimmen vollständig den Ausgleichszustand einschließlich der Anfangsbedingungen.

Der unbalancierte Strom Δi_1, wie er durch die Gln. (28) und (33) definiert wird, ist in Abb. 5a durch die horizontale Breite der engschraffierten Fläche gegeben als Differenz des vorherigen Erregerstromes $i_1 = e/r$ und der Summe des

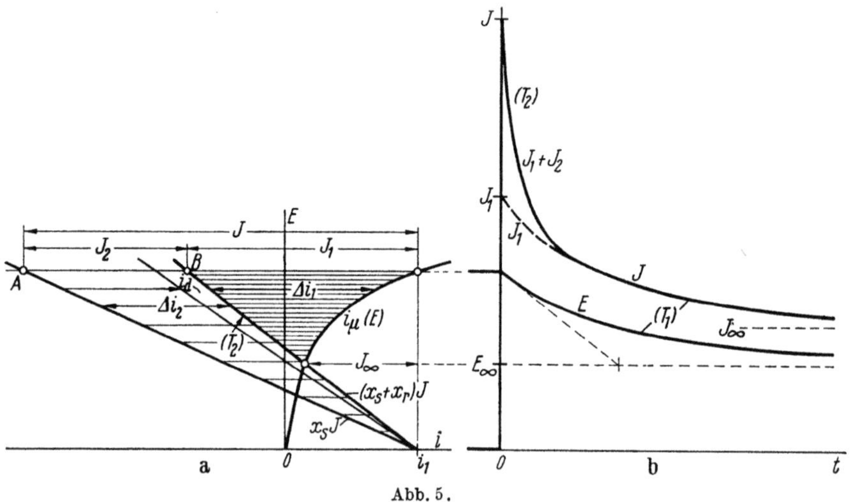

Abb. 5.

Leerlauf-Magnetisierungsstromes $i_\mu(E)$ und eines Kurzschluß-Dauerstromes $J_1 = E/(x_s + x_r)$, welch letzterer als gerade Linie im Rotormaßstab rückwärts von i_1 aus abgetragen ist. Da Δi_1 nur von E abhängt, so kann die Kurve $E(t)$, wie sie in Abb. 5b dargestellt ist, erhalten werden, entweder in schrittweiser Konstruktion aus dem nunmehr bekannten Werte von dE/dt oder durch eine Quadratur, die t als Funktion von E ergibt, wenn Gl. (33) nach Trennung der Variablen integriert wird. Jedem E kann nunmehr der Strom J_1 zugeordnet werden an Hand der gesamten Streucharakteristik, die durch $x_s + x_r$ bestimmt wird. Dieser *langsam abklingende Ständer-Kurzschlußstrom J_1* entspricht der langsamen Änderung des Hauptpolflusses mit der *Sättigungs-Zeitkonstante T_1.*

Zusätzlich hierzu tritt ein schnell veränderlicher Fluß auf, der durch einen Strom Δi_2 erregt wird, wie er durch den weit schraffierten Abstand zwischen den beiden Streucharakteristiken in Abb. 5a dargestellt ist und der allein auf den Läuferstreupfad wirkt. Dieser Dämpferstrom wird durch einen *zusätzlichen Ständerstrom J_2* balanciert, und beide *klingen mit einer exponentiellen Zeitkonstante T_2 entsprechend Gl. (34) schnell ab.* An Stelle einer schrittweisen Abnahme von Δi_2 bis auf Null, oder einer Quadratur von Gl. (34), können wir auch die Ständer-Streucharakteristik $x_s J$ auf die gesamte Streucharakteristik $(x_s + x_r) J$ hin drehen mit einer Geschwindigkeit, die der Zeitkonstante T_2 entspricht. Alsdann bestimmt jede Zwischenlage dieser Linie das linke Ende, bis zu welchem der gesamte Ständerstrom $J_1 + J_2$ gemessen werden muß. Abb. 5b stellt auch den schnell abklingenden zusätzlichen Strom J_2 dar, der zu Anfang eine starke Vergrößerung des Kurzschlußstromes bewirkt.

Während der schnell abklingende Strom sich zeitlich exponentiell ändert, solange keine Sättigung in den Streupfaden vorliegt, weicht der langsam abklingende Strom stark von einer exponentiellen Veränderung ab, wie es durch die Wirkung der Sättigung im magnetischen Hauptkreis verursacht wird.

Wenn kein Dämpfer vorhanden wäre, so könnte der Läuferstreufluß im Augenblick des Kurzschlusses in der gleichen Weise variieren wie der Ständerstreufluß, und nur der Polfluß und seine Spannung E würde konstant bleiben. Die Größe des anfänglichen Ständerstromes würde dann sein

$$J_1 = \frac{E}{x_s + x_r}. \tag{35}$$

Dies ist in Abb. 5b als Anfangspunkt der gestrichelten Linie dargestellt. *Wenn jedoch ein Dämpferstromkreis vorhanden ist,* so bleibt im ersten Augenblick der Läuferstreufluß konstant und nur der Ständerstreufluß kann sich ändern. *Daher ist die Größe des tatsächlichen Stromes durch die Ständerstreuung allein bestimmt zu*

$$J = \frac{E}{x_s}. \tag{36}$$

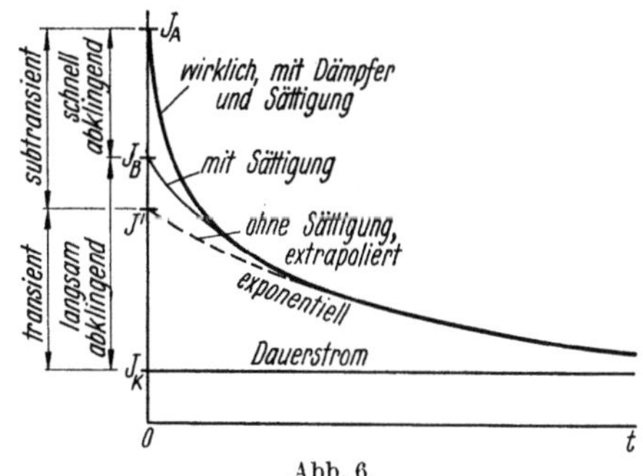

Abb. 6.

Diese Spitze ist in Abb. 5b als Anfangspunkt der vollen Linie dargestellt. Wenn der Kurzschluß über eine äußere Reaktanz X erfolgt, so muß dieser Wert in den beiden Nennern der Gln. (35) und (36) hinzugefügt werden.

Es sollte beachtet werden, daß die langsam abklingenden und schnell abklingenden Vorgänge, die sich hier ergeben haben, nicht identisch sind mit den transienten und subtransienten Vorgängen, wie sie häufig beschrieben werden. Abb. 6 zeigt für einen plötzlichen Kurzschluß den Unterschied dieser beiden Auffassungen. Der subtransiente Strom wird meistens definiert als der Unterschied zwischen der wirklichen Größe des veränderlichen Stromes und der exponentiellen transienten Asymptote, die eine Zeitkonstante besitzt gleich der längsten wirklich auftretenden Subtangente. Die letztgenannte Kurve, rückwärts extrapoliert als gestrichelte Linie in Abb. 6, liegt beträchtlich tiefer als unsere langsam abklingende Kurve, die wegen der Wirkung der magnetischen Sättigung im Anfang eine kürzere Subtangente besitzt. *Die transiente Reaktanz,* die sich aus dem Anfangspunkt J' der exponentiellen Asymptote bestimmt, *ist daher bei gesättigten Maschinen erheblich größer als die tatsächliche Summe der Ständer- und Läuferstreureaktanzen,* die den wahren Anfangsstrom J_B ohne Dämpferwirkung bestimmt.

Die plötzliche Unterbrechung des Klemmenkurzschlusses eines gesättigten Generators ist in Abb. 7 dargestellt, für den Fall, daß die Erregerspannung auch jetzt konstant gehalten wird. Wie in Abb. 7a gezeigt ist, wird der vorausgehende Dauerzustand der Flüsse durch den Schnitt der beiden Streucharakteristiken mit der Leerlaufcharakteristik bestimmt. Die Linie $x_s J$ ergibt den Ankerhauptfluß, die Linie $(x_s + x_r) J$ ergibt den Läuferpolfluß. Im Augenblick der Unterbrechung des Kurzschlußstromes wird der Läuferpolfluß konstant gehalten durch die Wirkung der Erregerwicklung, aber auch der Ständerfluß wird konstant gehalten durch die zusätzliche Wirkung der Dämpferwicklug. Daher beginnt die EMK entsprechend dem Läuferpolfluß mit dem Werte E_B und wächst langsam an entsprechend dem unbalancierten Strom Δi_1, der zwischen der Leerlaufs-Charakteristik $i_\mu(E)$ und der Vertikalen durch i_1 liegt, welch letztere die äußere Charakteristik bei offenen Klemmen darstellt.

Die Ständerspannung springt andererseits im Augenblick der Unterbrechung von Null auf den Wert E_A, der gleich der vorherigen Ständerstreuspannung allein ist, und steigt wegen des abklingenden Rotorstreuflusses schnell auf den höheren Wert der EMK E an, wie es in Abb. 7b dargestellt ist. *Somit springt die Klemmenspannung des Generators bei Unterbrechung des Stromkreises zuerst plötzlich um das Maß der vorherigen Ständerstreuspannung; alsdann steigt sie schnell wegen des abklingenden Rotorstreuflusses an; und schließlich kriecht sie langsam höher bis zur Leerlaufsspannung entsprechend dem wiederkehrenden Hauptfluß in den Polen der Maschine.*

Dies Verhalten ist von erheblicher Bedeutung für die Wirkungsweise von Leistungsschaltern. Die wiederkehrende Spannung, die zwischen den Schalterkontakten nach Unterbrechung eines Kurzschlußstromes erscheint, hat den

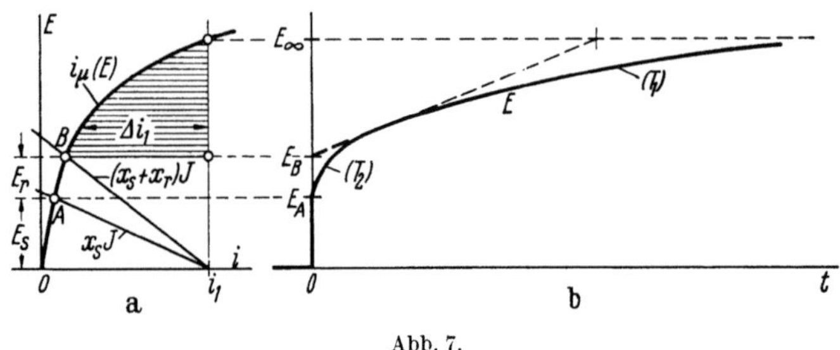

Abb. 7.

Wert E_A in Abb. 7, falls der Generator eine Dämpferwicklung besitzt. Für Generatoren ohne Dämpfer ist die wiederkehrende Spannung jedoch durch den Wert E_B gegeben. Da in der Praxis diese letztere Spannung etwa den doppelten Wert der erstgenannten besitzt, nämlich wenn Ständer- und Läuferstreuspannung nahezu gleich sind, so hat die Anwendung von Dämpferwicklungen große Vorteile in dieser Hinsicht. Selbst wenn der Leistungsschalter den Kurzschlußstrom sehr schnell unterbricht, so bleibt doch zwischen diesen beiden wiederkehrenden Spannungen ein erheblicher Unterschied bestehen, der zugunsten der Anwendung von Dämpferwicklungen spricht.

Das Anspringen der wiederkehrenden Spannung nach Abb. 7, sei es E_A mit Dämpfer oder E_B ohne Dämpferwicklung, leitet schnelle Rückschlagschwingungen des Stromkreises ein, die am Lichtbogen zur Wirkung kommen und entscheidend für seine Löschung sind, wie es im einzelnen in Kapitel 40 betrachtet wurde. Ihre Größe ist stets proportional dem Wert der eingeprägten Spannung, und *daher wird die Schwere der Beanspruchung des Leistungsschalters stark von den Dämpfungseigenschaften des speisenden Generators beeinflußt.*

Das weitere Verhalten der wiederkehrenden Spannung ist ebenfalls unterschiedlich für Generatoren mit und ohne Dämpfer, wie es in Abb. 7 dargestellt ist. Die schnell veränderliche Spannung steigt nahezu exponentiell mit der Zeitkonstante T_2; die langsam veränderliche Spannung ist durch Sättigung verzerrt und wird von der schraffierten Fläche in Abb. 7a mit der Zeitkonstante T_1 abgeleitet. In Abb. 5 und 7 ist der gleiche Maßstab für die Charakteristiken sowie für die Zeiten gewählt, so daß man den Abfall und Anstieg der Spannungen numerisch direkt vergleichen kann.

Die hier entwickelte graphische Auswertung kann ebenfalls angewandt werden, wenn der Generator nicht unter symmetrischer, dreiphasiger, induktiver Last steht. Nur hat man dann die tatsächliche Netzcharakteristik plus Ständer- und Läufer-Streufeld-Charakteristiken aufzuzeichnen, wie sie in den früheren Kapiteln für den Dauerzustand bei beliebiger Wirkleistung oder unsymmetrischer Belastung abgeleitet wurde, und dies kann selbst bei magnetischer Sättigung in den äußeren Stromkreisen oder inneren Streufeldern durchgeführt werden.

d) Dämpfer-Zeitkonstanten. Die eingehende Betrachtung der magnetischen Verkettung hat uns zu einer relativ einfachen Bestimmung aller Zeitkonstanten geführt. Die Läuferpol-Zeitkonstante T_p ist dieselbe, die in Kapitel 53 für ungedämpfte Generatoren abgeleitet wurde. Die Dämpfer-Zeitkonstanten erscheinen aufgeteilt in die Größen T_d des Hauptankerflusses und T_r des Rotorstreuflusses. Ferner haben wir in Gl. (23) gefunden, in welchem Maße die Dämpfer-Zeitkonstanten durch die Ankerrückwirkung beeinflußt werden.

Die Dämpfer-Zeitkonstante des Hauptflusses ist nach Gl. (27)

$$T_d = \varrho\, T_p \left(\frac{N_d}{N}\right)^2 \frac{r}{r_d}\frac{\Phi_a}{\Phi_0} = \varrho\,\frac{N_d\,\Phi_n}{r_d\,i_d}. \tag{37}$$

Der Ausdruck auf der rechten Seite wird erhalten durch Benutzung von Gl. (10) für T_p und Einführung des Dämpferstromes an Stelle des Erregerstromes als maßgebende Veränderliche, die beide im umgekehrten Verhältnis ihrer Windungszahlen stehen. Für Zahlenrechnungen ist der mittlere Ausdruck von Gl. (37) ebenfalls sehr bequem. Er zeigt, daß diese Dämpfer-Zeitkonstante T_d nur einen Bruchteil der Hauptpol-Zeitkonstante T_p ausmacht, da der Dämpferquerschnitt durch N_d^2/r_d bestimmt wird, was stets viel kleiner ist als der Querschnitt der Erregerspulen, der durch N^2/r bestimmt wird. Weiterhin wird die Dämpfer-Zeitkonstante verkleinert durch den Faktor ϱ, der nach Gl. (23) den Einfluß der Ankerrückwirkung angibt.

Ganz entsprechend erhalten wir für *die Dämpfer-Zeitkonstante des Rotorstreuflusses* mit Hilfe von Gln. (25) und (21) sowie Gln. (6) und (10)

$$T_r = \varrho\, T_p \left(\frac{N_d}{N}\right)^2 \frac{r}{r_d}\frac{\Phi_{r0}}{\Phi_0} = \varrho\,\frac{N_d\Phi_{r0}}{r_d\,i_d}, \tag{38}$$

was nunmehr ein kleiner Bruchteil von T_d ist, wie aus dem Verhältnis des jetzigen Rotorstreuflusses Φ_{r0} zu dem vorherigen Ankerfluß Φ_a hervorgeht.

Mit Hilfe der Gln. (10), (37) und (38) können wir die resultierenden Zeitkonstanten der Gl. (32) für irgendeine gegebene Maschine bequem berechnen. Wir müssen jedoch beachten, *daß die beiden Dämpfer-Zeitkonstanten wegen des Faktors ϱ von der Belastung abhängen*, was in Gl. (23) durch den Wert der äußeren Reaktanz X zum Ausdruck kommt. Bei Leerlauf haben wir $X = \infty$, und daher $\varrho = 1$, so daß unter Abwesenheit der Ankerrückwirkung der volle Wert der Dämpfer-Zeitkonstanten auftritt. Bei Klemmenkurzschluß haben wir $X = 0$ und daher zum Beispiel mit gleich großen Ständer- und Läufer-Streureaktanzen $\varrho = \tfrac{1}{2}$. Dies zeigt, daß die zusätzlichen Ankerströme, die sich gleichzeitig mit den Dämpferströmen entwickeln, den Wert von beiden Dämpfer-Zeitkonstanten mit zunehmender Belastung vermindern bis auf etwa den halben Wert beim Kurzschlußzustand. Bei betriebsmäßigen Belastungen jedoch, wo X die Streureaktanzen stark überwiegt, ist diese Verminderung nach Gl. (23) nur geringfügig.

Wir können nunmehr die Annahme einer konzentrierten Dämpferwicklung wie in Abb. 2 fallen lassen, die einen einzigen Wert der sekundären Zeitkonstante T_2 besitzt. Räumlich ausgedehnte Vielfach-Stromkreise, wie sie als *Käfigdämpfer* benutzt werden und auch in *massiven zylindrischen Läuferkörpern* auftreten,

34a*

haben nicht eine einzige Zeitkonstante, sondern besitzen eine ganze Serie exponentieller Zeitkonstanten, von denen jede zu einer Teilamplitude des Stromes gehört, ähnlich wie es in Kapitel 10 entwickelt wurde. Dies bedeutet, daß der Fluß durch verteilte Dämpferwicklungen nicht einfach exponentiell abklingt, sondern nach einer komplizierteren Zeitfunktion, die schnell anfängt und langsam endet. Wir müssen daher die wirksame Streucharakteristik in den Abb. 4 bis 7 nicht exponentiell von der Ständerlinie bis zur Läuferlinie drehen, sondern anfangs rasch und schließlich schleichend bis auf die Geschwindigkeit der niedrigsten der schnell abklingenden Zeitkonstanten. Wir sehen somit, daß die anfänglichen und endgültigen Linien der schnell abklingenden Vorgänge stets durch die Punkte A und B der Abb. 4 bis 7 gehen und daß nur die Zwischenlagen der wirksamen Charakteristik durch verteilte Dämpferkreise etwas geändert werden. *Daher bleiben auch die anfänglichen und endgültigen Werte der schnell und langsam abklingenden Spannungen und Ströme ungeändert.*

Was nun die *numerischen Werte der Dämpfer-Zeitkonstanten* für die übliche Konstruktion der Maschinen anbelangt, so stehen die Kupferquerschnitte der Dämpferwicklung und der Erregerwicklung, die für den mittleren Ausdruck von Gl. (37) maßgebend sind, meistens im Verhältnis $^1/_5$ bis $^1/_{20}$. Daher liegt die Hauptfluß-Dämpferzeitkonstante T_d in der Größenordnung von $^1/_{10}\,T_p$, einschließlich des Verhältnisses von Anker- zu Polfluß in Gl. (37). Durch Wirbelstromausbildung in massiven Eisenkreisen kann dieser Wert verdoppelt bis verdreifacht werden; durch Ankerrückwirkung kann er halbiert werden.

Der Läuferstreufluß andererseits steht meistens im Verhältnis von $^1/_5$ bis $^1/_{10}$ zum Hauptfluß. Seine Zeitkonstante T_r ist daher im Hinblick auf den letzten Bruch im mittleren Ausdruck von Gl. (38) nochmals 5- bis 10fach kleiner, was schon eine gewisse Vergrößerung durch Wirbelströme und Verkleinerung durch Ankerrückwirkung einschließt.

Zahlentafel I. Magnetische Zeitkonstanten in Synchronmaschinen.

Größe der Maschine	Nennleistung pro Polpaar in kVA	Gleichstromglied $T_{\sigma 1}$	Polfluß bei Leerlauf T_p	Polfluß bei 3-phasigem Kurzschluß $T_{\sigma 2}^{(3)}$	Polfluß bei 1-phasigem Kurzschluß $T_{\sigma 2}^{(1)}$	Poldämpfer T_d	Rotorstreuung T_r	Einheit
Klein	100	0,05	2,5	0,5	1	0,25	0,04	sec
Mittel	1000	0,1	5	1	2	0,5	0,08	sec
Groß	10 000	0,2	10	2	4	1	0,15	sec
Sehr groß . .	100 000	0,4	20	4	8	2	0,3	sec

In *Zahlentafel I* sind einige Zahlenwerte für die verschiedenen Zeitkonstanten angegeben, wie sie in Synchronmaschinen unter den verschiedensten zuvor betrachteten Betriebsbedingungen wirksam sind. Diese Zahlen geben natürlich nur die Größenordnung an und können für Überschlagsrechnungen benutzt werden. Da die in der Praxis benutzten Generatoren sich in ihrer Konstruktion stark unterscheiden, wie zum Beispiel durch Schenkelpol- oder zylindrische Bauart, so können die tatsächlichen Zahlenwerte für einen bestimmten Fall merkbar höher oder niedriger liegen als in der Zahlentafel.

Die schnell veränderlichen Vorgänge, wie sie durch die Läuferstreuung-Dämpferzeitkonstante T_r beschrieben werden, treten natürlich nur bei plötzlichen Schaltvorgängen im Ständer auf, deren Zeitdauer kurz ist gegenüber dem Wert von T_r, wie zum Beispiel beim Ein- oder Ausschalten des Stromkreises.

Die vielen anderen veränderlichen Vorgänge jedoch, die beim Betrieb von Synchronmaschinen auftreten, wie Spannungshaltung durch einen Erregerstromregler, oder Stabilitätsstörungen durch mechanische Schwingungen des Läufers, besitzen Schwankungsperioden in der Größenordnung von Sekunden. Da diese Zeit sehr groß ist im Vergleich zu T_r, aber nicht zu T_p, so leiten solche Vorgänge nur langsame Ausgleichserscheinungen des Hauptflusses ein, sie erzeugen jedoch niemals schnelle Ausgleichsstörungen des Streuflusses. *Der Läuferstreufluß folgt vielmehr allen langsameren Schwankungen ohne wesentliche Verzögerung* gerade so wie es der Ständerstreufluß tut, und beide wirken völlig im Gleichtakt, so daß keine Trennung ihrer Wirkungen notwendig ist.

55. Regelung der Erregung und Spannung.

Zur selbsttätigen Konstanthaltung der Spannung von Gleichstrom-, Wechselstrom- oder Drehstromgeneratoren verwendet man häufig Schnellregler, die nach dem Schema der Abb. 1 das Magnetfeld der Erregermaschine beeinflussen, indem sie einen Vorschaltwiderstand in deren Nebenschlußkreis periodisch kurzschließen und öffnen. Die Erregerspannung des Generators ist dann nicht mehr konstant, jedoch kann man ihren zeitlichen Verlauf nach den Selbsterregungsgesetzen der Erregermaschinen von Kapitel 46 bestimmen.

a) Spannungssteigerung bei Entlastung. Wenn wir zunächst leerlaufende Generatoren betrachten, so fällt die Ankerrückwirkung fort und unsere Berechnungen gelten daher *ebenso für Gleichstrom- wie für Wechselstrommaschinen.* Für den Leerlaufszustand ist nach Gl. (15) von Kapitel 53 oder Gl. (33) von Kapitel 54

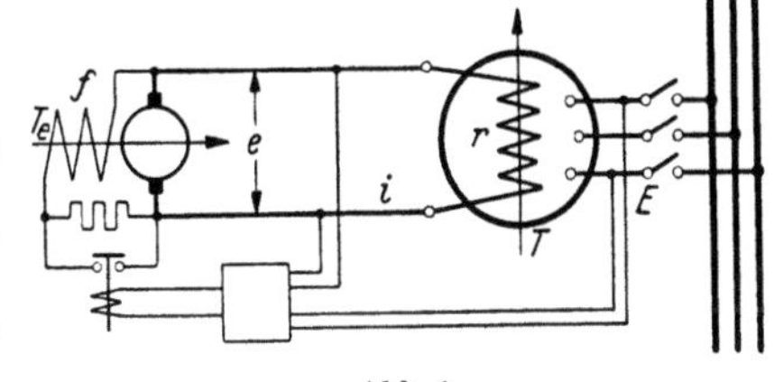

$$T\frac{d(E/E_0)}{dt} = \frac{e(t) - ri}{e_0}. \tag{1}$$

Darin bedeutet T die wirksame Hauptfeldzeitkonstante der Maschine und i den Magnetisierungsstrom ihres Eisens.

Abb. 1.

Hieraus kann man nach Abb. 2 den Verlauf der Generatorspannung E ermitteln. Wir tragen den zeitlichen Verlauf der Erregerspannung e in Abb. 2c auf und die magnetische Charakteristik des Generators in Abb. 2a, wobei wir die Spannung E nicht über dem Erregerstrom i, sondern über seinem OHMschen Spannungsabfall ri zeichnen. Wenn wir für irgend eine Zeit den Zustand des Generators, also den Erregerstrom i und seine Spannung E kennen, so ist nach Abb. 2c die Differenzspannung $e - ir$ gegeben. Zeichnen wir mit ihr und der Zeitkonstante T das rechtwinklige Dreieck der Abb. 2c, so erhalten wir nach Gl. (1) unmittelbar den zeitlichen Zuwachs der Generator-

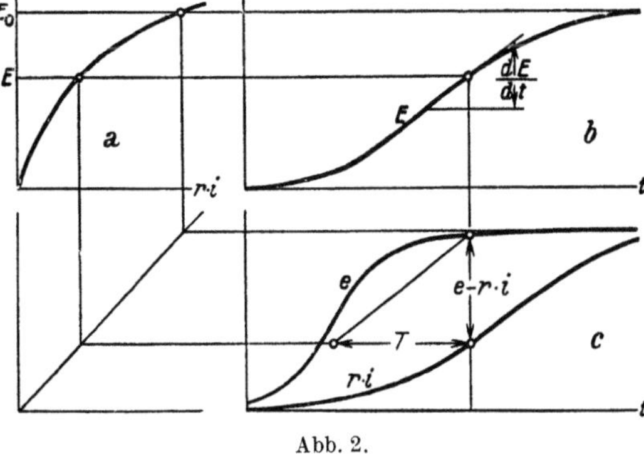

Abb. 2.

spannung, also die Neigung ihrer Kurve in Abb. 2b, aus der wir E für den nächsten Augenblick bestimmen können. Alsdann gehen wir in die Charakteristik der Abb. 2a ein, erhalten den Erregerstrom für den nächsten Augenblick und setzen dadurch auch die Kurve ri in Abb. 2c zeitlich weiter fort. Wir können so den gesamten ferneren Verlauf der Spannungs- und Stromkurven schrittweise ermitteln.

Es braucht also nur der elektromagnetische Anfangszustand von Generator und Erregermaschine bekannt zu sein, um den zeitlichen Ablauf irgendeines Erregungs- oder Entregungsvorganges mit beliebiger Genauigkeit aufzuzeichnen. Zum Vergleich ist in Abb. 3 ein Oszillogramm der Auferregung eines 1000 kVA Drehstromgenerators wiedergegeben, das die Zunahme von Erregerstrom i, Erregerspannung e und Wechselspannung E nach dem plötzlichen Einschalten des Nebenschlußkreises der Erregermaschine darstellt.

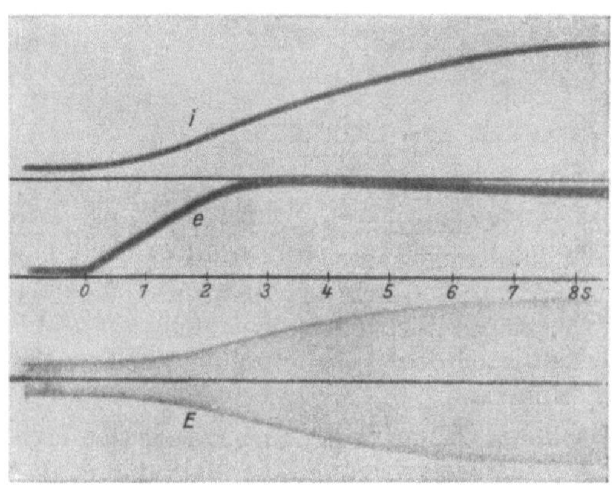

Abb. 3.

Ist die Wechselstrommaschine *während der Regelung belastet*, so brauchen wir nur in Abb. 2a die Netzcharakteristik einzutragen und an Stelle der Oнмschen Spannung ri nach Gl. (1) jetzt $r\Sigma i$ nach Gl. (13) und (15) des vorigen Kapitels abzugreifen, ein Wert, der ebenfalls rein spannungsabhängig ist. Am Prinzip der graphischen Auswertung ändert sich dadurch gar nichts, im Ergebnis jedoch *geht die Spannungsänderung bei induktiver Belastung langsamer, bei kapazitiver schneller vor sich als bei Leerlauf.*

Wir können nun den zeitlichen Verlauf der Spannungen und Ströme beim *Arbeiten eines Schnellreglers* verfolgen, der nach Abb. 1 einen Widerstand im Nebenschlußkreis der Erregermaschine öffnet, wenn die Nennspannung überschritten wird, und ihn beim Unterschreiten wieder schließt. Wir wollen dabei den gefährlichsten Betriebsfall untersuchen, daß die volle Belastung des Generators plötzlich abgeschaltet wird. Dann brauchen wir unsere Betrachtungen nur auf den im Ständer stromlosen Wechselstromgenerator zu beziehen.

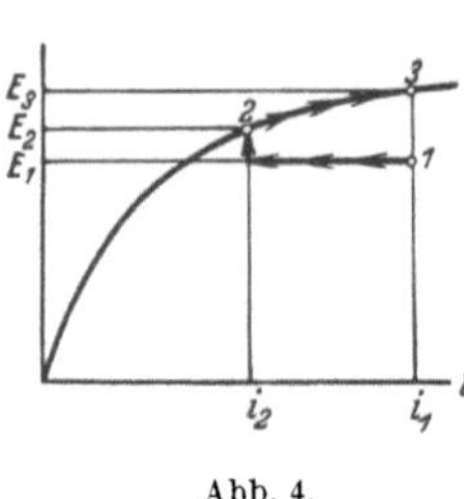

Abb. 4.

Der elektromagnetische Zustand des Generators geht bei dieser plötzlichen Entlastung vom Belastungspunkt *1* des Diagramms von Abb. 4 momentan auf den Leerlaufspunkt *2* über. Die Klemmenspannung springt dabei vom früheren Werte E_1 auf E_2. Da sich das Hauptfeld im Generator nicht plötzlich ändert, so springt gleichzeitig der Erregerstrom vom früheren Werte i_1 auf den kleineren Wert i_2. Die Erregerspannung e bleibt im Augenblick der Entlastung konstant, weil das Feld der Erregermaschine, das diese Spannung erzeugt, sich ebenfalls nicht plötzlich ändert, wenn der Unterschied des Spannungsabfalles in ihrem Anker vernachlässigt wird. *Der elektromagnetische Anfangszustand von Generator und Erregermaschine liegt somit fest.*

Der Erregerstrom i des Generators, der durch das Abschalten künstlich herabgedrückt ist, sucht allmählich wieder bis zu seinem früheren stationären Wert anzuwachsen und steigert dadurch die Klemmenspannung E noch weiter, die allmählich gegen den Punkt *3* ansteigt. Nun wird aber von der schon im ersten Augenblick viel zu hohen Spannung der Schnellregler beeinflußt und schaltet den Widerstand im Nebenschlußkreise der Erregermaschine von Abb. 1 vor die Wicklung, so daß diese Maschine sich entregt. Der Verlauf der Erregerspannung kann nach Kapitel 46 ermittelt werden und ist in Abb. 5 unten als $e(t)$ eingetragen. Dadurch ist alles gegeben, um nach dem Schema der Abb. 2 den Verlauf von Wechselspannung E und Erregerstrom i zu bestimmen. Abb. 5 zeigt, daß beide zunächst anwachsen, solange die Erregerspannung e die OHMsche Spannung $r\,i$ überwiegt. Bald aber kehren sie mit abnehmender Erregerspannung um und werden wieder geringer. Schließlich erreicht die Wechselspannung ihren Sollwert E_0. Hierbei ist so viel Zeit vergangen, daß die Spannung der Erregermaschine sich schon sehr stark heruntergearbeitet hat.

Da der Vorschaltwiderstand im Nebenschlußkreise vom Schnellregler im günstigsten Falle beim Durchgang der Generatorspannung durch den Normalwert wieder kurzgeschlossen wird, so kann sich die Spannung e der Erregermaschine erst von diesem Augenblick an wieder hocharbeiten. Die Wechselspannung E folgt dem Anstieg mit starker Verzögerung, die durch ihre Zeitkonstante bedingt ist. Es vergeht eine erhebliche Zeit, bis sie nach Durchschreitung eines Tiefstwertes wieder den normalen Betrag erreicht hat und den Nebenschlußwiderstand nochmals öffnet. Die Erregerspannung hat sich in dieser Zeit bereits recht hoch heraufgearbeitet und sinkt nunmehr zum zweiten Male ab, worauf sich das gleiche Spiel wiederholt.

Der Schnellregler, der im normalen Betrieb des Generators dessen Spannung nahezu konstant hält, vermag hiernach die großen Spannungsschwankungen, die auf eine plötzliche Entlastung folgen, nicht zu unterdrücken. Daraus resultieren die starken Pendelungen, die sich bei dem Generator, der Abb. 5 zugrunde liegt, über viele Sekunden erstrecken. Man liest aus dieser Abbildung ab, daß die Spannung nach plötzlicher Entlastung trotz sofortigen Eingreifens des Schnellreglers doch um 16% über den Normalwert ansteigt und daß sie sich *dem Sollwert erst allmählich unter großen Pendelungen nähert*, die eine Periodendauer von etwa 2 Sekunden besitzen.

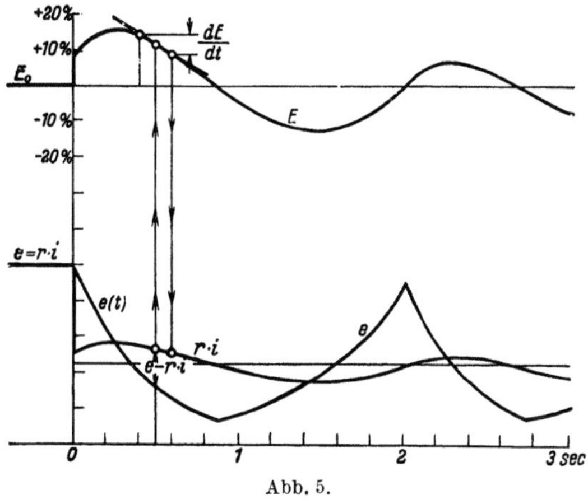

Abb. 5.

Für den gleichen 820 kVA Turbogenerator ist in Abb. 6 ein Oszillogramm der Spannungen und Ströme nach dem plötzlichen Abschalten der Belastung wiedergegeben. Man erkennt die weitgehende Übereinstimmung, nur sind die gemessenen Zeiten für die Schwankungen noch wesentlich länger. Dies rührt hauptsächlich von dem starken *Einfluß der Wirbelströme in dem Turboläufer* her, die eine erhebliche Vergrößerung der wirksamen Zeitkonstante verursachen, was nicht in die Auswertung von Abb. 5 eingeschlossen war. Auch der innere Spannungsabfall im Anker der Erregermaschine, die Verzögerung der Relaiskontakte, die Änderung der Drehzahl nach dem Abschalten und ähnliche sekundäre Erscheinungen, die wir vernachlässigt haben, bewirken weitere Abweichungen des Reguliervorganges. Die eigentliche Wirkung des Schnellreglers, die durch das Arbeiten seiner Zitterkontakte bedingt wird, setzt bei dieser groben Störung des Maschinengleichgewichts vollständig aus. Abb. 6 zeigt an der Kurve für e, daß diese Zitterwirkung erst nach Ablauf einer vollen Schwingungsperiode nach der Entlastung wieder einsetzt. Sie verzögert alsdann das Erreichen des Sollzustandes, verhindert aber gleichzeitig ein dauerndes Überregulieren der Erregerspannung.

Die Spannungsregelung der *belasteten Maschine* läßt sich in der gleichen Weise verfolgen wie die der entlasteten. Wenn es sich nur um mäßige Spannungsschwankungen handelt, so braucht man nicht notwendig die Netzcharakteristik in die graphische Behandlung einzuführen, sondern es genügt, wenn man in der Nähe des Endzustandes die *endgültige Zeitkonstante* nach Kapitel 53, Gl. (32) anstatt der Leerlaufzeitkonstante in die Auswertung einführt. Die Reglerschwingungen werden dadurch bei induktiver Belastung des Generators merkbar schneller.

b) Stoßerregung des Magnetfeldes. Für manche Zwecke reicht diese Geschwindigkeit der Spannungsregelung nicht aus. Man wünscht vielmehr die erforderliche Änderung des Feldes und der Spannung in Bruchteilen von Sekunden zu erzielen, beispielsweise um eine instabil pendelnde Synchronmaschine im letzten Augenblick noch fangen zu können. Dazu muß man den Feldwicklungen des Generators und Erregers *stoßweise wirkende Spannungen* zuführen, die sich sehr einfach bestimmen lassen, wenn man *nur den Überschuß über die stationär erforderlichen Oʜᴍschen Spannungen* berechnet. Für die Erregerwicklung des Generators mit einer wirksamen Zeitkonstante T ist dieser Überschuß entsprechend Gl. (1)

$$\frac{\varDelta e}{e_0} = T \frac{d(E/E_0)}{dt}. \tag{2}$$

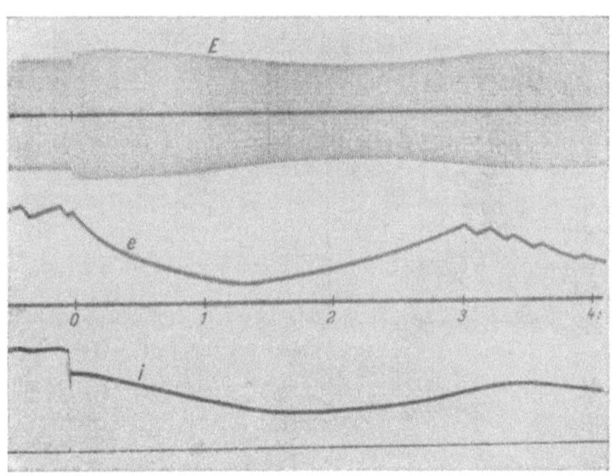

Abb. 6.

Für die Feldwicklung des Erregers mit der Zeitkonstante T_e und der Leerlaufsspannung f_0 nach Abb. 1 ist er ganz entsprechend

$$\frac{\varDelta f}{f_0} = T_e \frac{d(e/e_0)}{dt} = T\,T_e \frac{d^2(E/E_0)}{dt^2}. \tag{3}$$

Die erforderlichen Stoßspannungen werden also *durch das Verhältnis der magnetischen Zeitkonstanten zu den Änderungsdauern dt bestimmt.*

Beispielsweise steigert eine Überschußspannung vom $\varDelta e/e_0 = 1$ fachen Betrag der Leerlauferregerspannung die Feldstärke bei $T = 5$ sec Zeitkonstante nach Gl. (2) um

$$\frac{d(E/E_0)}{dt} = \frac{\varDelta e/e_0}{T} = \frac{1}{5} = 20\,\%/\text{sec}.$$

Die Änderung ist also relativ langsam.

Wünscht man die Spannung E dieses Generators jedoch innerhalb $^1/_4$ sec zeitlich linear um 15% zu verstärken, so muß die Erregermaschine nach Gl. (2) eine *zusätzliche konstante Spannung* vom

$$\frac{\Delta e}{e_0} = 5 \cdot \frac{0,15}{0,25} = 3\,\text{fachen Betrag}$$

ihrer Leerlaufspannung entwickeln, wie es in Abb. 7a dargestellt ist. Um dies zu erzwingen, muß man ihrer *Feldwicklung zu Anfang und zu Ende* der Regulierdauer eine sehr kurzzeitige hohe Spannung von außen aufdrücken, die z. B. bei 0,5 sec Erregerzeitkonstante und $^1/_{40}$ sec Einwirkungsdauer nach Gl. (3) den

$$\frac{\Delta f}{f_0} = 0,5 \cdot \frac{3}{0,025} = 60\,\text{fachen Betrag}$$

der normalen Nebenschlußspannung haben muß. Dieser hohe Wert ist in Abb. 7a ebenfalls eingetragen.

Wenn man entsprechend Abb. 7b die Erregerspannung *e linear steigert*, so steigt das Generatorfeld nach Gl. (2) quadratisch an; und um wieder die gleiche Verstärkung zu erzielen, müssen wir jetzt die doppelte Erregerzusatzspannung

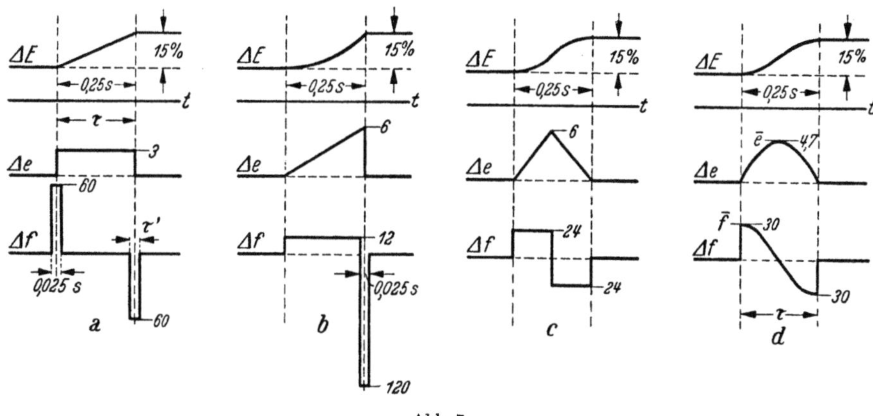

Abb. 7.

aufwenden wie vorher. Die Nebenschlußspannung muß nach Gl. (3) konstant auf dem 12fachen Betrage ihres Normalwertes gehalten werden, jedoch muß man zum Schluß noch einen enormen negativen Spannungsschlag hinzufügen, um die weitere Steigerung des Feldes zu begrenzen. Günstiger fährt man daher, wenn man den Anstieg und Abstieg der Erregerspannung nach Abb. 7c symmetrisch macht, da jetzt nur die ± 24fache Normalspannung an der Feldwicklung notwendig ist.

Die Feldsteigerung im Generator ist nach Gl. (2) allgemein

$$\frac{\Delta E}{E_0} = \frac{1}{T} \int\limits_0^{\tau} \frac{\Delta e}{e_0}\,dt . \tag{4}$$

Sie wird also durch *die Fläche der zusätzlichen Erregerspannung* bestimmt. Da die Größe der Erregermaschine durch ihre höchste Spannung bedingt ist, so ist es vorteilhaft, diese Fläche möglichst in die Breite zu dehnen. Konstante Erregerspannung nach Abb. 7a wäre hierfür am besten. Sie erfordert aber extrem hohe und äußerst kurze Nebenschlußschläge, die sich nur schwer verwirklichen lassen. Günstigere Verhältnisse erzielt man bei *sinusförmigem Verlauf* der Erregerspannung nach Abb. 7d, bei dem alsdann Generatorfeld ΔE und Nebenschlußspannung Δf kosinusförmig verlaufen. Bezeichnet man mit $\bar{e}$ und $\bar{f}$ die Maximalwerte der Zusatzspannungen und mit τ die Stoßdauer, so ist die Feldänderung nach Gl. (4)

$$\frac{\varDelta E}{E_0} = \frac{1}{T}\int\limits_0^\tau \frac{\bar e}{e_0}\sin\pi\frac{t}{\tau}\,dt = \frac{2}{\pi}\frac{\tau}{T}\frac{\bar e}{e_0} \tag{5}$$

und die Nebenschlußspannung nach Gl. (3)

$$\frac{\bar j}{j_0} = \pi\frac{T_e}{\tau}\frac{\bar e}{e_0} = \frac{\pi^2}{2}\frac{T\,T_e}{\tau^2}\frac{\varDelta E}{E_0}. \tag{6}$$

In Abb. 7 d sind die Zahlenwerte für unser Beispiel eingetragen. Sie sind mit erträglichem Aufwand an Material für den Erregeranker und an Isolierung für seine Feldwicklung ausführbar.

Alle diese Ergebnisse folgen lediglich aus der Anwendung des Induktionsgesetzes, wie es durch die Gln. (2) und (3) ausgedrückt wird. *Sie bleiben daher korrekt, gleichgültig ob die magnetischen Kreise der Maschinen gesättigt sind oder nicht.* Der nichtlineare Einfluß der Sättigung erscheint nur in den Ohmschen Spannungsabfällen der Überschußströme. Dies erfordert eine geringfügige Erhöhung der tatsächlich notwendigen Stöße über die hier abgeleiteten induktiven Spannungen.

Wir sehen hieraus, daß man *zur stoßweisen Änderung des Hauptfeldes im Generator stets einen zusätzlichen Doppelschlag an Spannung auf die Feldwicklung der Erregermaschine schalten muß* und daß man diese Stoßspannung *nach Größe und zeitlichem Verlauf genau dosieren* muß, um die jeweils notwendige Spannungsänderung des Generators zu erzielen. Die Erreger- und Nebenschlußspannungen müssen überdies sehr hoch sein, wenn man in kurzer Zeit erhebliche Feldänderungen im Generator erreichen will. Diese Gesichtspunkte gelten ebensowohl für synchrone oder asynchrone Wechsel- und Drehstrommaschinen wie auch für alle Arten von Gleichstrommaschinen.

c) Selbsttätige Spannungsregelung. Spannungsregler für die Konstanthaltung der Klemmenspannung in Gleichstrom- oder Wechselstromgeneratoren wirken auf die Nebenschlußwicklung der Erregermaschine ein, entweder unstetig über Relais, wie es in Abb. 1 dargestellt ist, oder stetig über Geräte mit gleichförmiger Wirkung, wie in der Anordnung nach Abb. 8. Dies Schaltbild zeigt ein Erregungssystem, in dem der selbsterregte Erreger über einen Transformator, einen Gleichrichter und einen Spannungsteiler K eine zusätzliche Gleichhaltespannung g von den Klemmen E des Hauptgenerators erhält, und außerdem eine kleine Rückführspannung von den Erregerklemmen e über einen Spannungsteiler k. Die Übertragung eines Teiles der Spannungen E und e bis zur Feld- oder Nebenschlußspannung f des Erregers könnte ebensogut durch elektromechanische, elektromagnetische oder elektronische Zwischengeräte vermittelt werden, wie veränderliche Widerstände, Verstärkermaschinen, Thyratrons, Ignitrons usw., wenn nur die zeitliche Verzögerung dieser Geräte vernachlässigbar klein ist.

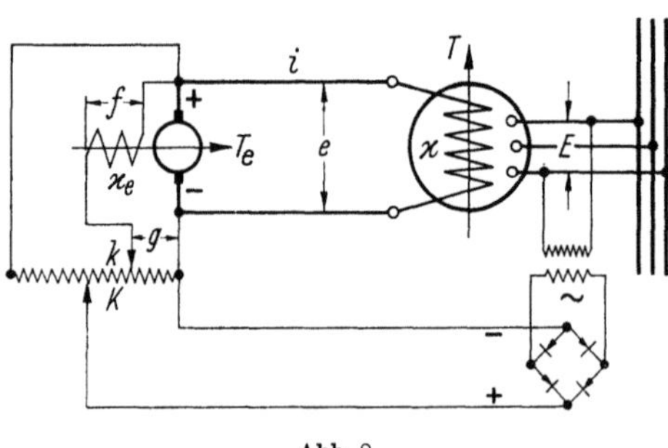

Abb. 8.

Wenn wir unsere Betrachtungen auf mäßige Abweichungen vom endgültigen Gleichgewichtszustande beschränken, so können wir das Verhalten solcher Spannungsregler in Strenge untersuchen, unter Einschluß der magnetischen Sättigung von Generator und Erreger und für OHMsche, induktive oder kapazitive Belastung des Generators.

Für den belasteten Generator zeigt Abb. 9 die Erregerströme, nämlich i_L für induktive Last, i_C für kapazitive Last und i_0 für Leerlauf, die der Läufer benötigt, um die Normalspannung E_0 im Ständer zu induzieren. Die Konstruktion dieses Diagramms und seiner geneigten induktiven und kapazitiven Netzcharakteristiken unter Einschluß der Streucharakteristik der Maschine ist ausführlich in Kapitel 53 erläutert. Für eine geringe Änderung der elektromotorischen Kraft *geben die Bänder in Abb. 9 die entsprechende Änderung des Ausgleichs-Erregerstromes zu beiden Seiten des Dauerzustands an.* Solange der benutzte Teil der Charakteristik als geradlinig angesehen werden kann, sind die Stromabweichungen auf beiden Seiten gleich. Anderenfalls tritt eine kleine Unsymmetrie auf, die von geringem Einfluß ist, wie wir bald sehen werden.

Bei konstanter Belastung des Generators wird die zeitliche Veränderung der treibenden Spannung E durch Gl. (15) von Kapitel 53 bestimmt, nämlich

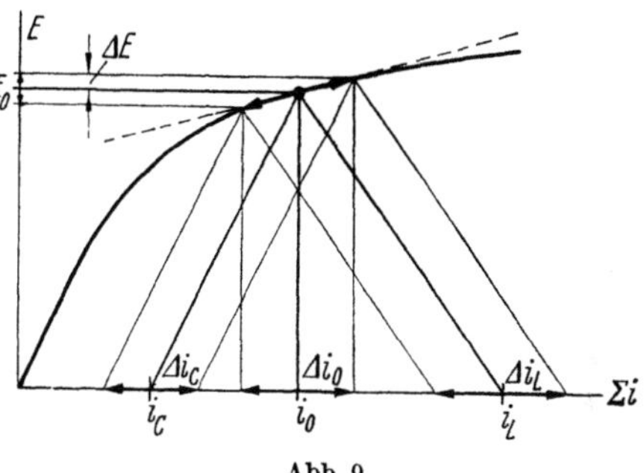

Abb. 9.

$$T\,\frac{d\,(E/E_0)}{dt} = \frac{e\,(t)}{e_0} - \frac{\Sigma i}{i_0}. \qquad (7)$$

Hierin ist $e\,(t)$ die veränderliche Erregerspannung, bezogen auf ihren Normalwert e_0, und Σi gibt den gesamten Erregerstrom an, wie er aus Abb. 9 hervorgeht, bezogen auf seinen Leerlaufwert i_0. Die Zeitkonstante T der Generatorpole soll eine etwaige Dämpferzeitkonstante einschließen, wie es in Gl. (32) von Kapitel 54 abgeleitet wurde. Wir interessieren uns hier nicht für die absoluten Werte von E, e und Σi, die stets für sich bestimmt werden können, sondern für *die Abweichungen von den stationären Werten, nämlich ΔE, Δe und $\Delta \Sigma i$, die wir von jetzt an allein betrachten werden.*

An Hand des Diagramms in Abb. 9 können wir die Abweichungen des Erregerstromes Σi auf die Abweichungen der Spannung E beziehen. Sie sind stets nahezu proportional, nämlich

$$\frac{\Delta \Sigma i}{i_0} = \varkappa\,\frac{\Delta E}{E_0}, \qquad (8)$$

wobei der Proportionalitätsfaktor $\varkappa$ direkt durch die Form des Diagramms in Abb. 9 bestimmt ist. Theoretisch gibt $\varkappa$ einen Wert der Durchgangsleitfähigkeit der Stromabweichung an, die in den inneren und äußeren Stromkreisen der Maschine zusammengenommen bei der Spannungsabweichung eins auftritt. Ohne Sättigung und bei Leerlauf würde dieser Faktor gleich 1 sein. Unter dem Einfluß der Sättigung jedoch wird er viel größer. Bei induktiver Last wächst der Faktor weiter an, während er bei kapazitiver Last geringer wird. *Zahlentafel I* stellt die angenäherte Größe von $\varkappa$ für Leerlauf und für volle Blindbelastungen dar für Synchronmaschinen von mittlerer Sättigung und Streuung. *Der größte Teil der Vermehrung über den Wert 1 rührt von der Sättigung her, der Rest von der Rückwirkung der Belastung.*

Zahlentafel I. *Admittanz-Koeffizient des Erregerstromes von Synchrongeneratoren.*

Belastung	Voll kapazitiv	Leerlauf	Voll induktiv
$\varkappa =$	0,5 bis 1,5	1,5 bis 2,5	3 bis 4

Durch Einsetzen von Gl. (8) in Gl. (7) erhalten wir die Hauptgleichung des Generators während des Ausgleichszustands

$$\frac{\Delta e(t)}{e_0} = T\,\frac{d(\Delta E/E_0)}{dt} + \varkappa\,\frac{\Delta E}{E_0}. \tag{9}$$

Sie bringt in dieser Form die notwendige Änderung der Erregerspannung zum Ausdruck, die bedingt ist durch die Hauptfeldänderung, wie sie aus dem ersten Glied der rechten Seite zu ersehen ist, und durch den Oнмschen Spannungsabfall in Verbindung mit der Ankerrückwirkung und Sättigung, die alle im letzten Glied der rechten Seite zur Wirkung kommen. *Diese Gleichung stellt eine Erweiterung von Gl. (2) dar und enthält den Einfluß der Widerstände.*

Dieselbe Art der Grundgleichung kann auch für den Erreger angeschrieben werden, der die Zeitkonstante T_e und die Nebenschlußspannung f besitzt, nämlich

$$\frac{\Delta f(t)}{f_0} = T_e\,\frac{d(\Delta e/e_0)}{dt} + \lambda\,\frac{\Delta e}{e_0}. \tag{10}$$

Da dies jedoch eine Gleichstrommaschine ohne wirksame Ankerrückwirkung ist, so ist der Faktor λ viel kleiner als $\varkappa$. Und da Gleichstromerreger meistens mit geringer Sättigung gebaut werden, wegen des weiten Regulierbereichs der Spannung, wie er zwischen Leerlauf und Vollast des Hauptgenerators verlangt wird, so wird λ nur ein wenig größer als 1 sein. In beiden Gln. (9) und (10) beschreibt das letzte Glied die Wirkung des Oнмschen Spannungsabfalls des Ausgleichsstromes in der Erregerwicklung, der immer klein ist im Vergleich zu der induktiven Spannung, die durch das erste Glied auf der rechten Seite beschrieben wird. *Daher bilden die letzten Glieder nur Korrektionsausdrücke,* und obgleich diese nicht ganz streng sind, wenn sehr große Abweichungen vom Normalpunkt längs der magnetischen Charakteristik auftreten, so kann dies die Ergebnisse nicht erheblich fälschen, die im wesentlichen von den ersten Hauptgliedern auf den rechten Seiten der Gln. (9) und (10) abgeleitet werden.

Nach Abb. 8 wirken auf den Nebenschlußkreis des Erregers die Ankerspannung e und die Regulierspannung g, die von den Generatoren übertragen wird und der erstgenannten Spannung entgegenwirkt. *Das Gleichgewicht der Spannungsabweichungen ist daher bestimmt durch*

$$\frac{\Delta f}{f_0} = \frac{\Delta e}{e_0} - \frac{\Delta g}{g_0}. \tag{11}$$

Die Hauptkomponente e der Nebenschlußspannung kann entweder die Erregerspannung sein, wie im Schaltbild der Abb. 8, die das Nebenschlußfeld *selbsterregt* und daher in ihrer Größe auch schwankt; oder es kann eine äußere Spannung sein, die das Nebenschlußfeld *fremderregt.*

Im ersteren Falle ergibt die Eliminierung von f aus den Gln. (10) und (11)

$$T_e\,\frac{d(\Delta e/e_0)}{dt} + (\lambda - 1)\,\frac{\Delta e}{e_0} + \frac{\Delta g}{g_0} = 0. \tag{12}$$

Der Koeffizient von Δe ist hier sehr klein und würde mit abnehmender Sättigung verschwinden. Tatsächlich würde die Spannung e eines solchen ungesättigten Erregers gar keinen bestimmten Wert besitzen, sondern *könnte unter der Wirkung irgend einer Fremdspannung g unbeschränkt aufwärts oder abwärts klettern.* Gl. (12) zeigt dies deutlich, da die Ableitung von Δe dann proportional zu Δg ist.

Im zweiten Falle, in dem e konstant ist und daher keine tatsächliche Abweichung in Gl. (11) hervorruft, verschwindet der Wert -1 in Gl. (12). Wir können daher die Untersuchung von Selbst- und Fremderregung gemeinschaftlich durchführen, indem wir in Gl. (12) den Faktor von $\Delta e/e_0$ durch $\varkappa_e$ ausdrücken. *Dieser*

Koeffizient ist dann für Fremderregung etwas größer als eins und für Selbsterregung etwas größer als Null. Abb. 10 stellt die Erregermaschinen-Charakteristik und die Entwicklung der Größen dieser Koeffizienten für einen Erreger mit geringer Sättigung dar. *Zahlentafel II* gibt angenäherte Werte für $\varkappa_e$ unter verschiedenen Erregungs- und Sättigungsbedingungen.

Zahlentafel II. *Admittanz-Koeffizient des Erregerstromes von Gleichstromerregern.*

$\varkappa_e =$	Niedrige Sättigung	Mäßige Sättigung
Selbsterregt	0,1 bis 0,2	0,4 bis 0,6
Fremderregt	1,1 bis 1,2	1,4 bis 1,6

Während des Arbeitens des Spannungsreglers ist die Regulierspannung g, abgeleitet von den Generator- und Erregerspannungen und ausgedrückt durch die Abweichungen,

$$\frac{\varDelta g}{g_0} = K\frac{\varDelta E}{E_0} + k\frac{\varDelta e}{e_0}. \tag{13}$$

Darin bildet das Glied mit K die Haupt-Gleichhaltespannung, die eine Verringerung der Nebenschlußspannung f bewirkt, wenn die Klemmenspannung E zu hoch ist, und eine Vermehrung von f, wenn E zu niedrig ist. K führt daher die Spannung auf ihren Sollwert zurück. *Das Glied mit k stellt einen zusätzlichen Einfluß der Erregerspannung e* auf die Nebenschlußspannung f dar. In Abb. 8 und in unseren Gleichungen zeigt das positive Vorzeichen von K oder k eine Abnahme der Nebenschlußerregung mit zunehmendem E oder e an.

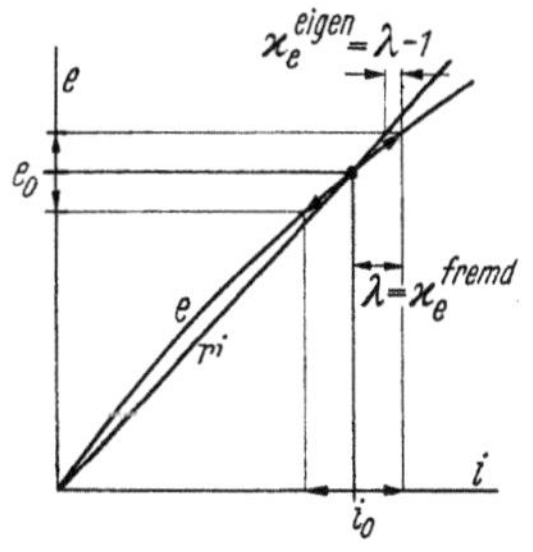

Abb. 10.

In Gl. (13) hätten wir die Regulierspannung g auf die Klemmenspannungen der Maschinen beziehen können anstatt auf die elektromotorischen Kräfte. Jedoch unterscheiden sich diese beiden Werte nur um den inneren Spannungsabfall, und dies kann durch etwas verschiedene Zahlenwerte der Koeffizienten K und k berücksichtigt werden. Überdies wird diese Differenz bei vielen praktischen Reglern kompensiert oder gar überkompensiert durch Einführung einer stromproportionalen Spannung in den Meßstromkreis für E in Abb. 8.

Wenn wir die *relative Spannungsabweichung* im Drehstromgenerator abkürzen durch

$$\frac{\varDelta E}{E_0} = v, \tag{14}$$

und den Wert von $\varDelta e\,(t)/e_0$ von Gl. (9) in Gl. (12) einführen, so erhalten wir

$$-\frac{\varDelta g}{g_0} = T\,T_e\frac{d^2 v}{dt^2} + (\varkappa\,T_e + \varkappa_e\,T)\frac{dv}{dt} + \varkappa\,\varkappa_e\,v. \tag{15}$$

Andererseits ergibt die Einführung desselben Wertes von Gl. (9) in Gl. (13)

$$+\frac{\varDelta g}{g_0} = K\,v + k\,T\frac{dv}{dt} + k\,\varkappa\,v. \tag{16}$$

Durch Addition der Gln. (15) und (16) erhalten wir nunmehr die endgültige *Differentialgleichung für das Verhalten des Systems nach irgendeiner Störung*

$$T\,T_e\frac{d^2 v}{dt^2} + [(k + \varkappa_e)\,T + \varkappa\,T_e]\frac{dv}{dt} + [K + (k + \varkappa_e)\varkappa]\,v = 0. \tag{17}$$

Hierin stellt *das erste Glied die Wirkung der aufgespeicherten Energien* in den magnetischen Feldern der beiden Maschinen dar. Dies Glied bestimmt wesentlich die *Geschwindigkeit* jeder Spannungsänderung, und wir erkennen, *daß das Produkt der Zeitkonstanten von Hauptgenerator und Erreger den Ausschlag gibt.* Es wird daher leicht sein, eine schnelle Spannungsregulierung mit kleinen Maschinen zu erreichen, jedoch sehr schwierig mit großen Maschinen. *Das zweite Glied zeigt eine Dämpfungswirkung an,* die in mäßiger Größe durch die Ohmschen Widerstände der Maschinen selbst hervorgerufen wird, die durch die $\varkappa$-Faktoren dargestellt sind. *Die Dämpfung kann jedoch sehr verstärkt werden durch einen geeigneten Faktor k der Rückführspannung.* Eine zufällige Umkehrung des Vorzeichens von k würde andererseits eine Reduktion der Dämpfung und schließlich sogar eine Anfachung von Schwingungen ergeben. *Das letzte Glied der Gl. (17) stellt die Gleichhaltekräfte dar,* die hauptsächlich durch den Faktor K bestimmt werden, nämlich durch die vom Hauptgenerator abgeleitete Spannung. Zusätzliche Kräfte werden durch die Wirkung von k und den $\varkappa$'s ausgelöst, die jedoch nur schwach sind bei Selbsterregung und mäßig bei Fremderregung. *Eine genaue Gleichhaltung der Spannung ist nur durch einen erheblichen Wert von K erreichbar.*

Die grundlegende Gl. (17) besitzt die Form

$$\frac{d^2 v}{dt^2} + \varrho \frac{dv}{dt} + \nu_0^2 v = 0, \tag{18}$$

worin

$$\varrho = \frac{k + \varkappa_e}{T_e} + \frac{\varkappa}{T} \tag{19}$$

hauptsächlich die Dämpfung bestimmt und

$$\nu_0 = \sqrt{\frac{K + (k + \varkappa_e)\varkappa}{T\,T_e}} \tag{20}$$

im wesentlichen die Frequenz der Lösung

$$v = V\varepsilon^{-\frac{\varrho}{2}t} \sin(\nu t + \varphi) \tag{21}$$

angibt. Der genaue Wert der Frequenz ist

$$\nu = \sqrt{\nu_0^2 - \left(\frac{\varrho}{2}\right)^2} = \sqrt{\frac{K}{T\,T_e} - \frac{1}{4}\left(\frac{k + \varkappa_e}{T_e} - \frac{\varkappa}{T}\right)^2}, \tag{22}$$

worin das zweite Glied unter der letzten Wurzel sämtliche k- und $\varkappa$-Werte umfaßt. Dieses ist häufig klein im Vergleich zum ersten Gliede.

Wir sehen somit, *daß jede Abweichung von der normalen Klemmenspannung,* die ihrerseits durch den stationären Betrieb des Maschinen- und Spannungsregler-Systems von Abb. 8 bestimmt wird, *in gedämpften Sinusschwingungen nach Gl. (21) abklingt.*

Für mäßige Spannungsänderungen erkennen wir aus Abb. 9, daß die Abweichungen des Stromes $\varDelta i$ proportional zu $\varDelta E$ sind und daher bleibt $\varkappa$ von Gl. (8) und ebenso $\varkappa_e$ nach Abb. 10 vollständig konstant. Selbst für größere Änderungen der Spannung erkennen wir aus Abb. 9 und 10, daß $\varkappa$ und $\varkappa_e$ nahezu konstant bleiben. Weiterhin haben diese beiden Werte in dem Korrektionsglied unter der Wurzel von Gl. (22) entgegengesetztes Vorzeichen und daher spielt dies Glied nur eine geringe Rolle im Vergleich zu dem viel größeren ersten Glied. *Die Schwingungen der Klemmenspannung bleiben daher selbst für große Abweichungen sehr nahezu sinusförmig.* Dies ist für die Spannung E in dem Oszillogramm von Abb. 6 tatsächlich der Fall, obwohl der Spannungsregler bei diesem Versuch sogar in unstetiger Weise arbeitete. Für große Spannungsänderung wird $\varkappa$ unterschiedlich für positive und negative Abweichung, wodurch die Schwingungen etwas unsymmetrisch werden, wie es aus der Stromkurve für i in Abb. 6 zu ersehen ist. Aus Gl. (22) erkennen wir weiter, *daß für induktive Last* des Generators, für die $\varkappa$ nach Zahlentafel I größer ist, *die Schwingungsfrequenz ein wenig höher ist* und für kapazitive Last etwas niedriger als für Leerlauf des Generators. Dasselbe gilt auch für die Dämpfung entsprechend Gl. (19).

Wir wollen das zahlenmäßige Verhalten an dem Beispiel eines mittelgroßen Drehstromgenerators untersuchen, der eine Zeitkonstante von 6 sec für die Erregerwicklung und von 2 sec für die Dämpfer- und Wirbelstromkreise besitzt, so daß die gesamte Läuferpol-Zeitkonstante $T = 8$ sec wird. Die Zeitkonstante des Erregers möge $T_e = 0{,}5$ sec sein. Wir nehmen als Admittanz-Koeffizienten $\varkappa = 2{,}5$ für teilweise induktive Last des Generators und $\varkappa_e = 0{,}1$ für Selbsterregung des Erregers mit niedriger Sättigung an. Ferner wollen wir den Spannungsregler mit einem Gleichhaltekoeffizient $K = 10$ ausführen, so daß eine Änderung von 1% in der Drehstromspannung eine Änderung von 10% in der Nebenschlußspannung des Erregers bewirkt. Der Rückführkoeffizient im Spannungsregler möge $k = 0{,}2$ sein, wodurch dem Erregernebenschluß 1% zusätzliche Spannung für je 5% Abweichung in der Erregerspannung des Hauptfeldes zugeführt wird.

Bei Selbsterregung des Gleichstromerregers wie im Schaltbild der Abb. 8 wird nach Gl. (22) die Kreisfrequenz der Schwingung

$$v = \sqrt{\frac{10}{8 \cdot 0{,}5} - \frac{1}{4}\left(\frac{0{,}2 + 0{,}1}{0{,}5} - \frac{2{,}5}{8}\right)^2} = \sqrt{2{,}50 - 0{,}02} = 1{,}58\,,$$

was eine Schwingungsperiode ergibt von

$$\tau = \frac{2\pi}{v} = 3{,}98 \text{ sec}\,.$$

Die Beiträge der verschiedenen Parameter können aus den Wurzelausdrücken erkannt werden. *Dies Ergebnis stimmt mit Werten überein, wie sie meistens in der Praxis erhalten werden.* Abb. 6 zum Beispiel zeigt eine Spannungsschwingung, die diesem Zahlenwert sehr nahe kommt.

Die Dämpfungs-Zeitkonstante ist nach Gln. (19) und (21)

$$\tau_d = \frac{2}{\varrho} = \frac{2}{\dfrac{0{,}2 + 0{,}1}{0{,}5} + \dfrac{2{,}5}{8}} = \frac{2}{0{,}91} = 2{,}2 \text{ sec}\,.$$

Daher wird die Schwingung nach 4 Halbwellen fast vollständig abgeklungen sein. Ohne die Rückführung durch den Faktor k im Spannungsregler würde die Dämpfungs-Zeitkonstante sein

$$\tau_d' = \frac{2}{0{,}51} = 3{,}91 \text{ sec}\,,$$

was 7 bis 8 Halbwellen der Schwingung ergeben würde. *Eine erzwungene Dämpfung durch Rückführung stabilisiert die Spannung daher beträchtlich.*

Bei Fremderregung der Feldspulen der Erregermaschine nehmen sowohl die gleichhaltenden wie die dämpfenden Kräfte erheblich zu, wie aus Gl. (17) hervorgeht, in der nunmehr der Faktor $\varkappa_e$ von 0,1 auf 1,1 steigt. Die Eigenfrequenz wird daher

$$v = \sqrt{\frac{10}{8 \cdot 0{,}5} - \frac{1}{4}\left(\frac{0{,}2 + 1{,}1}{0{,}5} - \frac{2{,}5}{8}\right)^2} = \sqrt{2{,}50 - 1{,}30} = 1{,}09$$

und ergibt eine Schwingungsperiode von

$$\tau = \frac{2\pi}{1{,}09} = 5{,}73 \text{ sec}\,,$$

was größer als bei Selbsterregung ist. Die Dämpfungs-Zeitkonstante ist jetzt aber

$$\tau_d = \frac{2}{\dfrac{0,2 + 1,1}{0,5} + \dfrac{2,5}{8}} = \frac{2}{2,91} = 0,69 \text{ sec},$$

und dies ist sehr viel kleiner als oben. *Die Schwingungen verlöschen daher innerhalb einer einzigen Halbwelle.* Ohne Rückführfaktor k würde die Dämpfungszeit sein

$$\tau_d' = \frac{2}{2,51} = 0,80 \text{ sec},$$

was nicht viel größer als vorher ist. Fremderregung bewirkt daher ein ganz beträchtliches Maß von Eigendämpfung.

Wir sehen, daß in diesem Beispiel Selbsterregung dreimal langsamer wirkt als Fremderregung, bis der Dauerzustand wiederhergestellt ist. Jedoch kann dieser Nachteil ausgeglichen werden durch die Wahl höherer Regulierspannungen, die durch K und k gegeben sind. Eine extreme Erhöhung der Reguliergeschwindigkeit durch Verstärkung des Faktors K beispielsweise auf den Wert 100 würde die Periode auf $\tau = 1,25$ sec reduzieren. Jedoch steigt die Energie, für die das gesamte Reglersystem gebaut werden muß, wie K^2 an und daher nach Gl. (22) wie die vierte Potenz der Verminderung der Regulierzeiten.

Ein wirksames Mittel für die Beschleunigung der Vorgänge besteht in einer *Verminderung der Zeitkonstante T_e des Erregers*. Dies wirkt nach Gln. (19) und (22) sowohl auf die Frequenz wie auf den Dämpfungsfaktor günstig ein. In Gl. (31) von Kapitel 46 haben wir gesehen, daß dies Ziel erreicht werden kann durch hohe Drehzahl des Ankers und geringe Windungszahl der Nebenschlußspulen. Die Zeitkonstante des Hauptgenerators kann im allgemeinen nicht ohne unangemessenen Aufwand beeinflußt werden.

Für schnelle Wiederherstellung der Normalspannung liegt der beste Wert des Dämpfungsfaktors *nahe beim aperiodischen Grenzwert*, denn überkritische Dämpfung würde bewirken, daß die Spannung ohne Schwingungen langsam zurückkriecht. Kritische Dämpfung ergibt bei verschwindender Frequenz v nach Gl. (22) für die Summe von $k + \varkappa_e$, zwei Werte, die stets zusammen gehen,

$$k + \varkappa_e = 2 \sqrt{K \frac{T_e}{T} + \varkappa \frac{T_e}{T}}. \tag{23}$$

Es ist gleichgültig, ob man sich dieser Bedingung annähert durch geeignete Rückführspannung, also großes k, oder durch Fremderregung oder hohe Sättigung des Erregerfeldes, was beides $\varkappa_e$ vergrößert. Mit den Zahlen unseres Beispiels ist der kritische Wert

$$k + \varkappa_e = 2 \sqrt{10 \cdot \frac{0,5}{8} + 2,5 \cdot \frac{0,5}{8}} = 1,58 + 0,16 = 1,74.$$

Für Selbsterregung hat unser Beispiel $k + \varkappa_e = 0,2 + 0,1 = 0,3$; für Fremderregung $0,2 + 1,1 = 1,3$. Der letztere Wert liegt in der Nähe der kritischen Dämpfung, während der erstere weit davon entfernt ist.

Wenn kein Spannungsregler vorhanden wäre, so würde die Frequenz v von Gl. (22) mit $K = k = 0$ imaginär werden. Dann würde Gl. (21) einen gewöhnlichen exponentiellen Verlauf ergeben mit Dämpfungsfaktoren

$$\frac{\varrho}{2} \pm jv = \frac{1}{2}\left(\frac{\varkappa_e}{T_e} + \frac{\varkappa}{T}\right) \pm \frac{1}{2}\left(\frac{\varkappa_e}{T_e} - \frac{\varkappa}{T}\right) = \frac{\varkappa}{T} \text{ und } \frac{\varkappa_e}{T_e}. \tag{24}$$

Die Zeitkonstante $T/\varkappa$ des belasteten Generators bei konstanter Spannung des Erregers stimmt bei Einführung der Gl. (8) für $\varkappa$ genau mit Gl. (27) in Kapitel 53 überein, die dort für das End-Verhalten der gesättigten Maschinen hergeleitet wurde. Der Wert $T_e/\varkappa_e$ drückt ganz entsprechend die End-Zeitkonstante des gesättigten Erregers aus.

Abb. 11 zeigt *die Spannungsregulierung eines Generators von 30 000 kVA nach dem Aus- und Einschalten* verschiedener Belastungen von beträchtlicher Größe. Kurve *a* wurde bei konstanter Erregerspannung aufgenommen, während der

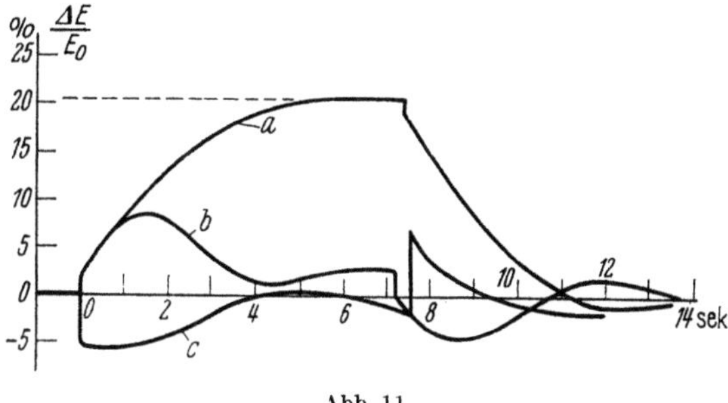

Abb. 11.

Spannungsregler abgeschaltet war. Kurve *b* bezieht sich auf Wirklast- und Kurve *c* auf Blindlaststöße. Die Leerlauf-Zeitkonstante war ohne Dämpfer- und Wirbelströme zu 11,7 sec berechnet. Die gemessenen Schwingungsdauern liegen zwischen 5,5 und 9,0 sec, und ihr Verhältnis zur Zeitkonstante ist fast das gleiche wie in unserem oben berechneten Zahlenbeispiel.

d) Reihenschluß-Erregung. In den üblichen Erregungsschaltungen, wie zum Beispiel in Abb. 8, muß der Spannungsregler bei plötzlichen Laständerungen die Ankerspannung der Erregermaschine vom alten bis zum neuen Werte ändern, wobei der letztere nach dem Abklingen der eben betrachteten Schwingungen erreicht wird. Wenn jedoch Reihenschaltung des Erregerfeldes an Stelle von Nebenschlußerregung angewandt wird, dann kann der Übergang vom alten zu dem neuen Zustand stark beschleunigt werden. Nach Kapitel 53 bewirkt die innere induktive Verkettung in Wechselstromgeneratoren, *daß deren Läuferstrom automatisch jeder plötzlichen Laständerung folgt* und einen Wert annimmt, der sehr nahe bei dem neuen Zustand liegt, so daß der Hauptfluß im Generator konstant bleibt. Wenn dieser Läuferstrom benutzt wird, um durch eine Reihenschluß-Feldwicklung wie in Abb. 12 gleichzeitig den Fluß im Erreger zu ändern, der ihm fast momentan folgt, *so kann die hierdurch geänderte Erregerspannung den neuen Läuferstrom im Generator voll aufrechterhalten.* Um dies Ziel zu erreichen, muß die Spannung des Erregers proportional zu seinem Magnetisierungsstrom anwachsen, und dies erfordert die Abwesenheit oder Geringfügigkeit von Sättigung in seinem magnetischen Fluß. Unter diesen Bedingungen hat der Spannungsregler nur die kleinen Abweichungen vom idealen Verhalten zu beseitigen, während die hauptsächliche Ausgleichsarbeit automatisch von der in Reihe geschalteten Erregerwicklung ausgeführt wird.

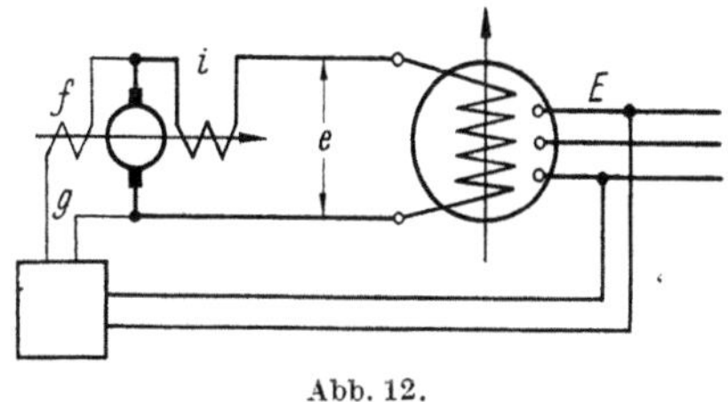

Abb. 12.

Diese Anordnung ist besonders günstig, wenn starke Leistungsstöße oder sogar plötzliche Kurzschlußströme im Wechselstromsystem auftreten, die den Generator über seine Stabilitätsgrenze belasten würden. *Die Reihenschluß-*

Erregung des Erregers nach Abb. 12 vermehrt in diesem Falle die Magnetisierung des Generatorläufers augenblicklich und steigert dadurch die Stabilität der Maschine in sehr hohem Maße.

Ein anderes Gebiet, in dem Reihenschluß-Erregung sehr vorteilhaft benutzt werden kann, ist *die Kurzschlußprüfung von Hochleistungsschaltern*, um ihre Unterbrechungsfähigkeit im Prüffeld festzustellen. Es tritt hierbei die Schwierigkeit auf, daß selbst in großen Prüfgeneratoren die Stoßkurzschlußströme meistens schneller von ihrem Höchstwert abklingen, als sie es im Netzsystem beim tatsächlichen Betrieb des Schalters tun. Dieser Unterschied rührt von den Begrenzungen im Entwurf und in der Größe der Prüfgeneratoren her, wenn man sie vergleicht mit der Gesamtwirkung zahlreicher leistungsfähiger Kraftwerke im Netz. Die Stoßströme klingen ab, weil sie von keiner elektromotorischen Kraft auf ihrer ursprünglichen Größe gehalten werden. Solch eine EMK würde einen vergrößerten Magnetisierungsstrom in der Erregerwicklung des Erregers erfordern. Dieser Strom kann aber während des Versuchs erzeugt werden, wenn im Prüffeld ein Reihenschlußerreger für den Hochleistungsgenerator verwendet wird. Diese Schaltung ist in Abb. 13 dargestellt und wirkt in der folgenden Weise:

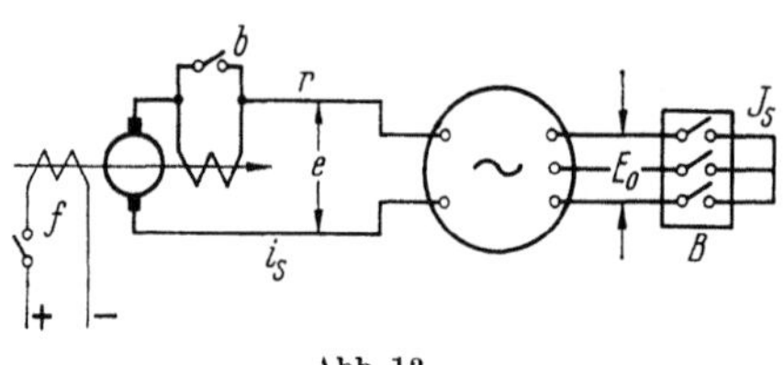

Abb. 13.   Abb. 14.

Im Augenblick des Einschaltens der Generatorklemmen auf den Kurzschluß entsteht ein entsprechend hoher Läuferstrom im gesamten Erregerkreis. Dieser Überstrom fließt durch die Reihenerregung der Erregermaschine und steigert ihren Fluß auf einen hohen Betrag. Wenn die Windungszahl und die Sättigung passend bemessen sind, so daß die Erregerspannung genügend hoch ansteigt, um den natürlichen Stoßstrom im Läufer zu unterhalten, *dann klingt auch der Stoßstrom im Ständer nicht ab, sondern behält seine ursprüngliche Amplitude bei.* Hierdurch werden sogar etwas schwerere Abschaltbedingungen bei der Kurzschlußprüfung des Schalters erreicht, als sie im tatsächlichen Betrieb auftreten.

Abb. 14 zeigt die Charakteristiken für ein solches Erregungssystem. Wenn keine Sättigung im Erreger vorhanden wäre, so könnte die Widerstandslinie ri des Läuferkreises gleich der erzeugten Spannung e gemacht werden, und damit würde die Reihenerregung bei jedem Werte des Stromes im Gleichgewicht sein. Dies würde ideal sein, um irgendeinen Wert des Ständerstromes aufrechtzuhalten und somit seinen Ausgleichszustand zu einem stationärem Verhalten anzufachen. Tatsächlich besitzt aber der Erregerfluß eine gewisse Sättigung und deshalb hat die Ankerspannung e eine gekrümmte Charakteristik, wie es in Abb. 14 angedeutet ist. Um daher den Stoßstrom i_s im Läuferstromkreis in voller Größe zu erhalten, wie er sich von selbst im Augenblick des Kurzschlusses entwickelt, ist es zweckmäßig, eine geringe eingeprägte Erregerspannung e_0 vorzusehen, was in Abb. 14 dargestellt ist. Dies kann durch eine zweite Erregerwicklung erzielt werden, die durch eine fremde Spannung f gespeist wird, wie auf der linken Seite von Abb. 13. Dies fremderregte Feld wird zweckmäßig so gewählt, daß es für sich selbst einen Läuferstrom i_0 erregt, wie er zur Erzeugung der normalen Leerlaufspannung des Generators benötigt wird.

Solch ein Gleichstromerreger muß eine angemessene Größe besitzen, da er während der kurzzeitigen Prüfdauer hohe Spannung und hohen Strom von seinem Kommutator abgeben muß. Er muß ferner so gebaut sein, daß sein Fluß sehr rasch auf den Höchstwert steigen kann. Wenn diese Bedingungen erfüllt sind, *so neutralisiert die Anfachung des Reihenschlußerregers jederzeit den Widerstand des Läuferkreises und unterhält daher jeden Wert des Ständerstromes, der sich aus äußeren Gründen plötzlich entwickelt.*

Vor der Kurzschlußprüfung erzeugt die fremd erregte Wicklung f in Abb. 13 den Läuferstrom i_0 und die Klemmenspannung E_0. Im Augenblick des Schließens des Prüfschalters B wird der Erregungsschalter b geöffnet. Dadurch wird der Kurzschluß-Stoßstrom J_s im Ständerstromkreis aufrechterhalten. Seine gleichzeitig auftretende Gleichstromkomponente, die wesentlich vom Widerstand des Ständerkreises abhängt, wird hierdurch nicht erheblich beeinflußt und klingt sehr bald ab. Wenn nunmehr der Schalter B geöffnet wird, um die Unterbrechung seines Kurzschlußstromes J_s zu prüfen, so springt der Läuferstrom auf seinen vorherigen Wert i_0 zurück.

Durch gleichzeitiges Schließen des Schalters b kann dieser Strom i_0 weiter unterhalten werden und er erzeugt wieder *die normale Klemmenspannung, die daher auch die wiederkehrende Spannung des Versuchs ist.* Die treibende Spannung des Generators vermindert sich während der ganzen Kurzschlußperiode überhaupt nicht. Es ist sogar möglich, die wiederkehrende Spannung zu vergrößern, indem man die Fremderregung während der Lichtbogenzeit des Versuchsschalters erhöht.

Die Entwicklung der Gleichstromkomponente des Kurzschlußstromes, die häufig die Vergleichbarkeit bei der Auswertung von Abschaltversuchen stört, kann bei der Prüfung mit dieser Anordnung vollständig vermieden werden. Hierfür muß der Schalter B in Abb. 13 geschlossen werden, während der Generator noch unerregt und b offen ist. Dann wird die Fremderregung f eingeschaltet und der Erreger arbeitet sich in Selbsterregung bis auf den Strom i_s herauf. Gleichzeitig entwickelt sich der volle Ständer-Kurzschlußstrom J_s so allmählich, daß kein Anlaß für die Entwicklung einer Gleichstromkomponente vorliegt. Nachdem der volle Strom J_s erreicht ist, kann der Schalter B auf Unterbrechungsleistung geprüft werden.

Literaturverzeichnis

nach Kapiteln geordnet.

Einleitung und Allgemeines.

Vaschy, A.: Traité d'Électricité et de Magnétisme. Paris: Baudry & Cie. 1890.

Thomson, J. J.: Recent Researches on Electricity and Magnetism. Oxford: Clarendon Press 1893.

Bedell, F., u. A. C. Crehore: Alternating Currents. New York: W. J. Johnston Co. 1893.

Heaviside, O.: Electromagnetic Theory, Bd. 1—3. London: The Electrician Printing & Publishing Co. 1899; 3. Aufl., New York: Dover Publications 1950.

Steinmetz, C. P.: Theory and Calculation of Transient Electric Phenomena and Oscillations. New York: McGraw-Hill Book Company, Inc. 1908; 3. Aufl., 1920.

Breisig, F.: Theoretische Telegraphie. Braunschweig: Friedrich Vieweg & Sohn 1910; 2. Aufl., 1924.

Peek, F. W. jr.: Dielectric Phenomena in High Voltage Engineering. New York: McGraw-Hill Book Company, Inc. 1915; 3. Aufl., 1929.

Garrard, C. C.: Electric Switch and Controlling Gear. London: Ernest Benn, Ltd. 1916: 3. Aufl., 1927.

Schumann, W. O.: Elektrische Durchbruchsfeldstärke von Gasen. Berlin: Springer 1923.

Carson, J. R.: Electric Circuit Theory and Operational Calculus. New York: McGraw-Hill Book Company, Inc. 1926. Deutsch von F. Ollendorff u. K. Pohlhausen. Berlin: Springer 1929.

Roth, A.: Hochspannungstechnik. Berlin/Göttingen/Heidelberg: Springer 1927; 3. Aufl. 1950.

Whitehead, J. B.: Lectures on Dielectric Theory and Insulation. New York: McGraw-Hill Book Company, Inc. 1927.

Dahl, O. G. C.: Electric Circuits–Theory and Applications, New York: McGraw-Hill Book Company, Inc. Bd. 1 1928; Bd. 2 1938.

Bush, V.: Operational Circuit Analysis. New York: John Wiley & Sons, Inc. 1929.

Rüdenberg, R.: Relais und Schutzschaltungen in elektrischen Kraftwerken und Netzen. Berlin: Springer 1929.

Berg, E. J.: Heaviside's Operational Calculus. New York: McGraw-Hill Book Company, Inc. 1929; 2. Aufl., 1936.

Küpfmüller, K.: Einführung in die theoretische Elektrotechnik. Berlin/Göttingen/Heidelberg: Springer 1932; 4. Aufl. 1952.

v. Engel, A., u. M. Steenbeck: Elektrische Gasentladungen. Berlin: Springer, Bd. 1 1932; Bd. 2 1934.

Fallou, J.: Les Réseaux de Transmission d'Énergie: Réglage et Stabilité, Surintensités, Surtensions, Protection Sélective. Paris: Gauthier-Villars & Cie. 1935.

Kron, G.: Tensor Analysis of Networks. New York: John Wiley & Sons, Inc. 1939.

Wagner, K. W.: Operatorenrechnung nebst Anwendungen in Physik und Technik. Leipzig: J. A. Barth 1940; 2. Aufl., 1950.

Gardner, M. F., u. J. L. Barnes: Transients in Linear Systems Studied by the Laplace Transformation, Bd. 1. New York: John Wiley & Sons, Inc. 1942.

Clarke, E.: Circuit Analysis of A-C Power Systems, Bd. 1. New York: John Wiley & Sons, Inc. 1943; Bd. 2, 1950.

Westinghouse Electric Corp.: Electrical Transmission and Distribution Reference Book, East Pittsburgh, Pa., 1944.

Biermanns, J.: Hochspannung und Hochleistung. München: Carl Hanser 1949.

Goldman, S.: Transformation Calculus and Electrical Transients. New York: Prentice-Hall, Inc. 1949.

Peterson, H. A.: Transients in Power Systems. New York: John Wiley & Sons, Inc. 1951.

1. Einschalten und Abschalten von Stromkreisen mit Selbstinduktion.

HELMHOLTZ, H.: Über die Dauer und den Verlauf der durch Stromschwankungen induzierten elektrischen Ströme. Ann. Phys. Bd. 83 (1851) S. 505 und Wiss. Abh. Bd. 1 S. 429.

LINKE, W.: Über Schaltvorgänge bei elektrischen Maschinen und Apparaten, Dissertation. Hannover 1912.

ADLER, L.: Die Feldschwächung bei Bahnmotoren. Berlin: Springer 1919.

LOHRMANN, G.: Zur Beurteilung von Eisenkernen in der Schwachstromtechnik. Wiss. Veröff. Siemens-Konz. Bd. 7 (1929) Nr. 2 S. 163.

KURTZ, E. B., u. G. F. CORCORAN: Introduction to Electric Transients. New York: John Wiley & Sons, Inc. 1935.

MAYER, R.: Erhöhung der Zeitkonstante von induktiven Kreisen. Elektrotechn. u. Masch.-Bau Bd. 53 (1935) S. 495.

FOELSCH, K.: Magnetfeld und Induktivität einer zylindrischen Spule. Arch. Elektrotechn. Bd. 30 (1936) S. 139.

SKILLING, H. H.: Transient Electric Currents. New York: McGraw-Hill Book Company, Inc. 1937; 2. Aufl. 1952.

HARTEL, W.: Ausgleichsströme in Stromrichterantrieben. Arch. Elektrotechn. Bd. 33 (1939) S. 545.

LEONHARD, A.: Schaltungen zum Ausgleich großer elektromagnetischer Zeitkonstanten. ETZ Bd. 65 (1944) S. 253.

GROVER, F. W.: Inductance Calculations. New York: D. van Nostrand Co. 1946.

LEITCH, J. D.: The use of air-core reactors as fault limiting means on high interrupting capacity controllers. Trans. Amer. Inst. electr. Engrs. Bd. 68, Teil I (1949) S. 469.

LÖFGREN, E.: Formules approchées pour le calcul de l'inductance des bobines circulaires. Rev. gén. Électr. Bd. 58 (1949) S. 305.

RYAN, J. E., u. T. M. SPITLER: The operating speed of d-c brake magnets. Trans. Amer. Inst. electr. Engrs. Bd. 69, Teil II (1950) S. 1253.

2. Ladung und Entladung von Kapazitätskreisen.

SIEMENS, W.: Über die elektrostatische Induktion und die Verzögerung des Stroms in Flaschendrähten. Ann. Phys. Bd. 102 (1857) S. 66 und Wiss. u. techn. Arb. Bd. 1 S. 82.

BERG, E. J.: Advanced course in electrical engineering. Gen. Electr. Rev. 1912 S. 156.

BAUER, F.: Der Kondensator in der Starkstromtechnik. Berlin: Springer 1934.

GRÜNEWALD, H.: Das Schalten von Hochspannungs-Phasenschieber-Kondensatoren großer Leistung nach Netzversuchen. VDE-Fachberichte 1935 S. 25.

BAUCH, R.: Verluste und Wirkungsgrad bei der Ladung von Kondensatoren. Elektrotechn. u. Masch.-Bau Bd. 57 (1939) S. 25.

HÖHME, G.: Untersuchung des Kondensator-Schweißverfahrens zur Erreichung hoher Zugfestigkeit der Schweißverbindung bei hartgezogenen Aluminiumdrähten. Arch. Elektrotechn. Bd. 34 (1940) S. 425.

BOEHNE, E. W., T. W. SCHROEDER u. J. W. BUTLER: Tests and analysis of circuit-breaker performance when switching large capacitor banks. Trans. Amer. Inst. electr. Engrs. Bd. 61 (1942) S. 821.

DIETZ, T. W., u. G. M. STEIN: Design and measurements of capacitor discharge welding transformers. Trans. Amer. Inst. electr. Engrs. Bd. 65 (1946) S. 154.

3. Allgemeine Schaltgesetze.

POTIER, A.: Sur les phénomènes de surtension dans les réseaux à courants alternatifs. Éclair. Électr. Bd. 40 (1904) S. 1904.

CARSON, J. R.: Theory of the transient oscillations of electrical networks and transmission systems. Proc. Amer. Inst. electr. Engrs. Bd. 38 (1919) S. 407.

LYON, W. V.: A comparison of the transform and classical methods. Electr. Engng. Bd. 62 (1943) S. 198.

4. Resonanzerscheinungen.

FELDMANN, C.: Ursache, Wirkung und Bekämpfung von Überspannungen. ETZ 1908 S. 605.

BIERMANNS, J.: Die Spannungskurven großer Hochspannungsnetze. ETZ 1915 S. 609.

FALLOU, J.: Surtensions par résonance d'harmoniques. Rev. gén. Électr. Bd. 28 (1925) S. 292.

SCHÜTZ, H.: Entzerrung von Schleifenoszillographen. Elektrotechn. u. Masch.-Bau Bd. 53 (1935) S. 174.

HOK, G.: Response of linear resonant systems to excitation of a frequency varying linearly with time. J. appl. Phys. Bd. 19 (1948) S. 242.

5. Ausgleichsströme in Schwingungskreisen.

FELDMANN, C., u. J. HERZOG: Über Schwingungen mit hoher Spannung und Frequenz in Gleichstromnetzen. ETZ 1906 S. 897.

DÖRY, I.: Praktische Überspannungsanalogien. ETZ 1908 S. 686.

PUNGA, F.: Das Vektordiagramm für transiente elektrische Erscheinungen. Elektrotechn. u. Masch.-Bau 1915 S. 386.

ROBERTSON, D.: A mode of studying damped oscillations by the aid of shrinking vectors. J. Instn. electr. Engrs. (London) Bd. 54 (1915) S. 24.

PETERSON, H. A.: An electric circuit transient analyser. Gen. Electr. Rev. Bd. 42 (1939) S. 394.

JOHNSON, I. B.: Transient analyser applications. Gen. Electr. Rev. Bd. 54 (Sept. 1951) S. 22. (Enthält Literaturangaben.)

6. Einschalten von Schwingungskreisen.

STEINMETZ, C. P.: Theoretical investigation of some oscillations of extremely high potential in alternating high-potential transmissions. Trans. Amer. Inst. electr. Engrs. 1901 S. 705.

KUHLMANN, K.: Gesichtspunkte hinsichtlich Schutz und Sicherheit gegen Überspannungen. ETZ 1908 S. 1095.

FACCIOLI, G.: Electric line oscillations. Proc. Amer. Inst. electr. Engrs. Bd. 10 (1911) S. 1621.

ZELLER, W., u. H. W. KOCH: Kritik der Aufzeichnung von Schwingungsmessern. Z. VDI 1931 S. 1509.

KOCH, W.: Untersuchung über Beeinflussung von Erdschlußrelais beim Einschalten von Erdschlüssen. ETZ Bd. 57 (1936) S. 329 u. 385.

DEBENHAM, W. R.: The performance of coil ignition systems, with particular reference to double contact-breakers and the effects of variation of the period of open circuit. J. Instn. electr. Engrs. (London) Bd. 80 (1937) S. 329.

BAUDISCH, K., u. W. RAMBOLD: Starkstromkondensatoren in Einheitsbauweise und ihre Anwendung in Mittel- und Höchstspannungsnetzen. Siemens-Z. Bd. 17 (1937) S. 461.

FOITZIK, R.: Versuche mit großen Stoßströmen. ETZ Bd. 60 (1939) S. 89 u. 128.

v. BERTELE, H., u. TH. WASSERRAB: Umschaltschwingungen in Stromrichteranlagen. Elektrotechn. u. Masch.-Bau Bd. 60 (1942) S. 332.

MOTTER, D. P.: Commutation of d-c machines and its effects on radio influence voltage generation. Trans. Amer. Inst. electr. Engrs. Bd. 68 (1949) S. 491.

FUNKHOUSER, A. W., R. C. VAN SICKLE u. D. F. SHANKLE: Switching high-voltage capacitor banks. Trans. Amer. Inst. electr. Engrs. Bd. 70, Teil I (1951) S. 129.

7. Schaltschwingungen beim Abschalten.

KENNELLY, A. E.: Surges in Transmission Circuits. Electr. Wld. and Engr. Bd. 38 (1901) S. 847.

ROGOWSKI, W.: Kondensatoren als Schutz gegen Ausschaltspannungen bei Gleichstrommaschinen hoher Spannung und bei Drosselspulen. Arch. Elektrotechn. Bd. 4 (1916) S. 345.

PETERSEN, W.: Die Transformatorenschäden in Golpa. ETZ 1922 S. 1203.

POIRSON, E.: Note sur les interrupteurs d'excitation. Rev. gén. Électr. Bd. 14 (1923) S. 493.

SLEPIAN, J.: Extinction of an a-c. arc. Trans. Amer. Inst. electr. Engrs. Bd. 47 (1928) S. 1398.

LEVI, G.: Betriebserfahrungen mit Drosselspulen zur Strombegrenzung. ETZ 1929 S. 1181.

GUBLER, H.: Errechnung der Eigenfrequenz der wiederkehrenden Spannung und ihre Bedeutung für die Abschaltleistung. VDE-Fachberichte 1931 S. 48.

FREIBERGER, H.: Überschläge in Schaltanlagen beim Abschalten von Transformatoren. VDE-Fachberichte 1935 S. 32.

TAYLOR, J. R., u. C. E. RANDALL: Voltage surges caused by contactor coils. J. Instn. electr. Engrs. (London) Bd. 90, Teil II (1943) S. 90.

8. Ruhende Stromkreise mit Wechselinduktion.

WAGNER, K. W.: Über die Wirkungsweise von Dämpferwicklungen auf Gleichstrommagneten. Elektrotechn. u. Masch.-Bau 1909 S. 804.

SCHURIG, O. R.: Short circuit windings in direct-current solenoids. Gen. Electr. Rev. 1918 S. 560.

KUYSER, J. A.: Protective apparatus for turbo-generators. J. Instn. electr. Engrs. (London) Bd. 60 (1922) S. 761.

MARSHALL, D. E., u. P. O. LANGGUTH: Current transformer excitation under transient conditions. Trans. Amer. Inst. electr. Engrs. Bd. 48 (1929) S. 1464.

ALBERTI, E.: Betrachtungen zur oszillographischen Kurvenaufnahme und Vorschläge zu ihrer Verbesserung. ETZ Bd. 58 (1937) S. 121.

MARENESI, R.: Recording of transient short-circuit currents by means of current transformers. CIGRE 1952 Nr. 319.

9. Schalten von Transformatoren.

LINKE, W.: Über Schaltvorgänge bei elektrischen Maschinen und Apparaten. Arch. Elektrotechn. Bd. 1 (1912) S. 69.

KUHLMANN, K.: Die Rückwirkung des Einschaltstromes von Transformatoren auf das Netz. Arch. Elektrotechn. Bd. 1 (1913) S. 527.

RÜDENBERG, R.: Überspannungen beim Abschalten von Asynchronmotoren. ETZ 1915 S. 169.

10. Wirbelströme in massiven Magnetkernen.

RAYLEIGH, J. W.: Rate of decay of a magnetic field. Scient. Papers Bd. 2 S. 128 und Bd. 4 S. 563.

WAGNER, K. W.: Über eine Formel von Heaviside zur Berechnung von Einschaltvorgängen. Arch. Elektrotechn. Bd. 4 (1916) S. 159.

HILL, N. B.: The damping effect of solid rotors. Electrician Bd. 42 (1924) S. 511.

POHL, R.: Schnellentregung von Generatoren. VDE-Fachberichte 1927 S. 108.

HESS, H.: Dämpfung und Schnellentregung großer Generatoren. VDE-Fachberichte 1929 S. 88.

WEBER, E.: Field transients in magnetic systems, partially laminated, partially solid. Trans. Amer. Inst. electr. Engrs. Bd. 50 (1931) S. 1234.

WOLMAN, W., u. H. KADEN: Über die Wirbelstromverzögerung magnetischer Schaltvorgänge. Z. techn. Phys. 1932 S. 330.

WAGNER, C. F.: Transients in magnetic systems. Trans. Amer. Inst. electr. Engrs. Bd. 53 (1934) S. 418.

HABERLAND, F.: Theorie und experimentelle Untersuchung des magnetischen Wechselfeldes im Luftspalt von massivem Eisen. Arch. Elektrotechn. Bd. 28 (1934) S. 234 u. 246.

POHL, R.: Rise of flux due to impact excitation: retardation by eddy currents in solid parts. Proc. Instn. electr. Engrs. (London) Bd. 96, Teil II (1949) S. 57.

11. Kommutierungsfluß in Kollektormaschinen.

DREYFUS, L.: Zusätzliche Kommutierungsverluste bei Gleichstrommaschinen. Elektrotechn. u. Masch.-Bau Bd. 32 (1914) S. 281.

— Die Theorie der zusätzlichen Kommutierungsverluste von Gleichstrommaschinen. Arch. Elektrotechn. Bd. 3 (1915) S. 273.

LYON, W. V., E. WAYNE u. M. L. HENDERSON: Heat losses in d-c armature conductors. Trans. Amer. Inst. electr. Engrs. Bd. 47 (1928) S. 589.

DREYFUS, L.: Über die Verminderung der Stromwendespannung großer Kommutatormaschinen durch Kurzschlußwicklungen neuer Bauart. Arch. Elektrotechn. Bd. 26 (1932) S. 330.

TRETTIN, C.: Stromwendung und Dämpfung bei Gleichstrommaschinen. Wiss. Veröff. Siemens-Konz. Bd. 12 (1933) Nr. 2 S. 34.

— Wirbelstromdämpfung des Nutenfeldes in Dynamoankern. Wiss. Veröff. Siemens-Konz. Bd. 15 (1936) Nr. 1 S. 7.

KOOS, A.: Nutenquerfeld und Stromverdrängung während der Stromwendung bei Gleichstrommaschinen. Arch. Elektrotechn. Bd. 30 (1936) S. 502.

— Die Ausgleichsvorgänge beim Einschalten einer Tiefnutwicklung. Wiss. Veröff. Siemens-Konz. Bd. 17 (1938) Nr. 3 S. 19.

STIX, R.: Verminderung der Stromwendespannung bei Kollektormaschinen durch die Wirbelströme in massiven Ankerleitern. Elektrotechn. u. Masch.-Bau Bd. 57 (1939) S. 171.

KOOS, A.: Über die Dämpfung des Nutenquerfeldes bei Gleichstrommaschinen. Wiss. Veröff. Siemens-Konz. Bd. 19 (1940) Nr. 1 S. 89 und Bd. 20 (1941) Nr. 1 S. 207.

MILLER, K. W.: Diffusion of electric current into rods, tubes, and flat surfaces. Trans. Amer. Inst. electr. Engrs. Bd. 66 (1947) S. 1496.

BALDWIN, M. J.: Oscillographing commutation. Trans. Amer. Inst. electr. Engrs. Bd. 68 (1949) S. 100.

12. Freie Drehfelder in Mehrphasenmaschinen.

FLEISCHMANN, L.: Über Stromstöße beim Einschalten von Induktionsmotoren bei synchron laufendem Rotor. Elektrotechn. u. Masch.-Bau 1908 S. 45.

BOUCHEROT, P.: Les phénomènes électromagnétiques qui resultent de la mise en court-circuit brusque d'un alternateur. Congr. intern. électr., Turin, 1911.

DREYFUS, L.: Freie magnetische Energie zwischen verketteten Mehrphasensystemen. Elektrotechn. u. Masch.-Bau 1911 S. 891.
— Ausgleichvorgänge in der symmetrischen Mehrphasenmaschine. Elektrotechn. u. Masch.-Bau 1912 S. 25.
— Ausgleichvorgänge beim plötzlichen Kurzschluß von Synchrongeneratoren. Arch. Elektrotechn. Bd. 5 (1916) S. 103.
ROGOWSKI, W.: Der Kurzschlußstrom eines Wechselstromgenerators. Arch. Elektrotechn. Bd. 11 (1922) S. 147.
LYON, W. V.: Transient conditions in electric machinery. J. Amer. Inst. electr. Engrs. Bd. 22 (1923) S. 388.
MANDL, A.: Der Kurzschlußstrom eines Wechselstromgenerators. Elektrotechn. u. Masch.-Bau 1923 S. 609.
BEKKU, S.: Calculation of short-circuit ground currents on three-phase power networks, using the method of symmetrical coordinates. Gen. Electr. Rev. 1925 S. 472.
OLLENDORFF, F.: Stoßstrom von Synchronmaschinen mit massivem Läufer. Arch. Elektrotechn. Bd. 24 (1930) S. 715.
IKEDA, Y., u. M. MORI: Einphasiger Kurzschluß der Synchronmaschine. Z. angew. Math. Mech. 1931 S. 274.
JACOTTET, P.: Dämpfung und Wärmewirkung des Stoßstromes bei einfach gespeistem Netzkurzschluß. Arch. Elektrotechn. Bd. 26 (1932) S. 679.
MASSAR, E.: Ausgleichsvorgänge bei Mehrphasen-Induktionsmaschinen und ihre Drehmomente. Arch. Elektrotechn. Bd. 36 (1942) S. 265.

13. Plötzlicher Kurzschluß von Drehstrommaschinen.

PUNGA, F.: Der plötzliche Kurzschluß von Drehstromdynamos. ETZ 1906 S. 827.
WALKER, M.: Short-circuiting of large electric generators and the resulting forces on armature windings. J. Instn. electr. Engrs. (London) Bd. 45 (1910) S. 295.
SCHUCHARDT, R. F., u. O. E. SCHWEITZER: The use of power-limiting reactances with large turbo-alternators. Proc. Amer. Inst. electr. Engrs. 1911 S. 1669.
DURGIN, W. A., u. R. H. WHITEHEAD: The transient reactions of alternators. Proc. Amer. Inst. electr. Engrs. 1912 S. 897.
FIELD, A. B.: Operating characteristics of large turbo-generators. Proc. Amer. Inst. electr. Engrs. 1912 S. 968.
DAVIS, C. M.: Alternator short circuits. Gen. Electr. Rev. 1914 S. 805.
BIERMANNS, J.: Der plötzliche einphasige Kurzschluß der Drehstrom-Synchronmaschine. Arch. Elektrotechn. Bd. 3 (1915) S. 354.
DIAMANT, N. S.: Calculation of sudden short circuit phenomena of alternators. Proc. Amer. Inst. electr. Engrs. 1915 S. 2043.
WEAVER, S. H.: Mechanical effects of electrical short-circuits. Gen. Electr. Rev. 1915 S. 1066.
BIERMANNS, J.: Der plötzliche Kurzschluß der Drehstrom-Synchronmaschine. ETZ 1916 S. 579.
NIETHAMMER, F.: Mechanische Wellenschwingungen elektrischer Maschinen, besonders von Synchronmaschinen, bei plötzlichem Kurzschluß. Elektrotechn. u. Masch.-Bau 1916 S. 509.
SHIRLEY, O. E.: Analysis of short-circuit oscillograms. Gen. Electr. Rev. 1917 S. 121.
HENNINGSEN, E. S.: Short-circuit tests on a 10,000-kva turbine alternator, Gen. Electr. Rev. 1920 S. 214.
DOHERTY, R. E., u. E. T. WILLIAMSON: Short-circuit currents of induction motors and generators. J. Amer. Inst. electr. Engrs. 1921 S. 1.
— A simplified method of analyzing short-circuit problems. J. Amer. Inst. electr. Engrs. 1923 S. 1021.
HÄBERLI, F.: Das generatorische Verhalten von Einankerumformern bei Kurzschlüssen. BBC-Mitt., Baden 1924 S. 3.
LAFFOON, C. M.: Short-circuits of alternating-current generators. J. Amer. Inst. electr. Engrs. 1924 S. 736.
FRANKLIN, R. E.: Short-circuit currents of synchronous machines. J. Amer. Inst. electr. Engrs. 1925 S. 863.
KARAPETOFF, V.: Initial and sustained short-circuits in synchronous machines. J. Amer. Inst. electr. Engrs. 1925 S. 855.
RIKLI, H.: Experimentelle Untersuchung über den plötzlichen Kurzschluß von Wechselstromgeneratoren. Schweiz. Bull. 1925 S. 217.
FALLOU, J.: Calcul des courants de courtcircuit dans les réseaux triphasés. Bull. Soc. franç. Électr. 1926 S. 969.
BIERMANNS, J.: Überströme in Hochspannungsanlagen. Berlin: Springer 1926.

POHL, R.: Vorgänge beim Kurzschluß eines Synchrongenerators. ETZ Bd. 54 (1933) S. 127.

SCHEIB, A.: Kurzschlußvorgänge in mehrfach gespeisten, vermaschten Netzen. Arch. Elektrotechn. Bd. 33 (1939) S. 71.

PUNGA, F.: Zur Geschichte des Stoßkurzschlußstromes. Elektrotechn. u. Masch.-Bau Bd. 56 (1938) S. 273 u. 533.

KUYPER, W. W.: Analysis of short-circuit oscillograms. Trans. Amer. Inst. electr. Engrs. Bd. 60 (1941) S. 151.

HANNA, W. M., H. A. TRAVERS, C. F. WAGNER, C. A. WOODROW u. W. F. SKEATS: System short-circuit currents. Trans. Amer. Inst. electr. Engrs. Bd. 60 (1941) S. 877.

MANDL, A.: Short-circuit characteristics and load performance of inductor-type alternators. J. Instn. electr. Engrs. (London) Bd. 94, Teil II (1947) S. 102.

WILSON, N. E.: Transients in 2-phase synchronous machines. Trans. Amer. Inst. electr Engrs. Bd. 68, Teil II (1949) S. 1360.

BECKWITH, ST.: Turbogenerator for use in short-circuit testing. Trans. Amer. Inst. electr. Engrs. Bd. 70, Teil II (1951) S. 2016.

14. Stoßkurzschlußströme in der Praxis.

LYMAN, J., A. M. ROSSMAN u. L. L. PERRY: Protective reactances in large power stations. Proc. Amer. Inst. electr. Engrs. 1914 S. 141.

SCOUMANNE, E.: Note sur la protection des centrales de grande puissance contre les effets destructifs des court-circuits. Rev. gén. Électr. Bd. 2 (1917) S. 215.

BIERMANNS, J.: Über den Schutz elektrischer Verteilungsanlagen gegen Überströme. ETZ 1919 S. 593.

MERRICK, E. G.: Effects of short-circuits on power house equipment. Gen. Electr. Rev. 1919 S. 935.

PETERSEN, W.: Überstrom- und Überspannungsschutz. Mitt. Ver. Elektr.-Werke 1920 S. 275.

BIERMANNS, J.: Technische Probleme der elektrischen Großwirtschaft. ETZ 1921 S. 25.

PANZERBIETER, TH.: Kurzschlußströme in Drehstromnetzen und ihr Einfluß auf das Schaltbild, die Apparate und Leitungen. Siemens-Z. 1922 S. 436.

MATTHIAS, A.: Kurzschlußwirkungen in großen Netzen. Mitt. Ver. Elektr.-Werke 1923 S. 397.

RACHEL, A.: Überstrom- und Überspannungsschutz, insbesondere bei verkuppelten Netzen. Mitt. Ver. Elektr.-Werke 1923 S. 305.

VEDOVELLI, E.: La sélection. Protection des réseaux contre les surintensités. Rev. gén. Électr. Bd. 13 (1923) S. 7.

BLAKE, D. K.: Improving central station service by the application of current-limiting reactors to distribution feeders. Gen. Electr. Rev. 1924 S. 361.

DANN, W. M.: Current-limiting reactors. J. Amer. Inst. electr. Engrs. 1924 S. 1050.

RÜDENBERG, R.: Kurzschlußströme beim Betrieb großer Kraftwerke. Elektrotechn. u. Masch.-Bau 1925 S. 77 und Berlin: Springer 1925.

RÜHLE, E.: Die Verteilung elektrischer Energie in Absatzgebieten großer Konsumdichte mit besonderer Berücksichtigung von Groß-Berlin. Elektrizitätswirtsch. Sonderausgabe zur Hauptversammlung in Düsseldorf, 1926, S. 26.

MANDL, A.: Der einphasige Kurzschluß des Drehstromgenerators mit Resonanzkreis an der offenen Phase. Arch. Elektrotechn. Bd. 19 (1928) S. 485.

RÜDENBERG, R.: Stoßkurzschlußströme von Schenkelpolgeneratoren mit Dämpferwicklung. Elektrotechn. u. Masch.-Bau 1930 S. 609.

NOLEN, H. G.: Die Folgen der gegenseitigen Induktion bei Dreiphasen-Luftdrosselspulen. ETZ Bd. 54 (1933) S. 858.

HAMEISTER, G.: Die Berechnung des Kurzschlußstromes in Hochspannungsnetzen. ETZ Bd. 56 (1935) S. 669.

v. TIMASCHEFF, A.: Zur Berechnung der Dauerkurzschlußströme in vorbelasteten einfach und mehrfach gespeisten Netzen. ETZ Bd. 57 (1936) S. 1083.

HANNA, W. M.: Calculation of short-circuit currents in a-c networks. Gen. Electr. Rev. Bd. 40 (1937) S. 383.

HAK, J.: Eisenlose Drosselspulen. Leipzig: K. F. Koehler 1937. (Enthält Literaturangaben.)

WAGNER, C. F.: Unsymmetrical short circuits on waterwheel generators under capacitive loading. Trans. Amer. Inst. electr. Engrs. Bd. 56 (1937) S. 1385.

NEUMANN, H.: Der verbundgespeiste Dauerkurzschluß in verwickelten Netzen unter Berücksichtigung der Vorlast. Arch. Elektrotechn. Bd. 32 (1938) S. 88.

CLARKE, E., C. N. WEYGANDT u. C. CONCORDIA: Overvoltages caused by unbalanced short circuits, effect of amortisseur windings. Trans. Amer. Inst. electr. Engrs. Bd. 57 (1938) S. 453.

Schilling, W.: Der Stoßkurzschlußstrom in Gleichrichterschaltungen. Elektrotechn. u. Masch.-Bau Bd. 58 (1940) S. 229.

Koch, W.: Das Wechselstromnetzmodell der Siemens-Schuckert-Werke. Siemens-Z. Bd. 20 (1940) S. 20.

Clarke, E., H. A. Peterson u. P. H. Light: Abnormal voltage conditions in three-phase systems produced by single-phase switching. Trans. Amer. Inst. electr. Engrs. Bd. 60 (1941) S. 329.

AIEE Switchgear Comittee: Simplified calculation of fault currents. Trans. Amer. Inst. electr. Engrs. Bd. 67 (1948) S. 1433.

Lyon, G.: Some Experience with a British A. C. Network Analyser. Proc. Instn. electr. Engrs. (London) Bd. 97, Teil II (1950) S. 697. (Enthält Literaturangaben.)

Zaborszky, J., u. C. F. Cromer: Fast, approximate short circuit calculation on secondary networks. Trans. Amer. Inst. electr. Engrs. Bd. 70, Teil II (1951) S. 1829.

15. Mechanische und thermische Kurzschlußwirkungen.

Gross, J. W.: Theoretical investigation of electric transmission systems under short circuit conditions. Proc. Amer. Inst. electr. Engrs. 1915 S. 26.

Binder, L.: Kurzschlußerwärmung in Kraftwerken und Überlandnetzen. ETZ 1916 S. 589.

Randall, K. C.: Mechanical stresses between electrical conductors. Electr. J. 1917 S. 283.

Estorff, W.: Kräfte auf Drehstrom-Schaltertraversen. ETZ Bd. 40 (1919) S. 658.

Jolley, L. B. H.: Mathematical analysis of the mechanical forces acting on switches and bus bars. Electrician Bd. 85 (1920) S. 646 u. 676.

Dwight, H. B.: Calculation of magnetic force on disconnecting switches. Trans. Amer. Inst. electr. Engrs. Bd. 39 (1920) S. 1337.

Biermanns, J.: Über die mechanischen Wirkungen des plötzlichen Kurzschlußstromes von Synchronmaschinen. Arch. Elektrotechn. Bd. 9 (1920) S. 326.

Louis, H. C., u. C. T. Sinclair: The effect of high currents on disconnecting switches. J. Amer. Inst. electr. Engrs. 1922 S. 267.

Doherty, R. E., u. F. H. Kierstead: Short-circuit forces on reactor supports. J. Amer. Inst. electr. Engrs. 1923 S. 832.

Kierstead, F. H.: The development of current limiting reactors and their shunting resistors. Gen. Electr. Rev. 1923 S. 560.

Biermanns, J.: Kurzschlußkräfte an Transformatoren. Schweiz. Bull. 1923 S. 212.

Müllner, F.: Stromkräfte in Transformatorwicklungen. Elektrotechn. u. Masch.-Bau 1924 S. 679.

Finckh, F.: Innere Kurzschlüsse bei Hochspannungs-Turbodynamos. Mitt. Ver. Elektr.-Werke 1924 S. 62.

Hak, J.: Zur Berechnung der in Reaktanzspulen auftretenden Beanspruchungen. Elektrotechn. u. Masch.-Bau 1924 S. 17.

Kopec, L.: Dynamische Kräfte bei Hochspannungstrennschaltern und Ölschaltern. Elektrotechn. u. Masch.-Bau 1925 S. 658.

Schurig, O. R., u. M. F. Sayre: Mechanical stresses in bus bar supports during short circuits. J. Amer. Inst. electr. Engrs. 1925 S. 365.

Dunton, W. F.: Electromagnetic forces on current carrying conductors. J. sci. Instrum. Bd. 4 (1927) S. 440.

Buchholz, H.: Die Kurzschlußkräfte bei Reaktanzspulen. VDE-Fachberichte 1927 S. 10.

Gut, G., u. L. M. Grünberg: Erwärmung von Leitern bei kurzen Belastungszeiten und bei Kurzschlüssen. Schweiz. Bull. 1927 S. 205.

Penney, G. W.: Short-circuit torque in synchronous machines without damper windings. Trans. Amer. Inst. electr. Engrs. 1929 S. 1230.

Weber, E.: Die magnetomechanische Beanspruchung der Ständerwicklung in Generatoren beim plötzlichen Kurzschluß. Wiss. Veröff. Siemens-Konz. Bd. 8 (1929) Nr. 3 S. 166.

Hak, J.: Einige Bemerkungen zur Berechnung der auf bewegliche Leiterteile wirkenden Kräfte. Elektrotechn. u. Masch.-Bau Bd. 47 (1929) S. 149.

Stix, R.: Thermische Wicklungszeitkonstanten von elektrischen Maschinen unter Berücksichtigung der Temperaturgefälle. Wiss. Veröff. Siemens-Konz. Bd. 11 (1932) Nr. 1 S. 24.

Korb, A.: Axiale Stromkräfte zwischen koaxialen Röhrenwicklungen mit Abschaltspulen. Schweiz. Bull. Bd. 24 (1933) S. 333.

— Radiale Druck- und Sprengkräfte in Röhrenspulen. Arch. Elektrotechn. Bd. 27 (1933) S. 454.

Frick, C. W.: Electromagnetic forces on conductors with bends, short lengths, and cross-overs. Gen. Electr. Rev. Bd. 36 (1933) S. 232.

Metz, G. L. E.: Electromagnetic forces set up between current-carrying conductors during short-circuit. J. Instn. electr. Engrs. (London) Bd. 75 (1934) S. 527.

KORB, A.: Der Einfluß des Eisens auf die radialen Stromkräfte bei Transformatorröhren-spulen. Arch. Elektrotechn. Bd. 28 (1934) S. 625.

WINKELSTRÄTER, H.: Kurzschlußkräfte und Fundamentbelastungen. VDE-Fachberichte 1936 S. 90.

BRÜDERLINK,.R.: Das Drehmoment beim plötzlichen einphasigen Kurzschluß von Synchron-maschinen mit Dämpferwicklung. Arch. Elektrotechn. Bd. 30 (1936) S. 819.*

HAK, J.: Zur Berechnung der Kurzschlußerwärmung. Elektrotechn. u. Masch.-Bau Bd. 55 (1937) S. 505.

FISCHER, E.: Einfluß des Eisenkernes auf die Stromkräfte von Transformatorenwicklungen ETZ Bd. 59 (1938) S. 1059.

VIDMAR, M.: Induktivität und Stromkraft. Elektrotechn. u. Masch.-Bau Bd. 56 (1938) S. 305.

WALL, T. F.: Effects of short-circuits in large inter-connected three-phase electric supply systems. Engineering Bd. 145 (1938) S. 466.

JOHANNSEN, K.: Die Berücksichtigung des Stoßkurzschlußstromes bei der Berechnung der thermischen Kurzschlußfestigkeit. Elektrotechn. u. Masch.-Bau Bd. 57 (1939) S. 533.

WHITNEY, E. C., u. H. E. CRINER: Determination of short-circuit torques in turbine genera-tors by test. Trans. Amer. Inst. electr. Engrs. Bd. 59 (1940) S. 885.

GALBRAITH, R. A.: Short circuits in synchronous-machine armatures. Trans. Amer. Inst. electr. Engrs. Bd. 60 (1941) S. 1024.

WELLINGS, J. G., u. R. V. WHEELER: The short-circuit rating and testing of current-limiting reactors. J. Instn. electr. Engrs. (London) Bd. 89, Teil II (1942) S. 473.

HIGGINS, J.: Formulas for calculating short-circuit stresses for bus supports for rectangular tubular conductors. Trans. Amer. Inst. electr. Engrs. Bd. 61 (1942) S. 578.

KNAACK, W.: Beitrag zur Berechnung der Stromkräfte an Transformatorenwicklungen bei plötzlichem Kurzschluß. Elektrotechn. u. Masch.-Bau Bd. 61 (1943) S. 455.

KIRSCHBAUM, H. S.: Transient electrical torques of turbine generators during short circuits and synchronizing. Trans. Amer. Inst. electr. Engrs. Bd. 64 (1945) S. 65.

BILLIG, E.: Mechanical stresses in transformer windings. J. Instn. electr. Engrs. (London) Bd. 93, Teil II (1946) S. 227.

BEWLEY. L. V.: Two-dimensional Fields in Electrical Engineering, S. 183. New York: The Macmillan Company 1948. (Enthält Literaturangaben.)

BATCHELOR, J. W., D. L. WHITEHEAD u. J. S. WILLIAMS: Transient shaft torques in turbine generators produced by transmission-line reclosing. Trans. Amer. Inst. electr. Engrs. Bd. 67 (1948) S. 159.

ROEPER, R.: Ermittlung der thermischen Beanspruchung bei nichtstationären Kurzschluß-strömen. ETZ Bd. 70 (1949) S. 131.

MONTSINGER, V. M., u. G. H. HALSEY: Heating of transformers under short-circuit con-ditions. Trans. Amer. Inst. electr. Engrs. Bd. 68, Teil II (1949) S. 947.

WIENHARD, A.: Ein Beitrag zur Berechnung der Stromkräfte beim Transformator. ETZ Bd. 71 (1950) S. 309.

BULLER, F. H.: Thermal transients on buried cables. Trans. Amer. Inst. electr. Engrs. Bd. 70, Teil I (1951) S. 45.

KUIJPER, C. E. M. DE: Short-circuit forces in symmetrical windings of transformers. CIGRE 1952 Nr. 122.

16. Eigenschwingungen in Kollektormaschinen.

RÜDENBERG, R.: Eine Methode zur Erzeugung von Wechselströmen beliebiger Perioden-zahl. Phys. Z. 1907 S. 668.

CAUVENBERGHE, R. VAN: Über einige Eigenschaften der Kommutatorgeneratoren. Elektro-techn. u. Masch.-Bau 1910 S. 953.

RUSCH, F.: Ist eine Nutzbremsung des Repulsionsmotors in normaler Schaltung möglich? ETZ 1910 S. 778.

MÜLLER, P.: Gegenstrom- und Kurzschlußbremsung bei Reihenschlußkommutatormotoren. Elektr. Kraftbetr. Bahn. 1911 S. 641 u. 721.

NIETHAMMER, F., u. E. SIEGEL: Über elektrische Bremsung mit besonderer Berücksichti-gung der Wechselstrom-Kommutatormotoren. Elektrotechn. u. Masch.-Bau 1911 S. 1063.

RÜDENBERG, R.: Selbsterregende Drehstromgeneratoren für veränderliche Frequenz. ETZ 1911 S. 391.

— Der Drehstrom-Kollektorgenerator in Leerlauf. ETZ 1911 S. 489.

— Elektrische Eigenschwingungen in Dynamomaschinen. Arch. Elektrotechn. Bd. 1 (1912) S. 34.

SIMONS, K.: Elektrische Eigenschwingungen in Dynamomaschinen. Arch. Elektrotechn. Bd. 1 (1912) S. 325.

KELEN, J.: Umkehr und Verlust des remanenten Magnetismus bei Erregermaschinen. Elektrotechn. u. Masch.-Bau Bd. 38 (1920) S. 225.

LEYERER, F.: Über Wechselstromselbsterregung von Gleichstrommaschinen. Arch. Elektrotechn. Bd. 9 (1920) S. 95.

FLEISCHMANN, L.: Selbsterregung einer Gleichstromnebenschlußmaschine für Wechselstromabgabe. Arch. Elektrotechn. Bd. 9 (1921) S. 403.

DOHERTY, R. E.: Exciter instability. J. Amer. Inst. electr. Engrs. 1922 S. 731.

POHL, R.: Der Einfluß des Stromreglers auf das Abklingen des Kurzschlußstromes von Turbogeneratoren. ETZ 1924 S. 805.

HESS, H., u. E. WEBER: Der Schwingungswiderstand zur Schnellentregung elektrischer Maschinen. Wiss. Veröff. Siemens-Konz. Bd. 9 (1930) Nr. 1 S. 115.

— Kurzschlußstrom und Schutz großer Gleichstromgeneratoren. Arch. Elektrotechn. Bd. 27 (1933) S. 467.

WACLAWIK, A.: Die Stabilität des Metall-Gleichstrom-Schweißlichtbogens. ETZ Bd. 55 (1934) S. 71.

KOZISEK, J.: Über Selbsterregung und deren Verhütung bei Drehstrom-Reihenschlußmaschinen. ETZ Bd. 56 (1935) S. 1121.

BRUNN, A. v.: Die Expedanz als Ursache der Selbsterregung und der allgemeinen Resonanz. Schweiz. Bull. Bd. 26 (1935) S. 137.

LATERNSER, A.: Zur Frage der Selbsterregung der Einphasenwechselstrom-Kollektor-Serie-Motoren. Schweiz. Bull. Bd. 28 (1937) S. 193.

TIMASCHEFF, A. v.: Anfachung von Schwingungen bei Synchronmaschinen durch Labilität der Erregermaschine. Wiss. Veröff. Siemens-Konz. Bd. 17 (1938) Nr. 3 S. 1.

ALEXANDERSON, E. F. W., M. A. EDWARDS u. K. K. BOWMAN: Dynamo-electric amplifier for power control. Trans. Amer. Inst. electr. Engrs. Bd. 59 (1940) S. 937.

FISHER, A.: The design characteristics of amplidyne generators. Trans. Amer. Inst. electr. Engrs. Bd. 59 (1940) S. 939.

BOWER, J. L.: Fundamentals of the amplidyne generator. Trans. Amer. Inst. electr. Engrs. Bd. 64 (1945) S. 873.

LITMAN, B.: An analysis of rotating amplifiers. Trans. Amer. Inst. electr. Engrs. Bd. 68, Teil II (1949) S. 1111.

SAUNDERS, R. M.: The dynamoelectric amplifier-class A operation. Trans. Amer. Inst. electr. Engrs. Bd. 68, Teil II (1949) S. 1368.

McCLINTON, A. T., E. L. BRANCATO u. R. PANOFF: Transient characteristics of D-C motors and generators. Trans. Amer. Inst. electr. Engrs. Bd. 68, Teil II (1949) S. 1100.

CARLETON, J. T.: The transient behavior of the two-stage rototrol main exciter voltage regulating system as determined by electrical analogy. Trans. Amer. Inst. electr. Engrs. Bd. 68, Teil I (1949) S. 59.

KOENIG, H. E.: Transient response of direct-current dynamos. Trans. Amer. Inst. electr. Engrs. Bd. 69, Teil I (1950) S. 139.

SCORGIE, D. G.: Transient analysis of a voltage regulated aircraft d-c system. Trans. Amer. Inst. electr. Engrs. Bd. 69, Teil II (1950) S. 1318.

BOTHWELL, F. E.: Stability of voltage regulators. Trans. Amer. Inst. electr. Engrs. Bd. 69, Teil II (1950) S. 1430.

BRÜDERLINK, R., u. K. GEIGENMÜLLER: Das Leerlauf-Kurzschluß-Leerlauf-Diagramm der fremderregten Gleichstrommaschine mit Gegenreihenschlußwicklung. Elektrotechn. u. Masch.-Bau Bd. 68 (1951) S. 398.

SCORGIE, D. G.: Transients in aircraft d-c systems. Trans. Amer. Inst. electr. Engrs. Bd. 70, Teil I (1951) S. 713.

17. Anlauf von Motoren.

MAILLOUX, C. O.: Notes on the plotting of speed-time curves. Trans. Amer. Inst. electr. Engrs. 1915 S. 2804.

PENSABENE-PEREZ, N.: An automatic starting device for asynchronous motors. J. Instn. electr. Engrs. (London) Bd. 48 (1911) S. 484.

JASSE, E.: Zur Berechnung von Anlaßwiderständen und Motorsicherungen. Elektrotechn. u. Masch.-Bau 1912 S. 657.

WOODRUFF, E. C.: Graphic method for speed-time and distance-time curves. Proc. Amer. Inst. electr. Engrs. 1914 S. 1689.

FISCHMANN, D.: Schwungmassenausgleich bei Elektromotoren. Elektr. Kraftbetr. Bahn. 1917 S. 129.

JASSE, E.: Der Anlaßvorgang beim Gleichstrommotor. Arch. Elektrotechn. Bd. 5 (1917) S. 285.

SAINT-GERMAIN, J.: Étude sur la durée des démarrages des moteurs à courant continu et d'induction. Rev. gén. Électr. Bd. 2 (1917) S. 3.

BLANC, F.: Über Anlauf- und Auslaufverhältnisse von motorisch angetriebenen Massen unter Anwendung eines neuen graphischen Auswertungsverfahrens. Z. VDI 1919 S. 289.

ATTLMAYR, P.: Das Durchgehen von Turbinen. Elektrotechn. u. Masch.-Bau 1922 S. 487.

BRÜDERLINK, R.: Zum Beschleunigungsanlauf von Motoren. Elektrotechn. u. Masch.-Bau 1930 S. 541.

MELCHIOR, P., u. H. ROSENTHAL: Die Beschleunigungsarbeit von Motoren. Elektrotechn. u. Masch.-Bau 1931 S. 712.

JASSE, E.: Die Schwungradbremsung durch Wirbelströme. Arch. Elektrotechn. Bd. 39 (1949) S. 472.

DUBS, R.: Über das Durchgehen von Wasserturbinen. Schweiz. Bull. Bd. 42 (1951) S. 377.

HOPKIN, A. M.: Transient response of small 2-phase induction motors. Trans. Amer. Inst. electr. Engrs. Bd. 70, Teil I (1951) S. 881.

PETCH, T. H.: Transients in electric mine-winders and their effects on rope stresses. Proc. Instn. electr. Engrs. (London) Bd. 98, Teil II (1951) S. 573.

18. Einschalten von Gleichstromankern.

TRETTIN, C.: Das Schalten großer Gleichstrommotoren ohne Vorschaltwiderstände. ETZ 1912 S. 759.

LINKE, W.: Das Schalten großer Gleichstrommotoren ohne Vorschaltwiderstände. ETZ 1918 S. 453.

BETHGE, W.: Wirkungsweise der elektrischen Kurzschlußbremsung. Elektr. Bahnen 1925 S. 224.

LUDWIG, L. R.: Effect of transient conditions on application of d-c compound motors. Trans. Amer. Inst. electr. Engrs. 1928 S. 599.

BADER, W.: Theorie der Kurzschlußbremse. Elektr. Bahnen Bd. 7 (1932) S. 247 u. 299.

MONATH, L.: Kurzschlußbremsung und Nutzbremsung elektrischer Fahrzeuge, Entwicklung und heutiger Stand. ETZ Bd. 55 (1934) S. 597.

LINVILLE, T. M., u. L. A. UMANSKY: Speed transients of d-c rolling mill motors. Trans. Amer. Inst. electr. Engrs. Bd. 54 (1935) S. 387.

CREVER, F. E.: An extension of impact speed-drop analysis. Trans. Amer. Inst. electr. Engrs. Bd. 66 (1947) S. 191.

ROSSMAIER, V.: Die Gleichstrommaschine als Stabilitätsproblem. Arch. Elektrotechn. Bd. 39 (1950) S. 698.

HARRIS, W. R., u. R. W. MOORE: Acceleration characteristics of tandem cold reduction mills. Iron Steel Engr., Juli 1951, S. 63.

19. Anlauf von Asynchronmotoren.

HELLMUND, R. E.: Transient conditions in asynchronous induction machines and their relation to control problems. Proc. Amer. Inst. electr. Engrs. 1917 S. 205.

RÜDENBERG, R.: Asynchronmotoren mit Selbstanlauf durch tertiäre Wirbelströme. ETZ 1918 S. 483.

— Der Anlaufvorgang bei Asynchronmotoren mit Kurzschlußanker. Elektrotechn. u. Masch.-Bau 1919 S. 497.

LIWSCHITZ, M.: Der Anlauf- und Bremsvorgang bei Asynchronmotoren mit Wirbelstromläufer. Wiss. Veröff. Siemens-Konz. Bd. 4 (1925) Nr. 1 S. 167.

FEINDT, H.: Die Inbetriebhaltung größerer Asynchronmotoren mit Schleifringläufer bei Spannungsschwankungen. ETZ 1932 S. 1193.

TREAT, R., u. H. C. VERWOERT: Service continuity promoted by rapid breaker reclosure. Electr. Wld. Bd. 100 (1932) S. 172.

RÜDENBERG, R.: Schnellabschaltung von Netzkurzschlüssen für stabilen Betrieb von Generatoren und Motoren. Elektrotechn. u. Masch.-Bau 1933 S. 194.

DÜNNER, E.: Anlauf und Betriebsverhältnisse der Induktionsmotoren bei Verwendung verschiedener Rotorarten. Schweiz. Bull. Bd. 25 (1934) S. 525.

HEILER, L.: Über die Berechnung des elektrischen Antriebes mit Schwungmassen. Elektrotechn. u. Masch.-Bau Bd. 53 (1935) S. 519.

WAHL, A. M., u. L. A. KILGORE: Transient starting torques in induction motors. Trans. Amer. Inst. electr. Engrs. Bd. 59 (1940) S. 603.

AGER, R. W.: Some acceleration tests on large synchronous pump motors. Trans. Amer. Inst. electr. Engrs. Bd. 60 (1941) S. 416.

— Transient over-speeding of induction motors. Trans. Amer. Inst. electr. Engrs. Bd. 60 (1941) S. 1030.

GILFILLAN, E. S., u. E. L. KAPLAN: Transient torques in squirrel-cage induction motors, with special reference to plugging. Trans. Amer. Inst. electr. Engrs. Bd. 60 (1941) S. 1200.

MOLDENHAUER, F.: Das direkte Einschalten von großen Motoren und die Rückwirkung auf die Netze. Elektrotechn. u. Masch.-Bau Bd. 61 (1943) S. 337.
FICKERT, W.: Der Ausgleichsvorgang beim Einschalten von Asynchronmotoren. Elektrotechn. u. Masch.-Bau Bd. 61 (1943) S. 133.
WICKLER, H.: Drehmoment und Anlaßstufenzahl bei Drehstrommotoren mit Schleifringläufer. ETZ Bd. 65 (1944) S. 317.
MAGINNISS, F. J., u. N. R. SCHULTZ: Transient performance of induction motors. Trans. Amer. Inst. electr. Engrs. Bd. 63 (1944) S. 641.
WEYGANDT, C. N., u. S. CHARP: Electromechanical transient performance of induction motors. Trans. Amer. Inst. electr. Engrs. Bd. 65 (1946) S. 1000.
SCHUISKY, W.: Starting losses in windings of double squirrel-cage motors. J. Instn. electr. Engrs. (London) Bd. 95, Teil II (1948) S. 325.
LUCHSINGER, W.: The effect of high-speed circuit reclosure on asynchronous motor performance. Brown Boveri Rev. Bd. 37 (1950) S. 154.
ULKE, R.: Energetische Grundlagen für das Schalten von Drehstrommotoren. Siemens-Z. Bd. 25 (1951) S. 161.

20. Pendelschwingungen von Wechselstrommmaschinen.

BOUCHEROT, P.: La théorie des alternateurs accouplés. Lumière électr. Bd. 45 (1892) S. 201.
KAPP, G.: Das Pendeln parallel geschalteter Maschinen. ETZ 1899 S. 134.
GÖRGES, H.: Über das Verhalten parallel geschalteter Wechselstrommaschinen. ETZ 1900 S. 188.
ROSENBERG, E.: Die Wirkung des Dämpfers bei parallel arbeitenden Wechselstrommaschinen. ETZ 1903 S. 857.
HULDSCHINER, G.: Über das Pendeln parallel geschalteter Drehstromgeneratoren. Stuttgart: Ferdinand Enke 1906.
EMDE, F.: Die Stärke der Dämpfung bei parallel geschalteten Drehstrommaschinen. Elektrotechn. u. Masch.-Bau 1909 S. 1073.
PUNGA, F.: Versuche über das kritische GD^2 von Drehstromgeneratoren. ETZ 1911 S. 385.
SCHÜLER, L.: Die Praxis des Parallelbetriebes. ETZ 1911 S. 1199.
BOUCHEROT, P.: Amortissement et amortisseurs des alternateurs. Lumière électr. Bd. 24 (1913) S. 166.
MARCHENA, M.: Étude sur la marche en parallèle des alternateurs. Rev. gén. Électr. Bd. 5 (1919) S. 405.
BÖHM, O.: Über das Intrittwerfen asynchron anlaufender Synchronmaschinen. ETZ 1922 S. 426.
FRAENCKEL, A.: Der Synchronisierungsvorgang bei unter Last anlaufenden Synchronmotoren. Elektrotechn. u. Masch.-Bau 1923 S. 377.
PUTMAN, H. V.: Synchronizing power in synchronous machines. J. Amer. Inst. electr. Engrs. 1926 S. 1229.
DOHERTY, R. E., u. C. A. NICKLE: Torque-angle characteristics under transient conditions. Trans. Amer. Inst. electr. Engrs. 1927 S. 1.
EDGERTON, H. E., u. P. FOURMARIER: The pulling into step of a salient-pole synchronous motor. Trans. Amer. Inst. electr. Engrs. 1931 S. 769.
TITTEL, J.: Elastische Kupplungsanordnungen bei Generatoren mit Kolbenmaschinenantrieb. VDE-Fachberichte 1931 S. 4.
RÜDENBERG, R.: Synchronisierleistung und Querfelddämpfung beim Parallelbetrieb von Turbogeneratoren. Wiss. Veröff. Siemens-Konz. Bd. 12 (1933) Nr. 2 S. 1.
OLLENDORFF, F.: Beitrag zur Pendeltheorie der Synchronmaschinen. Elektrotechn. u. Masch.-Bau Bd. 51 (1933) S. 541 u. 559.
LIWSCHITZ, M.: Über das synchronisierende Moment der Synchronmaschine. Wiss. Veröff. Siemens-Konz. Bd. 12 (1933) Nr. 2 S. 15.
SCHMUTZ, O.: Ein neues Feinsynchronisiergerät. VDE-Fachberichte 1934 S. 5.
AYMANNS, K.: Verbesserungen des Parallelbetriebes von Synchronmaschinen mit Kolbenkraftantrieb durch federnde Statoren. Arch. Elektrotechn. Bd. 28 (1934) S. 165.
TIMASCHEFF, A. v.: Eine Erklärung der Schwingungsanfachung bei Synchronmaschinen. Siemens-Z. Bd. 15 (1935) S. 269.
WANGER, W.: Beitrag zur Berechnung der dynamischen Stabilität von Synchronmaschinen. Schweiz. Bull. Bd. 28 (1937) S. 41.
TIMASCHEFF, A. v.: Anfachung von Schwingungen bei Synchronmaschinen durch Labilität der Erregermaschine. Wiss. Veröff. Siemens-Konz. Bd. 17 (1938) Nr. 3 S. 1.
TITTEL, J.: Schwingungsuntersuchungen bei dieselelektrischen Schiffsantrieben. VDE-Fachberichte Bd. 11 (1939) S. 160.
LINSE, H.: Dämpfung und Schwungmoment von Synchronmotoren zum Antrieb von Kolbenmaschinen. Elektrotechn. u. Masch.-Bau Bd. 57 (1939) S. 225.

BARRY, J. G.: Some effects of variable excitation on synchronous motor oscillation. J. Franklin Inst. Bd. 229 (1940) S. 491.

LIWSCHITZ, M. M.: Positive and negative damping in synchronous machines. Trans. Amer. Inst. electr. Engrs. Bd. 60 (1941) S. 210.

DREHMANN, A.: Der Intrittfallvorgang bei unter Last anlaufenden Synchronmotoren. Elektrotechn. u. Masch.-Bau Bd. 61 (1943) S. 109.

KORB, A.: Zur Berechnung des Gleichgangs von Asynchron- oder Synchronmaschinen mit Kolbenmaschinen. Arch. Elektrotechn. Bd. 37 (1943) S. 1 u. 105.

JASSE, E.: Der kritische Schlupf von Synchronmaschinen. Arch. Elektrotechn. Bd. 39 (1948) S. 31. (Enthält Literaturangaben.)

LAIBLE, TH.: The effect of solid poles and of different forms of amortisseur on the characteristics of salient pole alternators. CIGRE 1950 Nr. 111.

SCHUISKY, W.: Selbstanlauf eines Synchronmotors. Arch. Elektrotechn. Bd. 39 (1950) S. 657.

KILGORE, L. A., u. E. C. WHITNEY: Spring and damping coefficients of synchronous machines and their applications. Trans. Amer. Inst. electr. Engrs. Bd. 69, Teil I (1950) S. 226.

WITZKE, R. L., u. E. L. MICHELSON: Technical problems associated with the application of a capacitor in series with a synchronous condenser. Trans. Amer. Inst. electr. Engrs. Bd. 70, Teil I (1951) S. 519.

CONCORDIA, CH.: Synchronous machine damping and synchronizing torques. Trans. Amer. Inst. electr. Engrs. Bd. 70, Teil I (1951) S. 731.

21. Schaltstöße auf Synchronmaschinen.

STONE, E. C.: Some problems in the operation of power plants in parallel. Trans. Amer. Inst. electr. Engrs. 1919 S. 1651.

STEINMETZ, C. P.: Power control and stability of electric generating stations. Trans. Amer. Inst. electr. Engrs. 1920 S. 1215.

BUSH, V., u. R. D. BOOTH: Power system transients. J. Amer. Inst. electr. Engrs. 1925 S. 229.

FORTESCUE, C. L.: Transmission stability. Trans. Amer. Inst. electr. Engrs. 1925 S. 984.

EVANS, R., u. C. WAGNER: Further studies of transmission stability. Trans. Amer. Inst. electr. Engrs. 1926 S. 51.

GRISCOM, S.: A mechanical analogy to the problem of transmission stability. Electr. J. 1926 S. 230.

NICKLE, C. A., u. F. L. LAWTON: An investigation of transmission-system power limits. Trans. Amer. Inst. electr. Engrs. 1926 S. 1.

OLLENDORFF, F., u. W. PETERS: Schwingungsstabilität parallel arbeitender Synchronmaschinen. Wiss. Veröff. Siemens-Konz. Bd. 5 (1926) Nr. 1 S. 7.

MANDL, A.: Das Verhalten der Synchronmaschine bei veränderlicher Spannung, Frequenz und Belastung. Elektrotechn. u. Masch.-Bau 1928 S. 671.

KELLER, M. L.: Die Übertragung großer Leistungen. Schweiz. Bull. 1929 S. 477.

PARK, R. H., u. E. H. BANCKER: System stability as a design problem. Trans. Amer. Inst. electr. Engrs. 1929 S. 170.

LONGLEY, F. R.: The calculation of alternator swing curves. Trans. Amer. Inst. electr. Engrs. Bd. 49 (1930) S. 1133.

PETERS, W.: Einfluß von Laststößen auf die Stabilität gekuppelter Kraftwerke und Kraftwerksmaschinen. Wiss. Veröff. Siemens-Konz. Bd. 8 (1930) Nr. 3 S. 109.

FRENSDORFF, E., K. KÜHN, R. MAYER u. W. PETERS: Versuche über Maschinenregelung und Parallelbetrieb in den Großkraftwerken Hirschfelde und Böhlen. ETZ 1931 S. 791, 1185, 1349 u. 1509.

RÜDENBERG, R.: Die synchronisierende Leistung großer Wechselstrommaschinen. Wiss. Veröff. Siemens-Konz. Bd. 10 (1931) Nr. 3 S. 41.

TIMASCHEFF, A. v.: Parallelbetriebsversuche von Drehstrommaschinen in Großkraftwerken. VDE-Fachberichte 1931 S. 117.

BARBILLION, L.: Le problème des oscillations des groupes électrogènes après rupture de court-circuit. Rev. gén. Électr. Bd. 33 (1933) S. 511.

DUVAL, R. H., u. L. J. EASTMAN: System stability calculations reduced to a practical base. Electr. Wld. Bd. 103 (1934) S. 514 u. 620.

HELLER, F.: Étude des phénomènes consécutifs aux variations de la charge dans le fonctionnement en parallèles des machines synchrones. Rev. gén. Électr. Bd. 41 (1937) S. 67.

FALLOU, J.: La marche asynchrone et la reprise spontanée du synchronisme dans les réseaux interconnectés. Rev. gén. Électr. Bd. 41 (1937) S. 451.

EVANS, R. D., F. H. GULLIKSEN u. C. B. MYHRE: Synchronizing transients and synchronizers for large machines. Trans. Amer. Inst. electr. Engrs. Bd. 59 (1940) S. 965.

TIMASCHEFF, A.: Stabilität elektrischer Drehstrom-Kraftübertragungen. Berlin: Springer 1940.

Mosebach, J.: Le réglage de la puissance active des usines électriques interconnectées. Rev. gén. Électr. Bd. 49 (1941) S. 297.

Butler, J. W., T. W. Schroeder u. W. Ridgway: Capacitors, condensers, and system stability. Trans. Amer. Inst. electr. Engrs. Bd. 63 (1944) S. 1130.

Perrin, L.: Influence du réenclenchement rapide phase par phase sur la stabilité des grands réseaux de transport d'énergie électrique. Rev. gén. Électr. Bd. 54 (1945) S. 17.

Morse, J.: Stability problems on interconnected power systems in the province of Quebec, Canada. CIGRE 1946 Nr. 303.

Herlitz, I.: Stability limits of long transmission lines. CIGRE 1946 Nr. 307.

Henriet, P.: Notes on running out of step. CIGRE 1946 Nr. 335.

Concordia, C., u. M. Temoshok: Resynchronizing of generators. Trans. Amer. Inst. electr. Engrs. Bd. 66 (1947) S. 1512.

Tittel, J.: Vorübergehender asynchroner Betrieb von Synchrongeneratoren bei Leitungskurzschlüssen. VDE-Fachberichte Bd. 13 (1949) S. 27.

Rossmaier, V.: Einfluß der Dämpfung auf die Stoßüberlastbarkeit von Synchronmaschinen. ETZ Bd. 71 (1950) S. 323.

Petzoldt, E.: Die Abhängigkeit der Leistung vom Polradwinkel bei der stoßbelasteten Drehstromsynchronmaschine. Elektrotechn. u. Masch.-Bau Bd. 67 (1950) S. 304.

22. Parallelbetrieb von Kraftwerksnetzen.

Sarfert, W.: Über das Schwingen der Wechselstrommaschinen im Parallelbetrieb. Forsch.-Arb. Ing.-Wes. 1908 Nr. 61.

Dreyfus, L.: Über die Stabilität des Parallelbetriebes beim Zusammenschluß großer Kraftwerke. Arch. Elektrotechn. Bd. 16 (1926) S. 307.

Rüdenberg, R.: Das Verhalten elektrischer Kraftwerke und Netze beim Zusammenschluß. ETZ 1929 S. 970.

Barbillion, L.: Le fonctionnement en régime transitoire des usines génératrices fonctionnant seules ou interconnectées. Rev. gén. Électr. Bd. 30 (1931) S. 943.

Rüdenberg, R.: Gemeinschaftsschwingungen gekuppelter Synchronkraftwerke mit asynchronen Netzen. Wiss. Veröff. Siemens-Konz. Bd. 11 (1932) Nr. 1 S. 69.

Byrd, H., u. S. Pritchard: Solution of the two machine stability problem. Gen. Electr. Rev. 1933 S. 81.

Evans, R. D., u. C. F. Wagner: La stabilité des systèmes de transmission d'énergie électrique; dispositions adoptées en Amérique. C. R. congr. intern. électr., Paris, Bd. 6 (1932) S. 215.

Crary, S. B., L. A. March u. L. P. Shildneck: Equivalent reactance of synchronous machines. Trans. Amer. Inst. electr. Engrs. Bd. 53 (1934) S. 124.

Horsley, W. D.: The stability characteristics of alternators and of large interconnected systems. J. Instn. electr. Engrs. (London) Bd. 77 (1935) S. 577.

Dahl, O. G. C.: Stability of the general 2-machine system. Trans. Amer. Inst. electr. Engrs. Bd. 54 (1935) S. 185.

Committee Report: First report of power system stability. Electr. Engng. Bd. 56 (1937) S. 261. (Enthält Literaturangaben.)

Heller, F.: La stabilité des phénomènes transitoires de caractère électromécanique dans le fonctionnement en parallèle des machines synchrones. Rev. gén. Électr. Bd. 42 (1937) S. 163.

Concordia, C., S. B. Crary u. F. M. Lyons: Stability characteristics of turbine generators. Trans. Amer. Inst. electr. Engrs. Bd. 57 (1938) S. 732.

Guery, F.: Détermination des caractéristiques d'ordre électrique des machines synchrones couplées en parallèle. Rev. gén. Électr. Bd. 50 (1941) S. 301.

Holm, J. G.: Stability study of a-c power-transmission systems. Trans. Amer. Inst. electr. Engrs. Bd. 61 (1942) S. 893.

Müller-Strobel, J.: Lastverteilung auf Synchrongeneratoren in vermaschten Netzen. Arch. Elektrotechn. Bd. 36 (1942) S. 32.

Langlois-Berthelot, R.: Sur les puissances limites d'une ligne de transport d'énergie électrique dans un réseau maillé d'interconnexion. Rev. gén. Électr. Bd. 53 (1944) S. 269.

Wanger, W.: Systematische Versuche über Schnell-Wiedereinschaltung im Netz der Kraftwerke Gösgen und Laufenburg. Brown Boveri Mitt. Dezember 1945. (Enthält Literaturangaben.)

Crary, S. B.: Power System Stability. New York: John Wiley & Sons, Inc., Bd. 1, 1945; Bd. 2, 1947.

Daniel, J.: L'évolution des méthodes de répartition de la charge dans les réseaux interconnectés. Rev. gén. Électr. Bd. 55 (1946) S. 403.

Frey, W.: Artificial stability of synchronous machines employed for long distance power transmission. CIGRE 1946 Nr. 317.

Darrieus, G.: Long-distance transmission of energy and the artificial stabilization of alternating current systems. CIGRE 1946 Nr. 110.

Cahen, F.: Le freinage des groupes générateurs hydroélectriques par l'enclenchement brusque de résistances liquides aux bornes de leurs alternateurs. Rev. gén. Électr. Bd. 56 (1947) S. 257.

Magnusson, P. C.: The transient-energy method of calculating stability. Trans. Amer. Inst. electr. Engrs. Bd. 66 (1947) S. 747.

Kimbark, E. W.: Power System Stability. New York: John Wiley & Sons, Inc., Bd. 1, 1948; Bd. 2, 1950.

Robert, R.: Micromachines and microréseaux: study of the problems of transient stability by the use of models similar electromechanically to existing machines and systems. CIGRE 1950 Nr. 338.

Tittel, J.: Neue Probleme im Parallelbetrieb von Synchronmaschinen. Siemens-Z. Bd. 25 (1951) S. 123.

Hess, O.: The choice of constants for synchronous machines. CIGRE 1952 Nr. 135.

23. Reglerschwingungen gekuppelter Synchronkraftwerke.

Föppl, A.: Das Pendeln parallel geschalteter Maschinen. ETZ Bd. 23 (1902) S. 59.

Bauersfeld, W.: Die automatische Regulierung der Turbinen. Berlin: Springer 1905.

Purcell, T. E., u. A. P. Hayward: Operating characteristics of turbine governors. Trans. Amer. Inst. electr. Engrs. Bd. 49 (1930) S. 715.

Schenkel, M.: Die Beeinflussung des Parallelbetriebes von Generatoren mit Kolbenmaschinenantrieb durch die Regler der Antriebsmaschinen. Wiss. Veröff. Siemens-Konz. Bd. 9 (1930) Nr. 1 S. 187.

National Electric Light Association: Hydraulic turbine governors and frequency control. N. E. L. A. Publ. Bd. 13 (1930). (Enthält Literaturangaben.)

Buell, R. C., R. J. Caughey, E. M. Hunter u. V. M. Marquis: Governor performance during system disturbances. Trans. Amer. Inst. electr. Engrs. 1931 S. 354.

Gheorghiu, J. S.: Le problème général de la répartition des puissances actives et réactives dans la marche en parallèle des usines génératrices. Rev. gén. Électr. Bd. 29 (1931) S. 577. (Enthält Literaturangaben.)

Friedländer, E.: Regulierung parallel arbeitender Maschinen in frequenzhaltenden Kraftwerken. VDE-Fachberichte 1931 S. 120.

Langrehr, H.: Versuche über Leistungs- und Frequenzregelung im Kraftwerk Kiel. VDE-Fachberichte 1931 S. 133.

Barbillion, L.: Répercussion des variations de charge d'un réseau sur les groupes électrogènes des centrales. CIGRE Bd. 3 (1931) S. 919.

Sporn, P., u. V. M. Marquis: Frequency and tie-line load control. Electr. Wld. Bd. 99 (1932) S. 618.

Zeuner, H.: Über Entlastungsversuche und Änderungen der Regelorgane der Dampfturbinen in den Großkraftwerken Böhlen und Hirschfelde. Elektrizitätswirtsch., Juni 1932.

Stone, M.: Parallel operation of a-c generators. Trans. Amer. Inst. electr. Engrs. Bd. 52 (1933) S. 332.

Pöschl, Th.: Über die Grenzkurven in der Reglertheorie. Elektrotechn. u. Masch.-Bau Bd. 54 (1936) S. 97.

Meyer, R.: Die Stabilität der Drehzahlregler von Kolbenmaschinensätzen bei Parallellauf der mit ihnen gekuppelten Synchrongeneratoren. Elektrotechn. u. Masch.-Bau Bd. 57 (1939) S. 305.

Reinhardt, F.: Der Parallelbetrieb von Synchrongeneratoren mit Kraftmaschinenreglern konstanter Verzögerungszeit. Wiss. Veröff. Siemens-Konz. Bd. 18 (1939) Nr. 1 S. 24.

Schwendner, A. F.: Constant system speed and the steam-turbine govenor. Trans. Amer. Soc. mech. Engrs. Bd. 62 (1940) S. 199.

Davis, A.: The field of system governing. Trans. Amer. Soc. mech. Engrs. Bd. 62 (1940) S. 207.

Estrada, H., u. H. A. Dryar: Regulation of system load and frequency. Trans. Amer. Soc. mech. Engrs. Bd. 62 (1940) S. 221.

Bauman, H. A., O. W. Manz, J. E. McCormack u. H. B. Seeley: System load swings. Trans. Amer. Inst. electr. Engrs. Bd. 60 (1941) S. 541.

Concordia, C., S. B. Crary u. E. E. Parker: Effect of prime-mover speed governor characteristics on power-system frequency variations and tie-line power swings. Trans. Amer. Inst. electr. Engrs. Bd. 60 (1941) S. 559.

DOUGHERTY, J. J., A. P. HAYWARD, A. C. MONTEITH u. S. B. GRISCOM: Power system governing. Trans. Amer. Inst. electr. Engrs. Bd. 60 (1941) S. 731.

McCLURE, J. B., u. R. J. CAUGHEY: Prime-mover speed governors for interconnected systems. Trans. Amer. Inst. electr. Engrs. Bd. 60 (1941) S. 147.

MOKESCH, R.: Regelfragen in einem Großkraftwerk. Elektrotechn. u. Masch.-Bau Bd. 60 (1942) S. 308.

BOGATEFF, K.: Untersuchung des dynamischen Leistungsregelungsproblems bei Synchronaggregaten. Elektrotechn. u. Masch.-Bau Bd. 60 (1942) S. 547.

CONCORDIA, C., H. S. SHOTT u. C. N. WEYGANDT: Control of tie-line power swings. Trans. Amer. Inst. electr. Engrs. Bd. 61 (1942) S. 306.

McCORMACK, J. E., u. R. J. LOMBARD: Frequency control of load swings. Trans. Amer. Inst. electr. Engrs. Bd. 61 (1942) S. 623.

RÜDENBERG, R.: The frequencies of natural power oscillations in interconnected generating and distribution systems. Trans. Amer. Inst. electr. Engrs. Bd. 62 (1943) S. 791.

AIGNER, V.: Regelung von Kraftwerken im Verbundbetrieb. Elektrotechn. u. Masch.-Bau Bd. 61 (1943) S. 437.

ALMÉRAS, P.: Étude de la stabilité des groupes générateurs hydroélectriques interconnectés en tenant compte de l'inertie de l'eau dans les conduites forcées. Rev. gén. Électr. Bd. 56 (1947) S. 47.

KELLER, R.: Simultaneous frequency and voltage regulation on generator groups. CIGRE 1948 Nr. 324.

McCANN, G. D., W. O. OSBON u. H. S. KIRSCHBAUM: General analysis of speed regulators under impact loads. Trans. Amer. Inst. electr. Engrs. Bd. 66 (1947) S. 1243.

WARREN, H. E.: Precise turbine governor. Trans. Amer. Inst. electr. Engrs. Bd. 67 (1948) S. 571.

BARNETT, J. W.: Speed governing design considerations for multi-valve condensing steam turbine-generators. Trans. Amer. Inst. electr. Engrs. Bd. 67 (1948) S. 1557.

GADEN, D., u. A. DEJOU: Considerations on the stability of speed regulation of a low head hydro-generator unit. CIGRE 1950 Nr. 133.

OBRADOVIĆ, I.: Automatic control of the time and load division among generating stations in interconnected systems. CIGRE 1950 Nr. 334.

24. Erdschlußströme in isolierten Netzen.

MICHALKE, C.: Störungen durch Erdströme elektrischer Bahnen. ETZ 1895 S. 421.

HUMANN, P.: Ein Beitrag zur Frage der Überspannungen in Dreiphasenstromanlagen. ETZ 1904 S. 883.

BERG, E. J.: Line constants and abnormal voltages and currents in highpotential transmissions. Proc. Amer. Inst. electr. Engrs. 1907 S. 1409.

KUHLMANN, K.: Moderne Schutzeinrichtungen gegen gefahrbringende Ströme in elektrischen Netzen. ETZ 1908 S. 316.

BEHREND, H.: Der Einfluß von Isolationsfehlern auf Ableitungs- und Kapazitätsströme bei Dreiphasenfernleitungen mit und ohne Schutzseil. ETZ 1916 S. 114.

PETERSEN, W.: Überströme und Überspannungen in Netzen mit hohem Erdschlußstrom. ETZ 1916 S. 129.

BAUCH, R.: Ströme und Spannungen in einem Drehstromnetz bei vollkommenem und unvollkommenem Erdschluß. Elektrotechn. u. Masch.-Bau 1919 S. 113.

LICHTENSTEIN, L.: Erdstromfragen in Theorie und Praxis. ETZ 1921 S. 841.

ROTH, A.: Schutz gegen Erdschlüsse. ETZ 1921 S. 642.

SCHIESSER, M.: Erdungsfragen. Schweiz. Bull. 1923 S. 409.

MAYR, O.: Einphasiger Erdschluß und Doppelerdschluß in vermaschten Leitungsnetzen. Arch. Elektrotechn. Bd. 17 (1926) S. 163.

OBERDORFER, G.: Der Erdschluß und seine Bekämpfung. Wien: Springer 1930.

CERILLO, G., B. FOCACCIA u. L. SELMO: La mise à la terre du neutre sur les réseaux. C. R. congr. intern. électr., Paris, Bd. 6 (1932) S. 239. (Enthält Literaturangaben.)

BRAZIER, M. A. B.: A method for the investigation of the impedance of the human body to an alternating current. J. Inst. electr. Engrs. (London) Bd. 73 (1933) S. 204.

LEDOUX, C.: Les contacts entre les réseaux à haute tension et ceux à basse tension. Rev. gén. Électr. Bd. 37 (1935) S. 511 u. 541.

SUNDE, E. D.: Currents and potentials along leaky ground-return conductors. Electr. Engng. Bd. 55 (1936) S. 1338.

AUSTEN, A. E., u. H. G. TAYLOR: Protection des animaux contre les gradients de tension entourant les électrodes de mise à la terre. CIGRE 1937 Nr. 210.

DUCROT, M.: Étude des protections contre les mises à la terre dans les réseaux triphasés. Rev. gén. Électr. Bd. 45 (1939) S. 545.

MORTLOCK, J. R.: The evaluation of simultaneous faults on three-phase systems. J. Instn. electr. Engrs. (London) Bd. 94, Teil II (1947) S. 166.
KOCH, W.: Erdungen in Wechselstromanlagen. Berlin: Springer 1948.

25. Erdungselektroden.

PETERS, O. S.: Ground connections for electrical systems. Nat. Bur. Standards, Technol. Paper 108, 1918.
KÜHN, L.: Die Spannungsgefahren an geerdeten eisernen Masten. Elektr. Kraftbetr. Bahn. 1911 S. 156.
POHLHAUSEN, K.: Grundlagen der Bemessung von Starkstromerdern. VDE-Fachberichte 1927 S. 39.
OLLENDORFF, F.: Der Stromübergang aus langgestreckten Leitern in die Erde. Wiss. Veröff. Siemens-Konz. Bd. 5 (1927) Nr. 3 S. 8.
PETERS, W.: Über die Belastungsfähigkeit von Hochstromerdungen und verwandte starkstromtechnische Erwärmungsprobleme. Wiss. Veröff. Siemens-Konz. Bd. 7 (1928) Nr. 1 S. 77.
OLLENDORFF, F.: Erdströme. Berlin: Springer 1928.
STEVENSON, A. F.: On the theoretical determination of earth resistance from surface potential measurements. Physics Bd. 5 (1934) S. 114.
SMITH-ROSE, R. L.: Electrical measurements on soil with alternating currents. J. Instn. electr. Engrs. (London) Bd. 75 (1934) S. 221. (Enthält Literaturangaben.)
SPRECHER, E.: Untersuchungen über den Erdungswiderstand verschiedener Bodenarten und die Vorausberechnung der Elektroden. Schweiz. Bull. Bd. 25 (1934) S. 397.
WITZ, F.: Résistance des prises de terre et méthodes de mesure. Rev. gén. Électr. Bd. 37 (1935) S. 123.
CARD, R. H.: Earth resistivity and geological structure. Electr. Engng. Bd. 54 (1935) S. 1153.
TAYLOR, H. G.: The current-loading capacity of earth electrodes. J. Instn. electr. Engrs. (London) Bd. 77 (1935) S. 542.
DWIGHT, H. B.: Calculation of resistances to ground. Electr. Engng. Bd. 55 (1936) S. 1319.
FRITSCH, V.: Der Einfluß des Wassergehaltes auf den Widerstand geologischer Leiter. ETZ Bd. 58 (1937) S. 319.
GILKESON, C. L., P. A. JEANNE u. E. F. VAAGE: Power system faults to ground, Part II, Fault resistance. Electr. Engng. Bd. 56 (1937) S. 428 u. 474.
FAWSSETT, E., H. W. GRIMMITT, G. F. SHOTTER u. H. G. TAYLOR: Practical aspects of earthing. J. Instn. electr. Engrs. (London) Bd. 87 (1940) S. 357.
EATON, J. R.: Grounding electric circuits effectively. Gen. Electr. Rev. Bd. 44 (1941) S. 323, 397 u. 451.
HEMSTREET, J. G., W. W. LEWIS u. C. M. FOUST: Study of driven rods and counterpoise wires in high-resistance soil on 140-kv system. Trans. Amer. Inst. electr. Engrs. Bd. 61 (1942) S. 628.
RÜDENBERG, R.: Fundamental considerations on ground currents. Electr. Engng. Bd. 64 (1945) S. 1.
JENSEN, C.: Establishing grounds. Electr. Engng. Bd. 64 (1945) S. 68.
JOHNSON, A. A.: Generator-neutral grounding devices. Electr. Engng. Bd. 64 (1945) S. 92.
BULLARD, W. R.: System grounding. Electr. Engng. Bd. 64 (1945) S. 145.
BERGER, K.: The behaviour of earth connections under high intensity impulse currents. CIGRE 1946 Nr. 215.
SARAOJA, E. K.: Soil and water resistivity in Finland. CIGRE 1946 Nr. 201.
PETROCOKINO, D.: L'état actuel de la technique des mises à la terre des installations électriques. Rev. gén. Électr. Bd. 56 (1947) S. 193. (Enthält Literaturangaben.)
RÜDENBERG, R.: Comparative properties of grounding electrodes. Electr. Wld. Bd. 129, Januar 31 (1948) S. 72.
RYDER, R. W.: Earthing problems. J. Instn. electr. Engrs. (London) Bd. 95, Teil II (1948) S. 175.
PETROPOULOS, G. M.: The high-voltage characteristics of earth resistances. J. Instn. electr. Engrs. (London) Bd. 95, Teil II (1948) S. 59.
KERSTEN, M. S.: Thermal properties of soils. Univ. Minnesota Eng. Experiment Station. Bd. 52 (1949) Bull. 28.
FRITSCH, V.: Einige Untersuchungen an Blitzschutzerdungen. Schweiz. Bull. Bd. 40 (1949) S. 354.
GEMANT, A.: The thermal conductivity of soils. J. appl. Phys. Bd. 21 (1950) S. 750.
— Die Wärmeleitfähigkeit des Bodens. Arch. elektr. Übertragung Bd. 5 (1951) S. 539.
CONGER, A. C., R. K. SEELY u. W. H. CLAGETT: Grounding effectiveness at Grand Coulee 230-kv switchyards verified by staged fault tests. Trans. Amer. Inst. electr. Engrs. Bd. 70, Teil II (1951) S. 1547.

Mickley, A. S.: The thermal conductivity of moist soil. Trans. Amer. Inst. electr. Engrs. Bd. 70, Teil II (1951) S. 1789.

Silva, G.: Some observations on the earth resistance of the pylons of a 200-kv line. CIGRE 1952 Nr. 222.

Lundholm, R., u. S. Rusck: Recent experience in the construction of pole- and station earthing systems. CIGRE 1952 Nr. 305.

26. Sternpunktserdung von Drehstromnetzen.

Lewis, W. W.: Short-circuit currents on grounded neutral systems. Gen. Electr. Rev. 1915 S. 524.

Voigt, M.: Die Erdung des neutralen Punkts in Drehstromanlagen. Schweiz. Bull. 1915 S. 49.

Petersen, W.: Erdschlußströme in Hochspannungsnetzen. ETZ 1916 S. 493.

— Beseitigung von Freileitungsstörungen durch Unterdrückung des Erdschlußstromes und -lichtbogens. Elektrotechn. u. Masch.-Bau 1918 S. 297.

— Die Begrenzung des Erdschlußstromes und die Unterdrückung des Erdschlußlichtbogens durch die Erdschlußspule. ETZ 1919 S. 5.

Fortescue, C. L.: Method of symmetrical coordinates applied to the solution of polyphase networks. Proc. Amer. Inst. electr. Engrs. Bd. 17 (1918) S. 629.

Jonas, J.: Über den Schutz von Hochspannungsnetzen mit unsymmetrisch auf die Netzleitungen verteilter Teilkapazität gegen Erde. Elektrotechn. u. Masch.-Bau 1920 S. 453.

Bauch, R.: Vorgänge bei Erdschluß. Siemens-Z. 1921 S. 261.

Nöther, F.: Über die Abstimmung der Löschdrosseln. ETZ 1921 S. 1478; 1922, S. 385.

Willheim, R.: Die allgemeinen Löschbedingungen für Erdschlußschutzeinrichtungen. Elektrotechn. u. Masch.-Bau 1921 S. 137.

Matthias, A.: Über das Verhalten der Erdschlußspule im Betriebe. Arch. Elektrotechn. Bd. 12 (1923) S. 381.

Mauduit, A.: Courants de défaut et courants à la terre dans un réseau triphasé. Rev. gén. Électr. Bd. 16 (1924) S. 227.

— Mise indirecte du neutre à la terre. Rev. gén. Électr. Bd. 16 (1924) S. 693.

Bekku, S.: Methode der symmetrischen Koordinaten und allgemeine Theorie der Erdschlußlöscheinrichtungen. Arch. Elektrotechn. Bd. 14 (1925) S. 543.

Mackerras, A. P.: Calculation of single-phase short circuits by the method of symmetrical components. Gen. Electr. Rev. 1926 S. 218.

Ollendorff, F.: Die Erdung des Transformatornullpunktes in ihrer Wirkung auf Erd- und Kurzschlußströme. VDE-Fachberichte 1926 S. 28.

Mauduit, A.: Protections obtenues et dangers occasionés par les diverses mises à la terre dans les réseaux à basse et à haute tension. Rev. gén. Électr. Bd. 25 (1929) S. 875.

Meyer, G.: Die Brenndauer von Erdschluß-Lichtbögen in gelöschten Netzen. ETZ 1931 S. 1466.

Cerillo, G., B. Focaccia u. L. Selmo: La mise à la terre du neutre sur les réseaux à moyenne, haute et très haute tension. C. R. congr. intern. électr., Paris, Bd. 6 (1932) S. 239. (Enthält Literaturangaben.)

Hague, B.: Étude bibliographique de la méthode des coordonnées symétriques et de ses applications à la théorie des systèmes polyphasés. C. R. congr. intern. électr., Paris, Bd. 6 (1932) S. 649. (Enthält Literaturangaben.)

Löbl, O.: Erdung, Nullung und Schutzschaltung. Berlin: Springer 1933.

Wagner, C. F., u. R. D. Evans: Symmetrical Components as Applied to the Analysis of Unbalanced Electrical Circuits. New York: McGraw-Hill Book Company, Inc. 1933.

Mengele, B.: Die Grenzen der Erdschlußlöschung in Mittelspannungsnetzen. Elektrotechn. u. Masch.-Bau Bd. 52 (1934) S. 37 u. 53.

North, J. R., u. J. R. Eaton: Petersen coil tests on 140-kv system. Trans. Amer. Inst. electr. Engrs. Bd. 53 (1934) S. 63.

Diesendorf, W., u. E. Gross: Entkopplungseinrichtungen für parallel geführte Hochspannungsleitungen. Elektrotechn. u. Masch.-Bau Bd. 53 (1935) S. 481 u. 601.

Weber, H.: Der Erdschluß in Hochspannungsnetzen. München u. Berlin: Oldenbourg 1936.

Willheim, R.: Das Erdschlußproblem in Hochspannungsnetzen. Berlin: Springer 1936. (Enthält Literaturangaben.)

Mengele, B.: Ein neuer Abstimmungsmesser für Erdschlußlöschspulen. Elektrotechn. u. Masch.-Bau Bd. 54 (1936) S. 229.

Lyon, W. V.: Applications of the Method of Symmetrical Components. New York: McGraw-Hill, Book Company, Inc. 1937.

Gross, E.: Über die erstmalige Bestimmung der günstigsten Einstellung von Erdschlußspulen. Schweiz. Bull. Bd. 28 (1937) S. 165.

HUNTER, E. M.: Some engineering features of Petersen coils and their application. Trans. Amer. Inst. electr. Engrs. Bd. 57 (1938) S. 11.

TAYLOR, H. W., u. P. F. STRITZL: Line protection by Petersen coils, with special reference to conditions prevailing in Great Britain. J. Instn. electr. Engrs. (London) Bd. 82 (1938) S. 387.

FAYE-HANSEN, K.: Können gefährliche Spannungsschwingungen zwischen zwei Phasen eines Dreiphasensystems auftreten, wenn die dritte Phase plötzlich geerdet wird ? Elektrotechn. u. Masch.-Bau Bd. 57 (1939) S. 13.

KIMBARK, E. W.: Two-phase coordinates of a three-phase circuit. Trans. Amer. Inst. electr. Engrs. Bd. 58 (1939) S. 894.

v. SCHAUBERT, A.: Die Erzeugung einer Sternpunktserdspannung in Netzen, ein vielseitiges Betriebsmittel der Hochspannungstechnik. Arch. Elektrotechn. Bd. 36 (1942) S. 585.

BIERHALS, A.: Die Spannungsverlagerung in Kabelnetzen. ETZ Bd. 65 (1944) S. 217.

MAURY, E.: L'extinction des arcs dans le réenclenchement ultrarapide monophasé sur les lignes à 220 kilovolts. Rev. gén. Électr. Bd. 53 (1944) S. 79.

VRETHEM, A. T.: Operation of high-voltage systems up to 220 kv equipped with arc-suppression coils. CIGRE 1946 Nr. 321.

AIEE Subject Committee: Present-day grounding practices on power systems. Trans. Amer. Inst. electr. Engrs. Bd. 66 (1947) S. 1525.

SUMNER, J. H.: The theory and operation of Petersen coils. J. Instn. electr. Engrs. (London) Bd. 94, Teil II (1947) S. 283.

MORTLOCK, J. R., u. C. M. DOBSON: Neutral earthing of three-phase systems, with particular reference to large power stations. J. Instn. electr. Engrs. (London) Bd. 94, Teil II (1947) S. 549.

TOMLINSON, H. R., u. F. B. HUNT: Operation of a ground-fault neutralizer on a regulated distribution system. Trans. Amer. Inst. electr. Engrs. Bd. 68, Teil II (1949) S. 1321.

DUESTERHOEFT, W. C.: The negative-sequence reactances of an ideal synchronous machine. Trans. Amer. Inst. electr. Engrs. Bd. 68 Teil I (1949) S. 510.

SCHRANK, W.: Erdungen in Transformatorenstationen. ETZ Bd. 70 (1949) S. 42.

GROSS, E. T. B., u. A. H. WESTON: Transposition of high-voltage overhead lines and elimination of electrostatic unbalance to ground. Trans. Amer. Inst. electr. Engrs. Bd. 70, Teil II (1951) S. 1837.

BURKHART, J. R., u. N. E. DILLOW: Tuning of Ground-Fault Neutralizers. Gen. Electr. Rev. Bd. 52, Dezember 1949, S. 31.

BROWN, H. H., u. E. T. B. GROSS: Practical experiences with resonant grounding in a large 34.5-kv system. Trans. Amer. Inst. electr. Engrs. Bd. 69, Teil II (1950) S. 1401.

DORSCH, H.: Untersuchungen von Erdschlußüberspannungen mit Hilfe von Modellnetzen. Siemens-Z. Bd. 25 (1951) S. 136.

27. Wirkung des Erdungsseils bei Erdschlüssen.

RÜDENBERG, R.: Über den räumlichen Verlauf von Erdschlußströmen. ETZ 1921 S. 847 und Schweiz. Bull. 1921 S. 363.

BEHREND, H.: Das Blitzseil als Verbesserer der Masterdung von Hochspannungsfreileitungen mit Hängeisolatoren. ETZ 1923 S. 261.

LOUCKS, W. W., u. W. A. R. LEMIRE: Transmission and distribution grounding in the hydro-electric power commission of Ontario. Trans. Amer. Inst. electr. Engr. Bd. 70, Teil II (1951) S. 1493.

28. Atmosphärische Felder über der Leitung.

PETERSEN, W.: Der Schutzwert von Blitzseilen. ETZ 1914 S. 1.

PFIFFNER, E.: Die Schirmwirkung des geerdeten Schutzdrahtes. Elektrotechn. u. Masch.-Bau 1914 S. 261.

CREIGHTON, E. E. F.: Theory of parallel grounded wires and production of high frequencies in transmission lines. Proc. Amer. Inst. electr. Engrs. 1916, S. 945; 1922, S. 21.

JACKSON, R. P.: Potential stresses as affected by overhead grounded conductors. J. Amer. Inst. electr. Engng. 1922 S. 29.

MERSHON, R. D.: The grounded wire as a protection against lightning. J. Amer. Inst. electr. Engng. 1922 S. 28.

RUMP, S.: Frequenz des Blitzes. Schweiz. Bull. 1926 S. 407.

MATTHIAS, A.: Gewittereinflüsse auf Leitungsanlagen. ETZ 1927 S. 1477.

DWIGHT, H. B.: Calculation of protection of a transmission line by ground conductors. Trans. Amer. Inst. electr. Engrs. Bd. 49 (1930) S. 1115.

SCHILLING, W.: Beitrag zur Berechnung der Schutzwirkung von Erdseilen. ETZ 1933 S. 79.

Cooper, F. L.: Atmospheric potential gradient anomalies. Physics Bd. 7 (1936) S. 387.

Cabanes, L.: Les incidents du matin sur les lignes de transport d'énergie électrique a très haute tension. Rev. gén. Électr. Bd. 52 (1943) S. 197.

29. Influenzstörung von Nachbarleitungen.

Schrottke, F.: Über den Einfluß der Hochspannungsleitungen auf die Betriebs-Fernsprechleitungen. ETZ 1907 S. 685.

Behn-Eschenburg, H.: Über Wechselstrombahnmotoren der Maschinenfabrik Oerlikon und ihre Wirkungen auf Telephonleitungen. ETZ 1908 S. 925.

Brauns, O.: Die Hochspannungs-Kraftübertragung an der Urfttalsperre. ETZ 1908 S. 377.

Marguerre, F.: Über Telephonstörungen durch Wechselstrombahnen und einige Vorgänge in Einphasengeneratoren. ETZ 1912 S. 1209.

Brauns, O.: Störungen von Fernsprechleitungen durch sterngeschaltete Drehstromanlagen ohne und mit Erdung des Generatornullpunktes. ETZ 1913 S. 116.

— Einwirkung von Starkstromanlagen auf Schwachstromleitungen. Telegr.- u. Fernspr.-Techn. 1919 S. 61.

Lienemann, W.: Zur Berechnung der Influenzwirkung von Starkstromleitungen. Telegr.- u. Fernspr.-Techn. 1919 S. 173.

California Railroad Commission: Inductive Interference between Electric Power and Communication Circuits. Sacramento: California State Printing Office, 1919.

Schwedische Eisenbahndirektion: Untersuchungen über Schwachstromstörungen bei Einphasen-Wechselstrombahnen. München u. Berlin: Oldenbourg 1920.

Krause, G., u. A. Zastrow: Über die Schutzwirkung des Kabelmantels bei Induktionsbeeinflussungen von Schwachstromkabeladern durch Starkstromleitungen. Wiss. Veröff. Siemens-Konz. Bd. 2 (1922) S. 422.

Lienemann, W.: Einwirkung von Starkstromleitungen und Schwachstromleitungen. Z. ges. Eisenb.-Sich. 1923 S. 41.

Bartholomew, S. C.: Power circuit interference with telegraphs and telephones. J. Instn. electr. Engrs. (London) Bd. 62 (1924) S. 817.

Jäger, H.: Beeinflussung eines Lichtnetzes durch Wechselstrombahnbetrieb. ETZ 1924 S. 329.

Oefverholm, J.: Die Einrichtung für Bahnfernmeldeleitungen längs Wechselstrombahnen. Elektr. Nachr.-Techn. 1924 S. 107.

Brauns, O., u. W. Wechmann: Fernmeldeleitungen beim elektrischen Zugbetrieb der deutschen Reichsbahn. Berlin: VDI-Verlag 1925.

Truxa, L.: Schwachstromanlagen im Wirkungsbereich elektrischer Bahnen. Elektrotechn. u. Masch.-Bau 1925 S. 41.

Zschaage, W.: Näherungsformeln zur Berechnung der Gegeninduktivität zwischen Starkstrom- und Schwachstromleitungen. Elektr. Nachr.-Techn. 1925 S. 110.

30. Erdrückströme unter Wechselstromleitungen.

Oldenberg, O.: Stromverdrängung beim Seekabel. Arch. Elektrotechn. Bd. 9 (1920) S. 289.

Breisig, F.: Über die Berechnung der magnetischen Induktion aus Wechselstromleitungen mit Erdrückleitung. Telegr.- u. Fernspr.-Techn. 1925 S. 93.

Rüdenberg, R.: Die Ausbreitung der Erdströme in der Umgebung von Wechselstromleitungen. Z. angew. Math. Mech. 1925 S. 361.

Mayr, O.: Die Erde als Wechselstromleiter. ETZ 1925 S. 1352.

Carson, J. R.: Wave propagation in overhead wires with ground return. Bell Syst. techn. J. Bd. 5 (1926) S. 539.

Haberland, G.: Theorie der Leitung von Wechselstrom durch die Erde. Z. angew. Math. Mech. 1926 S. 366.

Pohlhausen, K.: Bestimmung der Fernwirkung von Wechselströmen auf Schwachstromleitungen. VDE-Fachberichte 1926 S. 36.

Pollaczek, F.: Über das Feld einer unendlich langen wechselstromdurchflossenen Einfachleitung. Elektr. Nachr.-Techn. 1926 S. 339.

Collet, M.: Le champ magnétique au voisinage d'une ligne électrique à courants alternatifs. Bull. Soc. franç. Électr. Bd. 7 (1927) S. 604.

Buchholz, H.: Untersuchungen über die Wärmeverluste, die magnetische Energie und das Induktionsgesetz bei Mehrfachleitersystemen unter Berücksichtigung des Einflusses der Erde. Arch. Elektrotechn. Bd. 21 (1928) S. 106.

Fallou, J.: Mesures des constantes de propagation d'une ligne aérienne avec retour par le sol en fonction de la fréquence. C. R. Bd. 193, Teil I (1931) S. 461.

MÜHLINGHAUS, A.: Modellmessungen über Leitungskopplung durch Erdströme. Elektr. Nachr.-Techn. Bd. 8 (1931) S. 379.
BOURGONNIER, C.: Étude du champ magnétique produit en présence du sol par un conducteur parcouru par un courant alternatif. Rev. gén. Électr. Bd. 36 (1934) S. 643.
TRUEBLOOD, H. M., u. G. WASCHECK: Investigation of rail impedances. Trans. Amer. Inst. electr. Engrs. Bd. 53 (1934) S. 1771.
CHEVALLIER, A.: The propagation of high frequency carrier waves in a high tension line. CIGRE 1946 Nr. 305.

31. Induktive Fernwirkung auf Schwachstromleitungen.

RÜDENBERG, R.: Die Ausbreitung der Luft- und Erdfelder um Hochspannungsleitungen, besonders bei Erd- und Kurzschlüssen. ETZ Bd. 46 (1925) S. 1342.
ZASTROW, A.: Über die Größe der Gegeninduktivität zwischen Leitungen mit Erdrückleitung. Elektr. Bahnen 1929 S. 368 u. VDE-Fachberichte 1926 S. 33.
JÄGER, P.: Quantitative Messung der Fernsprechstörwirkung von Stromerzeugern und -verbrauchern als Oberschwingungsgeneratoren. Elektr. Nachr.-Techn. 1926 S. 208.
POLLACZEK, F.: Über die Induktionswirkungen einer Wechselstromeinfachleitung. Elektr. Nachr.-Techn. 1927 S. 18.
SCHILLER, H.: Über die Induktionswirkung von Starkströmen auf benachbarte Leitungen. Arch. Elektrotechn. Bd. 20 (1928) S. 252.
KLEWE, H.: Gegeninduktivitätsmessungen an Leitungen mit Erdrückleitung. Elektr. Nachr.-Techn. 1929 S. 467.
BENDA, E. R.: Untersuchungen über Schienenströme und die Schutzwirkung von Kabelmänteln gegen Starkstromstörungen. Wiss. Veröff. Siemens-Konz. Bd. 9 (1930) Nr. 1 S. 338.
BOWEN, A. E., u. C. L. GILKESON: Mutual impedances of ground-return circuits. Trans. Amer. Inst. electr. Engrs. 1930 S. 1370.
ZASTROW, A.: Einwirkungen von Drehstromkabeln auf Fernmeldekabel. Wiss. Veröff. Siemens-Konz. Bd. 9 (1930) Nr. 1 S. 329.
KLEWE, H.: Gegeninduktivitätsmessungen an Leitungen mit Erdrückleitung in Skillingaryd. Elektr. Nachr.-Techn. 1931 S. 533.
RADLEY, W. G.: Interference between power and communication circuits. J. Instn. electr. Engrs. (London) Bd. 69 (1931) S. 1117.
WILD, W.: Der Doppelerdschlußstrom in Drehstromkabeln und seine Einwirkung auf benachbarte Fernmeldekabel. Wiss. Veröff. Siemens-Konz. Bd. 10 (1931) Nr. 1 S. 51.
COLLARD, J.: Measurement of the mutual impedance of circuits with earth return. J. Instn. electr. Engrs. (London) Bd. 71 (1932) S. 674.
RIORDAN, J., u. E. D. SUNDE: Mutual impedance of grounded wires for stratified two-layer earth. Bell Syst. techn. J. Bd. 12 (1933) S. 162. (Enthält Literaturangaben.)
GRAY, M. C.: Mutual impedance of long grounded wires when the conductivity of the earth varies exponentially with depth. Physics. Bd. 4 (1933) S. 76; Bd. 5 (1934) S. 35.
RADLEY, W. G., u. S. WHITEHEAD: Recent investigations on telephone interference. J. Instn. electr. Engrs. (London) Bd. 74 (1934) S. 201.
— u. H. J. JOSEPHS: Mutual impedance of circuits with return in a horizontally stratified earth. J. Instn. electr. Engrs. (London) Bd. 80 (1937) S. 99.
COLEMAN, J. O., u. H. M. TRUEBLOOD: Co-ordination of power and communication circuits for low-frequency induction. Trans. Amer. Inst. electr. Engrs. Bd. 59 (1940) S. 403. (Enthält Literaturangaben.)
FROST, P. B., u. E. F. H. GOULD: Practical aspects of telephone interference at fundamental frequency from power systems. CIGRE 1946 Nr. 301.
SUNDE, E. D.: Earth Conduction Effects in Transmission Systems. New York: D. Van Nostrand Company, Inc. 1949.
PREVOST u. R. ANDRÉ: The effect of soil conductivity upon induced voltages from power lines into telecommunications circuits, results of experiments. CIGRE 1950 Nr. 343.

32. Schaltströme in der Erde.

SCHLEMMER, F.: Fernmeldeleitungen im Gleichstrombahnbetriebe. Elektr. Bahnen 1926 S. 190.
RÜDENBERG, R.: Schwachstromstörungen beim Schalten von Gleichstrombahnen. Wiss. Veröff. Siemens-Konz. Bd. 5 (1927) Nr. 3 S. 1.
OLLENDORFF, F.: Elektrische Schaltströme in der Erde. Elektr. Nachr.-Techn. 1928 S. 111.
— Die Schwachstrombeeinflussung durch plötzlich geschaltete Erdstromfelder. Elektr. Nachr.-Techn. 1930 S. 393.

OLLENDORFF, F.: Elektromagnetische Ausgleichsvorgänge in geschichtetem Erdreich. Arch. Elektrotechn. Bd. 23 (1930) S. 261.

RADLEY, W. G., u. H. J. JOSEPHS: Mutual induction between power and telephone lines under transient conditions. J. Instn. electr. Engrs. (London) Bd. 72 (1933) S. 259.

GOULD, K. E.: Coupling between parallel earth-return circuits under d-c transient conditions. Trans. Amer. Inst. electr. Engrs. Bd. 56 (1937) S. 1159.

33. Erwärmung gekühlter Leiter.

RÜDENBERG, R.: Die Erwärmung rotierender Elektroden, insbesondere beim Marconischen Generator für kontinuierliche Schwingungen. J. drahtl. Telegr. Bd. 2 (1909) S. 18.

FABINGER, F.: Zur Bestimmung der Erwärmung der Schutzdrosselspulen bei kurzzeitiger Überlastung. Elektrotechn. u. Masch.-Bau Bd. 44 (1926) S. 149.

HAK, J.: Über einen Fall von Einschaltvorgängen mit nicht konstanten Stromkreiskoeffizienten ETZ. 1930 S. 705.

WANGER, W.: Die Erwärmung von Kontakten in Hochleistungsschaltern durch Kurzschlußströme. Schweiz. Bull. Bd. 25 (1934) S. 432 u. 755.

BRAZIER, L. G.: The breakdown of cables by thermal instability. J. Instn. electr. Engrs. (London) Bd. 77 (1935) S. 104.

JAQUES, R.: La courbe d'échauffement exacte et universelle. Schweiz. Bull. Bd. 26 (1935) S. 217.

ERNI, E.: Über die maximale mechanische, thermische und elektrische Belastbarkeit von Bimetallen. Schweiz. Bull. Bd. 27 (1936) S. 732.

SPENKE, E.: Eine anschauliche Deutung der Abzweigtemperatur scheibenförmiger Heißleiter. Arch. Elektrotechn. Bd. 30 (1936) S. 728.

AVRAMESCU, A.: Beiträge zur Berechnung der Kurzschlußerwärmung. Bull. Inst. Roumain de Energie Bd. 5 (1937) S. 347.

FISCHER, J.: Grundlagen zur Berechnung der Erwärmung von Drähten und Stäben durch Leitungsstrom oder durch Strahlung. Z. techn. Phys. Bd. 19 (1938) S. 25, 57 u. 105.

FORSYTHE, W. E., M. A. EASLEY u. D. D. HINMAN: Time constants of incandescent lamps. J. appl. Phys. Bd. 9 (1938) S. 209.

STÖSSER, J., u. E. BERNHARDT: Die thermische Abbildung elektrischer Maschinen als Grundlage eines Überlast-Schutzrelais. Schweiz. Bull. Bd. 29 (1938) S. 290.

AVRAMESCU, A.: Über die Berechnung der Kurzschlußerwärmung. ETZ Bd. 59 (1938) S. 985.

— Über die Erwärmung punktförmiger Kontakte bei konstanter Strombelastung. Arch. Elektrotechn. Bd. 33 (1939) S. 261.

— Die Wärmewirkung der Schalt- und Stoßströme. ETZ Bd. 62 (1941) S. 591.

— Über die Berechnung der Wärmewirkung von Ausgleich- und Überströmen. Arch. Elektrotechn. Bd. 35 (1941) S. 344.

NARBUTOVSKIH: Simplified graphical method of computing thermal transients. Trans. Amer. Inst. electr. Engrs. Bd. 66 (1947) S. 78.

KUSSI, W.: Elektrische Erwärmung von Drähten und Platten. Schweiz. Bull. Bd. 34 (1943) S. 342.

PRACHE, P.: Échauffement des conducteurs isolés soumis à une charge brusque. Rev. gén. Électr. Bd. 54 (1945) S. 281.

34. Schmelzen von Sicherungsdrähten.

MEYER, G. J.: Zur Theorie der Abschmelzsicherungen. München u. Berlin: Oldenbourg 1906; ETZ 1907 S. 430 u. 1137; Elektr. Kraftbetr. Bahn, 1911 S. 124.

EMDE, F.: Die Erwärmung eines drahtförmigen Schmelzeinsatzes. Elektrotechn. u. Masch.-Bau 1907 S. 455.

JASSE, E.: Zur Theorie der Schmelzsicherungen. Elektrotechn. u. Masch.-Bau 1910 S. 999; 1911 S. 423.

LYLE, F. W.: Growth of current in circuits of negative temperature coefficient of resistance. Gen. Electr. Rev. 1915 S. 1129.

BESOLD, H.: Hochleistungs-Niederspannungssicherungen. VDE-Fachberichte 1931 S. 149.

— Selektivschutz für Niederspannungsanlagen mit Schmelzsicherungen und Selbstschaltern. VDE-Fachberichte 1934 S. 59.

LÄPPLE, H.: Die Vorgänge bei der Kurzschluß-Unterbrechung durch schnellabschaltende Hochspannungssicherungen. VDE-Fachberichte 1934 S. 72.

LOHAUSEN, K. A.: Hochspannungssicherungen. Elektrotechn. u. Masch.-Bau Bd. 53 (1935) S. 385.

KERESZTES, S., u. P. SELENYI: Untersuchung von Abschmelzsicherungen mittels des elektrographischen Oszillographen. Elektrotechn. u. Masch.-Bau Bd. 55 (1937) S. 122.

Weber, H.: Vorgänge bei Kurzschlußabschaltungen durch Schmelzsicherungen. VDE-Fachberichte 1937 S. 92.

Johann, H. H.: Eine Formel für die Strom-Zeit-Kennlinie von Schmelzsicherungen und ihre Anwendung zur Ermittlung von Kennwerten. ETZ Bd. 58 (1937) S. 684.

Läpple, H.: Die Lichtbogenlöschung in körnigem Löschmittel bei Hochspannungssicherungen. ETZ Bd. 58 (1937) S. 369 u. 426.

Grillet, J.: Coupe-circuit à grand pouvoir de coupure. Rev. gén. Électr. Bd. 43 (1938) S. 623.

Wrana, J.: Vorgänge in Sicherungen bei elektrischer Stoßbeanspruchung. ETZ Bd. 59 (1938) S. 11.

— Vorgänge beim Schmelzen und Verdampfen von Drähten mit sehr hohen Stromdichten. Arch. Elektrotechn. Bd. 33 (1939) S. 656.

Freiberger, R.: Théorie des fusibles à grand pouvoir de coupure pour basse tension. Rev. gén. Électr. Bd. 45 (1939) S. 407.

Gantenbein, A.: The process of interruption in fuses; high rupturing capacity fuses which do not give rise to surges. CIGRE 1939 Nr. 131.

Prince, D. C., u. E. A. Williams: The current-limiting power fuse. Trans. Amer. Inst. electr. Engrs. Bd. 58 (1939) S. 11.

Gibson, J. W.: The high-rupturing-capacity cartridge fuse, with special reference to short-circuit performance. J. Instn. electr. Engrs. (London) Bd. 88, Teil II (1941) S. 2.

Gantenbein, A.: Die progressiv schaltende Schmelzsicherung. Schweiz. Bull. Bd. 32 (1941) S. 189.

Rawlins, H. L., A. P. Strom u. H. W. Graybill: A new current-limiting fuse. Trans. Amer. Inst. electr. Engrs. Bd. 60 (1941) S. 77.

Williams, E. A., u. C. L. Schuck: Control of the switching surge voltages produced by the current-limiting power fuse. Trans. Amer. Inst. electr. Engrs. Bd. 60 (1941) S. 214.

Dannenberg, K., u. W. J. John: A high-voltage high-rupturing-capacity cartridge fuse and its effect on protection technique. J. Instn. electr. Engrs. (London) Bd. 89, Teil II (1942) S. 565.

Kroemer, H.: Der Lichtbogen an Schmelzleitern in Sand. Arch. Elektrotechn. Bd. 36 (1942) S. 455.

Kesl, K.: Considérations préliminaires à une théorie des fusibles. Rev. gén. Électr. Bd. 51 (1942) S. 279.

Baxter, H. W., u. M. V. Griffith: Pre-arcing phenomena in fuse wires with direct current. Electrical Res. Ass. Techn. Report, G/T. 152, London 1944.

Maury, E.: Phénomènes consécutifs à un courtcircuit provoqué par un fil fusible sur un réseau à 220 kilovolts. Rev. gén. Électr. Bd. 54 (1945) S. 131.

Boehne, E. W., u. C. L. Schuck: Performance criteria for current-limiting power fuses. Trans. Amer. Inst. electr. Engrs. Bd. 65 (1946) S. 1028 u. 1034. (Enthält Literaturangaben.)

Fankhauser, F.: Abschmelzcharakteristik von Schmelzsicherungen. Schweiz. Bull. Bd. 38 (1947) S. 425.

Schuck, C. L.: A new high interrupting capacity low-voltage power fuse. Trans. Amer. Inst. electr. Engrs. Bd. 69, Teil II (1950) S. 770.

Baxter, H. W.: Electric Fuses. London: Edward Arnold & Co. 1950.

Müller, A. O., u. H. Paetow: Aufbau, Wirkungsweise und Betriebseigenschaften der neuen N. H.-Sicherungen. Siemens-Z. Bd. 25 (1951) S. 149.

Gerszonowicz, S.: Caracteristicas universales de fusion de los fusibles por corrientes intensas. Instituto de Electrotécnica, Montevideo, 1951, Nr. 13.

35. Halbleiter im Stromkreis.

leBlanc, M., u. H. Sachse: Die Elektronenleitfähigkeit von festen Oxyden verschiedener Valenzstufen. Phys. Z. Bd. 32 (1931) S. 887.

Meyer, W.: Die Elektrizitätsleitung anorganischer Stoffe mit Elektronenleitfähigkeit. Z. Phys. Bd. 85 (1933) S. 278.

Hüter, W.: Zur Spannungsabhängigkeit technischer Halbleitermaterialien. Arch. Elektrotechn. Bd. 27 (1933) S. 341.

Frommer, J. v.: Die Berechnung von Vorschaltwiderstand und Stromquelle für Stabilisatorröhren. ETZ Bd. 54 (1933) S. 839.

Joffé, A. F.: Semi-conducteurs Électriques. Paris: Hermann et Cie. 1934.

Brownlee, T.: The calculation of circuits containing thyrite. Gen. Electr. Rev. Bd. 37 (1934) S. 175 u. 218.

Spenke, E.: Zur technischen Beherrschung des Wärmedurchschlages von Heißleitern. Wiss. Veröff. Siemens-Konz. Bd. 15 (1936) Nr. 1 S. 92.

WEISE, E.: Physikalische Eigenschaften und technische Anwendung von Halbleiterwiderständen. ETZ Bd. 59 (1938) S. 1085.

WILSON, A. H.: Semi-conductors and Metals. London: Cambridge University Press 1939.

SEITZ, F.: The Modern Theory of Solids. New York: McGraw-Hill Book Company, Inc. 1940.

MOTT, N. F., u. R. W. GURNEY: Electronic Processes in Ionic Crystals. New York: Oxford University Press 1940.

BUERSCHAPER, R. A.: Thermal and electrical conductivity of graphite and carbon at low temperatures. J. appl. Phys. Bd. 15 (1944) S. 452.

SEITZ, F.: Basic principles of semi-conductors. J. appl. Phys. Bd. 16 (1945) S. 553.

MAURER, R. J.: Electrical properties of semi-conductors. J. appl. Phys. Bd. 16 (1945) S. 563.

BECKER, J. A., C. B. GREEN u. G. L. PEARSON: Properties and use of thermistors, thermally sensitive resistors. Trans. Amer. Inst. electr. Engrs. Bd. 65 (1946) S. 711.

MEADOR, J. R.: Use of thyrite in power transformers. Trans. Amer. Inst. electr. Engrs. Bd. 68, Teil II (1949) S. 959.

HERBIG, H. F., u. J. D. WINTERS: Investigation of the selenium rectifier for contact protection. Trans. Amer. Inst. electr. Engrs. Bd. 70, Teil II (1951) S. 1919.

36. Selbsterregte Schwingungen.

VAN DER POL, B.: Relaxation oscillations. Phil. Mag. Bd. 2 (1926) S. 978.

LIÉNARD, A.: Études des oscillations entretenues. Rev. gén. Électr. Bd. 23 (1928) S. 901.

KIRCHSTEIN, F.: Über ein Verfahren zur graphischen Behandlung elektrischer Schwingungsvorgänge. Arch. Elektrotechn. Bd. 24 (1930) S. 731.

CORBEILLER, P. LE: The non-linear theory of the maintenance of oscillations. J. Instn. electr. Engrs. (London) Bd. 79 (1936) S. 361. (Enthält Literaturangaben.)

MULLER, J. J.: Oscillations de relaxation. Schweiz. Bull. Bd. 29 (1938) S. 573.

SHOHAT, J.: New analytical method for solving Van der Pol's and certain related types of non-linear differential equations, homogeneous and non-homogeneous. J. appl. Phys. Bd. 14 (1943) S. 40.

— On Van der Pol's and related non-linear differential equations, J. appl. Phys., Vol. 15, 1944, S. 568.

37. Haupteigenschaften des Lichtbogens.

AYRTON, H.: The Electric Arc. London: The Electrician Printing and Publishing Co. 1902.

SIMON, H. TH.: Über die Dynamik der Lichtbogenvorgänge und über Lichtbogenhysteresis. Phys. Z. 1905 S. 297.

KRAUS, F.: Über die Bedingungen, unter welchen ein Lichtbogen überhaupt nicht entstehen kann. Elektrotechn. u. Masch.-Bau 1913 S. 717.

MERKEL, E.: Die Wechselstromentladung zwischen Metallelektroden. Leipzig: J. A. Barth 1913.

COLLIS, A. G.: Arc phenomena. Proc. Amer. Inst. electr. Engrs. 1915 S. 2081.

GROTRIAN, W.: Der Gleichstromlichtbogen großer Bogenlänge. Leipzig: J. A. Barth 1915.

BURSTYN, W.: Über lichtbogenfreie Unterbrechung elektrischer Ströme. ETZ 1920 S. 503.

HÖPP, W.: Lichtbogenfreie Schalter für Wechselstrom. ETZ 1920 S. 748.

COMPTON, K. T.: The electric arc. Trans. Amer. Inst. electr. Engrs. Bd. 46 (1927) S. 868.

NORBERG, S.: Arc formation and breaking characteristics of switches. Asea-J. (engl.) 1927 S. 28.

WEDMORE, E. B., W. B. WHITNEY u. C. E. R. BRUCE: An introduction to researches on circuit breaking. J. Instn. electr. Engrs. (London) Bd. 67 (1929) S. 557.

V. ENGEL, A.: Elektrische Messungen an langen Gleichstromlichtbogen in Luft. Z. techn. Phys. 1929 S. 505.

— Elektrische und gasanalytische Untersuchungen von Lichtbogen in Öl. Wiss. Veröff. Siemens-Konz. Bd. 9 (1930) Nr. 1 S. 7.

MAYR, O.: Über die Dynamik des Wechselstrom-Hochspannungslichtbogens. Forsch. u. Techn. 1930 S. 319.

ENGEL, A. v., u. M. STEENBECK: Über die Temperatur in der Gassäule eines Lichtbogens. Wiss. Veröff. Siemens-Konz. Bd. 10 (1931) Nr. 2 S. 155.

KOPELIOWITCH, J.: Die Resultate neuerer Forschungen über den Abschaltvorgang im Wechselstromlichtbogen und ihre Anwendung im Schalterbau. Schweiz. Bull. 1932 S. 565.

SLEPIAN, J.: The electric arc in circuit interrupters. J. Franklin Inst. Bd. 214 (1932) S. 413.

ENGEL, A. v., u. M. STEENBECK: Messung des zeitlichen Verlaufes der Gastemperatur in der Säule eines Wechselstrom-Luftlichtbogens. Wiss. Veröff. Siemens-Konz. Bd. 12 (1933) Nr. 1 S. 74 u. 89.

SLEPIAN, J.: Die Löschung eines Wechselstrom-Lichtbogens im Gasstrom. Elektrotechn. u. Masch.-Bau Bd. 51 (1933) S. 180.

RAMSAUER, C.: Über die Temperatur des elektrischen Lichtbogens. Elektrotechn. u. Masch.-Bau Bd. 51 (1933) S. 189.

HOLM, R., B. KIRSCHSTEIN u. F. KOPPELMANN: Überblick über die Physik des Starkstrom-lichtbogens mit besonderer Berücksichtigung der Löschung in Hochleistungswechsel-stromschaltern. Wiss. Veröff. Siemens-Konz. Bd. 13 (1934) Nr. 2 S. 63.

BROWNE, T. E.: Dielectric recovery of a-c arcs in turbulent gases. Physics Bd. 5 (1934) S. 103.

KESSELRING, F.: Untersuchungen an elektrischen Lichtbögen. ETZ Bd. 55 (1934) S. 92, 116 u. 165.

KIRSCHSTEIN, B., u. F. KOPPELMANN: Photographische Aufnahmen elektrischer Lichtbögen großer Stromstärke. Wiss. Veröff. Siemens-Konz. Bd. 13 (1934) Nr. 3 S. 52.

SUITS, C. G.: Study of arc temperatures by an optical method. Physics Bd. 6 (1935) S. 190 u. 315.

ENGEL, A. v.: Die energetischen Verhältnisse an den Elektroden eines Metallbogens. Wiss. Veröff. Siemens-Konz. Bd. 14 (1935) Nr. 3 S. 38.

KIRSCHSTEIN, B., u. F. KOPPELMANN: Der elektrische Lichtbogen in schnellströmendem Gas. Wiss. Veröff. Siemens-Konz. Bd. 16 (1937) Nr. 1 S. 51; Bd. 16 (1937) Nr. 3 S. 26.

— Beitrag zur Minimumtheorie der Lichtbogensäule, Vergleich zwischen Theorie und Er-fahrung. Wiss. Veröff. Siemens-Konz. Bd. 16 (1937) Nr. 3 S. 56.

SUITS, C. G.: Measurement of some arc characteristics at 1000 atmospheres pressure. J. appl. Phys. Bd. 10 (1939) S. 203.

COBINE, J. D., R. B. POWER u. L. P. WINSOR: The reignition of short arcs at high pres-sures. J. appl. Phys. Bd. 10 (1939) S. 420.

SUITS, C. G.: The temperature of high pressure arcs. J. appl. Phys. Bd. 10 (1939) S. 728.

LOEB, L. B.: Fundamental Processes of Electrical Discharge in Gases. New York: John Wiley & Sons, Inc. 1939.

STEENBECK, M.: Eine Prüfung des Minimumprinzips für thermische Bogensäulen an Hand neuer Meßergebnisse. Wiss. Veröff. Siemens-Konz. Bd. 19 (1940) Nr. 1 S. 59.

WASSERRAB, TH.: Zur Beschreibung des Entionisierungsvorganges von Gasentladungen. Wiss. Veröff. Siemens-Konz. Bd. 19 (1940) Nr. 1 S. 1.

FOITZIK, R.: Untersuchungen am stabilisierten elektrischen Lichtbogen in Stickstoff und Kohlensäure bei Drucken von 1 bis 40 at. Wiss. Veröff. Siemens-Konz. Bd. 19 (1940) Nr. 1 S. 28.

COBINE, J. D.: Gaseous Conductors. New York: McGraw-Hill Book Company, Inc. 1941.

SLEPIAN, J., u. T. E. BROWNE: Photographic study of a-c arcs in flowing liquids. Trans. Amer. Inst. electr. Engrs. Bd. 60 (1941) S. 823.

MAYR, O.: Beiträge zur Theorie des statischen und dynamischen Lichtbogens. Arch. Elektro-techn. Bd. 37 (1943) S. 588.

— Über die Theorie des Lichtbogens und seiner Löschung. ETZ Bd. 64 (1943) S. 645.

LABOURET, J.: La coupure pneumatique de l'arc électrique. Rev. gén. Électr. Bd. 54 (1945) S. 220.

STROM, A. P.: Long 60-cycle arcs in air. Trans. Amer. Inst. electr. Engrs. Bd. 65 (1946) S. 113.

HARRINGTON, E. J., u. E. C. STARR: Deionization time of high-voltage fault-arc paths. Trans. Amer. Inst. electr. Engrs. Bd. 68, Teil II (1949) S. 997.

WINSOR, L. P., L. M. SCHETKY u. R. A. WYANT: Instrumentation for the evaluation of the stability of the welding arc. Trans. Amer. Inst. electr. Engrs. Bd. 68, Teil I (1949) S. 525.

BOISSEAU, A. C., B. W. WYMAN u. W. F. SKEATS: Insulator flashover deionization times as a factor in applying high-speed reclosing circuit breakers. Trans. Amer. Inst. electr. Engrs. Bd. 68, Teil II (1949) S. 1058.

McCANN, G. D., J. E. CONNER u. H. M. ELLIS: Dielectric-recovery characteristics of power arcs in large air gaps. Trans. Amer. Inst. electr. Engrs. Bd. 69, Teil I (1950) S. 616.

FINKELNBURG, W.: The physical mechanism of low- and high-current arcs, and their relation to the welding arc. Trans. Amer. Inst. electr. Engrs. Bd. 70, Teil I (1951) S. 800.

38. Ausschalten induktiver Gleichstromkreise.

ARONS, L.: Der Extrastrom beim Unterbrechen eines elektrischen Stromkreises. Ann. Phys. Bd. 63 (1897) S. 177.

GIRAULT, P.: Sur la commutation dans les dynamos à courant continu. Ind. électr. 1898 S. 153.

ARNOLD, E., u. G. MIE: Über den Kurzschluß der Spulen und die Kommutation des Stromes eines Gleichstromankers. ETZ 1899 S. 97.

OELSCHLÄGER, E.: Über den zeitlichen Verlauf des Schmelzstromes von Sicherungen, be-obachtet mit dem Oszillographen. ETZ 1904 S. 762.

PHILIPPI, E.: Über Ausschaltvorgänge und magnetische Funkenlöscher. Berlin: Leonard Simion 1909.

COLLIS, A. G.: Breaking high and low potential circuits. Electrician Bd. 66 (1911) S. 869.

HÖPP, W.: Über Unterbrechungslichtbögen bei elektrischen Schaltapparaten. ETZ 1913 S. 33.

ESCHHOLZ, O. H.: Arc rupture in magnetic blow-out switches. Electr. Wld. Bd. 78 (1921) S. 461.

LOUIS, H. C., u. C. T. SINCLAIR: Air-break magnetic blow-outs for contactors and circuit breakers. J. Amer. Inst. electr. Engrs. 1922 S. 749.

RÜDENBERG, R.: Das Ausschalten von Gleichstrom und Wechselstrom bei induktiven Starkstromkreisen. Wiss. Veröff. Siemens-Konz. Bd. 2 (1922) S. 220; Schweiz. Bull. 1922 S. 248.

TRITLE, J. F.: Air-break magnetic blow-outs. J. Amer. Inst. electr. Engrs. 1922 S. 257.

GEBAUER, C.: Gleichstrom-Schnellschalter. Elektr. Bahnen 1925 S. 276.

BAUST, G.: Messung von Ausschaltüberspannungen mit dem Kathodenoszillographen. Arch. Elektrotechn. Bd. 22 (1929) S. 245.

ENGEL, A. v.: Über die Länge und Dauer des Lichtbogens in Luft beim Ausschalten von Gleichstrom. Wiss. Veröff. Siemens-Konz. Bd. 7 (1929) Nr. 2 S. 50.

SEITZ, E. O.: Ausschaltüberspannungen bei Kleinvakuumschaltern. ETZ 1931 S. 1305.

MILLER, A. R.: Transients in arc welding generators with experimental verification. Trans. Amer. Inst. electr. Engrs. Bd. 52 (1933) S. 260.

SILVERMAN, D., u. L. R. LUDWIG: Arc stability with d-c welding generators. Trans. Amer. Inst. electr. Engrs. Bd. 52 (1933) S. 987.

HORNBY, F. B.: Control of transients in welding generators. Trans. Amer. Inst. electr. Engrs. Bd. 53 (1934) S. 1598.

MILLER, A. R.: Transient voltages in welding generators. Trans. Amer. Inst. electr. Engrs. Bd. 53 (1934) S. 1296.

BEWLEY, L. V., u. L. F. BLUME: Switching surges with transformer load-ratio control contactors. Trans. Amer. Inst. electr. Engrs. Bd. 56 (1937) S. 1464.

BURSTYN, W.: Elektrische Kontakte. Berlin: Springer 1937.

HANSEN, K. L.: Interpretation of oscillograms of arc-welding generators in terms of welding performance. Trans. Amer. Inst. electr. Engrs. Bd. 57 (1938) S. 177.

FLOERKE, H.: Messung der Überspannungen beim Abschalten von Erregerwicklungen. Elektrotechn. u. Masch.-Bau Bd. 57 (1939) S. 521.

VARICHON, C.: L'appareillage d'interruption dans les installations à basse tension. Rev. gén. Électr. Bd. 54 (1945) S. 227.

HOLM, R.: Electric Contacts. Stockholm: H. Gebers Förlag 1946.

BOEHNE, E. W., u. M. J. JANG: Performance criteria of d-c interrupters. Trans. Amer. Inst. electr. Engrs. Bd. 66 (1947) S. 1172.

HALMAN, T. R., u. L. K. HARRIS: Voltage surges in relay control circuits. Trans. Amer. Inst. electr. Engrs. Bd. 67 (1948) S. 1693.

FELDBAUER, B.: The design of contactors with regard to their industrial application. J. Instn. electr. Engrs. (London) Bd. 95, Teil II (1948) S. 439.

39. Ausschalten von Wechselstrom.

GERSTMEYER, M.: Versuche über das Ausschalten von Wechselstrom. Elektr. Kraftbetr. Bahn. 1911 S. 141.

MERRIAM, E. B.: Some recent tests of oil circuit breakers. Proc. Amer. Inst. electr. Engrs. 1911 S. 195 u. 1431.

MARGUERRE, F.: Einige Versuche mit Ölschaltern. ETZ 1912 S. 709.

LINKE, W.: Schaltvorgänge bei elektrischen Maschinen und Transformatoren. ETZ 1914 S. 757.

BIERMANNS, J.: Über das Abschalten großer Wechselstromenergien. Arch. Elektrotechn. Bd. 3 (1915) S. 5.

RANDALL, K. C.: Oil circuit breakers. Proc. Amer. Inst. electr. Engrs. 1915 S. 271.

BAUER, B.: Untersuchungen an Ölschaltern. Schweiz. Bull. 1915 S. 141; 1917 S. 226.

— Vorschaltwiderstände und Reaktanzen als Schutz für Ölschalter. Schweiz. Bull. (1916) S. 85.

BLONDEL, A., u. F. CARBENAY: Remarques complementaires sur les oscillations forcées des systèmes à amortissement discontinu. Lumière électr. Bd. 34 (1916) S. 97.

STERN, G., u. J. BIERMANNS: Ölschalterversuche. ETZ 1916 S. 617.

WALL, T. F.: Means for producing a sparkless break of an inductive circuit. Electrician Bd. 76 (1916) S. 640.

BIERMANNS, J.: Über Hochleistungsschalter. ETZ 1920 S. 325.

CHARPENTIER, P.: Un critérium de la capacité de rupture des disjoncteurs à huile. Rev. gén. Électr. Bd. 9 (1921) S. 687.

TORCHIO, P.: High-current tests on high-tension switchgear. J. Amer. Inst. electr. Engrs. 1921 S. 120.

DAVIES, H. R.: Considerations relating to the design of oil circuit breakers. Electrician. Bd. 89 (1922) S. 6.

HILLIARD, J. D., u. J. B. MacNEILL: Tests on oil circuit breakers at Baltimore. J. Amer. Inst. electr. Engrs. 1922 S. 530 u. 537.

BRÜHLMANN, G.: Die theoretischen und praktischen Grundlagen für den Bau, die Wahl und den Betrieb von Ölschaltern. Schweiz. Bull. 1925 S. 81.

SPORN, P., u. H. P. CLAIR: High-voltage circuit breaker tests. Electr. Wld. Bd. 85 (1925) S. 970.

SORENSEN, R. W., u. H. E. MENDENHALL: Vacuum switching experiments at California Institute of Technology. Trans. Amer. Inst. electr. Engrs. 1926 S. 1102.

KOPELIOWITCH, J.: Neuere Forschungsergebnisse über Vorgänge beim Schalten unter Öl. Schweiz. Bull. 1928 S. 541.

BIERMANNS, J.: Hochleistungsschalter ohne Öl. ETZ Bd. 51 (1929) S. 1073.

KESSELRING, F.: Das Schalten großer Leistungen. ETZ Bd. 51 (1929) S. 1005.

SLEPIAN, J.: Theory of the deion circuit breaker. Trans. Amer. Inst. electr. Engrs. 1929 S. 523.

KAUFMANN, W.: Schaltleistung und Schaltarbeit. ETZ Bd. 52 (1930) S. 895.

KESSELRING, F.: Der Expansionsschalter. ETZ Bd. 52 (1930) S. 499.

BAKER, B. P., u. H. M. WILCOX: The use of oil in arc rupture. Trans. Amer. Inst. electr. Engrs. Bd. 49 (1930) S. 431.

SLEPIAN, J.: Extinction of a long a-c arc. Trans. Amer. Inst. electr. Engrs. Bd. 49 (1930) S. 421.

ATWOOD, S. S., W. G. DOW u. W. KRAUSNICK: Reignition of metallic a-c arcs in air. Trans. Amer. Inst. electr. Engrs. Bd. 50 (1931) S. 854.

BRUCE, C. E. R.: The distribution of energy liberated in an oil circuit breaker; with a contribution to the study of the arc temperature. J. Instn. electr. Engrs. (London) Bd. 69 (1931) S. 557.

BROWNE, T. E. JR.: Extinction of a-c arcs in turbulent gases. Trans. Amer. Inst. electr. Engrs. 1932 S. 185.

MAYR, O., F. KESSELRING u. A. ROTH: Die Resultate neuerer Forschungen über den Abschaltvorgang im Wechselstromlichtbogen und ihre Anwendung im Schalterbau. Schweiz. Bull. 1932 S. 605, 610 u. 619.

BIERMANNS, J.: Über den Unterbrechungsvorgang im Hochleistungsschalter. ETZ Bd. 53 (1932) S. 641 u. 675.

MAYR, O.: Hochleistungsschalter ohne Öl. ETZ Bd. 53 (1932) S. 75 u. 121; Bd. 55 (1934) S. 757, 791 u. 837.

ROTH, A.: Die Weiterentwicklung des Niederdruck-Luftschalters. Elektrotechn. u. Masch.-Bau Bd. 51 (1933) S. 184.

BIERMANNS, J.: Öllose Schalter. Elektrotechn. u. Masch.-Bau Bd. 52 (1934) S. 369 u. 384.

ROTH, A.: Neue Erkenntnisse über den Abschaltvorgang in Wechselstromschaltern und ihre Anwendung auf den Bau des Ölstrahlschalters für Höchstspannung. Schweiz. Bull. Bd. 25 (1934) S. 18, 154 u. 392.

KESSELRING, F.: Der Expansionsschalter. Z. VDI Bd. 78 (1934) S. 293.

HAAG, L., u. O. SCHWENK: Besondere Anwendung des Strömungsprinzips bei öllosen Leistungsschaltern. ETZ Bd. 55 (1934) S. 211.

WALTY, W.: The Brown Boveri air-blast high-speed circuit breaker. Brown Boveri Rev. Bd. 22 (1935) S. 199.

CLERC, A.: Perfectionnements aux interrupteurs à haute tension à soufflage par air comprimé. Rev. gén. Électr. Bd. 38 (1935) S. 741 u. 782.

PRINCE, D. C.: Circuit breakers for Boulder Dam line. Electr. Engng. Bd. 54 (1935) S. 366.

WILCOX, H. M.: Proving tests for high-voltage breakers. Electr. Wld. Bd. 106 (1936) S. 3905.

DAVIES, D. R., u. C. H. FLURSCHEIM: The development of the single-break oil circuit-breaker for metalclad switchgear. J. Instn. electr. Engrs. (London) Bd. 79 (1936) S. 129.

SKEATS, W. F.: Special tests on impulse circuit breakers. Electr. Engng. Bd. 55 (1936) S. 710.

KESSELRING, F., u. F. KOPPELMANN: Das Schaltproblem der Hochspannungstechnik. Arch. Elektrotechn. Bd. 29 (1935) S. 1; Bd. 30 (1936) S. 71; Bd. 35 (1941) S. 155.

PUPPIKOFER, H.: Die Entwicklung der Lichtbogenlöscheinrichtungen der modernen Leistungsschalter. Schweiz. Bull. Bd. 27 (1936) S. 749.

VAN SICKLE, R. C.: Capacitance control of voltage distribution in multibreak breakers. Electr. Engng. Bd. 56 (1937) S. 1018.

PILCHER, E. E. I.: High-speed oil circuit-breakers; Interpretation of single-loop oscillograms. J. Instn. electr. Engrs. (London) Bd. 85 (1939) S. 143.

HILL, A. W., u. J. B. MacNEILL: Multiple-grid breakers for high-voltage service. Trans. Amer. Inst. electr. Engrs. Bd. 58 (1939) S. 427.

Skeats, W. F., u. W. R. Saylor: High-capacity hydro-blast circuit breakers for central-station service. Trans. Amer. Inst. electr. Engrs. Bd. 59 (1940) S. 111.

Boehne, E. W.: The geometry of arc interruption. Trans. Amer. Inst. electr. Engrs. Bd. 60 (1941) S. 524; Bd. 63 (1944) S. 375.

Blandford, A. R.: Air-blast circuit-breakers. J. Instn. electr. Engrs. (London) Bd. 90, Teil II (1943) S. 411.

Bresson, C.: Disjoncteur pneumatique à grand pouvoir de coupure pour moyennes tensions. Rev. gén. Électr. Bd. 53 (1944) S. 203.

— L'interrupteur pneumatique à resistance. Bull. Soc. franç. Électr. Bd. 6 (1946) S. 212.

Koller, R.: Fundamental properties of the vacuum switch. Trans. Amer. Inst. electr. Engrs. Bd. 65 (1946) S. 597.

Pollard, A. H.: Use of resistance switching in the interruption of high voltage circuits. CIGRE 1946 Nr. 136.

Committee on Electrical-Heating, Resistance, and Furnace Alloys: Bibliography and Abstracts on Electrical Contacts. American Society for Testing Materials, Philadelphia 1944; 2. Aufl. 1952.

Cox, H. E., u. T. W. Wilcox: The performance of high-voltage oil circuit-breakers incorporating resistance switching. J. Instn. electr. Engrs. (London) Bd. 94, Teil II (1947) S. 351.

Allen, A., u. D. F. Amer: The extinction of arcs in air-blast circuit-breakers. J. Instn. electr. Engrs. (London) Bd. 94, Teil II (1947) S. 333.

Lindstrom, I.: Present features of compressed air breakers. Tekn. T. Bd. 77 (1947) S. 561.

Gerszonowicz, S.: Interruptores de Corriente Alterna en Alta Tension. Montevideo: Imp. Del Comercio 1947. (Enthält Literaturangaben.)

Killgore, C. L., u. W. H. Clagett: Field tests for development of 10,000,000-kva, 230-kv oil circuit breakers for Grand Coulee power plant. Trans. Amer. Inst. electr. Engrs. Bd. 67 (1948) S. 271.

Jansson, G. E.: Large indoor power air blast breakers. Trans. Amer. Inst. electr. Engrs. Bd. 67 (1948) S. 1675.

Osborne, M. F. M.: The shock produced by a collapsing cavity in water. Trans. Amer. Soc. mech. Engrs. Bd. 70 (1948) S. 253.

Andrews, F. E., L. R. Janes u. M. A. Andersson: Interrupting ability of horn-gap switches. Trans. Amer. Inst. electr. Engrs. Bd. 69, Teil II (1950) S. 1016.

Baltensperger, P.: Overvoltages due to the interruption of small inductive currents. CIGRE 1950 Nr. 116.

Laborde, M., u. Y. Baron: Recent developments in high voltage circuit-breaker testing in France. CIGRE 1950 Nr. 139.

Leeds, W. M., u. R. E. Friedrich: High-voltage oil circuit breakers for 5,000,000- to 10,000,000-kva interrupting capacity. Trans. Amer. Inst. electr. Engrs. Bd. 69, Teil I (1950) S. 70.

Thommen, H.: Simplified outdoor-type high-speed air-blast circuit-breakers with voltage ratings up to 380 kv. Brown Boveri Rev. Bd. 37 (1950) S. 123.

Shores, R. B., u. J. W. Beatty: A new 69-kv air blast circuit breaker. Trans. Amer. Inst. electr. Engrs. Bd. 70, Teil I (1951) S. 202.

Darland, A. F., W. H. Clagett u. W. M. Leeds: Interrupting capacity verification of 10,000,000 kva 230-kv oil circuit breakers for Grand Coulee power plant. Trans. Amer. Inst. electr. Engrs. Bd. 70, Teil II (1951) S. 1386.

Mortlock, J. R., u. K. M. Jones: The effect of linear resistors inserted during the interruption of current on a. c. circuits. CIGRE 1952 Nr. 101.

40. Rückschlagspannung nach Unterbrechung.

Slepian, J.: L'arc électrique dans les interrupteurs. C. R. congr. intern. électr., Paris, Bd. 6 (1932) S. 1.

Park, R. H., u. W. F. Skeats: Circuit breaker recovery voltages, magnitudes and rates of rise. Trans. Amer. Inst. electr. Engrs. 1931 S. 204.

Juillard, E.: Contribution à la définition de la vitesse de rétablissement de la tension de rupture dans les interrupteurs à courants alternatifs. CIGRE 1933 Nr. 31.

Van Sickle, R. C., u. W. E. Berkey: Arc extinction phenomena in high voltage circuit breakers, studied with a cathode ray oscillograph. Trans. Amer. Inst. electr. Engrs. Bd. 52 (1933) S. 850.

Kloninger, H. C.: Die Entwicklung der spezifischen Abschaltleistung der Ölschalter. Elektrotechn. u. Masch.-Bau Bd. 52 (1934) S. 286 u. 300.

Kaufmann, W.: Experimentelle Untersuchungen über den Anstieg der wiederkehrenden Spannung bei Abschaltvorgängen. VDE-Fachberichte 1935 S. 39.

HAMEISTER, G.: Untersuchungen über die Frequenz der wiederkehrenden Spannung. VDE-Fachberichte 1935 S. 42.

BOEHNE, E. W.: The determination of circuit recovery rates. Trans. Amer. Inst. electr. Engrs. Bd. 54 (1935) S. 530.

VAN SICKLE, R. C.: Breaker performance studied by cathode ray oscillograms. Electr. Engng. 1935 S. 178.

CASSIE, A. M.: Some aspects of the problem of the calculation of transients of restriking voltage in single-phase networks. World Pwr. Bd. 24 (1935) S. 13.

SCHWENK, O.: Können die in Netzen auftretenden Eigenfrequenzen in Leistungsprüfanlagen erzielt werden? VDE-Fachberichte Bd. 8 (1936) S. 163.

MARX, E.: Eine Ersatzschaltung für die Prüfung von Hochleistungsventilen und Hochleistungsschaltern. ETZ Bd. 57 (1936) S. 583.

HAMEISTER, G.: Der Anstieg der wiederkehrenden Spannung nach Kurzschlußabschaltungen im Netz. ETZ Bd. 57 (1936) S. 1025 u. 1052.

TRENCHAM, H., u. K. J. R. WILKINSON: Restriking voltage, and its import in circuit-breaker operation. J. Instn. electr. Engrs. (London) Bd. 80 (1937) S. 460.

FOURMARIER, P., u. J. K. BROWN: Determination of the behaviour of the recovery voltage after rupturing short circuits, by means of a high-frequency resonance method. Brown Boveri Rev. Bd. 24 (1937) S. 217.

HAMEISTER, G.: Leistungsschalter und Leistungstrennschalter beim Schalten im Prüffeld und im Betrieb. ETZ Bd. 59 (1938) S. 605 u. 634.

BIERMANNS, J.: Fortschritte im Bau von Druckgasschaltern. ETZ Bd. 59 (1938) S. 165 u. 194.

VAN SICKLE, R. C.: Influence of resistance on switching transients. Trans. Amer. Inst. electr. Engrs. Bd. 58 (1939) S. 397. (Enthält Literaturangaben.)

PUGNO VANONI, E., u. G. SOMEDA: Indirekte Prüfverfahren von Schaltern in Italien. ETZ Bd. 60 (1939) S. 157.

PUPPIKOFER, H.: Der Einfluß des Schalters auf die wiederkehrende Spannung und sein Verhalten im Netz. Schweiz. Bull. Bd. 30 (1939) S. 334.

PRINCE, D. C., J. A. HENLEY u. W. K. RANKIN: The cross-air-blast circuit breaker. Trans. Amer. Inst. electr. Engrs. Bd. 59 (1940) S. 510.

TRAUTWEILER, M.: Eine neue Ersatzprüfschaltung für Hochleistungsschalter. Schweiz. Bull. Bd. 31 (1940) S. 349.

GOSLAND, L., u. W. F. M. DUNNE: Calculation and experiment on transformer reactance in relation to transients of restriking voltage. J. Instn. electr. Engrs. (London) Bd. 87 (1940) S. 163.

— Transients of restriking voltage on overhead-line systems. J. Instn. electr. Engrs. (London) Bd. 88, Teil II (1941) S. 121.

DANNATT, C., u. R. A. POLSON: A method of determining the restriking characteristics of power networks whilst in service. J. Instn. electr. Engrs. (London) Bd. 88, Teil II (1941) S. 41.

LUDWIG, L. R., H. M. WILCOX u. B. P. BAKER: A 2,500,000-kva compressed-air power-house breaker. Trans. Amer. Inst. electr. Engrs. Bd. 61 (1942) S. 235.

EVANS, R. D., u. R. L. WITZKE: Practical calculation of electrical transients on power systems. Trans. Amer. Inst. electr. Engrs. Bd. 62 (1943) S. 690.

COX, H. E., u. T. W. WILCOX: The influence of resistance switching on the design of high-voltage air-blast circuit-breakers. J. Instn. electr. Engrs. (London) Bd. 91, Teil II (1944) S. 483.

HARLE, J. A., u. R. W. WILD: Restriking voltage as a factor in the performance, rating and selection of circuit-breakers. J. Instn. electr. Engrs. (London) Bd. 91, Teil II (1944) S. 469.

MORTLOCK, J. R.: The evaluation of restriking voltages. J. Instn. electr. Engrs. (London) Bd. 92, Teil II (1945) S. 562.

VOGELSANGER, E.: Researches on arc quenching in low-oil-content circuit breakers. CIGRE 1946 Nr. 121.

HAMMARLUND, P. E., u. O. JOHANSEN: Transient recovery voltage subsequent to short-circuit with special reference to Swedish power systems. CIGRE 1948 Nr. 107.

RAMBAUT, S.: Determination of the voltage across the terminals of a circuit breaker as a function of the current interrupted, by means of rupturing tests with small currents. CIGRE 1948 Nr. 111; Rev. gén. Électr. Bd. 59 (1950) S. 297.

VOGELSANGER, E.: Indirect circuit-breaker tests. CIGRE 1948 Nr. 122. (Enthält Literaturangaben.)

TER HORST, D. T. J.: The natural frequencies in the transmission systems of the Netherlands. CIGRE 1948 Nr. 123; 1950 Nr. 127.

THOMMEN, H.: On the question of the electrodynamic oscillations stressing high-power circuit breakers CIGRE 1948 Nr. 125.

KURTH, F.: Study of problems in circuit interruption with air blast breakers. CIGRE 1948 Nr. 128.

TESZNER, S., A. THIBAUDAT u. F. DESCANS: Direct and indirect tests on circuit breakers. CIGRE 1948 Nr. 129.

BLAHA, A.: Contribution to indirect tests of circuit-breakers. CIGRE 1948 Nr. 132.

PUPPIKOFER, H., u. E. JUILLARD: Report on the activities of the international committee for the study of circuit breakers. CIGRE 1948 Nr. 138.

KURTH, F.: Natural frequency of the recovery voltage in alternating current networks. CIGRE 1948 Nr. 139; 1950 Nr. 136.

WITZKE, R. L.: Voltage-recovery characteristics of distribution systems. Trans. Amer. Inst. electr. Engrs. Bd. 68, Teil I (1949) S. 172.

EASON, W. H., I. B. JOHNSON, J. W. KALB u. H. A. PETERSON: Short-circuit currents and recovery voltages on rural distribution systems. Trans. Amer. Inst. electr. Engrs. Bd. 68, Teil II (1949) S. 931.

FLURSCHEIM, C. H., K. J. SAULEZ u. R. W. SILLARS: Resistance shunts for high voltage circuit breakers. CIGRE 1950 Nr. 104.

CLIFF, J. S.: Testing station restriking-voltage characteristics and circuit-breaker proving. CIGRE 1950 Nr. 109; 1952 Nr. 102.

GOSLAND, L., u. J. S. VOSPER: Restriking voltage in British 66-kv networks. CIGRE 1950 Nr. 110.

FOURMARIER, P.: New experimental method for determining restriking voltage. Results obtained on the Belgian systems. CIGRE 1950 Nr. 117.

THORÉN, B.: Synthetic short-circuit testing of circuit-breakers. CIGRE 1950 Nr. 121.

SATCHE, P., u. V. GROSSE: The calculation of recovery voltages and internal voltage surges by means of Bergeron's method. CIGRE 1950 Nr. 128.

41. Drehstromunterbrechung.

KAUFMANN, W.: Die Kurzschluß-Phasenverschiebung, ihre Bedeutung für den Abschaltvorgang und ihre Messung. ETZ Bd. 56 (1935) S. 1091.

— Der Einfluß der Unsymmetrie des Stromes auf den Abschaltvorgang bei Hochleistungsschaltern. VDE-Fachberichte 1936 S. 153.

GARRARD, C. C., u. C. J. O. GARRARD: The testing of large alternating current circuit breakers. G. E. C. Journal, London Bd. 7 (1936) S. 3.

WANGER, W., u. J. K. BROWN: Calculation of the oscillations of the recovery voltage after the rupture of short circuits. Brown Boveri Rev. Bd. 24 (1937) S. 283.

GOSLAND, L.: Restriking-voltage characteristics under various fault conditions at typical points on the network of a large city supply authority. J. Instn. electr. Engrs. (London) Bd. 86 (1940) S. 248.

RÜDENBERG, R.: Natural frequencies of three-phase windings. J. Franklin Inst. Bd. 231 (1941) S. 157 u. 269.

MAURY, M. E.: L'extinction des arcs dans le réenclenchement ultrarapide monophasé sur les lignes à 220 kilovolts. Rev. gén. Électr. Bd. 53 (1944) S. 79.

Electrical Standards Committee: Alternating Current Power Circuit Breakers. American Standards Association, C 37.4-C 37.9. New York 1945, (Enthält Literaturangaben.)

THOMMEN, H.: Problems connected with the rupturing of a.c. currents at very high voltages up to 400 kv. CIGRE 1946 Nr. 109.

VOGELSANGER, E.: Untersuchung der größten Ströme und Spannungen, die einen Leistungsschalter in einem Einphasen- oder Mehrphasennetz bei der Ausschaltung von Kurzschlüssen beanspruchen können. CIGRE 1946 Nr. 119.

THOMMEN, H.: Circuit Breakers and Neutral-Point Earthing. Brown Boveri Rev. Bd. 35 (1948) S. 227.

Deutscher Normenausschuß — Elektrotechnik. Regeln für Wechselstrom-Hochspannungsapparate. DIN-57670. Berlin 1949.

MEYER, H.: The fundamental problems of high-voltage circuit-breakers. Brown Boveri Rev. Bd. 37 (1950) S. 108.

JOHNSON, I. B.: Transient Analyzer Applications. Gen. Electr. Rev. Bd. 54, Sept. 1951, S. 23.

42. Rückzündung von Kapazitätskreisen.

KAUFMANN, W.: Elektrodynamische Eigentümlichkeiten leitender Gase. Ann. Phys. Bd. 2 (1900) S. 158.

PFANNKUCH, W.: Drehstromkabel für 30000 Volt. ETZ 1912 S. 1125.

CREIGHTON, E. E. F.: Oscillographic studies relating to protective apparatus. Gen. Electr. Rev. 1913 S. 443.

PETERSEN, W.: Rückzündungsüberspannungen. ETZ 1914 S. 697.

SCHALLREUTER, W.: Über Schwingungserscheinungen in Entladungsröhren. Braunschweig: Samml. Vieweg. 1923.

FALLOU, J.: Enclenchement et déclenchement d'un cable à haute tension au moyen d'un interrupteur à contacts dans l'huile. Rev. gén. Électr. Bd. 15 (1924) S. 468.

GEFFCKEN, H.: Zündspannung und Stabilität der intermittierenden Glimmentladung. Phys. Z. 1925 S. 241.

FRIEDLÄNDER, E.: Über Kippschwingungen, insbesondere bei Elektronenröhren. Arch. Elektrotechn. Bd. 16 (1926) S. 273; Bd. 17 (1926) S. 1 u. 103.

VALLE, G.: Die diskontinuierlichen Entladungen. Phys. Z. 1926 S. 473.

GILKESON, C. L., P. A. JEANNE u. J. C. DAVENPORT: Power system faults to ground, Part I, Characteristics. Electr. Engng. Bd. 56 (1937) S. 421.

CURTIS, A. M.: Contact phenomena in telephone switching circuits. Trans. Amer. Inst. electr. Engrs. Bd. 59 (1940) S. 361.

WILKINSON, K. J. R., u. J. R. MORTLOCK: Synthetic testing of circuit-breakers. J. Instn. electr. Engrs. (London) Bd. 89, Teil II (1942) S. 137.

HAMILTON, A., u. R. W. SILLARS: Spark quenching at relay contacts interrupting d. c. circuits. Proc. Instn. electr. Engrs. (London) Bd. 96, Teil I (1949) S. 64.

MARTIN, F. E., u. H. E. STAUSS: Contact transients in simple electric circuits. Trans. Amer. Inst. electr. Engrs. Bd. 70, Teil I (1951) S. 304.

43. Funkenentladung von Schwingungskreisen.

BARKHAUSEN, H.: Funkenwiderstand. Phys. Z. 1907 S. 624.

BETHENOD, J.: Über den Resonanztransformator. J. drahtl. Telegr. Bd. 1 (1908) S. 534.

BLONDEL, A., u. F. CARBENAY: Systèmes oscillants à amortissement discontinu. Lumière électr. Bd. 31 (1915) S. 193.

STEINMETZ, C. P.: Condenser discharges through a general gas circuit. J. Amer. Inst. electr. Engrs. 1922 S. 210.

SADLER, E. K., u. T. M. BLAKESLEE: Resistors for 138 kv-cable switching. Trans. Amer. Inst. electr. Engrs. Bd. 66 (1947) S. 39.

LEEDS, W. M., u. R. C. VAN SICKLE: The interruption of charging current at high voltage. Trans. Amer. Inst. electr. Engrs. Bd. 66 (1947) S. 373.

44. Ausschalten von Schwingungskreisen.

BERG, E. J.: Tests with arcing grounds and connections. Proc. Amer. Inst. electr. Engrs. 1908 S. 673.

SCHROTTKE, F.: Schützen elektrische Ventile und Schutzkondensatoren wirklich gegen Überspannungen? ETZ 1910 S. 443.

CREIGHTON, E. E. F.: Protection of electrical transmission lines. Proc. Amer. Inst. electr. Engrs. 1911 S. 377.

— u. J. T. WHITTLESEY: Localizers, suppressors and experiments. Proc. Amer. Inst. electr. Engrs. 1912 S. 1435.

PETERSEN, W.: Der aussetzende Erdschluß. ETZ 1917 S. 553.

— Unterdrückung des aussetzenden Erdschlusses durch Nullwiderstände und Funkenableiter. ETZ 1918 S. 341.

NOLEN, H. G.: Der intermittierende Erdschluß. Tijdschr. Elektrotechn. 1923/24 S. 91.

CLEM, J. E.: Arcing grounds and effect of neutral grounding impedance. Trans. Amer. Inst. electr. Engrs. 1930 S. 970.

EATON, J. R., J. K. PECK u. J. M. DUNHAM: Experimental studies of arcing faults on a 75-kv transmission system. Trans. Amer. Inst. electr. Engrs. 1931 S. 1469.

SAUDICOEUR, L.: La coupure en charge des courants à haute tension au moyen des interrupteurs automatiques. Rev. gén. Électr. Bd. 36 (1934) S. 241.

BAATZ, H.: Vorgänge beim Abschalten leerlaufender Hochspannungsleitungen. VDE-Fachberichte 1935 S. 35.

CONCORDIA, C., u. W. F. SKEATS: Effect of restriking on recovery voltage. Trans. Amer. Inst. electr. Engrs. Bd. 58 (1939) S. 371.

EVANS, R. D., A. C. MONTEITH u. R. L. WITZKE: Power-system transients caused by switching and faults. Trans. Amer. Inst. electr. Engrs. Bd. 58 (1939) S. 386.

CONCORDIA, C., u. H. A. PETERSON: Arcing faults in power systems. Trans. Amer. Inst. electr. Engrs. Bd. 60 (1941) S. 340.

SCHROEDER, T. W.: The cause and control of some types of switching surges. Trans. Amer. Inst. electr. Engrs. Bd. 62 (1943) S. 696.

ALLEN, J. E., u. S. K. WALDORF: Arcing ground tests on a normally ungrounded 13-kv 3-phase bus. Trans. Amer. Inst. electr. Engrs. Bd. 65 (1946) S. 298.

AIEE General Systems Subcommittee: Power systems over-voltages produced by faults and switching operations. Trans. Amer. Inst. electr. Engrs. Bd. 67 (1948) S. 912.

FISCHER, U.: Analyse und Synthese der Vorgänge beim Abschalten leerlaufender Hochspannungsleitungen. VDE-Fachberichte Bd. 15 (1951) S. 36.

VAN SICKLE, R. C., u. J. ZABORSZKY: Capacitor switching phenomena. Trans. Amer. Inst. electr. Engrs. Bd. 70, Teil I (1951) S. 151.

BAKER, B. P.: Switching of large shunt capacitor banks for 15-kv service by compressed air circuit breakers. Trans. Amer. Inst. electr. Engrs. Bd. 70, Teil II (1951) S. 1697.

45. Lichtbogenschwingungen.

DUDELL, W.: On rapid variations in the current through the direct-current arc. J. Instn. electr. Engrs. Bd. 30 (1900) S. 232.

STEINMETZ, C. P.: High-power surges in electric distribution systems of great magnitude. Proc. Amer. Inst. electr. Engrs. 1905 S. 575.

SIMON, H. T.: Zur Theorie des selbsttönenden Lichtbogens. Phys. Z. 1906 S. 433.

BARKHAUSEN, H.: Das Problem der Schwingungserzeugung. Leipzig: S. Hirzel 1907.

WAGNER, K. W.: Der Lichtbogen als Wechselstromerzeuger. Leipzig: S. Hirzel 1910.

BUSCH, H.: Stabilität, Labilität und Pendelungen in der Elektrotechnik. Leipzig: S. Hirzel 1913.

RUKOP, H., u. J. ZENNECK: Der Lichtbogengenerator mit Wechselstrombetrieb. Ann. Phys. Bd. 44 (1914) S. 97.

SOMMERFELD, A.: Die Theorie der Lichtbogenschwingungen bei Wechselstrombetrieb. Sitzber. Bayer. Ak. Wiss. 1914 S. 261.

HAMMERSCHMIDT, P.: Über Ausgleichsvorgänge beim Abschalten von Induktivitäten, insbesondere vermittels Ölschalter. Arch. Elektrotechn. Bd. 11 (1922) S. 431.

SOMMER, J. J.: Beiträge zur Stabilität elektrischer Stromkreise, insbesondere von Wechselstromkreisen. Ann. Phys. Bd. 9 (1931) S. 419.

KLEINWÄCHTER, H.: Schwingungserscheinungen bei stark eingeengter Lichtbogensäule und bei anomalem Anodenfall. Arch. Elektrotechn. Bd. 34 (1940) S. 523.

46. Schalten gesättigter Gleichstromkreise.

FINZI, L.: Untersuchungen über das Selbsterregen der dynamoelektrischen Maschinen. Phys. Z. Bd. 4 (1903) S. 212.

PEIRCE, B. O.: On the determination of the magnetic behaviour of the finely divided core of an electromagnet while a steady current is being established in the exciting coil. Proc. Am. Acad. Arts Sciences Bd. 43 (1907) S. 99.

MÜLLER, M.: Über das Ansprechen elektrischer Bremsen. ETZ 1909 S. 540.

SCHWAIGER, A.: Einschaltvorgänge bei selbsterregenden Gleichstrommaschinen. Elektrotechn. u. Masch-Bau 1910 S. 929.

MÜLLER, P.: Gegenstrom- und Kurzschlußbremsung bei Kommutatormaschinen. Elektr. Kraftbetr. Bahn. 1911 S. 641.

BIERMANNS, J.: Ausgleichsvorgänge beim Kurzschluß von Kollektormaschinen. Arch. Elektrotechn. Bd. 7 (1918) S. 1.

RÜDENBERG, R.: Fremd- und Selbsterregung von magnetisch gesättigten Gleichstromkreisen. Wiss. Veröff. Siemens-Konz. Bd. 1 (1920) S. 179; Schweiz. Bull. 1920 S. 127.

OLLENDORFF, F.: Zur qualitativen Theorie gesättigter Eisendrosseln. Arch. Elektrotechn. Bd. 21 (1928) S. 6; Bd. 22 (1929) S. 349.

WEBER, E.: Das Schalten magnetisch gesättigter, fremderregter Gleichstromkreise. Wiss. Veröff. Siemens-Konz. Bd. 7 (1928) Nr. 1 S. 144.

HAK, J.: Zur Berechnung von Schaltvorgängen mit nicht konstanter Induktivität. Arch. Elektrotechn. Bd. 28 (1934) S. 664.

STIER, F.: Die Stabilität selbsterregter Generatoren bei Belastung auf konstanten Widerstand. ETZ Bd. 56 (1935) S. 7.

KOPPELMANN, F.: Die elektrotechnischen Grundlagen des Kontakt-Umformers. Elektrotechn. u. Masch.-Bau Bd. 59 (1941) S. 253.

MOLDENHAUER, F.: Regeleigenschaften von Erregermaschinen. Elektrotechn. u. Masch.-Bau Bd. 60 (1942) S. 11.

HAFNER, H.: Lichtbogenschweißgeräte und ihre Grundlagen. Schweiz. Bull. Bd. 34 (1943) S. 623.

RADER, L. T., u. E. C. LITSCHER: Some aspects of inductance when iron is present. Trans. Amer. Inst. electr. Engrs. Bd. 63 (1944) S. 133.

FROST, G. E.: The short-circuit characteristics of d-c generators. Trans. Amer. Inst. electr. Engrs. Bd. 65 (1946) S. 304.

SCHMIDT, A.: Nonlinear commutating reactors for rectifiers. Trans. Amer. Inst. electr. Engrs. Bd. 65 (1946) S. 654.

LINVILLE, T. M.: Current and torque of d-c machines on short circuit. Trans. Amer. Inst. electr. Engrs. Bd. 65 (1946) S. 956.

CRARY, S. B., C. CONCORDIA u. F. J. MAGINNISS: Long-distance power transmission as influenced by excitation systems. Trans. Amer. Inst. electr. Engrs. Bd. 65 (1946) S. 974.

ALGER, P. L., und andere: Short circuit of d-c machines. Gen. Electr. Rev. Bd. 50, März 1947, S. 29.

LINVILLE, T. M., u. H. C. WARD: Solid short circuit of d-c motors and generators. Trans. Amer. Inst. electr. Engrs. Bd. 68 (1949) S. 119.

VER PLANCK, D. W., L. A. FINZI u. D. C. BEAUMARIAGE: An analysis of transients in magnetic amplifiers. Trans. Amer. Inst. electr. Engrs. Bd. 69, Teil I (1950) S. 499.

JOHNSON, W. C., u. F. W. LATSON: An analysis of transients and feedback in magnetic amplifiers. Trans. Amer. Inst. electr. Engrs. Bd. 69, Teil I (1950) S. 604.

PIPES, L. A.: Steady-state and transient analysis of an idealized series-connected magnetic amplifier. Trans. Amer. Inst. electr. Engrs. Bd. 70, Teil II (1951) S. 2129.

47. Sättigungsstoß beim Schalten von Wechselstrom.

FLEMMING, J. A.: Experimental researches on alternate-current-transformers. J. Instn. electr. Engrs. (London) Bd. 21 (1892) S. 594.

HAY, A.: The behavior of a transformer at the instant of switching. Gen. Electr. Rev. 1898 S. 326.

JOHANN, M.: De l'établissement du courant dans les transformateurs. Bull. soc. intern. électr. 1905 S. 579.

JENSEN, T.: Abnormal primary current and secondary voltage on placing a transformer in circuit. Electr. Wld. Bd. 50 (1907) S. 521.

SCHWAIGER, A.: Über Einschaltvorgänge in kapazitätsfreien Stromkreisen. Elektrotechn. u. Masch.-Bau 1909 S. 633.

LINKE, W.: Über Schaltvorgänge bei elektrischen Maschinen und Apparaten. Arch. Elektrotechn. Bd. 1 (1912) S. 16.

ROGOWSKI, W.: Einschaltstromstoß und Vorkontaktwiderstand beim Transformator. Arch. Elektrotechn. Bd. 1 (1912) S. 344.

YENSEN, T. D.: Einschaltströme von Transformatoren, besonders von solchen mit legierten Blechen. ETZ 1912 S. 1001.

BAUER, B.: Über die Notwendigkeit von Schutzwiderständen an Hochspannungsölschaltern. Elektr. Kraftbetr. Bahn. 1914 S. 148.

MARCHANT, E. W.: Some transient phenomena in electrical supply systems. J. Instn. electr. Engrs. (London) Bd. 56 (1918) S. 445; Electrician Bd. 81 (1918) S. 63.

VIDMAR, M.: Der Einschaltstrom des Transformators. Elektrotechn. u. Masch.-Bau 1918 S. 273.

OLLENDORFF, F.: Überströme beim Einschalten von Transformatoren. Arch. Elektrotechn. Bd. 22 (1929) S. 348.

KURTZ, E. B.: Transformer current and power inrushes under load. Trans. Amer. Inst. electr. Engrs. Bd. 56 (1937) S. 989.

MANGOLDT, W. v.: Gesättigte Drosseln zur Spannungshaltung in Großkraftübertragungen. VDE-Fachberichte Bd. 10 (1938) S. 2.

HAYWARD, C. D.: Prolonged inrush currents with parallel transformers affect differential relaying. Trans. Amer. Inst. electr. Engrs. Bd. 60 (1941) S. 1096.

BLUME, L. F., G. CAMILLI, S. B. FARNHAM u. H. A. PETERSON: Transformer magnetizing inrush currents and influence on system operation. Trans. Amer. Inst. electr. Engrs. Bd. 63 (1944) S. 366.

CONCORDIA, C., u. F. S. ROTHE: Transient characteristics of current transformers during faults. Trans. Amer. Inst. electr. Engrs. Bd. 66 (1947) S. 731.

STORM, H. F.: Transient response of saturable reactors with resistive load. Trans. Amer. Inst. electr. Engrs. Bd. 70, Teil I (1951) S. 95.

SPECHT, T. R.: Transformer magnetizing inrush current. Trans. Amer. Inst. electr. Engrs. Bd. 70, Teil I (1951) S. 323.

FINZI, L. A., u. W. H. MUTSCHLER JR.: The inrush of magnetizing current in single-phase transformers. Trans. Amer. Inst. electr. Engrs. Bd. 70, Teil II (1951) S. 1436.

MARTIN, P. N.: Transient conditions in a transformer supplying energy to a half-wave rectifier circuit. Trans. Amer. Inst. electr. Engrs. Bd. 70, Teil II (1951) S. 1468.

48. Eisensättigung in Schwingungskreisen.

BETHENOD, J.: Sur le transformateur à résonance. Éclair. électr. Bd. 53 (1907) S. 289.

BARKHAUSEN, H.: Über labile Zustände elektrischer Ströme. Verh. dtsch. phys. Ges. 1909 S. 267.

MARTIENSSEN, O.: Über neue Resonanzerscheinungen in Wechselstromkreisen. Phys. Z. 1910 S. 448.

DWIGHT, H. B., u. C. W. BAKER: Double voltages in circuits having capacity and inductance. Electr. J. 1911 S. 1102.

BIERMANNS, J.: Der Schwingungskreis mit eisenhaltiger Induktivität. Arch. Elektrotechn. Bd. 3 (1915) S. 345.

PETERSEN, W.: Überspannungen mit der Betriebsfrequenz bei Leitungsbrüchen und einpoligen Schaltvorgängen. ETZ 1915 S. 353.

STARK, H.: Resonanz in eisenhaltigen Kreisen. Z. Phys. Bd. 28 (1917) S. 6.

DUFFING, G.: Erzwungene Schwingungen bei veränderlicher Eigenfrequenz und ihre technische Bedeutung. Bd. 41/42. Samml. Vieweg. Braunschweig 1918.

GÖRGES, H.: Über die Gleichgewichtszustände der Reihenschaltung einer Induktionsspule mit einem Kondensator. ETZ 1918 S. 101.

BOUCHEROT, P.: Surtensions par cables armés et les moyens d'y parer. Rev. gén. Électr. Bd. 7 (1920) S. 675.

BIERMANNS, J.: Die Theorie des Schwingungskreises mit eisenhaltiger Induktivität. Arch. Elektrotechn. Bd. 10 (1921) S. 30.

MARGAND, F.: Au sujet de l'existence de deux régimes en ferro-résonance. Rev. gén. Électr. Bd. 9 (1921) S. 635.

DÄLLENBACH, W.: Stationäre Resonanzüberströme in elektrischen Kraftnetzen. Arch. Elektrotechn. Bd. 10 (1922) S. 304.

FLEISCHMANN, L.: Eine graphische Darstellung der Kipperscheinung bei Reihenschaltung von Widerstand, Kondensator und Eisendrossel. ETZ 1922 S. 1288.

CASPER, L., K. HUBMANN u. J. ZENNECK: Experimentelle Untersuchungen über Schwingungskreise mit Eisenkernspulen. Z. Hochfrequenz Bd. 23 (1924) S. 63.

CRAMER, E.: Spannungsresonanzerscheinungen in ungeerdeten Netzen. ETZ 1924 S. 44 u. 318.

KOCHER, H.: Störungen in Anlagen infolge Durchbrennens von Sicherungen an Erdungsdrosselspulen. BBC-Mitt., 1924 S. 114.

KALANTAROFF, P.: Les caractéristiques des circuits contenant une bobine d'inductance à noyau de fer et des condensateurs. Rev. gén. Électr. Bd. 25 (1929) S. 315.

BOYAJIAN, A., u. O. P. MCCARTY: Physical nature of neutral instability. Trans. Amer. Inst. electr. Engrs. 1931 S. 317.

LA PIERRE, C. W.: Theory of abnormal line-to-neutral transformer voltages. Trans. Amer. Inst. electr. Engrs. 1931 S. 328.

WELLER, C. T.: Experiences with grounded-neutral, y-connected potential transformers on ungrounded systems. Trans. Amer. Inst. electr. Engrs. 1931 S. 299.

BOYAJIAN, A.: Mathematical analysis of nonlinear circuits. Gen. Electr. Rev. 1931 S. 531 u. 745.

SUITS, C. G.: Studies in nonlinear circuits. Trans. Amer. Inst. electr. Engrs. Bd. 50 (1931) S. 724.

BEKKU, S.: Inversion du sens de rotation des phases causée par l'ouverture d'une phase dans une ligne triphasée. C. R. congr. intern. électr. Bd. 6 (1932) S. 171.

DIESENDORF, W.: Über den gedämpften Resonanzkreis mit eisenhaltiger Induktivität. Elektrotechn. u. Masch.-Bau Bd. 51 (1933) S. 57.

ARETZ, E.: Mehrere stabile Gleichgewichtszustände bei Reihenschaltung von Eisendrossel und Kondensator. ETZ Bd. 57 (1936) S. 305.

BUTLER, J. W., u. C. CONCORDIA: Analysis of series capacitor application problems. Trans. Amer. Inst. electr. Engrs. Bd. 56 (1937) S. 975.

WEBER, E., u. P. H. ODESSEY: Critical conditions in ferroresonance. Trans. Amer. Inst. electr. Engrs. Bd. 57 (1938) S. 444.

HAUFFE, G.: Über den Schutz von Reihenkondensatoren in Wechselstromleitungen durch parallelgeschaltete Sättigungsdrosselspulen. Arch. Elektrotechn. Bd. 32 (1938) S. 785.

THOMSON, W. T.: The generalized solution for the critical conditions of the ferroresonance parallel circuit. Trans. Amer. Inst. electr. Engrs. Bd. 58 (1939) S. 743.

SUMMERS, C. M.: An unstable nonlinear circuit. Trans. Amer. Inst. electr. Engrs. Bd. 59 (1940) S. 273.

FARNHAM, S. B., E. M. HUNTER u. H. A. PETERSON: An analysis of transient and sustained voltages in ground-fault neutralizer systems. Trans. Amer. Inst. electr. Engrs. Bd. 60 (1941) S. 1257.

KRÄMER, W.: Relaislose Regelschaltungen und ihr Zusammenarbeiten mit Induktions-
motoren. ETZ Bd. 65 (1944) S. 351.
RYDER, J. D.: Ferro-inductance as a variable electric circuit element. Trans. Amer. Inst.
electr. Engrs. Bd. 64 (1945) S. 671.
SCHULZ, N. R., u. H. A. PETERSON: Reversed phase rotation from single phase load. Gen.
Electr. Rev. Bd. 49 (1946) S. 30.
GLEASON, L. L.: Neutral inversion of a single potential transformer connected line-to-ground
on an isolated delta system. Trans. Amer. Inst. electr. Engrs. Bd. 70, Teil I (1951) S. 103.

49. Oberschwingungen.

ARNOLD, E., u. J. L. LA COUR: Beitrag zur Vorausberechnung und Untersuchung von Ein-
und Mehrphasenstromgeneratoren. Stuttgart: Ferdinand Enke 1901.
ROSENBERG, E.: Analyse des Leerlaufstroms von Synchronmotoren. ETZ 1903 S. 111.
RÜDENBERG, R.: Über die Erzeugung reiner Sinusströme. ETZ 1904 S. 252.
— Der Einfluß der Zähne und Nuten auf die Wirkungsweise der Dynamoanker. Elektrotechn.
u. Masch.-Bau 1907 S. 599.
BENNETT, E.: An oscillograph study of corona. Proc. Amer. Inst. electr. Engrs. 1913 S. 1473.
FOSTER, W. J.: Potential waves of alternating-current generators. Proc. Amer. Inst. electr.
Engrs. 1913 S. 209.
CURTIS, L. F.: The effect of delta and star connections upon transformer wave forms. Proc.
Amer. Inst. electr. Engrs. 1914 S. 1153.
SMITH, S. P., u. R. S. H. BOULDING: The shape of the pressure wave in electrical machinery.
J. Instn. electr. Engrs. (London) Bd. 53 (1915) S. 205.
NICHOLSON, J. S.: The magnetization of iron at high flux density with alternating currents.
J. Instn. electr. Engrs. (London) Bd. 53 (1915) S. 248.
TACKLEY, A. L.: Mathematical relationship between flux and magnetizing-current waves
at high flux densities. J. Instn. electr. Engrs. (London) Bd. 53 (1915) S. 521.
DEAN, G. R.: The predetermination of higher harmonics in the alternating current trans-
former when the impressed e.m.f. is a simple harmonic function of the time. Electrician
Bd. 77 (1916) S. 325.
HAGUE, B., u. S. NEVILLE: On the wave-forms of magnetising current and flux density
for a stalloy magnetic circuit. Electrician Bd. 78 (1916) S. 44.
CURTIS, L. F.: Order and amplitude of harmonics in voltage wave forms with indicating
instruments. Proc. Amer. Inst. electr. Engrs. (1919) S. 947.
PEEK, F. W.: Voltage and current harmonics caused by corona. J. Amer. Inst. electr. Engrs.
1921 S. 455.
STIEL, W.: Oszillographische Untersuchungen über Felder und EMKe in Induktionsmotoren.
ETZ 1922 S. 208.
STOKVIS, L. G.: Sur la production des harmoniques 3es dans les machines à induction à charge
déséquilibrée. Rev. gén. Électr. Bd. 12 (1922) S. 619.
DAHL, O. G. C.: Transformer harmonics and their distribution. Trans. Amer. Inst. electr.
Engrs. Bd. 54 (1925) S. 792.
BOUCHEROT, P., u. J. FALLOU: Prédétermination des surtensions par les harmoniques de
saturation des transformateurs. Rev. gén. Électr. Bd. 15 (1924) S. 979.
GUILLEMIN, E. A.: Zur Theorie der Frequenzvervielfachung durch Eisenkernkoppelung.
Arch. Elektrotechn. Bd. 17 (1926) S. 17.
HILPERT, G., u. H. SEYDEL: Beiträge zur Frequenz-Vervielfachung. ETZ 1926 S. 433 u.
1014.
PLENDL, H., F. SAMMER u. J. ZENNECK: Experimentelle Untersuchungen über magnetische
Frequenzwandler. Z. Hochfrequenz Bd. 27 (1926) S. 101.
FRIEDLÄNDER, E.: Die Verzerrung der Netzspannungskurve durch die Transformatoren.
Wiss. Veröff. Siemens-Konz. Bd. 7 (1929) Nr. 2 S. 1; VDE-Fachberichte 1928 S. 40.
HUETER, E.: Transformatoren als Oberwellenerzeuger. ETZ Bd. 54 (1933) S. 747.
BUCH, R., u. H. HUETER: Über Transformatoren mit annähernd sinusförmigem Magnetisie-
rungsstrom. ETZ Bd. 56 (1935) S. 933.
JUNGMICHL, H.: Oberwellen, Welligkeit und Störungen bei Stromrichtern. ETZ Bd. 58
(1937) S. 417.
KRÄMER, W.: Fortschritte im Bau von oberwellenfreien Transformatoren. ETZ Bd. 59
(1938) S. 929.
KOPPELMANN, F.: Die Kontaktumformer. ETZ Bd. 62 (1941) S. 3.
BRICOUT, P.: Théorie des inductances ferromagnétiques, production et emploi des harmoni-
ques. Rev. gén. Électr. Bd. 55 (1946) S. 61.
KLEWE, H. R. J.: Production, flow, and effects of harmonics in a-c transmission networks.
CIGRE 1948 Nr. 317.

WHITEHEAD, S., u. W. G. RADLEY: Generation and flow of harmonics in transmission systems. Proc. Instn. electr. Engrs. (London) Bd. 96, Teil II (1949) S. 29.

FRIEDLÄNDER, E.: Interactions between harmonics, transformer saturation, and the operation of rectifiers and inverters. CIGRE 1950 Nr. 302.

GERECKE, E.: Some considerations on the voltage distortions caused in three-phase networks by higher harmonics. CIGRE 1950 Nr. 320.

WARDER, S. B., E. FRIEDLÄNDER u. A. N. ARMAN: The influence of rectifier harmonics in a railway system on the dielectric stability of 33-kV Cables. Proc. Instn. electr. Engrs. (London) Bd. 98, Teil II (1951) S. 399.

OSCARSON, G. L., u. I. C. BENSON: Telephone influence factor in synchronous machines. Trans. Amer. Inst. electr. Engrs. Bd. 70, Teil I (1951) S. 743.

DIEBOLD, E. J.: Commutating reactor control for mechanical rectifiers. Trans. Amer. Inst. electr. Engrs. Bd. 70, Teil I (1951) S. 1062.

BOYAJIAN, A., u. G. CAMILLI: Overvoltages in saturable series devices. Trans. Amer. Inst. electr. Engrs. Bd. 70, Teil II (1951) S. 1845.

BENNON, S.: The closed core reactor. Trans. Amer. Inst. electr. Engrs. Bd. 70, Teil II (1951) S. 2026.

GERECKE, E.: Origin and propagation in high-current systems of high frequency oscillations produced by grid-controlled ionic converters. CIGRE 1952 Nr. 314.

50. Unharmonische Schwingungen.

RAYLEIGH, J. W.: On the maintenance of vibrations by forces of double frequency. Phil. Mag. (5) Bd. 24 (1887) S. 145.

RÜDENBERG, R.: Einige unharmonische Schwingungsformen mit großer Amplitude. Z. angew. Math. Mech. Bd. 3 (1923) S. 454.

HEEGNER, K.: Über Selbsterregungserscheinungen bei Systemen mit gestörter Superposition. Z. Phys. Bd. 29 (1924) S. 91.

— Über Systeme mit gestörter Superposition. Z. Phys. Bd. 33 (1925) S. 85.

PLENDL, H., F. SAMMER u. J. ZENNECK: Einschaltvorgänge bei einem Schwingungskreis mit einer Eisenkernspule. Z. Hochfrequenz 1925 S. 103.

FALLOU, J.: Démultiplicateurs statiques de fréquence. Rev. gén. Électr. Bd. 19 (1926) S. 987.

— u. A. MAUDUIT: Entretien d'une oscillation libre non sinusidale par résonance de l'un de ses harmoniques. C. R. Bd. 182, Teil I (1926) S. 312.

KRÜGER, K., u. H. PLENDL: Aufnahme von Magnetisierungskurven mit der Braunschen Röhre. J. drahtl. Telegr. Bd. 27 (1926) S. 155.

BUSH, V., u. H. L. HAZEN: Integraph solution of differential equations. J. Franklin Inst. Bd. 208 (1927) S. 575.

GUILLEMIN, E., u. P. RUMSEY: Frequency multiplication by shock excitation. IRE Proc. Bd. 17 (1929) S. 629.

WINTER-GÜNTHER, H.: Über die selbsterregten Schwingungen in Kreisen mit Eisenkernspulen. Z. Hochfrequenz Bd. 34 (1929) S. 41.

BUSH, V.: The differential analyzer. A new machine for solving differential equations. J. Franklin Inst. Bd. 212 (1931) S. 447.

FRIEDLÄNDER, E.: Übertragung der Stabilitäts- und Schwingungsbedingungen von Gleichstromkreisen auf Wechselstromsysteme. ETZ Bd. 52 (1931) S. 1432.

DEN HARTOG, J. P., u. S. J. MIKINA: Forced vibrations with non-linear spring constants. Trans. Amer. Soc. mech. Engrs. Bd. 54 (1932) S. 151.

— The amplitudes of non-harmonic vibrations. J. Franklin Inst. Bd. 216 (1933) S. 459.

GOODHUE, W. M.: Subharmonic frequencies produced in nonlinear systems. J. Franklin Inst. Bd. 217 (1934) S. 87.

ROUELLE, E.: Contribution a l'étude experimentelle de la ferro-résonance. Rev. gén. Électr. Bd. 36 (1934) S. 715, 763, 795 u. 841.

— Quelques nouvelles expériences de démultiplication de fréquence dans un circuit oscillant à noyau de fer. Rev. gén. Électr. Bd. 40, Dezember 1936, S. 811.

ARETZ, E.: Über das Wesen der stabilen Gleichgewichtszustände bei Reihenschaltung von Eisendrossel und Kondensator. ETZ Bd. 58 (1937) S. 1160.

RAUSCHER, M.: Steady oscillations of systems with non-linear and unsymmetrical elasticity. J. appl. Mechanics Bd. 5 (1938) S. A 169.

TRAVIS, I., u. C. N. WEYGANDT: Subharmonics in circuits containing iron-cored reactors. Trans. Amer. Inst. electr. Engrs. Bd. 57 (1938) S. 423.

KELLER, E. G.: Resonance theory of series nonlinear control circuits. J. Franklin Inst. Bd. 225 (1938) S. 561.

TRAVIS, I.: Subharmonics in circuits containing iron-cored inductors. Trans. Amer. Inst. electr. Engrs. Bd. 58 (1939) S. 735.

Hähnle, W.: Eigenschwingungen bei Schaltungen mit wechselstromgespeisten gesättigten Eisendrosseln. ETZ Bd. 61 (1940) S. 845.

Kármán, Th. von: The engineer grapples with nonlinear problems. Bull. Amer. math. Soc. Bd. 46 (1940) S. 615. (Enthält Literaturangaben klassischer Arbeiten.)

McCrumm, J. D.: An experimental investigation of subharmonic currents. Trans. Amer. Inst. electr. Engrs. Bd. 60 (1941) S. 533.

Keller, E. G.: Analytical methods of solving discrete nonlinear problems in electrical engineering. Trans. Amer. Inst. electr. Engrs. Bd. 60 (1941) S. 1194.

Taeger, W.: Die Entdämpfung von Schwingungskreisen durch Eisendrosseln. Arch. Elektrotechn. Bd. 35 (1941) S. 193.

Angello, S. J.: The effect of initial conditions on subharmonic currents in nonlinear circuits. Trans. Amer. Inst. electr. Engrs. Bd. 61 (1942) S. 625.

Bogoliuboff, N., u. N. Kryloff: Introduction to Nonlinear Mechanics. Princeton, N.-J.: Princeton University Press 1943. (Enthält Literaturangaben russischer Arbeiten.)

Petersen, H. A., u. T. W. Schroeder: Abnormal overvoltages caused by transformer magnetizing currents in long transmission lines. Trans. Amer. Inst. electr. Engrs. Bd. 62 (1943) S. 32.

Spitzer, C. F.: Sustained subharmonic response in nonlinear series circuits. J. appl. Phys. Bd. 16 (1945) S. 105.

Ludeke, C. A.: An experimental investigation of forced vibrations in a mechanical system having a non-linear restoring force. J. appl. Phys. Bd. 17 (1946) S. 603.

Manley J. M., u. E. Peterson: Negative resistance effects in saturable reactor circuits. Trans. Amer. Inst. electr. Engrs. Bd. 65 (1946) S. 870.

Dehors, M. R.: Recherches sur la démultiplication de fréquence ferromagnétique. Rev. gén. Électr. Vol. 56 (1947) S. 455.

Minorsky, N.: Introduction to Non-linear Mechanics. Ann Arbor, Mich.: J. W. Edwards 1947. (Enthält Literaturangaben mathematischer Arbeiten.)

Andronow, A. A., u. C. E. Chaikin: Theory of Oscillations. Princeton, N.-J.: Princeton University Press 1949.

Ludeke, C. A.: An electro-mechanical device for solving non-linear differential equations. J. appl. Phys. Bd. 20 (1949) S. 600.

Rüdenberg, R.: Non-harmonic oscillations as caused by magnetic saturation. Trans. Amer. Inst. electr. Engrs. Bd. 68 (1949) S. 676.

Levenson, M. E.: Harmonic and subharmonic response for the Duffing equation. J. appl. Phys. Bd. 20 (1949) S. 1045.

Rosenhamer, H.: Beitrag zur Theorie der mathematischen Behandlung nichtlinearer Vorgänge. Schweiz. Bull. Bd. 40 (1949) S. 5.

Evaldson, R. L., R. S. Ayre u. L. S. Jacobsen: Response of an elastically non-linear system to transient disturbances. J. Franklin Inst. Bd. 248 (1949) S. 473.

51. Dauerkurzschluß gesättigter Drehstromgeneratoren.

Potier, A.: Sur la réaction d'induit des alternateurs. Éclair. électr. Bd. 24 (1900) S. 133.

Gormann, G.: Über die Berechnung der Kurzschlußströme in Leitungsnetzen. ETZ 1918 S. 444.

Biermanns, J.: Das Verhalten der Synchronmaschine beim Kurzschluß über Streckenwiderstände. Arch. Elektrotechn. Bd. 8 (1919) S. 275.

Boucherot P., u. Ch. Lavanchy: Méthodes actuelles de détermination des courants de court circuit sur les réseaux à courant alternatif. CIGRE 1923 S. 1083.

Kade, F.: Der Einfluß der Dämpferwicklung auf einachsig kurzgeschlossene Synchronmaschinen. Arch. Elektrotechn. Bd. 12 (1923) S. 345.

Schurig, O. R.: Experimental determination of short circuit currents in electric power networks. J. Amer. Inst. electr. Engrs. 1923 S. 605. (Enthält Literaturangaben.)

Fallou, J.: Sur la détermination de la réactance de dispersion des alternateurs synchrones. Rev. gén. Électr. Bd. 16 (1924) S. 491.

Panzerbieter, Th.: Kurzschlußstrom bei Doppelerdschluß. ETZ 1924 S. 179.

Rüdenberg, R.: Über die Vorausbestimmung des Dauerkurzschlußstromes von Wechselstromgeneratoren. Wiss. Veröff. Siemens-Konz. Bd. 3 (1924) Nr. 2 S. 197.

Ollendorff, F.: Berechnung des ein-, zwei- und dreipoligen Dauerkurzschlußstromes in Kraftwerken und Netzen. ETZ 1925 S. 761.

Staveren, J. C. van: De berekening der stationnaire en momenteele driephasen kortsluitstroomen in kabel- en luchtnetten. Electrotechniek 1927 S. 215 u. 233.

Wennerberg, J.: Sudden short-circuit of synchronous machines. Asea-J. 1927 S. 109.

Rüdenberg, R.: Der Einfluß des Netzwiderstandes auf den Dauerkurzschlußstrom von Wechselstromgeneratoren. Wiss. Veröff. Siemens-Konz. Bd. 8 (1929) Nr. 3 S. 50.

CRIVELLARI, G.: Metodo rapido semi-sperimentale per la determinazione della corrente di corto circuito permanente negli impianti elettrici comunque complessi. Elettrotechnica Bd. 17 (1930) S. 197.

BLONDEL, A.: Sur l'étude directe des systèmes triphasés déséquilibrés au moyen d'impédances et admittances mutuelles de phases dans les problèmes de chutes de tension et de mise en court-circuit. Rev. gén. Électr. Bd. 29 (1931) S. 3.

PALESTRINO, C., u. C. CAMINITI: Calcolo delle correnti di c. c. nella linea Cardano-Cislago della S. I. P. Energia elettr. 1931 S. 97.

RÜDENBERG, R., F. OLLENDORFF, P. JACOTTET u. M. TUNKEL: Über die Vorausbestimmung der Kurzschlußströme in elektrischen Starkstromnetzen. ETZ 1930 S. 193, 238, 926 u. 999; 1931 S. 1487.

ROBERTSON, B. L., T. A. ROGERS u. C. F. DALZIEL: The saturated synchronous machine. Electr. Engng. Bd. 56 (1937) S. 858.

SMITH, J. B., u. C. N. WEYGANDT: Double-line-to-neutral short circuit of an alternator. Trans. Amer. Inst. electr. Engrs. Bd. 56 (1937) S. 1149.

MILLER, A. R., u. W. S. WEIL: Alternator short-circuit currents under unsymmetrical terminal conditions. Trans. Amer. Inst. electr. Engrs. Bd. 56 (1937) S. 1268.

REZNICEK, J.: Réactance synchrone pour le calcul des courants permanents triphasés de court-circuit d'une machine synchrone. Rev. gén. Électr. Bd. 43 (1938) S. 419.

— Alternateur synchrone théorique pour le calcul des courants de court-circuit. Rev. gén. Électr. Bd. 43 (1938) S. 579.

MIKHAIL, S. L.: Potier reactance for salient-pole synchronous machines. Trans. Amer. Inst. electr. Engrs. Bd. 69, Teil I (1950) S. 235.

52. Kapazitätsbelastung von Generatoren und Motoren.

HAGUE, F. T.: Characteristics of alternators when excited by armature currents. Electr. J. 1915 S. 368.

NEWBURY, F. D.: The behaviour of alternators with zero power-factor leading current. Electr. J. 1918 S. 363.

LABOURET, J.: Répercussion des lignes de fortes capacités à vide sur le fonctionnement des alternateurs. Rev. gén. Électr. Bd. 10 (1921) S. 875.

LUND, H.: Überspannungen durch Selbsterregung von Asynchrongeneratoren. ETZ 1922 S. 1362.

RÜDENBERG, R.: Abnormale verschijnselen in wisselstroom-circuits met capaciteit en magnetische verzadiging. Polyt. Weekbl. 1922 S. 625.

BETHENOD, J.: Auto-amorcage des machines à rotor cylindrique associées à des condensateurs. Rev. gén. Électr. Bd. 14 (1923) S. 307.

WAGNER, C. F.: Self-excitation of induction motors with series capacitors. Trans. Amer. Inst. electr. Engrs. Bd. 60 (1941) S. 1241.

LEONHARD, A.: Selbsterregungserscheinungen bei Betrieb von Asynchronmaschinen über lange Leitungen. Arch. Elektrotechn. Bd. 35 (1941) S. 731.

BODINE, R. B., C. CONCORDIA u. G. KRON: Self-excited oscillations of capacitor-compensated long-distance transmission systems. Trans. Amer. Inst. electr. Engrs. Bd. 62 (1943) S. 41.

SRINIVASAN, A., u. M. A. THOMAS: Dynamic braking by self-excitation of squirrel-cage motors. Trans. Amer. Inst. electr. Engrs. Bd. 66 (1947) S. 145.

JEAN-RICHARD, C.: Schutz gegen unkontrollierte Rückspannung, von Asynchron-Maschinen mit Kondensatoren herrührend. Schweiz. Bull. Bd. 38 (1947) S. 341.

KILLGORE, C. L.: Excitation problems in hydroelectric generators supplying long transmission lines. Trans. Amer. Inst. electr. Engrs. Bd. 66 (1947) S. 1277. (Enthält Literaturangaben.)

ADAMS, C. G., u. J. B. McCLURE: Underexcited operation of turbogenerators. Trans. Amer. Inst. electr. Engrs. Bd. 67 (1948) S. 521.

STRÖMBERG, T., u. N. KNUDSEN: Voltage stability with and without voltage regulators. CIGRE 1952 Nr. 127.

53. Schalten gesättigter Synchronmaschinen.

SUMEC, J.: Spannungsabfall von Drehstromgeneratoren. ETZ Bd. 32 (1911) S. 77.

BURNHAM, E. J.: Over-voltage on transmission systems due to dropping of load. Trans. Amer. Inst. electr. Engrs. Bd. 44 (1925) S. 872.

PARK, R. H., u. B. L. ROBERTSON: Reactances of synchronous machines. Trans. Amer. Inst. electr. Engrs. Bd. 47 (1928) S. 514.

TAYLOR, H. W.: Voltage control of large alternators. J. Instn. electr. Engrs. (London) Bd. 68 (1930) S. 317.

RÜDENBERG, R.: Schaltvorgänge beim Betrieb gesättigter Synchronmaschinen. Wiss. Veröff. Siemens-Konz. Bd. 10 (1931) Nr. 1 S. 1.

BARRÈRE, M.: Calcul de la courbe de courant de court-circuit triphasé d'alternateur en fonction du temps. Rev. gén. Électr. Bd. 30 (1931) S. 628.

KILGORE, L. A.: Calculation of synchronous machine constants, reactance and time constants affecting transient characteristics. Trans. Amer. Inst. electr. Engrs. Bd. 50 (1931) S. 1201.

MENGELE, B.: Ein Beitrag zur Berechnung der Zeitkonstante der Erregerwicklung von Synchronmaschinen. Elektrotechn. u. Masch.-Bau Bd. 53 (1935) S. 13.

CONCORDIA, C., u. F. J. MAGINNIS: Inherent errors in the determination of synchronousmachine reactances by test. Trans. Amer. Inst. electr. Engrs. Bd. 64 (1945) S. 288.

BUTLER, J. W.: Calculation of generator over-voltage. Electr. Engng. Bd. 51 (1932) S. 163.

KINGSLEY, C.: Saturated synchronous reactance. Trans. Amer. Inst. electr. Engrs. Bd. 54 (1935) S. 300.

MIKHAIL, S. L.: Symmetrical short circuits on saturated alternators. Trans. Amer. Inst. electr. Engrs. Bd. 69, Teil II (1950) S. 1554.

LAIBLE, TH.: Die Theorie der Synchronmaschine im nichtstationären Betrieb. Berlin: Springer 1952.

LAVANCHY, CH.: A new solution for the regulation of counter-excitation synchronous compensators. CIGRE 1952 Nr. 331.

54. Ausgleichswirkungen von Dämpferströmen und Läuferstreuung.

DOHERTY, R. E., u. C. A. NICKLE: An extension of Blondel's two-reaction theory of synchronous machines. Trans. Amer. Inst. electr. Engrs. Bd. 45 (1926) S. 912.

PARK, R. H.: Two-reaction theory of synchronous machines. Trans. Amer. Inst. electr. Engrs. Bd. 48 (1929) S. 716; Bd. 52 (1933) S. 352.

WRIGHT, S. H.: Determination of synchronous machine constants by test. Trans. Amer. Inst. electr. Engrs. Bd. 50 (1931) S. 1331.

CRARY, S. B., L. P. CHILDNECK u. L. A. MARCH: Equivalent reactance of synchronous machines. Trans. Amer. Inst. electr. Engrs. Bd. 53 (1934) S. 124.

ROGERS, F. A.: Test values of armature leakage reactance. Trans. Amer. Inst. electr. Engrs. Bd. 54 (1935) S. 700.

KILGORE, L. A.: Effects of saturation on machine reactances. Trans. Amer. Inst. electr. Engrs. Bd. 54 (1935) S. 545.

TITTEL, J.: Der Einfluß der Läuferstreuung auf den Spannungsverlauf von Synchronmaschinen mit Dämpferwicklung bei plötzlichen Laständerungen. Wiss. Veröff. Siemens-Werke Bd. 15 (1936) Nr. 1 S. 35.

PRENTICE, B. R.: Fundamental concepts of synchronous machine reactances. Trans. Amer. Inst. electr. Engrs. Bd. 56 (1937) S. 1.

RÜDENBERG, R.: Saturated synchronous machines under transient conditions in the pole axis. Trans. Amer. Inst. electr. Engrs. Bd. 61 (1942) S. 297.

— Damper circuits and rotor leakage in the transient performance of saturated synchronous machines. J. Franklin Inst. Bd. 234 (1942) S. 39.

TRACY, G. F., u. W. F. TICE: Measurement of the subtransient impedances of synchronous machines. Trans. Amer. Inst. electr. Engrs. Bd. 64 (1945) S. 70.

ADKINS, B.: Transient Theory of Synchronous Generators connected to Power Systems. Proc. Instn. electr. Engrs. (London) Bd. 98, Teil II (1951) S. 510.

55. Regelung der Erregung und Spannung.

SCHWAIGER, A.: Das Regulierproblem in der Elektrotechnik. Leipzig u. Berlin: B. G. Teubner 1909.

THOMA, H.: Theorie des Tirrill-Reglers nebst Versuchen an einem Generator. Berlin: Springer 1914.

POITRIMOL, P.: Recherches sur les régulateurs de tension à lame vibrante. Lumière électr. Bd. 33 (1916) S. 289; Bd. 34 (1916) S. 1.

RÜDENBERG, R.: Verfahren zur selbsttätigen Schnellregelung der Spannung von Wechselstromgeneratoren mit stoßweise sich ändernder Belastung. Deutsches Reichspatent 419298 vom 19. Juni 1921 und 477118 vom 1. Oktober 1922.

— Die Spannungsregelung großer Drehstromgeneratoren nach plötzlicher Entlastung. Wiss. Veröff. Siemens-Konz. Bd. 4 (1925) Nr. 2 S. 61.

POWEL, C. A.: High-speed excitation for stability. Electr. Wld. Bd. 89 (1927) S. 1061.

DOHERTY, R. E.: Excitation systems, their influence on short circuits and maximum power. Trans. Amer. Inst. electr. Engrs. 1928 S. 944.

JUILLARD, E.: Le Régulateur Automatique pour Machines Électriques pendant l'Opération de Réglage. Lausanne: Payot & Cie. 1928. Deutsch von F. OLLENDORFF. Berlin: Springer 1931.

JONES, D. M.: Superexcitation on synchronous condensers for Conowingo system. J. Amer. Inst. electr. Engrs. 1928 S. 357.

ROBINSON, P. H.: Practical considerations affecting quick response excitation for salient pole machines. Electr. J. 1928 S. 65.

BURNHAM, E. J., J. R. NORTH u. I. R. DOHR: Quick response generator voltage regulator. Trans. Amer. Inst. electr. Engrs. 1929 S. 903.

TREAT, R.: Field tests of super-excitation. Gen. Electr. Rev. 1929 S. 326.

KAUFMANN, W.: Der Ausbau des Hochleistungsprüffeldes der Siemens-Schuckert-Werke. Siemens-Z. Bd. 11 (1931) S. 349.

LIWSCHITZ, M., u. H. RAYMUND: Stoßerregung bei der synchronen und asynchronen Blindleistungsmaschine. Wiss. Veröff. Siemens-Konz. Bd. 11 (1932) Nr. 1 S. 60.

HARZ, H.: Schnell- und Stoßerregung von Synchronmaschinen über Gleichrichter in Stromtransformatorschaltung. ETZ Bd. 56 (1935) S. 833.

POHL, R.: Stoßerregung. Elektrotechn. u. Masch.-Bau Bd. 54 (1936) S. 5.

GANTENBEIN, A.: Ultrarapidregelung von Synchronmaschinen. Schweiz. Bull. Bd. 29 (1938) S. 750.

LANG, A.: Die Schnellregeleigenschaften des Tirrillreglers. Arch. Elektrotechn. Bd. 32 (1938) S. 675.

— Die Bedeutung und Ermittlung der wirksamen Erregermaschinenzeitkonstante bei der selbsttätigen Spannungsregelung von Drehstromgeneratoren. Arch. Elektrotechn. Bd. 33 (1939) S. 306.

LUDWIG, E. H.: Die Stabilisierung von Regelanordnungen mit Röhrenverstärkern durch Dämpfung oder elastische Rückführung. Arch. Elektrotechn. Bd. 34 (1940) S. 269.

GÖRK, E.: Gesetzmäßigkeiten bei Regelvorgängen. Wiss. Veröff. Siemens-Konz. Bd. 20 (1941) Nr. 2 S. 109.

PUTZ, W.: Erregung und Spannungsregelung des Drehstromgenerators. Elektrotechn. u. Masch.-Bau Bd. 60 (1942) S. 325.

HARDER, E. L., u. R. C. CHEEK: Regulation of a-c generators with suddenly applied loads. Trans. Amer. Inst. electr. Engrs. Bd. 63 (1944) S. 310.

DUCROT, W.: Régulateur de tension à réponse rapide. Rev. gén. Électr. Bd. 54 (1945) S. 259.

DAVID, R.: Alternator exciter systems. CIGRE 1946 Nr. 101.

LANGSTAFF, H. A. P., H. R. VAUGHAN u. R. F. LAWRENCE: Application and performance of electronic exciters for large a-c generators. Trans. Amer. Inst. electr. Engrs. Bd. 65 (1946) S. 246.

ADKINS, B.: The analysis of hunting by means of vector diagrams. J. Instn. electr. Engrs (London) Bd. 93, Teil II (1946) S. 541.

LAVANCHY, C.: Stabilization tests of synchronous generators with rapid regulation of excitation for power transmission over long distances. Brown Boveri Mitt. 1946 S. 348.

Institution of Electrical Engineers: Automatic Regulators and Servo Mechanismus. J. Instn. electr. Engrs. (London) Bd. 94, Teil II A, 1947.

MICHELSON, E. L., u. L. F. LISCHER: Generator stability at low excitation. Trans. Amer. Inst. electr. Engrs. Bd. 67 (1948) S. 1.

BARKLE, J. E., u. E. C. VALENTINE: Rototrol excitation systems. Trans. Amer. Inst. electr. Engrs. Bd. 67 (1948) S. 529.

LYNN, C., u. C. E. VALENTINE: Main exciter rototrol excitation for turbine generators. Trans. Amer. Inst. electr. Engrs. Bd. 67 (1948) S. 535.

DAVID, H., u. J. FAVEREAU: Stability of alternators with series excitation connected by a long line to a high power system. CIGRE 1948 Nr. 305.

KELLER, R.: Die Beherrschung der Selbsterregung bei Synchrongeneratoren. Schweiz. Bull. Bd. 40 (1949) S. 173.

HARDER, E. L., R. C. CHEEK u. J. M. CLAYTON: Regulation of a-c generators with suddenly applied loads. Trans. Amer. Inst. electr. Engrs. Bd. 69, Teil I (1950) S. 395.

STORM, H. F.: Static magnetic exciter for synchronous alternators. Trans. Amer. Inst. electr. Engrs. Bd. 70, Teil I (1951) S. 1014.

Sachverzeichnis.

Selbstinduktion dicker Spulen.

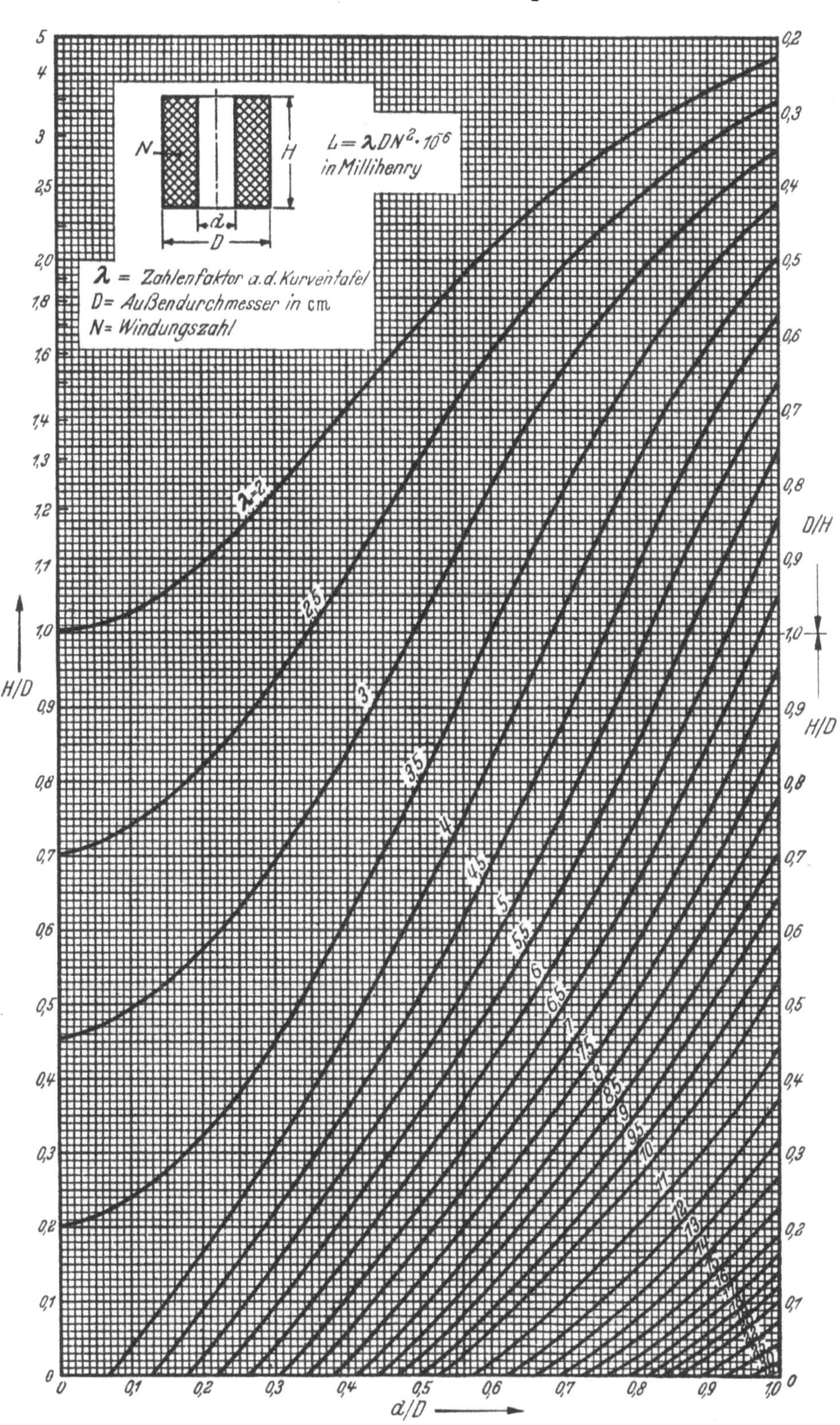